최신디지털신호처리

DIGITAL SIGNAL PROCESSING: A MODERN INTRODUCTION

CENGAGE
Learning™

Digital Signal Processing - A Modern Introduction, 1st Edition
Ashok Ambardar

ISBN-13: 978-89-6218-051-0
ISBN-10: 89-6218-051-0

Cengage Learning Korea Ltd.
Suite 1801 Seokyo Tower Building
353-1 Seokyo-Dong Mapo-Ku
Seoul 121-837 Korea
Tel: (82) 2 322 4926
Fax: (82) 2 322 4927

Cengage Learning products are represented in Canada by Nelson Education, Ltd.

For product information, visit **cengageasia.com**

Printed in Korea
1 2 3 4 11 10 09 08

최신디지털신호처리

DIGITAL SIGNAL PROCESSING: A MODERN INTRODUCTION

제 1 판

Ashok Ambardar 지음

류철 · 백중환 · 오춘석 · 이채욱 · 최한고 옮김

CENGAGE Learning™

Australia • Brazil • Japan • Korea • Mexico • Singapore • Spain • United Kingdom • United States

최신디지털신호처리 제 1 판

DIGITAL SIGNAL PROCESSING: A MODERN INTRODUCTION, 1ST EDITION

1판 1쇄 인쇄 | 2008년 8월 4일
1판 1쇄 발행 | 2008년 8월 8일

지은이 | Ashok Ambardar
옮긴이 | 류철 · 백중환 · 오춘석 · 이채욱 · 최한고
발행인 | 정경한
발행처 | 센게이지러닝코리아㈜
등록번호 | 제313-2007-000074호(2007.3.19.)
주 소 | 서울시 마포구 서교동 353-1 서교타워빌딩 1801호
전 화 | 02) 322-4926
이메일 | asia.infokorea@cengage.com
홈페이지 | www.cengageasia.com

ISBN 10: 89-6218-051-0
ISBN 13: 978-89-6218-051-0

공급처 | 한티미디어
주 소 | 서울시 마포구 연남동 570-20
도서안내 및 주문 | TEL (02) 332-7993~4 FAX (02) 332-7995
이메일 | hantee@empal.com

값 27,000원

For keeping the memories alive!

To Nancy and Shyamaji

옮긴이 약력

류 철

동국대학교 IT학부 정보통신공학전공 교수

폴리테크닉대학교(Polytechnic University) 전기전자공학 박사

주요경력: LG 정보통신 선임연구원

백중환

한국항공대학교 정보통신공학부 교수

오클라호마주립대학교(Oklahoma State University) 전기 및 컴퓨터공학 박사

주요경력: 캘리포니아대학교 샌디에이고캠퍼스(University of California, San Diego) 교환교수

오춘석

선문대학교 정보통신공학부 교수

애리조나대학교(University of Arizona) 전기 및 컴퓨터공학 박사

주요경력: 미국 광학연구센타(Optical Sciences Center) 교환교수

이채욱

대구대학교 정보통신공학부 교수

동경공업대학(Tokyo Institute of Technology) 전기전자 공학 박사

주요경력: 미국 펜실베이니아주립대학교(Pennsylvania State University) 교환교수

최한고

금오공과대학교 전자공학부 교수

플로리다대학교(University of Florida) 전기 및 전자공학 박사

주요경력: 미국 MIT 대학교 객원연구원(Research Scientist)

PREFACE

머리말

이 책은 디지털 신호 처리(DSP)의 현대적이고 독립적인 소개를 제공하며 다양한 독자층을 고려하여 집필되었다. 무엇보다 학부 3, 4학년 한 학기 분량의 교재로 적합하게 구성되어 있어, 전형적인 학부 교과과정에서 다루는 주제들과 다양한 예제, 연습문제 그리고 예시를 포함한다. 또한 각 장마다 부연적인 특정 주제와 유용한 응용 방법을 제공함으로써 폭넓은 관점을 제공한다. 이러한 자료는 이 분야의 고급 과정을 밟기 위한 배경지식이 되며, DSP와 관련된 다른 전문 영역에서 기본적인 참고자료로 사용될 수 있다.

범위

이 책은 디지털 신호 처리의 응용과 기초적인 이론을 강조하며, 문제를 통해 이러한 개념들을 설명한다. 각 장에서 응용에 대한 내용을 설명하고 특별히 두 장을 할애하여 DSP에 대한 응용만을 다룬다. 대부분의 DSP 응용은 아날로그 신호 처리와 연관이 있으므로 전형적인 학부과정의 신호와 시스템 과목에서 다루는 기초적인 아날로그 이론과의 연관성이 전제된다. DSP 연구와 연관이 있는 아날로그 이론의 중요한 개념과 결과가 부록에 실려 있다. 이 책에서 다루는 주제는 다음과 같다.

1. 제1장은 간략한 개요이다. **이산 신호**의 설명, 표현 및 분류는 제2장에서 다룬다.
2. 제3장에서는 시간 영역과 주파수 영역을 연결하는 **컨벌루션** 과정 또는 차분 방정식의 해법을 이용한 시간 영역에서의 디지털 필터의 분석을 알아본다.
3. 제4장에서는 이산시간 신호와 시스템을 학습할 수 있는 강력한 도구인 ***z*-변환**을 사용한 주파수 영역에서의 분석을 살펴본다.
4. 제5장에서는 ***z*-변환**의 특별한 경우에 해당하는 이산 신호 푸리에 변환(**DTFT**)을 이용한 주파수 영역에서의 디지털 필터와 이산 신호의 분석을 알아본다.
5. 제6장에서는 디지털 필터 용어를 소개하며, 다양한 필터의 종류와 이를 이해하는 여러 가지 방법을 비교하며 학습한다.

6. 제7장에서는 응용에 관점을 두어, **샘플링**, **양자화** 그리고 샘플링된 신호의 특별한 표기법 등의 개념을 바탕으로 하는 아날로그 신호의 디지털 처리를 살펴본다.
7. 제8장 역시 응용에 초점을 두어 **DFT**와 **FFT**의 산술 계산에 근거한 아날로그와 디지털 신호의 스펙트럼 분석을 소개한다.
8. 제9장과 10장에서는 잘 정립된 방법을 사용하여 여러 가지 응용을 위한 IIR과 FIR 필터 설계를 설명한다.
9. 제11장에서는 이 책에서 다룬 여러 DSP 개념을 시각화하며 구현할 수 있는 MATLAB® 코드를 제공한다. 코드를 별도의 장에 소개함으로써 여러 장에 걸친 개념을 요하는 흥미로운 문제를 해결할 수 있게 도와준다. 이 방법은 교재 내용의 연속성과 논리적 흐름을 유지시켜 줄 것이다.

이 책은 합리적인 접근을 유지하며 필요한 모든 수학적 세부항목을 포함한다. 동시에, 해설은 중요한 DSP 개념의 이해를 보강하기 위해 간단하며 귀납적으로 묘사된다.

각 장의 서두에 목표와 주제의 범위를 설명하고, 중심 개념은 연습문제를 통해 설명한다. 중요한 개념을 도식화하고 이해할 수 있도록 다수의 그림이 포함되어 있다. 쉽게 참조할 수 있고 접근할 수 있도록 결론은 도표로 정리하였다. 장 끝의 연습문제에는 MATLAB과 같은 컴퓨터 자원을 활용해야 하는 다양한 문제가 포함되어 있다. 이 책에서 소개하는 개념과 이론을 설명하는 MATLAB 기반의 루틴을 저자의 웹에 공개하고 있다. 이 루틴들은 좋은 의도로 제공된 것으로 오용으로 인해 문제가 발생할 경우 저자는 책임지지 않는다.

감사의 글

이 책을 완성하기까지 많은 분들의 도움을 받았다. 카네기멜론대학교(Carnegie Mellon University)의 Vijayyakumar Bhagavatula 교수, 토론토대학교(University of Toronto)의 Dimitrios Hatzinakos 교수, 서스캐처원대학교(University of Saskatchewan)의 Aryan Saadat Mehr 교수에게 특히 감사를 드린다.

또한 발행인인 Chris Carson을 비롯하여 책을 기획한 Kamilah Reid Burrell, Hilda Gowans, 제작과 편집 디자인을 맡아 준 Rose Kernan, 교열을 맡아 준 Shelly Gerger-Knechtl, 교정을 맡아 준 Erin Wagner, 그 밖에 Renate McCloy, Angela Cluer, Andrew Adams 등 여러 출판사 관계자 분들께도 감사드린다.

내용의 오류나 프로그램의 오류를 발견하면 알려 주기 바란다. 정오표는 저자 홈페이지에 올릴 예정이다.

Ashok Ambardar	Michigan Technological University
Internet:	**http://www.ee.mtu.edu/faculty/akambard.html**
e-mail:	**akambard@mtu.edu**

PREFACE

옮긴이 머리말

디지털 신호 처리는 공학에서 신호와 시스템을 이해하기 위한 학문으로 그 중요성과 활용도가 점차 커짐에 따라 국내 대부분의 전기전자 및 정보통신공학 전공 학부의 기본 과목으로, 관련 분야의 고급 과목을 수강하고 고급 기술을 이해하기 위한 필수 과목으로 자리잡고 있다. 디지털 신호 처리를 다룬 다양한 교재들이 국내에 이미 많이 나와 있지만, 이 책은 다양한 응용 예제를 통해 복잡한 개념을 쉽게 이해하고 그 중요성을 파악할 수 있도록 구성되어 있다는 장점을 갖고 있다. 해당 장에서 다룰 내용의 개요와 학습목표를 제시하고 주요 개념 및 정리들을 상자 안에 표기하여 독자들의 이해를 돕고 있다.

제1장에서는 디지털 신호 처리에 대해 간략히 소개하고, 제2장에서는 아날로그 신호 처리에 비해 디지털 신호 처리가 갖는 장점 등을 설명하고 시간 영역에서의 이산 신호 및 시스템을 살펴본다. 제3장에서는 컨벌루션과 방정식을 이용한 시간 영역에서의 디지털 필터의 분석을 설명하고, 제4장에서는 z-변환을 이용한 주파수 영역에서의 신호 및 시스템 분석 기법을 살펴본다. 제5장에서는 DTFT를 이용한 주파수 영역에서의 이산 신호와 디지털 필터의 분석 방법을 설명하며, 제6장에서는 디지털 필터의 용어와 다양한 종류의 필터를 소개한다. 제7장에서는 샘플링과 아날로그 신호의 재생을 설명한다. 제8장에서는 푸리에 변환의 계산과 효율적인 구현 방법으로 이산 푸리에 변환을 소개하고 몇 가지 특성을 설명한다. 제9장과 제10장에서는 중요한 주제인 IIR과 FIR 디지털 필터 설계 기법과 다양한 응용 분야를 소개한다. 아날로그 필터에서 IIR 디지털 필터의 변환에 사용되는 매핑 방법을 설명하고 윈도 기반 설계, 주파수 샘플링 설계, 리플 설계 등 중요한 FIR 필터 설계 기법을 학습한다. 제11장에서는 이 책에서 소개된 디지털 신호 처리의 개념을 설명하고 각 장에서 배운 내용을 활용하여 풀 수 있는 MATLAB 예제가 제공된다.

디지털 신호 처리의 내용에서 복잡한 문제의 해법과 설계 알고리즘을 구할 때 상당한 계산이 요구되지만 MATLAB은 여러 가지 경우를 쉽게 테스트할 수 있는 편리한 도구로 사용될 수 있으므로 학습 효과를 높일 수 있다.

이 책의 원저는 이해하기 쉽게 기술되어 있으나 역자들이 이 책의 특색을 훼손하는 오류를 범하지 않았는지 걱정이 앞선다. 학생들이 이 책을 충분히 활용하여 디지털 신호 처리 분야를 잘 이해하고 응용할 수 있기를 바란다. 마지막으로 이 책의 출판을 맡아 준 센게이지러닝코리아(주)에 깊은 감사를 드리며, 저자인 Ambardar에게도 감사한다.

2008년 여름

역자 일동

CONTENTS

차례

제 3 장 시간 영역 분석

제 4 장 z-변환 분석

제 8 장 이산 푸리에 변환과 응용

제 9 장 IIR 필터의 설계

CHAPTER 01

개요

1.0 소개

디지털 신호 처리를 기반으로 한 기술만큼 엄청나게 세상에 혁명을 가져온 기술도 드물다. 예를 들면, 최근까지 레코드 음악에 대한 기술은 처음부터 끝까지 완전히 아날로그였고 LP(long-playing) 레코드에 사용되었던 레코드 음악의 가장 중요한 상업용 원천이었다. 하지만 디지털 콤팩트디스크의 등장으로 단지 몇 년의 짧은 기간 동안에 모든 것이 변화되었고 실제로 LP 레코드를 사라지게 만들었다. 고속이고 저가인 컴퓨터, 강력하고 사용하기 쉬운 소프트웨어 패키지 등의 확산으로 인해 디지털 신호 처리(DSP: digital signal processing)는 진정으로 발전하였다. 이 장에서는 디지털 신호 처리에 대한 용어와 이 책에서 다루는 다양한 주제들과 개념들 사이의 연관관계에 대해 소개한다.

1.1 신호

우리의 세상은 자연적인 신호와 인공적인 신호로 가득 차 있다. 우리가 말을 할 때 공기 압력의 변화나, 매일 변화하는 기온, 심장에 의해 생성되는 주기적인 전기 신호 등이 그 예이다. 종종 신호는 필요한 정보를 직접 전달하지 않거나 장애로부터 자유롭지 않다. 신호 처리가 유용한 정보의 향상, 추출, 저장 및 전달에 기초하는 것은 이 같은 맥락에서이다. 전기 신호는 아마도 그러한 처리를 위한 가장 광범위한 대상일 것이다. 사실 신호를 처리하기 위해 전기 형태로 변환하는 것이 통상적이다.

실제로 우리가 만나는 신호들은 종종 특성화하기가 매우 힘들다. 그래서 우리는 그 신호들의 동작을 근사화하기 위해 간단한 수학적 모델들을 선택한다. 이러한 모델들은 또한 미래의 신호 동작을 예측할 수 있게 한다. 물론 모델을 사용해서 추가되는 장점은 그들은 생성하고 조작하기가 훨씬 쉽다는 것이다. 게다가 필요하다면 모델의 복잡도를 점차적으로 증가시켜 더 나은 근사치를 얻을 수 있다. 가장 간단한 신호 모델은 상수 변동, 지수적 감소, 정현파나 주기적 변동 등이다. 이러한 신호들은 좀 더 복잡한 형태를 표현하기 위한 기본 구성요소이다.

이 책에서는 이산 신호가 어떻게 생성되고, 어떻게 모델링되는지 간단히 살펴본다. 그리고 이산 신호를 특성화하기 위해 사용되는 몇 가지 전형적인 측정값들(예를 들면 전력 또는 에너지)과 이미 샘플링된 신호의 샘플링률을 변환하는 데 종종 사용되는 보간 연산과 데시메이션에 대해 복습한다.

1.2 디지털 필터

이산 신호의 처리는 이산시간 시스템에 의해 다루어지고, 이를 디지털 필터라고 한다. 시간 영역에서, 아날로그 시스템들이 미분방정식에 의해 모델링되는 것과 같이 이러한 시스템들은 차분방정식에 의해 모델링된다. 우리는 차분방정식이 상수 계수를 갖는 선형 시불변(LTI: linear time-invariant) 시스템 모델에 집중한다. 이러한 시스템에 의한 이산 신호의 처리는 잘 알려진 수학적 기법을 써서 이루어질 수 있다. 좀 더 간단한 식의 합으로 표현될 수 있는 입력 신호에 대하여, 선형성은 각각의 간단한 식의 응답들의 합으로 전체 응답을 구하는 것을 가능하게 한다. 이를 **중첩**(superposition)이라 한다. 많은 시스템은 실제로 비선형이다. 비선형 시스템에 대한 분석에는 선형성과 같이 문제를 간단하게 만드는 가정이 종종 포함된다. 시스템 응답은 중첩에 기초한 방법인 컨벌루션을 이용하여 구할 수 있다. 단위 샘플(또는 임펄스) 입력에 대한 시스템의 응답을 안다면, 임펄스들의 합으로 표현될 수 있는 임의의 입력에 대한 것도 알 수 있다.

두 가지 중요한 디지털 필터로는 임펄스 응답(임펄스 입력에 대한 응답)이 유한 수열(유한 시간 동안만 지속)인 유한 임펄스 응답(FIR: finite impulse response) 필터와 무한히 지속되는 임펄스 입력에 대한 응답을 갖는 무한 임펄스 응답(IIR: infinite impulse response) 필터가 있다.

1.2.1 z-변환

z-변환은 이산 신호와 시스템을 분석하는 효과적인 방법이다. 이는 아날로그 시스템을 분석하는 데 사용되는 라플라스 변환과 유사하다. LTI 시스템의 전달 함수는 복소 변수 z의 다항식의 비이다. 분자 다항식의 근은 **영점**(zero)이라 하고 분모 다항식의 근은 **극점**(pole)이라 한다. 주파수 응답에 대한 정성적 묘사를 원한다면 전달 함수의 극점–영점 기술은 매우 유용하다. 예를 들면, z가 영점의 위치들 중 하나와 일치하면 주파수 응답은 0이 되고, z가 극점 위치들 중 하나와 일치하면 주파수 응답은 제한되지 않는다.

1.2.2 주파수 영역

이산 정현파와 고조파 신호는 그들의 아날로그 신호와는 몇 가지 면에서 특별히 다르다는 것이 밝혀졌다. 이산 정현파는 어떠한 주파수의 선택에 대해서도 주기적이지 않다. 하지만 그것은 주기 스펙트럼을 갖는다. 이 결과의 중요한 결론은 만약 스펙트럼이 샘플링된 정현파에 대해 주기적이면, 샘플링된 정현파의 조합에 대해서도 역시 주기적이라는 것이다. 이 개념은 이산 신호에 대한 주파수 영역 표현에 대한 근간이 되며 이를 **이산시간 푸리에 변환**(DTFT: Discrete-Time Fourier Transform)이라 한다. 그리고 아날로그 신호는 정현파의 조합(푸리에 급수에 의한 주기적인 것들과 푸리에 변환에 의한 그렇지 않은 것들)으로 나타낼 수 있기 때문에, 그들의 샘플링된 조합(그리고 결과적으로 샘플링된 신호)은 주파수 영역에서 주기적인 스펙트럼을 갖는다. 만약 샘플링률이 나이키스트율을 초과하면 중심 주기는 아날로그 신호의 스펙트럼에 대응된다.

1.2.3 필터 개념

필터(filter)라는 용어는 종종 지정된 방법으로 입력을 처리하는 시스템을 나타내는 데 사용된다. 이러한 개념에서 필터링은 신호 향상, 잡음 감소, **신호대 잡음비**(signal-to-noise ratio)의 증대를 가능하게 하는 신호 처리 연산으로 설명된다. 또한 이산시간 신호의 처리를 위한 시스템은 **디지털 필터**(digital filter)라고 한다. 요구 조건 및 응용에 따라, 디지털 필터의 해석은 시간 영역, z-영역, 또는 주파수 영역에서 수행된다. 디지털 필터의 통상적인 응용은 지정된 방법으로 주파수 응답을 변경하는 것이다. 이상적인 저역통과 필터는 지정된 값까지의 주파수는 통과시키고 나머지는 완전히 차단한다. 그것의 스펙트럼은 통과대역에서는 단위 값(완벽한 전송)으로부터 저지대역에서는 제로(완벽한 억제)까지 급격한 변화를 보여준다. 중요하게 고려할 사항은 대칭 임펄스 응답 수열은 선형위상을 갖는데(그것의 주파수 응답에서), 이로써 단지 **일정한 지연**과 왜곡이 없게 된다. 이상적인 저역통과 필터는 선형위상을 갖는데, 이는 그것의 임펄스 응답이 대칭 수열로 나타나기 때문이다. 그러나 불행히도 이것은 실제로 구현될 수 없다.

이상적인 저역통과 필터를 근사화하는 한 가지 방법은 그것의 임펄스 응답에 대한 대칭적 절단(선형위상을 보장)에 의해서이다. 절단은 임펄스 응답에 단위 샘플의 유한 기간 수열(윈도)을 곱하는(윈도잉) 것과 같다. 그러한 윈도에 의한 급격한 절단으로 인해 주파수 응답에서 절단된 수열의 길이에 상관없이 지속되는 오버슈트와 진동이 나타나게 된다. 오버슈트를 제거하고 진동을 감소시키기 위해 **점감**(tapered) 윈도를 사용한다. 고역통과, 대역통과, 대역저지 필터의 임펄스 응답과 주파수 응답은 DTFT의 성질을 기반으로 한 주파수 변환 사용으로 저역통과 필터의 응답들과 관련된다.

일정한 이득을 갖지만 위상은 변하는 필터들을 전역통과 필터라 하고, 시스템의 위상 특성을 변경하는 데 사용된다. 특정 주파수에서 이득이 제로인 필터를 노치 필터라 하고, 신호로부터 원치 않는 주파수를 제거하는 데 사용된다. 여러 개의 정해진 주파수에서 이득이 제로인 필터를 빗살 필터라 하고, 신호로부터 원치 않는 주파수와 이의 고조파를 제거하는 데 사용된다.

1.3 신호 처리

신호 처리에 대한 두 가지 개념적 방법을 그림 1.1에 나타내었다. 아날로그 신호에 대한 디지털 처리는 처리 전에 아날로그 신호를 샘플링하기 위한 아날로그–디지털 변환기와 처리된 디지털 신호를 아날로그 형태로 다시 변환하기 위한 디지털–아날로그 변환기의 사용을 필요로 한다.

1.3.1 아날로그 신호의 디지털 처리

많은 DSP 응용에는 아날로그 신호의 샘플링에 의해 얻어진 디지털 신호의 처리와 그 샘플들로부터 다시 아날로그 신호의 복원이 포함되어 있다. 예를 들면, 콤팩트디스크(CD) 플레이어를 통해 듣는 음악은 스피커 진동판의 떨림에 의해 생기는 공기압의 차 때문이다. 압력 변화는 시간의 연속 함수이기 때문에 이는 **아날로그**(analog) 신호이다. 하지만 콤팩트디스크에 저장되는 정보는 디지털 형태이다. 그것은 우리가 음악을 듣기 전에 반드시 처리되고 아날로그 형태로 변환되어야 한다. 세계 인구의 연간 증가 기록은 일 년 동안의 증가 면에서 평가된 시간을 의미하고, 반면 인구 증가는 한 사람의 증가 면에서 평가된다. 그것은 시간과 인구 모두에 대해 이산 값들을 갖는 **디지털**(digital) 신호이다.

디지털 신호 처리를 위해서는 디지털 신호가 필요하다. 아날로그 신호를 디지털 방법으로 처리하기 위해서는 반드시 디지털 신호를 두 단계로 변환해야 한다. 먼저 아날로그 신호를 반드시 **샘플링**(sampling)해야 하는데, 일반적으로 일정한 간격 t_s(예를 들어, 매 2 ms로)로 한다. 이산적인 값 nt_s는 정수 색인 n과 관련이 있다. 다음으로 샘플 값(진폭)을 **양자화**(quantize)해야 한다(예를 들어, 가장 가까운 밀리볼트로 절삭해서). 아날로그 신호의 디지털 처리에 있어서 중요한 개념은 샘플링된 신호가 아날로그 신호의 유일한 표현이 되어야 한다는 것이다. 비록 샘플링이 정보의 잠재적인 손실을 가져오지만, 모든 것이 손실되지는 않는다! 때때로, 샘플링 간격을 잘 선택한다면 아날로그 신호의 처리는 해당되는 디지털 신호의 처리와 완전히 같다. 즉, 정보 손실이 없다! 이것이 디지털 신호 처리를 선택하게 하는 **샘플링 이론**(sampling theorem)의 놀라운 점 중의 하나이다. 아날로그 신호와 그 샘플들로부터 복원된 신호와의 유일한 일치를 위해, 샘플링률 S는 반드시 최대 신호 주파수 f_0의 두 배를 초과해야 한다. 값 $S = 2f_0$를 나이키스트 샘플링률이라 한다. 만약 샘플링률이 나이키스트율보다 작으면, **엘리어싱**(aliasing)이라고 알려진 현상이 명백히 나타난다. 아날로그 신호의 고주파수 성분이 샘플링된 신호의 저주파수에 나타난다(엘리어싱된

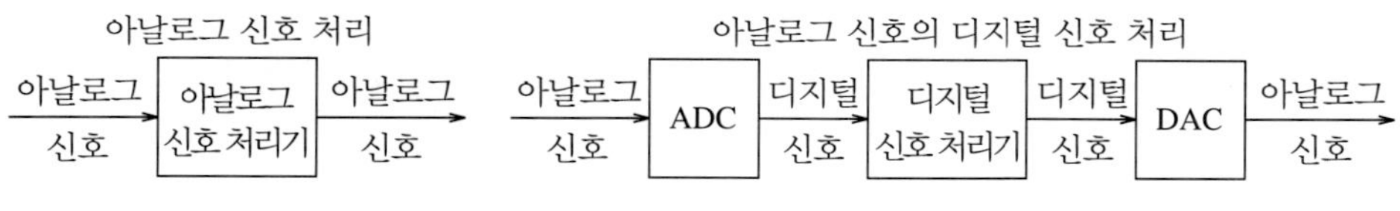

그림 1.1 아날로그와 디지털 신호 처리

다). 엘리어싱 효과는 샘플이 일단 얻어지면 되돌리는 것은 불가능하다. 따라서 샘플링 전에 신호를 대역제한하는 것이 통상적이다(저역통과 필터를 사용해서).

디지털 컴퓨터를 사용한 수치적 처리에는 유한 정밀도를 갖는 유한 데이터를 필요로 한다. 신호의 진폭은 반드시 유한 수의 레벨로 제한해야 한다. 이러한 처리를 **양자화**(quantization)라 하고, 통계적인 용어로만 설명될 수 있는 비선형 효과를 나타낸다. 양자화는 복구할 수 없는 정보 손실을 가져오고 일반적으로 모든 설계에서 마지막 단계에서만 고려된다.

아날로그 신호의 디지털 처리를 위한 전형적인 시스템은 다음으로 구성된다.

- 아날로그 저역통과 **전필터**(pre-filter) 또는 **비엘리어싱 필터**(anti-aliasing filter). 이는 엘리어싱으로부터의 자유로움을 보장하기 위해 최대 신호 주파수를 제한한다.
- **샘플러**(sampler). 이는 나이키스트 샘플링률보다 높게 작동한다.
- **양자화기**(quantizer). 이는 샘플링된 신호 값을 유한 수의 레벨로 양자화한다. 현재 16비트 양자화기가 매우 보편적이다.
- **인코더**(encoder). 이는 양자화된 신호 값을 이진 **비트**(bit) 또는 0과 1[**워드**(word)]의 열로 변환해 준다. 여기서 열의 길이는 양자화기의 양자화 레벨의 수에 따라 결정된다.
- 디지털 처리 시스템 자체(하드웨어 또는 소프트웨어). 이는 인코딩된 디지털 신호[또는 **비트 열**(bit stream)]를 요구된 방법으로 처리한다.
- **디코더**(decoder). 이는 처리된 비트 열을 양자화된 신호 값을 갖는 이산 신호로 변환시킨다.
- **복원 필터**(reconstruction filter). 이는 이산시간 신호를 계단 형태의 근사치로 복원한다.
- 저역통과 아날로그 **비이미징 필터**(anti-imaging filter). 이는 주기 스펙트럼으로부터 중심 주기를 추출하고, 원하지 않는 복제를 제거하며, 평활화된 복원 신호를 가져온다.

1.3.2 필터의 설계

필터의 설계는 일반적으로 주파수 영역에서 크기 스펙트럼이나 필터 이득에 해당하는 일련의 규격 명세에 기초한다. IIR 필터의 설계는 전형적으로 주파수 변환을 이용하여 쉽게 전개될 수 있는 다른 형태로부터 저역통과 원형으로 시작한다.

1.3.3 IIR 필터의 설계

IIR 필터의 설계는 주어진 규격 명세를 기반으로 한 아날로그 **저역통과 원형**으로부터 시작한다. 고전적인 아날로그 필터는 버터워스(Butterworth, 최대로 평탄한 통과대역), 체비쇼프 I(Chebyshev I, 리플 통과대역), 체비쇼프 II(리플 저지대역), 타원형(리플 통과대역과 저지대역)을 포함하고 있다. 그 다음 아날로그 저역통과 원형은 적절한 매핑을 통해 저역통과 필터로 변환되고 마지막으로 적절한 **스펙트럼 변환**을 통해 요구된 형태로 변환된다. 실제적인 매핑들은 적분과 그들의 수치적 대응과 같은 이상적인 연산의 응답-불변 또는 등가를 기반으로 한다. 이들 중 모두가 엘리어싱 효과를 피하지는 못한다. 가장 흔히 사용되는 매핑은 수치적 적분을 위해 사다리꼴 법칙을 기반으로 하며 이를 **쌍선형 변환**(bilinear transformation)이라 한다. 이는 완전히 무한한 아날로그 주파수 범위를 압축하고, 따라서 아날로그 주파수를 **뒤틀어서**(왜곡하여) 엘리어싱을 피한다. 아날로그 필터를 설계하기 전에 아날로그 주파수 규격을 **미리 뒤튼다면**(신장) 이러한 뒤틀림을 보정할 수 있다.

1.3.4 FIR 필터의 설계

FIR 필터는 본질적으로 안정하고 선형위상으로 설계될 수 있어 왜곡이 없게 되지만, 이를 구현하기 위해서는 주어진 요구사항을 만족시키기 위해 길이가 긴 필터가 필요하다. FIR 필터 설계는 일반적으로 설계 명세를 만족하는 최소 길이의 대칭(선형위상) 임펄스 응답 열을 기반으로 하며 반복적 기법을 사용한다. 비록 절단된 이상적인 필터의 스펙트럼이 같은 길이의 다른 필터의 스펙트럼과 비교하여 사실상 가장 근접한 것일지라도(평균 자승 면에서), 그것은 바람직하지 못한 진동과 오버슈트를 보이는데 이는 점감 윈도를 사용하여 임펄스 응답 열을 변경(윈도잉)함으로써 제거될 수 있다.

1.4 DFT와 FFT

DTFT의 주기성은 한 영역에서의 신호 샘플링이 다른 영역에서 주기성을 갖게 하는 기본적인 결과로부터 온다. 주기 신호가 이산 스펙트럼을 갖는 것처럼 이산시간 신호는 주기적인 스펙트럼을 갖는다. 이러한 이중성은 몇몇 다른 변환들의 특징이 된다. 시간 신호가 이산적이고 주기적이면 그 스펙트럼 역시 이산적이고 주기적이며, 이를 **이산 푸리에 변환**(DFT: discrete Fourier transform)이라고 한다. DFT는 본질적으로 유한개의 주파수에서 계산된 DTFT이며, 역시 주기적이다. DFT는 그들의 샘플로부터 아날로그 신호의 스펙트럼을 근사화하는 데 사용될 수 있고, 내재된 주기성의 개념을 이용하여 그들의 적절한 관계로 이해되는 연관성을 제공해 준다. **고속 푸리에 변환**(FFT: Fast Fourier Transform)은 DFT 계산을 위한 일련의 고속의 실용적인 알고리즘이다. DFT와 FFT는 고속 컨벌루션, 신호의 보간, 스펙트럼 추정, 전달 함수 추정 등의 광범위한 응용에서 사용된다.

1.5 DSP의 이점

신호가 디지털 형태인 경우에 그들의 처리는 디지털로 수행된다. 아날로그 신호 처리에 관련된 다른 경우에서는 DSP가 많은 이점을 제공한다.

처리

DSP는 쉽고 효과적으로 구현될 수 있는 폭넓고 다양한 처리 기술을 제공한다. 몇 가지 기술들(선형위상 필터에 의한 처리와 같은)은 아날로그 영역에서 대응되는 것이 없다.

저장

디지털 데이터는 저장되고 후에 손상이나 정보의 손실 없이 검색될 수 있다. 아날로그 장치에 의해 기록된 데이터는 레코딩 미디어(테이프와 같은)에 내재된 잡음과 노화 및 주위의 영향으로 인한 손상에 취약하다.

전송

디지털 신호는 아날로그 신호에 비해 전송하는 동안 좀 더 강건하고 훨씬 더 나은 잡음 면역성을 제공한다.

구현

아날로그 신호 처리 회로는 일반적으로 특별한 응용을 위해 설계된다. 그것은 구성품의 내성, 노화, 환경적인 영향(온도나 습도의 변화 같은)에 민감하고, 재생산이 쉽지 않다. 반면에 디지털 필터는 아주 쉽게 구현되고 재생산 가능하다. 또한 어떠한 하드웨어의 교체나 변경 없이 작동 중에 필터 계수를 간단히 변경하여 다양한 작업을 수행하도록 설계될 수 있다.

비용

저비용과 고속의 디지털 컴퓨터로 인해 DSP는 폭넓은 응용을 위한 효과적인 대안을 제시한다. 고주파수 아날로그 응용들은 아직도 아날로그 신호 처리를 필요로 하지만 그 수가 점점 줄어들고 있다. 샘플링 정리의 기준에 맞고, 양자화가 요구된 정밀도로 수행되는(가능한 기기를 사용해서) 한, 아날로그 신호들의 디지털 처리는 다른 방법을 사용토록 강제하지 않는다면 선택하는 방법이 된다.

디지털 혁명 초기에 DSP는 많은 단점(속도, 비용, 양자화 영향 등)으로 제약이 있었지만, 이러한 것들은 반도체 기술, 처리, 그리고 연산 능력의 발전으로 무의미해지고 있다.

1.5.1 DSP의 응용

디지털 신호 처리는 상상할 수 있는 모든 분야에서 응용을 찾을 수 있다. 가전제품에 미치는 영향은 디지털 통신, 디지털 오디오, 디지털(고해상도) TV, 디지털 이미징(카메라) 등의 급증으로 입증된다. 생물 의학 신호 처리에 대한 응용은 단층 촬영 이미지의 향상과 해석 그리고 심장이나 뇌의 활동을 나타내는 전기 신호의 해석을 포함한다. 우주 분야 응용으로는 위성 항행과 유도 시스템 그리고 다양한 수단으로 얻어진 위성 이미지의 해석을 포함한다. 이러한 응용 분야는 꾸준히 늘어날 것이다.

CHAPTER 02

이산 신호

2.0 범위와 개관

이 장은 이산 신호의 개관으로 시작된다. 신호 분류의 다양한 방법, 이산 신호가 어떻게 다양한 연산으로 다루어지는지, 그리고 이러한 신호의 특성을 묘사하는 데 사용되는 기준은 무엇인지 등이 설명된다. 또한 샘플링의 개념을 소개하며 정보의 손실 없이 아날로그 신호를 샘플링하는 샘플링 이론을 설명한다. 랜덤 신호의 소개도 포함한다.

2.0.1 목적과 학습목표

이번 장에서는 디지털 신호 처리의 맥락에서 이산 신호의 분석과 설명에 필요한 틀을 제공하고자 한다. 이 장을 통하여 독자는

1. 시간 이동과 시간 반전의 특성을 이용한 이산 신호의 변환을 익힌다.
2. 우대칭과 기대칭을 이해하고 비대칭 신호의 우대칭과 기대칭을 찾는 방법을 익힌다.
3. 에너지와 전력에 따라 이산 신호를 구별하는 방법을 이해한다.
4. 보간법과 데시메이션의 기초를 이해한다.
5. 표준 신호 형태의 정의를 익힌다.
6. 정현파나 복소수 고조파의 디지털 주파수를 찾는 방법을 익힌다.
7. 정현파나 복소수 고조파 합의 공통 주파수를 찾는 방법을 익힌다.
8. 샘플링 이론을 이해하고 샘플링률을 찾는 방법을 익힌다.
9. 엘리어싱의 개념을 이해하고 엘리어싱 주파수를 찾는 방법을 익힌다.
10. 랜덤 신호를 표기하는 기준을 이해한다.

2.1 이산 신호

(연 인구수와 같은) 이산 신호는 자연적으로 발생하거나(일반적으로 균일한 샘플 간격인 t_s에서) 연속 신호의 샘플링 결과로 나타난다. 샘플링된 또는 이산 신호 $x[n]$은 신호의 시간적 내력을 포함한 정수인 색인 n에 상응하는 값의 정돈된 연속물이다. 이는 샘플 위치의 색인 n을 제외한 **샘플 간격**(sampling interval) t_s에 대한 직접적인 정보는 포함하지 않는다. 이산 신호 $x[n]$의 샘플 값은 색인 n에 대비하여 선으로 표현된다.

아날로그와 이산 신호의 비교

아날로그 신호와 샘플링된 신호를 비교할 경우, 원점 $t = 0$이 $n = 0$인 순간에 상응한다고 가정한다. 변수 t($t = nt_s$의 순간)에 대해 신호를 명확히 표현할 경우 또는 샘플로부터 근본적인 아날로그 신호의 면적을 예측할 경우에는 샘플링 간격 t_s의 정보가 필요하다.

수열 $x[n]$의 표기법

표식($\Downarrow$)은 원점 $n = 0$을 나타낸다.

예: $x[n] = \{1, 2, \overset{\Downarrow}{4}, 8\}$

타원(. . .)은 어느 한쪽으로 무한의 길이를 나타낸다.

예: $x[n] = \{2, 4, \overset{\Downarrow}{6}, 8, \ldots\}$

무한길이의 이산 신호 $x[n]$이 $n < N$(N은 유한 값)에서 0일 때 **우측 신호**(right-sided signal), $n < 0$에서 0일 때 **인과성 신호**(causal signal), $n > N$에서 0일 때 **좌측 신호**(left-sided signal), $n \ge 0$에서 0일 때 **비인과성 신호**(anti-causal signal)라고 한다. 이 내용은 그림 2.1에 설명되어 있다.

이산 주기 신호는 매 N 샘플로 반복하며 다음과 같이 표기된다.

$$x[n] = x[n \pm kN], \quad k = 0, 1, 2, 3, \ldots \tag{2.1}$$

주기 N은 정수이며 반복하는 샘플의 가장 작은 숫자이다.

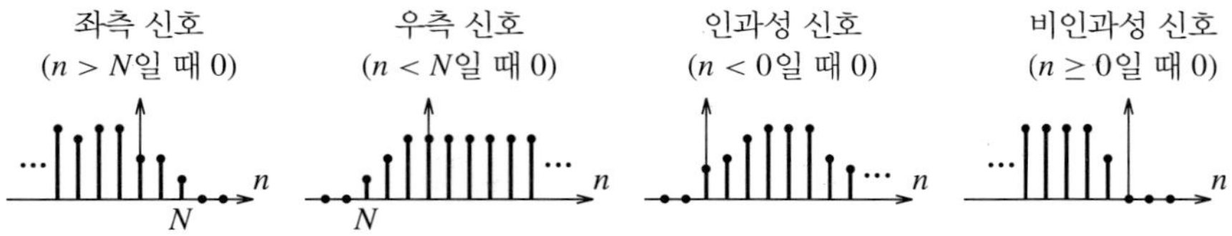

그림 2.1 무한길이의 이산 신호는 좌측 신호, 우측 신호, 인과성 신호 또는 비인과성 신호일 수 있다.

심화문제 2.1

(a) $x[n] = \{\ldots, \overset{\Downarrow}{1}, 2, 0, 0, 4, 1, 2, 0, 0, 4, 1, 2, 0, 0, 4, 1, 2, 0, 0, 4, \ldots\}$의 경우 $x[n]$의 주기는 얼마인가?

(b) $x[n] = \{\ldots, \overset{\Downarrow}{1}, 2, 1, 2, 1, 2, 1, 2, 1, 2, 1, 2, 1, 2, 1, 2, 1, 2, 1, 2, \ldots\}$이고 $y[n] = \{\ldots, \overset{\Downarrow}{1}, 2, 3, 1, 2, 3, 1, 2, 3, 1, 2, 3, 1, 2, 3, 1, 2, 3, 1, 2, \ldots\}$이며 $g[n] = x[n] + y[n]$일 때, $g[n]$의 주기와 한 주기의 샘플 값을 구하라.

정답: (a) 5 **(b)** 6, $\{\overset{\Downarrow}{2}, 4, 4, 3, 3, 5\}$

2.1.1 신호 측정

이산 신호의 신호 측정은 종종 덧셈을 기반으로 하며, 덧셈은 이산 영역에서 적분과 동등한 의미를 갖는다. 신호 $x[n]$의 **이산합**(discrete sum) S_D, 절대합 S_A 그리고 **누적합** $s_C[n]$의 정의는 다음과 같다.

$$S_D = \sum_{n=-\infty}^{\infty} x[n] \qquad S_A = \sum_{n=-\infty}^{\infty} |x[n]| \qquad s_C[n] = \sum_{k=-\infty}^{n} x[k] \tag{2.2}$$

절대합 $|x[n]|$이 유한한 신호를 **절댓값 합산**(absolutely summable)이라 한다. 신호 $x[n]$의 **순간전력**(instantaneous power)은 $p[n] = |x[n]|^2$으로 정의된다. 비주기 신호의 경우, **신호 에너지**(signal energy) E가 유용한 측정의 기준이 되며 순간 전력의 합으로 정의된다.

$$E = \sum_{m=-\infty}^{\infty} |x[m]|^2 \tag{2.3}$$

절댓값은 이러한 관계를 복소수 신호로 확장하도록 허용한다. 주기 신호의 경우, 신호의 에너지가 무한하므로 유용한 정보를 제공하지 못한다. 따라서 주기 신호의 신호 측정은 평균을 기반으로 한다. 주기가 N인 주기 신호의 **평균값**(average value) x_{av}는 한 주기의 평균합으로 정의된다.

$$x_{\text{av}} = \frac{1}{N}\sum_{m=0}^{N-1} x[m] \quad \text{(평균값)} \tag{2.4}$$

주기가 N인 주기 신호 $x[n]$의 **평균 전력**(average power) P는 한 주기의 평균 에너지로 정의된다.

$$P = \frac{1}{N}\sum_{m=0}^{N-1} |x[m]|^2 \quad \text{(평균 전력)} \tag{2.5}$$

색인은 $m = 0$에서 $m = N - 1$까지 변하며 한 주기에 모든 N 샘플이 포함됨을 기억하기 바란다. 비주기 함수의 경우에만 다음의 제한적 형태의 사용이 유용하다.

$$x_{av} = \lim_{L\to\infty} \frac{1}{2L+1} \sum_{m=-L}^{L} x[m] \qquad P = \lim_{L\to\infty} \frac{1}{2L+1} \sum_{m=-L}^{L} |x[m]|^2 \tag{2.6}$$

유한 에너지를 갖는 신호를 **에너지 신호**(또는 자승 합산)라고 하며, 유한 평균 전력을 갖는 신호는 **전력 신호**라고 한다. 모든 주기 신호는 전력 신호이다.

에너지와 전력의 단위에 대한 주

디지털 신호 처리에서 에너지를 줄 또는 전력을 와트로 표기하지 않는데, 이는 일반적으로 신호가 단위의 적절성과 의미가 부합하는 물리적인 존재(예를 들어 전압)로 표현되지 않기 때문이다.

예제 2.1 신호 에너지와 전력

(a) $x[n] = 3(0.5)^n,\ n \geq 0$인 신호의 에너지를 구하라.

이 신호는 단측으로 감쇠되는 지수함수이며 신호의 에너지는 다음과 같다.

$$E = \sum_{m=-\infty}^{\infty} x^2[m] = \sum_{m=0}^{\infty} |3(0.5)^m|^2$$

$$= \sum_{m=0}^{\infty} 9(0.25)^m = \frac{9}{1-0.25} = 12 \quad \left(\text{주: } \sum_{m=0}^{\infty} \alpha^m = \frac{1}{1-\alpha}\right)$$

(b) 주기 신호 $x[n] = 6\cos(2\pi n/4)$이며 주기 $N = 4$임을 가정하자.

이 신호의 한 주기 $x_1[n] = \{\overset{\Downarrow}{6}, 0, -6, 0\}$이다. $x[n]$의 평균값과 평균 전력은 다음과 같다.

$$x_{av} = \frac{1}{4}\sum_{m=0}^{3} x[m] = 0 \qquad P = \frac{1}{4}\sum_{m=0}^{3} x^2[m] = \frac{1}{4}(36+36) = 18$$

(c) 주기 신호 $x[n] = 6e^{j2\pi n/4}$이며 주기 $N = 4$임을 가정하자.

신호는 복소수 값을 가지며 $|x[n]| = 6$이다. 이 신호의 한 주기 $x_1[n] = \{\overset{\Downarrow}{6}, j6, -6, -j6\}$이며 $x[n]$의 평균 전력은 다음과 같다.

$$P = \frac{1}{4}\sum_{m=0}^{3} |x[m]|^2 = \frac{1}{4}(36+36+36+36) = 36$$

심화문제 2.2

(a) $x[n] = \{\overset{\Downarrow}{1}, 2, 0, 0, 4\}$의 경우 $x[n]$의 에너지는 얼마인가?

(b) $x[n] = \{\ldots, \overset{\Downarrow}{1}, 2, 0, 0, 4, 1, 2, 0, 0, 4, 1, 2, 0, 0, 4, 1, 2, \ldots\}$의 경우 평균 전력을 구하라.

(c) $x[n] = \{\ldots, \overset{\Downarrow}{1}, 2, 1, 2, 1, 2, 1, 2, 1, 2, 1, 2, 1, 2, 1, 2, 1, 2, 1, 2, \ldots\}$이고 $y[n] = \{\ldots, \overset{\Downarrow}{1}, 2, 2, 1, 2, 2, 1, 2, 2, 1, 2, 2, 1, 2, 2, 1, 2, 2, 1, 2, \ldots\}$이며 $g[n] = x[n] + y[n]$일 때, $g[n]$의 평균값과 $x[n]$, $y[n]$, $g[n]$의 평균 전력을 구하라.

정답: (a) 21 **(b)** 4.2 **(c)** 3, 2.5, 2.5, 9.5

2.2 이산 신호의 연산

이산 신호에서의 일반적인 연산은 원소 단위의 덧셈과 곱셈을 포함하며, 두 가지 다른 유용한 연산은 **이동**(shifting)과 **반전**(reversal)이다.

시간 이동(time shift): 신호 $y[n] = x[n-\alpha]$는 $\alpha > 0$일 때 $x[n]$의 지연된 형태이다. 즉, 만약 $x[n]$이 $n = N$에서 시작하면 이동된 형태 $y[n] = x[n-\alpha]$는 $n = N + \alpha$에서 시작한다. 따라서 신호 $y[n] = x[n-2]$가 $x[n]$의 지연 신호(2만큼 오른쪽으로 이동)이며 신호 $g[n] = x[n+2]$는 $x[n]$의 전진 신호(2만큼 왼쪽으로 이동)이다. 이동된 신호의 유용한 일관성 검사는 만약 $y[n] = x[n-\alpha]$일 경우 최초 색인 n에서의 $x[n]$의 샘플이 $n = n_N - \alpha$의 연산에 근거한 색인 n_N으로 재배치된다는 사실에 기반을 둔다.

시간 반전(time reversal): 신호 $y[n] = x[-n]$은 원점 $n = 0$에 대하여 신호 $x[n]$의 좌우대칭 상인 $x[n]$의 시간 반전 형태를 나타낸다. 신호 $y[n] = x[-n-\alpha]$는 다음 두 방법 중 하나의 방법인 $x[n]$으로부터 얻을 수 있다.

$x[n] \longrightarrow$ [α만큼 지연(오른쪽으로 이동)] $\longrightarrow x[n-\alpha] \longrightarrow$ [반전] $\longrightarrow x[-n-\alpha]$

$x[n] \longrightarrow$ [반전] $\longrightarrow x[-n] \longrightarrow$ [α만큼 전진(왼쪽으로 이동)] $\longrightarrow x[-n-\alpha]$

어느 경우이든, 초기 색인 n에서의 $x[n]$의 샘플은 $n = -n_N - \alpha$일 때 새로운 색인 n_N로 표기되며 이는 일관성 검사의 방법으로 활용될 수 있다.

예제 2.2 이산 신호의 연산

$x[n] = \{2, 3, \overset{\Downarrow}{4}, 5, 6, 7\}$일 때, 다음을 구하고 그림을 그려라.

$$y[n] = x[n-3], \quad f[n] = x[n+2], \quad g[n] = x[-n],$$
$$h[n] = x[-n+1], \quad s[n] = x[-n-2]$$

풀이: $y[n] = x[n-3] = \{\overset{\Downarrow}{0}, 2, 3, 4, 5, 6, 7\}$ ($x[n]$을 오른쪽으로 3만큼 이동)

$$f[n] = x[n+2] = \{2, 3, 4, 5, \overset{\Downarrow}{6}, 7\}\ (x[n]\text{을 왼쪽으로 2만큼 이동})$$

$$g[n] = x[-n] = \{7, 6, 5, \overset{\Downarrow}{4}, 3, 2\}\ (x[n]\text{을 시간 반전})$$

$$h[n] = x[-n+1] = \{7, 6, \overset{\Downarrow}{5}, 4, 3, 2\}\ (x[n]\text{을 시간 반전 후 1만큼 지연})$$

$$s[n] = x[-n-2] = \{7, 6, 5, 4, 3, \overset{\Downarrow}{2}\}\ (x[n]\text{을 시간 반전 후 2만큼 전진})$$

그림 E2.2를 참고하라.

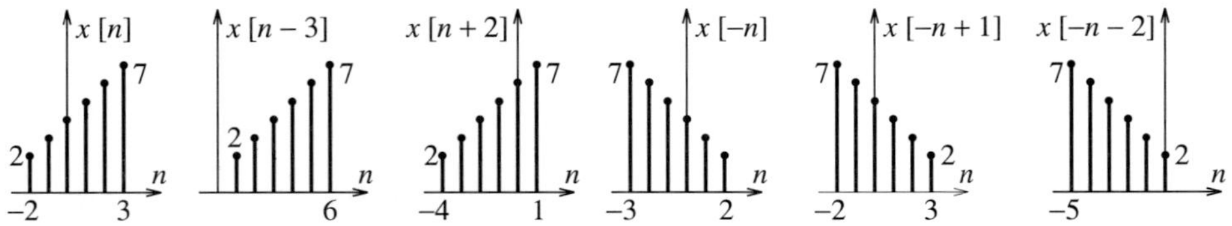

그림 E2.2 예제 2.2의 신호

심화문제 2.3

(a) $x[n] = \{\overset{\Downarrow}{1}, 4, 2, 3\}$일 때, $g[n] = x[-n+2]$를 수열로 표현하고 그림을 그려라.

(b) $x[n] = \{3, \overset{\Downarrow}{1}, 4\}$일 때, $y[n] = x[n+2]$와 $f[n] = x[-n-1]$을 수열로서 표현하고 그림을 그려라.

정답: (a) $g[n] = \{3, \underset{\Uparrow}{2}, 4, 1\}$ **(b)** $y[n] = \{3, 1, 4, \underset{\Uparrow}{0}\}$ $f[n] = \{4, 1, \underset{\Uparrow}{3}\}$

2.2.1 대칭

신호 $x[n]$이 좌우대칭인 $x[-n]$과 같다면 이를 **우대칭 신호**(even symmetric signal)라고 한다. 만약 신호 $x[n]$이 좌우대칭인 $x[-n]$과 부호만 다르다면 이를 **기대칭 신호**(odd symmetric signal) 또는 **역대칭 신호**(antisymmetric signal)라고 한다. 수학적 표기는 다음과 같다.

$$x_e[n] = x_e[-n] \quad (\text{우대칭}) \qquad x_o[n] = -x_o[-n] \quad (\text{기대칭}) \tag{2.7}$$

어느 경우이든, 신호는 대칭구간 $-N \le n \le N$까지 확장된다. 기대칭 신호의 경우 $x_o[0] = 0$이고 대칭구간 $(-\alpha, \alpha)$에서 $x_o[n]$의 샘플의 합은 0이다.

$$\sum_{m=-L}^{L} x_o[m] = 0 \tag{2.8}$$

우대칭과 기대칭 신호는 그림 2.2에 설명되어 있다.

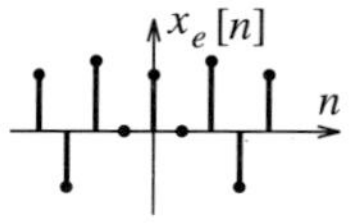

우대칭: $x_e[n] = x_e[-n]$

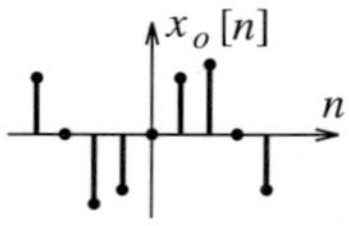

기대칭: $x_o[n] = -x_o[-n]$ 그리고 $x_o[0] = 0$

그림 2.2 우대칭 신호는 $n = 0$일 때 대칭을 보여준다. 기대칭 신호는 $n = 0$일 때 0의 값을 갖는다. 기대칭 신호와 그 시간 반전 신호의 합은 어디서든 0이다.

2.2.2 신호의 홀짝 부분

우대칭과 기대칭은 상호 배타적이다. 따라서 신호 $x[n]$이 우대칭 신호 $x_e[n]$과 기대칭 신호 $x_o[n]$의 합으로 구성되었다면 둘 중 하나의 대칭은 결여될 것이다. 그 반대로, 임의의 신호 $x[n]$은 우대칭 부분인 $x_e[n]$과 기대칭 부분인 $x_o[n]$의 합으로 표현될 수 있다.

$$x[n] = x_e[n] + x_o[n] \tag{2.9}$$

$x[n]$에서 $x_e[n]$과 $x_o[n]$을 구하기 위하여 $x[n]$의 시간 반전을 취하고 다음 식을 위해 대칭을 활용한다.

$$x[-n] = x_e[-n] + x_o[-n] = x_e[n] - x_o[n] \tag{2.10}$$

이전 수식을 이용하여 다음 식을 얻을 수 있다.

$$x_e[n] = 0.5x[n] + 0.5x[-n] \qquad x_o[n] = 0.5x[n] - 0.5x[-n] \tag{2.11}$$

이것은 우대칭 부분 $x_e[n]$은 원 신호와 반전된 신호의 합의 절반과 같으며, 기대칭 부분 $x_o[n]$은 원 신호와 반전된 신호의 차의 절반과 같음을 의미한다. 물론, $x[n]$이 우대칭이라면 그의 홀수 부분 $x_o[n]$은 0일 것이고, $x[n]$이 기대칭이라면, 그의 짝수 부분 $x_e[n]$은 0일 것이다.

예제 2.3 신호의 대칭

(a) $x[n] = \{4, -2, \overset{\Downarrow}{4}, -6\}$일 때, $x[n]$의 우대칭과 기대칭을 구하고 그림을 그려라.

대칭 구간을 포함하기 위하여 $x[n] = \{4, -2, \overset{\Downarrow}{4}, -6, 0\}$으로 신호에 제로 삽입한다.

$$0.5x[n] = \{2,\ -1,\ \overset{\Downarrow}{2},\ -3,\ 0\} \qquad 0.5x[-n] = \{0,\ -3,\ \overset{\Downarrow}{2},\ -1,\ 2\}$$

필수적이지는 않지만, 제로 삽입은

$$x_e[n] = 0.5x[n] + 0.5x[-n] = \{2,\ -4,\ \overset{\Downarrow}{4},\ -4,\ 2\}$$

$$x_o[n] = 0.5x[n] - 0.5x[-n] = \{2,\ 2,\ \overset{\Downarrow}{0},\ -2,\ -2\}$$

을 구하기 쉽도록 원소 단위의 덧셈과 뺄셈 수행을 허용한다. 그림 E2.3a에 다양한 종류의 신호가 표현되어 있다. 일관성을 검사해 보면 $x_o[0] = 0$, $\sum x_o[n] = 0$, 그리고 $x_e[n]$과 $x_o[n]$의 합이 $x[n]$임을 알 수 있다.

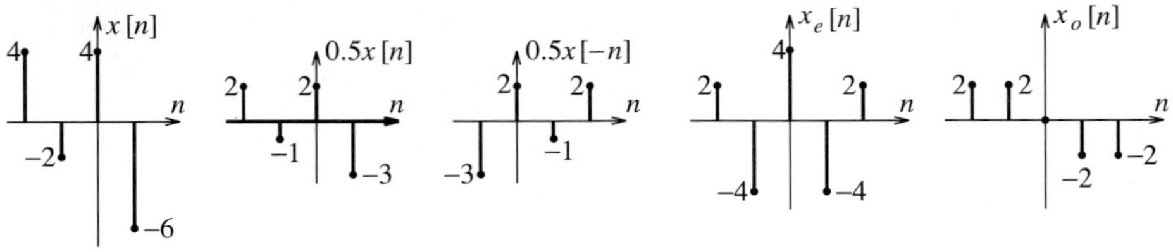

그림 E2.3a 예제 2.3(a)의 신호 $x[n]$과 이의 우대칭 및 기대칭

(b) $x[n] = u[n] - u[n-5]$일 때, 우대칭과 기대칭을 구하고 그림을 그려라.

$x[n]$과 이 신호의 우대칭 및 기대칭이 그림 E2.3b에 나타나 있다. $n = 0$에서의 $x_e[n]$의 값에 유의하라.

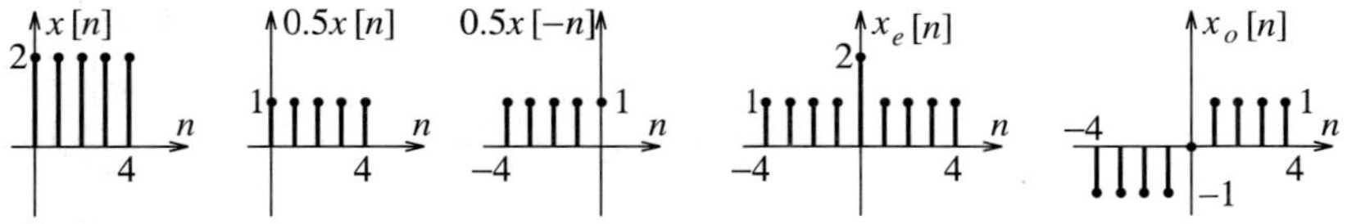

그림 E2.3b 예제 2.3(b)의 신호 $x[n]$과 이의 우대칭 및 기대칭

심화문제 2.4

(a) $x[n] = \{\overset{\Downarrow}{8}, 4, 2\}$일 때, 홀짝 부분을 구하고 그림을 그려라.

(b) $y[n] = \{8, \overset{\Downarrow}{4}, 2\}$일 때, 홀수 부분을 구하고 그림을 그려라.

정답: (a) $x_e[n] = \{1, 2, \overset{\Downarrow}{8}, 2, 1\}$ $x_o[n] = \{-1, -2, \overset{\Downarrow}{0}, 2, 1\}$ **(b)** $y_o[n] = \{3, \overset{\Downarrow}{0}, -3\}$

2.3 데시메이션과 보간

이산 신호의 시간 스케일은 신호 길이의 증감에 상응한다. 데시메이션(decimation)은 신호의 샘플을 버림으로써 신호 길이를 줄이는 과정이다. $x[n]$은 t_s의 간격으로 샘플링된 아날로그 신호 $x(t)$와 일치한다고 가정하자. 만약 시간상 압축된 신호 $y(t) = x(2t)$가 t_s로 샘플링된다면 그 샘플들은

$2t_s$의 간격으로 얻어진 $x(t)$의 샘플에 해당한다. 따라서 샘플링된 값 $y[n]$은 ($x[0], x[2], x[4], \ldots$와 같이) $x[n]$의 엇갈린 샘플 값만을 포함하며, $y[n]$의 길이는 2배 줄어든다. 이것을 데시메이션이라 한다. 또한 $2t_s$보다 더 큰 간격으로 샘플링된다면, (압축된 형태가 아닌) $x(t)$에서 직접 $y[n]$을 구할 수 있으며 샘플링률은 2배로 줄어든다. 인수 N에 의한 데시메이션은 Nt_s 간격으로 샘플링하는 것과 같으며 **샘플링률이 N배로 줄어드는 것을 의미한다.** 데시메이션된 신호 $y[n]$은 $x[n]$의 샘플 $k = Nn$ 지점에 일치하는 매 N번째 샘플만 취하고, 나머지는 버린다. 수식적으로는 다음과 같다.

$$y[n] = x(Nn)$$

보간(interpolation)은 신호의 샘플을 추가함으로써 신호 길이를 증가시키는 과정을 말한다. 신호 $x[n]$을 t_s의 간격으로 얻은 $x(t)$의 샘플 값이라 가정하자. 시간상으로 늘어난 신호 $y(t) = x(t/2)$를 샘플링한다는 것은 $t_s/2$의 간격으로 $x(t)$를 샘플링하는 것과 같다. 따라서 샘플링된 신호 $y[n]$은 $x(t)$를 $t_s/2$로 샘플링한 것과 같으며 원 신호 $x[n]$ 샘플 값 사이에 새로운 샘플 값이 발생하여 길이는 $x[n]$의 두 배가 된다. 이것을 2배로 보간되었다고 한다. 인수 N배로 보간하는 것은 $x[n]$의 매 샘플 값 다음에 $N - 1$개의 새로운 값을 추가하는 것을 의미하며 길이는 N배로 늘어난다. $x[n]$에 대한 표현식(또는 아날로그 신호의 근원)을 알 수 있다면, 새로운 샘플 값을 알아내기는 쉽다. 하지만 (근원적인 분석 형태 없이) $x[n]$의 샘플 값만 주어진다면 다양한 방법에 의해 샘플 값이 보간된다. 예를 들면, 새로운 샘플 값을 제로로 할 수 있고(제로 보간), 이전 샘플 값과 같은 상수의 값으로 보간할 수 있으며(계단 보간), 샘플 사이 값의 평균값으로 보간할 수 있다(선형 보간). 제로 보간은 **업샘플링**(up-sampling)이라고 하며 실제 보간 방법에서 중요한 역할을 한다. 수학적으로 제로 보간된 신호 $y[n]$은 원 신호 $x[n]$에 의하여 설명된다.

$$y[n] = \begin{cases} x(n/N), & n = 0, \pm N, \pm 2N, \ldots \\ 0, & \text{그 외} \end{cases} \qquad (N\text{배의 제로 보간})$$

N배로 보간하는 것은 $x(t)$를 t_s/N 간격으로 샘플링하는 것과 같으며, **샘플링률과 신호의 길이를 모두 N배 증가시킨다.** 편의상 $x^{\uparrow}[n/N]$을 신호 $x[n]$의 보간된 신호라 표기한다.

몇 가지 주의사항

데시메이션(신호 샘플을 버리는 방법)과 보간법(신호 샘플을 추가하는 방법)은 서로 역 연산처럼 보이지만 항상 그렇지만은 않다. 다음과 같이 두 방법을 고려해 보자.

$x[n] \longrightarrow$ [2만큼 데시메이션] $\longrightarrow x[2n] \longrightarrow$ [2만큼 보간] $\longrightarrow x[n]$

$x[n] \longrightarrow$ [2만큼 보간] $\longrightarrow x^{\uparrow}[n/2] \longrightarrow$ [2만큼 데시메이션] $\longrightarrow x[n]$

언뜻 보기에는 두 경우 모두 입력과 출력이 $x[n]$이어서 데시메이션과 보간이 역 연산인 듯 보이지만, 사실 두 번째 경우에만 $x[n]$을 정확하게 복원한다. 좀 더 명확히 알아보기 위하여 $x[n] = \{\overset{\Downarrow}{1}, 2, 6, 4, 8\}$이라고 가정하면 다음과 같은 결과를 얻는다.

$$\{\overset{\Downarrow}{1}, 2, 6, 4, 8\} \xrightarrow[n \to 2n]{\text{데시메이션}} \{\overset{\Downarrow}{1}, 6, 8\} \xrightarrow[n \to n/2]{\text{계단 보간}} \{\overset{\Downarrow}{1}, 1, 6, 6, 8, 8\}$$

$$\{\overset{\Downarrow}{1}, 2, 6, 4, 8\} \xrightarrow[n \to n/2]{\text{계단 보간}} \{\overset{\Downarrow}{1}, 1, 2, 2, 6, 6, 4, 4, 8, 8\} \xrightarrow[n \to 2n]{\text{데시메이션}} \{\overset{\Downarrow}{1}, 2, 6, 4, 8\}$$

따라서 데시메이션이 보간의 역 연산임엔 틀림없지만 반대의 경우는 그렇지 않다. 사실, 데시메이션 과정에서 잃어버린 샘플 값을 정확히 복원 또는 예측하는 보간법을 찾기란 매우 힘들다. 따라서 보간과 데시메이션이 함께 사용되는 경우라면 보간을 먼저 사용하는 것이 최선의 방법이다. 실제로 보간이나 데시메이션은 원 신호의 정보를 보존하며 이는 원 샘플이 선택되는 비율에 대한 조건을 제시해 준다.

2.3.1 부분 지연

(일반적으로 반 샘플) 부분 지연은 경우에 따라 필요하며 보간과 데시메이션으로 구현이 가능하다. 데시메이션 다음에 보간이 수행되는 경우, 정확한 결과 값은 정수 이동과 데시메이션 후 보간을 사용하여 얻을 수 있다. $y[n] = x[n - \frac{M}{N}] = x[\frac{Nn-M}{N}]$의 신호를 $x[n]$으로부터 생성하기 위하여 다음 연산을 수행하면 된다.

$$x[n] \longrightarrow \boxed{N\text{만큼 보간}} \longrightarrow x^{\uparrow}[\tfrac{n}{N}] \longrightarrow \boxed{M\text{만큼 지연}} \longrightarrow x[\tfrac{n-M}{N}]$$
$$x[\tfrac{n-M}{N}] \longrightarrow \boxed{N\text{만큼 데시메이션}} \longrightarrow x[\tfrac{Nn-M}{N}] = y[n]$$

이는 각 연산(보간, 이동, 그리고 데시메이션)이 정수 값을 활용한다는 것을 보장한다.

예제 2.4 데시메이션과 보간

(a) $x[n] = \{1, \overset{\Downarrow}{2}, 5, -1\}$일 때, $x[2n]$과 다양한 방법으로 $x^{\uparrow}[n/3]$의 보간된 형태를 생성하라.

$y[n] = x[2n]$을 생성하기 위하여, 홀수 색인의 샘플을 제거하면 $x[2n] = \{\overset{\Downarrow}{2}, -1\}$을 얻는다.

제로 보간된 신호:

$$g[n] = x^{\uparrow}[\tfrac{n}{3}] = \{1, 0, 0, \overset{\Downarrow}{2}, 0, 0, 5, 0, 0, -1, 0, 0\}$$

계단 보간된 신호:

$$h[n] = x^{\uparrow}[\tfrac{n}{3}] = \{1, 1, 1, \overset{\Downarrow}{2}, 2, 2, 5, 5, 5, -1, -1, -1\}$$

선형 보간된 신호:

$$s[n] = x^{\uparrow}[\tfrac{n}{3}] = \{1, \tfrac{4}{3}, \tfrac{5}{3}, \overset{\Downarrow}{2}, 3, 4, 5, 3, 1, -1, -\tfrac{2}{3}, -\tfrac{1}{3}\}$$

선형 보간에서 마지막 두 값이 제로로 보간됨을 기억하라.

(b) $x[n] = \{3, 4, \overset{\Downarrow}{5}, 6\}$일 때, $g[n] = x[2n-1]$과 계단 보간된 $h[n] = x[0.5n-1]$을 구하라.

어느 경우에서든, 우선 $y[n] = x[n-1] = \{3, \overset{\Downarrow}{4}, 5, 6\}$을 구한다. 그러면

$$g[n] = y[2n] = x[2n-1] = \{\overset{\Downarrow}{4}, 6\}$$

$$h[n] = y^{\uparrow}[\tfrac{n}{2}] = x[0.5n-1] = \{3, 3, \overset{\Downarrow}{4}, 4, 5, 5, 6, 6\}$$

(c) $x[n] = \{3, 4, \overset{\Downarrow}{5}, 6\}$이고 계단 보간이 사용될 경우 $y[n] = x[2n/3]$을 구하라.

보간과 데시메이션 모두 필요하므로, 먼저 보간을 사용한 후 데시메이션을 적용한다.

보간 적용 후: $g[n] = x^{\uparrow}[\tfrac{n}{3}] = \{3, 3, 3, 4, 4, 4, \overset{\Downarrow}{5}, 5, 5, 6, 6, 6\}$

데시메이션 적용 후: $y[n] = g[2n] = x[\tfrac{2}{3}n] = \{3, 3, 4, \overset{\Downarrow}{5}, 5, 6\}$

(d) $x[n] = \{2, 4, \overset{\Downarrow}{6}, 8\}$이고 선형 보간이 사용될 경우 $y[n] = x[n-0.5]$를 구하라.

먼저 2만큼 보간하고 1만큼 지연 후 2만큼 데시메이션을 하면 다음과 같다.

보간 적용 후: $g[n] = x^{\uparrow}[\tfrac{n}{2}] = \{2, 3, 4, 5, \overset{\Downarrow}{6}, 7, 8, 4\}$ (마지막 샘플 값은 0으로 보간되었다.)

지연 적용 후: $h[n] = g[n-1] = x[\tfrac{n-1}{2}] = \{2, 3, 4, \overset{\Downarrow}{5}, 6, 7, 8, 4\}$

데시메이션 적용 후: $y[n] = h[2n] = x[\tfrac{2n-1}{2}] = x[n-0.5] = \{3, \overset{\Downarrow}{5}, 7, 4\}$

심화문제 2.5

$x[n] = \{\overset{\Downarrow}{8}, 4, 2, 6\}$일 때 $y[n] = x[2n]$, $g[n] = x[2n+1]$, $h[n] = x^{\uparrow}[n/2]$ 그리고 $f[n] = x[n+0.5]$를 구하라. 필요하다면 선형 보간을 가정하라.

정답: $y[n] = \{\overset{\Downarrow}{8}, 2\}$ $g[n] = \{\overset{\Downarrow}{4}, 6\}$ $h[n] = \{\overset{\Downarrow}{8}, 6, 4, 3, 2, 4, 6, 3\}$ $f[n] = \{\overset{\Downarrow}{6}, 3, 4, 3\}$

2.4 몇 가지 표준 이산 신호

단위 임펄스(unit impulse)[또는 **단위 샘플**(unit sample)]인 $\delta[n]$, **단위 계단**(unit step) $u[n]$, 그리고 **단위 램프**(unit ramp) $r[n]$의 정의는 다음과 같다.

$$\delta[n] = \begin{cases} 0, & n \neq 0 \\ 1, & n = 0 \end{cases} \qquad u[n] = \begin{cases} 0, & n < 0 \\ 1, & n \geq 0 \end{cases} \qquad r[n] = nu[n] = \begin{cases} 0, & n < 0 \\ n, & n \geq 0 \end{cases} \qquad (2.12)$$

각 신호는 그림 2.3과 같다. 이산 임펄스는 $n = 0$에서의 단위 샘플과 같다. $t = 0$에서 아날로그 임펄스 $\delta(t)$와 연관된 여러 종류의 모호함이 전혀 없다. 이산 단위 계단 $u[n]$ 또한 정의가 명확하며, [아날로그 대응 신호인 $u(t)$와 다르게] $u[0] = 1$의 유일한 값을 갖는다. 신호 $x[n] = Anu[n] = Ar[n]$은 기울기 A가 $x[k] - x[k-1]$인, 다시 말하면 인접한 샘플 값의 차를 갖는 이산 계단을 설명한다.

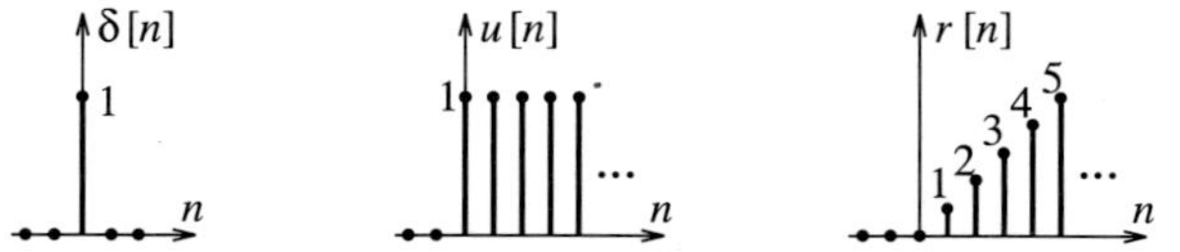

그림 2.3 이산 단위 임펄스 $\delta[n]$은 또한 단위 샘플이라고도 한다. 표준 단위 계산 $u[n]$과 단위 램프 $r[n] = nu[n]$은 모두 인과성 신호이다.

2.4.1 이산 임펄스의 특성

신호 $x[n]$과 임펄스 $\delta[n-k]$의 곱은 다음과 같다.

$$x[n]\delta[n-k] = x[k]\delta[n-k] \tag{2.13}$$

이는 $\delta[n-k]$가 $n = k$를 제외하고 모두 0이기 때문이며, 이때 $x[n]$의 값이 $x[k]$와 같아진다. 이 결과로 크기가 $x[k]$인 임펄스가 발생한다. 곱의 특성은 직접적으로

$$\sum_{n=-\infty}^{\infty} x[n]\delta[n-k] = x[k] \tag{2.14}$$

을 유도하며, 이를 **이동 특성**(shifting property)이라 한다. 임펄스는 $n = k$인 임펄스 지점에서 $x[n]$으로부터 $x[k]$ 값을 추출한다.

2.4.2 임펄스를 이용한 신호의 표현

이산 신호 $x[n]$은 $n = k$에서 $x[n]$의 값인 $x[k]$에 해당하는 값을 갖는 이동된 임펄스 $\delta[n-k]$의 합으로 표현될 수 있다. 따라서

$$x[n] = \sum_{k=-\infty}^{\infty} x[k]\delta[n-k] \tag{2.15}$$

예를 들면, 신호 $u[n]$과 $r[n]$은 이동된 임펄스 열로 표현이 가능하다.

$$u[n] = \sum_{k=0}^{\infty} \delta[n-k] \qquad r[n] = \sum_{k=0}^{\infty} k\delta[n-k] \tag{2.16}$$

신호 $u[n]$은 또한 $\delta[n]$의 누적합으로 표현되기도 하며, $r[n]$은 $u[n]$의 누적합으로 표현된다.

$$u[n] = \sum_{k=-\infty}^{n} \delta[k] \qquad r[n] = \sum_{k=-\infty}^{n} u[k] \tag{2.17}$$

2.4.3 이산 펄스 신호

이산 구형파 **rect**$(n/2N)$과 이산 삼각펄스 **tri**(n/N)의 정의는 다음과 같다.

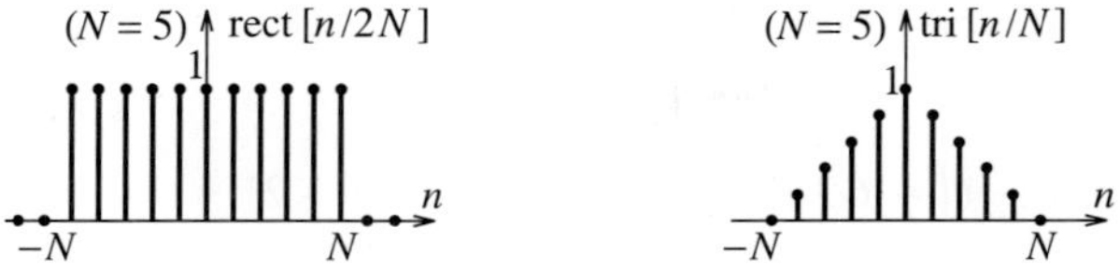

그림 2.4 rect($\frac{n}{2N}$)의 정의에 따라 우대칭과 2N + 1개의 샘플을 포함하며, tri(n/N)(제로 값인 마지막 두 개의 샘플을 포함한다면) 또한 우대칭과 2N + 1 샘플을 수반한다.

$$\text{rect}\left(\frac{n}{2N}\right) = \begin{cases} 1, & |n| \le N \\ 0, & \text{그 외} \end{cases} \qquad \text{tri}\left(\frac{n}{N}\right) = \begin{cases} 1 - \frac{|n|}{N}, & |n| \le N \\ 0, & \text{그 외} \end{cases} \tag{2.18}$$

이 신호들은 그림 2.4에 나타나 있다. 신호 rect$(\frac{n}{2N})$은 $-N \le n \le N$ 구간에서 $2N + 1$개의 샘플을 갖는다. rect$(\frac{n}{2N})$에서 인자 $2N$은 N이 홀수일 때 n의 반정수 값에서 발생하는 문제를 해결한다. 신호 $x[n] = \text{tri}(n/N)$ 또한 마지막 샘플인 $x[N]$과 $x[-N]$이 0이 되는 $-N \le n \le N$ 구간에서 $2N + 1$개의 샘플을 갖는다. 펄스와 같은 신호를 표준 형태로 표현하는 방법이 종종 사용된다.

예제 2.5 수열과 신호의 표현

(a) $x[n] = (2)^n$이고 $y[n] = \delta[n-3]$이라 하자. $z[n] = x[n]y[n]$과 합 $A = \sum z[n]$을 구하라.

곱인 $z[n] = x[n]y[n] = (2)^3\delta[n-3] = 8\delta[n-3]$은 임펄스이다.

$A = \sum z[n]$인 합은 $\sum (2)^n \delta[n-3] = (2)^3 = 8$이 된다.

(b) 그림 E2.5b의 신호를 최소한 두 가지의 수학적 방법으로 표현하라.

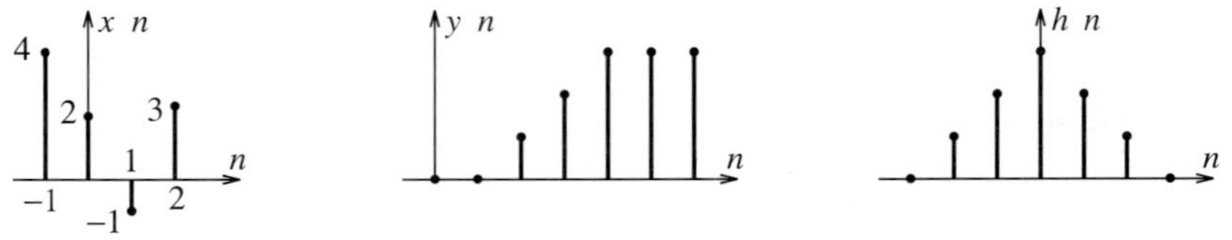

그림 E2.5b 예제 2.5(b)의 신호들

1. 신호 $x[n]$은 수열 $x[n] = \{4, \overset{\Downarrow}{2}, -1, 3\}$으로 표현될 수 있으며, 또한 $x[n] = 4\delta[n+1] + 2\delta[n] - \delta[n-1] + 3\delta[n-2]$로 나타낼 수 있다.

2. 신호 $y[n]$은

수열: $y[n] = \{0, 0, 2, 4, 6, 6, 6\}$

이동된 임펄스의 합: $y[n] = 2\delta[n-2] + 4\delta[n-3] + 6\delta[n-4] + 6\delta[n-5] + 6\delta[n-6]$

계단과 램프 함수의 합: $y[n] = 2r[n-1] - 2r[n-4] - 6u[n-7]$

계단 함수의 변수가 ($[n-6]$이 아닌) $[n-7]$임을 기억하라.

3. 신호 $h[n]$은 $h[n] = 6\text{tri}(n/3)$으로 표현되거나 다른 몇 가지 방법으로도 표현이 가능하다.

수열: $h[n] = \{0, 2, 4, \overset{\Downarrow}{6}, 4, 2, 0\}$

임펄스의 합: $h[n] = 2\delta[n+2] + 4\delta[n+1] + 6\delta[n] + 4\delta[n-1] + 2\delta[n-2]$

계단과 램프 함수의 합: $h[n] = 2r[n+3] - 4r[n] + 2r[n-3]$

심화문제 2.6

(a) 신호 $x[n] = \delta[n+2] + 2\delta[n-1]$과 $y[n] = 2u[n+1] - u[n-3]$을 그려라.

(b) 계단 함수를 이용하여 신호 $h[n] = \{3, 3, \overset{\Downarrow}{3}, 5, 5, 5\}$를 표현하라.

(c) 삼각 함수를 이용하여 신호 $g[n] = \{\overset{\Downarrow}{2}, 4, 6, 4, 2\}$를 표현하라.

정답: (b) $h[n] = 3u[n+2] + 2u[n-1] - 5u[n-4]$ **(c)** $g[n] = 6\text{tri}(\frac{n-2}{3})$

2.4.4 이산 싱크 함수

이산 싱크 함수의 정의는 다음과 같다.

$$\text{sinc}\left(\frac{n}{N}\right) = \frac{\sin(n\pi/N)}{(n\pi/N)}, \qquad \text{sinc}(0) = 1 \tag{2.19}$$

$\text{sinc}(n/N)$은 $n = kN$, $k = \pm1, \pm2, \ldots$에서 0과 같다. $n = 0$에서 $\text{sinc}(0) = 0/0$이고 n이 정수 값만 취하기 때문에 극한에서는 계산될 수 없으므로, $\text{sinc}(0) = 1$로 정의한다. sinc 함수의 포락선(envelope)이 주 로브(mainlobe)와 천천히 감소되는 사이드 로브(sidelobe)를 나타낸다. $\text{sinc}(n/N)$의 정의에 의해 $\text{sinc}(n) = \delta[n]$이다.

2.4.5 이산 지수

이산 지수는 종종 유리수를 이용하여 표현된다. 예를 들면, 신호 $x[n] = 2^n u[n]$은 기하급수적 증가를 보이는 반면, $y[n] = (0.5)^n u[n]$은 기하급수적 감소를 나타낸다. 신호 $f[n] = (-0.5)^n u[n]$은 부호가 교대로 나타나는 값을 보인다. $\alpha = re^{j\theta}$ 복소수인 지수함수 $x[n] = \alpha^n u[n]$은 다양한 방법의 복소수로 표현할 수 있다.

$$x[n] = \alpha^n u[n] = (re^{j\theta})^n u[n] = r^n e^{jn\theta} u[n] = r^n[\cos(n\theta) + j\sin(n\theta)]u[n] \tag{2.20}$$

이 복소수 신호는 그림으로 표현하기 위하여 (실수축과 허수축 같이) 두 가지의 다른 표현이 필요하다. 만약 $0 < r < 1$일 경우 $x[n]$은 실수와 허수 부분 모두 기하급수적으로 감소하는 사인과

코사인 함수를 나타낸다. $r = 1$인 경우 실수와 허수 부분은 최고치가 1인 순수한 사인과 코사인 함수이며, $r > 1$인 경우 기하급수적으로 증가하는 정현파를 얻게 된다.

2.5 이산시간 고조파와 정현파

만약 초당 $S = 1/t_s$의 샘플링률에 대응하는 t_s 간격으로 아날로그 정현파 $x(t) = \cos(2\pi f_0 t)$를 샘플링한다면, 다음과 같은 샘플링된 정현파를 얻게 된다.

$$x[n] = \cos(2\pi f n t_s + \theta) = \cos(2\pi n \tfrac{f}{S} + \theta) = \cos(2\pi n F + \theta) \tag{2.21}$$

일반적으로는 다음 형태의 복소수 신호를 다루는 것이 편리하다는 것을 알게 된다.

$$\tilde{x}[n] = e^{j(2\pi n F + \theta)} = \cos(2\pi n F + \theta) + j\sin(2\pi n F + \theta) \tag{2.22}$$

이것은 복소수 신호 $\tilde{x}[n]$의 실수 부분인 실수 정현파 $x[n] = \cos(2\pi nF + \theta)$라고 쉽게 알 수 있다.

f와 $\omega = 2\pi f$는 아날로그 주파수를 나타낸다. 정규화된 주파수 $F = f/S$는 **디지털 주파수**(digital frequency)라고 하며 단위는 샘플당 주기이다. 주파수 $\Omega = 2\pi F$는 디지털 라디안 주파수이며 단위는 샘플당 라디안이다. 아날로그 주파수 $f = S$(또는 $\omega = 2\pi S$)는 디지털 주파수 $F = 1$(또는 $\Omega = 2\pi$)과 일치한다. 다양한 아날로그 및 디지털 주파수는 그림 2.5에서 비교된다.

디지털 주파수는 아날로그 주파수를 샘플링률 S로 나눈 값이다.

$$F\,(\text{cycles/sample}) = \frac{f\,(\text{cycles/sec})}{S\,(\text{samples/sec})} \qquad \Omega\,(\text{radians/sample}) = \frac{\omega\,(\text{radians/sec})}{S\,(\text{samples/sec})} = 2\pi F$$

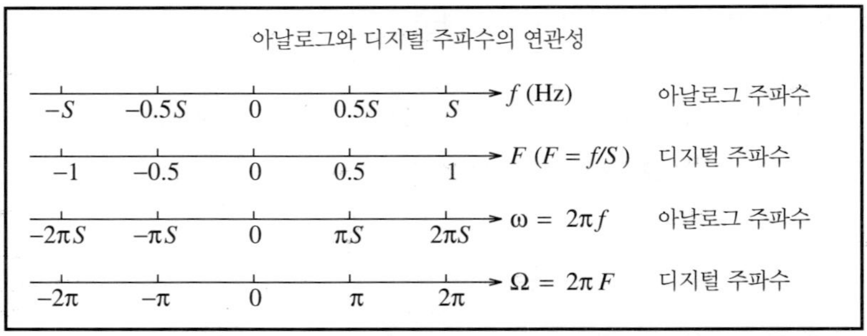

그림 2.5 아날로그와 디지털 주파수의 비교. 정의에 따라 디지털 주파수 $F = f/S$가 아날로그 주파수 f와 샘플링률 S의 비율로 표현되기 때문에, 디지털 주파수 $F = 1$이 샘플링 주파수 $f = S$와 일치함을 기억하라.

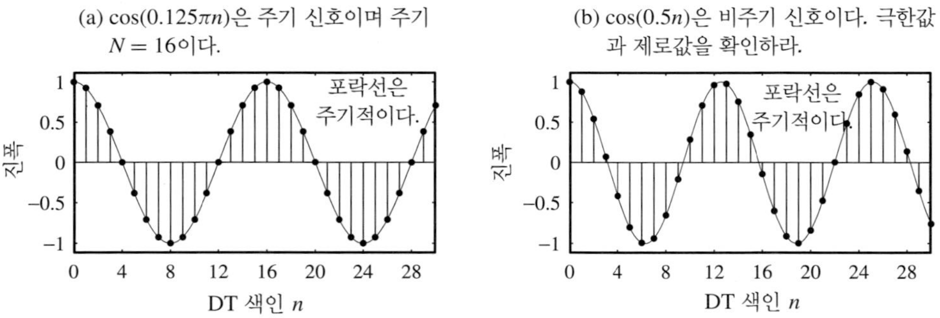

그림 2.6 이산 정현파는 항상 주기적이지는 않다. 첫 번째 그림은 주기 $N = 16$인 신호 $\cos(0.125n\pi)$와 포락선을 나타낸다. 두 번째 그림은 신호 $\cos(0.5n)$과 포락선을 나타낸다. 두 신호의 포락선은 주기 함수이지만 자세히 살펴보면 첫 번째 신호는 주기 신호이며 두 번째 신호는 주기 신호가 아니다.

2.5.1 이산시간 고조파는 시간 영역에서 항상 주기적이지는 않다

아날로그 정현파 $x(t) = \cos(2\pi f_0 t + \theta)$는 주목할 만한 두 가지 특성이 있다. 그것은 매 주파수에 대하여 고유하며, 주파수 f_0가 어떤 값을 갖더라도 시간에 주기적이다. 그러나 샘플링된 형태는 전혀 다른 성격을 갖는다.

모든 이산시간 정현파와 고조파는 시간 영역에서 주기성을 가질까? 답은 '항상 그렇지는 않다'이다. 이러한 개념을 이해하기 위하여 $x[n]$이 주기가 N인 주기 신호라 가정하자. 즉, $x[n] = x[n + N]$이며 다음을 유도한다.

$$\cos(2\pi n F_0 + \theta) = \cos[2\pi(n + N)F_0 + \theta] = \cos(2\pi n F_0 + \theta + 2\pi N F_0) \qquad (2.23)$$

양변이 동일하므로 NF_0와 정수 k는 일치한다. 다시 말해, F_0는 k/N의 형태인 유리수여야 한다. 이는 이산 정현파가 항상 주기 신호인 것은 아니지만 디지털 주파수가 정수의 비율, 즉 유리수의 분수 형태이면 주기성을 가짐을 의미한다. 주기 N은 공통분모가 약분된 k/N의 분모이다. 또한 k는 샘플링된 신호의 한 주기를 나타내기 위하여 k 주기의 아날로그 정현파가 필요하다는 의미이다. 이산 정현파들의 공통 주기는 이들 각 주기의 최소공배수가 된다. 만약 F_0가 유리수가 아니라면 주기성이 없으며 이산 정현파는 비주기 신호 또는 주기 신호에 근접한 신호로 분류된다. 이산 신호 중 주기 신호와 비주기 신호의 예제가 그림 2.6에 나타나 있다. 이산 정현파가 항상 주기적인 것은 아니더라도, 항상 주기적인 포락선을 갖는다. 이는 복소수 고조파의 형태인 $e^{j(2\pi n F_0 + \theta)}$를 나타낸다.

이산 고조파 $\cos(2\pi F_0 + \theta)$ 또는 $e^{j(2j\pi F_0 + \theta)}$는 시간 영역에서 항상 주기적이지는 않다.

디지털 주파수 $F_0 = k/N$이 정수의 비율로 표현될 수 있는 경우에만 주기 신호이다. 공통 인자가 k/N에서 상쇄된다면 주기는 N과 일치하며, 샘플링된 정현파의 한 주기는 아날로그 정현파의 k 전체 주기에서 얻어진다. 주기적인 정현파의 조합에 대한 공통 주기 N은 각 개별 주기의 최소공배수이다.

예제 2.6 이산시간 고조파와 주기성

(a) $F = 0.32$이면 $x[n] = \cos(2\pi Fn)$은 주기 신호인가? $F = \sqrt{3}$이면 주기 신호인가? 만약 주기 신호이면 주기 N은 얼마인가?

$F = 0.32$이면, $F = 0.32 = 32/100 = 8/25 = k/N$이므로 주기 $N = 25$이다.

$F = \sqrt{3}$이면, F가 무리수이고 정수의 비율로 표기될 수 없으므로 비주기 신호가 된다.

(b) 고조파 신호 $x[n] = e^{j0.2n\pi} + e^{-j0.3n\pi}$의 주기는 얼마인가?

$x[n]$의 디지털 주파수는 $F_1 = 0.1 = 1/10 = k_1/N_1$이며 $F_2 = 0.15 = 3/20 = k_2/N_2$이다. 이들의 주기는 각각 $N_1 = 10$, $N_2 = 20$이며, 따라서 공통 주기 $N = \text{LCM}(N_1, N_2) = \text{LCM}(10, 20) = 20$이다.

(c) 신호 $x(t) = 2\cos(40\pi t) + \sin(60\pi t)$가 75 Hz로 샘플링되었다. 샘플링된 신호 $x[n]$의 공통 주기는 얼마이며 $x[n]$의 한 주기를 얻어내기 위해 $x(t)$의 몇 주기가 필요한지를 구하라.

$x(t)$의 주파수는 $f_1 = 20$ Hz와 $f_2 = 30$ Hz이다. 각 성분의 디지털 주파수는 $F_1 = 20/75 = 4/15 = k_1/N_1$이고 $F_2 = 30/75 = 2/5 = k_2/N_2$이다. 따라서 $N_1 = 15$이며 $N_2 = 5$이다. 공통 주기 $N = \text{LCM}(15, 5) = 15$이다. $x(t)$의 기본 주파수는 $f_0 = \text{GCD}(20, 30) = 10$ Hz이며 $x(t)$의 한 주기는 $T = 1/f_0 = 0.1$초이다. $N = 15$는 $Nt_s = N/S = 0.2$초의 기간에 대응하기 때문에, $x[n]$의 한 주기를 구하기 위하여 $x(t)$의 주기 두 개가 필요하다. 이는 또한 $\text{GCD}(k_1, k_2) = \text{GCD}(4, 2) = 2$와 같다.

심화문제 2.7

(a) $x[n] = 2e^{j(0.25n\pi + 30°)}$의 디지털 주파수는 얼마인가? $x[n]$은 주기 신호인가?

(b) $y[n] = \cos(0.5n + 30°)$의 디지털 주파수는 얼마인가? $y[n]$은 주기 신호인가?

(c) $f[n] = \cos(0.4n\pi) + \sin(0.5n\pi + 30°)$의 공통 주기 N은 얼마인가?

정답: (a) $F_0 = 0.125$, 예 **(b)** $F_0 = 0.25/\pi$, 아니오 **(c)** $N = 20$

2.5.2 이산시간 고조파는 주파수 영역에서 항상 주기적이다

아날로그 정현파와 달리 이산시간 정현파와 고조파는 주파수 영역에서 항상 주기성을 갖는다. 정현파 $x[n] = \cos(2\pi nF_0 + \theta)$에서 F_0에 정수 m을 더하면 다음과 같다.

$$\cos[2\pi n(F_0 + m) + \theta] = \cos(2\pi nF_0 + \theta + 2\pi nm) = \cos(2\pi nF_0 + \theta) = x[n]$$

이러한 결과는 주파수 $F_0 \pm m$에서의 이산 정현파가 동일함을 말한다. 다시 말해, 이산 정현파는 주파수 영역에서 주기 함수이며 단위 주기를 갖는다. 범위 $-0.5 \le F \le 0.5$는 **중앙 구간**(central period) 또는 **주요 범위**(principal range)를 정의한다. 이산 정현파의 주파수가 주요 범위에 속하면 고유하게 표현될 수 있다. 주요 범위를 벗어난 주파수가 F_0인 이산 정현파는 주요 범위의 주파수로 표현될 수 있으며 F_0에서 정수 M을 뺀 새로운 주파수 $F_a = F_0 - M$이 $-0.5 \le F_u \le 0.5$를 만족시키면 된다. 주파수 F_a는 엘리어싱 디지털 주파수라고 하며 원 주파수 F_0보다 항상 작은 값이다. 이 결과는 복소수 고조파 형식인 $e^{j(2\pi nF_0 + \theta)}$에도 적용된다.

정리하면, 이산시간 정현파나 고조파는 시간 영역에서 디지털 주파수인 F_0가 유리수로 표현될 경우에만 주기성을 갖지만 주파수 영역에서는 항상 주기성을 갖는다. 다음은 이러한 근본적인 결과를 정리한 것이다.

이산 고조파 $\cos(2\pi F_o + \theta)$ 또는 $e^{j(2j\pi F_o + \theta)}$는 주파수 영역에서 주기 신호이다.

주기는 $F = 1$이다. F_0와 $F_0 \pm K$에서의 이산 고조파는 정수 K에 대하여 동일하다.

이산 고조파는 주파수 F_0가 중앙 구간 $-0.5 < F_0 \le 0.5$ 사이에 있을 때만 고유하다.

만약 $F_0 > 0.5$이면, 고유 주파수는 $F_a = F_0 - M$이 되며 정수 M은 $-0.5 < F_a \le 0.5$를 만족시킨다.

심화문제 2.8

(a) $x[n] = e^{j1.4n\pi} = e^{j2n\pi F_u n}$이고 F_u가 주요 범위일 경우, F_u의 값은 얼마인가?

(b) $y[n] = \cos(2.4n\pi + 30°)$일 때, $y[n]$을 주요 범위에서의 주파수로 표현하라.

(c) 주요 범위에서의 주파수를 이용하여 $f[n] = \cos(1.4n\pi + 20°) + \cos(2.4n\pi + 30°)$를 표현하라.

정답: (a) -0.3 **(b)** $\cos(0.4n\pi + 30°)$ **(c)** $\cos(0.6n\pi - 20°) + \cos(0.4n\pi + 30°)$

2.6 샘플링 정리

아날로그 신호의 디지털 처리에서 주요 개념은 샘플링된 신호가 기본적인 아날로그 신호의 유일한 표현이어야 한다는 것이다. 정현파 $x(t) = \cos(2\pi f_0 t + \theta)$가 샘플링률 S로 샘플링될 때 샘플 신호의 디지털 주파수 $F_0 = f_0/S$이다. 샘플링된 정현파가 아날로그 정현파와 고유하게 상응되기 위해서는 디지털 주파수 F_0가 주요 범위, 즉 $|F_0| < 0.5$에 존재해야 한다. 이는 $S > 2|f_0|$이며 샘플링률 S가 $|2f_0|$보다 커야 한다는 조건을 암시한다. 일반적으로, **샘플링 정리**(sampling theorem)는 아날로그 신호와 (같은 샘플링률을 이용한) 이들의 샘플로 복원된 신호가 유일하게 대응되는 조건으로 샘플링률이 최고 주파수인 $f_{\max}$를 최소 **2배** 초과해야 한다는 것이다. $S = 2f_{\max}$의 값을 **임계 샘플링률**(critical sampling rate) 또는 **나이퀴스트율**(Nyquist rate) 또는 **나이퀴스트 주파수**(Nyquist frequency)라고 한다. 시간 간격 $t_s = \frac{1}{2f_{\max}}$을 **나이퀴스트 간격**(Nyquist interval)이라 한다. 정현파 $x(t) = \cos(2\pi f_0 t + \theta)$의 경우, 나이퀴스트율 $S_N = 2f_0 = \frac{2}{T}$이며 샘플링률은 (샘플링 간격 $t_s = T/2$이므로) **한 주기에 두 샘플**을 정확히 취하는 것과 동일하다. 나이퀴스트율을 초과하기 위해서는 한 주기에 **최소** 두 샘플 이상을 취해야 한다.

샘플링 정리: 정보의 손실 없이 아날로그 신호를 샘플링하는 방법

$f_{\max}$ Hz로 대역제한된 아날로그 신호에 대하여 샘플링률 $S > 2f_{\max}$는 $2f_{\max}$를 초과해야 한다.
$S = 2f_{\max}$는 **나이퀴스트율**을 나타낸다.
$t_s = \frac{1}{2f_{\max}}$는 **나이퀴스트 간격**을 나타낸다.
아날로그 정현파에 대한 나이퀴스트율은 한 주기에 두 샘플을 취하는 것과 상응한다.

심화문제 2.9

(a) 다음 신호들의 임계 샘플링률을 구하라.

$$x(t) = \cos(10\pi t) \qquad y(t) = \cos(10\pi t) + \sin(15\pi t)$$

$$f(t) = \cos(10\pi t)\sin(15\pi t) \qquad g(t) = \cos^2(10\pi t)$$

(b) 50 Hz 정현파가 나이퀴스트율의 두 배로 샘플링되었다. 3초 동안 얼마나 많은 샘플이 획득되었는가?

정답: **(a)** 10, 15, 25, 20 **(b)** 600

2.6.1 신호의 재구성과 엘리어싱

아날로그 신호 $x(t) = \cos(2\pi f_0 t + \theta)$와 $F_0 = f_0/S$인 샘플링된 $x[n] = \cos(2\pi n F_0 + \theta)$를 가정하자. 만일 $x[n]$이 $x(t)$의 유일한 표현이라면 $x[n]$으로부터 $x(t)$를 재구성할 수 있어야 한다. 실제로, 재구성에 사용되는 값은 **중앙 구간**인 $-0.5 \le F \le 0.5$에서 $x[n]$의 주기적 스펙트럼의 **영상**(image) 또는 중앙 복사본이다. 이를 아날로그 구간으로 환산하면 $-0.5S \le f \le 0.5S$가 된다. 그 밖의 스펙트럼의 엘리어싱을 없애기 위하여 저역통과 필터를 사용하며, 필터의 출력은 재구성된 아날로그 신호에 대응한다. 결과적으로, 이들 샘플로부터 복원된 신호의 최고 주파수 $f_H = 0.5S$가 된다.

재구성된 아날로그 신호가 $x(t)$와 동일한지의 여부는 샘플링률 S에 의거한다. 만약 나이퀴스트율을 초과할 경우($S > 2f_0$) 디지털 주파수 $F_0 = f_0/S$는 항상 주요 범위인 $-0.5 \le F \le 0.5$에 포함되며 재구성된 아날로그 신호는 $x(t)$와 **동일하다**. 만약 샘플링률이 나이퀴스트율 미만이면($S < 2f_0$) 디지털 주파수는 0.5를 초과한다. 주요 범위의 엘리어싱 신호는 더 낮은 디지털 주파수인 $F_a = F_0 - M$에 나타나며 M은 엘리어싱된 디지털 주파수 F_a를 -0.5와 0.5 사이로(또는 $-0.5S$와 $0.5S$ 사이의 엘리어싱된 아날로그 주파수 f_a) 옮겨 주는 정수 값이다. 재구성된 엘리어싱 신호 $x_a(t) = \cos(2\pi f_a t + \theta)$는 f_0보다 더 낮은 주파수인 $f_a = SF_a$에 존재하며 이는 더 이상 $x(t)$의 복제 신호가 아니다. 복원된 신호가 원 주파수보다 더 낮은 주파수에 나타나는 현상이 **엘리어싱**(aliasing) 현상이다. 보다 심각한 문제는 원 신호 $x(t)$와 엘리어싱된 신호 $x_a(t)$가 샘플링률 S에서 동일한 샘플값을 제공하므로 샘플로부터 원 신호 $x(t)$를 표현할 고유의 방법을 방해한다는 것이다.

아날로그 신호 $\cos(2\pi f_0 t + \theta)$ 나이퀴스트율 미만으로 샘플링되면 엘리어싱이 발생한다.

$S < 2f_0$일 경우, 재구성된 아날로그 신호는 $|f_a| < 0.5S$인 더 낮은 주파수에 엘리어싱된다.

$f_a = f_0 - MS$이고 M은 f_a를 중앙 구간($-0.5S < f_a \le 0.5S$)으로 옮겨 놓는 정수 값이다.

엘리어싱된 또는 재구성된 신호는 주요 범위의 주파수에 근거한다.

재구성된 신호의 최고 주파수는 복원율의 반을 초과할 수 없다.

예제 2.7 엘리어싱과 그 효과

(a) 100 Hz 정현파 $x(t)$가 240 Hz로 샘플링되면 엘리어싱이 발생하는가? 샘플 신호의 한 주기를 표현하기 위하여 $x(t)$의 몇 주기가 필요한지 설명하라.

샘플링률이 200 Hz를 초과하기 때문에 엘리어싱은 발생하지 않는데, 디지털 주파수가 $F = 100/240 = 5/12$이므로 $x(t)$의 5주기 동안 12개 샘플이 발생한다.

(b) 100 Hz 정현파가 240 Hz, 140 Hz, 90 Hz, 35 Hz로 샘플링되면 엘리어싱이 발생하는지를 설명하고 발생할 경우 엘리어싱 주파수를 구하라.

엘리어싱을 피하기 위해서는 샘플링률이 200 Hz를 초과해야 한다. $S = 240$ Hz의 경우 엘리어싱은 발생하지 않고 복원된 신호는 100 Hz의 원 신호와 동일하다. 그러나 다른 경우엔 샘플링률이 낮아 엘리어싱이 발생하며, 더 낮은 주파수에서 엘리어싱된 신호가 발생된다. 각 샘플링률 S에 해당하는 엘리어싱 주파수는 100 Hz에서 $-0.5S \le f \le 0.5S$ 범위의 지점까지 S의 곱을 제거함으로써 구해진다. 원 신호가 $x(t) = \cos(200\pi t + \theta)$의 형태일 경우 엘리어싱 주파수와 신호는 다음과 같다.

$$S = 140\text{ Hz},\quad f_a = 100 - 140 = -40\text{ Hz},$$
$$x_a(t) = \cos(-80\pi t + \theta) = \cos(80\pi t - \theta)$$

$$S = 90\text{ Hz},\quad f_a = 100 - 90 = 10\text{ Hz},\quad x_a(t) = \cos(20\pi t + \theta)$$

$$S = 35\text{ Hz},\quad f_a = 100 - 3(35) = -5\text{ Hz},$$
$$x_a(t) = \cos(-10\pi t + \theta) = \cos(10\pi t - \theta)$$

따라서 (역 위상을 갖는) 40 Hz 정현파, 10 Hz 정현파, (역 위상을 갖는) 5 Hz 정현파가 발생한다. 엘리어싱 주파수가 음수일 경우 위상이 반전됨을 주의하자. 마지막으로 샘플링률이 나이퀴스트율인 200 Hz를 초과할 경우 모든 시간에서 원 신호인 100 Hz를 복원할 수 있다.

(c) 두 아날로그 정현파 $x_1(t)$(그림에 엷게 표기)와 $x_2(t)$(그림에 짙게 표기)가 그림 E2.7c와 같이 동일한 샘플링 값을 제공한다. 엘리어싱이 발생했는가? 원 신호와 엘리어싱 신호를 확인하고, 샘플링된 신호의 디지털 주파수가 각 정현파와 일치하는지를 확인하라. $S = 50$ Hz의 경우 각 신호의 아날로그 주파수는 얼마인가? 각 신호의 정확한 수식을 규정할 수 있는가?

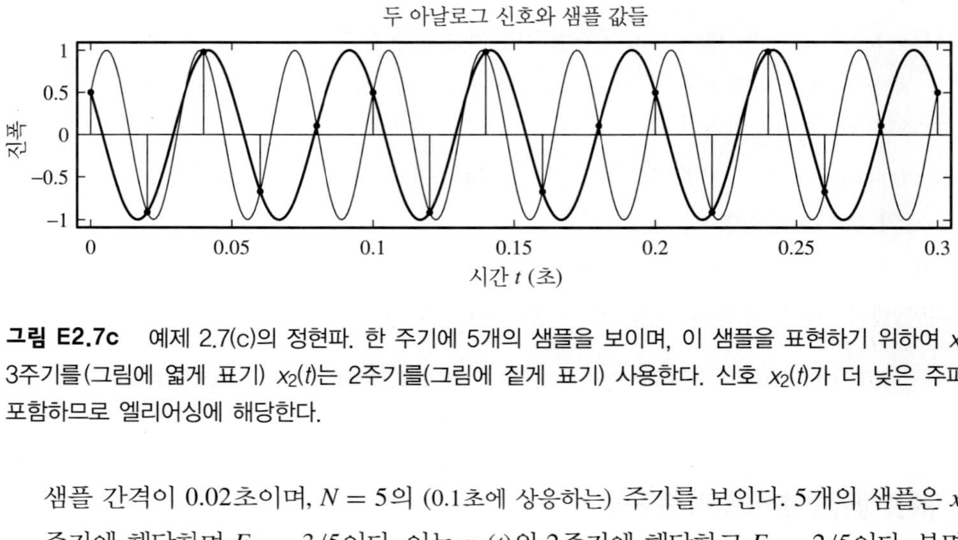

그림 E2.7c 예제 2.7(c)의 정현파. 한 주기에 5개의 샘플을 보이며, 이 샘플을 표현하기 위하여 $x_1(t)$는 3주기를(그림에 엷게 표기) $x_2(t)$는 2주기를(그림에 짙게 표기) 사용한다. 신호 $x_2(t)$가 더 낮은 주파수를 포함하므로 엘리어싱에 해당한다.

샘플 간격이 0.02초이며, $N = 5$의 (0.1초에 상응하는) 주기를 보인다. 5개의 샘플은 $x_1(t)$의 3주기에 해당하며 $F_1 = 3/5$이다. 이는 $x_2(t)$의 2주기에 해당하고 $F_2 = 2/5$이다. 분명히 $x_1(t)$는 원 신호이고 $x_2(t)$에 엘리어싱되었다. 샘플링 간격이 0.02초이고 샘플링률 $S = 50$ Hz이므로 원 신호와 엘리어싱 주파수는 다음과 같다.

$$f_1 = SF_1 = 30 \text{ Hz} \quad \text{그리고} \quad f_2 = SF_2 = 20 \text{ Hz}$$

그림 E2.7c에서 다음과 같이 $x_1(t)$와 $x_2(t)$에 대한 정확한 표현을 확인할 수 있다. $x_1(t)$는 $x_1(0) = 0.5$이고 지연된 코사인 함수이므로 $x_1(t) = \cos(60\pi t - \frac{\pi}{3})$이다. $S = 50$ Hz일 때 주파수 $f_1 = 30$ Hz는 정확히 $f_2 = -20$ Hz에 엘리어싱되고, 따라서 $x_2(t) = \cos(-40\pi t - \frac{\pi}{3}) = \cos(40\pi t + \frac{\pi}{3})$이다. $F = \frac{30}{50} = 0.6$(또는 $F = -0.4$)이므로 샘플링된 신호 $x[n] = \cos(2\pi nF - \frac{\pi}{3})$이다.

(d) 100 Hz 정현파가 샘플링되었고 재구성된 신호가 10 Hz에서 나타날 경우, 샘플링률 S는 얼마인가?

한 방법은 $100 - S = 10$으로 놓고 S를 구하면 $S = 90$ Hz가 된다. 다른 방법은 $100 - S = -10$으로 두면 $S = 110$ Hz가 된다. 사실 100 Hz에서 정수의 S배만큼 뺀 $100 - MS = 10$에서 S와 M을 구하면 된다. 예를 들면, $M = 2$인 경우 $S = 45$ Hz이고 $M = 3$인 경우 $S = 30$ Hz가 된다. 또한 $100 - NS = -10$으로 계산해도 무방하다($S = 55$ Hz, $N = 2$). 그러나 어떠한 샘플링률이 사용되는지를 알 수 있는 방법은 없다.

심화문제 2.10

(a) 60 Hz 정현파 $x(t)$가 200 Hz로 샘플링되면 샘플링된 신호의 주기 N은 얼마인가? 이 N개의 샘플을 얻기 위해 $x(t)$의 몇 주기가 사용되는가? 샘플로부터 복원된 아날로그 신호의 주파수는 몇 Hz인가?

(b) 160 Hz 정현파 $x(t)$가 200 Hz로 샘플링되면 샘플링된 신호의 주기 N은 얼마인가? 이 N개의 샘플을 얻기 위해 $x(t)$의 몇 주기가 사용되는가? 샘플로부터 복원된 아날로그 신호의 주파수는 몇 Hz인가?

(c) 신호 $x(t) = \cos(60\pi t + 30°)$가 50 Hz로 샘플링될 경우 샘플로부터 복원된 아날로그 신호 $y(t)$의 수식은 무엇인가?

(d) 150 Hz 정현파가 샘플링된다. 샘플로부터 복원된 아날로그 신호의 위상이 반전되지는 않지만 엘리어싱이 발생되는 150 Hz에 근접한 샘플링률의 구간(Hz)을 설정하라.

정답: (a) 10, 3, 60 **(b)** 4, 5, −40 **(c)** $y(t) = \cos(40\pi t - 30°)$ **(d)** $100 < S < 150$

2.6.2 다른 샘플링률에서의 재구성

샘플링률 S_1을 이용하여 신호를 샘플링하고, 다른 샘플링률 S_2를 이용하여 샘플에서 아날로그 신호를 재구성하는 하는 경우가 있다. 이러한 경우에서 원 신호의 주파수 f_0가 디지털 주파수 F_0

$= f_0/S_1$을 결정짓는다. 만약 $S_1 > 2f_0$이면, 엘리어싱이 발생하지 않는다. F_0가 주요 범위에 있고 복원된 주파수는 $f_r = F_0S_2 = f_0(S_2/S_1)$이 된다. 만약 $S_1 < 2f_0$이면, 엘리어싱이 발생하고 복원된 주파수는 $f_r = F_aS_2 = f_a(S_2/S_1)$이 되며, 여기서 F_a는 주요 범위에서의 엘리어싱된 디지털 주파수를 나타낸다. 즉, 엘리어싱된 또는 복원된 모든 주파수는 중앙 구간으로 표기되어야 한다.

예제 2.8 다른 샘플링률에서의 신호 재구성

100 Hz 정현파가 S Hz에서 샘플링된 후, 샘플 신호가 420 Hz에서 재구성된다. 만약 $S = 210$ Hz이면 재구성된 신호의 주파수는 얼마인가? $S = 140$ Hz인 경우는 어떻게 되는가?

1. $S = 210$ Hz의 경우, 샘플링된 신호의 디지털 주파수 $F = \frac{100}{210} = \frac{10}{21}$이며 이는 중앙 구간에 존재한다. 재구성된 신호의 주파수 $f_r = SF = 420F = 200$ Hz이다.
2. $S = 140$ Hz의 경우, 샘플링된 신호의 디지털 주파수 $F = \frac{100}{140}$이며 이는 중앙 구간에 포함되지 않는다. 중앙 구간의 주파수는 $F = \frac{100}{140} - 1 = -\frac{40}{140}$이며 재구성된 신호의 주파수 $f_r = SF = 420F = -120$ Hz이다. 음수 값은 복원된 신호의 위상 반전을 의미한다.

심화문제 2.11

(a) 60 Hz 신호가 200 Hz로 샘플링되었다. 재구성률이 300 Hz라면 샘플에서 복원된 신호의 주파수는 몇 Hz인가?

(b) 160 Hz 신호가 200 Hz로 샘플링되었다. 샘플로부터 복원된 신호의 주파수가 160 Hz이면 재구성률은 몇 Hz가 사용되었는가?

정답: (a) 90 (b) 800

2.7 랜덤 신호의 소개

지금까지 다룬 신호는 **결정 신호**(deterministic signal) 또는 예측이 가능한 신호이다. 이러한 신호는 수학적으로 고유하게 표기할 수 있으며 한 번 표현되면 과거, 현재 또는 미래의 모든 시간에서의 완전한 분석이 가능하다. 이와 반대로, **랜덤 신호**(random signal) 또는 **스토캐스틱 신호**(stochastic signal)는 정확한 값을 미리 예측할 수가 없다. 어떤 신호이든 일단 과거 값이 발생하면 정확히 알 수 있으므로 랜덤 신호의 미래 값에 대한 문제만 다루기로 한다. 신호의 미래 값에 대한 불확실성 또는 랜덤성은 실제 환경에 내포되어 있다. 사실 불확실성에 대한 정도가 정보를 전송하는 데 필수적이다. 랜덤 신호를 더 오랫동안 관찰할수록 더 많은 정보를 습득할 수 있으므로 불확실성을 줄일 수 있다. 랜덤 신호의 성질을 완전히 이해하기 위해서는 확률 이론, 랜덤 변수 그리고 스토캐스틱을 이용해야 한다. 그러나 이런 도구를 이용하더라도 과거 행동에 근거한 **평균값**을 찾는 것이 최선의 방법이다.

2.7.1 확률

그림 2.7은 동일한 환경에서의 두 가지 실험 결과를 나타낸다. 첫 번째 실험은 몇 번 실험을 하더라도 항상 동일한 결과물을 가져오므로 결정 신호이다. 어떠한 값을 예측하기 위해서는 한 번의 실험으로 알 수 있다.

두 번째 실험은 매번 실험을 할 때마다 다른 결과 또는 **구현**(realization)을 제공하므로 **스토캐스틱** 또는 랜덤 시스템이다. **랜덤 신호** 또는 **랜덤 프로세스**(random process) $X(t)$는 수많은 실험을 반복하여 얻는 모든 구현의 **앙상블**(ensemble) 또는 집합으로 구성된다. 각 구현인 $x(t)$가 일단 얻어지면 랜덤성을 잃어버리고 결정 신호에 사용하는 어떤 연산도 사용할 수 있다. 신호의 랜덤성은 하나의 구현이 다음 구현에 대한 정보를 제공하지 못한다는 사실에 근거한다. 주어진 순간 t에서 랜덤 신호의 각 구현은 서로 다른 값을 발생시키고 이들의 모임은 **랜덤 변수**(random variable)를 정의한다. 어떤 값은 다른 값보다 더 많이 발생한다. 확률의 개념은 이 확률을 계산하기 위하여 많은 양의 계산을 반복한다는 것이다. 따라서 만약 1000번을 실행하여 그중 600번이 2 V라면 2 V가 발생할 확률은 0.6이 된다.

Pr(A)로 정의되는 어떤 **사건의 확률** A는 실험이 수행된 수의 성공적인 결과에 비례하며 0과 1 사이의 분수 값을 갖는데, 이는 성공적인 수행 값이 총 수행 값보다 클 수 없기 때문이다. Pr(A) 값이 클수록 사건 A가 발생할 확률이 커진다. 랜덤 변수의 특성을 좀 더 살펴보기 위하여 다음 두 가지 질문에 대답해야 한다.

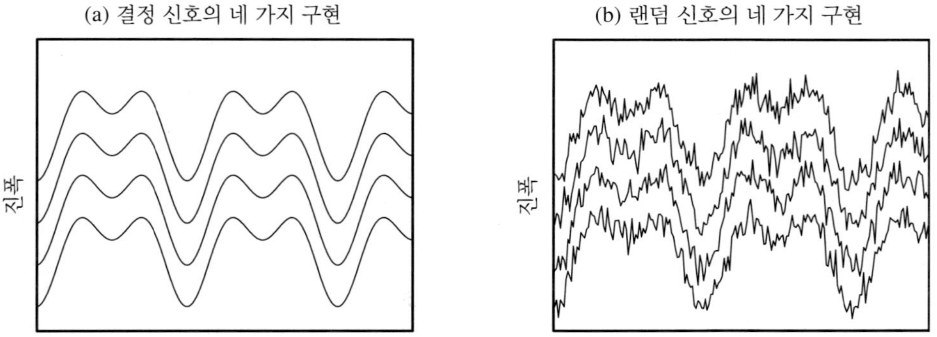

그림 2.7 결정 프로세스는 동일한 구현을 가져오는 반면 스토캐스틱 또는 랜덤 프로세스의 구현은 매번 다르다.

1. 얻을 수 있는 모든 가능한 값의 범위는 어떻게 되는가? 이것은 유한 혹은 무한인 **앙상블 공간**(ensemble space)을 정의한다.
2. 이 범위에서의 모든 가능한 값에 대한 확률은 어떻게 되는가? 이것은 **확률 분포 함수**(probability distribution function) $F(x)$를 정의하며, 분명하게 $F(x)$는 항상 0과 1 사이의 값을 갖는다.

확률 분포 함수의 미분값을 보통 **확률 밀도 함수**(probability density function) $f(x)$라고 한다. 분포 함수 $F(x)$는 밀도 $f(x)$의 적분을 취하면 얻을 수 있다.

$$f(x) = \frac{dF(x)}{dx} \quad \text{또는} \quad F(x) = \int_{-\infty}^{x} f(\lambda)\, d\lambda \tag{2.24}$$

X가 x_1보다 작은 확률 $F(x_1) = \Pr[X \le x_1]$은 다음과 같이 주어진다.

$$\Pr[X \le x_1] = \int_{-\infty}^{x_1} f(x)\, dx \tag{2.25}$$

X가 x_1과 x_2 사이에 있을 확률은 $\Pr[x_1 < X \le x_2] = F(x_2) - F(x_1)$이고, $f(x)$의 면적은 1이다.

2.7.2 랜덤 변수의 측정

랜덤 변수 X의 측정 또는 특성은 분포에 기반을 둔다. 평균 또는 **기댓값**(expectation)은 분포가 중앙인 위치를 측정하며, 다음과 같이 정의된다.

$$\hat{E}(x) = m_x = \int_{-\infty}^{\infty} x f(x)\, dx \qquad \text{(평균 또는 기댓값)} \tag{2.26}$$

평균 자승값(mean square value)은 간단히 다음과 같이 정의된다.

$$\hat{E}(x^2) = \int_{-\infty}^{\infty} x^2 f(x)\, dx \qquad \text{(평균 자승값)} \tag{2.27}$$

결정 신호나 랜덤 신호의 다양한 특성은 **모멘트**(moment)에 의하여 결정되며, n차 모멘트 m_n은 다음과 같이 정의된다.

$$m_n = \int_{-\infty}^{\infty} x^n f(x)\, dx \qquad (n\text{차 모멘트}) \tag{2.28}$$

0차 모멘트 m_0는 신호의 면적을, 1차 모멘트 m_1은 평균값을, 2차 모멘트 m_2는 평균 자승값을 나타낸다. 평균에 대한 모멘트를 **중심 모멘트**(central moment)라 하고 여러모로 많이 사용된다. n차 중심 모멘트 μ_n은 다음과 같이 정의된다.

$$\mu_n = \int_{-\infty}^{\infty} (x - m_x)^n f(x)\, dx \qquad (n\text{차 중심 모멘트}) \tag{2.29}$$

가장 보편적으로 사용되는 특성은 2차 중심 모멘트 μ_2인데, 이를 **분산**(variance)이라 하고 σ_x^2으로 표기하며 다음과 같이 정의된다.

$$\sigma_x^2 = \hat{E}[(x - m_x)^2] = \mu_2 = \int_{-\infty}^{\infty} (x - m_x)^2 f(x)\,dx \qquad (\text{분산}) \tag{2.30}$$

분산은 평균과 평균 자승값으로 나타낼 수 있다.

$$\sigma_x^2 = \hat{E}[(x - m_x)^2] = \hat{E}(x^2) - m_x^2 = \int_{-\infty}^{\infty} x^2 f(x)\,dx - m_x^2 \tag{2.31}$$

분산은 평균값에서 분포의 흩어짐 또는 펼쳐짐의 척도로서, 흩어짐이 적으면 분산도 작다. σ의 값은 **표준편차**(standard deviation)이며 실제 측정의 불확실성을 나타낸다. 분산은 또한 신호에서 교류 전력의 척도이다. 주기가 T인 주기 결정 신호 $x(t)$에 대한 분산은 신호의 전력을 구하고 교류 성분을 빼 줌으로써 손쉽게 구할 수 있다.

$$\sigma_x^2 = \underbrace{\frac{1}{T}\int_0^T x^2(t)\,dt}_{\text{전체 신호 전력}} - \underbrace{\left[\frac{1}{T}\int_0^T x(t)\,dt\right]^2}_{\text{교류 전력}} \tag{2.32}$$

위 수식은 다음 예제를 계산하는 데 사용될 수 있다.

주기가 T인 몇 가지 유용한 주기 신호의 분산

정현파: $x(t) = A\cos(2\pi \frac{t}{T} + \theta)$이면 $\sigma^2 = \frac{A^2}{2}$이다.

삼각 파형: $x(t) = A\frac{t}{T}$, $0 \le t < T$, 또는 $x(t) = A(1 - \frac{|t|}{0.5T})$, $|t| \le 0.5T$이면 $\sigma^2 = \frac{A^2}{12}$이다.

사각 파형: $x(t) = A$, $0 \le t < 0.5T$ 그리고 $x(t) = 0$, $0.5 \le t < T$이면 $\sigma^2 = \frac{A^2}{4}$이다.

심화문제 2.12

(a) 주기 신호 $x(t) = A$, $0 \le t < 0.25T$ 그리고 $x(t) = 0$, $0.25T \le t < T$의 분산을 구하라.

(b) 야기 코사인 신호 $x(t) = A[1 + \cos(2\pi\frac{t}{T} + \theta)]$의 분산을 구하라.

정답: (a) $\frac{3}{16}A^2$ **(b)** $\frac{5}{4}A^2$

2.7.3 체비쇼프 부등식

분산이나 표준편차의 측정은 실제 값이 평균에서 얼마나 많이 차이가 나는지를 알려 주지만, 큰 차이가 평균에서 얼마나 자주 발생하는지에 대한 정보는 알 수 없다. **체비쇼프 부등식**(Chebyshev inequality)은 편차가 (α에 의해 주어진) 적절한 범위에 있는지에 대한 확률값을 예측할 수 있도록 도와준다.

$$\Pr(|x - m_x| > \alpha) \le (\sigma_x/\alpha)^2 \text{ 또는 } \Pr(|x - m_x| \le \alpha) > 1 - \frac{\sigma_x^2}{\alpha^2} \quad \text{(체비쇼프 부등식)} \qquad (2.33)$$

이 부등식은 분산이나 표준편차를 알고 있음을 가정한다. 편차가 k 표준편차 사이에 있는 확률을 계산하기 위해서 $\alpha = k\sigma_x$로 설정하면 다음과 같다.

$$\Pr(|x - m_x| \le k\sigma_x) > 1 - \frac{1}{k^2}$$

다수 법칙

체비쇼프 부등식은 결과적으로 **다수 법칙**(law of large numbers)으로 유도된다. 이는 각각의 랜덤 변수가 평균값으로부터 멀리 떨어진 값을 선택하기도 하지만 다수의 랜덤 변수의 산술평균은 분포가 작아 선택된 값이 공통 평균에 근접할 가능성이 매우 크다는 것을 의미한다.

2.7.4 확률 분포

일반적으로 가장 많이 접하는 확률 분포는 균일 분포와 정규(또는 가우시안) 분포이며 그림 2.8에 나타나 있다.

2.7.5 균일 분포

균일 분포에서 랜덤 변수가 특정 값을 선호하지 않으므로 모든 분포 값은 동등하다. 일반적인 균일 분포의 밀도 함수 $f(x)$는

$$f(x) = \begin{cases} \frac{1}{\beta-\alpha}, & \alpha \le x \le \beta \\ 0, & \text{그 외} \end{cases} \qquad \text{(균일 분포 함수)} \qquad (2.34)$$

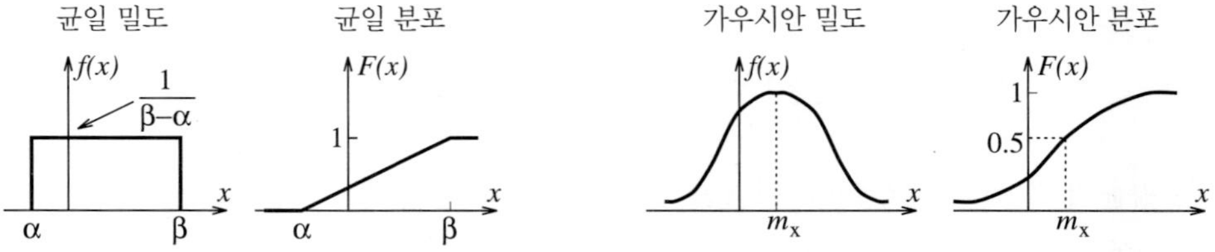

그림 2.8 균일 확률 분포와 정규 확률 분포는 밀도 분포 함수를 적분하여 얻는다.

에 의해 정의된 단위 면적을 갖는 구형파 모양이며, 평균과 분산은 다음과 같이 정의된다.

$$m_x = 0.5(\alpha + \beta) \qquad \sigma_x^2 = \frac{(b-a)^2}{12} \tag{2.35}$$

분포 함수 $F(x)$는 다음과 같다.

$$F(x) = \begin{cases} 0 & x < a \\ \frac{x-a}{b-a} & a \le x \le b \\ 1 & x > b \end{cases} \qquad \text{(균일 분포 함수)} \tag{2.36}$$

이것은 $x = \alpha$에서 0으로 시작하여 $x = \beta$에서 단위 값을 갖는 유한 램프이며, $x \ge \alpha$에 대하여 단위 값을 갖는다. 값이 -0.5와 0.5 사이에 동등하게 발생하는 균일 분포의 경우 $-0.5 \le x < 0.5$에서 밀도 함수 $f(x) = 1$이며, 평균은 0, 분산은 $\frac{1}{12}$이다.

균일 분포는 실생활에서 많이 발생한다. 양자화한 신호가 균일한 계단을 형성할 때, 신호의 오차가 -0.5Δ와 0.5Δ 사이에 균일하게 분포됨을 가정하며, Δ는 양자화 계단을 의미한다. 랜덤 위상을 갖는 정현파 위상의 밀도 함수 또한 $-\pi$와 π 사이에 균일하게 분포된다.

심화문제 2.13

(a) 랜덤 위상을 갖는 정현파의 위상은 $-\pi$와 π 사이에 균일한 분포를 갖는다. 분산을 구하라.

(b) 양자화 오차 ϵ이 -0.5Δ와 0.5Δ 사이에 균일하게 분포될 경우 밀도 함수 $f(\epsilon)$을 그리고 분산을 구하라.

정답: (a) $\frac{\pi^2}{3}$ **(b)** $\sigma_\epsilon^2 = \frac{\Delta^2}{12}$

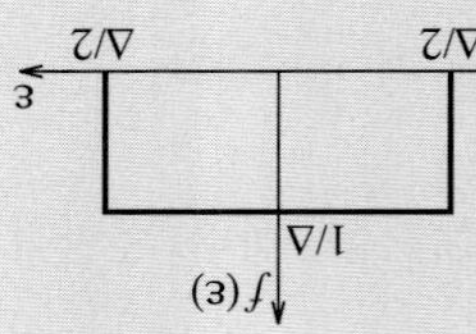

2.7.6 가우시안 또는 정규 분포

가우시안 또는 **정규**(normal) 확률 밀도는 종 모양이며 다음과 같이 정의된다.

$$f(x) = \frac{1}{\sqrt{2\pi\sigma_x^2}} \exp\left[-\frac{(x-m_x)^2}{2\sigma_x^2}\right] \qquad \text{(정규 분포)} \tag{2.37}$$

여기서 m_x는 평균이고, σ_x^2은 분산이다. 이러한 밀도 함수는 $x = m_x$에서 최고의 신호를 가지며 최고점($x = m_x$)에 대하여 우대칭이고, $m_x \pm \sigma$에서 변곡점을 나타낸다.

가우시안 프로세스는 몇 가지 유용한 특성을 보인다.

1. $a > 0$인 경우 변수 $ax + b$ 또한 정규 분포이다.
2. 정규 분포된 랜덤 신호의 합 또한 **정규 분포**(normally distributed)를 갖는다. 합의 평균은 각 평균의 합과 같으며 통계적 독립일 경우 합의 분산은 각 분산의 합과 같다.
3. 정규 분포의 평균편차 $(x - m_x)$의 비율과 표준편차 σ_x는 $\sqrt{2/\pi}$ 이다. 따라서 정규 분포의 경우 평균편차와 표준편차의 차이가 없다.
4. 가우시안 랜덤 변수의 고차 모멘트는 처음 두 모멘트로부터 구할 수 있으며, 특히 n차 중앙 모멘트는 n이 홀수일 때 0이고 짝수 차수$(n = 2k)$ 중앙 모멘트는 다음과 같다.

$$E[(x - m_x)^{2k}] = (1)(3)(5)\ldots(2k-1)\sigma^{2k} = \frac{(2k)!}{k!2^k}, \quad n = 2k \quad \text{(가우시안 중앙 모멘트)} \quad (2.38)$$

가우시안 분포 함수

가우시안 분포의 분산 함수 $F(x)$는 닫힌 형태로 표현될 수 없으며 다음과 같이 주어진다.

$$F(x) = \frac{1}{\sqrt{2\pi\sigma^2}} \int_{-\infty}^{x} \exp\left[-\frac{(\lambda - \hat{m}_x)^2}{2\sigma^2}\right] d\lambda \quad \text{(가우시안 분포 함수)} \quad (2.39)$$

표준 가우시안 분포

평균이 0이고 분산이 $1(m_x = 0, \sigma^2 = 1)$인 가우시안 분포를 **표준**(standard) 가우시안이라 하며 $P(x)$로 표기한다.

$$P(x) = \frac{1}{\sqrt{2\pi}} \int_{-\infty}^{x} e^{-\lambda^2/2}\, d\lambda \quad \text{(표준 가우시안 분포)} \quad (2.40)$$

오차 함수

널리 사용되는 또 다른 함수가 **오차 함수**(error function)이며 다음과 같다.

$$\text{erf}(x) = \frac{2}{\sqrt{\pi}} \int_{0}^{x} e^{-\lambda^2}\, d\lambda \quad \text{(오차 함수)} \quad (2.41)$$

가우시안 분포 $F(x)$는 표준 형식 또는 오차 함수로 표현되기도 한다.

$$F(x) = P\left(\frac{x - m_x}{\sigma}\right) = 0.5 + 0.5\,\text{erf}\left(\frac{x - m_x}{\sigma\sqrt{2}}\right) \quad (2.42)$$

x가 x_1과 x_2 사이에 있을 확률은 오차 함수를 이용하여 다음과 같이 표현할 수 있다.

$$\Pr[x_1 \le x \le x_2] = F(x_2) - F(x_1) = 0.5\,\text{erf}\left(\frac{x_2 - m_x}{\sigma\sqrt{2}}\right) - 0.5\,\text{erf}\left(\frac{x_1 - m_x}{\sigma\sqrt{2}}\right) \quad (2.43)$$

이는 오차 함수의 표를 쉽게 찾을 수 있으므로 유용하게 사용된다. $P(x)$, $\mathrm{erf}(x)$ 그리고 연관된 함수의 (기능적으로 동일하더라도) 서로 다른 정의가 자료를 통해 보급되어 있음을 유의하기 바란다.

Q-함수

***Q*-함수**(Q-function)는 가우시안 분포 꼬리의 면적을 나타내며, 표준 가우시안의 경우 꼬리의 면적 $Q(x)$는 다음과 같다.

$$Q(x) = 1 - P(x) = \frac{1}{\sqrt{2\pi}} \int_x^{\infty} e^{-\lambda^2/2}\, d\lambda$$

Q-함수는 또한 오차 함수로 표현될 수 있다.

$$Q(x) = 0.5 - 0.5\,\mathrm{erf}(x/\sqrt{2}) \tag{2.44}$$

x가 x_1과 x_2 사이에 있을 확률 또한 Q-함수로 표현되기도 한다.

$$\Pr[x_1 \le x \le x_2] = Q\left(\frac{x_1 - m_x}{\sigma}\right) - Q\left(\frac{x_2 - m_x}{\sigma}\right) \tag{2.45}$$

표준 분포의 결과는 변수 $x \to (x - m_x)/\sigma$로 치환함으로써 임의의 평균 m_x, 임의의 표준편차 σ_x로 확장되기도 한다.

중심 극한 정리

중심 극한 정리는 많은 랜덤 신호의 합의 확률 밀도 함수가 각각 신호의 평균이 유한하고 분산이 0이 아닌 전체 분산에 비해 작을 경우 가우시안 밀도 함수로 접근함을 말한다. 각 프로세스는 가우시안이 아니어도 무방하다.

2.7.7 이산 확률 분포

중심 극한 정리는 이산 변수에도 적용할 수 있다. 주어진 프로세스 s가 이산 변수이고 변수의 수 n이 클 경우

$$s = \sum_{i=1}^{n} x_i, \quad n \gg 1$$

s를 평균값 nm_x와 분산 $n\sigma_x^2$인 가우시안으로 예측할 수 있다. 따라서

$$f_n(s) \approx \frac{1}{\sqrt{2\pi n\sigma_x^2}} \exp\left[-\frac{(s - nm_x)^2}{2n\sigma_x^2}\right], \quad n \gg 1 \tag{2.46}$$

이 함수의 분포는 확률 $\Pr[s_1 \le s \le s_2]$를 오차 함수 또는 Q-함수를 이용하여 계산할 수 있게 해준다.

$$\Pr[s_1 \le s \le s_2] \approx 0.5\,\mathrm{erf}\left(\frac{s_2 - nm_x}{\sigma\sqrt{2n}}\right) - 0.5\,\mathrm{erf}\left(\frac{s_1 - nm_x}{\sigma\sqrt{2n}}\right)$$
$$= Q\left(\frac{s_1 - nm_x}{\sigma\sqrt{n}}\right) - Q\left(\frac{s_2 - nm_x}{\sigma\sqrt{n}}\right) \tag{2.47}$$

이러한 관계는 이산 확률이 사용되는 산술 예측의 기본이 된다.

이항 분포

상호 독립적이며 보완적인 사건이 발생하는 두 가지 결과의 실험을 고려해 보자. 성공할 확률이 p이고 실패할 확률이 $q = 1 - p$일 때 n번 시도하여 정확히 k번 성공할 확률은 이항 분포를 갖는다.

$$\Pr[s = k] = p_n(k) = C_k^n (p)^k (1 - p)^{n-k} \quad \text{(이항 확률)} \tag{2.48}$$

여기서 C_k^n은 **이항 계수**(binomial coefficient)를 나타내며 인수와 감마 함수의 형식으로 표현된다.

$$C_k^n = \frac{n!}{k!\,(n-k)!} = \frac{\Gamma(n+1)}{\Gamma(k+1)\,\Gamma(n-k+1)}$$

n번 시도하여 최소 k번 성공할 확률은 다음과 같다.

$$\Pr[s \ge k] = \sum_{i=k}^{n} p_n(i) = I_p(k, n-k+1)$$

여기서 $I_x(a, b)$는 다음과 같이 정의된 **미완 베타 함수**(incomplete beta function)이다.

$$I_x(a,b) = \frac{1}{B(a,b)} \int_0^x t^{a-1}(1-t)^{b-1}dt \qquad B(a,b) = \frac{\Gamma a \Gamma b}{\Gamma(a+b)}, \quad a > 0, b > 0$$

n번 시도하여 k_1과 k_2 사이의 값을 성공할 확률은 **누적 확률**(cumulative probability)이다. 이는 사건에 대해 발생 가능한 모든 결과의 확률을 더해 줘야 하기 때문이다.

$$\Pr[k_1 \le s \le k_2] = \sum_{i=k_1}^{k_2} p_n(i)$$

n이 큰 수이면 계산이 많이 복잡해진다.

유용한 근사화

n이 크고 $p \to 0$도 $q \to 0$도 아닌 경우, n번 시도하여 정확히 k번 성공할 확률 $p_n(k)$는 가우시안으로 예측된다.

$$p_n(k) = C_k^n (p)^k (1-p)^{n-k} \simeq \frac{1}{\sqrt{2\pi\sigma^2}} \exp\left[-\frac{(k-m)^2}{2\sigma^2}\right], \quad m = np,\ \sigma^2 = np(1-p)$$

이러한 결과는 중심 극한 정리에 근간하며 이는 또한 **드무아브르-라플라스 근사**(de Moivre-Laplace approximation)라고 한다. 이는 $\sigma^2 \gg 1$이고 $|k-m|$이 σ의 차수보다 작거나 같다고 가정하며, 이를 이용하여 n번 시도하여 최소 k번 성공할 확률은 오차 함수 또는 Q-함수의 형식으로 표현될 수 있다.

$$\Pr[s \geq k] \approx 0.5 - 0.5\,\mathrm{erf}\left(\frac{k-m}{\sigma\sqrt{2}}\right) = Q\left(\frac{k-m}{\sigma}\right)$$

마찬가지로, n번 시도하여 k_1과 k_2 사이에 성공할 누적 확률은 다음과 같다.

$$\Pr[k_1 \leq s \leq k_2] \approx 0.5\,\mathrm{erf}\left(\frac{k_2-m}{\sigma\sqrt{2}}\right) - 0.5\,\mathrm{erf}\left(\frac{k_1-m}{\sigma\sqrt{2}}\right) = Q\left(\frac{k_1-m}{\sigma}\right) - Q\left(\frac{k_2-m}{\sigma}\right)$$

푸아송 확률

만일 n번 시도가 무한대로 접근하고 매 실험에서 성공할 확률 p가 0으로 접근하면(그러나 곱 $m = np$는 상수임), $n \gg 1, p \ll 1$ 그리고 $m = np$일 때 이항 확률은

$$\Pr[s = k] = C_k^n (p)^k (1-p)^{n-k} \approx \frac{m^k e^{-m}}{k!} = p_m(k) \quad (\text{푸아송 확률}) \tag{2.49}$$

로 근사화되며, 이것을 **푸아송 확률**(Poisson probability)이라 한다. 이 분포의 평균과 분산은 모두 m이며, 실제 푸아송 근사는 n이 크고 p가 작을 때 종종 사용된다. 성공과 실패의 확률값을 요구하는 이항 분포와 다르게 푸아송 분포는 (성공의 예측을 나타내는 파라미터 $m = np$를 통하여) 성공의 확률 p 값만 요구하기 때문에 실패할 확률값을 모르는 경우에도 사용된다. 만약 예측된 수가 m이면, 성공 횟수의 확률이 0과 k 사이에 있을 때 **총괄적**(inclusive)이며

$$\Pr[s \leq k] = \sum_{i=0}^{k} k p_m(i) = \sum_{i=0}^{k} \frac{m^i e^{-m}}{i!} = 1 - P(k+1, m), \quad k \geq 1$$

의 합으로 표현되고, 여기서 $P(a, x)$는 **미완 감마 함수**(incomplete gamma function)라고 하며 다음과 같이 정의된다.

$$P(a, x) = \frac{1}{\Gamma(a)} \int_0^x t^{a-1} e^{-t}\, dt \qquad a > 0$$

$\Pr[s \leq 0] = e^{-m}$임을 기억하라. m이 클 경우 정확히 k번 성공할 푸아송 확률은 중심 극한 정리에 의하여 근사화될 수 있다.

$$p_m(k) \simeq \frac{1}{\sqrt{2\pi m}} \exp\left[-\frac{(k-m)^2}{2m}\right]$$

근사에 의하여 k_1와 k_2 사이의 확률은 다음과 같다.

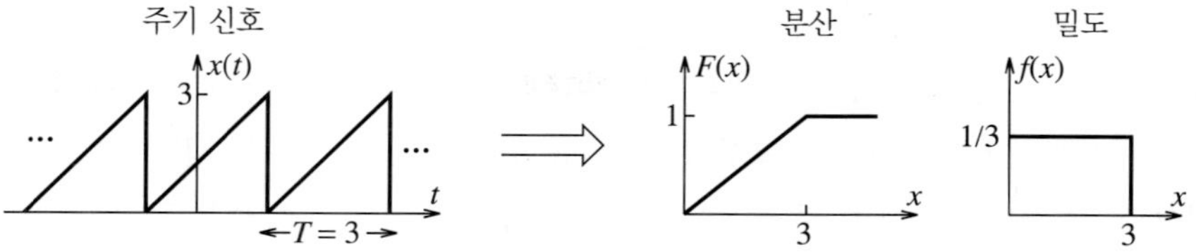

그림 2.9 주기 신호와 분포 및 밀도 함수. 신호가 0에서 3까지 선형적으로 변하므로, 이 구간에서 모든 값은 동일하게 발생하고 밀도 함수는 이 구간에서 단위 면적인 상수이다. 분산은 밀도 함수를 적분하여 얻어진다.

$$\Pr[k_1 \le s \le k_2] \approx 0.5\,\text{erf}\left(\frac{k_2 - m}{\sqrt{2m}}\right) - 0.5\,\text{erf}\left(\frac{k_1 - m}{\sqrt{2m}}\right) = Q\left(\frac{k_1 - m}{\sqrt{m}}\right) - Q\left(\frac{k_2 - m}{\sqrt{m}}\right)$$

2.7.8 결정 신호의 분포

분포의 이해는 정확한 분석적 표기로 구할 수 있는 결정 주기 신호에도 적용된다. 그림 2.9의 주기 신호 $x(t)$를 고려해 보자. $x(t) < 0$인 확률 $\Pr[X < 0]$은 0이고, $x(t)$가 3보다 작은 $\Pr[X < 3]$은 1이다. $x(t)$가 한 주기($T = 3$) 동안 선형적으로 변하므로 이 구간에서 모든 값은 동등하게 발생한다. 이것은 밀도 함수가 $0 \le x \le 3$ 구간에서 단위 면적인 상수이고 분포 함수 $F(x)$는 이 구간에서 0에서 1까지 선형적으로 증가함을 말한다. 분포 $F(x)$와 밀도 $f(x)$가 그림 2.9에 나타나 있으며, 분산은 신호 $x(t)$ 또는 밀도 함수 $f(x)$로부터 계산된다.

$$\sigma_x^2 = \underbrace{\frac{1}{T}\int_0^T x^2(t)\,dt}_{\text{전체 신호 전력}} - \underbrace{\left[\frac{1}{T}\int_0^T x(t)\,dt\right]^2}_{\text{직류 전력}} \quad \text{또는} \quad \sigma_x^2 = \int_{-\infty}^{\infty} x^2 f(x)\,dx - m_x^2 \qquad (2.50)$$

심화문제 2.14

(a) 그림 2.5를 활용하여 $x(t)$로부터 분산을 계산하라.

(b) 그림 2.5를 활용하여 밀도 함수 $f(x)$로부터 분산을 계산하라.

정답: **(a)** 0.75 **(b)** 0.75

2.7.9 부동, 엘고딕 및 임의 랜덤 신호

랜덤 신호가 시간에 따라 통계적 특성이 변하지 않을 경우 **부동**(stationary)이라 한다. 따라서 신호 구현의 (겹치지 않는) 다른 구간은 통계적 관점에서 서로 동일하다. **유동**(non-stationary) 신호는 이러한 특성을 포함하지 않으며 시간에 따라 (선형과 같은) 경향을 나타낸다. 부동은 결정적 상황의 정상상태에 유사한 통계적 균형 상태를 나타낸다. 부동의 프로세스는 일반적으로 상수의 평균과 분산의 특징을 가지며, 부동 랜덤 신호의 통계적 특성은 어느 지정된 순간에서 모든 구현 이상의 평균에 의한 프로세스의 전역에 걸친 **앙상블 평균**(ensemble average) 또는 시간이 흐르면서 신호 구현을 평균화함에 의한 프로세스를 따르는 **시간 평균**(time average)으로 구해진다. 이 두 값은 항상 같지는 않다. 두 값이 같을 경우 부동의 프로세스를 **엘고딕**(ergodic)이라고 하는데, 엘고딕의 가장 큰 장점은 단위 구현의 특성으로부터 모든 프로세스를 설명할 수 있다는 것이다. 부동의 프로세스가 엘고딕인지를 나타내기가 무척 어렵지만 그 장점 때문에 일반적인 상황에 가정된다. 엘고딕 신호의 경우 평균은 시간 평균과 같으며 분산은 교류 전력과 같다.

2.7.10 통계적 추정

통계 이론은 확률 분포의 선천적 지식으로부터 랜덤 신호의 특성을 충분히 설명하는 데 도움이 된다. 이는 랜덤 변수의 평균과 분산과 같은 특성을 제공한다. 실제 확률 분포를 모르는 상황에서 이산 신호의 집합으로부터 이러한 특성을 찾는 문제에 당면하게 된다. 이 상황에서의 최선책은 이러한 특성 또는 분포 함수를 예측하는 데 있다. 이것이 통계적 추정이 이루고자 하는 것이다. 평균과 분산은 일반적으로 관측 $x_k(k = 0, 1, 2, \ldots, N-1)$로부터 추정된다.

$$m_x = \frac{1}{N}\sum_{k=0}^{N-1} x_k \qquad \sigma_x^2 = \frac{1}{N-1}\sum_{k=0}^{N-1}(x_k - m_x)^2 \tag{2.51}$$

히스토그램

확률 분포의 추정 f_k는 많은 수의 관측을 통하여 **히스토그램**(histogram)을 구성함으로써 얻어진다. 히스토그램은 그림 2.10에 나타난 것처럼 특정 진폭 구간 또는 빈(bins)에 발생하는 관측의 막대그래프이다.

임의 랜덤 신호

많은 경우에 **임의 랜덤 신호**(pseudorandom signal)라고 하는 미리 지정된 통계적 특성을 갖는

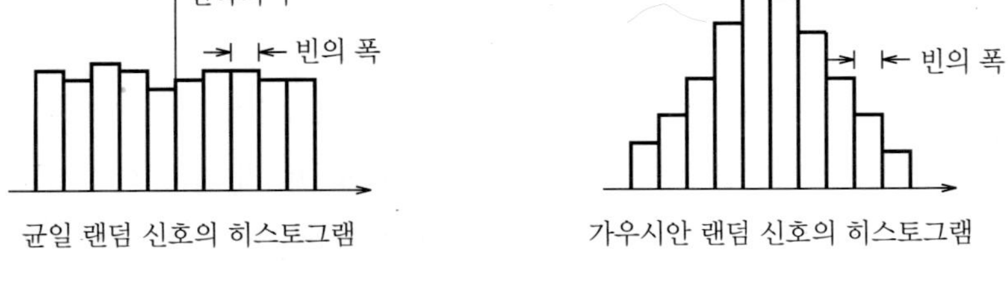

그림 2.10 균일 분포와 정규 분포 랜덤 신호의 히스토그램

인위적으로 생성된 신호를 사용한다. 이 신호는 주기가 매우 긴 주기 함수이며 한 주기 동안의 통계적 특성이 랜덤 신호의 특성을 추정한다.

2.7.11 랜덤 신호 분석

만일 랜덤 신호가 시스템의 입력이라면 **평균적** 출력을 타나내는 특성을 전개하고 랜섬 신호의 영향에 의한 결과물을 **예측**(estimate)하는 방법이 최선이다. 이러한 예측은 시간 영역이나 주파수 영역에서 전개할 수 있다.

신호대 잡음비

신호 성분 $s(t)$와 (잡음 진폭이 A인) 잡음 성분 $An(t)$를 갖는 잡음 섞인 신호 $x(t) = s(t) + An(t)$에서, **신호대 잡음비**(SNR: signal-to-noise ratio)는 신호 전력 σ_s^2과 잡음 전력 $A^2\sigma_n^2$의 비율이며, 다음과 같이 **데시벨**(dB: decibel)로 정의된다.

$$\text{SNR} = 10\log\left(\frac{\sigma_s^2}{A^2\sigma_n^2}\right)\ \text{dB} \tag{2.52}$$

α의 데시벨 값은 $20\log(\alpha)$로 정의되며, 잡음 진폭 A를 조절함에 따라 신호대 잡음비를 조절할 수 있다.

적용 분야: 동상 신호 평균

동상 신호 평균은 잡음으로부터 신호를 제거하는 방법으로, 실험이 반복될 수 있으며, 잡음 오차가 있는 신호는 (상관성이 없는) 임의의 신호임을 가정한다. 많은 실행의 평균 결과는 잡음의 평균이 0에 달하고, 신호의 질(또는 신호대 잡음비)은 향상되는 경향을 보인다. 실행 횟수가 점점 늘어남에 따라 평균화된 신호는 점점 잡음이 줄어들어 더욱 원만해진다. 우리는 종종 평균 전에 중간 혹은 임의의 선형 방향을 제거하기도 한다. 그림 2.11은 잡음이 낀 정현파의 한 구현을 나

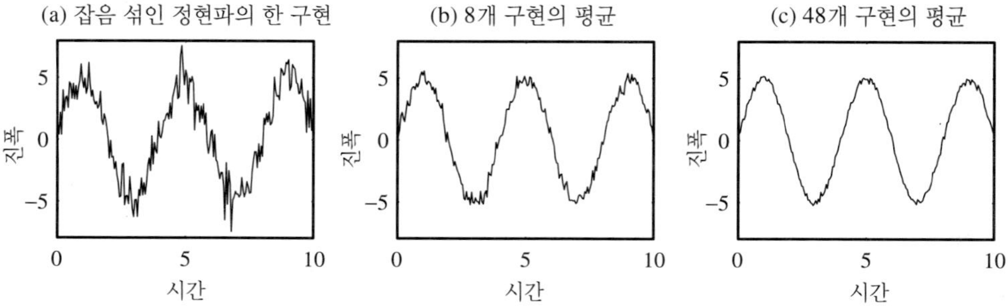

그림 2.11 잡음 섞인 정현파의 동상 평균. 평균화된 구현의 수가 증가함에 따라 신호의 질이 어떻게 향상되는지를 주목하라.

타내며, 이러한 구현의 평균 8과 48은 훨씬 더 원만한 결과를 가져온다. 이것은 **시간 동상**(각각의 실행에 대한 신호의 시간 정렬)을 필요로 하기 때문에 **동상**(coherent)이라고 하며, 이의 성공은 각 실행의 완벽한 동기와 오염된 잡음의 통계적 독립에 의존한다.

2.8 연습문제

2.1 **(이산 신호)** 다음 신호를 그림으로 그리고, 그 에너지 또는 평균 전력을 적절하게 구하라.

(a) $x[n] = \{\overset{\Downarrow}{6}, 4, 2, 2\}$ **(b)** $y[n] = \{-3, -2, \overset{\Downarrow}{-1}, 0, 1\}$

(c) $f[n] = \{\overset{\Downarrow}{0}, 2, 4, 6\}$ **(d)** $g[n] = u[n] - u[n-4]$

(e) $p[n] = \cos(n\pi/2)$ **(f)** $q[n] = 8(0.5)^n u[n]$

[**힌트:** $p[n]$만이 전력 신호이고, 나머지는 유한한 에너지를 갖는다.]

2.2 **(신호 지속)** 우측과 좌측의 이산시간 신호의 곱은 항상 시간제한되거나 0과 같게 됨을 예제를 이용하여 논하라.

[**힌트:** 중첩되거나 중첩되지 않는 단순한 신호를 이용하라.]

2.3 **(연산)** $x[n] = \{\overset{\Downarrow}{6}, 4, 2, 2\}$라 하자. 다음 신호를 그림으로 그리고 각각의 신호 에너지를 구하라.

(a) $y[n] = x[n-2]$ **(b)** $f[n] = x[n+2]$

(c) $g[n] = x[-n+2]$ **(d)** $h[n] = x[-n-2]$

[**힌트:** $g[n]$은 $f[n]$의 시간 반전 형태임을 주목하라.]

2.4 **(연산)** $x[n] = 8(0.5)^n(u[n+1] - u[n-3])$이라 하자. 다음 신호를 그림으로 그려라.

(a) $y[n] = x[n-3]$ **(b)** $f[n] = x[n+1]$

(c) $g[n] = x[-n+4]$ **(d)** $h[n] = x[-n-2]$

[**힌트:** $x[n]$은 ($n = -1$부터 $n = 3$까지) 5개의 샘플을 포함함을 주목하라. ($n = 2$에서 시작하는) $y[n]$의 표식을 나타내기 위하여 $n = 0$(표식)과 $n = 1$에서 두 개의 0을 포함한다.]

2.5 **(에너지와 전력)** 다음을 에너지 신호와 전력 신호 혹은 둘 중 어느 것도 아닌지를 구분하고, 적절하게 에너지와 평균 전력을 구하라.

(a) $x[n] = 2^n u[-n]$ **(b)** $y[n] = 2^n u[-n-1]$ **(c)** $f[n] = \cos(n\pi)$

(d) $g[n] = \cos(n\pi/2)$ **(e)** $p[n] = \dfrac{1}{n}u[n-1]$ **(f)** $q[n] = \dfrac{1}{\sqrt{n}}u[n-1]$

(g) $r[n] = \dfrac{1}{n^2}u[n-1]$ **(h)** $s[n] = e^{jn\pi}$ **(i)** $d[n] = e^{jn\pi/2}$

(j) $t[n] = e^{(j+1)n\pi/4}$ **(k)** $v[n] = j^{n/4}$ **(l)** $w[n] = (\sqrt{j})^n + (\sqrt{j})^{-n}$

[**힌트:** $x[n]$과 $y[n]$에 대하여 $2^{2n} = 4^n = (0.25)^{-n}$이다. 덧셈에서 변수($n \to -n$)의 변화를 이용하여 $n = -\infty$에서 $n = 0$까지를 더하라. $p[n]$을 위해서는 $n = 1$ 이상부터 $n = \infty$까지 $1/n^2$을 더하고, $q[n]$을 위하여 $n = 1$에서 $n = \infty$까지 $1/n$의 합은 수렴하지 않는다! $t[n]$은 지수를 구분하고, $s[n]$과 $d[n]$의 평균 전력을 계산하기 위하여 $|s[n]| = |d[n]| = 1$임을 기억하라. $v[n]$은 $j = e^{j\pi/2}$

를 이용하고, $w[n]$은 $\sqrt{j} = e^{j\pi/4}$로 정하여 정현파로 변환하기 위하여 오일러(Euler)의 공식을 이용하라.]

2.6 **(에너지와 전력)** 다음 신호를 그림으로 그리고, 에너지 신호인지 전력 신호인지를 구분하라. 또한 적절하게 에너지 혹은 평균 전력을 구하라.

(a) $x[n] = \sum_{k=-\infty}^{\infty} y[n-kN]$, 여기서 $y[n] = u[n] - u[n-3]$, $N = 6$

(b) $f[n] = \sum_{k=-\infty}^{\infty} (2)^{n-5k}(u[n-5k] - u[n-5k-4])$

[**힌트:** $x[n]$의 주기 $N = 6$이며, $y[n] = u[n] - u[n-3]$과 함께 ($n = 0$에서 시작하는) $x[n]$의 한 주기는 $\{1, 1, 1, 0, 0, 0\}$이다. $f[n]$의 주기는 $N = 5$이고, ($n = 0$에서 시작하는) 한 주기는 $2^n(u[n] - u[n-4])$로부터 4개의 샘플과 하나의 제로 열을 포함한다.]

2.7 **(데시메이션과 보간)** $x[n] = \{4, 0, \overset{\Downarrow}{2}, -1, 3\}$이라 하자. 다음 신호를 구하고, 그림으로 그려라. 또한 $x[n]$의 에너지와 다음 신호 에너지를 구분하라.

(a) 데시메이션된 신호 $d[n] = x[2n]$

(b) 제로 보간된 신호 $f[n] = x^{\uparrow}[\frac{n}{2}]$

(c) 계단 보간된 신호 $g[n] = x^{\uparrow}[\frac{n}{2}]$

(d) 선형 보간된 신호 $h[n] = x^{\uparrow}[\frac{n}{2}]$

[**힌트:** $d[n]$을 구하기 위하여 $n = 0, \pm2, \pm4, \ldots$ 에서 $x[n]$의 샘플을 유지하라. 보간된 신호가 $x[n]$ 길이의 두 배가 될 것이라는 가정은 마지막 샘플이 $f[n]$에 대하여 0이고, $g[n]$에 대해서는 3이 될 것이며, $h[n]$에 대해서는 ($x[n] = 0$, $n > 2$인 선형 보간된 값) 1.5가 될 것이다.]

2.8 **(보간과 데시메이션)** $x[n] = 4\ \mathrm{tri}(n/4)$라고 하자. 다음 신호를 그림으로 그리고, 그들이 어떻게 다른지를 설명하라.

(a) $x[\frac{2}{3}n]$ (데시메이션에 의해 수행된 제로 보간 사용)

(b) $x[\frac{2}{3}n]$ (데시메이션에 의해 수행된 계단 보간 사용)

(c) $x[\frac{2}{3}n]$ (제로 보간에 의해 수행된 데시메이션 사용)

(d) $x[\frac{2}{3}n]$ (계단 보간에 의해 수행된 데시메이션 사용)

2.9 **(부분 지연)** $x[n]$에서 시작하여 (2만큼 지연된) 신호 $x[n-2]$와 (데시메이션에 의해 수행된 3의 지연을 사용한) $x[2n-3]$을 구할 수 있다. 그러나 $x[n - \frac{M}{N}]$ 형태의 **부분 지연**을 구하기 위해서는 지연, 보간 그리고 데시메이션이 필요하다!

(a) $x[n]$으로부터 $x[n - \frac{2}{3}]$를 얻어내기 위해 요구되는 연산의 순서를 설명하라.

(b) $x[n] = \{\overset{\Downarrow}{1}, 4, 7, 10, 13\}$이라 하자. $x[n]$과 $x[n - \frac{2}{3}]$를 그림으로 그려라. 필요하다면 **선형 보간**을 이용하라.

(c) $x[n]$으로부터 $x[n - \frac{M}{N}]$을 구하기 위하여 (a)의 결과를 일반화하라. M과 N에 어떠한 제한이 있는가?

[**힌트:** (a)에서 연산 순서는 보간, (2만큼의) 지연 그리고 데시메이션을 필요로 한다. 보간과 데시메이션 인자는 동일하다.]

2.10 **(대칭)** 다음 신호를 그림으로 그리고, 짝수 부분과 홀수 부분으로 나누어라.

(a) $x[n] = 8(0.5)^n u[n]$ **(b)** $y[n] = u[n]$ **(c)** $f[n] = 1 + u[n]$

(d) $g[n] = u[n] - u[n-4]$ **(e)** $p[n] = \text{tri}(\frac{n-3}{3})$ **(f)** $q[n] = \{6, \overset{\Downarrow}{4}, 2, 2\}$

[**힌트:** 짝수 부분과 홀수 부분에 대하여 알맞은 대칭을 확인하라. 각각의 짝수 부분에 대하여 $n = 0$에서의 샘플은 원래의 샘플 값과 일치해야 하며, 홀수 부분에 대하여 $n = 0$에서의 샘플은 0과 같아야 한다.]

2.11 **(이산 신호 그리기)** 다음 신호를 그림으로 그려라.

(a) $x[n] = r[n+2] - r[n-2] - 4u[n-6]$ **(b)** $y[n] = \text{rect}(\frac{n}{6})$

(c) $f[n] = \text{rect}(\frac{n-2}{4})$ **(d)** $g[n] = 6\,\text{tri}(\frac{n-4}{3})$

[**힌트:** $f[n]$은 5개의 샘플에 대하여 $n = 2$에 집중된 구형파이고, $g[n]$은 (제로값인 마지막 샘플을 포함하여) 7개의 샘플에 대하여 $n = 4$에 집중된 구형파임을 기억하라.]

2.12 **(신호 그리기)** 다음 신호를 그림으로 그리고, 그들이 어떻게 연관되어 있는지를 설명하라.

(a) $x[n] = \delta[n]$ **(b)** $f[n] = \text{rect}(n)$ **(c)** $g[n] = \text{tri}(n)$ **(d)** $h[n] = \text{sinc}(n)$

2.13 **(신호 설명)** 각 신호는 그림 P2.13에 나타나 있다.

(a) 수열을 다시 고쳐 쓰고, 화살표를 이용하여 $n = 0$ 지점을 표시하라.

(b) 임펄스 함수를 이용하여 각 신호를 표현하라.

(c) 계단 및/또는 램프를 이용하여 각 신호를 표현하라.

(d) 신호 에너지를 구하라.

(e) 수열이 반복적으로 나타난다고 가정하고, 평균 전력을 구하라.

[**힌트:** (c)에서 모든 신호는 (계단 함수에 의하여) 생성되며, 몇몇 램프는 (다른 램프에 의하여) 우선 평평해져야 한다. 예를 들면, 신호 3 $= r[n] - r[n-5] - 5u[n-6]$이다. 두 번째 구간은 첫 번째 램프를 평평하게 한 것이고, 마지막 구간은 $n = 5$ 이후에 신호를 생성한 것이다.]

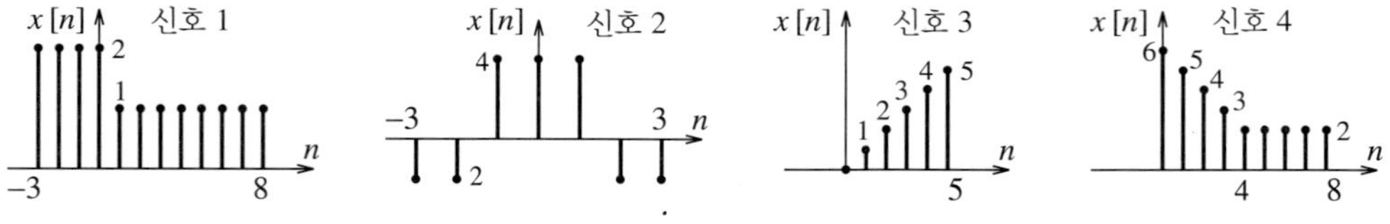

그림 P2.13 문제 2.13의 신호들

2.14 **(이산 지수)** 인과성 이산 지수는 $x[n] = \alpha^n u[n]$의 형태를 갖는다.

(a) α가 양의 실수임을 가정하라. $\alpha > 1$, $\alpha = 1$, $\alpha < 1$에 대하여 일반적인 값을 고르고, $x[n]$을 그림으로 그려라. α의 각 선택에 대한 그림의 특징을 설명하라.

(b) α가 음의 실수임을 가정하라. $\alpha < -1, \alpha = -1, \alpha > -1$에 대하여 일반적인 값을 고르고, $x[n]$을 그림으로 그려라. α의 각 선택에 대한 그림의 특징을 설명하라.

(c) α는 A가 양의 계수인 $\alpha = Ae^{j\theta}$ 형태의 복소수임을 가정하라. θ에 대하여 또한 $A < 1, A = 1, A > 1$에 대하여 일반적인 값을 고르고, A의 각 선택에 대한 $x[n]$의 실수 부분과 허수 부분을 그림으로 그려라. 또한 각 그림의 특징을 설명하라.

(d) α는 A가 양의 계수인 $\alpha = Ae^{j\theta}$ 형태의 복소수임을 가정하라. θ에 대하여 또한 $A < 1, A = 1, A > 1$에 대한 일반적인 값을 고르고, A의 선택에 대한 $x[n]$의 크기와 허수 위상을 그림으로 그려라. 또한 각 그림의 특징을 설명하라.

2.15 **(신호 표현)** 그림 P2.15의 두 신호는 각기 다음과 같이 표현된다. 각 표현식에서 상수를 구하고, 알맞은 신호 에너지 또는 평균 전력을 구하라.

(a) $x[n] = A\alpha^n(u[n] - u[n-N])$ **(b)** $y[n] = A\cos(2\pi Fn + \theta)$

[**힌트:** $y[n]$에 대하여, F를 구하기 위하여 제일 첫 번째 주기를 구하라. 그러고 나서, $y[0]$와 $y[1]$이라 불리는 두 방정식을 구하기 위한 n의 두 값에서 $y[n]$의 값을 구하라. 이들은(그들의 비율에서) θ와 A를 얻을 것이다.]

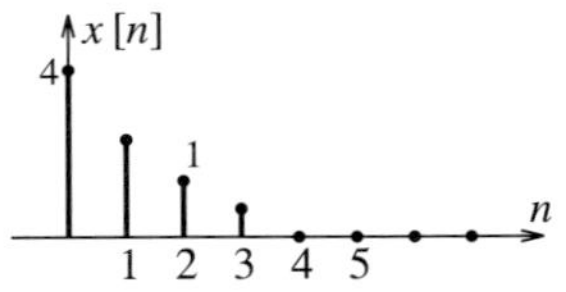

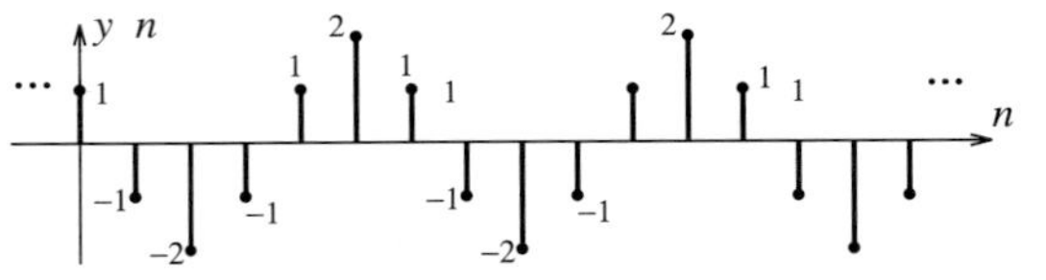

그림 P2.15 문제 2.15의 신호

2.16 **(이산시간 고조파)** 다음 신호의 주기성을 확인하고, 주기적이라면 일반적인 주기 N을 구하라.

(a) $x[n] = \cos(\frac{n\pi}{2})$
(b) $y[n] = \cos(\frac{n}{2})$
(c) $f[n] = \sin(\frac{n\pi}{4}) - 2\cos(\frac{n\pi}{6})$
(d) $g[n] = 2\cos(\frac{n\pi}{4}) + \cos^2(\frac{n\pi}{4})$
(e) $p[n] = 4 - 3\sin(\frac{7n\pi}{4})$
(f) $q[n] = \cos(\frac{5n\pi}{12}) + \cos(\frac{4n\pi}{9})$
(g) $r[n] = \cos(\frac{8}{3}n\pi) + \cos(\frac{8}{3}n)$
(h) $s[n] = \cos(\frac{8n\pi}{3})\cos(\frac{n\pi}{2})$
(i) $d[n] = e^{j0.3n\pi}$
(j) $e[n] = 2e^{j0.3n\pi} + 3e^{j0.4n\pi}$
(k) $v[n] = e^{j0.3n}$
(l) $w[n] = (j)^{n/2}$

[**힌트:** 몇몇 성분에 대하여 F가 유리수가 아니면 주기성이 없다. 그렇지 않으면 주기를 계산하고 그들의 최소공배수를 구하라. $w[n]$에 대하여 $j = e^{j\pi/2}$임을 기억하라.]

2.17 **(단위근)** $z = e^{j2k\pi/N}, k = 0, 1, \ldots, N-1$을 갖기 위하여 $z^N = e^{j2k\pi}$로 나타냄으로써 방정식 $z^N = 1$의 N개 근을 알아낼 수 있다. 각 근의 크기와 각은 얼마인가? 근은 원점에서 시작하여 원형에 이르는 벡터를 나타낼 수 있다.

(a) 각 벡터의 길이와 인접한 벡터 간의 각도 거리는 얼마인가? $N = 5$와 $N = 6$에 대하여 그림으로 그려라.

(b) $z^N = -1$의 근을 구하기 위하여 이 개념을 도입하고, $N = 5$와 $N = 6$에 대하여 그림으로 그려라.

[**힌트:** (b)에서 $z^N = -1 = e^{j\pi}e^{j2k\pi} = e^{j(2k+1)\pi}$임을 기억하라.]

2.18 **(디지털 주파수)** 디지털 주파수 $|F| < 0.5$를 사용하여 각 신호의 표현을 설정하고, 범위 $4 < F < 5$에서 디지털 주파수를 이용하여 또 다른 표현을 설정하라.

(a) $x[n] = \cos(\frac{4n\pi}{3})$ **(b)** $x[n] = \sin(\frac{4n\pi}{3}) + 3\sin(\frac{8n\pi}{3})$

[**힌트:** 우선, 주요 범위($-0.5 < F \le 0.5$)에서 각 성분의 디지털 주파수를 구한 후, 각 주파수를 이끌어내기에 타당한 4 또는 5를 요구된 범위에 더하라.]

2.19 **(디지털 정현파)** 다음 각 신호가 주기적이라면 주기 N을 구하라. 주요 범위($|F| < 0.5$)와 범위 $3 \le F \le 4$에서의 디지털 주파수를 이용하여 각 신호를 표현하라.

(a) $x[n] = \cos(\frac{7n\pi}{3})$ **(b)** $x[n] = \cos(\frac{7n\pi}{3}) + \sin(0.5n\pi)$ **(c)** $x[n] = \cos(n)$

2.20 **(샘플링과 엘리어싱)** 다음 정현파 각각은 $S = 100$ Hz에서 샘플링되었다. 엘리어싱이 발생했는지를 확인하고, 주요 범위($|F| < 0.5$)에서의 디지털 주파수를 이용하여 각각의 샘플링된 신호에 대한 표현을 설정하라.

(a) $x(t) = \cos(320\pi t + \frac{\pi}{4})$ **(b)** $x(t) = \cos(140\pi t - \frac{\pi}{4})$ **(c)** $x(t) = \sin(60\pi t)$

[**힌트:** 주파수 f_0를 구하라. $S > 2f_0$이면 엘리어싱이 없으며, $F < 0.5$이다. 그렇지 않으면, F를 샘플링된 신호에 대한 표현을 작성하기 위한 주요 범위로 가져오라.]

2.21 **(엘리어싱과 신호 재구성)** 신호 $x(t) = \cos(320\pi t + \frac{\pi}{4})$는 100 Hz에서 샘플링되었고, 샘플링된 신호 $x[n]$은 아날로그 신호 $x_r(t)$를 복원하기 위하여 200 Hz에서 재구성된다.

(a) 엘리어싱이 발생했는가? $x[n]$의 주기 N과 디지털 주파수 F는 얼마인가?

(b) $x[n]$의 한 주기를 생성하기 위하여 얼마나 많은 $x(t)$의 전체 주기가 필요한가?

(c) 복원된 신호 $x_r(t)$의 아날로그 주파수는 얼마인가?

(d) ($|F| < 0.5$를 이용하여) $x[n]$과 $x_r(t)$를 표현하라.

[**힌트:** (b)에서, N이 주기이고 k가 정수일 때 디지털 주파수가 $F = k/N$으로 표현된다면, 샘플링된 신호의 N개 샘플을 얻기 위하여 아날로그 정현파의 k 전체 주기를 취한다. (c)에서 재구성된 신호의 주파수는 주요 범위에서 엘리어싱된 주파수로부터 구해진다.]

2.22 **(디지털 피치 이동)** 피치 이동(pitch shifting)을 수행하기 위한 한 방법은 다른 샘플링률에서 샘플링된 신호를 재생(또는 재구성)하는 것이다. 8 kHz의 샘플링률에서 샘플링된 아날로그 신호 $x(t) = \sin(15800\pi t + 0.25\pi)$라 하자.

(a) 디지털 주파수 $|F| < 0.5$를 갖는 샘플링된 표현을 구하라.

(b) 신호가 4 kHz의 비율로 재구성된다면, 어떤 주파수가 들리겠는가?

(c) 신호가 8 kHz의 비율로 재구성된다면, 어떤 주파수가 들리겠는가?

(d) 신호가 20 kHz의 비율로 재구성된다면, 어떤 주파수가 들리겠는가?

[**힌트:** 재구성된 신호의 주파수는 주요 범위와 적합한 재구성 비율에서 엘리어싱된 디지털 주파

수로부터 구해진다.]

2.23 **(이산시간 처프 신호)** $\phi(t) = \alpha t^2$인 신호 $x(t) = \cos[\phi(t)]$를 고려해 보자. 순간 주파수 $f_i(t) = \frac{1}{2\pi}\phi'(t)$가 시간에 따라 선형적으로 변함을 증명하라.

(a) 주파수가 10초 지점에서 0 Hz에서 2 Hz로 변할 때의 α를 선택하고, $S = 4$ Hz의 샘플링률을 이용하여 $x(t)$로부터 샘플링된 신호 $x[n]$을 생성하라.

(b) $x(t)$와는 다른 신호 $x[n]$은 주기 신호임이 주장된다. 주기성($x[n] = x[n+N]$)의 조건을 이용하여 이러한 주장을 증명하고, $x[n]$의 주기 N을 결정하라.

(c) 신호 $y[n] = \cos(\pi F_0 n^2/M)$, $n = 0, 1, \ldots, M-1$은 디지털 주파수가 0에서 F_0까지 선형적으로 변하는 M-샘플 처프(chirp)를 설명한다. 만약 $F_0 = 0.25$이고 $M = 8$이라면 $y[n]$의 주기는 얼마인가?

[**힌트:** (b)에서 $x[n] = \cos(\beta n^2)$이면, 주기성은 $x[n] = x[n+N]$ 또는 $\cos(\beta n^2) = \cos[\beta(n^2 + 2nN + N^2)]$을 필요로 한다. 즉, m과 k가 정수인 $2nN\beta = 2m\pi$이고 $N^2\beta = 2k\pi$이다. 최소 정수 N에 대하여 이러한 조건을 만족하라.]

2.24 **(시정수)** 지수적으로 감소하는 이산 신호를 위하여 **시정수**(time constant)는 얼마나 빠르게 신호가 감소하는지를 측정한다. 60-dB 시정수는 신호 레벨이 1000(또는 20 log 1000 = 60 dB)의 인자에 의하여 감소된다고 생각하는 샘플의 (정수) 개수를 기술한다.

(a) $x[n] = (0.5)^n u[n]$이라 하자. 60-dB 시정수와 40-dB 시정수를 구하라.

(b) 만약 이산시간 신호가 1 kHz에서 샘플링된 아날로그 신호에서 비롯된다면, 시정수를 초 단위로 구하라.

2.25 **(신호 지연)** 이산시간 에너지 신호 $x[n]$의 지연 D는 다음과 같이 정의된다.

$$D = \frac{\sum_{k=-\infty}^{\infty} kx^2[k]}{\sum_{k=-\infty}^{\infty} x^2[k]}$$

(a) 대칭 수열 $x[n] = \{4, 3, 2, 1, \overset{\Downarrow}{0}, 1, 2, 3, 4\}$의 지연이 제로임을 증명하라.

(b) $g[n] = x[n-1]$과 $h[n] = x[n-2]$의 지연을 계산하라.

(c) $y[n] = 1.5(0.5)^n u[n] - 2\delta[n]$의 지연은 얼마인가?

[**힌트:** (c)에서, $n = 0$인 경우 $y[n] = -0.5$, $n \ge 1$인 경우 $y[n] = 1.5(0.5)^n$인 사실과 표를 이용함으로써 지연을 위한 표현에서 필요한 합을 구하라.]

2.26 **(주기성)** 절댓값 합산 신호 $x[n]$과 그의 (N의 배수만큼) 이동된 복제의 합은 주기가 N인 주기 신호 $x_p[n]$이라 주장된다. 이러한 주장을 다음을 그림으로 표현하여 증명하고, 각 경우에 대하여 결과 주기 신호 $x_p[n]$의 평균 전력을 구하라. 또한 합과 합을 갖는 $x_p[n]$의 한 주기의 에너지, $x[n]$의 에너지를 비교하라.

(a) $x[n] = \text{tri}(n/3)$과 $N = 7$만큼 이동된 복제의 합

(b) $x[n] = \text{tri}(n/3)$과 $N = 6$만큼 이동된 복제의 합

(c) $x[n] = \text{tri}(n/3)$과 $N = 5$만큼 이동된 복제의 합

(d) $x[n] = \text{tri}(n/3)$과 $N = 4$만큼 이동된 복제의 합

(e) $x[n] = \text{tri}(n/3)$과 $N = 3$만큼 이동된 복제의 합

2.27 **(주기 확장)** 절댓값 합산 신호 $x[n]$과 그의 (N의 배수만큼) 이동된 복제의 합은 주기가 N인 $x[n]$의 주기 확장이라고 한다.

(a) 주기가 N인 신호 $x[n] = \alpha^n u[n]$의 주기 확장의 한 주기가 다음과 같음을 증명하라.

$$y[n] = \frac{\alpha^n}{1-\alpha^N}, \quad 0 \le n \le N-1$$

(b) 주기 확장 $y[n]$의 한 주기의 합은 $x[n]$의 합과 어떻게 구분되는가?

(c) $\alpha = 0.5$이고 $N = 3$일 때, $x[n]$의 신호 에너지와 $y[n]$의 평균 전력을 구하라.

[**힌트:** 한 주기($n = 0$에서 $n = N - 1$까지)에 대하여, $x[n]$과 그의 좌측에 복제된 나머지만이 원인이 된다. $k = 0$부터 $k = \infty$에서만 $x[n + kN] = \alpha^{n+kN}$의 합을 구하라.]

2.28 **(신호 기준)** 기준(norms)은 신호의 크기 표준을 제공한다. 이산 신호를 위한 p-**표준** 또는 **홀더 표준**(Hölder norms) $||x||_p$는 $||x||_p = (\sum|x|^p)^{1/p}$으로 정의되며, 여기서 $0 < p < \infty$는 양의 정수이다. $p = \infty$에 대하여 최고 절댓값 $|x|_{\max}$로서 $||x||_\infty$ 또한 정의한다.

(a) $x[n] = \{3, -j4, 3 + j4\}$라 하자. $||x||_1$, $||x||_2$, $||x||_\infty$를 구하라.

(b) 이러한 각 기준의 의미는 무엇인가?

계산과 설계

2.29 **(이산 신호)** 다음 각각에 대하여 $-10 \le n \le 10$에 걸친 $x[n]$과 $y[n]$을 좌표로 표시하여 구분하라.

(a) $x[n] = u[n+4] - u[n-4] + 2\delta[n+6] - \delta[n-3]$ $\quad y[n] = x[-n-4]$

(b) $x[n] = r[n+6] - r[n+3] - r[n-3] + r[n-6]$ $\quad y[n] = x[n-4]$

(c) $x[n] = \text{rect}(\frac{n}{10}) - \text{rect}(\frac{n-3}{6})$ $\quad y[n] = x[n+4]$

(d) $x[n] = 6\,\text{tri}(\frac{n}{6}) - 3\,\text{tri}(\frac{n}{3})$ $\quad y[n] = x[-n+4]$

2.30 **(신호 보간)** $0 \le n \le 10$에서 $h[n] = \sin(n\pi/3)$이라 하자. $h[n]$을 좌표로 표시하라. 3만큼의 보간을 가정하여 제로 보간된 신호와 계단 보간된 신호 그리고 선형 보간된 신호를 생성하고 좌표로 표시하기 위하여 $h[n]$을 이용하라.

2.31 **(이산 지수)** 인과성 이산 지수는 $x[n] = \alpha^n u[n]$으로 표현되며, 여기서 α의 특징은 $x[n]$의 형태를 결정한다. $0 \le n \le 40$에서 다음을 좌표로 표시하고, 각 그림의 특징을 설명하라.

(a) $\alpha = 1.2, \alpha = 1, \alpha = 0.8$에 대한 신호 $x[n]$

(b) $\alpha = -1.2, \alpha = -1, \alpha = -0.8$에 대한 신호 $x[n]$

(c) $A = 1.2, A = 1, A = 0.8$인 $\alpha = Ae^{j\pi/4}$에 대한 $x[n]$의 실수 부분과 허수 부분

(d) $A = 1.2, A = 1, A = 0.8$인 $\alpha = \text{A}e^{j\pi/4}$에 대한 $x[n]$의 크기와 위상

2.32 **(이산시간 정현파)** 다음 신호 중 어떤 것이 주기적이며, 얼마의 주기를 갖는가? $-10 \le n \le 30$에서의 각 신호를 좌표로 표시하라. 그림은 당신의 예상을 확증하는가?

(a) $x[n] = 2\cos(\frac{n\pi}{2}) + 5\sin(\frac{n\pi}{5})$ **(b)** $x[n] = 2\cos(\frac{n\pi}{2})\sin(\frac{n\pi}{3})$

(c) $x[n] = \cos(0.5n)$ **(d)** $x[n] = 5\sin(\frac{n\pi}{8} + \frac{\pi}{4}) - 5\cos(\frac{n\pi}{2} - \frac{\pi}{4})$

2.33 **(복소수 신호)** 복소수 신호 $x[n]$은 두 형태(n에 대한 크기와 위상 혹은 n에 대한 실수 부분과 n에 대한 허수 부분)의 하나에서 완벽한 설명을 위하여 두 개의 그림을 필요로 한다.

(a) $x[n] = \{\overset{\Downarrow}{2}, 1 + j, -j2, 2 - j2, -4\}$라 하자. 손으로 $x[n]$에 대한 각 형태를 그려라.

(b) $x[n] = e^{-j0.3n\pi}$라 하자. MATLAB을 이용하여 $-30 \le n \le 30$에서의 각 형태를 좌표로 표시하라. $x[n]$은 주기적인가? 그렇다면 MATLAB 그림에서 그 주기를 확인할 수 있는가? 어떠한 형태로부터, 어떻게 확인할 수 있는가?

2.34 **(복소 지수)** $x[n] = 5\sqrt{2}e^{j(\frac{n\pi}{9} - \frac{\pi}{4})}$라 하자. 다음 신호를 좌표로 표시하고, 그리고, 각 경우에 대하여 그려진 신호에 대한 분석적인 표현을 유도하고, 여러분의 그림과 비교하라. $x[n]$은 주기적인가? 주기 N은 얼마인가? 어떠한 그림이 $x[n]$의 주기를 결정하도록 하는가?

(a) $-20 \le n \le 20$에서 $x[n]$의 실수 부분과 허수 부분

(b) $-20 \le n \le 20$에서 $x[n]$의 크기와 위상

(c) $-20 \le n \le 20$에서 실수와 허수 부분의 합

(d) $-20 \le n \le 20$에서 실수와 허수 부분의 차

2.35 **(복소 지수)** $x[n] = (\sqrt{j})^n + (\sqrt{j})^{-n}$이라 하자. 다음 신호를 좌표로 표시하고, 그리고, 각 경우에 대하여 그려진 신호에 대한 분석적인 표현을 유도하고, 여러분의 그림과 비교하라. $x[n]$은 주기적인가? 주기 N은 얼마인가? 어떠한 그림이 $x[n]$의 주기를 결정하도록 하는가?

(a) $-20 \le n \le 20$에서 $x[n]$의 실수 부분과 허수 부분

(b) $-20 \le n \le 20$에서 $x[n]$의 크기와 위상

2.36 **(이산시간 처프 신호)** F_0에서 F_1까지 디지털 주파수가 선형적으로 변하는 N-샘플 처프 신호 $x[n]$은 다음과 같이 표현된다.

$$x[n] = \cos\left[2\pi\left(F_0 n + \frac{F_1 - F_0}{2N}n^2\right)\right], \quad n = 0, 1, \ldots, N - 1$$

(a) $F = 0$에서 $F = 0.5$까지 디지털 주파수가 변하는 처프 신호 **x**의 800개 샘플을 생성하고 좌표로 표시하라. (저자의 웹 사이트에서) MATLAB 기반의 루틴 **timefreq**를 이용하여 **x**의 주파수가 시간에 따라 선형적으로 어떻게 변하는지를 관찰하라.

(b) $F = 0$에서 $F = 1$까지 디지털 주파수가 변하는 처프 신호 **x**의 800개 샘플을 생성하고 좌표로 표시하라. 주파수가 항상 증가하는가? 그렇지 않다면, 적당한 설명은 무엇인가?

2.37 **(처프 신호)** 처프 신호 $x[n] = \cos(\pi n^2/6)$은 [아날로그 처프 신호 $x(t) = \cos(\pi t^2/6)$과 다르게] 주기 신호임이 주장된다. $0 \le n \le 20$에서 $x[n]$을 좌표로 표시하라. $x[n]$이 주기적으로 나타나는

가? 그렇다면, 주기 N을 확인할 수 있는가? (주기성의 기본) $x[n] = x[n+N]$을 이용하여 정수 N을 구함으로써 당신의 결과를 정당화하라.

2.38 **(신호 평균)** 잡음으로부터의 신호 추출은 주요한 신호 처리 응용이며, 신호 평균은 많은 실행의 결과를 평균하는 데 의존한다. 잡음은 제로의 평균에 도달하며, 신호의 질 또는 **신호대 잡음비** (SNR)는 향상된다.

(a) 2초 동안 $S = 8192$ Hz에서 샘플링된 정현파 $x(t) = \sin(800\pi t)$의 샘플을 생성하라. 샘플링률은 당신의 기계가 허용한다면 신호가 들리도록 선택된다.

(b) SNR이 10 dB인 $s[n]$과 같은 균일하게 분포된 잡음의 샘플에 $x[n]$을 더함으로써 잡음 섞인 신호 $s[n]$을 생성하라. 원 신호와 함께 잡음 섞인 신호를 구분하고, 잡음 섞인 신호의 실제 SNR을 계산하라.

(c) 신호 $s[n]$을 64번 더하고, 신호 $s_a[n]$을 구하기 위하여 결과를 평균화하라. 평균화된 신호 $s_a[n]$과 잡음 섞인 신호 $s[n]$ 그리고 원 신호 $x[n]$을 비교하라. 평균화된 신호 $s_a[n]$의 SNR을 계산하라. SNR이 향상되었는가? 어떠한(시각적 또는 청각적) 향상이 인지되는가? 당연한가?

(d) 64 차분 잡음 섞인 신호의 평균화된 결과 $x_b[n]$을 생성하고, 원 신호 $x[n]$과 평균화된 신호 $x_b[n]$을 구분하라. 평균화된 신호 $x_b[n]$의 SNR을 계산하라. SNR이 향상되었는가? 어떠한(시각적 또는 청각적) 향상이 인지되는가? 신호 $x_b[n]$이 $x_a[n]$과 어떻게 다른지를 설명하라.

(e) SNR의 감소는 잡음 분포의 함수이다. (가우시안 잡음과 같은) 차분 잡음 분포를 이용하여 평균화된 신호를 생성하고 결과를 설명하라.

2.39 **(중심 극한 정리)** 중심 극한 정리는 독립적인 잡음 분포는 덧셈에서 N개의 분포가 증가함에 따라 가우시안 분포의 경향을 보임을 주장한다. 실제로, 가우시안 분포를 갖는 랜덤 신호를 생성하기 위한 한 방법은 균일하게 분포된 신호를 많이(일반적으로 6에서 12) 더하는 것이다.

(a) $N = 2$, $N = 6$, $N = 12$를 이용하여 균일하게 분포된 랜덤 신호의 합을 생성하고, 각 합의 히스토그램을 그려라. 히스토그램은 N이 증가함에 따라 가우시간 형태가 되기 시작하는가? $N = 2$에 대한 히스토그램의 형태를 설명하라.

(b) $N = 6$, $N = 12$를 이용하여 차분 분포를 갖는 랜덤 신호의 합을 생성하라. 분포가 동일하지 않을 때도(상당히 큰 N을 선택하는 동안) 중심 극한 정리가 유지되는 것 같은가? 이러한 결과의 물리적 중요성을 설명하라.

2.40 **(음악 합성 I: Raga Malkauns[1)])** 음악적인 구조는 다양한 주파수에서 음 또는 신호의 조합이다. 옥타브는 f_0에서 $2f_0$까지의 주파수 범위를 포함하며, 옥타브마다 대수와 같이 동등한 간격인 12개

---

1) **Raga Malkauns:** 인디언 클래식 음악에서, raga는 상승 음계와 하강 음계에 기반을 둔 음악 구조이다. 음과 그들의 순서는 허용되는 음만을 이용하여 연주자가 음절을 구성하는 곳에서 음악의 알파벳과 문법을 형성한다. raga의 연주는 몇 분에서 한 시간 또는 그 이상 지속될 수 있다! Raga malkauns는(5개의 음을 갖는) 5음 raga와 다음 음계이다.

상승: D F G B♭ C D
하강: C B♭ G F D

각 음계에서 마지막 음은 다른 것만큼의 두 배 지속된다.

의 음이 존재한다. f_0에서 $2f_0$까지 음의 주파수는

$$f = 2^{k/12} f_0 \quad (k = 0, 1, 2, \ldots, 11)$$

과 일치한다. 12개의 음은 다음과 같다(♯과 ♭은 올림표와 내림표를 의미하며, 소괄호 안의 음의 쌍 각각은 같은 주파수를 갖는다).

A (A♯ 또는 B♭) B C (C♯ 또는 D♭) D (D♯ 또는 E♭) E F (F♯ 또는 G♭) G (G♯ 또는 A♭)

MATLAB에서 raga malkauns의 음계를 합성하기 위하여, 첫 번째 음 D에 일치하는 주파수 f_0에서 시작하여, 상승 음계에서의 음을 얻어내기 위하여 주파수를 올린다. D 음에 도달하는 곳, 더 높은 옥타브가 있는 쪽, 하강 음계에서의 음을 얻어내기 위하여 주파수를 내린다. 여기 MATLAB 코드 일부가 있다.

```
>> f0 = 340; d = f0;                              % 주파수와 D음 설정
>> f = f0*(2^(3/12)); g = f0*(2^(5/12));          % F와 G음
>> bf = f0*(2^(8/12)); c = f0*(2^(10/12));        % B(내림표)와 C음
>> d2 = 2*d;                                      % D음(더 높은 옥타브)
```

(8192 Hz라는) 적절한 샘플링률을 사용하여 이러한 주파수에서의 샘플링된 정현파를 생성하고, 각 음 간의 묵음절을 가정하여 그들을 하나로 모아라. 그리고 MATLAB의 **sound** 명령어를 이용하여 결과 신호를 재생하라. 지침으로 다음의 MATLAB 코드 일부를 이용하라.

```
>> ts = 1/8192;                                   % 샘플링 간격
>> t = 0:ts:0.4;                                  % 각 음에 대한 시간(0.4초)
>> s1 = 0*(0:ts:0.1);                             % 묵음 주기(0.1초)
>> s2 = 0*(0:ts:0.05);                            % 더 짧은 묵음 주기(0.05초)
>> tl = 0:ts:1;                                   % 각 비율의 마지막 음에 대한 시간
>> d1 = sin(2*pi*d*t);                            % 음 생성 시작
>> f1 = sin(2*pi*f*t); g1 = sin(2*pi*g*t);
>> bf1 = sin(2*pi*bf*t); c1 = sin(2*pi*c*t);
>> dl1 = sin(2*pi*d2*tl); dl2 = sin(2*pi*d*tl);
>> asc = [d1 s1 f1 s1 g1 s1 bf1 s1 c1 s2 dl1];    % 상승 음계 생성
>> dsc = [c1 s1 bf1 s1 g1 s1 f1 s1 dl2];          % 하강 음계 생성
>> y = [asc s1 dsc s1]; sound(y)                  % Malkauns 비율(y)
```

2.41 (**음악 합성 II**) Raga Malkauns의 원음계는 매우 음량이 모자란 음일 것이다! 그 이유는 악기에서의 음향이 생성되는 방법 때문이다. 악기는 (현악기에서) 현의 진동이나(목관 악기에서) 공기 기둥에 의하여 소리를 생성하며, 기구의 소리는 각기 독특하다. 예를 들어, 기타에서의 현은 음을 소리내기 위하여 뜯겨지고, 잡히고, 풀린다. 한 번 뜯겨진 소리는 차차 소멸되고, 더욱이 음은 결코 단음이 아닌 (화음) 배음을 포함한다. 실제 소리를 위하여, 우리는 배음과 발성을 포함해야 하며, 특징을 유지하여 풀어내야 한다. 음향 신호는 $x(t) = \alpha(t)\cos(2\pi f_0 t + \theta)$ 형태를 갖기 위하여 고려되어야 하며, 여기서 f_0는 음조이고 $\alpha(t)$는 연주된 악기의 발성–유지–방출 특성을 묘사하는 포락선이다. 몇몇 포락선의 조잡한 표현이 그림 P2.41(구분적으로 선형 근사치는 우리의 목적을

위하여 보다 좋게 동작할 것이다)에 나타나 있다. 목관 악기는 뜯는 현악기와 건반 악기보다 지속시간이 훨씬 더 길고 방출시간은 훨씬 짧다. Raga Malkauns(문제 2.40)의 음계를 가지고 실험하고, 적합한 포락선 형태를 이용하여 기타와 같은 소리를 생성하도록 시험하라.

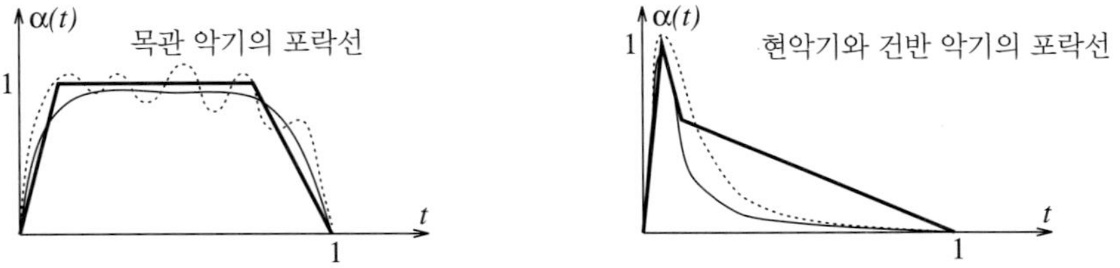

그림 P2.41 문제 2.41을 위한 포락선과 그들의 구분적인 선형 근사치(굵은 선)

2.42 (**음악 합성 III**) 목관 악기 포락선을 이용하여 다음 음을 합성하고, 뜯는 현악기 포락선을 이용하여 같은 음을 합성하라.

$$F^{\sharp}(0.3)\quad D(0.4)\quad E(0.4)\quad A(1)\quad A(0.4)\quad E(0.4)\quad F^{\sharp}(0.3)\quad D(1)$$

모든 음은 하나의 옥타브를 포함하며, 소괄호의 숫자는 그의 상대적 음량의 귀에 거슬리는 표시이다. 음악을 확인할 수 있는가? (그것은 Big Ben이다.)

2.43 (**음악 합성 IV**) 다음의 음을 갖는 Mussorgsky에 의한 Pictures at an Exhibition의 첫 번째 소절을 합성하라.

$$A(3)\quad G(3)\quad C(3)\quad D(2)\quad G^{\star}(1)\quad E(3)\quad D(2)\quad G^{\star}(1)\quad E(3)\quad C(3)\quad D(3)\quad A(3)\quad G(3)$$

모든 음은 G 이상의 옥타브인 G* 음을 제외하고 하나의 옥타브를 포함한다. 소괄호의 숫자는 그의 상대적 음량(더욱 자세히는, 실제 녹음에서 듣고자 하는)의 귀에 거슬리는 표시이다. (피아노와 같은) 건반 악기로 연주된다고 가정하라.

2.44 (**이중톤 다중주파수 음**) 이중톤 다중주파수(DTMF: dual-tone multifrequency) 혹은 누름 단추식 전화기에서, 각 숫자는 이중 주파수 톤으로 표현된다. 각 숫자의 주파수는 7장에서 나열된다.

(a) 각 숫자를 위하여 $S = 8192$ Hz에서 필요한 주파수에 두 개의 정현파를 더한 샘플링을 이용하여 전화번호 487-2550과 일치하는 이중톤 다중주파수 음을 생성하라. 각 신호(묵음을 의미하는) 사이에 50개의 제로를 배치함으로써 신호를 한 점에 모으고, MATLAB 명령어 **sound**를 이용하여 신호를 들어 보라.

(b) 전화번호에서의 숫자를 의미하는 벡터 입력과 일치하는 이중톤 다중주파수 신호를 생성하기 위한 MATLAB 프로그램을 작성하라. $S = 8192$ Hz의 샘플링 주파수를 사용하라.

CHAPTER 03

시간 영역 분석

3.0 범위와 개관

이산시간 신호를 처리하는 시스템을 **이산시간**(discrete-time) 시스템 혹은 **디지털 필터**(digital filter)라고 한다. 그들의 수학적 설명은 그들이 임의의 신호나 특정 신호에 어떻게 응답하는지에 매우 의존적이다. 이번 장은 이산 시스템의 분류를 시작으로 선형성과 시불변성의 중요한 개념들을 소개하고, 이산시간 시스템의 분석을 차분방정식으로 표현한다. 또한 **선형 시불변** 시스템의 응답을 구하기 위해 사용되는 컨벌루션 과정과 임펄스 응답의 가장 중요한 개념으로 끝을 맺는다.

3.0.1 목적과 학습목표

이번 장에서는 이산시간 시스템과 디지털 필터의 시간 영역 분석과 분류를 위해 필요한 수학적 도구들을 규정하고자 한다. 이 장을 통하여 독자는

1. 선형성과 중첩, 시불변성 및 인과성 등을 이해한다.
2. 선형 시불변(LTI: Linear time invariant) 시스템을 확인하는 방법을 익힌다.
3. 디지털 필터의 용어 및 분류를 이해한다.
4. 재귀 필터와 비재귀 필터의 구현 설정 방법을 익힌다.
5. 자연 응답 및 강제 응답의 차분방정식을 푸는 방법을 익힌다.
6. 제로상태 및 제로입력 응답의 차분방정식을 푸는 방법을 익힌다.
7. 차분방정식에 의해 서술되는 선형 시불변 시스템의 임펄스 응답을 구하는 방법을 익힌다.
8. 시스템 차분방정식과 임펄스 응답 간의 전환 방법을 익힌다.
9. 유한길이 수열의 컨벌루션을 구하는 방법을 익힌다.
10. 컨벌루션을 구하기 위하여 정의관계가 어떻게 사용되는지를 알아본다.
11. 컨벌루션의 특성들을 이해하고 문제를 해결하기 위해 그들이 어떻게 사용되는지를 알아본다.
12. 직렬과 병렬에서 시스템의 임펄스 응답을 구하는 방법을 익힌다.
13. 안정성의 개념을 이해한다.

14. 시스템 차분방정식이나 임펄스 응답으로부터 안정성을 결정하는 방법을 익힌다.
15. 주기 컨벌루션을 이해하고 두 신호의 주기 컨벌루션을 구하는 방법을 익힌다.
16. 상호상관 및 자기상관을 구하는 방법을 익힌다.
17. 컨벌루션과 변환 방법 간의 관계를 이해한다.

3.1 이산시간 시스템

시간 영역에서 여러 이산시간 시스템들은 입출력과 관계된 **차분방정식**(difference equation)으로 모델링될 수 있다. 일반적으로 차분방정식은 입출력 신호와 그들의 이동된 버전을 수반한다. 예를 들면 $y[n] = \alpha y[n-1] + \beta x[n]$에 의해 표현된 시스템은 이전 출력 $y[n-1]$과 현재 입력 $x[n]$의 합으로 현재의 출력 $y[n]$을 생성하며, 기호 α와 β는 **계수**라고 한다. 선형 시불변 시스템은 상수 계수에 의하여 특징지어지며, 이러한 시스템은 널리 연구되고 있고, 그들의 응답은 확립된 수학적 방법으로 구할 수 있다.

3.1.1 선형성과 중첩

연산자는 하나의 함수에서 다른 함수로의 변환을 허용한다. 연산자가 기호 $\mathcal{O}$에 의해서 표현된다면, 방정식

$$\mathcal{O}\{x[n]\} = y[n] \tag{3.1}$$

은 함수 $x[n]$이 연산자 $\mathcal{O}$에 의해서 정확하게 처리되어 함수 $y[n]$을 얻게 됨을 의미한다. 연산자 z^m은 m단위의 **향상**을 표현하고, $x[n]$을 $x[n+m]$으로 변환한다. 이러한 변환을 $z^m\{x[n]\} = x[n+m]$과 같은 연산자 표기로 나타낸다. 연산자 z^{-m}은 m단위의 **지연**을 표현하고, $x[n]$을 $x[n-m]$으로 변환하고, 연산자는 $z^{-m}\{x[n]\} = x[n-m]$으로 표현한다. 연산은 여러 과정을 설명한다. 예를 들면 연산 $\mathcal{O}\{\ \} = 4z^{-3}\{\ \} + 6$은 $y[n]$을 얻기 위하여 $x[n]$을 3단위만큼 지연시켜 4를 곱해야 하고, 마지막에 $4z^{-3}\{x[n]\} + 6 = 4x[n-3] + 6 = y[n]$을 얻어내기 위하여 6을 더해야 함을 말한다.

두 함수의 덧셈 연산이 각각 따로 적용된 연산의 합과 같다면, 연산자를 **가산**(additive)이라고 한다. 즉,

$$\mathcal{O}\{x_1[n] + x_2[n]\} = \mathcal{O}\{x_1[n]\} + \mathcal{O}\{x_2[n]\} \qquad \text{(가산 연산)} \tag{3.2}$$

K가 스칼라 값일 때, $Kx[n]$ 연산이 선형 연산 $x[n]$의 K배와 같다면, 연산자는 **동질성**(homogeneous) 혹은 **동질 연산**(scalable)이라 한다. 즉,

$$\mathcal{O}\{Kx[n]\} = K\mathcal{O}\{x[n]\} \qquad \text{(동질성 혹은 동질 연산)} \tag{3.3}$$

두 결과를 합쳐 **중첩의 원리**(principle of superposition)라고 한다. 연산자 $\mathcal{O}$가 중첩을 따른다면, 즉 동질성(동질 연산)과 가산 모두를 만족하면 연산자 $\mathcal{O}$는 **선형 연산자**(linear operator)라고 한다.

$$\mathcal{O}\{Ax_1[n] + Bx_2[n]\} = A\mathcal{O}\{x_1[n]\} + B\mathcal{O}\{x_2[n]\} \qquad (\text{선형 연산자}) \qquad (3.4)$$

만약 시스템이 가산성이나 동질성 둘 중의 하나를 만족하지 않는다면 그 시스템은 비선형이라고 하며, 선형이라 하기 위해서는 위의 두 가지 기준을 모두 통과해야만 한다. 그러나 여러 경우에서 시스템은 연산의 선형성을 확인하기 위한 동질성이나 가산성 둘 중 하나만 만족한다(비록 하나가 다른 하나를 포함하지 않더라도). 선형 시스템의 학습을 위한 기초를 형성하는 주요한 개념은 선형 연산자의 중첩 또한 선형이라는 사실이다.

예제 3.1 선형 연산자의 시험

(a) 연산자 $\mathcal{O}\{\} = C\{\} + D$라고 가정하자.

$$\text{동질성 시험에 의하여: } \mathcal{O}\{Ax[n]\} = ACx[n] + D\text{이지만,}$$
$$A\mathcal{O}\{x[n]\} = A(Cx[n] + D) = ACx[n] + AD$$

두 결과가 서로 다르므로, 연산은 비선형이다($D = 0$일 때만 선형이다).

(b) $x[n]$이 $x^2[n]$으로 변환하는 제곱 연산자 $\mathcal{O}\{\} = \{\}^2$이라고 가정하자.

$$\text{동질성 시험에 의하여: } A\mathcal{O}\{x[n]\} = Ax^2[n]\text{이지만,}$$
$$\mathcal{O}\{Ax[n]\} = (Ax[n])^2 = A^2x^2[n]$$

두 값이 같지 않으므로, 제곱 연산자는 비선형이다.

심화문제 3.1

다음의 연산 중 어떠한 것이 선형인가?

(a) $\mathcal{O}\{\} = \cos\{\}$ **(b)** $\mathcal{O}\{\} = \log\{\}$ **(c)** $\mathcal{O}\{x[n]\} = \alpha^n\{x[n]\}$

정답: (c)번만 선형이다.

3.1.2 시불변성

시불변성(time invariance)은 응답 $y[n]$의 형태가 그것이 적용된 시간이 아닌 입력 $x[n]$의 형태에 의해서만 좌우됨을 의미한다. 만약 입력이 $x[n - n_0]$로 이동된다면, 응답 또한 $y[n - n_0]$으로서 같은 양만큼 이동된다. 다시 말해, 시스템은 시간에 따라 변하지 않는다. 형식적으로, 연산자 $\mathcal{O}$는 입력 $x[n]$을 출력 $y[n]$으로 변환한다면, 즉 $\mathcal{O}\{x[n]\} = y[n]$이라면 시불변성은 다음을 의미한다.

$$\mathcal{O}\{x[n-n_0]\} = y[n-n_0] \quad (\text{시불변성}) \tag{3.5}$$

다시 말해, 입력이 n_0단위만큼 지연된다면 출력 또한 같은 양만큼 지연되어 간단히 출력 원형의 이동된 복제가 된다.

예제 3.2 연산자의 선형성과 시불변성

(a) $y[n] = x[n]x[n-1]$은 비선형이지만 시불변이다.

연산은 $\mathcal{O}\{\} = (\{\})(z^{-1}\{\})$.

$A\mathcal{O}\{x[n]\} = A(x[n]x[n-1])$이지만,

$\mathcal{O}\{Ax[n]\} = (Ax[n])(Ax[n-1])$ (두 값이 같지 않다.)

$\mathcal{O}\{x[n-n_0]\}) = x[n-n_0]x[n-n_0-1]$이고, $y[n-n_0]$

$= x[n-n_0]x[n-n_0-1]$ (두 값이 같다.)

(b) $y[n] = nx[n]$은 선형이지만 시변한다.

연산은 $\mathcal{O}\{\} = n\{\}$.

$A\mathcal{O}\{x[n]\} = A(nx[n])$이고, $\mathcal{O}\{Ax[n]\} = n(Ax[n])$ (두 값이 같다.)

$\mathcal{O}\{x[n-n_0]\} = n(x[n-n_0])$이지만,

$y[n-n_0] = (n-n_0)x[n-n_0]$ (두 값이 같지 않다.)

(c) $y[n] = x[2n]$은 선형이지만 시변한다.

연산 $n \Rightarrow 2n$은

$A\mathcal{O}\{x[n]\} = A(x[2n])$이고, $\mathcal{O}\{Ax[n]\} = (Ax[2n])$ (두 값이 같다.)

$\mathcal{O}\{x[n-n_0]\} = x[2n-n_0]$이지만,

$y[n-n_0] = x[2(n-n_0)]$ (두 값이 같지 않다.)

(d) $y[n] = x[n-2]$는 선형이고 시불변이다.

연산 $n \Rightarrow n-2$는

$A\mathcal{O}\{x[n]\} = A(x[n-2])$이고, $\mathcal{O}\{Ax[n]\}) = (Ax[n-2])$ (두 값이 같다.)

$\mathcal{O}\{x[n-n_0]\} = x[n-n_0-2]$이고, $y[n-n_0] = x[n-n_0-2]$ (두 값이 같다.)

(e) $y[n] = 2^{x[n]}x[n]$은 비선형이나 시불변이다.

연산은 $\mathcal{O}\{\} = (2)^{\{\}}\{\}$.

$A\mathcal{O}\{x[n]\} = A(2)^{x[n]}x[n]$이지만, $\mathcal{O}\{Ax[n]\} = (2)^{Ax[n]}(Ax[n])$ (두 값이 같지 않다.)

$$\mathcal{O}\{x[n-n_0]\} = (2)^{x[n-n_0]}x[n-n_0]\text{이고,}$$
$$y[n-n_0] = (2)^{x[n-n_0]}x[n-n_0] \text{ (두 값이 같다.)}$$

심화문제 3.2

다음 연산 중 어느 것이 시불변인가?

(a) $\mathcal{O}\{x[n]\} = \cos\{x[n]\}$ **(b)** $\mathcal{O}\{x[n]\} = C\{x[n]\}$ **(c)** $\mathcal{O}\{x[n]\} = C^n\{x[n]\}$

정답: (a)와 **(b)**가 시불변이다.

3.1.3 선형 시불변 시스템

선형이면서 시불변인 시스템을 선형 시불변(LTI: linear, time invariant)이라고 한다. 우리는 정수와 같은 시스템 방정식에 수학적 실험을 적용하거나 그들 각각의 연산을 자세히 조사하여 선형성 혹은 시불변성을 확인한다. 차분방정식의 모든 계수들이 상수이고 상수항이 존재하지 않는 차분방정식은 선형 시불변이다. 어떠한 비선형이나 시변 작용은 (이전 예제의 결과들을 종합하여) 다음과 같이 인정된다.

1. 상수항이 존재하거나 항이 입력과 출력 모두 혹은 하나의 곱을 포함한다면, 시스템 방정식은 비선형이다.
2. 계수가 n의 양함수이거나 $y[2n]$과 같이 일정 비율에 따라 정해진 입력이나 출력이 존재한다면, 시스템 방정식은 시변한다.

선형 시불변 시스템: 차분방정식은 무엇에 의해 선형 시불변, 비선형, 또는 시변으로 되는가?

모든 계수가 상수이고 상수항이 없는 경우 **선형 시불변**(LTI)이다.

항이 상수이거나 $x[n]$ 혹은 $y\quad n]$의 비선형 함수이면 **비선형**(nonlinear)이다.

계수가 n의 양함수이거나 입력 혹은 출력이 비율에 따라 정해진 경우(예: $y[2n]$) **시변**(time varying)한다.

예제 3.3 **시스템의 선형성과 시불변성**

다음 시스템의 선형성과 시불변성을 확인한다.

(a) $y[n] - 2y[n-1] = 4x[n]$ (선형 시불변)

(b) $y[n] - 2ny[n-1] = x[n]$ (선형이지만 시변)

(c) $y[n] + 2y^2[n] = 2x[n] - x[n-1]$ (비선형이지만 시불변)

(d) $y[n] - 2y[n-1] = (2)^{x[n]}x[n]$ (비선형이지만 시불변)

(e) $y[n] - 4y[n]y[2n] = x[n]$ (비선형이고 시변)

심화문제 3.3

선형성과 시불변성을 판단하라.

(a) $y[n] + 2y[n-1] = x[n]$ **(b)** $y[n] + 2^n y[n-1] = x[n]$

(c) $y^2[n] + 2^n y[n-1] = x[n]$

정답: **(a)** 선형이고 시불변 **(b)** 선형이지만 시변 **(c)** 비선형, 시변

3.1.4 인과성과 메모리

많은 실제 상황에서 입출력이 우측 신호인 시스템을 다루게 된다. **인과성 시스템**(causal system)에서, 현재의 응답 $y[n]$은 $x[n+2]$와 같은 입력의 미래 값에 의존할 수 없다. 현재 응답이 입력의 미래 값을 요구하는 시스템은 **비인과성 시스템**(noncausal system)이다. 입력과 출력이 우측 신호라고 가정된 선형 시불변 시스템을 고려해 보자. 이러한 시스템이 차분방정식에 의해 표현된다면

$$y[n] + A_1 y[n-1] + \cdots + A_N y[n-N] = B_0 x[n+K]$$

이고, $K \le 0$일 때 인과적이다. 반면에 시스템이

$$y[n+L] + A_1 y[n+L-1] + \cdots + A_L y[n] = B_0 x[n+K]$$

로 표현된다면, $K \le L$일 때 인과적이다. 시불변에 의하여 이 시스템은 또한 다음과 같이 표현된다.

$$y[n] + A_1 y[n-1] + \cdots + A_L y[n-L] = B_0 x[n+K-L]$$

인과성을 위해서는 $K - L \le 0$ 혹은 $K \le L$이 요구된다. 인과성은 흔히 차분방정식으로부터 유래된 **적용 전달 함수**(operational transfer function) $H(z)$를 검사함으로써 더욱 쉽게 확인된다. 이러한 전달 함수의 일반적인 형태는 z의 다항식 비로서 표현된다.

$$H(z) = \frac{B_0 z^P + B_1 z^{P-1} + \cdots + B_{P-1} z + B_P}{A_0 z^Q + A_1 z^{Q-1} + \cdots + A_{Q-1} z + A_Q} \tag{3.6}$$

우측 입력과 출력을 가정하고, $P \le Q$일 때 인과성 시스템이다.

심화문제 3.4

(a) 두 시스템 중 어느 것이 인과성 시스템인가?

$$y[n] = 2^{n+1}x[n] \qquad\qquad y[n] = 2^{n}x[n+1]$$

(b) 각 시스템의 적용 전달 함수를 구하고, 인과성 시스템인지를 판별하라.

$$y[n] - 2y[n-1] = x[n+1] \qquad\qquad y[n+1] - 2y[n-2] = x[n+1]$$

정답: (a) 첫 번째가 인과성 시스템이다. **(b)** 두 번째가 인과성 시스템이다.

순간 시스템과 동적 시스템

$n = n_0$에서 시스템의 응답이 과거나 미래와 같은 다른 시간이 아닌 $n = n_0$에서의 입력에만 의존한다면, **순간 시스템**(instantaneous system) 혹은 **정적 시스템**(static system)이라 한다. 순간 시스템의 시스템 방정식은 $y[n+\alpha] = Kx[n+\alpha]$의 형태를 갖는다. 입출력의 인수가 **동일함**을 기억하라. 동적 시스템의 응답은 과거(혹은 미래) 입력에 의존하며, 동적 시스템은 대개(제한하지는 않지만) 차분방정식으로 표현된다. 시스템 $y[n] + 0.5y[n-1] = x[n]$(차분방정식)은 동적이다. $y[n] = 3x[n-2]$ 또한 동적이다(입출력의 인수가 다르기 때문). 그러나 $y[n-2] = 3x[n-2]$는 순간 시스템이다.

시스템 방정식은 무엇에 의하여 비인과 혹은 동적 시스템이 되는가?

비인과성: 적용 전달 함수의 분자 차수가 분모 차수를 넘는 경우

동적: 시스템 방정식이 $y[n+\alpha] = Kx[n+\alpha]$와 다른 형태인 경우

예제 3.4 인과 시스템과 동적 시스템

(a) $y[n] = x[n+2]$는 비인과성 시스템($y[0]$를 구하기 위하여 $x[2]$가 필요하므로)이고, 동적 시스템($y[n_0]$는 $x[n_0]$가 아닌 $x[n_0+2]$에 의존하므로)이다.

(b) $y[n+4] + y[n+3] = x[n+2]$. 시불변성에 따라 $y[n] + y[n-1] = x[n-2]$이다. 따라서 인과적이면서 동적 시스템이다.

(c) $y[n] = 2x[\alpha n]$은 $\alpha = 1$일 때 인과적이면서 순간 시스템이고, $\alpha < 1$이면 인과적이면서 동적 시스템이며, $\alpha > 1$일 때 비인과적이면서 동적 시스템이다. 또한 $\alpha \neq 1$이면 시변한다.

(d) $y[n] = 2(n+1)x[n]$은 인과적이면서 순간 시스템이고 시변한다.

심화문제 3.5

다음 시스템 중 어느 것이 순간 시스템인가?

(a) $y[n] = 2^{n+1}x[n]$ **(b)** $y[n] = 2^{n}x[n+1]$ **(c)** $y[n] - 2y[n-1] = x[n+1]$

정답: (a)만 순간 시스템이다.

3.2 디지털 필터

이산시간 시스템은 **디지털 필터**(digital filter)라고도 한다. 디지털 필터의 주요한 형식은 차분방정식을 기반으로 한다. N차 차분방정식의 일반적인 형태는 다음과 같다.

$$\begin{aligned} y[n] + A_1 y[n-1] + \cdots + A_N y[n-N] \\ = B_0 x[n] + B_1 x[n-1] + \cdots + B_M x[n-M] \end{aligned} \tag{3.7}$$

차수(order) N은 가장 큰 지연을 갖는 출력을 나타내며, 관례적으로 선행 계수를 1로 표준화한다. 계수 A_k와 B_k는 선형 시불변 디지털 필터의 상수이고, 적용된 입력과 입력이 적용되기 직전의 시스템 상태를 나타내는 초기 상황에 의해 시스템 응답이 좌우된다. 제로 초기 상태를 갖는 시스템은 완화되어 있다고 말한다. 일반적으로 완화된 선형 시불변 시스템에 입력 $x[n]$이 선형 연산을 취하게 되면, 출력 $y[n]$도 같은 선형 연산을 취하게 된다. 흔히, 임의의 함수는 그의 더 작은 성분으로 각각 분리되고 더 효율적으로 분석된 응답, 그리고 중첩을 사용하여 찾아낸 전체 응답으로 분해되기도 한다. 이러한 분석은 다음 장에서 설명될 필터 분석의 여러 기법들의 실마리이다. 임의의 신호 $x[n]$은 이동된 임펄스의 가중 덧셈으로서 표현된다. 이산시간 시스템에 입력이 단위 임펄스 $\delta[n]$일 때의 출력을 **임펄스 응답**(impulse response)이라 하며, $h[n]$으로 표기한다. 임펄스 응답은 컨벌루션(convolution)이라는 방법을 이용하여 필터 응답을 알아내기 위한 기본이다.

3.2.1 디지털 필터 용어

다음 방정식으로 표현된 디지털 필터를 고려하자.

$$y[n] = B_0 x[n] + B_1 x[n-1] + \cdots + B_M x[n-M] \quad \text{(비재귀 필터)} \tag{3.8}$$

필터의 현재 응답은 입력 항에 의해서만 좌우되며, 응답의 과거 값(재귀)에는 좌우되지 않는 것으로 보인다. 응답이 단지 입력 항의 가중 덧셈(이동평균)이기 때문에 이것을 **비재귀 필터**(non-recursive filter) 혹은 **이동평균 필터**(moving average filter)라고 한다.

다음과 같은 차분방정식으로 표현된 디지털 필터를 고려하자.

$$y[n] + A_1 y[n-1] + \cdots + A_N y[n-N] = B_0 x[n] \quad \text{(재귀 혹은 자동회귀 필터)} \tag{3.9}$$

이것은 현재의 출력이 자신의 과거 값 $y[n-k]$와 입력의 현재 값에 좌우되는 N차 **재귀 필터**(recursive filter)이다. 입펄스 응답 $h[n]$(단위 임펄스 입력의 응답)이 대개 무기한이기 때문에, 이것을 **무한 임펄스 응답 필터**(infinite impulse response(IIR) filter)라고 한다. 또한 필터의 출력이 자기 자신의 이전 값(복귀)을 따르기 때문에, 이러한 필터를 **자동회귀**(AR: autoregressive) 필터라고 한다.

마지막으로, 다음 차분방정식으로 표현되는 가장 일반적인 형태를 고려하자.

$$\begin{aligned} &y[n] + A_1 y[n-1] + \cdots + A_N y[n-N] \\ &\quad = B_0 x[n] + B_1 x[n-1] + \cdots + B_M x[n-M] \quad \text{(재귀 혹은 자동회귀 이동평균 필터)} \end{aligned} \tag{3.10}$$

이 필터 역시 재귀 필터이다. 이것은 필터의 현재 출력이 자신의 과거 값 $y[n-k]$뿐만 아니라 입력의 과거와 현재 값을 따르기 때문에 **자동회귀 이동평균**(ARMA: autoregressive, moving average) 필터라고 한다.

디지털 필터 용어

비재귀 또는 유한 필터: $y[n] = B_0 x[n] + B_1 x[n-1] + \cdots + B_M x[n-M]$

재귀, 무한 또는 자동회귀 필터: $y[n] + A_1 y[n-1] + \cdots + A_N y[n-N] = B_0 x[n]$

재귀 혹은 자동회귀 이동평균 필터: $y[n] + A_1 y[n-1] + \cdots + A_N y[n-N] = B_0 x[n] + B_1 x[n-1] + \cdots + B_M x[n-M]$

3.2.2 디지털 필터 구현

상수 계수를 갖는 선형 차분방정식으로 표현되는 디지털 필터는 방정식에서 자연스럽게 발생하는 비례(또는 스칼라 곱셈), 이동(또는 지연) 그리고 덧셈(또는 가산)의 연산에 해당하는 요소들을 사용하여 구현될 수 있으며, 그림 3.1에서 기호로 표시된 이러한 요소들은 **이득**(gain, 스칼라 곱셈기), **지연**(delay) 그리고 **덧셈**(summer 또는 adder)을 의미한다.

직렬에서 지연 요소들은 개별 지연의 합에 의하여 지연된 출력을 얻게 되며, k 단위 지연의 연산 표기는 z^{-k}이다.

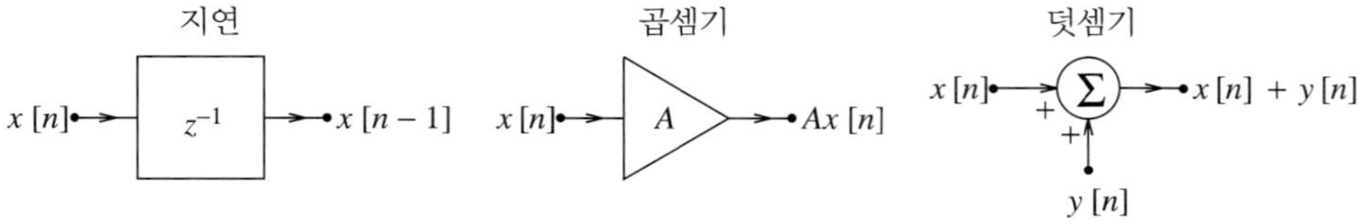

그림 3.1 디지털 필터의 구현을 위한 빌딩 블록은 지연 요소(직렬 가능)와 스칼라 곱셈기, 덧셈기를 포함한다.

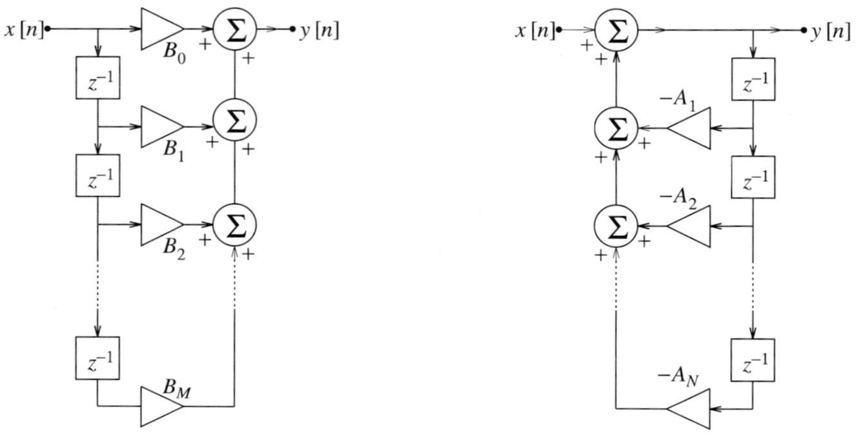

그림 3.2 비재귀 필터(왼쪽)의 구현은 순방향 경로만을 보인다. 재귀 필터(오른쪽)는 궤환 경로를 포함한다.

$$y[n] = B_0x[n] + B_1x[n-1] + \cdots + B_Nx[n-N] \tag{3.11}$$

위와 같이 표현되는 비재귀 필터는 N 지연 요소를 갖는 **순방향 구조**(feed-forward)를 이용하여 구현될 수 있으며,

$$y[n] = -A_1y[n-1] - \cdots - A_Ny[n-N] + x[n] \tag{3.12}$$

위의 재귀 필터는 **궤환**(feedback) 구조를 필요로 한다(출력이 자신의 과거 값에 좌우되므로). 각각의 구현은 그림 3.2와 같으며, N 지연 요소를 필요로 한다.

$$y[n] = -A_1y[n-1] - \cdots - A_Ny[n-N] + B_0x[n] + B_1x[n-1] + \cdots + B_Nx[n-N] \tag{3.13}$$

위와 같이 표현된 일반적인 형태는 그림 3.3과 같이 순방향 구조와 궤환 구조 모두를 필요로 하며, $2N$ 지연 요소를 사용하여 구현될 수 있고, 이는 **직접형 I**(direct form I) 구현을 나타낸다.

그러나 선형 시불변 시스템은 다른 순서(곧 학습하게 됨)로 직렬연결되기 때문에, N 지연만을 갖는 **정형 구현**(canonical realization)을 얻어내기 위하여 그림 3.3과 같이 궤환과 순방향 부분을

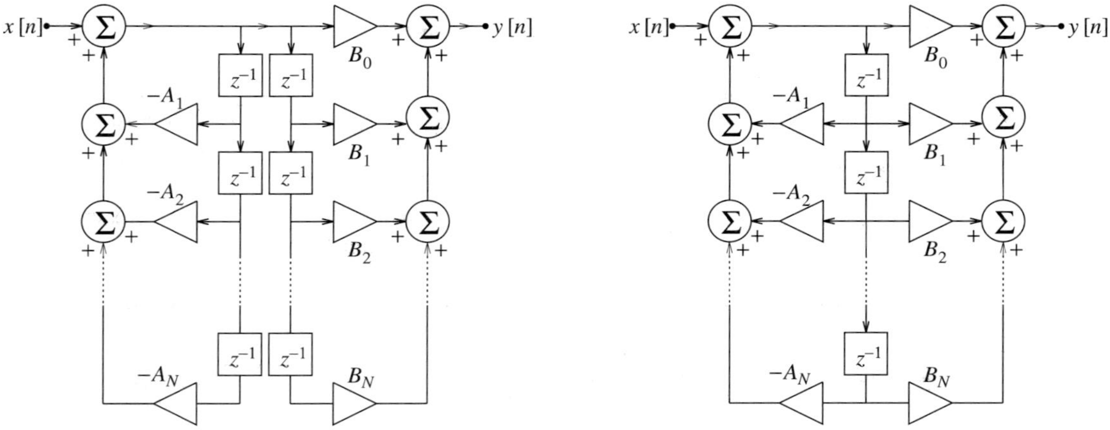

그림 3.3 N차 차분방정식(왼쪽)의 직접 구현(직접형 I)은 $2N$ 지연 요소를 필요로 하며, 같은 차분방정식의 정형 구현(직접형 II)은 N 지연 요소만을 필요로 한다.

심화문제 3.6

다음 시스템의 구현을 그려라.

(a) $y[n] - 0.6y[n-1] = x[n]$ **(b)** $y[n] - \frac{1}{6}y[n-1] - \frac{1}{6}y[n-2] = 4x[n]$

정답:

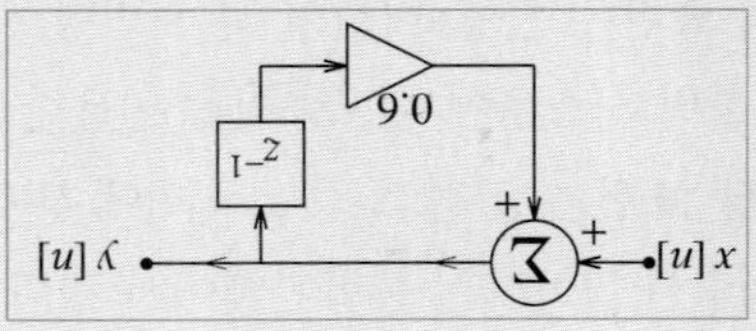

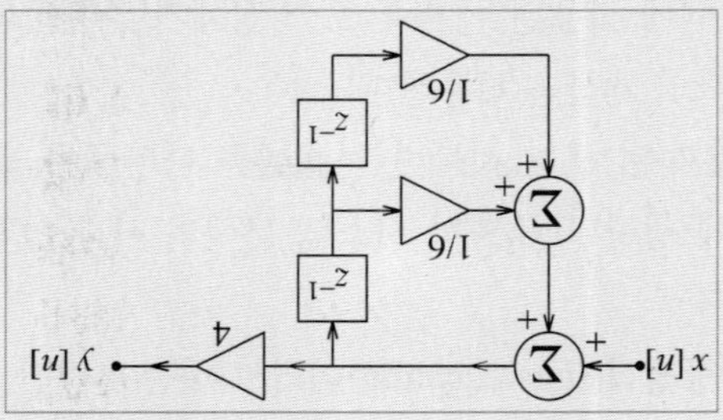

바꿀 수 있다. 이것을 **직접형 II**(direct form II) 구현이라 한다. 또한 N 요소만을 사용하는 다른 형태 역시 가능하다. 다음 장에서는 좀 더 자세한 디지털 필터 구현의 다양한 형태를 다룬다.

심화문제 3.7

그림에서 나타낸 디지털 필터의 차분방정식은 무엇인가?

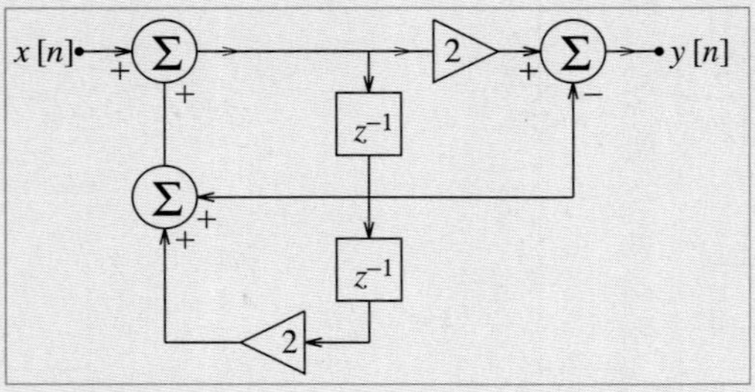

정답: $y[n] - y[n-1] - 2y[n-2] = 2x[n] - x[n-1]$

3.3 디지털 필터의 응답

디지털 필터는 이산 신호를 다루며, 이산 입력에 대응하는 이산 출력을 생성한다. 디지털 필터의 응답은 적용된 입력뿐만 아니라 입력이 적용되기 직전의 시스템 상태를 나타내는 초기 상태에도 좌우된다. 제로 초기 상태를 갖는 시스템은 **완화되었다**고 말한다. 디지털 필터는 다음 모형을 사용하여 시간 영역에서 분석된다.

- **차분방정식 표현**은 선형, 비선형 및 시변형 시스템에 적용된다. 비록 초기 상태가 존재하더라도 선형 시불변 시스템에서는 중첩을 이용한 응답의 계산을 허용한다.
- **임펄스 응답 표현**은 임펄스 응답 $h[n]$에 의해 **완화된** 선형 시불변 시스템을 나타내며, 출력 $y[n]$은 **컨벌루션 합**이라는 통합관계에서 명확하게 생성된다. 또한 시스템 분석의 시간 영역과 변환 영역 방법의 관계를 허용한다.
- **상태 변수 표현**은 상태 변수 n의 관점에서 **상태 방정식**(state equation)이라고 하는 n 순간 1차 차분방정식에 의한 n차 시스템을 나타내며, 복합 혹은 비선형 시스템과 다수의 입출력을 갖는 시스템에 유용하다. 선형 시불변 시스템을 위한 상태 방정식은 행렬 기법을 이용하여 해결할 수 있다. 또한 상태 변수는 수치해석을 따르는데, 이 책에서는 이러한 방법은 다루지 않는다.

3.3.1 비재귀 필터의 응답

비재귀 필터의 시스템 방정식은 다음과 같다.

$$y[n] = B_0x[n] + B_1x[n-1] + \cdots + B_Mx[n-M] \qquad \text{(유한 임펄스 응답 필터)}$$

출력 $y[n]$이 입력 $x[n]$과 그의 이동된 형태에만 의존하기 때문에, 응답은 시스템 방정식에 의해 표현되는 것과 같이 입력 항의 간단한 가중 덧셈이다.

예제 3.5 비재귀 필터의 응답

$y[n] = 2x[n] - 3x[n-2]$에 의해 표현된 유한 임펄스 응답 필터를 고려하자. 시스템의 입력이 $x[n] = (0.5)^n u[n]$일 때 시스템 출력을 구하고, $n = 1$과 $n = 2$일 때 $y[n]$을 계산하라.

$$y[n] = 2x[n] - 3x[n-2] = 2(0.5)^n u[n] - 3(0.5)^{n-2} u[n-2]$$

이 시스템은

$$y[1] = 2(0.5)^1 = 1 \quad \text{그리고} \quad y[1] = 2(0.5)^1 = 1$$

3.3.2 재귀 필터의 응답

재귀 필터의 차분방정식은

$$y[n] + A_1 y[n-1] + \cdots + A_N y[n-N] = B_0 x[n] + B_1 x[n-1] + \cdots + B_M x[n-M]$$

이며, 응답은 입력 값뿐만 아니라 필터의 과거 값에 좌우됨을 보여준다. 출력 $y[n]$은 $y[n-1]$, $y[n-2], \ldots, y[n-N]$의 이전 값들을 필요로 한다. $y[n+1]$을 계산하기 위하여 이미 알고 있는 $y[n]$과 다른 값들을 사용할 수 있고, 원하는 만큼의 출력 값을 계속적으로 계산하기 위하여 재귀 방정식의 사용이 계속된다. 다음과 같은 2차 차분방정식을 고려하자.

$$y[n] + A_1 y[n-1] + A_2 y[n-2] = B_0 x[n] + B_1 x[n-1]$$

$y[n]$을 구하기 위하여, 이 방정식을 다음과 같이 고쳐 쓴다.

$$y[n] = -A_1 y[n-1] - A_2 y[n-2] + B_0 x[n] + B_1 x[n-1]$$

$y[n]$을 과거 값 $y[n-1]$과 $y[n-2]$로부터 구할 수 있음을 보여준다. $n = 0$에서 재귀 방정식을 시작하면 $y[-1]$과 $y[-2]$ 값은 주어져야만 하고, $n \geq 0$일 때는 이미 알고 있는 $y[n]$의 값은 원하는 만큼 연속적으로 계산된다. 이러한 방법은 재귀 방정식이 시작되어 출력 값을 얻기 위하여 초기 상태가 필요함을 보여준다. 일반적으로 N차 차분방정식의 $n \geq 0$인 응답 $y[n]$은 N개의 연속적인 초기 상태 $y[-1], y[-2], \ldots, y[-N]$을 필요로 한다. 재귀적인 접근법은 효과적이며, 비선형이거나 시변 시스템을 위해서도 사용될 수 있다. 이러한 방법의 단점은 출력에 대하여 일반적인 닫힌 형태 해결이 항상 쉽게 구분되지는 않는다는 것이다.

예제 3.6 재귀 방정식을 이용한 시스템 응답

(a) $y[n] = a_1 y[n-1] + b_0 u[n]$으로 표현되는 시스템의 초기 상태는 $y[-1] = 0$이라 하자. 연

속적으로

$$\begin{aligned} y[0] &= a_1 y[-1] + b_0 u[0] = b_0 \\ y[1] &= a_1 y[0] + b_0 u[1] = a_1 b_0 + b_0 = b_0[1 + a_1] \\ y[2] &= a_1 y[1] + b_0 u[2] = a_1[a_1 b_0 + b_0] + b_0 = b_0\left[1 + a_1 + a_1^2\right] \end{aligned}$$

을 계산한다. $y[n]$의 형태는

$$y[n] = b_0\left[1 + a_1 + a_1^2 + \cdots + a_1^{n-1} + a_1^n\right]$$

으로서 식별될 수 있다. 기하수열을 위한 닫힌 형태를 이용하여

$$y[n] = \frac{b_0(1 - a_1^{n+1})}{1 - a_1}$$

의 결과를 얻어낸다. 만약 계수가 수치 값으로 나타난다면, 일반적인 형태는 쉽게 구분되지 않을 것이다.

(b) $y[n] = a_1 y[n-1] + b_0 n u[n]$으로 표현되는 시스템의 초기 상태는 $y[-1] = 0$이라 하자. 연속적으로

$$\begin{aligned} y[0] &= a_1 y[-1] = 0 \\ y[1] &= a_1 y[0] + b_0 u[1] = b_0 \\ y[2] &= a_1 y[1] + 2b_0 u[2] = a_1 b_0 + 2b_0 \\ y[3] &= a_1 y[2] + 3b_0 u[3] = a_1[a_1 b_0 + 2b_0] + 3b_0 = a_1^2 b_0 + 2a_1 b_0 + 3b_0 \end{aligned}$$

을 계산한다. 즉, 일반적인 형태는 $y[n] = b_0 a_1^{n-1} + 2b_0 a_1^{n-2} + 3b_0 a_1^{n-3} + (n-1)b_0 a_1 + nb_0$이다. 우리는 어떠한 노력 없이 이에 대한 보다 완전한 형태를 구할 수 있다. $b_0 a_1^{n-1}$을 더하고 빼며, a_1^n 계수를 밖으로 빼냄으로써

$$y[n] = a_1^n - b_0 a_1^{n-1} + b_0 a_1^n\left[a_1^{-1} + 2a_1^{-2} + 3a_1^{-3} + \cdots + na_1^{-n}\right]$$

을 얻을 수 있다. $k = 1$부터 $k = N(x = a^{-1})$까지의 합 Σkx^k을 위한 닫힌 형태를 사용하여

$$y[n] = a_1^n - b_0 a_1^{n-1} + b_0 a_1^n \frac{a^{-1}[1 - (n+1)a^{-n} + na^{-(n+1)}]}{(1 - a^{-1})^2}$$

을 얻는다. 이 얼마나 자질구레한 일인가! 차분방정식을 풀기 위한 좀 더 명쾌한 방법은 이번 장의 뒷부분에서 설명된다.

심화문제 3.8

(a) $y[n] - y[n-1] - 2y[n-2] = u[n]$이라 하자. $y[-1] = 2, y[-2] = 0$일 때 재귀 방정식을 이용하여 $y[3]$을 구하라.

(b) $y[n] - 0.8y[n-1] = x[n]$이라 하자. $x[n] = \delta[n], y[-1] = 0$일 때, 재귀 방정식을 이용하여 $y[n]$의 일반적인 형태를 구하라.

정답: **(a)** 32 **(b)** $(0.8)^n, n \geq 0$ 혹은 $(0.8)^n u[n]$

3.4 차분방정식 해석

선형 상수–계수 차분방정식에 의해 좌우되는 선형 시불변 시스템의 출력은 일반적으로 **비결정 계수**(undetermined coefficients) **방법**에 의하여 계산된다. 이 방법은 **강제 응답**(forced response) $y_F[n]$과 **자연 응답**(natural response) $y_N[n]$의 합으로 전체 응답 $y[n]$을 얻는다. 초기 상태 $y[-1]$, $y[-2], y[-3], \ldots, y[-N]$이고 단순 입력 $x[n]$을 갖는 N차 차분방정식을 고려하자.

$$y[n] + A_1 y[n-1] + A_2 y[n-2] + \cdots + A_N y[n-N] = x[n] \tag{3.14}$$

입력을 갖는 시스템 작용으로 인하여 발생하는 **강제 응답**은 입력과 같은 형태를 가지며, 주어진 차분방정식을 만족한다. 표 3.1은 다양한 형태의 입력에 대한 강제 응답을 정리한 것이다. 강제 응답의 상수는 주어진 차분방정식을 충족하도록 한다. 입력의 선형 조합을 위하여 각 요소에 의한 강제 응답을 구하고, 결과를 추가한다. 자연 응답의 형태는 시스템 항목에만 좌우되며, 자연 입력에는 독립적이다. 강제 응답은 입력에 따른 시스템 작용으로 인하여 발생하여, 입력과 시스템 항목 모두에 좌우된다.

표 3.1 이산 선형 시불변 시스템의 강제 응답 형태

항목	강제 함수(오른쪽)	강제 응답의 형태
1	C_0 (상수)	C_1 (다른 상수)
2	α^n (주의 참조)	$C\alpha^n$
3	$\cos(n\Omega + \beta)$	$C_1\cos(n\Omega) + C_2\sin(n\Omega)$ 또는 $C\cos(n\Omega + \phi)$
4	$\alpha^n \cos(n\Omega + \beta)$ (주의 참조)	$\alpha^n[C_1\cos(n\Omega) + C_2\sin(n\Omega)]$
5	n	$C_0 + C_1 n$
6	n^p	$C_0 + C_1 n + C_2 n^2 + \cdots + C_p n^p$
7	$n\alpha^n$ (주의 참조)	$\alpha^n(C_0 + C_1 n)$
8	$n^p\alpha^n$ (주의 참조)	$\alpha^n(C_0 + C_1 n + C_2 n^2 + \cdots + C_p n^p)$
9	$n\cos(n\Omega + \beta)$	$(C_1 + C_2 n)\cos(n\Omega) + (C_3 + C_4 n)\sin(n\Omega)$

주의: α는 p번 반복된 특성 방정식의 근일 때, 만약 오른쪽이 α^n이라면 강제 응답은 n^p의 곱으로 표현되어야 한다.

표 3.2 이산 선형 시불변 시스템의 자연 응답 형태

항목	특성 방정식의 근	자연 응답의 형태
1	실수이고 명확한 r	Kr^n
2	복소 켤레 쌍 $re^{j\Omega}$	$r^n[K_1\cos(n\Omega) + K_2\sin(n\Omega)]$
3	실수, 반복된 r^{p+1}	$r^n(K_0 + K_1 n + K_2 n^2 + \cdots + K_p n^p)$
4	복소수, 반복된 $(re^{j\Omega})^{p+1}$	$r^n\cos(n\Omega)(A_0 + A_1 n + A_2 n^2 + \cdots + A_p n^p) +$ $r^n\sin(n\Omega)(B_0 + B_1 n + B_2 n^2 + \cdots + B_p n^p)$

특성 방정식(characteristic equation)은 다음과 같은 다항 방정식으로 정의된다.

$$1 + A_1 z^{-1} + A_2 z^{-2} + \cdots + A_N z^{-N} = z^N + A_1 z^{N-1} + \cdots + A_N = 0 \tag{3.15}$$

이러한 방정식은 N개 근 $z_1, z_2, \ldots, z_N$을 갖는다. 자연 응답은

$$y_N[n] = K_1 z_1^n + K_2 z_2^n + \cdots + K_N z_N^n \tag{3.16}$$

과 같이 N개 이산시간 지수의 선형 조합이며, 이러한 형태는 중근 때문에 수정되어야 한다. 왜냐하면 복소근은 켤레 쌍으로 존재하기 때문에 그와 연관된 계수 또한 $y_N[n]$이 실수임을 증명하기 위하여 켤레 쌍의 형태를 갖는다. 대수 항목은 두 개의 실수 계수와 함께 제기된 형태를 따른다. 표 3.2는 중근 또는 복소근의 형태를 요약한 것이다. (강제 응답과 자연 응답의 합인) **전체 응답**(total response)은 주어진 초기 상태를 만족하고, 모르는 계수를 찾아내기 위하여 사용된다.

안정된 시스템에서 자연 응답은 시간 0으로 감쇠되기 때문에 **과도 응답**(transient response)이라 하고, 정현파 입력에서의 강제 응답은 입력 주파수에서 정현파이며, **정상상태 응답**(steady-state response)이라 일컫는다.

차분방정식으로 기술된 선형 시불변 시스템의 응답

전체 응답 = 자연 응답 + 강제 응답

특성 방정식의 근은 자연 응답의 형태만을 결정하며, 차분방정식의 입력 항(오른쪽)은 완벽하게 강제 응답을 결정한다.

초기 상태는 자연 응답에서의 상수를 얻어내기 위하여 전체 응답을 충족한다.

예제 3.7 강제 응답과 자연 응답

(a) 그림 E3.7a와 같은 시스템을 고려하자. $x[n] = (0.4)^n,\ n \geq 0$이고, 초기 상태 $y[-1] = 10$일

때의 시스템 응답을 구하라.

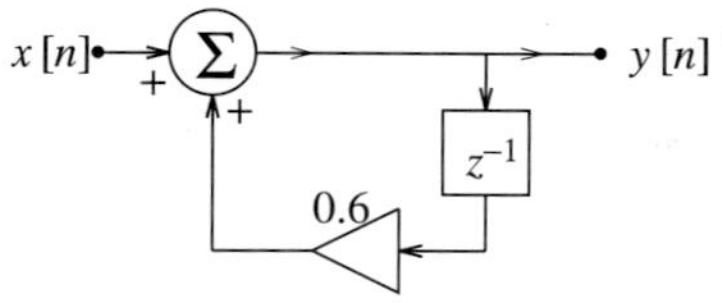

그림 E3.7a 예제 3.7(a)의 시스템

이 시스템을 설명하는 차분방정식은 $y[n] - 0.6y[n-1] = x[n] = (0.4)^n$, $n \geq 0$이다. 이것의 특성 방정식은 $1 - 0.6z^{-1} = 0$ 또는 $z - 0.6 = 0$이다. 근 $z = 0.6$은 자연 응답 $y_N[n] = K(0.6)^n$의 형태를 갖는다. $x[n] = (0.4)^n$이기 때문에, 강제 응답은 다음과 같다.

$$y_F[n] = C(0.4)^n$$

$y_F[n]$을 차분방정식에 대입함으로써 C를 구한다.

$$y_F[n] - 0.6y_F[n-1] = (0.4)^n = C(0.4)^n - 0.6C(0.4)^{n-1}$$

양쪽 항에서 $(0.4)^n$을 삭제하고,

$$C - 1.5C = 1 \quad \text{또는} \quad C = -2$$

를 얻음으로써 C를 구한다. 즉, $y_F[n] = -2(0.4)^n$이고, 전체 응답은 다음과 같다.

$$y[n] = y_N[n] + y_F[n] = -2(0.4)^n + K(0.6)^n$$

전체 응답에서 K를 구하기 위하여 초기 상태 $y[-1] = 10$을 이용한다.

$$y[-1] = 10 = -5 + \frac{K}{0.6} \quad \text{그리고} \quad K = 9$$

즉, 다음과 같다.

$$y[n] = -2(0.4)^n + 9(0.6)^n, \quad n \geq 0$$

(b) $y[-1] = 4$이고, $y[n] - 0.5y[n-1] = 5\cos(0.5n\pi)$, $n \geq 0$인 차분방정식을 고려하자. 이것의 특성 방정식은 $1 - 0.5z^{-1} = 0$ 또는 $z - 0.5 = 0$이고, 근 $z = 0.5$는 자연 응답 $y_N[n] = K(0.5)^n$의 형태를 갖는다. $x[n] = 5\cos(0.5n\pi)$이므로, 강제 응답은 다음과 같다.

$$y_F[n] = A\cos(0.5n\pi) + B\sin(0.5n\pi)$$

$y_F[n-1] = A\cos[0.5(n-1)\pi] + B\sin[0.5(n-1)\pi] = A\sin(0.5n\pi) - B\cos(0.5n\pi)$를 구

한다.

$$y_F[n] - 0.5y_F[n-1] = (A + 0.5B)\cos(0.5n\pi) - (0.5A - B)\sin(0.5n\pi)$$
$$= 5\cos(0.5n\pi)$$

을 얻기 위하여 코사인과 사인 항의 계수를 같게 하라.

$$(A + 0.5B) = 5, \quad (0.5A - B) = 0 \qquad\qquad A = 4, \ B = 2$$

즉,

$$y_F[n] = 4\cos(0.5n\pi) + 2\sin(0.5n\pi)$$

전체 응답은

$$y[n] = K(0.5)^n + 4\cos(0.5n\pi) + 2\sin(0.5n\pi)$$

이며, $y[-1] = 4$를 이용하여 $y[-1] = 4 = 2K - 2$ 또는 $K = 3$을 구한다. 즉,

$$y[n] = 3(0.5)^n + 4\cos(0.5n\pi) + 2\sin(0.5n\pi), \ n \geq 0$$

정상상태 응답은 $4\cos(0.5n\pi) + 2\sin(0.5n\pi)$이며, 과도 응답은 $3(0.5)^n$이다. 강제 응답은 $y_F[n] = C\cos(0.5n\pi + \theta)$로 가정할 수 있다.

$$y_F[n] - 0.5y_F[n-1] = C\cos(0.5n\pi + \theta) - 0.5C\cos[0.5(n-1)\pi + \theta] = 5\cos(0.5n\pi)$$

상수 C와 θ는 복소 대수를 사용함으로써 구할 수 있다.

$$Ce^{j(0.5n\pi+\theta)} - 0.5Ce^{j(0.5n\pi-0.5\pi+\theta)} = 5e^{j0.5n\pi}$$

이것은 다음과 같이 간단히 나타낼 수 있고,

$$Ce^{j\theta} - 0.5Ce^{j(-0.5\pi+\theta)} = 5 \text{ or } Ce^{j\theta}(1 - 0.5e^{-j0.5\pi}) = 5$$

이것은 다음을 갖는다.

$$Ce^{j\theta} = \frac{5}{1 - 0.5e^{-j0.5\pi}} = 4.47e^{-26.6^\circ} \quad \text{또는} \quad C = 4.47, \quad \theta = -26.6^\circ$$

즉, 강제 응답은 다음과 같다.

$$y_F[n] = C\cos(0.5n\pi + \theta) = 4.47\cos(0.5n\pi - 26.6^\circ)$$

(c) $y[-1] = 2$이고, $y[n] - 0.5y[n-1] = 3(0.5)^n, \ n \geq 0$인 차분방정식을 고려하자.
이것의 특성 방정식은 $1 - 0.5z^{-1} = 0$ 또는 $z - 0.5 = 0$이고, 근 $z = 0.5$는 자연 응답 $y_N[n] = K(0.5)^n$의 형태를 갖는다. $x[n] = (0.5)^n$이 자연 응답과 같은 형태를 가지므로, 강제 응답

은 다음과 같다.

$$y_F[n] = Cn(0.5)^n$$

$y_F[n]$을 차분방정식에 대입함으로써 C를 구한다.

$$y_F[n] - 0.5y_F[n-1] = 3(0.5)^n = Cn(0.5)^n - 0.5C(n-1)(0.5)^{n-1}$$

양쪽 항에서 $(0.5)^n$을 제거하고, $Cn - C(n-1) = 3$ 또는 $C = 3$을 구함으로써 C를 얻을 수 있다. 따라서 $y_F[n] = 3n(0.5)^n$이다. 전체 응답은 다음과 같다.

$$y[n] = y_N[n] + y_F[n] = K(0.5)^n + 3n(0.5)^n$$

전체 응답에서 K를 구하기 위하여 $y[-1] = 2$의 초기 상태를 이용한다.

$$y[-1] = 2 = 2K - 6 \quad \text{그리고} \quad K = 4$$

즉,

$$y[n] = 4(0.5)^n + 3n(0.5)^n = (4+3n)(0.5)^n, \quad n \geq 0$$

(d) 2차 시스템

그림 E3.7d의 시스템을 고려하자. $x[n] = u[n]$이고 $y[-1] = 0$, $y[-2] = 12$일 때 이 시스템의 강제 응답과 자연 응답을 구하라.

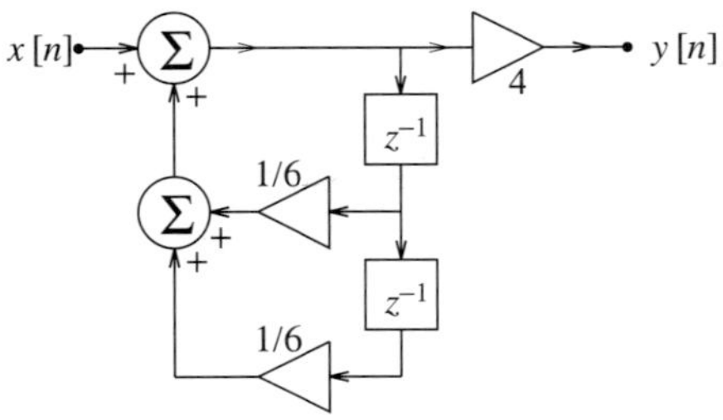

그림 E3.7d 예제 3.7(d)의 시스템

일반적인 구현 비교는 시스템 차분방정식이

$$y[n] - \frac{1}{6}y[n-1] - \frac{1}{6}y[n-2] = 4x[n] = 4u[n]$$

임을 나타낸다. 특성 방정식은 $1 - \frac{1}{6}z^{-1} - \frac{1}{6}z^{-2} = 0$ 또는 $z^2 - \frac{1}{6}z - \frac{1}{6} = 0$이며, 근은 $z_1 = \frac{1}{2}$과 $z_2 = -\frac{1}{3}$ 이다. 즉, 자연 응답은 다음과 같다.

$$y_N[n] = K_1(z_1)^n + K_2(z_2)^n = K_1\left(\frac{1}{2}\right)^n + K_2\left(-\frac{1}{3}\right)^n$$

강제 함수가 $4u[n]$($n \geq 0$인 상수)이기 때문에, 강제 응답 $y_F[n]$은 상수이다. $y_F[n] = C$라 하자. $y_F[n-1] = C$, $y_F[n-2] = C$이다.

$$y_F[n] - \frac{1}{6}y_F[n-1] - \frac{1}{6}y_F[n-2] = C - \frac{1}{6}C - \frac{1}{6}C = 4$$

여기서 $C = 6$을 구할 수 있다. 즉, $y_F[n] = 6$이다. 전체 응답 $y[n]$은 다음과 같다.

$$y[n] = y_N[n] + y_F[n] = K_1\left(\frac{1}{2}\right)^n + K_2\left(-\frac{1}{3}\right)^n + 6$$

상수 K_1과 K_2를 구하기 위하여 전체 응답에 초기 상태 $y[-1] = 0 = 2K_1 - 3K_2 + 6$과 $y[-2] = 12 = 4K_1 + 9K_2 + 6$을 이용하여, $K_1 = -1.2$와 $K_2 = 1.2$를 얻는다. 즉,

$$y[n] = -1.2\left(\frac{1}{2}\right)^n + 1.2\left(-\frac{1}{3}\right)^n + 6, \; n \geq 0$$

과도 응답은 $-1.2(\frac{1}{2})^n + 1.2(-\frac{1}{3})^n$이며, 정상상태 응답은 6과 같은 상수이다.

심화문제 3.9

(a) $\frac{1}{2}y[-1] = 5$인 $y[n] - 0.8y[n-1] = 2$라 하자. $n \geq 0$일 때의 $y[n]$을 구하라.

(b) $y[-1] = 10$인 $y[n] + 0.8y[n-1] = 2(0.8)^n$이라 하자. $n \geq 0$일 때의 $y[n]$을 구하라.

(c) $y[-1] = 5$인 $y[n] - 0.8y[n-1] = 2(0.8)^n$이라 하자. $n \geq 0$일 때의 $y[n]$을 구하라.

(d) $y[-1] = -5$인 $y[n] - 0.8y[n-1] = 2(-0.8)^n + 2(0.4)^n$이라 하자. $n \geq 0$일 때의 $y[n]$을 구하라.

정답: **(a)** $10 - 4(0.8)^n$ **(b)** $(0.8)^n - 7(-0.8)^n$ **(c)** $(2n + 6)(0.8)^n$ **(d)** $(0.8)^n + (-0.8)^n - 2(0.4)^n$

3.5 제로입력 응답과 제로상태 응답

선형 시스템은 중첩이 시스템을 완화(제로 초기 상태를 갖는)시키고, 시스템 방정식이 선형 연산자만을 수반함을 의미한다. 그러나 우리는 선형이지만 초기 상태가 0이 아닌 시스템에 대하여 중첩을 사용할 수 있다. 추가 입력과 같은 초기 상태를 포함함으로써 다중 입력 시스템을 다룬다. 출력은 단독으로 각 입력 실행에 의한 출력의 중첩과 같으며, 입력의 어떠한 변화는 선형적

으로 응답의 **변화**와 관계된다. 결론적으로, 시스템의 응답은(단독적인 초기 상태에 의한) **제로입력 응답과**(단독적인 입력에 의한) **제로상태 응답**의 합으로 쓸 수 있다. 제로입력 응답은 제로상태 응답으로서 중첩을 따른다.

흔히 (제로 초기 상태를 가정한) 제로상태 응답(ZSR: zero-state response) $y_{zs}[n]$과 (제로입력을 가정한) 제로입력 응답(ZIR: zero-input response) $y_{zi}[n]$의 합으로서 선형 시불변 시스템의 응답 $y[n]$을 나타내는 것이 더욱 유용하다. 각 성분은 적합한 차분방정식을 해결함으로써 얻어낸다. 일반적으로, 각각의 쌍이 합계 전체 응답이 되더라도 자연 성분 $y_N[n]$과 강제 성분 $y_F[n]$은 각기 제로입력 및 제로상태 응답과 일치하지 않음을 기억하라.

다음과 같이 표현되는 일반적인 차분방정식을 고려하자.

$$y[n] + A_1 y[n-1] + \cdots + A_N y[n-N] = B_0 x[n] + B_1 x[n-1] + \cdots + B_M x[n-M] \quad (3.17)$$

이 방정식의 제로입력 응답 $y_{zi}[n]$은 오른쪽 항을 0으로 하고, 주어진 초기 상태를 이용한 응답을 계산함으로써 얻어진다. 제로입력 응답은 중첩에 의해 구한다. 우리는 단순 입력 시스템에서 시작해 보자.

$$y_0[n] + A_1 y_0[n-1] + A_2 y_0[n-2] + \cdots + A_N y_0[n-N] = x[n] \quad (3.18)$$

만약 제로상태 응답이 $y_{zs0}[n]$에 의해 주어진다면, 원 시스템의 제로상태 응답은

$$y_{zs}[n] = B_0 y_{zs0}[n] + B_1 y_{zs0}[n-1] + \cdots + B_M y_{zs0}[n-M]$$

이며, 전체 응답 $y[n]$은 제로입력 응답과 중첩된 제로상태 응답의 합에 의해 구해진다.

$$y[n] = \underbrace{y_{zi}[n]}_{\text{ZIR}} + \underbrace{B_0 y_{zs0}[n] + B_1 y_{zs0}[n-1] + \cdots + B_M y_{zs0}[n-M]}_{\text{중첩된 ZSR}} \quad (3.19)$$

전체 제로상태 입력이 중첩에 의해 구해지며, 제로입력 응답(ZIR)은 단 한 번 계산됨을 기억하라.

일반적인 차분방정식 풀이

$y[n] + A_1 y[n-1] + \cdots + A_N y[n-N] = B_0 x[n] + B_1 x[n-1] + \cdots + B_M x[n-M]$이라 하자.

1. 주어진 초기 상태를 이용하여 제로입력 응답 $y_{zi}[n]$을 구하라.

2. $y[n] + A_1 y[n-1] + \cdots + A_N y[n-N] = x[n]$을 위한 단순 입력 시스템 $y_0[n]$에서 시작하라.

3. 제로 초기 상태를 이용하여 $y_{zs0}[n]$으로서 제로상태 응답을 구하라.

4. 중첩에 의해, 다음을 얻는다.

$$y[n] = \underbrace{y_{zi}[n]}_{\text{ZIR}} + \underbrace{B_0 y_{zs0}[n] + B_1 y_{zs0}[n-1] + \cdots + B_M y_{zs0}[n-M]}_{\text{중첩된 ZSR}}$$

예제 3.8 단순 입력 경우를 위한 제로입력과 제로상태 응답

(a) 1차 시스템

$y[-1] = 10$이고 $n \geq 0$일 때, 차분방정식 $y[n] - 0.6y[n-1] = (0.4)^n$을 고려하자.

특성 방정식은 $1 - 0.6z^{-1} = 0$ 또는 $z - 0.6 = 0$이고, 근 $z = 0.6$은 자연 응답 $y_N[n] = K(0.6)^n$의 형태를 갖는다. $x[n] = (0.4)^n$이므로, 강제 응답은 다음과 같다.

$$y_F[n] = C(0.4)^n$$

$y_F[n]$을 차분방정식에 대입함으로써 C를 구한다.

$$y_F[n] - 0.6y_F[n-1] = (0.4)^n = C(0.4)^n - 0.6C(0.4)^{n-1}$$

양쪽 항에서 $(0.4)^n$을 제거하고 $C - 1.5C = 1$ 또는 $C = -2$를 구하여 C를 계산한다. 즉,

$$y_F[n] = -2(0.4)^n$$

(초기 상태를 따르는) 전체 응답은 다음과 같다.

$$y[n] = y_F[n] + y_N[n] = -2(0.4)^n + K(0.6)^n$$

K의 값은 다른 초기 상태와 다름을 기억하라.

1. 제로 초기 상태를 가정한 제로상태 응답은 전체 응답 $y_{zs}[n] = -2(0.4)^n + K_0(0.6)^n$에서 구해진다.

$$y_{zs}[-1] = 0 = -5 + \frac{K_0}{0.6} \quad K_0 = 3 \qquad y_{zs}[n] = -2(0.4)^n + 3(0.6)^n, \quad n \geq 0$$

2. K_1이 주어진 초기 상태로부터 구해지는 제로입력 응답은 자연 응답 $y_{zi}[n] = K_1(0.6)^n$에서 구해진다.

$$y_{zi}[-1] = 10 = \frac{K_1}{0.6} \quad K_1 = 6 \qquad y_{zi}[n] = 6(0.6)^n, \quad n \geq 0$$

3. 전체 응답은 다음과 같다.

$$y[n] = y_{zi}[n] + y_{zs}[n] = -2(0.4)^n + 9(0.6)^n, \; n \geq 0$$

(b) 2차 시스템

$y[-1] = 0$과 $y[-2] = 12$를 갖는 $n \geq 0$인 $y[n] - \frac{1}{6}y[n-1] - \frac{1}{6}y[n-2] = 4$라 하자. 특성 방정식은 $1 - \frac{1}{6}z^{-1} - \frac{1}{6}z^{-2} = 0$ 또는 $z^2 - \frac{1}{6}z - \frac{1}{6} = 0$이고, 근은 $z_1 = \frac{1}{2}$과 $z_2 = -\frac{1}{3}$이다. 강제 함수가 $n \geq 0$인 상수이기 때문에, 강제 응답 $y_F[n]$은 상수이다. $y_F[n] = C$라 하자. $y_F[n-1] = C$, $y_F[n-2] = C$이므로, 다음과 같다.

$$y_F[n] - \frac{1}{6}y_F[n-1] - \frac{1}{6}y_F[n-2] = C - \frac{1}{6}C - \frac{1}{6}C = 4$$

이것은 강제 응답 $y_F[n] = 6$을 제공하기 위하여 $C = 6$을 얻는다.

1. 제로입력 응답은 강제 응답이 0이기 때문에 자연 응답의 형태를 갖는다. 즉,

$$y_{zi}[n] = A_1\left(\frac{1}{2}\right)^n + A_2\left(-\frac{1}{3}\right)^n$$

상수를 구하기 위하여 $y[-1] = 0$과 $y[-2] = 12$의 주어진 초기 상태를 이용한다.

$$0 = A_1\left(\frac{1}{2}\right)^{-1} + A_2\left(-\frac{1}{3}\right)^{-1} = 2A_1 - 3A_2$$
$$12 = A_1\left(\frac{1}{2}\right)^{-2} + A_2\left(-\frac{1}{3}\right)^{-2} = 4A_1 + 9A_2$$

즉, $A_1 = 1.2$, $A_2 = 0.8$이고, 다음과 같다.

$$y_{zi}[n] = 1.2\left(\frac{1}{2}\right)^n + 0.8\left(-\frac{1}{3}\right)^n, \quad n \geq 0$$

2. 제로상태 응답은 전체 응답과 같은 형태이지만, 초기 상태는 0으로 가정된다. 강제 응답이 $y_F[n] = 6$이므로

$$y_{zs}[n] = B_1\left(\frac{1}{2}\right)^n + B_2\left(-\frac{1}{3}\right)^n + 6$$

계수를 구하기 위하여, 제로 초기 상태 $y[-1] = 0$과 $y[-2] = 0$을 가정한다.

$$y[-1] = 0 = 2B_1 - 3B_2 + 6 \qquad y[-2] = 0 = 4B_1 + 9B_2 + 6$$

$B_1 = -2.4$와 $B_2 = 0.4$를 구한다.

$$y_{zs}[n] = -2.4\left(\frac{1}{2}\right)^n + 0.4\left(-\frac{1}{3}\right)^n + 6, \quad n \geq 0$$

3. 전체 응답은 다음과 같다.

$$y[n] = y_{zi}[n] + y_{zs}[n] = -1.2\left(\frac{1}{2}\right)^n + 1.2\left(-\frac{1}{3}\right)^n + 6, \quad n \geq 0$$

(c) 제로상태 응답과 제로입력 응답의 선형성과 중첩

무한 임펄스 응답 필터는 $x[n] = 6u[n]$과 초기 상태 $y[-1] = -1$, $y[-2] = 4$를 갖는 $y[n] - y[n-1] - 2y[n-2] = x[n]$에 의해 표현된다.

1. 제로입력 응답과 제로상태 응답, 그리고 전체 응답을 구하라.
2. 주어진 바와 같이 $y[-1] = -1$, $y[-2] = 4$이지만 $x[n] = 12u[n]$일 때 전체 응답은 어떻게 변하는가?
3. 주어진 바와 같이 $x[n] = 6u[n]$이지만, $y[-1] = -2$, $y[-2] = 8$일 때 전체 응답은 어떻게 변하는가?

풀이

1. $(1 - z^{-1} - 2z^{-2}) = 0$ 혹은 $(z^2 - z - 2) = 0$과 같은 특성 방정식을 구하고, 특성 방정식의 근 $z_1 = -1$과 $z_2 = 2$를 구한다. 자연 응답은 $y_N[n] = A(-1)^n + B(2)^n$이며 입력 $x[n]$이 $n \geq 0$ 구간에서 상수이므로, 강제 응답 역시 상수 형태이다. 그러므로 시스템 방정식에서 $y_F[n] = C$를 택하여 C를 구한다.

$$y_F[n] - y_F[n-1] - 2y_F[n-2] = C - C - 2C = 6 \quad C = -3 \quad y_F[n] = -3$$

제로상태 응답을 위하여 전체 응답과 제로 초기 상태를 사용한다.

$$y_{zs}[n] = y_F[n] + y_N[n] = -3 + A_0(-1)^n + B_0(2)^n, \quad y[-1] = y[-2] = 0$$

$y_{zs}[-1] = 0 = -3 - A_0 + 0.5B_0$와 $y_{zs}[-2] = 0 = -3 + A_0 + 0.25B_0$를 얻어, $A_0 = 1$, $B_0 = 8$이고, $y_{zs}[n] = -3 + (-1)^n + 8(2)^n$, $n \geq 0$이다.

제로입력 응답을 위하여 자연 응답과 주어진 초기 상태를 사용한다.

$$y_{zi}[n] = y_N[n] = A_1(-1)^n + B_1(2)^n \qquad y[-1] = -1 \qquad y[-2] = 4$$

이것은 $y_{zi}[-1] = -1 = -A_1 + 0.5B_1$과 $y_{zi}[-2] = 4 = A_1 + 0.25B_1$을 가져오며, 따라서 $A_1 = 3$, $B_1 = 4$이고, $y_{zi}[n] = 3(-1)^n + 4(2)^n$, $n \geq 0$이다.

전체 응답은 제로입력과 제로상태 응답의 합이 된다.

$$y[n] = y_{zi}[n] + y_{zs}[n] = -3 + 4(-1)^n + 12(2)^n, \quad n \geq 0$$

2. $x[n] = 12u[n]$일 때, 입력은 주어진 것의 두 배가 되며, 제로상태 응답은 $y_{zs}[n] = -6 + 2(-1)^n + 16(2)^n$으로 두 배가 된다.

$$y[n] = -6 + 2(-1)^n + 16(2)^n + 3(-1)^n + 4(2)^n = -6 + 5(-1)^n + 20(2)^n$$

을 구하기 위하여 원래의 제로입력 응답을 더한다.

3. $y[-1] = -2$이고, $y[-2] = 8$일 때, 초기 상태는 두 배가 되고, 제로입력 응답은 $y_{zi}[n] = 6(-1)^n + 8(2)^n$으로 두 배가 된다.

$$y[n] = 6(-1)^n + 8(2)^n - 3 + (-1)^n + 8(2)^n = -3 + 7(-1)^n + 16(2)^n$$

을 구하기 위하여 원래의 제로상태 응답을 더한다.

심화문제 3.10

(a) $y[n] - 0.8y[n-1] = 2$라 하자. 제로상태 응답을 구하라.

(b) $y[-1] = -5$인 $y[n] + 0.8y[n-1] = x[n]$이라 하자. 제로입력 응답을 구하라.

(c) $y[-1] = 10$인 $y[n] - 0.4y[n-1] = (0.8)^n$이라 하자. 제로상태와 제로입력 응답을 구하라.

정답: (a) $10 - 8(0.8)^n$ **(b)** $4(-0.8)^n$ **(c)** $2(0.8)^n - (0.4)^n$, $4(0.4)^n$

예제 3.9 일반적인 시스템의 응답

그림 E3.9와 같이 구현된 재귀 디지털 필터를 가정하자. $x[n] = 6u[n]$이고, $y[-1] = -1$, $y[-2] = 4$일 때 이 시스템의 응답은 무엇인가?

풀이: 일반적인 구현 비교는 시스템 차분방정식이

$$y[n] - y[n-1] - 2y[n-2] = 2x[n] - x[n-1]$$

임을 나타낸다. 이전 예제로부터, $y[n] - y[n-1] - 2y[n-2] = x[n]$의 제로상태 응답은 $y_0[n] = [-3 + (-1)^n + 8(2)^n]u[n]$이다. 즉, 입력 $2x[n] - x[n-1]$의 제로상태 응답은 다음과 같다.

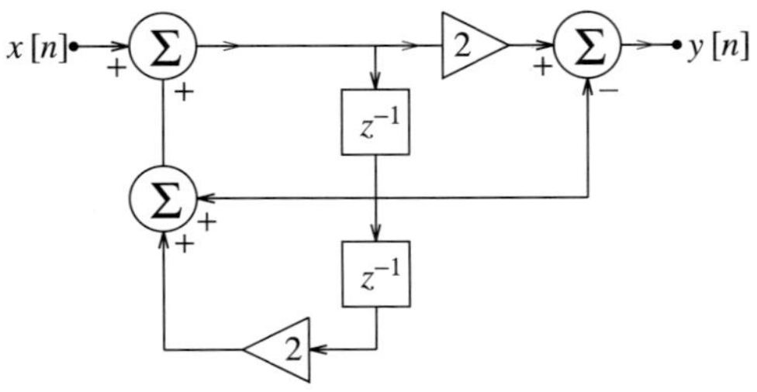

그림 E3.9 예제 3.9를 위한 디지털 필터

$$y_{zs}[n] = 2y_0[n] - y_0[n-1] = [-6 + 2(-1)^n + 16(2)^n]u[n] \\ - [3 + (-1)^{n-1} + 8(2)^{n-1}]u[n-1]$$

이전 예제로부터, $y[n] - y[n-1] - 2y[n-2] = x[n]$의 제로입력 응답은 $y_{zi}[n] = [3(-1)^n + 4(2)^n]u[n]$이다. 전체 응답은 $y[n] = y_{zi}[n] + y_{zs}[n]$이다.

$$y[n] = [3(-1)^n + 4(2)^n]u[n] + [-6 + 2(-1)^n + 16(2)^n]u[n] \\ -[3 + (-1)^{n-1} + 8(2)^{n-1}]u[n-1]$$

심화문제 3.11

(a) $x[n] = 2(0.4)^n$이고 $y[-1] = -10$인 $y[n] - 0.8y[n-1] = x[n]$이라 하자. 제로상태 응답과 제로입력 응답을 구하라.

(b) $x[n] = 2(0.4)^n$이고 $y[-1] = -10$인 $y[n] - 0.8y[n-1] = 2x[n]$이라 하자. $y[n]$을 구하라.

(c) $x[n] = 2(0.4)^n$이고 $y[-1] = -10$인 $y[n] - 0.8y[n-1] = 2x[n] - x[n-1]$이라 하자. $y[n]$을 구하라.

정답: (a) $4(0.8)^n - 2(0.4)^n, -8(0.8)^n$ **(b)** $-4(0.4)^n$ **(c)** $(0.4)^n - 5(0.8)^n$(간단히 표현)

3.6 임펄스 응답

완화된 선형 시불변 시스템의 임펄스 응답 $h[n]$은 그림 3.4에서 나타낸 것처럼 단순한 단위 임펄스 입력 $\delta[n]$의 응답이다. 임펄스 응답은 중첩을 사용한 임의의 입력에 대한 선형 시불변 시스템의 제로상태 응답을 구하기 위한 효과적인 방법을 제공한다. 임펄스 응답과 계단 응답은 디지털 필터의 시간 영역에서의 성능을 평가하기 위하여 종종 사용되며, 임펄스 응답 수열의 길이 또한 디지털 필터의 분류를 위한 도구로 사용된다. 유한길이의 임펄스 응답 필터를 **유한 임펄스 응답 필터**(finite impulse response(FIR) filter)라고 하는 반면, 무한길이의 임펄스 응답 필터를 **무한 임펄스 응답 필터**(infinite impulse response(IIR) filter)라고 한다.

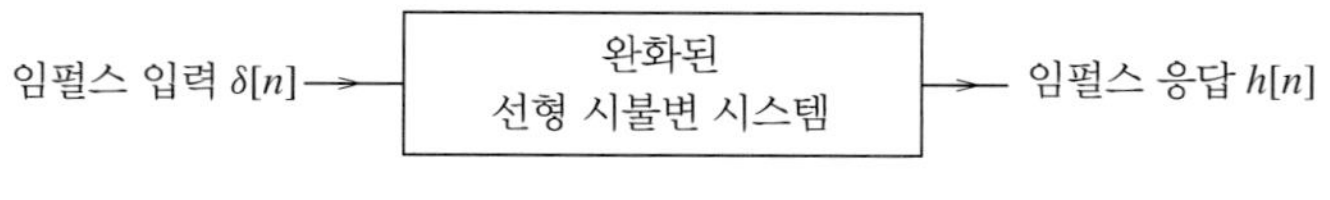

그림 3.4 시스템의 임펄스 응답 $h[n]$은 입력이 단위 임펄스 $\delta[n]$일 때의 출력이며, (초기 상태가 0인) 완화된 시스템과 유용한 본래의 선형 시불변 시스템을 위해서만 정의된다.

3.6.1 비재귀 필터의 임펄스 응답

$$y[n] = B_0 x[n] + B_1 x[n-1] + \cdots + B_M x[n-M] \tag{3.20}$$

위와 같이 표현된 $M + 1$ 길이의 비재귀 필터의 임펄스 응답 $h[n](x[n] = \delta[n])$은 입력 항의 $M + 1$ 항 수열이 되며, 다음과 같이 표현된다.

$$h[n] = B_0\delta[n] + B_1\delta[n-1] + \cdots + B_M\delta[n-M] \text{ 또는 } h[n] = \{\overset{\Downarrow}{B_0},\ B_1, \ldots, B_M\} \tag{3.21}$$

또한 이것은 유한 임펄스 응답 필터이며, 임펄스 응답 샘플 B_k를 **필터 계수**(filter coefficient)라고 한다.

심화문제 3.12

(a) $y[n] = 2x[n+1] + 3x[n] - x[n-2]$라 하자. 수열로서 임펄스 응답을 구하라.

(b) $y[n] = x[n] - 2x[n-1] + 4x[n-3]$이라 하자. 임펄스의 합으로서 임펄스 응답을 구하라.

정답: (a) $h[n] = \{2, \overset{\Downarrow}{3}, 0, -1\}$ **(b)** $h[n] = \delta[n] - 2\delta[n-1] + 4\delta[n-3]$

3.6.2 재귀 필터의 임펄스 응답

비록 결과로부터 닫힌 형태를 항상 구분할 수는 없지만, 재귀는 우리가 원하는 것과 같은 완화된 재귀 필터의 임펄스 응답 $h[n]$의 여러 형태를 얻어내기 위한 간단한 방법을 제공한다. 제로 초기 상태를 사용해야 함을 기억하라.

예제 3.10 재귀를 이용한 임펄스 응답

$y[n] - \alpha y[n-1] = x[n]$으로 정의된 시스템의 임펄스 응답을 구하라.

풀이: 초기 상태 $y[-1] = 0$을 가정하고 $h[n] = \alpha h[n-1] + \delta[n]$을 이용하여 $h[n]$을 구한다. 재귀 필터에 의하여

$$h[0] = \alpha h[-1] + \delta[0] = 1 \qquad h[2] = \alpha h[1] = \alpha^2$$
$$h[1] = \alpha h[0] = \alpha \qquad h[3] = \alpha h[2] = \alpha^3$$

을 구하며, $h[n]$의 일반적인 형태는 $h[n] = \alpha^n u[n]$임을 쉽게 확인할 수 있다.

심화문제 3.13

(a) $y[n] + 0.8y[n-1] = x[n]$이라 하자. 재귀에 의한 임펄스 응답을 구하라.

(b) $y[n] + 0.8y[n-1] = 3x[n]$이라 하자. 재귀에 의한 임펄스 응답을 구하라.

(c) $y[n] - \alpha y[n-1] = Cx[n]$이라 하자. 재귀에 의한 임펄스 응답을 구하라.

정답: (a) $(-0.8)^n$ **(b)** $3(-0.8)^n$ **(c)** $C\alpha^n$

3.6.3 임펄스 응답을 구하는 일반적인 방법

단순 입력을 갖는 N차 차분방정식을 고려하자.

$$y[n] + A_1 y[n-1] + A_2 y[n-2] + \cdots + A_N y[n-N] = x[n] \tag{3.22}$$

이것의 임펄스 응답을 구하기 위하여, 차분방정식을 푼다.

$$h[n] + A_1 h[n-1] + A_2 h[n-2] + \cdots + A_N h[n-N] = \delta[n] \quad (\text{제로 초기 상태}) \tag{3.23}$$

입력 $\delta[n]$은 $n > 0$에서 0이기 때문에, 분명하게 강제 응답이 0임을 가정해야 하며, (명백한 결과를 따르는) 초기 상태를 이용하여 자연 응답을 풀어낸다. 재귀를 이용하여 구해야만 하는 적어도 한 개의 0이 아닌 초기 상태를 이용하는 방법이 있다. 재귀에 의하여, $h[0] = 1$을 구한다. $n > 0$에서 $\delta[n] = 0$이므로, 0이 아닌 초기 상태 $h[0] = 1$을 가정한 임펄스 응답은 동차 방정식의 **자연 응답**으로서 구해진다.

$$h[n] + A_1 h[n-1] + A_2 h[n-2] + \cdots + A_N h[n-N] = 0, \quad h[0] = 1 \tag{3.24}$$

그 외의 모든 나머지 초기 상태는 0으로 가정된다(2차 시스템을 위하여 $h[-1] = 0$, 3차 시스템을 위하여 $h[-1] = h[-2] = 0$ 등).

$$\begin{aligned} y[n] + A_1 y[n-1] + A_2 y[n-2] + \cdots + A_N y[n-N] \\ = B_0 x[n] + B_1 x[n-1] + \cdots + B_M x[n-M] \end{aligned} \tag{3.25}$$

위과 같이 표현된 일반적인 시스템의 임펄스 응답을 구하기 위하여, 다음과 같은 선형성과 중첩을 이용한다.

1. 단순 입력 시스템

$$y_0[n] + A_1 y_0[n-1] + A_2 y_0[n-2] + \cdots + A_N y_0[n-N] = x[n] \tag{3.26}$$

의 임펄스 응답 $h_0[n]$을 동차 방정식

$$\begin{aligned} h_0[n] + A_1 h_0[n-1] + \cdots + A_N h_0[n-N] = 0, \\ h_0[0] = 1 \quad (\text{그 밖의 모든 상태 제로}) \end{aligned} \tag{3.27}$$

을 해결함으로써 구한다.

2. 실제 임펄스 응답 $h[n]$을 구하기 위하여 중첩을 수행한다.

$$h[n] = B_0 h_0[n] + B_1 h_0[n-1] + \cdots + B_M h_0[n-M] \tag{3.28}$$

차분방정식으로 표현된 선형 시불변 시스템의 임펄스 응답

- $y[n] + A_1 y[n-1] + \cdots + A_N y[n-N] = x[n]$이라면,
- $h[0] = 1$(그 외의 모든 것은 0)인 $h[n] + A_1 h[n-1] + \cdots + A_N h[n-N] = 0$으로부터 $h[n]$을 구한다.
- $y[n] + A_1 y[n-1] + \cdots + A_N y[n-N] = B_0 x[n] + B_1 x[n-1] + \cdots + B_M x[n-M]$이라면,
- $h_0[0] = 1$(그 외의 모든 것은 0)인 $h_0[n] + A_1 h_0[n-1] + \cdots + A_N h_0[n-N] = 0$으로부터 $h_0[n]$을 구한다.
- (중첩을 이용하여) $h[n] = B_0 h_0[n] + B_1 h_0[n-1] + \cdots + B_M h_0[n-M]$과 같이 $h[n]$을 구한다.

예제 3.11 단순 입력의 임펄스 응답 계산

(a) 1차 시스템

차분방정식 $y[n] - 0.6y[n-1] = x[n]$을 가정하자.

임펄스 응답은 $h[0] = 1$인 $h[n] - 0.6h[n-1] = 0$에 의하여 구해지며, 자연 응답은 다음과 같다.

$$h[n] = K(0.6)^n$$

$h[0] = 1$일 때 $K = 1$을 구함으로써 다음을 구한다.

$$h[n] = (0.6)^n u[n]$$

(b) 2차 시스템

$y[n] - \frac{1}{6}y[n-1] - \frac{1}{6}y[n-2] = x[n]$이라 하자.

임펄스 응답은 $h[0] = 1$, $h[-1] = 0$인 $h[n] - \frac{1}{6}h[n-1] - \frac{1}{6}h[n-2] = 0$에 의하여 구해지며, 특성 방정식은 $1 - \frac{1}{6}z^{-1} - \frac{1}{6}z^{-2} = 0$ 혹은 $z^2 - \frac{1}{6}z - \frac{1}{6} = 0$이다. 근 $z_1 = \frac{1}{2}$과 $z_2 = -\frac{1}{3}$은 다음과 같은 자연 응답을 가져온다.

$$h[n] = K_1\left(\frac{1}{2}\right)^n + K_2\left(-\frac{1}{3}\right)^n$$

$h[0] = 1$이고 $h[-1] = 0$일 때 $1 = K_1 + K_2$와 $0 = 2K_1 - 3K_2$를 구하고, 상수를 계산하여 $K_1 = 0.6$과 $K_2 = 0.4$를 얻어낸다. 즉,

$$h[n] = \left[0.6\left(\frac{1}{2}\right)^n + 0.4\left(-\frac{1}{3}\right)^n\right]u[n]$$

심화문제 3.14

(a) $y[n] - 0.9y[n-1] = x[n]$이라 하자. 임펄스 응답 $h[n]$을 구하라.

(b) $y[n] - 1.2y[n-1] + 0.32y[n-2] = x[n]$이라 하자. 임펄스 응답 $h[n]$을 구하라.

정답: (a) $(0.9)^n$ **(b)** $2(0.8)^n - (0.4)^n$

예제 3.12 일반적인 경우의 임펄스 응답

(a) $y[n] - 0.6y[n-1] = 4x[n]$과 $y[n] - 0.6y[n-1] = 3x[n+1] - x[n]$의 임펄스 응답을 구하라.

단순 입력 시스템

$$y_0[n] - 0.6y_0[n-1] = x[n]$$

에서 시작한다. 임펄스 응답 $h_0[n]$은 이전 예제에서 $h_0[n] = (0.6)^n u[n]$으로 구해지며, 첫 번째 시스템의 경우

$$h[n] = 4h_0[n] = 4(0.6)^n u[n]$$

두 번째 시스템은

$$h[n] = 3h_0[n+1] - h_0[n] = 3(0.6)^{n+1}u[n+1] - (0.6)^n u[n]$$

또한 이것은 다음과 같이 표현된다.

$$h[n] = 3\delta[n+1] + 0.8(0.6)^n u[n]$$

참고: 일반적인 방법은 인과성 혹은 비인과성 시스템에 사용될 수 있다.

(b) $y[n] - \frac{1}{6}y[n-1] - \frac{1}{6}y[n-2] = 2x[n] - 6x[n-1]$이라 하자.

$h[n]$을 구하기 위하여 단순 입력 시스템

$$y[n] - \frac{1}{6}y[n-1] - \frac{1}{6}y[n-2] = x[n]$$

에서 시작한다. 임펄스 응답 $h_0[n]$은

$$h_0[n] = \left[0.6\left(\frac{1}{2}\right)^n + 0.4\left(-\frac{1}{3}\right)^n\right]u[n]$$

과 같이 이전 예제에서 구해지고, 주어진 시스템의 임펄스 응답은 $h[n] = 2h_0[n] - 6h_0[n-1]$이다. 따라서

$$h[n] = [1.2\left(\frac{1}{2}\right)^n + 0.8\left(-\frac{1}{3}\right)^n]u[n] - \left[3.6\left(\frac{1}{2}\right)^{n-1} + 2.4\left(-\frac{1}{3}\right)^{n-1}\right]u[n-1]$$

참고: 이것은 $h[n] = [-6(\frac{1}{2})^n + 8(-\frac{1}{3})^n]u[n]$으로 간단히 쓸 수 있다.

심화문제 3.15

(a) $y[n] - 0.5y[n-1] = 2x[n] + x[n-1]$이라 하자. 임펄스 응답 $h[n]$을 구하라.

(b) $y[n] - 1.2y[n-1] + 0.32y[n-2] = x[n] + 2x[n-1]$이라 하자. 임펄스 응답 $h[n]$을 구하라.

정답: (a) $2(0.5)^n u[n] + (0.5)^{n-1}u[n-1] = 4(0.5)^n u[n] - 2\delta[n]$

(b) $7(0.8)^n - 6(0.4)^n$ (간단히 표현)

3.6.4 비인과성 시스템의 임펄스 응답

지금까지는 인과성 입력에 차분방정식으로 표현된 시스템의 응답에 초점을 맞추었다. 그러나 비인과성 입력과 적합한 초기 상태를 조건으로 설정함으로써 같은 차분방정식은 비인과성 응답을 얻기 위하여 $n < 0$의 과거 시간에서 해결될 수 있다. 예를 들어 인과성 임펄스 응답 $h[n]$을 구하기 위하여 $n < 0$에서 $h[n] = 0$을 가정한 반면, 같은 시스템의 비인과성 임펄스 응답 $h_A[n]$을 구하기 위해서는 $n > 0$일 때 $h[n] = 0$임을 가정해야 한다. 이것은 같은 시스템은 서로 다른 두 개의 임펄스 응답으로 표현될 수 있음을 의미하며, (다음 장에서 설명될) z-변환을 사용하여 그들 간의 차이를 쉽게 구별한다.

예제 3.13 인과성 및 비인과성 임펄스 응답

(a) 1차 시스템 $y[n] - 0.4y[n-1] = x[n]$의 인과성 임펄스 응답을 구하라.

인과성 임펄스 응답을 위하여 $n < 0$에서 $h[n] = 0$임을 가정하고, $h[n] = 0.4h[n-1] + \delta[n]$으로부터 재귀를 이용하여 $n > 0$일 때의 $h[n]$을 구한다. $h[0] = 0.4h[-1] + \delta[0] = 1$이고, $\delta[n] = 0, n \neq 0$을 이용하여

$$h[1] = 0.4h[0] = 0.4 \qquad h[2] = 0.4h[1] = (0.4)^2$$
$$h[3] = 0.4h[2] = (0.4)^3$$

등을 구한다. 일반적인 형태는 $h[n] = (0.4)^n$임을 쉽게 확인할 수 있으며, $n \geq 0$에서 유효하다.

참고: $y[n] - \alpha y[n-1] = x[n]$의 인과성 임펄스 응답은 $h[n] = \alpha^n u[n]$이다.

(b) 1차 시스템 $y[n] - 0.4y[n-1] = x[n]$의 비인과성 임펄스 응답을 구하라.

비인과성 임펄스 응답을 위하여 $n \geq 0$에서 $h[n] = 0$을 가정하고, $h[n-1] = 2.5(h[n] - \delta[n])$으로부터 재귀를 이용하여 $n < 0$의 $h[n]$을 구한다. $h[-1] = 2.5(h[0] - \delta[0]) = -2.5$와 $\delta[n] = 0, n \neq 0$을 이용하여,

$$h[-2] = 2.5h[-1] = -(2.5)^2$$
$$h[-3] = 2.5h[-2] = -(2.5)^3$$
$$h[-4] = 2.5h[-3] = -(2.5)^4$$

등을 구한다. 일반적인 형태는 $h[n] = -(2.5)^{-n} = -(0.4)^n$임을 쉽게 확인할 수 있으며, $n \leq -1$에서 유효하다.

참고: $y[n] - \alpha y[n-1] = x[n]$의 비인과성 임펄스 응답은 $h[n] = -\alpha^n u[-n-1]$이다.

심화문제 3.16

$y[n] - 0.5y[n-1] = 2x[n]$이라 하자. 차분방정식의 인과성 임펄스 응답과 비인과성 임펄스 응답을 구하라.

정답: $h_c[n] = 2(0.5)^n u[n]$, $h_{ac}[n] = -2(0.5)^n u[-n-1]$

3.7 다양한 형태의 시스템 표현

선형 시불변 시스템은 차분방정식, 임펄스 응답 및 입출력 데이터로 표현되며, 세 가지 모두 주어

진 하나의 형태와 관계가 있으며, 또 다른 것에 접근 가능하다. 차분방정식으로부터 임펄스 응답을 구하는 방법은 이미 학습했다. 여기서는 재귀 필터처럼 비재귀 필터를 표현하는 방법과 그 임펄스 응답 혹은 입출력 데이터로부터 시스템 차분방정식을 구하는 방법을 설명한다.

3.7.1 비재귀 디지털 필터를 위한 재귀 형태

유한 임펄스 응답과 비재귀는 동일한 표현이며, 비재귀 필터는 항상 유한한 임펄스 응답을 갖는다. 무한 임펄스 응답과 재귀는 종종 같은 표현으로 사용되기도 하나, 항상 그렇지는 않다. 모든 재귀 필터가 무한길이의 임펄스 응답을 갖는 것은 아니다. 실제로, 비재귀 필터는 항상 원하는 재귀 형태로 구현될 수 있으며, 재귀 필터 또한 임펄스 응답 수열을 절단함으로써 $y[n] = B_0x[n] + B_1x[n - 1] + \cdots + B_Mx[n - M]$ 형태의 비재귀 필터에 의하여 근삿값을 구할 수 있다. 근삿값은 M이 커질수록 향상된다.

예제 3.14 비재귀 필터를 위한 재귀 형태

(a) $y[n] = y[n - 1] + x[n] - x[n - 3]$의 재귀 시스템을 가정하자.

$x[n]$이 $\delta[n]$이고 $y[-1] = 0$이라면, 연속적으로

$$y[0] = y[-1] + \delta[0] - \delta[-3] = 1 \qquad y[3] = y[2] + \delta[3] - \delta[0] = 1 - 1 = 0$$
$$y[1] = y[0] + \delta[1] - \delta[-2] = 1 \qquad y[4] = y[3] + \delta[4] - \delta[1] = 0$$
$$y[2] = y[1] + \delta[2] - \delta[-1] = 1 \qquad y[5] = y[4] + \delta[5] - \delta[2] = 0$$

등을 구할 수 있다. 이러한 '재귀' 필터의 임펄스 응답은 처음 세 개의 값 이후로 0이고, 유한 길이를 가지며, 이는 실제로 변화된 비재귀(유한 임펄스 응답) 필터이다.

(b) $y[n] = x[n] + x[n - 1] + x[n - 2]$의 비재귀 필터를 가정하자.

임펄스 응답은 다음과 같다.

$$h[n] = \delta[n] + \delta[n - 1] + \delta[n - 2]$$

이것을 재귀 형태로 만들기 위하여 다음을 계산한다.

$$y[n - 1] = x[n - 1] + x[n - 2] + x[n - 3]$$

원 방정식에서 위 식을 빼면 다음과 같은 재귀 형태를 구한다.

$$y[n] - y[n - 1] = x[n] - x[n - 3]$$

이것은 주어진 비재귀, 유한 임펄스 응답 필터를 위한 재귀 형태를 나타낸다.

심화문제 3.17

$y[n] = x[n] + x[n-1] + x[n-2]$의 비재귀 필터를 가정하자. $y[n] - y[n-2]$를 계산하면 어떠한 재귀 필터가 얻어지는가? 재귀 필터의 임펄스 응답이 비재귀 필터의 임펄스 응답과 대등한가?

정답: $y[n] - y[n-2] = x[n] + x[n-1] - x[n-3] - x[n-4]$

(임펄스 응답은 대응한다.)

3.7.2 임펄스 응답으로부터의 차분방정식

시간 영역에서 임펄스 응답으로부터 차분방정식을 알아내는 과정은 장황하지만, (z-변환과 같은) 다른 방법으로 훨씬 더 간단히 구현된다. 핵심은 임펄스 응답과 임펄스 합으로 표현되는 지연된 형태의 조합을 설명할 수 있다면, 복원된 차분방정식으로부터 임펄스 응답의 항이 자연 응답(그리고 특성 방정식의 근)의 표시라는 것이다. 이러한 과정은 몇몇 예제를 통해 가장 효과적으로 설명된다.

예제 3.15 임펄스 응답으로부터의 차분방정식

(a) $h[n] = u[n]$이라 하면, $h[n-1] = u[n-1]$이고 $h[n] - h[n-1] = u[n] - u[n-1] = \delta[n]$이다.

$h[n] - h[n-1] = \delta[n]$과 일치하는 차분방정식은 간단히 다음과 같다.

$$y[n] - y[n-1] = x[n]$$

(b) $h[n] = 3(0.6)^n u[n]$이라 하자.

이것은 왼쪽 항이 $y[n] - 0.6y[n-1]$인 차분방정식을 연상시킨다. $h[n] - 0.6h[n-1] = 3(0.6)^n u[n] - 1.8(0.6)^{n-1}u[n-1]$로 설정하고, 다음과 같이 단순화한다.

$$\begin{aligned} h[n] - 0.6h[n-1] &= 3(0.6)^n u[n] - 3(0.6)^n u[n-1] \\ &= 3(0.6)^n (u[n] - u[n-1]) = 3(0.6)^n \delta[n] = 3\delta[n] \end{aligned}$$

$h[n] - 0.6h[n-1] = 3\delta[n]$과 일치하는 차분방정식은 $y[n] - 0.6y[n-1] = 3x[n]$이다.

(c) $h[n] = 2(-0.5)^n u[n] + (0.5)^n u[n]$이라 하자.

이것은 특성 방정식 $(z - 0.5)(z + 0.5)$를 연상시킨다. 차분방정식의 왼쪽 항은 $y[n] - 0.25y[n-2]$이다. 이제 다음을 계산한다.

$$\begin{aligned} h[n] - 0.25h[n-2] = \; & 2(-0.5)^n u[n] + (0.5)^n u[n] \\ & - 0.25(2(-0.5)^{n-2}u[n-2] + (0.5)^{n-2}u[n-2]) \end{aligned}$$

이것은 다음과 같이 단순화된다.

$$h[n] - 0.25h[n-2] = [2(-0.5)^n + (0.5)^n](u[n] - u[n-2])$$

$u[n] - u[n-2]$가 ($n = 0$과 $n = 1$에서) 두 개의 샘플만을 갖기 때문에 그것은 $\delta[n] + \delta[n-1]$과 같고,

$$h[n] - 0.25h[n-2] = [2(-0.5)^n + (0.5)^n](\delta[n] + \delta[n-1])$$

을 얻는다. 또한 이것은 $h[n] - 0.25h[n-2] = 3\delta[n] - 0.5\delta[n-1]$으로 단순화되고, 이것으로부터 차분방정식은 다음과 같다.

$$y[n] - 0.25y[n-2] = 3x[n] - 0.5x[n-1]$$

심화문제 3.18

(a) 임펄스 응답 $h[n] = 2(-0.5)^n u[n]$에 대응하는 차분방정식을 설정하라.

(b) 임펄스 응답 $h[n] = (0.5)^n u[n] + \delta[n]$에 대응하는 차분방정식을 설정하라.

정답: (a) $y[n] + 0.5y[n-1] = 2x[n]$ **(b)** $y[n] - 0.5y[n-1] = 2x[n] - 0.5x[n-1]$

3.7.3 입출력 데이터로부터의 차분방정식

선형 시불변 시스템의 차분방정식은 입출력 데이터로부터 얻어질 수도 있다. $x[n] = \delta[n]$에 $y[n] = 3x[n] + 2x[n-1]$로 표현된 시스템 응답은 $y[n] = 3\delta[n] + 2\delta[n-1]$이다. 화제를 돌려 살펴보면, 입력 $\delta[n]$과 출력 $3\delta[n] + 2\delta[n-1]$은 차분방정식 $y[n] = 3x[n] + 2x[n-1]$에 대응한다. 입력의 계수가 출력 데이터와 일치하는 방법(그리고 그 반대의 경우)을 기억하라. 유사하게, 선형 시불변 시스템의 입력이 $x[n] = \{\overset{\Downarrow}{1}, 2, 3\}$이고, 출력이 $y[n] = \{\overset{\Downarrow}{3}, 3\}$이라면, 시스템 방정식은 $y[n] + 2y[n-1] + 3y[n-2] = 3x[n] + 3x[n-1]$로 나타낼 수 있다.

심화문제 3.19

(a) 선형 시불변 시스템의 임펄스 응답은 $h[n] = \{\overset{\Downarrow}{1}, 2, -1\}$이다. 시스템 방정식은 무엇인가?

(b) 선형 시불변 시스템의 입력 $\{\overset{\Downarrow}{2}, 4\}$는 출력 $\{\overset{\Downarrow}{3}, -1\}$을 생성한다. 시스템 방정식은 무엇인가?

정답: (a) $y[n] = x[n] + 2x[n-1] - x[n-2]$

(b) $2y[n] + 4y[n-1] = 3x[n] - x[n-1]$

3.8 응용 지향적인 예제

이번 절에서는 평균 필터를 사용하는 신호의 평활화, 역 필터를 사용한 반향 소거, 반향과 잔향을 이용한 특별한 오디오 효과, 합성기에 적합한 악음의 파형 테이블 분석과 같은 디지털 필터의 다양한 실제 응용을 조사한다.

3.8.1 이동평균 필터

이동평균 필터(moving average filter 또는 running average filter)는 신호 값을 그와 이웃한 값의 평균으로 바꾸는 유한 임펄스 응답 필터이다. 평균 과정은 신호의 뚜렷한 부분을 흐리게 하여, 입력의 더 평활한 형태인 출력으로 끝난다. 이동평균 필터는 잡음 신호를 평활하게 하고, 신호대 잡음비를 향상시키는 간단한 방법이다. 인과성 L-포인트 이동평균 필터는 신호 값을 그의 과거 L개 샘플의 평균으로 바꾸며, 다음과 같이 정의된다.

$$\begin{aligned} y[n] &= \frac{1}{L}[x[n] + x[n-1] + x[n-2] + \cdots + x[n-(L-1)]] \\ &= \frac{1}{L}\sum_{k=0}^{L-1} x[n-k] \end{aligned} \tag{3.29}$$

이것은 임펄스 응답이

$$h[n] = \frac{1}{L}\{\underbrace{\overset{\Downarrow}{1},\ 1,\ 1, \ldots, 1, 1}_{L\text{개의 샘플}}\} \tag{3.30}$$

인 L-포인트 유한 임펄스 응답 필터이다. 그림 3.5는 잡음의 영향을 받은 정현파와, 길이가 다른 두 개의 이동평균 필터를 통과했을 때의 결과를 보여준다. 10-포인트 필터의 출력이 실제로 잡음의 영향을 받은 입력의 더욱 평활해진 형태임을 확인한다. 출력은 입력의 지연된 형태이고, 필터 출력이 생성되기 전에 대략 10개의 샘플을 위한 시동 과도를 보이며, 이것은 모든 필터에서 전형적이다. 더욱 긴 필터는 더욱 긴 과도를 초래할 것이며, 또한 보다 나은 평활화를 일으킬 것이다. 일반적으로 50-포인트 평균 필터가 초기 과도 후에 본질적으로 0인 출력을 생성함을 확인할 수 있다. 이것은 정현파 역시 50개 샘플의 주기를 가지며, 그의 50-포인트 이동평균 필터가 0이기 때문이다! 이것은 긴 평균 필터가 신호 평활화에 좋은 효과를 주지만, 주어진 신호의 특성이 항상 유용한 출력을 야기하지는 않음을 보여준다.

선형 시불변 시스템의 역을 구하라. 입력과 출력을 교환하여 문제를 해결하라.

시스템: $y[n] + 2y[n-1] = 3x[n] + 4x[n-1]$

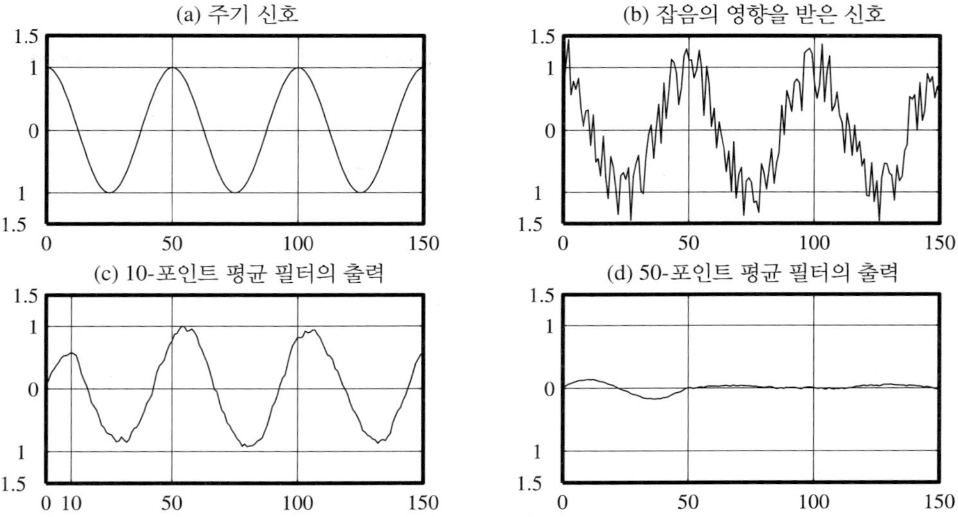

그림 3.5 잡음의 영향을 받은 정현파에 대한 두 가지 평균 필터의 응답. 10-포인트 평균 필터는 기대된 것과 같은 신호의 평활화 결과를 가져온다. 정현파가 50개 샘플의 주기를 갖기 때문에, 50-포인트 평균 필터는 정현파에 대하여 출력 0(50개의 연속적인 샘플의 평균)을 생성하며, 모두 시동 과도와 잡음의 50-포인트 평균임을 보인다.

역 시스템: $3y[n] + 4y[n-1] = x[n] + 2x[n-1]$

임펄스 응답 $h[n]$으로부터 역을 구하기 위하여 어떻게 해야 하는가? 우선 차분방정식을 구하라.

3.8.2 역 시스템

역 시스템(inverse system)은 실제 응용에서 매우 중요하다. 예를 들어, (변환기와 같은) 측량 시스템은 반드시 측정된 신호에 영향을 미친다(왜곡한다). 왜곡 영향을 되돌리기 위해서는 측량 시스템의 역으로 수행하는 시스템이 필요하다. 만약 시스템의 입력 $x[n]$이 출력 $y[n]$을 야기한다면, 그 역은 입력 $y[n]$에 따른 신호 $x[n]$을 복원하는 시스템으로, 그림 3.6과 같이 표현된다. 차분방정식에 의해 표현된 가역성 선형 시불변 시스템을 위하여, 역 시스템을 구하는 것은 다음 예제에서 설명된 것처럼 입력과 출력 변수를 서로 바꿈으로써 쉬워진다.

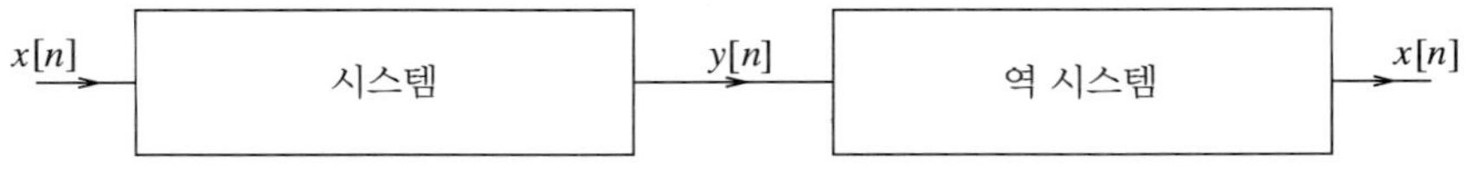

그림 3.6 시스템과 그의 역 시스템. 시스템의 입력 $x[n]$은 출력 $y[n]$을 야기하며, 역 시스템은 원 신호 $x[n]$을 복원하기 위하여 사용된다.

예제 3.16 역 시스템

(a) 그림 E3.16a(1)과 같은 상호연결 시스템을 주목하라. 역 시스템의 차분방정식을 구하고, 각 시스템의 구현을 기술하고, 각 시스템의 출력을 구하라.

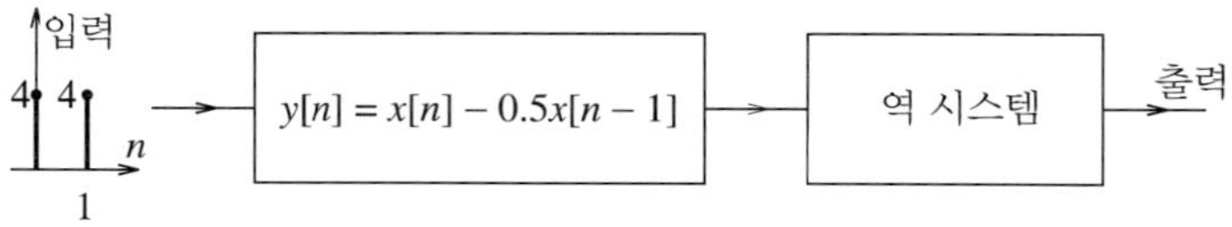

그림 E3.16a(1) 예제 3.16(a)의 상호연결 시스템

원래의 시스템은 $y[n] = x[n] - 0.5x[n-1]$로 표현된다. 입력과 출력을 교환함으로써 역 시스템은 $y[n] - 0.5y[n-1] = x[n]$으로 표현된다. 각 시스템의 구현은 그림 E3.16a(2)와 같다. 그들이 서로 연관성이 있는가? 그렇다. 반향 시스템 끝의 구현을 뒤집고 궤환 신호의 부호를 바꾼다면, 역 시스템을 얻을 수 있다.

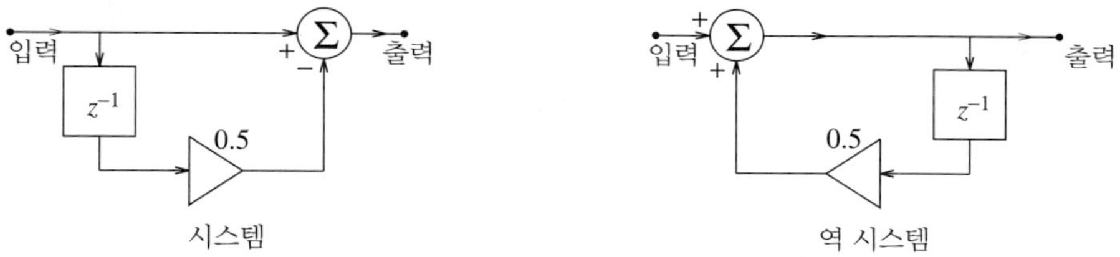

그림 E3.16a(2) 예제 3.16(a)의 시스템과 역 시스템의 구현

첫 번째 시스템의 응답 $g[n]$은 간단히

$$g[n] = (4\delta[n]+4\delta[n-1]) - (2\delta[n-1]+2\delta[n-2]) = 4\delta[n]+2\delta[n-1]) - 2\delta[n-2])$$

이며, 두 번째 시스템의 출력을 $y_0[n]$이라 하면,

$$y_0[n] = 0.5y_0[n-1] + 4\delta[n] + 2\delta[n-1]) - 2\delta[n-2])$$

을 얻는다. 재귀 풀이는

$$\begin{aligned} y_0[0] &= 0.5y_0[-1] + 4\delta[0] = 4 \\ y_0[1] &= 0.5y_0[0] + 2\delta[0] = 4 \\ y_0[2] &= 0.5y_0[1] - 2\delta[0] = 0 \end{aligned}$$

등을 가져오며, 입력이 $n > 2$에서 0이기 때문에 $y_0[n]$ 다음의 모든 값들은 0이 된다. 즉, 출력은 전체 시스템 입력과 같은 $y_0[n] = \{\overset{\Downarrow}{4}, 4\}$가 된다.

(b) 유한 임펄스 응답 필터 $y[n] = x[n] + 2x[n-1]$을 가정하자.

그 역은 $y[n] + 2y[n-1] = x[n]$과 같이 입력과 출력을 교환하여 구해진다. 유한 임펄스 응답 필터의 역은 항상 무한 임펄스 응답 필터가 된다(그 반대가 항상 참이 아닐지라도).

심화문제 3.20

(a) 무한 임펄스 응답 필터 $y[n] + 2y[n-1] = x[n]$을 가정하자. 역 시스템의 임펄스 응답은 무엇인가? 역 시스템은 유한 임펄스 응답인가, 무한 임펄스 응답인가?

(b) 무한 임펄스 응답 필터 $y[n] + 2y[n-1] = x[n] + x[n-1]$을 가정하자. 역 시스템은 유한 임펄스 응답인가, 무한 임펄스 응답인가?

(c) 임펄스 응답 $h[n] = \{\overset{\Downarrow}{1}, -0.4\}$인 유한 임펄스 응답 필터를 가정하자. 역 시스템의 임펄스 응답은 무엇인가? 역 시스템은 유한 임펄스 응답인가, 무한 임펄스 응답인가?

정답: (a) $h[n] = \{\underset{\Uparrow}{1}, 2\}$, 유한 임펄스 응답 (b) $y[n] + y[n-1] = x[n] + 2x[n-1]$, 무한 임펄스 응답 (c) $(0.4)^n u[n]$, 무한 임펄스 응답

가역성 시스템

모든 시스템의 역이 존재하는 것은 아니다. **역**(inverse 또는 invertible)을 갖는 시스템의 경우 여러 가지 출력을 이끌어내야 한다. 만약 시스템이 두 개의 다른 입력에 대하여 같은 출력을 생성한다면, 그 시스템은 역 시스템을 갖지 않는다. 예를 들어, $y[n] = \cos(x[n])$으로 표현되는 시스템은 ($x[n] + 2k\pi$, $k = 0, \pm1, \pm2, \ldots$와 같은) 다른 입력이 같은 출력을 가져오기 때문에 가역이 아니다.

예제 3.17 **가역성**

(a) 비선형 시스템 $y[n] = x^2[n]$은 부호가 다른 두 개의 입력이 같은 출력을 생성하기 때문에 역을 갖지 않는다. 만약 $\sqrt{y[n]}$ 으로서 $x[n]$을 복원하고자 한다면, 부호가 모호해진다.

(b) (시변이지만) 선형 데시메이션 시스템 $y[n] = x[2n]$은 역을 갖지 않는다. $\{1, 2, 4, 5\}$와 $\{1, 3, 4, 8\}$과 같은 서로 다른 샘플의 두 입력이 같은 출력 $\{1, 4\}$를 생성한다. 보간을 이용하여 원 신호를 얻어내고자 한다면, 우리는 유일한 원 신호를 확인할 수 없다.

(c) (시변이지만) 선형 보간 시스템 $y[n] = x^{\uparrow}[n/2]$은 역을 갖지 않는다. 그의 역은 보간 사이에 삽입된 많은 샘플을 버리는 데시메이션 시스템이므로 원 신호를 정확하게 복원한다.

심화문제 3.21

(a) 시스템 $y[n] = e^{x[n]}$은 가역성인가? 그렇다면 역 시스템은 무엇인가?

(b) 임펄스 응답 $h[n] = (0.5)^n u[n]$으로 표현된 시스템은 가역성인가? 그렇다면 역 시스템의 임펄스 응답은 무엇인가?

정답: **(a)** 가역성이다. $y[n] = \ln(x[n])$ **(b)** 가역성이다. $h[n] = \delta[n] - 0.5\delta[n-1]$

3.8.3 반향과 잔향

오디오 신호의 디지털 과정은 종종 반향(echo)과 잔향(reverb) 같은 다양하고 특별한 효과를 생성하는 디지털 필터를 수반하며, 반향과 잔향은 오늘날의 대표적인 스튜디오 음향이다. 반향 필터의 형태는 다음과 같다.

$$y[n] = x[n] + \alpha x[n-D] \quad (\text{반향 필터}) \tag{3.31}$$

이것은 출력 $y[n]$이 입력 $x[n]$과 $x[n]$의 (D 샘플만큼) 지연되고 (α만큼) 감쇠된 반복(반향 구간)과 같은 유한 임펄스 응답 필터를 나타낸다. 그 구현은 그림 3.7에 나타나 있다. D-샘플 지연은 D 지연 요소와 직렬로 구현되고, 블록 표시인 z^{-D}에 의하여 표현되며, 이러한 필터를 **빗살 필터**(comb filter)라고 한다(그 이유는 다음 장에서 설명된다).

잔향은 (예를 들어, 벽이나 콘서트홀에서의 다른 구조들로부터의) 다중 반향에 의하여 발생된다. 간단히 설명하기 위하여, 신호가 각각의 왕복 근원지에서 같은 지연 D와 같은 감쇠 α를 받는다고 가정하면, 잔향은 다음과 같이 표현된다.

$$y[n] = x[n] + \alpha x[n-D] + \alpha^2 x[n-2D] + \alpha^3 x[n-3D] + \cdots \tag{3.32}$$

만약 D 단위만큼 양쪽 항이 지연된다면

$$\alpha y[n-D] = \alpha x[n-D] + \alpha^2 x[n-2D] + \alpha^3 x[n-3D] + \alpha^4 x[n-4D] + \cdots \tag{3.33}$$

을 얻으며, 첫 번째 방정식에서 두 번째 방정식을 제거하여 잔향 필터의 완전한 형태를 얻을 수 있다.

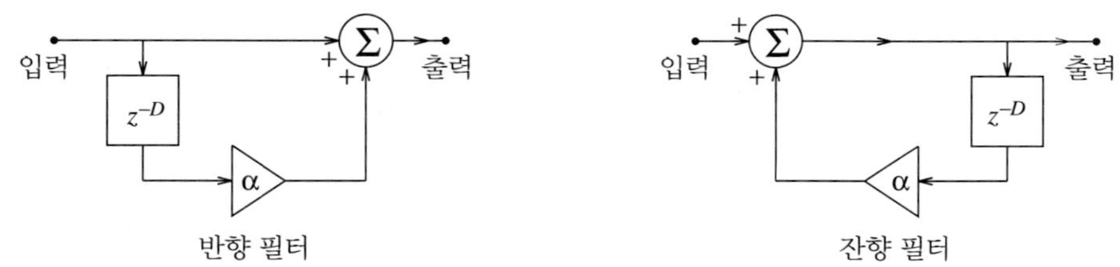

그림 3.7 1차 반향 필터와 잔향 필터의 간단한 구현

$$y[n] - \alpha y[n - D] = x[n] \quad (\text{잔향 필터}) \tag{3.34}$$

이것은 그림 3.7에 그려진 무한 임펄스 응답 필터이다. 그 형태는 α가 $-\alpha$로 교체되었지만, 반향 시스템 $y[n] + \alpha y[n - D] = x[n]$의 역을 연상케 한다.

개념적으로, 다른 지연과 감쇠를 갖는 보다 많은 구간을 계산함으로써 실제적인 효과를 모의 실험하기 위한 간단한 잔향 필터를 구성하는 것은 쉽다. 그러나 실제로 이것은 쉬운 작업이 아니며, 민간업체에 의하여 응용되어 사용되는 필터 디자인은 종종 독점적이다.

3.8.4 주기 수열과 파형 테이블 분석

전자 음악 신시사이저는 일반적으로 저장된 톤 수열의 **톤 뱅크**(tone bank)를 갖고 있으며, 톤 수열은 복제되고 그들의 원 신호에 사용되거나 형태를 지연시키거나 새로운 음향을 합성하기 위하여 결합되어 다양한 음향 효과를 생성한다. 이러한 수열의 주기적인 형태는 임펄스 응답이 주기 신호의 한 주기와 일치하는 비재귀 필터로부터 발전된 재귀 형태를 갖는 필터에 의하여 생성된다. 이러한 재귀 필터의 차분방정식은 다음과 같다.

$$y[n] - y[n - N] = x_1[n] \quad (N\text{-샘플 주기 신호 생성기}) \tag{3.35}$$

여기서 $x_1[n]$은 신호 $x[n]$의 한 주기(N개 샘플)와 일치한다. 이러한 형태는 실제로 지연이 주기 N과 같은 감쇠가 없는 잔향 시스템을 나타낸다. 하드웨어 구현은 종종 원형 버퍼 혹은 (신호의 한 주기가 저장된) **파형 테이블**(wave-table)을 사용하고, 순환은 주기 신호를 넘어 생성된다. 또한 같은 파형 테이블은 신호의 주파수(혹은 주기)를 변형하기 위하여(예를 들어, 주파수를 두 배로 하기 위하여 교류 샘플 이상을 순환) 사용되거나 새로운 신호를 저장하기 위하여 사용될 수 있다.

예제 3.18 재귀 필터를 이용한 주기 신호의 생성

다음과 같은 주기 신호 $x[n]$을 생성하고자 한다고 가정하자.

$$x[n] = \{2,\ 3,\ 1,\ 6,\ 2,\ 3,\ 1,\ 6,\ 2,\ 3,\ 1,\ 6,\ 2,\ 3,\ 1,\ 6, \ldots\}$$

풀이: 이러한 신호를 생성하는 비재귀 필터의 임펄스 응답 수열은 간단히 다음과 같다.

$$h[n] = \{2,\ 3,\ 1,\ 6,\ 2,\ 3,\ 1,\ 6,\ 2,\ 3,\ 1,\ 6,\ 2,\ 3,\ 1,\ 6,\ \ldots\}$$

만약 한 주기(4개 샘플) 동안 이 수열을 지연시킨다면,

$$h[n-4] = \{0,\ 0,\ 0,\ 0,\ 2,\ 3,\ 1,\ 6,\ 2,\ 3,\ 1,\ 6,\ 2,\ 3,\ 1,\ 6,\ 2,\ 3,\ 1,\ 6,\ \ldots\}$$

이 구해지며, 지연된 수열을 원 신호에서 제거하여 $h[n] - h[n - 4] = \{2, 3, 1, 6\}$을 얻는다. 이것의 재귀 형태는 $y[n] - y[n - 4] = x_1[n]$이며, 여기서 $x_1[n] = \{2, 3, 1, 6\}$은 $x[n]$의 한 주기를 나타낸다.

심화문제 3.22

(a) 임펄스 응답이 첫 번째 주기 $\{\overset{\Downarrow}{1}, 2\}$에서 주기적인 필터의 시스템 방정식은 무엇인가?

(b) 시스템 $y[n] - y[n-3] = 2\delta[n] + 3\delta[n-2]$의 응답을 구하라.

정답: (a) $y[n] - y[n-2] = x[n] + 2x[n-1]$

(b) 주기 $y_1[n] = \{\overset{\Downarrow}{2}, 0, 3\}$인 주기($N = 3$)

3.8.5 차분방정식의 예

수학, 공학, 경제학 그리고 생물학에 이르기까지 여러 분야에서 많은 방법으로 발생되는 차분방정식의 몇 가지 예제로 이번 절을 마무리하고자 한다.

1. $y[n] = y[n-1] + n, y[-1] = 1$

이 차분방정식은 두 개의 선이 평행이 아니고, 세 개의 선이 교차하지 않는다면, n개의 선이 평면을 분하는 영역의 수 $y[n]$을 나타낸다.

2. $y[n+1] = (n+1)(y[n]+1), y[0] = 0$

이 차분방정식은 공통 인수를 사용하여 $n \times n$ 행렬식을 계산하기 위하여 필요한 곱셈의 수 $y[n]$을 나타낸다.

3. $y[n+2] = y[n+1] + y[n], y[0] = 0, y[1] = 1$

이 차분방정식은 피보나치 수열 $\{y[n] = 0, 1, 1, 2, 3, 5, \ldots\}$를 생성하며, 여기서 각 값은 이전 두 개 값의 합이다.

4. $y[n+2] - 2xy[n+1] + y[n] = 0, y[0] = 1, y[1] = x$

이 차분방정식은 첫 번째 특성의 **체비쇼프 다항식**(Chebyshev polynomials) $T_n(x) = y[n]$을 생성하며, $T_2(x) = y[2] = 2x^2 - 1$, $T_3(x) = y[3] = 4x^3 - 3x$ 등을 구한다. **재현관계**(recurrence relation)라고 하는 간단한 차분방정식은 다른 다항식을 생성하는 기본이다.

5. $y[n+1] = \alpha y[n](1 - y[n])$

[생물학에서는 **기호 방정식**(logistic equation)이라고 하는] 이 차분방정식은 이산 구간에서 재생성된 모집단 발전의 모델로 사용된다.

6. $y[n+1] = (1+\alpha)y[n] + d[n]$

만약 퍼센트 이율이 복합 주기당 α이고, $d[n]$이 그 주기에서의 적금 총액이라면, 이 차분방정식은 n차 복합 주기(매일, 매달 등)의 시작에서 예금 잔액 $y[n]$을 나타낸다.

3.9 이산 컨벌루션

이산시간 컨벌루션은 완화된 선형 시불변 시스템의 제로상태 응답을 구하는 도구로서, 선형성과 시불변성의 개념을 기반으로 하며, 시스템 정보가 임펄스 응답 $h[n]$의 항으로 알려져 있음을 가정한다. 다시 말해 입력이 원점 $n = 0$에서 단위 샘플인 $\delta[n]$이라면 시스템 응답은 $h[n]$이 되며, 입력이 (원점에서 비율에 따라 정해진 임펄스) $x[0]\delta[n]$이라면 그 응답은 (선형성에 따라) $x[0]h[n]$이 된다. 이와 유사하게, 입력이 $n = 1$에서 이동된 임펄스 $x[1]\delta[n-1]$이면 응답은 (시불변성에 따라) $x[1]h[n-1]$이 되고, $n = k$에서 이동된 임펄스 $x[k]\delta[n-k]$의 응답은 (선형성과 시불변성에 의하여) $x[k]h[n-k]$가 된다. 임의의 입력 $x[n]$이 간단한 샘플 수열로 표현되므로, 비율에 따라 정해진 이동된 임펄스의 합으로써 표현될 수 있다.

$$x[n] = \sum_{k=-\infty}^{\infty} x[k]\delta[n-k] \tag{3.36}$$

중첩에 의하여 $x[n]$에 대한 응답은 임펄스 응답의 비율에 따라 정해진 이동된 형태의 합이 된다.

$$y[n] = \sum_{k=-\infty}^{\infty} x[k]h[n-k] = x[n] * h[n] \tag{3.37}$$

이것은 컨벌루션 연산을 정의하며, **선형 컨벌루션**(linear convolution) 혹은 **컨벌루션 합**(convolution sum)이라 하고, 이 책에서는 $x[n] * h[n]$으로 표기한다. 연산을 수행할 때 순서는 문제되지 않으며, 결과에 영향을 미치지 않고 독립 변수 x와 h를 서로 교환할 수 있다.

$$y[n] = \sum_{k=-\infty}^{\infty} x[k]h[n-k] = \sum_{k=-\infty}^{\infty} x[n-k]h[k] \quad \text{또는} \quad y[n] = x[n] * h[n] = h[n] * x[n] \tag{3.38}$$

3.9.1 이산 컨벌루션의 분석적인 평가

$x[n]$과 $h[n]$이 간단하게 분석적 표현으로 설명된다면, 컨벌루션 합은 닫힌 형태의 결과를 얻기 위하여 매우 손쉽게 구현될 수 있다. 컨벌루션 합을 평가하는 동안, $x[k]$와 $h[n-k]$는 덧셈 변수 k의 함수임을 기억하는 것이 유용하다. $x[n]u[n]$과 $h[n]u[n]$의 인과성 신호를 위한 덧셈은 $u[k]$와 $u[n-k]$ 형태의 계단 함수를 포함한다. $k < 0$에서 $u[k] = 0$이고 $k > n$에서 $u[n-k] = 0$이므로, 이들은 각각 $k = 0$ 이하와 $k = n$ 이상의 덧셈 한계를 단순화하기 위하여 사용될 수 있다.

예제 3.19 이산 컨벌루션의 분석적인 평가

(a) $x[n] = h[n] = u[n]$이라 하면, $x[k] = u[k]$이고 $h[n-k] = u[n-k]$이다.

컨벌루션 합의 하한은 $k = 0$($k < 0$에서 $u[k] = 0$이므로), 상한은 $k = n$($k > n$에서 $u[n-k] = 0$이므로)으로 간단히 되어, $y[n]$은 다음과 같다.

$$y[n] = \sum_{k=-\infty}^{\infty} u[k]u[n-k] = \sum_{k=0}^{n} 1 = (n+1)u[n] = r[n+1]$$

$(n+1)u[n]$ 역시 $r[n+1]$과 같고, $u[n] * u[n] = r[n+1]$임을 기억하라.

(b) $x[n] = (0.8)^n u[n]$과 $h[n] = (0.4)^n u[n]$이라 하면, $y[n] = x[n] * h[n]$은

$$\underbrace{\sum_{k=-\infty}^{\infty} (0.8)^k u[k](0.4)^{n-k} u[n-k]}_{x[k]\text{와 } h[n-k]\text{에 시작}} = \underbrace{\sum_{k=0}^{n} (0.8)^k (0.4)^{n-k}}_{u[k],\ u[n-k]\text{ 한계 수정}} = \underbrace{(0.4)^n \sum_{k=0}^{n} 2^k}_{n\text{항 추출}} = \underbrace{(0.4)^n \frac{1-2^{n+1}}{1-2}}_{\text{합 계산}}$$

으로부터 계산되고, 이는 $y[n] = (0.4)^n(2^{n+1} - 1)u[n] = [2(0.8)^n - (0.4)^n]u[n]$으로 간단해진다.

(c) $x[n] = h[n] = a^n u[n]$이라 하면, $x[k] = a^k u[k]$이고 $h[n-k] = a^{n-k}u[n-k]$이다. 컨벌루션의 하한은 $k = 0$($k < 0$에서 $u[k] = 0$이므로)이고, 상한은 $k = n$($k > n$에서 $u[n-k] = 0$이므로)으로 간단히 되어, $y[n]$은 다음과 같다.

$$y[n] = \sum_{k=-\infty}^{\infty} a^k a^{n-k} u[k]u[n-k] = \sum_{k=0}^{n} a^k a^{n-k} = a^n \sum_{k=0}^{n} 1 = (n+1)a^n u[n]$$

계단 함수 $u[n]$의 독립 변수는 덧셈의 상한이 하한과 같거나 이를 초과해야 한다(즉, $n \geq 0$)는 사실에 기초한다.

(d) $x[n] = u[n-1]$과 $h[n] = \alpha^n u[n-1]$이라 하자. 이때

$$u[n-1] * \alpha^n u[n-1] = \sum_{k=-\infty}^{\infty} \alpha^k u[k-1]u[n-1-k] = \sum_{k=1}^{n-1} \alpha^k = \frac{(\alpha - \alpha^n)}{1-\alpha} u[n-2]$$

여기서 우리는 유한 덧셈의 닫힌 형태의 결과를 사용한다. 계단 함수 $u[n-2]$의 독립 변수는 덧셈의 상한이 하한과 같거나 이를 초과해야 한다(즉, $n - 1 \geq 1$ 혹은 $n \geq 2$)는 사실에 의하여 구술된다.

(e) $x[n] = nu[n]$이고 $h[n] = a^{-n}u[n-1]$, $a < 1$이라 하자.

$h[n-k] = a^{-(n-k)}u[n-1-k]$와 $x[k] = ku[k]$를 이용하여 컨벌루션 합의 하한과 상한은 $k = 0$과 $k = n-1$이 되어, $y[n]$은 다음과 같다.

$$y[n] = \sum_{k=0}^{n-1} ka^{-(n-k)} = a^{-n} \sum_{k=0}^{n-1} ka^k = \frac{a^{-n+1}}{(1-a)^2}[1 - na^{n-1} + (n-1)a^n]u[n-1]$$

여기서 우리는 유한 덧셈이 닫힌 형태의 결과를 생성한다는 것을 이미 알고 있다.

심화문제 3.23

(a) $x[n] = (0.8)^n u[n]$이고 $h[n] = (0.4)^n u[n-1]$일 때, 이들의 컨벌루션을 구하라.

(b) $x[n] = (0.8)^n u[n-1]$이고 $h[n] = (0.4)^n u[n]$일 때, 이들의 컨벌루션을 구하라.

(c) $x[n] = (0.8)^n u[n-1]$이고 $h[n] = (0.4)^n u[n-1]$일 때, 이들의 컨벌루션을 구하라.

정답: (a) $[(0.8)^n - (0.4)^n]u[n-1]$ **(b)** $2[(0.8)^n - (0.4)^n]u[n-1]$
(c) $[(0.8)^n - 2(0.4)^n]u[n-2]$

3.10 컨벌루션 특성

이산 컨벌루션의 여러 가지 특성들은 선형성과 시불변성에 기초를 둔다. 예를 들어, $x[n]$(혹은 $h[n]$)이 n_0만큼 이동된다면 $y[n]$이 된다. 즉, $y[n] = x[n] * h[n]$이면

$$x[n-n_0] * h[n] = x[n] * h[n-n_0] = y[n-n_0] \tag{3.39}$$

이며, $x[n]$, $h[n]$ 및 $y[n]$에서의 샘플 합의 관계식은 다음과 같다.

$$\sum_{n=-\infty}^{\infty} y[n] = \left(\sum_{n=-\infty}^{\infty} x[n]\right)\left(\sum_{n=-\infty}^{\infty} h[n]\right) \tag{3.40}$$

인과성 시스템($h[n] = 0,\ n < 0$)과 인과성 신호($x[n] = 0,\ n < 0$)에 대한 $y[n]$ 역시 인과성이다. 따라서

$$y[n] = x[n] * h[n] = h[n] * x[n] = \sum_{k=0}^{n} x[k]h[n-k] = \sum_{k=0}^{n} h[k]x[n-k] \tag{3.41}$$

이러한 결과의 확장은 왼쪽 두 개 신호의 컨벌루션 또한 왼쪽 항이 되고, 오른쪽 두 개 신호의 컨벌루션 역시 오른쪽 항이 된다는 것이다.

예제 3.20 컨벌루션의 특성

(a) 정의된 관계로부터 쉽게 알 수 있는 두 개의 유용한 컨벌루션 결과가 있다.

$$\delta[n] * x[n] = x[n] \qquad \delta[n] * \delta[n] = \delta[n]$$

(b) $y[n] = u[n] * x[n]$을 구한다. 계단 응답이 임펄스 응답의 연속적인 합이므로, 단위 계단을 갖는 신호 $x[n]$의 컨벌루션은 신호 $x[n]$의 연속적인 합이 된다.

$$x[n] * u[n] = \sum_{k=-\infty}^{n} x[k]$$

(c) $\text{rect}(n/2N) = u[n+N] - u[n-N-1]$일 때 $y[n] = \text{rect}(n/2N) * \text{rect}(n/2N)$을 구한다.
컨벌루션은 4개 항을 포함한다.

$$y[n] = u[n+N] * u[n+N] - u[n+N] * u[n-N-1] \\ - u[n-N-1] * u[n+N] + u[n-N-1] * u[n-N-1]$$

$u[n] * u[n] = r[n+1]$ 결과와 이동 특성을 사용하여 다음을 얻는다.

$$y[n] = r[n+2N+1] - 2r[n] + r[n-2N-1] = (2N+1)\text{tri}\left(\frac{n}{2N+1}\right)$$

(같은 변수를 갖는) 두 사각 함수의 컨벌루션은 삼각 함수가 된다.

심화문제 3.24

(a) $x[n] = (0.8)^{n+1}u[n+1]$이고 $h[n] = (0.4)^{n-1}u[n-2]$일 때, 이들의 컨벌루션을 구하라.
(b) $x[n] = (0.8)^{n}u[n]$이고 $h[n] = (0.4)^{n-1}u[n-2]$일 때, 이들의 컨벌루션을 구하라.

정답: (a) $[(0.8)^n - (0.4)^n]u[n-1]$ **(b)** $[(0.8)^{n-1} - (0.4)^{n-1}]u[n-2]$

3.11 유한 수열의 컨벌루션

실제로 우리는 종종 유한길이의 수열을 다루게 되며, 그들의 컨벌루션은 여러 가지 방법으로 구할 수 있다. 두 개의 유한길이 수열 $x[n]$과 $h[n]$의 컨벌루션 $y[n]$ 역시 유한길이이며, 유용한 일관성 확인의 도구인 다음의 규칙에 영향을 받는다.

1. $y[n]$의 시작점은 $x[n]$과 $h[n]$ 시작점의 합과 같다.
2. $y[n]$의 끝점은 $x[n]$과 $h[n]$ 끝점의 합과 같다.
3. $y[n]$의 길이가 L_y이고 $x[n]$과 $h[n]$의 길이가 각각 L_x, L_h일 때, $L_y = L_x + L_h - 1$이다.

3.11.1 행합 방법

이 방법은 컨벌루션 $y[n]$이 입력 $x[n]$을 구성하는 각 임펄스로 인한 (이동된) 임펄스 응답의 합과 같음에 기초한다. 컨벌루션을 구하기 위하여, 컨벌루션의 시작점을 갖는 처음 시작 값을 가로로 설정하고, 그 아래에 $h[n]$과 $x[n]$을 둔다. $x[n]$은 가중 이동된 임펄스 수열이라 가정한다. $x[n]$의 각 요소(임펄스)는 (이동을 나타내기 위하여) 그 색인에서 시작하여, 이동된 임펄스 응답($h[n]$에 의한 결과)을 생성한다. (열에 의한) 응답 덧셈은 이산 컨벌루션을 얻게 된다. 수열의 어느 것도 뒤집어지지 않음을 기억하라. (단지 페이지를 절약하고자 한다면) 짧은 수열 $x[n]$을 가정하는 것이 더 좋다. 컨벌루션 $y[n]$을 위한 시작점(그리고 $n = 0$과 일치하는 지점)은 $x[n]$과 $h[n]$의 시작점에서 구해진다.

예제 3.21 유한길이 신호의 컨벌루션

(a) 유한 임펄스 응답 필터는 $h[n] = \{\overset{\Downarrow}{1}, 2, 2, 3\}$에 의해 주어진 임펄스 응답을 갖는다. 입력 $x[n] = \{\overset{\Downarrow}{2}, -1, 3\}$에 대한 응답 $y[n]$을 구하라. $x[n]$과 $h[n]$ 모두 $n = 0$에서 시작한다고 가정하자. 지필 방법(paper-and-pencil method)을 이용하면 $x[n] = 2\delta[n] - \delta[n-1] + 3\delta[n-2]$와 같이 입력을 표현할 수 있고, 각 임펄스의 응답과 전체 응답은 다음과 같이 표로 만든다.

표 E3.21a

$h[n]$		=	1	2	2	3		
$x[n]$		=	2	−1	3			
입력	응답							
$2\delta[n]$	$2h[n]$	=	2	4	4	6		
$-\delta[n-1]$	$-h[n-1]$	=		−1	−2	−2	−3	
$3\delta[n-2]$	$3h[n-2]$	=			3	6	6	9
합 $= x[n]$	합 $= y[n]$	=	2	3	5	10	3	9

그러므로

$$\begin{aligned} y[n] &= \{\overset{\Downarrow}{2},\ 3,\ 5,\ 10,\ 3,\ 9\} \\ &= 2\delta[n] + 3\delta[n-1] + 5\delta[n-2] + 10\delta[n-3] + 3\delta[n-4] + 9\delta[n-5] \end{aligned}$$

컨벌루션 과정은 그림 E3.21a에 나타나 있다.

(b) $h[n] = \{2, 5, \overset{\Downarrow}{0}, 4\}$이고 $x[n] = \{4, \overset{\Downarrow}{1}, 3\}$이라 하자.

컨벌루션은 $n = -3$에서 시작하고, 이것은 색인 정렬을 설정하기 위하여 사용되어 다음과 같은 컨벌루션을 생성한다.

표 E3.21b

n	−3	−2	−1	0	1	2
$h[n]$	2	5	0	4		
$x[n]$	4	1	3			
	8	20	0	16		
		2	5	0	4	
			6	15	0	12
$y[n]$	8	22	11	$\overset{\Downarrow}{31}$	4	12

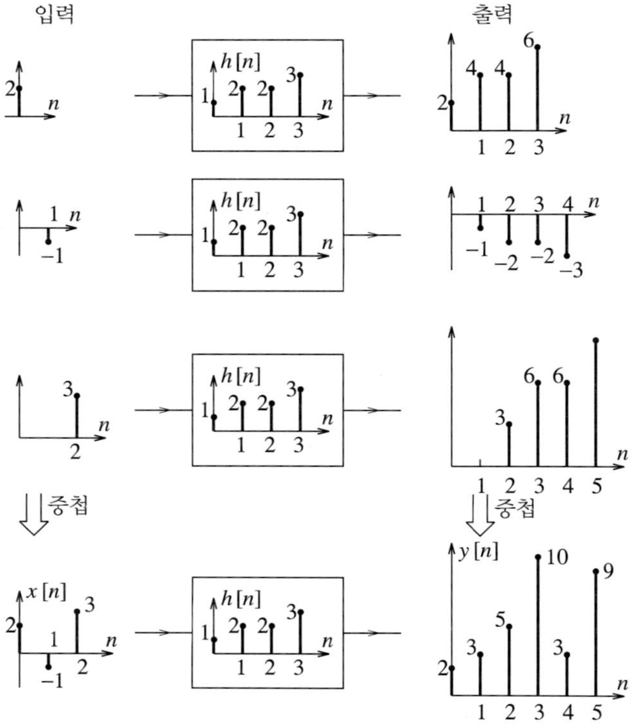

그림 E3.21a 예제 3.21(a)의 이산 컨벌루션

표시는 컨벌루션이 $n = -3$에서 시작함을 나타내기 위한 것이다.

$$y[n] = \{8,\ 22,\ 11,\ \overset{\Downarrow}{31},\ 4,\ 12\}$$

(c) 이동평균 필터의 응답

$x[n] = \{\overset{\Downarrow}{2}, 4, 6, 8, 10, 12, \ldots\}$라고 하자.

응답 $y[n] = \{\overset{\Downarrow}{1}, 3, 5, 7, 9, 11, \ldots\}$은 어떤 시스템의 결과인가?

각 순간에서 응답은 입력과 이전 값의 평균이며, 이러한 시스템은 평균 혹은 이동평균 필터라 설명한다. 이것의 차분방정식은 간단히 다음과 같다.

$$y[n] = 0.5(x[n] + x[n-1])$$

따라서 임펄스 응답은 다음과 같다.

$$h[n] = 0.5\{\delta[n] + \delta[n-1]\} \text{ or } h[n] = \{\overset{\Downarrow}{0.5},\ 0.5\}$$

이산 컨벌루션을 이용하여, 다음과 같은 응답을 구한다.

표 E3.21c

x:	2	4	6	8	10	12	...	
h:	$\frac{1}{2}$	$\frac{1}{2}$						
	1	2	3	4	5	6	...	
		1	2	3	4	5	6	...
y:	1	3	5	7	9	11	...	

이 결과는 실제로 우리가 원하는 평균 연산이다.

심화문제 3.25

(a) $x[n] = \{\overset{\Downarrow}{1}, 4, 0, 2\}$이고 $h[n] = \{\overset{\Downarrow}{1}, 2, 1\}$일 때, 이들의 컨벌루션을 구하라.

(b) $x[n] = \{1, 4, \overset{\Downarrow}{1}, 3\}$이고 $h[n] = \{2, \overset{\Downarrow}{1}, -1\}$일 때, 이들의 컨벌루션을 구하라.

정답: (a) $\{\underset{\Uparrow}{1}, 6, 9, 6, 4, 2\}$ **(b)** $\{2, 9, 5, \underset{\Uparrow}{3}, 2, -3\}$

3.11.2 플립, 이동, 곱셈, 덧셈 개념

컨벌루션 합은 다음과 같이 해석되기도 한다. 우리는 $x[-n]$을 생성하기 위하여 $x[n]$을 뒤집기도 하고, $h[n]$의 첫 번째 성분과 함께 마지막 성분을 일렬로 하기 위하여 뒤집어진 신호 $x[-n]$을 이동하기도 한다. 또한 $h[n]$을 지나 (오른쪽으로) 계속 $x[-n]$을 이동하여 겹쳐진 샘플의 점별 곱의 합으로서 각 지점에서 컨벌루션을 구한다. $y[n]$을 계산하는 한 방법은 종잇조각에 뒤집어진 함수 값을 나열하고, 계산 과정이 좀 더 잘 보이도록 부동 함수를 따라 서서히 이동하는 것이다. 이러한 기술은 **슬라이딩 스트립 방법**(sliding strip method)을 연상케 한다. 부동의 연속적인 지점과 곱 및 컨벌루션 합 그리고 실제 컨벌루션 결과와 함께 뒤집어진 수열을 관찰함으로써 이러한 방법을 모의실험한다.

예제 3.22 슬라이딩 스트립 방법에 의한 컨벌루션

$h[n] = \{\overset{\Downarrow}{2}, 5, 0, 4\}$이고 $x[n] = \{\overset{\Downarrow}{4}, 1, 3\}$의 컨벌루션을 구하라.

두 수열 모두 $n = 0$에서 시작하므로, 뒤집어진 수열 $x[-k] = \{3, 1, \overset{\Downarrow}{4}\}$가 된다.

수열을 계속하여 중복 및 이동하기 위하여 $h[n]$ 아래에 뒤집어진 수열을 나열하고, 이산 컨벌루션을 구하기 위하여 우리가 움직이는 것처럼 곱 수열을 합한다. 이러한 결과는 그림 E3.22에서 계산된다.

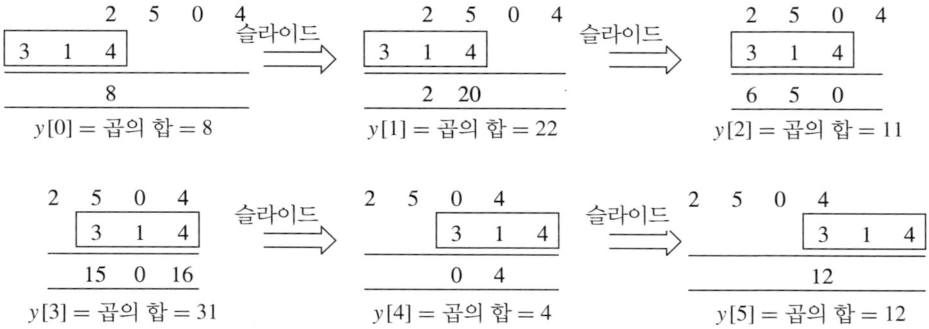

그림 E3.22 예제 3.22의 이산 신호 및 컨벌루션

이산 컨벌루션은 다음과 같다.

$$y[n] = \{\overset{\Downarrow}{8},\ 22, 11, 31, 4, 12\}$$

3.11.3 이산 컨벌루션과 곱셈 및 제로 삽입

두 개의 유한길이 수열 $x[n]$과 $h[n]$의 이산 컨벌루션은 계수가 (오름차순이나 내림차순의) 배열 $x[n]$과 $h[n]$으로 표현되는 두 다항식의 곱셈과 완전히 동일하며, 컨벌루션 수열은 다항식 곱의 계수와 일치한다. 이러한 결과에 기초하여, 컨벌루션될 각 수열의 인접한 샘플의 각 쌍 사이에 N개의 제로를 삽입한다면 그 컨벌루션은 인접한 샘플의 각 쌍 사이에 삽입된 N개의 제로를 갖는 원래의 컨벌루션 수열과 일치한다.

만약 컨벌루션된 수열의 하나에 제로를 추가한다면, 컨벌루션 결과 역시 일치하는 지점에 여러 개의 제로가 추가된 것처럼 보일 것이다. 예를 들어, 수열에 삽입된 선행 제로는 컨벌루션 결과에서 선행 제로로 나타날 것이다. 이와 유사하게, 수열에 추가된 여파 제로들은 컨벌루션에서 여파 제로로 나타나게 될 것이다.

유한길이 신호의 컨벌루션은 다항식의 곱셈과 일치한다.

예: $\{\overset{\Downarrow}{1}, 1, 3\} * \{\overset{\Downarrow}{1}, 0, 2\} = \{\overset{\Downarrow}{1}, 1, 5, 2, 6\}$ $\quad (x^2 + x + 3)(x^2 + 2) = x^4 + x^3 + 5x^2 + 2x + 6$

두 수열의 제로 삽입은 컨벌루션의 제로 삽입을 유도한다.

예: $\{\overset{\Downarrow}{1}, 2\} * \{\overset{\Downarrow}{3}, 1, 4\} = \{\overset{\Downarrow}{3}, 7, 6, 8\}$이라면

$\{\overset{\Downarrow}{1}, 0, 0, 2\} * \{\overset{\Downarrow}{3}, 0, 0, 1, 0, 0, 4\} = \{\overset{\Downarrow}{3}, 0, 0, 7, 0, 0, 6, 0, 0, 8\}$

한 수열의 제로 삽입은 컨벌루션의 제로 삽입을 유도한다.

예: $x[n] * h[n] = y[n]$이라면 $\{0, 0, x[n], 0, 0\} * \{h[n], 0\} = \{0, 0, y[n], 0, 0, 0\}$이다.

예제 3.23 다항식의 곱셈과 제로 삽입

(a) $h[n] = \{\overset{\Downarrow}{2}, 5, 0, 4\}$이고 $x[n] = \{\overset{\Downarrow}{4}, 1, 3\}$이라 하자.

컨벌루션을 구하기 위하여, 다항식을 설정한다.

$$h(z) = 2z^3 + 5z^2 + 0z + 4 \qquad x(z) = 4z^2 + 1z + 3$$

이들의 곱은 $y[z] = 8z^5 + 22z^4 + 11z^3 + 31z^2 + 4z + 12$가 되고, 컨벌루션은 $y[n] = \{\overset{\Downarrow}{8}, 22, 11, 31, 4, 12\}$가 된다.

(b) 제로 삽입(zero-insertion)

각 컨벌루션 수열의 제로 삽입은

$$h_1[n] = \{\overset{\Downarrow}{2},\ 0,\ 5,\ 0,\ 0,\ 0,\ 4\} \qquad x_1[n] = \{\overset{\Downarrow}{4},\ 0,\ 1,\ 0,\ 3\}$$

을 가져오며, 이들의 컨벌루션을 구하기 위하여 다항식을 설정한다.

$$h_1(z) = 2z^6 + 5z^4 + 0z^2 + 4 \qquad x_1(z) = 4z^4 + 1z^2 + 3$$

이들의 곱은 $y_1(z) = 8z^{10} + 22z^8 + 11z^6 + 31z^4 + 4z^2 + 12$이며, 따라서 컨벌루션은 $y_1[n] = \{\overset{\Downarrow}{8}, 0, 22, 0, 11, 0, 31, 0, 4, 0, 12\}$가 된다. 이러한 결과는 바로 인접한 샘플 사이에 삽입된 제로를 갖는 $y[n]$이다.

(c) 제로 삽입(zero-padding)

첫 번째 수열에는 두 개의 제로를, 두 번째 수열에는 하나의 제로를 삽입한다면,

$$h_2[n] = \{\overset{\Downarrow}{2},\ 5,\ 0,\ 4,\ 0,\ 0\} \qquad x_2[n] = \{\overset{\Downarrow}{4},\ 1,\ 3,\ 0\}$$

을 얻는다. 이들의 컨벌루션을 구하기 위하여 다항식을 설정한다.

$$h_2(z) = 2z^5 + 5z^4 + 4z^2 \qquad x_2(z) = 4z^3 + 1z^2 + 3z$$

이들의 곱은 $y_2[z] = 8z^8 + 22z^7 + 11z^6 + 31z^5 + 4z^4 + 12z^3$이 되어, 컨벌루션은 $y_2[n] = \{\overset{\Downarrow}{8}, 22, 11, 31, 4, 12, 0, 0, 0\}$이 된다. 이러한 결과는 바로 마지막에 세 개의 제로를 삽입한 $y[n]$이 된다.

심화문제 3.26

다음을 답하기 위하여 $\{\overset{\Downarrow}{1}, 0, 2\} * \{\overset{\Downarrow}{1}, 3\} = \{\overset{\Downarrow}{1}, 3, 2, 6\}$의 결과를 이용하라.

(a) $x[n] = \{\overset{\Downarrow}{1}, 0, 0, 0, 2\}$이고 $h[n] = \{\overset{\Downarrow}{1}, 0, 3\}$일 때, 이들의 컨벌루션을 구하라.
(b) $x[n] = \{\overset{\Downarrow}{1}, 0, 2, 0\}$이고 $h[n] = \{\overset{\Downarrow}{1}, 3, 0, 0\}$일 때, 이들의 컨벌루션을 구하라.
(c) $x[n] = \{0, 0, \overset{\Downarrow}{1}, 0, 2\}$이고 $h[n] = \{\overset{\Downarrow}{1}, 3, 0\}$일 때, 이들의 컨벌루션을 구하라.

정답: **(a)** $\{\underset{\Uparrow}{1}, 0, 3, 0, 2, 0, 6\}$ **(b)** $\{\underset{\Uparrow}{1}, 3, 2, 6, 0, 0, 0\}$ **(c)** $\{0, 0, \underset{\Uparrow}{1}, 3, 2, 6, 0\}$

3.11.4 직렬 및 병렬 선형 시불변 시스템의 임펄스 응답

그림 3.8과 같이 두 개의 선형 시불변 시스템이 이상적으로 직렬연결되어 있다고 가정하자. 첫 번째 시스템의 응답은 $y_1[n] = x[n] * h_1[n]$이 되고, 두 번째 시스템의 응답 $y[n]$은 다음과 같다.

$$y[n] = y_1[n] * h_2[n] = (x[n] * h_1[n]) * h_2[n] = x[n] * (h_1[n] * h_2[n]) \tag{3.42}$$

만약 $y[n] = x[n] * h[n]$과 같은 임펄스 응답 $h[n]$을 갖는 동일한 선형 시불변 시스템을 이용하여 직렬 시스템을 대체하고 싶다면, $h[n] = h_1[n] * h_2[n]$을 수행한다. 이러한 결과를 생성하는 것은 N개의 이상적인 직렬 선형 시불변 시스템의 임펄스 응답 $h[n]$이 간단히 N개의 개별적인 임펄스 응답의 컨벌루션이 되는 것이다.

$$h[n] = h_1[n] * h_2[n] * \cdots * h_N[n] \qquad \text{(직렬 조합)} \tag{3.43}$$

만약 $h_k[n]$이 에너지 신호라면, 직렬 순서는 중요하지 않다.

병렬연결된 선형 시불변 시스템의 전체 임펄스 응답은 그림 3.8과 같이 개별적인 임펄스 응답의 합과 같다.

$$h_P[n] = h_1[n] + h_2[n] + \cdots + h_N[n] \qquad \text{(병렬 조합)} \tag{3.44}$$

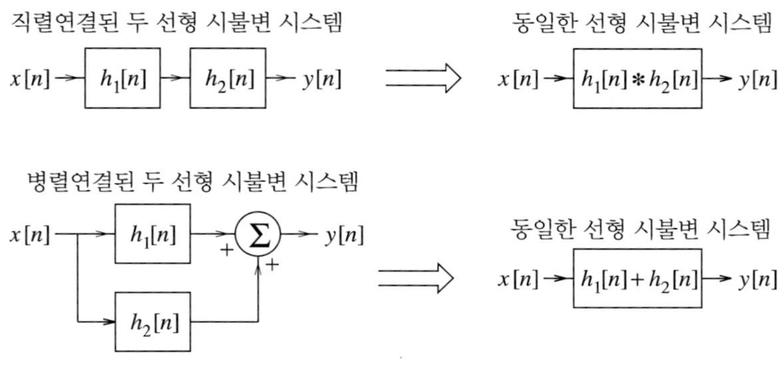

그림 3.8 직렬과 병렬 시스템 및 그들의 동치. 직렬에서 시스템의 동일한 임펄스 응답은 개별적인 임펄스 응답의 컨벌루션이며, 병렬에서 시스템의 동일한 임펄스 응답은 개별적인 임펄스 응답의 합이다.

상호연결된 *N*개의 이산 선형 시불변 시스템의 임펄스 응답

직렬연결: 임펄스 응답의 컨벌루션: $h_C[n] = h_1[n] * h_2[n] * \cdots * h_N[n]$

병렬연결: 임펄스 응답의 합: $h_P[n] = h_1[n] + h_2[n] + \cdots + h_N[n]$

예제 3.24 상호연결된 시스템

그림 E3.24의 상호연결된 시스템을 고려하자. 전체 임펄스 응답과 출력을 구하고, 결과를 설명하라.

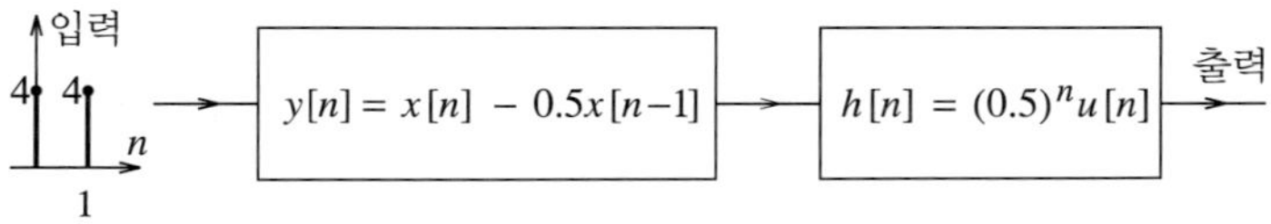

그림 E3.24 예제 3.24의 상호연결된 시스템

풀이: 첫 번째 시스템의 임펄스 응답은 $h_1[n] = \delta[n] - 0.5\delta[n-1]$이고, 전체 임펄스 응답 $h_C[n]$은 컨벌루션에 의해 주어진다.

$$h_C[n] = (\delta[n] - 0.5\delta[n-1]) * (0.5)^n u[n] = (0.5)^n u[n] - 0.5(0.5)^{n-1} u[n-1]$$

이것은 다음과 같이 간단히 나타낼 수 있다.

$$h_C[n] = (0.5)^n (u[n] - u[n-1]) = (0.5)^n \delta[n] = \delta[n]$$

이것은 전체 시스템의 출력이 적용된 입력과 같음을 의미하며, 두 번째 시스템은 첫 번째 시스템의 역처럼 수행한다.

심화문제 3.27

(a) $h[n] = \{\overset{\Downarrow}{1}, 1, 3\}$인 직렬연결된 두 개의 동일한 필터의 임펄스 응답을 구하라.

(b) 두 필터의 임펄스 응답은 $h_1[n] = \{\overset{\Downarrow}{1}, 0, 2\}$이고 $h_2[n] = \{4, \overset{\Downarrow}{1}, 3\}$일 때, 이들의 병렬 조합의 임펄스 응답을 구하라.

(c) 두 필터가 $y[n] - 0.4y[n-1] = x[n]$과 $h_2[n] = 2(0.4)^n u[n]$으로 표현될 때, 이들의 병렬 조합과 직렬 조합의 임펄스 응답을 구하라.

정답: (a) $\{\underset{\Uparrow}{1}, 2, 7, 6, 9\}$ **(b)** $\{4, \underset{\Uparrow}{2}, 3, 2\}$

(c) $h_d[n] = 3(0.4)^n u[n]$, $h_c[n] = 2(n+1)(0.4)^n u[n]$

3.12 선형 시불변 시스템의 안정성과 인과성

시스템 안정성은 필터 설계에서 중요하고 실질적인 제한으로, 여러 가지 방법으로 정의된다. 여기서는 제한된 출력을 얻기 위하여 모든 제한된 입력을 필요로 하는 **제한입력, 제한출력 안정성** (bounded-input, bounded-output(BIBO) stability)의 개념을 소개한다.

3.12.1 유한 임펄스 응답 필터의 안정성

유한 임펄스 응답 필터의 시스템 방정식은 이동된 입력의 가중 합으로서 출력을 표현한다. 입력이 계속 제한된다면, 입력의 가중 합 역시 제한된다. 다시 말해, 유한 임펄스 응답 필터는 항상 안정적이며 이것은 무한한 설계 장점이 될 수 있다.

3.12.2 차분방정식으로 표현되는 선형 시불변 시스템의 안정성

차분방정식

$$\begin{aligned} y[n] + A_1 y[n-1] + \cdots + A_N y[n-N] \\ = B_0 x[n] + B_1 x[n-1] + \cdots + B_M x[n-M] \end{aligned} \tag{3.45}$$

로 표현되는 선형 시불변 시스템에서 제한입력, 제한출력 안정성을 위한 조건은 특성 방정식의 근을 필요로 한다. 이러한 선형 시불변 시스템의 제한입력, 제한출력 안정성을 위한 필요충분조건은 특성 방정식의 모든 근의 크기가 1보다 작아야 한다는 것이며, 이러한 기준은 표 3.1과 표 3.2의 결과를 기반으로 한다. 1보다 작은 크기의 근은 자연 응답(그리고 제로입력)이 시간에 따라 항상 감소하며(표 3.2 참조), 강제 응답(그리고 제로상태)은 모든 제한입력에 따라 항상 계속 제한됨을 확신한다. 1과 같은 크기의 근은 불안정한 시스템을 만든다. 단위 크기의 간단한(반복되지 않는) 근은 제한된 상수(또는 정현파) 자연 응답을 생성한다. 그러나 입력 또한 상수(또는 같은 주파수를 갖는 정현파)라면, 강제 응답은 램프나 증대하는 정현파(표 3.1 참조)가 되므로 제한되지 않는다. 단위 크기의 반복 근은 증대하는 정현파나 다항식의 자연 응답이 되어 제한되지 않는다. 다음 장에서는 안정성 조건이 임펄스 응답 $h[n]$이 절댓값 합산이 되는 선형 시불변 시스템과 같음을 보여줄 것이다. 비선형이거나 시변 시스템의 안정성은 대개 다른 방법으로 확인되어야 한다.

3.12.3 임펄스 응답으로 표현되는 선형 시불변 시스템의 안정성

임펄스 응답으로 표현되는 시스템을 위하여 제한입력, 제한출력 안정성은 임펄스 응답 $h[n]$의 절댓값 합산을 필요로 하는데, 그 이유는 다음과 같다. $x[n]$이 $|x[n]| < M$으로 제안된다면 이동된 형태의 $x[n-k]$가 되며, 컨벌루션 합은 다음과 같은 부등식이 된다.

$$|y[n]| < \sum_{k=-\infty}^{\infty} |h[k]||x[n-k]| < M \sum_{k=-\infty}^{\infty} |h[k]| \tag{3.46}$$

출력이 여전히 제한된다면($|y[n]| < \infty$), 다음과 같다.

$$\sum_{k=-\infty}^{\infty} |h[k]| < \infty \quad \text{(안정한 선형 시불변 시스템)} \tag{3.47}$$

즉, $h[n]$은 절댓값 합산이 되며, 필요충분조건을 모두 만족한다. 비선형 시스템의 안정성은 다른 방법으로 조사되어야 한다.

3.12.4 인과성

아날로그 시스템과 유사하게, 이산시간 시스템의 인과성은 임펄스 응답 $h[n] = 0, n < 0$인 예기치 않은 시스템을 수반하며, 이것은 입력 $x[n]u[n - n_0]$을 보증한다. $n = n_0$의 시작점은 역시 $n = n_0$(그리고 이르지 않은) 시작점의 응답 $y[n]$이 된다. 이것은 컨벌루션 합을 따른다.

$$y[n] = \sum_{k=-\infty}^{\infty} x[k]u(k-n_0]h[n-k]u[n-k] = \sum_{n_0}^{n} x[k]h[n-k] \tag{3.48}$$

이산 선형 시불변 시스템의 안정성과 인과성

안정성: 특성 방정식의 모든 근 r은 1보다 작은 크기 $|r|$을 가져야 하며, 임펄스 응답 $h[n]$은

$$\sum_{k=-\infty}^{\infty} |h[k]| < \infty$$

인 절댓값 합이 되어야 한다.

주의: 유한 임펄스 응답 필터는 항상 안정하다.

인과성: 임펄스 응답 $h[n]$은 음의 구간에서 0이 되어야 한다($h[n] = 0, n < 0$).

예제 3.25 **안정성과 인과성 기반의 개념**

(a) 시스템 $y[n] - \frac{1}{6}y[n-1] - \frac{1}{6}y[n-2] = x[n]$은 특성 방정식 $z^2 - \frac{1}{6}z - \frac{1}{6} = 0$의 근이 $z_1 = \frac{1}{2}$과 $z_2 = -\frac{1}{3}$이고, 그 크기가 1보다 작기 때문에 안정하다.

(b) 시스템 $y[n] - y[n-1] = x[n]$은 불안정하다. 특성 방정식 $z - 1 = 0$의 근이 $z = 1$이고, 실제로 제한된 자연 응답 $y_N = Ku[n]$을 갖는다. 그러나 입력이 $x[n] = u[n]$이면, 강제 응답은 비제한된 형태 $Cnu[n]$이 될 것이다.

(c) 시스템 $y[n] - 2y[n-1] + y[n-2] = x[n]$은 불안정하다. 특성 방정식 $z^2 - 2z + 1 = 0$의 근은 비제한된 자연 응답 $y_N[n] = Au[n] + Bnu[n]$을 생성한다.

(d) 시스템 $y[n] - \frac{1}{2}y[n-1] = nx[n]$은 선형이고 시변하며 불안정하다. (제한된) 계단 입력 $x[n] = u[n]$은 비제한된 램프 $nu[n]$을 포함하는 응답을 가져온다.

(e) 시스템 $y[n] = x[n] - 2x[n-1]$은 유한 임펄스 응답 필터이기 때문에 안정하다.

(f) $y[n] = x[n+1] - x[n]$으로 표현된 유한 임펄스 응답 필터는 임펄스 응답 $h[n] = \{1, \overset{\Downarrow}{-1}\}$을 가지며, $\sum |h[n]| = |1| + |-1| = 2$이기 때문에 안정적인 시스템이다. 우리는 유한 임펄스 응답 필터가 $\sum |h[n]|$이 유한 수열의 절댓값 합이기 때문에 항상 안정적이며, 따라서 항상 유한하다는 것을 강조한다.

(g) $h[n] = (-0.5)^n u[n]$으로 표현된 필터는 인과적이다. 그것은 차분방정식 $y[n] = x[n] + ay[n-1]$을 갖는 시스템을 나타내며, 또한 $\sum |h[n]|$이 유한하기 때문에 안정적이다. 실제

$$\sum_{n=-\infty}^{\infty} |h[n]| = \sum_{n=0}^{\infty} (-0.5)^n = \frac{1}{1-0.5} = 2$$

임을 알아낸다.

(h) 차분방정식 $y[n] - 0.5y[n-1] = nx[n]$으로 표현된 필터는 인과적이지만, 시변하며, 또한 불안정하다. 만약 (제한된 입력인) 계단 입력 $u[n]$을 적용한다면, $y[n] = nu[n] + 0.5y[n-1]$이 된다. $nu[n]$ 항은 제한 없이 증대되어 이 시스템은 불안정해진다. 이러한 접근법은 시변 시스템의 안정성을 확인하는 일반적인 방법이 아님을 주의한다.

심화문제 3.28

(a) $h[n] = \{2, \overset{\Downarrow}{1}, 1, 3\}$으로 표현된 필터는 인과적인가? 안정적인가?

(b) $h[n] = 2^n u[n+2]$로 표현된 필터는 인과적인가? 안정적인가?

(c) $y[n] + 0.5y[n-1] = 4u[n]$으로 표현된 필터는 인과적인가? 안정적인가?

(d) $y[n] + 1.5y[n-1] + 0.5y[n-2] = u[n]$으로 표현된 필터는 인과적인가? 안정적인가?

정답: (a) 비인과적, 안정적 **(b)** 비인과적, 불안정적 **(c)** 인과적, 안정적 **(d)** 인과적, 불안정적

3.13 주기적인 입력에 대한 시스템 응답

아날로그 시스템과 유사하게, 주기가 N인 주기적 입력에 대한 이산시간 시스템의 응답 또한 주기가 N이다. 간단한 예제로 이러한 개념을 증명한다.

예제 3.26 주기적인 입력에 대한 응답

(a) $x[n] = \{\overset{\Downarrow}{1}, 2, -3, 1, 2, -3, 1, 2, -3, \ldots\}$과 $h[n] = \{\overset{\Downarrow}{1}, 1\}$이라 하자.

행합 방법을 이용한 컨벌루션 $y[n] = x[n] * h[n]$은 다음과 같다.

표 E3.26a

n	0	1	2	3	4	5	6	7	8	9	10
$x[n]$	1	2	−3	1	2	−3	1	2	−3	1	...
$h[n]$	1	1									
	1	2	−3	1	2	−3	1	2	−3	1	...
		1	2	−3	1	2	−3	1	2	−3	...
$y[n]$	1	3	−1	−2	3	−1	−2	3	−1	−2	...

컨벌루션 $y[n]$은 한 주기 늦어지는 것을 제외하고는 주기 $N = 3$이다. 컨벌루션의 한 주기는 $y[n] = \{-\overset{\Downarrow}{2}, 3, -1\}$이다.

(b) $x[n] = \{\overset{\Downarrow}{1}, 2, -3, 1, 2, -3, 1, 2, -3, \ldots\}$이고 $h[n] = \{\overset{\Downarrow}{1}, 1, 1\}$이라 하자.

행합 방법을 이용한 컨벌루션 $y[n] = x[n] * h[n]$은 다음과 같다.

표 E3.26b

n	0	1	2	3	4	5	6	7	8	9	10
$x[n]$	1	2	−3	1	2	−3	1	2	−3	1	...
$h[n]$	1	1	1								
	1	2	−3	1	2	−3	1	2	−3	1	...
		1	2	−3	1	2	−3	1	2	−3	...
			1	2	−3	1	2	−3	1	2	...
$y[n]$	1	3	0	0	0	0	0	0	0	0	...

스타트업 효과를 제외한 컨벌루션은 0이다. 시스템 $h[n] = \{\overset{\Downarrow}{1}, 1, 1\}$은 이동평균 필터이며, 주어진 주기 신호 $x[n]$에 대하여 항상 0인 3-포인트 연속 합을 생성한다.

주기적인 입력에 대한 시스템 응답을 알아내는 한 가지 방법은 입력의 한 주기에 대한 응답을 알아내는 것으로, 중첩을 이용한다. 만약 절댓값 합산 신호(혹은 에너지 신호) $x[n]$을 추가하고, N의 배수에 따라 무한 반복되어 이동된다면, 주기가 N인 **주기 신호**(periodic signal)를 얻게 되며, 이를 $x[n]$의 주기 확장이라 한다.

$$x_{\rm pe}[n] = \sum_{k=-\infty}^{\infty} x[n + kN] \tag{3.49}$$

유한길이 수열에서, 주기 확장의 한 주기를 찾아내는 동일한 방법은 $x[n]$의 N개 샘플 구역을 감싸고, 그것들을 모두 더하는 것이다. 만약 $x[n]$이 N보다 짧다면, 그 길이를 N으로 늘리기 위하여 $x[n]$에 0을 추가함으로써 간단히 주기 확장의 한 주기를 얻어낸다.

예제 3.27 주기 확장

(a) 주기 $N = 3$인 $x[n] = \{\overset{\Downarrow}{1}, 5, 2, 0, 4, 3, 6, 7\}$의 주기 확장은 샘플 세 개의 블록을 감싸고,

$$\{\overset{\Downarrow}{1}, 5, 2, 0, 4, 3, 6, 7\} \Longrightarrow \text{랩어라운드} \Longrightarrow \begin{Bmatrix} \overset{\Downarrow}{1} & 5 & 2 \\ 0 & 4 & 3 \\ 6 & 7 & \end{Bmatrix} \Longrightarrow \text{합} \Longrightarrow \{\overset{\Downarrow}{7}, 16, 5\}$$

의 합을 구함으로써 알아낸다. 즉, $x[n]$을 $N = 3$이고 $k = \pm1, \pm2, \pm3, \ldots$인 이동된 형태 $x[n + kN]$과 더한다면, 첫 번째 주기가 $\{\overset{\Downarrow}{7}, 16, 5\}$인 주기 신호를 얻는다.

(b) 주기가 N인 신호 $x[n] = \alpha^n u[n]$의 주기 확장은 다음과 같다.

$$x_{\rm pe}[n] = \sum_{k=-\infty}^{\infty} x[n + kN] = \sum_{k=0}^{\infty} \alpha^{n+kN} = \alpha^n \sum_{k=0}^{\infty} (\alpha^N)^k = \frac{\alpha^n}{1 - \alpha^N}, \quad 0 \le n \le N - 1$$

주기적인 입력에 대한 이산시간 시스템의 응답을 알아내는 방법은 주기 확장과 랩어라운드(wraparound)의 개념을 따른다. 하나는 (정상적인 컨벌루션을 사용하여) 한 주기의 입력에 대한 출력을 알아내고 (주기 확장을 이용한) 중첩에 의한 주기적인 출력의 한 주기를 알아내는 것이다. 다른 하나는 임펄스 응답의 주기 확장의 한 주기를 처음에 알아내고, 입력의 한 주기를 가지고 정상적인 컨벌루션을 찾아낸 후, 마지막으로 한 주기의 주기적인 출력을 생성하기 위하여 정상적

인 컨벌루션을 감싸는 것이다.

예제 3.28 주기 입력에 대한 시스템 응답

(a) 임펄스 응답 $h[n] = \{\overset{\Downarrow}{1}, 1\}$인 시스템에 주기 $N = 3$인 주기적인 입력의 한 주기가 $x[n] = \{\overset{\Downarrow}{1}, 2, -3\}$이라 하자. 응답 $y[n]$ 역시 $N = 3$으로 주기적이 된다. 한 주기에 대한 $y[n]$을 구하기 위하여, $h[n]$과 한 주기의 $x[n]$의 정상적인 컨벌루션 $y_1[n]$을 구한다.

$$y_1[n] = \{\overset{\Downarrow}{1},\ 1\} * \{\overset{\Downarrow}{1},\ 2,\ -3\} = \{\overset{\Downarrow}{1},\ 3,\ -1,\ -3\}$$

한 주기의 $y[n]$을 구하기 위하여 과거 세 개의 샘플 $y_1[n]$을 감싼다.

$$\{\overset{\Downarrow}{1},\ 3,\ -1,\ -3\} \Longrightarrow \text{랩어라운드} \Longrightarrow \left\{\begin{matrix} \overset{\Downarrow}{1} & 3 & -1 \\ -3 & & \end{matrix}\right\} \Longrightarrow \text{합} \Longrightarrow \{\overset{\Downarrow}{-2},\ 3,\ -1\}$$

이것은 이전 예제에서 구했던 결과와 같다.

(b) $N = 3$인 한 주기가 $x_p[n] = \{\overset{\Downarrow}{2}, 1, 3\}$인 주기 신호에 대하여 $h[n] = \{\overset{\Downarrow}{2}, 1, 1, 3, 1\}$로 표현되는 이동평균 필터의 응답 $y_p[n]$을 두 가지 방법을 이용하여 구한다.

1. 방법 1

$$y[n] = \{\overset{\Downarrow}{2},\ 1,\ 3\} * \{\overset{\Downarrow}{2},\ 1,\ 1,\ 3,\ 1\} = \{\overset{\Downarrow}{4},\ 4,\ 9,\ 10,\ 8,\ 10,\ 3\}$$

을 얻기 위하여 정상적인 컨벌루션 $y[n] = x_p[n] * h[n]$을 구한다. $y_p[n]$을 구하기 위하여 과거 $N = 3$ 값을 감싸서 합한다.

$$\{\overset{\Downarrow}{4},\ 4,\ 9,\ 10,\ 8,\ 10,\ 3\} \Longrightarrow \text{랩어라운드} \Longrightarrow \left\{\begin{matrix} \overset{\Downarrow}{4} & 4 & 9 \\ 10 & 8 & 10 \\ 3 & & \end{matrix}\right\} \Longrightarrow \text{합} \Longrightarrow \{\overset{\Downarrow}{17},\ 12,\ 19\}$$

2. 방법 2

처음에 (랩어라운드 방법에 의하여) $h_p[n] = \{\overset{\Downarrow}{5}, 2, 1\}$을 얻기 위하여 $N = 3$인 $h[n]$을 주기 확장한다. $h_p[n]$과 한 주기의 $x[n]$의 정상적인 컨벌루션은

$$y[n] = \{\overset{\Downarrow}{2},\ 1\ ,\ 3\} * \{\overset{\Downarrow}{5},\ 2,\ 1\} = \{\overset{\Downarrow}{10},\ 9,\ 19,\ 7,\ 3\}$$

을 가져온다. 이 결과는 이전과 같이 $y_p[n] = \{\overset{\Downarrow}{17}, 12, 19\}$를 가져오기 위해 지난 $N = 3$을 감싼다.

(c) $x[n] = \{\ldots, \overset{\Downarrow}{7}, 0, 0, 7, 0, 0, \ldots\}$에 대한 시스템 $y[n] - 0.5y[n-1] = x[n]$의 응답을 구한다.

시스템의 임펄스 응답은 $h[n] = (0.5)^n u[n]$이며, 입력은 $N = 3$인 주기 신호로서 처음 주기 $x_1 = \{\overset{\Downarrow}{7}, 0, 0\}$이다. 이러한 한 주기로 인하여 응답은 바로 $y_1[n] = 7(0.5)^n u[n]$이다. 완전한 주기 출력은 주기 $N = 3$인 $y_1[n]$의 주기 확장이다. 주기가 N인 $\alpha^n u[n]$의 주기 확장 결과를 사용하여 $\alpha^n/(1 - \alpha^N)$, $0 \le n \le N - 1$을 가져오며, 다음과 같은 한 주기의 주기 출력을 구한다.

$$y_p[n] = \frac{(0.5)^n}{1 - (0.5)^3} = 0 \le n \le 2\{\overset{\Downarrow}{8},\ 4,\ 2\}$$

심화문제 3.29

(a) 필터가 $h[n] = \{\overset{\Downarrow}{2}, 1, 1, 3, 2\}$로 표현된다. 입력이 첫 번째 주기 $x_1[n] = \{\overset{\Downarrow}{1}, 0, 0, 2\}$의 주기 신호일 때 주기 출력의 한 주기를 구하라.

(b) 필터가 $y[n] - 0.5y[n-1] = 7x[n]$으로 표현된다. 입력이 첫 번째 주기 $x_1[n] = \{\overset{\Downarrow}{1}, 0, 0\}$의 주기 신호일 때 주기 출력의 한 주기를 구하라.

(c) 필터가 $y[n] - 0.5y[n-1] = 7x[n]$으로 표현된다. 입력이 첫 번째 주기 $x_1[n] = \{\overset{\Downarrow}{1}, 0, 1\}$의 주기 신호일 때 주기 출력의 한 주기를 구하라.

정답: (a) $\{\overset{\Downarrow}{6}, 3, 7, 11\}$ **(b)** $\{\overset{\Downarrow}{8}, 4, 2\}$ **(c)** $\{\overset{\Downarrow}{12}, 6, 10\}$

3.14 주기 및 원형 컨벌루션

모두 주기적인 두 신호의 정상적인 컨벌루션은 존재하지 않는다. 그 이유를 알아보기 위하여 평균을 사용함으로써 **주기 컨벌루션**(periodic convolution)을 취한다. $x_p[n]$과 $h_p[n]$ 모두 주기가 N이라면, 이들의 주기 컨벌루션 역시 같은 주기 N을 갖는 $y_p[n]$의 결과를 가져온다. $x_p[n]$과 $h_p[n]$의 주기 컨벌루션 혹은 **원형 컨벌루션**(circular convolution), **순환 컨벌루션**(cyclic convolution) $y_p[n]$은 한 주기($n = 0, 1, \ldots, N-1$)에 걸쳐 $y_p[n] = x_p[n] \circledast h_p[n]$으로 표기하며, 다음과 같이 정의된다.

$$y_p[n] = x_p[n] \circledast h_p[n] = h_p[n] \circledast x_p[n] = \sum_{k=0}^{N-1} x_p[k] h_p[n-k] = \sum_{k=0}^{N-1} h_p[k] x_p[n-k] \qquad (3.50)$$

$1/N$의 평균 인수는 때때로 합과 함께 포함되며, 주기 컨벌루션은 랩어라운드 방법을 사용하여 구현될 수 있다. $(2N-1)$개의 샘플을 갖는, 한 주기의 $x_p[n]$과 $h_p[n]$의 선형 컨벌루션을 구한 후, 그 길이를 (0을 추가함으로써) $2N$으로 확장하고, (각 N 길이의) 두 개의 반으로 분할하여 첫 번째 반

을 가지고 두 번째 반을 일렬로 늘어세운 후 두 개의 반을 합하여 주기 컨벌루션을 구한다.

같은 주기 N을 갖는 주기적인 이산시간 신호의 주기 컨벌루션

1. 한 주기 구간의 정상적인 컨벌루션을 구한다(이것은 $2N-1$의 길이를 갖게 된다).

2. 끝부분에 0을 추가하고, 마지막 N개 샘플을 감싸고 처음 N개의 샘플에 더한다.

예제 3.29 주기 컨벌루션

(a) $x_p[n] = \{\overset{\Downarrow}{1}, 0, 1, 1\}$과 $h_p[n] = \{\overset{\Downarrow}{1}, 2, 3, 1\}$의 주기 컨벌루션을 구하라.

주기는 $N = 4$이다. 우선, 선형 컨벌루션 $y[n]$을 구한다.

n	0	1	2	3	4	5	6
$h_p[n]$	1	2	3	1			
$x_p[n]$	1	0	1	1			
	1	2	3	1			
		0	0	0	0		
			1	2	3	1	
				1	2	3	1
$y[n]$	1	2	4	4	5	4	1

다음으로 0을 추가하고, 마지막 네 개의 샘플을 감싼 후 더한다.

n	0	1	2	3
$y[n]$의 처음 반	1	2	4	4
$y[n]$의 반 랩어라운드	5	4	1	0
주기 컨벌루션 $y_p[n]$	6	6	5	4

(b) 주기 $N = 3$인 $x_p[n] = \{\overset{\Downarrow}{1}, 2, 3\}$과 $h_p[n] = \{\overset{\Downarrow}{1}, 0, 2\}$의 주기 컨벌루션을 구하라.

정상적인 컨벌루션은 $y_R[n] = \{\overset{\Downarrow}{1}, 2, 5, 4, 6\}$임을 쉽게 알아낼 수 있다. 0을 추가하고, 마지막 세 개 샘플을 감쌈으로써 $y_p[n] = \{\overset{\Downarrow}{5}, 8, 5\}$를 구한다.

심화문제 3.30

첫 번째 주기가 $x_1[n] = \{\overset{\Downarrow}{1}, 2, 0, 2\}$로 주어진 두 개의 같은 신호에 대한 주기 컨벌루션을 구하라.

정답: $\{\overset{\Downarrow}{9}, 4, 8, 4\}$

3.14.1 순환 방법에 의한 주기 컨벌루션

주기 컨벌루션을 구하기 위하여 $h_p[n]$을 지나 뒤집어진 신호 $x_p[-n]$을 (한 번에 한 개) 이동시키고, 한 주기 윈도 $(0, N-1)$만을 걸쳐 그 샘플의 점별 곱의 합으로서 각 색인에서 컨벌루션을 구한다. $(0, N-1)$ 범위 밖의 $x_p[n]$과 $h_p[n]$의 값은 **주기 확장**(periodic extension)에 의해 생성된다. 과정을 시각화하기 위한 한 방법은 그림 3.9에서와 같이, 컨벌루션 시작점에 위치한 동심원상에 $x[k]$를 시계 방향으로, $h[k]$를 (뒤집어져 나타나도록) 반시계 방향으로 정렬하는 것이다.

뒤집어진 수열을 이동하는 것은 시계 방향으로 회전시킨다. 각 회전에서, 컨벌루션은 상호 곱의 합과 같다. 이러한 방법은 주기 컨벌루션의 순환 특성을 명확히 드러나게 한다.

3.14.2 원형 행렬에 의한 주기 컨벌루션

주기 컨벌루션은 또한 행렬 곱셈으로 표현될 수 있다. 열이 $x[n]$와 같고 그의 순환적으로 이동된 형태인(또는 열이 뒤집어진 신호 $x[-n]$의 첫 번째 주기의 연속적으로 이동된 형태와 같은) $N \times N$ 행렬을 설정한다. 이것을 **원형 행렬**(circulant matrix) 또는 **컨벌루션 행렬**(convolution matrix)이라 한다. $x[n]$을 위한 $N \times N$ 원형 행렬 $\mathbf{C}_x$는 다음과 같은 일반적인 형태이다.

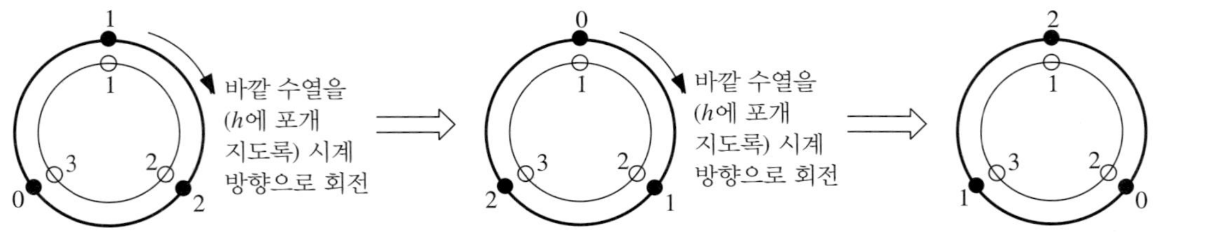

$y[0] = (1)(1) + (2)(2) + (0)(3) = 5$ $y[1] = (0)(1) + (1)(2) + (2)(3) = 8$ $y[2] = (2)(1) + (0)(2) + (1)(3) = 5$

그림 3.9 원형(주기) 컨벌루션의 순환 방법. 시간 반전된 수열은 한 번에 하나의 색인을 회전시키며, 컨벌루션 결과는 곱을 더함으로써 얻어진다. 전체 원을 돌아간 후, 컨벌루션 결과는 복제된다.

$$\mathbf{C}_x = \begin{bmatrix} x[0] & x[N-1] & \ldots\ x[2] & x[1] \\ x[1] & x[0]\ldots & & x[2] \\ x[2] & x[1] & \ldots & x[3] \\ \vdots & \vdots & & \vdots \\ x[N-2] & & \ldots\ x[0] & x[N-1] \\ x[N-1] & x[N-2] & \ldots\ x[1] & x[0] \end{bmatrix} \tag{3.51}$$

원형 행렬의 각 대각선의 값은 같음을 기억하라. 이러한 **상수 대각 행렬**(constant diagonal matrix)을 **토프리즈 행렬**(Toeplitz matrix)이라고도 한다. $h[n]$을 나타내는 $N \times 1$ 열 행렬 $\mathbf{h}$를 갖는 행렬 곱은 $N \times 1$ 열 행렬과 같은 주기 컨벌루션 $\mathbf{y} = \mathbf{Ch}$를 얻는다.

예제 3.30 원형 행렬에 의한 주기 컨벌루션

한 주기($N = 3$)를 따라 표현된 $x[n] = \{\overset{\Downarrow}{1}, 0, 2\}$와 $h[n] = \{\overset{\Downarrow}{1}, 2, 3\}$을 가정하자.

(a) 원형 행렬 $\mathbf{C}_x$와 주기 컨벌루션 $y_1[n]$은 다음과 같다.

$$\mathbf{C}_x = \begin{bmatrix} 1 & 2 & 0 \\ 0 & 1 & 2 \\ 2 & 0 & 1 \end{bmatrix} \qquad \mathbf{h} = \begin{bmatrix} 1 \\ 2 \\ 3 \end{bmatrix} \qquad y_1[n] = \begin{bmatrix} 1 & 2 & 0 \\ 0 & 1 & 2 \\ 2 & 0 & 1 \end{bmatrix} \begin{bmatrix} 1 \\ 2 \\ 3 \end{bmatrix} = \begin{bmatrix} 5 \\ 8 \\ 5 \end{bmatrix}$$

참고: 필요하지 않더라도, $N = 3$에 의한 정규화는 $y_{p1}[n] = \frac{y_1[n]}{3} = \{\overset{\Downarrow}{\tfrac{5}{3}}, \tfrac{8}{3}, \tfrac{5}{3}\}$을 보인다.

(b) 두 주기 윈도에 의한 $x[n]$과 $h[n]$의 주기 컨벌루션 $y_2[n]$은

$$\mathbf{C}_2 = \begin{bmatrix} 1 & 2 & 0 & 1 & 2 & 0 \\ 0 & 1 & 2 & 0 & 1 & 2 \\ 2 & 0 & 1 & 2 & 0 & 1 \\ 1 & 2 & 0 & 1 & 2 & 0 \\ 0 & 1 & 2 & 0 & 1 & 2 \\ 2 & 0 & 1 & 2 & 0 & 1 \end{bmatrix} \qquad \mathbf{h}_2 = \begin{bmatrix} 1 \\ 2 \\ 3 \\ 1 \\ 2 \\ 3 \end{bmatrix} \qquad y_2[n] = \begin{bmatrix} 10 \\ 16 \\ 10 \\ 10 \\ 16 \\ 10 \end{bmatrix}$$

을 얻는다. $y_2[n]$은 $y_1[n]$의 길이를 두 배로 하지만, 주기는 여전히 $N = 3$이다.

참고: 두 주기 윈도의 폭(6개 샘플)에 의한 정규화는

$$y_{p2}[n] = \frac{y_2[n]}{6} = \left\{\overset{\Downarrow}{\frac{5}{3}}, \frac{8}{3}, \frac{5}{3}, \frac{5}{3}, \frac{8}{3}, \frac{5}{3}\right\}$$

을 보인다. $y_{p2}[n]$의 한 주기($N = 3$)는 (a)의 정규화된 결과 $y_{p1}[n]$와 동일함을 기억하라.

3.14.3 주기 컨벌루션에 의한 정상적인 컨벌루션

(길이가 N_x인) $x[n]$과 (길이 N_h인) $h[n]$의 선형 컨벌루션 또한 두 개의 제로 삽입된 신호 $x_z[n]$과 $h_z[n]$($N_y = N_x + N_h - 1$ 길이)의 주기 컨벌루션을 이용하여 구해진다. 원래의 삽입되지 않은 수열의 정규 컨벌루션은 제로 삽입된 수열의 주기 컨벌루션과 같다.

예제 3.31 원형 행렬에 의한 정규 컨벌루션

$x[n] = \{\overset{\Downarrow}{2}, 5, 0, 4\}$이고 $h[n] = \{\overset{\Downarrow}{4}, 1, 3\}$이라 하자.

이들의 정규 컨벌루션은 $S = M + N - 1 = 6$ 샘플을 가지며, 뒤따르는 0을 이용하여 삽입된 수열

$$x_{\text{zp}}[n] = \{\overset{\Downarrow}{2},\ 5,\ 0,\ 4,\ 0,\ 0\} \qquad h_{\text{zp}}[n] = \{\overset{\Downarrow}{4},\ 1,\ 3,\ 0,\ 0,\ 0\}$$

을 생성하며, 원형 행렬을 이용한 주기 컨벌루션 $x_{\text{zp}}[n] \circledast h_{\text{zp}}[n]$은 다음과 같다.

$$\mathbf{C}_{\text{xzp}} = \begin{bmatrix} 2 & 0 & 0 & 4 & 0 & 5 \\ 5 & 2 & 0 & 0 & 4 & 0 \\ 0 & 5 & 2 & 0 & 0 & 4 \\ 4 & 0 & 5 & 2 & 0 & 0 \\ 0 & 4 & 0 & 5 & 2 & 0 \\ 0 & 0 & 4 & 0 & 5 & 2 \end{bmatrix} \qquad \mathbf{h}_{\text{zp}} = \begin{bmatrix} 4 \\ 1 \\ 3 \\ 0 \\ 0 \\ 0 \end{bmatrix} \qquad y_p[n] = \begin{bmatrix} 8 \\ 22 \\ 11 \\ 31 \\ 4 \\ 12 \end{bmatrix}$$

이것은 이전 예제에서 여러 다른 방법으로 미리 구한 정규 컨벌루션 $y[n] = x[n] * h[n]$과 동일하다.

심화문제 3.31

$x[n] = \{\overset{\Downarrow}{1}, 2, 0, 2, 2\}$이고 $h[n] = \{\overset{\Downarrow}{3}, 2\}$라고 하자.

(a) 제로 삽입된 수열의 주기 컨벌루션에서 정규 컨벌루션을 얻어내기 위하여 $x[n]$과 $h[n]$에 얼마나 많은 0을 추가해야 하는가?

(b) 제로 삽입된 수열의 정규 컨벌루션은 무엇인가?

(c) 원래 수열의 정규 컨벌루션은 무엇인가?

정답: **(a)** 1, 4 **(b)** $\{\overset{\Downarrow}{3}, 8, 4, 6, 10, 4, 0, 0, 0, 0\}$ **(c)** $\{\overset{\Downarrow}{3}, 8, 4, 6, 10, 4\}$

3.15 역 컨벌루션

시스템 임펄스 응답 $h[n]$이 주어졌을 때, 입력 $x[n]$에 대한 시스템의 응답 $y[n]$은 간단히 $x[n]$과 $h[n]$의 컨벌루션이다. $x[n]$과 $y[n]$이 주어졌을 때는 $h[n]$을 어떻게 구할 수 있는가? 이러한 관계는 자주 실제 문제로 나타나며, **역 컨벌루션**(deconvolution) 혹은 **시스템 확인**(system identification)으로서 언급된다.

이산시간 시스템인 경우, 이러한 문제에 대한 부분적인 해결법이 있다. 이산 컨벌루션이 다항식의 곱으로서 생각될 수 있기 때문에, 이산 역 컨벌루션은 다항식의 나눗셈으로 간주될 수 있다. 이산 역 컨벌루션은 다음 절에서 설명된 잘 알려진 방법인 **장제법**(long division)의 개념을 사용한다.

3.15.1 재귀에 의한 역 컨벌루션

역 컨벌루션 또한 재귀 알고리즘으로 다시 계산된다. 컨벌루션은

$$y[n] = x[n] * h[n] = \sum_{k=0}^{n} h[k]x[n-k] \tag{3.52}$$

이며, $n = 0$에서 계산될 때 다음과 같은 종자 값 $h[0]$을 생성한다.

$$y[0] = x[0]h[0] \qquad h[0] = \frac{y[0]}{x[0]} \tag{3.53}$$

이제 컨벌루션 관계에서 $h[n]$을 포함한 항을 구분한다.

$$y[n] = \sum_{k=0}^{n} h[k]x[n-k] = h[n]x[0] + \sum_{k=0}^{n-1} h[k]x[n-k] \tag{3.54}$$

그리고

$$h[n] = \frac{1}{x[0]}\left[y[n] - \sum_{k=0}^{n-1} h[k]x[n-k]\right], \quad n > 0 \tag{3.55}$$

에서 $n > 0$의 연속적인 값 $h[n]$을 계산한다. 큰 문제가 없다면 $M - N + 1$ 포인트에서만 $h[n]$을 계산할 필요가 있으며, 이때의 M과 N은 각각 $y[n]$과 $x[n]$의 길이다.

나머지가 연루된다면, 문제는 자연적으로 발생한다. 이것은 출력 수열의 값을 조금 변경시킬 수 있는 잡음을 발생시킨다. 다시 말해, 이 방법은 잡음이나 반올림 오차의 영향을 받기 쉬우며 매우 실용적이지 않다.

예제 3.32 역 컨벌루션

(a) 다항식 나눗셈에 의한 역 컨벌루션

$x[n] = \{\overset{\Downarrow}{2}, 5, 0, 4\}$이고 $y[n] = \{\overset{\Downarrow}{8}, 22, 11, 31, 4, 12\}$라고 가정하자.

이것들은 내림차순의 다항식 계수로 간주된다.

$$x(w) = 2w^3 + 5w^2 + 0w + 4 \qquad y(w) = 8w^5 + 22w^4 + 11w^3 + 31w^2 + 4w + 12$$

다항식 $h(w)$는 $y(w)/x(w)$ 나눗셈을 수행함으로써 $x(w)$와 $y(w)$의 역 컨벌루션이 수행된다.

$$\begin{array}{r l}
 & 4w^2 + w + 3 \\
2w^3 + 5w^2 + 0w + 4 \,\big) & 8w^5 + 22w^4 + 11w^3 + 31w^2 + 4w + 12 \\
 & \underline{8w^5 + 20w^4 + 0w^3 + 16w^2} \\
 & \quad 2w^4 + 11w^3 + 15w^2 + 4w + 12 \\
 & \quad \underline{2w^4 + 5w^3 + 0w^2 + 4w} \\
 & \qquad 6w^3 + 15w^2 + 0w + 12 \\
 & \qquad \underline{6w^3 + 15w^2 + 0w + 12} \\
 & \qquad\qquad 0
\end{array}$$

몫 다항식의 계수는 $h[n] = \{\overset{\Downarrow}{4}, 1, 3\}$ 수열을 나타낸다.

(b) 재귀에 의한 역 컨벌루션

$x[n] = \{\overset{\Downarrow}{2}, 5, 0, 4\}$이고 $y[n] = \{\overset{\Downarrow}{8}, 22, 11, 31, 4, 12\}$라고 가정하자.

$x[n]$의 길이는 $N = 4$이고 $y[n]$의 길이가 $M = 4$임을 기억하면, $h[n]$을 구하는 데 $M - N + 1 = 6 - 4 + 1 = 3$번의 재귀적인 계산만을 필요로 한다.

$$h[0] = \frac{y[0]}{x[0]} = 4$$

$$h[1] = \frac{1}{x[0]}\left[y[1] - \sum_{k=0}^{0} h[k]x[1-k]\right] = \frac{y[1] - h[0]x[1]}{x[0]} = 1$$

$$h[2] = \frac{1}{x[0]}\left[y[2] - \sum_{k=0}^{1} h[k]x[2-k]\right] = \frac{y[2] - h[0]x[2] - h[1]x[1]}{x[0]} = 3$$

이전과 같이 $h[n] = \{4, 1, 3\}$이다.

심화문제 3.32

선형 시불변 시스템의 입력 $x[n] = \{\overset{\Downarrow}{1}, 2\}$가 출력 $y[n] = \{\overset{\Downarrow}{2}, 3, 1, 6\}$을 생성할 때, 역 컨벌루

션을 사용하여 임펄스 응답 $h[n]$을 구하라.

정답: $\{\underset{\Uparrow}{2}, -1, 3\}$

3.16 이산 상관관계

상관관계는 두 신호 간의 유사성을 측정하며, 컨벌루션과 비슷한 과정을 이용하여 얻어진다. $x[n]$과 $h[n]$의 이산 **상호상관관계**(cross-correlation)($**$로 표기)는 다음과 같이 정의된다.

$$r_{xh}[n] = x[n] ** h[n] = \sum_{k=-\infty}^{\infty} x[k]h[k-n] = \sum_{k=-\infty}^{\infty} x[k+n]h[k] \tag{3.56}$$

$$r_{hx}[n] = h[n] ** x[n] = \sum_{k=-\infty}^{\infty} h[k]x[k-n] = \sum_{k=-\infty}^{\infty} h[k+n]x[k] \tag{3.57}$$

몇몇 저자들은 $r_{xh}[n]$과 $r_{hx}[n]$의 정의를 바꾸는 것을 선호한다.

$r_{xh}[n]$을 구하기 위하여, $x[n]$의 첫 번째 성분과 함께 $h[n]$의 마지막 성분을 일렬로 정렬하고, 한 번에 하나씩 $x[n]$를 지나 $h[n]$을 이동시키기 시작한다. 각 색인에서 상관관계를 생성하기 위하여 포개지는 값의 점별 곱을 더한다. 이것은 $x[n]$과 **뒤집어진** 신호 $h[-n]$의 **컨벌루션**을 수행하는 것과 동일하다. 상관관계의 시작점은 $x[n]$과 $h[-n]$의 시작점의 합과 같으며, 마찬가지로 $r_{hx}[n]$은 $x[-n]$과 $h[n]$의 컨벌루션과 같고, 시작점은 $x[-n]$과 $h[n]$의 시작점의 합과 같다. 그러나 $r_{xh}[n]$은 $r_{hx}[n]$과 같지 않다. 이 두 개는 각각의 뒤집어진(시간 반전된) 형태이며, $r_{xh}[n] = r_{hx}[-n]$과 관계된다.

상관관계는 한 신호와 뒤집힌 형태의 다른 신호와의 컨벌루션이다.

$$r_{xh}[n] = x[n] ** h[n] = x[n] * h[-n] \qquad r_{hx}[n] = h[n] ** x[n] = h[n] * x[-n]$$

상관관계 길이: $N_x + N_h - 1$ **상관관계 합:** $\sum r[n] = (\sum x[n])(\sum h[n])$

예제 3.33 **이산 자기상관관계와 상호상관관계**

(a) $x[n] = \{2, \overset{\Downarrow}{5}, 0, 4\}$이고 $h[n] = \{\overset{\Downarrow}{3}, 1, 4\}$라고 하자.

$r_{xh}[n]$을 구하기 위하여, $x[n]$과 $h[-n] = \{4, 1, \overset{\Downarrow}{3}\}$의 컨벌루션을 계산한다. $r_{xh}[n]$의 시작점

은 $n = -3$이며, 색인 배열을 설정하기 위하여 이를 사용하고, (컨벌루션을 위한 행합 방법을 사용하여) 다음과 같은 결과를 얻는다.

n	-3	-2	-1	0	1	2
$x[n]$	2	5	0	4		
$h[-n]$	4	1	3			
	8	20	0	16		
		2	5	0	4	
			6	15	0	12
$r_{xh}[n]$	8	22	11	$\overset{\Downarrow}{31}$	4	12

즉, $r_{xh}[n] = \{8, 22, 11, \overset{\Downarrow}{31}, 4, 12\}$이다.

(b) $x[n] = \{2, \overset{\Downarrow}{5}, 0, 4\}$이고 $h[n] = \{\overset{\Downarrow}{3}, 1, 4\}$라고 하자.

$r_{hx}[n]$을 구하기 위하여, $x[-n] = \{4, 0, \overset{\Downarrow}{5}, 2\}$와 $h[n]$의 컨벌루션을 계산한다. $r_{hx}[n]$의 시작점은 $n = -2$이고, 색인 배열을 설정하기 위하여 이를 사용하고, (컨벌루션을 위한 행합 방법을 사용하여) 다음과 같은 결과를 얻는다.

n	-2	-1	0	1	2	3
$x[-n]$	4	0	5	2		
$h[n]$	3	1	4			
	12	0	15	6		
		4	0	5	2	
			16	0	20	8
$r_{hx}[n]$	12	4	$\overset{\Downarrow}{31}$	11	22	8

즉, $r_{hx}[n] = \{12, 4, \overset{\Downarrow}{31}, 11, 22, 8\}$이다.

(주의: $r_{xh}[n]$과 $r_{hx}[n]$은 $r_{xh}[n] = r_{hx}[-n]$인 서로의 뒤집어진 형태이다.)

(c) $x[n] = \{\overset{\Downarrow}{3}, 1, -4\}$라고 하자.

$r_{xx}[n]$을 구하기 위하여, $x[n]$과 $x[-n] = \{-4, 1, \overset{\Downarrow}{3}\}$의 컨벌루션을 계산한다. $r_{xx}[n]$의 시작점은 $n = -2$이며, 색인 배열을 설정하기 위하여 이를 사용하고, (컨벌루션을 위한 행합 방법을 사용하여) 다음과 같은 결과를 얻는다.

n	-2	-1	0	1	2
$x[n]$	3	1	-4		
$x[-n]$	-4	1	3		
	-12	-4	16		
		3	1	-4	
			9	3	-12
$r_{xx}[n]$	-12	-1	$\overset{\Downarrow}{26}$	-1	-12

즉, $r_{xx}[n] = \{-12, -1, \overset{\Downarrow}{26}, -1, -12\}$이다. $r_{xx}[n]$은 $n = 0$인 원점에 대하여 우대칭임을 기억하라.

심화문제 3.33

$x[n] = \{\overset{\Downarrow}{2}, 1, 3\}$이고 $h[n] = \{3, \overset{\Downarrow}{-2}, 1\}$일 때, $r_{xh}[n]$, $r_{hx}[n]$ $r_{xx}[n]$, $r_{hh}[n]$을 구하라.

정답: $\{2, \overset{\Downarrow}{-3}, 7, -3, 9\}$, $\{9, -3, 7, \overset{\Downarrow}{-3}, 2\}$, $\{6, 5, \overset{\Downarrow}{14}, 5, 6\}$, $\{3, -8, \overset{\Downarrow}{14}, -8, 3\}$

3.16.1 자기상관관계

신호 $x[n]$과 자기 자신과의 상관관계 $r_{xx}[n]$을 **자기상관관계**(autocorrelation)라고 하며, 컨벌루션 연산에서 다음과 같이 쓰인다.

$$r_{xx}[n] = x[n] ** x[n] = x[n] * x[-n] \tag{3.58}$$

자기상관관계는

$$r_{xx}[n] = r_{xx}[-n] \tag{3.59}$$

인 우대칭 함수이며, $n = 0$에서 최댓값을 갖고 다음 부등식을 만족한다.

$$|r_{xx}[n]| \le r_{xx}[0] \tag{3.60}$$

즉, 어떠한 지점에서 자기상관관계의 절댓값은 원점에서의 값을 절대 초과할 수 없다. 상관관계는 잡음에 묻혀 버린 신호를 발견하는 효율적인 방법으로, 잡음은 본질적으로 신호와 상관성이 없다. 이것은 신호와 잡음이 서로 관련이 있다면, 상관관계는 (존재하는) 신호에만 영향을 줄 것이며, $n = 0$에서 뚜렷한 최고점을 보일 것을 의미한다.

예제 3.34 이산 자기상관관계와 상호상관관계

(a) $x[n] = (0.5)^n u[n]$이고 $h[n] = (0.4)^n u[n]$이라 하자.

다음과 같이 상호상관관계 $r_{xh}[n]$을 구한다.

$$r_{xh}[n] = \sum_{k=-\infty}^{\infty} x[k]h[k-n] = \sum_{k=-\infty}^{\infty} (0.5)^k (0.4)^{k-n} u[k]u[k-n]$$

이러한 합은 n의 두 범위에서 계산을 필요로 한다. 만약 $n < 0$이면 이동된 계단 $u[k-n]$은 $k < 0$의 몇몇에서 0이 아니지만, $u[k] = 0$, $k < 0$이기 때문에 합의 하한에서는 $k = 0$으로 줄어들어

$$(n < 0) \quad r_{xh}[n] = \sum_{k=0}^{\infty}(0.5)^k(0.4)^{k-n} = (0.4)^{-n}\sum_{k=0}^{\infty}(0.2)^k$$
$$= \frac{(0.4)^{-n}}{1-0.2} = 1.25(0.4)^{-n}u[-n-1]$$

을 얻는다. 만약 $n \geq 0$이라면 이동된 계단 $u[k - n]$은 $k < n$에서 0이고, 합의 하한에서는 $k = n$으로 줄어들어

$$(n \geq 0) \quad r_{xh}[n] = \sum_{k=n}^{\infty} (0.5)^k (0.4)^{k-n}$$

을 얻게 된다. 변수 $m = k - n$의 변화에 따라

$$(n \geq 0) \quad r_{xh}[n] = \sum_{m=0}^{\infty} (0.5)^{m+n} (0.4)^m = (0.5)^n \sum_{m=0}^{\infty} (0.2)^m = \frac{(0.5)^n}{1 - 0.2} = 1.25(0.5)^n u[n]$$

을 얻으며, 따라서 다음과 같다.

$$r_{xh}[n] = 1.25(0.4)^{-n} u[-n-1] + 1.25(0.5)^n u[n]$$

(b) $x[n] = a^n u[n]$, $|a| < 1$이라 하자.

우대칭인 $r_{xx}[n]$을 구하기 위하여, $n \geq 0$에서의 결과만을 구하여 짝수 확장을 생성할 필요가 있다. 이전 부분에 따라서,

$$(n \geq 0) \quad r_{xx}[n] = \sum_{k=-\infty}^{\infty} x[k]x[k-n] = \sum_{k=n}^{\infty} a^k a^{k-n} = \sum_{m=0}^{\infty} a^{m+n} a^m$$

$$= a^n \sum_{m=0}^{\infty} a^{2m} = \frac{a^n}{1 - a^2} u[n]$$

이러한 결과의 짝수 확장은 $r_{xx}[n] = a^{|n|}/(1 - a^2)$이 된다.

(c) $x[n] = a^n u[n]$, $|a| < 1$이고 $y[n] = \text{rect}(n/2N)$이라 하자.

$r_{xy}[n]$을 구하기 위하여, $y[k]$를 이동시켜 다른 범위에 걸쳐 곱을 더한다. $y[k - n]$은 $(-N + n, N + n)$ 범위에서 오른쪽으로 펄스를 이동시키기 때문에, 상관관계 $r_{xy}[n]$은 $n = -N$일 때까지 0이 된다.

$$-N \leq n \leq N-1 \text{ (부분 중복)}: \quad r_{xy}[n] = \sum_{k=-\infty}^{\infty} x[k]y[k-n] = \sum_{k=0}^{N+1} a^k$$

$$= \frac{1 - a^{N+n+1}}{1 - a}$$

$$n \geq N \text{ (전체 중복)}: \quad r_{xy}[n] = \sum_{k=-N+1}^{N+1} a^k = \sum_{m=0}^{2N} a^{m-N+1}$$

$$= a^{-N+1} \frac{1 - a^{2N+1}}{1 - a}$$

심화문제 3.34

(a) $x[n] = (0.5)^n u[n]$이고 $h[n] = u[n]$일 때, 이들의 상관관계를 구하라.

(b) $x[n] = (0.5)^n u[n]$이고 $h[n] = (0.5)^{-n} u[-n]$일 때, 이들의 상관관계를 구하라.

정답: **(a)** $2u[-n-1] + 2(0.5)^n u[n]$ **(b)** $(n+1)(0.5)^n u[n]$

3.16.2 이산 주기 상관관계

동일한 주기 N을 갖는 주기 수열에서, 이산 주기 상관관계는 다음과 같이 정의된다.

$$r_{xhp}[n] = x[n] ⊛⊛ h[n] = \sum_{k=0}^{N-1} x[k]h[k-n] \quad r_{hxp}[n] = h[n] ⊛⊛ x[n] = \sum_{k=0}^{N-1} h[k]x[k-n] \quad (3.61)$$

이에 따라 $1/N$의 평균 인수는 때때로 합에 포함된다. 한 주기 구간의 선형 상관관계를 처음에 계산하고 결과 주변을 감쌈으로써 한 주기의 주기 상관관계 $r_{xhp}[n]$을 구할 수 있다. $r_{hxp}[n]$은 $r_{hxp}[n] = r_{xhp}[-n]$과 함께 $r_{xhp}[n]$의 순환적으로 뒤집어진 형태임을 알 수 있으며, 또한 주기 자기상관관계 $r_{xxp}[n]$ 혹은 $r_{hhp}[n]$은 항상 순환 우대칭을 나타냄을 알 수 있다. 이것은 $r_{xxp}[n]$ 혹은 $r_{hhp}[n]$의 주기 확장은 원점 $n = 0$에 대하여 우대칭임을 의미하며, 주기 자기상관관계 역시 $n = 0$에서 최댓값을 갖는다.

예제 3.35 이산 주기 자기상관관계와 상호상관관계

첫 번째 주기가 $x_1[n] = \{\overset{\Downarrow}{2}, 5, 0, 4\}$와 $h_1[n] = \{\overset{\Downarrow}{3}, 1, -1, 2\}$로 주어진 두 개의 주기 신호를 가정하자.

(a) 주기적인 상호상관관계 $r_{xhp}[n]$을 구하기 위하여, 우선 선형 상호상관관계를 구한다.

$$r_{xh}[n] = x_1[n] * h_1[-n] = \{4,\ 8,\ -3,\ \overset{\Downarrow}{19},\ 11,\ 4,\ 12\}$$

랩어라운드는 $r_{xhp} = \{15, 12, 9, \overset{\Downarrow}{19}\}$와 같은 주기적인 상호상관관계를 보인다. 우리는 주기성을 유도하며, $r_{xhp} = \{\overset{\Downarrow}{19}, 15, 12, 9\}$와 같은 첫 번째 주기의 구간으로 결과를 표현한다.

(b) 주기적인 상호상관관계 $r_{hxp}[n]$을 구하기 위하여, 우선 선형 상호상관관계를 구한다.

$$r_{hx}[n] = r_{xh}[-n] = \{12,\ 4,\ 11,\ \overset{\Downarrow}{19},\ -3,\ 8,\ 4\}$$

랩어라운드는 $r_{hxp} = \{9, 12, 15, \overset{\Downarrow}{19}\}$와 같은 주기적인 상호상관관계를 보이며, $r_{hxp} = \{\overset{\Downarrow}{19}, 9, 12, 15\}$와 같은 첫 번째 주기의 구간으로 결과를 다시 쓴다. $r_{hxp}[n]$은 $r_{hxp}[n] = r_{xhp}[-n]$과

함께 $r_{xhp}[n]$의 순환적으로 뒤집어진 형태임을 기억하라.

(c) 주기적인 자기상관관계 $r_{xxp}[n]$을 구하기 위하여, 우선 선형 자기상관관계를 구한다.

$$r_{xx}[n] = x_1[n] * x_1[-n] = \{8,\ 20,\ 10,\ \overset{\Downarrow}{45},\ 10,\ 20,\ 8\}$$

랩어라운드는 $r_{xxp} = \{18, 40, 18, \overset{\Downarrow}{45}\}$와 같은 주기적인 자기상관관계를 보이며, $r_{hxp} = \{\overset{\Downarrow}{45}, 18, 40, 18\}$과 같은 첫 번째 주기의 구간으로 결과를 다시 쓴다. 이것은 순환 우대칭(원점 $n = 0$에 대하여 주기 확장이 우대칭)임을 나타낸다.

(d) 주기적인 자기상관관계 $r_{hhp}[n]$을 구하기 위하여, 우선 선형 자기상관관계를 구한다.

$$r_{hh}[n] = h_1[n] * h_1[-n] = \{6,\ -1,\ 0,\ \overset{\Downarrow}{15},\ 0,\ -1,\ 6\}$$

랩어라운드는 $r_{xxp} = \{6, -2, 6, \overset{\Downarrow}{15}\}$와 같은 주기적인 자기상관관계를 보이며, $r_{hxp} = \{\overset{\Downarrow}{15}, 6, -2, 6\}$과 같은 첫 번째 주기의 구간으로 결과를 다시 쓴다. 이것은 순환 우대칭(원점 $n = 0$에 대하여 주기 확장이 우대칭)임을 나타낸다.

심화문제 3.35

두 주기 신호의 첫 번째 주기 구간을 $x_1[n] = \{\overset{\Downarrow}{2}, -1, 0, 3\}$과 $h_1[n] = \{1, \overset{\Downarrow}{0}, 3, 2\}$로 표현한다. 첫 번째 주기의 $r_{xxp}[n]$, $r_{hhp}[n]$, $r_{xhp}[n]$, $r_{hxp}[n]$을 구하라.

정답: $\{\overset{\Downarrow}{14}, 4, -6, 4\}$ $\{\overset{\Downarrow}{14}, 8, 6, 8\}$ $\{\overset{\Downarrow}{0}, 8, 12, 4\}$ $\{\overset{\Downarrow}{0}, 4, 12, 8\}$

3.16.3 정합 필터링과 목표 범위

상관관계는 잡음에 묻혀 버린 주기 신호의 예측 및 목표 범위와 같은 응용에서 광범위하게 사용된다. 목표 범위를 위해 샘플링되어 심의된 신호 $x[n]$은 목표를 향하여 전송된다. 목표로부터 반사된 신호는 잡음 $p[n]$에 의하여 오염된 $x[n]$의 (D만큼) 지연되고 (α만큼) 감쇠된 $s[n] = \alpha x[n - D] + p[n]$이 된다. 반사된 신호 $s[n]$은 심의된 신호 $x[n]$과 서로 관련이 있다. 만약 잡음이 신호 $x[n]$과 관련이 없다면, $x[n]$과의 상관관계는 본질적으로 0이 된다. $x[n]$과 그 지연된 형태 $\alpha x[n - D]$의 상관관계는 $n = D$에서 최고점을 이루는 결과를 가져오며, 따라서 잡음이 발생된 지점에서까지도 (직접적으로 반사된 신호라기보다는) 상관관계 최고점으로부터 D 지점을 알아내는 것은 매우 쉽다. (왕복시간) 지연 지점 D는 $d = 0.5vD/S$에 의하여 목표 거리 d와 관계되며, 여기서 v는 전파 속도이고, S는 신호가 샘플링된 비율이다. 수신된 신호 $s[n]$과 $x[n]$의 상관관계를 수행하는 도구를 **상관관계 수신기**(correlation receiver)라고 한다. $x[n]$과 함께 뒤집어진 형태의 $s[n]$은 심의된 신호의 뒤집어진 형태인 $x[-n]$과 $s[n]$의 컨벌루션과 동일하다. 이것은 상관관계 수신기의 임펄스 응답이 $h[n] = x[-n]$이며 전송된 신호와 일치됨을 의미하기 때문에, 이러한 수신기를 **정합 필터**(matched filter)라고 한다.

그림 3.10은 정합 필터링의 개념을 설명한다. 전송된 신호는 구형파이며, 정합 필터의 임펄스 응답은 그것의 뒤집어진 형태로서 비인과성이다. 이상적인 상황에서, 수신된 신호는 간단히 전송된 신호의 지연된 형태이며 정합 필터의 출력은 지연을 가리키는 지점인 최고점을 가져온다. 또한 이것은 자신의 이상적인 수신 신호와 동일할 수 있다. 실제로, 수신된 신호는 잡음에 의하여 오염되어, 지연된 펄스의 위치를 확인하는 것은 어렵다. 그러나 정합 필터의 출력은 낮은 신호대 잡음비에서조차 지연의 분명한 지점을 제공한다.

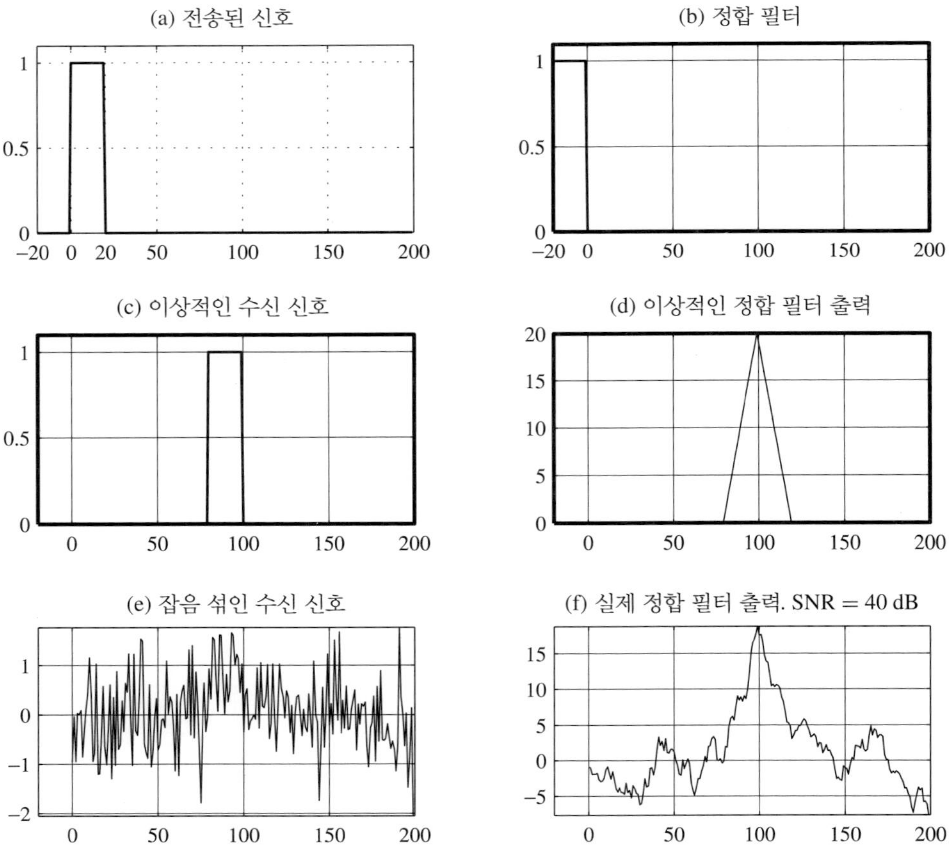

그림 3.10 정합 필터와 목표 범위의 개념. 정합 필터의 출력은 전송된 신호와 수신된 신호의 상관관계이며, 수신 신호가 잡음에 오염되었을 때 뚜렷한 최고점을 보인다. 최고점의 시간은 왕복시간과 일치하며, 목표 거리는 이 값으로부터 계산될 수 있다.

또한 상관관계는 패턴 인식 분야에도 적용된다. 예를 들어 알려지지 않은 패턴이 몇몇 알려진 패턴이나 템플릿 중의 하나에 속하는지를 정할 필요가 있다면, 차례로 각 템플릿과 비교(또는 관계)될 수 있다. 템플릿의 자기상관관계가 템플릿과 알려지지 않은 패턴의 상호상관관계와 일치(또는 유사)하면 정합이 발생한다.

잡음에서의 주기 신호 확인

상관관계 방법은 잡음이 섞인 신호 $s[n] = x[n] + p[n]$에 묻혀 버린 주기 신호 $x[n]$을 확인하는 데 사용되기도 하는데, 여기서 $p[n]$은 (아마도 신호와 상관되지 않은) 신호에서 제거될 잡음 성분이다. 잡음 섞인 신호의 주기 자기상관관계로부터 신호의 주기를 제일 처음 알아낸다. 만약 잡음 섞인 신호가 주기 성분을 포함한다면, 자기상관관계는 주기 N의 곱에서 최고점을 보이게 될 것이다. 주기 N이 정해지면, 주기가 N인 임펄스 열 $i[n] = \delta(n - kN)$과 잡음 섞인 신호 $s[n]$과의 주기 상호상관관계로서 $x[n]$을 재생시킬 수 있다. $i[n]$이 잡음과 관계되지 않으므로, $i[n]$과 $s[n]$의 주기 상호상관관계는 (진폭이 비율에 따라 정해진 형태의) 주기 신호 $x[n]$을 생성한다.

그림 3.11은 잡음에 숨겨진 주기 신호를 확인하는 개념을 나타낸다. 주기적인 톱니 신호는 잡음 섞인 신호를 얻기 위하여 잡음에 오염되며, 잡음 섞인 신호의 주기 자기상관관계의 최고점은 $N = 20$과 같은 주기임을 확인시켜 준다. 임펄스 열 $\delta[n - 20k]$와 함께 잡음 섞인 신호의 주기 상호상관관계는 잡음으로부터 신호를 추출해낸다. (주기 N과 비교되어) 더욱 긴 길이의 잡음 섞인

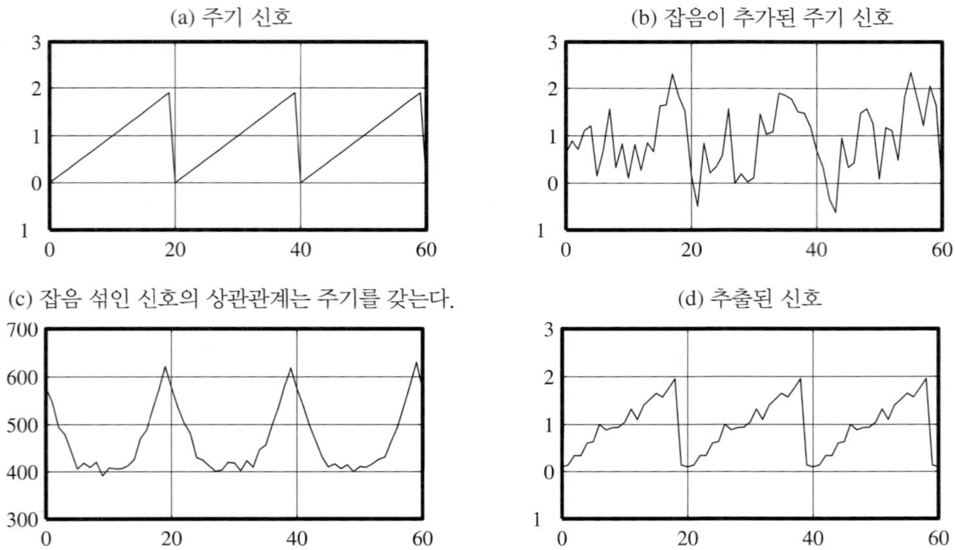

그림 3.11 잡음에 묻힌 주기 신호의 추출. 잡음 섞인 신호의 긴 확장의 주기 자기상관관계는 $N = 20$과 같은 그림 (c)에서 묻힌 주기 신호의 주기를 나타낸다. $N = 20$인 주기적인 임펄스 열과 잡음 섞인 신호의 상호상관관계는 묻힌 주기 신호를 추출해낸다.

신호는 묻힌 주기 신호와 복원된 신호 간의 정합을 향상시킬 것이다.

잡음 섞인 신호 $s[n]$에서 파묻힌 주기 신호 $x[n]$을 확인하는 방법

1. 잡음 섞인 신호 $s[n]$의 주기 자기상관관계로부터 $x[n]$의 주기 N을 구하라.

2. $s[n]$과 주기 N인 임펄스 열의 주기 상호상관관계를 이용하여 신호 $x[n]$을 구하라.

3.17 이산 컨벌루션과 변환 방법

이산시간 컨벌루션은 이산시간 신호에 대한 시스템 분석의 시간 영역과 주파수 영역 방법 간의 관계를 제공한다. 이것은 본문에서 설명된 모든 변환 방법의 기초이며, 시간 영역과 변환된 영역의 연결에서의 역할은 이산 고유 신호와 고윳값의 개념과 직결된다. 계속되는 지수 z^n은 이산시간 선형 시스템의 고유 신호이며, 이 복소 지수 z^n에서, z는 $z = re^{j2\pi F}$의 일반적인 형태이다. 선형 시불변 시스템에 대한 입력이 z^n일 때, 출력은 같은 형태를 갖고 Cz^n으로 주어지며, 여기서 C는 (가능한 복소수) 상수이다. 이와 유사하게, 계속되는 이산시간 고조파 $z = e^{j2\pi F}$($r = 1$인 특별한 경우) 역시 이산시간 시스템의 고유 신호이다.

3.17.1 z-변환

z가 $|z| = r$의 크기를 갖는 복소수일 때, 입력 $x[n] = r^n e^{j2\pi nF} = (re^{j2\pi F})^n = z^n$의 응답은 다음과 같다.

$$y[n] = x[n] * h[n] = \sum_{k=-\infty}^{\infty} z^{n-k}h[k] = z^n \sum_{k=-\infty}^{\infty} h[k]z^{-k} = x[n]H(z) \tag{3.62}$$

이 응답은 시스템 함수 $H(z)$에 의하여 수정된 (고유 신호) 입력과 같다. 여기서

$$H(z) = \sum_{k=-\infty}^{\infty} h[k]z^{-k} \quad \text{(양측 } z\text{-변환)} \tag{3.63}$$

복소 수량 $H(z)$는 $h[n]$의 **z-변환**(z-transform)을 나타내며, 일반적으로 z에서 주기적이지 않다. $x[n]$과 $y[n]$의 z-변환을 $X(z)$와 $Y(z)$로 표시하여

$$Y(z) = \sum_{k=-\infty}^{\infty} y[k]z^{-k} = \sum_{k=-\infty}^{\infty} x[k]H(z)z^{-k} = H(z)X(z) \tag{3.64}$$

로 작성하며, 따라서 시간 영역에서의 컨벌루션은 z-영역에서의 곱셈과 같다.

3.17.2 이산시간 푸리에 변환

고조파 입력 $x[n] = e^{j2\pi nF}$의 응답 $y[n]$은 다음과 같다.

$$y[n] = \sum_{k=-\infty}^{\infty} e^{j2\pi(n-k)F} h[k] = e^{j2\pi nF} \sum_{k=-\infty}^{\infty} h[k] e^{-j2\pi kF} = x[n]H(F) \tag{3.65}$$

이것은 바로 시스템 함수 $H(F)$에 의해 변경된 입력이다. 여기서

$$H(F) = \sum_{k=-\infty}^{\infty} h[k] e^{-j2\pi kF} \tag{3.66}$$

$H(F)$는 **이산시간 푸리에 변환**(DTFT: discrete-time Fourier transform) 또는 **이산시간 주파수 응답**(discrete-time frequency response) 또는 $h[n]$의 **스펙트럼**(spectrum)을 나타낸다. 임의의 신호 $x[n]$은 이 이산시간 푸리에 변환 $X(F)$를 이용하여 비슷하게 표현될 수 있으며, 응답 $y[n] = x[n]H[F]$는

$$Y(F) = \sum_{k=-\infty}^{\infty} y[k] e^{-j2\pi Fk} = \sum_{k=-\infty}^{\infty} x[k]H(F) e^{-j2\pi Fk} = H(F)X(F) \tag{3.67}$$

를 갖기 위하여 이산시간 푸리에 변환 $Y[n]$으로 변환된다. 즉, 시간 영역에서의 컨벌루션은 주파수 영역에서의 곱셈과 같다.

$$H(F) = H(z)|_{z=\exp(j2\pi F)} = H(z)|_{|z|=1} \tag{3.68}$$

를 갖기 위하여 $z = e^{j2\pi F}$ 또는 $|z| = 1$에 의한 z-변환 $H(z)$로부터 $h[n]$의 이산시간 푸리에 변환을 얻음을 기억하라. 즉, 이산시간 푸리에 변환은 단위원 $|z| = 1$에서 계산된 z-변환이며, 시스템 함수 $H(F)$ 역시 $e^{-j2\pi kF} = e^{-j2\pi k(F+1)}$에 의하여 단위 주기를 갖는 F에 주기적이다. 이러한 주기성은 $h[n]$의 이산 특성의 직접적인 결과이다.

3.18 연습문제

3.1. **(연산자)** 다음 중 어느 것이 선형 연산자를 나타내는가?

(a) $\mathcal{O}\{\} = 4\{\}$ **(b)** $\mathcal{O}\{\} = 4\{\} + 3$ **(c)** $\mathcal{O}\{\} = \alpha^{\{\}}$

3.2. **(시스템 분류)** 아래 시스템에서, $x[n]$과 $y[n]$은 각각 입력과 출력이다. 각 시스템이 선형, 시불변, 메모리 그리고 인과성 시스템인지를 파악하라.

(a) $y[n] - y[n-1] = x[n]$ **(b)** $y[n] + y[n+1] = nx[n]$

(c) $y[n] - y[n+1] = x[n+2]$ **(d)** $y[n+2] - y[n+1] = x[n]$

(e) $y[n+1] - x[n]y[n] = nx[n+2]$ **(f)** $y[n] + y[n-3] = x^2[n] + x[n+6]$

(g) $y[n] - 2^n y[n] = x[n]$ **(h)** $y[n] = x[n] + x[n-1] + x[n-2]$

3.3 **(시스템 분류)** 선형성, 시불변, 메모리, 인과성 그리고 안정성으로 다음 시스템을 구분하라.

(a) $y[n] = 3^n x[n]$ **(b)** $y[n] = e^{jn\pi} x[n]$

(c) $y[n] = \cos(0.5n\pi)x[n]$ **(d)** $y[n] = [1 + \cos(0.5n\pi)]x[n]$

(e) $y[n] = e^{x[n]}$ **(f)** $y[n] = x[n] + \cos[0.5(n + 1)\pi]$

3.4 **(시스템 분류)** 선형성, 시불변, 메모리, 인과성 그리고 안정성으로 다음 시스템을 구분하라.

(a) $y[n] = x[n/3]$ (제로 보간)

(b) $y[n] = \cos(n\pi)x[n]$ (변조)

(c) $y[n] = [1 + \cos(n\pi)]x[n]$ (변조)

(d) $y[n] = \cos(n\pi x[n])$ (주파수 변조)

(e) $y[n] = \cos(n\pi + x[n])$ (위상 변조)

(f) $y[n] = x[n] - x[n - 1]$ (차분방정식)

(g) $y[n] = 0.5x[n] + 0.5x[n - 1]$ (평균 연산)

(h) $y[n] = \frac{1}{N}\sum_{k=0}^{N-1} x[n - k]$ (이동평균)

(i) $y[n] - \alpha y[n - 1] = \alpha x[n],\ 0 < \alpha < 1$ (지수평균)

(j) $y[n] = 0.4(y[n - 1] + 2) + x[n]$

3.5 **(분류)** 선형성, 시불변, 메모리, 인과성 그리고 안정성으로 각 시스템을 구분하라.

(a) 시간 반전 시스템 $y[n] = x[-n]$

(b) 데시메이션 시스템 $y[n] = x[2n]$

(c) 제로 보간 시스템 $y[n] = x[n/2]$

(d) 부호 전환 시스템 $y[n] = \text{sgn}\{x[n]\}$

(e) 조정 시스템 $y[n] = |x[n]|$

3.6 **(분류)** 선형성, 시불변, 인과성 그리고 안정성으로 각 시스템을 구분하라.

(a) $y[n] = \text{round}\{x[n]\}$ **(b)** $y[n] = \text{median}\{x[n + 1], x[n], x[n - 1]\}$

(c) $y[n] = x[n]\text{sgn}(n)$ **(d)** $y[n] = x[n]\text{sgn}\{x[n]\}$

3.7 **(구현)** 그림 P3.7의 각 시스템 구현을 위한 차분방정식을 구하라.

[**힌트:** 차분방정식을 구하기 위하여 일반적인 1차와 2차 구현을 구별하라.]

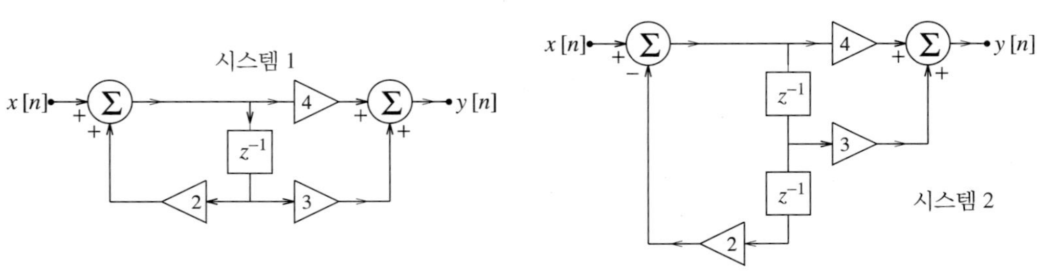

그림 P3.7 연습문제 3.7의 필터 구현

3.8 **(재귀에 의한 응답)** n의 처음 몇몇 값에 대한 다음 시스템의 응답 $y[n]$을 구하기 위하여 재귀 방법을 사용하고, $y[n]$의 일반적인 형태를 알아내어라.

(a) $y[n] - ay[n-1] = \delta[n]\ y[-1] = 0$ **(b)** $y[n] - ay[n-1] = u[n]\ y[-1] = 1$

(c) $y[n] - ay[n-1] = nu[n]\ y[-1] = 0$

[**힌트:** (b)와 (c)에서, 결과를 일반적인 형태로 단순화하기 위하여 합 테이블을 사용할 필요가 있다.]

3.9 **(재귀에 의한 응답)** $y[-1] = 0, y[-2] = 1$인 $y[n] + 4y[n-1] + 3y[n-2] = u[n-2]$라 하자. $n = 4$까지의 $y[n]$을 구하기 위하여 재귀 방법을 사용하라. $y[n]$의 일반적인 형태를 알아낼 수 있는가?

3.10 **(강제 응답)** 다음 시스템의 강제 응답을 구하라.

(a) $y[n] - 0.4y[n-1] = 3u[n]$ **(b)** $y[n] - 0.4y[n-1] = (0.5)^n$

(c) $y[n] + 0.4y[n-1] = (0.5)^n$ **(d)** $y[n] - 0.5y[n-1] = \cos(n\pi/2)$

[**힌트:** (a)에서 $3u[n] = 3, n \geq 0$이고, 강제 응답(또는 그것의 이동된 형태)은 상수임을 의미한다. 그러므로 $y_F[n] = C = y_F[n-1]$을 선택하라. (c)에서, $y_F[n] = A\cos(0.5n\pi) + B\sin(0.5n\pi)$를 고르고 $\cos[0.5(n-1)\pi]$와 같은 형태를 삼각 항등 함수를 이용하여 확장하라. 또한 A와 B를 구하기 위한 두 방정식을 생성하기 위하여 $\cos(0.5n\pi)$와 $\sin(0.5n\pi)$의 계수를 비교하라.]

3.11 **(제로상태 응답)** 다음 시스템의 제로상태 응답을 구하라.

(a) $y[n] - 0.5y[n-1] = 2u[n]$ **(b)** $y[n] - 0.4y[n-1] = (0.5)^n u[n]$

(c) $y[n] - 0.4y[n-1] = (0.4)^n u[n]$ **(d)** $y[n] - 0.5y[n-1] = \cos(n\pi/2)$

[**힌트:** 제로상태는 $y[-1] = 0$임을 의미한다. (c)는 특성 방정식의 근이 0.4이므로, $y_F[n] = Cn(0.4)^n$을 요구한다.]

3.12 **(제로상태 응답)** 시스템 $y[n] - 0.5y[n-1] = x[n]$을 고려할 때, 다음 입력에 대한 제로상태 응답을 구하라.

(a) $x[n] = u[n]$ **(b)** $x[n] = (0.5)^n u[n]$ **(c)** $x[n] = \cos(0.5n\pi)u[n]$

(d) $x[n] = (-1)^n u[n]$ **(e)** $x[n] = j^n u[n]$ **(f)** $x[n] = (\sqrt{j})^n u[n] + (\sqrt{j})^{-n} u[n]$

[**힌트:** (e)에서, $y_F[n] = C(j)^n$과 같은 강제 응답을 가려내라. 이는 입력이 복소수이기 때문에 복소수 응답을 가져올 것이다. (f)에서 $x[n]$은 오일러 공식과 $j = e^{j\pi/2}$를 사용함으로써 정현파로 간단히 한다.]

3.13 **(제로상태 응답)** 다음 시스템의 제로상태 응답을 구하라.

(a) $y[n] - 1.1y[n-1] + 0.3y[n-2] = 2u[n]$

(b) $y[n] + 0.7y[n-1] + 0.1y[n-2] = (0.5)^n$

(c) $y[n] - 0.9y[n-1] + 0.2y[n-2] = (0.5)^n$

(d) $y[n] - 0.25y[n-2] = \cos(n\pi/2)$

[**힌트:** 제로상태는 $y[-1] = y[-2] = 0$을 의미한다. (b)에서 $y_F[n] = C(0.5)^n$을 사용하고, (c)에서는 특성 방정식의 한 근이 0.5이므로 $y_F[n] = Cn(0.5)^n$을 가려내라.]

3.14 **(시스템 응답)** $y[-1] = -1$인 $y[n] - 0.5y[n-1] = x[n]$이라 하자. $n \geq 0$에서 다음과 같은 입력에 대한 이 시스템의 응답을 구하라.

(a) $x[n] = 2u[n]$ **(b)** $x[n] = (0.25)^n u[n]$ **(c)** $x[n] = n(0.25)^n u[n]$

(d) $x[n] = (0.5)^n u[n]$ **(e)** $x[n] = n(0.5)^n u[n]$ **(f)** $x[n] = (0.5)^n \cos(0.5n\pi)u[n]$

[**힌트:** (c)에서 $y_F[n] = (C + Dn)(0.5)^n$을 가려내라(또한 C와 D를 구하기 위하여 n의 거듭제곱과 같은 계수를 비교하라). (d)에서 특성 방정식의 근이 0.5이므로 $y_F[n] = Cn(0.5)^n$을 가려내고, (e)는 같은 이유에서 $y_F[n] = n(C + Dn)(0.5)^n$을 요구한다.]

3.15 **(시스템 응답)** 그림 P3.15의 시스템 구현에서, 다음과 같은 입력과 초기 상태에 대한 응답을 구하라.

(a) $x[n] = u[n]$, $y[-1] = 0$ **(b)** $x[n] = u[n]$, $y[-1] = 4$

(c) $x[n] = (0.5)^n u[n]$, $y[-1] = 0$ **(d)** $x[n] = (0.5)^n u[n]$, $y[-1] = 6$

(e) $x[n] = (-0.5)^n u[n]$, $y[-1] = 0$ **(f)** $x[n] = (-0.5)^n u[n]$, $y[-1] = -2$

[**힌트:** (e)에서 $y_F[n] = Cn(-0.5)^n$과 같은 강제 응답을 가려내라.]

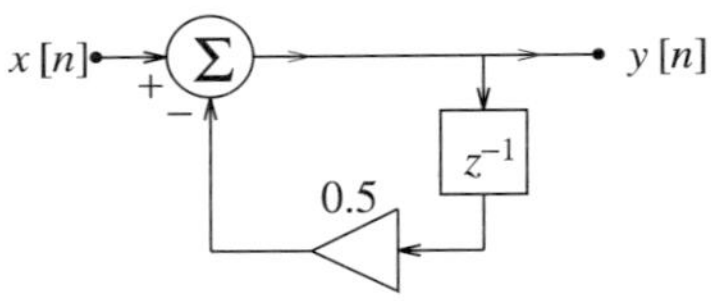

그림 P3.15 연습문제 3.15의 시스템 구현

3.16 **(시스템 응답)** 다음 시스템의 응답을 구하라.

(a) $y[n] - 0.4y[n-1] = 2(0.5)^{n-1}u[n-1]$, $y[-1] = 0$

(b) $y[n] - 0.4y[n-1] = (0.4)^n u[n] + 2(0.5)^{n-1}u[n-1]$, $y[-1] = 2.5$

(c) $y[n] - 0.4y[n-1] = n(0.5)^n u[n] + 2(0.5)^{n-1}u[n-1]$, $y[-1] = 2.5$

[**힌트:** $y[-1] = 0$, $y[n] - 0.4y[n-1] = 2(0.5)^n$에서 시작하고, 그 제로상태 응답을 구하라. 그러고 나서, 요구된 것과 같은 중첩과 시불변성을 이용하라. (b)의 입력 $(0.4)^n$은 $y_F[n] = Cn(0.4)^n$을 가정하고, (c)의 입력 $n(0.5)^n$은 $y_F[n] = (A + Bn)(0.5)^n$을 가정하라.]

3.17 **(시스템 응답)** 다음 필터의 임펄스 응답을 구하라.

(a) $y[n] = x[n] - x[n-1]$ (차분 연산)

(b) $y[n] = 0.5x[n] + 0.5x[n-1]$ (평균 연산)

(c) $y[n] = \frac{1}{N}\sum_{k=0}^{N-1} x[n-k]$, $N = 3$ (이동평균)

(d) $y[n] = \frac{2}{N(N+1)}\sum_{k=0}^{N-1}(N-k)x[n-k]$, $N = 3$ (가중된 이동평균)

(e) $y[x] - \alpha y[n-1] = (1-\alpha)x[n]$, $N = 3$, $\alpha = (N-1)/(N+1)$ (지수평균)

3.18 **(시스템 응답)** $\alpha \neq 0$인 $y[n] + \alpha y[n-1] = x[n]$ 시스템의 응답이 $y[n] = [5 + 3(0.5)^n]u[n]$으로 주어져 있다.

(a) 자연 응답과 강제 응답을 확인하라.

(b) α와 $y[-1]$ 값을 확인하라.

(c) 제로입력 응답과 제로상태 응답을 확인하라.

(d) 입력 $x[n]$을 확인하라.

3.19 **(시스템 응답)** 시스템 $y[n] + 0.5y[n-1] = x[n]$의 응답이 $y[n] = [5(0.5)^n + 3(-0.5)^n]u[n]$으로 주어져 있다.

(a) 제로입력 응답과 제로상태 응답을 확인하라.

(b) $y[-1] = 10$일 때, 시스템 $y[n] + 0.5y[n-1] = x[n]$의 제로입력 응답은 무엇인가?

(c) 완화된 시스템 $y[n] + 0.5y[n-1] = x[n-2]$의 응답은 무엇인가?

(d) 완화된 시스템 $y[n] + 0.5y[n-1] = x[n-1] + 2x[n]$의 응답은 무엇인가?

3.20 **(시스템 응답)** 시스템 $y[n] + \alpha y[n-1] = x[n]$의 응답은 $y[n] = (5 + 2n)(0.5)^n u[n]$으로 주어져 있다.

(a) 제로입력 응답과 제로상태 응답을 확인하라.

(b) $y[-1] = 10$일 때, 시스템 $y[n] + \alpha y[n-1] = x[n]$의 제로입력 응답은 무엇인가?

(c) 완화된 시스템 $y[n] + \alpha y[n-1] = x[n-1]$의 응답은 무엇인가?

(d) 완화된 시스템 $y[n] + \alpha y[n-1] = 2x[n-1] + x[n]$의 응답은 무엇인가?

(e) $y[-1] = 4$일 때, 시스템 $y[n] + \alpha y[n-1] = x[n] + 2x[n-1]$의 완전 응답은 무엇인가?

3.21 **(시스템 응답)** 다음 시스템의 응답을 구하라.

(a) $y[n] + 0.1y[n-1] - 0.3y[n-2] = 2u[n], \quad y[-1] = 0, \quad y[-2] = 0$

(b) $y[n] - 0.9y[n-1] + 0.2y[n-2] = (0.5)^n, \quad y[-1] = 1, \quad y[-2] = -4$

(c) $y[n] + 0.7y[n-1] + 0.1y[n-2] = (0.5)^n, \quad y[-1] = 0, \quad y[-2] = 3$

(d) $y[n] - 0.25y[n-2] = (0.4)^n, \quad y[-1] = 0, \quad y[-2] = 3$

(e) $y[n] - 0.25y[n-2] = (0.5)^n, \quad y[-1] = 0, \quad y[-2] = 0$

[**힌트:** (b)와 (e)에서 특성 방정식의 한 근이 0.5이므로, $y_F[n] = Cn(0.5)^n$을 가려내라.]

3.22 **(시스템 응답)** 제로 초기 상태를 가정하여 각 시스템의 구현을 그려라. 또한 주어진 정보로부터 완전 응답을 계산하고, 재귀 방법으로 처음 몇몇 값을 계산하여 여러분의 답안을 확인하라.

(a) $y[n] - 0.4y[n-1] = x[n], \quad x[n] = (0.5)^n u[n], \quad y[-1] = 0$

(b) $y[n] - 0.4y[n-1] = 2x[n] + x[n-1], \quad x[n] = (0.5)^n u[n], \quad y[-1] = 0$

(c) $y[n] - 0.4y[n-1] = 2x[n] + x[n-1], \quad x[n] = (0.5)^n u[n], \quad y[-1] = 5$

(d) $y[n] + 0.5y[n-1] = x[n] - x[n-1], \quad x[n] = (0.5)^n u[n], \quad y[-1] = 2$

(e) $y[n] + 0.5y[n-1] = x[n] - x[n-1], \quad x[n] = (-0.5)^n u[n], \quad y[-1] = 0$

[**힌트:** (b)와 (c)에서, 선형성(중첩) 및 시불변성을 (a)와 더한 결과를 사용하라.]

3.23 **(시스템 응답)** 각 시스템의 자연 응답과 강제 응답, 전체 응답을 구하라. $y[-1] = 0$, $y[-2] = 1$을 가정하고, 재귀 방법으로 처음 몇몇 값을 계산하여 여러분의 답안을 확인하라.

(a) $y[n] + 4y[n-1] + 3y[n-2] = u[n]$

(b) $\{1 - 0.5z^{-1}\}y[n] = (0.5)^n\cos(0.5n\pi)u[n]$

(c) $y[n] + 4y[n-1] + 8y[n-2] = \cos(n\pi)u[n]$

(d) $\{(1 + 2z^{-1})^2\}y[n] = n(2)^n u[n]$

(e) $\{1 + \frac{3}{4}z^{-1} + \frac{1}{8}z^{-2}\}y[n] = (\frac{1}{3})^n u[n]$

(f) $\{1 + 0.5z^{-1} + 0.25z^{-2}\}y[n] = \cos(0.5n\pi)u[n]$

[**힌트:** (b)에서 $y_F[n] = (0.5)^n[A\cos(0.5n\pi) + B\sin(0.5n\pi)]$를 가려내고, 삼각 부등식을 이용하여 $\cos[0.5(n-1)\pi]$와 같은 항을 확장하라. 또한 A와 B를 구하기 위한 두 방정식을 생성하기 위하여 $\cos(0.5n\pi)$와 $\sin(0.5n\pi)$의 계수를 비교하라. (d)에서 $y_F[n] = (C + Dn)(2)^n$을 가려내고 C와 D를 구하기 위하여 n의 거듭제곱과 비교하라.]

3.24 **(시스템 응답)** 각 시스템의 제로상태 응답, 제로입력 응답 및 전체 응답을 구하라. $y[-1] = 0$, $y[-2] = 1$을 가정하라.

(a) $y[n] + 4y[n-1] + 4y[n-2] = 2^n u[n]$ **(b)** $\{z^2 + 4z + 4\}y[n] = 2^n u[n]$

[**힌트:** (b)에서, $y[n+2] + 4y[n+1] + 4y[n] = (2)^n u[n]$이며 시불변성에 따라 $y[n] + 4y[n-1] + 4y[n-2] = (2)^{n-2}u[n-2]$가 되고, 두 단위($n \to n-2$)만큼 (a)의 제로상태 응답을 이동시키고 제로입력 응답에 더하라.]

3.25 **(시스템 응답)** $x[n] = u[n]$이고 $y[-1] = y[-2] = 1$을 가정하여, 각 시스템의 차분방정식을 설정하고 제로상태 응답과 제로입력 응답, 전체 응답을 구하라.

(a) $\{1 - z^{-1} - 2z^{-2}\}y[n] = x[n]$ **(b)** $\{z^2 - z - 2\}y[n] = x[n]$

(c) $\{1 - \frac{3}{4}z^{-1} + \frac{1}{8}z^{-2}\}y[n] = x[n]$ **(d)** $\{1 - \frac{3}{4}z^{-1} + \frac{1}{8}z^{-2}\}y[n] = \{1 + z^{-1}\}x[n]$

(e) $\{1 - 0.25z^{-2}\}y[n] = x[n]$ **(f)** $\{z^2 - 0.25\}y[n] = \{2z^2 + 1\}x[n]$

[**힌트:** (b)는 $y_{zs}[n-2] + y_{zi}[n]$과 같은 해답을 얻기 위하여 시불변성과 (a)의 결과를 이용하라. (d)는 $y_{zi}[n] + y_{zs}[n] + y_{zs}[n-1]$과 같은 해답을 얻기 위하여 (c)의 결과를 이용하고, (f)의 해답은 (e)로부터 간단히 얻을 수 있다.]

3.26 **(재귀 방법에 의한 임펄스 응답)** $n = 4$까지 재귀 방법으로 각 시스템의 임펄스 응답 $h[n]$을 구하라.

(a) $y[n] - y[n-1] = 2x[n]$ **(b)** $y[n] - 3y[n-1] + 6y[n-2] = x[n-1]$

(c) $y[n] - 2y[n-3] = x[n-1]$ **(d)** $y[n] - y[n-1] + 6y[n-2] = nx[n-1] + 2x[n-3]$

[**힌트:** 임펄스 응답은 $x[n] = 1$, $n = 0$이고, $x[n] = 0$, $n \neq 0$이다.]

3.27 **(임펄스 응답에 대한 분석 형태)** 각 필터를 재귀 필터 또는 유한 임펄스 응답 필터(비재귀 필터)와 인과성 또는 비인과성 필터로 구분하고, 그 임펄스 응답 $h[n]$을 구하라.

(a) $y[n] = x[n] + x[n-1] + x[n-2]$

(b) $y[n] = x[n+1] + x[n] + x[n-1]$

(c) $y[n] + 2y[n-1] = x[n]$

(d) $y[n] + 2y[n-1] = x[n-1]$

(e) $y[n] + 2y[n-1] = 2x[n] + 6x[n-1]$

(f) $y[n] + 2y[n-1] = x[n+1] + 4x[n] + 6x[n-1]$

(g) $\{1 + 4z^{-1} + 3z^{-2}\}y[n] = \{z^{-2}\}x[n]$

(h) $\{z^2 + 4z + 4\}y[n] = \{z + 3\}x[n]$

(i) $\{z^2 + 4z + 8\}y[n] = x[n]$

(j) $y[n] + 4y[n-1] + 4y[n-2] = x[n] - x[n+2]$

[**힌트:** 재귀 필터에 대한 임펄스 응답을 구하기 위하여, $y[0] = 1$과 $y[-1] = y[-2] = \cdots = 0$을 가정하라. 재귀 필터 방정식의 우항이 $x[n]$ 외의 값이라면, 단순 입력 $x[n]$에서 시작하여 중첩과 시불변성을 이용하라. (d)~(f)는 이런 방법으로 (c)의 결과로부터 구할 수 있다.]

3.28 (안정성) 다음과 같은 오른쪽 시스템의 인과성과 안정성을 조사하라.

(a) $y[n] = x[n-1] + x[n] + x[n+1]$

(b) $y[n] = x[n] + x[n-1] + x[n-2]$

(c) $y[n] - 2y[n-1] = x[n]$

(d) $y[n] - 0.2y[n-1] = x[n] - 2x[n+2]$

(e) $y[n] + y[n-1] + 0.5y[n-2] = x[n]$

(f) $y[n] - y[n-1] + y[n-2] = x[n] - x[n+1]$

(g) $y[n] - 2y[n-1] + y[n-2] = x[n] - x[n-3]$

(h) $y[n] - 3y[n-1] + 2y[n-2] = 2x[n+3]$

[**힌트:** 유한 임펄스 응답 필터는 항상 안정적이며, 오른쪽 시스템의 특성 방정식의 모든 근은 1보다 작은 (절댓값) 크기여야 함을 기억하라.]

3.29 (시스템 상호연결) 첫 번째 시스템의 출력이 두 번째의 입력으로서 작동한다면, 두 시스템은 직렬연결되었다고 말한다. 입력이 단위 계단이고, 시스템이 다음과 같이 표현될 때 다음의 직렬연결된 시스템의 응답을 구하라. 직렬연결 순서가 뒤바뀌었을 때, 응답은 어떻게 달라지는가? 두 시스템이 선형 시불변 시스템이라면 직렬연결의 순서가 전체 응답을 알아내는 데 중요하지 않음을 정당화하기 위하여 이러한 결과를 이용할 수 있는가?

(a) 시스템 1: $y[n] = x[n] - x[n-1]$ 시스템 2: $y[n] = 0.5y[n-1] + x[n]$

(b) 시스템 1: $y[n] = 0.5y[n-1] + x[n]$ 시스템 2: $y[n] = x[n] - x[n-1]$

(c) 시스템 1: $y[n] = x^2[n]$ 시스템 2: $y[n] = 0.5y[n-1] + x[n]$

(d) 시스템 1: $y[n] = 0.5y[n-1] + x[n]$ 시스템 2: $y[n] = x^2[n]$

3.30 (직렬과 병렬 시스템) 그림 P3.30을 고려하자.

(a) $\alpha \neq \beta$일 때 임펄스 응답을 구하라. 전체 시스템은 유한 임펄스 응답 필터인가, 무한 임펄스 응답 필터인가?

(b) $\alpha = \beta$일 때 차분방정식과 임펄스 응답을 구하라. 전체 시스템은 유한 임펄스 응답 필터인가, 무한 임펄스 응답 필터인가?

(c) $\alpha = \beta = 1$일 때 차분방정식과 임펄스 응답을 구하라. 전체 시스템 함수는 무엇인가?

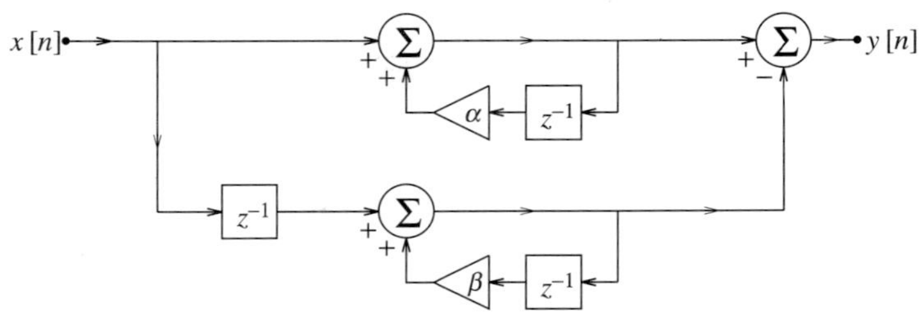

그림 P3.30 연습문제 3.30의 시스템 구현

3.31 **(임펄스 응답으로부터의 차분방정식)** 다음 시스템의 차분방정식을 구하라.

(a) $h[n] = \delta[n] + 2\delta[n-1]$ **(b)** $h[n] = \{2, \overset{\Downarrow}{3}, -1\}$

(c) $h[n] = (0.3)^n u[n]$ **(d)** $h[n] = (0.5)^n u[n] - (-0.5)^n u[n]$

[**힌트:** (c)에서 차분방정식 좌항은 $y[n] - 0.3y[n-1]$이고, 따라서 임펄스를 구하기 위해 단순화된 $h[n] - 0.3h[n-1]$은 우항을 따른다. (d)는 $y[n] - 0.25y[n-2]$로서 좌항을 시작하라.]

3.32 **(임펄스 응답으로부터의 차분방정식)** 시스템의 임펄스 응답이 $h[n] = (-1)^n u[n]$으로 표현될 때, 이 시스템의 차분방정식과 역 시스템의 차분방정식을 구하라. 역 시스템은 유한 임펄스 응답 필터인가, 유한 임펄스 응답 필터인가? 그것은 어떤 함수를 수행하는가?

3.33 **(차분방정식)** 그림 P3.33과 같은 필터 구현에서, 필터의 임펄스 응답이 아래와 같이 주어질 때 $y[n]$ 및 $x[n]$과 관계된 차분방정식을 구하라.

(a) $h[n] = \delta[n] - \delta[n-1]$ **(b)** $h[n] = 0.5\delta[n] + 0.5\delta[n-1]$

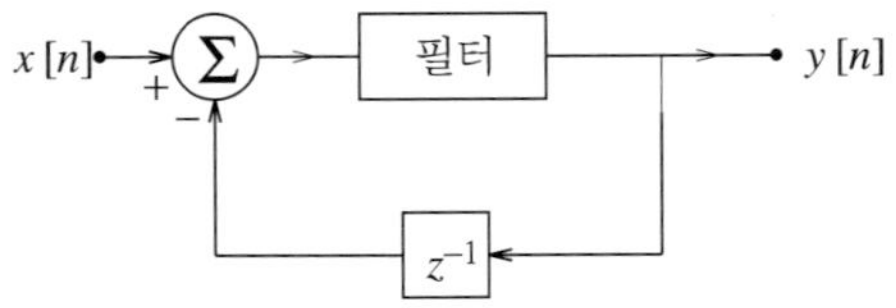

그림 P3.33 연습문제 3.33의 필터 구현

3.34 **(차분방정식으로부터의 차분방정식)** 이번 문제는 몇 가지 아날로그 이론을 이해한다고 가정한다. 다음과 같이 표현된 아날로그 시스템을 고려하자.

$$y''(t) + 3y'(t) + 2y(t) = 2u(t)$$

(a) 이것은 안정적인 아날로그 시스템을 표현한 것인지를 확인하라.

(b) 이것을 후방 오일러 알고리즘을 사용하여 차분방정식으로 변환하고 결과 디지털 필터의 안정성을 확인하라.

(c) 이것을 전방 오일러 알고리즘을 사용하여 차분방정식으로 변환하고 결과 디지털 필터의 안정성을 확인하라.

(d) 어떠한 알고리즘이 안정성을 유지하는 데 더 좋은가? 결과는 어떠한 임의의 아날로그 신호로 일반화될 수 있는가?

3.35 **(역 시스템)** 다음 시스템의 역이 존재하는가? 그렇지 않다면 그 이유를 설명하고, 역이 존재한다면 역 시스템을 구하라.

(a) $y[n] = x[n] - x[n-1]$ (차분 연산)

(b) $y[n] = \frac{1}{3}(x[n] + x[n-1] + x[n-2])$ (이동평균 연산)

(c) $y[n] = 0.5x[n] + x[n-1] + 0.5x[n-2]$ (가중된 이동평균 연산)

(d) $y[n] - \alpha y[n-1] = (1-\alpha)x[n],\ 0 < \alpha < 1$ (지수평균 연산)

(e) $y[n] = \cos(n\pi)x[n]$ (변조)

(f) $y[n] = \cos(x[n])$

(g) $y[n] = e^{x[n]}$

[**힌트:** 역 시스템은 입력과 출력을 교환하고 재정렬함으로써 구해지며, 이 시스템 중 단 하나만 이 역을 갖고 있지 않다.]

3.36 **(반향 시스템과 그 역 시스템)** 반향 시스템이 $y[n] = x[n] + 0.5x[n-N]$으로 표현되고, 1 ms 후에 반향이 도착하며, 샘플링률이 2 kHz라고 가정하자.

(a) N 값은 얼마인가? 이 반향 시스템의 구현을 그림으로 나타내어라.

(b) 이 반향 시스템의 임펄스 응답과 계단 응답은 무엇인가?

(c) 역 시스템의 차분방정식을 구하라. 또한 그 구현을 그림으로 나타내고, 임펄스 응답과 계단 응답을 구하라.

3.37 **(잔향)** 잔향 필터가 $y[n] = x[n] + 0.25y[n-N]$으로 표현되고, 반향이 매 ms에 도착하고 샘플링률이 2 kHz라고 가정하자.

(a) N 값은 얼마인가? 이 잔향 필터의 구현을 그림으로 나타내어라.

(b) 이 잔향 시스템의 임펄스 응답과 계단 응답은 무엇인가?

(c) 역 시스템의 차분방정식을 구하라. 또한 그 구현을 그림으로 나타내고, 임펄스 응답과 계단 응답을 구하라.

3.38 **(주기 신호 생성기)** 임펄스 응답이 첫 번째 주기 $x[n] = \{\overset{\Downarrow}{1}, 2, 3, 4, 6, 7, 8\}$과 함께 주기 수열인 필터의 차분방정식을 구하고, 이 필터의 구현을 그림으로 나타내어라.

3.39 **(재귀 필터와 무한 임펄스 응답 필터)** 재귀와 무한 임펄스 응답이라는 용어가 항상 같은 것을 나타내지는 않는다. 재귀 필터는 실제로 유한한 임펄스 응답을 가질 수 있다. 다음의 각 재귀 필터에 대한 임펄스 응답 $h[n]$을 구하기 위하여 재귀 필터를 사용하라. 어떤 필터가 무한 임펄스 응답 필터인가?

(a) $y[n] - y[n-1] = x[n] - x[n-2]$

(b) $y[n] - y[n-1] = x[n] - x[n-1] - 2x[n-2] + 2x[n-3]$

3.40 **(유한 임펄스 응답 필터의 재귀 형태)** 유한 임펄스 응답 필터는 항상 재귀 형태로 표현된다. 그러나 무한 임펄스 응답 필터를 N 항으로 잘라 유한 임펄스 응답 필터로 예측할 수 있다. 예를 들어 필터 $y[n] = (1 - z^{-1})x[n]$은 유한 임펄스 응답이지만, 같은 필터 $(1 + z^{-1})y[n] = (1 + z^{-1})(1$

$-z^{-1})x[n]$은 차분방정식 $y[n]+y[n-1]=x[n]-x[n-2]$를 가지며, 따라서 재귀적으로 구현될 수 있다. 다음 각 필터에 대한 두 개의 다른 재귀적인 차분방정식을 구하라.

(a) $y[n]=x[n]-x[n-2]$ **(b)** $h[n]=\{1,\overset{\Downarrow}{2},1\}$

3.41 **(무한 임펄스 응답 필터의 비재귀 형태)** 유한 임펄스 응답 필터는 항상 재귀 형태로 정확하게 표현되기도 하지만, N개 항에 대한 임펄스 응답을 절단함으로써 유한 임펄스 응답 필터와 같이 무한 임펄스 응답 필터도 예측할 수 있다. 절단 지점 N이 점점 커짐에 따라 더 좋은 예측이 된다. $y[n]-0.8y[n-1]=x[n]$으로 표현된 무한 임펄스 응답 필터를 고려하자. 임펄스 응답 $h[n]$을 구하고, 예측된 유한 임펄스 응답과 같은 임펄스 응답 $h_3[n]$을 얻기 위하여 세 번째 항에서 절단하라. 크거나 작은 n 값의 동일한 입력에 대한 두 필터의 응답이 가장 일치하지 않는다고 생각하는가? 여러분의 생각을 증명하기 위하여 $n=6$에서 두 필터의 계단 응답을 계산하라.

3.42 **(비선형 시스템)** 비선형 차분방정식을 푸는 한 방법이 재귀 방법이다. 비재귀 차분방정식 $y[n]y[n-1]-0.5y^2[n-1]=0.5Au[n]$을 고려하자.

(a) 무엇이 이 시스템을 비선형으로 나타내는가?

(b) $y[-1]=2$를 이용하여 재귀적으로 $y[0], y[1], y[2]$를 구하라.

(c) 이 시스템이 A의 제곱근을 구한다는 것을 확인하기 위하여 (b)의 결과에서 $A=2, A=4, A=9$를 사용하라.

(d) 초기 상태의 선택이 시스템 동작에 영향을 미치는지를 확인하기 위하여 $y[-1]=1$을 이용하여 (b)와 (c)를 반복하라.

3.43 **(선형 시불변 개념과 안정성)** 다음 시스템이 선형 시불변 시스템인지를 논하고, 그들의 안정성을 확인하는 방법을 설명하라. 또한 시스템이 안정적인지를 판별하라.

(a) $y[n]+2y[n-1]=x[n]+x^2[n]$ **(b)** $y[n]-0.5y[n-1]=nx[n]+x^2[n]$

3.44 **(인과성 시스템과 비인과성 시스템의 응답)** 차분방정식은 초기 상태를 어떻게 정하느냐에 따라 인과성 시스템 또는 비인과성 시스템을 나타내기도 한다. $y[n]+\alpha y[n-1]=x[n]$으로 결정되는 1차 시스템을 고려하자.

(a) $y[n]=0, n<0$일 때 이것은 인과성 시스템을 나타낸다. $y[-1]=0$을 가정하고 재귀 방법을 이용하여 임펄스 응답과 계단 응답의 처음 몇몇 값 $y[0], y[1], \ldots$을 구하라. 또한 $y[n]$의 일반적인 형태를 설정하라.

(b) $y[n]=0, n>0$일 때 이것은 비인과성 시스템을 나타낸다. $y[0]=0$을 가정하고, 재귀 방법을 이용하여 임펄스 응답과 계단 응답의 처음 몇몇 값 $y[0], y[-1], y[-2], \ldots$을 구하기 위하여 $y[n-1]=\{-y[n]+x[n]\}/\alpha$로서 차분방정식을 다시 작성하라. 또한 $y[n]$의 일반적인 형태를 설정하라.

3.45 **(시간 반전)** 각 신호 $x[n]$에서, k에 대한 $g[k]=x[3-k]$와 k에 대한 $h[k]=x[2+k]$를 그려라.

(a) $x[n]=\{\overset{\Downarrow}{1},2,3,4\}$ **(b)** $x[n]=\{3,3,\overset{\Downarrow}{3},2,2,2\}$

[**힌트:** $g[k]$와 $h[k]$는 k에 대비하여 그려짐을 기억하라.]

3.46 **(닫힌 형태 컨벌루션)** 다음의 컨벌루션 $y[n] = x[n] * h[n]$을 구하라.

(a) $x[n] = u[n]$ $\qquad h[n] = u[n]$

(b) $x[n] = (0.8)^n u[n]$ $\qquad h[n] = (0.4)^n u[n]$

(c) $x[n] = (0.5)^n u[n]$ $\qquad h[n] = (0.5)^n \{u[n+3] - u[n-4]\}$

(d) $x[n] = \alpha^n u[n]$ $\qquad h[n] = \alpha^n u[n]$

(e) $x[n] = \alpha^n u[n]$ $\qquad h[n] = \beta^n u[n]$

(f) $x[n] = \alpha^n u[n]$ $\qquad h[n] = \mathrm{rect}(n/2N)$

[**힌트:** 합은 k에서 끝날 것이며, n의 함수는 표를 사용하여 그들을 계산하기 전에 추출되어야 한다. (a), (b), (d), (e)에서는 $k = 0$에서 $k = n$까지 더해질 것이며, (c)와 (f)는 중첩을 사용하라. (a)과 (d)에서는 $k = 0$에서 $k = n$까지의 $\Sigma(1)^k = \Sigma(1)$은 $n + 1$이다.]

3.47 **(임펄스를 갖는 컨벌루션)** 다음 신호의 컨벌루션 $y[n] = x[n] * h[n]$을 구하라.

(a) $x[n] = \delta[n-1]$ $\qquad h[n] = \delta[n-1]$

(b) $x[n] = \cos(0.25n\pi)$ $\qquad h[n] = \delta[n] - \delta[n-1]$

(c) $x[n] = \cos(0.25n\pi)$ $\qquad h[n] = \delta[n] - 2\delta[n-1] + \delta[n-2]$

(d) $x[n] = (-1)^n$ $\qquad h[n] = \delta[n] + \delta[n-1]$

[**힌트:** $\delta[n] * g[n] = g[n]$으로 시작하고, 선형성과 시불변성을 이용하라.]

3.48 **(컨벌루션)** 각 신호 쌍의 컨벌루션 $y[n] = x[n] * h[n]$을 구하라.

(a) $x[n] = (0.4)^{-n} u[n]$ $\qquad h[n] = (0.5)^{-n} u[n]$

(b) $x[n] = \alpha^{-n} u[n]$ $\qquad h[n] = \beta^{-n} u[n]$

(c) $x[n] = \alpha^n u[-n]$ $\qquad h[n] = \beta^n u[-n]$

(d) $x[n] = \alpha^{-n} u[-n]$ $\qquad h[n] = \beta^{-n} u[-n]$

[**힌트:** (a)와 (b)는 r^n 형태의 지수를 나타내며, (c)와 (d)는 $x[-n]$과 $h[-n]$의 컨벌루션을 구하고, $y[n]$을 구하기 위하여 결과를 뒤집어라.]

3.49 **(유한 수열의 컨벌루션)** 각 신호 쌍의 컨벌루션 $y[n] = x[n] * h[n]$을 구하고, 원점 $n = 0$을 나타내기 위하여 마커를 사용하라.

(a) $x[n] = \{\overset{\Downarrow}{1}, 2, 0, 1\}$ $\qquad h[n] = \{\overset{\Downarrow}{2}, 2, 3\}$

(b) $x[n] = \{\overset{\Downarrow}{0}, 2, 4, 6\}$ $\qquad h[n] = \{\overset{\Downarrow}{6}, 4, 2, 0\}$

(c) $x[n] = \{-3, -2, -\overset{\Downarrow}{1}, 0, 1\}$ $\qquad h[n] = \{\overset{\Downarrow}{4}, 3, 2\}$

(d) $x[n] = \{3, 2, \overset{\Downarrow}{1}, 1, 2\}$ $\qquad h[n] = \{4, \overset{\Downarrow}{2}, 3, 2\}$

(e) $x[n] = \{3, 0, 2, 0, \overset{\Downarrow}{1}, 0, 1, 0\}$ $\qquad h[n] = \{4, 0, \overset{\Downarrow}{2}, 0, 3, 0, 2\}$

(f) $x[n] = \{\overset{\Downarrow}{0}, 0, 0, 3, 1, 2\}$ $\qquad h[n] = \{4, \overset{\Downarrow}{2}, 3, 2\}$

[**힌트:** 컨벌루션의 시작점은 컨벌루션된 수열의 시작점의 합과 같기 때문에, 컨벌루션이 수행되는 동안에는 마커를 무시하고, 마지막 단계로 지정하라.]

3.50 **(대칭 수열의 컨벌루션)** 중간 지점에 대하여 대칭인 수열의 컨벌루션 역시 (중간 지점에 대하여)

대칭이다. 각 신호 쌍의 $y[n] = x[n] * h[n]$을 구하고, 만약 컨벌루션된 신호가 모두 (중간 지점에 대하여) 우대칭이나 (중간 지점에 대하여) 기대칭, 또는 둘 중 하나라면, 컨벌루션에서 (중간 지점에 대하여) 대칭인 형태를 설정하기 위하여 그 결과를 사용하라.

(a) $x[n] = \{2, 1, 2\}$ $h[n] = \{1, 0, 1\}$

(b) $x[n] = \{2, 1, 2\}$ $h[n] = \{1, 1\}$

(c) $x[n] = \{2, 2\}$ $h[n] = \{1, 1\}$

(d) $x[n] = \{2, 0, -2\}$ $h[n] = \{1, 0, -1\}$

(e) $x[n] = \{2, 0, -2\}$ $h[n] = \{1, -1\}$

(f) $x[n] = \{2, -2\}$ $h[n] = \{1, -1\}$

(g) $x[n] = \{2, 1, 2\}$ $h[n] = \{1, 0, -1\}$

(h) $x[n] = \{2, 1, 2\}$ $h[n] = \{1, -1\}$

(i) $x[n] = \{2, 2\}$ $h[n] = \{1, -1\}$

3.51 **(특성)** $x[n] = h[n] = \{\overset{\Downarrow}{3}, 4, 2, 1\}$이라 할 때, 다음을 구하라.

(a) $y[n] = x[n] * h[n]$

(b) $g[n] = x[-n] * h[-n]$

(c) $p[n] = x[n] * h[-n]$

(d) $f[n] = x[-n] * h[n]$

(e) $r[n] = x[n-1] * h[n+1]$

(f) $s[n] = x[n-1] * h[n+4]$

[**힌트:** (b)와 (d)의 결과는 각각 (a)와 (c)의 결과를 뒤집어서 구할 수 있으며, (f)는 (e)(시불변성)의 결과를 이동함으로써 구할 수 있다.]

3.52 **(특성)** $x[n] = h[n] = \{\overset{\Downarrow}{2}, 6, 0, 4\}$라 할 때, 다음을 구하라.

(a) $y[n] = x[2n] * h[2n]$

(b) 제로 보간을 가정하여, $g[n] = x[n/2] * h[n/2]$를 구하라.

(c) 필요한 곳에 계단 보간을 가정하여, $p[n] = x[n/2] * h[n]$을 구하라.

(d) 필요한 곳에 선형 보간을 가정하여, $r[n] = x[n] * h[n/2]$를 구하라.

3.53 **(응용)** 현재 출력이 현재와 과거 입력의 평균인 2-포인트 평균 필터를 가정하자.

(a) 이 시스템을 위한 차분방정식을 설정하라.

(b) 이 시스템의 임펄스 응답은 무엇인가?

(c) 수열 $\{\overset{\Downarrow}{1}, 2, 3, 4, 5\}$에 대한 이 시스템의 응답은 무엇인가?

(d) 시스템이 요구된 평균 연산을 수행함을 보이기 위하여 컨벌루션을 사용하라.

3.54 **(계단 응답)** 주어진 임펄스 응답 $h[n]$을 이용하여, 각 시스템의 계단 응답 $s[n]$을 구하라.

(a) $h[n] = (0.5)^n u[n]$

(b) $h[n] = (0.5)^n \cos(n\pi) u[n]$

(c) $h[n] = (0.5)^n \cos(n\pi + 0.5\pi) u[n]$

(d) $h[n] = (0.5)^n \cos(n\pi + 0.25\pi) u[n]$

(e) $h[n] = n(0.5)^n u[n]$

(f) $h[n] = n(0.5)^n \cos(n\pi) u[n]$

[**힌트:** $s[n] = x[n] * h[n]$에서 $x[n] = u[n]$이고, (b)와 (f)에서 $\cos(n\pi) = (-1)^n$임을 기억하라. (d)에서는 $\cos(n\pi + 0.25\pi)$를 확장하고 (b)의 결과를 사용하라.]

3.55 **(컨벌루션과 시스템 응답)** 시스템 $y[n] - 0.5y[n-1] = x[n]$을 고려하자.

(a) 이 시스템의 임펄스 응답 $h[n]$은 무엇인가?

(b) $x[n] = (0.5)^n u[n]$일 때 컨벌루션을 이용하여 출력을 구하라.

(c) $x[n] = (0.5)^n u[n]$이고 $y[-1] = 0$일 때, 차분방정식을 구함으로써 시스템의 출력을 구하라.

(d) $x[n] = (0.5)^n u[n]$이고 $y[-1] = 2$일 때, 차분방정식을 구함으로써 시스템의 출력을 구하라.

(e) 출력이 모두 같은가? 그래야 하는 이유를 설명하라.

[**힌트:** (e)에서 컨벌루션이 제로상태 응답을 알아냄을 기억하라.]

3.56 **(컨벌루션과 보간)** $x[n] = \{\overset{\Downarrow}{2}, 4, 6, 8\}$이라 하자.

(a) 컨벌루션 $y[n] = x[n] * x[n]$을 구하라.

(b) 컨벌루션 $y_1[n] = x[2n] * x[2n]$을 구하라. $y_1[n]$은 $y[n]$과 관계가 있는가? 그래야 하는 이유를 설명하라.

(c) 제로 보간을 가정하여, 컨벌루션 $y_2[n] = x[n/2] * x[n/2]$를 구하라. $y_2[n]$은 $y[n]$과 관계가 있는가? 그래야 하는 이유를 설명하라.

(d) 계단 보간을 가정하여, 컨벌루션 $y_3[n] = x[n/2] * x[n/2]$를 구하라. $y_3[n]$은 $y[n]$과 관계가 있는가? 그래야 하는 이유를 설명하라.

(e) 선형 보간을 가정하여, 컨벌루션 $y_4[n] = x[n/2] * x[n/2]$를 구하라. $y_4[n]$은 $y[n]$과 관계가 있는가? 그래야 하는 이유를 설명하라.

3.57 **(선형 보간)** 성분 N에 의하여 선형 보간이 수행되는 시스템을 고려하자. (보이는 것처럼) 이러한 시스템을 구성하는 한 방법은 (신호 샘플 간의 제로 보간) N만큼 업샘플링을 수행하고, 임펄스 응답 $h[n]$과 함께 필터를 통하여 업샘플링된 신호를 통과하는 것으로, 출력 $y[n]$은 선형적으로 보간된 신호가 된다.

$x[n]$ ⟶ [N만큼 업샘플링(제로 보간)] ⟶ [필터] ⟶ $y[n]$

(a) 무엇이 $h[n]$을 성분 N만큼 선형 보간되도록 하는가?

(b) $x[n] = 4\text{tri}(0.25n)$일 때, 선형 보간으로 $y_1[n] = x[n/2]$를 구하라.

(c) $N = 2$에서 시스템 출력 $y[n]$을 구하라. $y[n]$과 $y_1[n]$은 같은가?

3.58 **(인과성)** 인과성 시스템의 임펄스 응답 $h[n]$은 $n < 0$에서 0이어야 하는 이유를 논하라. 이러한 결과를 바탕으로, 만약 인과성 시스템에 대한 입력이 $n = n_0$에서 시작한다면 언제 응답이 발생하는가?

3.59 **(안정성)** 다음 시스템의 인과성과 안정성을 조사하라.

(a) $h[n] = (2)^n u[n-1]$ **(b)** $y[n] = 2x[n+1] + 3x[n] - x[n-1]$

(c) $h[n] = (-0.5)^n u[n]$ **(d)** $h[n] = \{3, 2, \overset{\Downarrow}{1}, 1, 2\}$

(e) $h[n] = (0.5)^{-n} u[-n]$ **(f)** $h[n] = (0.5)^{|n|}$

[**힌트:** 이 중 단 하나만이 불안정 시스템이다. (e)에서 $|h[n]|$ 합은 그것의 뒤집어진 형태의 합과 같음을 기억하라.]

3.60 **(수치 컨벌루션)** 두 아날로그 신호 $x(t)$와 $h(t)$의 컨벌루션 $y(t)$는 신호 $x[n]$과 $h[n]$을 얻기 위해 샘플링 후 반전과 t_s 단계에서 다른 한 함수의 샘플을 이동함으로써 예측된다. 각 순간 kt_s에서의 컨벌루션은 t_s와 생성된 샘플 곱의 합과 같다. 이것은 범위에 가까워지기 위하여 구형 법칙을 사용함으로써 같아진다. 만약 $x[n]$과 $h[n]$이 행합 방법을 사용하여 컨벌루션된다면, 행은 곱을 구성하고, t_s와 그 합의 곱은 $t = kt_s$에서 $y(t)$에 근접하게 된다.

(a) $x(t) = \text{rect}(t/2)$, $h(t) = \text{rect}(t/2)$라 할 때, $y(t) = x(t) * h(t)$를 구하고 $t_s = 0.5$ s 구간에서 $y(t)$를 계산하라.

(b) $x[n]$과 $h[n]$을 얻기 위하여 $t_s = 0.5$ s 구간에서 $x(t)$와 $h(t)$를 샘플링하라. 또한 $y[n] = x[n] * h[n]$과 컨벌루션 예측 $y_R(nt_s) = t_s y[n]$을 구하라. $t = nt_s$에서 $y_R(nt_s)$의 값은 정확한 결과 $y(t)$와 일치하는가? 그렇지 않다면, 무엇이 오차의 원인인가?

(c) 컨벌루션 근접을 위한 사다리꼴 법칙은 이산 컨벌루션 결과로부터 각 행의 마지막 두 개 샘플의 합을 반으로 제거한 후 t_2를 곱한 것과 동일하다. 컨벌루션 예측 $y_T(nt_s)$를 얻기 위하여 이 규칙을 사용하라. $t = nt_s$에서 $y_T(nt_s)$ 값은 정확한 결과 $y(t)$와 일치하는가? 그렇지 않다면, 무엇이 오차의 원인인가?

(d) $t_s = 0.5$ s 구간에서 신호를 샘플링하여 구형 법칙과 사다리꼴 법칙을 기반으로 $x(t) = 2\,\text{tri}(t)$와 $h(t) = \text{rect}\,(t/2)$의 컨벌루션 $y(t)$의 예측을 구하라. 어떤 규칙이 더 근접한 결과를 가져올 것이라 생각하는가? 그 이유는 무엇인가?

3.61 **(컨벌루션)** $x[n] = \text{rect}(n/2)$와 $h[n] = \text{rect}(n/4)$라 하자.

(a) $f[n] = x[n] * x[n]$과 $g[n] = h[n] * h[n]$을 구하라.

(b) 상수 A, M, B, K의 적절한 값을 선택하여 $f[n] = A\,\text{tri}(n/M)$과 $g[n] = B\,\text{tri}(n/K)$로 결과를 표현하라.

(c) $\text{rect}(n/2N) * \text{rect}(n/2N) = (2N + 1)\text{tri}\left(\frac{n}{2N+1}\right)$임을 증명하기 위하여 위의 결과를 일반화하라.

3.62 **(차분 알고리즘의 임펄스 응답)** 전방 차분과 후방 차분을 계산하기 위한 두 시스템이 다음과 같이 표현된다.

전방 차분 $\quad y_F[n] = x[n+1] - x[n]$

후방 차분 $\quad y_B[n] = x[n] - x[n-1]$

(a) 각 시스템의 임펄스 응답은 무엇인가?

(b) 어떠한 시스템이 안정적인가? 어떠한 시스템이 인과성 시스템인가?

(c) 이들의 병렬연결의 임펄스 응답을 구하라. 병렬 시스템은 안정적인가? 인과성 시스템인가?

(d) 이들의 직렬연결의 임펄스 응답은 무엇인가? 직렬연결된 시스템은 안정적인가? 인과성 시스템인가?

3.63 **(시스템 응답)** 컨벌루션 개념을 이용하여 단위 계단 $x[n] = u[n]$과 교차 단위 계단 $x[n] = (-1)^n u[n]$에 대한 다음 필터의 응답을 구하라.

(a) $h[n] = \delta[n] - \delta[n-1]$ (차분 연산)

(b) $h[n] = \{\overset{\Downarrow}{0.5}, 0.5\}$ (2-포인트 평균)

(c) $h[n] = \frac{1}{N}\sum_{k=0}^{N-1}\delta[n-k]$, $N = 3$ (이동평균)

(d) $h[n] = \frac{2}{N(N+1)}\sum_{k=0}^{N-1}(N-k)\delta[n-k]$, $N = 3$ (가중된 이동평균)

(e) $y[n] + \frac{N-1}{N+1}y[n-1] = \frac{2}{N+1}x[n]$, $N = 3$ (지수평균)

3.64 (**컨벌루션과 보간**) $x[n] = \{\overset{\Downarrow}{0}, 3, 9, 12, 15, 18\}$인 다음 시스템을 고려하자.

$x[n] \longrightarrow$ [N에 의한 제로 보간] $\longrightarrow$ [필터] $\longrightarrow y[n]$

(a) $N = 2$이고 필터 임펄스 응답이 $h[n] = \{\overset{\Downarrow}{1}, 1\}$일 때 응답 $y[n]$을 구하라. 단, 가장자리 효과를 제외한 출력이 $x[n]$의 샘플 사이의 계단 보간을 나타냄을 증명하라.

(b) $N = 3$이고 필터 임펄스 응답이 $h[n] = \{\overset{\Downarrow}{1}, 1, 1\}$일 때 응답 $y[n]$을 구하라. 출력이 $x[n]$의 샘플 간 계단 보간을 나타내는가?

(c) 만약 시스템이 4만큼 계단 보간을 수행한다면 N과 $h[n]$을 가려내라.

3.65 (**컨벌루션과 보간**) $x[n] = \{\overset{\Downarrow}{0}, 3, 9, 12, 15, 18\}$인 다음 시스템을 고려하자.

$x[n] \longrightarrow$ [N에 의한 제로 보간] $\longrightarrow$ [필터] $\longrightarrow y[n]$

(a) $N = 2$이고 필터 임펄스 응답이 $h[n] = \text{tri}(n/2)$일 때 응답 $y[n]$을 구하라. 단, 가장자리 효과를 제외한 출력이 $x[n]$의 샘플 사이의 선형 보간을 나타냄을 증명하라.

(b) $N = 3$이고 필터 임펄스 응답이 $h[n] = \text{tri}(n/3)$일 때 응답 $y[n]$을 구하라. 출력이 $x[n]$의 샘플 간 선형 보간을 나타내는가?

(c) 만약 시스템이 4만큼 선형 보간을 수행한다면 N과 $h[n]$을 가려내라.

3.66 (**상호연결된 시스템**) 다음과 같은 두 시스템을 고려하자.

$$h_1[n] = \delta[n] + \delta[n-1] \qquad h_2[n] = (0.5)^n u[n]$$

다음의 경우에서, 입력 $x[n] = (0.5)^n u[n]$에 대한 응답을 구하라.

(a) 두 시스템이 $\alpha = 0.5$와 함께 병렬로 연결

(b) 두 시스템이 $\alpha = -0.5$와 함께 병렬로 연결

(c) 두 시스템이 $\alpha = 0.5$와 함께 직렬로 연결

(d) 두 시스템이 $\alpha = -0.5$와 함께 직렬로 연결

3.67 (**직렬과 병렬 시스템**) 그림 P3.67의 구현을 고려하자.

(a) $\alpha \neq \beta$일 때 임펄스 응답을 구하라. 전체 시스템은 유한 임펄스 응답인가, 무한 임펄스 응답인가?

(b) $\alpha = \beta$일 때 임펄스 응답을 구하라. 전체 시스템은 유한 임펄스 응답인가, 무한 임펄스 응답인가?

(c) $\alpha = \beta = 1$일 때 임펄스 응답을 구하라. 전체 시스템은 무엇을 나타내는가?

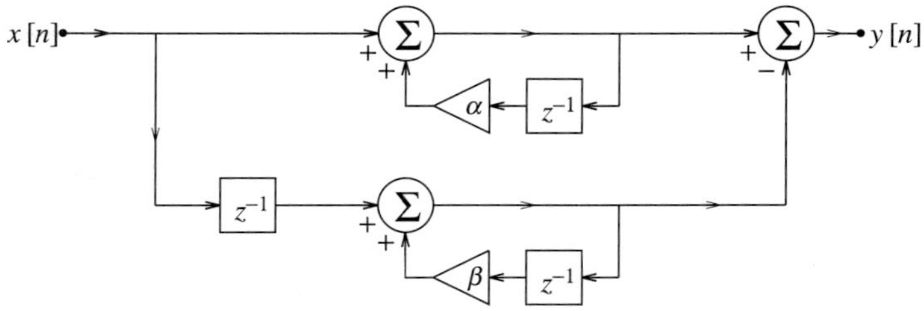

그림 P3.67 연습문제 3.67의 시스템 구현

3.68 **(직렬연결)** 직렬로 연결된 두 시스템의 임펄스 응답은 그들의 임펄스 응답의 컨벌루션과 같다. 직렬로 연결된 두 시스템의 계단 응답 $s_C[n]$은 그들의 계단 응답의 컨벌루션인 $s_1[n] * s_2[n]$과 같은가? 그렇지 않다면, $s_C[n]$은 $s_1[n]$ 및 $s_2[n]$과 어떠한 관계가 있는가?

3.69 **(직렬연결)** 시스템 1은 제곱 회로이고, 시스템 2는 $h[n] = (0.5)^n u[n]$으로 표현된 지수평균기이다. 각 직렬 조합의 출력을 구하라. 그들의 출력이 동일한가? 그래야 하는 이유를 설명하라.

(a) $2(0.5)^n u[n] \longrightarrow$ [시스템 1] $\longrightarrow$ [시스템 2] $\longrightarrow y[n]$

(b) $2(0.5)^n u[n] \longrightarrow$ [시스템 2] $\longrightarrow$ [시스템 1] $\longrightarrow y[n]$

3.70 **(직렬연결)** 시스템 1은 차분방정식 $y[n] = 0.5y[n-1] + x[n]$인 무한 임펄스 응답 필터이고, 시스템 2는 임펄스 응답 $h[n] = \delta[n] - \delta[n-1]$인 필터이다. 각 직렬 조합의 출력을 구하라. 그들의 출력이 동일한가? 그래야 하는 이유를 설명하라.

(a) $2(0.5)^n u[n] \longrightarrow$ [시스템 1] $\longrightarrow$ [시스템 2] $\longrightarrow y[n]$

(b) $2(0.5)^n u[n] \longrightarrow$ [시스템 2] $\longrightarrow$ [시스템 1] $\longrightarrow y[n]$

3.71 **(직렬연결)** 시스템 1은 차분방정식 $y[n] = 0.5y[n-1] + x[n]$인 무한 임펄스 응답 필터이고, 시스템 2는 임펄스 응답 $h[n] = \delta[n] - (0.5)^n u[n]$인 필터이다.

(a) 병렬연결의 임펄스 응답 $h_P[n]$을 구하라.

(b) 시스템 1과 시스템 2의 직렬연결의 임펄스 응답 $h_{12}[n]$을 구하라.

(c) 시스템 2와 시스템 1의 직렬연결의 임펄스 응답 $h_{21}[n]$을 구하라.

(d) $h_{12}[n]$과 $h_{21}[n]$은 같은가? 그래야 하는 이유를 설명하라.

(e) $h_{12}[n]$과의 병렬연결은 $h_p[n]$을 얻어내는 시스템의 임펄스 응답 $h_I[n]$을 구하라.

3.72 **(직렬연결)** 시스템 1은 $y[n] = 0.5y[n-1] + x[n]$인 저역통과 필터이고, 시스템 2는 $h[n] = \delta[n] - 0.5\delta[n-1]$로 표현된다.

(a) 입력 $x[n] = 2(0.5)^n u[n]$에 대한 직렬연결된 시스템의 출력은 무엇인가?

(b) 입력 $x[n] = \delta[n]$에 대한 직렬연결된 시스템의 출력은 무엇인가?

(c) 두 시스템은 어떠한 관계가 있는가?

3.73 **(컨벌루션 연습)** 종종 긴 수열 $x[n]$과 짧은 수열 $h[n]$의 컨벌루션은 긴 신호를 짧은 조각으로 구분하고, $h[n]$과 함께 각 짧은 조각의 컨벌루션을 구하여 결과들을 서로 붙임으로써 수행된다. $x[n] = \{1, 1, 2, 3, 5, 4, 3, 1\}$이고 $h[n] = \{4, 3, 2, 1\}$이라 하자.

(a) $x[n]$을 두 개의 동일한 수열 $x_1[n] = \{1, 1, 2, 3\}$과 $x_2[n] = \{5, 4, 3, 1\}$로 나누어라.

(b) 컨벌루션 $y_1[n] = h[n] * x_1[n]$을 구하라.

(c) 컨벌루션 $y_2[n] = h[n] * x_2[n]$을 구하라.

(d) 컨벌루션 $y[n] = h[n] * x[n]$을 구하라.

(e) $y[n]$을 $y_1[n]$과 $y_2[n]$으로부터 어떻게 구할 수 있는가?

[**힌트:** (e)에서 $y[n]$을 얻기 위하여 중첩을 이용하고 $y_2[n]$의 이동된 형태를 $y_1[n]$과 더하라. 이것은 컨벌루션의 **중첩 가산** 방법을 기본으로 한다.]

3.74 **(주기 컨벌루션)** 주기 신호의 각 쌍의 한 주기에 대한 정규 컨벌루션 $y[n] = x[n] * h[n]$을 구하고, 주기 컨벌루션 $y_p[n] = x[n] \circledast h[n]$을 계산하기 위하여 랩어라운드 방법을 사용하라. 각 경우에서, 제로 삽입된 신호의 주기 컨벌루션으로부터 정규 컨벌루션을 구하기를 원한다면 우리가 사용해야 하는 제로 삽입의 **최소** 개수를 지정하라.

(a) $x[n] = \{\overset{\Downarrow}{1}, 2, 0, 1\}$ $\qquad h[n] = \{\overset{\Downarrow}{2}, 2, 3, 0\}$

(b) $x[n] = \{\overset{\Downarrow}{0}, 2, 4, 6\}$ $\qquad h[n] = \{\overset{\Downarrow}{6}, 4, 2, 0\}$

(c) $x[n] = \{-3, -2, \overset{\Downarrow}{-1}, 0, 1\}$ $\qquad h[n] = \{\overset{\Downarrow}{4}, 3, 2, 0, 0\}$

(d) $x[n] = \{3, 2, 1, \overset{\Downarrow}{1}, 2\}$ $\qquad h[n] = \{4, 2, 3, \overset{\Downarrow}{2}, 0\}$

[**힌트:** 처음에, 정규 컨벌루션을 위하여 마커를 지정하라. 랩어라운드 후에 이것 역시 주기 컨벌루션의 마커와 일치한다.]

3.75 **(주기 컨벌루션)** $x[n]$을 위한 원형 행렬을 사용하여 각 쌍의 신호에 대한 주기 컨벌루션 $y_p[n] = x[n] \circledast h[n]$을 구하라.

(a) $x[n] = \{\overset{\Downarrow}{1}, 2, 0, 1\}$ $\qquad h[n] = \{\overset{\Downarrow}{2}, 2, 3, 0\}$

(b) $x[n] = \{\overset{\Downarrow}{0}, 2, 4, 6\}$ $\qquad h[n] = \{\overset{\Downarrow}{6}, 4, 2, 0\}$

3.76 **(주기 컨벌루션)** 임펄스 응답 $h[n] = (0.5)^n u[n]$인 시스템을 고려하자. 주기가 N인 한 주기의 주기 확장은

$$h_{\text{pe}}[n] = \frac{(0.5)^n}{1 - (0.5)^N}, \quad 0 \le n \le N - 1$$

에 의해 주어짐을 증명하고, 다음 주기 입력에 대한 이 시스템의 응답을 구하기 위하여 이 결과를 사용하라.

(a) $x[n] = \cos(n\pi)$ $\qquad$ **(b)** $x[n] = \{\overset{\Downarrow}{1}, 1, 0, 0\}, N = 4$

(c) $x[n] = \cos(0.5n\pi)$ $\qquad$ **(d)** $x[n] = (0.5)^n, 0 \le n \le 3, N = 4$

[**힌트:** 각 경우에서, $h_{\text{pe}}[n]$의 N개 샘플을 계산한 후 주기 컨벌루션을 수행하라. 예를 들어, (a)에서 $x[n]$의 주기는 $N = 2$이다.]

3.77 **(상관관계)** 각 쌍의 신호에 대하여 자기상관관계 $r_{xx}[n]$, 자기상관관계 $r_{hh}[n]$, 상호상관관계 $r_{xh}[n]$ 그리고 상호상관관계 $r_{hx}[n]$을 계산하라. 각 결과를 위하여, 마커를 이용하여 원점 $n = 0$의 지점을 표시하라.

(a) $x[n] = \{\overset{\Downarrow}{1}, 2, 0, 1\}$ $\qquad h[n] = \{\overset{\Downarrow}{2}, 2, 3\}$

(b) $x[n] = \{\overset{\Downarrow}{0}, 2, 4, 6\}$ $\qquad h[n] = \{\overset{\Downarrow}{6}, 4, 2\}$

(c) $x[n] = \{-3, -2, \overset{\Downarrow}{-1}, 2\}$ $\qquad h[n] = \{\overset{\Downarrow}{4}, 3, 2\}$

(d) $x[n] = \{3, 2, \overset{\Downarrow}{1}, 1, 2\}$ $\qquad h[n] = \{4, \overset{\Downarrow}{2}, 3, 2\}$

[**힌트:** 상관관계를 구하기 위하여 컨벌루션을 이용하라. 예를 들어 $r_{xh}[n] = x[n] * h[-n]$이고, 이 결과의 마커는 (컨벌루션된 수열) $x[n]$과 $h[-n]$에 기반을 둔다.]

3.78 **(상관관계)** $x[n] = \text{rect}[(n-4)/2]$와 $h[n] = \text{rect}[n/4]$라 하자.

(a) 자기상관관계 $r_{xx}[n]$을 구하라.

(b) 자기상관관계 $r_{hh}[n]$을 구하라.

(c) 상호상관관계 $r_{xh}[n]$을 구하라.

(d) 상호상관관계 $r_{hx}[n]$을 구하라.

(e) (c)와 (d)의 결과는 어떠한 관계가 있는가?

3.79 **(상관관계)** 다음 신호의 상관관계 $r_{xh}[n]$을 구하라.

(a) $x[n] = \alpha^n u[n]$ $\qquad h[n] = \alpha^n u[n]$

(b) $x[n] = n\alpha^n u[n]$ $\qquad h[n] = \alpha^n u[n]$

(c) $x[n] = \text{rect}(n/2N)$ $\qquad h[n] = \text{rect}(n/2N)$

[**힌트:** (a)와 (b)에서, 각 상관관계는 두 범위를 포함할 것이다. $n \geq 0$인 경우, 신호는 $n \leq k \leq \infty$에 걸쳐 중복되며, $n < 0$에서는 $0 \leq k \leq \infty$에서 중복된다. (c)의 $x[n]$과 $h[n]$은 동일하고, 우대칭으로, 그들의 상관관계는 그들의 컨벌루션과 같다.]

3.80 **(주기 상관관계)** 한 주기 동안 표현된 각 쌍의 주기 신호에 대하여, 주기 자기상관관계 $r_{pxx}[n]$과 $r_{phh}[n]$, 주기 상호상관관계 $r_{pxh}[n]$과 $r_{phx}[n]$을 계산하라. 각 결과에서, 마커를 이용하여 원점 $n = 0$을 표시하라.

(a) $x[n] = \{\overset{\Downarrow}{1}, 2, 0, 1\}$ $\qquad h[n] = \{\overset{\Downarrow}{2}, 2, 3, 0\}$

(b) $x[n] = \{\overset{\Downarrow}{0}, 2, 4, 6\}$ $\qquad h[n] = \{\overset{\Downarrow}{6}, 4, 2, 0\}$

(c) $x[n] = \{-3, -2, \overset{\Downarrow}{-1}, 2\}$ $\qquad h[n] = \{0, \overset{\Downarrow}{4}, 3, 2\}$

(d) $x[n] = \{3, 2, \overset{\Downarrow}{1}, 1, 2\}$ $\qquad h[n] = \{4, \overset{\Downarrow}{2}, 3, 2, 0\}$

[**힌트:** 처음에, (정규 컨벌루션을 이용하여) 정규 상관관계를 구하고 나서 랩어라운드 방법을 사용하라. 예를 들어, $r_{xh}[n] = x[n] * h[-n]$과 결과의 마커는 (컨벌루션된 수열) $x[n]$과 $h[-n]$을 기반으로 한다. $r_{pxh}[n]$을 구하기 위하여 랩어라운드 방법을 사용하라.]

3.81 **(자기상관관계로부터의 평균과 분산)** (0이 아닌 평균값을 갖는) 임의의 신호 $x[n]$의 평균값 m_x는 $m_x^2 = \lim_{|n|\to\infty} r_{xx}[n]$과 같이 자기상관관계 함수 $r_{xx}[n]$으로부터 계산될 수 있다. $x[n]$의 분산은 σ_x^2

$= r_{xx}(0) - m_x^2$에 의해 주어진다. 자기상관관계 함수가 $r_{xx}[n] = 10(\frac{1+2n^2}{2+5n^2})$인 임의의 신호의 평균과 분산, 평균 전력을 구하라.

계산과 설계

3.82 **(수치 적분 알고리즘)** 수치 적분 알고리즘은 $y[n-1]$ 또는 $y[n-2]$로부터 $y[n]$과 비슷해진다. 다음의 적분 알고리즘을 고려하자.

(a) $y[n] = y[n-1] + t_s x[n]$ (구형 법칙)

(b) $y[n] = y[n-1] + \frac{t_s}{2}(x[n] + x[n-1])$ (사다리꼴 법칙)

(c) $y[n] = y[n-1] + \frac{t_s}{12}(5x[n] + 8x[n-1] - x[n-2])$ [애덤스-몰턴(Adams-Moulton) 법칙]

(d) $y[n] = y[n-2] + \frac{t_s}{3}(x[n] + 4x[n-1] + x[n-2])$ [심프슨(Simpson)의 법칙]

(e) $y[n] = y[n-3] + \frac{3t_s}{8}(x[n] + 3x[n-1] + 3x[n-2] + x[n-3])$ (심프슨의 3-8 법칙)

각 규칙을 사용하여 $t_s = 0.1$ s와 $t_s = 0.3$ s에서의 $x(t) = \text{sinc}(t), 0 \le t \le 3$을 예측하고, 예상 결과를 0.53309323761827과 비교하라. 시간 단계 t_s의 선택은 결과에 어떠한 영향을 미치는가? 어떤 알고리즘이 가장 정확한 결과를 가져오는가?

3.83 **(시스템 응답)** 다음과 같은 입력에 대하여 $y[n] = 0.25(x[n] + x[n-1] + x[n-2] + x[n-3]$으로 표현된 필터의 응답을 구하고, 그림으로 표현하기 위하여 MATLAB 루틴 **filter**를 이용하여 결과를 설명하라.

(a) $x[n] = 1, 0 \le n \le 60$

(b) $x[n] = 0.1n, 0 \le n \le 60$

(c) $x[n] = \sin(0.1n\pi), 0 \le n \le 60$

(d) $x[n] = 0.1n + \sin(0.5n\pi), 0 \le n \le 60$

(e) $x[n] = \sum_{k=-\infty}^{\infty} \delta[n-5k], 0 \le n \le 60$

(f) $x[n] = \sum_{k=-\infty}^{\infty} \delta[n-4k], 0 \le n \le 60$

3.84 **(시스템 응답)** 다음과 같은 입력에 대하여 $y[n] - y[n-4] = 0.25(x[n] + x[n-1] + x[n-2] + x[n-3]$으로 표현된 필터의 응답을 구하고, 그림으로 표현하기 위하여 MATLAB 루틴 **filter**를 이용하여 결과를 설명하라.

(a) $x[n] = 1, 0 \le n \le 60$

(b) $x[n] = 0.1n, 0 \le n \le 60$

(c) $x[n] = \sin(0.1n\pi), 0 \le n \le 60$

(d) $x[n] = 0.1n + \sin(0.5n\pi), 0 \le n \le 60$

(e) $x[n] = \sum_{k=-\infty}^{\infty} \delta[n-5k], 0 \le n \le 60$

(f) $x[n] = \sum_{k=-\infty}^{\infty} \delta[n-4k], 0 \le n \le 60$

3.85 **(시스템 응답)** $0 \le n \le 199$ 범위에서 다음과 같은 시스템의 응답을 구하고, 그림으로 표현하기 위하여 MATLAB을 이용하라.

(a) $y[n] = x[n/3],\ x[n] = (0.9)^n u[n]$ (제로 보간 가정)

(b) $y[n] = \cos(0.2n\pi)x[n],\ x[n] = \cos(0.04n\pi)$ (변조)

(c) $y[n] = [1 + \cos(0.2n\pi)]x[n],\ x[n] = \cos(0.04n\pi)$ (변조)

3.86 **(시스템 응답)** 명령어와 루틴 **filter**를 이용하여 다음 필터의 응답을 구하고, 그림으로 표시하기 위하여 MATLAB을 사용하여 결과를 비교하라. 입력이 $x[n] = 0.1n + \sin(0.1n\pi),\ 0 \le n \le 60$임을 가정하고, 결과를 설명하라.

(a) $y[n] = \frac{1}{N}\sum_{k=0}^{N-1} x[n-k],\ N = 4$ (이동평균)

(b) $y[n] = \frac{2}{N(N+1)}\sum_{k=0}^{N-1}(N-k)x[n-k],\ N = 4$ (가중된 이동평균)

(c) $y[n] - \alpha y[n-1] = (1-\alpha)x[n],\ N = 4,\ \alpha = \frac{N-1}{N+1}$ (지수평균)

3.87 **(시스템 응답)** 직접 명령어를 사용하고 루틴 **filter**도 이용하여 다음 필터의 응답을 구하고, 그림으로 표시하기 위하여 MATLAB을 사용하여 결과를 비교하라. 신호 $x[n] = 0.1n + \sin(0.1n\pi)$, $0 \le n \le 60$과 평균 0인 균일하게 분포된 임의의 잡음의 합으로 구성된 입력을 사용하고, 결과를 설명하라.

(a) $y[n] = \frac{1}{N}\sum_{k=0}^{N-1} x[n-k],\ N = 4$ (이동평균)

(b) $y[n] = \frac{2}{N(N+1)}\sum_{k=0}^{N-1}(N-k)x[n-k],\ N = 4$ (가중된 이동평균)

(c) $y[n] - \alpha y[n-1] = (1-\alpha)x[n],\ N = 4,\ \alpha = \frac{N-1}{N+1}$ (지수평균)

3.88 **(시스템 응답)** 다음 유한 임펄스 응답 필터의 응답을 구하고, 그림으로 표현하기 위하여 MATLAB 루틴 **filter**를 이용하라. $x[n] = \sin(n\pi/8),\ 0 \le n \le 60$임을 가정하고, 결과를 설명하라. 결과로부터 이 필터의 함수를 설명할 수 있는가?

(a) $y[n] = x[n] - x[n-1]$ (1차분)

(b) $y[n] = x[n] - 2x[n-1] + x[n-2]$ (2차분)

(c) $y[n] = \frac{1}{3}(x[n] + x[n-1] + x[n-2])$ (이동평균)

(d) $y[n] = 0.5x[n] + x[n-1] + 0.5x[n-2]$ (가중된 평균)

3.89 **(기호 형태에서의 시스템 응답)** 다음 필터의 응답 $y[n]$을 판별하고, $0 \le n \le 30$ 범위에서 그림으로 그려라.

(a) $y[n] - 0.5y[n-1] = x[n]$의 계단 응답

(b) $y[n] - 0.5y[n-1] = x[n]$의 임펄스 응답

(c) $y[n] - 0.5y[n-1] = (0.5)^n u[n]$의 제로상태 응답

(d) $y[n] - 0.5y[n-1] = (0.5)^n u[n],\ y[-1] = 4$의 완전 응답

(e) $y[n] + y[n-1] + 0.5y[n-2] = (0.5)^n u[n],\ y[-1] = 4,\ y[-2] = 3$의 완전 응답

3.90 **(역 시스템과 반향 소거)** 신호 $x(t)$는 $\tau = 93.75$ ms인 반향 생성 시스템 $y(t) = x(t) + 0.9(t-\tau) + 0.8x(t-2\tau)$를 따라 통과된다. 결과 반향 신호 $y(t)$는 샘플링된 신호 $y[n]$을 구하기 위하여 $S = 8192$ Hz에서 샘플링된다.

(a) $x[n]$으로부터 출력 $y[n]$을 생성하는 디지털 필터의 차분방정식은 $y[n] = x[n] + 0.9x[n - N] + 0.8x[n - 2N]$으로서 작성될 수 있다. N 값은 얼마인가?

(b) 입력 신호 $x[n]$을 복원하기 위해 사용될 수 있는 반향 소거 필터(역 필터)의 차분방정식은 무엇인가?

(c) 반향 신호는 저자의 웹 사이트에서 **echosig**로서 제공되며, 이 신호를 (명령어 **load echosig**를 이용하여) MATLAB으로 읽어 오라. MATLAB 명령어 **sound**를 이용하여 이 신호를 들어 보라. 반향을 들을 수 있는가? 말하는 것을 들을 수 있는가?

(d) 역 필터를 사용하여 반향 신호를 필터링하고, 필터된 신호를 들어 보라. 반향이 제거되었는가? 말하는 것을 들을 수 있는가? 말하는 것에 동의하는가?

3.91 **(무한 임펄스 응답 필터의 비재귀 형태)** 유한 임펄스 응답 필터는 항상 재귀 형태로 표현되지만, N 구간에서 그 임펄스 응답을 절단함으로써 유한 임펄스 응답 필터를 이용하여 무한 임펄스 응답 필터를 비슷하게 표현할 수 있다. 절단 지점 N이 점점 커질수록, 더 좋은 근사치가 된다. $y[n] - 0.8y[n-1] = x[n]$으로 표현된 무한 임펄스 응답 필터를 고려하자. 임펄스 응답 $h[n]$을 구하고, 근사화된 유한 임펄스 응답 동치인 $h_A[n]$을 구하기 위하여 20 항에서 절단하라. 크거나 작은 n 값의 동일한 입력에 대한 두 필터의 응답이 가장 일치하지 않는다고 생각하는가?

(a) $n = 15$까지 각 필터의 계단 응답을 구하여 비교하기 위하여 MATLAB 루틴 **filter**를 이용하라. 어떤 차이가 있는가? 그래야 하는가? $n = 30$으로 응답을 연장하여 반복하라. 어떤 차이가 있는가? 얼마나 많은 구간 동안 두 시스템의 응답이 동일하며, 그 이유는 무엇인가?

(b) $n = 15$까지 각 필터의 $x[n] = 1,\ 0 \le n \le 10$에 대한 응답을 구하여 비교하기 위하여 MATLAB 루틴 **filter**를 이용하라. 어떤 차이가 있는가? 그래야 하는가? $n = 30$으로 응답을 연장하여 반복하라. 어떤 차이가 있는가? 얼마나 많은 구간 동안 두 시스템의 응답이 동일하며, 그 이유는 무엇인가?

3.92 **(대칭 수열의 컨벌루션)** 중간점에 대하여 대칭인 수열의 컨벌루션 역시 (중간점에 대하여) 대칭을 이룬다. 다음 수열의 컨벌루션을 구하고, 컨벌루션에서 (중간점에 대하여) 대칭 형태를 설정하기 위하여 MALTAB 명령어 **conv**를 사용하라.

(a) $x[n] = \sin(0.2n\pi),\ -10 \le n \le 10$ $h[n] = \sin(0.2n\pi),\ -10 \le n \le 10$

(b) $x[n] = \sin(0.2n\pi),\ -10 \le n \le 10$ $h[n] = \cos(0.2n\pi),\ -10 \le n \le 10$

(c) $x[n] = \cos(0.2n\pi),\ -10 \le n \le 10$ $h[n] = \cos(0.2n\pi),\ -10 \le n \le 10$

(d) $x[n] = \mathrm{sinc}(0.2n),\ -10 \le n \le 10$ $h[n] = \mathrm{sinc}(0.2n),\ -10 \le n \le 10$

3.93 **(잡음에 묻힌 주기 신호 추출)** 잡음에 묻혀 버린 주기 신호의 추출은 (주기를 확인하기 위한) 자기상관관계와 (신호를 복원하기 위한) 상호상관관계를 필요로 한다.

(a) 신호 $x[n] = \sin(0.1n\pi),\ 0 \le n \le 499$를 생성하라. 잡음 섞인 신호 $s[n]$을 구하기 위하여 어떤 균일한 임의의 잡음(평균 0이고 진폭 2인 잡음)을 추가하고, 각 신호를 그림으로 나타내어라. $x[n]$의 그림으로부터 어떤 주기성을 확인할 수 있는가? 그렇다면 주기 N은 얼마인가? $s[n]$의 그림으로부터 주기성을 확인할 수 있는가?

(b) $x[n]$의 주기 자기상관관계 $r_{px}[n]$를 구하고 그림으로 표시하라. $r_{px}[n]$의 그림으로부터 어떤 주기성을 확인할 수 있는가? 그렇다면 주기 N은 얼마이고, $x[n]$의 주기와 같은가?

(c) 500개의 샘플 임펄스 열 $i[n] = \Sigma\delta[n - kN], 0 \leq n \leq 499$을 생성하기 위하여 위에서 구한 N 값을 사용하라(그렇지 않다면, $x[n]$으로부터 N을 확인하라). $s[n]$과 $i[n]$의 주기 상호상관관계 $y[n]$을 구하고, $y[n]$ 단위의 최고치를 생성하는 표준 성분을 선택하라. 표준 성분은 신호 길이 및 주기 N과 어떠한 관계가 있는가?

(d) 같은 그림에 $y[n]$과 $x[n]$을 그려라. $y[n]$은 $x[n]$과 가깝게 일치하는가? 결과를 개선하기 위한 방법을 설명하라.

CHAPTER 04

z-변환 분석

4.0 범위와 개관

이 장은 변환 영역에서의 시스템 분석을 위한 방법으로서 z-변환을 다룬다. 이전 장에서 z-변환의 기원을 개략적으로 설명했지만 내용을 충실히 다루기 위해 독립적인 변환 방법으로서 z-변환을 공부하며, z-변환 동작 특성과 시스템 분석에서의 응용을 주로 취급한다. 기타 변환 방법들과의 관계와 시스템 분석 방법에 대해서는 다른 장에서 살펴본다.

4.0.1 목적과 학습목표

이번 장에서는 z-변환의 소개와 특성, 그리고 z-변환을 이용한 이산시간 시스템과 디지털 필터 분석에 필요한 툴을 소개하고자 한다. 이 장을 통하여 독자는

1. 양측 z-변환과 수렴 영역(ROC) 정의를 이해한다.
2. z-변환의 기본 특성과 단측 혹은 양측 신호 변환을 구하기 위해 이 특성을 사용하는 방법을 익힌다.
3. 전달 함수, 극점 및 영점의 개념을 이해한다.
4. 전달 함수로부터 시스템 구현을 그림으로 나타내는 방법을 익힌다.
5. 직렬 혹은 병렬 시스템의 전달 함수를 구하는 방법을 익힌다.
6. 시스템 표현을 여러 형태로 전환하는 방법을 익힌다.
7. 안정성의 개념과 ROC와의 관계를 이해한다.
8. 장제법으로 역 z-변환을 구하는 방법을 익힌다.
9. 부분분수와 표 검색으로 역 z-변환을 구하는 방법을 익힌다.
10. 단측 z-변환의 정의와 특성을 이해한다.
11. 차분방정식을 풀기 위하여 z-변환의 이동 특성을 사용하는 방법을 익힌다.
12. 시스템 분석을 위하여 z-변환을 사용하는 방법을 익힌다.
13. 고조파 입력에 대해 시스템의 정상상태 응답을 구하는 방법을 익힌다.
14. 초기치와 최종치 정리를 사용하여 초기치와 최종치를 구하는 방법을 익힌다.

4.1 양측 z-변환

이산 신호 $x[n]$의 **양측 z-변환**(two-sided z-transform) $X(z)$의 정의는 다음과 같다.

$$X(z) = \sum_{m=-\infty}^{\infty} x[m]z^{-m} \qquad (\text{양측 } z\text{-변환}) \tag{4.1}$$

$x[n]$과 $X(z)$의 관계는 다음과 같은 심벌로 표시한다.

$$x[n] \Leftarrow \boxed{\text{ZT}} \Rightarrow X(z) \tag{4.2}$$

여기서 $x[n]$과 $X(z)$는 변환 쌍을 형성하고, 이중 화살표는 그들 사이에 일대일 대응을 의미한다.

4.1.1 z-변환 내용

복소수 양 z는 디지털 주파수(F 또는 Ω) 개념을 복소수 영역으로 일반화하며, 다음과 같은 극좌표형으로 표현된다.

$$z = Re^{j2\pi F} = Re^{j\Omega} \tag{4.3}$$

복소수 양 z 값은 실수와 허수부 혹은 크기 R과 각도 Ω의 항으로 **z-평면**에서 그래프로 표시될 수 있다.

z-변환에 대한 정의관계(defining relation)는 z로 표현되는 멱급수(Laurent 급수)이며, m번째 항은 샘플 값 $x[m]$과 z^{-m}의 곱이다.

예를 들어, 수열 $x[n] = \{-7, 3, \overset{\Downarrow}{1}, 4, -8, 5\}$에 대한 z-변환은 다음과 같다.

$$X(z) = -7z^2 + 3z^1 + z^0 + 4z^{-1} - 8z^{-2} + 5z^{-3}$$

$x[n]$과 $X(z)$를 비교해 보면 z^{-1}는 단위 지연 연산자 역할을 하는 것을 알 수 있다. 예를 들어, $x[n]$에서 샘플 위치 $n = 2$는 $X(z)$에서 z^{-2}를 갖는 항에 대응된다. 유한 개수의 샘플에 대해 수열과 z-변환 사이를 왔다 갔다 하는 것은 어렵지 않다.

심화문제 4.1

(a) $x[n] = \{\overset{\Downarrow}{2}, 1, 0, 4\}$에 대해 z-변환 $X(z)$를 구하라.
(b) $x[n] = \{2, -3, \overset{\Downarrow}{1}, 0, 4\}$에 대해 z-변환 $X(z)$를 구하라.
(c) $X(z) = 3z^2 + z - 3z^{-1} + 5z^{-2}$에 대해 $x[n]$을 구하라.

정답: (a) $2 + z^{-1} + 4z^{-3}$ **(b)** $2z^2 - 3z + 1 + 4z^{-2}$ **(c)** $\{3, 1, \overset{\Downarrow}{0}, -3, 5\}$

$X(z)$의 정의관계는 멱급수로 표현되므로 모든 z에 대해 수렴하지 않을 수도 있다. $X(z)$가 수렴하는 z의 값들을 $X(z)$의 **수렴 영역**(ROC: region of convergence)으로 정의하는데, 완전히 서로 다른 두 수열은 같은 양측 z-변환 $X(z)$를 생성할 수 있으나 수렴 영역은 서로 다르다. 따라서 양측 z-변환을 다룰 때 각 $X(z)$와 관련된 ROC를 명시하는 것은 중요하다.

4.1.2 정의관계를 사용한 z-변환 쌍

표 4.1은 유용한 신호들에 대한 z-변환을 보여주고 있다. 정의관계를 사용하여 z-변환을 구하는

표 4.1 z-변환 쌍의 요약 표

순서	신호	z-변환	ROC
		유한 수열	
1	$\delta[n]$	1	모든 z
2	$u[n] - u[n-N]$	$\frac{1-z^{-N}}{1-z^{-1}}$	$z \neq 0$
		인과성 수열	
3	$u[n]$	$\frac{z}{z-1}$	$\|z\| > 1$
4	$\alpha^n u[n]$	$\frac{z}{z-\alpha}$	$\|z\| > \|\alpha\|$
5	$(-\alpha)^n u[n]$	$\frac{z}{z+\alpha}$	$\|z\| > \|\alpha\|$
6	$nu[n]$	$\frac{z}{(z-1)^2}$	$\|z\| > 1$
7	$n\alpha^n u[n]$	$\frac{z\alpha}{(z-\alpha)^2}$	$\|z\| > \|\alpha\|$
8	$\cos(n\Omega)u[n]$	$\frac{z^2 - z\cos\Omega}{z^2 - 2z\cos\Omega + 1}$	$\|z\| > 1$
9	$\sin(n\Omega)u[n]$	$\frac{z\sin\Omega}{z^2 - 2z\cos\Omega + 1}$	$\|z\| > 1$
10	$\alpha^n\cos(n\Omega)u[n]$	$\frac{z^2 - \alpha z\cos\Omega}{z^2 - 2\alpha z\cos\Omega + \alpha^2}$	$\|z\| > \|\alpha\|$
11	$\alpha^n\sin(n\Omega)u[n]$	$\frac{\alpha z\sin\Omega}{z^2 - 2\alpha z\cos\Omega + \alpha^2}$	$\|z\| > \|\alpha\|$
		비인과성 수열	
12	$-u[-n-1]$	$\frac{z}{z-1}$	$\|z\| < 1$
13	$-nu[-n-1]$	$\frac{z}{(z-1)^2}$	$\|z\| < 1$
14	$-\alpha^n u[-n-1]$	$\frac{z}{z-\alpha}$	$\|z\| < \|\alpha\|$
15	$-n\alpha^n u[-n-1]$	$\frac{z\alpha}{(z-\alpha)^2}$	$\|z\| < \|\alpha\|$

몇 가지 예제를 살펴보자. 유한구간 수열에 대한 z-변환은 z의 다항식으로 표기될 수 있다. 많은 개수의 항을 갖는 수열에 대해 닫힌 형(closed-form) 해를 구할 수가 없다면 다항식 형태는 다루기가 쉽지 않다.

예제 4.1 정의관계로부터의 z-변환

(a) $x[n] = \delta[n]$에 대해 z-변환 $X(z) = 1$이며, ROC는 z-평면 전체이다.

(b) $x[n] = 2\delta[n+1] + \delta[n] - 5\delta[n-1] + 4\delta[n-2]$에 대해 이 수열은 $x[n] = \{2, \overset{\Downarrow}{1}, -5, 4\}$이다. z-변환은 $X(z) = 2z + 1 - 5z^{-1} + 4z^{-2}$이며 더 이상 단순화할 수 없다. ROC는 $z = 0$과 $z = \infty$(혹은 $0 < |z| < \infty$)를 제외하고는 z-평면 전체이다.

(c) $x[n] = u[n] - u[n-N]$은 N개 샘플의 수열로서 z-변환은 다음과 같다.

$$X(z) = 1 + z^{-1} + z^{-2} + \cdots + z^{-(N-1)}$$

ROC는 $|z| > 0$($z = 0$을 제외한 z-평면 전체)이며, $X(z)$의 닫힌 형 결과는 다음과 같은 정의관계를 사용하여 구할 수 있다.

$$X(z) = \sum_{k=0}^{N-1} z^{-k} = \frac{1 - z^{-N}}{1 - z^{-1}}, \quad z \neq 1$$

(d) $x[n] = u[n]$에 대해 다음과 같은 정의관계를 사용하여 z-변환을 구할 수 있다.

$$X(z) = \sum_{k=0}^{\infty} z^{-k} = \sum_{k=0}^{\infty} (z^{-1})^k = \frac{1}{1 - z^{-1}} = \frac{z}{z - 1}, \qquad \text{ROC: } |z| > 1$$

ROC는 $|z| > 1$로서, 기하급수 $\sum_{k=0}^{\infty} r^k$가 $|r| < 1$이면 수렴한다는 사실에 근거하고 있다.

(e) $x[n] = \alpha^n u[n]$에 대해 정의관계를 사용한 z-변환과 ROC는 다음과 같다.

$$X(z) = \sum_{k=0}^{\infty} \alpha^k z^{-k} = \sum_{k=0}^{\infty} \left(\frac{\alpha}{z}\right)^k = \frac{1}{1 - (\alpha/z)} = \frac{z}{z - \alpha}, \qquad \text{ROC: } |z| > |\alpha|$$

ROC($|z| > \alpha$)도 기하급수 $\sum_{k=0}^{\infty} r^k$가 $|r| < 1$이면 수렴한다는 사실에 근거하고 있다.

심화문제 4.2

(a) $x[n] = (0.5)^n u[n]$에 대해 z-변환 $X(z)$와 ROC를 구하라.

(b) $y[n] = (-0.5)^n u[n]$에 대해 z-변환 $Y(z)$와 ROC를 구하라.

(c) $g[n] = -(0.5)^n u[-n-1]$에 대해 z-변환 $G(z)$와 ROC를 구하라.

정답: **(a)** $X(z) = \frac{z}{z-0.5}$, $|z| > 0.5$ **(b)** $Y(z) = \frac{z}{z+0.5}$, $|z| > 0.5$

(c) $G(z) = \frac{z}{z-0.5}$, $|z| < 0.5$

4.1.3 ROC 추가사항

유한구간 수열 $x[n]$의 z-변환 $X(z)$는 z 혹은 z^{-1}의 다항식으로서, $X(z)$가 z^{-k} 형태의 항들을 포함한다면(혹은 $x[n]$이 $n > 0$에서 영의 값이 아니면) $z = 0$을 제외하고, 그리고/혹은 $X(z)$가 z^k 형태의 항들을 포함한다면(혹은 $x[n]$이 $n < 0$에서 영의 값이 아니면) $z = \infty$를 제외하고, 모든 z에 대해 수렴한다(유한하다). 따라서 유한구간 수열의 ROC는 $z = 0$ 그리고/혹은 $z = \infty$를 제외하고는 z-평면 전 구간이다.

일반적으로 $X(z)$가 대부분 z의 유리함수로 표기되는데, 이 경우 그림 4.1에 나타나 있듯이 단측 혹은 양측 $x[n]$에 따라서 ROC가 결정된다.

ROC는 $X(z)$가 무한대가 되는 **모든 극점 위치**(분모 값이 영)**를 포함하지 않으므로**, 우측 신호의 ROC는 $|z| > |p|_{\max}$이고 반지름 $|p|_{\max}$(가장 큰 극점 크기)의 원 밖의 영역이다. 인과성 신호 $x[n] = 0, n < 0$의 ROC는 $z = 0$을 포함하지 않으며 $0 > |z| > |p|_{\max}$ 영역이다. 인과성 신호의 ROC는 $z = \infty$를 포함한다는 사실에 주목하라. 따라서 $x[n]$의 인과성에 대한 필요조건은 $X(z)$가 $z = \infty$에서 유한 크기($\lim_{z\to\infty} \neq \infty$)여야 한다는 것이다. 마찬가지로 좌측 신호 $x[n]$의 ROC는 $|z| < |p|_{\min}$이며, 반지름 $|p|_{\min}$[$X(z)$의 가장 작은 극점 크기]의 원 내부 영역이다. 마지막으로 양측 수열 $x[n]$의 ROC는 $|p|_{\min} < |z| < |p|_{\max}$이며, $X(z)$의 가장 작은 극점과 가장 큰 극점에 대응되는 반지름을 갖는 환형 영역이다. $X(z)$는 $|z| = |\alpha|$ 경계에서 수렴하지 않으므로 $|z| < |\alpha|$($|z| \le |\alpha|$가 아님)의 **부등식**을 사용한다.

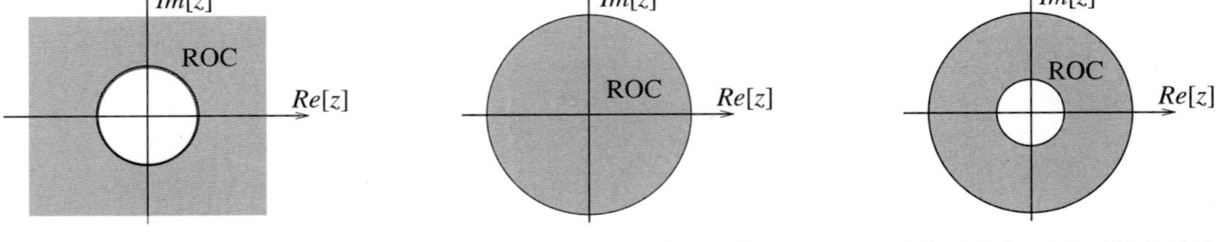

우측 신호의 ROC(어두운 부분) 좌측 신호의 ROC(어두운 부분) 양측 신호의 ROC(어두운 부분)

그림 4.1 여러 수열에 대한 z-변환의 ROC(어두운 부분으로 표시). 우측 신호 혹은 인과성 신호의 ROC는 유한 반경의 원 밖의 영역이다. 좌측 신호 혹은 비인과성 신호의 ROC는 유한 반경의 원 내부 영역이다. 양측 신호의 ROC는 도넛 모양의 환상 영역이다.

z-변환 $X(z)$의 ROC는 신호 $x[n]$의 특성을 결정한다.

유한구간 $x[n]$: $X(z)$의 ROC는 $z = 0$ 그리고/혹은 $z = \infty$를 제외한 모든 z-평면이다.

우측 $x[n]$: $X(z)$의 ROC는 가장 큰 극점을 반지름으로 하는 원 밖의 영역이다.

좌측 $x[n]$: $X(z)$의 ROC는 가장 작은 극점을 반지름으로 하는 원 내부의 영역이다.

양측 $x[n]$: $X(z)$의 ROC는 가장 작은 극점과 가장 큰 극점을 반지름으로 하는 환형 영역이다.

ROC를 명시하는 이유

신호 $y[n] = -\alpha^n u[-n-1] = -1, n = -1, -2, \ldots$을 생각해 보자. 변수 $m = -k$로 치환하면 $y[n]$의 양측 z-변환은 다음과 같다.

$$Y(z) = \sum_{k=-\infty}^{-1} -\alpha^k z^{-k} \underbrace{=}_{m=-k} -\sum_{m=1}^{\infty}\left(\frac{z}{\alpha}\right)^m = -\frac{z/\alpha}{1-(z/\alpha)} = \frac{z}{z-\alpha}, \qquad \text{ROC: } |z| < |\alpha|$$

$Y(z)$의 ROC는 $|z| < |\alpha|$이다. $x[n] = \alpha^n u[n]$의 z-변환 $X(z) = \frac{z}{z-\alpha}$임을 상기하자. 이 결과는 $Y(z)$와 동일하나 $X(z)$의 ROC는 $|z| > |\alpha|$이다. 따라서 완전히 서로 다른 두 신호의 z-변환이 같을 수가 있으며 두 신호를 분간할 수 있는 유일한 방법은 ROC이다. 즉, 변환식 그 자체로부터 신호를 확실하게 확인할 수 없으므로 ROC를 명시해야 한다. 이 책에서는 ROC가 명시되지 않는다면 우측 신호로 가정한다.

예제 4.2 ROC 조사

(a) $x[n] = \{4, -3, \overset{\Downarrow}{2}, 6\}$에 대한 $X(z)$의 ROC는 $0 < |z| < \infty$이며, $x[n]$이 $n < 0$과 $n > 0$에서 값을 가지므로 $z = 0$과 $z = \infty$는 포함하지 않는다.

(b) $X(z) = \dfrac{z}{z-2} + \dfrac{z}{z+3}$에 대해 ROC는 $x[n]$의 특성에 달려 있다.

$x[n]$이 우측 신호이면 ROC는 $|p|_{\max} = 3$이므로 $|z| > 3$이다.

$x[n]$이 좌측 신호이면 ROC는 $|p|_{\min} = 2$이므로 $|z| < 2$이다.

$x[n]$이 양측 신호이면 ROC는 $2 < |z| < 3$이다.

$|z| < 2$와 $|z| > 3$의 영역은 두 항에 공통인 영역을 찾아야 하기 때문에 유효한 수렴 영역에 해당되지 않는다.

심화문제 4.3

(a) $X(z) = \dfrac{z + 0.5}{z}$ 의 ROC를 구하라.

(b) $Y(z) = \dfrac{z + 1}{(z - 0.1)(z + 0.5)}$ 에 대해 $y[n]$이 우측 신호일 경우 ROC를 구하라.

(c) $G(z) = \dfrac{z}{z + 2} + \dfrac{z}{z - 1}$ 에 대해 $g[n]$이 양측 신호일 경우 ROC를 구하라.

(d) $H(z) = \dfrac{(z + 3)}{(z - 2)(z + 1)}$ 에 대해 $h[n]$이 좌측 신호일 경우 ROC를 구하라.

정답: (a) $|z| \neq 0$ **(b)** $|z| > 0.5$ **(c)** $1 < |z| < 2$ **(d)** $|z| < 1$

4.2 양측 z-변환 특성

z-변환은 선형 연산으로 중첩 원리를 따른다. 표 4.2에 열거된 z-변환 특성은 z-변환 연산의 선형 특성에 근거하고 있다.

시간 이동 특성

양측 z-변환의 시간 이동 특성을 증명하기 위하여 변수를 치환한다. 변환 쌍 $x[n] \Leftarrow \boxed{\text{ZT}} \Rightarrow X(z)$로부터 $y[n] = x[n - N]$의 z-변환은 다음과 같다.

$$Y(z) = \sum_{k=-\infty}^{\infty} x[k - N]z^{-k} \tag{4.4}$$

변수 $m = k - N$으로 치환하는데, 더하기 색인 m은 N이 유한하므로 여전히 $-\infty$에서 ∞ 범위에 있으며 다음과 같이 표현된다.

표 4.2 양측 z-변환 특성

순서	특성	신호	z-변환
1	이동	$x[n - N]$	$z^{-N}X(z)$
2	시간 반전	$x[-n]$	$X(\frac{1}{z})$
3	비인과성	$x[-n]u[-n - 1]$	$X(\frac{1}{z}) - x[0]$ (인과성 $x[n]$에 대해)
4	스케일	$\alpha^n x[n]$	$X(\frac{z}{\alpha})$
5	곱-n	$nx[n]$	$-z\,\frac{dX(z)}{dz}$
6	곱-cos	$\cos(n\Omega)x[n]$	$0.5[X(ze^{j\Omega}) + X(ze^{-j\Omega})]$
7	곱-sin	$\sin(n\Omega)x[n]$	$j0.5[X(ze^{j\Omega}) - X(ze^{-j\Omega})]$
8	컨벌루션	$x[n] * h[n]$	$X(z)H(z)$

$$Y(z) = \sum_{m=-\infty}^{\infty} x[m]z^{-(m+N)} \underbrace{=}_{m=k-N} z^{-N} \sum_{m=-\infty}^{\infty} x[m]z^{-m} = z^{-N} X(z) \tag{4.5}$$

$X(z)$의 인자 z^{-N}은 $x[n]$이 N만큼 오른쪽으로 이동함을 의미한다.

심화문제 4.4

(a) $X(z) = 2 + 5z^{-1}$일 때 $y[n] = x[n-3]$의 z-변환을 구하라.

(b) $(0.5)^n u[n] \Leftarrow \boxed{\text{ZT}} \Rightarrow \frac{z}{z-0.5}$를 사용하여 $G(z) = \frac{1}{z-0.5}$일 때 $g[n]$을 구하라.

정답: (a) $Y[z] = 2z^{-3} + 5z^{-4}$ **(b)** $g[n] = (0.5)^{n-1}u[n-1]$

곱-*n* 특성

곱-n 특성은 미분을 취한 후 양변에 $-z$를 곱함으로써 다음과 같이 구해진다.

$$X(z) = \sum_{k=-\infty}^{\infty} x[k]z^{-k} \qquad \frac{dX(z)}{dz} = \sum_{k=-\infty}^{\infty} \frac{d}{dz}\left[x[k]z^{-k}\right] = \sum_{k=-\infty}^{\infty} -kx[k]z^{-(k+1)} \tag{4.6}$$

$$-z\frac{dX(z)}{dz} = \sum_{k=-\infty}^{\infty} kx[k]z^{-k} \tag{4.7}$$

이 결과는 $nx[n]$의 변환을 나타낸다.

심화문제 4.5

(a) $X(z) = 2 + 5z^{-1} - 4z^{-2}$일 때 $y[n] = nx[n]$의 z-변환을 구하라.

(b) $G(z) = \frac{z}{z-0.5}$, ROC: $|z| > 0.5$일 때 $h[n] = ng[n]$의 z-변환과 ROC를 구하라.

정답: (a) $Y[z] = 5z^{-1} - 8z^{-2}$ **(b)** $H[z] = \frac{0.5z}{(z-0.5)^2}$, $|z| > 0.5$

스케일 특성

스케일 특성은 $y[n] = \alpha^n x[n]$의 변환을 통해 다음과 같이 구해진다.

$$Y(z) = \sum_{k=-\infty}^{\infty} \alpha^k x[k]z^{-k} = \sum_{k=-\infty}^{\infty} x[k]\left(\frac{z}{\alpha}\right)^{-k} = X\left(\frac{z}{\alpha}\right) \tag{4.8}$$

스케일 특성도 ROC의 스케일로 이어진다는 사실은 중요하다. $X(z)$의 ROC가 $|z| > |K|$이면 스

케일 특성은 $Y(z)$의 ROC를 $|z| > |K\alpha|$로 변화시킨다. 특히, $\alpha = -1$이면 유용한 관계식 $(-1)^n x[n] \Leftarrow \boxed{\text{ZT}} \Rightarrow X(-z)$가 구해진다. 이 식은 $x[n]$의 기수 번째 샘플의 부호를 변화시켜 $y[n]$이라 두면 z-변환 $Y(z)$는 $Y(z) = X(-z)$이며 같은 ROC를 갖는다는 것을 보여준다.

심화문제 4.6

(a) $X(z) = 2 - 3z^{-2}$일 때 $y[n] = (2)^n x[n]$의 z-변환과 ROC를 구하라.

(b) $G(z) = \frac{z}{z-0.5}$, $|z| > 0.5$일 때 $h[n] = (-0.5)^n g[n]$의 z-변환과 ROC를 구하라.

(b) $F(z) = 2 + 5z^{-1} - 4z^{-2}$일 때 $p[n] = f[-n]$의 z-변환과 ROC를 구하라.

정답: (a) $2 - 12z^{-2}$, $z \neq 0$ **(b)** $\frac{z}{z+0.25}$ $|z| > 0.25$ **(c)** $2 + 5z - 4z^2$, $z \neq \infty$

곱-cos과 곱-sin 특성

$x[n]$이 $e^{jn\Omega}$ 혹은 $(e^{j\Omega})^n$과 곱해질 때 쌍 $e^{jn\Omega}x[n] \Leftarrow \boxed{\text{ZT}} \Rightarrow X(ze^{-j\Omega})$이 구해진다. 오일러 관계식을 사용하면 이 결과는 곱-cos과 곱-sin 특성으로 전개된다.

$$\cos(n\Omega)x[n] = 0.5x[n](e^{jn\Omega} + e^{-jn\Omega}) \Leftarrow \boxed{\text{ZT}} \Rightarrow 0.5[X(ze^{j\Omega}) + X(ze^{-j\Omega})] \tag{4.9}$$

$$\sin(n\Omega)x[n] = -j0.5x[n](e^{jn\Omega} - e^{-jn\Omega}) \Leftarrow \boxed{\text{ZT}} \Rightarrow j0.5[X(ze^{j\Omega}) - X(ze^{-j\Omega})] \tag{4.10}$$

ROC는 곱-cos과 곱-sin 특성에 영향을 받지 않는다.

심화문제 4.7

(a) $X(z) = \frac{z}{z-1}$, $|z| > 1$이고 $y[n] = \cos(0.5n\pi)x[n]$일 때 곱-cos 특성을 사용하여 $Y(z)$를 구하라.

(b) $G(z) = \frac{z}{z-0.5}$, $|z| > 0.5$이고 $h[n] = \sin(0.5n\pi)g[n]$일 때 곱-sin 특성을 사용하여 $H(z)$를 구하라.

(c) $P(z) = \frac{z^2}{z^2+0.25}$, $|z| > 0.5$이고 $q[n] = \cos(0.5n\pi)p[n]$일 때 곱-cos 특성을 사용하여 $Q(z)$를 구하라.

(d) $V(z) = \frac{z^2}{z^2+0.25}$, $|z| > 0.5$이고 $s[n] = \cos(0.25n\pi)v[n]$일 때 곱-cos 특성을 사용하여 $S(z)$를 구하라.

정답: (a) $\frac{z^2}{z^2+1}$ **(b)** $\frac{0.5z}{z^2+0.25}$ **(c)** $\frac{z^2}{z^2-0.25}$ **(d)** $\frac{z^4}{z^4+0.0625}$

컨벌루션 특성

컨벌루션 특성은 시간 영역에서의 곱은 변환 영역에서의 컨벌루션에 대응된다는 사실에 근거하고 있다. 수열의 z-변환은 다항식이며 두 다항식의 곱은 각 수열의 컨벌루션에 대응된다. 이 특성은 변환된 영역에서 시스템을 분석하는 데 광범위하게 사용된다.

시간 반전 특성

$x[n] \Leftarrow \boxed{\text{ZT}} \Rightarrow X(z)$이고 $y[n] = x[-n]$일 때 정의관계에서 변수 $m \to -k$로 치환하면 다음과 같다.

$$Y(z) = \sum_{k=-\infty}^{\infty} x[-k]z^{-k} \underbrace{=}_{m=-k} \sum_{m=-\infty}^{\infty} x[m]z^{m} = \sum_{m=-\infty}^{\infty} x[m](1/z)^{-m} = X(1/z) \quad (4.11)$$

$x[n]$의 ROC가 $|z| > |\alpha|$이면 시간 반전 신호 $x[-n]$의 ROC는 $|1/z| > |\alpha|$ 혹은 $|z| < 1/|\alpha|$가 된다.

심화문제 4.8

(a) $X(z) = 2 + 3z^{-1}, z \neq 0$일 때 $y[n] = x[-n]$의 z-변환과 ROC를 구하라.
(b) $G(z) = \frac{z}{z-0.5}, |z| > 0.5$일 때 $h[n] = g[-n]$의 z-변환과 ROC를 구하라.

정답: (a) $Y(z) = 3z + 2, |z| \neq \infty$ **(b)** $H(z) = \frac{1}{1-0.5z}, |z| < 2$

반전 특성과 대칭 신호

반전 특성은 z-변환에서 신호 대칭을 조사하는 데 유용하다. $x[n]$이 원점 $n = 0$에서 우대칭이면 $x[n] = x[-n]$이므로 $X(z) = X(1/z)$가 된다. 마찬가지로 $x[n]$이 $n = 0$에서 기대칭이면 $x[n] = -x[-n]$이므로 $X(z) = -X(1/z)$가 된다. $x[n]$이 중간점에 대해 대칭이고 대칭 중심이 $n = 0$이 아니면 우대칭에 대해서는 $X(z) = z^M X(1/z)$이고 기대칭에 대해서는 $X(z) = -z^M X(1/z)$이다. 인자 z^M(M은 정수)은 원점으로부터 대칭 중심의 이동을 의미한다.

대칭 수열의 z-변환 특성

우대칭: $x[n] = x[-n]$이고 $X(z) = z^M X(1/z)$

기대칭: $x[n] = -x[-n]$이고 $X(z) = -z^M X(1/z)$

심화문제 4.9

(a) $x[n] = \{\overset{\Downarrow}{0}, 1, 5, 1\}$일 때 $X(z) = z^M X(1/z)$임을 증명하고 M을 구하라.
(b) $y[n] = \{2, \overset{\Downarrow}{2}\}$일 때 $Y(z) = z^M Y(1/z)$임을 증명하고 M을 구하라.
(c) $g[n] = \{3, \overset{\Downarrow}{0}, -3\}$일 때 $G(z) = -z^M G(1/z)$임을 증명하고 M을 구하라.

정답: **(a)** $M = -4$ **(b)** $M = 1$ **(c)** $M = 0$

반전 특성과 비인과성 신호

반전 특성은 비인과성 신호의 변환을 구하는 데 유용하다. 인과성 신호 $x[n]u[n] \Leftarrow \boxed{\text{ZT}} \Rightarrow X(z)$ (ROC: $|z| > |\alpha|$)로부터 $x[-n]u[-n]$의 z-변환을 $X(1/z)$(ROC: $|z| < 1/|\alpha|$)로 구할 수 있다. 비인과성 신호 $y[n] = x[-n]u[-n-1]$ ($n = 0$에서의 샘플이 없음)은 그림 4.2에 설명되었듯이 $y[n] = x[-n]u[-n] - x[0]\delta[n]$으로 나타낼 수 있다.

$x[n]u[n] \Leftarrow \boxed{\text{ZT}} \Rightarrow X(z)$, $|z| > |\alpha|$이므로 $y[n] = x[-n]u[-n-1]$의 z-변환은 다음과 같다.

$$y[n] = x[-n]u[-n-1] \Leftarrow \boxed{\text{ZT}} \Rightarrow Y(z) = X(1/z) - x[0], \quad |z| < 1/|\alpha| \tag{4.12}$$

인과형으로부터 비인과형 신호의 z-변환을 구하는 방법

$x[n]u[n] \Leftarrow \boxed{\text{ZT}} \Rightarrow X(z)$, $|z| > |\alpha|$이면 $x[-n]u[-n-1] \Leftarrow \boxed{\text{ZT}} \Rightarrow X(1/z) - x[0]$, $|z| < 1/|\alpha|$ 이다.

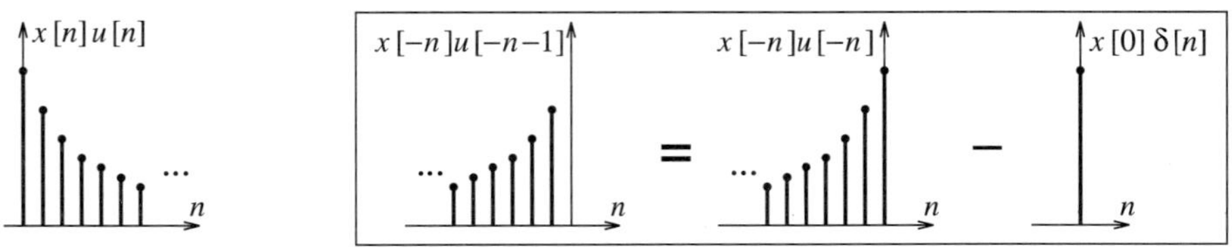

그림 4.2 인과성 신호 $x[n]u[n]$으로부터 비인과성 신호를 구하기 위해 신호를 뒤집어 $x[-n]u[-n]$을 구하고 샘플 값이 $x[0]$인 원점에서의 임펄스 신호를 빼면 된다. 이 사실에서 인과형의 z-변환으로부터 비인과성 신호의 z-변환을 구할 수 있음을 알 수 있다.

심화문제 4.10

(a) $x[n]u[n] \Leftarrow \boxed{\text{ZT}} \Rightarrow 2 + 5z^{-1}$, $z \neq 0$일 때 $y[n] = x[-n]u[-n-1]$의 z-변환과 ROC를 구하라.

(b) $f[n]u[n] \Leftarrow \boxed{\text{ZT}} \Rightarrow \frac{z+1}{z+0.5}$, $|z| > 0.5$일 때 $g[n] = f[-n]u[-n-1]$의 z-변환과 ROC를 구하라.

정답: (a) $Y(z) = 5z$, $|z| \neq \infty$ **(b)** $G(z) = \frac{0.5z}{0.5z+1}$, $|z| < 2$

예제 4.3 특성을 이용한 *z*-변환

(a) 곱-n 특성을 사용하면 $y[n] = nu[n]$의 z-변환은 다음과 같다.

$$Y(z) = -z\frac{d}{dz}\left[\frac{z}{z-1}\right] = -z\left[\frac{-z}{(z-1)^2} + \frac{1}{z-1}\right] = \frac{z}{(z-1)^2}$$

(b) $x[n] = \alpha^n nu[n]$일 때 스케일 특성을 사용하면 z-변환은 다음과 같다.

$$X(z) = \frac{z/\alpha}{[(z/\alpha)-1]^2} = \frac{z\alpha}{(z-\alpha)^2}$$

(c) N-샘플 지수 펄스 $x[n] = \alpha^n(u[n] - u[n-N])$의 z-변환을 구해 보자. $y[n] = u[n] - u[n-N]$으로 두면 z-변환은

$$Y(z) = \frac{1-z^{-N}}{1-z^{-1}}, \quad |z| \neq 1$$

이므로, $x[n] = \alpha^n y[n]$의 z-변환은 다음과 같다.

$$X[z] = \frac{1-(z/\alpha)^{-N}}{1-(z/\alpha)^{-1}}, \quad z \neq \alpha$$

(d) $x[n] = \cos(n\Omega)u[n]$과 $y[n] = \sin(n\Omega)u[n]$의 z-변환은 곱-cos과 곱-sin 특성을 사용하면 다음과 같다.

$$X(z) = 0.5\left[\frac{ze^{j\Omega}}{ze^{j\Omega}-1} + \frac{ze^{-j\Omega}}{ze^{-j\Omega}-1}\right] = \frac{z^2 - z\cos\Omega}{z^2 - 2z\cos\Omega + 1}$$

$$Y(z) = j0.5\left[\frac{ze^{j\Omega}}{ze^{j\Omega}-1} - \frac{ze^{-j\Omega}}{ze^{-j\Omega}-1}\right] = \frac{z\sin\Omega}{z^2 - 2z\cos\Omega + 1}$$

(e) $f[n] = \alpha^n\cos(n\Omega)u[n]$과 $g[n] = \alpha^n\sin(n\Omega)u[n]$의 z-변환은 (d)의 결과와 스케일 특성으로부터 구할 수 있다.

$$F(z) = \frac{(z/\alpha)^2 - (z/\alpha)\cos\Omega}{(z/\alpha)^2 - 2(z/\alpha)\cos\Omega + 1} = \frac{z^2 - \alpha z\cos\Omega}{z^2 - 2\alpha z\cos\Omega + \alpha^2}$$

$$G(z) = \frac{(z/\alpha)\sin\Omega}{(z/\alpha)^2 - 2(z/\alpha)\cos\Omega + 1} = \frac{\alpha z\sin\Omega}{z^2 - 2\alpha z\cos\Omega + \alpha^2}$$

(f) $y[n] = \alpha^{-n}u[-n-1]$의 변환을 구하기 위해 반전 특성을 사용하자. 변환 쌍 $x[n] = \alpha^n u[n] \Leftarrow \boxed{\text{ZT}} \Rightarrow \frac{z}{z-\alpha}$, ROC: $|z| > |\alpha|$에서 $x[0] = 1$이므로 다음과 같이 구해진다.

$$y[n] = \alpha^{-n}u[-n-1] \Leftarrow\boxed{\text{ZT}}\Rightarrow X(1/z) - x[0] = \frac{1/z}{1/z - \alpha} - 1$$

$$= \frac{\alpha z}{1-\alpha z}, \quad \text{ROC: } |z| < \frac{1}{|\alpha|}$$

만약 α를 $1/\alpha$로 대치하고 위 결과의 부호를 바꾸면 다음과 같다.

$$-\alpha^n u[-n-1] \Leftarrow\boxed{\text{ZT}}\Rightarrow \frac{z}{z-\alpha}, \qquad \text{ROC: } |z| < |\alpha|$$

이 결과는 z-변환 표에서 표준 변환 쌍으로 열거되어 있다.

(g) $x[n] = \alpha^{|n|}$, $|\alpha| < 1$(양측으로 감소하는 지수)의 변환을 구하기 위해 반전 특성을 사용하자. 이 신호는 그림 E4.3g에서와 같이 $x[n] = \alpha^n u[n] + \alpha^{-n}u[n] - \delta[n]$(단측으로 감소하는 지수와 시간 반전 신호, 그리고 원점에서 추가 샘플을 뺀 신호)으로 나타낼 수 있다.

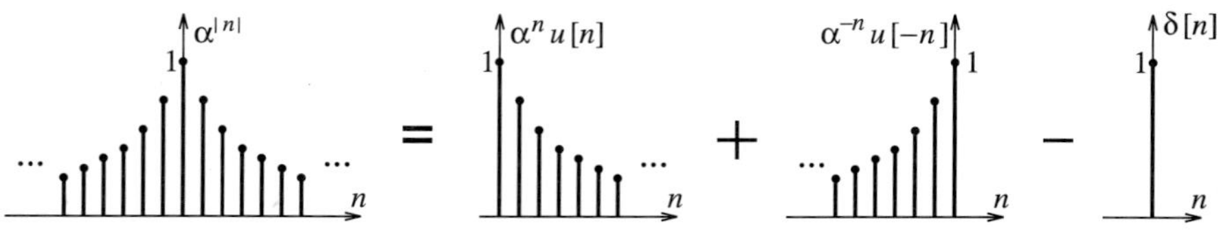

그림 E4.3g 예제 4.3(g)의 신호

이 신호의 z-변환은 다음과 같다.

$$X(z) = \frac{z}{z-\alpha} + \frac{1/z}{(1/z)-\alpha} - 1 = \frac{z}{z-\alpha} - \frac{z}{z-(1/\alpha)}, \quad \text{ROC: } |\alpha| < |z| < \frac{1}{|\alpha|}$$

ROC가 양측 수열에 대응되는 환형 형태이고, $|\alpha| < 1$인 경우에만 영역이 유효하다.

4.3 극점, 영점 그리고 z-평면

많은 신호의 z-변환은 다음 형태의 유리함수이다.

$$X(z) = \frac{N(z)}{D(z)} = \frac{B_M z^M + B_{M-1} z^{M-1} + \cdots + B_2 z^2 + B_1 z + B_0}{A_N z^N + A_{N-1} z^{N-1} + \cdots + A_2 z^2 + A_1 z + A_0} \tag{4.13}$$

$N(z)$ 근을 z_i, $i = 1, 2, \ldots, M$으로, $D(z)$ 근을 p_k, $k = 1, 2, \ldots, N$으로 표시하면 $X(z)$는 다음과 같은 인수분해 형태로 나타낼 수 있다.

$$X(z) = K\frac{N(z)}{D(z)} = K\frac{(z - z_1)(z - z_2)\cdots(z - z_M)}{(z - p_1)(z - p_2)\cdots(z - p_N)} \tag{4.14}$$

$N(z)$의 근을 **영점**(zero)이라 하고 $D(z)$의 근을 **극점**(pole)이라 한다. **극점-영점 플롯**(pole-zero plot)은 z평면에서 극점(×로 표기)과 영점(○로 표기)을 표시하여, 근 위치에 대해 시각적으로 보여주고 있다. 다중근에 대해서는 그림의 근 위치 옆에 중복하여 표시한다. 곱 상수 K 값이 플롯에 표시된다면 근 위치를 보여주는 극점-영점 플롯으로부터 $X(z)$를 구할 수 있다.

예제 4.4 극점-영점 플롯

(a) $H(z) = \frac{2z(z+1)}{(z-\frac{1}{3})(z^2+\frac{1}{4})(z^2+4z+5)}$에 대해 분자 차수는 2이며, 두 개 영점은 $z = 0$과 $z = -1$이다. 분모 차수는 5이며 5개의 유한 극점은 $z = \frac{1}{3}$, $z = \pm j\frac{1}{2}$, $z = -2 \pm j$이며, 곱 인자 $K = 2$이다. 그림 E4.4(a)는 극점-영점 플롯을 보여주고 있다.

(b) 그림 E4.4(b)의 극점-영점 패턴에 대응되는 z-변환은 무엇인가? 대칭 신호를 나타내는가? 만약 $X(z) = \frac{KN(z)}{D(z)}$로 두면 4개의 영점은 다음과 같이 주어지는 분자 $N(z)$에 대응된다.

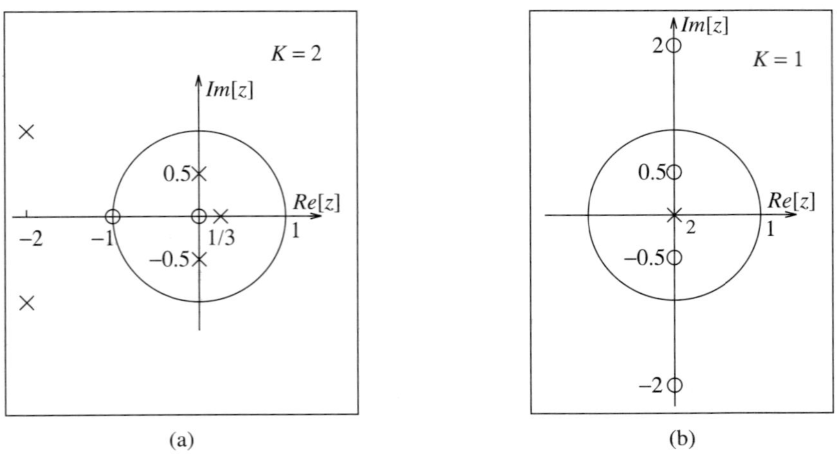

그림 E4.4 예제 4.4의 극점-영점 플롯

$$N(z) = (z - j0.5)(z + j2)(z + j0.5)(z - j2) = z^4 + 4.25z^2 + 1$$

원점에 있는 2개의 극점은 분모 $D(z) = z^2$에 대응된다. $K = 1$일 때 z-변환은 다음과 같다.

$$X(z) = K\frac{N(z)}{D(z)} = \frac{z^4 + 4.25z^2 + 1}{z^2} = z^2 + 4.25 + z^{-2}$$

대칭성에 대해서는 $X(z) = X(1/z)$이므로 $x[n]$은 우대칭이다. 사실, $x[n] = \delta[n + 2] + 4.25\delta[n] + \delta[n - 2] = \{1, \overset{\Downarrow}{4.25}, 1\}$이다. 각 영점은 서로 역의 값을 갖는 쌍으로($j0.5$와 $-j2$, $-j0.5$와 $j2$) 구성되어 있으며, 대칭 수열의 특성이다.

4.4 전달 함수

임펄스 응답이 $h[n]$이고 임의의 입력 $x[n]$에 대한 시스템 응답 $y[n]$은 컨벌루션 $y[n] = x[n] * h[n]$으로 계산된다. 컨벌루션 연산은 곱으로 변환되므로 다음과 같이 주어진다.

$$Y(z) = X(z)H(z) \ \text{또는} \ H(z) = \frac{Y(z)}{X(z)} \tag{4.15}$$

그림 4.3은 이 연산의 시간 영역과 z-영역의 동일함을 설명하고 있다.

완화된 LTI 시스템의 전달 함수는 출력 $Y(z)$와 입력 $X(z)$의 비로서 혹은 시스템 임펄스 응답 $h[n]$의 z-변환으로 정의된다.

완화된 LTI 시스템은 차분방정식으로도 표현된다.

$$y[n]+A_1y[n-1]+\cdots+A_Ny[n-N] = B_0x[n]+B_1x[n-1]+\cdots+B_Mx[n-M] \tag{4.16}$$

위 식의 z-변환은 다음과 같은 전달 함수로서 z로 구성된 다항식의 비이다.

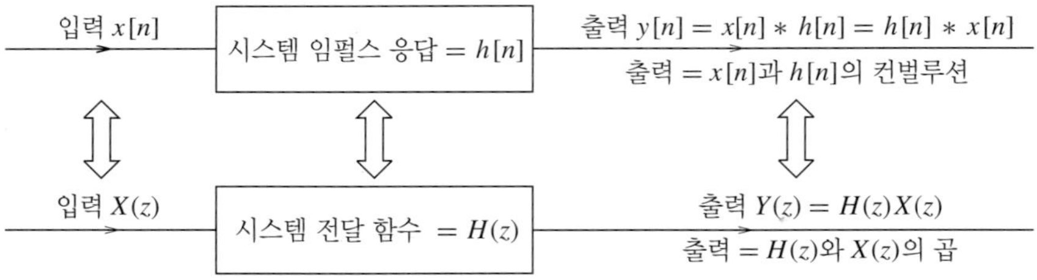

그림 4.3 시간 영역과 z-영역에서 시스템 설명. 시간 영역에서 시스템 출력은 $x[n]$과 $h[n]$의 컨벌루션으로 구해진다. z-영역에서는 변환 출력 $Y(z)$는 $X(z)$와 $H(z)$의 곱으로 구해진다. 한 영역에서의 컨벌루션은 다른 영역에서는 곱으로 변환된다.

$$H(z) = \frac{Y(z)}{X(z)} = \frac{B_0 + B_1 z^{-1} + \cdots + B_M z^{-M}}{1 + A_1 z^{-1} + \cdots + A_N z^{-N}} \tag{4.17}$$

LTI 시스템은 전달 함수, 임펄스 응답, 차분방정식 혹은 극점–영점 플롯으로 나타낼 수 있으며, 시스템이 한 형태로 주어지면 다른 형태로도 구할 수 있다.

심화문제 4.11

(a) $y[n] - 0.4y[n-1] = 2x[n]$으로 표현되는 디지털 필터의 전달 함수 $H(z)$를 구하라.

(b) $H(z) = \frac{z-1}{z+0.5}$로 표현되는 디지털 필터의 차분방정식을 구하라.

(c) $h[n] = (0.5)^n u[n] - \delta[n]$으로 표현되는 디지털 필터의 차분방정식을 구하라.

정답: (a) $\frac{2z}{z-0.4}$ **(b)** $y[n] + 0.5y[n-1] = x[n] - x[n-1]$

(c) $y[n] - 0.5y[n-1] = 0.5x[n-1]$

전달 함수 $H(z)$의 극점은 **자연 모드**(natural mode) 혹은 **자연 주파수**(natural frequency)라고 한다. $Y(z) = H(z)X(z)$의 극점에 따라서 시스템 응답 형태가 결정된다. $H(z)$의 자연 주파수는 $X(z)$에서 대응되는 영점에 의해 상쇄되지 않는다면 시스템 응답에서 항상 나타난다. $H(z)$의 영점은 시스템에 의해 차단되는(복소수) 주파수로 간주될 수 있다.

4.5 상호연결 시스템

z-변환은 상호연결된 LTI 시스템을 공부하는 데 아주 적합하다. 그림 4.4는 직렬과 병렬로 상호연결된 완화된 두 시스템을 보여주고 있다.

직렬로 연결된 시스템의 전체 전달 함수는 각 전달 함수의 곱이다. n개 시스템이 직렬일 때 전체 임펄스 응답 $h_C[n]$은 각 임펄스 응답 $h_1[n], h_2[n], \ldots$의 컨벌루션이다. 컨벌루션 연산은 곱으로 변환되므로 다음과 같이 표현된다.

$$H_C(z) = H_1(z)H_2(z)\cdots H_n(z) \qquad (n\text{개 직렬 시스템}) \tag{4.18}$$

전달 함수 $H(z)$는 1차와 2차의 전달 함수 곱으로 인수분해할 수 있으므로 $H(z)$를 직렬 형태로 구현할 수 있다.

병렬로 연결된 시스템의 전체 전달 함수는 각각의 전달 함수의 합이다. n개 시스템이 병렬일 때 다음과 같이 표현된다.

$$H_P(z) = H_1(z) + H_2(z) + \cdots + H_n(z) \qquad (n\text{개 병렬 시스템}) \tag{4.19}$$

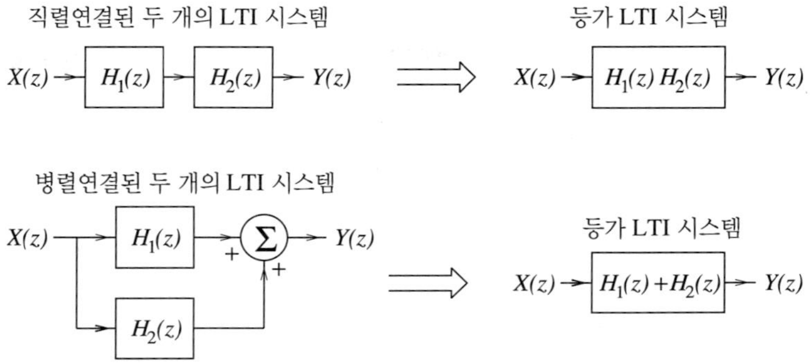

그림 4.4 직렬로 연결된 시스템의 등가 전달 함수는 각 전달 함수의 곱이다. 병렬로 연결된 시스템의 등가 전달 함수는 각 전달 함수의 합이다.

전달 함수 $H(z)$를 1차 그리고/혹은 2차 부시스템의 합으로 표현하기 위해 부분분수를 사용할 수 있으며, $H(z)$를 병렬 조합으로 구현할 수 있다.

직렬과 병렬 시스템의 전체 임펄스 응답과 전달 함수

직렬: 각 임펄스 응답의 컨벌루션. 각 전달 함수의 곱

병렬: 각 임펄스 응답의 합. 각 전달 함수의 합

예제 4.5 직렬과 병렬 시스템

(a) 두 개의 디지털 필터 $h_1[n] = \alpha^n u[n]$과 $h_2[n] = (-\alpha)^n u[n]$이 있다. 직렬의 전달 함수는 $H_C(z)$이고 병렬의 전달 함수는 $H_P(z)$이다. $H_C(z)$와 $H_P(z)$는 어떤 관계가 있는가?

두 필터의 전달 함수는 $H_1(z) = \dfrac{z}{z-\alpha}$와 $H_2(z) = \dfrac{z}{z+\alpha}$이다. 따라서

$$H_C(z) = H_1(z)H_2(z) = \frac{z^2}{z^2-\alpha^2} \qquad H_P(z) = H_1(z) + H_2(z) = \frac{2z^2}{z^2-\alpha^2}$$

이므로 $H_P(z) = 2H_C(z)$이다.

(b) 선형위상 필터 두 개의 직렬 혹은 병렬 조합도 선형위상인가? 설명하라.

선형위상 필터는 대칭 임펄스 응답 수열로 표현된다. 직렬의 임펄스 응답도 두 대칭 수열의 컨벌루션이므로 대칭이다. 따라서 선형위상 필터 두 개의 직렬은 항상 선형위상이다.

병렬 조합의 임펄스 응답은 각 임펄스 응답의 합이다. 대칭 수열의 합은 항상 대칭이 아니므로 (두 수열이 기대칭 혹은 우대칭이 아니면) 선형위상 필터 두 개의 병렬 조합은 항상 선형위상이 아니다.

심화문제 4.12

(a) 병렬로 연결된 두 필터 $h_1[n] = \{\overset{\Downarrow}{1}, 3\}$과 $h_2[n] = \{2, \overset{\Downarrow}{-1}\}$의 전달 함수를 구하라.

(b) 직렬로 연결된 두 필터의 전달 함수 $H_C(z) = 1$이다. 첫 번째 필터의 임펄스 응답이 $h_1[n] = 2(0.5)^n u[n]$이면 두 번째 필터의 임펄스 응답을 구하라.

(c) 두 필터가 $y[n] - 0.4y[n-1] = x[n]$과 $h_2[n] = 2(0.4)^n u[n]$으로 주어질 때 병렬 조합과 직렬 조합의 전달 함수를 구하라.

정답: (a) $2z + 3z^{-1}$ **(b)** $\{\underset{\Uparrow}{0.5}, -0.25\}$ **(c)** $H_P(z) = \frac{3z}{z-0.4}$, $H_C(z) = \frac{2z^2}{(z-0.4)^2}$

4.6 전달 함수 구현

전달 함수로 표현되는 디지털 필터의 구현은 차분방정식에 의한 구현과 유사하다. 다음과 같이 표현되는 비재귀 및 재귀 필터는 그림 4.5와 같이 **순방향**(feed-forward, 비재귀) 구조와 **궤환**(feedback, 재귀) 구조로 구현할 수 있다.

$$H_N(z) = B_0 + B_1 z^{-1} + \cdots + B_M z^{-M}$$

$$y[n] = B_0 x[n] + B_1 x[n-1] + \cdots + B_M x[n-M] \tag{4.20}$$

$$H_R(z) = \frac{1}{1 + A_1 z^{-1} + \cdots + A_N z^{-N}}$$

$$y[n] = -A_1 y[n-1] - \cdots - A_N y[n-N] + x[n] \tag{4.21}$$

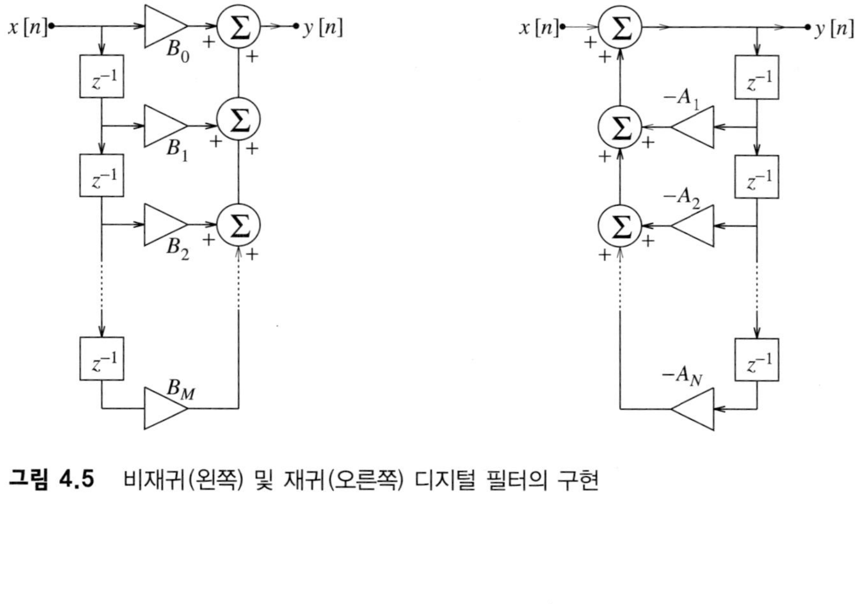

그림 4.5 비재귀(왼쪽) 및 재귀(오른쪽) 디지털 필터의 구현

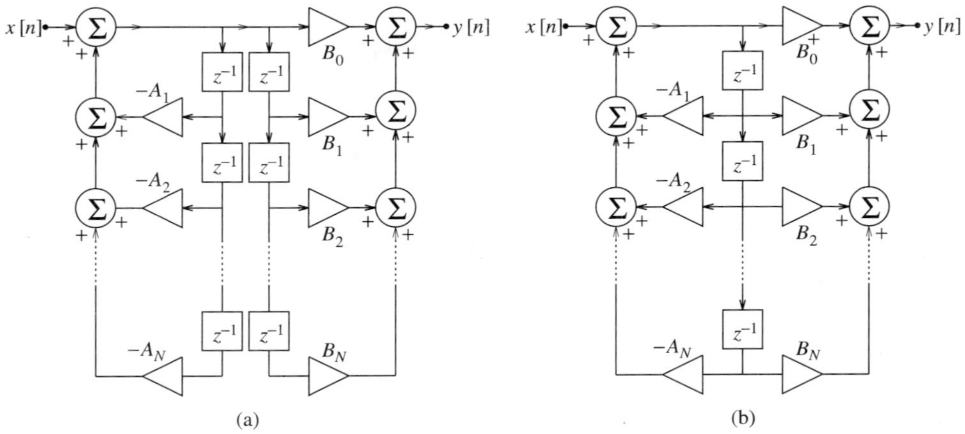

그림 4.6 디지털 필터 구현 (a) 직접형 I (b) 정형 혹은 직접형 II

일반적인 차분방정식을 생각해 보자.

$$y[n] = -A_1 y[n-1] - \cdots - A_N y[n-N] + B_0 x[n] + B_1 x[n-1] + \cdots + B_N x[n-N] \tag{4.22}$$

계수 B_k의 일부를 항상 영으로 둘 수 있으므로 일반화가 손상되지 않도록 $M = N$으로 둔다. 이때 전달 함수($M = N$)는 다음과 같다.

$$H(z) = \frac{B_0 + B_1 z^{-1} + \cdots + B_N z^{-N}}{1 + A_1 z^{-1} + A_2 z^{-2} + \cdots + A_N z^{-N}} = H_N(z) H_R(z) \tag{4.23}$$

전달 함수 $H(z) = H_N(z)H_R(z)$는 재귀 및 비재귀 시스템의 전달 함수 곱이다. 이러한 구현은 그림 4.6(a)와 같이 재귀와 비재귀 부분의 직렬 구현으로서 **직접형 I** 구현이다. N차 차분방정식을 구현하기 위해서 $2N$개의 지연소자를 사용하므로 매우 비효율적이다.

LTI 시스템은 임의의 순서로 직렬로 연결할 수 있으므로 그림 4.6(b) 구조를 얻기 위해 재귀와 비재귀 부분으로 전환할 수 있다. 이런 구조는 순방향과 궤환 신호 쌍을 두 개의 지연소자 대신에 한 개 소자를 사용하여 구현할 수 있다. 따라서 $2N$보다 N개 지연소자만 사용하면 되므로 **직접형 II** 혹은 **정형**(canonic) 구현으로 구성된다. **정형**이라는 용어는 최소 수의 지연소자로의 구현을 의미한다.

M과 N이 같지 않다면 계수(A_k 혹은 B_k)의 일부를 영으로 두어야 하며, 필터를 구현할 때 이러한 계수들에 대응하는 신호 흐름을 나타낼 수 없다.

4.6.1 전치 구현

직접형 II는 구현 방향을 반대로(입력과 출력을 역으로) 전환하고, 합 교차점을 노드로(혹은 반대

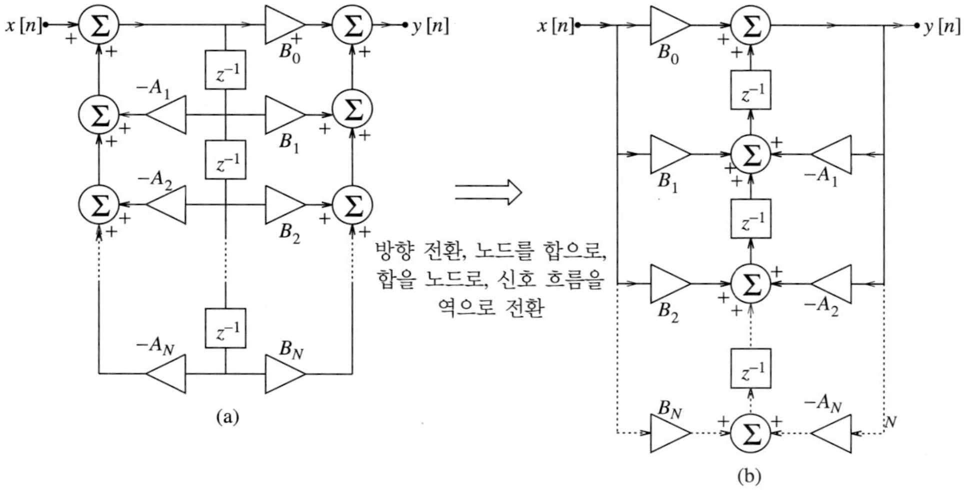

그림 4.7 디지털 필터 구현 (a) 직접형 II (b) 전치

로) 대체하고, 신호 흐름의 방향을 바꾸면 전치(transposed) 구현이 된다. 그림 4.7은 이러한 구현을 보여주고 있다.

예제 4.6 직접형 II와 전치 구현

(a) $2y[n] - y[n-2] - 4y[n-3] = 3x[n-2]$로 표현되는 시스템을 생각해 보자. 전달 함수는 다음과 같다.

$$H(z) = \frac{3z^{-2}}{2 - z^{-2} - 4z^{-3}} = \frac{1.5z}{z^3 - 0.5z - 2}$$

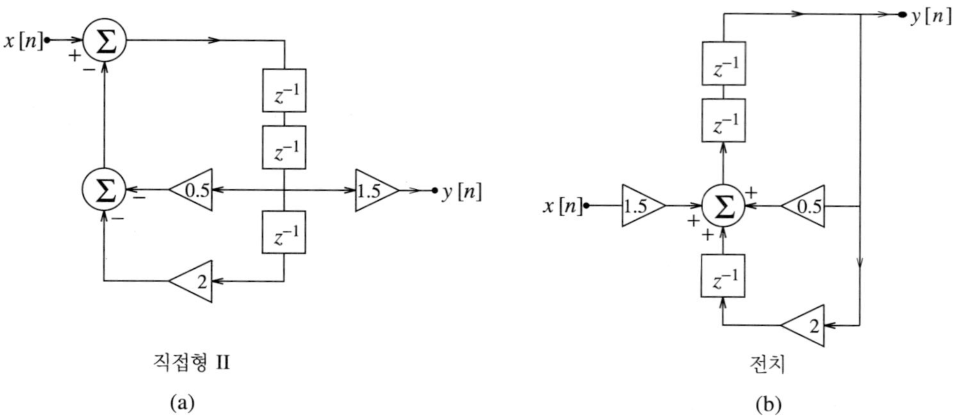

그림 E4.6 예제 4.6의 시스템 구현 (a) 직접형 II (b) 전치

이 시스템은 3차 시스템이다. 직접형 II와 전치 구현을 그림으로 나타내기 위해 $H(z)$와 다음과 같은 일반적인 3차 전달 함수를 비교해 보자.

$$H(z) = \frac{B_0z^3 + B_1z^2 + B_2z + B_3}{z^3 + A_1z^2 + A_2z + A_3}$$

영이 아닌 상수는 $B_2 = 1.5, A_2 = -0.5, A_3 = -2$이며, 그림 E4.6은 이를 사용한 직접형 II와 전치 구현을 보여주고 있다.

4.6.2 직렬과 병렬 구현

직렬 시스템의 전체 전달 함수는 각 전달 함수의 곱이다.

$$H_C(z) = H_1(z)H_2(z)\cdots H_n(z) \qquad (n\text{개 직렬 시스템}) \tag{4.24}$$

임의의 전달 함수 $H(z)$를 직렬형으로 구현하기 위해 $H(z)$를 몇 개의 전달 함수 곱으로 인수분해할 수 있다. 전형적으로 N차 전달 함수는 2차 항들의 직렬로(N이 기수이면 1차 항을 추가) 구현할 수 있다.

병렬 시스템의 전체 전달 함수는 각 전달 함수의 합으로서, n개 병렬 시스템은 다음과 같다.

$$H_P(z) = H_1(z) + H_2(z) + \cdots + H_n(z) \quad (n\text{개 병렬 시스템}) \tag{4.25}$$

임의의 전달 함수 $H(z)$는 1차 그리고/혹은 2차 부시스템의 합으로 표현하기 위해 부분분수를 사용하여 $H(z)$를 병렬 조합으로 구현할 수 있다.

예제 4.7 **시스템 구현**

(a) $H(z) = \dfrac{z^2(6z-2)}{(z-1)(z^2-\frac{1}{6}z-\frac{1}{6})}$ 의 직렬 구현을 구하라.

이 시스템은 그림 E4.7a와 같이 직렬 $H(z) = H_1(z)H_2(z)$로 구현할 수 있다.

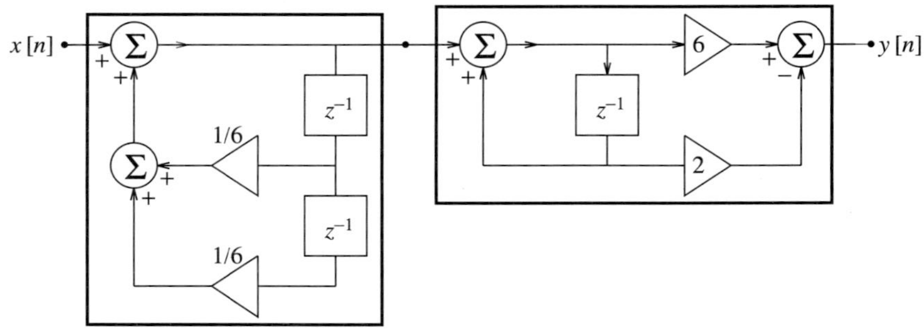

그림 E4.7a 예제 4.7(a) 시스템의 직렬 구현

$$H_1(z) = \frac{z^2}{z^2 - \frac{1}{6}z - \frac{1}{6}} \qquad H_2(z) = \frac{6z-2}{z-1}$$

(b) $H(z) = \dfrac{z^2}{(z-1)(z-0.5)}$ 의 병렬 구현을 구하라.

부분분수를 사용하여 다음과 같이 구한다.

$$H(z) = \frac{2z}{z-1} - \frac{z}{z-0.5} = H_1(z) - H_2(z)$$

두 부시스템 $H_1(z)$와 $H_2(z)$는 그림 E4.7b와 같이 병렬 구현을 구하기 위해 사용될 수 있다.

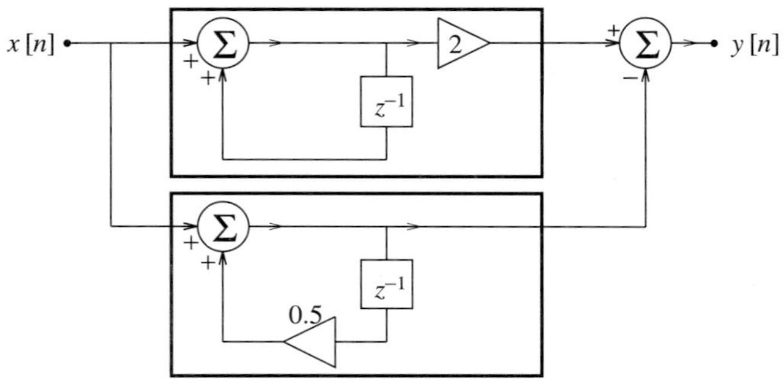

그림 E4.7b 예제 4.7(b) 시스템의 병렬 구현

4.7 LTI 시스템의 인과성과 안정성

시간 영역에서 인과성 시스템은 $h[n] = 0, n < 0$인 인과성 임펄스 응답 $h[n]$이 요구된다. 만약 $H(z)$가 이 시스템의 전달 함수이면 영점 수는 극점 수를 초과할 수 없다. 즉, $H(z)$에서 분자 다항식 차수가 분모 다항식 차수를 초과할 수 없다. 이는 인과성 시스템의 전달 함수는 **진분수** 형태여야 하며 ROC는 유한 반지름의 원 밖이어야 한다는 의미이다.

LTI 시스템이 제한입력, 제한출력(BIBO)의 안정 시스템이 되기 위해서 모든 유한 입력에 대해 출력이 유한해야 한다. 시간 영역에서 LTI 시스템의 BIBO 안정성이 되기 위해 임펄스 응답 $h[n]$의 절댓값 합을 구할 수 있어야 한다. 인과성 시스템에 대해서 이 사실은 전달 함수 $H(z)$의 극점들이 z-평면에서 단위원 **내에** 완전히 놓여 있어야 하는데, 이는 다음과 같은 사실에 기인한다.

- **단위원 밖의 극점**($|z| > 1$)은 유한 입력에 대해서도 기하급수적으로 커진다.

  예: $H(z) = \dfrac{z}{z-3}$ 는 증가하는 지수 $(3)^n u[n]$이다.

- **단위원상의 다수의 극점**은 항상 다항식 형태로 커진다.
  예: $H(z) = \dfrac{1}{z(z-1)^2}$ 는 램프 함수의 $h[n]$을 생성한다.
- **단위원상의 단일(서로 다른) 극점**은 무한 응답을 발생시킬 수 있다.
  예: $z = 1$에서 단일 극점은 $\dfrac{z}{z-1}$ 항을 갖는 $H(z)$를 생성한다. 만약 $X(z)$도 $z = 1$에서 극점을 갖는다면 응답 $Y(z)$는 $\dfrac{z}{(z-1)^2}$ 항을 포함하므로 다항식 형태로 커진다.

시간 영역에서 이러한 형태의 항들은 절댓값 합을 구할 수 없으므로 시스템은 불안정하다. 공식적으로 BIBO 안정성을 위해서는 $H(z)$의 모든 극점들이 단위원 $|z| = 1$ 내에 놓여 있어야만 한다. 이 사실은 인과성 시스템이 안정되기 위한 필요충분조건이다.

만약 시스템이 단위원상에 단일(서로 다른) 극점을 갖는다면 **여분 안정**(marginally stable)이라 하며, 시스템이 단위원 내에 모든 극점과 영점을 갖는다면 **최소위상 시스템**(minimum-phase system)이라 한다.

4.7.1 안정성과 ROC

인과성 혹은 다른 LTI 시스템이 안정되기 위해서는 ROC는 단위원을 포함해야만 하는데, 그림 4.8은 여러 상황들을 설명하고 있다.

인과성 시스템이 안정되기 위해서는 단위원 내부에 모든 극점이 놓여 있어야 하므로 ROC는 단위원을 포함한다. 비인과성 시스템이 안정되기 위해서는 모든 극점이 단위원 밖에 놓여 있어야 하므로 ROC는 단위원을 포함한다. 양측 임펄스 응답을 갖는 안정 시스템의 ROC는 단위원을 포함하는 환형이며 모든 극점이 이 환형 밖에 놓여 있다. 환형의 내부 원 내의 극점들은 임펄스 응답의 인과성 부분에 대응되고, 환형의 외부 원 밖의 극점들은 임펄스 응답의 비인과성 부분에 대응된다.

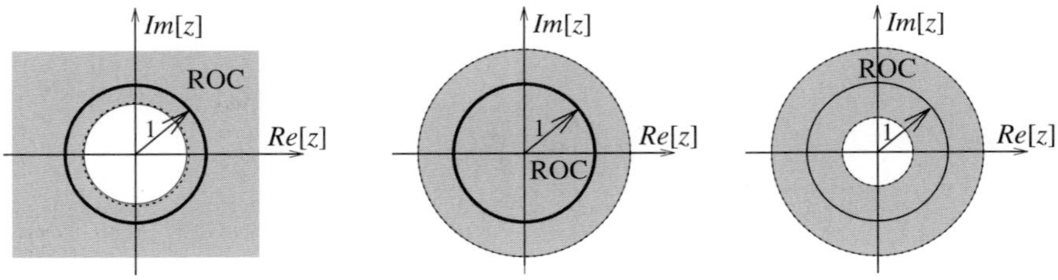

인과성, 안정 시스템의 ROC(어두운 부분) 　 비인과성, 안정 시스템의 ROC(어두운 부분) 　 양측, 안정 시스템의 ROC(어두운 부분)

그림 4.8 안정 시스템의 ROC(어두운 부분)는 항상 단위원을 포함한다.

안정된 LTI 시스템의 ROC는 항상 단위원을 포함한다.

안정, 인과성 시스템: 모든 극점이 단위원 내부에 놓여 있어야만 한다.

안정, 비인과성 시스템: 모든 극점이 단위원 밖에 놓여 있어야만 한다.

임펄스 응답으로부터 안정성: $h[n]$의 절댓값 합을 구할 수 있어야 한다($\sum|h[k]| < \infty$).

예제 4.8 **재귀 필터의 안정성**

(a) $H(z) = \dfrac{z}{z - \alpha}$라 하자.

ROC가 $|z| > |\alpha|$이면 임펄스 응답은 $h[n] = \alpha^n u[n]$이며, 인과성 시스템이다.

안정되기 위해서는 $|\alpha| < 1$(ROC가 단위원을 포함)이어야 한다.

(b) $H(z) = \dfrac{z}{z - \alpha}$라 하자.

ROC가 $|z| < |\alpha|$이면 임펄스 응답은 $h[n] = -\alpha^n u[-n-1]$이며, 비인과성 시스템이다.

안정되기 위해서는 $|\alpha| > 1$(ROC가 단위원을 포함)이어야 한다.

심화문제 4.13

(a) $H(z) = \dfrac{2z+1}{(z-0.5)(z+0.5)}$, $|z| > 0.5$로 표현되는 필터는 안정한가? 인과성인가?

(b) $H(z) = \dfrac{2z+1}{(z-1.5)(z+0.5)}$, $|z| > 1.5$로 표현되는 필터는 안정한가? 인과성인가?

(c) $H(z) = \dfrac{2z+1}{(z-1.5)(z+0.5)}$, $0.5 < |z| < 1.5$로 표현되는 필터는 안정한가? 인과성인가?

정답: (a) 안정, 인과성 **(b)** 불안정, 인과성 **(c)** 안정, 양측

4.7.2 역 시스템

전달 함수 $H(z)$에 대응하는 **역 시스템**(inverse system)을 $H^{-1}(z)$로 표기하며 다음과 같이 정의된다.

$$H^{-1}(z) = H_I(z) = \frac{1}{H(z)} \tag{4.26}$$

임의의 시스템과 역 시스템이 직렬로 연결될 경우 전달 함수는 1이다.

$$H_C(z) = H(z)H^{-1}(z) = 1 \qquad h_C[n] = \delta[n] \tag{4.27}$$

이러한 직렬 시스템을 **동일 시스템**(identity system)이라 하며, 임펄스 응답 $h_C[n] = \delta[n]$이다. 역 시스템은 원 시스템의 영향을 원 상태로 복귀할 때 사용될 수 있으며, $h_C[n]$은 컨벌루션 $h[n] * h_I[n]$으로 나타낼 수 있다. 변환 영역에서 시스템의 역을 구하는 것은 훨씬 쉽다.

예제 4.9 **역 시스템**

(a) 차분방정식 $y[n] + \alpha y[n-1] = x[n] + \beta x[n-1]$의 시스템을 생각해 보자. 역 시스템을 구하기 위해 $H(z)$를 구하고 역을 취하면 다음과 같다.

$$H(z) = \frac{1+\beta z^{-1}}{1+\alpha z^{-1}} \qquad H_I(z) = \frac{1}{H(z)} = \frac{1+\alpha z^{-1}}{1+\beta z^{-1}}$$

역 시스템의 차분방정식은 $y[n] + \beta y[n-1] = x[n] + \alpha x[n-1]$이다. 일반적으로 IIR 필터의 역도 IIR 필터이다.

(b) 시스템 방정식이 $y[n] = x[n] + 2x[n-1] + 3x[n-2]$인 FIR 필터를 생각해 보자. 역 시스템을 구하기 위해 $H(z)$를 구하고 역을 취하면 다음과 같다.

$$H(z) = 1 + 2z^{-1} + 3z^{-2} \qquad H_I(z) = \frac{1}{H(z)} = \frac{1}{1+2z^{-1}+3z^{-2}}$$

역 시스템의 차분방정식은 $y[n] + 2y[n-1] + 3y[n-2] = x[n]$이다. FIR 필터의 역은 IIR 필터이다.

심화문제 4.14

(a) FIR 필터의 역은 항상 IIR 필터이다. 참인가 거짓인가? 거짓이면 반례를 제시하라.
(b) IIR 필터의 역은 항상 FIR 필터이다. 참인가 거짓인가? 거짓이면 반례를 제시하라.

정답: (a) 참 **(b)** 거짓, 예를 들면 $H(z) = \frac{z-0.4}{z-0.5}$의 역도 IIR이다.

4.8 역 z-변환

$X(z)$로부터 $x[n]$을 구하는 공식적인 역 관계식은 복소수 적분과 관련이 있으며 다음과 같이 정의된다.

$$x[n] = \frac{1}{j2\pi} \oint_{\Gamma} X(z) z^{n-1}\, dz \qquad (4.28)$$

여기서 Γ는 원점을 에워싸며 시계 방향으로의 적분 경로(단위원과 같은)를 나타낸다. 이 적분 계산은 복소수 변수 이론이 요구되는데, 이 책에서는 장제법(long division) 및 부분분수와 같은 더 간단한 방법을 사용한다.

4.8.1 유한 수열의 역 z-변환

유한구간 수열에 대한 $X(z)$는 수열 $x[n]$을 직접 나타내는 다항식 형태로 표현된다. ROC도 다항식 형태의 $X(z)$로부터 확인할 수 있다.

예제 4.10 수열의 역변환

(a) $X(z) = 3z^{-1} + 5z^{-3} + 2z^{-4}$일 때 이 변환은 인과성 수열에 대응되며, $x[n]$은 다음과 같은 이동된 임펄스의 합이다.

$$x[n] = 3\delta[n-1] + 5\delta[n-3] + 2\delta[n-4]$$

이 수열은 $x[n] = \{\overset{\Downarrow}{0}, 3, 0, 5, 2\}$로도 표시할 수 있다.

(b) $X(z) = 2z^2 - 5z + 5z^{-1} - 2z^{-2}$일 때 이 변환은 비인과성 수열에 대응되며, 역변환은 직관적으로 다음과 같다.

$$x[n] = \{2, -5, \overset{\Downarrow}{0}, 5, -2\}$$

참고: $X(z) = -X(1/z)$이므로 $x[n]$은 기대칭이어야 한다.

4.8.2 장제법에 의한 역 z-변환

두 번째 방법은 $X(z) = \frac{N(z)}{D(z)}$를 ROC와 함께 z 거듭제곱 형태의 유리함수(다항식의 비)로 표현하는 것이다. 우측 신호(ROC $|z| > |\alpha|$)에 대해 $N(z)$와 $D(z)$의 z 거듭제곱 항을 낮은 차수로 정렬하고 장제법을 사용하여 z^{-1} 거듭제곱으로 멱급수를 구한다. 이런 멱급수의 역변환은 우측 수열에 대응된다.

좌측 신호(ROC $|z| < |\alpha|$)에 대해 $N(z)$와 $D(z)$의 z 거듭제곱 항을 높은 차수로 정렬하고 장제법을 사용하여 z 거듭제곱으로 멱급수를 구한다. 이런 멱급수의 역변환은 좌측 수열에 대응된다.

그러나 이 방법은 $x[n]$ 항이 많을 때는 성가신 방법이다. 수열이 몇 개 항으로만 결정되는 경우는 드물다. 유리함수 z-변환을 전달 함수 $H(z)$로 간주하면 장제법은 차분방정식으로부터 몇 개의 임펄스 응답 항을 반복적으로 구하는 것과 동일하다.

장제법으로 $X(z) = N(z)/D(z)$의 역변환 구하기

우측: $N(z)$, $D(z)$의 z 거듭제곱 항을 낮은 차수로 정렬. z^{-1} 거듭제곱으로 멱급수를 구함.

좌측: $N(z)$, $D(z)$의 z 거듭제곱 항을 높은 차수로 정렬. z 거듭제곱으로 멱급수를 구함.

예제 4.11 장제법에 의한 역변환

(a) $H(z) = \dfrac{z-4}{1-z+z^2}$의 우측 역변환을 구하라.

다항식의 z 거듭제곱 항을 낮은 차수로 정렬하고 장제법을 사용하면 다음과 같다.

$$
\begin{array}{r l}
 & z^{-1} - 3z^{-2} - 4z^{-3} \cdots \\
z^2 - z + 1 \,\big) & z - 4 \\
 & \underline{z - 1 + z^{-1}} \\
 & -3 - z^{-1} \\
 & \underline{-3 + 3z^{-1} - 3z^{-2}} \\
 & -4z^{-1} + 3z^{-2} \\
 & \underline{-4z^{-1} + 4z^{-2} - 4z^{-3}} \\
 & -z^{-2} + 4z^{-3} \\
 & \cdots
\end{array}
$$

$H(z) = z^{-1} - 3z^{-2} - 4z^{-3} + \cdots$ 이므로 수열 $h[n]$은 다음과 같다.

$$h[n] = \delta[n-1] - 3\delta[n-2] - 4\delta[n-3] + \cdots \quad \text{또는} \quad h[n] = \{\overset{\Downarrow}{0}, 1, -3, -4, \cdots\}$$

(b) $H(z) = Y(z)/X(z)$에 대응되는 차분방정식을 다음과 같이 정리함으로써 역변환을 구할 수 있다.

$$y[n] - y[n-1] + y[n-2] = x[n-1] - 4x[n-2]$$

$x[n] = \delta[n]$으로 두면 임펄스 응답 $h[n]$은 다음과 같다.

$$h[n] - h[n-1] + h[n-2] = \delta[n] - 4\delta[n-2]$$

$h[-1] = h[-2] = 0$으로 두고 $h[n]$의 처음 몇 개의 값을 반복적으로 구할 수 있다.

$$
\begin{aligned}
n = 0: &\quad h[0] = h[-1] - h[-2] + \delta[-1] - 4\delta[-2] = 0 - 0 + 0 - 0 = 0 \\
n = 1: &\quad h[1] = h[0] - h[-1] + \delta[0] - 4\delta[-1] = 0 - 0 + 1 - 0 = 1 \\
n = 2: &\quad h[2] = h[1] - h[0] + \delta[1] - 4\delta[0] = 1 - 0 + 0 - 4 = -3 \\
n = 3: &\quad h[3] = h[2] - h[1] + \delta[2] - 4\delta[1] = -3 - 1 + 0 + 0 = -4
\end{aligned}
$$

이러한 값들은 (a)에서 장제법을 사용하여 구한 값들과 동일하다.

(c) $H(z) = \dfrac{z-4}{1-z+z^2}$의 좌측 역변환을 구하라.

다항식의 z 거듭제곱 항을 높은 차수로 정렬하고 장제법을 사용하면 다음과 같다.

$$
\begin{array}{r l}
 & \quad -4 - 3z + z^2 \cdots \\
1 - z + z^2 & \overline{)\,-4 + z} \\
 & \quad \underline{-4 + 4z - 4z^2} \\
 & \qquad -3z + 4z^2 \\
 & \qquad \underline{-3z + 3z^2 - 3z^3} \\
 & \qquad\qquad\quad z^2 + 3z^3 \\
 & \qquad\qquad\quad \underline{z^2 - z^3 + z^4} \\
 & \qquad\qquad\qquad 4z^3 - z^4 \\
 & \qquad\qquad\qquad \cdots
\end{array}
$$

$H(z) = -4 - 3z + z^2 + \cdots$ 이므로 수열 $h[n]$은 다음과 같다.

$$h[n] = -4\delta[n] - 3\delta[n+1] + \delta[n+2] + \cdots \quad \text{또는} \quad h[n] = \{\cdots, 1, -3, \underset{\Downarrow}{-4}\}$$

(d) 차분방정식을 다음과 같이 표현함으로써 역변환을 구할 수 있다.

$$h[n-2] = h[n-1] + \delta[n-1] - 4\delta[n-2]$$

$h[1] = h[2] = 0$으로 두고 반복적으로 $h[0], h[-1], h[-2], \ldots$를 계산하여 (c)와 같은 결과를 구할 수 있다.

심화문제 4.15

(a) $H(z) = \dfrac{z-4}{z^2+1}$, $|z| > 1$에 대해 장제법으로 $h[n]$의 처음 몇 개 항을 구하라.

(b) $H(z) = \dfrac{z-4}{z^2+1}$, $|z| < 2$에 대해 장제법으로 $h[n]$의 처음 몇 개 항을 구하라.

정답: **(a)** $\{\underset{\Uparrow}{0}, 1, -4, -1, 4, \ldots\}$ **(b)** $\{\ldots, -0.06250, 0.25, 0.25, \underset{\Uparrow}{-1}\}$

4.8.3 부분분수에 의한 역 z-변환

z-변환의 역을 구하는 훨씬 더 유용한 방법은 **부분분수 전개**(partial fraction expansion)로 여러 항들을 구하고 변환 쌍 표를 사용하여 각 항의 역변환을 확인하는 것이다. 표 4.1처럼 대표적인 수열의 z-변환이 분자에 인자 z를 포함하기 때문에 $X(z)$보다는 $Y(z) = X(z)/z$에 대해 부분분수

표 4.3 부분분수 전개(PFE) 항들의 역 z-변환

순서	PFE 항 $X(z)$	인과성 신호 $x[n],\ n \geq 0$
1	$\dfrac{z}{z-\alpha}$	α^n
2	$\dfrac{z}{(z-\alpha)^2}$	$n\alpha^{(n-1)}$
3	$\dfrac{z}{(z-\alpha)^{N+1}} \quad (N > 1)$	$\dfrac{n(n-1)\cdots(n-N+1)}{N!}\alpha^{(n-N)}$
4	$\dfrac{z\bar{K}}{z-\alpha e^{j\Omega}} + \dfrac{z\bar{K}^*}{z-\alpha e^{-j\Omega}}$	$2K\alpha^n \cos(n\Omega+\phi) = 2\alpha^n[C\cos(n\Omega) - D\sin(n\Omega)]$
5	$\dfrac{z\bar{K}}{(z-\alpha e^{j\Omega})^2} + \dfrac{z\bar{K}^*}{(z-\alpha e^{-j\Omega})^2}$	$2Kn\alpha^{n-1}\cos[(n-1)\Omega+\phi]$
6	$\dfrac{z\bar{K}}{(z-\alpha e^{j\Omega})^{N+1}} + \dfrac{z\bar{K}^*}{(z-\alpha e^{-j\Omega})^{N+1}}$	$2K\dfrac{n(n-1)\cdots(n-N+1)}{N!}\alpha^{(n-N)}\cos[(n-N)\Omega+\phi]$

주의 1: 필요시 $\bar{K} = Ke^{j\phi} = C + jD$를 사용

주의 2: 비인과성 수열에 대해 신호 $-x[n]u[-n-1]$을 사용, 여기서 $x[n]$은 표에 열거

전개를 수행하는 것이 더 편리하다. 그리고 $X(z)$를 역변환을 수행할 수 있는 형태의 항들로 나타내기 위해 z를 곱한다. $X(z)$의 부분분수 전개에 있어 분자의 차수는 분모의 차수보다 크지 않아야 한다. 부분분수 전개에서 상수는 **나머지**(residue)라 일컫는다. 전개 형태는 $Y(z)$의 극점(분모근) 특성에 달려 있다. 여러 부분분수 형태의 역변환이 표 4.3에 나열되어 있다.

서로 다른 실수 근

$Y(z)$가 서로 다른 실수 극점들을 포함하면 다음과 같이 표현된다.

$$Y(z) = \frac{P(z)}{(z+p_1)(z+p_2)\cdots(z+p_N)} = \frac{K_1}{z+p_1} + \frac{K_2}{z+p_2} + \cdots + \frac{K_N}{z+p_N} \tag{4.29}$$

m번째 계수 K_m을 구하기 위해 양변에 $(z+p_m)$을 곱하면 다음과 같다.

$$(z+p_m)Y(z) = K_1\frac{(z+p_m)}{(z+p_1)} + \cdots + K_m + \cdots + K_N\frac{(z+p_m)}{(z+p_N)} \tag{4.30}$$

$z = -p_m$에서 양변을 계산하면 K_m은 다음과 같이 구해진다.

$$K_m = (z+p_m)Y(z)|_{z=-p_m} \tag{4.31}$$

예제 4.12 **우측 신호의 역변환**

(a) 서로 다른 근

$X(z) = \dfrac{z}{(z-0.25)(z-0.5)}$ 의 인과성 역을 구해 보자.

먼저 $Y(z) = \frac{X(z)}{z}$ 형태를 취하고 $Y(z)$를 부분분수로 전개하면 다음과 같다.

$$Y(z) = \frac{X(z)}{z} = \frac{1}{(z-0.25)(z-0.5)} = \frac{-4}{z-0.25} + \frac{4}{z-0.5}$$

z를 곱하면 다음과 같이 구해진다.

$$X(z) = zY(z) = \frac{-4z}{z-0.25} + \frac{4z}{z-0.5} \qquad x[n] = -4(0.25)^n u[n] + 4(0.5)^n u[n]$$

(b) 서로 다른 근

$X(z) = \frac{1}{(z-0.25)(z-0.5)}$의 인과성 역을 구해 보자.

먼저 $Y(z) = \frac{X(z)}{z}$ 형태를 취하고 $Y(z)$를 부분분수로 전개하면 다음과 같다.

$$Y(z) = \frac{X(z)}{z} = \frac{1}{z(z-0.25)(z-0.5)} = \frac{8}{z} - \frac{16}{z-0.25} + \frac{8}{z-0.5}$$

z를 곱하면 다음과 같이 구해진다.

$$X(z) = zY(z) = 8 - \frac{16z}{z-0.25} + \frac{8z}{z-0.5} \qquad x[n] = 8\delta[n] - 16(0.25)^n u[n] + 8(0.5)^n u[n]$$

참고: 표준 방식이 아닌 다른 방법으로는 $X(z)$ 자체를 다음과 같이 전개하여 구한다.

$$X(z) = \frac{-4}{z-0.25} + \frac{4}{z-0.5} \qquad x[n] = -4(0.25)^{n-1} u[n-1] + 4(0.5)^{n-1} u[n-1]$$

이 역변환에서는 이동 특성을 사용한다. 이 형태는 이전 경우와 동일하다. 예를 들면 $x[0] = 0$, $x[1] = 0$, $x[2] = 1$, $x[3] = 0.25$임을 알 수 있다.

심화문제 4.16

$H(z) = \frac{N(z)}{(z-0.5)(z-0.4)}$이고 $h[n] = A\delta[n] + B(0.5)^n u[n] + C(0.4)^n u[n]$일 때 다음 경우의 A, B, C를 구하라.

(a) $N(z) = z^2$

(b) $N(z) = z$

(c) $N(z) = 1$

정답: (a) 0, 5, −4 **(b)** 0, 10, −10 **(c)** 5, 20, −25

이차방정식 형과 복소수 근

$Y(z)$가 복소수 켤레근을 갖는 이차방정식 형태의 분모를 갖는다면 역변환은 분자에 z의 거듭제곱의 계수와 다음과 같은 일반적인 형태의 조합과 비교함으로써 구할 수 있다.

$$A\alpha^n \cos(n\Omega)u[n] \Leftarrow\boxed{\text{ZT}}\Rightarrow \frac{A(z^2 - z\alpha\cos\Omega)}{z^2 - 2z\alpha\cos\Omega + \alpha^2}$$

$$B\alpha^n \sin(n\Omega)u[n] \Leftarrow\boxed{\text{ZT}}\Rightarrow \frac{Bz\alpha\sin\Omega}{z^2 - 2z\alpha\cos\Omega + \alpha^2}$$

$Y(z)$가 서로 다른 실수와 복소수 켤레근을 갖는다면 부분분수 전개는 다음과 같이 표현할 수 있다.

$$Y(z) = \frac{K_1}{z+p_1} + \frac{K_2}{z+p_2} + \cdots + \frac{A_1}{z+r_1} + \frac{A_1^*}{z+r_1^*} + \frac{A_2}{z+r_2} + \frac{A_2^*}{z+r_2^*} + \cdots \tag{4.32}$$

실수 근에 대한 나머지(계수)도 실수이며, 각 복소수 켤레근에 대한 나머지도 복소수 켤레이다. 각 복소수 켤레 쌍의 역변환은 표 4.3에 열거되어 있다.

예제 4.13 우측 신호의 역변환

(a) 이차방정식 형의 역변환

$X(z) = \dfrac{z}{z^2+4}$ 의 인과성 역을 구해 보자.

다음 식에 근거하여 분자는 일반형인 $x[n] = B\alpha^n \sin(n\Omega)u[n]$으로 나타낼 수 있다.

$$B\alpha^n \sin(n\Omega)u[n] \Leftarrow\boxed{\text{ZT}}\Rightarrow \frac{Bz\alpha\sin\Omega}{z^2 - 2z\alpha\cos\Omega + \alpha^2}$$

분모를 비교하면 $\alpha^2 = 4$이고 $2\alpha\cos\Omega = 0$이므로 $\alpha = \pm 2$이다. 만약 $\alpha = 2$로 두면 $4\cos\Omega = 0$ 혹은 $\cos\Omega = 0$이므로 $\Omega = \pi/2$이다. 분자를 비교하면 $Bz\alpha\sin\Omega = z$ 혹은 $B = 0.5$이므로 다음과 같다.

$$x[n] = B\alpha^n \sin(n\Omega)u[n] = 0.5(2)^n \sin(n\pi/2)u[n]$$

(b) 서로 다른 복소수 근

$X(z) = \dfrac{z^2 - 3z}{(z-2)(z^2-2z+2)}$ 의 인과성 역을 구해 보자.

$Y(z) = \frac{X(z)}{z}$ 에 대한 부분분수 전개를 하면 다음과 같다.

$$Y(z) = \frac{X(z)}{z} = \frac{z-3}{(z-2)(z-1-j)(z-1+j)}$$
$$= \frac{A}{z-2} + \frac{\bar{K}}{z-\sqrt{2}e^{j\pi/4}} + \frac{\bar{K}^*}{z-\sqrt{2}e^{-j\pi/4}}$$

상수 A와 $\bar{K}$ 값은 다음과 같이 구한다.

$$A = \left.\frac{z-3}{z^2-2z+2}\right|_{z=2} = -0.5$$

$$\bar{K} = \left.\frac{z-3}{(z-2)(z-1+j)}\right|_{z=1+j} = 0.7906e^{-j71.56^\circ} = 0.25 - j0.75$$

z를 곱하면 다음과 같다.

$$X(z) = zY(z) = \frac{-0.5z}{z-2} + \frac{z\bar{K}}{z-\sqrt{2}e^{j\pi/4}} + \frac{z\bar{K}^*}{z-\sqrt{2}e^{-j\pi/4}}$$

첫 번째 항의 역변환은 쉬우며, 나머지 쌍은 $\alpha = \sqrt{2}$, $\Omega = \pi/4$, $K = 0.7906$, $\phi = -71.56^\circ$이므로 표 4.3의 순서 4를 사용하여 부분분수 형태의 역변환을 구하면 다음과 같다.

$$x[n] = -0.5(2)^n u[n] + 2(0.7906)(\sqrt{2})^n \cos\left(\frac{n\pi}{4} - 71.56^\circ\right) u[n]$$

$C = 0.25$와 $D = -0.75$를 사용하면 아래와 같이 다른 형태로 표현할 수 있다.

$$x[n] = -0.5(2)^n u[n] + 2(\sqrt{2})^n \left[0.25\cos\left(\frac{n\pi}{4}\right) + 0.75\sin\left(\frac{n\pi}{4}\right)\right] u[n]$$

(c) 이차방정식 형의 역변환

$X(z) = \dfrac{z^2+z}{z^2-2z+4}$ 라고 하자.

이차방정식의 분자는 다음 식에 근거하여 $x[n] = A\alpha^n \cos(n\Omega)u[n] + B\alpha^n$으로 나타낼 수 있다.

$$A\alpha^n \cos(n\Omega)u[n] \Leftarrow\boxed{\text{ZT}}\Rightarrow \frac{A(z^2 - z\alpha\cos\Omega)}{z^2 - 2z\alpha\cos\Omega + \alpha^2}$$

$$B\alpha^n \sin(n\Omega)u[n] \Leftarrow\boxed{\text{ZT}}\Rightarrow \frac{Bz\alpha\sin\Omega}{z^2 - 2z\alpha\cos\Omega + \alpha^2}$$

분모를 비교하면 $\alpha^2 = 4$이고 $2\alpha\cos\Omega = 2$이므로 $\alpha = \pm 2$이다. 만약 $\alpha = 2$로 두면 $\cos\Omega = 0.5$ 혹은 $\Omega = \pi/3$이다.

지금 $A(z^2 - z\alpha\cos\Omega) = A(z^2 - z)$이고 $Bz\alpha\sin\Omega = Bz\sqrt{3}$이다. $X(z)$의 분자를 이러한 항들의 합으로 표현하면 $z^2 + z = (z^2 - z) + 2z = (z^2 - z) + (2/\sqrt{3})(z\sqrt{3})(A = 1, B = 2/\sqrt{3} = 1.1547)$이 되므로 다음과 같다.

$$\begin{aligned} x[n] &= A\alpha^n \cos(n\Omega)u[n] + B\alpha^n \sin(n\Omega)u[n] \\ &= (2)^n \cos\left(\frac{n\pi}{3}\right) u[n] + 1.1547(2)^n \sin\left(\frac{n\pi}{3}\right) u[n] \end{aligned}$$

공식적인 방법은 부분분수를 사용하는 것이다. $z^2 - 2z + 4 = (z - 2e^{j\pi/3})(z - 2e^{-j\pi/3})$이므로

$$\frac{X(z)}{z} = \frac{z+1}{z^2 - 2z + 4} = \frac{\bar{K}}{z - 2e^{j\pi/3}} + \frac{\bar{K}^*}{z - 2e^{-j\pi/3}}$$

이며, $\bar{K} = 0.7638e^{-j49.11^\circ} = 0.5 - j0.5774$이다. 표 4.3의 순서 4를 사용하여 부분분수 형태 $(\alpha = 2, \Omega = \pi/3)$의 역변환을 구하면 다음과 같다.

$$x[n] = 1.5275(2)^n \cos\left(\frac{n\pi}{3} - 49.11^\circ\right) u[n] = (2)^n \cos\left(\frac{n\pi}{3}\right) u[n] + 1.1547(2)^n \sin\left(\frac{n\pi}{3}\right) u[n]$$

위 결과의 두 번째 형은 앞에서 구했던 것과 동일하다.

심화문제 4.17

$H(z) = \frac{N(z)}{z^2 - 0.8z + 0.64}$일 때 인과 역 $h[n]$을 구하라.

(a) $N(z) = z$일 때 표준 변환 쌍과 비교하여 구하라.

(b) $N(z) = z^2$일 때 표준 변환 쌍과 비교하거나 부분분수에 의해 구하라.

(c) $N(z) = 1$일 때 부분분수에 의해 구하라.

정답: (a) $1.44(0.8)^n \sin(\frac{n\pi}{3})u[n]$ **(b)** $1.155(0.8)^n \cos(\frac{n\pi}{3} - \frac{\pi}{6})u[n]$ **(c)** $1.80(0.8)^n \cos(\frac{n\pi}{3} - \frac{5\pi}{6})u[n] + 1.5625\delta[n]$

중근 인자

$Y(z)$의 분모가 중근 항 $(z + r)^M$일 때 중근 항에 대응되는 부분분수 전개는 다음과 같은 형태가 된다.

$$Y(z) = (\text{다른 항}) + \frac{A_0}{(z+r)^M} + \frac{A_1}{(z+r)^{M-1}} + \cdots + \frac{A_{M-1}}{z+r} \tag{4.33}$$

상수 A_j는 색인 j가 0에서 $M - 1$까지 증가하며, 분모 $(z + r)^k$은 거듭제곱 k가 M에서 1로 감소한다. 상수 계산은 $(z + r)^M Y(z)$와 미분이 요구된다.

$$\begin{aligned} A_0 &= (z+r)^M Y(z)\big|_{z=-r} & A_2 &= \frac{1}{2!}\frac{d^2}{dz^2}[(z+r)^M Y(z)]\bigg|_{z=-r} \\ A_1 &= \frac{d}{dz}[(z+r)^M Y(z)]\bigg|_{z=-r} & A_k &= \frac{1}{k!}\frac{d^k}{dz^k}[(z+r)^M Y(z)]\bigg|_{z=-r} \end{aligned} \tag{4.34}$$

이 과정은 계수를 독립적으로 구할 수 있는데, 만약 근의 M이 2 혹은 3을 초과하면 미분을 포함하는 상수를 구하는 것은 간단하지 않다. 미분을 포함하는 상수(혹은 다른 상수)를 구하기 위한 더 간단한 방법은 연립방정식을 푸는 것이다. 예를 들면, N개 상수를 구하기 위해서는 N개의 서로 다른 값의 z(극점 위치와 다른)에서 부분분수 표현을 구하고 N개 연립방정식을 푼다. 표 4.3은 선형 중근 인자에 근거하여 z-변환 역을 구하기 위한 변환 쌍이 열거되어 있다.

예제 4.14 우측 신호의 역변환

(a) 중근

$X(z) = \dfrac{z}{(z-1)^2(z-2)}$의 역을 구해 보자.

$Y(z) = \frac{X(z)}{z}$를 구하고 다음과 같은 부분분수로 전개한다.

$$Y(z) = \frac{X(z)}{z} = \frac{1}{(z-1)^2(z-2)} = \frac{A}{z-2} + \frac{K_0}{(z-1)^2} + \frac{K_1}{z-1}$$

부분분수 전개에서 상수는 다음과 같다.

$$A = \left.\frac{1}{(z-1)^2}\right|_{z=2} = 1, \quad K_0 = \left.\frac{1}{z-2}\right|_{z=1} = -1, \quad K_1 = \left.\frac{d}{dz}\left[\frac{1}{z-2}\right]\right|_{z=1} = -1$$

A와 K_0를 구한 후 미분을 사용하지 않고 K_1을 구하는 다른 방법은 임의의 점, 예를 들어 $z = 0$에서 부분분수를 계산하여 다음과 같이 구한다.

$$\frac{1}{(-1)^2(-2)} = -0.5 = \frac{A}{-2} + \frac{K_0}{(-1)^2} + \frac{K_1}{-1} = -0.5 - 1 - K_1 \quad \text{또는} \quad K_1 = -1$$

마지막으로 $Y(z)$에 z를 곱하면 다음과 같다.

$$X(z) = zY(z) = \frac{z}{z-2} - \frac{z}{(z-1)^2} - \frac{z}{z-1},$$
$$x[n] = (2)^n u[n] - nu[n] - u[n] = (2^n - n - 1)u[n]$$

처음 몇 개의 값 $x[0] = 0, x[1] = 0, x[2] = 1, x[3] = 4, x[4] = 11$은 장제법으로 쉽게 확인할 수 있다.

(b) 중근

$X(z) = \dfrac{1}{z(z-0.5)}$의 역을 구해 보자.

$Y(z) = \frac{X(z)}{z}$를 구하고 다음과 같은 부분분수로 전개한다.

$$Y(z) = \frac{X(z)}{z} = \frac{1}{z^2(z-0.5)} = \frac{A}{z-0.5} + \frac{K_0}{z^2} + \frac{K_1}{z}$$

부분분수 전개에서 상수는 다음과 같다.

$$A = \frac{1}{z^2}\bigg|_{z=0.5} = 4, \quad K_0 = \frac{1}{z-0.5}\bigg|_{z=0} = -2, \quad K_1 = \frac{d}{dz}\left[\frac{1}{z-0.5}\right]\bigg|_{z=0} = -4$$

$Y(z)$에 대입하고 z를 곱하면 다음과 같다.

$$X(z) = zY(z) = \frac{4z}{z-0.5} - \frac{2}{z} - 4, \qquad x[n] = 4(0.5)^n u[n] - 2\delta[n-1] - 4\delta[n]$$

심화문제 4.18

(a) $X(z) = \dfrac{4}{z(z-0.4)}$에 대해 인과성 역변환 $x[n]$을 구하라.

(b) $H(z) = \dfrac{z-0.8}{(z-0.4)^2}$에 대해 인과성 역변환 $h[n]$을 구하라.

정답: (a) $25(0.4)^n u[n] - 25\delta[n] - 10\delta[n-1]$ **(b)** $5(0.4)^n u[n] - n(0.4)^{n-1} u[n] - 5\delta[n]$

4.8.4 ROC와 역변환

지금까지 ROC가 명시되지 않을 때 우측 수열로 가정하였다. 그러나 ROC가 명시될 때만 $X(z)$로부터 정확한 수열을 구할 수 있다. 때로는 안정된 시스템을 요구함으로써 ROC를 간접적으로 명시할 수 있다. 안정 시스템의 ROC는 단위원을 포함하기 때문에 구하고자 하는 역변환 형태에 대한 정보를 제공한다.

예제 4.15 역변환과 ROC

(a) $X(z) = \dfrac{z}{(z-0.25)(z-0.5)}$ 에 대해 가능한 모든 역변환을 구하라.

$Y(z) = \dfrac{X(z)}{z}$ 의 부분분수 전개는 $X(z) = \dfrac{-4z}{z-0.25} + \dfrac{4z}{z-0.5}$ 이다.

1. ROC가 $|z| > 0.5$이면 $x[n]$은 인과성이고 안정하므로, $x[n]$은 다음과 같다.

$$x[n] = -4(0.25)^n u[n] + 4(0.5)^n u[n]$$

2. ROC가 $|z| < 0.25$이면 $x[n]$은 비인과성이고 불안정하므로, $x[n]$은 다음과 같다.

$$x[n] = 4(0.25)^n u[-n-1] - 4(0.5)^n u[-n-1]$$

3. ROC가 $0.25 < |z| < 0.5$이면 $x[n]$은 양측이고 불안정하다. 이 ROC는 $\frac{-4z}{z-0.25}$ 가 인과성 수

열(ROC $|z| > 0.25$)이고, $\frac{4z}{z-0.5}$가 비인과성 수열(ROC $|z| < 0.5$)일 때 유효하므로 다음과 같이 구해진다.

$$x[n] = \underbrace{-4(0.25)^n u[n]}_{\text{ROC: } |z|>0.25} \quad \underbrace{-4(0.5)^n u[-n-1]}_{\text{ROC: } |z|<0.5}$$

(b) 각 시스템이 안정하다고 가정하고 다음의 역변환을 구하라.

$$H_1(z) = \frac{z}{(z-0.4)(z+0.6)} \quad H_2(z) = \frac{2.5z}{(z-0.5)(z+2)} \quad H_3(z) = \frac{z}{(z-2)(z+3)}$$

부분분수 전개는 다음과 같다.

$$H_1(z) = \frac{z}{z-0.4} - \frac{z}{z+0.6} \qquad H_2(z) = \frac{z}{z-0.5} - \frac{z}{z+2} \qquad H_3(z) = \frac{z}{z-2} - \frac{z}{z+3}$$

역변환을 구하기 위해서 ROC가 단위원을 포함해야만 한다. 극점 위치를 조사함으로써 다음과 같이 구해진다.

1. ROC가 $|z| > 0.6$이면 $H_1(z)$는 안정되며, 역은 인과성으로 다음과 같다.

$$h_1[n] = (0.4)^n u[n] - (-0.6)^n u[n]$$

2. ROC가 $0.5 < |z| < 2$이면 $H_2(z)$는 안정되며, 역은 양측으로 다음과 같다.

$$h_2[n] = (0.5)^n u[n] + (-2)^n u[-n-1]$$

3. ROC가 $|z| < 2$이면 $H_3(z)$는 안정되며, 역은 비인과성으로 다음과 같다.

$$h_3[n] = -(2)^n u[-n-1] + (-3)^n u[-n-1]$$

심화문제 4.19

$H(z) = \frac{0.1z}{(z-0.5)(z-0.4)}$ 에 대해 수렴 영역(ROC)이 다음과 같을 때 역변환 $h[n]$을 구하라.

(a) $|z| > 0.5$

(b) $|z| < 0.4$

(c) $0.4 < |z| < 0.5$

정답: (a) $[(0.5)^n - (0.4)^n]u[n]$ **(b)** $[(0.4)^n - (0.5)^n]u[-n-1]$

(c) $-(0.4)^n u[n] - (0.5)^n u[-n-1]$

표 4.4 단측 z-변환의 특이 특성

특성	신호	단측 z-변환
우측 이동	$y[n-1]$	$z^{-1}Y(z)+y[-1]$
	$y[n-2]$	$z^{-2}Y(z)+z^{-1}y[-1]+y[-2]$
	$y[n-N]$	$z^{-N}Y(z)+z^{-(N-1)}y[-1]+z^{-(N-2)}y[-2]+\cdots+y[-N]$
좌측 이동	$y[n+1]$	$zY(z)-zy[0]$
	$y[n+2]$	$z^2Y(z)-z^2y[0]-zy[1]$
	$y[n+N]$	$z^NY(z)-z^Ny[0]-z^{N-1}y[1]-\cdots-zy[N-1]$
교대(switched) 주기	$x_p[n]u[n]$	$\dfrac{X_1(z)}{1-z^{-N}}$ ($x_1[n]$은 $x_p[n]$의 첫 주기)
초기치 정리:	$x[0]=\lim_{z\to\infty}X(z)$	
최종치 정리:	$\lim_{n\to\infty}x[n]=\lim_{z\to 1}(z-1)X(z)$	

4.9 단측 z-변환

단측 z-변환(one-sided z-transform)은 인과성 LTI 시스템 분석에 특히 유용하다. 그 정의는 다음과 같다.

$$X(z)=\sum_{k=0}^{\infty}x[k]z^{-k} \quad \text{(단측 } z\text{-변환)} \tag{4.35}$$

합 연산의 하한 극한치 0은 임의 신호 $x[n]$과 인과성 신호 $x[n]u[n]$의 단측 z-변환이 동일함을 의미한다. 양측 z-변환 특성의 대부분이 단측 변환에 적용된다. 그러나 양측 z-변환의 이동 특성은 $n<0$에서 값을 갖는 우측(혹은 인과성) 신호에 대해 사용하기 위해서는 수정되어야 한다. 단측 z-변환만의 특이한 초기치 정리와 최종치 정리와 같은 새로운 특성도 전개하고자 한다. 이러한 특성은 표 4.4에 요약되어 있다.

예제 4.16 단측 z-변환 특성

(a) $x[n]=n(4)^{0.5n}u[n]$의 z-변환을 구하라.

이 수열을 $x[n]=n(2)^nu[n]$으로 고쳐서 $X(z)=\dfrac{2z}{(z-2)^2}$를 구할 수 있다.

(b) $x[n]=(2)^{n+1}u[n-1]$의 z-변환을 구하라.

이 수열을 $x[n]=(2)^2(2)^{n-1}u[n-1]$로 고쳐서 $X(z)=\dfrac{z^{-1}(4z)}{z-2}=\dfrac{4}{z-2}$를 구할 수 있다.

(c) $x[n] \Leftarrow \boxed{\text{ZT}} \Rightarrow \frac{4z}{(z+0.5)^2}=X(z)$, ROC: $|z|>0.5$일 때 신호 $h[n]=nx[n]$과 $y[n]=x[n]*x[n]$의 z-변환을 구하라.

곱-n 특성에 의해 $H(z)=-zX'(z)$이므로 다음과 같다.

$$H(z)=-z\left[\frac{-8z}{(z+0.5)^3}+\frac{4}{(z+0.5)^2}\right]=\frac{4z^2-2z}{(z+0.5)^3}$$

컨벌루션 특성에 의해 $Y(z) = X^2(z) = \frac{16z^2}{(z+0.5)^4}$ 이다.

(d) $(4)^n u[n] \Leftarrow \boxed{\text{ZT}} \Rightarrow X(z)$일 때 $F(z) = X^2(z)$와 $G(z) = X(2z)$에 대응되는 신호를 구하라.

컨벌루션 특성에 의해 $f[n] = (4)^n u[n] * (4)^n u[n] = (n + 1)(4)^n u[n]$이다. 스케일 특성에 의해 $G(z) = X(2z) = X(z/0.5)$는 신호 $g[n] = (0.5)^n x[n]$에 대응되므로 $g[n] = (2)^n u[n]$이다.

4.9.1 단측 z-변환의 우측 이동 특성

수열 $y[n]$과 인과성 수열 $y[n]u[n]$의 단측 z-변환은 동일하다. $y[n]$의 우측 이동은 그림 4.9와 같이 $n < 0$인 샘플들을 $n \geq 0$ 범위로 이동하는 것으로서 z-변환은 다음과 같다.

$$y[n-1] \Leftarrow \boxed{\text{ZT}} \Rightarrow z^{-1}Y(z) + y[-1] \quad y[n-2] \Leftarrow \boxed{\text{ZT}} \Rightarrow z^{-2}Y(z) + z^{-1}y[-1] + y[-2] \tag{4.36}$$

이 결과는 다음과 같이 일반화할 수 있다.

$$y[n-N] \Leftarrow \boxed{\text{ZT}} \Rightarrow z^{-N}Y(z) + z^{-(N-1)}y[-1] + z^{-(N-2)}y[-2] + \cdots + y[-N] \tag{4.37}$$

$y[n] = 0, n < 0$인 인과성 신호에 대해 이 결과는 $y[n-N] \Leftarrow \boxed{\text{ZT}} \Rightarrow z^{-N}Y(z)$이다.

예제 4.17 우측 이동 특성

(a) 우측 이동 특성과 중첩 원리를 사용하면 $x[n]$의 1차 z-변환은 다음과 같다.

$$y[n] = x[n] - x[n-1] \Leftarrow \boxed{\text{ZT}} \Rightarrow X(z) - z^{-1}X(z) = (1 - z^{-1})X(z)$$

(b) 비인과성 신호 $x[n] = \alpha^n$을 생각해 보자. 단측 z-변환은 $\alpha^n u[n]$의 z-변환과 같으며, $X(z) = \frac{z}{z-\alpha}$ 이다. $y[n] = x[n-1]$에 대해 $N = 1$의 우측 이동 특성을 이용하면 다음과 같다.

$$Y(z) = z^{-1}X(z) + x[-1] = \frac{1}{z-\alpha} + \alpha^{-1}$$

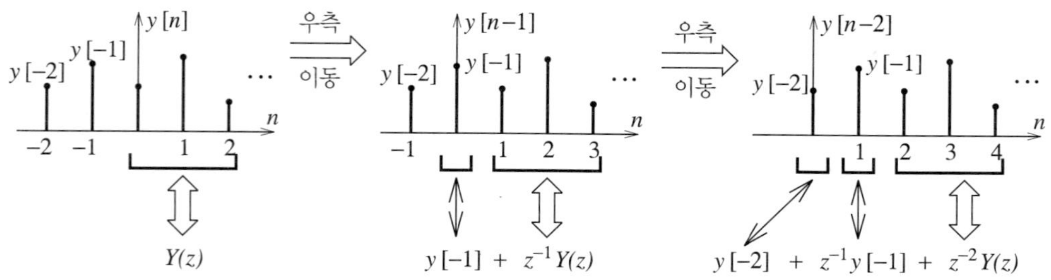

그림 4.9 단측 z-변환의 우측 이동 특성 설명. 우측 이동은 샘플들을 원점의 왼쪽에서 $n \geq 0$ 범위로 이동시킨다. 이러한 샘플들은 이동된 신호의 z-변환에 적용된다.

$x[n]$이 인과성 수열이 아니므로 추가 항 α^{-1}가 생긴다.

심화문제 4.20

(a) $y[n] - 0.5y[n-1] = (0.4)^n$, $y[-1] = -2$일 때 우측 이동 특성을 사용하여 $Y(z)$를 구하라.

(b) $y[n] + 0.5y[n-2] = \delta[n]$, $y[-1] = -2$, $y[-2] = 2$일 때 우측 이동 특성을 사용하여 $Y(z)$를 구하라.

정답: (a) $\frac{0.4z}{(z-0.4)(z-0.5)}$ **(b)** $\frac{z}{z^2+0.5}$

4.9.2 단측 z-변환의 좌측 이동 특성

신호 $y[n]u[n]$의 좌측 이동은 $n \geq 0$의 샘플들을 $n < 0$ 범위로 이동하는 것이며, 이러한 샘플들은 그림 4.10과 같이 인과성 부분의 z-변환에 적용할 수 없다.

좌측 이동의 z-변환은 다음과 같다.

$$y[n+1] \Leftarrow\boxed{\text{ZT}}\Rightarrow zY(z) - zy[0] \qquad y[n+2] \Leftarrow\boxed{\text{ZT}}\Rightarrow z^2Y(z) - z^2y[0] - zy[1] \tag{4.38}$$

$y[n]u[n]$의 연속적인 좌측 이동에 대한 일반 관계식은 다음과 같다.

$$y[n+N] \Leftarrow\boxed{\text{ZT}}\Rightarrow z^NY(z) - z^Ny[0] - z^{N-1}y[1] - \cdots - zy[N-1] \tag{4.39}$$

단측 z-변환의 우측 이동과 좌측 이동 특성은 초기 조건을 갖는 인과성 LTI 시스템의 응답을 구하기 위해 사용할 수 있다.

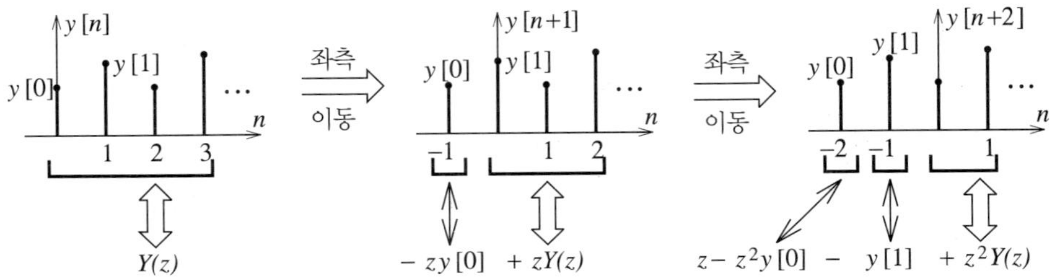

그림 4.10 단측 z-변환의 좌측이동 특성 설명. 좌측 이동은 샘플들을 인과 영역 $n \geq 0$으로부터 원점의 왼쪽으로 이동시킨다. 이러한 샘플들은 이동된 신호의 z-변환에 적용할 수 없다.

예제 4.18 좌측 이동 특성

(a) 이동된 계단 신호 $u[n+1]$을 생각해 보자. 이 신호의 단측 z-변환은 $u[n]$과 $u[n+1]$이 $n \geq 0$에서 동일하기 때문에 $u[n]$의 단측 변환과 같다.

$u[n] \Leftarrow \boxed{\text{ZT}} \Rightarrow \frac{z}{z-1}$이고 $u[0]=1$이므로 좌측 이동 특성을 이용하면 다음과 같다.

$$u[n+1] \Leftarrow \boxed{\text{ZT}} \Rightarrow zU(z) - zu[0] = \frac{z^2}{z-1} - z = \frac{z}{z-1}$$

(b) $y[n] = \alpha^n u[n] \Leftarrow \boxed{\text{ZT}} \Rightarrow \frac{z}{z-\alpha}$이고 $y[0]=1$이므로 좌측 이동 특성을 이용하면 다음과 같다.

$$y[n+1] = \alpha^{n+1}u[n+1] \Leftarrow \boxed{\text{ZT}} \Rightarrow z\left[\frac{z}{z-\alpha}\right] - z = \frac{\alpha z}{z-\alpha}$$

심화문제 4.21

(a) $y[n+1] - 0.5y[n] = \delta[n]$, $y[0]=2$일 때 좌측 이동 특성을 사용하여 $Y(z)$를 구하라.

(b) $y[n+1] - 0.5y[n] = \delta[n]$, $y[-1]=2$일 때 좌측 이동 특성을 사용하여 $Y(z)$를 구하라.

정답: **(a)** $\frac{2z+1}{z-0.5}$ **(b)** $\frac{z+1}{z-0.5}$

4.9.3 초기치 정리와 최종치 정리

초기치 정리와 최종치 정리는 단측 z-변환과 유리함수 z-변환에만 적용된다.

$x[0] + x[1]z^{-1} + x[2]z^{-2} + \cdots$ 로 표현되는 $X(z)$에 대해 $z \to \infty$일 때 $x[0]$만 남게 되므로 초기치는 $x[0] = \lim_{z\to\infty} X(z)$와 같다.

최종치를 구하기 위해 $z=1$에서 $(z-1)X(z)$를 계산하자. $(z-1)X(z)$의 극점들이 1보다 작은 크기(z-평면에서 단위원 내부에 존재)일 때만 결과가 의미 있다. 이를 요약하면 다음과 같다.

1. 만약 $X(z)$의 모든 극점이 단위원 내부에 놓여 있다면 $x[\infty]=0$이다($x[n]$이 기하급수적으로 감소하는 항만을 포함하기 때문).
2. $z=1$에서 단일 극점이면 $x[\infty]$는 상수이다($x[n]$은 계단 신호를 포함하기 때문).
3. 복소수 켤레 극점이 단위원상에 있으면 $x[\infty]$는 부정이다($x[n]$은 정현파를 포함하기 때문). 이 경우에 최종치 정리가 사용된다면 부정확한 값이 발생될 수 있다.

예제 4.19 초기치와 최종치 정리

$X(z) = \frac{z(z-2)}{(z-1)(z-0.5)}$ 라고 하자.

$$\text{초기치 } x[0] = \lim_{z\to\infty} X(z) = \lim_{z\to\infty} \frac{1-2z^{-1}}{(1-z^{-1})(1-0.5z^{-1})} = 1\text{이며,}$$

$$\text{최종치 } \lim_{n\to\infty} x[n] = \lim_{z\to 1}(z-1)X(z) = \lim_{z\to 1} \frac{z(z-2)}{z-0.5} = -2\text{이다.}$$

심화문제 4.22

다음과 같이 표현되는 각 인과성 신호에 대해 초기치와 최종치(존재한다면)를 구하라.

(a) $X(z) = \frac{z^2}{(z-1)(z-0.8)}$

(b) $X(z) = \frac{z^2}{z^2+1}$

(c) $X(z) = \frac{z}{(z-0.4)(z-0.5)}$

정답: (a) 1, 5 **(b)** 1, 부정 **(c)** 0, 0

4.9.4 교대 주기 신호의 z-변환

인과성 신호 $x[n] = x_p[n]u[n]$($x_p[n]$은 주기 N인 주기 신호)을 생각해 보자. $x_1[n]$이 $x[n]$의 첫 주기를 나타내고 z-변환이 $X_1(z)$이면 $x[n]$의 z-변환은 $x_1[n]$의 이동 형들의 z-변환 중첩으로 구할 수 있다.

$$X(z) = X_1(z) + z^{-N}X_1(z) + z^{-2N}X_1(z) + \cdots = X_1(z)[1 + z^{-N} + z^{-2N} + \cdots] \tag{4.40}$$

기하급수를 닫힌 형으로 표현하면 다음과 같다.

$$X(z) = \frac{1}{1-z^{-N}}X_1(z) = \frac{z^N}{z^N-1}X_1(z) \tag{4.41}$$

예제 4.20 **교대 주기 신호의 z-변환**

(a) 첫 주기가 $x_1[n] = \{\overset{\Downarrow}{0}, 1, -2\}$인 주기 신호의 z-변환을 구하라.

$x[n]$의 주기는 $N = 3$이므로, $x[n]$의 z-변환은 다음과 같다.

$$X(z) = \frac{X_1(z)}{1-z^{-N}} = \frac{z^{-1}-2z^{-2}}{1-z^{-3}}$$

(b) $x[n] = \sin(0.5n\pi)u[n]$의 z-변환을 구하라.

$x[n]$의 디지털 주파수는 $F = \frac{1}{4}$이므로 $N = 4$이다. $x[n]$의 첫 주기는 $x_1[n] = \{\overset{\Downarrow}{0}, 1, 0, -1\}$이므로, $x[n]$의 z-변환은 다음과 같다.

$$X(z) = \frac{X_1(z)}{1 - z^{-N}} = \frac{z^{-1} - z^{-3}}{1 - z^{-4}} = \frac{z^{-1}}{1 + z^{-2}}$$

(c) $X(z) = \dfrac{2 + z^{-1}}{1 - z^{-3}}$에 대응되는 인과성 신호를 구하라.

교대 주기 신호에 대한 z-변환과 비교하면 $N = 3$이고 $X_1(z) = 2 + z^{-1}$이므로, $x[n]$의 첫 주기는 $\{\overset{\Downarrow}{2}, 1, 0\}$이다.

(d) $X(z) = \dfrac{z^{-1}}{1 + z^{-3}}$에 대응되는 인과성 신호를 구하라.

$X(z)$는 다음과 같이 표현할 수 있다.

$$X(z) = \frac{z^{-1}(1 - z^{-3})}{(1 + z^{-3})(1 - z^{-3})} = \frac{z^{-1} - z^{-4}}{1 - z^{-6}}$$

교대 주기 신호에 대한 z-변환과 비교하면 주기는 $N = 6$이고 $X_1(z) = z^{-1} - z^{-4}$이므로 $x[n]$의 첫 주기는 $\{\overset{\Downarrow}{0}, 1, 0, 0, -1, 0\}$이다.

심화문제 4.23

(a) 주기 신호 $x[n]$의 한 주기는 $\{\overset{\Downarrow}{1}, 0, 0, 2, 0\}$이다. z-변환 $X(z)$를 구하라.

(b) $X(z) = \frac{1-2z^{-2}}{1-z^{-4}}$에 대해 $x[n]$의 한 주기를 구하라.

(c) $X(z) = \frac{z}{z^3+1}$에 대해 $x[n]$의 한 주기를 구하라.

정답: **(a)** $\frac{1+2z^{-3}}{1-z^{-5}}$ **(b)** $\{\overset{\Downarrow}{1}, 0, -2, 0\}$ **(c)** $\{\overset{\Downarrow}{0}, 0, 1, 0, 0, -1\}$

4.10 z-변환과 시스템 분석

단측 z-변환은 차분방정식 혹은 전달 함수로 표현되는 LTI 시스템을 분석하는 데 유용한 툴로 사용된다. 시간 영역에서 컨벌루션은 주파수 영역에서 곱으로 변환되기 때문에 변환 영역에서 해법이 훨씬 더 간단하다. 시간 영역에서 응답은 역변환이 요구된다.

4.10.1 차분방정식으로 표현되는 시스템

차분방정식으로 표현되는 시스템의 해를 구하기 위해서는 이동 특성을 사용하여 차분방정식을 변환하고, 존재한다면 초기 조건 결과를 반영한 다음, 시간 영역의 응답을 구하기 위해 부분분수를 사용하여 역변환을 수행한다. 응답은 z-영역에서 제로상태(zero-state) 성분(입력에 의한 응답)과 제로입력(zero-input) 성분(초기 조건에 의한 응답)으로 구분할 수 있다.

예제 4.21 차분방정식 해

(a) 차분방정식 $y[n] - 0.5y[n-1] = 2(0.25)^n u[n]$, $y[-1] = -2$의 해를 구하라.

우측 이동 특성을 사용하여 변환하면 다음과 같다.

$$Y(z) - 0.5(z^{-1}Y(z) + y[-1]) = \frac{2z}{z-0.25} \qquad Y(z) = \frac{z(z+0.25)}{(z-0.25)(z-0.5)}$$

부분분수를 사용하면 다음과 같다.

$$\frac{Y(z)}{z} = \frac{z+0.25}{(z-0.25)(z-0.5)} = \frac{-2}{z-0.25} + \frac{3}{z-0.5}$$

z를 곱하고 역변환을 수행하면 다음과 같이 구해진다.

$$Y(z) = \frac{-2z}{z-0.25} + \frac{3z}{z-0.5} \qquad y[n] = [-2(0.25)^n + 3(0.5)^n]u[n]$$

(b) 차분방정식 $y[n+1] - 0.5y[n] = 2(0.25)^{n+1}u[n+1]$, $y[-1] = -2$의 해를 구하라.

좌측 이동 특성을 사용하여 차분방정식을 변환한 후 해를 구하기 위해서는 $y[0]$ 값이 요구된다. $n = -1$을 사용하면 $y[0] - 0.5y[-1] = 2$ 혹은 $y[0] = 2 + 0.5y[-1] = 2 - 1 = 1$이 된다. $x[n] = (0.25)^n u[n]$으로 두면 좌측 이동 특성 $x[n+1] \Leftarrow \boxed{\text{ZT}} \Rightarrow zX(z) - zx[0](x[0] = 1)$에 의해 다음과 같이 표현된다.

$$(0.25)^{n+1}u[n+1] \Leftarrow \boxed{\text{ZT}} \Rightarrow z\left[\frac{z}{z-0.25}\right] - z = \frac{0.25z}{z-0.25}$$

좌측 이동 특성을 사용하여 차분방정식을 변환하자.

$$zY(z) - zy[0] - 0.5Y(z) = \frac{0.5z}{z-0.25} \qquad Y(z) = \frac{z(z+0.25)}{(z-0.25)(z-0.5)}$$

위 결과는 (a)의 결과와 동일하므로 $y[n] = -2(0.25)^n + 3(0.5)^n$이다.

참고: 시불변 특성 때문에 (a)와 같은 시스템을 나타낸다.

(c) 제로입력과 제로상태 응답

차분방정식 $y[n] - 0.5y[n-1] = 2(0.25)^n u[n]$, $y[-1] = -2$의 해를 구하라.

우측 이동 특성을 사용하여 변환하면 다음과 같다.

$$Y(z) - 0.5(z^{-1}Y(z) + y[-1]) = \frac{2z}{z-0.25} \qquad (1 - 0.5z^{-1})Y(z) = \frac{2z}{z-0.25} - 1$$

1. **제로상태 응답:** 제로상태 응답을 구하기 위해 초기 조건을 영으로 가정하면 다음과 같이 구해진다.

$$(1 - 0.5z^{-1})Y_{zs}(z) = \frac{2z}{z - 0.25} \qquad Y_{zs}(z) = \frac{2z^2}{(z - 0.25)(z - 0.5)}$$

부분분수 전개를 수행하면 다음과 같다.

$$\frac{Y_{zs}(z)}{z} = \frac{2z}{(z - 0.25)(z - 0.5)} = -\frac{2}{z - 0.25} + \frac{4}{z - 0.5}$$

z를 곱하고 역변환을 수행하면 다음과 같다.

$$Y_{zs}(z) = \frac{-2z}{z - 0.25} + \frac{4z}{z - 0.5} \qquad y_{zs}[n] = -2(0.25)^n u[n] + 4(0.5)^n u[n]$$

2. **제로입력 응답:** 제로입력 응답을 구하기 위해 입력을 영으로 가정하고 우측 이동 특성을 사용하면 다음과 같이 구해진다.

$$Y_{zi}(z) - 0.5(z^{-1}Y_{zi}(z) + y[-1]) = 0 \qquad Y_{zi}(z) = \frac{-z}{z - 0.5}$$

위 식은 $y_{zi}[n] = -(\frac{1}{2})^n u[n]$ 으로 쉽게 변환된다.

3. **전체 응답:** 전체 응답은 다음과 같다.

$$y[n] = y_{zs}[n] + y_{zi}[n] = -2(0.25)^n u[n] + 3(0.5)^n u[n]$$

심화문제 4.24

z-변환을 사용하여 각 필터의 응답 $y[n]$, $n \geq 0$을 구하라.

(a) $y[n] - 0.8y[n-1] = 2u[n]$, $y[-1] = 5$

(b) $y[n] + 0.8y[n-1] = 2(0.8)^n$, $y[-1] = 10$

(c) $y[n] - 0.8y[n-1] = 2(0.8)^n$, $y[-1] = 5$

(d) $y[n] - 0.8y[n-1] = 2(-0.8)^n + 2(0.4)^n$, $y[-1] = -5$

정답: **(a)** $10 - 4(0.8)^n$ **(b)** $(0.8)^n - 7(-0.8)^n$ **(c)** $(2n + 6)(0.8)^n$ **(d)** $(0.8)^n - (-0.8)^n - 2(0.4)^n$

심화문제 4.25

z-변환을 사용하여 응답을 구하라.

(a) $y[n] - 0.8y[n-1] = x[n]$, $x[n] = 2(0.4)^n$, $y[-1] = -10$일 때 제로상태 응답(ZSR)과 제로입력 응답(ZIR)을 구하라.

(b) $y[n] - 0.8y[n-1] = 2x[n]$, $x[n] = 2(0.4)^n$, $y[-1] = -10$일 때 출력 $y[n]$을 구하라.

(c) $y[n] - 0.8y[n-1] = 2x[n] - x[n-1]$, $x[n] = 2(0.4)^n$, $y[-1] = -10$일 때 출력 $y[n]$을 구하라.

정답: (a) $4(0.8)^n - 2(0.4)^n$, $-8(0.8)^n$ **(b)** $-4(0.4)^n$ **(c)** $(0.4)^n - 5(0.8)^n$

심화문제 4.26

z-변환을 사용하여 다음 필터의 임펄스 응답 $h[n]$을 구하라.

(a) $y[n] - 0.9y[n-1] = x[n]$

(b) $y[n] - 0.5y[n-1] = 2x[n] + x[n-1]$

(c) $y[n] - 1.2y[n-1] + 0.32y[n-2] = x[n]$

(d) $y[n] - 1.2y[n-1] + 0.32y[n-2] = x[n] + 2x[n-1]$

정답: (a) $(0.9)^n$ **(b)** $4(0.5)^n u[n] - 2\delta(n)$ **(c)** $2(0.8)^n - (0.4)^n$ **(d)** $7(0.8)^n - 6(0.4)^n$

4.10.2 전달 함수로 표현되는 시스템

완화된 LTI 시스템의 응답 $Y(z)$는 변환된 입력과 전달 함수의 곱 $X(z)H(z)$와 같다. 선형 시스템을 전달 함수로 표현하여 다루는 것이 훨씬 더 쉬울 때가 있다. $H(z) = N(z)/D(z)$일 때 입력 $X(z)$에 대한 시스템의 제로상태 응답 $Y(z)$는 $Y(z) = X(z)H(z) = X(z)N(z)/D(z)$로 표현된다. 시스템이 완화된 상태가 아니면 초기 조건에 의해 추가 응답이 발생된다: $Y_{zi}(z) = N_{zi}(z)/D(z)$로 표현되는 제로입력 응답 $Y_{zi}(z)$. $Y_{zi}(z)$를 구하기 위해 우선 시스템을 차분방정식으로 정리하고 이동 특성을 사용하여 초기 조건을 고려한 형태로 변환한다.

전달 함수를 사용한 시스템 분석

제로상태 응답: $Y(z) = X(z)H(z)$를 구하고 역변환을 수행하라.

제로입력 응답: 차분방정식을 구하고 이동 특성과 초기 조건을 사용하여 방정식을 변환하라.

z-영역에서 응답을 구하고 역변환을 수행하라.

예제 4.22 전달 함수로부터의 시스템 응답

(a) 완화된 시스템

$H(z) = \dfrac{3z}{z-0.4}$ 일 때 $x[n] = (0.4)^n u[n]$에 대한 시스템의 제로상태 응답을 구하기 위해 우선 입력을 $X(z) = \frac{z}{z-0.4}$로 변환하면 응답은 다음과 같다.

$$Y(z) = H(z)X(z) = \frac{3z^2}{(z-0.4)^2} \qquad y[n] = 3(n+1)(0.4)^n u[n]$$

(b) 계단 응답

$H(z) = \dfrac{4z}{z-0.5}$ 일 때 계단 응답을 구하기 위해 $x[n] = u[n]$으로 두자. $X(z) = \frac{z}{z-1}$이므로 출력은 다음과 같다.

$$Y(z) = H(z)X(z) = \left(\frac{4z}{z-0.5}\right)\left(\frac{z}{z-1}\right) = \frac{4z^2}{(z-1)(z-0.5)}$$

$Y(z)/z$를 부분분수로 전개하면 다음과 같다.

$$\frac{Y(z)}{z} = \frac{4z}{(z-1)(z-0.5)} = \frac{8}{z-1} - \frac{4}{z-0.5}$$

따라서

$$Y(z) = \frac{8z}{z-1} - \frac{4z}{z-0.5} \qquad y[n] = 8u[n] - 4(0.5)^n u[n]$$

$y[n]$의 첫 번째 항은 정상상태 응답으로 훨씬 쉽게 구할 수 있다.

(c) 2차 시스템

$H(z) = \dfrac{z^2}{z^2 - \frac{1}{6}z - \frac{1}{6}}$ 이고, 입력 $x[n] = 4u[n]$이며 초기 조건 $y[-1] = 0$, $y[-2] = 12$라고 하자.

1. 제로상태와 제로입력 응답: 제로상태 응답은 다음과 같은 $Y_{zs}(z)$로부터 직접 구할 수 있다.

$$Y_{zs}(z) = X(z)H(z) = \frac{4z^3}{(z^2 - \frac{1}{6}z - \frac{1}{6})(z-1)} = \frac{4z^3}{(z-\frac{1}{2})(z+\frac{1}{3})(z-1)}$$

$Y_{zs}(z)/z$의 부분분수와 역변환은 다음과 같다.

$$Y_{zs}(z) = \frac{-2.4z}{z-\frac{1}{2}} + \frac{0.4z}{z+\frac{1}{3}} + \frac{6z}{z-1}$$

$$y_{zs}[n] = -2.4\left(\frac{1}{2}\right)^n u[n] + 0.4\left(-\frac{1}{3}\right)^n u[n] + 6u[n]$$

제로입력 응답을 구하기 위해 차분방정식을 구하자. 다음 식으로부터

$$H(z) = \frac{Y(z)}{X(z)} = \frac{z^2}{z^2 - \frac{1}{6}z - \frac{1}{6}} \quad \text{혹은} \quad (z^2 - \tfrac{1}{6}z - \tfrac{1}{6})Y(z) = z^2 X(z)$$

차분방정식은 다음과 같다.

$$\left(1 - \frac{1}{6}z^{-1} - \frac{1}{6}z^{-2}\right)Y(z) = X(z) \qquad y[n] - \frac{1}{6}y[n-1] - \frac{1}{6}y[n-2] = x[n]$$

우측을 영으로 두고(제로입력) **우측 이동** 특성을 사용하여 방정식을 변환하면 다음 식으로부터 제로입력 응답을 구할 수 있다.

$$Y_{zi}(z) - \frac{1}{6}(z^{-1}Y_{zi}(z) + y[-1]) - \frac{1}{6}(z^{-2}Y_{zi}(z) + z^{-1}y[-1] + y[-2]) = 0$$

$y[-1] = 0, y[-2] = 12$이므로 다음과 같이 간략화된다.

$$Y_{zi}(z) = \frac{2z^2}{z^2 - \frac{1}{6}z - \frac{1}{6}} = \frac{2z^2}{(z - \frac{1}{2})(z + \frac{1}{3})}$$

$Y_{zi}(z)/z$의 부분분수 전개와 역변환 결과는 다음과 같다.

$$Y_{zi}(z) = \frac{1.2z}{z - \frac{1}{2}} + \frac{0.8z}{z + \frac{1}{3}} \qquad y_{zi}[n] = 1.2\left(\frac{1}{2}\right)^n u[n] + 0.8\left(-\frac{1}{3}\right)^n u[n]$$

결과적으로 다음과 같은 전체 응답을 구할 수 있다.

$$y[n] = y_{zs}[n] + y_{zi}[n] = -1.2\left(\frac{1}{2}\right)^n u[n] + 1.2\left(-\frac{1}{3}\right)^n u[n] + 6u[n]$$

2. 자연 응답과 강제 응답: 위 결과를 살펴보면 $y[n]$의 자연 응답과 강제 응답 부분은 다음과 같다.

$$y_N[n] = -1.2(\frac{1}{2})^n u[n] + 1.2(-\frac{1}{3})^n u[n] \qquad y_F[n] = 6u[n]$$

참고: 다른 방법으로 시스템 차분방정식을 변환하면 다음과 같다.

$$Y(z) - \frac{1}{6}(z^{-1}Y(z) + y[-1]) - \frac{1}{6}(z^{-2}Y(z) + z^{-1}y[-1] + y[-2]) = \frac{4z}{z-1}$$

이를 간략화하면 다음과 같다.

$$Y(z) = \frac{z^2(6z-2)}{(z-1)(z^2 - \frac{1}{6}z - \frac{1}{6})} = \frac{-1.2z}{z - \frac{1}{2}} + \frac{1.2z}{z + \frac{1}{3}} + \frac{6z}{z-1}$$

정상상태 응답은 $z/(z-1)$(계단 함수) 형태의 항들에 대응된다. 예를 들면, $Y_F(z) = \frac{6z}{z-1}$이고 $y_F[n] = 6u[n]$이다. $(z-1)Y(z)$의 극점은 단위원 내부에 있으므로 $y_F[n]$은 최종치 정리로 구할 수 있다.

$$y_F[n] = \lim_{z\to 1}(z-1)Y(z) = \lim_{z\to 1}\frac{z^2(6z-2)}{z^2 - \frac{1}{6}z - \frac{1}{6}} = 6$$

심화문제 4.27

(a) $H(z) = \dfrac{3z}{z-0.4}$일 때 계단 응답 $s[n]$을 구하라.

(b) $H(z) = \dfrac{z}{z-0.5}$, $y[-1] = 6$일 때 제로입력 응답을 구하라.

(c) $H(z) = \dfrac{z-0.8}{z-0.4}$, $x[n] = 3u[n]$, $y[-1] = 5$일 때 ZIR과 전체 응답을 구하라.

정답: (a) $[5 - 2(0.4)^n]u[n]$ **(b)** $3(0.5)^n u[n]$ **(c)** $2(0.4)^n u[n]$, $[1 + 4(0.4)^n]u[n]$

4.10.3 전달 함수로부터의 강제 응답과 정상상태 응답

시간 영역에서 강제 응답은 입력과 같은 형태를 갖는다는 사실을 가정하고 LTI 시스템을 표현하는 차분방정식을 만족시킴으로써 구할 수 있다. LTI 시스템이 전달 함수 $H(z)$로 표현된다면 강제 응답은 입력의 복소수 주파수 z_0에서 $H(z)$를 계산하여 구할 수도 있다. 예를 들어, 입력 $x[n] = K\alpha^n\cos(n\Omega + \phi)$는 $z_0 = \alpha e^{j\Omega}$의 복소수 주파수를 갖는다. $H(z_0) = H_0 e^{j\phi_0}$가 복소수 값으로 계산되면 강제 응답은 $y_F[n] = KH_0\alpha^n\cos(n\Omega + \phi + \phi_0)$와 같다. 다수 입력인 경우에는 각 입력에 대한 강제 응답을 단순히 더하면 된다. dc와 정현파 입력($\alpha = 1$)에 대한 강제 응답도 **정상상태** 응답이라 한다.

예제 4.23 강제 응답 구하기

(a) 입력 $x[n] = \cos(0.6n\pi)$에 대해 $H(z) = \dfrac{z}{z-0.4}$로 표현되는 필터의 정상상태 응답을 구하라.

복소수 입력 주파수는 $z_0 = e^{j0.6\pi}$이며 $z = z_0$에서 $H(z)$를 계산하면 다음과 같다.

$$H(z)|_{z=e^{j0.6\pi}} = \frac{e^{j0.6\pi}}{e^{j0.6\pi} - 0.4} = 0.843e^{-j18.7^\circ}$$

따라서 정상상태 응답은 $y_F[n] = 0.843\cos(0.6n\pi - 18.7^\circ)$이다.

(b) 입력 $x[n] = 5(0.6)^n$에 대해 시스템 $H(z) = \dfrac{z}{z-0.4}$의 강제 응답을 구하라.

복소수 입력 주파수는 $z_0 = 0.6$이며, $z = 0.6$에서 $H(z)$를 계산하면 다음과 같다.

$$H(z)|_{z=0.6} = \frac{0.6}{0.6 - 0.4} = 3$$

따라서 강제 응답은 $y_F[n] = (3)(5)(0.6)^n = 15(0.6)^n$이다.

(c) 시스템 $H(z) = \dfrac{3z^2}{z^2 - z + 1}$의 강제 응답을 구하라.

입력은 다음과 같이 두 항을 포함하고 있다.

$$x[n] = x_1[n] + x_2[n] = (0.6)^n + 2(0.4)^n\cos(0.5n\pi - 100^\circ)$$

강제 응답은 $x_1[n]$에 대한 강제 항 $y_1[n]$과 $x_2[n]$에 대한 $y_2[n]$의 합이다. $x_1[n]$의 복소수 입력 주파수는 $z_0 = 0.6$이므로 $z = 0.6$에서 $H(z)$를 계산하면 다음과 같다.

$$H(z)|_{z=0.6} = \frac{3(0.36)}{0.36 - 0.6 + 1} = 1.4211$$

따라서 $y_1[n] = 1.4211(0.6)^n$이다. $x_2[n]$의 복소수 입력 주파수는 $z_0 = 0.4e^{j0.5\pi} = j0.4$이므로 $z = j0.4$에서 $H(z)$를 계산하면 다음과 같다.

$$H(z)|_{z=j0.4} = \frac{3(-0.16)}{-0.16 - j0.4 + 1} = 0.5159e^{j154.54^\circ}$$

따라서 $y_2[n] = (0.5159)(2)(0.4)^n\cos(0.5n\pi - 100^\circ + 154.54^\circ) = 1.0318(0.4)^n\cos(0.5n\pi + 54.54^\circ)$이다. 마지막으로, 중첩에 의한 전체 강제 응답은 다음과 같다.

$$y_F[n] = y_1[n] + y_2[n] = 1.4211(0.6)^n + 1.0318(0.4)^n\cos(0.5n\pi + 54.54^\circ)$$

심화문제 4.28

다음 시스템의 강제 혹은 정상상태 응답을 구하라.

(a) $y[n] + 0.2y[n-2] = x[n] + 2x[n-1]$, $x[n] = 2\cos(0.4n\pi + 60^\circ)$

(b) $H(z) = \dfrac{z}{z-0.5}$, $x[n] = 3\cos(0.2n\pi) + 2\cos(0.5n\pi)$

(c) $H(z) = \dfrac{z+0.2}{z-0.2}$, $x[n] = 2(0.4)^n$

정답: (a) $5.9\cos(0.4n\pi + 18.4°)$
(b) $4.5\cos(0.2n\pi - 26.3°) + 1.8\cos(0.5n\pi - 26.6°)$ **(c)** $6(0.4)^n$

4.11 연습문제

4.1 **(수열의 z-변환)** 정의관계를 사용하여 다음의 z-변환과 수렴 영역을 구하라.

(a) $x[n] = \{1, 2, \overset{\Downarrow}{3}, 2, 1\}$　　**(b)** $y[n] = \{-1, 2, \overset{\Downarrow}{0}, -2, 1\}$

(c) $f[n] = \{\overset{\Downarrow}{1}, 1, 1, 1\}$　　**(d)** $g[n] = \{1, 1, -1, \overset{\Downarrow}{-1}\}$

4.2 **(z-변환)** 다음의 z-변환을 구하고 ROC를 명시하라.

(a) $x[n] = (2)^{n+2}u[n]$　　**(b)** $y[n] = n(2)^{2n}u[n]$

(c) $f[n] = (2)^{n+2}u[n-1]$　　**(d)** $g[n] = n(2)^{n+2}u[n-1]$

(e) $p[n] = (n+1)(2)^n u[n]$　　**(f)** $q[n] = (n-1)(2)^{n+2}u[n]$

[**힌트:** (a)는 $(2)^{n+2} = (2)^2(2)^n = 4(2)^n$, (b)는 $(2)^{2n} = (2^2)^n = (4)^n$, (e)는 $(n+1)(2)^n = n(2)^n + (2)^n$과 중첩을 사용하라.]

4.3 **(수열의 z-변환)** 다음의 z-변환과 ROC를 구하라.

(a) $x[n] = u[n+2] - u[n-2]$

(b) $y[n] = (0.5)^n(u[n+2] - u[n-2])$

(c) $f[n] = (0.5)^{|n|}(u[n+2] - u[n-2])$

[**힌트:** 각 신호를 샘플 값들의 수열로 써라.]

4.4 **(z-변환)** 다음의 z-변환을 구하고 ROC를 명시하라.

(a) $x[n] = (0.5)^{2n}u[n]$　　**(b)** $x[n] = n(0.5)^{2n}u[n]$

(c) $(0.5)^{-n}u[n]$　　**(d)** $(0.5)^n u[-n]$

(e) $(0.5)^n u[-n-1]$　　**(f)** $(0.5)^{-n}u[-n-1]$

[**힌트:** (a)와 (b)는 $(0.5)^{2n} = (0.5^2)^n = (0.25)^n$, (c)와 (f)는 $(0.5)^{-n} = (2)^n$, (d)는 (c)의 결과를 반전하라.]

4.5 **(z-변환)** 다음의 z-변환을 구하고 ROC를 명시하라.

(a) $x[n] = \cos(\frac{n\pi}{4} - \frac{\pi}{4})u[n]$　　**(b)** $y[n] = (0.5)^n\cos(\frac{n\pi}{4})u[n]$

(c) $f[n] = (0.5)^n\cos(\frac{n\pi}{4} - \frac{\pi}{4})u[n]$　　**(d)** $g[n] = (\frac{1}{3})^n(u[n] - u[n-4])$

(e) $p[n] = n(0.5)^n\cos(\frac{n\pi}{4})u[n]$　　**(f)** $q[n] = [(0.5)^n - (-0.5)^n]nu[n]$

[**힌트:** (a)는 $\cos(0.25n\pi - 0.25\pi) = 0.7071\cos(0.25n\pi) + 0.7071\sin(0.25n\pi)$, (b)는 $\cos(0.25n\pi)$를 변환하고 특성을 사용하라. (c)는 (a)의 결과와 곱-α^n 특성을 사용하라. (e)는 (b)의

결과와 곱-n 특성을 사용하라.]

4.6 **(양측 z-변환)** 다음의 z-변환 $X(z)$와 ROC를 구하라.

(a) $x[n] = u[-n-1]$ **(b)** $y[n] = (0.5)^{-n}u[-n-1]$

(c) $f[n] = (0.5)^{|n|}$ **(d)** $g[n] = u[-n-1] + (\frac{1}{3})^n u[n]$

(e) $p[n] = (0.5)^{-n}u[-n-1] + (\frac{1}{3})^n u[n]$ **(f)** $q[n] = (0.5)^{|n|} + (-0.5)^{|n|}$

[**힌트:** (a)는 $u[n-1]$의 변환과 역 특성을 사용하라. (c)는 $(0.5)^{|n|} = (0.5)^n u[n] + (0.5)^{-n}u[-n] - \delta[n]$에 주목하라. ROC에 대해서 (c)~(f)는 양측 신호임을 주목하라.]

4.7 **(ROC)** 시스템 전달 함수는 $H(z)$이다. 다음 경우에 대해 $H(z)$의 ROC를 설명하라.

(a) $h[n]$은 인과성 신호이다.

(b) 시스템은 안정하다.

(c) 시스템은 안정하고, $h[n]$은 인과성 신호이다.

4.8 **(극점, 영점 및 ROC)** 시스템 전달 함수는 $H(z)$이다. 다음 경우에 대해 $H(z)$의 극점과 영점을 설명하라.

(a) 시스템은 안정하다.

(b) 시스템은 인과성이고 안정하다.

(c) 시스템은 실수 계수를 갖는 FIR 필터이다.

(d) 시스템은 실수 계수를 갖는 선형위상 FIR 필터이다.

(e) 시스템은 실수 계수를 갖는 인과성, 선형위상 FIR 필터이다.

4.9 **(z-변환과 ROC)** 신호 $x[n] = \alpha^n u[n] + \beta^n u[-n-1]$일 때, z-변환 $X(z)$를 구하라. 다음 경우에 대해 $X(z)$가 유효한 변환으로 표현할 수 있는가?

(a) $\alpha > \beta$ **(b)** $\alpha < \beta$ **(c)** $\alpha = \beta$

4.10 **(z-변환)** z-변환(존재한다면)을 구하고 ROC를 명시하라.

(a) $x[n] = (2)^{-n}u[n] + 2^n u[-n]$ **(b)** $y[n] = (0.25)^n u[n] + 3^n u[-n]$

(c) $f[n] = (0.5)^n u[n] + 2^n u[-n-1]$ **(d)** $g[n] = (2)^n u[n] + (0.5)^n u[-n-1]$

(e) $p[n] = \cos(0.5n\pi)u[n]$ **(f)** $q[n] = \cos(0.5n\pi + 0.25\pi)u[n]$

(g) $s[n] = e^{jn\pi}u[n]$ **(h)** $t[n] = e^{jn\pi/2}u[n]$

(i) $v[n] = e^{jn\pi/4}u[n]$ **(j)** $w[n] = (\sqrt{j})^n u[n] + (\sqrt{j})^{-n}u[n]$

[**힌트:** (a)~(c)는 양측 신호이다. (d)는 유효한 변환이 없다. (f)는 $\cos(0.5n\pi + 0.25n\pi) = 0.7071[\cos(0.5n\pi) - \sin(0.5n\pi)]$이다. (j)는 $j = e^{j\pi/2}$와 $w[n]$을 정현파로 표현하기 위해 오일러 공식을 사용하라.]

4.11 **(z-변환과 ROC)** 인과성 신호 $x[n] = \alpha^n u[n]$의 변환은 $X(z)$이고 ROC는 $|z| > \alpha$이다. 다음 z-변환의 ROC를 구하라.

(a) $y[n] = x[n-5]$ **(b)** $p[n] = x[n+5]$

(c) $g[n] = x[-n]$ **(d)** $h[n] = (-1)^n x[n]$

(e) $p[n] = \alpha^n x[n]$

4.12 **(z-변환과 ROC)** 비인과성 신호 $x[n] = -\alpha^n u[-n-1]$의 변환은 $X(z)$이고 ROC는 $|z| < \alpha$이다. 다음 z-변환의 ROC를 구하라.

(a) $y[n] = x[n-5]$ **(b)** $p[n] = x[n+5]$

(c) $g[n] = x[-n]$ **(d)** $h[n] = (-1)^n x[n]$

(e) $r[n] = \alpha^n x[n]$

4.13 **(z-변환)** $x[n] = \alpha^{|n|}$의 z-변환 $X(z)$를 구하고 $X(z)$의 수렴 영역을 명시하라. $|\alpha| < 1$인 경우와 $|\alpha| > 1$인 경우를 분리해서 고려하라.

4.14 **(특성)** $x[n] = nu[n]$일 때 다음 특성을 사용하여 $X(z)$를 구하라.

(a) z-변환의 정의관계

(b) 곱-n 특성

(c) 컨벌루션 결과 $u[n] * u[n] = (n+1)u[n+1]$과 이동 특성

(d) 컨벌루션 결과 $u[n] * u[n] = (n+1)u[n]$과 중첩

4.15 **(특성)** $x[n]$의 z-변환은 $X(z) = \dfrac{4z}{(z+0.5)^2}$, $|z|>0.5$이다. 변환 특성을 사용하여 다음의 z-변환을 구하고 수렴 영역을 명시하라.

(a) $y[n] = x[n-2]$ **(b)** $d[n] = (2)^n x[n]$ **(c)** $f[n] = nx[n]$

(d) $g[n] = (2)^n nx[n]$ **(e)** $h[n] = n^2 x[n]$ **(f)** $p[n] = [n-2]x[n]$

(g) $q[n] = x[-n]$ **(h)** $r[n] = x[n] - x[n-1]$ **(i)** $s[n] = x[n] * x[n]$

[**힌트:** (d)~(f)는 (c)의 결과를 사용하라.]

4.16 **(특성)** $x[n] = (2)^n u[n]$의 z-변환은 $X(z)$이다. 변환 특성을 사용하여 다음 항에 대응되는 신호를 구하라.

(a) $Y(z) = X(2z)$ **(b)** $F(z) = X(1/z)$ **(c)** $G(z) = zX'(z)$

(d) $H(z) = \dfrac{zX(z)}{z-1}$ **(e)** $D(z) = \dfrac{zX(2z)}{z-1}$ **(f)** $P(z) = z^{-1}X(z)$

(g) $Q(z) = z^{-2}X(2z)$ **(h)** $R(z) = X^2(z)$ **(i)** $S(z) = X(-z)$

[**힌트:** (d)~(e)는 합 특성이 요구된다.]

4.17 **(특성)** 신호 $x[n]$의 z-변환은 $X(z) = \dfrac{4z}{(z+0.5)^2}$, $|z| > 0.5$이다. 다음의 z-변환과 ROC를 구하라.

(a) $y[n] = (-1)^n x[n]$ **(b)** $f[n] = x[2n]$

(c) $g[n] = (j)^n x[n]$ **(d)** $h[n] = x[n+1] + x[n-1]$

[**힌트:** (b)는 우선 $x[n]$을 구하고 $x[n]$을 사용하여 $f[n] = x[2n]$과 $F(z)$를 구하라. 나머지 항들은 변환 특성을 사용하라.]

4.18 **(특성)** 신호 $x[n] = (2)^n u[n]$의 z-변환은 $X(z)$이다. 변환 특성을 사용하여 다음에 대응하는 신호를 구하라.

(a) $F(z) = X(-z)$ **(b)** $G(z) = X(1/z)$ **(c)** $H(z) = zX'(-z)$

4.19 **(특성)** 인과성 신호 $x[n]$의 z-변환은 $X(z) = \dfrac{z}{z - 0.4}$ 이다.

(a) $x_e[n]$을 $x[n]$의 짝수 부분이라 하자. $x[n]$ 혹은 $x_e[n]$을 계산하지 않고 $X_e(z)$와 ROC를 구하라.

(b) $x[n]$으로부터 $x_e[n]$을 우선 계산하고 z-변환을 구함으로써 정답을 확인하라.

(c) $x[n]$이 비인과성 신호라면 $X_e(z)$를 구할 수 있는지 설명하라.

4.20 **(특성)** $x[n] = \text{rect}(n/2N) = u[n + N] - u[n - N - 1]$의 z-변환을 구하라. 이 결과를 사용하여 $y[n] = \text{tri}(n/M)$(여기서 $M = 2N + 1$)의 z-변환을 구하라.

[**힌트:** $\text{rect}(n/2N) * \text{rect}(n/2N) = M\text{tri}(n/M)$, $M = 2N + 1$임을 상기하고 z-변환의 컨벌루션 특성을 사용하라.]

4.21 **(극점과 영점)** 그림 P4.21에 나타나 있는 각 신호의 z-변환 극점과 영점 위치를 개략적으로 그려라.

[**힌트:** 신호 1은 3 샘플로만 구성되고, 신호 2와 3은 지수 수열이며, 신호 4는 램프 수열, 신호 5는 정현파 수열이다.]

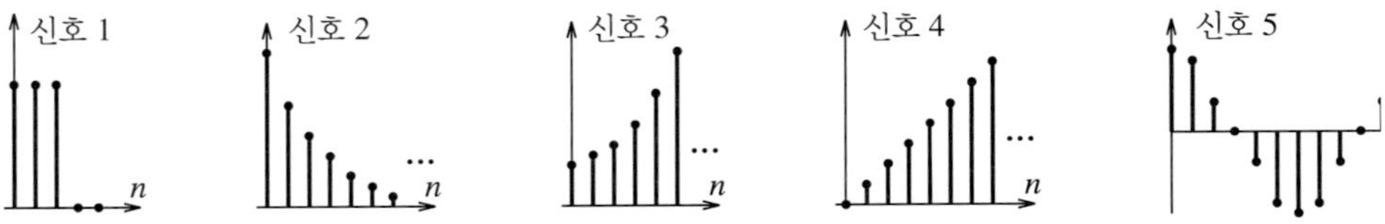

그림 P4.21 문제 4.21의 신호

4.22 **(극점–영점 패턴과 대칭)** 각 $X(z)$에 대한 극점–영점 패턴을 그리고, 이것들 중 어느 것이 대칭 수열에 해당되는지 조사하라.

(a) $X(z) = \dfrac{z^2 + z - 1}{z}$ **(b)** $X(z) = \dfrac{z^4 + 2z^3 + 3z^2 + 2z + 1}{z^2}$

(c) $X(z) = \dfrac{z^4 - z^3 + z - 1}{z^2}$ **(d)** $X(z) = \dfrac{(z^2 - 1)(z^2 + 1)}{z^2}$

[**힌트:** 수열이 중간점에 대해 대칭이라면 영점들은 켤레의 역 대칭으로 나타난다. 원점에 대해 대칭인 경우 $X(z) = \pm X(1/z)$이다.]

4.23 **(구현)** 직접형 I, 직접형 II, 전치 구현으로 각각의 필터를 그려라.

(a) $y[n] - \frac{1}{6}y[n-1] - \frac{1}{2}y[n-2] = 3x[n]$ **(b)** $H(z) = \dfrac{z - 2}{z^2 - 0.25}$

(c) $y[n] - 3y[n-1] + 2y[n-2] = 2x[n-2]$ **(d)** $H(z) = \dfrac{2z^2 + z - 2}{z^2 - 1}$

[**힌트:** 각 경우에 일반형의 2차 구현으로 그리고, 빠진 계수에 대응되는 신호 경로를 삭제하라.]

4.24 **(구현)** 그림 P4.24의 각 시스템 구현에 대해 전달 함수와 차분방정식을 구하라.

[**힌트:** 차분방정식과 전달 함수를 구하기 위해 일반형 1차와 2차 구현과 비교하라.]

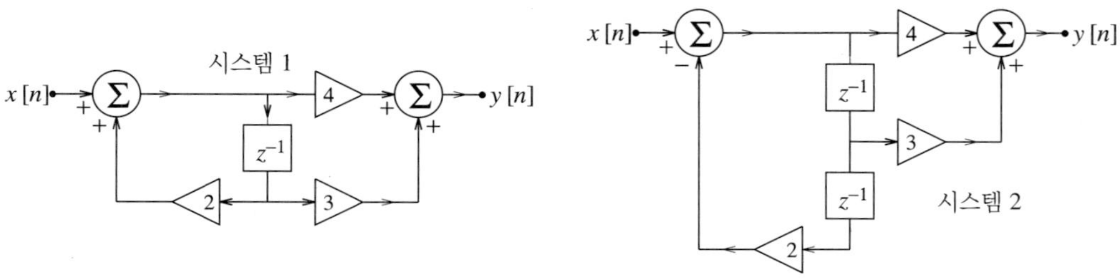

그림 P4.24 문제 4.24의 필터 구현

4.25 **(구현)** 그림 P4.25의 각 디지털 필터 구현에 대해 전달 함수와 차분방정식을 구하라.
[**힌트:** (a)는 일반형 3차 직접형 II 구현과 비교하고, (b)는 일반형 2차 전치 구현과 비교하라.]

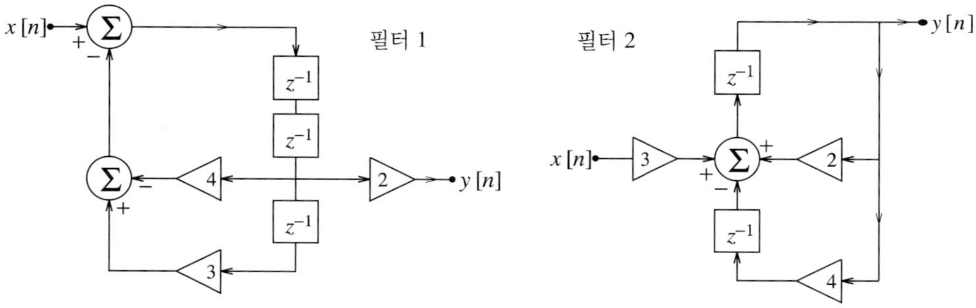

그림 P4.25 문제 4.25의 필터 구현

4.26 **(역 시스템)** 다음 각 항에 대해 역 시스템의 전달 함수를 구하라. 어떤 역 시스템이 인과성인가? 어떤 역 시스템이 안정한가?

(a) $H(z) = \dfrac{z^2 + 0.1}{z^2 - 0.2}$ **(b)** $H(z) = \dfrac{z+2}{z^2 + 0.25}$

(c) $y[n] - 0.5y[n-1] = x[n] + 2x[n-1]$ **(d)** $h[n] = n(2)^n u[n]$

[**힌트:** (c)와 (d)는 $H(z)$를 설정하고 $H_I(z) = 1/H(z)$를 구하라.]

4.27 **(인과성과 안정성)** 다음 정보로부터 시스템의 인과성과 안정성을 어떻게 확인할 수 있는가?

(a) 임펄스 응답 $h[n]$

(b) 전달 함수 $H(z)$와 수렴 영역

(c) 시스템 차분방정식

(d) 극점–영점 플롯

4.28 **(교대 주기 신호)** 다음 각 교대 주기 신호의 z-변환을 구하라.

(a) $x[n] = \{\overset{\Downarrow}{2}, 1, 3, 0, \ldots\}, \quad N = 4$ **(b)** $y[n] = \cos(n\pi/2)u[n]$

(c) $f[n] = \{\overset{\Downarrow}{0}, 1, 1, 0, 0, \ldots\}, \quad N = 5$ **(d)** $g[n] = \cos(0.5n\pi + 0.25\pi)u[n]$

[**힌트:** (b)와 (d)는 주기 $N = 4$이다. 주기 신호의 변환을 구하기 위해 첫 주기 수열을 사용하라.]

4.29 **(다항식의 역변환)** 다음의 역 z-변환을 구하라.

(a) $X(z) = 2 - z^{-1} + 3z^{-3}$ **(b)** $Y(z) = (2 + z^{-1})^3$

(c) $F(z) = (z - z^{-1})^2$ **(d)** $G(z) = (z - z^{-1})^2(2 + z)$

[**힌트:** (b)~(d)는 변환을 전개하라.]

4.30 **(장제법에 의한 역변환)** 우측 신호로 가정하고, 다음 z-변환의 ROC를 구하고 장제법을 사용하여 $n = 3$까지 역변환을 계산하라.

(a) $X(z) = \dfrac{(z+1)^2}{z^2+1}$ **(b)** $Y(z) = \dfrac{z+1}{z^2+2}$

(c) $F(z) = \dfrac{1}{z^2 - 0.25}$ **(d)** $G(z) = \dfrac{1 - z^{-2}}{2 + z^{-1}}$

[**힌트:** 나누기 전에 분자와 분모를 z 거듭제곱이 감소하는 형태로 다항식을 정렬하고 z^{-1} 거듭제곱의 몫을 구하라.]

4.31 **(부분분수에 의한 역변환)** 우측 신호로 가정하고, 다음 z-변환의 ROC를 구하고 부분분수를 사용하여 역변환을 계산하라.

(a) $X(z) = \dfrac{z}{(z+1)(z+2)}$ **(b)** $Y(z) = \dfrac{16}{(z-2)(z+2)}$

(c) $F(z) = \dfrac{3z^2}{(z^2 - 1.5z + 0.5)(z - 0.25)}$ **(d)** $G(z) = \dfrac{3z^3}{(z^2 - 1.5z + 0.5)(z - 0.25)}$

(e) $P(z) = \dfrac{3z^4}{(z^2 - 1.5z + 0.5)(z - 0.25)}$ **(f)** $Q(z) = \dfrac{4z}{(z+1)^2(z+3)}$

[**힌트:** (e)는 진분수가 아니므로 장제법을 사용하여 $P(z) = 3z + P_1(z)$ 형으로 구하고 $P_1(z)$에 대해 부분분수를 사용하라. (f)만 중근을 갖고 있다.]

4.32 **(부분분수에 의한 역변환)** 우측 신호로 가정하고, 다음 z-변환의 ROC를 구하고 부분분수를 사용하여 역변환을 계산하라.

(a) $X(z) = \dfrac{z}{(z^2 + z + 0.25)(z + 1)}$ **(b)** $Y(z) = \dfrac{z}{(z^2 + z + 0.25)(z + 0.5)}$

(c) $F(z) = \dfrac{1}{(z^2 + z + 0.25)(z + 1)}$ **(d)** $G(z) = \dfrac{z}{(z^2 + z + 0.5)(z + 1)}$

(e) $P(z) = \dfrac{z^3}{(z^2 - z + 0.5)(z - 1)}$ **(f)** $Q(z) = \dfrac{z^2}{(z^2 + z + 0.5)(z + 1)}$

(g) $S(z) = \dfrac{2z}{(z^2 - 0.25)^2}$ **(h)** $T(z) = \dfrac{2}{(z^2 - 0.25)^2}$

(i) $v(z) = \dfrac{z}{(z^2 + 0.25)^2}$ **(j)** $w(z) = \dfrac{z^2}{(z^2 + 0.25)^2}$

[**힌트:** (a)~(c)와 (g)~(h)는 실수 중근을 갖고 있다. (d)~(f)는 복소수 근을 갖고 있다. (i)와 (j)는 복소수 중근을 갖고 있다.]

4.33 **(장제법에 의한 역변환)** 좌측 신호로 가정하고, 다음 z-변환의 ROC를 구하고 장제법을 사용하여 $n = -1, -2, -3$에 대한 역변환을 계산하라.

(a) $X(z) = \dfrac{z^2 + 4z}{z^2 - z + 2}$ **(b)** $Y(z) = \dfrac{z}{(z+1)^2}$

(c) $F(z) = \dfrac{z^2}{z^3 + z - 1}$ **(d)** $G(z) = \dfrac{z^3 + 1}{z^2 + 1}$

[**힌트:** 나누기 전에 분자와 분모를 z 거듭제곱이 증가하는 형태로 다항식을 정렬하고 z 거듭제곱의 몫을 구하라.]

4.34 **(ROC와 역변환)** $X(z) = \dfrac{z^2 + 5z}{z^2 - 2z - 3}$ 일 때 다음 중 어떤 항이 $X(z)$에 대해 유효한 ROC를 나타내는가? 유효한 ROC에 대해 부분분수를 사용하여 $x[n]$을 구하라.

(a) $|z| < 1$ **(b)** $|z| > 3$ **(c)** $1 < |z| < 3$ **(d)** $|z| < 1$ 그리고 $|z| > 3$

4.35 **(역변환)** 각 $X(z)$의 유효한 ROC에 대한 신호 $x[n]$을 구하라.

(a) $X(z) = \dfrac{z}{(z+0.4)(z-0.6)}$ **(b)** $X(z) = \dfrac{3z^2}{z^2 - 1.5z + 0.5}$

4.36 **(역변환)** $y[n] + \alpha y[n-1] = x[n] + x[n-1]$로 표현되는 안정 시스템을 생각해 보자.

(a) 인과성 임펄스 응답 $h[n]$을 구하고 α 범위와 $H(z)$의 ROC를 명시하라.

(b) 비인과성 임펄스 응답 $h[n]$을 구하고 α 범위와 $H(z)$의 ROC를 명시하라.

4.37 **(역변환)** 아래의 각 $X(z)$는 교대 주기 신호 $x_p[n]u[n]$의 z-변환이다. 각 신호의 한 주기 $x_1[n]$을 구하라. 장제법에 의한 역변환을 사용하여 결과를 증명하라.

(a) $X(z) = \dfrac{1}{1 - z^{-3}}$ **(b)** $X(z) = \dfrac{1}{1 + z^{-3}}$

(c) $X(z) = \dfrac{1 + 2z^{-1}}{1 - z^{-4}}$ **(d)** $X(z) = \dfrac{3 + 2z^{-1}}{1 + z^{-4}}$

[**힌트:** 주기 N과 첫 주기 $x_1[n]$ 수열을 확인하기 위해 $\dfrac{X_1(z)}{1 - z^{-N}}$ 형태로 $X(z)$를 정렬하라. 예를 들어 (b)는 분자와 분모에 $(1 - z^{-3})$을 곱하라.]

4.38 **(역변환)** $H(z) = z^{-2}(z - 0.5)(2z + 4)(1 - z^{-2})$이라 하자.

(a) 역변환 $h[n]$을 구하라.

(b) $h[n]$이 원점에 대해 대칭인지 조사하라.

(c) $h[n]$이 선형위상 수열인지 설명하라.

[**힌트:** $H(z)$를 전개하라.]

4.39 **(역변환)** $H(z) = \dfrac{z}{(z-0.5)(z+2)}$ 라고 하자.

(a) 이 시스템이 안정 시스템이라면 임펄스 응답 $h[n]$을 구하라. 이 시스템은 인과성인가?

(b) 이 시스템이 인과성 시스템이라면 임펄스 응답 $h[n]$을 구하라. 이 시스템은 안정한가?

4.40 **(역변환)** $H(z) = \dfrac{z}{(z-0.5)(z+2)}$라고 하자. 다음에 대해 $H(z)$의 ROC를 설정하고, 임펄스 응답

$h[n]$을 구하고, 안정성을 조사하라.

(a) 인과성 $h[n]$ **(b)** 비인과성 $h[n]$ **(c)** 양측 $h[n]$

4.41 **(컨벌루션)** z-변환을 사용하여 각 컨벌루션을 구하라. 시간 영역에서 컨벌루션을 사용하여 결과를 증명하라.

(a) $y[n] = \{-\overset{\Downarrow}{1}, 2, 0, 3\} * \{2, 0, \overset{\Downarrow}{3}\}$ **(b)** $y[n] = \{-1, 2, \overset{\Downarrow}{0}, -2, 1\} * \{-1, 2, \overset{\Downarrow}{0}, -2, 1\}$

(c) $y[n] = (2)^n u[n] * (2)^n u[n]$ **(d)** $y[n] = (2)^n u[n] * (3)^n u[n]$

4.42 **(주기 신호 발생기)** 첫 주기가 $x[n] = \{\overset{\Downarrow}{1}, 2, 3, 4, 6, 7, 8\}$인 주기 수열이 임펄스 응답인 필터의 전달 함수 $H(z)$를 구하라. 이 필터의 차분방정식을 구하고 구현을 그림으로 나타내어라.

4.43 **(주기 신호 발생기)** 주파수 $F_0 = 0.25$이고 진폭이 1인 코사인이 임펄스 응답인 필터를 설계하고자 한다.

(a) 이 필터의 임펄스 응답을 구하라.

(b) 이 필터의 전달 함수 $H(z)$와 차분방정식을 구하라.

(c) 이 필터의 구현을 그림으로 나타내어라.

(d) 이 필터의 계단 응답을 구하라.

4.44 **(초기치와 최종치 정리)** 우측 신호로 가정하고, 역변환을 사용하지 않고 신호의 초기치와 최종치를 구하라.

(a) $X(z) = \dfrac{2}{z^2 + \frac{1}{6}z - \frac{1}{6}}$ **(b)** $Y(z) = \dfrac{2z^2}{z^2 + z + 0.25}$

(c) $F(z) = \dfrac{2z}{z^2 + z - 1}$ **(d)** $G(z) = \dfrac{2z^2 + 0.25}{(z-1)(z+0.25)}$

(e) $P(z) = \dfrac{z + 0.25}{z^2 + 0.25}$ **(f)** $Q(z) = \dfrac{2z + 1}{z^2 - 0.5z - 0.5}$

[**힌트:** 초기치를 구하기 위해 각 변환을 z^{-1}의 다항식 비로 정렬하라. 최종치는 $z = 1$에서 한 개의 극점이 있고 다른 극점들은 단위원 내부에 있는 경우에만 값을 갖는다. (c)는 최종치 정리가 적용되지 않는다.]

4.45 **(시스템 표현)** 다음 인과성 시스템의 전달 함수와 차분방정식을 구하라. 각 시스템의 안정성을 조사하라.

(a) $h[n] = (2)^n u[n]$ **(b)** $h[n] = [1 - (\frac{1}{3})^n]u[n]$

(c) $h[n] = n(\frac{1}{3})^n u[n]$ **(d)** $h[n] = 0.5\delta[n]$

(e) $h[n] = \delta[n] - (-\frac{1}{3})^n u[n]$ **(f)** $h[n] = [(2)^n - (3)^n]u[n]$

[**힌트:** 차분방정식을 구하기 위해 $H(z)$를 z^{-1}의 다항식 비로 정렬하고, $Y(z)/X(z)$로 등식화하고, 두 분수의 각 분자에 다른 분수의 분모를 곱한 후 역변환을 구하라.]

4.46 **(시스템 표현)** 다음 인과성 시스템의 차분방정식을 구하라. 각 시스템의 안정성을 조사하라.

(a) $y[n] + 3y[n-1] + 2y[n-2] = 2x[n] + 3x[n-1]$

(b) $y[n]+4y[n-1]+4y[n-2]=2x[n]+3x[n-1]$
(c) $y[n]=0.2x[n]$
(d) $y[n]=x[n]+x[n-1]+x[n-2]$

4.47 **(시스템 표현)** 다음 인과성 시스템의 시스템 차분방정식을 구하라. 각 시스템의 안정성을 조사하라.

(a) $H(z)=\dfrac{3}{z+2}$ **(b)** $H(z)=\dfrac{1+2z+z^2}{(1+z^2)(4+z^2)}$

(c) $H(z)=\dfrac{2}{1+z}-\dfrac{1}{2+z}$ **(d)** $H(z)=\dfrac{2z}{1+z}-\dfrac{1}{2+z}$

[**힌트:** $H(z)$를 z^{-1}의 다항식 비로 정렬하고, $Y(z)/X(z)$로 등식화하고, 두 분수의 각 분자에 다른 분수의 분모를 곱한 후 역변환을 구하라.]

4.48 **(제로상태 응답)** z-변환을 사용하여 다음 시스템의 제로상태 응답을 구하라.

(a) $y[n]-0.5y[n-1]=2u[n]$ **(b)** $y[n]-0.4y[n-1]=(0.5)^n u[n]$
(c) $y[n]-0.4y[n-1]=(0.4)^n u[n]$ **(d)** $y[n]-0.5y[n-1]=\cos(n\pi/2)$

[**힌트:** 초기 조건을 영으로 가정하고 z-변환을 사용하여 $Y(z)$를 구하고 부분분수에 의한 역변환을 구하라.]

4.49 **(시스템 응답)** 시스템 $y[n]-0.5y[n-1]=x[n]$에 대해 z-변환을 사용하여 다음 입력에 대한 제로상태 응답을 구하라.

(a) $x[n]=u[n]$ **(b)** $x[n]=(0.5)^n u[n]$ **(c)** $x[n]=\cos(n\pi/2)u[n]$
(d) $x[n]=(-1)^n u[n]$ **(e)** $x[n]=(j)^n u[n]$ **(f)** $x[n]=(\sqrt{j})^n u[n]+(\sqrt{j})^{-n}u[n]$

[**힌트:** (e)는 입력이 복소수이므로 $y[n]$은 복소수이다. (f)는 $j=e^{j\pi/2}$와 오일러 공식을 사용하면 $x[n]$은 정현파로 간단하게 표현된다. 따라서 강제 응답 $y_F[n]$은 구하기 쉽다. 이때 $y[n]=K(0.5)^n+y_F[n]$, $y[-1]=0$이다.]

4.50 **(제로상태 응답)** z-변환을 사용하여 다음 시스템의 제로상태 응답을 구하라.

(a) $y[n]-1.1y[n-1]+0.3y[n-2]=2u[n]$
(b) $y[n]-0.9y[n-1]+0.2y[n-2]=(0.5)^n$
(c) $y[n]+0.7y[n-1]+0.1y[n-2]=(0.5)^n$
(d) $y[n]-0.25y[n-2]=\cos(n\pi/2)$

4.51 **(시스템 응답)** $y[n]-0.5y[n-1]=x[n]$, $y[-1]=-1$일 때 z-변환을 사용하여 다음 입력에 대한 시스템 응답 $y[n]$을 구하라.

(a) $x[n]=2u[n]$ **(b)** $x[n]=(0.25)^n u[n]$ **(c)** $x[n]=n(0.25)^n u[n]$
(d) $x[n]=(0.5)^n u[n]$ **(e)** $x[n]=n(0.5)^n$ **(f)** $x[n]=(0.5)^n\cos(0.5n\pi)$

4.52 **(시스템 응답)** z-변환을 사용하여 다음 시스템의 응답 $y[n]$을 구하라.

(a) $y[n]+0.1y[n-1]-0.3y[n-2]=2u[n]$ $y[-1]=0$ $y[-2]=0$
(b) $y[n]-0.9y[n-1]+0.2y[n-2]=(0.5)^n$ $y[-1]=1$ $y[-2]=-4$
(c) $y[n]+0.7y[n-1]+0.1y[n-2]=(0.5)^n$ $y[-1]=0$ $y[-2]=3$
(d) $y[n]-0.25y[n-2]=(0.4)^n$ $y[-1]=0$ $y[-2]=3$
(e) $y[n]-0.25y[n-2]=(0.5)^n$ $y[-1]=0$ $y[-2]=0$

4.53 **(시스템 응답)** 각 시스템에 대해 z-변환을 사용하여 응답 $y[n]$을 구하라.

(a) $y[n] - 0.4y[n-1] = x[n]$ $\quad x[n] = (0.5)^n u[n]$ $\quad y[-1] = 0$
(b) $y[n] - 0.4y[n-1] = 2x[n] + x[n-1]$ $\quad x[n] = (0.5)^n u[n]$ $\quad y[-1] = 0$
(c) $y[n] - 0.4y[n-1] = 2x[n] + x[n-1]$ $\quad x[n] = (0.5)^n u[n]$ $\quad y[-1] = 5$
(d) $y[n] + 0.5y[n-1] = x[n] - x[n-1]$ $\quad x[n] = (0.5)^n u[n]$ $\quad y[-1] = 2$
(e) $y[n] + 0.5y[n-1] = x[n] - x[n-1]$ $\quad x[n] = (-0.5)^n u[n]$ $\quad y[-1] = 0$

4.54 **(시스템 응답)** z-변환을 사용하여 다음 시스템 응답 $y[n]$을 구하라.

(a) $y[n] - 0.4y[n-1] = 2(0.5)^{n-1}u[n-1]$ $\quad y[-1] = 2$
(b) $y[n] - 0.4y[n-1] = (0.4)^n u[n] + 2(0.5)^{n-1}u[n-1]$ $\quad y[-1] = 2.5$
(c) $y[n] - 0.4y[n-1] = n(0.5)^n u[n] + 2(0.5)^{n-1}u[n-1]$ $\quad y[-1] = 2.5$

4.55 **(시스템 응답)** 시스템 전달 함수 $H(z) = \dfrac{2z(z-1)}{4+4z+z^2}$일 때 다음 입력에 대한 응답 $y[n]$을 구하라.

(a) $x[n] = \delta[n]$ $\quad$ (b) $x[n] = 2\delta[n] + \delta[n+1]$ $\quad$ (c) $x[n] = u[n]$
(d) $x[n] = (2)^n u[n]$ $\quad$ (e) $x[n] = nu[n]$ $\quad$ (f) $x[n] = \cos(\frac{n\pi}{2})u[n]$

4.56 **(시스템 분석)** 다음과 같이 표현되는 인과성 디지털 필터의 임펄스 응답 $h[n]$과 계단 응답 $s[n]$을 구하라.

(a) $H(z) = \dfrac{4z}{z-0.5}$ $\quad$ (b) $y[n] + 0.5y[n-1] = 6x[n]$

[**힌트:** $y[-1] = 0$임을 주목하고, 계단 응답을 계산하기 위해 $x[n] = u[n]$을 사용하라.]

4.57 **(시스템 분석)** z-변환을 사용하여 다음 각 시스템의 제로상태 응답, 제로입력 응답, 전체 응답을 구하라.

(a) $y[n] - \frac{1}{4}y[n-1] = (\frac{1}{3})^n u[n]$ $\quad y[-1] = 8$
(b) $y[n] + 1.5y[n-1] + 0.5y[n-2] = (-0.5)^n u[n]$ $\quad y[-1] = 2$ $\quad y[-2] = -4$
(c) $y[n] + y[n-1] + 0.25y[n-2] = 4(0.5)^n u[n]$ $\quad y[-1] = 6$ $\quad y[-2] = -12$
(d) $y[n] - y[n-1] + 0.5y[n-2] = (0.5)^n u[n]$ $\quad y[-1] = -1$ $\quad y[-2] = -2$

4.58 **(정상상태 응답)** 시스템 전달 함수 $H(z) = \dfrac{2z(z-1)}{z^2+0.25}$ 일 때 다음 입력에 대한 정상상태 응답을 구하라.

(a) $x[n] = 4u[n]$ $\quad$ (b) $x[n] = 4\cos(\frac{n\pi}{2} + \frac{\pi}{4})u[n]$
(c) $x[n] = \cos(\frac{n\pi}{2}) + \sin(\frac{n\pi}{2})$ $\quad$ (d) $x[n] = 4\cos(\frac{n\pi}{4}) + 4\sin(\frac{n\pi}{2})$

[**힌트:** (c)와 (d)는 각 성분에 의한 강제 응답을 합하라.]

4.59 **(정상상태 응답)** 필터 $H(z) = A\dfrac{z-\alpha}{z-0.5\alpha}$는 입력이 $u[n]$일 때 정상상태 응답이 1이고 입력이 $\cos(n\pi)$일 때 정상상태 응답이 영이 되도록 설계되었다. A와 α 값을 구하라.

4.60 **(정상상태 응답)** 필터 $H(z) = A\dfrac{z-\alpha}{z-0.5\alpha}$는 입력이 $u[n]$일 때 정상상태 응답이 영이고 입력이 $\cos(n\pi)$일 때 정상상태 응답이 1이 되도록 설계되었다. A와 α 값을 구하라.

4.61 **(시스템 응답)** 단위 계단 $x[n] = u[n]$과 교류 단위 계단 $x[n] = (-1)^n u[n]$에 대해 다음 필터의

응답을 구하라.

(a) $h[n] = \delta[n] - \delta[n-1]$ (차 연산)

(b) $h[n] = \{\overset{\Downarrow}{0.5}, 0.5\}$ (2-포인트 평균)

(c) $h[n] = \frac{1}{N}\sum_{k=0}^{N-1}\delta[n-k], N = 3$ (이동평균)

(d) $h[n] = \frac{2}{N(N+1)}\sum_{k=0}^{N-1}(N-k)\delta[n-k], N = 3$ (가중치 이동평균)

(e) $y[n] - \alpha y[n-1] = (1-\alpha)x[n], \alpha = \frac{N-1}{N+1}, N = 3$ (지수평균)

4.62 **(정상상태 응답)** 다음 DSP 시스템을 생각해 보자.

$$x(t) \rightarrow \boxed{\text{샘플러}} \rightarrow \boxed{\text{디지털 필터 } H(z)} \rightarrow \boxed{\text{이상적인 LPF}} \rightarrow y(t)$$

입력 $x(t) = 2 + \cos(10\pi t) + \cos(20\pi t)$이고, 이상적인 샘플러는 S Hz 샘플링률로 동작한다. 디지털 필터는 $H(z) = 0.1S\dfrac{z-1}{z-0.5}$로 표현된다. 이상적인 저역통과 필터의 차단 주파수는 $0.5S$ Hz이다.

(a) 앨리어싱이 발생되지 않는 최솟값 S를 구하라.

(b) $S = 40$ Hz이고 $H(z) = 1 + z^{-2} + z^{-4}$일 때 정상상태 출력 $y(t)$를 구하라.

(c) $S = 40$ Hz이고 $H(z) = \dfrac{z^2+1}{z^4+0.5}$일 때 정상상태 출력 $y(t)$를 구하라.

4.63 **(디지털 필터 응답)** 평균 필터 $y[n] = 0.5x[n] + x[n-1] + 0.5x[n-2]$를 생각해 보자.

(a) 임펄스 응답 $h[n]$과 전달 함수 $H(z)$를 구하라.

(b) 입력 $x[n] = \{\overset{\Downarrow}{2}, 4, 6, 8\}$에 대한 응답 $y[n]$을 구하라.

(c) 입력 $x[n] = \cos(\frac{n\pi}{3})$에 대한 응답 $y[n]$을 구하라.

(d) 입력 $x[n] = \cos(\frac{n\pi}{3}) + \sin(\frac{2n\pi}{3}) + \cos(\frac{n\pi}{2})$에 대한 응답 $y[n]$을 구하라.

[**힌트:** (b)는 컨벌루션을 사용하고, (c)는 정상상태 응답을 구하라. (d)는 각 성분에 의한 정상상태 응답을 합하라.]

4.64 **(전달 함수)** 디지털 필터 입력 $x[n] = \{\overset{\Downarrow}{1}, 0.5\}$이고, 응답 $y[n] = \delta[n+1] - 2\delta[n] - \delta[n-1]$로 표현된다.

(a) 필터 전달 함수 $H(z)$를 구하라.

(b) $H(z)$가 IIR 필터인지 혹은 FIR 필터인지 조사하라.

(c) 필터는 안정한가? 인과성인가?

4.65 **(시스템 분석)** 임펄스 응답 $h[n] = 0.5^n u[n]$인 시스템을 생각해 보자. 다음 입력에 대한 응답을 구하라.

(a) $x[n] = \delta[n]$

(b) $x[n] = u[n]$

(c) $x[n] = (0.25)^n u[n]$

(d) $x[n] = (0.5)^n u[n]$

(e) $x[n] = \cos(n\pi)$

(f) $x[n] = \cos(n\pi)u[n]$

(g) $x[n] = \cos(0.5n\pi)$

(h) $x[n] = \cos(0.5n\pi)u[n]$

[**힌트:** (e)와 (g)는 출력이 정상상태 응답 $y_{ss}[n]$이다. (f)와 (h)는 $y[n] = K(0.5)^n + y_{ss}[n]$, $y[-1] = 0$을 사용하고 K를 구하라.]

4.66 **(시스템 분석)** 임펄스 응답 $h[n] = n0.5^n u[n]$인 시스템을 생각해 보자. 다음과 같은 정상상태 출력을 얻기 위한 입력 $x[n]$을 구하라.

(a) $y[n] = \cos(0.5n\pi)$

(b) $y[n] = 2 + \cos(0.5n\pi)$

(c) $y[n] = \cos^2(0.25n\pi)$

[**힌트:** (a)는 $x[n] = A\cos(0.5n\pi) + B\sin(0.5n\pi)$로 가정하고 정상상태 응답과 $y[n]$을 비교하라. (b)는 $x[n] = C + A\cos(0.5n\pi) + B\sin(0.5n\pi)$로 가정하라. (c)는 $\cos^2\alpha = 0.5 + 0.5\cos 2\alpha$임을 주목하라.]

4.67 **(시스템 응답)** 시스템 $y[n] - 0.25y[n-2] = x[n]$을 생각해 보자. 다음 입력에 대해 z-변환을 사용하여 응답 $y[n]$을 구하라.

(a) $x[n] = 2\delta[n-1] + u[n]$ **(b)** $x[n] = 2 + \cos(0.5n\pi)$

[**힌트:** (a)는 $Y(z)$와 부분분수에 의한 역변환을 구하라. (b)는 입력의 각 성분에 대한 정상상태 응답을 합하라.]

4.68 **(시스템 응답)** 신호 $x[n] = 0.5^n u[n]$이 디지털 필터에 가해지고 응답은 $y[n]$이다. 시스템 출력 $y[n]$이 다음과 같을 때 필터 전달 함수를 구하고, IIR 필터인지 혹은 FIR 필터인지, 그리고 선형 위상 필터인지 설명하라.

(a) $y[n] = \delta[n] + 0.5\delta[n-1]$

(b) $y[n] = \delta[n] - 2\delta[n-1]$

(c) $y[n] = (-0.5)^n u[n]$

4.69 **(상호연결 시스템)** 임펄스 응답이 $h_1[n] = \delta[n] + \alpha\delta[n-1]$과 $h_2[n] = (0.5)^n u[n]$인 두 시스템을 생각해 보자. 다음 조건에 대해 전체 시스템 전달 함수와 입력 $x[n] = (0.5)^n u[n]$과 입력 $x[n] = \cos(n\pi)$에 대한 전체 시스템 응답 $y[n]$을 구하라.

(a) $\alpha = 0.5$이고 두 시스템이 병렬로 연결되어 있다.

(b) $\alpha = -0.5$이고 두 시스템이 병렬로 연결되어 있다.

(c) $\alpha = 0.5$이고 두 시스템이 직렬로 연결되어 있다.

(d) $\alpha = -0.5$이고 두 시스템이 직렬로 연결되어 있다.

4.70 **(상호연결 시스템)** 직렬로 연결된 두 시스템 $H_1(z)$와 $H_2(z)$의 전달 함수 $H(z) = \dfrac{z^2 + 0.25}{z^2 - 0.25}$이다. 첫 번째 시스템의 단위 계단 응답이 $[2 - (0.5)^n]u[n]$일 때 $H_1(z)$와 $H_2(z)$를 구하라.

4.71 **(궤환 시스템)** 그림 P4.71의 필터 구현을 생각해 보자. 필터의 임펄스 응답이 다음과 같이 주어질 때 전체 시스템 전달 함수 $H(z)$를 구하라.

(a) $h[n] = \delta[n] - \delta[n-1]$ **(b)** $h[n] = 0.5\delta[n] + 0.5\delta[n-1]$

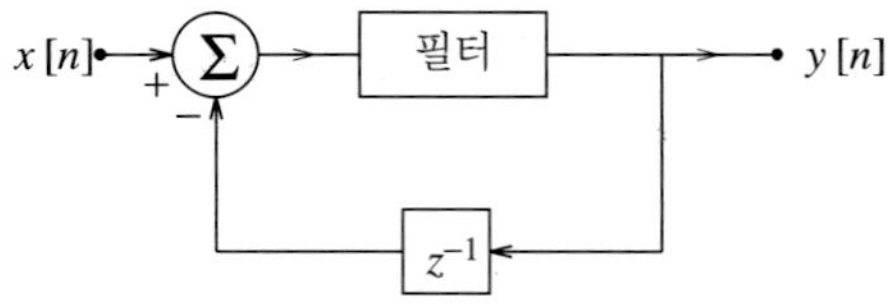

그림 P4.71 문제 4.71의 필터 구현

$H(z)$로부터 $y[n]$과 $x[n]$으로 관련된 차분방정식을 구하고 전체 시스템의 안정성을 조사하라.

4.72 **(직렬 시스템)** 다음 시스템을 생각해 보자.

$$x(n) \rightarrow \boxed{H_1(z)} \rightarrow \boxed{H_2(z)} \rightarrow \boxed{H_3(z)} \rightarrow y(n)$$

$h_1[n] = 0.5(0.4)^n u[n]$, $H_2(z) = \dfrac{A(z+\alpha)}{z+\beta}$, $h_3[n] = \delta[n] + 0.5\delta[n-1]$일 때 전체 시스템 응답이 동일 시스템이 되기 위한 A, α, β를 구하라.

[**힌트:** 상수들을 구하기 위해 $H_1(z)H_2(z)H_3(z) = 1$로 두어라.]

4.73 **(재귀와 비재귀 필터)** 다음과 같이 표현되는 두 필터를 생각해 보자.

$$(1)\ h[n] = \{\overset{\Downarrow}{1},\ 1,\ 1\} \qquad (2)\ y[n] - y[n-1] = x[n] - x[n-3]$$

(a) 각 필터의 전달 함수를 구하라.

(b) 입력 $x[n] = \cos(n\pi)$에 대해 각 필터의 응답을 구하라.

(c) 두 필터가 어떤 방식으로 관련되어 있는가?

4.74 **(궤환 보상)** 궤환 보상은 불안정한 필터를 안정화하기 위해 종종 사용된다. 불안정한 필터 $G(z) = \dfrac{6}{z-1.2}$을 안정화하기 위해 그 필터를 마이너스 궤환 시스템의 순방향 경로에 둔다. 궤환 블록은 $H(z) = \dfrac{\alpha}{z-\beta}$ 형태이다.

(a) 전체 시스템이 $z = 0.4$와 $z = 0.6$에 두 극점을 갖기 위해 필요한 α와 β 값을 구하라. 전체 전달 함수와 임펄스 응답을 구하라.

(b) 전체 시스템이 $z = 0.6$에서 두 개의 극점을 갖기 위해 필요한 α와 β 값을 구하라. 전체 전달 함수와 임펄스 응답을 구하라. 이중 극점이 임펄스 응답에 어떤 영향을 미치는가?

[**힌트:** 마이너스 궤환 시스템의 전체 전달 함수는 $T(z) = \frac{G(z)}{1+G(z)H(z)}$ 이다.]

4.75 **(재귀형의 FIR 필터)** FIR 필터는 같은 위치에서 극점과 영점을 갖는 간단한 방법으로 항상 재귀 형태로 변경할 수 있다. 이것은 전달 함수의 분자와 분모에 같은 인수를 곱하는 것과 같다. 예를 들어 필터 $H(z) = 1 - z^{-1}$는 FIR이나, 분자와 분모에 같은 항 $1 + z^{-1}$를 곱한 새로운 필터와 차분방정식은 다음과 같다.

$$H_N(z) = \frac{(1-z^{-1})(1+z^{-1})}{1+z^{-1}} = \frac{1-z^{-2}}{1+z^{-1}} \qquad y[n] + y[n-1] = x[n] - x[n-2]$$

차분방정식은 재귀 구조로 구현할 수 있다. 다음의 각 필터에 대해 다른 차수를 갖는 두 개의 재귀 차분방정식을 구하라.

(a) $h[n] = \{1, \overset{\Downarrow}{2}, 1\}$

(b) $H(z) = \dfrac{z^2 - 2z + 1}{z^2}$

(c) $y[n] = x[n] - x[n-2]$

[**힌트:** $H(z)$를 구하고 분자와 분모에 같은 z의 다항식(선형, 이차 방정식 등)을 곱한다. 이 식을 사용하여 재귀 차분방정식을 구하라.]

계산과 설계

4.76 (**심벌형의 시스템 응답**) 저자의 웹 사이트에 있는 MATLAB 루틴 **sysresp2**를 사용하면 심벌 형태의 시스템 응답이 구해진다. 다음 필터의 응답을 구하고 $0 \le n \le 30$에서 응답을 그려라.

(a) $y[n] - 0.5y[n-1] = x[n]$의 계단 응답

(b) $y[n] - 0.5y[n-1] = x[n]$의 임펄스 응답

(c) $y[n] - 0.5y[n-1] = (0.5)^n u[n]$의 제로상태 응답

(d) $y[n] - 0.5y[n-1] = (0.5)^n u[n]$, $y[-1] = -4$의 전체 응답

(e) $y[n] + y[n-1] + 0.5y[n-2] = (0.5)^n u[n]$, $y[-1] = -4$, $y[-2] = 3$의 전체 응답

4.77 (**심벌형의 정상상태 응답**) 저자의 웹 사이트에 있는 MATLAB 루틴 **ssresp**를 사용하면 정현파 입력에 대한 심벌 표현의 정상상태 응답이 구해진다. 다음 각 시스템에 대해 입력 $x[n] = 2\cos(0.2n\pi - \frac{\pi}{3})$에 대한 정상상태 응답을 구하고 $0 \le n \le 50$에서 결과를 그려라.

(a) $y[n] - 0.5y[n-1] = x[n]$

(b) $y[n] + y[n-1] + 0.5y[n-2] = 3x[n]$

CHAPTER 05

주파수 영역 분석

5.0 범위와 개관

이 장은 이산시간 신호와 이산 시스템을 주파수 영역에서 분석하기 위한 도구인 **이산시간 푸리에 변환**(DTFT: discrete-time Fourier transform)에 대해 설명한다. 이 장에서는 z-변환의 특이한 경우로서의 DTFT에 대해 소개하고, 그 특성을 설명한다. 또한 시스템 분석과 신호 처리를 위한 DTFT의 응용 분야에 대해 기술하고, 다양한 신호 및 시스템 분석 방법들 간의 관계에 대한 설명으로 결론을 맺는다.

5.0.1 목적과 학습목표

이번 장에서는 DTFT와 그 특성을 소개하고 이산 신호와 시스템의 주파수 영역 분석을 위해 사용되는 기법들을 소개하고자 한다. 이 장을 통하여 독자는

1. DTFT의 정의를 이해하고 이 정의로부터 간단한 신호의 DTFT를 구할 수 있다.
2. 스펙트럼 크기, 이득, 스펙트럼 위상의 개념을 이해한다.
3. 실수 신호에서의 DTFT 대칭성을 이해한다.
4. 생소한 신호의 DTFT를 구하기 위해 DTFT의 기본 특성을 사용하는 방법을 익힌다.
5. 신호의 스펙트럼 크기와 스펙트럼 위상을 그리는 방법을 익힌다.
6. 시스템의 전달 함수와 주파수 응답의 개념을 이해한다.
7. 파서발 정리를 이해하고 신호 에너지를 구하기 위해 이를 사용할 수 있다.
8. 이산 주기 신호의 DTFT를 구하는 방법을 익힌다.
9. DTFT와 DTF의 관계를 이해한다.
10. 완화 시스템 분석에서 DTFT를 사용하는 방법을 익힌다.
11. 고조파 입력에 대해 시스템의 정상상태 응답을 찾기 위해 DTFT를 사용하는 방법을 익힌다.

5.1 z-변환으로부터의 DTFT

z-변환은 이산시간 신호를 가중된 고조파 z^{-m}의 합으로 표현한다.

$$X(z) = \sum_{m=-\infty}^{\infty} x[m]z^{-m} = \sum_{m=-\infty}^{\infty} x[m](Re^{j2\pi F})^{-m} \tag{5.1}$$

여기서 복소수 지수 $z = Re^{j2\pi F} = re^{j\Omega}$은 실수 가중 인자 R을 포함한다. 만일 $R = 1$이면, $z = e^{j2\pi F} = e^{j\Omega}$이고 $z^{-m} = e^{-j2\pi mF} = e^{-jm\Omega}$이다. 이때 z-변환은 다음과 같이 간략하게 표현할 수 있다.

$$X(F) = \sum_{m=-\infty}^{\infty} x[m]e^{-j2\pi mF} \qquad X(\Omega) = \sum_{m=-\infty}^{\infty} x[m]e^{-jm\Omega} \tag{5.2}$$

$X(F)$[혹은 $X(\Omega)$]는 이제 주파수 F(혹은 Ω)만의 함수가 되고, 가중된 고조파들의 합으로서 $x[n]$의 **이산시간 푸리에 변환**(DTFT)을 표현한다. DTFT는 이산시간 신호의 주파수 영역 표현이다. $x[n]$의 DTFT는 $R = 1$일 때의 z-변환 $X(z)$로 볼 수 있다(z-평면의 단위원을 따라서). DTFT는 **스펙트럼**(spectrum)이라고도 하고, 시스템 임펄스 응답의 DTFT $H(F)$ 역시 **주파수 응답**(frequency response) 혹은 주파수 영역 **전달 함수**(transfer function)라고도 한다.

$X(F)$는 단위 주기 F에 대해 주기성을 갖는데, 이는 $X(F) = X(F + 1)$이기 때문이다.

$$X(F+1) = \sum_{m=-\infty}^{\infty} x[m]e^{-j2\pi m(F+1)} = \sum_{m=-\infty}^{\infty} x[m]e^{-j2m\pi}e^{-j2\pi mF}$$
$$= \sum_{m=-\infty}^{\infty} x[m]e^{-j2\pi mF} = X(F)$$

단위 간격 $-0.5 \le F \le 0.5$(혹은 $0 \le F \le 1$)는 **주요 구간**(principal period 또는 central period)이라 정의한다. 유사하게 $X(\Omega)$도 Ω에 대해 주기 2π로 주기성을 갖는데, $X(F)$의 확장된(2π로 확장) 형태로 표현된다. $X(\Omega)$의 주요 구간은 $-\pi \le \Omega \le \pi$ 혹은 $0 \le \Omega \le 2\pi$이다.

역 DTFT는 DTFT의 한 주기로부터 $x[n]$을 복원하고 다음과 같이 정의한다.

$$x[n] = \int_{-1/2}^{1/2} X(F)e^{j2\pi nF}\,dF \qquad (F \text{ 형태})$$

$$x[n] = \frac{1}{2\pi}\int_{-\pi}^{\pi} X(\Omega)e^{jn\Omega}\,d\Omega \qquad (\Omega \text{ 형태}) \tag{5.3}$$

많은 경우에서 2π의 인자들을 제거할 수 있기 때문에 역변환관계를 이용하여 F 형태를 통해 좀 더 편리하게 이를 구하고자 한다. 이산 신호 $x[n]$과 이의 이산시간 푸리에 변환 $X(F)$ 혹은 $X(\Omega)$는 단 하나의 변환 쌍을 이루고 그들의 관계는 화살표를 사용하여 다음과 같은 기호로 나타낼 수 있다.

$$x[n] \Leftarrow \boxed{\text{DTFT}} \Rightarrow X(F) \qquad \text{또는} \qquad x[n] \Leftarrow \boxed{\text{DTFT}} \Rightarrow X(\Omega) \tag{5.4}$$

DTFT는 이산시간 신호의 주파수 영역 표현이다.

형태:	**DTFT:**	**역 DTFT:**
F 형태	$X(F)=\sum_{m=-\infty}^{\infty} x[m]e^{-j2\pi mF}$	$x[n]=\int_{-1/2}^{1/2} X(F)e^{j2\pi nF}\,dF$
Ω 형태	$X(\Omega)=\sum_{m=-\infty}^{\infty} x[m]e^{-jm\Omega}$	$x[n]=\frac{1}{2\pi}\int_{-\pi}^{\pi} X(\Omega)e^{jn\Omega}\,d\Omega$

5.1.1 실수 신호 스펙트럼의 대칭성

실수 신호의 DTFT는 주로 복소수의 형태이다. 주파수에 대한 DTFT 크기의 플롯을 **크기 스펙트럼**(magnitude spectrum)이라고 한다. 만일 $H(F)$가 디지털 필터 임펄스 응답 $h[n]$의 DTFT로 표현된다면, 그 크기 $|H(F)|$ 역시 **이득**(gain)이라 한다. 주파수에 대한 DTFT 위상의 플롯 역시 위상 스펙트럼(phase spectrum)이라 한다. 위상 스펙트럼은 360° 범위 (−180°, 180°)로 제한될 수도 있다. 때로는 위상을 **펼쳐서**(360°의 배수로 가감해서) **단일** 함수처럼 그리는 것이 더 편리하다. 신호 $x[n]$의 DTFT $X(F)$는 다음과 같이 표현할 수 있다.

$$X(F)=R(F)+jI(F)=|X(F)|e^{j\phi(F)}=|X(F)|\angle\phi(F) \tag{5.5}$$

$$X(\Omega)=R(\Omega)+jI(\Omega)=|X(\Omega)|e^{j\phi(\Omega)}=|X(\Omega)|\angle\phi(\Omega) \tag{5.6}$$

실수 신호에 대해 DTFT는 $F=0$(혹은 $\Omega=0$)에 대해 **켤레 대칭**을 보여준다.

$$X(F)=X^*(-F) \quad |X(F)|=|X(-F)| \quad \phi(F)=-\phi(-F) \tag{5.7}$$

$$X(\Omega)=X^*(-\Omega) \quad |X(\Omega)|=|X(-\Omega)| \quad \phi(\Omega)=-\phi(-\Omega) \tag{5.8}$$

원점에 대한 $X(F)$의 켤레 대칭이란 크기 스펙트럼은 원점에 대해 **우대칭**으로, 위상 스펙트럼은 **기대칭**으로 그려지는 것을 말한다. $X(F)$는 $F=0.5$에 대해서도 켤레 대칭으로 나타난다. 이는 주기성을 갖기 때문에 $F=0$에 대해 켤레 대칭인 주요 구간($-0.5 \le F \le 0.5$)을 통해 $X(F)$의 한 주기를 그리기 편리하다. $F=0.5$에서 켤레 대칭을 이용하여 구간 $0 \le F \le 1$에 대해 $X(F)$를 그릴 수도 있다. 이 개념을 그림 5.1에서 설명한다.

마찬가지로, $X(\Omega)$는 원점 $\Omega=0$과 $\Omega=\pi$에 대해 켤레 대칭을 보여주고, 오직 주요 구간($-\pi \le \Omega \le \pi$)($\Omega=0$에 대해 켤레 대칭) 혹은 ($0 \le \Omega \le 2\pi$)($\Omega=\pi$에 대해 켤레 대칭)에 대해 그려질 수도 있다. 각 형태에 대한 주요 구간은 그림 5.2에서 설명한다.

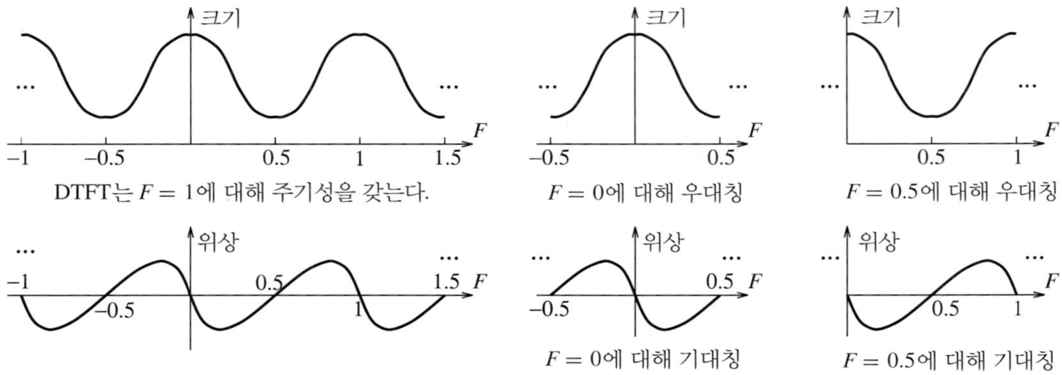

그림 5.1 실수 신호의 DTFT 스펙트럼에 대한 대칭성 설명. 크기는 $F = 0$과 $F = 0.5$에 대해 우대칭을 보여준다. 위상은 $F = 0$과 $F = 0.5$에 대해 기대칭을 보여준다. 양쪽 모두 주기성이고 F에 대해 단위 주기를 갖는다.

DTFT는 항상 주기성을 갖고 실수 신호에 대해 켤레 대칭을 보여준다.

***F* 형태:** $X(F)$는 단위 주기로 주기성을 갖고 $F = 0$과 $F = 0.5$에 대해 켤레 대칭이다.

Ω 형태: $X(\Omega)$는 2π 주기로 주기성을 갖고 $\Omega = 0$과 $\Omega = \pi$에 대해 켤레 대칭이다.

플롯팅: 한 주기($-0.5 \le F \le 0.5$ 혹은 $-\pi \le \Omega \le \pi$)에 대해 DTFT를 충분히 그릴 수 있다.

심화문제 5.1

(a) $F = -0.2$일 때 $X(F) = 2e^{j\pi/3}$이면, $X(F)|_{F=0.2}$, $X(F)|_{F=0.8}$을 구하라.

(b) $F = -0.2$일 때 $X(F) = 2e^{j\pi/3}$이면, $X(F)|_{F=3.2}$, $X(F)|_{F=5.8}$을 구하라.

정답: (a) $2e^{-j\pi/3}$, $2e^{j\pi/3}$ **(b)** $2e^{-j\pi/3}$, $2e^{j\pi/3}$

그림 5.2 한 주기에 대한 DTFT 스펙트럼을 그리는 두 가지 방법. 편리한 방법은 원점을 중심으로 한 주요 구간에 대해 그리는 것이다. 다른 방법은 원점에서 시작하는 주요 구간에 대해 그리는 것이다.

만일 반주기 $0 < F \leq 0.5$(혹은 $0 < \Omega \leq \pi$)에 대한 실수 신호의 스펙트럼을 안다면, 한 주기의 스펙트럼을 구하기 위해 원점에 대해 켤레 대칭을 사용하고 이를 반복시켜 주기적인 스펙트럼을 생성한다. 이 같은 이유로 스펙트럼에서 가장 유용한 주파수는 $F = 0.5$ 혹은 $\Omega = \pi$이다. 샘플링된 신호의 경우, 이것은 $0.5S$ Hz(반 샘플링 주파수)의 아날로그 주파수에 대응된다.

만일 실수 신호 $x[n]$이 $n = 0$에 대해 우대칭일 때, 그것의 DTFT $X(F)$는 항상 실수이고 F에 대해 우대칭이며, $X(F) = A(F)$의 형태를 갖는다. 만일 실수 신호 $x[n]$이 기대칭이면 $X(F)$는 항상 허수이고 F에 대해 기대칭이며, $X(F) = \pm jA(F)$의 형태를 갖는다. 실수 대칭 신호를 **선형위상 신호**(linear-phase signal)라고 한다. 실수 $A(F)$(모든 주파수에 대해 항상 양수인 것은 아니다)를 **진폭 스펙트럼**(amplitude spectrum)이라고 한다. 선형위상 신호에 대해 진폭 스펙트럼(크기가 아님)을 그리는 것이 더 편리한데 이는 위상이 0 혹은 ±90°가 되기 때문이다[또한 $A(F)$의 부호가 바뀔 때마다 180°씩 위상이 변화하여 복잡하지 않다].

심화문제 5.2

(a) $x[n] = \{\overset{\Downarrow}{3}, 1, 3, 4\}$일 때, $X(F)$는 주기성을 갖는가? $X(F)$는 실수인가? $X(F)$는 켤레 대칭인가?

(b) $x[n] = \{2, 1, \overset{\Downarrow}{3}, 1, 2\}$일 때, $X(F)$는 주기성을 갖는가? $X(F)$는 실수인가? $X(F)$는 켤레 대칭인가?

(c) $x[n] = \{2, -1, \overset{\Downarrow}{0}, 1, -2\}$일 때, $X(F)$는 주기성을 갖는가? $X(F)$는 실수인가? $X(F)$는 켤레 대칭인가?

(d) $x[n] = \{2, -j, \overset{\Downarrow}{0}, j, -2\}$일 때, $X(F)$는 주기성을 갖는가? $X(F)$는 실수인가? $X(F)$는 켤레 대칭인가?

정답: (a) 그렇다, 아니다, 그렇다 (b) 그렇다, 그렇다, 그렇다 (c) 그렇다, 아니다, 그렇다 (d) 그렇다, 아니다, 아니다

5.1.2 DTFT의 쌍들

DTFT는 합산이다. 이는 만일 합산 항 $x[n]e^{j2\pi nF} = x[n]e^{jn\Omega}$이 절대적으로 적분 가능하다면 항상 존재한다. $|e^{j2\pi nF}| = |e^{jn\Omega}| = 1$이기 때문에 절대적으로 합산 가능한 신호의 DTFT는 항상 존재한다. 정현파, 계단 함수 혹은 상수(이는 절대적으로 합산 가능하지 않다)의 DTFT는 임펄스(연속하는 종류의)를 포함한다. 지수적으로 혹은 더 빠르게 증가하는 신호의 DTFT는 존재하지 않는다. 표 5.1에 DTFT 쌍들의 목록이 나타나 있다. F 형태, Ω 형태 모두 나타나 있다. 변환들은 Ω 형태(상수, 계단 함수 그리고 정현파의 변환에서)의 임펄스 항에서 2π의 예외 인자를 제외하고 동일

표 5.1 유용한 DTFT 쌍들

항목	신호 $x[n]$	F 형태: $X(F)$	Ω 형태: $X(\Omega)$
1	$\delta[n]$	1	1
2	$\alpha^n u[n],\ \lvert\alpha\rvert < 1$	$\dfrac{1}{1-\alpha e^{-j2\pi F}}$	$\dfrac{1}{1-\alpha e^{-j\Omega}}$
3	$n\alpha^n u[n],\ \lvert\alpha\rvert < 1$	$\dfrac{\alpha e^{-j2\pi F}}{(1-\alpha e^{-j2\pi F})^2}$	$\dfrac{\alpha e^{-j\Omega}}{(1-\alpha e^{-j\Omega})^2}$
4	$(n+1)\alpha^n u[n],\ \lvert\alpha\rvert < 1$	$\dfrac{1}{(1-\alpha e^{-j2\pi F})^2}$	$\dfrac{1}{(1-\alpha e^{-j\Omega})^2}$
5	$\alpha^{\lvert n\rvert},\ \lvert\alpha\rvert < 1$	$\dfrac{1-\alpha^2}{1-2\alpha\cos(2\pi F)+\alpha^2}$	$\dfrac{1-\alpha^2}{1-2\alpha\cos\Omega+\alpha^2}$
6	1	$\delta(F)$	$2\pi\delta(\Omega)$
7	$\cos(2n\pi F_0) = \cos(n\Omega_0)$	$0.5[\delta(F+F_0)+\delta(F-F_0)]$	$\pi[\delta(\Omega+\Omega_0)+\delta(\Omega-\Omega_0)]$
8	$\sin(2n\pi F_0) = \sin(n\Omega_0)$	$j0.5[\delta(F+F_0)-\delta(F-F_0)]$	$j\pi[\delta(\Omega+\Omega_0)-\delta(\Omega-\Omega_0)]$
9	$2F_C\operatorname{sinc}(2nF_C) = \dfrac{\sin(n\Omega_C)}{n\pi}$	$\operatorname{rect}\left(\dfrac{F}{2F_C}\right)$	$\operatorname{rect}\left(\dfrac{\Omega}{2\Omega_C}\right)$
10	$u[n]$	$0.5\delta(F)+\dfrac{1}{1-e^{-j2\pi F}}$	$\pi\delta(\Omega)+\dfrac{1}{1-e^{-j\Omega}}$

주의: 모든 경우, $\lvert\alpha\rvert < 1$라고 가정한다.

하다($\Omega = 2\pi F$). 이러한 예외 인자들의 이유는 $\delta(F) = \delta(\Omega/2\pi) = 2\pi\delta(\Omega)$로 나타나는 임펄스의 스케일링 특성 때문이다.

DTFT의 F형태와 Ω 형태의 차이점

DTFT가 임펄스를 포함하고 있지 않을 때: $H(F)$와 $H(\Omega)$는 $\Omega = 2\pi F$의 관계가 있다.

DTFT가 임펄스를 포함하고 있을 때: $H(\Omega)$를 구하기 위해 $\delta(F)$를 $2\pi\delta(\Omega)$로(다른 곳에서는 $2\pi F$를 Ω로) 대체한다.

예제 5.1 정의관계로부터의 DTFT

(a) $x[n] = \delta[n]$의 DTFT는 정의로부터 다음과 같다.

$$X(F) = \sum_{k=-\infty}^{\infty} x[k]e^{-j2\pi kF} = \sum_{k=-\infty}^{\infty} \delta[k]e^{-j2\pi kF} = 1$$

(b) 수열 $x[n] = \{1, 0, 3, -2\}$의 DTFT 역시 정의로부터 다음과 같다.

$$X(F) = \sum_{k=-\infty}^{\infty} x[k]e^{-j2\pi kF} = 1 + 3e^{-j4\pi F} - 2e^{-j6\pi F}$$

Ω 형태로는 다음과 같다.

$$X(\Omega) = \sum_{k=-\infty}^{\infty} x[k]e^{-jk\Omega} = 1 + 3e^{-j2\Omega} - 2e^{-j3\Omega}$$

유한 수열에 대한 DTFT는 간단히 구할 수 있다. 각 항은 색인 n에서의 샘플 값들과 지수 $e^{-j2\pi nF}$(또는 $e^{-jn\Omega}$)의 곱이다.

(c) 지수 신호 $x[n] = \alpha^n u[n]$의 DTFT는 정의로부터 다음과 같고, 결과의 등비수열에 대해 닫힌 해를 갖는다.

$$X(F) = \sum_{k=0}^{\infty} \alpha^k e^{-j2\pi kF} = \sum_{k=0}^{\infty}(\alpha e^{-j2\pi F})^k = \frac{1}{1-\alpha e^{-j2\pi F}}, \quad |\alpha| < 1$$

오직 $|\alpha e^{-j2\pi F}| < 1$ 혹은 $|\alpha| < 1$($|e^{-j2\pi F}| = 1$이므로)일 때, 그 합은 수렴한다. Ω 형태에서는,

$$X(\Omega) = \sum_{k=0}^{\infty} \alpha^k e^{-jk\Omega} = \sum_{k=0}^{\infty}(\alpha e^{-j\Omega})^k = \frac{1}{1-\alpha e^{-j\Omega}}, \quad |\alpha| < 1$$

(d) 신호 $x[n] = u[n]$은 $\alpha \to 1$일 때, $\alpha^n u[n]$의 제한적인 형태이지만 $u[n]$은 항상 절대적으로 합산 가능하지 않기 때문에 조심스럽게 다루어야 한다. 사실, $X(F)$는 임펄스도 포함한다(이제 주기적인 스펙트럼에 기인한 임펄스). 주요 구간에 대해,

$$X(F) = \frac{1}{1-e^{-j2\pi F}} + 0.5\delta(F) \ \ (F \text{ 형태}) \qquad X(F) = \frac{1}{1-e^{-j2\pi F}} + 0.5\delta(F) \ \ (\Omega \text{ 형태})$$

심화문제 5.3

(a) $x[n] = \{\overset{\Downarrow}{3}, 1, 3, 4\}$일 때, $X(F)$를 구하고 $F = 0.2$에서의 $X(F)$를 계산하라.

(b) $x[n] = \{2, \overset{\Downarrow}{3}, 0, 1\}$일 때, $X(F)$를 구하고 $F = 0$과 $F = 0.5$에서의 $X(F)$를 계산하라.

(c) $x[n] = 8(0.6)^n u[n]$일 때, $X(F)$를 구하고 $F = 0, 0.25, 0.5$에서의 $X(F)$를 계산하라.

정답: (a) $2.38e^{-j171°}$ **(b)** 6, 2 **(c)** 20, $6.86e^{-j31°}$, 5

5.1.3 z-변환과 DTFT와의 관계

DTFT는 가중된 고조파 혹은 복소수 지수들의 합으로서 신호를 표현한다. 하지만 이는 지수적으로 증가하는 신호에 대해선 다룰 수가 없다. z-변환은 정의에서와 같이 지수적으로 가중된 고조파들을 이용하여 이러한 단점을 극복했다. z-변환은 복소수 주파수에 대해 DTFT의 일반화된

형태로 나타난다.

절대적으로 합산 가능한 신호에 대해, DTFT는 단지 $z = e^{j2\pi F}$인 z-변환이다. 절대적으로 합산이 가능하지 않은 신호의 DTFT는 거의 변함없이 임펄스를 포함한다. 하지만 그러한 신호에 대해서 z-변환은 $z = e^{j2\pi F}$인 DTFT 중 임펄스가 아닌 부분과 같다. 즉, 절대적으로 합산 가능한 신호에 대해서는 DTFT로부터 항상 z-변환을 구할 수 있지만, z-변환으로부터는 이들의 DTFT를 항상 구하지는 못한다.

z-변환과 DTFT와의 관계

$X(z)$로부터 DTFT: 만일 $x[n]$이 절대적으로 합산 가능하면, z를 $e^{j2\pi F}$으로 대체한다.

DTFT로부터 $X(z)$: DTFT에서 임펄스 항들을 지우고, $e^{j2\pi F}$(혹은 $e^{j\Omega}$)을 z로 대체한다.

예제 5.2 z-변환과 DTFT

(a) 신호 $x[n] = \alpha^n u[n]$, $|\alpha| < 1$은 절대적으로 합산 가능하다. 이 신호의 DTFT는 다음과 같다.

$$X_p(F) = \frac{1}{1 - \alpha e^{-j2\pi F}}$$

DTFT로부터 $x[n]$의 z-변환은 아래와 같이 구할 수 있다.

$$X(z) = \frac{1}{1 - \alpha z^{-1}} = \frac{z}{z - \alpha}$$

또한 역과정으로 z-변환으로부터 DTFT를 구할 수도 있다.

(b) 신호 $x[n] = u[n]$은 항상 절대적으로 합산 가능하지 않다. 이 신호의 DTFT는 다음과 같다.

$$X_p(F) = \frac{1}{1 - e^{-j2\pi F}} + 0.5\delta(F)$$

$u[n]$의 z-변환은 DTFT의 임펄스 부분에 $e^{j2\pi F} = z$를 대입해 구할 수 있고, 따라서 $X(z) = \frac{1}{1-z^{-1}} = \frac{z}{z-1}$이다. 하지만 이 경우 z-변환으로부터 DTFT를 구할 수는 없다.

5.2 DTFT의 특성

DTFT의 특성에 대해서는 표 5.2에 요약되어 있다. 대부분의 특성들에 대한 증명은 기본적인 변환 쌍 $x[n] \Leftarrow \boxed{\text{DTFT}} \Rightarrow X(F)$에 따라 정의관계로부터 이루어진다.

표 5.2 DTFT의 특성

특성	DT 신호	결과(F 형태)	결과(Ω 형태)
반전	$x[-n]$	$X(-F) = X^*(F)$	$X(-\Omega) = X^*(\Omega)$
시간 이동	$x[n-m]$	$e^{-j2\pi mF}X(F)$	$e^{-j\Omega m}X(\Omega)$
주파수 이동	$e^{j2\pi nF_0}x[n]$	$X(F-F_0)$	$X(\Omega-\Omega_0)$
반주기 이동	$(-1)^n x[n]$	$X(F-0.5)$	$X(\Omega-\pi)$
변조	$\cos(2\pi nF_0)x[n]$	$0.5[X(F+F_0)+X(F-F_0)]$	$\pi[(\Omega+\Omega_0)+X(\Omega-\Omega_0)]$
컨벌루션	$x[n] * y[n]$	$X(F)Y(F)$	$X(\Omega)Y(\Omega)$
곱	$x[n]y[n]$	$X(F)\circledast Y(F)$	$\frac{1}{2\pi}[X(\Omega)\circledast Y(\Omega)]$
곱-n	$nx[n]$	$\frac{j}{2\pi}\frac{dX(F)}{dF}$	$j\frac{dX(\Omega)}{d\Omega}$
파서발 관계	$\sum_{k=-\infty}^{\infty} x^2[k] = \int_1 \lvert X(F)\rvert^2\,dF = \frac{1}{2\pi}\int_{2\pi}\lvert X(\Omega)\rvert^2\,d\Omega$		
중간 좌표	$x[0] = \int_1 X(F)\,dF = \frac{1}{2\pi}\int_{2\pi} X(\Omega)\,d\Omega \qquad X(0) = \sum_{n=-\infty}^{\infty} x[n]$ $X(F)\vert_{F=0.5} = X(\Omega)\vert_{\Omega=\pi} = \sum_{n=-\infty}^{\infty}(-1)^n x[n]$		

5.2.1 시간 반전

$x[n] \Leftarrow \boxed{\text{DTFT}} \Rightarrow X(F)$에 따라 신호 $y[n] = x[-n]$의 DTFT는 (변수를 변경함으로써) 다음과 같이 쓸 수 있다.

$$Y(F) = \sum_{k=-\infty}^{\infty} x[-k]e^{-j2k\pi F} \underbrace{=}_{m=-k} \sum_{m=-\infty}^{\infty} x[m]e^{j2m\pi F} = X(-F) \tag{5.9}$$

$x[n]$을 $x[-n]$으로 반전하면 $X(F)$가 $X(-F)$로 반전된다. 실수 신호에 대해, $X(-F) = X^*(F)$는 동일한 크기 스펙트럼과 반전된 위상을 의미한다.

심화문제 5.4

(a) $X(F) = 4 - 2e^{-j4\pi F}$일 때, $y[n] = x[-n]$의 DTFT를 구하고 $F = 0.2$에서 계산하라.

(b) 신호 $x[n]$에 대하여 $X(F)\vert_{F=0.2} = 2e^{-j\pi/3}$이다. $F = 0.2, 1.8$에서 $y[n] = x[-n]$의 DTFT를 계산하라.

정답: (a) $4 - 2e^{j4\pi F}$, $5.74e^{-j12°}$ **(b)** $2e^{j\pi/3}$, $2e^{-j\pi/3}$

5.2.2 $x[n]$의 시간 이동

$x[n] \Leftarrow \boxed{\text{DTFT}} \Rightarrow X(F)$에 따라, 신호 $y[n] = x[n-m]$의 DTFT는 (변수를 변경함으로써) 다음과 같이 쓸 수 있다.

$$Y(F) = \sum_{k=-\infty}^{\infty} x[k-m]e^{-j2k\pi F} \underbrace{=}_{l=k-m} \sum_{l=-\infty}^{\infty} x[l]e^{-j2(l+m)\pi F} = X(F)e^{-j2\pi mF} \tag{5.10}$$

$x[n]$에서 $x[n-m]$으로의 시간 이동은 크기 스펙트럼에 영향을 주지 않는다. 이는 $\theta(F) = -2\pi mF$[혹은 $\theta(\Omega) = -m\Omega$]로 위상 스펙트럼을 증가시킨다. 즉, 주파수에 대해 선형적으로 변한다.

심화문제 5.5

(a) $X(F) = 4 - 2e^{-j4\pi F}$이라 하자. $y[n] = x[n-2]$일 때, $Y(F)$를 구하고 $F = 0.2, 0.3$에서 계산하라.

(b) $g[n] = h[n-2]$일 때, $F = 0.2, 0.4$에서 위상 차 $\angle H(F) - \angle G(F)$를 구하라.

정답: (a) $4e^{-j4\pi F} - 2e^{-j8\pi F}$, $5.74e^{-j132°}$ **(b)** $144°$, $-72°$

5.2.3 $X(F)$의 주파수 이동

이중성에 의해 $X(F)$에서 $X(F - F_0)$로 주파수가 이동하면 신호는 $x[n]e^{j2\pi nF_0}$가 된다.

반주기 주파수 이동

만일 $X(F)$가 0.5 이동하여 $X(F \pm 0.5)$일 때, $x[n]$은 $e^{\mp jn\pi} = (-1)^n x[n]$으로 변한다. 따라서 홀수 색인 값($n = \pm1, \pm3, \pm5, \ldots$)에서 $x[n]$의 샘플 부호가 변한다.

심화문제 5.6

(a) $X(F) = 4 - 2e^{-j4\pi F}$이라 하자. $y[n] = (-1)^n x[n]$일 때, $F = 0.2, 0.4$에서 $Y(F)$를 계산하라.

(b) $X(F) = 4 - 2e^{-j4\pi F}$이라 하자. $y[n] = (j)^n x[n]$일 때, $F = 0.2, 0.4$에서 $Y(F)$를 계산하라 (힌트: $j = e^{j\pi/2}$).

정답: (a) $5.74e^{j12°}$, $3.88e^{-j29°}$ **(b)** $2.66e^{-j26°}$, $4.99e^{j22°}$

5.2.4 변조

주파수 이동 특성과 중첩을 이용하여 변조 특성을 구한다.

$$\left(\frac{e^{j2\pi nF_0}+e^{-j2\pi nF_0}}{2}\right)x[n]=\cos(2\pi nF_0)x[n] \Leftarrow \boxed{\text{DTFT}} \Rightarrow \frac{X(F+F_0)+X(F-F_0)}{2} \quad (5.11)$$

변조는 원 스펙트럼의 확산을 야기한다.

심화문제 5.7

(a) $X(F)$의 주요 구간은 $X(F)=1$, $|F|<0.1$이고, 그 외에서는 0으로 정의된다. 신호 $y[n]=x[n]\cos(2n\pi)$일 때 $Y(F)$를 그리고 $F=0, 0.1, 0.3, 0.4$일 때의 값을 구하라.

(b) $X(F)$의 주요 구간은 $X(F)=1$, $|F|<0.1$이고, 그 외에서는 0으로 정의된다. 신호 $y[n]=x[n]\cos(0.5n\pi)$일 때 $Y(F)$를 그리고 $F=0, 0.1, 0.3, 0.4$일 때의 값을 구하라.

(c) $X(F)$의 주요 구간은 $X(F)=1$, $|F|<0.25$이고, 그 외에서는 0으로 정의된다. 신호 $y[n]=x[n]\cos(0.2n\pi)$일 때 $Y(F)$를 그리고 $F=0, 0.1, 0.3, 0.4$일 때의 값을 구하라.

정답: **(a)** 0.5, 0.5, 0, 0 **(b)** 0, 0, 0.5, 0 **(c)** 1, 1, 0.5, 0

5.2.5 컨벌루션

이산시간 신호에 대한 **정규** 컨벌루션은 DTFT의 곱으로 나타난다. 이는 DTFT가 $e^{-j2\pi F}$의 다항식이고 이산 컨벌루션은 다항식의 곱셈이기 때문이다. 만일 두 이산 신호가 서로 곱해졌다면, 곱의 DTFT는 각 DTFT의 **주기성** 혹은 원형 컨벌루션과 같다. 즉, 한 영역에서의 곱셈은 다른 영역에서 서로의 컨벌루션과 같다.

심화문제 5.8

(a) $X(F)=4-2e^{-j4\pi F}$이라 하자. $y[n]=x[n]*x[n]$일 때, $F=0.2, 0.4$에서 $Y(F)$를 계산하라.

(b) $X(F)=4-2e^{-j4\pi F}$이라 하자. $y[n]=x[n-2]*x[-n]$일 때, $F=0.2, 0.4$에서 $Y(F)$를 계산하라.

(c) $X(F)$의 주요 구간이 $X(F)=1$, $|F|<0.2$이고, 그 외에서는 0으로 정의된다. 신호 $y[n]=x^2[n]$일 때 $Y(F)$를 그리고 $F=0, 0.1, 0.2, 0.3$에서의 값을 구하라.

정답: **(a)** $32.94e^{j24°}$, $15.06e^{-j59°}$ **(b)** $32.94e^{-j144°}$, $15.06e^{j72°}$ **(c)** 0.4, 0.3, 0.2, 0.1

5.2.6 곱-n 특성

$x[n] \Leftarrow \boxed{\text{DTFT}} \Rightarrow X(F)$에 따라 정의하는 DTFT의 미분은 다음과 같이 주어진다.

$$\frac{dX(F)}{dF} = \sum_{k=-\infty}^{\infty} (-j2k\pi)x[k]e^{-j2k\pi F} \tag{5.12}$$

해당하는 신호는 $(-j2n\pi)x[n]$이고, 따라서 $y[n] = nx[n]$의 DTFT는 다음과 같다.

$$Y(F) = \frac{j}{2\pi}\frac{dX(F)}{dF}$$

심화문제 5.9

(a) $X(F) = 4 - 2e^{-j4\pi F}$이라 하자. $y[n] = nx[n]$일 때, $Y(F)$를 구하라.

(b) $X(F) = 4 - 2e^{-j4\pi F}$이라 하자. $y[n] = nx[n-2]$일 때, $Y(F)$를 구하라.

(c) $X(F) = 4 - 2e^{-j4\pi F}$이라 하자. $y[n] = (n-2)x[n]$일 때, $Y(F)$를 구하라.

(d) $X(F) = \dfrac{1}{4 - 2e^{-j4\pi F}}$이라 하자. $y[n] = nx[n]$일 때, $Y(F)$를 구하라.

정답: (a) $-4e^{-j4\pi F}$ **(b)** $8e^{-j4\pi F} - 8e^{-j8\pi F}$ **(c)** -8 **(d)** $\dfrac{4e^{-j4\pi F}}{(4-2e^{-j4\pi F})^2}$

5.2.7 파서발 관계

DTFT는 에너지 보존 변환이고 신호 에너지는 신호 $x[n]$ 또는 파서발의 정리를 사용하여 주기성을 갖는 크기 스펙트럼의 한 주기를 통해 구할 수 있다.

$$\sum_{k=-\infty}^{\infty} x^2[k] = \int_{-1/2}^{1/2} |X(F)|^2\,dF = \frac{1}{2\pi}\int_{-\pi}^{\pi} |X(\Omega)|^2\,d\Omega \quad \text{(파서발 관계)} \tag{5.13}$$

심화문제 5.10

(a) $X(F) = 5$, $|F| < 0.2$이고, 그 외의 주요 구간에서는 0으로 정의한다. 전체 신호 에너지와 주파수 범위 $|F| \le 0.15$에서의 신호 에너지를 구하라.

(b) $X(F) = \dfrac{6}{4 - 2e^{-j2\pi F}}$ 일 때, 신호 에너지를 구하라.

정답: (a) 10, 7.5 **(b)** 3

5.2.8 중간 좌표 이론

DTFT는 DTFT에서 $F = 0$(혹은 $\Omega = 0$)을, 또는 IDTFT에서 $n = 0$을 대입해서 구해진 **중간 좌표**(central ordinate) 관계들을 따른다.

$$x[0] = \int_{-1/2}^{1/2} X(F)\,dF = \frac{1}{2\pi}\int_{-\pi}^{\pi} X(\Omega)\,d\Omega \qquad X(0) = \sum_{n=-\infty}^{\infty} x[n] \quad \text{(중간 좌표)} \tag{5.14}$$

$F = 0.5$(혹은 $\Omega = \pi$)를 대입함으로써 유용한 결과를 얻는다.

$$X(F)|_{F=0.5} = X(\Omega)|_{\Omega=\pi} = \sum_{n=-\infty}^{\infty} (-1)^n x[n] \tag{5.15}$$

임펄스 응답이 $h[n]$인 필터에서 중간 좌표 이론은 $H(F)$를 계산할 필요 없이 dc 이득($F = 0$에서)과 고주파 이득($F = 0.5$에서)을 찾을 수 있게 한다.

심화문제 5.11

(a) $X(F) = 5$, $|F| < 0.2$이고 그 외의 주요 구간에서는 0으로 정의한다. $n = 0$에서 $x[n]$의 값을 구하라.

(b) $x[n] = 9(0.8)^n u[n]$일 때, $F = 0$과 $F = 0.5$에서 $X(F)$의 값을 구하라.

(c) $h[n] = \{\overset{\Downarrow}{1}, 2, 3, 4\}$인 필터의 dc 이득과 고주파 이득을 구하라.

정답: **(a)** 2 **(b)** 45, 5 **(c)** 10, 2

예제 5.3 특성을 이용한 DTFT 쌍

(a) $x[n] = n\alpha^n u[n]$의 DTFT는 곱-n 특성을 이용하여 다음과 같이 구할 수 있다.

$$X(F) = \frac{j}{2\pi}\frac{d}{dF}\left[\frac{1}{1-\alpha e^{-j2\pi F}}\right] = \frac{\alpha e^{-j2\pi F}}{(1-\alpha e^{-j2\pi F})^2}$$

Ω 형태로는,

$$X(\Omega) = j\frac{d}{d\Omega}\left[\frac{1}{1-\alpha e^{-j\Omega}}\right] = \frac{\alpha e^{-j\Omega}}{(1-\alpha e^{-j\Omega})^2}$$

(b) 신호 $x[n] = (n+1)\alpha^n u[n]$의 DTFT는 $x[n] = n\alpha^n u[n] + \alpha^n u[n]$과 중첩을 이용하여 다음과 같이 구할 수 있다.

$$X(F) = \frac{\alpha e^{-j2\pi F}}{(1-\alpha e^{-j2\pi F})^2} + \frac{1}{1-\alpha e^{-j2\pi F}} = \frac{1}{(1-\alpha e^{-j2\pi F})^2}$$

Ω 형태로는,

$$X(\Omega) = \frac{\alpha e^{-j\Omega}}{(1-\alpha e^{-j\Omega})^2} + \frac{1}{1-\alpha e^{-j\Omega}} = \frac{1}{(1-\alpha e^{-j\Omega})^2}$$

그런데 $x[n] = \alpha^n u[n] * \alpha^n u[n]$이라는 사실을 안다면, 컨벌루션 특성을 이용하여 같은 결과를 얻을 수 있다.

(c) N-샘플 지수 펄스 $x[n] = \alpha^n,\ 0 \le n < N$의 DTFT를 구하기 위해 $x[n] = \alpha^n(u[n] - u[n-N]) = \alpha^n u[n] - \alpha^N \alpha^{n-N} u[n-N]$으로 표현하고 이동 특성을 사용하여 다음을 구한다.

$$X(F) = \frac{1}{1-\alpha e^{-j2\pi F}} - \alpha^N \frac{e^{-j2\pi FN}}{1-\alpha e^{-j2\pi F}} = \frac{1-(\alpha e^{-j2\pi F})^N}{1-\alpha e^{-j2\pi F}}$$

Ω 형태로는,

$$X(\Omega) = \frac{1}{1-\alpha e^{-j\Omega}} - \alpha^N \frac{e^{-j\Omega N}}{1-\alpha e^{-j\Omega}} = \frac{1-(\alpha e^{-j\Omega})^N}{1-\alpha e^{-j\Omega}}$$

(d) 양측 감소 지수 $x[n] = \alpha^{|n|}$의 DTFT는 이 신호를 $x[n] = \alpha^n u[n] + \alpha^{-n} u[-n] - \delta[n]$으로 나타내고 반전 특성을 사용하여 다음과 같이 나타난다.

$$X(F) = \frac{1}{1-\alpha e^{-j2\pi F}} + \frac{1}{1-\alpha e^{j2\pi F}} - 1$$

간단하게 나타내면 다음과 같다.

$$X(F) = \frac{1-\alpha^2}{1-2\alpha\cos(2\pi F)+\alpha^2} \quad \text{또는} \quad X(\Omega) = \frac{1-\alpha^2}{1-2\alpha\cos\Omega+\alpha^2}$$

(e) DTFT의 특성

$x[n] = 4(0.5)^{n+3}u[n]$과 $y[n] = n(0.4)^{2n}u[n]$의 DTFT를 구한다.

1. $x[n]$에 대해 $x[n] = 4(0.5)^3(0.5)^n u[n]$으로 다시 쓰면 다음을 얻는다.

$$X(F) = \frac{0.5}{1-0.5e^{-j2\pi F}} \quad \text{또는} \quad X(\Omega) = \frac{0.5}{1-0.5e^{-j\Omega}}$$

2. $y[n]$에 대해 $y[n] = n(0.16)^n u[n]$으로 다시 쓰면 다음을 얻는다.

$$Y(F) = \frac{0.16e^{-j2\pi F}}{(1-0.16e^{-j2\pi F})^2} \quad \text{또는} \quad Y(\Omega) = \frac{0.16e^{-j\Omega}}{(1-0.16e^{-j\Omega})^2}$$

(f) DTFT의 특성

$x[n] \Leftarrow \boxed{\text{DTFT}} \Rightarrow \dfrac{4}{2-e^{-j2\pi F}} = X(F)$라 하자. $y[n] = nx[n]$, $c[n] = x[-n]$, $g[n] = x[n] * x[n]$, $h[n] = (-1)^n x[n]$의 DTFT를 구하라.

1. 곱-n 특성에 의해,

$$Y(F) = \frac{j}{2\pi}\frac{d}{dF}X(F) = \frac{4(-j/2\pi)(-j2\pi e^{-j2\pi F})}{(2-e^{-j2\pi F})^2} = \frac{-4e^{-j2\pi F}}{(2-e^{-j2\pi F})^2}$$

Ω 형태로는,

$$Y(\Omega) = j\frac{d}{d\Omega}X(\Omega) = \frac{4(-j/2\pi)(-j2\pi e^{-j\Omega})}{(2-e^{-j\Omega})^2} = \frac{-4e^{-j\Omega}}{(2-e^{-j\Omega})^2}$$

2. 반전 특성에 의해,

$$C(F) = X(-F) = \frac{4}{2-e^{-j2\pi F}} \quad \text{또는} \quad C(\Omega) = X(-\Omega) = \frac{4}{2-e^{-j\Omega}}$$

3. 컨벌루션 특성에 의해,

$$G(F) = X^2(F) = \frac{16}{(2-e^{-j2\pi F})^2} \quad \text{또는} \quad G(\Omega) = X^2(\Omega) = \frac{16}{(2-e^{-j\Omega})^2}$$

4. 변조 특성에 의해,

$$H(F) = X(F-0.5) = \frac{4}{2-e^{-j2\pi(F-0.5)}} = \frac{4}{2+e^{-j2\pi F}}$$

Ω 형태로는,

$$H(\Omega) = X(\Omega-\pi) = \frac{4}{2-e^{-j(\Omega-\pi)}} = \frac{4}{2+e^{-j\Omega}}$$

(g) DTFT의 특성

$x[n] = (0.5)^n u[n] \Leftarrow \boxed{\text{DTFT}} \Rightarrow X(F)$라 하자. $X(F)$를 계산하지 않고 특성들만을 이용하여 아래에 해당하는 시간 신호들을 구하라.

$$Y(F) = X(F)\circledast X(F), \quad H(F) = X(F+0.4) + X(F-0.4), \quad G(F) = X^2(F)$$

1. 컨벌루션 특성에 의해,

$$y[n] = x^2[n] = (0.25)^n u[n]$$

2. 변조 특성에 의해,

$$h[n] = 2\cos(2n\pi F_0)x[n] = 2(0.5)^n\cos(0.8n\pi)u[n] \quad (\text{여기서 } F_0 = 0.4)$$

3. 컨벌루션 특성에 의해,

$$g[n] = x[n] * x[n] = (0.5)^n u[n] * (0.5)u[n] = (n+1)(0.5)^n u[n]$$

5.3 이산시간 주기 신호의 DTFT

시간 영역에서 신호의 표현과 주파수 영역에서 그들의 스펙트럼 사이에는 유일한 관계가 있다. 한 가지 유용한 결과는 한 영역에서의 샘플링이 다른 영역에서는 주기적 확장의 결과를 낳는다는 것이다. 아날로그 이론으로부터(부록 A) 시간 영역 신호가 반복을 통해 주기적인 신호가 되었다면, 그 주기 신호의 푸리에 변환은 반복 주기(시간 주기)에 의해 나누어진 원 변환의 임펄스–샘플링된 신호이다. 임펄스의 주파수 간격은 시간 주기의 역과 같다. 예를 들면, 주기가 T인 아날로그 주기 신호 $x(t)$가 있다고 하자. 여기서 한 주기의 신호는 $x_1(t)$이며 그 푸리에 변환은 $X_1(f)$이다. 주기 신호 $x(t)$를 만들기 위해 $x_1(t)$를 단위 시간 T마다 반복할 때, 주기 신호 $x(t)$의 푸리에 변환 $X(f)$는 $\sum X_1(kf_0)\delta(f-kf_0)$ 형태의 임펄스 열이 된다. 임펄스들의 주파수 간격 f_0는 주기의 역인 $f_0=\frac{1}{T}$로 주어진다. 임펄스 크기 $X_1(kf_0)$는 $f=kf_0(f_0=1/T$의 정수배)에서 $X_1(f)$를 샘플링하고 $\frac{1}{T}X_1(kf_0)$를 얻기 위해 그 결과를 주기 T로 나누어 구한다. 이러한 임펄스 크기 $\frac{1}{T}X_1(kf_0)$들은 역시 주기 신호 $x(t)$의 푸리에 급수 계수들로 정의된다. 유사하게, 주기가 N인 이산 주기 신호 $x[n]$이 있다 하자. 여기서 한 주기 신호는 $x_1[n](0 \le n \le N-1)$이고 그 DTFT는 $X_1(F)$이다. 이산 주기 신호 $x[n]$를 만들기 위해 $x_1[n]$을 N 샘플마다 반복할 때, 주기 신호 $x[n]$의 DTFT $X(F)$는 $X_1(kF_0)\delta(F-kF_0)$ 형태의 임펄스 열이 된다. 임펄스들의 주파수 간격 F_0는 주기의 역인 $F_0=\frac{1}{N}$로 주어진다. 임펄스 크기 $X_1(kF_0)$는 $F=kF_0(F_0=\frac{1}{N}$의 정수배)에서 $X_1(F)$를 샘플링하고 $\frac{1}{N}X_1(kF_0)$를 얻기 위해 그 결과를 주기 N으로 나누어 구한다. 여기서 $X_1(F)$는 주기성을 갖는다. 결과적으로, $X(F)$ 역시 주기성을 갖는다. $X(F)$의 한 주기는 N개의 임펄스를 포함하고 다음과 같이 나타낼 수 있다.

$$X(F)=\frac{1}{N}\sum_{k=0}^{N-1}X_1(kF_0)\delta(F-kF_0) \quad (\text{한 주기 } 0 \le F < 1\text{에 대해}) \tag{5.16}$$

일반적으로 한 주기는 합산 색인 $n=0 \le n \le N-1$에 대응하기 위해 $0 \le F < 1$(주요 구간이 아닌) 범위를 포함하도록 정해진다. 여기서 $X(F)$는 $k=0(F=0$ 혹은 $\Omega=0$에 해당)과 $k=\frac{N}{2}(F=0.5$ 혹은 $\Omega=\pi$에 해당)에 대해 결레 대칭으로 나타난다.

$x[n]$(주기 N)의 DTFT는 주기성을 갖는 임펄스 열이다(주기당 N개의 임펄스).

만일 $x[n]$이 주기가 N으로 주기성이고 그것의 한 주기 DTFT가 $x_1[n] \Leftarrow \boxed{\text{DTFT}} \Rightarrow X_1(F)$라면,

$$x[n] \Leftarrow \boxed{\text{DTFT}} \Rightarrow X(F)=\frac{1}{N}\sum_{k=0}^{N-1}X_1(kF_0)\delta(F-kF_0)$$

(주기 $0 \le F < 1$당 N개의 임펄스)

예제 5.4 **주기 신호의 DTFT**

$x_p[n]$의 한 주기가 $x_1[n] = \{3, 2, 1, 2\}$로 주어지고 $N = 4$라 할 때,

$$X_1(F) = 3 + 2e^{-j2\pi F} + e^{-j4\pi F} + 2e^{-j6\pi F}$$

$0 \le k \le 3$ 범위에서 $X_1(kF_0)$의 네 개의 샘플은 다음과 같다.

$$X_1(kF_0) = 3 + 2e^{-j2\pi k/4} + e^{-j4\pi k/4} + 2e^{-j6\pi k/4} = \{8,\ 2,\ 0,\ 2\}$$

따라서 한 주기 $0 \le F < 1$에서 주기 신호 $x_p[n]$의 DTFT는 다음과 같다.

$$X(F) = \frac{1}{4}\sum_{k=0}^{3} X_1(kF_0)\delta\left(F - \frac{k}{4}\right) = 2\delta(F) + 0.5\delta\left(F - \frac{1}{4}\right) + 0.5\delta\left(F - \frac{3}{4}\right)$$

(주기 $0 \le F < 1$에 대해)

신호 $x_p[n]$과 이들의 DTFT $X(F)$는 그림 E5.4에 나타나 있다. 여기서 DTFT는 $F = 0$(혹은 $k = 0$)과 $F = 0.5$(혹은 $k = 0.5N = 2$)에서 켤레 대칭이다.

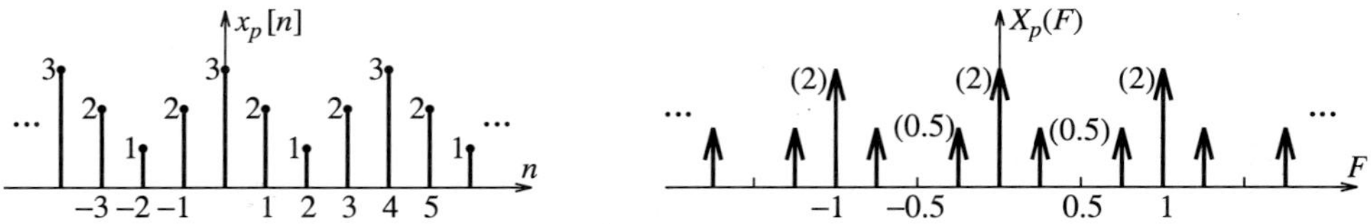

그림 E5.4 예제 5.4의 주기 신호와 이들의 DTFT

심화문제 5.12

한 주기가 다음과 같이 주어졌을 때, $0 \le F < 1$ 범위에서 주기 신호 $x[n]$의 DTFT를 구하라.

(a) $x_1[n] = \{\overset{\Downarrow}{4}, 0, 0, 0\}$ **(b)** $x_1[n] = \{\overset{\Downarrow}{4}, 4, 4, 4\}$ **(c)** $x_1[n] = \{\overset{\Downarrow}{4}, 0, 4, 0\}$

정답: (a) **(b)** $4\delta(F)$ **(c)** $2\delta(F) + 2\delta(F - 0.5)$

5.3.1 DFS와 DFT

신호 $x_1[n]$의 **이산 푸리에 변환**(DFT: discrete Fourier transform)은 DTFT의 샘플링된 버전으로 정의된다.

$$X_{\text{DFT}}[k] = X_1(F)|_{F=kF_0=k/N} = \sum_{n=0}^{N-1} x_1[n]e^{-j2\pi nk/N}, \quad k = 0, 1, 2, \ldots, N-1 \tag{5.17}$$

DFT를 N으로 나누었을 때 결과인 N-샘플 열은 한 주기가 $x_1[n]$인 주기 신호 $x[n]$의 **이산 푸리에 급수**(DFS: discrete Fourier series) 계수로 정의한다.

$$X_{\text{DFS}}[k] = \frac{1}{N}X_1(F)\bigg|_{F=kF_0=k/N} = \frac{1}{N}\sum_{n=0}^{N-1} x_1[n]e^{-j2\pi nk/N}, \quad k = 0, 1, 2, \ldots, N-1 \qquad (5.18)$$

여기서 DFT와 DFS의 차이점은 $X_{\text{DFT}}[k] = N\,X_{\text{DFS}}[k]$에서 N 인수이다. DFS는 주기가 T인 주기 신호의 푸리에 급수 계수와 연결된다.

$$X[k] = \frac{1}{T}\int_0^T x_1(t)e^{-j2\pi kt/T}\,dt \quad (\text{주기 } 0 \le F < 1\text{에 대해})$$

여기서 $x_1(t)$는 주기 신호의 한 주기이다. t_s의 샘플링 간격을 사용한 결과의 이산 버전은 $t = nt_s$, $dt = t_s$ 그리고 $x_1(t) = x_1(nT_s) = x_1[n]$이 된다. 주기($T = Nt_s$)당 N개의 샘플이 존재한다고 가정하면, DFS를 표현하기 위해 N개의 샘플($n = 0$부터 $t = N - 1$까지)에 대한 합 대신에 한 주기($t = 0$부터 $t = T$까지)에 대한 적분으로 대신할 수 있다.

DFT는 DTFT의 샘플링된 버전이다.

만일 $x_1[n]$이 N-샘플 수열이라면, N-샘플 DFT는 $X_{\text{DFT}}[k] = X_1(F)|_{F=k/N}$, $k = 0, 1, 2, \ldots, N-1$이다. 한 주기가 $x_1[n]$인 주기 신호 $x[n]$의 DFS 계수는 $X_{\text{DFS}}[k] = \frac{1}{N}X_{\text{DFT}}[k]$이다.

예제 5.5 DFT, DFS 그리고 DTFT

$x_1[n] = \{1, 0, 2, 0, 3\}$은 주기 신호 $x[n]$의 한 주기라고 하자.

$x_1[n]$의 DTFT는 $X_1(F) = 1 + 2e^{-j4\pi F} + 3e^{-j8\pi F}$이다. $x[n]$의 주기는 $N = 5$이다.

$x_1[n]$의 이산 푸리에 변환(DFT)은 다음과 같다.

$$X_{\text{DFT}}[k] = X_1(F)|_{F=k/N} = 1 + 2e^{-j4\pi F} + 3e^{-j8\pi F}|_{F=k/5}, \quad k = 0, 1, \ldots, 4$$

이로부터 다음을 구할 수 있다.

$$X_{\text{DFT}}[k] = \{6,\ 0.3090 + j1.6776, -0.8090 + j3.6655, -0.8090 - j3.6655,\ 0.3090 - j1.6776\}$$

$x[n]$의 이산 푸리에 급수(DFS) 계수는 $X_{\text{DFS}}[k] = \frac{1}{N}X_{\text{DFT}}[k]$로 주어진다. 따라서

$$X_{\text{DFS}}[k] = \{1.2,\ 0.0618 + j0.3355,\ -0.1618 + j0.7331, -0.1618 - j0.7331,\ 0.0618 - j0.3355\}$$

한 주기 $0 \le F < 1$에서 주기 신호 $x[n]$의 DTFT $X(F)$는 다음과 같다.

$$X(F) = \frac{1}{5}\sum_{k=0}^{4} X_1\left(\frac{k}{5}\right)\delta\left(F - \frac{k}{5}\right) \quad (\text{한 주기 } 0 \le F < 1\text{에 대해})$$

여기서 변환들 $X_{\mathrm{DFS}}[k]$, $X_{\mathrm{DFT}}[k]$, $X(F)$는 각각 $k = 0$과 $k = 0.5N = 2.5$에서 켤레 대칭이다.

심화문제 5.13

다음 신호의 DFT를 구하라.

(a) $x[n] = \{\overset{\Downarrow}{4}, 0, 0, 0\}$ **(b)** $x[n] = \{\overset{\Downarrow}{4}, 4, 4, 4\}$ **(c)** $x[n] = \{\overset{\Downarrow}{4}, 4, 0, 0\}$

정답: (a) $\{\overset{\Downarrow}{4}, 4, 4, 4\}$ **(b)** $\{\overset{\Downarrow}{16}, 0, 0, 0\}$ **(c)** $\{\overset{\Downarrow}{8}, 4 - j4, 0, 4 + j4\}$

5.4 역 DTFT

DTFT가 $e^{j2\pi F}$(혹은 $e^{j\Omega}$)의 다항식인 유한 수열 $X(F)$에 대해, 역 DTFT $x[n]$은 다항식 계수의 수열에 해당한다. 다른 많은 경우에서 $X(F)$는 $e^{j2\pi F}$(혹은 $e^{j\Omega}$)의 다항식 비로 표현될 수 있다. 이는 $X(F)$가 좀 더 간단한 항들(부분분수 전개를 이용하여)의 합으로 표현되고, 테이블을 참조하여 각 항들의 역변환을 구할 수 있다. 특수한 경우나 필요한 경우에만 정의관계를 이용하여 강제적 방법을 통해 역 DTFT를 구할 수 있다. 몇 가지 예를 살펴보자.

예제 5.6 역 DTFT

(a) $X(F) = 1 + 3e^{-j4\pi F} - 2e^{-j6\pi F}$이라 하자.

이의 IDFT는 간단하게 $x[n] = \delta[n] + 3\delta[n-2] - 2\delta[n-3]$ 혹은 $x[n] = \{\overset{\Downarrow}{1}, 0, 3, -2\}$이다.

(b) $X(\Omega) = \dfrac{2e^{-j\Omega}}{1 - 0.25e^{-j2\Omega}}$이라 하자. 분모를 인수분해하고 부분분수 전개를 통해 다음을 얻는다.

$$X(\Omega) = \frac{2e^{-j\Omega}}{(1 - 0.5e^{-j\Omega})(1 + 0.5e^{-j\Omega})} = \frac{2}{1 - 0.5e^{-j\Omega}} - \frac{2}{1 + 0.5e^{-j\Omega}}$$

그러면 $x[n] = 2(0.5)^n u[n] - 2(-0.5)^n u[n]$을 구한다.

(c) **이상적인 미분기**(ideal differentiator)는 $H(F) = j2\pi F$, $|F| < 0.5$로 표현된다. 크기와 위상 스펙트럼은 그림 E5.6c에 나타나 있다.

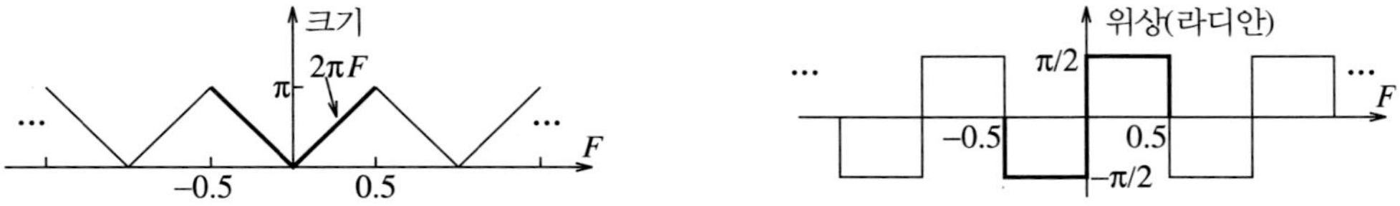

그림 E5.6c 예제 5.6(c)에 대한 이상적인 미분기의 DTFT

이의 역 $h[n]$을 구하기 위해, $H(F)$는 홀수이기 때문에 $h[0] = 0$이다. $n \neq 0$일 때, IDTFT에서 $H(F)$의 기대칭을 사용하여 다음을 구한다.

$$h[n] = \int_{-1/2}^{1/2} j2\pi F[\cos(2\pi nF) + j\sin(2\pi nF)]\,dF$$
$$= -4\pi \int_{0}^{1/2} F\sin(2\pi nF)\,dF$$

테이블을 이용하고 그 결과를 정리하면,

$$h[n] = \left.\frac{-4\pi[\sin(2\pi nF) - 2\pi nF\cos(2\pi nF)]}{(2\pi n)^2}\right|_0^{1/2} = \frac{\cos(n\pi)}{n}$$

$H(F)$는 홀수이고 허수이기 때문에 $h[n]$은 예상대로 기대칭이다.

(d) **힐버트 변환**(Hilbert transformer)은 신호의 위상을 $-90°$ 이동시킨다. 그 크기와 위상 스펙트럼은 그림 E5.6d와 같다.

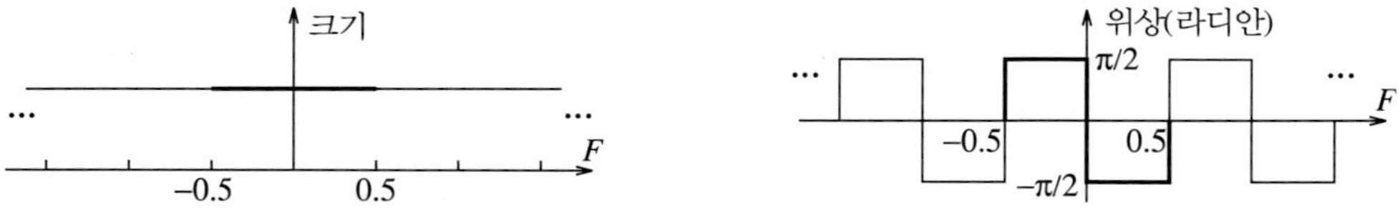

그림 E5.6d 예제 5.6(d)에 대한 힐버트 변환의 DTFT

이의 DTFT는 $H(F) = -j\,\mathrm{sgn}(F)$, $|F| < 0.5$로 주어진다. $H(F)$는 허수이고 홀수이다. 역 $h[n]$을 구하기 위해, $h[0] = 0$이므로 $h[0]$은 다음과 같다.

$$h[n] = \int_{-1/2}^{1/2} -j\,\mathrm{sgn}(F)[\cos(2\pi nF) + j\sin(2\pi nF)]\,dF$$
$$= 2\int_{0}^{1/2} \sin(2\pi nF)\,dF = \frac{1-\cos(n\pi)}{n\pi}$$

심화문제 5.14

(a) $X(F) = 4 - 2e^{-j4\pi F}$일 때, $x[n]$을 구하라.

(b) $X(F) = (4 - 2e^{-j4\pi F})^2$일 때, $x[n]$을 구하라.

(c) $X(F) = 2,\ |F| < 0.2$일 때, $x[n]$을 구하라.

정답: (a) $\{\underset{\Uparrow}{4}, 0, -2\}$ **(b)** $\{\underset{\Uparrow}{16}, 0, -16, 0, 4\}$ **(c)** $0.8\ \mathrm{sinc}(0.4n)$

5.5 주파수 응답

입력 $x[n]$에 대한 임펄스 응답 $h[n]$을 갖는 완화된 이산시간 LTI 시스템의 시간 영역 응답 $y[n]$은 다음과 같이 컨벌루션으로 나타난다.

$$y[n] = x[n] * h[n] \tag{5.19}$$

컨벌루션은 곱으로 변환되기 때문에 다음과 같이 쓸 수 있다.

$$Y(F) = X(F)H(F) \quad \text{또는} \quad Y(\Omega) = X(\Omega)H(\Omega) \tag{5.20}$$

이때 **주파수 응답**(frequency response) 혹은 **정상상태 전달 함수**(steady-state transfer function)는 다음과 같다.

$$H(F) = \frac{Y(F)}{X(F)} \quad \text{또는} \quad H(\Omega) = \frac{Y(\Omega)}{X(\Omega)} \tag{5.21}$$

주파수 응답은 오직 완화된 LTI 시스템에 대해서만 출력 $y[n]$과 입력 $x[n]$의 DTFT의 비인 $Y(F)/X(F)$[혹은 $Y(\Omega)/X(\Omega)$]로서, 또는 임펄스 응답 $h[n]$의 DTFT로 정의됨을 강조해 둔다. 시간 영역과 주파수 영역 연산 간의 동치관계를 그림 5.3에 나타내었다.

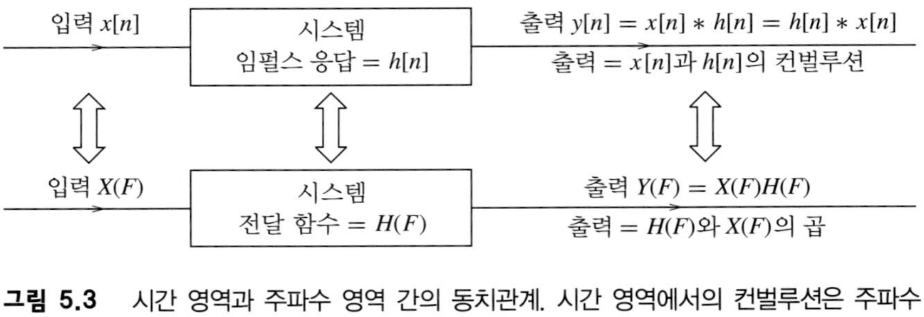

그림 5.3 시간 영역과 주파수 영역 간의 동치관계. 시간 영역에서의 컨벌루션은 주파수 영역에서 곱으로 변환된다.

완화된 LTI 시스템은 차분방정식으로 표현될 수 있다.

$$y[n]+A_1y[n-1]+\cdots+A_Ny[n-N]=B_0x[n]+B_1x[n-1]+\cdots+B_Mx[n-M] \tag{5.22}$$

DTFT는 전달 함수 혹은 **주파수 응답**으로 나타나고 이는 다음과 같다.

$$H(F)=\frac{Y(F)}{X(F)}=\frac{B_0+B_1e^{-j2\pi F}+\cdots+B_Me^{-j2\pi MF}}{1+A_1e^{-j2\pi F}+\cdots+A_Ne^{-j2\pi NF}} \tag{5.23}$$

Ω 형태로는,

$$H(\Omega)=\frac{Y(\Omega)}{X(\Omega)}=\frac{B_0+B_1e^{-j\Omega}+\cdots+B_Me^{-jM\Omega}}{1+A_1e^{-j\Omega}+\cdots+A_Ne^{-jN\Omega}} \tag{5.24}$$

따라서 전달 함수는 $e^{j2\pi F}$(혹은 $e^{j\Omega}$)의 다항식 비이다.

예제 5.7 재귀 필터의 주파수 응답

$y[n]=\alpha y[n-1]+x[n]$, $0<\alpha<1$라 하자.
주파수 응답을 구하기 위해, 차분방정식을 변환하고 $H(z)$를 다음과 같이 구한다.

$$H(z)=\frac{Y(z)}{X(z)}=\frac{1}{1-\alpha z^{-1}}$$

다음으로 $z=e^{j2\pi F}$를 대입하면, $H(F)$는 다음과 같다.

$$H(F)=\frac{1}{1-\alpha e^{-j2\pi F}}=\frac{1}{1-\alpha\cos(2\pi F)+j\alpha\sin(2\pi F)}$$

$H(F)$의 크기와 위상은 다음과 같다.

$$|H(F)|=\left[\frac{1}{1-2\alpha\cos(2\pi F)+\alpha^2}\right]^{1/2} \qquad \phi(F)=\tan^{-1}\left[\frac{1-\alpha\cos(2\pi F)}{\alpha\sin(2\pi F)}\right]$$

주요 구간 $(-0.5, 0.5)$에 대한 크기와 위상의 전형적인 플롯을 그림 E5.7에 나타내었다. 이것들은 켤레 대칭이다($|H(F)|$의 우대칭, $\phi(F)$의 기대칭).

그림 E5.7 예제 5.7에서 $H_p(F)$의 크기와 위상

심화문제 5.15

(a) $h[n] = \{\overset{\Downarrow}{4}, 0, -2\}$로 정의되는 필터의 주파수 응답 $H(F)$를 구하라.

(b) $h[n] = 2(0.5)^n u[n] - \delta[n]$으로 정의되는 필터의 주파수 응답 $H(F)$를 구하라.

(c) $y[n] - y[n-2] = 2x[n] - 4x[n-1]$로 정의되는 필터의 주파수 응답 $H(F)$를 구하라.

정답: (a) $4 - 2e^{-j4\pi F}$ **(b)** $\dfrac{1 + 0.5e^{-j2\pi F}}{1 - 0.5e^{-j2\pi F}}$ **(c)** $\dfrac{2 - 4e^{-j2\pi F}}{1 - e^{-j4\pi F}}$

5.6 DTFT를 이용한 시스템 분석

개념적으로 DTFT는 임의의 입력에 대해 완화된 LTI 시스템의 제로상태 응답(ZSR)을 찾는 데 사용될 수 있다. 이를 위해 필요한 것은 시스템 전달 함수 $H(F)$와 입력 $x[n]$의 DTFT $X(F)$이다. 먼저, 주파수 영역에서 $Y(F) = H(F)X(F)$로 응답을 구하고 역 DTFT를 이용하여 시간 영역 응답 $y[n]$을 구한다. 다시 한 번, DTFT는 초기 조건들의 영향을 고려하지 못한다는 점을 강조해 둔다.

예제 5.8 시스템 분석에서의 DTFT

(a) 어떤 시스템이 $y[n] = \alpha y[n-1] + x[n]$으로 표현된다고 하자.

입력 $\alpha^n u[n]$에 대한 이 시스템의 응답을 구하기 위해서, 먼저 전달 함수를 $H(\Omega) = \dfrac{1}{1 - \alpha e^{-j\Omega}}$로 정한다. 다음으로, $x[n]$의 DTFT를 $X(\Omega) = \dfrac{1}{1 - \alpha e^{-j\Omega}}$로 구하고 다음을 얻기 위해 이 둘을 곱한다.

$$Y(\Omega) = H(\Omega)X(\Omega) = \frac{1}{(1 - \alpha e^{-j\Omega})^2}$$

역변환은 $y[n] = (n+1)\alpha^n u[n]$으로 나타난다. 물론, 시간 영역에서 직접 $y[n] = h[n] * x[n]$을 구하기 위해 컨벌루션을 사용할 수도 있다.

(b) 시스템이 $y[n] = 0.5y[n-1] + x[n]$으로 표현된다고 하자.

계단 함수 $x[n] = 4u[n]$에 대한 응답은 $Y(F) = H(F)X(F)$를 이용하여 다음과 같이 구한다.

$$Y(F) = H(F)X(F) = \frac{1}{1 - 0.5e^{-j2\pi F}}\left[\frac{4}{1 - e^{-j2\pi F}} + 2\delta(F)\right]$$

항을 분리하고 임펄스의 곱 특성을 이용해 다음을 얻는다.

$$Y(F) = \frac{4}{(1 - 0.5e^{-j2\pi F})(1 - e^{-j2\pi F})} + 4\delta(F)$$

첫 항을 부분분수로 나누고, 다음을 얻는다.

$$Y(F) = \frac{-4}{1 - 0.5e^{-j2\pi F}} + \left[\frac{8}{1 - e^{-j2\pi F}} + 4\delta(F)\right]$$

그러면 응답 $y[n]$은 $y[n] = -4(0.5)^n u[n] + 8u[n]$이다. 첫 항은 과도 응답이고 둘째 항은 정상상태 응답이다. 이것은 곧 보일 것처럼 훨씬 더 쉽게 구할 수 있다.

심화문제 5.16

(a) $H(F) = 4 - 2e^{-j4\pi F}$이라 하자. $x[n] = 4\delta[n] + 2\delta[n-2]$일 때, 응답 $y[n]$을 구하라.

(b) 어떤 필터가 $h[n] = 2(0.5)^n u[n] - \delta[n]$으로 표현된다. 입력 $X(F) = 1 - 0.5e^{-j2\pi F}$일 때, 응답 $y[n]$을 구하라.

(c) 어떤 필터가 $y[n] - 0.5y[n-1] = 2x[n]$으로 표현된다. 입력 $x[n] = 2(0.4)^n u[n]$일 때, 응답 $y[n]$을 구하라.

정답: (a) $16\delta[n] - 4\delta[n-4]$ **(b)** $\delta[n] + 0.5\delta[n-1]$ **(c)** $[20(0.5)^n - 16(0.4)^n]u[n]$

5.6.1 이산시간 고조파에 대한 정상상태 응답

DTFT는 이산시간 고조파에 대해 정상상태 응답을 구하는 데 훨씬 더 적합하다. 무한히 지속되는 고조파는 이산시간 선형 시스템의 고유 신호이기 때문에, 그 응답은 크기와 위상이 시스템 함수 $H(F)$에 의해 변하는 입력 주파수에서 단순히 하나의 고조파로 나타난다. 입력 주파수에서 $H(F)$를 구하고, 출력의 크기를 구하기 위해 그것의 크기에 입력의 출력을 곱하고, 출력 위상을 구하기 위해 그것의 위상에 입력 위상을 더한다. 정상상태 응답은 자연 응답이 시간에 따라 감소하는 안정한 시스템에 주로 유용하다.

정현파(또는 고조파)에 대한 LTI 시스템의 응답을 **정상상태 응답**(steady-state response)이라 하고 입력 주파수에서 정현파(또는 고조파)이다. 만일 입력이 $x[n] = A\cos(2\pi F_0 n + \theta)$이면, 정상상태 응답은 $y_{ss}[n] = A\,H_0 \cos[2\pi Fn + \theta + \phi_0]$이다. 여기서 H_0와 ϕ_0는 입력 주파수 $F = F_0$에서 구해진 주파수 응답 $H(F)$의 이득과 위상이다. 만일 입력이 서로 다른 주파수의 고조파들로 구성되어 있으면, 각 시간 영역 응답들을 중첩하여 사용한다.

전체 응답(z-변환을 이용하여)으로부터 정상상태 부분을 구할 수도 있지만, 단지 정상상태 부분이라면 이것은 전체 목적을 이룰 수 없다.

정현파 입력에 대한 LTI 시스템의 정상상태 응답을 구하는 방법

입력: $x[n] = A\cos(2\pi nF_0 + \theta)$

전달 함수: $F = F_0$에서 $H(F)$를 계산하여 $H_0\angle\phi_0$를 구한다.

정상상태 출력: $y_{ss}[n] = A\,H_0\cos(2\pi nF_0 + \theta + \phi_0)$

예제 5.9 **DTFT와 정상상태 응답**

(a) $y[n] = 0.5y[n-1] + x[n]$으로 표현되는 시스템을 고려하자.

정현파 입력 $x[n] = 10\cos(0.5n\pi + 60°)$에 대한 정상상태 응답을 구하고자 한다. 전달 함수 $H(F)$는 다음과 같이 주어진다.

$$H(F) = \frac{1}{1 - 0.5e^{-j2\pi F}}$$

입력 주파수 $F = 0.25$에서 $H(F)$는 다음과 같다.

$$H(F)|_{F=0.25} = \frac{1}{1 - 0.5e^{-j\pi/2}} = \frac{1}{1 + 0.5j} = 0.4\sqrt{5}\angle - 26.6° = 0.8944\angle - 26.6°$$

이때 정상상태 응답은 다음과 같다.

$$y_{ss}[n] = 10(0.4\sqrt{5})\cos(0.5n\pi + 60° - 26.6°) = 8.9443\cos(0.5n\pi + 33.4°)$$

여기서 입력이 $x[n] = 10\cos(0.5n\pi + 60°)u[n]$이었다면($n = 0$에서 전환됨), 정상상태 부분은 동일하지만 전체 응답은 다르고 이를 얻기 위한 다른 방법(예를 들어, z-변환)이 필요하다.

(b) $h[n] = (0.8)^n u[n]$으로 표현되는 시스템을 고려하자.

계단 입력 $x[n] = 4u[n]$에 대한 정상상태 응답을 구하고자 한다. 전달 함수 $H(F)$는 다음과 같이 주어진다.

$$H(F) = \frac{1}{1 - 0.8e^{-j2\pi F}}$$

입력 주파수 $F = 0$(dc에 해당)에서 $H(F)$를 계산한다.

$$H(F)|_{F=0} = \frac{1}{1 - 0.8} = 5$$

이때 정상상태 응답은 $y_{ss}[n] = (5)(4) = 20$이다.

(c) $H(z) = \dfrac{2z-1}{z^2+0.5z+0.5}$이라 하자.

$x[n] = 6u[n]$에 대한 정상상태 응답을 구하고자 한다. $z = e^{j2\pi F}$에 따라, 주파수 응답 $H(F)$를 다음과 같이 얻는다.

$$H(F) = \frac{2e^{j2\pi F}-1}{e^{j4\pi F}+0.5e^{j2\pi F}+0.5}$$

입력은 $n \geq 0$에 대해 상수이기 때문에 입력 주파수는 $F = 0$이다. 이 주파수에서 $H(F)|_{F=0} = 0.5$이다. 그러면 $y_{ss}[n] = (6)(0.5) = 3$이다.

(d) 주파수 $F = \frac{1}{3}$은 완전히 차단하고 주파수 $F = 0.125$는 단위 이득으로 통과시키는 임펄스 응답 $h[n] = \{\alpha, \overset{\Downarrow}{\beta}, \alpha\}$를 갖는 3-포인트 FIR 필터를 설계하라. 이 필터의 dc 이득은 얼마인가?

필터 전달 함수는 $H(F) = \alpha e^{j2\pi F} + \beta + \alpha e^{-j2\pi F} = \beta + 2\alpha\cos(2\pi F)$이다.

주어진 정보로부터 다음을 구한다.

$$H\left(\frac{1}{3}\right) = 0 = \beta + 2\alpha\cos\left(\frac{2\pi}{3}\right) = \beta - \alpha \qquad H(0.125) = 1 = \beta + 2\alpha\cos\left(\frac{2\pi}{8}\right) = \beta - \alpha\sqrt{2}$$

따라서 $\alpha = \beta = 0.4142$이고 $h[n] = \{0.4142, \overset{\Downarrow}{0.4142}, 0.4142\}$이다.

이 필터의 dc 이득은 $H(0) = \sum h[n] = 3(0.4142) = 1.2426$이다.

심화문제 5.17

(a) $H(F) = 4 - 2e^{-j4\pi F}$이라 하자. 입력이 $x[n] = 4\cos(0.4n\pi)$일 때, 응답 $y[n]$을 구하라.

(b) 어떤 필터가 $h[n] = 2(0.5)^n u[n] - \delta[n]$으로 표현된다. 입력이 $x[n] = 1 + \cos(0.5n\pi)$일 때, 응답 $y[n]$을 구하라.

(c) 어떤 필터가 $y[n] = x[n] + \alpha x[n-1] + \beta x[n-2]$로 표현된다. 입력이 $x[n] = 1 + 4\cos(n\pi)$일 때 출력 $y[n] = 4$가 되도록 α와 β 값을 정하라.

정답: (a) $22.96\cos(0.4n\pi + 12°)$ **(b)** $3 + \cos(0.5n\pi - 53°)$ **(c)** $\alpha = 2, \beta = 1$

5.7 관계

완화된 LTI 시스템은 차분방정식, 임펄스 응답, 전달 함수, 주파수 응답, 극점-영점 플롯 혹은 구현에 의해 표현된다. 필요에 따라 하나의 형태가 다른 형태들에 비해 더 적합할 수 있고, 하나의 형태가 주어질 때, 시간 영역 방법 그리고/혹은 주파수 영역 변환을 사용하여 다른 형태를 구할 수 있어야 한다. 이러한 관계들을 요약하면 다음과 같다.

1. 전달 함수 $H(z)$가 주어질 때, 극점–영점 플롯을 생성하기 위해 이 전달 함수를 바로 사용할 수 있다. 그리고 $z = e^{j2\pi F}$을 대입하여 주파수 응답 $H(F)$를 구하는 데 사용할 수 있다. 주파수 응답을 통해 이득과 위상을 그릴 수 있다. $H(z)$의 역 z-변환은 임펄스 응답 $h[n]$이다. 결국, 전달 함수를 $H(z) = Y(z)/X(z)$로 표현한다면[$X(z)$, $Y(z)$는 z의 다항식], 교차 곱과 역변환은 시스템 차분방정식이 된다. 주파수 응답 $H(F)$는 유사한 방법으로 시스템 차분방정식을 구하는 데 사용될 수 있다.
2. 시스템 차분방정식이 주어질 때, 전달 함수 $H(z)$를 구하기 위해 z-변환을 이용할 수 있고 나머지 형태들을 구하기 위해 $H(z)$를 이용한다.
3. 임펄스 응답 $h[n]$이 주어질 때, 전달 함수 $H(z)$를 구하기 위해 z-변환을 이용할 수 있고, 이를 통해 나머지 형태들을 구한다.
4. 극점–영점 플롯이 주어질 때, 전달 함수 $H(z)$를 구하고 이를 통해 나머지 형태들을 구한다. 여기서 근 위치의 극점–영점 플롯과 곱의 인수 K를 통해 $H(z)$를 직접 구할 수도 있다. 만일 K 값 역시 플롯된다면, $H(z)$ 전체가 구해진다.

dc 이득과 고주파 이득($F = 0.5$에서)의 빠른 연산을 위해, 형태들 간의 전환은 필요하지 않다.

1. $H(F)$가 주어지면, $F = 0$에서 절댓값을 구한다.
2. $H(z)$가 주어지면, $z = 1$에서 절댓값을 구한다($F = 0$이면, $z = e^{j2\pi F} = 1$이기 때문이다).
3. $h[n]$이 주어지면, $|\sum h[n]|$을 구한다(샘플들의 합에 의해서).
4. 차분방정식이 $\sum A_k y[n-k] = \sum B_m x[n-m]$의 형태로 주어지면, 비 $\sum A_k / \sum B_m$의 절댓값을 구한다(각 변에서 계수의 합을 구한 뒤).

이와 비슷하게, 고주파 이득을 구한다($F = 0.5$에서).

1. $H(F)$가 주어지면, $F = 0.5$에서 절댓값을 구한다.
2. $H(z)$가 주어지면, $z = -1$에서 절댓값을 구한다(왜냐하면 $F = 0.5$일 때 $z = e^{j2\pi F} = -1$이기 때문이다).
3. $h[n]$이 주어지면, $|\sum(-1)^n h[n]|$을 구한다(샘플들을 합산하기 전에 교대로 샘플들의 부호를 바꾸어서).
4. 차분방정식이 $\sum A_k y[n-k] = \sum B_m x[n-m]$의 형태로 주어지면, 비 $\sum(-1)^k A_k / \sum(-1)^k B_m$의 절댓값을 구한다.

예제 5.10 다양한 형태로의 시스템 표현

(a) $y[n] = 0.8y[n-1] + 2x[n]$이라 하자.

이의 전달 함수와 임펄스 응답은 다음과 같다.

$$Y(z) = 0.8z^{-1}Y(z) + 2X(z) \qquad H(z) = \frac{Y(z)}{X(z)} = \frac{2}{1-0.8z^{-1}} = \frac{2z}{z-0.8}$$

$$h[n] = 2(0.8)^n u[n]$$

(b) $y[n] - 0.6y[n-1] = x[n]$이라 하자.

이의 dc 이득은 $\left|\frac{1}{1-0.6}\right| = 2.5$, 고주파 이득은 $\left|\frac{1}{1+0.6}\right| = 0.625$이고, DTFT는 다음과 같다.

$$Y(F) - 0.6e^{-j2\pi F}Y(F) = X(F) \quad \text{또는} \quad Y(\Omega) - 0.6e^{-j\Omega}Y(\Omega) = X(\Omega)$$

따라서 전달 함수는 다음과 같이 구한다.

$$H(F) = \frac{Y(F)}{X(F)} = \frac{1}{1-0.6e^{-j2\pi F}} \quad \text{또는} \quad H(\Omega) = \frac{Y(\Omega)}{X(\Omega)} = \frac{1}{1-0.6e^{-j\Omega}}$$

따라서 시스템 임펄스 응답은 $h[n] = (0.6)^n u[n]$이다.

(c) $h[n] = \delta[n] - (0.5)^n u[n]$이라 하자.

$\sum_{n=0}^{\infty}(0.5)^n = \frac{1}{1-0.5} = -2$이기 때문에 dc 이득은 $|1-2| = 1$이다. 마찬가지로, $\sum_{n=0}^{\infty}(-1)^n (0.5)^n = \sum_{n=0}^{\infty}(-0.5)^n = \frac{1}{1+0.5} = 2/3$이고 고주파 이득은 $|1-2/3| = 1/3$이다.

물론, $H(F)$를 통해 이의 dc 이득과 고주파 이득을 구하는 것이 더 쉽다.

이의 DTFT는 다음과 같다.

$$H(F) = 1 - \frac{1}{1-0.5e^{-j2\pi F}} = \frac{-0.5e^{-j2\pi F}}{1-0.5e^{-j2\pi F}}$$

Ω 형태로는,

$$H(\Omega) = 1 - \frac{1}{1-0.5e^{-j\Omega}} = \frac{-0.5e^{-j\Omega}}{1-0.5e^{-j\Omega}}$$

이를 통해 다음을 구한다.

$$H(F) = \frac{Y(F)}{X(F)} \quad \text{또는} \quad Y(F)(1-0.5e^{-j2\pi F}) = X(F)(-0.5e^{-j2\pi F})$$

Ω 형태로는,

$$H(\Omega) = \frac{Y(\Omega)}{X(\Omega)} \quad \text{또는} \quad Y(\Omega)(1-0.5e^{-j\Omega}) = X(\Omega)(-0.5e^{-j\Omega})$$

역변환은 $y[n] = 0.5y[n-1] = -0.5x[n-1]$이다.

(d) $H(F) = 1 + 2e^{-j2\pi F} + 3e^{-j4\pi F}$이라 하자.

이의 dc 이득은 $|1+2+3| = 6$, 고주파 이득은 $|1-2+3| = 2$이고, 임펄스 응답은 $h[n] = \delta[n] + 2\delta[n-1] + 3\delta[n-2] = \{\overset{\Downarrow}{1}, 2, 3\}$이다.

$H(F) = \frac{Y(F)}{X(F)} = 1 + 2e^{-j2\pi F} + 3e^{-j4\pi F}$이기 때문에 다음과 같다.

$$Y(F) = (1 + 2e^{-j2\pi F} + 3e^{-j4\pi F})X(F) \qquad y[n] = x[n] + 2x[n-1] + 3x[n-2]$$

심화문제 5.18

(a) $h[n] = \delta[n] - 0.4(0.5)^n u[n]$일 때, 이 필터의 dc 이득과 차분방정식은 무엇인가?

(b) $y[n] - 0.2y[n-1] = x[n] - 5x[n-1]$일 때, 이 필터의 dc 이득과 고주파 이득은 무엇인가?

(c) $H(F) = 2 + 2\cos(2\pi F)$라고 하자. 이 필터의 전달 함수는 무엇인가?

정답: (a) 0.2, $y[n] - 0.5y[n-1] = 0.6x[n] - 0.5x[n-1]$ **(b)** 5, 5 **(c)** $H(z) = \frac{(z+1)^2}{z}$

5.8 연습문제

5.1 **(수열의 DTFT)** 다음 신호들의 DTFT를 구하고 단순화하라. 또한 $F = 0$, $F = 0.5$, $F = 1$에서 값을 계산하라.

(a) $x[n] = \{1, 2, \overset{\Downarrow}{3}, 2, 1\}$ **(b)** $y[n] = \{-1, 2, \overset{\Downarrow}{0}, -2, 1\}$

(c) $g[n] = \{\overset{\Downarrow}{1}, 2, 2, 1\}$ **(d)** $h[n] = \{\overset{\Downarrow}{-1}, -2, 2, 1\}$

[**힌트:** 결과를 단순화하기 위해 $e^{j\theta} + e^{-j\theta} = 2\cos\theta$와 $e^{j\theta} - e^{-j\theta} = j2\sin\theta$를 이용하라. (c)와 (d)의 경우, 단순화하기 전에 인수 $e^{-j3\pi F}$을 추출하라.]

5.2 **(정의로부터의 DTFT)** 다음 신호들의 DTFT $X(F)$를 구하기 위해 정의관계를 이용하라.

(a) $x[n] = (0.5)^{n+2}u[n]$ **(b)** $x[n] = n(0.5)^{2n}u[n]$ **(c)** $x[n] = (0.5)^{n+2}u[n-1]$

(d) $x[n] = n(0.5)^{n+2}u[n-1]$ **(e)** $x[n] = (n+1)(0.5)^n u[n]$ **(f)** $x[n] = (0.5)^{-n}u[-n]$

[**힌트:** 정의된 합에서 적절한 범위를 택하고 테이블을 이용하여 단순화하라. (a), (c), (d)에서는 $(0.5)^{n+2} = (0.25)(0.5)^n$이다. (b)에서는 $(0.5)^{2n} = (0.25)^{2n}$이다. (e)에서는 중첩을 사용하라. (f)에서는 변수 n을 $-n$으로 바꿔라.

5.3 **(특성)** $x[n]$의 DTFT는 $X(F) = \frac{4}{2 - e^{-j2\pi F}}$이다. $x[n]$을 계산하지 않고 다음 신호들의 DTFT를 구하라.

(a) $y[n] = x[n-2]$ **(b)** $d[n] = nx[n]$

(c) $p[n] = x[-n]$ **(d)** $g[n] = x[n] - x[n-1]$

(e) $h[n] = x[n] * x[n]$ **(f)** $r[n] = x[n]e^{jn\pi}$

(g) $s[n] = x[n]\cos(n\pi)$ **(h)** $v[n] = x[n-1] + x[n+1]$

[**힌트:** (a)에서는 이동 특성, (b)에서는 곱-n 특성, (c)에서는 반전 특성, (d)와 (h)에서는 컨벌루션

특성, (e)에서는 주파수 이동, (f)에서는 변조 특성을 이용하라.]

5.4 **(특성)** 신호 $x[n] = (0.5)^n u[n]$의 DTFT는 $X(F)$이다. $X(F)$를 계산하지 않고 다음 변환들에 대한 시간 신호를 구하라.

(a) $Y(F) = X(-F)$ **(b)** $G(F) = X(F - 0.25)$
(c) $H(F) = X(F + 0.5) + X(F - 0.5)$ **(d)** $P(F) = X'(F)$
(e) $R(F) = X^2(F)$ **(f)** $S(F) = X(F) \circledast X(F)$
(g) $D(F) = X(F)\cos(4\pi F)$ **(h)** $T(F) = X(F + 0.25) - X(F - 0.25)$

[**힌트:** (a)에서는 반전 특성, (b)에서는 주파수 이동 특성, (c)와 (h)에서는 중첩 특성, (d)에서는 곱-n 특성, (e)에서는 컨벌루션 특성, (f)에서는 곱의 특성, (g)에서는 변조 특성을 이용하라.]

5.5 **(DTFT)** 다음 신호들에 대한 DTFT를 구하라.

(a) $x[n] = 2^{-n}u[n]$ **(b)** $y[n] = 2^n u[-n]$
(c) $g[n] = 0.5^{|n|}$ **(d)** $h[n] = 0.5^{|n|}(u[n + 1] - u[n - 2])$
(e) $p[n] = (0.5)^n \cos(0.5n\pi)u[n]$ **(f)** $q[n] = \cos(0.5n\pi)(u[n + 5] - u[n - 6])$

[**힌트:** (a)에서 $2^{-n} = (0.5)^n$이다. (b)에서 $x[n]$에 대한 반전 특성을 사용하라. (c)에서 $x[n] = (0.5)^n u[n] + (0.5)^{-n}u[-n] - \delta[n]$이다. (d)에서 3-샘플 수열을 먼저 찾아라. (e)에서는 변조를 사용하라. (f)에서는 $u[n + 5] - u[n - 6] = \text{rect}(0.1n)$에 대해 변조를 사용하라.

5.6 **(DTFT)** 다음 신호들에 대한 DTFT를 구하라.

(a) $x[n] = \text{sinc}(0.2n)$ **(b)** $h[n] = \sin(0.2n\pi)$ **(c)** $g[n] = \text{sinc}^2(0.2n)$

[**힌트:** (a)에서 $X(F)$는 구형파 함수이다. (b)에서 $X(F)$는 임펄스 쌍이다. (c)에서 $G(F) = X(F) \circledast X(F)$는 삼각 펄스(주기적 컨벌루션은 겹치지 않는다)이다.

5.7 **(DTFT)** $A(F)e^{\phi(F)}$ 형태로 다음 신호들의 DTFT를 계산하고, 스펙트럼 진폭 $A(F)$를 그려라.

(a) $x[n] = \delta[n + 1] + \delta[n - 1]$ **(b)** $x[n] = \delta[n + 1] - \delta[n - 1]$
(c) $x[n] = \delta[n + 1] + \delta[n] + \delta[n - 1]$ **(d)** $x[n] = u[n + 1] - u[n - 1]$
(e) $x[n] = u[n + 1] - u[n - 2]$ **(f)** $x[n] = u[n] - u[n - 4]$

[**힌트:** 결과를 단순화하기 위해 $e^{j\theta} + e^{-j\theta} = 2\cos\theta$와 $e^{j\theta} - e^{-j\theta} = j2\sin\theta$를 이용하라. (d)에서 $x[n] = \{1, \overset{\Downarrow}{1}\}$을 이용하고 단순화하기 전에 $e^{j\pi F}$을 추출하라. (f)에서 $x[n] = \{\overset{\Downarrow}{1}, 1, 1\}$을 이용하고 단순화하기 전에 $e^{-j2\pi F}$을 추출하라.]

5.8 **(특성)** 실수 신호 $x[n]$의 DTFT는 $X(F)$이다. $X(F)$와 연관된 다음 신호들의 DTFT는 어떠한가?

(a) $y[n] = x[-n]$ **(b)** $g[n] = x[n] * x[-n]$
(c) $r[n] = x[n/4]$ (제로보간) **(d)** $s[n] = (-1)^n x[n]$
(e) $h[n] = (j)^n x[n]$ **(f)** $v[n] = \cos(2n\pi F_0)x[n]$
(g) $w[n] = \cos(n\pi)x[n]$ **(h)** $z[n] = [1 + \cos(n\pi)]x[n]$
(i) $b[n] = (-1)^{n/2}x[n]$ **(j)** $p[n] = e^{jn\pi}x[n - 1]$

[**힌트:** (c)에서 $R(F)$는 압축된 형태이다. (d)에서는 주파수 이동을 이용하라. (e)와 (i)에서는 $j^n = (-1)^{n/2}$로 주파수 이동을 이용하라. (h)에서는 중첩과 변조를 이용하라. (j)에서는 시간 이동 다음에 주파수 이동을 이용하라.]

5.9 **(특성)** $x[n] = \text{tri}(0.2n)$이고, $X(F)$는 이의 DTFT라고 하자. $X(F)$를 구하지 않고 다음을 계산하라.

(a) $x[n]$의 홀수 부분에 대한 DTFT

(b) $F = 0$과 $F = 0.5$에서의 $X(F)$의 값

(c) $X(F)$의 위상

(d) $x[-n]$의 DTFT에 대한 위상

(e) 적분 $\int_{-0.5}^{0.5} X(F)\,dF$

(f) 적분 $\int_{-0.5}^{0.5} X(F-0.5)\,dF$

(g) 적분 $\int_{-0.5}^{0.5} |X(F)|^2\,dF$

(h) 미분 $\frac{dX(F)}{dF}$

(i) 적분 $\int_{-0.5}^{0.5} \left|\frac{dX(F)}{dF}\right|^2 dF$

[**힌트:** (a), (c), (d)에서 $x[n]$은 우대칭이다. (e)에서 $x[0]$을 구하라. (f)에서 $n = 0$일 때 $(-1)^n x[n]$을 구하라. (g)에서는 파서발의 이론을 이용하라. (h)에서는 $-j2\pi nx[n] \Leftrightarrow X'(F)$를 이용하라.]

5.10 **(주기 신호의 DTFT)** 주기당 샘플인 다음의 주기 신호들에 대한 DTFT를 구하라.

(a) $x[n] = \{\overset{\Downarrow}{1}, 1, 1, 1, 1\}$, $N = 5$

(b) $x[n] = \{\overset{\Downarrow}{1}, 1, 1, 1\}$, $N = 4$

(c) $x[n] = (-1)^n$

(d) $x[n] = 1$(n은 짝수) 그리고 $x[n] = 0$(n은 홀수)

[**힌트:** $X_P(F) = \sum X[k]\delta(F - k/N)$을 구하기 위해 N-샘플 수열 $\frac{1}{N}X(F)|_{F=k/N}$, $k = 0, 1, \ldots, N-1$을 구하라. (c)에서 $x[n] = \{\overset{\Downarrow}{1}, -1\}$, $N = 2$이다. (d)에서 $x[n] = \{\overset{\Downarrow}{1}, 0\}$, $N = 2$이다.]

5.11 **(IDTFT)** $|F| \leq 0.5$에서 다음 $X(F)$의 IDTFT $x[n]$을 구하라.

(a) $X(F) = \text{rect}(2F)$ **(b)** $X(F) = \cos(\pi F)$ **(c)** $X(F) = \text{tri}(2F)$

[**힌트:** (a)에서는 $\text{rect}(F/F_C) \Leftrightarrow 2F_C\text{sinc}(2nF_C)$를 이용하라. (b)에서는 정의된 IDTFT 관계를 이용하라. (c)에서는 $\text{rect}(2F) \circledast \text{rect}(2F) = 0.5\text{tri}(2F)$와 (a)의 결과를 이용하라.

5.12 **(특성)** $x[n]$의 DTFT가 (다음의 방법들을 각각 이용하여) 동일한 결과를 갖는지를 확인하라.

(a) DTFT의 정의관계로부터

(b) $y[n] = \alpha^n u[n]$의 DTFT와 곱-n 특성으로부터

(c) 컨벌루션 결과 $\alpha^n u[n] * \alpha^n u[n] = (n+1)\alpha^n u[n+1]$과 이동 특성으로부터

(d) 컨벌루션 결과 $\alpha^n u[n] * \alpha^n u[n] = (n+1)\alpha^n u[n+1]$과 중첩으로부터

5.13 **(특성)** 제시된 방법을 이용하여 주어진 신호들의 DTFT를 구하라.

(a) $u[n]$의 DTFT로 시작하여 $x[n] = \text{sgn}[n]$의 DTFT가 $X(F) = -j\cot(\pi F)$임을 보여라.

(b) $\text{rect}(n/2N) \Leftrightarrow (2N+1)\dfrac{\text{sinc}[(2N+1)F]}{\text{sinc}F}$로 시작하여 컨벌루션 특성을 이용하여 $x[n] = \text{tri}[n/N]$의 DTFT를 구하라.

(c) $\text{rect}(n/2N) \Leftrightarrow (2N+1)\dfrac{\text{sinc}[(2N+1)F]}{\text{sinc}F}$로 시작하여 변조 특성을 이용하여 $x[n] = \cos(n\pi/2N)\text{rect}(n/2N)$의 DTFT를 구하라.

[**힌트:** (a)에서 $\text{sgn}[n] = u[n] - u[-n]$이고, DTFT 결과를 단순화하라. (b)에서 $\text{rect}(\frac{n}{2N}) * \text{rect}(\frac{n}{2N}) = M\text{tri}(\frac{n}{M})$(단, $M = 2N+1$)으로 시작하라.]

5.14 **(이산 주기 신호의 스펙트럼)** $|F| \leq 0.5$에 대해 다음 신호들의 DTFT 크기 스펙트럼과 위상 스펙트럼을 그려라.

(a) $x[n] = \cos(0.5n\pi)$

(b) $y[n] = \cos(0.5n\pi) + \sin(0.25n\pi)$

(c) $h[n] = \cos(0.5n\pi)\cos(0.25n\pi)$

[**힌트:** 주요 구간에서 각 정현파의 크기 스펙트럼은 임펄스 쌍이고(크기는 최고치의 반), 위상은

기대칭이다. (c)에서 $h[n]$을 단순화하기 위해 $\cos\alpha\cos\beta = 0.5\cos(\alpha+\beta) + 0.5\cos(\alpha-\beta)$를 이용하라.]

5.15 **(DTFT)** 다음 신호들의 DTFT를 구하고, $-0.5 \le F \le 0.5$ 구간에서 크기와 위상 스펙트럼을 그려라.

(a) $x[n] = \cos(0.4n\pi)$ **(b)** $x[n] = \cos(0.2n\pi + \frac{\pi}{4})$
(c) $x[n] = \cos(n)$ **(d)** $x[n] = \cos(1.2n\pi + \frac{\pi}{4})$
(e) $x[n] = \cos(2.4n\pi)$ **(f)** $x[n] = \cos^2(2.4n\pi)$

[**힌트:** 주요 구간에서 각 정현파의 크기 스펙트럼은 임펄스 쌍이고(크기는 최고치의 반), 위상은 기대칭이다. (f)에서는 $\cos^2\alpha = 0.5 + 0.5\cos 2\alpha$를 이용하고, 주요 구간에서 그것의 주파수를 이용하라.]

5.16 **(DTFT)** 다음 신호들의 DTFT를 구하고, $-0.5 \le F \le 0.5$에서의 스펙트럼 크기와 위상을 그려라.

(a) $x[n] = \text{sinc}(0.2n)$ **(b)** $y[n] = \text{sinc}(0.2n)\cos(0.4n\pi)$
(c) $g[n] = \text{sinc}^2(0.2n)$ **(d)** $h[n] = \text{sinc}(0.2n)\cos(0.1n\pi)$
(e) $p[n] = \text{sinc}^2(0.2n)\cos(0.4n\pi)$ **(f)** $q[n] = \text{sinc}^2(0.2n)\cos(0.2n\pi)$

[**힌트:** (a)에서 $X(F)$는 구형파 함수이다. (c)에서 $G(F) = X(F) \circledast X(F)$는 삼각 펄스(주기성 컨벌루션은 겹치지 않는다)이다. (b), (d), (e), (f)에서는 변조를 사용한다.]

5.17 **(시스템 표현)** 다음의 임펄스 응답 $h[n]$으로 표현되는 시스템의 전달 함수 $H(F)$와 시스템 차분방정식을 구하라.

(a) $h[n] = (\frac{1}{3})^n u[n]$ **(b)** $h[n] = [1 - (\frac{1}{3})^n]u[n]$
(c) $h[n] = n(\frac{1}{3})^n u[n]$ **(d)** $h[n] = 0.5\delta[n]$
(e) $h[n] = \delta[n] - (\frac{1}{3})^n u[n]$ **(f)** $h[n] = [(\frac{1}{3})^n + (\frac{1}{2})^n]u[n]$

[**힌트:** 차분방정식을 구하기 위해 $H(F)$를 $e^{-j2\pi F}$의 다항식 비인 $\frac{Y(F)}{X(F)}$로 나타내고 교차 곱을 한 다음, 시간 영역으로 전환하기 위해 이동 특성을 이용한다.]

5.18 **(시스템 표현)** 차분방정식에 의해 표현된 시스템이 다음과 같을 때, 전달 함수와 임펄스 응답을 구하라.

(a) $y[n] + 0.4y[n-1] = 3x[n]$ **(b)** $y[n] - \frac{1}{6}y[n-1] - \frac{1}{6}y[n-2] = 2x[n] + x[n-1]$
(c) $y[n] = 0.2x[n]$ **(d)** $y[n] = x[n] + x[n-1] + x[n-2]$

[**힌트:** DTFT를 취하고 $X(F)$와 $Y(F)$에 대해 정리한 후 $H(F) = \frac{Y(F)}{X(F)}$를 구한다. (b)에서는 부분분수에 의해 $H(F)$를 전개한 후에 $h[n]$을 구한다.]

5.19 **(시스템 표현)** 다음의 전달 함수로 표현된 시스템들의 시스템 차분방정식을 구하라.

(a) $H(F) = \dfrac{6e^{j2\pi F}}{3e^{j2\pi F} + 1}$ **(b)** $H(F) = \dfrac{3}{e^{-j2\pi F} + 2} - \dfrac{e^{-j2\pi F}}{e^{-j2\pi F} + 3}$

(c) $H(F) = \dfrac{6}{1 - 0.3e^{-j2\pi F}}$ **(d)** $H(F) = \dfrac{6e^{j2\pi F} + 4e^{j4\pi F}}{(1 + 2e^{j2\pi F})(1 + 4e^{j2\pi F})}$

[**힌트:** $H(F)$를 $e^{-j2\pi F}$의 다항식 비인 $\frac{Y(F)}{X(F)}$로 나타내고 교차 곱을 한 다음, 시간 영역으로 전환하기 위해 이동 특성을 이용한다.]

5.20 **(정상상태 응답)** 필터 $y[n] + 0.25y[n-2] = 2x[n] + 2x[n-1]$이 있다. 이 필터의 필터 전달 함

수 $H(F)$를 구하고, 이 결과를 이용하여 다음 입력들에 대한 정상상태 응답을 구하라.

(a) $x[n] = 5$
(b) $x[n] = 3\cos(0.5n\pi + \frac{\pi}{4}) - 6\sin(0.5n\pi - \frac{\pi}{4})$
(c) $x[n] = 3\cos(0.5n\pi)u[n]$
(d) $x[n] = 2\cos(0.25n\pi) + 3\sin(0.5n\pi)$

[**힌트:** $H(F)$를 구하라. 각 정현파 성분에 대해 주파수 F_0를 구하고, $H(F_0)$의 이득과 위상을 계산하고 출력을 구하라. (b), (d)에서는 중첩을 이용하라.]

5.21 **(디지털 필터의 응답)** 차분방정식 $y[n] = \frac{1}{3}(x[n] + x[n-1] + x[n-2])$로 표현되는 3-포인트 평균 필터가 있다.

(a) 임펄스 응답 $h[n]$을 구하라.

(b) 주파수 응답 $H(F)$를 구하고 그려라.

(c) $x[n] = \cos(\frac{n\pi}{3} + \frac{\pi}{4})$에 대한 응답을 구하라.

(d) $x[n] = \cos(\frac{n\pi}{3} + \frac{\pi}{4}) + \sin(\frac{n\pi}{3} + \frac{\pi}{4})$에 대한 응답을 구하라.

(e) $x[n] = \cos(\frac{n\pi}{3} + \frac{\pi}{4}) + \sin(\frac{2n\pi}{3} + \frac{\pi}{4})$에 대한 응답을 구하라.

[**힌트:** (c)에서 (e)까지는 정현파 성분에 대해서 주파수 F_0를 구하고, $H(F_0)$의 이득과 위상을 계산하고 출력을 구하라. (d)와 (e)에 대해서는 중첩을 이용하라.]

5.22 **(주파수 응답)** 크기/위상 형태의 주파수 응답 $H(F)$가 $H(F) = A(F)e^{j\phi(F)}$인 시스템이 있다. 다음 입력들에 대한 시스템의 응답 $y[n]$을 구하라.

(a) $x[n] = \delta[n]$ **(b)** $x[n] = 1$ **(c)** $x[n] = \cos(2n\pi F_0)$ **(d)** $x[n] = (-1)^n$

[**힌트:** (d)에서 $(-1)^n = \cos(n\pi)$이다.]

5.23 **(주파수 응답)** 주파수 응답이 $H(F) = 2\cos(\pi F)e^{-j\pi F}$인 시스템이 있다. 다음 입력들에 대한 시스템의 응답 $y[n]$을 구하라.

(a) $x[n] = \delta[n]$
(b) $x[n] = \cos(0.5n\pi)$
(c) $x[n] = \cos(n\pi)$
(d) $x[n] = 1$
(e) $x[n] = e^{j0.4n\pi}$
(f) $x[n] = (j)^n$

[**힌트:** (a)에서 $2\cos\theta = e^{j\theta} + e^{-j\theta}$을 이용하고, $h[n]$을 구하라. 나머지 문제에 대해서는 출력을 구하기 위해 각 입력의 주파수에서 $H(F)$를 구하라.]

5.24 **(주파수 응답)** 어떤 디지털 필터에 신호 $x[n] = \{\overset{\Downarrow}{1}, 0.5\}$를 인가할 때, 출력이 $y[n] = \delta[n] - 2\delta[n - 1] - \delta[n - 2]$이다.

(a) 이 필터의 주파수 응답 $H(F)$를 구하라.

(b) 이 필터의 임펄스 응답 $h[n]$을 구하라.

(c) 필터 차분방정식을 구하라.

[**힌트:** $H(F) = \frac{Y(F)}{X(F)}$를 구하고, 시스템 차분방정식을 구하기 위해 교차 곱을 하라. 세 항의 합으로 $H(F)$를 쓰고 $h[n]$을 구하라.]

5.25 **(주파수 응답)** 2-포인트 평균기는 $y[n] = 0.5x[n] + 0.5x[n-1]$이다.

(a) 진폭 스펙트럼을 그려라.

(b) 입력 $x[n] = \cos(n\pi/2)$에 대한 응답을 구하라.

(c) 입력 $x[n] = \delta[n]$에 대한 응답을 구하라.

(d) 입력 $x[n] = 1$과 $x[n] = 3 + 2\delta[n] - 4\cos(n\pi/2)$에 대한 응답을 구하라.

(e) 반전력 주파수가 $F_C = \dfrac{\cos^{-1}(\sqrt{0.5})}{\pi}$임을 보여라.

(f) 2-포인트 평균기를 N개 직렬연결할 때 반전력 주파수를 구하라.

[**힌트:** (a)에서는 $H(F) = A(F)e^{j\phi(F)}$을 얻기 위해 $H(F)$에서 인자 $e^{-j\pi F}$을 추출하고 $A(F)$를 그려라. (b)에서는 $h[n]$을 구하라. (c)에서는 출력을 구하기 위해 $x[n]$의 주파수에서 $H(F)$를 구하라. (d)에서는 중첩을 이용하라. (e)에서는 $|A(F)| = \sqrt{0.5}$를 이용하라. (f)에서는 $|H_N(F)| = |H(F)|^N$으로 시작하라.]

5.26 **(주파수 응답)** 그림 P5.26의 필터가 있다. 전체 시스템의 주파수 응답과 $y[n]$과 $x[n]$에 관계된 차분방정식, 그리고 순방향에서 필터의 임펄스 응답 $h_1[n]$이 다음과 같을 때, 시스템 안정성을 조사하라.

(a) $h_1[n] = \delta[n] - \delta[n-1]$ **(b)** $h_1[n] = 0.5\delta[n] + 0.5\delta[n-1]$

[**힌트:** 여기서 $y[n] = (x[n] - y[n-1]) * h_1[n]$이다. 이를 이용하여 차분방정식, 안정성 검사 그리고 $H(F)$를 구하라.]

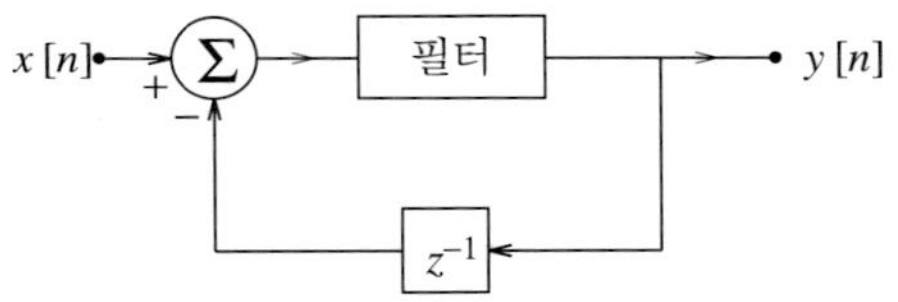

그림 P5.26 문제 5.26의 필터 구현

5.27 **(상호연결 시스템)** 임펄스 응답이 $h_1[n] = \delta[n] + \alpha\delta[n-1]$과 $h_2[n] = (0.5)^n u[n]$인 두 시스템이 있다. 다음 조건일 때 주파수 응답과 임펄스 응답을 구하라.

(a) $\alpha = 0.5$이고, 두 시스템은 병렬로 연결되어 있다.

(b) $\alpha = -0.5$이고, 두 시스템은 병렬로 연결되어 있다.

(c) $\alpha = 0.5$이고, 두 시스템은 직렬로 연결되어 있다.

(d) $\alpha = -0.5$이고, 두 시스템은 직렬로 연결되어 있다.

[**힌트:** 각 경우에서, $H(F)$를 구하기 위해 상호연결 시스템의 $h[n]$을 구하라. 주파수 영역에서 바로 구할 수도 있다.]

5.28 **(상호연결 시스템)** 임펄스 응답이 $h_1[n] = \delta[n] + \alpha\delta[n-1]$과 $h_2[n] = (0.5)^n u[n]$인 두 시스템이 있다. 입력 $x[n] = \cos(0.5n\pi)$와 다음 조건일 때 전체 시스템의 응답을 구하라.

(a) $\alpha = 0.5$이고, 두 시스템은 병렬로 연결되어 있다.

(b) $\alpha = -0.5$이고, 두 시스템은 병렬로 연결되어 있다.

(c) $\alpha = 0.5$이고, 두 시스템은 직렬로 연결되어 있다.

(d) $\alpha = -0.5$이고, 두 시스템은 직렬로 연결되어 있다.

[**힌트:** 각 경우에서, 상호연결 시스템의 $H(F)$를 구하고 출력을 구하기 위해 입력 신호의 주파수에 대해서 계산하라.]

5.29 **(주기 신호의 DTFT)** 주기당 N개의 샘플을 갖고, 한 주기의 신호가 다음과 같은 주기 신호들에 대한 DTFT를 구하라.

(a) $x[n] = \{\overset{\Downarrow}{1},\ 0,\ 0,\ 0,\ 0\},\ N = 5$
(b) $x[n] = \{\overset{\Downarrow}{1},\ 0,\ -1,\ 0\},\ N = 4$
(c) $x[n] = \{\overset{\Downarrow}{3},\ 2,\ 1,\ 2\},\ N = 4$
(d) $x[n] = \{\overset{\Downarrow}{1},\ 2,\ 3\},\ N = 3$

[**힌트:** $X_p(F) = \sum X[k]\delta(F - k/N)$을 구하기 위해 N-샘플 수열 $\frac{1}{N}X(F)|_{F=k/N},\ k = 0, 1, \ldots, N-1$을 구하라.]

5.30 **(주기 신호에 대한 시스템 응답)** $y[n] = x[n] + x[n-1] + x[n-2]$로 표현되는 3-포인트 이동 평균 필터가 있다. 다음의 주기 입력에 대한 주기 응답 중 한 주기를 구하라.

(a) $x[n] = \{\overset{\Downarrow}{1},\ 0,\ 0,\ 0,\ 0\},\ N = 5$
(b) $x[n] = \{\overset{\Downarrow}{1},\ 0,\ -1,\ 0\},\ N = 4$
(c) $x[n] = \{\overset{\Downarrow}{3},\ 2,\ 1\},\ N = 3$
(d) $x[n] = \{\overset{\Downarrow}{1},\ 2\},\ N = 2$

[**힌트:** $h[n]$을 구하라. N-샘플 주기를 확장하고 입력에 대한 주기 컨벌루션을 구하라(정규 컨벌루션과 랩어라운드를 사용할 수도 있다).]

5.31 **(주기 신호의 DTFT)** 주기 신호의 한 주기가 다음과 같다.

$$x[n] = \{\overset{\Downarrow}{1},\ -2,\ 0,\ 1\}$$

(a) 주기 신호의 DTFT를 구하라.

(b) 신호가 임펄스 응답이 $h[n] = \text{sinc}(0.8n)$인 필터를 통과한다. 필터 출력을 구하라.

[**힌트:** (a)에서 $X_p(F) = \sum X[k]\delta(F - k/N)$을 구하기 위해 N-샘플 수열 $\frac{1}{N}X(F)|_{F=k/N},\ k = 0, 1, \ldots, N-1$을 구하라. (b)에서 $h[n]$은 $-0.4 \le F < 0.4$의 통과대역에서 이득이 1.25인 갖 이상적인 필터이다. 따라서 $X_p(F)$를 주요 구간 $-0.5 \le F < 0.5$로 확장시킨다. 필터를 통과한 $X_p(F)$(주요 구간)에서 각 임펄스 쌍은 정현파이다.]

5.32 **(주기 신호에 대한 시스템 응답)** 필터 $y[n] - 0.5y[n-1] = 3x[n]$이 있다. 다음 주기 입력에 대한 응답을 구하라.

(a) $x[n] = \{\overset{\Downarrow}{4},\ 0,\ 2,\ 1\},\ N = 4$
(b) $x[n] = (-1)^n$
(c) $x[n] = 1$(n은 짝수) 그리고 $x[n]$ 0(n은 홀수)
(d) $x[n] = 14(0.5)^n(u[n] - u[n-(N+1)]),\ N = 3$

[**힌트:** $h[n] = 3(0.5)^n u[n]$. 주기 확장은 주기가 N인 $h_p[n] = 3(0.5)^n/(1 - 0.5^N)$으로 주어진다. $h_p[n]$의 주기 컨벌루션과 $x[n]$의 한 주기를 구하라(정규 컨벌루션과 랩어라운드에 의해). (b)에서 $x[n] = \{\overset{\Downarrow}{1}, -1\}, N = 2$, (c)에서 $x[n] = \{\overset{\Downarrow}{1}, 0\}, N = 2$이다.]

5.33 **(주기 신호에 대한 시스템 응답)** 주기 신호의 한 주기가 $x[n] = \{\overset{\Downarrow}{4}, 3, 2, 3\}$, $N = 4$일 때, 다음 필터에 대한 응답을 구하라.

(a) $h[n] = \text{sinc}(0.4n)$
(b) $H(F) = \text{tri}(2F)$

[**힌트:** $X_p(F) = \sum X[k]\delta(F - k/N)$을 구하기 위해 N-샘플 수열 $\frac{1}{N}X(F)|_{F=k/N}$, $k = 0, 1, \ldots, N-1$을 구하고 주요 구간 $-0.5 \leq F < 0.5$로 확장한다. 필터를 통과한 $X_p(F)$(주요 구간)에서 각 임펄스 쌍은 정현파로 정의된다. (a)에서 $H(F) = 2.5\text{rect}(F/0.4)$이다.

5.34 **(샘플링, 필터링, 엘리어싱)** 정현파 $x(t) = \cos(2\pi f_0 t)$는 1 kHz로 샘플링되어 샘플링된 신호 $x[n]$이 생성된다. 신호 $x[n]$은 차분방정식이 $y[n] = 0.5(x[n] + x[n-1])$인 2-포인트 평균 필터를 통과한다. 필터링된 출력 $y[n]$은 아날로그 신호 $y(t)$를 복원하기 위해 0.5 kHz의 차단주파수를 갖는 이상적인 저역통과 필터를 거친다.

(a) $f_0 = 0.2$ kHz일 때, $y(t)$를 구하라.

(b) $f_0 = 0.5$ kHz일 때, $y(t)$를 구하라.

(c) $f_0 = 0.75$ kHz일 때, $y(t)$를 구하라.

[**힌트:** (c)에서 $y(t)$는 엘리어싱 때문에 750 kHz보다 낮은 저주파수를 갖는다.]

5.35 **(푸리에 변환과 DTFT)** 아날로그 신호 $x(t) = e^{-\alpha t}u(t)$는 샘플링률 S에서 이상적으로 샘플링되어 아날로그 임펄스 열 $x_i(t) = \sum_{k=-\infty}^{\infty} x(t)\delta(t - kt_s)$가 된다. 여기서 $t_s = 1/S$이다.

(a) 푸리에 변환 $X(f)$를 구하라.

(b) 푸리에 변환 $X_i(f)$를 구하라.

(c) $x(t)$의 샘플링된 버전이 $x[n]$이라면, DTFT $X(F)$를 구하라.

(d) $X(F)$는 $X_i(f)$와 무슨 관계인가?

(e) $X(F)$가 $X(f)$에 관계된 조건은 무엇인가?

[**힌트:** (b)에서 $x_i(t) = \delta(t) + \delta(t - t_s) + \delta(t - 2t_s) + \cdots$이다. 따라서 $X_i(f)$를 구하고 기하학적 수열로 단순화하라. (c)에서 $x[n] = e^{-\alpha n t_s}u[n] = (e^{-\alpha t_s})^n u[n]$을 이용하라. (d)에서 $F = ft_s$를 이용하라.]

5.36 **(반향 제거)** 주파수 응답이 5 kHz로 제한된 마이크로폰은 원하는 신호 $x(t)$뿐만 아니라 반향도 함께 얻는다. 그러나 $t_d = 1.25$ ms 이후에 도착한 첫 번째 반향만 원하는 신호 $x(t)$에 비해 상대적으로 큰 진폭($\alpha = 0.5$)을 갖는다.

(a) 마이크로폰의 아날로그 출력과 아날로그 입력에 대한 관계식을 구하라.

(b) 마이크로폰 신호는 반향을 제거하기 위해 디지털 작업이 수행된다. 임의의 샘플링률 S를 이용하여 마이크로폰의 샘플링된 출력과 샘플링된 입력에 관계된 차분방정식을 구하라.

(c) 만일 S가 나이퀴스트율과 같다면, 마이크로폰에 대한 차분방정식이 부분 지연을 포함하여 구현이 어려운지에 대해 논하라.

(d) 샘플링률 S가 1 kHz 간격으로 변할 때, 정수 지연을 만족하는 가장 작은 S를 구하고, 마이크로폰의 차분방정식을 구하는 데 이용하라. 그리고 이 필터의 특성을 기술하라.

(e) 이전 부분의 샘플링률을 이용하여 원 신호를 복구할 수 있는 반향 제거 시스템의 차분방정식을 구하라. 그것의 주파수 응답을 구하라.

(f) 마이크로폰이 반향 제거 필터에 직렬 접속될 때, 직렬 시스템의 임펄스 응답을 구하라.

[**힌트:** (a)에서 $y(t) = x(t) + \alpha x(t - t_d)$이다. (b)에서 $y[n] = x[n] + \alpha x[n - N]$이고 $N = St_d$이다. (d)에서 역 시스템 $y[n] + \alpha y[n - N] = x[n]$을 선택하라. (f)에서 $H_C(F) = 1$이다.]

5.37 **(변조)** 신호 $x[n]$은 신호 $x_1[n]$을 구하기 위해 $\cos(0.5n\pi)$에 의해 변조된다. 변조 신호 $x_1[n]$은 신호 $y_1[n]$을 구하기 위한 전달 함수 $H(F)$인 필터에 의해 필터링된다.

(a) $X(F) = \text{tri}(4F)$와 $H(F) = \text{rect}(2F)$일 때, 스펙트럼 $X(F)$, $X_1(F)$, $Y_1(F)$를 그려라.

(b) 신호 $y_1[n]$은 신호 $y_2[n]$을 구하기 위해 $\cos(0.5n\pi)$에 의해 다시 변조되고, $y[n]$을 구하기 위해 $H(F)$에 의해 다시 변조된다. $Y_2(F)$와 $Y(F)$를 그려라.

(c) 신호 $x[n]$과 $y[n]$은 서로 연관되어 있는가?

[**힌트:** (a)에서 출력은 주파수가 절단된 $X(f)$ 형태이다. (b)에서 출력은 sinc 왜곡으로 나타난다(영차홀드 때문이다).

계산과 설계

5.38 **(상호연결 시스템)** 신호 $x[n] = \cos(2\pi F_0 n)$은 임펄스 응답이 $h_1[n] = \{0.\overset{\Downarrow}{2}5, 0.5, 0.25\}$와 $h_2[n] = \delta[n] - \delta[n-1]$로 표현되는, 직렬연결된 두 시스템에 대한 입력이다.

(a) $F_0 = 0.1$일 때, $0 \le n \le 100$에서 $x[n]$을 생성하고 그려라. 플롯으로부터 이 주기를 확인할 수 있는가?

(b) 첫 번째 시스템의 출력이 두 번째 시스템에 입력된다고 하자. 각 시스템의 출력을 그려라. 두 출력들은 주기성을 지니는가? 만일 그렇다면, 주기가 같은가? 설명하라.

(c) 연결 순서를 역으로 하고 각 시스템의 출력을 그려라. 두 출력은 주기성을 지니는가? 만일 그렇다면, 주기가 같은가? 연결 순서가 전체 응답을 변화시키는가? 반드시 그러한가?

(d) 첫 번째 시스템이 $y[n] = x^2[n]$으로 표현된다고 하자. 직렬연결에서 각 시스템의 출력을 구하고 그려라. 연결 순서를 역으로 하고 각 시스템의 출력을 구하고 그려라. 연결 순서가 중간 응답을 변화시키는가? 연결 순서가 전체 응답을 변화시키는가? 반드시 그러한가?

5.39 **(주파수 응답)** 이 문제는 임펄스 응답이 다음과 같이 주어지는 두 FIR 필터의 직렬 및 병렬 연결을 다루는 것이다.

$$h_1[n] = \{\overset{\Downarrow}{1},\ 2,\ 1\} \qquad h_2[n] = \{\overset{\Downarrow}{2},\ 0,\ -2\}$$

(a) 각 필터의 주파수 응답을 그리고, 필터 종류를 찾아라.

(b) $h_1[n]$과 $h_2[n]$의 병렬연결된 시스템의 주파수 응답은 $H_{P1}(F)$이다. 만일 두 번째 필터가 한 샘플 지연되고 첫 번째 필터에 병렬로 연결된다면, 주파수 응답이 $H_{P2}(F)$로 바뀐다. 이는 $H_{P1}(F)$와 $H_{P2}(F)$는 크기가 같고 위상만 다르다고 할 수 있다. 이 의견에 대해 논하기 위해 MATLAB을 이용하라.

(c) 임펄스 응답 $h_{P1}[n]$과 $h_{P2}[n]$을 구하고 이들의 주파수 응답을 그려라. 이들의 크기와 위상을

비교하기 위해 MATLAB을 이용하라. 결과가 여러분의 주장과 일치하는가? $h_{P1}[n]$과 $h_{P2}[n]$은 어떤 필터 종류를 나타내는가?

(d) $h_1[n]$과 $h_2[n]$의 직렬연결된 시스템의 주파수 응답은 $H_{C1}(F)$이다. 만일 두 번째 필터가 한 샘플 지연되고 첫 번째 필터에 연결된다면, 주파수 응답이 $H_{C2}(F)$로 바뀐다. 이는 $H_{C1}(F)$와 $H_{C2}(F)$는 크기가 같고 위상만 다르다고 할 수 있다. 이 의견에 대해 논하기 위해 MATLAB을 이용하라.

(e) 임펄스 응답 $h_{C1}[n]$과 $h_{C2}[n]$을 구하고 이들의 주파수 응답을 그려라. 이들의 크기와 위상을 비교하기 위해 MATLAB을 이용하라. 결과가 여러분의 주장과 일치하는가? $h_{C1}[n]$과 $h_{C2}[n]$이 나타내는 필터들의 종류는 무엇인가?

5.40 **(IIR 필터의 비재귀 형태)** N개의 항에 대한 임펄스 응답을 절단한 FIR 필터에 의해 IIR 필터를 근사적으로 표현할 수 있다. 절단 색인 N이 커질수록 근접한다. IIR 필터가 $y[n] - 0.8y[n-1] = x[n]$으로 기술된다고 하자.

(a) 임펄스 응답 $h[n]$을 구하라.

(b) $h_N[n]$을 구하기 위해 세 항에 대해 $h[n]$을 절단하라. 주파수 응답 $H(F)$와 $H_N(F)$를 그려라. 차이점은 무엇인가?

(c) $h_N[n]$을 구하기 위해 열 개의 항에 대해 $h[n]$을 절단하라. 주파수 응답 $H(F)$와 $H_N(F)$를 그려라. 차이점은 무엇인가?

(d) 원 필터와 절단된 필터에 대한 입력이 $x[n]$일 때, 두 필터의 응답 $y[n]$이 최대로 상이한 곳이 시간 n보다 앞서서 발생하는가, 늦게 발생하는가?

5.41 **(평균 필터의 주파수 응답)** 데이터의 평균은 FIR과 IIR 필터 모두 사용한다. 다음과 같은 평균 필터에 대해 고려하자.

필터 1: $y[n] = \frac{1}{N}\sum_{k=0}^{N-1} x[n-k]$ (N-포인트 이동평균)

필터 2: $y[n] = \frac{2}{N(N+1)}\sum_{k=0}^{N-1}(N-k)x[n-k]$ (N-포인트 가중 이동평균)

필터 3: $y[n] - \alpha y[n-1] = (1-\alpha)x[n],\ \alpha = \frac{N-1}{N+1}$ (1차 지수평균)

(a) 각 필터의 dc 이득이 1인지 확인하라. 어떤 것이 FIR 필터인가?

(b) $N = 4$와 $N = 9$에서 각 필터의 주파수 응답 크기를 그려라. N이 평균에 미치는 영향은 어느 정도인가?

(c) 필터를 테스트하기 위해 신호 $x[n] = 1 - (0.6)^n,\ 0 \le n \le 300$을 생성하고 잡음을 첨가하여 각 필터에 이 잡음 신호를 인가하라. 그리고 결과를 비교하라. 어떤 필터를 추천할 것인가?

CHAPTER 06

필터의 개념

6.0 범위와 개관

이 장에서는 필터 용어를 소개하고, 필터의 특성을 결정하는 시간 영역과 주파수 영역의 기본적인 사항에 대하여 알아본다. 디지털 필터 분석에 대한 여러 가지 기술의 관계를 설명하고, 주파수 응답의 시각적 해석에 대해 논의하며, 극점과 영점 위치에 따른 필터 설계의 개념을 소개한다. 마지막으로 디지털 신호 처리에서 그 사용 목적에 따른 다양한 필터(최소위상 필터, 전역통과 필터, 빗살 필터, 노치 필터 등)를 설명함으로써 이 장을 마무리한다.

6.0.1 목적과 학습목표

이번 장에서는 필터의 용어와 필터 성능을 대표하는 값들에 대하여 소개하고, 앞에서 언급한 내용들이 시간 영역, z-영역 및 주파수 영역에서 어떻게 디지털 필터를 분석하는 데 사용될 수 있는지를 보여주고자 한다. 이 장을 통하여 독자는

1. 필터 성능을 설명하기 위해 사용하는 측정값(이득, 위상지연, 그룹지연 등)을 이해한다.
2. 최소위상의 개념을 이해한다. 그리고 진폭 스펙트럼으로부터 최소위상 필터를 얻는 방법을 배운다.
3. z-평면에서 단위원의 중요성 및 주파수 응답과의 관계를 이해한다.
4. 극점–영점 플롯을 이용하여 그림으로부터 필터 이득을 측정하는 방법을 익힌다.
5. 선형위상의 개념을 이해한다.
6. 임펄스 응답 혹은 영점 위치들로부터 선형위상 필터를 식별하는 방법을 익힌다.
7. 선형위상 필터의 네 가지 종류를 식별하는 방법을 익힌다.
8. 신호 평균의 개념을 이해하고, FIR 평균 필터의 주파수 응답을 구하는 방법과 그리는 방법을 익힌다.
9. FIR 빗살 필터의 개념을 이해하고, 그 주파수 응답을 구하는 방법과 그리는 방법을 익힌다.
10. 임펄스 응답, 주파수 응답, 차분방정식, 전달 함수, 극점–영점 플롯으로부터 1차 저역통과

필터 및 고역통과 필터를 식별하는 방법을 익힌다.

11. 극점–영점 위치에 따른 필터 설계의 개념을 이해한다.

12. 극점–영점 위치에 따른 간단한 피킹 필터 혹은 노치 필터를 설계하는 방법을 익힌다.

13. 전역통과 필터의 개념을 이해하고, 차분방정식, 전달 함수 혹은 극점–영점 플롯으로부터 전역통과 필터를 식별하는 방법을 익힌다.

14. 필터 성능을 분석하거나, 필터를 식별하기 위하여 임펄스 응답, 주파수 응답, 차분방정식, 전달 함수, 극점–영점 플롯 등의 다양한 표현을 사용하는 방법을 익힌다.

6.1 주파수 응답과 필터 특성

주파수 영역에서, 필터는 주파수 응답(스펙트럼) 혹은 **이득**(gain,진폭) 그리고 전달 함수의 위상 등으로 설명할 수 있다. 주파수 응답은 신호에 포함되어 있는 주파수의 내용을 우리가 원하는 형태에 맞추어 디지털 필터를 표현할 수 있는 매우 유용한 방법이다. 필터 이득이 가장 높은 부분에 대한 주파수 범위는 필터의 **통과대역**(passband)으로 정의하고, 이득이 없는 주파수 범위는 **저지대역**(stopband)으로 정의한다. 대역 가장자리 주파수들은 **차단 주파수**(cutoff frequency)라 정의한다. 이상적인 필터는 통과대역에서 완전히 전송되고, 저지대역에서 완전히 제거(0 이득)되어야 한다. 이상적인 전송은 통과대역 전역에서 상수 이득과 선형위상을 갖는 전달 함수를 의미한다. 이러한 필터의 전달 함수는 다음과 같이 표현된다.

$$H(F) = Ke^{-j2\pi nF} \qquad \text{(통과대역에서)}$$

상수 이득은 출력이 입력 신호의 진폭에 비례하는 것을 보증하고, 선형위상은 출력이 입력 신호의 시간만 이동된 것을 의미한다. 만약 이득이 신호의 주파수 범위에서 일정하지 않으면 **진폭 왜곡**(amplitude distortion)이 발생하고, 위상이동이 주파수에 따라 비선형이면 신호가 각 주파수에 대해 다른 지연을 갖는 **위상 왜곡**(phase distortion)이 발생한다.

전통적인 필터들은 종종 저역통과(고주파 저지), 고역통과(저주파 저지), 대역통과(특정한 주파수 통과), 대역저지(특정한 주파수 차단)으로 분류된다. 물론, 어떤 필터는 위에 설명한 어떤 것과도 일치하지 않을 수도 있다. 가끔은 상세한 분석 없이 주파수 영역에서 필터 성질의 상당한 지식을 얻을지도 모른다. dc 이득($F = 0$ 혹은 $\Omega = 0$에서) 그리고 고주파 이득($F = 0.5$ 혹은 $\Omega = \pi$에서)은 시작점으로서 유용하다. 주파수가 커짐에 따라 이득이 일반적으로 감소하는 저역통과 필터의 경우, 예를 들어 dc 이득이 고주파 이득보다 커야 된다.

또 다른 정보들은 차분방정식, 전달 함수, 임펄스 응답의 계수로 구할 수 있다. 필터의 표현이 복잡하면 복잡할수록, 단지 몇 가지의 간단한 측정값을 이용해서 필터의 특성을 해석하기는 쉽지 않다. 주파수 영역에서 디지털 필터의 성능 측정은 이득(진폭), 위상지연, 그룹지연에 기초를 두고 있다.

6.1.1 이득

이득은 전달 함수의 진폭 $|H(F)|$에 의해서 주어진다. dc 이득($F = 0$ 혹은 $\Omega = 0$에서) 그리고 고주파 이득($F = 0.5$ 혹은 $\Omega = \pi$에서)은 아래에 요약된 필터의 임펄스 응답, 차분방정식 혹은 전달 함수로부터 쉽게 구할 수 있다.

DC 이득과 고주파 이득을 구하는 방법

$H(z)$로부터: $z = 1$(dc 이득)과 $z = -1$(고주파 이득)에서 $H(z)$를 계산한다.

$H(F)$ 혹은 $H(\Omega)$로부터: $F = 0$과 $F = 0.5$에서 $H(F)$를 계산하거나, $\Omega = 0$과 $\Omega = \pi$에서 $H(\Omega)$를 계산한다.

임펄스 응답으로부터: $\sum h[n] = H(0)$와 $\sum (-1)^n h[n] = H(F)|_{F=0.5} = H(\Omega)|_{\Omega=\pi}$를 계산한다.

차분방정식으로부터: dc 이득에 대해, RHS와 LHS 계수들의 합의 비를 취한다.

고주파 이득에 대해서는, 교류 계수들의 부호를 반대로 한다. 그리고 합의 비를 취한다.

6.1.2 위상지연과 그룹지연

디지털 필터의 **위상지연**(phase delay)과 **그룹지연**(group delay)은 다음 식과 같이 정의된다.

$$t_p(F_0) = -\frac{1}{2\pi}\frac{H(F_0)}{F_0} \quad \text{(위상지연)} \qquad t_g(F) = -\frac{1}{2\pi}\frac{dH(F)}{dF} \quad \text{(그룹지연)} \tag{6.1}$$

선형위상 필터(위상이 주파수에 대해서 1차)의 경우 위상지연과 그룹지연은 일치한다.

6.1.3 최소위상

다음과 같이 인수분해 형태로 표현된 시스템을 고려해 보자.

$$H(z) = K\frac{(z - z_1)(z - z_2)(z - z_3)\cdots(z - z_m)}{(z - p_1)(z - p_2)(z - p_3)\cdots(z - p_n)} \tag{6.2}$$

만약 K를 $-K$로, 아니면 $(z - \alpha)$를 $(\frac{1}{z} - \alpha)$ 혹은 $(1 - \alpha z)$의 인수로 바꾸면, $|H_p(F)|$의 진폭은 변화가 없고, 오직 위상만 영향을 받는다. 만약 $K > 0$ 그리고 $H(z)$의 모든 극점과 영점이 단위원 안에 위치하면, $H(z)$는 안정하고, **최소위상 시스템**(minimum-phase system)으로 정의한다. 이러한 시스템은 같은 진폭 응답을 갖는 전체 시스템 중에서 모든 주파수에서 가장 작은 그룹지연(영점 위상으로부터 가장 적은 편차)을 나타낸다. 안정한 시스템에서 몇 개의 영점이 단위원 밖에 위치하면 **혼합위상**(mixed phase)이라 하고, 모든 영점이 단위원 밖에 위치하면 **최대위상**(maximum phase)이라 한다. 같은 진폭 응답을 갖는 모든 안정한 시스템이라도, 최소위상 시스

템은 오직 하나뿐이다.

예제 6.1 **최소위상 개념**

아래 시스템의 전달 함수를 고려해 보자.

$$H_1(z) = \frac{(z-\frac{1}{2})(z-\frac{1}{4})}{(z-\frac{1}{3})(z-\frac{1}{5})} \qquad H_2(z) = \frac{(1-\frac{1}{2}z)(z-\frac{1}{4})}{(z-\frac{1}{3})(z-\frac{1}{5})} \qquad H_3(z) = \frac{(1-\frac{1}{2}z)(1-\frac{1}{4}z)}{(z-\frac{1}{3})(z-\frac{1}{5})}$$

각 시스템은 단위원 안에 극점들이 존재하므로 안정하다. 모든 시스템은 같은 진폭을 갖는다. 그림 E6.1을 보면, 각 시스템의 위상과 지연이 모두 다르다.

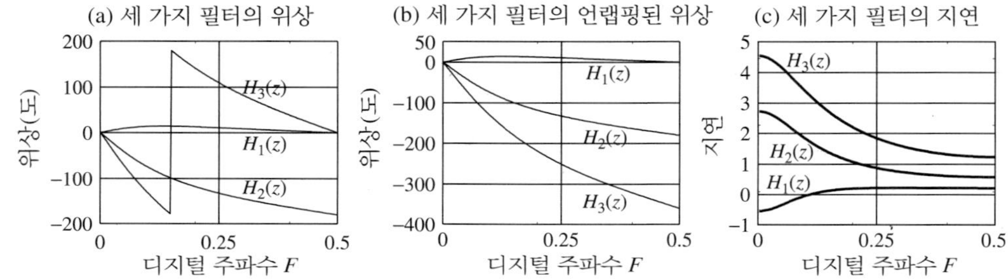

그림 E6.1 예제 6.1의 시스템 응답

위 시스템의 위상 응답은 다음과 같이 주어진다. $H_1(z)$는 단위원 밖에 영점이 없는 최소위상 시스템이고, $H_2(z)$는 단위원 밖에 하나의 영점이 있는 혼합위상 시스템이며, $H_3(z)$는 단위원 밖에 모든 영점이 있는 최대위상 시스템이다.

6.1.4 진폭 스펙트럼으로부터의 최소위상 필터

대부분의 디지털 필터 설계는 진폭 응답 $|H_p(F)|$에 기초를 둔다. 위상 응답은 안정한 인과성 시스템의 보장을 위하여 선택된다. 이러한 시스템의 전달 함수는 유일하며, 다음 식에서 진폭 제곱 함수 $|H_p(F)|^2$을 구함으로써 얻을 수 있다.

$$|H_p(F)|^2 = H_p(F)H_p(-F) = H(z)H(1/z)|_{z\to\exp(j2\pi F)} \tag{6.3}$$

$|H_p(F)|^2$으로부터 우리는 공액의 상호 좌우대칭으로 표현되는 $H_T(z) = H(z)H(1/z)$을 재구성할 수 있다. 여기서 모든 근 r_k에 대하여 $1/r_k^*$에서 하나의 근이 존재한다. 따라서 최소위상 전달 함수 $H(z)$를 추출하기 위해서는, 단위원 안에 있는 근들을 선택하기만 하면 된다. 다음 예제는 그 과정을 설명한다.

예제 6.2 최소위상 필터를 구하는 법

$|H_p(\Omega)|^2 = \dfrac{5+4\cos\Omega}{17+8\cos\Omega}$ 로부터 최소위상 전달 함수 $H(z)$를 구하라.

오일러 관계식으로부터 $|H_p(\Omega)|^2 = \dfrac{5+2e^{j\Omega}+2e^{-j\Omega}}{17+4e^{j\Omega}+4e^{-j\Omega}}$ 로 주어진다. $e^{j\Omega} \to z$로 치환하면, 다음과 같은 $H_T(z)$를 얻는다.

$$H_T(z) = H(z)H(1/z) = \frac{5+2z+2/z}{17+4z+4/z} = \frac{2z^2+5z+2}{4z^2+17z+4} = \frac{(2z+1)(z+2)}{(4z+1)(z+4)}$$

$H(z)$의 근을 구하기 위해, $|z| < 1$에 해당하는 $H_T(z)$의 근을 구하면 다음과 같은 결과가 얻어진다.

$$H(z) = \frac{(2z+1)}{(4z+1)} = 0.5\frac{(z+0.5)}{(z+0.25)}$$

이때 $|H(z)|_{z=1} = |H_p(\Omega)|_{\Omega=0} = 0.6$을 얻는다. 즉, 동일한 dc 이득을 갖는 것을 알 수 있다.

6.1.5 주파수 응답: 시각적 관점

임의의 LTI 시스템의 주파수 응답은 전달 함수 $H(z)$에서 $z = e^{j2\pi F} = e^{j\Omega}$(단위원상)으로 두고 계산하면 구할 수 있다. $\Omega = 2\pi F$는 각도의 방향을 나타내고, 그림 6.1은 단위원상에서 z, Ω, F의 값들이 어떠한 관계가 있는지를 나타낸다.

주파수 응답은 단위원상에서 계산된 *z*-변환이다.

DTFT에 대응시키면:

$$H(F) = H(z)|_{z=e^{j2\pi F}} \quad \text{또는} \quad H(\Omega) = H(z)|_{z=e^{j\Omega}}$$

만약 주파수 응답 $H(F)$ 혹은 $H(\Omega)$의 성질을 구하고자 한다면, $H(z)$의 인수분해된 형태 혹은 영점–극점 플롯은 매우 유용하다. 다음과 같이 인수분해된 형태로 주어진 안정한 전달 함수 $H(z)$를 고려해 보자.

$$H(z) = \frac{8(z-1)}{(z-0.6-j0.6)(z-0.6+j0.6)} \tag{6.4}$$

$\Omega = \Omega_0$에서 주파수 응답 $H(\Omega)$와 진폭 $|H(\Omega)|$은 다음과 같이 주어진다.

$$H(\Omega_0) = \frac{8(e^{j\Omega_0}-1)}{(e^{j\Omega_0}-0.6-j0.6)(e^{j\Omega_0}-0.6+j0.6]} = \frac{8\mathbf{N}_1}{\mathbf{D}_1\mathbf{D}_2} \tag{6.5}$$

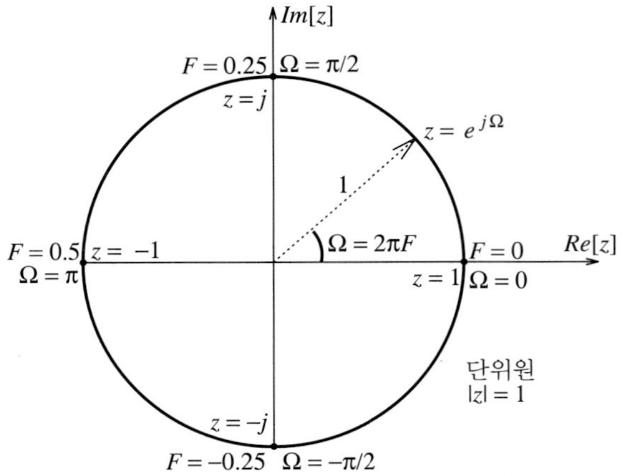

그림 6.1 z-평면의 단위원상에서의 변수 z, F, Ω 간의 관계. 라디안 단위의 각도는 디지털 주파수 Ω와 일치한다. 단위원에서 $F = 0$은 $z = 1$과 일치하는 반면에 $F = 0.5$는 $z = -1$에 해당한다.

$$|H(\Omega_0)| = 8\frac{|\mathbf{N}_1|}{|\mathbf{D}_1||\mathbf{D}_2|} = (\text{이득 요소})\ \frac{\text{영점으로부터의 거리의 곱}}{\text{극점으로부터의 거리의 곱}} \tag{6.6}$$

수식적으로 진폭 $|H(\Omega_0)|$는 각 항에서 진폭의 비이다. 시각적으로는, 복소수 항은 각 극점 혹은 영점 위치로부터 $z = e^{j\Omega_0}$에 대응하는 단위원상의 $\Omega = \Omega_0$ 위치까지 유도된 벡터 $\mathbf{N}_1$, $\mathbf{D}_1$, $\mathbf{D}_2$로 z-평면에서 표현될 수 있다. 이득 요소와 벡터 진폭들(영점으로부터의 거리의 곱을 극점으로부터의 거리의 곱으로 나누기)의 비의 곱은 $\Omega = \Omega_0$에서 진폭 $|H(\Omega_0)|$을 나타낸다. 각도에서 차는 $\Omega = \Omega_0$에서 위상을 나타낸다. 벡터들과 상응하는 진폭 스펙트럼은 그림 6.2에서 Ω의 대표적인 값으로 그릴 수 있다.

시각적 해석은 정확한 결과를 얻을 수 있지만, 진폭 특성의 질적인 값을 얻는 데 더 적합하다. 우리는 Ω가 $\Omega = 0$에서 $\Omega = \pi$까지 증가될 때, 벡터 $\mathbf{N}_1/\mathbf{D}_1\mathbf{D}_2$의 비가 진폭에 어떻게 영향을 미치는지를 관찰한다. 예를 들면 $\Omega = 0$에서 벡터 $\mathbf{N}_1$은 0이고 진폭도 0이다. $0 < \Omega < \pi/4$인 경우

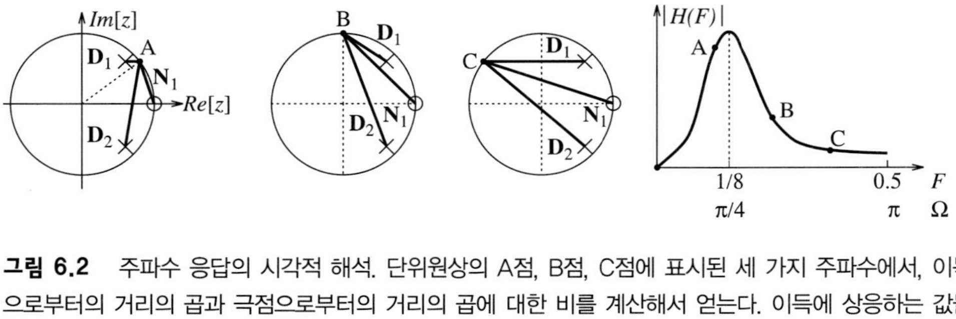

그림 6.2 주파수 응답의 시각적 해석. 단위원상의 A점, B점, C점에 표시된 세 가지 주파수에서, 이득은 영점으로부터의 거리의 곱과 극점으로부터의 거리의 곱에 대한 비를 계산해서 얻는다. 이득에 상응하는 값들은 이득 플롯 위에 표시했다.

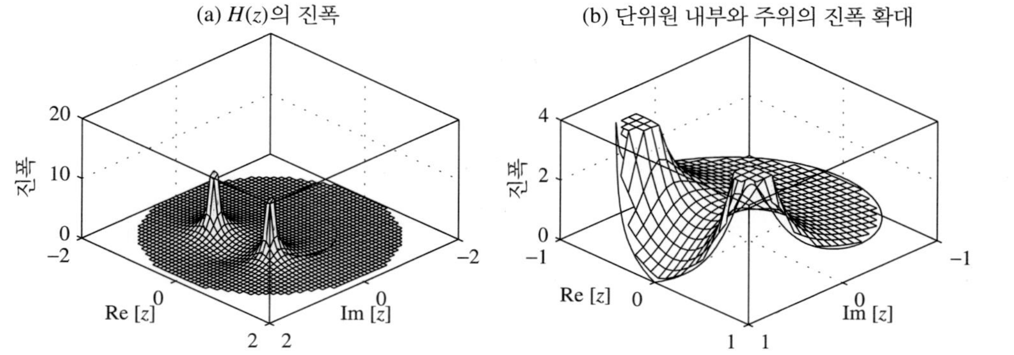

그림 6.3 z-평면에서 $H(z) = (8z - 1)/(z^2 - 1.2z + 0.72)$의 진폭

(A점), $|\mathbf{N}_1|$과 $|\mathbf{D}_2|$는 증가하지만 $|\mathbf{D}_1|$은 감소한다. 전체적으로, 응답은 작지만 증가한다. $\Omega = \pi/4$점에서 벡터 $\mathbf{D}_1$은 가장 작은 거리에 이르고, 응답의 최고치를 얻는다. $\frac{\pi}{4} < \Omega < \pi$(B점, C점)에서 $|\mathbf{N}_1|$과 $|\mathbf{D}_1|$은 거의 거리가 같은 반면에, $|\mathbf{D}_2|$는 증가한다. 따라서 진폭은 감소한다. 이 응답은 대역통과 필터의 대표적인 형태이다.

6.1.6 고무판 해석

$H(z)$의 영점은 고정시키고, 극점 위치에서 무한한 높이로 부풀어오르는 z-평면을 고무판이라고 생각하면, 고무판의 곡선 표면은 그림 6.3처럼, z의 어떠한 값에 대해 $H(z)$의 진폭에 접근한다. 극점들은 표면 위로 튀어오르는 경향이 있고, 영점들은 아래로 당기려고 하는 경향이 있다. 단위원($|z| = 1$) 근처의 단면은 주파수 응답 $H(\Omega)$의 값에 근사화된다.

예제 6.3 필터와 극점-영점 플롯

그림 E6.3의 극점-영점 플롯에 상응하는 필터 유형을 확인하라.

(a) 필터 1: 분자 벡터 길이는 항상 1이지만, 분모 벡터 길이는 주파수가 증가함에 따라(예를 들어 A점과 B점) 증가한다. 따라서 진폭은 주파수에 따라 감소하고, 저역통과 필터에 해당한다.

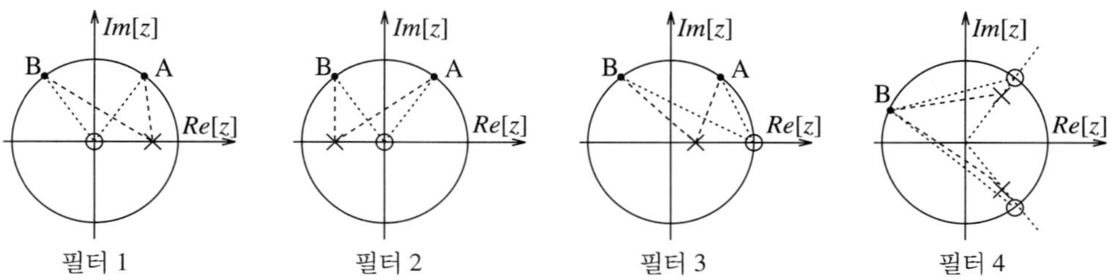

그림 E6.3 예제 6.3의 극점-영점 플롯

(b) 필터 2: 분자 벡터 길이는 항상 1이지만, 분모 벡터 길이는 주파수가 증가함에 따라(예를 들어 A점과 B점) 감소한다. 따라서 진폭은 주파수에 따라 증가하고, 고역통과 필터에 해당한다.

(c) 필터 3: $\Omega = 0$에서 진폭이 0이다. 주파수가 증가함에 따라(예를 들어 A점과 B점) 분자와 분모의 벡터 길이 비가 증가하고, 고역통과 필터에 해당한다.

(d) 필터 4: $\Omega = \Omega_0$인 영점 위치에서 진폭이 0이다. 어떤 다른 주파수에서(예를 들어 B점에서) 분자와 분모의 벡터 길이 비가 항상 같아서 대체로 고정 이득을 갖고, 대역저지 필터에 해당한다.

6.2 FIR 필터와 선형위상

좌표원점에서 대칭적인 임펄스 응답을 갖는 필터의 DTFT는 단순 실수 값 혹은 허수 값을 갖는다. 따라서 그러한 필터의 위상은 구분적 상수(piecewise constant)이다. 만약 대칭으로 되어 있는 수열이 이동되었다면(예를 들어 인과성을 만족하기 위해), 그 위상은 선형위상 항목으로 인해 증가되고 구분적인 선형이 된다. 중심점에서 대칭적 임펄스 응답을 갖는 필터를 (일반적인) **선형위상 필터**(linear-phase filter)라고 한다. 선형위상은 그 결과가 진폭의 왜곡 없이 순수한 시간 지연만 갖기 때문에 필터 설계에서 중요하다. 인과적인 선형위상 필터의 전달 함수는 $H(F) = A(F)e^{j2\pi\alpha F}$(우대칭), 혹은 $H(F) = jA(F)e^{j2\pi\alpha F} = A(F)e^{j(2\pi\alpha F+\frac{\pi}{2})}$(기대칭)로 된다. 실수 크기인 $A(F)$는 진폭 스펙트럼이고, α는 임펄스 응답 $h[n]$의 중심점에 해당하는 정수나 반정수 지수이다. 이러한 형태를 얻기 위한 가장 쉬운 방법은, 우선 $H(F)$에 대한 표현을 결정한 다음 $H(F)$로부터 인자 $e^{j2\pi\alpha F}$를 뽑아내는 것이다. 그리고 마지막으로 오일러 공식을 사용하여 단순화한다.

6.2.1 선형위상 필터의 극점-영점 패턴

선형위상 필터는 진폭 크기의 왜곡 없이 일정한 지연을 갖기 때문에 선형위상은 디지털 필터 설계에서 중요한 역할을 한다. 중심점에서 대칭적인 임펄스 응답 수열을 갖는 FIR 필터는 선형위상과 고정 지연을 갖는다. 이러한 수열의 극점과 영점 위치는 임의로 될 수가 없다. 만약 수열 $h[n]$이 유한길이가 된다면, 극점은 좌표원점에 놓여야 한다. 원점에서 대칭인 수열 또한 $h[n] = \pm h[-n]$과 $H(z) = \pm H(1/z)$가 요구된다. 선형위상 수열의 영점은 역의 쌍(그리고 만약 실수 계수를 보장하는 복소수라면 공액 쌍)이 있어야 하는데, 소위 **공액 상호 대칭**(conjugate reciprocal symmetry)으로 나타난다. 이것을 그림 6.4에 나타내었다.

모든 복소 영점은, 다음의 예외를 제외하고, 공액과 역수로 짝지어져 있기 때문에 각 복소 영점은 네 부분으로 형성되어 있다. $z = 1$ 혹은 $z = -1$에서 영점들은 한 개로 나타날 수 있다. 그것들은 그 자신이 역수와 공액을 갖는 형태로 되어 있기 때문이다. 실수축에서 영점들은 그들의 역수와 함께 쌍으로 생성되어야 한다(공액은 요구되지 않음). 단위원에서(단, $z = \pm 1$은 제외) 영점

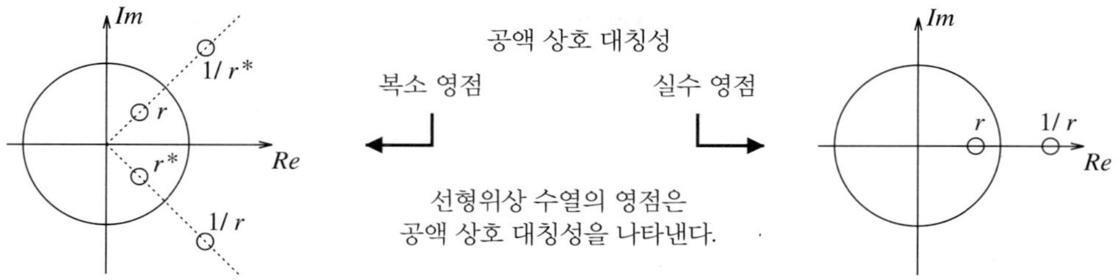

그림 6.4 공액 상호 대칭성을 설명하고 있다. 실수축에 영점이 없거나 단위원에 영점이 없는 경우는 네 부분으로 구성되어 있는데, 역수와 공액의 쌍으로 이루어져 있다. 영점이 실수축에 있으나 공액이 필요 없는 단위원에 존재하지 않을 경우에는 단지 역수만 쌍을 이루고 있다. 영점이 단위원 위에($z = 1$ 혹은 $z = -1$이 아닌) 있는 경우에는 그 자신이 역수 형태이고, 단지 공액의 쌍만 존재한다. $z = 1$이거나 $z = -1$에서 영점은 하나로 나타낼 수 있다. 그 이유는 그 자신이 역수와 공액의 형태로 존재하기 때문이다.

들은 공액과 같이 쌍으로 존재해야 한다(영점들의 역수들도 마찬가지다). 만약 그것들이 $z = 1$에서 영점들이 없다면, 선형위상 수열은 항상 중심점에 대해서 우대칭이다. 중점에 대한 기대칭에 대해서는 $z = 1$에서 영점들이 홀수개여야 한다.

선형위상 필터의 주파수 응답은 $H(F) = A(F)e^{j2\pi\alpha F}$(우대칭인 경우) 혹은 $H(F) = jA(F)e^{j2\pi\alpha F} = A(F)e^{j(2\pi\alpha F+\frac{\pi}{2})}$(기대칭인 경우)로 된다. 여기서 $A(F)$는 실수이다.

선형위상 필터의 특징

1. 임펄스 응답 $h[n]$은 중심점에서 대칭이다.

2. $H(F) = A(F)e^{j2\pi\alpha F}$($h[n]$이 우대칭인 경우), $H(F) = jA(F)e^{j2\pi\alpha F}$($h[n]$이 기대칭인 경우)

3. 모든 극점은 좌표원점에 위치한다(유한길이인 경우).

4. 일반적으로 영점은 공액 상호적으로 나타난다. 단위원에서 영점들은 공액 쌍으로 발생한다. 실수축에서 영점들은 공액의 쌍으로 발생한다. $z = 1$ 혹은 $z = -1$에서 영점들은 한 개만 발생한다.

5. $z = 1$에서 영점의 수가 홀수이면 중심점에서 기대칭(그렇지 않으면, 우대칭)

6. 만일 $h[n] = \pm h[-n]$이면, $H(z) = \pm H(\frac{1}{z})$이다(원점 $n = 0$에 대하여 대칭).

예제 6.4 **선형위상 필터**

(a) $H(z) = 1 + 2z^{-1} + 2z^{-2} + z^{-3}$은 선형위상 필터를 나타내는가?

$H(z)$를 z 다항식의 비로 표현하면 다음과 같다.

$$H(z) = \frac{z^3 + 2z^2 + 2z + 1}{z^3}$$

극점은 모두 $z = 0$이고, 영점은 $z = -1$, $z = -0.5 \pm j0.866$이며 선형위상 필터의 성질과 일치한다. 그 이유는 $z = -1$에서 실수 값 0은 1개 존재하고, 영점들의 공액 복소수는 단위원상에 나타나기 때문이다. $H(z) \neq \pm H(1/z)$이기 때문에, 임펄스 응답 $h[n]$은 원점 $n = 0$에 대하여 대칭이 될 수 없다(중심점에서 대칭임에도 불구하고).

임펄스 응답 $h[n] = \{\overset{\Downarrow}{1}, 2, 2, 1\}$이 중심점 $n = 1.5$에서 우대칭을 갖는 선형위상 수열을 나타낸다는 것을 확인함으로써 동일한 결과를 얻을 수 있다.

(b) 식 $h[n] = \delta[n + 2] + 4.25\delta[n] + \delta[n - 2]$일 때, $H(z)$의 극점–영점 플롯을 그려라.

$H(z) = z^2 + 4.25 + z^{-2}$을 찾는다. $n = 0$에서 $h[n] = h[-n]$으로 $h[n]$이 우대칭이기 때문에 $H(z) = H(1/z)$을 구한다. 이것이 바로 그런 형태이다.

$H(z)$를 인수분해된 다항식 비로 표현하면 다음과 같다.

$$H(z) = \frac{z^4 + 4.25z^2 + 1}{z^2} = \frac{(z + j0.5)(z - j0.5)(z + j2)(z - j2)}{z^2}$$

이 극점–영점 플롯은 그림 E6.4(a)에 나타나 있다. 모든 극점은 $z = 0$이고 네 개의 영점 $z = j0.5$, $z = -j2$, $z = -j0.5$, $z = j2$는 공액 상호 대칭성을 나타내고 있다.

(c) 식 $H(z) = z^2 + 2.5z - 2.5z^{-1} - z^{-2}$으로 극점–영점 플롯을 그리고 선형위상 필터인지를 확인하라.

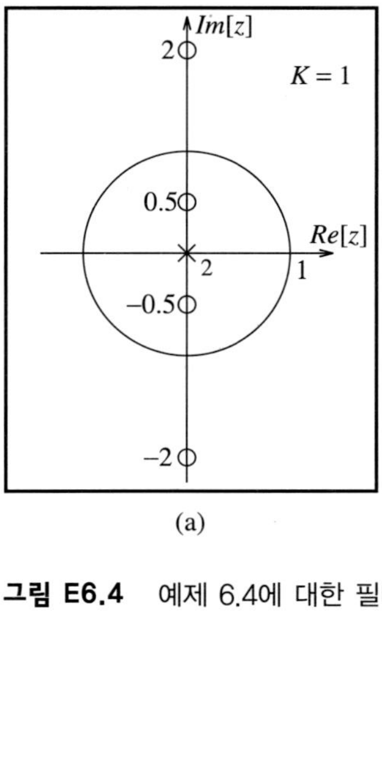

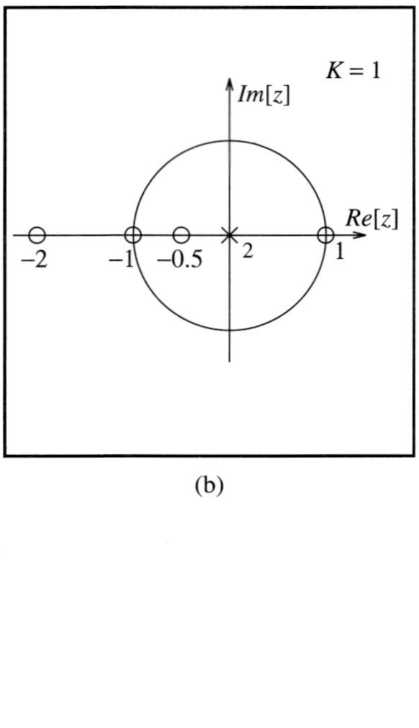

그림 E6.4 예제 6.4에 대한 필터의 극점–영점 플롯

$H(z) = -H(1/z)$인 것을 알아야 한다. 이것은 $h[n] = -h[-n]$임을 나타내는데, 사실 $h[n] = \{1, 2.5, \overset{\Downarrow}{0}, -2.5, -1\}$이다. 이것은 선형위상 필터를 의미한다.

$H(z)$를 인수분해된 다항식의 비로 나타내면 다음과 같다.

$$H(z) = \frac{(z-1)(z+1)(z+0.5)(z+2)}{z^2}$$

이 극점–영점 플롯은 그림 E6.4(b)에서 보여주고 있다. 모든 극점은 $z = 0$이고, 이것은 $z = -0.5$와 $z = -2$에서 상호 영점들의 한 쌍이다. 두 영점은 $z = -1$과 $z = 1$에서 한 개로 나타난다.

6.2.2 선형위상 수열의 형태

선형위상 수열은 네 가지로 나뉜다. 1형 수열은 우대칭과 홀수 길이를 갖는다. 2형 수열은 우대칭과 짝수 길이를 갖고, 3형 수열은 기대칭과 홀수 길이를, 4형 수열은 기대칭과 짝수 길이를 갖는다.

극점–영점 플롯에서 수열의 형태를 확인하기 위해서는 $z = 1$과 $z = -1$에서 영점들의 유무와 개수를 확인해야 한다. 2형 수열은 $z = -1$, 3형 수열은 $z = 1$과 $z = -1$, 4형 수열은 $z = 1$에서 **홀수개의 영점**을 가져야 한다. 만약 다른 영점들의 수가 주어진다면(1형과 2형에 대하여 $z = 1$에서, 혹은 1형 또는 4형에 대하여 $z = -1$에서) 짝수여야 한다. 그 이유는 간단하다. 만약 $z = \pm 1$을 배제한다면, 남은 영점들은 둘 또는 넷으로 존재하고 항상 **홀수 길이와 우대칭**인 1형 수열이 된다. $z = -1$에서 영점을 포함한다는 것은 대칭성의 수정 없이 길이를 한 개 증가시킨다는 것이다. $z = -1$에서 영점을 포함한다는 것은 길이를 한 개 늘이고 대칭을 수정한다는 것이다. $z = 1$에서 홀수개의 영점들만이 기대칭 수열로 결정된다. 이 개념을 그림 6.5에 나타내었다.

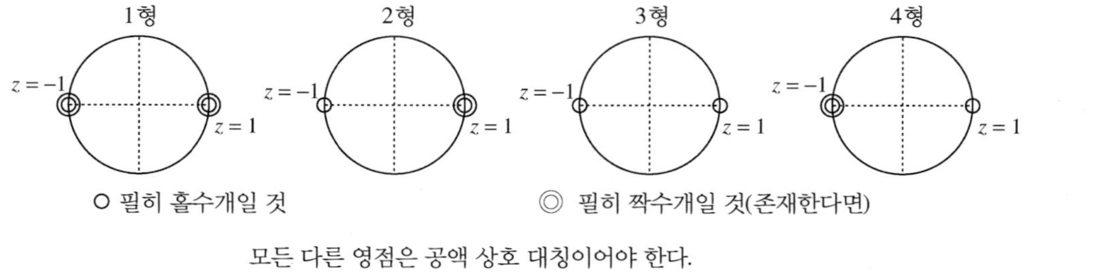

그림 6.5 $z = \pm 1$인 영점들로 수열 형태 확인. 2형 수열은 $z = -1$에서, 4형 수열은 $z = 1$에서, 그리고 3형 수열은 $z = 1$과 $z = -1$에서 홀수개의 영점을 요구한다. $z = \pm 1$(한 번 요구된 것은 제외)에 위치한 영점의(주어진다면) 수는 짝수개여야 한다. 자연히 어떤 영점이든 공액 상호 대칭성을 만족해야 한다.

선형위상 수열의 형태 확인 방법

수열 $x[n]$: 수열의 형태를 파악하기 위하여 대칭성과 길이를 확인한다.

극점–영점 플롯: $z = \pm 1$에서 영점의 개수를 확인한다.

1형: $z = -1$에서(주어진다면) 짝수개의 영점

2형: $z = -1$에서 홀수개의 영점(그리고 주어진다면 $z = 1$에서 짝수개의 영점)

3형: $z = 1$에서 홀수개의 영점과 $z = -1$에서 홀수개의 영점

4형: $z = 1$에서 홀수개의 영점(그리고 주어진다면 $z = -1$에서 짝수개의 영점)

예제 6.5 선형위상 수열 확인

(a) 만약 $z = 0.5e^{j\pi/3}$과 $z = 1$이 영점이라고 알고 있다면, 1형 수열의 영점 위치를 모두 찾아라 (최소 길이를 가정하라).

공액 상호 대칭성이기 때문에, $z = 0.5e^{j\pi/3}$인 영점은 네 개의 영점을 포함한다.

$$z = 0.5e^{j\pi/3} \qquad z = 0.5e^{-j\pi/3} \qquad z = 2e^{j\pi/3} \qquad z = 2e^{-j\pi/3}$$

1형 수열로, $z = 1$에서 영점의 수는 짝수여야 한다. 그래서 그것들은 $z = 1$에서 다른 영점들이어야 한다. 그러므로 총 6개의 영점을 갖는다.

(b) 만약 $z = 0.5e^{j\pi/3}$과 $z = 1$이 영점이라고 알고 있다면, 2형 수열의 영점 위치를 모두 찾아라 (최소 길이를 가정하라).

공액 상호 대칭성이기 때문에, $z = 0.5^{j\pi/3}$인 영점은 네 개의 영점을 포함한다.

$$z = 0.5e^{j\pi/3} \qquad z = 0.5e^{-j\pi/3} \qquad z = 2e^{j\pi/3} \qquad z = 2e^{-j\pi/3}$$

2형 수열은 우대칭성과 $z = 1$에서 짝수개의 영점을 요구한다. 그래서 6개의 영점이 주어지기 위해 $z = -1$에서 두 번째 영점이 되어야 한다. 하지만 이 결과는 홀수 길이의 수열이 되어 버린다. 2형 수열에서, 길이는 짝수이다. 이것은 $z = -1$에서 영점을 요구함으로써, 총 7개의 영점을 갖는다.

(c) 만약 $z = j$에서 하나의 영점과 $z = 1$에서 두 개의 영점을 알고 있다면, 전달 함수와 인과적 3형 선형위상 필터(최소 길이와 최소 지연을 가정하라)의 임펄스 응답을 구하라.

$z = j$인 영점은 공액(상호성) $z = -j$와 함께 쌍이 되어야 한다.

3형 수열은 $z = \pm 1$에서 홀수개의 영점을 요구한다. 그래서 최소개의 영점은 $z = -1$에서 한 개와 $z = 1$에서 세 개(이미 주어진 두 개와)의 영점을 필요로 한다.

전달 함수는 다음과 같이 주어진다.

$$H(z) = (z + j)(z - j)(z + 1)(z - 1)^3 = z^6 - 2z^5 + z^4 - z^2 + 2z - 1$$

최소 지연을 갖는 인과적 필터의 전달 함수는 다음과 같다.

$$H_C(z) = 1 - 2z^{-1} + z^{-2} - z^{-4} + 2z^{-5} - z^{-6} \qquad h_C[n] = \{\overset{\Downarrow}{1},\ -2,\ 1,\ 0,\ -1,\ 2,\ -1\}$$

6.2.3 평균 필터

선형위상 필터의 예로, 인과성 N-포인트 평균 필터를 고려해 보자. 이 필터의 시스템 방정식과 임펄스 응답은 다음과 같이 주어진다.

$$y[n] = \frac{1}{N}(x[n] + x[n-1] + \cdots + x[n-(N-1)]) \qquad h[n] = \frac{1}{N}\{\underbrace{\overset{\Downarrow}{1},\ 1,\ \ldots,\ 1,\ 1}_{N\text{개}}\} \tag{6.7}$$

이 필터의 전달 함수는 아래와 같이 된다.

$$H(F) = \frac{1}{N}\sum_{k=0}^{N-1} h[k]e^{-j2\pi kF} = \frac{1}{N}\sum_{k=0}^{N-1}(e^{-j2\pi F})^k = \frac{1}{N}\left(\frac{1 - e^{-j2\pi NF}}{1 - e^{-j2\pi F}}\right)$$

위 식의 분자와 분모로부터 각각 $e^{-j\pi NF}$와 $e^{-j\pi F}$ 인자를 추출한다.

$$H(F) = \frac{1}{N}\left(\frac{e^{-j\pi NF}}{e^{-j\pi F}}\right)\left(\frac{e^{-j\pi NF} - e^{-j\pi NF}}{e^{-j\pi F} - e^{-j\pi F}}\right) = \frac{1}{N}e^{-j\pi(N-1)F}\left(\frac{j2\sin(\pi NF)}{j2\sin(\pi F)}\right)$$

이것을 간단히 하면 다음과 같이 정리된다.

$$H(F) = e^{-j\pi(N-1)F}\frac{\sin(\pi NF)}{N\sin(\pi F)} = e^{-j\pi(N-1)F}\frac{\operatorname{sinc}(NF)}{\operatorname{sinc}(F)} = e^{-j\pi(N-1)F}A(F) \tag{6.8}$$

여기서 $A(F)$는 진폭 크기를 나타내고, $e^{-j\pi(N-1)F}$은 주파수에 따라 선형적으로 변하는 위상을 표현한다. $H(F)$의 값은 길이 N에 상관없이 $F = 0$일 때 1로 같다. 또한 F가 $\frac{1}{N}$의 배수일 때 $H(F) = 0$이고, 주요 범위 $0.5 < F \le 0.5$에 총 N개의 영점이 있다. $F = 0.5$일 때, N이 짝수이면 $H(F)$의 값이 0과 같다. 그러나 N이 홀수이면, $F = 0.5$일 때 $H(F)$의 값은 $(-1)^{(N-1)/2}$과 같다(즉, $\frac{N-1}{2}$이 짝수이면 +1, $\frac{N-1}{2}$이 홀수이면 −1). $|F|$가 0에서 0.5로 증가하게 되면, $|\sin(\pi F)|$의 값은 0에서 1로 증가한다. 그 결과로서, 진폭 스펙트럼은 $F = 0$에서 진폭 1의 최댓값을 보이고, 원점 양쪽으로부터 $\frac{1}{N}$의 넓이로 감소하는 사이드 로브(sidelobe)를 나타내고 있다. 진폭 크기의 항인 $A(F)$(절댓값이 아님)를 살펴보면, N이 홀수이면 $F = 0.5$에 대하여 우대칭이고, N이 짝수이면 $F = 0.5$에 대하여 기대칭을 갖는다.

$M = 2N + 1$ 길이의 우대칭 수열 $w_d[n]$은 원점이 중심이고 그 계수가 모두 1일 경우, 다음과 같은 수열이 주어진다고 하자.

$$w_d[n] = \{\underbrace{1,\ 1,\ \ldots,\ 1,\ 1}_{N\text{개}},\ \overset{\Downarrow}{1},\ \underbrace{1,\ 1,\ \ldots,\ 1,\ 1}_{N\text{개}}\} \tag{6.9}$$

이러한 수열의 주파수 응답은 다음과 같이 표현된다.

$$W_D(F) = \frac{\sin(\pi MF)}{\sin(\pi F)} = \frac{M\text{sinc}(MF)}{\text{sinc}(F)}, \quad M = 2N + 1 \tag{6.10}$$

$W_D(F)$는 **디리클레 커널**(Dirichlet kernel) 혹은 **엘리어싱된 싱크 함수**(aliased sinc function)라고 한다.

6.2.4 평균 필터의 영점

시스템 방정식과 임펄스 응답이 다음과 같이 주어지는 인과성 N-포인트 평균 필터를 생각해 보자.

$$y[n] = \frac{1}{N}(x[n]+x[n-1]+\ldots+x[n-(N-1)]) \qquad h[n] = \frac{1}{N}\{\underbrace{\overset{\Downarrow}{1},\ 1,\ \ldots,\ 1,\ 1}_{N\text{개}}\} \tag{6.11}$$

이러한 필터의 전달 함수 $H(z)$는 다음과 같이 주어진다.

$$H(z) = \frac{1}{N}\sum_{k=0}^{N-1} h[k]z^{-k} = \frac{1}{N}\sum_{k=0}^{N-1}(z^{-1})^k = \frac{1}{N}\left(\frac{1-z^{-N}}{1-z^{-1}}\right) = \frac{1}{N}\left[\frac{z^N-1}{z^{N-1}(z-1)}\right]$$

$z^N - 1 = 0$에 대한 N개의 근은 $\Omega = 0$($z = 1$에 대응)에서 시작하여 $\frac{2\pi}{N}$ 라디안 간격마다 단위원상에 놓여진다. 그런데 $z = 1$에서 영점들은 $z = 1$의 극점으로 인해 소거된다. 따라서 단위원상에서 $N - 1$개의 영점을 갖고, 원점($z = 0$)에서 $N - 1$개의 극점을 갖는다. 영점들은 공액으로 발생하고, 만약 길이 N이 짝수이면 $\Omega = \pi$($z = -1$에 대응)에서 역시 한 개의 영점이 있다.

예제 6.6 주파수 응답과 필터 특징

(a) 인과성 10-포인트 평균 필터의 극점과 영점의 위치를 확인하라. 이 필터의 dc 이득과 고주파 이득은 얼마이며, 어떠한 주파수에서 이득이 0으로 되는가?

10-포인트 평균 필터의 임펄스 응답과 전달 함수는 다음과 같다.

$$h[n] = \{\overset{\Downarrow}{0.1},\ 0.1,\ 0.1,\ 0.1,\ 0.1,\ 0.1,\ 0.1,\ 0.1,\ 0.1,\ 0.1\} \qquad H(z) = \frac{0.1(z^{10}-1)}{z^9(z-1)}$$

원점 $z = 0$에서 9개의 극점이 존재하고, $z = e^{jk\pi/5}$, $k = 1, 2, \ldots, 9$에서 $\frac{2\pi}{10}$ 라디안 간격으로

9개의 영점들이 단위원상에 위치한다. 이 필터의 dc 이득은 $|H(0)| = |\sum h[n]| = 1$이다. 고주파 이득은 $|H(F)|_{F=0.5} = |\sum(-1)^n h[n]| = 0$이다. 주요 범위에 걸쳐서, 주파수 $F_k = 0.1k$, $k = \pm1, \pm2, \ldots, \pm5$에서 이득은 0이다. 그리고 진폭 응답은 양쪽에서 연속적으로 감쇠하는 네 개의 사이드 로브와 함께 중심 로브(central lobe)를 보여주고 있다.

(b) 3-포인트 평균 필터 $y[n] = \frac{1}{3}\{x[n-1] + x[n] + x[n+1]\}$을 생각해 보자. 이 필터는 각각의 입력 $x[n]$을 입력된 자신의 값과 두 개의 이웃 값의 평균으로 바꾸어 놓고 있다. 임펄스 응답 $h_1[n]$은 단순하게 $h_1[n] = \{\frac{1}{3}, \overset{\Downarrow}{\frac{1}{3}}, \frac{1}{3}\}$로 주어지고, 주파수 응답은 다음과 같다.

$$H_1(F) = \sum_{n=-1}^{1} h[n]e^{-j2\pi Fn} = \frac{1}{3}\left[e^{j2\pi F} + 1 + e^{-j2\pi F}\right] = \frac{1}{3}[1 + 2\cos(2\pi F)]$$

그림 E6.6(a)에서 알 수 있듯이, 진폭 $|H_1(F)|$는 $F = \frac{1}{3}$까지 감소한다[$H_1(F) = 0$일 때]. 그리고 $F = \frac{1}{2}$까지 진폭값은 $\frac{1}{3}$까지 증가한다. 따라서 이 필터는 $F = \frac{1}{3}$을 지나서는 좋지 않은 평활화(smoothing) 특성을 보여주고 있다.

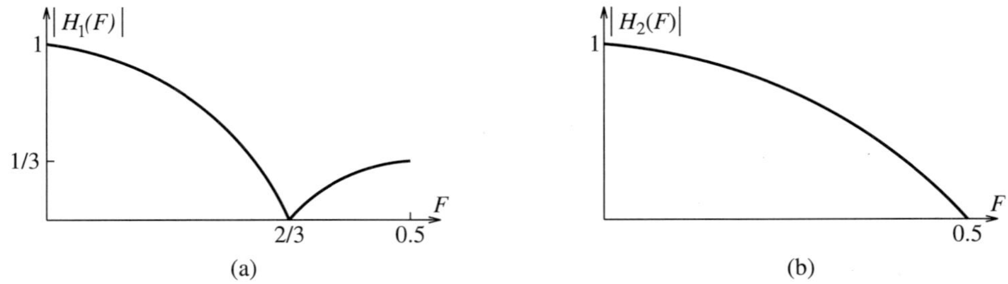

그림 E6.6 예제 6.6에 대한 필터의 주파수 응답

(c) 점감(tapered) 3-포인트 이동평균 필터 $h_2[n] = \{\frac{1}{4}, \overset{\Downarrow}{\frac{1}{2}}, \frac{1}{4}\}$에 대하여 알아보자. 주파수 응답은 다음 식으로 주어진다.

$$H_2(F) = \sum_{n=-1}^{1} h[n]e^{-j2\pi Fn} = \frac{1}{4}e^{j2\pi F} + \frac{1}{2} + \frac{1}{4}e^{-j2\pi F} = \frac{1}{2} + \frac{1}{2}\cos(2\pi F)$$

그림 6.6(b)를 보면, $|H_2(F)|$는 $F = 0.5$에서 0으로 단조롭게 감소하고 있다. 그리고 이 필터는 좀 더 뛰어난 평활화 특성을 보여주고 있다. 실제로 이 저역통과 필터는 3-포인트 해닝(Hanning 또는 von Hann) 평활 윈도에 사용되고 있다.

(d) $y[n] = x[n] - x[n-1]$로 표현되는 차분 필터를 고려해 보자. 임펄스 응답 $h[n] = \delta[n] - \delta[n-1] = \{1, -1\}$로 쓸 수 있다. 이것은 실제로 중심점($n = 0.5$)에 대해서 기대칭으로 되어 있다. 이 필터의 주파수 응답(Ω 형태로)은 다음과 같이 주어진다.

$$H(\Omega) = 1 - e^{j\Omega} = e^{-j\Omega/2}(e^{j\Omega/2} - e^{-j\Omega/2}) = 2j\sin(0.5\Omega)e^{-j\Omega/2}$$

이 위상은 $\phi(\Omega) = \frac{\pi}{2} - \frac{\Omega}{2}$이고, Ω에 따라 선형 변화를 보여주고 있다. 이 필터의 진폭 크기 $A(\Omega) = 2\sin(\Omega/2)$는 $\Omega = 0$에서 0으로부터 $\Omega = \pi$에서 2까지 증가한다. 즉, 차등 증폭기는 고주파수를 향상시키는데, 마치 고역통과 필터처럼 동작하는 것을 알 수 있다.

6.2.5 FIR 빗살 필터

빗살 필터(comb filter)는 빗살 모양이 둥근 치아처럼 보이는 진폭 응답을 갖고 있다. 이러한 빗살 필터는 다음과 같은 전달 함수로 나타낼 수 있다.

$$H(z) = 1 - z^{-N} \qquad h[n] = \{\overset{\Downarrow}{1}, \underbrace{0,\ 0,\ \ldots,\ 0,\ 0}_{N-1\text{개}}, -1\} \tag{6.12}$$

이러한 필터는 시스템 차분방정식 $y[n] = x[n] - x[n - N]$에 해당된다. 그리고 이 필터는 임펄스 응답 $h[n]$(중심점에 대하여 기대칭이다)이 $h[0] = 1$, $h[N] = -1$로 구성되는 $N + 1$개의 샘플을 갖는 선형위상 FIR 필터이다. 다른 모든 계수는 0이다. 이것들은 원점에 N개의 중복 극점이 있고 영점은 단위원상에 존재하는데, 다음 식에 의해 산출된다.

$$z^{-N} = e^{-jN\Omega} = 1 = e^{j2\pi k} \qquad \Omega_k = \frac{2k\pi}{N}, \quad k = 0, 1, \ldots, N-1 \tag{6.13}$$

이 필터의 극점-영점 패턴과 진폭 스펙트럼을 두 개의 N 값에 대하여 그림 6.6에서 각각 보여주고 있다.

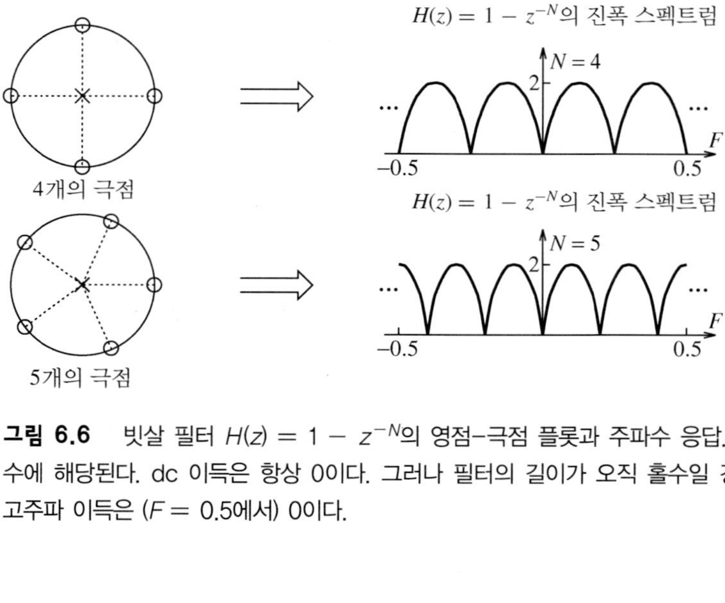

그림 6.6 빗살 필터 $H(z) = 1 - z^{-N}$의 영점-극점 플롯과 주파수 응답. 한 주기에서 로브의 수는 영점의 수에 해당된다. dc 이득은 항상 0이다. 그러나 필터의 길이가 오직 홀수일 경우(영점의 짝수에 대응하는)에만, 고주파 이득은 ($F = 0.5$에서) 0이다.

$H(z)$의 영점들은 $\Omega = 0$에서 시작하여 단위원 주위를 따라 $\frac{2\pi}{N}$ 라디안 간격으로 일정하게 위치하고 있다. 짝수 N에 대하여, $\Omega = \pi$에서 또한 한 개의 영점이 위치한다. 이것은 FIR 필터이기 때문에, 어떠한 N에 대해서도 항상 안정하다. 이 필터의 주파수 응답은 다음과 같다.

$$H(F) = 1 - e^{-j2\pi FN} \tag{6.14}$$

$H(0)$는 항상 0이지만, N이 짝수인 경우 $H(0.5) = 0$이고, N이 홀수인 경우 $H(0.5) = 2$인 것을 유의해야 한다. 주파수 응답 $H(F)$는, 기본 주기 $-0.5 \le F \le 0.5$에서 N개의 둥근 치아를 갖는 빗살처럼 보인다.

빗살 필터의 좀 더 일반적인 형태는 다음 식으로 표현된다.

$$H(z) = 1 - \alpha z^{-N} \qquad h[n] = \{\overset{\Downarrow}{1}, \underbrace{0,\ 0,\ \ldots,\ 0,\ 0}_{N-1\text{개}}, -\alpha\} \tag{6.15}$$

이것은 원점에서 N개의 극점을 갖고 있고, 영점들은 $\Omega = 0$에서 시작하여 반지름이 $R = \alpha^{1/N}$인 원의 주위에 $\frac{2\pi}{N}$ 라디안 간격으로 일정하게 위치하고 있다. 이 필터는 더 이상 선형위상 필터가 아님을 주목하라. 그 이유는 임펄스 응답이 중심점에 대해서 대칭적이지 않기 때문이다. 이 주파수 응답 $H(F) = 1 - \alpha e^{-j2\pi FN}$은 모든 N에 대하여 $H(0) = 1 - \alpha$로 주어지고, N이 짝수인 경우 $H(0.5) = 1 - \alpha$이고, N이 홀수인 경우 $H(0.5) = 1 + \alpha$이다. 이와 같이 이 필터의 진폭은 $1 - \alpha$와 $1 + \alpha$ 사이에서 크기가 변동한다. 그림 6.7을 참고하기 바란다.

또 다른 FIR 빗살 필터의 전달 함수가 다음과 같이 주어진다.

$$H(z) = 1 + z^{-N} \qquad h[n] = \{\overset{\Downarrow}{1}, \underbrace{0,\ 0,\ \ldots,\ 0,\ 0}_{N-1\text{개}}, 1\} \tag{6.16}$$

이 필터는 시스템의 차분방정식 $y[n] = x[n] + x[n - N]$에 해당된다. 그리고 임펄스 응답 $h[n]$(중심점에 대해 우대칭)은 $N + 1$개의 샘플과 $h[0] = h[N] = 1$인 선형위상 FIR 필터를 의미한다. 다른 모든 계수는 0이다. 원점에 N개의 중복 극점이 있고, 영점 위치는 다음 식에 의해 산출되어 결정된다.

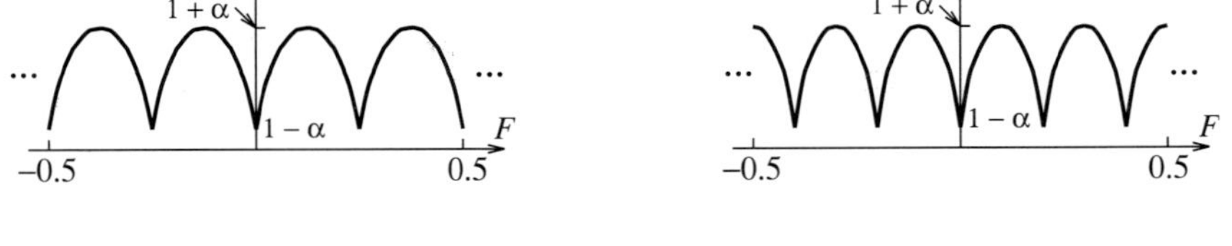

그림 6.7 빗살 필터 $H(z) = 1 - \alpha z^{-N}$의 주파수 응답

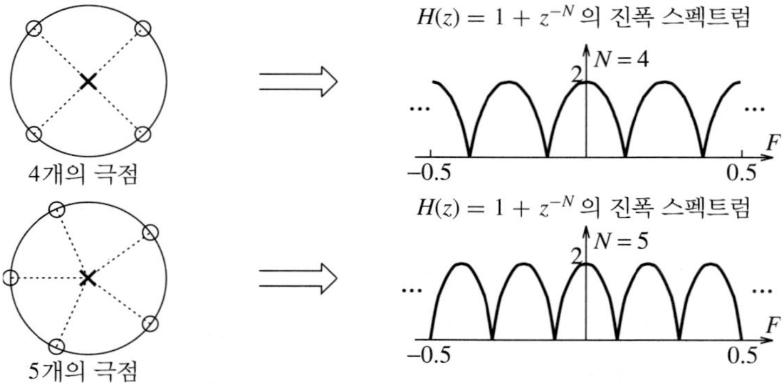

그림 6.8 빗살 필터 $H(z) = 1 + z^{-N}$의 영점-극점 플롯과 주파수 응답. 한 주기에서 로브의 수는 영점의 개수에 대응한다. dc 이득은 항상 최고 이득과 같다. 필터의 길이가 짝수라면(영점의 개수가 홀수에 대응) 고주파수 이득($F = 0.5$에서)은 0이다.

$$z^{-N} = e^{-jN\Omega} = -1 = e^{j(2k+1)\pi} \qquad \Omega_k = \frac{(2k+1)\pi}{N}, \quad k = 0, 1, \ldots, N-1 \tag{6.17}$$

이 필터의 극점-영점 패턴과 진폭 스펙트럼은 그림 6.8에서 두 개의 N 값에 대하여 보여주고 있다.

$H(z)$의 영점들은 $\Omega = \pi/N$에서 시작하여 단위원 주위에 $\frac{2\pi}{N}$ 라디안 간격으로 일정하게 분포되어 있다. N의 값이 홀수인 경우, $\Omega = \pi$에서 또한 한 개의 영점이 있다. 이 필터의 주파수 응답은 다음과 같다.

$$H(F) = 1 + e^{-j2\pi FN} \tag{6.18}$$

N 값에 상관없이 $H(0) = 2$로 주어지고, N이 짝수인 경우 $H(0.5) = 2$, 그리고 N이 홀수인 경우 $H(0.5) = 0$으로 주어진다.

빗살 필터의 좀 더 일반적인 형태는 다음 식으로 표현된다.

$$H(z) = 1 + \alpha z^{-N} \qquad h[n] = \{\overset{\Downarrow}{1}, \underbrace{0,\ 0,\ \ldots,\ 0,\ 0}_{N-1\text{개}}, \alpha\} \tag{6.19}$$

이 필터는 원점에서 N개의 극점을 갖고, 영점들은 $\Omega = \pi/N$에서 시작하여 반지름이 $R = \alpha^{1/N}$인 원 주위에 $\frac{2\pi}{N}$ 라디안 간격으로 일정하게 떨어져 있다. 이 필터는 더 이상 선형위상 필터가 아님을 주목하라. 그 이유는 임펄스 응답이 중심점에 대해서 더 이상 대칭적이지 않기 때문이다. 이 주파수 응답 $H(F) = 1 + \alpha e^{-j2\pi FN}$은, 모든 N에 대하여 $H(0) = 1 + \alpha$이고, N이 짝수인 경우에는 $H(0.5) = 1 + \alpha$, 그리고 N이 홀수인 경우에는 $H(0.5) = 1 - \alpha$로 주어진다. 이와 같이, 위 필터의 진폭은 $1 - \alpha$와 $1 + \alpha$ 사이에서 그 크기가 변동한다. 그림 6.9를 참고하기 바란다.

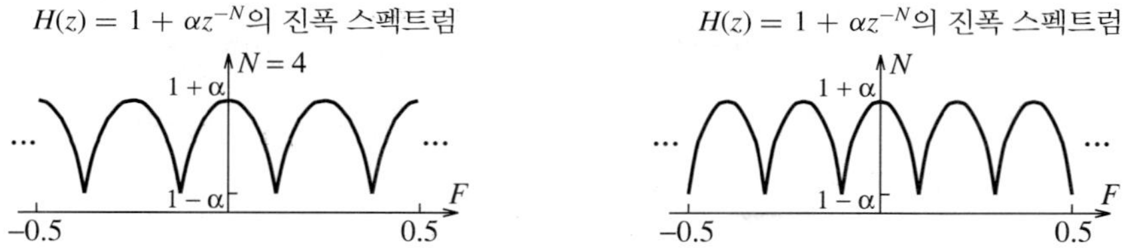

그림 6.9 빗살 필터 $H(z) = 1 + \alpha z^{-N}$의 주파수 응답

6.3 IIR 필터

다음 식으로 주어지는 1차 필터를 생각해 보자.

$$H_{\text{LP}}(F) = \frac{1}{1 - \alpha e^{-j2\pi F}}, \quad H_{\text{LP}}(0) = \frac{1}{1-\alpha}, \quad H_{\text{LP}}(F)|_{F=0.5} = \frac{1}{1+\alpha}, \quad 0 < \alpha < 1 \tag{6.20}$$

필터 $H_{\text{LP}}(F)$는 저역통과 필터이다. 그 이유는 이 필터의 dc 이득($F = 0$일 때)이 고주파 이득($F = 0.5$일 때)을 초과하고 있고, 주파수 F가 0에서부터 0.5까지 증가할 때 이득은 감소하기 때문이다. 이 필터의 이득과 임펄스 응답을 그림 6.10에 나타내었다.

저역통과 필터 진폭의 제곱 함수로부터, 저역통과 필터의 반전력 주파수를 구할 수 있다.

$$|H_{\text{LP}}(F)|^2 = \left|\frac{1}{1 - \alpha\cos(2\pi F) + j\alpha\sin(2\pi F)}\right|^2 = \frac{1}{1 - 2\alpha\cos(2\pi F) + \alpha^2} \tag{6.21}$$

반전력 주파수에서, $|H_{\text{LP}}(F)|^2 = 0.5$가 되고 F는 다음 식과 같다.

$$\frac{1}{1 - 2\alpha\cos(2\pi F) + \alpha^2} = 0.5 \ \text{ 또는 } \ F = \frac{1}{2\pi}\cos^{-1}\!\left(\frac{\alpha^2 - 1}{2\alpha}\right), \quad |F| < 0.5 \tag{6.22}$$

저역통과 필터의 위상과 그룹지연은 다음과 같다.

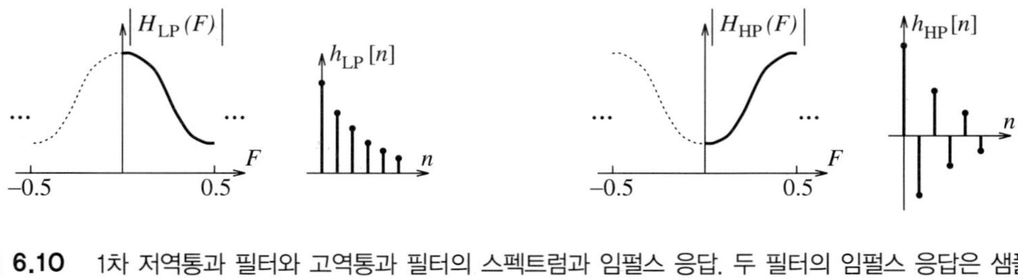

그림 6.10 1차 저역통과 필터와 고역통과 필터의 스펙트럼과 임펄스 응답. 두 필터의 임펄스 응답은 샘플 값들이 작아지면서 지수 형태로 감쇠하는 것을 보여준다. 고역통과 필터의 차이점은 샘플들의 부호가 +, −로 번갈아 일어나는 것이다.

$$\phi(F) = -\tan^{-1}\left[\frac{\alpha\sin(2\pi F)}{1-\alpha\cos(2\pi F)}\right], \quad t_g(F) = -\frac{1}{2\pi}\frac{d\phi(F)}{dF} = \frac{\alpha\cos(2\pi F)-\alpha^2}{1-2\alpha\cos(2\pi F)+\alpha^2} \quad (6.23)$$

저주파수에서 위상은 거의 선형이고, 그룹지연은 거의 고정되어 있다. 위상과 그룹지연은 다음과 같이 근사화된다.

$$\phi(F) \approx \frac{-2\pi\alpha F}{1-\alpha}, \quad |F| \ll 1 \qquad t_g(F) = -\frac{1}{2\pi}\frac{d\phi(F)}{dF} \approx \frac{\alpha}{1-\alpha}, \quad |F| \ll 1 \quad (6.24)$$

더 높은 차수의 필터에 대해서는 1차 필터들을 합의 형태로 전달 함수를 나타냄으로써 그룹지연을 구할 수 있다.

시정수와 잔향시간

시간 영역에서, 필터에 대한 성능 측정은 일반적으로 임펄스 응답과 계단 응답을 기반으로 한다. 1차 저역통과 필터의 임펄스 응답은 다음과 같이 주어진다.

$$h_{\text{LP}}[n] = \alpha^n u[n] \quad (6.25)$$

저역통과 필터의 **시정수**(time constant)는 임펄스 응답이 임펄스 응답 초기치의 특정한 값으로 얼마나 빨리 감쇠하는지를 나타낸다. 특정 값 ϵ에 대하여, 다음 식과 같은 샘플에서 효과적인 시정수 η를 구한다.

$$\alpha^\eta = \epsilon \qquad \eta = \frac{\ln\epsilon}{\ln\alpha} \quad (6.26)$$

경우에 따라서, 이 값을 정수 값으로 올릴 수 있다. ϵ이 40 dB의 감쇠와 일치하는 0.01이면 일반적으로 1% 또는 40 dB 시정수를 획득할 수 있고, ϵ이 0.001이면 0.1% 또는 60 dB 시정수를 획득할 수 있다. 샘플링 간격 t_s가 주어진다면, 시정수 τ는 간단하게 $\tau = \eta t_s$로부터 계산될 수 있다. 60 dB 시정수를 **잔향시간**(reverberation time)이라고도 한다. 임펄스 응답이 여러 지수 항을 포함하는 더 높은 차수의 필터에서, 효과적인 시정수는 응답을 특징짓는 가장 느린 감쇠를 가진 항에 의하여 결정된다.

6.3.1 1차 고역통과 필터

다음과 같이 주어진 1차 필터를 생각해 보자.

$$H_{\text{HP}}(F) = \frac{1}{1+\alpha e^{-j2\pi F}}, \quad H_{\text{HP}}(0) = \frac{1}{1+\alpha}, \quad H_{\text{HP}}(F)\big|_{F=0.5} = \frac{1}{1-\alpha}, \qquad 0 < \alpha < 1 \quad (6.27)$$

필터 $H_{\text{HP}}(F)$는 고역통과 필터이다. 그 이유는 이 필터의 고주파수 이득($F = 0.5$에서)이 dc 이득($F = 0$에서)보다 크고, 주파수 F가 0에서부터 0.5로 증가할 때, 그 이득도 함께 증가하기 때문이다. 필터 이득과 임펄스 응답을 그림 6.10에 나타내었다. 이 필터의 임펄스 응답은 다음과 같다.

$$h_{\mathrm{HP}}[n] = (-\alpha)^n u[n] = (-1)^n \alpha^n u[n] \tag{6.28}$$

고역통과 성질을 보이고, 급속한 시간 변화를 발생시키는 $h_{\mathrm{HP}}[n]$의 샘플에서 부호는 +, −를 번갈아가면서 변화한다. $h_{\mathrm{HP}}[n]$의 스펙트럼은 $H_{\mathrm{HP}}(F) = H_{\mathrm{LP}}(F - 0.5)$로 주어진다. 이것은 저역통과 차단 주파수 F_0는 고역통과 필터의 주파수 $0.5 - F_0$와 일치한다는 것을 의미한다.

6.3.2 극점-영점의 배치와 필터 설계

진폭 응답에서 극점-영점의 실질적인 효과는 실제 필터들의 극점-영점 패턴을 이해할 수 있는 이점으로 사용될 수 있다는 점이다. 극점-영점 배치를 위한 기본적인 방법은 통과대역과 저지대역을 단위원에 사상(mapping)시키고, 다음의 원칙에 따라 극점과 영점을 배치한다.

1. **공액 대칭:** 모든 복소 극점과 복소 영점은 복소 공액과 짝을 이루어야 한다.
2. **인과성:** 인과성 시스템을 보장하기 위하여, 전체 영점의 수는 전체 극점의 수와 같거나 작아야 한다.
3. **원점:** 원점에서 극점이나 영점은 진폭 응답에 영향을 미치지 않는다.
4. **안정성:** 안정한 시스템을 위하여, 극점은 단위원 **안에**(단위원상은 제외) 위치해야 한다. 극점 반지름은 이득에 비례하고, 대역폭에는 반비례한다. 단위원에 더 가까운 극점들은 좁은 대역폭에 걸쳐 큰 이득을 생산한다. 통과대역의 이득을 크게 하기 위하여 통과대역은 단위원 주위에 극점들을 포함해야 한다.

   경험의 법칙: Ω_0를 중심으로 대역폭 $\Delta\Omega \le 0.2$의 조건을 갖는 좁은 대역 필터에 있어서, 우리는 $z = R\exp(\pm j\Omega_0)$에서 공액의 극점을 둔다. 여기서 $R \approx 1 - 0.5\Delta\Omega$는 극점 반지름이다.
5. **최소위상:** 영점은 z-평면 어디에든 위치할 수 있다. 최소위상을 보장하기 위하여, 영점은 단위원 안에 위치해야 한다. 단위원 위에 영점이 위치하면 0(null) 응답이 된다. 그러므로 저지대역은 단위원 위 또는 주변에 영점들이 포함되어야 한다. 좋은 시작점 선정은 영점이 저지대역의 중간에 위치하거나 저지대역의 가장자리에서 두 개의 영점이 위치하는 것이다.
6. **천이 대역:** 저지대역에서 통과대역으로 가파른 천이를 얻기 위한 좋은 방법은 단위원에 근접하고 같은 반지름 라인을 따라 극점을 갖는 각 저지대역 영점과 짝을 이루는 것이다.
7. **극점-영점 상호작용:** 극점과 영점은 성질상의 예측과 일치하지 않는 합성 응답을 생성하기 위하여 상호작용한다. 극점과 영점의 배치는 변화되어야 하거나, 다른 극점과 영점들이 응답을 조정하기 위하여 더해져야 한다. 단위원에 더 가깝거나 서로 멀리 떨어져 있는 극점들은 작은 상호작용을 일으킨다. 주어진 응답을 더욱 근접하게 근사화하기를 원하면 더 많은 극점과 영점이 요구되고 필터의 차수가 더 높아진다.

실수 계수를 갖는 저지대역과 통과대역 필터는 최소한 2차가 되어야 한다. 극점-영점 배치를 사용하는 필터 설계는 시행착오를 거친다. 또한 필터의 극점-영점 패턴들로부터 전통적인 필터 종류를 확인하는 것이 가능하다. 이러한 개념은 가장 낮은 주파수 $F = 0$ 또는 $\Omega = 0$에서부터 가장 높은 주파수인 $F = 0.5$ 또는 $\Omega = \pi$까지 진폭이 어떻게 변하는지 성질을 관찰하기 위하여 시각적인 접근법이 사용되어야 하며, 필터 종류를 입증하기 위해서도 사용된다.

6.3.3 2차 IIR 필터

2차 필터의 전달 함수는 일반적으로 다음의 형식으로 주어진다.

$$H(z) = K\frac{z^2 + \alpha_1 z + \alpha 2}{z^2 + \beta_1 z + \beta_2} = K\frac{(z - R_z e^{j\Omega_z})(z - R_z e^{-j\Omega_z})}{(z - R_p e^{j\Omega_p})(z - R_p e^{-j\Omega_p})}$$

이 필터는 다양한 응답 특성을 표현할 수 있다. 극점과 영점이 $\Omega_p = \Omega_z = \Omega_0$으로 같은 각도의 방위에 따라 놓여 있을 때 한 가지 흥미로운 상황이 발생한다. 이러한 필터의 이득은 $\Omega = \Omega_0$ 근처에서, R_p 또는 R_z의 값에 따라 급강하하거나 최고치를 보여준다. 만약 $R_p < 1$이고 $R_z < 1$인 최소위상 필터가 인과성을 나타낸다면 아래 사항들을 확인할 수 있다.

- $R_z > R_p$이면, 필터는 $\Omega = \Omega_0$에서 이득이 급강하를 보인다.
- $R_z < R_p$이면, 필터는 $\Omega = \Omega_0$ 근처에서 최고 이득을 갖는다.
- $R_z = 0$이면, 필터는 $\Omega = \Omega_0$ 근처에서 최고 이득을 갖는다.
- $R_p = 0$이면, $\Omega = \Omega_0$ 근처에서 급강하하거나 골을 갖는 FIR 필터이다.

영점들이 $R_z \geq 1$이고 $R_p < 1$인 단위원 밖에 있다면, 아래 사항들을 확인할 수 있다.

- $R_z = 1$이면, $\Omega = \Omega_0$ 근처에서 0의 dc 이득을 갖는 노치 필터이다.
- $1 < R_z < \frac{1}{R_p}$이면, $\Omega = \Omega_0$ 근처에서 이득의 급강하가 있다.
- $R_z = \frac{1}{R_p}$이면, 고정된 이득을 갖는 전역통과 필터이다.
- $R_z > \frac{1}{R_p}$이면, $\Omega = \Omega_0$ 근처에서 필터 이득은 최고가 된다.

예제 6.7 필터와 극점-영점 플롯

(a) 100 Hz의 중심 주파수, 10 Hz의 통과대역, 50 Hz와 150 Hz의 저지대역 가장자리, 400 Hz의 샘플링 주파수를 갖는 대역통과 필터를 설계하라.

$\Omega_0 = \frac{\pi}{2}$, $\Delta\Omega = \frac{\pi}{20}$, $\Omega_s = [\frac{\pi}{4}, \frac{3\pi}{4}]$, $R = 1 - 0.5\Delta\Omega = 0.9215$

통과대역: 극점 $p_{1,2}$를 다음과 같이 둔다. $p_{1,2} = Re^{\pm j\Omega_0} = 0.9215e^{\pm j\pi/2} = \pm j0.9215$

저지대역: 공액의 영점을 다음과 같이 둔다. $z_{1,2} = e^{\pm j\pi/4}$, $z_{3,4} = e^{\pm j3\pi/4}$

이때 다음과 같은 전달 함수를 구할 수 있다.

$$H(z) = \frac{(z - e^{j\pi/4})(z - e^{-j\pi/4})(z - e^{j3\pi/4})(z - e^{-j3\pi/4})}{(z - j0.9215)(z + j0.9215)} = \frac{z^4 + 1}{z^2 + 0.8941}$$

이 필터는 비인과성임에 주의하라. 인과성 필터 $H_1(z)$를 구하기 위하여, 예를 들어 다음과 같이 각 극점의 위치에서 두 배의 극점들을 사용한다.

$$H_1(z) = \frac{z^4 + 1}{(z^2 + 0.8941)^2} = \frac{z^4 + 1}{z^4 + 1.6982z^2 + 0.7210}$$

변경된 필터의 전달 함수 $H_1(z)$의 극점-영점 패턴과 이득을 그림 E6.7a에 나타내었다.

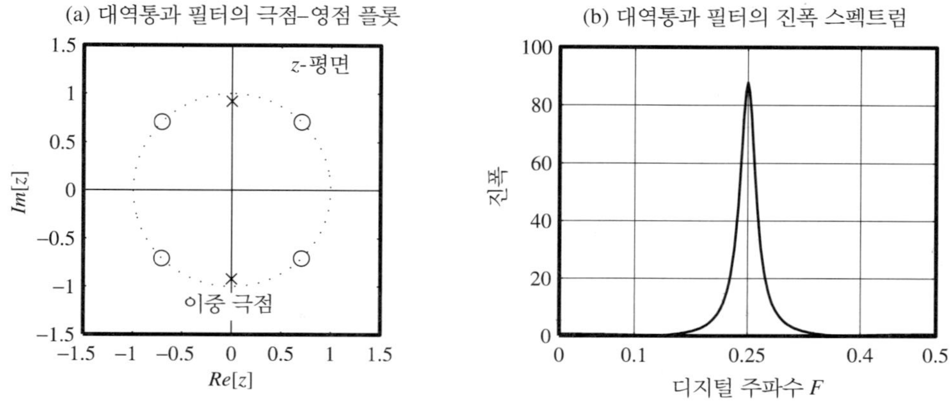

그림 E6.7a 예제 6.7(a) 대역통과 필터의 주파수 응답

(b) 노치 주파수 60 Hz, 저지대역 5 Hz, 샘플링 주파수 300 Hz인 노치 필터를 설계하라.

$\Omega_0 = \frac{2\pi}{5}$, $\Delta\Omega = \frac{\pi}{30}$, $R = 1 - 0.5\Delta\Omega = 0.9476$

저지대역: 노치 주파수에 영점을 둔다. $z_{1,2} = e^{\pm j\Omega_0} = e^{\pm j2\pi/5}$

통과대역: 극점 $p_{1,2}$에서 영점의 방위를 따라 극점을 둔다. $p_{1,2} = Re^{\pm j\Omega_0} = 0.9476e^{\pm j2\pi/5}$

이때 다음과 같이 $H(z)$를 구할 수 있다.

$$H(z) = \frac{(z - e^{j2\pi/5})(z - e^{-j2\pi/5})}{(z - 0.9476e^{j2\pi/5})(z - 0.9476e^{-j2\pi/5})} = \frac{z^2 - 0.618z + 1}{z^2 - 0.5857 + 0.898}$$

이 필터의 극점-영점 패턴과 진폭 스펙트럼을 그림 E6.7b에 나타내었다.

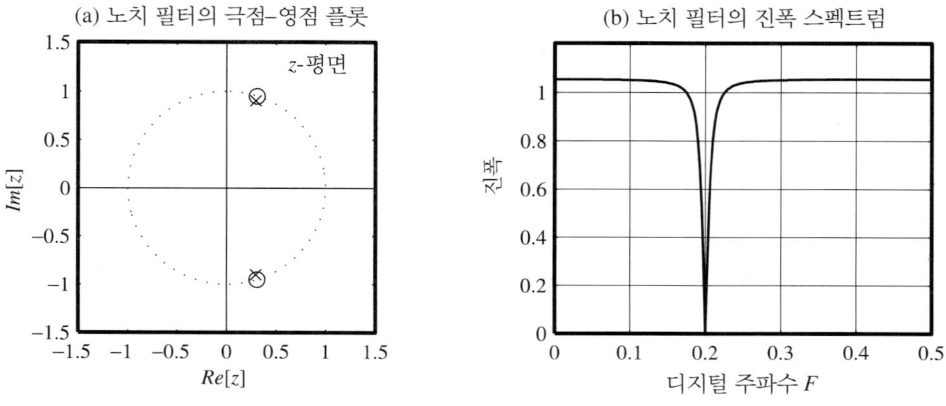

그림 E6.7b 예제 6.7(b) 대역저지 필터의 주파수 응답

6.3.4 디지털 공진기

디지털 공진기는 본질적으로 폭이 좁은 주파수 대역의 대역통과 필터이다. Ω_0에서 최고치를 갖는 2차 공진기를 구현하기 위한 한 가지 방법은 그림 6.11과 같이 $z = 0$에서 한 쌍의 영점과 $\pm\Omega_0(z = Re^{j\Omega_0}, z = Re^{-j\Omega_0})$의 각 방위를 갖는 한 쌍의 극점을 두는 것이다. 안정성을 보장하기 위하여, 극점의 반지름 R을 1보다 작게 선택한다.

이러한 디지털 공진기의 전달 함수는 다음 식으로 주어진다.

$$H(z) = \frac{z^2}{(z - Re^{j\Omega_0})(z - Re^{-j\Omega_0})} = \frac{z^2}{z^2 - 2zR\cos\Omega_0 + R^2} \tag{6.29}$$

진폭 스펙트럼 $|H(\Omega)|$의 특성과 실제 구조가 그림 6.11에 나타나 있다. 진폭의 제곱 함수 $|H(\Omega)|^2$은 다음과 같이 주어진다.

$$|H(\Omega)|^2 = \left|\frac{e^{j2\Omega}}{(e^{j\Omega} - Re^{j\Omega_0})(e^{j\Omega} - Re^{-j\Omega_0})}\right|^2 \tag{6.30}$$

이를 간단히 하면 다음과 같이 된다.

$$|H(\Omega)|^2 = \frac{1}{[1 - 2R\cos(\Omega - \Omega_0) + R^2][1 - 2R\cos(\Omega + \Omega_0) + R^2]} \tag{6.31}$$

최댓값 A는 공명 주파수에서(또는 이에 매우 근접한 값에서) 발생하고, 다음과 같이 주어진다.

$$A^2 = |H(\Omega_0)|^2 = \frac{1}{(1 - R)^2(1 - 2R\cos 2\Omega_0 + R^2)} \tag{6.32}$$

반전력 대역폭 $\Delta\Omega$는 $|H(\Omega)|^2 = 0.5|H(\Omega_0)|^2 = 0.5A^2$에서 주파수 위치에 의해 다음 식으로 구할 수 있다.

$$\frac{1}{[1 - 2R\cos(\Omega - \Omega_0) + R^2][1 - 2R\cos(\Omega + \Omega_0) + R^2]} = \frac{0.5}{(1 - R)^2(1 - 2R\cos 2\Omega_0 + R^2)} \tag{6.33}$$

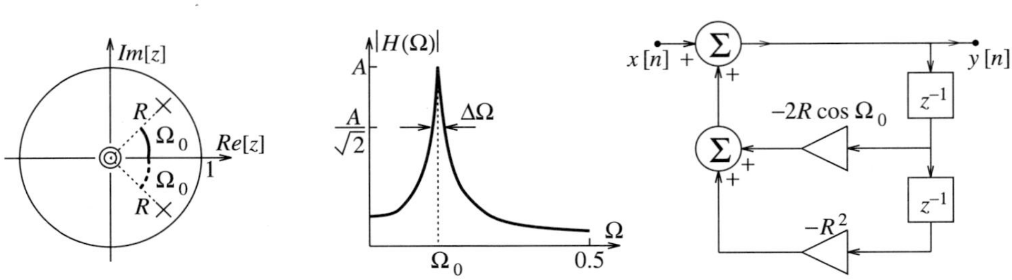

그림 6.11 2차 디지털 공진기. 단위원에 가까이 있는 공액의 극점들은 날카로운 최고점을 보여준다. 원점에 있는 영점들은 요구사항이 아니고, 응답의 형태를 변화시키기 위하여 다른 곳으로 이동되거나 제거된다. 이를 실현시키는 데 두 개의 지연소자가 필요하다.

반전력 주파수는 Ω_0에 매우 근접한 값이기 때문에 $\Omega + \Omega_0 \approx 2\Omega_0$ 그리고 $\Omega - \Omega_0 \approx 0.5\Delta\Omega$으로 표현할 수 있고, 다음과 같이 간략하게 표현할 수 있다.

$$1 - 2R\cos(0.5\Delta\Omega) + R^2 = 2(1 - R)^2 \tag{6.34}$$

극점 반지름 R과 대역폭 $\Delta\Omega$ 사이의 관계는 극점이 0.9보다 커서 단위원에 매우 근접할 때 간략화할 수 있다. 이때 R과 최고 진폭 A의 값은 다음과 같이 근사화된다.

$$R \approx 1 - 0.5\Delta\Omega, \qquad A \approx \frac{1}{(1 - R^2)\sin\Omega_0} \tag{6.35}$$

최고 이득은 전달 함수를 A로 나누면 1로 정규화될 수 있다. 이 필터의 임펄스 응답은 다음과 같이 $H(z)/z$의 부분분수 전개에 의해 구할 수 있다.

$$\frac{H(z)}{z} = \frac{z}{(z - Re^{j\Omega_0})(z - Re^{-j\Omega_0})} = \frac{K}{z - Re^{j\Omega_0}} + \frac{K^*}{z - Re^{-j\Omega_0}} \tag{6.36}$$

여기서

$$K = \left.\frac{z}{z - Re^{-j\Omega_0}}\right|_{z=Re^{j\Omega_0}} = \frac{Re^{j\Omega_0}}{Re^{j\Omega_0} - Re^{-j\Omega_0}} = \frac{Re^{j\Omega_0}}{2jR\sin\Omega_0} = \frac{e^{j(\Omega_0 - \pi/2)}}{2\sin\Omega_0} \tag{6.37}$$

이때 검색표로부터 $h[n]$을 구한다.

$$h[n] = \frac{1}{\sin\Omega_0}R^n\cos\left(n\Omega_0 + \Omega_0 - \frac{\pi}{2}\right)u[n] = \frac{1}{\sin\Omega_0}R^n\sin[(n+1)\Omega_0]u[n] \tag{6.38}$$

저주파수($\Omega = 0$)와 고주파수($\Omega = \pi$)에서 응답을 0으로 하기 위하여, $H(z)$에서 두 개의 영점은 원점에서 $z = 1$과 $z = -1$로 재배치될 것이며, 이것은 다음과 같이 수정된 전달 함수 $H_1(z)$로 된다.

$$H_1(z) = \frac{z^2 - 1}{z^2 - 2zR\cos\Omega_0 + R^2} \tag{6.39}$$

예제 6.8 디지털 공진기 설계

50 Hz에서 1의 최고 이득을 갖고 6 Hz의 3 dB 대역폭, 300 Hz의 샘플링 주파수를 가정하여 디지털 공진기를 설계하라.

디지털 공진 주파수 $\Omega_0 = \frac{2\pi(50)}{300} = \frac{\pi}{3}$이고, 3 dB 대역폭 $\Delta\Omega = \frac{2\pi(6)}{300} = 0.04\pi$이다. 극점 반지름 $R = 1 - 0.5\Delta\Omega = 1 - 0.02\pi = 0.9372$와 같이 계산한다. 그러므로 디지털 공진기의 전달 함수는 다음과 같다.

$$H(z) = \frac{Gz^2}{(z - Re^{j\Omega_0})(z - Re^{-j\Omega_0})} = \frac{Gz^2}{z^2 - 2R\cos\Omega_0 + R^2} = \frac{Gz^2}{z^2 - 0.9372z + 0.8783}$$

최고 이득 1을 위하여 $G = 1/A = (1 - R^2)\sin\Omega_0 = 0.1054$로 둔다. 따라서 전달 함수는 다음과 같다.

$$H(z) = \frac{0.1054z^2}{z^2 - 0.9372z + 0.8783}$$

이 필터의 진폭 스펙트럼과 통과대역 상세도는 그림 E6.8에 나타나 있다.

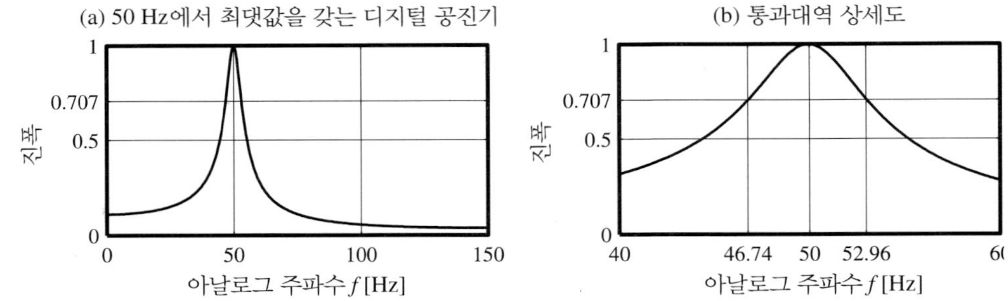

그림 E6.8 예제 6.8에 대한 디지털 공진기의 주파수 응답

통과대역 상세도는 반전력 주파수가 6 Hz의 대역폭 조건과 밀접하게 부합되어 46.74 Hz와 52.96 Hz에 위치하는 것을 나타낸다.

6.3.5 주기적인 노치 필터

주기적인 간격으로 홈을 갖는 **노치 필터**(notch filter)는 노치 주파수에서 단위원에 영점을 두고, 같은 각의 방위에 따라 매우 근접하게 극점을 배치함으로써 구성된다. 이러한 형태는 다음 식과 같다.

$$H(z) = \frac{N(z)}{N(z/R)} = \frac{1 - z^{-N}}{1 - (z/R)^{-N}} \tag{6.40}$$

$H(z)$의 영점들은 $\Omega = 0$에서 시작하여 단위원 주위에 $\frac{2\pi}{N}$라디안만큼 떨어져서 균일하게 위치하고 극점들은 같은 각의 방위를 따라 반지름 R인 원의 위에 위치한다. 안정성을 위하여 R은 1보다 작아야 한다. 물론 R이 1에 더 가까워질수록 홈은 날카로워지고, 다른 주파수들에서의 응답은 더욱 고정된다. 주기적인 노치 필터는 전력선 주파수에서 원하지 않은 성분들을 제거하거나 고조파들을 위해 자주 사용된다.

예제 6.9 주기적인 노치 필터 설계

60 Hz와 고조파를 $S = 300$ Hz에서 샘플링된 신호로부터 걸러내는 노치 필터를 설계하라.

60 Hz에 대응하는 디지털 주파수는 $F = 60/300 = 0.2$ 또는 $\Omega = 0.4\pi$이다. 그러므로 단위원 주위의 주요 범위 $\pi \le \Omega \le \pi$에서 $N = 2\pi/0.4\pi = 5$인 홈이 있고 노치 필터의 전달 함수는 다음과 같다.

$$H(z) = \frac{N(z)}{N(z/R)} = \frac{1 - z^{-5}}{1 - (z/R)^{-5}} = \frac{z^5 - 1}{z^5 - R^5}$$

그림 E6.9(a)는 $R = 0.9$와 $R = 0.99$에서 이 필터의 응답을 보여준다. R과 극점 반지름의 선택은 R이 1보다 작은 값에서 임의적이지만 날카로운 홈을 위해서는 1에 근접해야 한다.

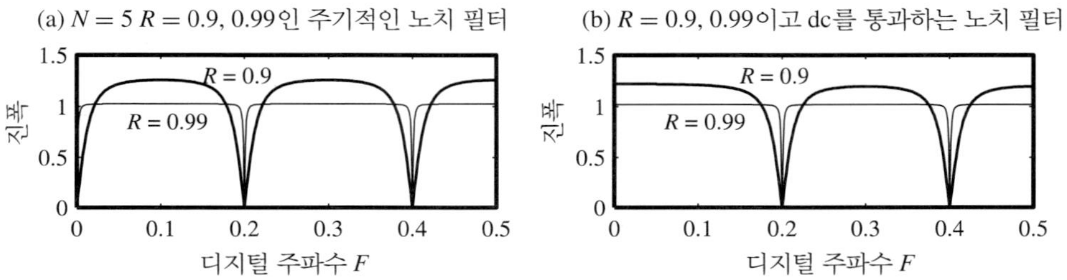

그림 E6.9 예제 6.9에 대한 노치 필터의 주파수 응답

참고: 이 노치 필터는 dc 성분 또한 제거한다. 만약 dc 성분을 보존하기를 원한다면, 다음과 같은 장제법에 의하여 $N(z)$로부터 $z = 1(F = 0$에 대응$)$에서 영점들을 추출해야 한다.

$$N_1(z) = \frac{1 - z^{-5}}{1 - z^{-1}} = 1 + z^{-1} + z^{-2} + z^{-3} + z^{-4}$$

그리고 새로운 전달 함수 $H_1(z) = N_1(z)/D(z)$를 계산하기 위하여 $N_1(z)$를 사용한다.

$$H_1(z) = \frac{N_1(z)}{N_1(z/R)} = \frac{1 + z^{-1} + z^{-2} + z^{-3} + z^{-4}}{1 + (z/R)^{-1} + (z/R)^{-2} + (z/R)^{-3} + (z/R)^{-4}}$$
$$= \frac{z^4 + z^3 + z^2 + z + 1}{z^4 + Rz^3 + R^2z^2 + R^3z + R^4}$$

그림 E6.9(b)는 $R = 0.9$일 때와 $R = 0.99$일 때의 응답을 비교하고, dc 성분이 실제로 이 필터에 의해 보존되는 것을 나타낸다.

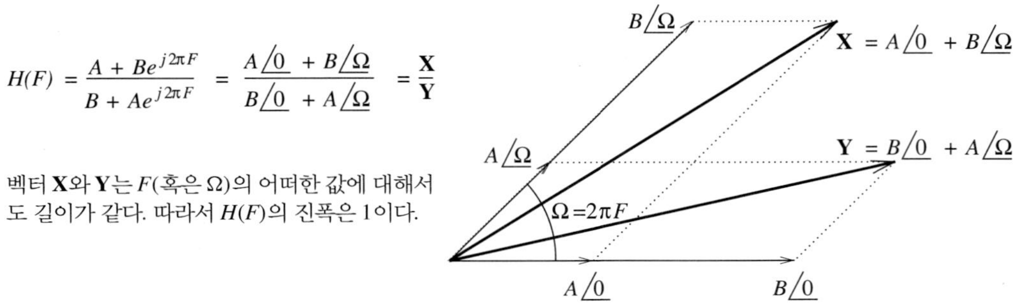

그림 6.12 전역통과 필터의 진폭 스펙트럼은 상수이다. 전달 함수에서 분자 분모의 벡터 표현은 같은 벡터 길이를 나타낸다. 이것은 단위 이득을 의미한다.

6.4 전역통과 필터

다음과 같이 표현된 1차 필터를 생각해 보자.

$$H_A(F) = \frac{A + Be^{j2\pi F}}{B + Ae^{j2\pi F}} \qquad |H_A(0)| = \left|\frac{A+B}{B+A}\right| = 1 \qquad |H_A(0.5)| = \left|\frac{A-B}{B-A}\right| = 1 \tag{6.41}$$

$F = 0$과 $F = 0.5$에서 진폭은 1이다. 사실 모든 주파수에서 진폭이 1이면 **전역통과 필터**(allpass filter)를 의미한다. 진폭이 모든 주파수에 대해 고정된 상수라는 사실은 그림 6.12처럼 기하학적인 편각으로 설명될 수 있다.

분자와 분모는 같은 각 $\Omega = 2\pi F$에 대하여 각각 길이 A와 B인 두 벡터의 합으로 간주된다. 따라서 그러한 벡터 합의 길이는 어떠한 Ω에서라도 같다. 전역통과 필터를 쉽게 확인하는 흥미로운 특징은 그것의 분모와 분자 계수들이 역순 형태로 나타난다는 것이다. 전역통과 필터는 종종 디지털 필터들의 지연 특성을 나타내는 데 사용된다.

6.4.1 전역통과 필터의 전달 함수

전역통과 필터는 모든 주파수에서 고정된 진폭 응답에 의해 특징지어진다. 단위 이득을 갖는 전역통과 필터에서 $|H(F)| = 1$이다. 이러한 전달 함수 $H(z)$ 역시 다음 관계식을 만족한다.

$$H(z)H(1/z) = 1 \tag{6.42}$$

이것은 전역통과 필터의 각 극점은 공액 상호 영점과 쌍을 이룬다는 것을 의미한다. 결과적으로 전역통과 필터는 최소위상이 될 수 없다. 직렬형의 전역통과 필터 역시 전역통과 필터임을 주목하라. N차 전역통과 필터는 역순의 N차 계수와 동일한 분자와 분모를 갖는다.

$$H_{\text{AP}}(z) = \frac{N(z)}{D(z)} = \frac{C_N + C_{N-1}z^{-1} + \cdots + C_1 z^{N-1} + z^{-N}}{1 + C_1 z^{-1} + C_2 z^{-2} + \cdots + C_N z^{-N}} \tag{6.43}$$

$D(z) = z^{-N}N(1/z)$임을 주목하라. 만약 $N(z)$(영점들)의 근들이 r_k에 있다면, $D(z)$(극점들)의 근들은 역의 위치인 $1/r_k$에 존재한다.

전역통과 필터를 확인하는 방법

$H(z) = N(z)/D(z)$로부터: $N(z)$와 $D(z)$의 계수들은 역순으로 나타난다.

극점-영점 플롯으로부터: 각 극점은 공액 상호 영점과 쌍을 이룬다.

차분방정식으로부터: RHS와 LHS의 계수들은 역순으로 나타난다.

전달 함수 $H(z)$가 다음과 같고, 주파수 응답이 $H(F)$인 안정한 1차 전역통과 필터를 생각해 보자.

$$H(z) = \frac{1+\alpha z}{z+\alpha} \qquad H_A(F) = \frac{1+\alpha e^{j2\pi F}}{\alpha + e^{j2\pi F}}, \quad |\alpha| < 1 \tag{6.44}$$

만약 $H(F)$의 분자와 분모로부터 $e^{j\pi F}$를 뽑아내면, 다음과 같은 형태를 얻는다.

$$H(F) = \frac{1+\alpha e^{j2\pi F}}{\alpha + e^{j2\pi F}} = \frac{e^{-j\pi F} + \alpha e^{j\pi F}}{\alpha e^{-j\pi F} + e^{j\pi F}}, \quad |\alpha| < 1 \tag{6.45}$$

분자와 분모는 복소 공액이다. 이것은 진폭이 같고, $H(F)$의 위상은 분자 위상의 2배와 같음을 의미한다. 그래서 분자는 다음과 같이 간략화할 수 있다.

$$\begin{aligned} e^{-j\pi F} + \alpha e^{j\pi F} &= \cos(\pi F) - j\sin(\pi F) + \alpha\cos(\pi F) + j\alpha\sin(\pi F) \\ &= (1+\alpha)\cos(\pi F) - j(1-\alpha)\sin(\pi F) \end{aligned}$$

전역통과 필터 $H(F)$의 위상 $\phi(F)$는 분자 위상의 2배와 같다. 위상 $\phi(F)$와 위상지연 $t_p(F)$는 다음과 같이 쓸 수 있다.

$$\phi(F) = -2\tan^{-1}\left[\frac{1-\alpha}{1+\alpha}\tan(\pi F)\right], \qquad t_p(F) = -\frac{\phi(F)}{2\pi F} = \frac{1}{\pi F}\tan^{-1}\left[\frac{1-\alpha}{1+\alpha}\tan(\pi F)\right] \tag{6.46}$$

위상지연에 대한 저주파의 근삿값은 다음 식으로 주어진다.

$$t_p(F) = \frac{1-\alpha}{1+\alpha} \qquad \text{(저주파의 근삿값)} \tag{6.47}$$

전역통과 필터의 그룹지연 $t_g(F)$는 다음 식으로 주어진다.

$$t_g(F) = -\frac{1}{2\pi}\frac{d\phi(F)}{dF} = \frac{1-\alpha^2}{1+2\alpha\cos(2\pi F)+\alpha^2} \tag{6.48}$$

$F = 0$과 $F = 0.5$에서, 그룹지연은 다음 식으로 주어진다.

$$t_g(0) = \frac{1-\alpha^2}{1+2\alpha+\alpha^2} = \frac{1-\alpha}{1+\alpha} \qquad t_g(0.5) = \frac{1-\alpha^2}{1-2\alpha+\alpha^2} = \frac{1+\alpha}{1-\alpha} \tag{6.49}$$

저주파수에서 $\cos(2\pi F) \approx 1$이고, 그룹지연과 위상지연은 거의 같다. 특히 $0 < \alpha < 1$에서 지연은 1보다 작고, 이것은 α의 적절한 선택에 의해서 부분 지연들을 생성하기 위해서 전역통과 필터를 사용할 수 있다.

6.4.2 전역통과 필터를 이용한 최소위상 필터

비록 전역통과 필터가 최소 응답이 될 수 없지만, 안정한 비최소위상 필터를 안정한 최소위상 필터로 바꾸는 데 사용될 수 있다. 최소위상 필터 전달 함수 $H_M(z)$(단위원 내부에 모든 영점과 극점을 갖는)의 직렬형을 이용하여 비최소위상 전달 함수(nonminimum-phase transfer function)로 표현할 수 있는데, 다음과 같이 단위원 외부에서 영점을 갖는다.

$$H_{\text{NM}}(z) = H_M(z)\prod_{m=1}^{P}(z+\alpha_M), \quad |\alpha_m| > 1 \tag{6.50}$$

그리고 다음 식을 이용하여 불안정한 전역통과 필터를 찾는다.

$$H_{\text{AP}}(z) = \prod_{m=1}^{P}\frac{1+z\alpha_m^*}{z+\alpha_m}, \quad |\alpha_m| > 1 \tag{6.51}$$

직렬형의 $H_{\text{NM}}(z)$와 $H_{\text{AP}}(z)$는 다음과 같은 최소위상 필터가 된다.

$$H(z) = H_{\text{NM}}(z)H_{\text{AP}}(z) = H_M(z)\prod_{m=1}^{P}(1+z\alpha_m^*) \tag{6.52}$$

이때 $H(z)$는 최초의 필터와 같은 차수를 갖는다.

6.4.3 맺는말

지금까지 다양한 디지털 필터를 살펴보았다. 앞에서 언급한 것처럼, dc 이득($F = 0$ 혹은 $\Omega = 0$에서)과 고주파 이득($F = 0.5$ 혹은 $\Omega = \pi$에서)은 필터를 식별하기 위해서 유용한 값들을 제공한다. 차분방정식의 계수들(그리고 형태), 전달 함수 그리고 임펄스 응답은 선형위상, 전역통과 특성과 같은 다른 흥미롭고 유용한 특징들을 나타낸다. 필터의 표현이 복잡해지면, 단지 몇 가지 간단한 측정값만으로 필터의 특성을 분별하기는 쉽지 않다.

예제 6.10 일반적인 필터와 특별한 필터

(a) $h[n] = \{\overset{\Downarrow}{-1}, -2, 2, 1\}$이다. 이 필터는 선형위상 수열인가? 필터의 종류는 무엇인가? 수열 $h[n]$은 선형위상이다. 반정수 $n = 1.5$에 대해서 기대칭을 나타낸다.

$H(F) = -1 - 2e^{-j2\pi F} + 2e^{-j4\pi F} + e^{-j6\pi F}$로 주어진다. 인수 $(-e^{-j3\pi F})$을 빼내면 다음과 같이 주어진다.

$$H(F) = -e^{-j3\pi F}[e^{j3\pi F} + 2e^{j\pi F} - 2e^{-j\pi F} - e^{-j3\pi F}]$$

오일러 공식 이용: $H(F) = -je^{-j3\pi F}[2\sin(3\pi F) + 4\sin(\pi F)]$

$H(0) = 0 \qquad H(0.5) = 2$

진폭: $A(F) = 2\sin(3\pi F) + 4\sin(\pi F)$

위상 $= -je^{-j3\pi F} = -3\pi F - \dfrac{\pi}{2}$

고주파수에서 진폭이 증가하기 때문에, 고역통과 필터를 나타낸다.

참고: $h[n]$으로부터 직접 $H(0)$과 $H(0.5)$를 계산하기 위해 중심 세로좌표(central ordinate) 관계식을 사용할 수 있다.

$$H(0) = \sum_{n=0}^{3} h[n] = 0 \quad \text{그리고} \quad H(0.5) = \sum_{n=0}^{3} (-1)^n h[n] = -1 + 2 + 2 - 1 = 2$$

(b) $h[n] = (-0.8)^n u(n)$이다. 필터의 종류를 확인하고, 임펄스 응답이 선형위상 수열인지 아닌지를 증명하라.

수열 $h[n]$은 대칭성이 없기 때문에 비선형위상이다. $H(F) = \frac{1}{1+0.8e^{-j2\pi F}}$이므로,

$$H(0) = \frac{1}{1+0.8} = 0.556 \quad \text{그리고} \quad H(0.5) = \frac{1}{1+0.8e^{-j\pi}} = \frac{1}{1-0.8} = 5$$

고주파수에서 진폭이 증가하기 때문에, 고역통과 필터를 나타낸다.

(c) $y[n] = \alpha y[n-1] + x[n]$, $0 < \alpha < 1$로 주어지는 시스템을 생각해 보자.

이 시스템은 입력에 지연된 출력을 더한 값과 같은 응답인 **잔향** 필터이다. 이 시스템의 주파수 응답은 $Y(F) = \alpha Y(F)e^{-j2\pi F} + X(F)$로 주어지는 양쪽의 DTFT를 취함으로써 구할 수 있다. 이 식을 다시 정리하면,

$$H(F) = \frac{Y(F)}{X(F)} = \frac{1}{1 - \alpha e^{-j2\pi F}}$$

오일러 공식을 이용하여 위 식을 다시 쓰면,

$$H(F) = \frac{1}{1 - \alpha e^{-j2\pi F}} = \frac{1}{1 - \alpha\cos(2\pi F) - j\alpha\sin(2\pi F)}$$

진폭과 위상은 다음과 같다.

$$|H(F)| = \frac{1}{[1 - 2\alpha\cos(2\pi F) + \alpha^2]^{1/2}} \qquad \phi(F) = -\tan^{-1}\left[\frac{\alpha\sin(2\pi F)}{1 - \alpha\cos(2\pi F)}\right]$$

그림 E6.10c 예제 6.10(c)에 대한 시스템의 주파수 응답

이 시스템에서 ($0 < \alpha < 1$에 대해) 대표적인 진폭과 위상은 그림 E6.10c에 나타나 있다. 이 시스템의 임펄스 응답은 $h[n] = \alpha^n u[n]$과 같다.

(d) $h[n] = \{\overset{\Downarrow}{5}, -4, 3, -2\}$이다. 필터의 종류를 확인하고, 임펄스 응답이 선형위상 수열인지 아닌지를 증명하라.

수열 $h[n]$은 대칭성이 없기 때문에 비선형위상이다.

$$H(F) = 5 - 4e^{-j2\pi F} + 3e^{-j4\pi F} - 2e^{-j6\pi F}$$

이므로,

$$H(0) = \sum h[n] \quad \text{그리고} \quad H(0.5) = \sum (-1)^n h[n] = 5 + 4 + 3 + 2 = 14$$

고주파수에서 진폭이 증가하기 때문에, 고역통과 필터를 나타낸다.

(e) $h[n] = (0.8)^n u[n]$이다. 필터의 종류를 확인하고, 임펄스 응답이 선형위상 수열인지 아닌지를 증명하고, 60-dB 시정수를 구하라.

$$H(F) = \frac{1}{1 - 0.8e^{-j2\pi F}}, \qquad H(0) = \frac{1}{1 - 0.8} = 5,$$

$$H(0.5) = \frac{1}{1 - 0.8e^{-j\pi}} = \frac{1}{1 + 0.8} = 0.556$$

수열 $h[n]$은 대칭성이 없기 때문에 비선형위상이다. 고주파수에서 진폭이 감소하기 때문에, 저역통과 필터를 나타낸다. 이 필터의 60 dB 시정수 η는 다음과 같다.

$$\eta = \frac{\ln \epsilon}{\ln \alpha} = \frac{\ln 0.001}{\ln 0.8} = 30.96 \quad \Rightarrow \quad \eta = 31\text{샘플}$$

$S = 100$ Hz의 샘플링 주파수에 대해서, 이것은 $\tau = \eta t_s = \eta / S = 0.31$초에 해당한다.

(f) $h[n] = 0.8\delta[n] + 0.36(-0.8)^{n-1} u[n-1]$이다. 필터의 종류를 확인하고, 임펄스 응답이 선형위상 수열인지 아닌지를 증명하라.

$$H(F) = 0.8 + \frac{0.36e^{-j2\pi F}}{1 + 0.8e^{-j2\pi F}} = \frac{0.8 + e^{-j2\pi F}}{1 + 0.8e^{-j2\pi F}}$$

$$H(0) = 1 \qquad \text{그리고} \qquad H(0.5) = \frac{0.8 - 1}{1 - 0.8} = -1$$

수열 $h[n]$은 대칭성이 없기 때문에 비선형위상이다. 진폭이 저주파수와 고주파수에서 동일하기 때문에, 이 필터는 대역저지 필터 또는 전역통과 필터일 수 있다. $H(F)$에서 분자와 분모의 계수가 역 차수에서도 나타나기 때문에, 이것은 **전역통과** 필터이다.

(g) $h[n] = \delta[n] - \delta[n - 8]$이다. 필터의 종류를 확인하고, 임펄스 응답이 선형위상 수열인지 아닌지를 증명하라.

$$H(F) = 1 - e^{-j16\pi F}$$

이므로,

$$H(0) = 0 \qquad \text{그리고} \qquad H(0.5) = 0$$

이것은 $F = 0$에서 $F = 0.5$까지 최댓값을 갖는 대역통과 필터를 나타낸다. 면밀히 검토해 보면, $e^{-j16\pi F} = 1$일 때 $F = 0, 0.125, 0.25, 0.375, 0.5$에서 $H(F) = 0$이고 이것들 사이의 4곳의 중간 주파수에서 $|H(F)| = 2$이다. 그림 E6.10g는 다중 혹이 있는(multi-humped) 응답을 표현한 것이고, **빗살 필터**를 나타낸다.

$h[n] = \{\overset{\Downarrow}{1}, 0, 0, 0, 0, 0, 0, 0, -1\}$로 나타낼 수 있고, 이것은 $n = 4$에 대해서 기대칭이기 때문에 선형위상 수열이다.

참고: 차분방정식 $y[n] = x[n] - x[n - 8]$은 반향 필터(echo filter)를 상기시키는 것에 주목하라.

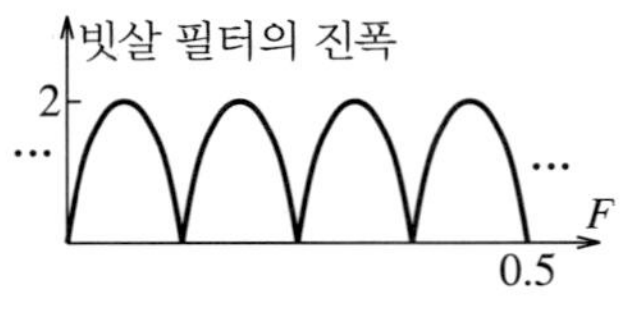

그림 E6.10g 예제 6.10(g)에 대한 빗살 필터의 스펙트럼

6.5 연습문제

6.1 **(주파수 응답)** 각 필터에 대해서, 진폭 스펙트럼을 그리고 필터의 종류를 식별하라.

(a) $h[n] = \delta[n] - \delta[n - 2]$

(b) $y[n] - 0.25y[n - 1] = x[n] - x[n - 1]$

(c) $H(z) = \dfrac{z - 2}{z - 0.5}$

(d) $y[n] - y[n-1] + 0.25y[n-2] = x[n] + x[n-1]$

[**힌트:** 주파수를 그리기 위해서는 먼저 $H(F)$를 구해야 한다. 필터의 종류를 식별하기 위해서는 $F = 0$과 $F = 0.5$에서 이득 $|H(F)|$를 계산함으로써 구할 수 있다.]

6.2 **(주파수 응답)** $h[n] = \frac{1}{3}\{1, \overset{\Downarrow}{1}, 1\}$인 3-포인트 평균 필터에 대해 생각해 보자.

(a) 진폭 스펙트럼을 그려라.

(b) 위상지연과 그룹지연을 구하라. 이 필터는 선형 필터인가?

(c) 입력 $x[n] = \cos(n\pi/3)$에 대한 응답을 구하라.

(d) 입력 $x[n] = \delta[n]$에 대한 응답을 구하라.

(e) 입력 $x[n] = (-1)^n$에 대한 응답을 구하라.

(f) 입력 $x[n] = 3 + 3\delta[n] - 6\cos(n\pi/3)$에 대한 응답을 구하라.

[**힌트:** (a)에서 $H(F) = A(F)e^{j\phi(F)}$의 형태로 만들기 위하여 $e^{j\theta} + e^{-j\theta} = 2\cos\theta$를 사용한다. (b)에서는 $h[n]$의 대칭관계를 사용하고, (c)를 구할 때는 출력을 찾기 위해 $x[n]$의 주파수에서 $H(F)$를 계산한다. (d)를 구할 때는 $h[n]$을 찾고, (e)를 구할 때는 $(-1)^n = \cos(n\pi)$를 사용한다. 마지막 (f)는 중첩 정리를 이용해서 구한다.]

6.3 **(주파수 응답)** $h[n] = \frac{1}{3}\{1, \overset{\Downarrow}{-1}, 1\}$인 필터에 대해 생각해 보자.

(a) 진폭 스펙트럼을 그려라.

(b) 위상지연과 그룹지연을 구하라. 또한 선형 필터인가?

(c) 입력 $x[n] = \cos(n\pi/3)$에 대한 응답을 구하라.

(d) 입력 $x[n] = \delta[n]$에 대한 응답을 구하라.

(e) 입력 $x[n] = (-1)^n$에 대한 응답을 구하라.

(f) 입력 $x[n] = 3 + 3\delta[n] - 3\cos(2n\pi/3)$에 대한 응답을 구하라.

[**힌트:** (a)에서 $H(F) = A(F)e^{j\phi(F)}$의 형태로 만들기 위하여 $e^{j\theta} + e^{-j\theta} = 2\cos\theta$를 사용한다. (b)를 구할 때는 $h[n]$의 대칭관계를 사용하고, (c)를 구할 때는 출력을 찾기 위해 $x[n]$의 주파수에서 $H(F)$를 계산한다. (d)를 구할 때는 $h[n]$을 찾고, (e)를 구할 때는 $(-1)^n = \cos(n\pi)$를 사용한다. 마지막 (f)는 중첩 정리를 이용해서 구한다.]

6.4 **(주파수 응답)** $h[n] = \{\overset{\Downarrow}{0.5}, 1, 0.5\}$로 주어지는 점감 3-포인트 평균 필터에 대해 생각해 보자.

(a) 진폭 스펙트럼을 그려라.

(b) 위상지연과 그룹지연을 구하라. 또한 선형 필터인가?

(c) 입력 $x[n] = \cos(n\pi/2)$에 대한 응답을 구하라.

(d) 입력 $x[n] = \delta[n-1]$에 대한 응답을 구하라.

(e) 입력 $x[n] = 1 + (-1)^n$에 대한 응답을 구하라.

(f) 입력 $x[n] = 3 + 2\delta[n] - 4\cos(n\pi/2)$에 대한 응답을 구하라.

[**힌트:** (a)에서는 $H(F) = A(F)e^{j\phi(F)}$의 형태로 만들기 위하여 $H(F)$에서 $e^{-j2\pi F}$을 뽑아낸다. (b)를 구할 때는 $\phi(F)$를 사용하고, (c)를 구할 때는 출력을 찾기 위해 $x[n]$의 주파수에서 $H(F)$를 계산

한다. (d)를 구할 때는 $h[n]$을 찾아 이동시키고, (e)를 구할 때는 $(-1)^n = \cos(n\pi)$와 중첩 정리를 사용한다. 마지막 (f)는 중첩 정리를 이용해서 구한다.]

6.5 **(주파수 응답)** $h[n] = \delta[n] - \delta[n-1]$인 2-포인트 차분 필터에 대해 생각해 보자.

(a) 진폭 스펙트럼을 그려라.

(b) 위상지연과 그룹지연을 구하라. 또한 선형 필터인가?

(c) 입력 $x[n] = \cos(n\pi/2)$에 대한 응답을 구하라.

(d) 입력 $x[n] = u[n]$에 대한 응답을 구하라.

(e) 입력 $x[n] = (-1)^n$에 대한 응답을 구하라.

(f) 입력 $x[n] = 3 + 2u[n] - 4\cos(n\pi/2)$에 대한 응답을 구하라.

[**힌트:** (a)에서 $H(F) = A(F)e^{j\phi(F)}$의 형태로 만들기 위하여 $H(F)$에서 $e^{-j\pi F}$을 뽑아낸다. (b)를 구할 때는 $\phi(F)$를 사용하고, (c)를 구할 때는 출력을 찾기 위해 $x[n]$의 주파수에서 $H(F)$를 계산한다. (d)를 구할 때는 $y(n) = u[n] - u[n-1]$을 찾아 간략화하고, (e)를 구할 때는 $(-1)^n = \cos(n\pi)$와 중첩 정리를 사용한다. 마지막 (f)는 중첩 정리를 이용해서 구한다.]

6.6 **(주파수 응답)** $h[n] = \frac{1}{9}\{\overset{\Downarrow}{1}, 2, 3, 2, 1\}$인 5-포인트 점감 평균 필터에 대해 생각해 보자.

(a) 진폭 스펙트럼을 그려라.

(b) 위상지연과 그룹지연을 구하라. 또한 선형 필터인가?

(c) 입력 $x[n] = \cos(n\pi/4)$에 대한 응답을 구하라.

(d) 입력 $x[n] = \delta[n]$에 대한 응답을 구하라.

(e) 입력 $x[n] = (-1)^n$에 대한 응답을 구하라.

(f) 입력 $x[n] = 9 + 9\delta[n] - 9\cos(n\pi/4)$에 대한 응답을 구하라.

[**힌트:** (a)에서 $H(F) = A(F)e^{j\phi(F)}$의 형태로 만들기 위하여 $H(F)$에서 $e^{-j4\pi F}$을 뽑아낸다. (b)를 구할 때는 $\phi(F)$를 사용하고, (c)를 구할 때는 출력을 찾기 위해 $x[n]$의 주파수에서 $H(F)$를 계산한다. (d)를 구할 때는 $h[n]$을 찾고, (e)를 구할 때는 $(-1)^n = \cos(n\pi)$를 사용한다. 마지막 (f)에 대해서는 중첩 정리를 이용해서 구한다.]

6.7 **(주파수 응답)** 다음 디지털 필터들의 이득 $|H(F)|$를 그리고, 필터 종류를 식별하라.

(a) $y[n] + 0.9y[n-1] = x[n]$ **(b)** $y[n] - 0.9y[n-1] = x[n]$

(c) $y[n] + 0.9y[n-1] = x[n-1]$ **(d)** $y[n] = x[n] - x[n-4]$

[**힌트:** 그리기 위해서는 $F = 0$과 $F = 0.5$에서의 이득 $|H(F)|$를 이용하여 시작하고, $F = 0.25$와 같은 약간 다른 위치들을 더하라.]

6.8 **(주파수 응답)** 진폭/위상 형태에서 주파수 응답 $H(F) = A(F)e^{j\phi(F)}$인 시스템을 생각해 보자. 다음 입력에 대한 이 시스템의 응답 $y[n]$을 구하라.

(a) $x[n] = \delta[n]$ **(b)** $x[n] = 1$ **(c)** $x[n] = \cos(2n\pi F_0)$ **(d)** $x[n] = (-1)^n$

[**힌트:** (d)에서는 $(-1)^n = \cos(n\pi)$임을 주의하라.]

6.9 **(극점과 영점)** 그림 P6.9와 같이 각각의 극점–영점 패턴에 대응하는 전달 함수를 구하고, 필터 종

류를 식별하라.

[**힌트:** 필터 종류를 식별하기 위해, $z = 1$(dc 이득)과 $z = -1$(고주파 이득)에서 $|H(z)|$를 구하라.]

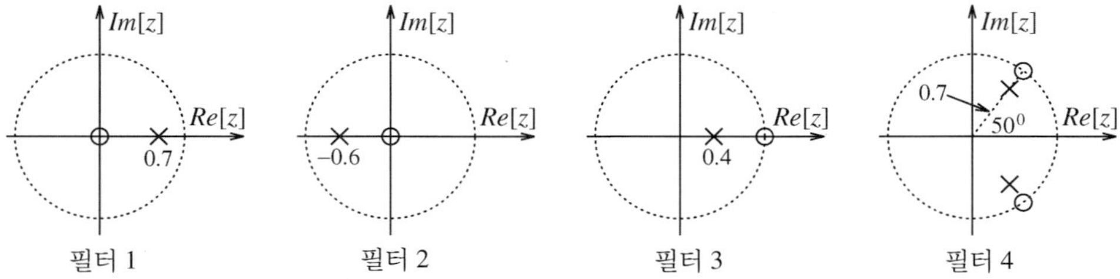

그림 P6.9 문제 6.9에 대한 그림

6.10 **(역 시스템)** 다음의 각각에 대해 역 시스템의 전달 함수를 구하라. 역 시스템 중에서 인과성 시스템은 어느 것인가? 역 시스템 중에서 안정한 시스템은 어느 것인가?

(a) $H(z) = \dfrac{z^2 + 0.1}{z^2 - 0.2}$ **(b)** $H(z) = \dfrac{z + 2}{z^2 + 0.25}$

(c) $y[n] - 0.5y[n - 1] = x[n] + 2x[n - 1]$ **(d)** $h[n] = n(2)^n u[n]$

[**힌트:** (c)와 (d)를 $H(z)$ 형태로 만들고, $H_I(z) = 1/H(z)$를 구하라.]

6.11 **(최소위상 시스템)** 다음의 각 인과성 시스템을 최소위상, 혼합위상, 최대위상으로 구분하라. 이 시스템들은 안정한가?

(a) $H(z) = \dfrac{z^2 + 0.16}{z^2 - 0.25}$ **(b)** $H(z) = \dfrac{z^2 - 4}{z^2 + 9}$

(c) $h[n] = n(2)^n u[n]$ **(d)** $y[n] + y[n - 1] + 0.25y[n - 2] = x[n] - 2x[n - 1]$

6.12 **(최소위상 시스템)** 다음과 같은 시스템과 대응하는 최소위상 전달 함수를 구하라.

(a) $H(z)H(1/z) = \dfrac{1}{3z^2 - 10z + 3}$

(b) $H(z)H(1/z) = \dfrac{3z^2 + 10z + 3}{5z^2 + 26z + 5}$

(c) $|H(F)|^2 = \dfrac{1.25 + \cos(2\pi F)}{8.5 + 4\cos(2\pi F)}$

[**힌트:** 단위원 내부에 극점과 영점을 갖는 $H(z)$를 찾고, (c)에 대해서는 $\cos(2\pi F) = 0.5e^{j2\pi F} + 0.5e^{-j2\pi F} = 0.5z + 0.5z^{-1}$로 하여 $H(z)H(1/z)$을 비교하라.]

6.13 **(시스템 특성)** 시스템 $y[n] - \alpha y[n - 1] = x[n] - \beta x[n - 1]$에 대해 생각해 보자.

(a) 시스템이 안정해지기 위한 α와 β의 값을 구하라.

(b) 시스템이 최소위상이 되기 위한 α와 β의 값을 구하라.

(c) 시스템이 전역통과 필터가 되기 위한 α와 β의 값을 구하라.

(d) 시스템이 선형위상이 되기 위한 α와 β의 값을 구하라.

6.14 **(주파수 응답)** 재귀 필터 $y[n] + 0.5y[n-1] = 0.5x[n] + x[n-1]$에 대해 생각해 보자.

(a) 필터 이득을 그려라. 필터의 종류는 무엇인가?

(b) 위상지연과 그룹지연을 구하라. 선형위상 필터인가?

(c) 입력 $x[n] = \cos(n\pi/2)$에 대한 응답을 구하라.

(d) 입력 $x[n] = \delta[n]$에 대한 응답을 구하라.

(e) 입력 $x[n] = (-1)^n$에 대한 응답을 구하라.

(f) 입력 $x[n] = 4 + 2\delta[n] - 4\cos(n\pi/2)$에 대한 응답을 구하라.

[**힌트:** (a)에 대해서는 $F = 0$과 $F = 0.5$에서의 $|H(F)|$를 시작으로 하여, 이득을 그려라. (b)에서는 1차 전역통과 필터의 수식을 사용하라. (c)에서는 출력을 구하기 위해 $x[n]$의 주파수에서 $H(F)$를 구하고, (d)에서는 $h[n]$을 구하고, (e)를 구할 때는 $(-1)^n = \cos(n\pi)$를 사용한다. 마지막 (f)는 중첩 정리를 이용해서 구한다.]

6.15 **(선형위상 필터)** 임펄스 응답 $h[n] = \{\overset{\Downarrow}{\alpha}, \beta, \alpha\}$인 필터를 생각해 보자.

(a) 진폭/위상 형태 $H(F) = A(F)e^{j\phi(F)}$에서 주파수 응답을 구하고, 위상 $\phi(F)$가 F에 의해 선형적으로 변하는지 확인하라.

(b) 만약 이 필터가 단위 이득을 가지고 주파수 $F = \frac{1}{8}$에서 신호를 통과시키는 반면, 주파수 $F = \frac{1}{3}$에서는 신호를 완벽하게 막는다면, α와 β 값을 구하라.

(c) 입력 $x[n] = \cos(0.5n\pi)$라면 (b)에서 필터의 출력은?

[**힌트:** (a)에서 필요한 형태로 만들기 위하여 $H(F)$에서 $e^{-j2\pi F}$을 추출한다. (b)에서는 두 주파수에 대해 $A(F)$를 구하고 α와 β에 대해 풀어라. (c)에서는 출력을 구하기 위해 입력 주파수에서 $H(F)$를 구하라.]

6.16 **(1차 필터)** 각 필터에 대해 극점–영점 플롯을 그리고, 필터 종류를 정하기 위해 주파수 응답을 구하라. 그리고 저주파수에서 위상지연을 구하라. 여기서 $\alpha = 0.5$로 가정한다.

(a) $H(z) = \dfrac{z-\alpha}{z+\alpha}$ **(b)** $H(z) = \dfrac{z-1/\alpha}{z+\alpha}$ **(c)** $H(z) = \dfrac{z+1/\alpha}{z+\alpha}$

6.17 **(필터 개념)** 다음 각각에 대해 참, 거짓을 논하라. 여러분의 주장을 정당화하기 위해 예를 사용하라.

(a) FIR 필터의 모든 유한한 극점들은 반드시 $z = 0$에 위치한다.

(b) FIR 필터는 항상 선형위상이다.

(c) FIR 필터는 항상 안정하다.

(d) 인과성 IIR 필터는 선형위상을 절대 표현할 수 없다.

(e) 선형위상 수열은 중심점에 대해 항상 대칭이다.

(f) 최소위상 필터는 선형위상을 절대 표현할 수 없다.

(g) 전역통과 필터는 선형위상을 절대 표현할 수 없다.

(h) 전역통과 필터는 최소위상이 될 수 없다.

(i) 최소위상 필터의 역 역시 최소위상이다.

(j) 인과성 필터의 역 역시 인과성이다.

(k) 인과성 역을 갖는 인과성 최소위상 필터에 대하여, 필터는 유한 영점과 같은 수의 유한 극점을 반드시 가져야 한다.

6.18 **(필터 개념)** $H(z) = \dfrac{0.2(z+1)}{z-0.6}$로 두자. $H(z)$로 주어지는 필터의 종류는 무엇인가? 극점–영점 플롯을 그려라.

(a) $H_1(z) = 1 - H(z)$인 필터의 종류는 무엇인가? 극점–영점 플롯을 그려라.

(b) $H_2(z) = H(-z)$인 필터의 종류는 무엇인가? 극점–영점 플롯을 그려라.

(c) $H_3(z) = 1 - H(z) - H(-z)$인 필터의 종류는 무엇인가? 극점–영점 플롯을 그려라.

(d) 대역저지 필터를 구현하기 위해 위 필터의 조합을 사용하라.

6.19 **(극점–영점 배치에 따른 필터 설계)** 극점–영점 배치에 따라 다음 필터를 설계하라.

(a) 중심 주파수 $f_0 = 200$ Hz, 3-dB 대역폭 $\Delta f = 20$ Hz, $f = 0$과 $f = 400$ Hz에서 이득이 0, 샘플링 주파수 800 Hz를 갖는 대역통과 필터

(b) 노치 주파수 1 kHz, 3-dB 저지대역 10 Hz, 샘플링 주파수 8 kHz를 갖는 노치 필터

[**힌트:** 디지털 주파수로 바꾸고, $z = Re^{\pm j2\pi F_0}$에 극점들을 놓아라. 여기서 $R \approx 1 - \pi\Delta F$이다. (a)는 $z = \pm 1$에 영점들을 놓고, (b)는 $z = e^{\pm j2\pi F_0}$에 영점들을 놓아라.]

6.20 **(재귀 및 IIR 필터)** 재귀와 IIR이란 용어는 항상 같은 뜻은 아니다. 사실 재귀 필터는 유한한 임펄스 응답을 갖고 심지어 선형일 수도 있다. 다음 재귀 필터에 대해, 전달 함수 $H(z)$ 및 임펄스 응답 $h[n]$을 구하라. 어떤 필터가 IIR 필터를 설명하는가? 어떤 필터가 선형위상인가?

(a) $y[n] - y[n-1] = x[n] - x[n-2]$

(b) $y[n] - y[n-1] = x[n] - x[n-1] - 2x[n-2] + 2x[n-3]$

[**힌트:** $H(z)$ 형태로 만들고, $h[n]$을 구하기 위해 공통인수로 약분하라.]

6.21 **(직렬과 병렬 시스템)** 그림 P6.21과 같은 필터의 구현에 대해 생각해 보자.

(a) $\alpha \neq \beta$일 때, 전달 함수와 임펄스 응답을 구하라. 전체 시스템은 FIR인가, IIR인가?

(b) $\alpha = \beta$일 때, 전달 함수와 임펄스 응답을 구하라. 전체 시스템은 FIR인가, IIR인가?

(c) $\alpha = \beta = 1$일 때, 전달 함수와 임펄스 응답을 구하라. 전체 시스템은 무엇을 나타내는가?

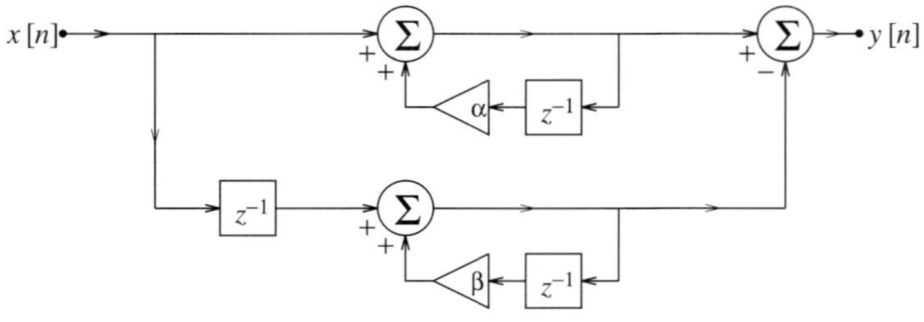

그림 P6.21 문제 6.21의 필터 구현

6.22 **(극점 및 영점)** 필터의 전달 함수 $H(z)$는 $z = 0$과 $z = -1$에서 두 개의 극점을 갖고 dc 이득이 8이다.

(a) 필터 전달 함수 $H(z)$와 임펄스 응답 $h[n]$을 구하라.

(b) 이 필터는 FIR인가, IIR인가?

(c) 이 필터는 인과적인가, 비인과적인가?

(d) 이 필터는 선형위상인가? 그렇다면, $h[n]$의 대칭성을 구하라.

(e) $z = -1$에서 또 다른 영점이 더해질 때, (a)에서 (d)까지를 반복하라.

6.23 **(주파수 응답)** 아래 시스템의 극점–영점 플롯과 주파수 응답을 그리고, 각 시스템의 함수를 구하라.

(a) $y[n] = 0.5x[n] + 0.5x[n-1]$ **(b)** $y[n] = 0.5x[n] - 0.5x[n-1]$

(c) $h[n] = \frac{1}{3}\{1, \overset{\Downarrow}{1}, 1\}$ **(d)** $h[n] = \frac{1}{3}\{1, \overset{\Downarrow}{-1}, 1\}$

(e) $h[n] = \{\overset{\Downarrow}{0.5}, 1, 0.5\}$ **(f)** $h[n] = \{\overset{\Downarrow}{0.5}, -1, 0.5\}$

(g) $H(z) = \dfrac{z-0.5}{z+0.5}$ **(h)** $H(z) = \dfrac{z-2}{z+0.5}$

(i) $H(z) = \dfrac{z+2}{z+0.5}$ **(j)** $H(z) = \dfrac{z^2+2z+3}{3z^2+2z+1}$

6.24 **(역 시스템)** $h[n] = 0.5\delta[n] + 0.5\delta[n-1]$인 시스템을 생각해 보자.

(a) 이 필터의 주파수 응답 $H(F)$를 그려라.

(b) 입력 $x[n]$을 복원하기 위해, 다음과 같이 임펄스 응답이 $h_1[n] = 0.5\delta[n] - 0.5\delta[n-1]$인 다른 필터를 이 필터에 직렬연결할 것을 제안한다.

$$x[n] \longrightarrow \boxed{h[n]} \longrightarrow \boxed{h_1[n]} \longrightarrow y[n]$$

입력 $x[n]$에 대하여 직렬연결된 필터의 출력을 구하라. 주파수 응답 $H_1(F)$와 직렬연결된 필터의 주파수 응답을 그려라.

(c) 다음 그림과 같이, 출력이 입력 신호 $x[n]$과 동일하게 되도록 원래의 필터에 직렬연결한 필터의 임펄스 응답 $h_2[n]$을 구하라.

$$x[n] \longrightarrow \boxed{h[n]} \longrightarrow \boxed{h_2[n]} \longrightarrow x[n]$$

(d) $H_1(F)$와 $H_2(F)$는 어떤 관계가 있는가?

6.25 **(선형위상과 대칭)** $z = 0$에서 모든 극점을 가지고, 실수 계수를 갖는 수열 $x[n]$을 생각해 보자. 다음 각각에 대하여 참, 거짓을 논하라. 두 가지 유용한 사실을 활용할 수 있다. 첫째, $(z - \alpha)$와 $(z - 1/\alpha)$와 같은 상호근을 갖는 항의 각 쌍은 우대칭 임펄스 응답 수열을 만든다. 둘째, 대칭 수열의 컨벌루션 역시 대칭이다.

(a) 만약 모든 영점이 단위원상에 있으면, $x[n]$은 반드시 선형이다.

(b) 만약 $x[n]$이 선형이면, 영점들은 항상 단위원상에 있다.

(c) 만약 $z = 1$에서 영점이 없고 $x[n]$이 선형이면, 우대칭이다.

(d) 만약 $z = 1$에서 하나의 영점을 가지고 $x[n]$이 선형이면, 기대칭이다.

(e) 만약 $x[n]$이 우대칭이면, $z = 1$에서 영점은 없다.

(f) 만약 $x[n]$이 기대칭이면, $z = 1$에서 홀수개의 영점이 반드시 존재한다.

6.26 **(빗살 필터)** 각 빗살 필터에 대해, 극점–영점 위치를 확인하고, 노치 필터 혹은 피킹 필터인지를 결정하라.

(a) $H(z) = \dfrac{z^4 - 0.4096}{z^4 - 0.6561}$ **(b)** $H(z) = \dfrac{z^4 - 1}{z^4 - 0.6561}$

6.27 **(선형위상 필터)** 참인지 거짓인지 논하라.

(a) 두 선형위상 필터의 직렬연결 역시 선형위상 필터이다.

(b) 두 선형위상 필터의 병렬연결 역시 선형위상 필터이다.

6.28 **(최소위상 필터)** 참인지 거짓인지 논하라.

(a) 두 최소위상 필터의 직렬연결 역시 최소위상 필터이다.

(b) 두 최소위상 필터의 병렬연결 역시 최소위상 필터이다.

6.29 **(시스템 분석)** 시스템의 임펄스 응답은 $h[n] = \delta[n] - \alpha\delta[n-1]$이다. 다음 조건을 만족하는 이 시스템에 대한 α를 결정하고 극점–영점 플롯을 그려라.

(a) 저역통과 필터 **(b)** 고역통과 필터 **(c)** 전역통과 필터

6.30 **(시스템 분석)** 시스템의 임펄스 응답 $h[n] = \alpha^n u[n], \alpha \neq 0$이다. 다음 조건을 만족하는 이 시스템에 대한 α를 구하고 극점–영점 플롯을 그려라.

(a) 안정한 저역통과 필터 **(b)** 안정한 고역통과 필터 **(c)** 전역통과 필터

6.31 **(전역통과 필터)** 참인지 거짓인지 논하라.

(a) 두 전역통과 필터의 직렬연결 역시 전역통과 필터이다.

(b) 두 전역통과 필터의 병렬연결 역시 전역통과 필터이다.

6.32 **(최소위상 시스템)** $y[n] = x[n] - 0.65x[n-1] + 0.1x[n-2]$인 필터를 생각해 보자.

(a) 전달 함수 $H(z)$를 구하고, 최소위상임을 증명하라.

(b) $H(z)$와 같은 분모를 갖는 전역통과 필터 $A(z)$를 구하라.

(c) 직렬연결 $H(z)A(z)$는 최소위상인가? 인과성인가? 안정한가?

6.33 **(인과성, 안정성 및 최소위상)** 전달 함수가 다음과 같이 주어지는 인과적이고, 안정하고, 최소위상인 두 디지털 필터를 생각해 보자.

$$F(z) = \frac{z}{z - 0.5} \qquad G(z) = \frac{z - 0.5}{z + 0.5}$$

아래 필터들 역시 인과적이고, 안정하고, 최소위상인지를 논하라.

(a) 역 필터 $M(z) = 1/F(z)$

(b) 역 필터 $P(z) = 1/G(z)$

(c) 직렬연결 $H(z) = F(z)G(z)$

(d) 직결연결의 역 $R(z) = 1/H(z)$

(e) 병렬연결 $N(z) = F(z) + G(z)$

6.34 **(전역통과 필터)** $H(z) = \frac{z+2}{z+0.5}$ 인 필터를 생각해 보자. 이 필터의 입력은 $x[n] = \cos(2n\pi F_0)$이다.

(a) $H(z)$는 전역통과 필터인가? 만약 그렇다면, 이득은 얼마인가?

(b) $F_0 = 0$일 때, 응답 $y[n]$과 위상지연을 구하라.

(c) $F_0 = 0.25$일 때, 응답 $y[n]$과 위상지연을 구하라.

(d) $F_0 = 0.5$일 때, 응답 $y[n]$과 위상지연을 구하라.

6.35 **(전역통과 필터)** 전달 함수가 다음과 같이 주어지는 인과적이고, 안정한 두 전역통과 디지털 필터를 생각해 보자.

$$F(z) = \frac{0.5z - 1}{0.5 - z} \qquad G(z) = \frac{0.5z + 1}{0.5 + z}$$

(a) 필터 $L(z) = F^{-1}(z)$는 인과적인가? 안정한가? 전역통과인가?

(b) 필터 $H(z) = F(z)G(z)$는 인과적인가? 안정한가? 전역통과인가?

(c) 필터 $M(z) = H^{-1}(z)$는 인과적인가? 안정한가? 전역통과인가?

(d) 필터 $N(z) = F(z) + G(z)$는 인과적인가? 안정한가? 전역통과인가?

6.36 **(전역통과 필터에 의한 안정성)** 불안정 필터의 전달 함수는 다음과 같다.

$$H(z) = \frac{z + 3}{z - 2}$$

이 필터를 안정시키기 위한 개념적인 접근은 진폭 응답을 유지하도록 전역통과 필터를 직렬연결하는 것이다.

(a) 이 필터를 안정화시키기 위해 사용되는 1차 전역통과 필터의 전달 함수 $A_1(z)$는 무엇인가? 안정화된 필터의 전달 함수 $H_S(z)$는 무엇인가?

(b) $H_S(z)$가 최소위상이 아니라면, $H_S(z)$를 최소위상 필터 $H_M(z)$로 바꾸기 위해 필요한 전역통과 필터 $A_2(z)$는 무엇인가?

(c) $|H(F)| = |H_S(F)| = |H_M(F)|$임을 증명하라.

(d) 불안정한 필터를 안정화시키는 것에 대한 이 접근법의 실제적인 관점에 대하여 설명하라.

6.37 **(전역통과 필터)** 임펄스 응답 $h[n] = (0.5)^n u[n]$을 갖는 저역통과 필터를 생각해 보자. 입력이 $x[n] = \cos(0.5n\pi)$이면, 출력은 $y[n] = A\cos(0.5n\pi + \theta)$의 형태를 갖는다.

(a) A와 θ의 값을 구하라.

(b) 위상 왜곡 및 출력에서 신호 $z[n] = B\cos(0.5n\pi)$를 만드는 것을 보정하기 위해 저역통과 필터와 직렬연결된 1차 전역통과 필터의 전달 함수 $H_1(z)$는 무엇인가?

(c) $z[n] = x[n]$이기 위한 전역통과 필터의 이득은 얼마인가?

6.38 **(전역통과 필터)** 전달 함수가 다음과 같이 주어지는 불안정한 디지털 필터를 생각해 보자.

$$H(z) = \frac{(z+0.5)(2z+0.5)}{(z+5)(2z+5)}$$

이것은 진폭 스펙트럼에 영향을 주지 않는다는 의미에서 안정화되어야 한다.

(a) $H_S(z) = H(z)H_1(z)$인 직렬로 연결되는 필터의 전달 함수 $H_1(z)$는 왜 안정한가?

(b) 안정화된 필터의 전달 함수 $H_S(z)$는 무엇인가?

(c) $H_S(z)$는 인과적인가? 최소위상인가? 전역통과인가?

6.39 **(신호 지연)** 이산시간 에너지 신호 $x[n]$의 지연 D는 다음과 같이 정의된다.

$$D = \frac{\sum_{k=-\infty}^{\infty} kx^2[k]}{\sum_{k=-\infty}^{\infty} x^2[k]}$$

(a) 선형위상 수열 $x[n] = \{4, 3, 2, 1, \overset{\Downarrow}{0}, 1, 2, 3, 4\}$의 지연이 0임을 증명하라.

(b) 신호 $f[n] = x[n-1]$의 지연을 계산하라.

(c) 신호 $g[n] = x[n-2]$의 지연을 계산하라.

(d) $H(z) = \dfrac{1-0.5z}{z-0.5}$인 필터의 임펄스 응답에 대한 지연은 얼마인가?

(e) 1차 전역통과 필터 $H(z) = \dfrac{1+\alpha z}{z+\alpha}$의 임펄스 응답에 대한 지연을 계산하라.

[**힌트:** **(c)**에서, $h[n] = -2\delta[n] + 1.5(0.5)^n u[n]$이다. 그래서 $h[0] = -0.5$이고 $h[n] = 1.5(0.5)^n$, $n > 0$이다. 지연을 구하기 위해 덧셈 테이블을 사용하라.]

6.40 **(그룹지연)** 전달 함수 $H(F)$에 의해 표현되는 필터의 그룹지연 t_g는 다음과 같이 표현된다.

$$t_g = \frac{H_R'(F)H_I(F) - H_I'(F)H_R(F)}{2\pi|H(F)|^2}$$

여기서 $H(F) = H_R(F) + jH_I(F)$이고, 최초의 값은 F에 대한 미분계수를 설명한다. 이 결과는 FIR 필터와 IIR 필터 모두의 그룹지연을 찾는 데 사용된다.

(a) $h[n] = \{\overset{\Downarrow}{\alpha}, 1\}$인 FIR 필터의 그룹지연을 구하라.

(b) $H(F) = 1 + \alpha e^{-j2\pi F}$인 FIR 필터의 그룹지연을 구하라.

(c) $H(F) = \frac{N(F)}{D(F)}$인 IIR 필터에 대해서, 전체적인 그룹지연은 $N(F)$와 $D(F)$의 그룹지연 차이로서 구할 수 있다. $H(F) = \dfrac{\alpha + e^{-j2\pi F}}{1+\alpha e^{-j2\pi F}}$로 주어진 필터의 그룹지연을 구하기 위해 이 개념을 사용하라.

[**힌트:** $t_g = -\dfrac{1}{2\pi}\dfrac{d\phi(F)}{dF} = -\dfrac{1}{2\pi}\dfrac{d}{dF}[\tan^{-1}\dfrac{H_I(F)}{H_R(F)}]$로 시작하라. (a)와 (b)에서는 t_g을 구하기 위해 주어진 표현을 사용하라. (c)에서는 (a)와 (b)의 결과를 사용하라.]

계산과 설계

6.41 **(FIR 필터 설계)** 22.5 Hz 신호가 60 Hz 잡음에 의해 손상되었다. 180 Hz로 신호를 샘플링하도록

요구되고, 샘플링된 신호로부터 간섭을 필터링한다.

(a) 단위 이득을 갖고, 간섭을 완벽하게 제거하고, 원하는 신호를 통과시키는 최소길이, 선형위상 필터를 설계하라.

(b) 60 Hz 간섭을 더하고, 잡음 신호를 필터링하고, 원하는 신호와 필터링된 신호를 비교하고, 원하는 신호의 샘플링된 버전에 적용함으로써 여러분의 설계를 테스트하라.

6.42 **(빗살 필터)** $0 \le F \le 0.5$에서 다음 필터들의 주파수 응답을 그리고, 각 필터의 동작을 설명하라.

(a) $y[n] = x[n] + \alpha x[n-4], \alpha = 0.5$

(b) $y[n] = x[n] + \alpha x[n-4] + \alpha^2 x[n-8], \alpha = 0.5$

(c) $y[n] = x[n] + \alpha x[n-4] + \alpha^2 x[n-8] + \alpha^3 x[n-12], \alpha = 0.5$

(d) $y[n] = \alpha y[n-4] + x[n], \alpha = 0.5$

6.43 **(필터 설계)** 300 Hz에서 샘플링된 ECG 신호는 60 Hz 잡음으로 인한 간섭에 의해서 손상된다. 간섭을 제거하고, 단위 dc 이득을 제공하는 디지털 필터 설계가 필요하다.

(a) 완벽하게 간섭 신호를 막을 수 있는 3-포인트 FIR 필터를 설계하라. 또한 주파수 응답을 그려라. 필터는 통과대역에서 다른 주파수들에 있어서 적당한 이득을 제공하는가? 이것은 만족스러운 설계인가?

(b) 완벽하게 간섭 신호를 막을 수 있는 IIR 필터를 설계하라. 또한 주파수 응답을 그려라. 필터는 통과대역에서 다른 주파수들에 있어서 적당한 이득을 제공하는가? 이것은 만족스러운 설계인가?

(c) MATLAB의 기본 루틴인 **ecgsim**은 ECG 신호의 한 주기를 모의실험한다. ECG 신호의 한 주기(300개의 샘플)를 생성하기 위해 **yecg=ecgsim(3,9)** 명령어를 사용하라. **yecg**에 300개의 60 Hz 사인 신호의 샘플들을 더함으로써 잡음이 섞인 ECG 신호를 생성한다. 필터링된 신호를 얻기 위해, 각 필터를 사용하고, 원 신호 **yecg**를 갖는 필터링된 신호의 그림을 비교하라. 그 결론이 (a)와 (b)의 내용을 뒷받침하는가? 설명하라.

6.44 **(IIR 필터의 비재귀 형태)** IIR 필터의 임펄스 응답을 N항 계수만큼 잘라내면, FIR 필터를 얻을 수 있다. 잘라내는 N이 크면 클수록, FIR 필터는 기본적인 IIR 필터와 더 가까워진다. $y[n] - 0.8y[n-1] = x[n]$인 IIR 필터를 생각해 보자.

(a) 임펄스 응답 $h[n]$을 구하고, FIR 필터와 거의 동등한 응답 $h_N[n]$을 구하기 위해 N 항으로 자른다. n의 더 낮은 혹은 더 높은 값에 대하여, 발생할 수 있는 동일한 입력으로 했을 때 두 필터의 응답이 가장 큰 차이가 날까?

(b) $N = 3$에 대한 $H(F)$와 $H_N(F)$의 주파수 응답을 그려라. 두 필터의 극점과 영점을 좌표에 표시하라. 차이점은 무엇인가?

(c) $N = 10$에 대한 $H(F)$와 $H_N(F)$의 주파수 응답을 그려라. 두 필터의 극점과 영점을 좌표에 표시하라. $H_N(F)$의 응답은 $H(F)$에 더 일치하는가? 극점–영점 플롯의 비교는 어떠한가? 만약 N을 50으로 증가시키면, 극점–영점 플롯에서 무엇이 예상되는가? 만약 N을 ∞로 증가시키

면, 극점–영점 플롯에서 무엇이 예상되는가?

6.45 **(전역통과 필터의 위상지연과 그룹지연)** 필터 $H(z) = \dfrac{z + 1/\alpha}{z + \alpha}$를 생각해 보자.

(a) 이 필터가 전역통과 필터임을 증명하라.

(b) $t_p = 0.1, 0.5, 0.9$의 위상지연과 대응되는 α 값을 구하라. 각 α 값에 대해, 필터의 언랩핑된 위상, 위상지연, 그룹지연을 그려라.

(c) 디지털 주파수의 초과 범위는 (b)에서 계산된 t_p 값과 잘 맞는 위상지연인가?

(d) α 값의 변화에 따라 그룹지연의 주파수는 어떻게 바뀌는가?

(e) 발생하는 각 α의 위상지연, 그룹지연, 주파수의 최솟값, 최댓값을 계산하라.

6.46 **(전역통과 필터)** 임펄스 응답 $h[n] = (0.5)^n u[n]$을 갖는 저역통과 필터를 생각해 보자. 이 필터의 입력은 $x[n] = \cos(0.2n\pi)$이다. 출력은 $y[n] = A\cos(0.2n\pi + \theta)$일 것이라고 예상한다.

(a) A와 θ의 값을 구하라.

(b) 위상 왜곡 및 출력에서 신호 $z[n] = B\cos(0.2n\pi)$를 만드는 것을 보정하기 위해 저역통과 필터와 직렬연결된 1차 전역통과 필터의 전달 함수 $H_1(F)$는 무엇인가?

(c) $z[n] = x[n]$이기 위한 전역통과 필터의 이득은 얼마인가?

6.47 **(수수께끼 메시지 복호)** 메시지 신호는 전송되는 동안 저주파 신호와 고주파 잡음에 의해 손상된다. 메시지는 오직 시간 영역에 표시함으로써 해독할 수 있다. 작가의 웹 사이트에서 **mystery1**과 같은 손상된 신호를 제공한다. MATLAB으로 이 신호를 표현하라(명령어 **load mystery1**을 사용). 다음 단계에 따라 메시지를 복호하고, 복호된 메시지가 의미하는 것이 무엇인지 설명하라.

(a) 손상된 신호를 나타내라. 메시지를 읽을 수 있는가?

(b) 메시지 스펙트럼 범위를 확인하기 위해 신호의 DFT를 구하라.

(c) (단위 이득을 갖는) 메시지 스펙트럼에 대하여 중심에 있는 피킹 필터를 설계하라.

(d) 손상된 신호를 필터링하고 메시지를 복호하기 위해 필터링된 신호를 구하라.

CHAPTER 07

아날로그 신호의 디지털 처리

7.0 범위와 개관

이 장은 아날로그 신호와 디지털 신호 사이에 중요한 연결인 샘플링과 양자화에 대한 논의로 시작한다. 샘플링 이론에서 정보의 손실 없이 샘플링이 어떻게 이루어지는지 설명하고, 이상적이고 실제적인 방법을 사용하여 샘플링된 신호로부터 원래의 아날로그 신호로 복원하는 방법을 기술한다. 신호 양자화의 개념을 소개하고, 양자화가 미치는 영향과 몇 가지 유용한 응용을 소개하는 것으로 마무리한다.

7.0.1 목적과 학습목표

이번 장에서는 아날로그 신호의 디지털 처리를 위해 사용된 방법과 도구를 소개하고, 음성 신호 처리에 관련된 몇 가지 실무응용을 살펴본다. 이번 장을 통하여 독자는

1. 샘플링과 신호 복원의 개념을 이해한다.
2. 이상적인 혹은 영차홀드(ZOH: zero-order-hold)로 샘플링된 신호의 스펙트럼을 구하는 방법을 익힌다.
3. 다양한 보간 함수를 사용한 샘플로부터 복원된 신호를 구하는 방법을 익힌다.
4. 제로 보간법과 스펙트럼 압축 사이의 관계를 이해한다.
5. 원 신호의 재샘플링 없이 샘플링률을 축소 및 확대하는 방법을 익힌다.
6. 양자화와 양자화 잡음의 개념을 이해한다.
7. 아날로그 신호의 디지털 처리를 위한 시스템 구성도를 이해한다.
8. 비이미지와 비엘리어싱 아날로그 필터를 설계하는 방법을 익힌다.
9. 디지털 오디오 CD의 기록 및 재생 과정을 이해한다.
10. 그래픽 동기화와 파라미터 동기화의 개념을 이해한다.
11. 다양한 디지털 오디오 효과를 이해한다.
12. 양자화, 오버샘플링, 시그마-델타 DAC의 개념을 이해한다.

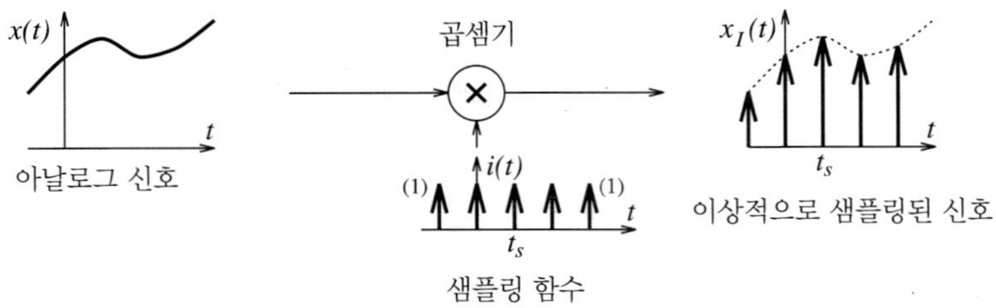

그림 7.1 이상적인 샘플링 과정. 주기 임펄스 열(이상적인 샘플링 함수)이 곱해진 아날로그 신호는 임펄스 수열의 형태로 된다. 이때 임펄스 신호의 크기는 샘플링하는 시점에서 아날로그 신호의 값에 해당된다.

7.1 이상적인 샘플링

이상적인 샘플링은 임펄스의 가중합(weighted sum)으로 샘플링된 신호를 표현한다. 표현된 신호는 임펄스의 위치에서 아날로그 신호의 값과 동일한 값을 갖는다. 그림 7.1에 나타나 있듯이 이상적으로 샘플링된 신호 $x_I(t)$는 아날로그 신호 $x(t)$와 주기적인 임펄스 열 $i(t)$의 곱으로 간주될 수 있다.

이상적으로 샘플링된 신호를 수학적으로는 다음과 같이 표현할 수 있다.

$$x_I(t) = x(t)i(t) = x(t)\sum_{n=-\infty}^{\infty}\delta(t-nt_s) = \sum_{n=-\infty}^{\infty}x(nt_s)\delta(t-nt_s) = \sum_{n=-\infty}^{\infty}x[n]\delta(t-nt_s) \quad (7.1)$$

여기서 이산 신호 $x[n]$은 샘플링 값 $x(nt_s)$의 수열을 간단하게 표현한 것이다. 분명한 것은, 샘플링 연산은 근원적인 아날로그 복사본 $x(t)$와 비교할 때 이상적으로 샘플링된 신호 $x_I(t)$가 정보의 손실 가능성을 동반한다는 것이다. 샘플링 간격 t_s가 작을수록 정보의 손실은 줄어든다. 직관적으로는, 우리가 사용하는 주기가 얼마나 작은가에 관계없이 항상 얼마간의 정보의 손실이 존재하게 된다. 다행히 우리의 직관에도 불구하고, 어떠한 정보의 손실도 없이 신호를 샘플링할 수 있다. 중요한 것은 신호 $x(t)$가 유한한 주파수 영역 B에 대역제한되어야 한다는 것이다.

이상적으로 샘플링된 신호는 임펄스 신호들의 열이다.

$$x_I(t) = x(t)\sum_{n=-\infty}^{\infty}\delta(t-nt_s) = \sum_{n=-\infty}^{\infty}x(nt_s)\delta(t-nt_s) = \sum_{n=-\infty}^{\infty}x[n]\delta(t-nt_s)$$

이산 신호 $x[n]$은 샘플 값 $x(nt_s)$의 수열과 대응한다.

이상적인 샘플링에서, 각 신호에 대한 스펙트럼을 그림 7.2에 나타내었다. 주기가 $T = t_s = 1/S$인 임펄스 열 $i(t)$는 주기 신호이다. 아날로그 이론(부록 A에 기재된)에서, 푸리에 급수 계수

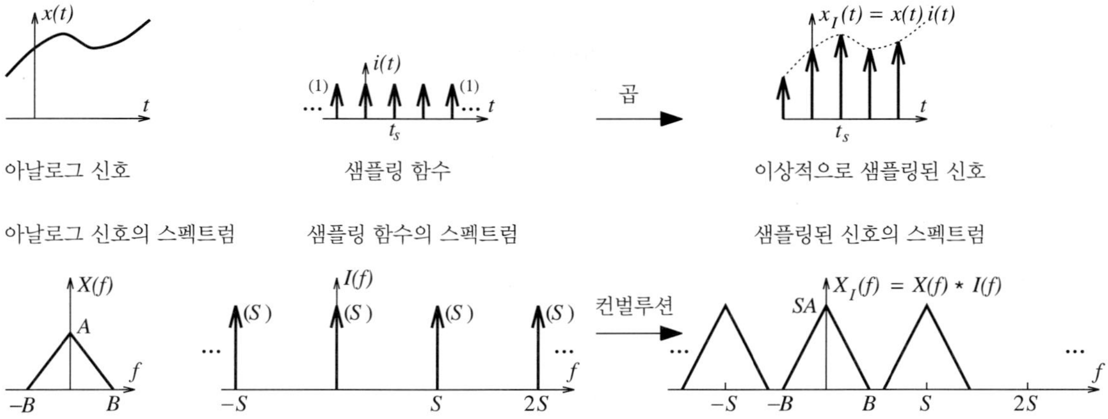

그림 7.2 이상적인 샘플링에 대한 신호의 스펙트럼. 아날로그 신호의 스펙트럼 $X(f)$는 대역제한 신호 B로 가정되어 있다. 임펄스 샘플링 함수의 스펙트럼 역시 크기가 동일한 주기적 임펄스 열로 되어 있다. 아날로그 신호와 이상적인 샘플링 함수의 곱은 주파수 영역에서는 컨벌루션으로 된다. 따라서 샘플링된 신호의 스펙트럼은 샘플링률 S의 정수배에서 $X(f)$의 복사본으로 구성되어 있다.

$I[k] = S$로 주어지고, 푸리에 변환 $I(f)$는 임펄스 열($f = kS$에서)의 크기 $I[k]$와 동일하다.

$$I(f) = \sum_{k=-\infty}^{\infty} I[k]\delta(f - kS) = S\sum_{k=-\infty}^{\infty}\delta(f - kS) \tag{7.2}$$

이상적으로 샘플링된 신호 $x_I(t)$는 $x(t)$와 $i(t)$의 곱이다. 스펙트럼 $X_I(f)$는 다음 식처럼 컨벌루션으로 표현된다.

$$X_I(f) = X(f) * I(f) = X(f) * S\sum_{k=-\infty}^{\infty}\delta(f - kS) = S\sum_{k=-\infty}^{\infty}X(f - kS) \tag{7.3}$$

스펙트럼 $X_I(f)$는 $X(f)$와 $X(f)$의 이동한 복사본 혹은 **이미지**(image)로 구성되어 있다. 이것은 샘플링률 S와 주기가 같고, 주파수상에서 주기적으로 되어 있다.

이상적으로 샘플링된 신호의 스펙트럼은 주기 S인 주기 신호이다.

$$X_I(f) = X(f) * S\sum_{k=-\infty}^{\infty}\delta(f - kS) = S\sum_{k=-\infty}^{\infty}X(f - kS)$$

스펙트럼은 주기가 S인 $SX(f)$의 확장된 주기 신호이다.

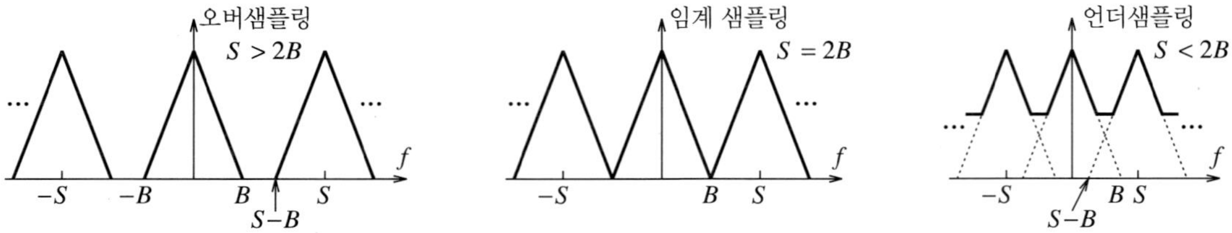

그림 7.3 샘플링 주파수 S의 세 가지 선택에 따라 이상적으로 샘플링된 신호의 스펙트럼. 아날로그 신호의 스펙트럼 $X(f)$는 B로 대역제한되어 있다. $S > 2B$(오버샘플링)이면, 샘플링된 신호의 주기적인 스펙트럼은 $X(f)$의 복사본들과 중첩되지 않는다. $S < 2B$(언더샘플링)이면 그 복사본들은 중첩되고, 주기 스펙트럼의 한 주기는 더 이상 $X(f)$와 매칭되지 않는다. 임계값인 $S = 2B$인 경우, 오버샘플링과 언더샘플링 사이에서 경계를 구성하게 된다.

원점에서 스펙트럼 이미지는 구간 $(-B, B)$로 확장되므로, 다음 이미지(S가 중심인)는 구간 $(S - B, S + B)$로 확장되고, 다음의 조건을 만족하면 이미지는 중첩되지 않는다.

$$S - B > B \quad \text{또는} \quad S > 2B \tag{7.4}$$

그림 7.3은 샘플링 주파수 S의 세 가지 선택에 따라 이상적으로 샘플링된 대역제한 신호의 스펙트럼들을 나타내고 있다. 이미지가 중첩되지 않는 한, 각 주기는 스케일된 아날로그 신호 스펙트럼 $SX(f)$의 복사본이다. 따라서 $X_I(f)$의 주요 구간($-0.5S$와 $0.5S$ 사이)에서 이상적으로 샘플링된 신호를 주파수 범위가 $-0.5S \le f \le 0.5S$인 구간에서 이득 $1/S$ 그리고 $0.5S$의 차단 주파수를 갖는 이상적인 저역통과 필터를 통과시키면 $X(f)$[결국은 $x(t)$]를 복원해낼 수 있다.

이것은 유명한 **샘플링 이론**(sampling theorem)으로, 샘플링률 S가 $2B$ 이상이면(혹은 샘플링 구간 t_s를 $1/2B$보다 작게 해 주면) 주파수 B의 대역제한 아날로그 신호는 정보의 손실 없이 샘플링할 수 있다는 것을 설명해 주고 있다. 이 임계 샘플링률 $S_N = 2B$는 **나이퀴스트율**(Nyquist rate) 혹은 **나이퀴스트 주파수**(Nyquist frequency)로 흔히들 부르고 있으며, 임계 샘플링 간격 $t_N = 1/S_N = 1/2B$을 **나이퀴스트 간격**(Nyquist interval)이라고도 한다.

대역제한된 아날로그 신호는 정보의 손실 없이 샘플링할 수 있다.

만일 신호 $x(t)$가 B에서 대역제한되어 있다고 하면, 정보의 손실을 막기 위해 $S > 2B$로 샘플링 해야 한다.

$X(f)$의 이미지는 이상적으로 샘플링된 신호의 주기 스펙트럼 $X_I(f)$에 중첩되지 않는다.

이상적인 저역통과 필터를 사용하여, 주요 범위 $(-0.5S, 0.5S)$로부터 $x(t)$를 정확하게 복원할 수 있다.

샘플링률 S가 $2B$보다 작다면, 스펙트럼 이미지는 중첩되고, $X_I(f)$의 주요 구간 $(-0.5S, 0.5S)$은 더 이상 $X(f)$와 똑같은 복사본이 아니다. 이러한 경우 정확하게 $x(t)$를 복원할 수 없으며, **언더샘플링**(undersampling)으로 인한 정보 손실이 존재한다. 언더샘플링은 스펙트럼 중첩이 발생한다. 주요 범위 $(-0.5S, 0.5S)$의 바깥쪽에 대한 $X(f)$의 성분들은 인접한 이미지의 스펙트럼 중첩으로 인하여 이 범위에서 겹쳐서 꺾이게 된다. 따라서 $0.5S$보다 높은 주파수는 주요 구간에서 더 낮은 주파수로 나타난다. 이것이 바로 엘리어싱(aliasing)이다. 주파수 $0.5S$를 **폴딩 주파수**(folding frequency)라고 한다.

샘플링은 우리가 일반적으로 스펙트럼의 주요 범위만을 뽑아내는 방법으로(연습을 통해) 대역제한 조작을 하는 것이다. 이것은 주파수 범위 $(-0.5S, 0.5S)$에 대한 대역제한이다. 따라서 우리가 복원하거나 확인할 수 있는 가장 높은 주파수는 $0.5S$이며, 샘플링률 S에 의해서만 좌우된다.

예제 7.1 나이퀴스트율

신호 $x_1(t)$는 2 kHz로 대역제한되어 있고, $x_2(t)$는 3 kHz로 대역제한되어 있다고 하자. 푸리에 변환의 성질을 이용하여, 다음 신호들에 대해 나이퀴스트율을 구해 보자.

(a) $x_1(2t)$(시간 압축)의 스펙트럼은 4 kHz로 늘어난다. 따라서 $S_N = 8$ kHz이다.

(b) $x_2(t-3)$의 스펙트럼은 3 kHz로 늘어난다(시간 변화는 위상만 바꾼다). 따라서 $S_N = 6$ kHz이다.

(c) $x_1(t) + x_2(t)$의 스펙트럼(스펙트럼의 합)은 3 kHz로 늘어난다. 따라서 $S_N = 6$ kHz이다.

(d) $x_1(t)x_2(t)$의 스펙트럼(주파수 영역 컨벌루션)은 5 kHz로 늘어난다. 따라서 $S_N = 10$ kHz이다.

(e) $x_1(t) * x_2(t)$의 스펙트럼(스펙트럼의 곱)은 2 kHz로 된다. 따라서 $S_N = 4$ kHz이다.

(f) $x_1(t)\cos(1000\pi t)$의 스펙트럼(변조)은 500 Hz에서 2.5 kHz로 늘어난다. 따라서 $S_N = 5$ kHz이다.

7.1.1 정현파의 샘플링과 주기 신호

정현파 신호 $x(t) = \cos(2\pi f_0 t + \theta)$에 대한 나이퀴스트 주파수는 $S_N = 2f_0$이다. 나이퀴스트 간격은 $t_N = 1/2f_0$이거나 $t_N = T/2$이다. 이것은 한 주기당 두 개 샘플 이상을 취하는 것에 상당한다. 예를 들어 한 주기당 두 개의 샘플만을 취하고 영점을 지나는 것을 시작으로 한다면, 모든 정현파 신호의 샘플 값은 0일 것이고 어떠한 정보도 얻을 수가 없게 될 것이다.

만약 어떠한 신호 $x(t) = \cos(2\pi f_0 t + \theta)$가 S로 샘플링된다면, 그 샘플링된 신호는 $x[n] = \cos(2\pi n f_0/S + \theta)$가 된다. 이것의 스펙트럼은 주요 구간 $(-0.5S, 0.5S)$를 갖는 주기 신호가 된다. 만약 $f_0 < 0.5S$라면 엘리어싱이 존재하지 않으며, 주요 주기는 $\pm f_0$에서 (크기가 0.5인) 한 쌍의 임펄스 신호를 보여준다. 만약 $f_0 > 0.5S$라면 엘리어싱이 존재한다. $\pm f_0$에서 성분은 주요 범위에

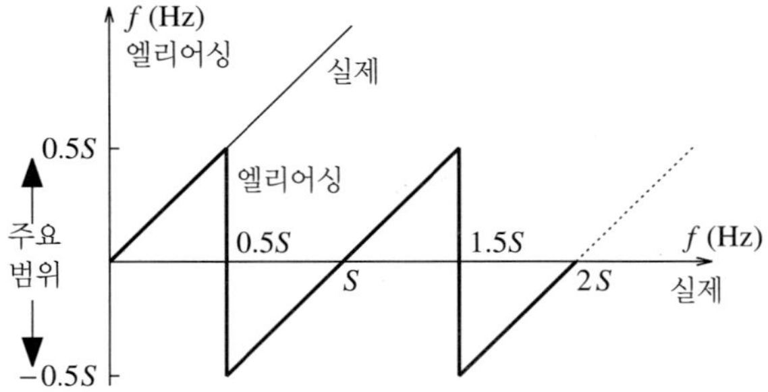

그림 7.4 실제 주파수와 엘리어싱 주파수 간의 관계. 오직 $f < 0.5S$일 때만, 실제 주파수와 엘리어싱 주파수는 유일하게 대응한다. 만약 실제 주파수가 $0.5S$를 초과한다면, $-0.5S$와 $0.5S$ 사이의 낮은 주파수로 엘리어싱된다. 엘리어싱 주파수가 플립(부호가 바뀌는)되는 주파수 $0.5S$를 폴딩 주파수라고 한다.

서 좀 더 낮은 주파수 $\pm f_a$로 엘리어싱된다. 엘리어싱 주파수 $|f_a|$를 찾기 위해, $f_a = f_0 - NS$의 결과 값이 주요 범위 $(-0.5S, 0.5S)$가 될 때까지 f_0로부터 샘플링 주파수의 정수배를 빼면 된다. 따라서 이 스펙트럼은 더 낮은 주파수로 된 엘리어싱 신호 $x_a(t) = \cos(2\pi f_a t + \theta)$의 샘플 변형을 나타낸다. 엘리어싱 주파수, 원 주파수 및 샘플링 주파수 간의 관계가 그림 7.4에 나타나 있다. 엘리어싱 주파수는 주요 범위 내에 항상 놓여 있다.

엘리어싱된 신호의 주파수 구하기

$S < 2f_0$이면, 신호 $x(t) = \cos(2\pi f_0 t + \theta)$는 $x_a(t) = \cos(2\pi f_a t + \theta)$로 복원된다. $f_a = f_0 - NS$인데, 여기서 N은 주요 구간 $(-0.5S, 0.5S)$에서 f_a가 위치한 정수이다.

주기 T인 주기 신호 $x_p(t)$는 기본 주파수 $f_0 = 1/T$와 고조파 kf_0에서 정현파들의 합으로 표현할 수 있다. 일반적으로 이러한 신호는 대역제한이 아니며, 어떠한 샘플링률의 선택에 대해서도 엘리어싱 없이 샘플링될 수 없다.

예제 7.2 엘리어싱과 샘플링된 정현파

(a) $f_0 = 100$ Hz인 정현파 $x(t) = A\cos(2\pi f_0 t + \theta)$를 고찰하라.

1. $x(t)$가 $S = 300$ Hz에서 샘플링된다면, $S > 2f_0$로 인해 엘리어싱이 발생하지 않는다.

2. $x(t)$가 $S = 80$ Hz에서 샘플링된다면, $f_a = f_0 - S = 20$ Hz가 된다. 샘플링된 신호는 엘리어싱 신호 $A\cos[2\pi(20)t + \theta]$를 샘플링한 형태로 나타낸다.

3. $S = 60$ Hz이면, 우리는 $f_0 - 2S = -20$ Hz를 얻는다. 엘리어싱된 정현파는 $A\cos[2\pi(-20)t + \theta] = A\cos[2\pi(20)t - \theta]$에 대응한다. 위상 반전을 주목하라.

(b) $x_p(t) = 8\cos(2\pi t) + 6\cos(8\pi t) + 4\cos(22\pi t) + 6\sin(32\pi t) + \cos(58\pi t) + \sin(66\pi t)$로 주어진다. $S = 10$ Hz로 샘플링되었다면, 끝부분의 네 신호는 엘리어싱될 것이다. 이 샘플링 신호의 형태는 아날로그 신호 앞부분의 두 구간은 $x_p(t)$와 같다는 것을 나타내고 있지만, 아날로그 신호의 다른 구성 부분은 엘리어싱 주파수이다. 아래 표는 무엇이 요구되는지를 보여주고 있다.

f_0(Hz)	엘리어싱	엘리어싱 주파수 f_a	등가 아날로그 신호
1	NO($f_0 < 0.5S$)	엘리어싱 없음	$8\cos(2\pi t)$
4	NO($f_0 < 0.5S$)	엘리어싱 없음	$6\cos(8\pi t)$
11	YES	$11 - S = 1$	$4\cos(2\pi t)$
16	YES	$16 - 2S = -4$	$6\sin(-8\pi t) = -6\sin(8\pi t)$
29	YES	$29 - 3S = -1$	$\cos(-2\pi t) = \cos(2\pi t)$
33	YES	$33 - 3S = 3$	$\sin(6\pi t)$

새롭게 구성된 신호는 $x_S(t) = 13\cos(2\pi t) + \sin(6\pi t) + 6\cos(8\pi t) - 6\sin(8\pi t)$에 대응한다. 이것은 샘플링 값, 즉 $t = nt_s$, $t_s = 0.1$ s일 때의 $x_p(t)$와 구분할 수가 없다. $x_p(t)$의 복구와 엘리어싱을 피하기 위해, $S > 2B = 66$ Hz를 선택해야 한다.

(c) 정현파 $x(t)$를 30 Hz로 샘플링했다고 가정하고, 그림 E7.2c에서 보이는 샘플링된 신호의 주기 스펙트럼을 구하라. $x(t)$가 유일하다고 확인할 수 있는가?

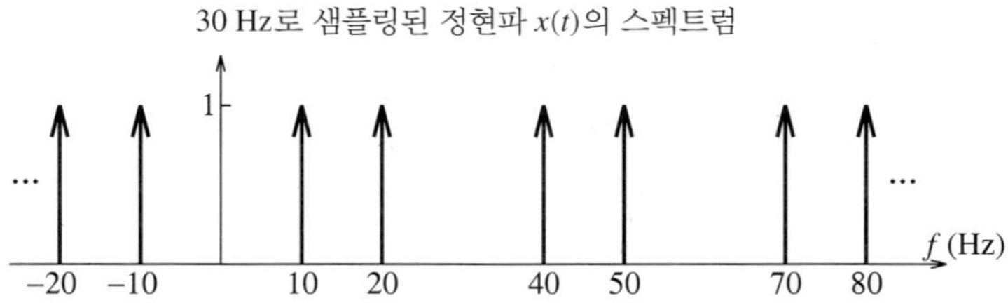

그림 E7.2c 예제 7.2(c)에 대한 샘플링된 정현파 신호의 스펙트럼

우리는 주기를 확실하게 $S = 30$ Hz로 확인할 수 있다. 하지만 이 신호는 10 Hz(엘리어싱 없이)에서 정현파가 존재할 수 있고, 혹은 20 Hz, 50 Hz, 80 Hz 등에서 정현파가 존재할 수 있기 때문에, $x(t)$가 유일하다고 확인할 수는 없다. 그러나 샘플들로부터 재구성된 아날로그 신호 $y(t)$는 한 개의 10 Hz 정현파 신호로 나타날 것이다. 그 이유는 재구성된 신호는 오직 주기 스펙트럼의 주요 구간 $(-15, 15)$ Hz만을 추출하기 때문이다. 어떠한 사전 정보가 없을 경우에, 그 결과가 좋든지 나쁘든지, 그 주기 스펙트럼으로부터 주요 신호를 유일하게 확인하기 위한 하나의 수단으로 우리는 거의 변함없이 주요 구간을 사용한다.

7.1.2 응용 예: 샘플링 오실로스코프

정보의 손실이나 엘리어싱 없이 아날로그 신호를 샘플링하기 위하여 나이퀴스트율 이상으로 샘플링해야 한다는 것이 샘플링 정리이다. 그러나 일부 응용에서는 샘플링의 성공 여부가 바로 엘리어싱에 달려 있다. 샘플링 오실로스코프가 그 한 예이다. 일반적인 오실로스코프는 그 대역폭보다 큰 파형의 대역폭을 직접 디스플레이할 수가 없다. 그런데 신호가 주기적이고(혹은 주기적으로 반복되고) 대역제한되어 있다면, 반복되는 주기들에서 반복적으로 나오는 가장 나중의 순간값에서 주기 신호를 샘플링함으로써 새롭게 시간 확장된 파형을 만들 수 있고 보여줄 수도 있다. 이 개념을 기본 주파수가 f_0인 주기 신호 $x(t) = 1 + \cos(2\pi f_0 t)$에 대하여 그림 7.5에서 보여주고 있다.

만약 샘플링률을 f_0보다 낮게(즉, $S < f_0$) 선택했다면, f_0에서의 스펙트럼 성분은 좀 더 낮은 주파수 $f_a = f_0 - S$로 엘리어싱될 것이다. 위상 반전이 나타나지 않도록 만들기 위하여, 엘리어싱된 주파수는 $0.5S$보다 낮아야 한다. $f_C = 0.5S$의 차단 주파수를 갖는 저역통과 필터에 의해 지속적인 복구는 신호 $y(t) = 1 + \cos[2\pi(f_0 - S)t]$를 생성할 것이며, 이것은 $x(t)$의 시간 확장의 형태를 나타내고 있다. $y(t) = x(t/\alpha)$의 관계에서, 확장 인자 α와 가장 높은 샘플링률 S는 다음 식과 같은 관계가 주어진다.

$$\alpha = \frac{f_0}{f_a} = \frac{f_0}{f_0 - S} \qquad S = \frac{(\alpha - 1)f_0}{\alpha} \tag{7.5}$$

S의 값이 기본 주파수 f_0에 가까울수록, 확장 인자는 더욱 커지고 신호 $y(t)$는 더욱 느려진다. 이렇게 재구성된 신호 $y(t)$가 오실로스코프에 표시되는 것이다(원 신호의 파라미터들을 반영하는 적절한 스케일 인자를 이용하여). 주어진 확장 인자 α에 대하여, 샘플링률 역시 $S_m = S/m$(여기서 m은 정수)으로 축소될 수도 있는데, 그 값이 $2f_0/\alpha$를 초과하거나, 위상 반전 없이 엘리어싱된 구성 요소가 f_0/α에서 나타날 경우이다. 더 작은 샘플링률(한 주기당 하나의 샘플보다 작은 값에 해당)을 선택하는 유일한 단점은 단지 한 주기의 표현을 구성하는 충분한 샘플들을 얻기 위하여 훨씬 많이 기다려야 한다는 것이다.

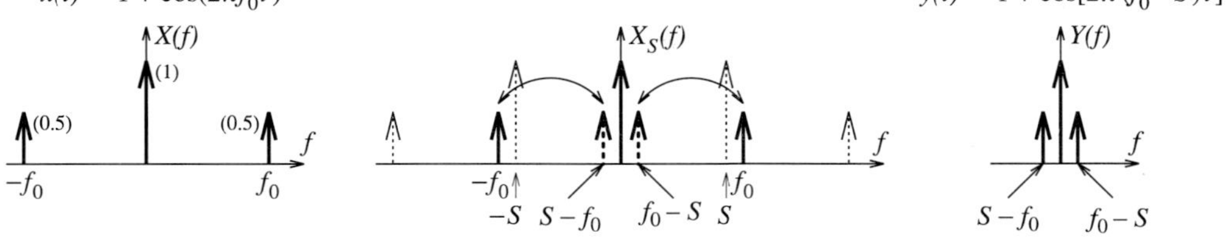

그림 7.5 샘플링 오실로스코프의 원리. 아주 높은 정현파 주파수는 나이퀴스트율보다 훨씬 낮은 비율로 샘플링된다. 샘플링된 신호의 스펙트럼은 더욱 낮은 주파수에 대응되고, 그 신호가 일반적인 오실로스코프에 디스플레이된다.

좀 더 일반적으로, 기본 주파수가 f_0인 주기 신호 $x(t)$는 N차 고조파 주파수 $f_{\max} = Nf_0$에서 대역제한되었다고 한다면, 확장 인자와 샘플링률은 여전히 같은 방정식에 의해서 결정된다. 앞에서 언급했지만, 샘플링률 역시 $S_m = S/m$(m은 정수)까지 줄어들 수 있는데, 그 값이 $2f_{\max}/\alpha$를 초과하거나, 각 고조파 kf_0가 위상 반전 없이 kf_0/α로 엘리어싱되는 것이 보장된다는 조건을 만족할 경우이다.

예제 7.3 **샘플링 오실로스코프 개념**

(a) 인자가 50으로 낮아진 100 MHz의 정현파를 찾아보자. 우리가 선택할 수 있는 가장 높은 샘플링률은 다음 식으로 구할 수 있다.

$$S = \frac{(\alpha - 1) f_0}{\alpha} = 98 \text{ MHz}$$

이것은 낮추어진(엘리어싱된) 신호를 2 MHz에서 보이도록 해 준다. 심지어 $S_2 = S/2 = 49$ MHz, $S_7 = S/7 = 14$ MHz 혹은 $S_{20} = S/20 = 4.9$ MHz와 같은 더욱 낮은 샘플링률을 선택할 수도 있는데, 이때도 원 신호는 위상 반전 없이 2 MHz로 여전히 엘리어싱될 것이다. 그러나 $S_{28} = S/28 = 3.5$ MHz(4 MHz보다 작은)를 선택한다면, 엘리어싱된 신호는 -1.5 MHz에서 나타날 것이며, 더 이상 올바른 확장 인자를 반영할 수 없게 된다.

(b) 주파수 성분이 100 MHz와 400 MHz로 구성된 어떠한 신호를 인자 50으로 낮추는 것을 생각해 보자. 기본 주파수는 $f_0 = 100$ MHz이고, 선택할 수 있는 가장 높은 샘플링률은 다음과 같이 구할 수 있다.

$$S = \frac{(\alpha - 1) f_0}{\alpha} = 98 \text{ MHz}$$

100 MHz 주파수는 2 MHz로 감소하고, 가장 높은 400 MHz의 주파수는 8 MHz로 낮아진다(엘리어싱된다). $S_2 = S/2 = 49$ MHz나 $S_5 = S/5 = 19.6$ MHz와 같이 좀 더 낮은 샘플링률(16 MHz를 초과하는)을 선택해도 좋으며, 이 주파수들은 4 MHz와 8 MHz에서 위상 반전 없이 엘리어싱될 것이다. 그러나 $S_7 = S/7 = 14$ MHz(16 MHz보다 작은)를 선택한다면, 400 MHz 성분은 -6 MHz로 엘리어싱될 것이며, 더 이상 정확한 확장 인자를 반영할 수 없다.

7.1.3 대역통과 신호의 샘플링

기저대역(baseband) 신호의 스펙트럼은 원점을 포함한다. 반면에 **대역통과 신호**(bandpass signal)의 스펙트럼은 주파수 f_L과 f_H 사이의 범위를 차지하고 있다. 여기서 f_L은 0보다 큰 주파수이다. 양 $B = f_H - f_L$는 대역통과 신호에 대한 대역폭의 측도를 나타낸다. 나이퀴스트율 $2f_H$는 신호를 복원하는 데 사용되지만, 우리는 가끔 좀 더 낮은 샘플링률을 이용한다. 특히 이것은 매우 높은 주파수를 중심으로 한 협대역 신호(혹은 변조된 신호)에 유용하다. 대역통과 신호에서 모든 정보를 유지하기 위해, 중첩 없이 좀 더 낮은 주파수 범위까지 전체의 스펙트럼을 엘리어싱하는 샘플링률이 실제로 필요하다. 그러한 주파수의 최솟값은 $S = 2f_H/N$이다. 여기서 $N = \mathrm{int}(f_H/B)$은 f_H/B의 정수 값을 의미한다. 또 다른 선택도 가능하고, 샘플링 주파수 S의 범위는 다음 범위로 주어진다.

$$\frac{2f_H}{k} \le S \le \frac{2f_L}{k-1}, \quad k = 1, 2, \ldots, N \tag{7.6}$$

정수 k는 1부터 N까지 증가할 수 있다. 정수 값 $k = N$은 가장 낮은 샘플링률 $S = 2f_H/N$을 도출하게 되고, $k = 1$은 나이퀴스트율 $S \ge 2f_H$에 대응하는 가장 높은 샘플링률을 생성하게 된다. 만일 k가 짝수이면, 샘플링된 신호의 스펙트럼은 기저대역에서 반전 현상을 보여준다.

예제 7.4 대역통과 신호의 샘플링

$f_L = 4$ kHz와 $f_H = 6$ kHz인 대역통과 신호 $x_C(t)$를 고려해 보자. $B = f_H - f_L = 2$ kHz이고, $N = \mathrm{int}(f_H/B) = 3$을 계산할 수 있다. 샘플링률 S(단위는 kHz)에 대하여 가능한 선택들은 다음과 같이 주어진다.

$$\frac{12}{k} \le S \le \frac{8}{k-1}, \quad k = 1,\ 2,\ 3$$

$k = 3$일 때 $S = 4$ kHz이다. 이것은 최소 샘플링률을 나타낸다.

$k = 2$일 때 6 kHz $\le S \le$ 8 kHz이다. k가 짝수이므로, 그 스펙트럼은 기저대역에서 반전 현상을 보여준다.

$k = 1$일 때 $S \ge$ 12 kHz로 주어지고, 이것은 나이퀴스트율을 초과하는 것과 대응된다.

그림 E7.4는 아날로그 신호와 $S = 4, 7, 14$ kHz로 샘플링된 신호들의 스펙트럼을 보여주고 있다.

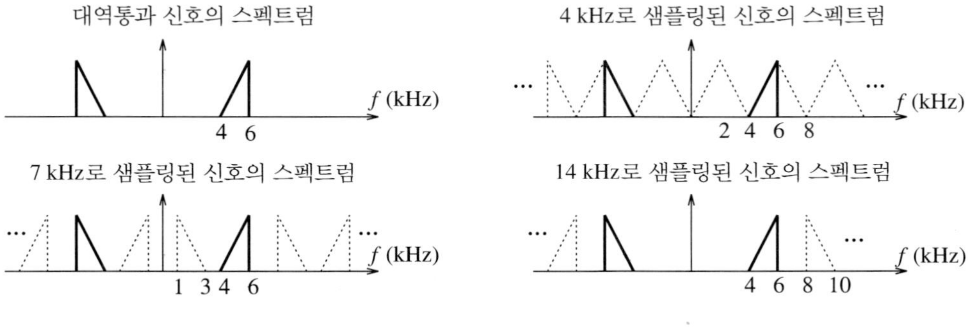

그림 E7.4 예제 7.4에 대한 대역통과 신호의 스펙트럼과 샘플링된 형태들

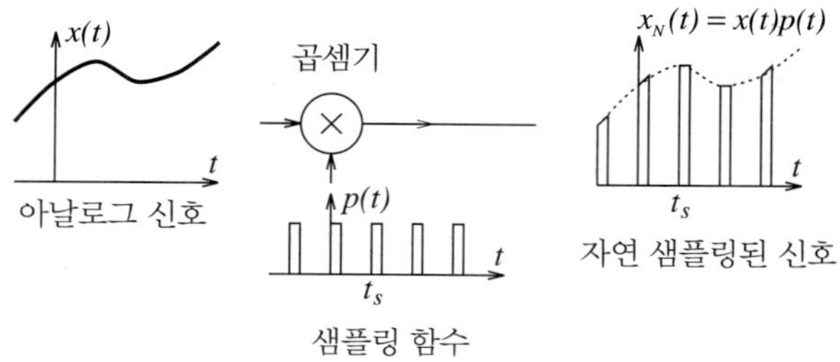

그림 7.6 자연 샘플링 또는 펄스 진폭 변조(PAM). 주기 펄스 열(자연 샘플링 함수)과 곱해진 아날로그 신호는 길고 가느다란 줄무늬 형태로 된다.

7.1.4 자연 샘플링 또는 펄스 진폭 변조

자연(natural) 샘플링을 **펄스 진폭 변조**(PAM: pulse-amplitude modulation)라고도 한다. 개념적으로, 자연 샘플링은 t_s 초마다 열리고 닫히는 스위치를 통하여 신호 $x(t)$가 통과한 것과 동일한 것으로 생각하면 된다. 이 스위치의 동작을 주기 t_s와 펄스 폭 t_d를 갖는 단위 높이의 주기 펄스 열로 모델링할 수 있다. 그림 7.6에서 보듯이, 샘플링된 신호 $x_N(t)$는 스위치가 닫혔을 때 t_d초 동안 $x(t)$와 동일하게 되고, 스위치가 열렸을 때는 0이다.

자연 샘플링이나 펄스 진폭 변조(PAM) 신호는 $x_N(t) = x(t)p(t)$로 설명된다. 푸리에 변환 $P(f)$는 임펄스의 열로, 그 크기 $P[k]$는 $p(t)$의 푸리에 급수 계수 $P[k]$와 동일하다.

$$P(f) = \sum_{k=-\infty}^{\infty} P[k]\delta(f - kS) \tag{7.7}$$

샘플링된 신호 $x_S(t) = x(t)p(t)$의 스펙트럼 $X_N(f)$는 다음과 같이 컨벌루션으로 표현된다.

$$X_N(f) = X(f) * P(f) = X(f) * \sum_{k=-\infty}^{\infty} P[k]\delta(f - kS) = \sum_{k=-\infty}^{\infty} P[k]X(f - kS) \tag{7.8}$$

자연 샘플링의 다양한 스펙트럼들이 그림 7.7에 나타나 있다. $X_N(f)$는 $X(f)$와 크기가 조절된 ($|P[k]|$에 의하여) 진폭 값과 곱해진 형태로서, $X(f)$의 이동된 복사본임을 다시 강조한다. 우리는 계수 $|P[k]|$가 $1/k$로 감소한다는 것을 알 수 있다. 결과적으로, 스펙트럼 이미지는 원점으로부터 멀리 떨어질수록 그 진폭이 점점 줄어든다. 즉, $X_N(f)$는 주기 스펙트럼이 아님을 알 수 있다. 하지만 스펙트럼의 겹침이 없다면, 원점을 중심으로 하는 이미지는 $P[0]X(f)$와 동일하고, $X(f)$는 샘플링된 신호를 $0.5S$의 차단 주파수, $1/P[0]$의 이득, $-0.5S \le f \le 0.5S$를 가진 이상적인 저역 통과 필터에 통과시킴으로써 여전히 복원시킬 수 있다. 이론상으로, 자연 샘플링은 $P[0]$의 값이 0이 아닌 어떠한 주기 신호에 의해서도 실행될 수 있다.

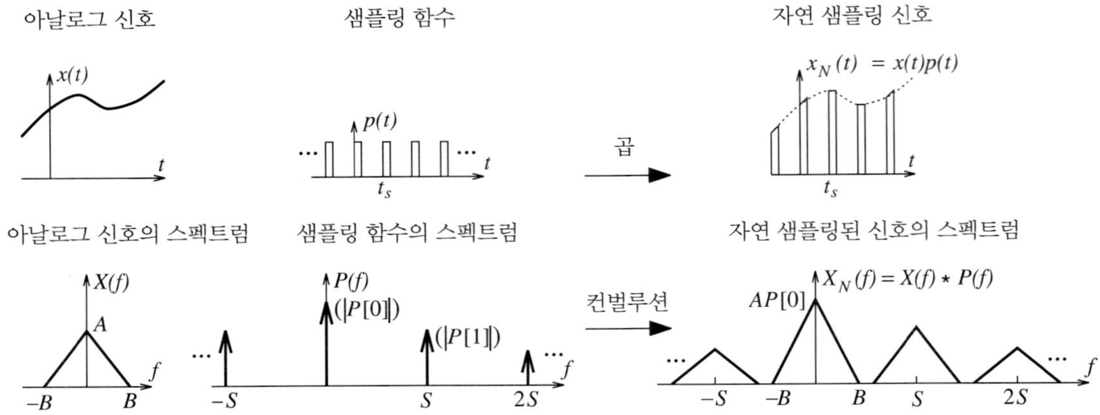

그림 7.7 자연 샘플링에 대한 신호들의 스펙트럼. 아날로그 신호의 스펙트럼 $X(f)$는 B로 대역제한이 된다. 자연 샘플링 함수의 스펙트럼은 임펄스로 나타나는데, 그 크기는 펄스 열의 푸리에 급수 계수와 동일하다. 아날로그 신호와 자연 샘플링 함수의 곱은 두 신호의 각각에 대한 스펙트럼의 컨벌루션으로 주어진다. 따라서 샘플링된 신호의 스펙트럼은, 샘플링률 S의 배수마다, $X(f)$의 진폭이 다른(임펄스의 크기에 의해 조절된) 복사본들로 구성된다.

7.1.5 영차홀드 샘플링

영차홀드 샘플링은 플랫톱(flat-top) 펄스 진폭 변조라고도 한다. 실제로, 아날로그 신호들은 다음 샘플을 받을 때까지 샘플 값 상수를 유지하는 **영차홀드**(ZOH: zero-order-hold) 장치를 사용하여 샘플링된다. 이 작업은 임펄스 응답 $h(t) = \text{rect}[(t - 0.5t_s)/t_s]$가 높이가 1이고 지속시간이 t_s(입력되는 임펄스의 확장을 위하여)인 펄스와 같은 시스템을 수반하는 이상적인 샘플링과 동일하다. 이에 대한 설명이 그림 7.8에 나타나 있다.

영차홀드로 샘플링된 신호 $x_{\text{ZOH}}(t)$는 다음 식과 같이 $h(t)$와 이상적으로 샘플링된 신호의 컨벌루션으로 주어진다.

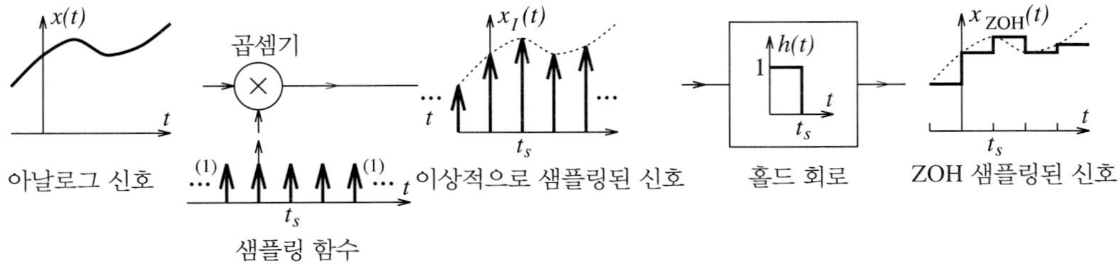

그림 7.8 영차홀드 샘플링은 홀드 작업을 수반하는 이상적인 샘플링과 동일하다. 아날로그 신호를 주기적 임펄스 열(이상적인 샘플링 함수)과 곱함으로써 샘플링 순간에 임펄스의 크기가 아날로그 신호의 값과 크기가 같은 수열로 되는 임펄스 열을 발생시킨다. 홀드 작업(구형파인 임펄스의 컨벌루션)은 아날로그 신호의 계단 근삿값을 생성한다.

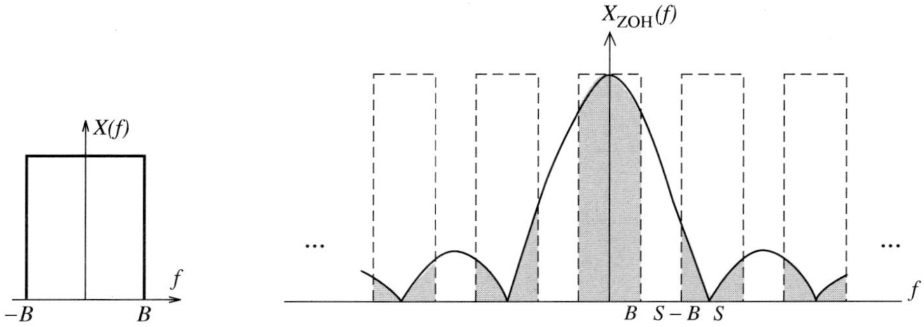

그림 7.9 영차홀드로 샘플링된 신호의 스펙트럼 표현. 아날로그 신호의 스펙트럼은 $X(f)$이다. 이상적으로 샘플링된 신호의 스펙트럼($X(f)$의 이미지)은 ZOH 신호(음영으로 표시된 부분)의 스펙트럼을 생성하기 위하여 홀드 시스템(주 로브와 사이드 로브를 가진 싱크 함수)의 스펙트럼에 의해 곱해진다. 싱크 형태가 어떻게 이미지의 왜곡으로 결정되는지 주목하라.

$$x_{\mathrm{ZOH}}(t) = h(t) * x_I(t) = h(t) * \left[\sum_{n=-\infty}^{\infty} x(nt_s)\delta(t - nt_s)\right] \tag{7.9}$$

영차홀드 회로의 전달 함수 $H(f)$는 다음과 같이 싱크(sinc) 함수가 된다.

$$H(f) = t_s \operatorname{sinc}(ft_s)e^{-j\pi f t_s} = \frac{1}{S}\operatorname{sinc}\left(\frac{f}{S}\right)e^{-j\pi f/S} \tag{7.10}$$

이상적으로 샘플링된 신호의 스펙트럼은 $S\sum X(f - kS)$이기 때문에, 영차홀드로 샘플링된 신호 $x_{\mathrm{ZOH}}(t)$의 스펙트럼은 다음 식으로 주어진다.

$$X_{\mathrm{ZOH}}(f) = \operatorname{sinc}\left(\frac{f}{S}\right)e^{-j\pi f/S} \sum_{k=-\infty}^{\infty} X(f - kS) \tag{7.11}$$

영차홀드로 샘플링된 스펙트럼이 그림 7.9에 나타나 있다. $\operatorname{sinc}(f/S)$ 함수는 스펙트럼 이미지 $X(f - kS)$를 감쇠시키고, **싱크 왜곡**(sinc distortion)을 야기한다. 샘플링률 S가 높을수록, 원점에 중심이 있는 스펙트럼 이미지 $X(f)$의 왜곡은 작아진다.

$-0.5S \le f \le 0.5S$에 걸쳐서 단위 이득을 갖는 이상적인 저역통과 필터는 **왜곡된** 신호를 복원한다.

$$\tilde{X}(f) = X(f)\operatorname{sinc}\left(\frac{f}{S}\right)e^{-j\pi f/S}, \qquad -0.5S \le f \le 0.5S \tag{7.12}$$

진폭 왜곡 없이 $X(f)$를 복원하기 위해서는 **보상 필터**(compensating filter)를 사용해야 한다. 이 필터는 주요 구간 $|f| \le 0.5S$에 걸쳐서 싱크 함수의 역함수에 대응되는 오목 모양의 진폭 스펙트럼을 제공함으로써 싱크 왜곡 효과를 없애준다. 이것은 그림 7.10에 나타나 있다.

보상 필터의 크기 스펙트럼은 다음과 같이 주어진다.

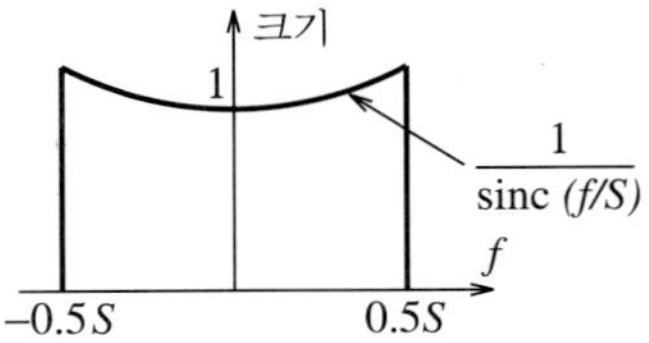

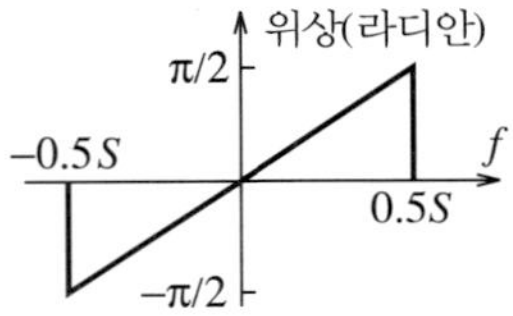

그림 7.10 싱크 왜곡을 보상해 주는 필터의 스펙트럼. 왜곡 효과를 상쇄하기 위하여, 필터 이득은 싱크 함수(주요 범위에서)의 역함수가 선택된다. 이 필터는 선형위상을 갖는 필터로 선택된다.

$$|H_r(f)| = \frac{1}{\text{sinc}(f/S)}, \qquad |f| \le 0.5S \tag{7.13}$$

예제 7.5 샘플링 연산

(a) 신호 $x(t) = \text{sinc}(4000t)$는 샘플링 주파수 $S = 5$ kHz에서 샘플링된다. $x(t) = \text{sinc}(4000t)$의 푸리에 변환은 다음과 같다. $X(f) = (1/4000)\text{rect}(f/4000)$(±2 kHz에 걸쳐서 구형파 펄스) 신호 $x(t)$는 $f_B = 2$ kHz로 대역제한되어 있다. 이상적으로 샘플링된 신호의 스펙트럼은 5 kHz마다 반복되며, 다음과 같이 표현할 수 있다.

$$X_I(f) = \sum_{k=-\infty}^{\infty} SX(f-kS) = 1.25 \sum_{k=-\infty}^{\infty} \text{rect}\left(\frac{f-5000k}{4000}\right)$$

(b) 영차홀드로 샘플링된 신호의 진폭 스펙트럼은 $\text{sinc}(f/S)$에 의해 왜곡된(곱해진) 이상적으로 샘플링된 신호의 형태로, 다음과 같이 표현된다.

$$X_{\text{ZOH}}(f) = \text{sinc}\left(\frac{f}{S}\right) \sum_{k=-\infty}^{\infty} X(f-kS) = 1.25\,\text{sinc}(0.0002f) \sum_{k=-\infty}^{\infty} \text{rect}\left(\frac{f-5000k}{4000}\right)$$

(c) 구형 샘플링 펄스 열 $p(t)$가 단위 높이 및 의무 비율(duty ratio) 0.5를 갖는다고 가정하면, 자연 샘플링된 신호의 스펙트럼은 다음과 같이 주어진다.

$$X_N(f) = \sum_{k=-\infty}^{\infty} P[k]X(f-kS) = \frac{1}{4000} \sum_{k=-\infty}^{\infty} P[k]\text{rect}\left(\frac{f-5000k}{4000}\right)$$

여기서 $P[k]$는 $p(t)$의 푸리에 급수 계수로서, $P[k] = 0.5\,\text{sinc}(0.5k)$이다.

7.2 샘플링, 보간법, 신호 복원

아날로그 신호 $x(t)$로부터 획득한 샘플링된 수열에서 중요한 관점은 샘플들로부터 원 신호를 복원하는 것이다. 신호의 복원은 잃어버린 항목들을 채워 놓거나 샘플링된 값들 사이를 보간하는 것이 필요하다. $x(t)$를 복원하는 보간법의 성질은 시간 영역에서 샘플링 연산을 고려함으로써 알 수 있다. 초기에 사용된 세 가지 샘플링 연산 중에서, 이상적인 샘플링 또는 임펄스 샘플링은 nt_s의 샘플링 순간에서 $x(nt_s)\delta(t-nt_s)$의 크기를 갖는 이산 신호 $x[n]$을 정확하게 유도해낼 수 있다. 이것이 바로 우리가 추구하는 것이다.

7.2.1 이상적인 복원과 싱크 보간 함수

이상적으로 샘플링된 신호 $x_I(t)$는 임펄스 열 $i(t)=\sum\delta(t-nt_s)$와 아날로그 신호 $x(t)$의 곱이 되고, 다음과 같이 나타낼 수 있다.

$$x_I(t)=x(t)\sum_{n=-\infty}^{\infty}\delta(t-nt_s)=\sum_{n=-\infty}^{\infty}x(nt_s)\delta(t-nt_s)=\sum_{n=-\infty}^{\infty}x[n]\delta(t-nt_s) \qquad (7.14)$$

이산 신호 $x[n]$은 단지 $x(nt_s)$ 샘플의 수열이다. $x_I(t)$를 t_s의 이득과 $0.5S$의 차단 주파수를 갖는 이상적인 저역통과 필터에 통과시킴으로써 $x(t)$를 복원할 수 있다. 그림 7.11은 주파수 영역과 시간 영역의 관계를 설명한다.

이상적인 저역통과 필터의 임펄스 응답은 $h(t)=\text{sinc}(t/t_s)$와 같은 싱크 함수이다. 그러므로 복원된 신호 $x(t)$는 다음의 컨벌루션 식으로 설명될 수 있다.

$$x(t)=x_I(t)*h(t)=\left[\sum_{n=-\infty}^{\infty}x(nt_s)\delta(t-nt_s)\right]*h(t)=\sum_{n=-\infty}^{\infty}x[n]h(t-nt_s) \qquad (7.15)$$

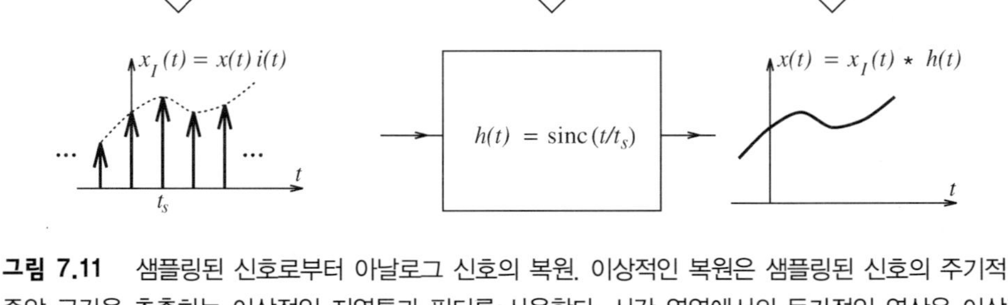

그림 7.11 샘플링된 신호로부터 아날로그 신호의 복원. 이상적인 복원은 샘플링된 신호의 주기적 스펙트럼의 중앙 구간을 추출하는 이상적인 저역통과 필터를 사용한다. 시간 영역에서의 등가적인 연산은 이상적인 필터의 임펄스 응답을 갖는 샘플링된 신호의 컨벌루션에 해당한다. 샘플링률이 나이퀴스트율을 초과한다면, 중앙 구간에 원 신호의 스펙트럼이 들어 있다. 그리고 우리는 그 원 신호를 복원한다.

이것은 샘플 값 $x[n]$으로 가중치를 준 $h(t)$를 이동시킨 신호의 중첩으로 나타난다. 다음 식과 같이 싱크 함수를 이동하여 크기를 조정한 합으로 $h(t)$를 대신함으로써 $x[n]$으로부터 정확하게 $x(t)$를 복원할 수 있다.

$$x(t) = \sum_{n=-\infty}^{\infty} x[n]\text{sinc}\left(\frac{t - nt_s}{t_s}\right) \tag{7.16}$$

신호 $x(t)$는 샘플 값 $x[n]$으로 가중치를 준 $h(t)$를 이동시킨 것의 중첩과 같다. 각 샘플링 순간에서, 최고치가 $x[n]$이고 모든 샘플링 순간에 영점 교차가 발생하는 싱크 함수로써 샘플 값 $x[n]$을 대신할 수 있다. 이러한 싱크 함수의 합은 그림 7.12와 같이 아날로그 신호 $x(t)$를 산출해낸다.

차단 주파수가 B인 임펄스 응답 $h_f(t) = 2t_s B\text{sinc}(2Bt)$를 갖는 저역통과 필터를 사용하면 복원된 신호 $x(t)$는 다음의 컨벌루션 연산으로 나타낼 수 있다.

$$x(t) = x_I(t) * h_f(t) = \sum_{n=-\infty}^{\infty} 2t_s B\, x[n]\text{sinc}[2B(t - nt_s)] \tag{7.17}$$

이러한 일반적인 결과는 $t_s \le 0.5/B$를 만족하는 어떠한 오버샘플링된 신호에 대해서도 성립하고, 만일 샘플링률 S가 나이퀴스트율과 동일하다면(즉, $S = 2B$), 이전에 얻었던 결과로 환원된다.

싱크 보간법은 실제적인 관점에서 보면 비현실적인 것이다. 싱크 함수의 무한한 범위는 온라인에서는 구현될 수 없고, 완벽한 복원은 모든 과거 값과 미래 값을 요구하는 것을 의미한다. 우리는 진폭을 충분히 작게 만든 후에 양쪽을 잘라낼 수 있다. 그러나 불행히도 신호는 매우 천천히 감쇠되고, 아주 정확한 복원을 제공하기 위해서는 많은 과거와 미래의 샘플링 순간을 커버하는 매우 넓은 기간이 유지되어야만 한다. 싱크 함수는 원활하게 변하기 때문에 수많은 값을 갖는 불연속성이라도 비연속 신호를 불연속점에서는 정확히 복원할 수 없다. 한편 싱크 보간법은

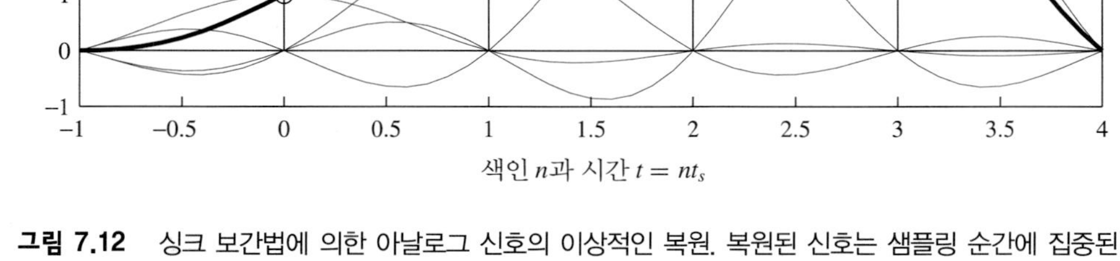

그림 7.12 싱크 보간법에 의한 아날로그 신호의 이상적인 복원. 복원된 신호는 샘플링 순간에 집중된 싱크 함수의 합과 같다. 이러한 싱크 함수의 영점들은 샘플링 간격의 배수에서 발생한다.

대역제한 보간법(band limited interpolation)에 이용되고, 대역제한 신호를 복원하기 위한 성능을 측정하는 표준이 된다.

7.2.2 보간 함수

싱크 보간 함수는 실질적인 면에서는 좋지 않은 선택이므로, 다른 보간 신호들을 살펴봐야 한다. 만약 아날로그 신호 $x(t)$가 샘플링된 신호 $x[n]$으로부터 보간 함수 $h_i(t)$를 사용하여 복원된다면, $x(t)$에 근사한 신호를 얻기 위하여 $h_i(t)$는 무엇이 필요할까? 최소한으로 보간된 근사 신호 $\tilde{x}(t)$는 샘플링 순간인 nt_s에서 $x(t)$와 같아야 한다. 이것은 $h_i(t)$가 $t = 0$에서 1이 되는 것을 제외하고는 모든 샘플링 순간에 0이 되어야 한다는 것을 나타내며, 다음 식으로 나타낼 수 있다.

$$h_i(t) = \begin{cases} 1, & t = 0 \\ 0, & t = nt_s, \ (n = \pm1, \pm2, \pm3, \ldots) \end{cases} \tag{7.18}$$

또한 샘플링을 행하는 순간에는 유한성이 지속되는 것을 보장하기 위해 절대적으로 적분 가능한 $h_i(t)$가 필요하다. 보간된 신호 $\tilde{x}(t)$는 이상적으로 샘플링된 신호 $x_I(t)$와 $h_i(t)$의 컨벌루션 또는 보간 함수를 이동시킨 신호의 합으로 간략화된다.

$$\tilde{x}(t) = h_i(t) * x_I(t) = \sum_{n=-\infty}^{\infty} x[n]h_i(t - nt_s) \tag{7.19}$$

nt_s의 모든 순간에 보간 함수 $h_i(t - nt_s)$를 구하고, $x[n]$으로 크기를 조정한 후, 합하면 $\tilde{x}(t)$를 구할 수 있다. $t = kt_s$인 샘플링 순간에서 $n = k$일 때 보간 함수가 1이 아니면 보간 함수 $h_i(kt_s - nt_s)$는 0이 된다. 그 결과 $\tilde{x}(t)$는 각 샘플링 순간에서 $x(t)$와 **정확히** 같다. 다른 모든 경우에는 보간된 신호 $\tilde{x}(t)$가 실제 신호 $x(t)$에 근접하게 된다.

7.2.3 실질적인 보간법

$h_i(t)$의 특징은 인과성, 안정성, 자연 법칙에 의한 실현가능성의 관점에서 보간 시스템의 특성을 결정지으며, 또한 복원된 근사치가 얼마나 좋은가를 결정한다. 모든 면에서 최고의 보간 신호는 없다. 어떤 것은 정확성 면에서 더욱 좋고, 어떤 것은 가격의 효율성이 더 좋으며, 또 어떤 것은 수학적 구현의 관점에서 더 좋다.

계단 보간법

그림 7.13은 계단 보간법을 설명하고 있다. 계단 보간은 $x(t)$의 계단 함수의 근사치를 만들기 위하여 폭이 t_s인 구형 보간 함수 $h(t) = \text{rect}[(t - 0.5t_s)/t_s]$를 사용한다. 구형 보간 함수는 수정하지 않고 그대로 사용해도 실질적인 면에서 매우 유용하다.

두 샘플링 구간 사이의 어떠한 시점에서 복원된 신호는 이전의 샘플링된 값과 같고 어떠한 미

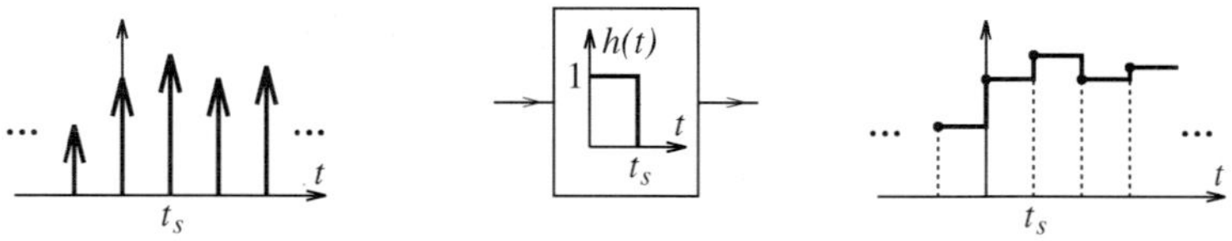

그림 7.13 계단 보간은 이상적으로 샘플링된 신호에서 단지 영차홀드 연산을 한 것이다. 계단 보간은 원 신호를 계단식의 형태로 근사화한다.

래의 값에 의존하지 않는다. 이것은 출력이 입력되는 데이터와 같은 비율로 생성되는 **온라인** 및 **실시간 프로세싱**에서는 매우 유용하다. 계단 보간법은 구분 상수(piecewise constant)로 되어 있는 신호의 정확한 복원을 생성해낸다.

계단 보간법을 실행하는 시스템은 **영차홀드**이다. 샘플링된 신호에 대한 실제 디지털–아날로그 변환기(DAC: digital-to-analog converter)는 샘플링된 신호를 위하여 계단 모양의 근사치를 갖는 계단 보간법에 대하여 영차홀드를 사용한 후에, 부드러운 계단 모양을 만들기 위하여 저역 통과 필터(반이미지)를 사용한다.

선형 보간법

그림 7.14는 선형 보간법을 설명하고 있다. 선형 보간은 샘플링 값 사이에서 $x(t)$의 선형 근사치를 생성하기 위하여 보간 함수 $h(t) = \text{tri}(t/t_s)$를 사용한다.

인접한 샘플링 구간 nt_s와 $(n + 1)t_s$ 사이의 어떠한 시점 t에서 복원된 신호는 다음 식과 같이 $x[n]$과 $x[n + 1]$을 연결하는 선의 기울기만큼의 증분을 $x[n]$에 더한 것과 같다.

$$\tilde{x}(t) = x[n] + (t - nt_s)\frac{x[n+1] - x[n]}{t_s}, \quad nt_s \le t < (n+1)t_s \tag{7.20}$$

위 연산은 입력에 대하여 하나의 미래 값을 요구하고 있기 때문에 온라인에서는 사실상 구현될 수가 없다. 그러나 대부분의 상황에서 허용되고 있는, 한 개의 샘플링 간격 t_s를 하나의 지연을 갖도록 구현될 수 있다. 선형 보간을 실행하는 시스템들은 **1차 홀드**(first-order-hold) 시스템이라고 한다. 이것은 구분적으로 선형인 신호들을 정확하게 복원한다.

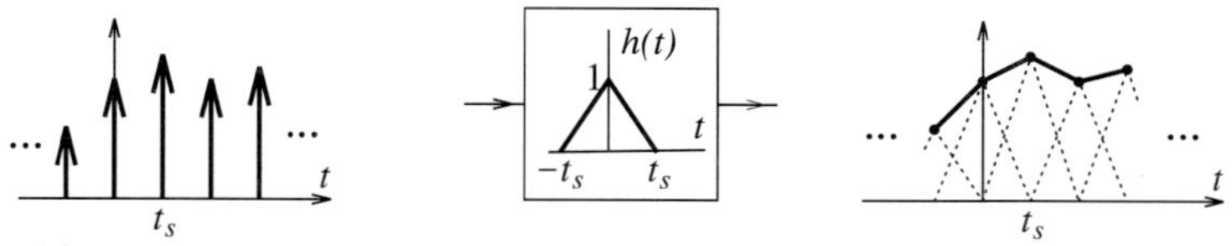

그림 7.14 선형 보간법은 원래의 아날로그 신호의 구분적으로 선형인 근사치를 생성하기 위하여 이상적으로 샘플링된 신호의 샘플링 순간의 중심에 있는 3 함수(tri function)를 사용하는 것과 동일하다.

야기 코사인 보간 함수

싱크 보간 함수는 다음 식과 같은 공통적인 관계로 표현되는 여러 수식들에 대한 기초를 형성한다.

$$h(t) = g(t)\text{sinc}(t/t_s), \quad \text{여기서} \quad g(0) = 1 \tag{7.21}$$

좀 더 일반적으로 사용되는 수식은 다음과 같은 **야기 코사인 보간 함수**(raised-cosine interpolating function)이다.

$$h_{\text{rc}}(t) = \frac{\cos(\pi Rt/t_s)}{1-(2Rt/t_s)^2}\text{sinc}(t/t_s), \quad 0 \le R \le 1 \tag{7.22}$$

여기서 R은 **요동감쇠 인자**(roll-off factor)이다. 싱크 보간 함수와 같이, $h_{\text{rc}}(t)$는 $t = 0$에서 1이고 다른 샘플링 순간에서는 0이다. 이는 싱크 함수와 비교해서 $R > 0$ 조건일 때 원점의 좌우에서 더욱 빨리 감쇠하는 진동을 보여준다. 정확히 샘플링의 순간에[즉, 지터(jitter)가 존재할 때] 샘플들이 요구되지 않는다면, 빠른 감쇠는 향상된 복원 결과를 가져올 것이다. 또한 싱크 보간 함수와 비교하여, 신호의 복원이 훨씬 적은 과거 값과 미래 값으로 가능하다. 야기 코사인이란 용어는 사실상 스펙트럼의 형태에 기초를 두고 있다. $R = 0$일 때, 야기 코사인 보간 함수는 싱크 보간 함수가 된다.

예제 7.6 샘플들로부터의 신호 복원

$x[n] = \{-1, 2, 3, 2\}$, $t_s = 1$로 두자. 계단 보간, 선형 보간, 싱크 보간 및 야기 코사인 보간법($R = 0.5$)을 이용하여 2.5 s에서의 복원된 신호 $x(t)$의 값을 구하라.

(a) 계단 보간법을 사용하면 $t = 2.5$ s에서 신호 값은 간단히 $t = 2$로 나타낸다. 그러므로 $\tilde{x}(2.5) = 3$이다.

(b) 선형 보간법을 사용하면 $t = 2.5$ s의 신호 값은 $t = 2$와 $t = 3$에서의 평균값으로 간단히 나타낼 수 있다. 그러므로 $\tilde{x}(2.5) = 0.5(3 + 2) = 2.5$이다.

(c) 싱크 보간법을 사용하면

$$\tilde{x}(t) = \sum_{k=0}^{3} x[k]\text{sinc}(t-kt_s) = -\text{sinc}(t) + 2\,\text{sinc}(t-1) + 3\,\text{sinc}(t-2) + 2\,\text{sinc}(t-3)$$

따라서 $\tilde{x}(2.5) = 0.1273 - 0.4244 + 1.9099 + 2.5465 = 4.1592$이다.

(d) $R = 0.5$인 야기 코사인 보간법을 사용하면

$$\tilde{x}(t) = \sum_{k=0}^{3} x[k]\text{sinc}(t-k)\frac{\cos[0.5\pi(t-k)]}{1-(t-k)^2}$$

계산을 위하여 위의 방정식을 사용하면

$$\tilde{x}(t) = \frac{\text{sinc}(t)\cos(0.5\pi t)}{1-t^2} + 2\frac{\text{sinc}(t-1)\cos[0.5\pi(t-1)]}{1-(t-1)^2}$$
$$+3\frac{\text{sinc}(t-2)\cos[0.5\pi(t-2)]}{1-(t-2)^2} + 4\frac{\text{sinc}(t-3)\cos[0.5\pi(t-3)]}{1-(t-3)^2}$$

그러므로 $\tilde{x}(2.5) = 0.0171 - 0.2401 + 1.8006 + 2.4008 = 3.9785$이다.

7.3 샘플링률 변환

실제로, 하나의 DSP 시스템에서 구간에 따라 서로 다른 샘플링률로 동작하도록 설계하는 경우가 가끔 있다. 그 이유는 여러 가지 장점이 있기 때문이다. 샘플링률 변환은 이미 샘플링된 신호(원래의 아날로그 신호를 재샘플링할 필요 없음)를 그대로 수행할 수 있고, 보간 및 데시메이션에 기초하는 개념을 필요로 한다. 그림 7.15에서는 스펙트럼이 $X(f)$인 대역제한 아날로그 신호 $x(t)$를 샘플링률 S, 더 높은 비율 NS 그리고 더 낮은 비율 S/M로 각각 샘플링해서 얻어지는 샘플링된 신호들의 스펙트럼을 보여주고 있다. 이 세 가지 비율 모두 엘리어싱을 방지하기 위해 나이퀴스트율을 초과한다.

오버샘플링된 신호의 스펙트럼은 N배의 이득을 나타내지만, 주요 구간의 아주 작은 부분만 제공한다. 더 낮은 비율 S/M에서 샘플링된 신호의 스펙트럼은 $1/M$의 이득을 갖고, 늘어난 형태가 된다. 디지털 주파수 F의 관점에서 볼 때, 이 세 가지 샘플링된 형태의 주기는 동일하다. S Hz로 샘플링된 신호의 스펙트럼의 한 주기는 B/S로 확장되는 반면, NS Hz에서 샘플링된 같은 신호의 스펙트럼은 단지 $B/(NS)$ Hz로 확장될 뿐이다. 그리고 S/M Hz에서 샘플링된 같은 신호의 스펙트럼은 $(BM)/S$ Hz로 더 멀리 확장된다. 아날로그 신호가 처음 샘플링된 후, 다음의 모든 샘플링률 변화는 전형적인 신호 샘플들을 조정함으로써 이루어진다. 이러한 과정에 이르는 실마리는 보간과 데시메이션이다.

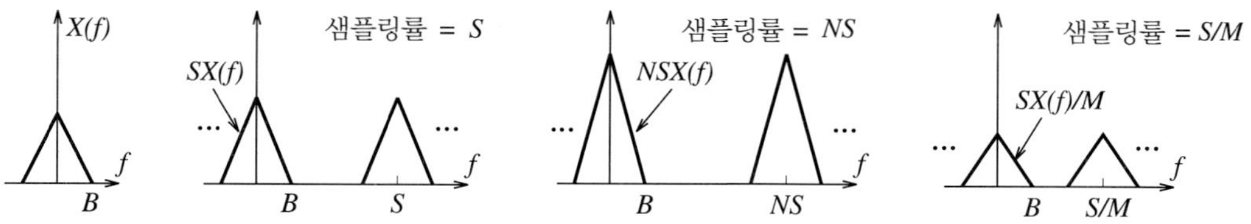

그림 7.15 세 가지 샘플링률로 샘플링된 신호의 스펙트럼. 원 신호의 스펙트럼은 $X(f)$이다. 그 다음의 스펙트럼은 나이퀴스트율을 초과하는 샘플링률 S에서 샘플링된 신호와 대응되는 스펙트럼이다. 만약 샘플링률이 NS로 증가된다면, 이미지는 더욱 멀어지고 N배로 스케일된다. 샘플링률이 S/M로 감소한다면, 이미지는 더욱 가까이 이동하게 되고 그 크기는 $1/M$로 스케일된다. S/M 역시 나이퀴스트율을 초과하는 한, 이미지는 중첩되지 않는다.

7.3.1 제로 보간과 스펙트럼 압축

신호의 보간과 샘플링률 변환에 대한 기초가 되는 DTFT의 특징은 그림 7.16에서 보는 것처럼 이산시간 신호 $x[n]$의 M-폴드 제로 보간으로 M-폴드 스펙트럼의 압축과 복사를 이끌어낼 수 있다는 것이다.

제로 보간된 신호 $y[n] = x^{\uparrow}[n/N]$은 오직 $n = kN, k = 0, \pm 1, \pm 2 \ldots$(예를 들어, n이 N의 정수배인 경우)의 경우에만 0이 아니다. $y[n]$(단, $n = kN$)의 DTFT $Y_p(F)$는 다음과 같이 표현할 수 있다.

$$Y_p(F) = \sum_{n=-\infty}^{\infty} y[n]e^{-j2\pi nF} = \sum_{k=-\infty}^{\infty} y[kN]e^{-j2\pi kNF} = \sum_{k=-\infty}^{\infty} x[k]e^{-j2\pi kNF} = X_p(NF) \quad (7.23)$$

이 식은 주기 스펙트럼 $X_p(F)$의 크기가 변형된(압축된) 형태로서 $Y_p(F)$를 표현하고 있고, N-폴드 스펙트럼 복사본이 된다. 이것은 스펙트럼 제로 보간이 주기 신호의 복사본(압축)을 만들어내는 아날로그 주기 신호에 대한 푸리에 급수의 결과와 정확하게 일치한다. 보간된 신호 $y[n]$의 스펙트럼은 $F = \frac{k}{N}$에서 중심이 되고, 한 주기마다 N개의 압축된 이미지를 보여준다. $F = 0$에서 중심이 되는 이미지는 주파수 범위 $|F| \le 0.5/N$에 존재한다.

마찬가지로, 데시메이션된 신호 $y[n] = x_{\downarrow}[nM]$의 스펙트럼은 원 신호를 펼친 형태이고, 다음 식으로 주어진다.

$$Y_p(F) = \frac{1}{M} X_p\left(\frac{F}{M}\right) \quad (7.24)$$

계수 $1/M$은 파서발의 관계식이 만족되었다는 것을 보장한다. 만약 원 신호 $x[n]$의 스펙트럼이 중앙 구간에서 $|F| \le 0.5/M$으로 확장된다면, 데시메이션된 신호의 스펙트럼은 $|F| \le 0.5$를 포함하고, 스펙트럼 이미지 사이에 엘리어싱이나 중첩은 없다. 그 결과, 중심의 이미지는 원 신호

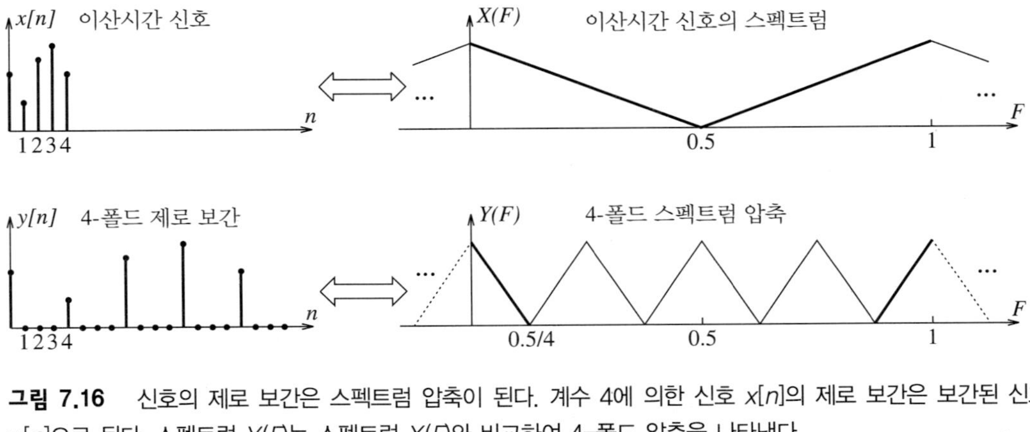

그림 7.16 신호의 제로 보간은 스펙트럼 압축이 된다. 계수 4에 의한 신호 $x[n]$의 제로 보간은 보간된 신호 $y[n]$으로 된다. 스펙트럼 $Y(F)$는 스펙트럼 $X(F)$와 비교하여 4-폴드 압축을 나타낸다.

$x[n]$의 스펙트럼이 늘어난 형태로 표현된다. 만약 그렇지 않다면, 엘리어싱과 늘어난 이미지 중첩이 있다. 이미지들은 중첩이 존재하는 곳에 더해지기 때문에, 중심의 이미지는 왜곡이 생기고 더 이상 원 신호 스펙트럼의 펼친 형태를 나타내지 않는다. 이것은 가장 피해야 되는 상황이다.

제로 보간된 스펙트럼과 데시메이션된 신호

N에 의한 제로 보간은 $F = \frac{k}{N}$에서 중심이 되어, 한 주기마다 N개의 압축된 이미지를 제공한다. M에 의한 데시메이션에 있어서, 이득은 M배로 줄고 이미지는 M배로 확장된다(만약 중첩된다면 더해진다).

예제 7.7 제로 보간과 스펙트럼 복사본

신호 $x[n]$의 스펙트럼은 $X(F) = 2\text{tri}(5F)$이다. $X(F)$와 다음 신호들의 스펙트럼을 그리고, 어떻게 그것들이 $X(F)$와 관계가 있는지를 설명하라.

1. 제로 보간된 신호 $y[n] = x^{\uparrow}[n/2]$

2. 데시메이션된 신호 $d[n] = x_{\downarrow}[2n]$

3. n이 짝수일 때는 $x[n]$과 동일하고, 홀수일 때는 0인 신호 $g[n]$

각 스펙트럼에 대하여 그림 E7.7을 참고하라.

(a) $Y(F)$는 스펙트럼 $Y(F) = X(2F)$인 $X(F)$의 압축된 형태이다.

(b) 스펙트럼 $D(F) = 0.5X(0.5F)$는 이득이 0.5인 $X(F)$의 늘어진 형태이다.

(c) 신호 $g[n]$은 $g[n] = 0.5(x[n] + (-1)^n x[n])$으로 표현할 수 있다. 그 스펙트럼(혹은 DTFT)은 $G(F) = 0.5[X(F) + X(F - 0.5)]$로 표현된다. 또한 우선 2로[$d(n)$을 얻기 위하여] $x[n]$을 데시메이션한다. 그리고 2로 $d[n]$을 제로 보간함으로써 $g[n]$을 얻을 수도 있다.

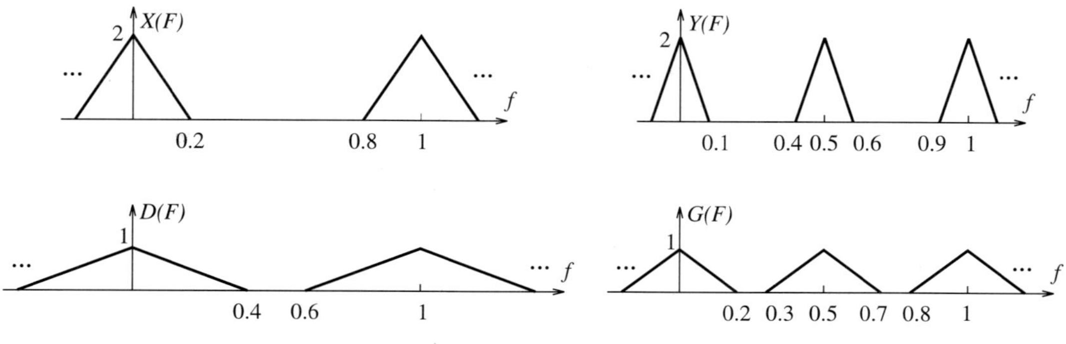

그림 E7.7 예제 7.7에 대한 신호들의 스펙트럼

7.3.2 샘플링률 증가

정수 계수 N에 의한 샘플링률 증가는 그림 7.17처럼 제로 보간 및 디지털 저역통과 필터링과 관계가 있다. 시스템의 여러 지점에서의 신호와 그 신호의 스펙트럼들이 $N = 2$인 경우에 대하여 그림 7.18에 나타나 있다.

업샘플러는 신호 샘플들 사이에 $N - 1$개의 0 값을 데시메이션하고, 더 높은 샘플링률 NS에 대응되는 N-폴드 제로 보간된 신호로 된다. N에 의한 제로 보간은 N-폴드 스펙트럼 복사본으로 되는데, $|F| \le 0.5/N$에 걸친 스펙트럼의 중심 이미지는 오버샘플링된 신호의 스펙트럼(이득 N을 제외하고)에 해당된다. 가상의 이미지는 저역통과 필터를 통하여 제로 보간된 신호를 통과함으로써 제거되는데, 필요한 오버샘플링된 신호를 얻기 위하여 이득이 N이고 차단 주파수가 $F_C = 0.5/N$인 필터여야 한다. 만약 원 샘플들이 나이퀴스트율을 초과하는 비율로 얻어진다면, 디지털

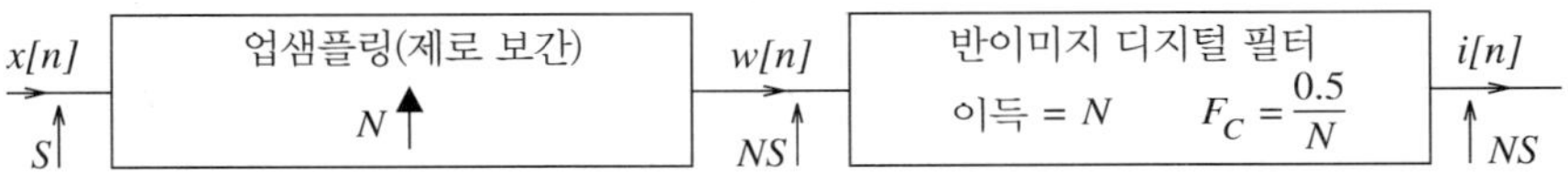

그림 7.17 정수 계수 N에 의한 샘플링률 증가는 저역통과 필터링과 함께 제로 보간이 필요하다. 제로 보간은 스펙트럼의 N-폴드 압축을 이끌어낸다. 중심 구간은 N개의 압축된 이미지를 포함하고 있다. 한 개의 이미지를 제외한 모든 이미지는 차단 주파수 $F_C = 0.5/N$를 가진 반이미지(anti-imaging) 필터에 의하여 필터링된다. 이것은 원 비율의 N배에서 샘플링된 신호를 만들어낸다.

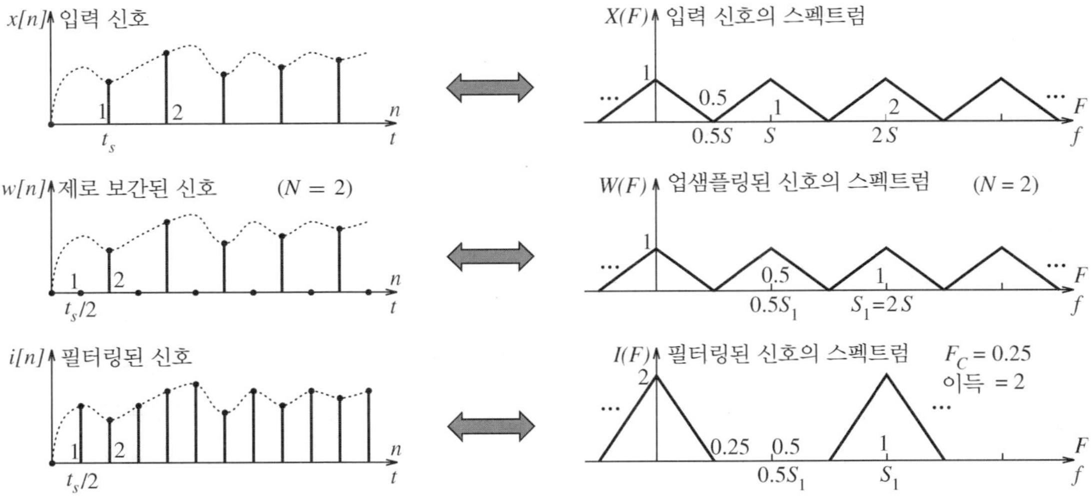

그림 7.18 샘플링률을 2배로 증가시킬 때 신호의 원 스펙트럼은 한 주기당 하나의 이미지를 갖는다. 제로 보간은 한 주기당 두 개의 압축된 이미지를 만든다. 차단 주파수 $F_C = 0.25$, 이득 2인 저역통과 필터는 하나의 이미지를 제거한다. 스펙트럼상에서 가상의 이미지에 대한 필터링은 영점 보간된 신호를 원 신호의 실제 값으로 대신한 것과 동일하다. 따라서 신호 $i[n]$은 원 비율의 2배로 샘플링된다.

저역통과 필터의 차단 주파수는 $0.5/N$보다 더 작게 만들 수 있다. 이 과정은 기초가 되는 아날로그 신호가 나이퀴스트율 이상으로 샘플링되는 한 정확한 결과를 나타내게 된다. 이때 필터 동작은 이상적인 것으로 가정되어 있다.

예제 7.8 업샘플링 및 필터링

그림 E7.8(1)의 시스템에서, 입력 신호의 스펙트럼은 $X(F) = \text{tri}(2F)$로 주어지고, 계수 2에 의해 업샘플링되고, 디지털 필터의 임펄스 응답은 $h[n] = 0.25\,\text{sinc}\,(0.25n)$이다. $-0.5 \le F \le 0.5$의 영역에서 $X(F)$, $W(F)$, $H(F)$, $Y(F)$를 그려라.

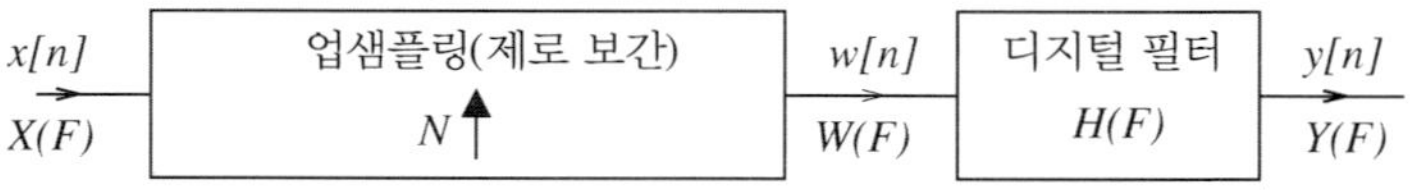

그림 E7.8(1) 예제 7.8의 시스템

그림 E7.8(2)에서 다양한 스펙트럼을 보여준다.

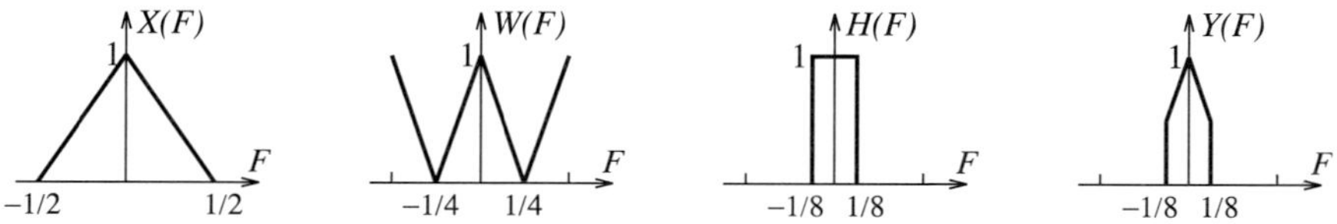

그림 E7.8(2) 예제 7.8의 시스템 각 부분에 대한 스펙트럼들

스펙트럼 $X(F)$는 단위 폭을 갖는 삼각 펄스이다. 2에 의한 제로 보간은 압축된 스펙트럼 $W(F)$가 된다. 여기서 $h[n] = 2F_C\,\text{sinc}(2nF_C)$는 차단 주파수가 F_C인 이상적인 필터에 해당된다. 따라서 $F_C = 0.125$이고, 필터는 오직 주파수 범위 $|F| \le 0.125$에서 통과한다.

7.3.3 샘플링률 감소

정수 계수 M에 의한 샘플링률 감소는 그림 7.19처럼 디지털 저역통과 필터링과 데시메이션을 포함하고 있다. 그림 7.20은 $M = 2$인 경우의 시스템 각 부분에 대한 신호와 그때의 스펙트럼을 보여주고 있다.

우선, 샘플링된 신호는 저역통과 필터(단위 이득을 가진)를 거쳐 통과시킨다. 이때 이 필터는

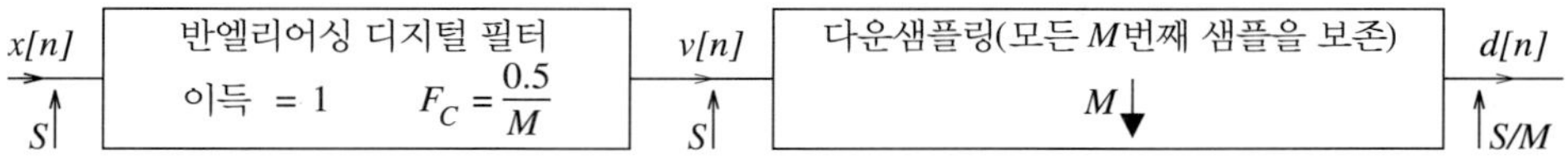

그림 7.19 정수 계수 M에 의한 샘플링률 감소는 데시메이션(다운샘플링)이 뒤따르는 저역통과 필터를 필요로 한다. 저역통과 필터는 신호를 $F = 0.5/M$로 대역제한한다. M에 의한 데시메이션은 스펙트럼을 늘리고, 원 비율의 $1/M$배마다 샘플링된 신호를 만든다.

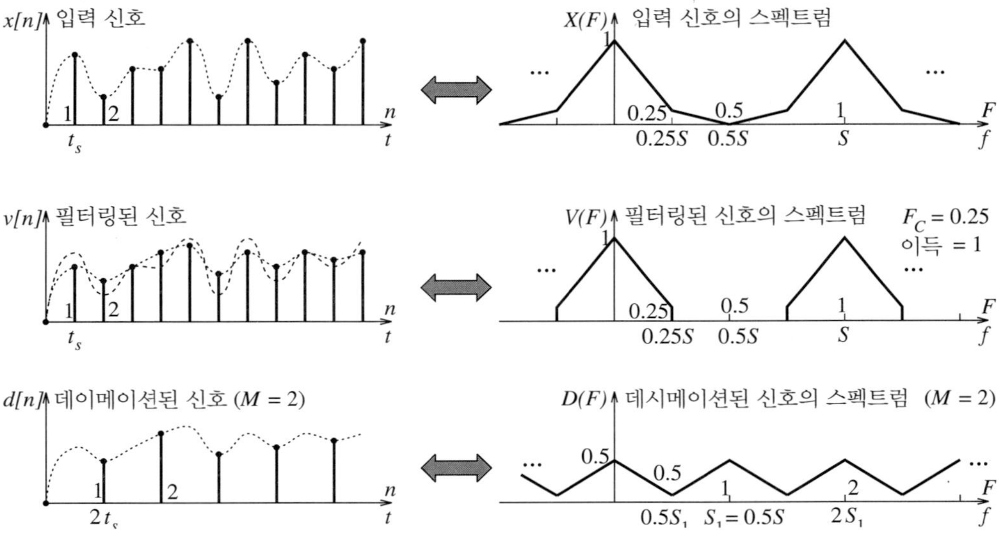

그림 7.20 2에 의해 샘플링률이 감소되는 동안, 다양한 신호들의 스펙트럼. 차단 주파수 $F_C = 0.25$인 저역통과 필터는 스펙트럼을 대역제한한다. 2에 의한 데시메이션은 스펙트럼을 늘려준다. 따라서 신호 $d[n]$은 원 비율의 반으로 샘플링된다.

주요 구간에서 $|F| \le 0.5/M$로 대역제한되는 것을 보장해야 하고, 데시메이션을 수행하는 동안 엘리어싱을 방지할 수 있어야 한다. 그 다음에 모든 M번째 샘플을 보유하고 있는 다운샘플러에 의해 데시메이션된다. 데시메이션된 신호의 스펙트럼은 주요 구간에서 $|F| \le 0.5$까지 펼쳐진 형태이다. 데시메이션된 신호의 스펙트럼은 필요에 따라 $1/M$의 이득을 갖는데, 그 이유는 단위 이득을 가진 저역통과 필터를 사용하기 때문이라는 것을 유의하기 바란다. 이 과정은 기초가 되는 아날로그 신호가 나이퀴스트율(혹은 그 이상)의 M배로 샘플링되는 한 정확한 결과를 나타내게 되고, 필터 동작은 이상적이다.

계수 M/N에 의한 분수의 샘플링률 변화는 N(보간)에 의한 샘플링률 증가 시스템과 M(데시메이션)에 의한 샘플링률 감소 시스템을 직렬연결함으로써 구현할 수 있다. 사실, 이득이 $1/N$이고 그림 7.21처럼 차단 주파수가 $0.5/M$과 $0.5/N$보다 더 작은 단일 저역통과 필터를 사용함으로써 직렬연결(양쪽 모두 샘플링률 NS로 작동하는)이 요구되는 두 개의 저역통과 필터를 대신할 수 있다.

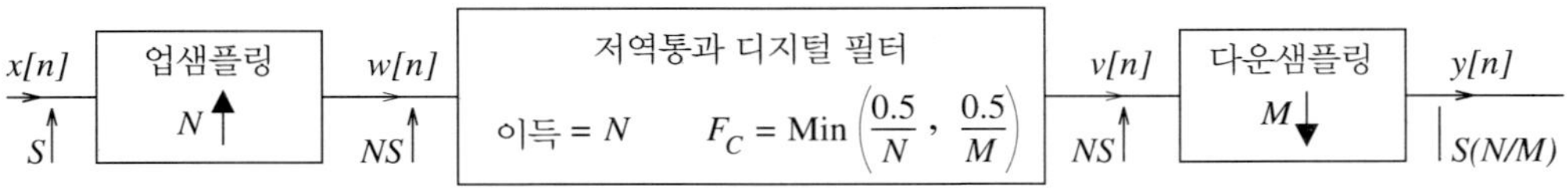

그림 7.21 M/N에 의한 샘플링률 변화를 설명한다. 첫 번째 과정은 N에 의한 업샘플링이다. 두 번째 과정은 N의 이득과 $0.5/M$과 $0.5/N$보다 더 작은 차단 주파수를 이용한 저역통과 필터이고, 마지막 과정은 M에 의한 다운샘플링이다.

7.4 양자화

디지털 신호의 중요성은 신호 처리를 위한 고속 디지털 컴퓨터의 확산으로부터 유래한다. 그러한 장비의 한정된 메모리 제약 때문에, 유한한 데이터의 수열을 처리할 수밖에 없다. 따라서 정해진 시간 안에 아날로그 신호를 샘플링해야 할 뿐만 아니라 신호의 진폭을 유한한 값의 집합으로 **양자화**(quantization, 라운딩 혹은 절단)를 해야만 한다. 양자화는 오직 신호의 진폭에만 영향을 미치기 때문에, 아날로그와 이산시간 신호 모두 양자화될 수 있다. 이 양자화된 이산시간 신호를 **디지털 신호**라고 한다.

양자화된 각 샘플들은 0과 1(비트)로 구성된 그룹(워드)으로 나타나게 되고, 이는 디지털적으로 처리할 수 있게 된다. 양자화를 좋게 할수록 워드는 길어진다. 샘플링에서처럼, 적합하지 못한 양자화는 정보의 손실을 초래한다. 하지만 샘플링과는 달리, 좋은 양자화라 할지라도 워드 길이는 반드시 유한해야 하기 때문에 이 현상은 변경될 수가 없다. 유한한 워드 길이는 비선형 효과로 나타나기 때문에, 양자화 이론의 체계적 방법론은 매우 어렵다. 양자화는 항상 약간의 잡음을 갖는데, 이 현상은 통계학적 용어로만 설명될 수 있고, 통상 어떤 구성의 마지막 단에서만 관찰되며, 이런 현상들(오버플로 혹은 리미트 사이클)은 차후에 설명한다.

7.4.1 균일 양자화기

양자화기는 신호를 유한수의 진폭 레벨이나 양자화 레벨을 생성하기 위해 동작하는 장치이다. 이는 같은 양자화 레벨을 갖는 **균일 양자화기**(uniform quantizer)를 사용하는 것이 일반적이다. 아날로그–디지털 변환기(ADC)에 쓰이는 대부분의 양자화기에서 L레벨의 수는 항상 2의 거듭제곱이다. $L = 2^B$라면, 각각의 L레벨은 이진 숫자로 변환되고, 각 신호 값은 양자화 값에 해당하는 B비트 워드의 이진화로 표현된다. 따라서 4비트 양자화기는 $2^4(= 16)$레벨, 12비트 양자화기는 $2^{12}(= 4096)$레벨의 용량을 갖는다.

신호는 가장 근접한 양자화 레벨에서 **라운딩**(rounding)하거나, 다음의 높은 레벨보다 낮은 레벨로 **절단**(truncation)하거나, 혹은 절댓값을 절단한 다음 적합한 부호를 사용하는 **크기–부호 절단**(sign-magnitude truncation)으로 양자화할 수 있다. 그림 7.22는 이러한 동작들을 설명하고 있다.

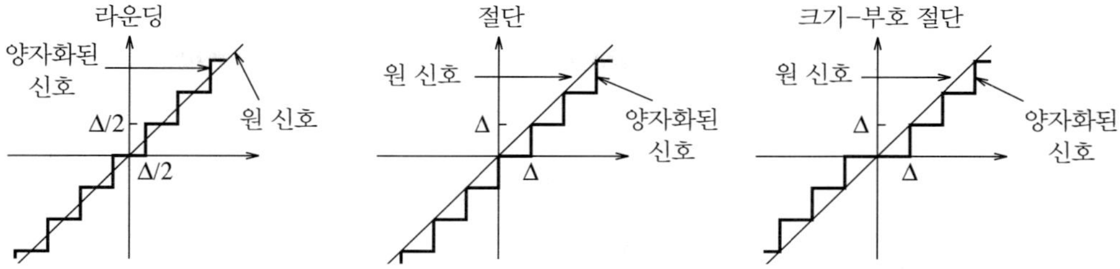

그림 7.22 다양한 양자화 방법. 양자화된 값은 라운딩해서 가장 가까운 양자화 레벨을 선택하거나 절단해서 그 다음의 낮은 레벨을 선택한다. 크기-부호 절단에서는, 절댓값(크기)을 절단하고, 현재의 부호는 후에 복원된다.

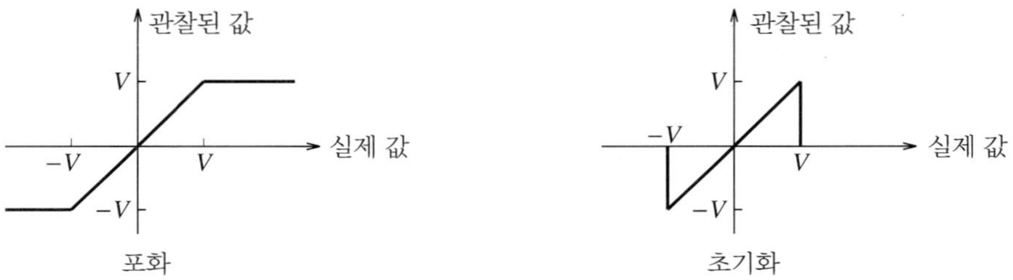

그림 7.23 두 개의 오버플로 특징. 포화 상태에서 실제 스케일 범위의 외각 부분은 전체 스케일 값을 할당한다. 0을 지날 때는 실제 스케일 범위의 외각 부분은 0을 할당한다.

$\pm X$의 실제 스케일 진폭을 갖는 양자화기에 대해서는, $|X|$ 범위 바깥쪽에 있는 입력 값은 잘라내게 되어, 오버플로를 초래할 것이다. 관찰된 값은 실제 스케일 값(포화) 또는 영(초기화)으로 할당될 수 있다. 오버플로 특성의 발생은 그림 7.23과 같다.

양자화된 신호 값은 일반적으로 워드 길이라고 하는 특정한 비트 수를 갖는 그룹으로 표현된다. 표 7.1은 $B = 3$일 때의 설명이다. 수 표기의 몇몇 형태는 양자화와 오버플로 특성을 일부 결합한 것이 적합하며, 실제로는 일정한 조합이 낫다. 어떠한 경우이든, 이진 워드의 유한길이는 바람직하지 않고 종종 돌이킬 수 없는 효과, 일반적으로 유한어장 효과(finite-word-length effect)로 알려진 현상을 초래한다.

7.4.2 양자화 오류와 양자화 잡음

양자화 오류(quantization error)는 당연히 레벨의 수에 의존한다. 이산 신호 $x[n]$에 해당하는 양자화 신호를 $x_Q[n]$으로 표시하면, 양자화 오차 $\epsilon[n]$은 다음 식으로 주어진다.

$$\epsilon[n] = x[n] - x_Q[n] \tag{7.25}$$

양자화 신호대 잡음비(quantization signal-to-noise ratio, SNR_Q)는 신호의 전력 P_S와 오차(잡음)

표 7.1 $B = 3$비트일 때의 다양한 수 표현

십진 값	부호와 크기	1의 보수	2의 보수	상대적인 이진법
+4	–	–	–	111
+3	011	011	011	110
+2	010	010	010	101
+1	001	001	001	000
+0	000	000	000	–
−0	100	111	–	011
−1	101	110	111	010
−2	110	101	110	001
−3	111	100	101	000
−4	–	–	100	–

$\epsilon[n]$의 전력 P_N의 비율로 정의하는 것이 일반적이다. 이 값은 흔히 데시벨로 나타내는데, 다음 식으로 주어진다.

$$P_S = \frac{1}{N}\sum_{n=0}^{N-1} x^2[n] \quad P_N = \frac{1}{N}\sum_{n=0}^{N-1} \epsilon^2[n] \quad \mathrm{SNR}_Q(\mathrm{dB}) = 10\log\frac{P_S}{P_N} = 10\log\frac{\sum x^2[n]}{\sum \epsilon^2[n]} \tag{7.26}$$

라운딩이나 절단으로 인한 양자화 잡음의 효과는 통계 추정을 사용하지 않는 한 분석적으로 양을 측정하기가 매우 어렵다. 신호 $x(t)$의 **동적 범위**(dynamic range)나 전체 스케일 범위를 최대 변화 $D = x_{\max} - x_{\min}$으로 정의한다. 만약 $x(t)$가 전체 스케일 범위 D인 양자화기를 사용하여 L레벨로 샘플링과 양자화가 되었다면, **양자화 계단 크기**(quantization step size), 혹은 **분해능**(resolution) Δ는 다음과 같이 정의된다.

$$\Delta = D/L \tag{7.27}$$

이 계단 크기 역시 최하위 비트(LSB: least significant bit)에 해당한다. 양자화기의 동적 범위는 종종 데시벨로 표현한다. 16비트 양자화기에서, 동적 범위는 $20\log 2^{16} \approx 96$ dB이다.

라운딩에 의한 양자화에서, 양자화 오차의 최댓값은 $-\Delta/2$와 $\Delta/2$ 사이에 존재한다. L이 크다면, 오차는 $-\Delta/2$와 $\Delta/2$ 사이의 어떤 값을 동등하게 취할 것이고 따라서 오차는 **균일하게 분포**된다. 이것의 확률 밀도 함수 $f(\epsilon)$은 그림 7.24와 같은 형태를 갖는다.

잡음 전력 P_N은 분산 σ^2(2차 중심 모멘트)과 동일하고, 다음 식으로 주어진다.

$$P_N = \sigma^2 = \int_{-\Delta/2}^{\Delta/2} \epsilon^2 f(\epsilon)\,d\epsilon = \frac{1}{\Delta}\int_{-\Delta/2}^{\Delta/2} \epsilon^2\,d\epsilon = \frac{\Delta^2}{12} \tag{7.28}$$

여기서 $\sigma = \Delta/\sqrt{12}$는 **rms 양자화 오차**(rms quantization error)를 정의한다. $\Delta = D/L$을 사용

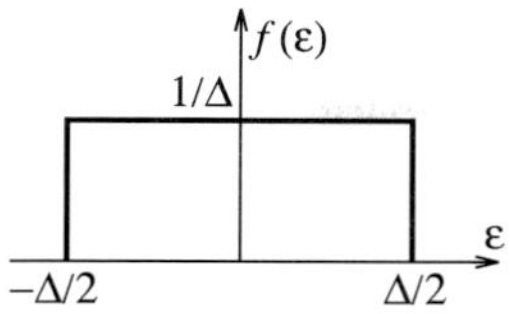

그림 7.24 오차는 $-\Delta/2$와 $\Delta/2$ 사이의 어떤 값으로 동일하게 발생하기 때문에 라운딩하여 양자화된 신호의 확률 밀도 함수는 균일하다.

하여, 다음 식을 계산한다.

$$10\log P_N = 10\log\frac{D^2}{12L^2} = 20\log D - 20\log L - 10.8 \tag{7.29}$$

SNR의 데시벨 표시인 **통계 추정**(statistical estimate)을 SNR_S로 표현하면, 다음과 같다.

$$\text{SNR}_S(\text{dB}) = 10\log P_S - 10\log P_N = 10\log P_S + 10.8 + 20\log L - 20\log D \tag{7.30}$$

$L = 2^B$레벨($\Delta = D/2^B$)의 B비트 양자화기에 대하여 다음 식이 주어진다.

$$\text{SNR}_S(\text{dB}) = 10\log P_S + 10.8 + 6B - 20\log D \tag{7.31}$$

이 결과는 추가된 각 비트에 대한 신호대 잡음비가 6 dB 정도 개선된다는 것을 보여준다. 또한 동적 범위 D가 신호 한계를 초과하여 선택된다면 신호대 잡음비에서 감소함을 나타낸다. 실제로, 신호 레벨은 좀처럼 동적 범위의 극한값에 도달하지 않는다. 양자화기에 대해 보다 작은 동적 범위 D를 선택함으로써 신호대 잡음비를 늘릴 수 있다는 것을 보여주지만, 일부 왜곡(매우 높은 신호 레벨에서)의 비용을 감수해야 한다.

예제 7.9 양자화 효과

(a) -2 V와 2 V 사이에서 가변적인 샘플링 신호가 B비트를 사용하여 양자화되었다. 5 mV보다 작은 rms 양자화 오차를 보장하는 B의 값은 얼마가 될 것인가?

전체 크기 범위 $D = 4$ V이다. rms 오차는 $\sigma = \Delta/\sqrt{12}$의 식으로 주어진다. $\Delta = D/2^B$이므로 다음 값을 얻을 수 있다.

$$2^B = \frac{D}{\sigma\sqrt{12}} = \frac{4}{0.005\sqrt{12}} = 230.94 \qquad B = \log_2 230.94 = 7.85$$

이 결과를 라운딩하면, $B = 8$비트이다.

(b) 램프 신호 $x(t) = 2t$, 범위 (0, 1)을 생각해 보자. 0.1초의 샘플링 간격과 $L = 4$에 대하여, 샘플링된 신호와 양자화된 신호(라운딩하여), 그리고 오차 신호를 다음과 같이 얻는다.

$$x[n] = \{0, 0.2, 0.4, 0.6, 0.8, 1.0, 1.2, 1.4, 1.6, 1.8, 2.0\}$$
$$x_Q[n] = \{0, 0.0, 0.5, 0.5, 1.0, 1.0, 1.0, 1.5, 1.5, 2.0, 2.0\}$$
$$e[n] = \{0, 0.2, -0.1, 0.1, -0.2, 0.0, 0.2, -0.1, 0.1, -0.2, 0.0\}$$

여기서 몇 가지 방법으로 SNR을 계산할 수 있다.

1. $\text{SNR}_Q = 10\log\frac{P_S}{P_N} = 10\log\frac{\sum x^2[n]}{\sum e^2[n]} = 10\log\frac{15.4}{0.2} = 18.9 \text{ dB}$
2. 이때 $\text{SNR}_Q = 10\log P_S + 10.8 + 20\log L - 20\log D$의 식을 사용할 수도 있다. $D = 2$이고 $N = 11$일 때,

$$\text{SNR}_S = 10\log\left[\frac{1}{N}\sum_{n=0}^{N-1} x^2[n]\right] + 10.8 + 20\log 4 - 20\log 2 = 18.7 \text{ dB}$$

3. 만약 $x(t)$가 $T = 1$인 주기 신호의 한 주기라면, P_S와 SNR_S를 다음과 같이 구할 수 있다.

$$P_S = \frac{1}{T}\int x^2(t)\,dt = \frac{4}{3}$$

$$\text{SNR}_S = 10\log\left(\frac{4}{3}\right) + 10\log 12 + 20\log 4 - 20\log 2 = 18.062 \text{ dB}$$

다른 결과 값이 나온 이유는 무엇일까? SNR_S가 **통계 추정**이기 때문이다. 샘플 N의 값이 크면 클수록, SNR_Q와 SNR_S의 차이는 더 작아진다. $N = 500$일 때의 예를 보자. $\text{SNR}_Q = 18.0751$ dB, 그리고 $\text{SNR}_S = 18.0748$ dB은 매우 근사한 값이다.

(c) 정현파 $x(t) = A\cos(2\pi ft)$를 생각해 보자. $x(t)$에서 전력 $P_S = 0.5A^2$이다. $x(t)$의 동적 범위는 $D = 2A$(최대 진폭값)이다. B비트 양자화기에 대하여 널리 알려진 결과를 얻을 수 있다.

$$\text{SNR}_S = 10\log P_S + 10.8 + 6B - 20\log D = 6B + 1.76 \text{ dB}$$

7.5 아날로그 신호의 디지털 처리

샘플링 이론의 요점은 단지 적당한 샘플링률을 선택하는 것이 아니다. 아날로그 신호의 처리는 원 신호와 정보의 내용이 동일하기 때문에, 아날로그 신호 처리는 나이퀴스트 샘플링 처리와 동일하다는 점이 더 중요하다. 바로 이 점이 샘플링 이론이 실제로 어떻게 이용되는가를 보여준다. 샘플링 이론은 아날로그 신호 처리와 디지털 신호 처리 사이의 링크를 형성하고, 우리가 아날로그 신호를 조정하기 위해 디지털 기술들을 사용할 수 있게 해 준다. $x(t)$를 nt_s 시점에서 샘플링할 때, 샘플링된 신호의 스펙트럼은 주기 $S = 1/t_s$인 주기 신호이며, 최고 주파수 $B = 0.5S$의 대역제한을 의미한다. 아날로그–디지털 변환을 위한 일반적인 시스템을 그림 7.25에 나타내었다.

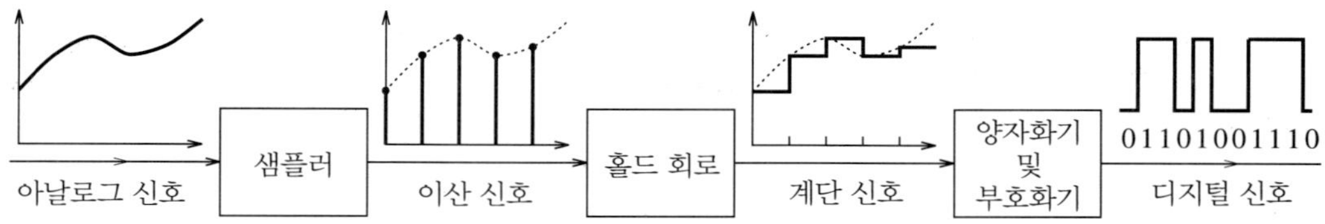

그림 7.25 아날로그–디지털 변환에 대한 시스템 블록 다이어그램. 샘플러는 이산 신호를 생성한다. 홀드 회로는 계단형의 근삿값을 생성한다. 양자화기와 부호화기는 0과 1의 형태로 디지털 신호를 생성한다.

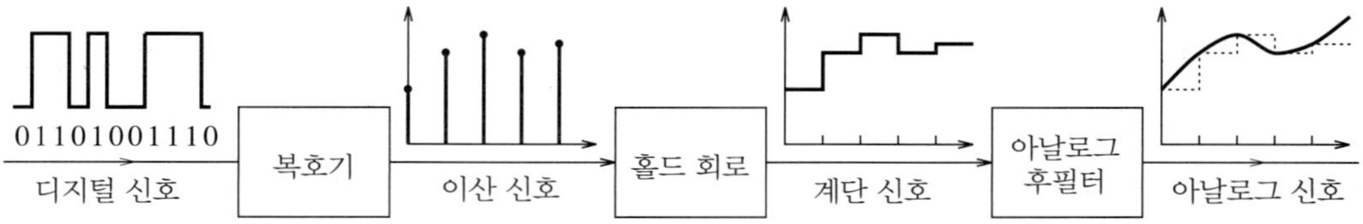

그림 7.26 아날로그–디지털 변환에 대한 시스템 블록 다이어그램. 복호기는 디지털 비트 열을 이산 신호로 변환한다. 홀드 회로는 계단형의 근삿값을 생성한다. 아날로그 후필터는 평활한 아날로그 신호를 생성하기 위하여 가장자리를 라운딩하는 역할을 한다.

아날로그 저역통과 **전필터**(pre-filter) 또는 **비엘리어싱 필터**(anti-aliasing filter)는 가장 높은 아날로그 신호의 주파수를 제한한다. 그 이유는 엘리어싱을 발생하지 않게 하고 샘플링률의 적절한 선택을 보장해 주기 때문이다. **샘플러**(sampler)는 나이퀴스트 샘플링률 이상으로 동작을 하며 일반적으로 영차홀드 장치이다. **양자화기**(quantizer)는 유한한 레벨의 수로 만들기 위하여 샘플링된 신호의 값들을 제한한다(16비트 양자화기는 100 dB에 가까운 신호대 잡음비를 허용한다). **부호화기**(encoder)는 양자화된 신호의 값을 0과 1(**워드**) 또는 2**진수**(**비트**)의 스트링으로 변환하고, 스트링의 길이는 양자화기의 양자화 레벨 수에 의해 결정된다.

디지털 필터로 구성된 하드웨어 또는 소프트웨어에서 디지털 신호 처리 시스템은 부호화된 디지털 신호[또는 **비트 열**(bit stream)]를 적절한 방법으로 처리한다. 디지털–아날로그 변환은 위의 과정을 반대로 하며, 그림 7.26의 시스템에 의하여 완성된다.

복호기(decoder)는 처리된 비트 열을 양자화된 신호의 값을 갖는 이산 신호로 변환한다. 영차홀드 장치는 이산 신호를 계단식의 근사화로 재구성한다. 저역통과 아날로그 **전필터** 또는 주기 스펙트럼으로부터 중앙 구간을 추출하는 **비이미징 필터**(anti-imaging filter)는 원하지 않는 복제를 제거하고 부드럽게 재구성된 신호를 생성하게 해 준다.

7.5.1 실제 ADC에 관한 고찰

아날로그 신호를 디지털 신호로 변환하기 위한 아날로그–디지털 변환기(ADC)는 양자화기와 부호화기에 따라 샘플–홀드 회로로 구성되어 있다. 선형적인 샘플–홀드 회로의 블록 다이어그

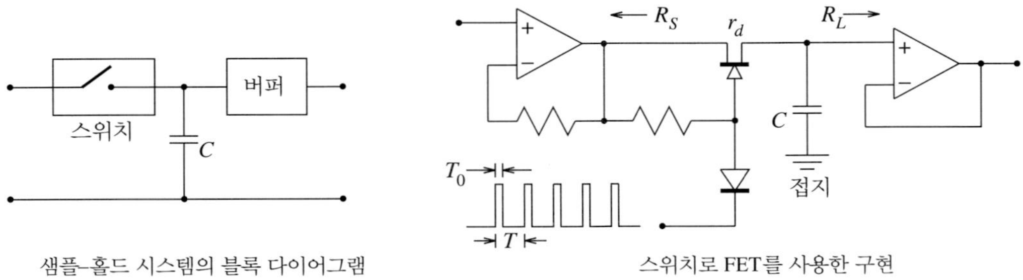

그림 7.27 샘플–홀드 시스템의 블록 다이어그램과 실제 구현

램과 실제적인 구현은 그림 7.27과 같다.

클록 신호(clock signal)는 FET와 같은 스위치를 제어하여 스위치가 닫혔을 때는 홀드 커패시터 C가 샘플링된 값을 매우 빠르게 충전하고, 스위치가 열렸을 때는 버퍼 연산 증폭기의 높은 입력 저항을 통하여 매우 천천히 방전하도록 한다. 이상적으로 샘플링은 가능한 한 동시에 일어나야 하고 단 한 번만 요구되어야 한다. 그리고 레벨은 양자화와 부호화가 될 때까지 고정되어야 한다. 실제의 회로 또한 홀드 커패시터로부터 소스를 분리하고, 더 좋은 입력의 트래킹을 공급하기 위하여 입력단에 연산 증폭기를 사용한다. 실제로 신호가 측정되는 동안의 제한된 **간격시간**(aperture time) T_A, 홀드 모드에서 샘플링 모드로 전환하기 위한 제한된 **획득시간**(acquisition time) T_H, 홀드 커패시터의 누출 때문에 발생하는 커패시터 전압에서의 **감소**(droop), 양자화기의 제한된 **전환시간**(conversion time) T_C 등 이러한 모든 것이 완벽한 성능을 내지 못하게 하는 원인이 된다.

제한된 간격시간은 신호가 측정될 수 있는 정확성과 ADC에 의하여 조정될 수 있는 최고 주파수를 모두 제한한다. 정현파 신호 $x(t) = A\sin(2\pi f_0 t)$를 생각해 보자. $x(t)$의 도함수 $x'(t) = 2\pi A f_0 \cos(2\pi f_0 t)$는 신호가 변하는 속도를 나타낸다. 가장 빠른 변화율은 $x(t)$의 영점을 지날 때 $2\pi A f_0$와 같다. 만약 신호 레벨이 간격시간 T_A 동안 ΔX만큼 변화할 수 있다면 다음 식을 만족해야 한다.

$$2\pi A f_0 \le \frac{\Delta X}{T_A} \quad \text{또는} \quad f_0 \le \frac{\Delta X}{\pi D T_A} \tag{7.32}$$

여기서 $D = 2A$는 양자화기의 최대 크기 범위에 해당한다. 일반적으로 ΔX는 rms 양자화 오차 $(= \Delta/\sqrt{12})$ 또는 0.5 LSB$(= 0.5\Delta)$와 동일하게 선택될 수 있다. 단지 양자화기만 사용하는 샘플–홀드 회로가 없을 때는 간격시간이 양자화기의 전환시간과 일치해야 한다. 이 시간은 너무 커서 실제로 접하는 주파수의 전환을 허용하지 않게 될 것이다. 샘플–홀드 회로를 사용하는 중요한 이유는 샘플링된 값을 일정하게 유지하며, 많은 높은 주파수를 ADC로 조절하는 것을 허용하기 때문이다. 샘플–홀드 회로를 갖는 ADC에 사용될 수 있는 최고 샘플링률 S는 간격시간 T_A, 샘플–홀드 회로의 보류시간 T_H뿐만 아니라 양자화기의 전환시간 T_C에 의하여 결정되며, 다음과 같다.

$$S \le \frac{1}{T_A + T_H + T_C} \tag{7.33}$$

이 샘플링률은 물론 나이퀴스트율을 초과해야 한다. 보류 위상(hold phase) 동안에 커패시터는 버퍼 증폭기의 높은 입력 저항 R을 통하여 방전하고 커패시터의 전압은 $v_C(t) = V_0e^{-t/\tau}$로 주어진다. 이때 V_0는 획득한 값이고 $\tau = RC$이다. 보류 위상 동안에 전압은 엄격하게 고정되지 않고 감소된 값을 보인다. $t = 0$에서 발생하는 최대 변화율은 $v'(t)|_{t=0} = -V_0/\tau$로 주어진다. 홀딩 커패시터 C가 줄어드는 것은 최소화할 수 있다. 만약 최대 감소가 보류시간 T_H 동안에 ΔV로 제한된다면, 다음 식을 만족해야 한다.

$$\frac{V_0}{RC} \le \frac{\Delta V}{T_H} \quad \text{또는} \quad C \ge \frac{V_0 T_H}{R\,\Delta V} \tag{7.34}$$

낮은 범위를 부과하기 위하여 V_0는 일반적으로 실제 크기의 범위와 동일하게 선택되고 ΔV는 rms 양자화 오차($= \Delta/\sqrt{12}$) 또는 0.5 LSB($= 0.5\Delta$)와 같이 선택될 것이다. 일반적으로 C보다 높은 값이 주어질 수 있다. 그 이유는 저장 위상(capture phase) 동안 커패시터는 입력 레벨까지 매우 빠르게 충전할 수 있어야 한다는 사실 때문이다.

디지털-아날로그 변환기(DAC)는 코드화되고 양자화된 신호가 아날로그 신호로 변환되도록 한다. 가장 기본적인 형태는 그림 7.28과 같이 합의 연산 증폭기로 구성되어 있다.

스위치들을 접지 또는 입력에 연결한다. 출력 전압 V_0는 스위치를 켰을 때 입력의 합으로 가중치가 주어진다. 저항 값들이 다음 식으로 선택된다면

$$R_0 = R \quad R_1 = \frac{R}{2} \quad R_2 = \frac{R}{2^2} \quad \cdots \; R_{N-1} = \frac{R}{2^{N-1}} \tag{7.35}$$

출력은 다음과 같이 주어진다.

$$V_0 = -V_i \frac{R_F}{R}(b_{N-1}2^{N-1} + b_{N-2}2^{N-2} + \cdots + b_1 2^1 + b_0 2^0) \tag{7.36}$$

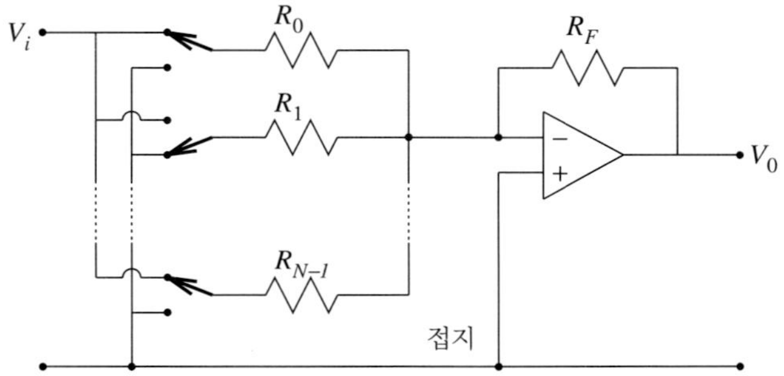

그림 7.28 디지털-아날로그 변환 시스템

여기서 계수 b_k는 스위치의 위치에 대응하는 값이며, 입력에 연결되었을 때는 1, 접지에 연결되었을 때는 0이 된다. 실제 회로들은 특히 높은 비트의 변환기를 위한 넓은 범위의 저항 값을 선택하는 문제점을 극복하기 위하여 R 또는 $2R$의 몇 가지의 다른 저항 값만을 사용하는 수정된 형태를 기본으로 한다. 물론 1비트의 DAC는 간단히 고정된 이득과 일치한다.

예제 7.10 **ADC에 관한 고찰**

(a) 12비트 양자화기를 사용하여 15 kHz에서 대역제한되어 있는 신호를 디지털화하는 것을 가정해 보자. 신호 레벨이 저장되는 동안에 rms 양자화 오차보다 작게 변할 수 있다면, 간격시간 T_A는 다음을 만족해야 한다.

$$T_A \leq \frac{\Delta X}{\pi D f_0} = \frac{D/2^B\sqrt{12}}{\pi D f_0} = \frac{1}{2^{12}\pi(15)(10^3)} \approx 5.18 \text{ ns}$$

가장 실용적인 양자화기의 전환시간은 마이크로초(μs) 범위보다 크다. 그 결과 간격시간이 5 ns보다 짧은 샘플–홀드 회로에 의해 시작되는 경우에만 그러한 양자화기를 사용할 수 있다.

(b) 4 ns의 간격시간과 10 μs의 보류시간을 갖는 샘플–홀드 회로에 12비트 양자화기를 사용하여 15 kHz에서 대역제한되는 신호를 디지털화한다면, 양자화기의 전환시간은 다음과 같이 계산될 수 있다.

$$S \leq \frac{1}{T_A + T_H + T_C} \qquad T_A + T_H + T_C \leq \frac{1}{S} = \frac{1}{(30)10^3} \qquad T_C = 23.3\ \mu\text{s}$$

T_C의 값은 실제 양자화기의 출력 범위 내에 있다.

(c) 샘플–홀드 회로가 1 MΩ의 입력 저항을 갖는 연산 증폭기에 의하여 버퍼링된다고 가정해 보자. 보류 위상 동안에 0.5 LSB보다 작게 감소하는 것을 보장하기 위하여 아래 조건이 요구된다.

$$C \geq \frac{V_0 T_H}{R\Delta V}$$

여기서 V_0가 실제 크기의 값과 일치한다면 $\Delta V = 0.5\,\text{LSB} = V_0/2^{B+1}$이고, 다음과 같이 주어진다.

$$C \geq \frac{V_0 T_H}{R(V_0/2^{B+1})} = \frac{(10)10^{-6}2^{13}}{10^6} \approx 81.9 \text{ nF}$$

7.5.2 비엘리어싱 필터에 관한 고찰

비엘리어싱 필터의 목적은 입력 신호를 대역제한하는 것이다. 그러나 실제로 완벽한 필터는 설계가 불가능하고, 어느 정도의 엘리어싱은 피할 수가 없다. 비엘리어싱 필터의 설계는 엘리어싱 효과가 작게 유지되는 것을 보장해야 한다. 이를 위한 한 가지 방법은 나이퀴스트 주파수 이상의 성분들을 ADC에 의하여 감지될 수 없는 레벨로 약화시키는 것이다. 따라서 샘플링 주파수 S의 선택은 가장 높은 주파수가 얼마인가도 중요하지만, ADC의 분해능에 의해서도 영향을 받는다. 만약 엘리어싱 레벨이 ΔV이고 최대 통과대역 레벨이 V라면, $A_s > 20\log\frac{V}{\Delta V}$ dB의 저지대역 감쇠를 갖는 필터가 요구된다. 만약 신호 레벨이 A와 같고 통과대역 가장자리가 반전력(또는 3-dB) 주파수로 정의되고, ΔV가 B비트 양자화기에 대한 rms 양자화 오차로 선택된다면 다음 식으로 구할 수 있다.

$$A_s > 20\log\frac{\text{최대 rms 통과대역 레벨}}{\text{최소 rms 저지대역 레벨}} = \frac{A/\sqrt{2}}{\Delta/\sqrt{12}} = \frac{A/\sqrt{2}}{A/(2^B\sqrt{12})} = 20\log(2^B\sqrt{6})\text{ dB} \quad (7.37)$$

예제 7.11 비엘리어싱 필터 고찰

대역폭이 4 kHz이고 잡음이 있는 신호를 8비트의 ADC를 사용하여 처리하는 것을 가정해 보자.
최소 $A_s = 20\log(2^B\sqrt{6}) \approx 56$ dB의 저지대역 감쇠가 요구된다.
만약 3-dB의 통과대역 가장자리 f_p를 갖는 4차 버터워스(Butterworth) 비엘리어싱 필터를 사용한다면, 56 dB의 저지대역 감쇠가 발생하는 정규화된 주파수 $\nu_s = f_s/f_p$는 다음 식으로부터 계산된다.

$$A_s = 10\log\left(1+\nu_s^{2n}\right) \qquad \nu_s = (10^{0.1A_s}-1)^{1/2n} \approx 5$$

통과대역 가장자리 f_p가 4 kHz로 선택된다면 실제 저지대역 주파수는 $f_s = \nu_s f_p = 20$ kHz이다.
또한 저지대역 가장자리가 가장 높은 주파수의 값과 일치한다면, 이때 $S = 40$ kHz이다.
통과대역 가장자리 f_p에서 엘리어싱을 갖는 주파수 f_a는 $f_a = S - f_p = 36$ kHz와 일치한다.
주파수 f_a에서의 감쇠 A_a는 다음과 같다.

$$A_a = 10\log\left(1+\nu_a^{2n}\right) = 10\log(1+9^8) \approx 76.3\text{ dB}$$

이 값은 $(1.5)10^{-4}$의 신호 레벨과 일치하고, $1/(2^B\sqrt{12}) = 0.0011$인 rms 양자화 오차보다 작다.

7.5.3 비이미징 필터의 고찰

복원 필터의 설계는 주요 이미지를 추출하고 실제 영차홀드 샘플링에 의하여 발생하는 싱크 왜곡을 최소화하는 것을 요구한다. 디지털–아날로그 변환 동안에 오버샘플링이 사용되지 않는다면, 그러한 필터의 설계는 엄격한 규격을 만족해야 한다. 이론상으로 나이퀴스트율보다 더 높은 비율에서 **오버샘플링**(oversampling)은 많은 수의 샘플을 처리해야 하기 때문에 비경제적일 수 있다. 하지만 실제로 오버샘플링은 여러 가지 이점을 제공한다. 첫째, 스펙트럼의 이미지 사이에

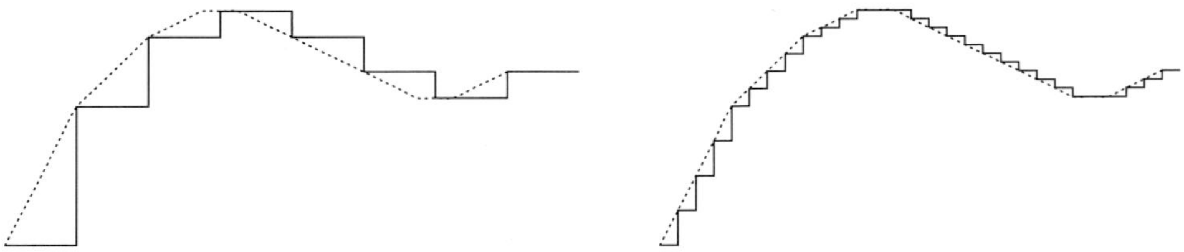

그림 7.29 낮고(왼쪽) 높은(오른쪽) 샘플링률에서 계단형 신호의 복원. 높은 샘플링률은 기본적인 신호에 대하여 더욱 좋은 근삿값을 생성하고, 간단한 후필터의 사용으로 가장자리를 부드럽게 하는 것을 허용한다.

서 적당한 간격을 제공하고 비교적 엄격하지 않은 차단 조건을 갖는 필터가 신호 복원에 사용되도록 허용한다. 둘째, 실제의 영차홀드 샘플링에 의하여 야기되는 싱크 왜곡의 효과를 최소화한다. 그림 7.29는 두 개의 샘플링률에서 계단형의 복원을 보여준다.

보다 높은 샘플링률을 얻기 위한 계단형 복원에서의 보다 작은 스텝들은 아날로그 신호의 향상된 근삿값들을 유도한다. 그리고 이러한 작은 스텝들은 엄격하지 않은 규격으로 낮은 차수의 필터를 사용하여 부드럽게 하는 것이 더 쉽다.

예제 7.12 비이미징 필터 고찰

20 kHz에서 대역제한되는 오디오 신호의 복원을 이상적인 샘플링으로 가정하여 처리하는 것을 생각해 보자. 복원 필터는 0.5 dB의 최대 신호 감쇠와 적어도 60 dB까지의 모든 이미지가 감쇠되는 것이 요구된다.

(a) 통과대역 감쇠는 통과대역 가장자리 $f_p = 20$ kHz에서 $A_p = 0.5$ dB이다. 저지대역 감쇠는 저지대역 가장자리 $f_s = S - f_p = S - 20$ kHz에서 $A_s = 60$ dB이고, 여기서 S는 kHz 단위에서의 샘플링률이다. 이에 대한 설명을 그림 E7.12a에서 보여주고 있다.

버터워스 필터를 설계한다면 필터의 차수 n은 다음과 같이 주어진다.

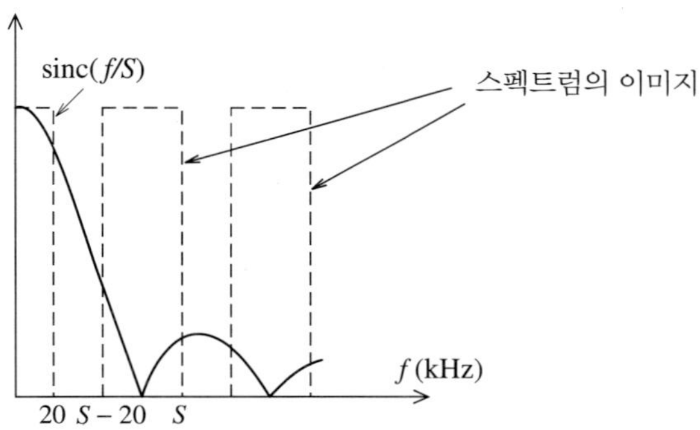

그림 E7.12a 예제 7.12(a)에 대한 스펙트럼

$$n = \frac{\log[(10^{0.1A_s} - 1)/\epsilon^2]^{1/2}}{\log(f_s/f_p)} \qquad \epsilon^2 = 10^{0.1A_p} - 1$$

1. $S = 44.1$ kHz를 선택한다면, $f_s = 44.1 - 20 = 22.1$ kHz와 $n = 80$을 계산한다.

2. $S = 176.4$ kHz(4배 오버샘플링)를 선택한다면, $f_s = 176.4 - 20 = 156.4$ kHz와 $n = 4$를 계산한다. 이것은 필터 차수 면에서 놀라운 감소이다.

(b) 영차홀드 샘플링과 $S = 176.4$ kHz라고 가정한다면 신호의 스펙트럼은 $\text{sinc}(f/S)$로 곱해질 것이다. 이것은 이미 20 kHz의 통과대역 가장자리에서 $-20\log[\text{sinc}(20/176.4)] = 0.184$ dB과 156.4 kHz의 저지대역 가장자리에서 $-20\log[\text{sinc}(156.4/176.4)] = 18.05$ dB의 신호 감쇠를 제공한다. 게다가 새로운 필터 감쇠 규격은 $A_p = 0.5 - 0.184 = 0.316$ dB과 $A_s = 60 - 18.05 = 41.95$ dB이고, 다음과 같은 차수의 버터워스 필터가 요구된다.

$$n = \frac{\log[(10^{0.1A_s} - 1)/\epsilon^2]^{1/2}}{\log(f_s/f_p)} = 2.98 \quad \Rightarrow \quad n = 3$$

오버샘플링은 더 낮은 차수의 복원 필터를 사용하는 것을 허용한다. 사실, 초기의 상업용 CD 플레이어들은 4차 오버샘플링(DSP 단계 동안)이 사용되었고, 선형위상을 위해 2차 또는 3차 베셀(Bessel) 복원 필터를 사용했다. 또한 싱크 왜곡의 복원에 앞서 DSP 단계 동안에 1/sinc 응답을 갖는 디지털 필터의 사용으로 최소화시키고 있다.

7.6 콤팩트디스크 디지털 오디오

소비자 시장에 많은 영향을 미치고 있는 디지털 신호 처리의 한 응용은 콤팩트디스크(CD) 디지털 오디오 시스템이다. 사람의 귀는 중이(고막)에서 공기 분자의 압력을 통해 소리를 인식하는 믿을 수 없을 만큼 예민한 청각 장치이다. 이것은 청각의 경계치인 분자의 브라운 운동(Brownian motion)으로부터 시작하여 고통의 경계치 범위에 이르기까지 120 dB의 엄청난 동적 범위를 포함한다. 소리를 기록하는 기술은 1877년 에디슨의 축음기 발명 이래, 오랜 세월 동안 발전해 왔다. LP 기록상에서 오디오 신호의 아날로그 녹음은 낮은 신호대 잡음비(약 60 dB)로 인하여, 즉 스테레오 채널(약 30 dB), 재생음의 흐트러짐, 재생음의 불규칙 운동 그리고 레코드 홈의 기계적인 트래킹에 의한 닳아서 해짐으로 인한 불완전한 분리 등으로 어려움이 있었다. CD는 LP와 카세트테이프의 제한을 극복하고, 신호대 잡음비, 동적 범위, 스테레오 분리 등, 이 모두를 90 dB을 초과하여 산출한다. 이것은 녹음과 재생을 하는 동안에 디지털 신호 처리 기술을 최대한 이용하게 한다.

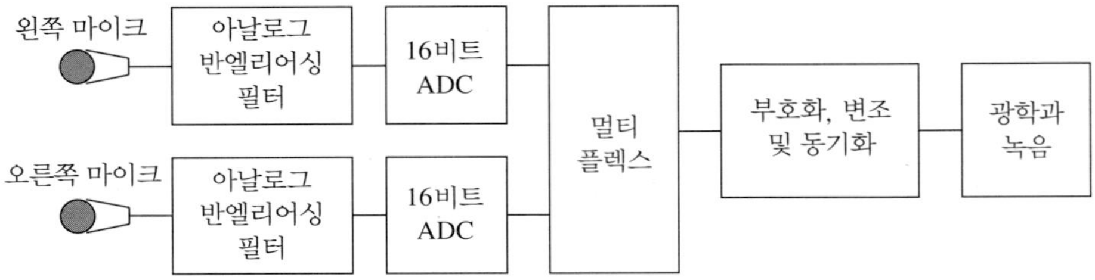

그림 7.30 콤팩트디스크 녹음 시스템의 구성요소

7.6.1 녹음

그림 7.30은 일반적인 CD 녹음 시스템을 설명한다. 각 마이크로부터 녹음된 아날로그 신호는 비엘리어싱 필터를 거쳐서, 44.1 kHz의 산업 표준으로 샘플링되고, 각 채널마다 16비트로 양자화된다. 그 다음 두 신호 채널은 다중 송신되고, 다중 송신된 신호는 부호화 그리고 뒤에 오차 정정 및 검출을 위해 **패리티 비트**(parity bit)가 더해진다. 부가적인 비트들 또한 듣는 사람을 위한 정보(재생시간, 트랙 넘버 등)를 제공하기 위해 추가된다. 그리고 부호화된 정보는 효과적인 저장을 위해 변조되고, 더 많은 비트가 샘플링 주파수의 다음 복구를 위해 더해진다. 변조된 신호는 회전하는 유리 디스크의 감광성 층을 밝게 한 레이저 빔을 컨트롤하는 데 사용된다. 레이저가 온/오프됨에 따라, 디지털 정보는 나선형 트랙에 **피트**(pits) 및 **랜드**(lands)의 패턴으로 감광성층에 매칭된다. 이 주된 디스크는 열가소성 물질로부터 상업용 CD의 대량 생산을 위한 토대를 형성한다.

얼마나 많은 정보를 CD에 저장할 수 있을까? 44.1 kHz의 샘플링률과 스테레오로 샘플당 32비트를 가지면, 비트율은 초당 $(44.1)(32)10^3 = (1.41)10^6$의 음성 버트가 된다. 부호화, 변조, 동기화를 거친 후에, 비트 수는 초당 $(4.23)10^6$ 채널 비트의 비트율을 제공하기 위하여 대략 3배가 된다. 한 시간을 기록하는 데 대략 600메가바이트를 사용한다.

7.6.2 되감기

CD 플레이어는 본래 녹음한 끝부분에서 순서를 바꾸어 연속된 스텝으로 콤팩트디스크상에 저장된 정보로부터 오디오 신호를 복원한다. 그림 7.31은 일반적인 CD 플레이어를 설명한다. 재생하는 동안, CD의 트랙은 디지털 신호를 만들기 위해 광학적으로 레이저를 주사한다. 이 디지털 신호는 복조되고, 패리티 비트가 샘플 값들 사이에서 가능하다면 보간법으로 오차를 정정하고, 정정이 불가능하다면 신호의 소리를 죽인다. 이때 변조된 신호는 DAC를 사용하여 복원을 준비한다. 그러나 DAC 다음의 아날로그 복원 필터는 44.1 kHz의 배수에서 발생하는 이미지들을 제거하기 위해 충분한 규격을 반드시 만족해야 한다. 비록 이미지들이 가청 범위를 훨씬 넘을지라도, 증폭기와 스피커의 과부하를 막기 위해 필터링을 해야 한다. 실제로 수행하는 것은

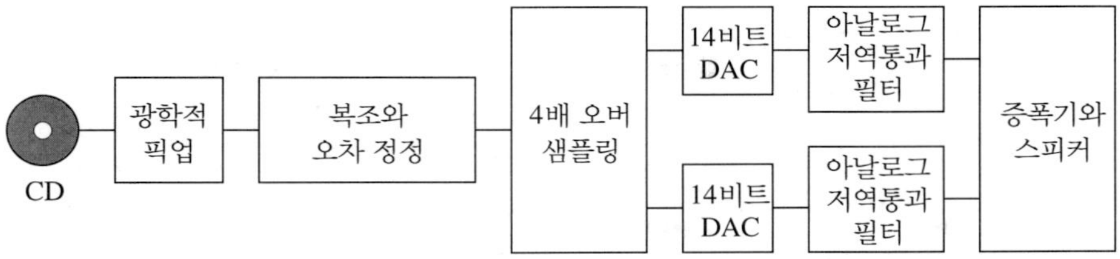

그림 7.31 콤팩트디스크 되감기 시스템의 구성요소

176.4 kHz의 비율을 위해 신호를 4배로 디지털 방식으로 오버샘플링하고, DAC에 통과시키는 것이다. 또한 홀드 작동의 싱크 왜곡에 대해 보상하는 디지털 필터는 DAC에 앞서 사용된다. 오버샘플링은 스텝들을 더 작게 그리고 부드럽게 해야 하는 아날로그 필터의 요구조건을 완화시킨다. 싱크 보상 필터 또한 스펙트럼 이미지에 대해 18 dB의 추가 감쇠를 제공하고, 그 이상의 아날로그 복원 필터의 저지대역 규격을 완화시킨다. 최초의 시스템은 30 kHz의 3 dB 통과대역을 갖는 3차 베셀 필터가 사용되었다. 오버샘플링의 다른 이점은 잡음 플로어(noise floor)를 줄여주고, 더욱 넓은 대역폭에 걸쳐 양자화 잡음을 펼쳐준다는 것이다. 이것은 14비트로 오버샘플링된 신호를 라운딩하는 것을 허용하고, 16비트 DAC와 같은 성능 레벨을 제공하는 14비트의 DAC를 사용하게 해 준다.

7.7 동적 범위 프로세서

신호의 동적 범위 조정이 요구되는 경우가 많이 있다. 100 dB 이상의 소음은 불쾌하게 큰 소리로 들리므로, 즐거운 경청을 위해 동적 범위를 환경에 맞추어야 한다. 대체로 콘서트홀과 달리 주위에 잡음이 많은, 자동차나 거실과 같은 작고 폐쇄된 장소에서 큰 동적 범위를 갖는 음악을 들을 때는 압축을 하는 것이 바람직하다. 예를 들어 음악이 80 dB의 동적 범위를 갖고 주위의 잡음이 최소 가청치를 넘어 40 dB이 된다면, 그 음악은 고통의 경계에 근접한 120 dB 이상의 소음으로 들릴 수 있다. 동적 범위 압축은 상가나 엘리베이터 안의 배경음악에도 필요하다. 압축은 자기테이프를 녹음할 때와, 스튜디오에서 녹음된 음악의 일부분에 각 트랙의 동적 범위를 조정할 때도 왜곡을 방지하기 위해 사용된다.

한편 신호의 동적 범위를 확장해야 하는 경우들이 있다. 예를 들면, LP 레코드와 카세트테이프의 동적 범위는 보통 50~70 dB로 그다지 높지 않다. 동적 범위를 확장하여 큰 소리의 악절(passage)을 더 크게 만드는 효과를 낼 수 있고, 부드러운 악절을 더욱 부드럽게 만들 수도 있다. 또한 레코드와 테이프의 고음역의 잡음(hiss)을 제거하는 효과도 낼 수 있다.

압축기(compressor)는 이득이 높은 신호 레벨에서는 감소하고 낮은 신호 레벨에 대해서는 일관성이 있는 가변적인 이득 장치이다. 신장기(expander)는 가변적인 이득을 갖는 증폭기이다.

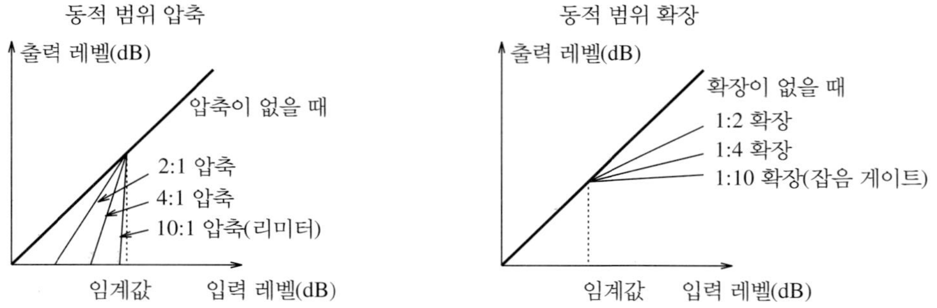

그림 7.32 동적 범위 프로세서의 입출력 특징

이때 이득은 결코 1을 초과하지 않는다. 높은 신호 레벨에서 신장기는 1의 이득을 제공하는 반면에, 낮은 신호의 레벨에서 신장기는 이득을 감소시키고 신호 레벨을 더욱 낮게 만든다. 전형적인 압축과 확장의 특징은 그림 7.32에 나타난 것처럼 일반적으로 2:1 압축 또는 1:4 확장과 같은 비율로서 표현된다. 10:1(또는 그 이상) 압축률은 **리미터**(limiter)로 설명되고 압축의 극단적인 형태로 표현된다. 한편 1:10 확장률은 낮은 신호 레벨의 출력 값이 거의 0이 되는 **잡음 게이트**(noise gate)로 설명할 수 있다. 잡음 게이트는 녹음 중 정적인 순간 동안 잡음 또는 고음역 잡음을 제거하기 위한 하나의 방법이다.

동적 범위의 제어는 그림 7.33과 같이 신호 레벨에 의하여 이득이 제어되는 가변적인 이득 장치가 요구된다. 동적 범위 프로세싱은 이득을 조정하기 위하여 컨트롤 신호 $c(t)$를 사용한다. 이득이 $c(t)$의 증가와 함께 감소한다면, 압축을 할 수 있다. 그리고 이득이 $c(t)$의 증가와 함께 증가한다면, 확장을 할 수 있다. 너무 근접한 신호는 동적인 변화를 완전히 제거하므로 바람직하지 않다. 신호 레벨이 경계를 넘어서면 일반 압축기는 응답하기까지 0.1초까지 소요된다[이를 어택 타임(attack time)이라고 한다], 그리고 일단 레벨이 경계 아래까지 떨어지게 되면, 1(unity)의 이득을 복구하기 위해서 1, 2초가 소요된다[이를 방출시간(release time)이라 한다]. 동적 범위 프로세싱을 위한 아날로그 회로는 제어 신호를 제공하는 최고 디텍터(AM 신호의 감지를 위하여 사용되는 만큼 많이)가 사용될 것이다. 디지털 회로는 간단한 이진 연산에 의하여 정류기를 대신하고, 디지털 필터를 사용하여 제어 신호와 어택 특징과 방출시간을 모의실험한다. 이러한 개념에서 압축률(또는 이득), 지연, 어택, 방출 특징은 독립적으로 조정될 것이다.

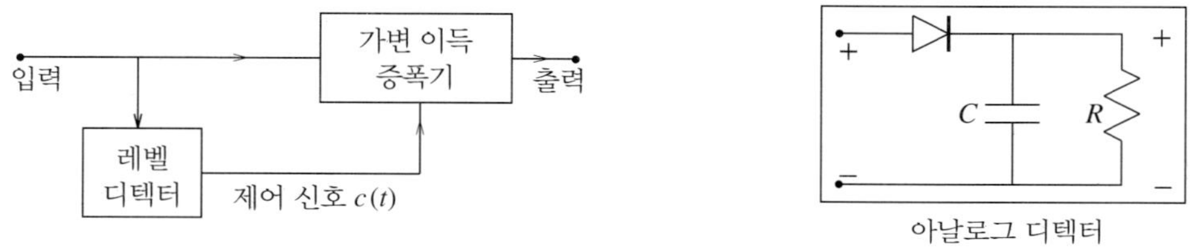

그림 7.33 동적 범위 프로세서의 블록 다이어그램

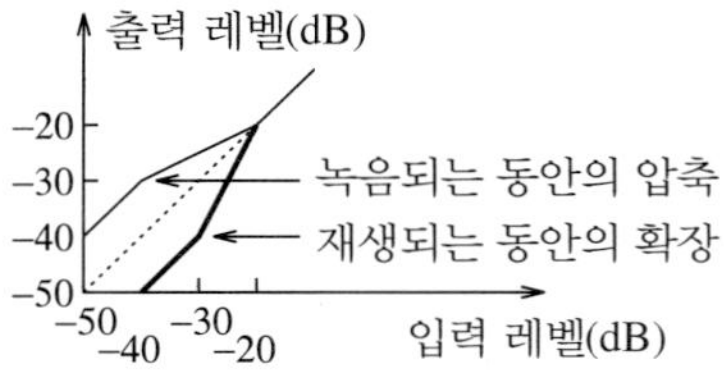

그림 7.34 돌비 A의 잡음 감소를 위한 압축과 확장의 특징

7.7.1 압신기

동적 범위 신장기(expander)와 압축기는 신호가 전송되는 동안에 잡음의 영향을 제거하기 위해 흔히 사용되고, 특히 채널의 동적 범위가 제한적일 때 사용된다. 압신기(compander)는 압축기와 신장기의 결합이다. 압축은 우리가 잡음 레벨에 비례하여 신호 레벨을 증가시키게 해 준다. 수신의 마지막 단계에서 압신기는 원래의 동적 범위의 신호를 반환한다. 이것은 전문가와 소비자 모두의 만족을 위한 잡음 감쇠 시스템에 숨겨진 원리이다. 돌비 잡음 감소 시스템이 한 예이다.

전문적인 돌비 A 시스템에서 입력 신호는 차단 주파수가 80 Hz인 저역통과 필터, 대역 가장자리가 [80, 3000] Hz인 대역통과 필터, 그리고 3 kHz, 8 kHz의 차단 주파수를 갖는 두 개의 고역통과 필터에 의하여 네 개의 대역으로 분할된다. 각 대역은 혼합되고 녹음되기 전에 독립하여 압축된다. 재생되는 동안에 이 과정은 반대가 된다. 그림 7.34는 압축과 확장의 특징에 관하여 나타낸 것이다.

압축되는 동안에 −40 dB 아래의 신호 레벨은 10 dB로 증폭시키고, −40 dB과 −20 dB 사이의 신호 레벨은 2:1의 비율로 압축이 되며, −20 dB 이상의 신호 레벨은 영향을 받지 않는다. 재생(확장)되는 동안에는 −20 dB 이상의 신호 레벨은 10 dB이 되고, −30 dB과 −20 dB 사이의 신호 레벨은 1:2의 비율로 확장되며, −30 dB 아래의 신호 레벨은 영향을 받지 않는다. 소비자 제품들 중에서 매우 인기 있는(그리고 어느 FM 방송국에서 사용되는) 돌비 B 시스템에서, 분할되지 않고 프리엠퍼시스되는 입력 신호는 600 Hz 이상의 높은 주파수를 상승시키기 위하여 사용된다. 또 다른 인기 있는 시스템은 1.6 kHz 이상에서 최대 20 dB의 고주파수를 증가시키는 프리엠퍼시스를 사용하는 dbx(테이프 기록을 위한 녹음이나 재생 시에 발생하는 잡음 경감 회로의 하나로, 미국 dbx사에서 개발한 방식)이다.

또한 발생된 왜곡은 말의 전달에 있어서는 큰 영향을 미치지 않기 때문에, 음성용 전화 통화 시스템은 동적 범위 압축을 사용한다. 일반적으로 압축기에 사용되는 두 방법은 **μ-law 압신기**(북아메리카와 일본에서 사용)와 **A-law 압신기**(유럽에서 사용)가 있다. 최고 레벨이 1로 정규화되는 신호 $x(t)$에 대한 두 가지 압축 방법이 다음 식에서 정의된다.

$$y_\mu(x) = \frac{\ln(1+\mu|x|)}{\ln(1+\mu)}\,\mathrm{sgn}(x) \qquad y_A(x) = \begin{cases} \dfrac{A|x|}{1+\ln A}\,\mathrm{sgn}(x), & 0 \le |x| \le \dfrac{1}{A} \\ \dfrac{1+\ln(A|x|)}{1+\ln A}\,\mathrm{sgn}(x), & \dfrac{1}{A} \le |x| \le 1 \end{cases} \tag{7.38}$$

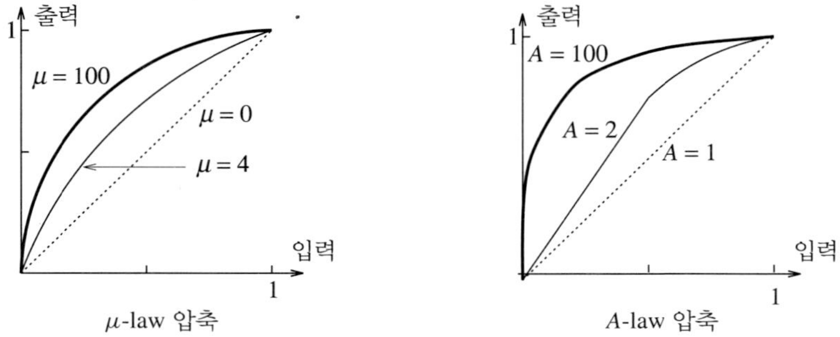

그림 7.35 μ-law와 A-law 압축기의 특징

그림 7.35는 압축기들의 특징을 설명한다. $\mu = 255$의 값은 북아메리카에서 표준이 되었고, $A = 100$의 값은 유럽에서 일반적으로 사용되고 있다. $\mu = 0$이고 $A = 1$일 때는, 어떠한 압축 또는 확장이 없다. μ-law 압신기는 $\mu|x| \ll 1$에 대해서 선형이다. 실제로 압축은 μ-law의 이론적 특징인 구간 선형 근사에 바탕을 둔다. 그리고 우리가 신호를 디지털화하는 데 좀 더 적은 비트의 수를 사용하게 해 준다. 수신의 끝 지점에서 신장기는 (이상적으로, 정확한 압축 law의 역) 원 신호의 동적 범위를 (양자화의 효과를 제외하고) 복원한다. μ-law 압축을 위한 역의 값은 다음 식으로 주어진다.

$$|x| = \frac{(1+\mu)^{|y|} - 1}{\mu} \tag{7.39}$$

압축되지 않은 신호와 같은 비트 수를 사용하여 압축된 신호의 양자화는 더 높은 양자화 SNR을 초래한다. 예를 들면, $\mu = 255$의 값은 약 24 dB까지 SNR이 증가한다. 비트당 6 dB까지 SNR이 증가하기 때문에, 어떠한 압축도 하지 않은 B-비트 양자화기와 같은 성능을 획득하기 위해 더 적은 비트 수($B - 4$개)로 양자화기를 사용할 수 있다.

7.8 오디오 등화기

오디오 등화기(audio equalizer)는 청취자의 기호에 맞게 소리를 조정하는 데 흔히 사용된다. 대부분의 저가형 오디오 시스템에서 발견되는 가장 일반적인 등화기의 형태는 톤 조절(예를 들면, 저음과 고음을 위해)을 하는 것이다. **톤 조절**(tone control)은 변하지 않는(단위 이득을 갖는) 스펙트럼의 휴(정)지 상태로 두고, 선택된 주파수의 대역 밖의 응답을 늘리거나 차단하는 **셸빙 필터**(shelving filter)를 사용하고 있다. 결과적으로, 다양한 조절을 위한 필터는 전형적으로 **직렬로** 연결된다. **그래픽 등화기**(graphic equalizer)는 정교하게 다음 레벨을 제공하고 고정된 대역폭과 각 범위의 중심 주파수를 가지고 주파수 대역의 정수를 커버하는 대역통과 필터 뱅크(일반적으로 2차)를 쓴다. 각 필터의 이득만이 사용자에 의해서 조정될 수 있다. 각 필터는 선택된 주파수 범위를 분리하고 이득이 거의 0인 것은 다른 곳으로 공급한다. 결과적으로, 개개의 섹션은 **병렬**로 연결된다. **파라미터 등화기**(parametric equalizer)는 다양한 최종 결과물을 제공하고, 이득뿐만 아니라 필터 파라미터(차단 주파수, 중심 주파수, 대역폭)를 사용자가 조절할 수 있는 필터를 포함하고 있다. 파라미터 등화기에서 각 필터는 스펙트럼(단위 이득은 다른 곳으로 공급하고)의 선택된 부분에만 영향을 주고, 결과적으로 개개의 섹션은 **직렬로** 연결된다.

7.8.1 셸빙 필터

저음과 고음의 변화를 만족스럽게 수행하기 위하여 이득과 차단 주파수를 조정할 수 있는 1차 **셸빙 필터**를 일반적으로 사용한다. 단일 dc 이득과 응답이 $F = 0.5$(또는 $z = -1$)에서 0으로 가는 저역통과 필터의 전달 함수는 다음과 같다.

$$H_{\mathrm{LP}}(z) = \left(\frac{1-\alpha}{2}\right)\frac{z+1}{z-\alpha} \tag{7.40}$$

이 필터의 반전력 또는 3 dB 차단 주파수 Ω_C는 다음과 같다.

$$\Omega_C = \cos^{-1}\left(\frac{2\alpha}{1+\alpha^2}\right) \tag{7.41}$$

동일한 차단 주파수 Ω_C를 갖는 1차 고역통과 필터의 전달 함수는 간단하게 $H_{\mathrm{HP}}(z) = 1 - H_{\mathrm{LP}}(z)$로 주어지고, 다음과 같다.

$$H_{\mathrm{HP}}(z) = \left(\frac{1+\alpha}{2}\right)\frac{z-1}{z-\alpha} \tag{7.42}$$

이것의 이득은 $F = 0$에서 0 그리고 $F = 0.5$에서 1이다.

저역통과 셸빙 필터는 이득 G를 조절할 수 있는 1차 저역통과 필터와 고역통과 필터가 병렬로 구성되어 있다. $H_{\mathrm{LP}}(z) + H_{\mathrm{HP}}(z) = 1$의 전달 함수는 다음과 같다.

$$H_{\mathrm{SL}} = GH_{\mathrm{LP}}(z) + H_{\mathrm{HP}}(z) = 1 + (G-1)H_{\mathrm{LP}}(z) \tag{7.43}$$

고역통과 셸빙 필터는 이득 G를 조절할 수 있는 1차 고역통과 필터와 저역통과 필터가 병렬로 구성되어 있다. $H_{\mathrm{LP}}(z) + H_{\mathrm{HP}}(z) = 1$의 전달 함수는 다음과 같다.

$$H_{\mathrm{SH}} = GH_{\mathrm{HP}}(z) + H_{\mathrm{LP}}(z) = 1 + (G-1)H_{\mathrm{HP}}(z) \tag{7.44}$$

이러한 저역통과 및 고역통과 셸빙 필터의 구현을 그림 7.36에서 보여주고 있다.

저역통과 셸빙 필터와 고역통과 셸빙 필터의 응답이 여러 가지 이득(이때 α는 주어진 값) 값에 따라 그림 7.37에 나타나 있다. $G > 1$일 때 저역통과 셸빙 필터는 저주파수 증가를 지원하고, $0 < G < 1$일 때는 저주파수 차단을 지원한다. $G = 1$이면 $H_{\mathrm{SL}} = 1$이고, 이득은 모든 주파수에 대해 1이

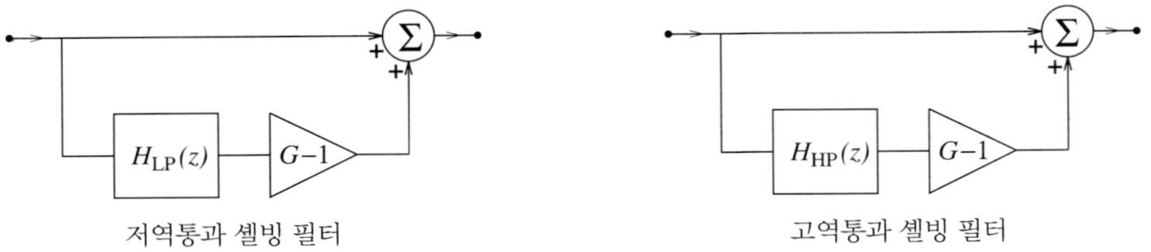

그림 7.36 저역통과 및 고역통과 셸빙 필터의 구현

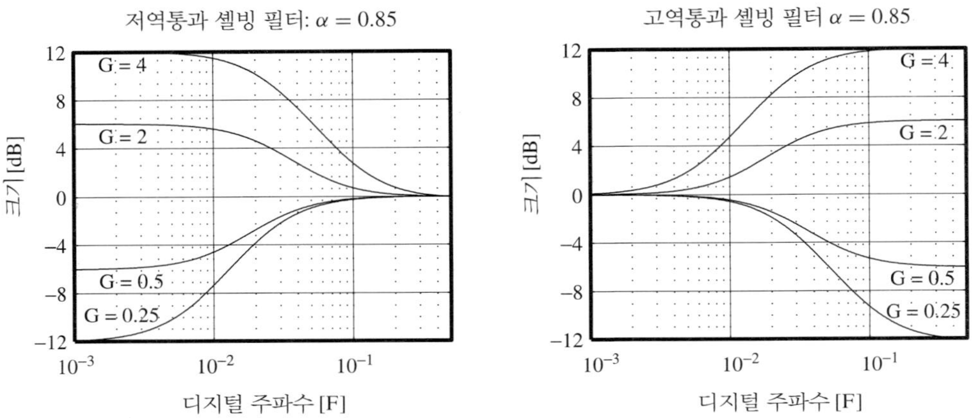

그림 7.37 저역통과 및 고역통과 셸빙 필터의 주파수 응답

다. 마찬가지로 $G > 1$일 때 고역통과 셸빙 필터는 고주파수 증가를 지원하고, $0 < G < 1$일 때는 고주파수 차단을 지원한다. 어떤 경우든, 파라미터 α는 차단 주파수를 조절할 수 있게 해 준다. 셸빙 필터와 파라미터 등화기를 실제로 구현하기 위해서는 일반적으로 전역통과 구조를 사용한다.

7.8.2 그래픽 등화기

그래픽 등화기는 청취자의 개인 기호에 맞추기 위해 소리(스테레오 시스템의 각 채널에서)의 음색질(tonal quality)을 조절할 수 있도록 지원한다. 그리고 음질(tone) 조절 후, 정확히 다음 단계를 표시해 준다. 고정된 대역폭과 각 범위에 대한 중심 주파수를 갖는 오디오 주파수 스펙트럼을 조절하는 대역통과 필터 뱅크(일반적으로 2차)를 사용한다. 각 필터의 이득만이 사용자에 의해서 조정될 수 있다. 각 필터는 선택된 주파수 범위를 분리하고 이득이 거의 0인 것은 다른 곳으로 보낸다. 결과적으로, 그림 7.38에서 보여주는 것처럼 개개의 섹션은 **병렬**로 연결된다.

입력 신호는 주파수 대역으로 다수의 채널만큼 쪼개지고, 각 필터에 대한 출력의 가중치 합은 등화된 신호를 생성한다. 일반적으로 제어판은 그림 7.38에 표현되어 있는 것처럼 데시벨로 초기화하고, 슬라이드로 이득 조절을 한다. 슬라이더 설정은 등화된 응답의 울퉁불퉁한 시각적 표시를 제공하기 때문에 이름이 **그래픽 등화기**이다. 각 2차 대역통과 섹션의 구성은 그것의 중심

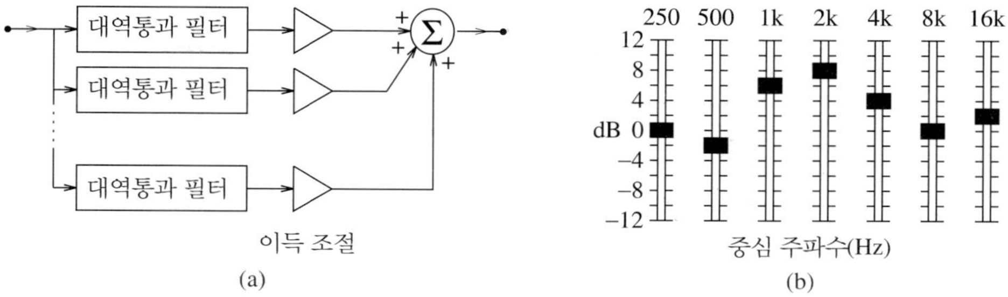

그림 7.38 (a) 그래픽 등화기 (b) 표시판

주파수, 그리고 대역폭이나 음질 인자(quality factor) Q에 근간을 두고 있다. 10개 대역을 위한 중심 주파수의 일반적인 설정은 [31.5, 63, 125, 250, 500, 1000, 2000, 4000, 8000, 16000]Hz이다. 각 필터의 이득을 위한 일반적인 범위는 ±12 dB[혹은 공칭 이득(nominal gain)의 0.25배에서 4배까지]이다.

예제 7.13 디지털 그래픽 등화기

우리는 8192 Hz의 샘플링 주파수에서 [120, 240, 480, 960, 1920]의 중심 주파수를 갖는 5개 대역의 오디오 등화기 조작기를 구성했다. 모든 주파수 범위가 겹침 없이 커버되도록 중심 주파수의 0.75배로 각 섹션의 3 dB 대역폭이 선택되어 있다. $Q = 4/3$인 각 섹션을 선택한 것과 동일하다. 각 섹션은 2차 대역통과 IIR 필터로 구성되었다. 그림 E7.13은 각 섹션의 스펙트럼과 전체적인 응답을 보여주고 있다. 그림 E7.13(b)에서 보는 것처럼, 상수 Q의 설계는 이득을 $\log(f)$ 함수에 대하여 dB로 표현할 때 훨씬 명백해진다. 어떠한 섹션의 이득이 바뀔 때는 등화기 응답의 변화로 주어진다.

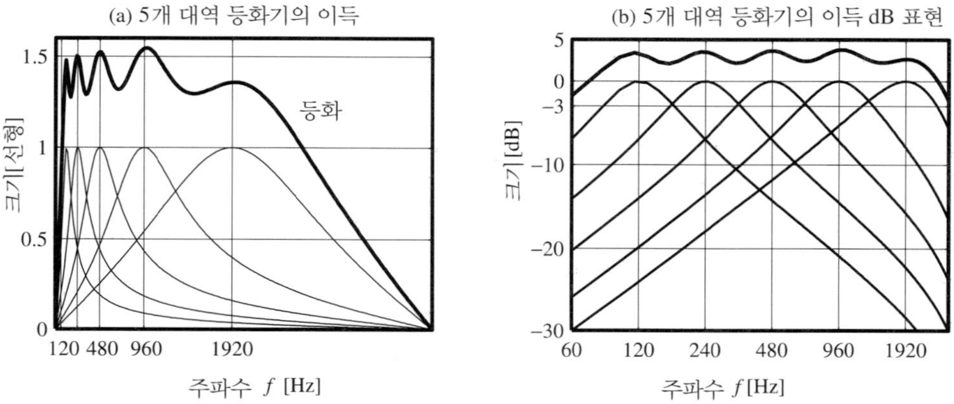

그림 E7.13 예제 7.13에 대한 오디오 등화기의 주파수 응답

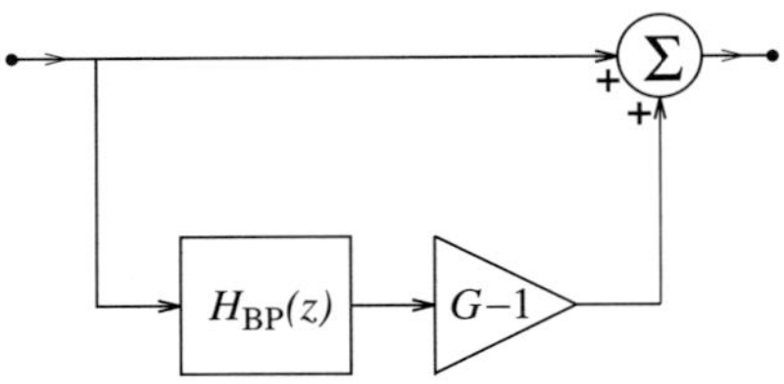

그림 7.39 2차 파라미터 등화기

7.8.3 파라미터 등화기

파라미터 등화기는 다양한 결과를 제공하고, 이득뿐만 아니라 필터 파라미터(차단 주파수, 중심 주파수, 대역폭)를 사용자가 조절할 수 있도록 되어 있다. 파라미터 등화기에서 각 필터는 스펙트럼(단위 이득을 다른 곳으로 공급하는 동안)의 선택된 부분에만 영향을 주고, 결과적으로 개개의 섹션은 **직렬**로 연결된다. 대부분의 파라미터 등화기는 2차 IIR 피킹 필터 혹은 노치 필터를 기본으로 하고 있는데, 그 전달 함수는 다음과 같다.

$$H_{BP}(z) = \frac{C}{1+C}\left(\frac{z^2-1}{z^2-\frac{2\beta}{1+C}z+\frac{1-C}{1+C}}\right) \qquad H_{BS}(z) = \frac{1}{1+C}\left(\frac{z^2-2\beta z+1}{z^2-\frac{2\beta}{1+C}z+\frac{1-C}{1+C}}\right) \tag{7.45}$$

필터의 중심 주파수와 대역폭은 다음과 같다.

$$\Omega_0 = \cos^{-1}\beta \qquad \Delta\Omega = \cos^{-1}\left(\frac{2\alpha}{1+\alpha^2}\right), \quad \text{여기서} \quad \alpha = \frac{1-C}{1+C} \tag{7.46}$$

$H_{BS}(z) = 1 - H_{BP}(z)$가 되는 것은 흥미롭다. 조절 가능한 2차 등화기의 과정 $H_{PAR}(z)$는 대역통과필터 $H_{BP}(z)$와, G의 최고 이득, 그리고 대역저지 필터 $H_{BS}(z)$와 병렬로 구성되어 있는데, 다음 식으로 주어진다.

$$H_{PAR}(z) = G\,H_{BP}(z) + H_{BS}(z) = 1 + (G-1)H_{BP}(z) \tag{7.47}$$

이 필터에 대한 구현은 그림 7.39에 나타나 있다.

$G = 1$일 때 $H_{PAR} = 1$로 주어지고, 이득은 모든 주파수에 대하여 1이다. 파라미터 α와 β는 각각 대역폭과 중심 주파수를 조절할 수 있게 해 준다. 파라미터들의 다양한 값에 대한 이 필터의 응답들이 그림 7.40에 나타나 있다.

7.9 디지털 오디오 효과

신호 처리 기술은 청취 환경의 음질을 보정해 줄 뿐만 아니라 지연, 반향, 잔향과 같은 특별한 음악 효과를 더할 수 있도록 해 준다. 음성 신호의 낮은 음역 또는 높은 음역의 크기를 강화시켜

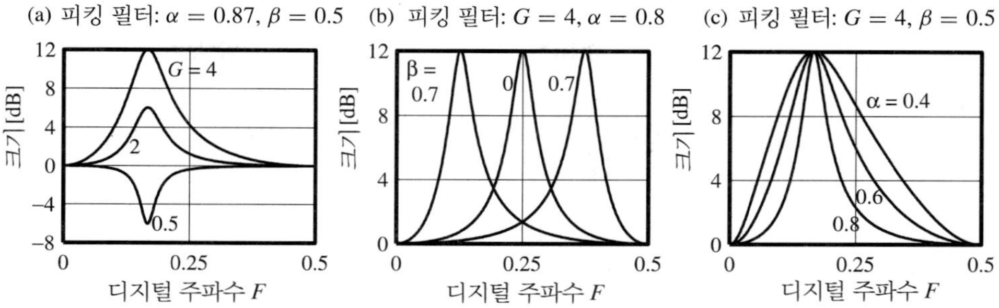

그림 7.40 파라미터 등화기의 전형적인 응답

주는 오디오 등화기가 그 대표적인 예이다. 청취자가 방 안에서 듣는 것은 그 방의 청각적인 특색뿐만 아니라 청취자의 위치에 의해서도 좌우된다. 콘서트홀에서 녹음된 음악의 일부분은 다른 곳에서 그 소리가 정확히 같지는 않다. 하지만 방의 음향을 우선적으로 보정하고 콘서트홀의 잔향 특성을 추가함으로써 거실에서도 콘서트홀에서의 환경을 만들어낼 수 있다. 보정은 방의 임펄스 응답과 일치하는 역 필터에 음성 신호를 통과시킴으로써 수행된다. 이때 콘서트홀의 환경은 콘서트홀의 음향 상태를 만들어내는 필터에 의하여 추가된다. 최고급 오디오 시스템은 방의 음향 상태를 측정하는 것뿐만 아니라 여러 유명한 콘서트홀 환경의 음향 상태를 만들어낼 수 있게 해 준다.

어떤 청취 공간에서 우리가 음성 소스로부터 듣는 것은 직접적인 소리뿐만이 아니라 벽이나 다른 구조물로부터 직접적으로 반사되는 반향, 그리고 다른 반향들이 합쳐진 다수의 반사음으로 표현되는 소리 또는 잔향으로 구성되어 있다. 이에 대한 설명은 그림 7.41에 나타나 있다.

직접적인 소리는 소스의 위치에 대한 정보를 제공하고, 첫 번째 반향은 청취 공간의 물리적인 크기에 대한 정보를 제공하며, 잔향은 일반적으로 소리와 관련된 따뜻한 느낌이나 활기찬 느낌의 특징을 나타낸다. 반향과 잔향의 진폭은 시간에 따라 기하급수적으로 감쇠한다. 동시에 이러한 특성들은 인식된 소리와 관련되는 음향심리학의 성질을 결정한다. 콘서트홀에 있어서 일반적으로 60-dB의 잔향시간(최고치의 0.001까지 감쇠하기 위한 임펄스 응답)은 상당히 길어서, 최고 2초 정도까지 간다. 그림 7.41에 설명되는 청취 환경의 개념적인 모델은 반향과 잔향 필터들로 구성되어 있다.

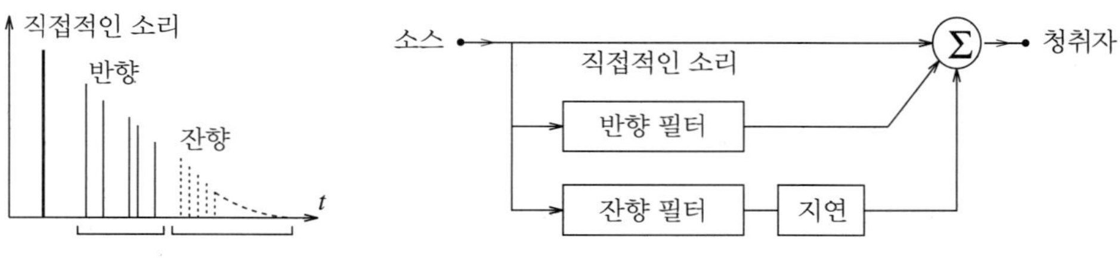

그림 7.41 반향과 잔향에 대한 설명

단일 반향은 다음 식과 같이 순방향 시스템의 형태로 나타낼 수 있다.

$$y[n] = x[n] + \alpha x[n-D] \qquad H(z) = 1 + \alpha z^D \qquad h[n] = \delta[n] - \alpha\delta[n-D] \tag{7.48}$$

이는 변형된 빗살 필터이다. 이 필터의 영점들은 방위가 $\Omega = (2k+1)\pi/D$인 반지름 $R = \alpha^{1/D}$의 원 위에 놓여 있다. 이러한 필터의 진폭 스펙트럼 $H(F)$는 주파수 $F = (2k+1)/D$에서 최솟값 $1-\alpha$를 보여주고, 하락 지점 사이의 중간에서 최고치 $1+\alpha$를 보여준다. 반향을 인식하기 위하여 색인 D는 최소한 50 ms 정도의 지연을 가져야 한다.

잔향 필터는 다음과 같은 형태의 피드백 구조를 갖는 다수의 반향을 나타낸다.

$$y[n] = \alpha y[n-D] + x[n] \qquad H(z) = \frac{1}{1-\alpha z^{-D}} \tag{7.49}$$

이 필터는 **역 빗살**(inverse-comb) 구조를 하고 있고, 필터의 극점은 방위가 $\Omega = 2\pi/D$인 반지름 $R = \alpha^{1/D}$의 원 위에 놓인다. 진폭 스펙트럼은 극점 주파수 $F = k/D$에서 $1/(1-\alpha)$의 최고값을 보여주고, 최고값들 사이의 중간에서 $1/(1+\alpha)$의 최솟값을 보여준다.

개념적으로 위의 두 시스템은 청취 공간에서 오디오 효과 모의실험에 대한 구성도를 형성할 수 있다. 실제로 많은 잔향 필터는 잔향 필터와 전역통과 필터를 결합하여 사용한다. 일반적인 구조는 그림 7.42와 같다. 하지만 실제로 현실감 있는 효과음을 창조하는 것은 과학보다는 예술이고, 대부분의 상업적인 디자인에 적합한 정보이다.

그림 7.42에서 잔향 필터는 일반적으로 반향들의 혼합을 허용하기 위하여 스페이스 지연(spaced delay)들을 불규칙적으로 결합한다. 그림 7.43은 잔향 필터와 전역통과 필터에 대한 몇 가지 구조이다. 첫 번째 구조는 **평이한 잔향 필터**이다. 두 번째 구조에서 피드백 경로는 주파수에 따라 소리 흡수가 달라지는(증가시키는) 1차 저역통과 필터를 결합시킨다. 전역통과 필터의 형태는 다음과 같다.

$$H(z) = \frac{-\alpha + z^{-L}}{1-\alpha z^{L}} = -\frac{1}{\alpha} + \frac{\frac{1}{\alpha} - \alpha}{1-\alpha z^{-L}} \tag{7.50}$$

장제법으로 얻어진 이 수식의 두 번째 항은 상수항을 제외하고는 전역통과 필터가 잔향 필터와 형태가 같다는 것을 보여준다.

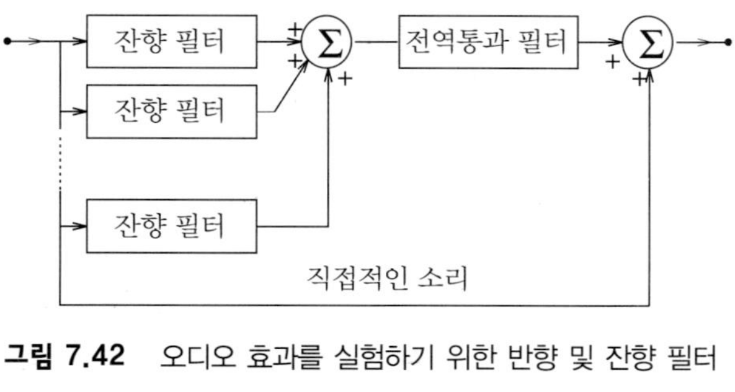

그림 7.42 오디오 효과를 실험하기 위한 반향 및 잔향 필터

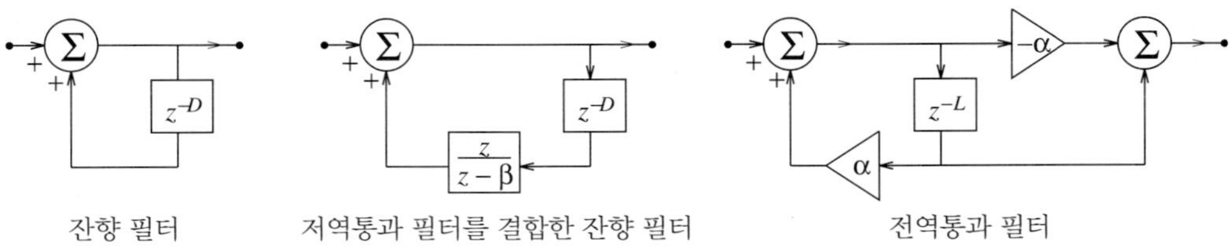

그림 7.43 대표적인 잔향 필터의 구현

7.9.1 게이트 잔향과 역 잔향

오디오 효과의 두 가지 다른 형태는 잔향 필터에 의하여 발생될 수 있다. **게이트 잔향**(gate reverb)은 잔향 필터의 임펄스 응답을 가파르고 점진적으로 잘라냄으로써 발생되고, 결국 FIR 필터로 된다. **역 잔향**(reverse reverb)은 본질적으로 게이트 잔향 필터의 임펄스 응답을 뒤집어 놓은 형태이다. 임펄스 응답은 시간과 함께 증가하는데 처음에는 큰 소리를 내다가 급격히 소리가 줄어드는 형태가 된다.

7.9.2 코러싱, 플랜징, 페이징

반향 필터 역시 몇 가지 다른 오디오의 특수 효과를 내기 위하여 기본적으로 제공된다. 그림 7.44는 코러싱과 페이징의 효과를 설명하고 있다.

코러싱(chorusing)은 화음에 맞추어 합창(혹은 그룹)하는 것을 흉내낸 것이다. 물론, 실제로 소리(혹은 기구)는 완벽한 동기화도 되지 않고 피치도 동일하지 않다. 코러싱 효과는 다음과 같은 필터의 형태에서 시변 지연 d_n에 따라, 반향 필터의 가중화된 결합에 의해 구현될 수 있다.

$$y[n] = x[n] + \alpha x[n - d_n] \tag{7.51}$$

코러싱에서 쓰이는 대표적인 지연시간은 20~30 ms이다. 만약 지연시간이 10 ms 이하이면, 그 결과 '쉭' 하는 소리가 나는데 **플랜징**(flanging)으로 알려져 있다.

위상 이동이나 **페이징**(phasing) 역시 흥미로운 효과를 만들어내며, 신호를 주파수가 사용자에

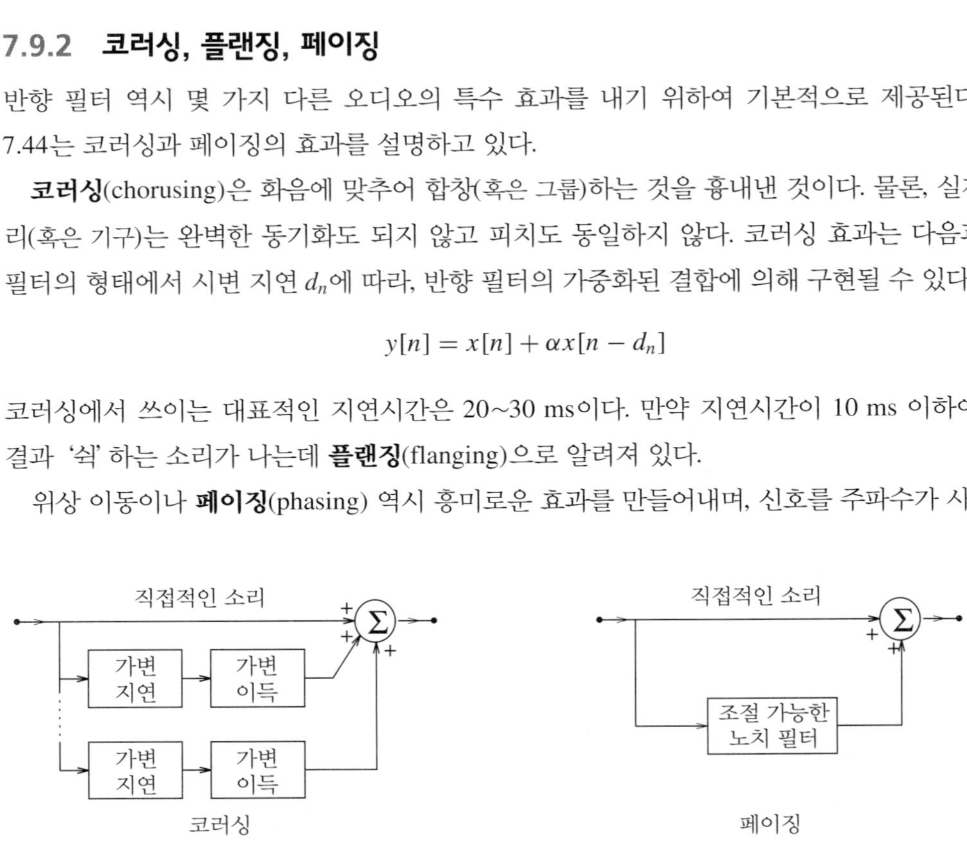

그림 7.44 특수 오디오 효과의 구성도

의해 조정될 수 있는 노치 필터에 통과시킴으로써 만들어진다. 이것은 페이징 효과를 만들어내는 노치 주파수에서 갑작스런 위상 점프인 것이다. 이 효과들 역시 피드백의 추가로 향상될 수 있다.

7.9.3 플럭트-스트링 필터

빗살 필터, 잔향 필터, 전역통과 필터는 기타와 같은 현악기 소리를 합성하는 것으로도 사용된다. 우리가 원하는 것은 기본 주파수의 배수에서 공진이 발생하는 빗살 형태의 응답을 갖는 필터이다. 또한 고조파가 시간에 따라 감소하고, 높은 주파수에서 더 빠른 비율로 감소하는 것이 필요하다. 그림 7.45는 Karplus와 Strong에 의해 처음 발표된 대표적인 구조이다.

Karplus-Strong 구조에서, 저역통과 필터는 전달 함수 $G_{LP}(z) = 0.5(1 + z^{-1})$이며, 0.5-샘플 위상지연을 제공하고 있다. 지연 선은 추가로 D-샘플 지연을 제공하고, 따라서 **루프지연**(loop delay)은 $D + 0.5$ 샘플이다. 첫 번째 구조의 전체 전달 함수는 다음과 같다.

$$H(z) = \frac{1}{1 - Az^{-D}G_{LP}(z)} \qquad G_{LP}(z) = 0.5(1 + z^{-1}) \tag{7.52}$$

$D = 8$과 $D = 16$에 대한 Karplus-Strong 필터의 주파수 응답이 그림 7.46에 나타나 있는데, 가파른 최고치를 갖는 공명 구조를 명확하게 보여준다. 저역통과 필터 $G_{LP}(z)$는 진폭의 최고치를 감소하게 만들고, 주파수가 증가함에 따라 진폭의 최고치를 더욱 폭넓게 만들어 준다.

만일 A가 거의 1에 가깝게 되면, 최고값은 기본 디지털 주파수 $F_0 = 1/(D + 0.5)$의 배수 혹은 아주 가까운 곳에서 발생한다. 따라서 샘플링률 S에 대해서, 주요 주파수는 $f_0 = S/(D + 0.5)$ Hz에 대응한다. 그러나 D가 정수이기 때문에, 주파수를 정확하게 조정할 수가 없다. 예를 들어, 14 kHz의 샘플링 주파수에서 1600 Hz를 생성하는 것은 $D + 0.5 = 8.75$가 요구된다. 우리가 얻을 수 있는 가장 가까운 값은 $D = 8$(주파수 $f_0 = 14/8.5 \approx 1647$ Hz를 할당하기 위해)을 선택하는 것이다. 정확한 주파수를 생성하는 것은 추가적인 0.25-샘플링 위상지연을 요구한다. 그림 7.46의 두 번째 구조는 전역통과 파라미터 α의 적절한 선택에 의해 약간의 지연을 실행할 수 있는 궤환 경로에서 $G_{AP}(z) = (1 + \alpha z)/(z + \alpha)$ 형태의 전역통과 필터를 포함하고 있다. 최소한 저역 주파수에서, 이러한 전역통과 필터의 지연은 다음과 같이 근사화될 수 있음을 상기하자.

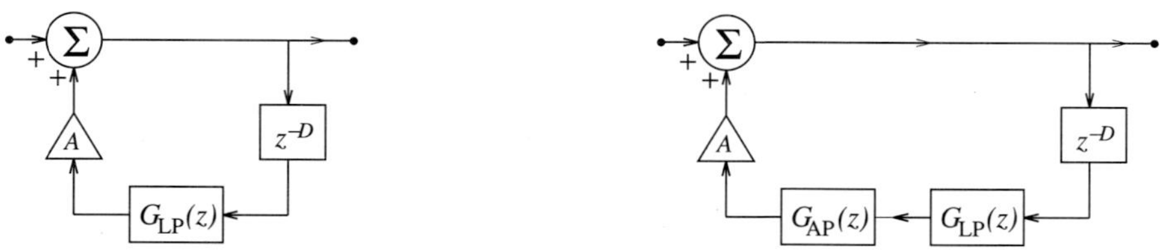

그림 7.45 Karplus-Strong 플럭트-스트링 필터

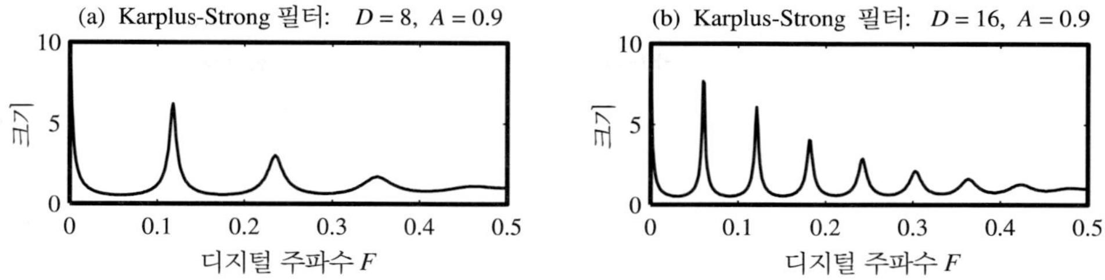

그림 7.46 Karplus-Strong 플럭트-스트링 필터의 주파수 응답

$$D_{\mathrm{AP}} \approx \frac{1-\alpha}{1+\alpha} \qquad \alpha \approx \frac{1-D_{\mathrm{AP}}}{1+D_{\mathrm{AP}}} \tag{7.53}$$

0.25-샘플 지연을 실행하기 위해, α는 다음 값이 요구된다.

$$\alpha = \frac{1-0.25}{1+0.25} = 0.6$$

현악기 소리를 합성하기 위하여, 다중 공진을 제공하는 잔향(또는 빗살) 필터가 필요하고, 공진이 주파수와 함께 감소하는 것을 보장하기 위한 저역통과 필터가 필요하며, 또한 주요 주파수를 미세 조정하기 위한 전역통과 필터(약간의 지연과 상수 이득)가 필요하다.

7.10 디지털 발진기와 DTMF 수신기

순수한 코사인 신호를 생성해내는 인과적 발진기의 임펄스 응답과 전달 함수는 다음과 같이 주어진다.

$$h[n] = \cos(n\Omega)u[n] \qquad H(z) = \frac{z^2 - z\cos\Omega}{z^2 - 2z\cos\Omega + 1} \tag{7.54}$$

유사하게, 임펄스 응답이 순수한 사인 신호인 시스템은 다음과 같이 주어진다.

$$h[n] = \sin(n\Omega)u[n] \qquad H(z) = \frac{z\sin\Omega}{z^2 - 2z\cos\Omega + 1} \tag{7.55}$$

그림 7.47은 디지털 발진기(digital oscillator)라고 하는 이 두 시스템의 구조를 표현하고 있다.

7.10.1 DTMF 수신기

그림 7.48은 전자식 전화기 혹은 이중톤 다중주파수(DTMF: dual-tone multi-frequency) 송/수신기는 키패드의 버튼을 눌러 가청음을 생성하기 위해 디지털 발진기를 사용하는 것을 보여주고

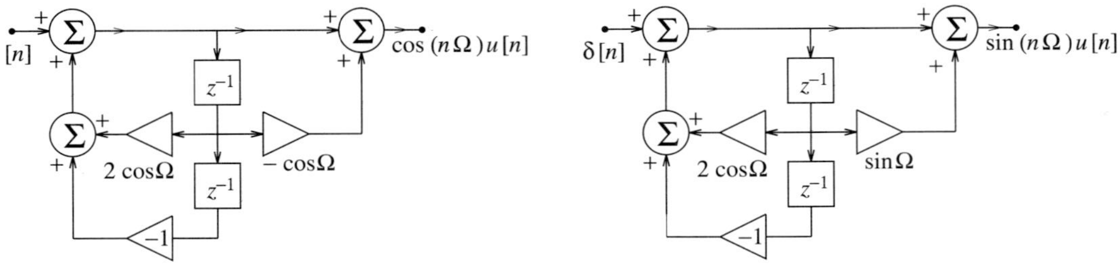

그림 7.47 코사인 및 사인 디지털 발진기의 구조

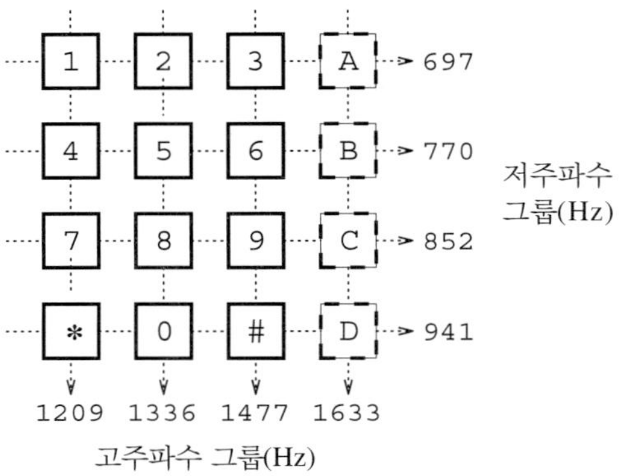

그림 7.48 DTMF 전자식 전화기의 구성도

있다. 버튼을 누르는 것은 고주파수와 저주파수를 포함하고 있는 이중톤 신호를 생성해낸다. 각 버튼은 유일한 한 짝의 고주파수와 저주파수 톤과 함께 결합된다. 예를 들어, 버튼 5를 누르는 것은 770 Hz와 1336 Hz 톤의 조합으로 생성하는 것이다. 네 개의 저주파수와 네 개의 고주파수가 있는 것이다. 고/저 주파수 그룹은 하나의 조합이 음성과 간섭하지 않기 위해 선택되었다. 가장 높은 주파수(1633 Hz)는 상업적 용도로는 널리 쓰이지 않는다. 그림 7.49는 톤이 두 개의 프로그램 가능한 디지털 발진기의 병렬 조합을 사용함으로써 생성될 수 있음을 보여주고 있다.

대표적으로 사용되는 샘플링률은 $S = 8$ kHz이다. 대표적인 고주파수 톤에 대응하는 디지털 주파수 f_H는 $\Omega_H = 2\pi f_H/S$이다. 각 버튼의 코드는 적절한 필터 계수를 선택한다.

눌러진 키는 수신기에서 병렬로 구성된 저역통과 필터(차단 주파수 1 kHz 정도)와 고역통과 필터(차단 주파수 1.2 kHz 정도)를 사용하여 저/고주파수 그룹을 우선 분리함으로써 인식되고, 각 톤을 분리시킨 후 협대역 통과필터의 병렬 뱅크를 사용하여 개개(8개)의 주파수로 동조된다. 출력들(8개)은 레벨 검출기와 톤의 유무를 확인하는 판단 회로로 궤환된다. 이들 키 역시 톤 신호의 FFT를 계산함으로써 인식되고, 문턱 검출(threshold detection)이 수반되어 있다.

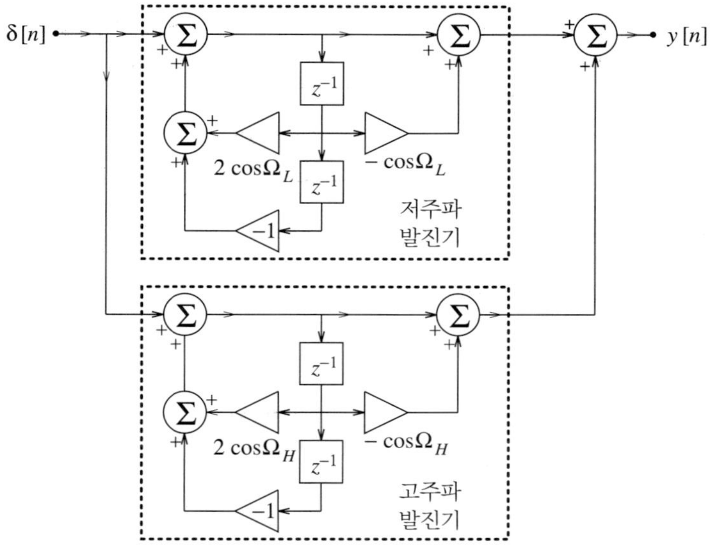

그림 7.49 DTMF 톤 발생을 위한 디지털 발진기

7.11 멀티레이트 신호 처리

실제로 DSP 시스템은 부분적으로 서로 다른 샘플링률로 처리하도록 설계되어 있는데, 이는 여러 가지 장점을 제공하기 때문이다. 실시간 디지털 필터는 하나의 샘플링 간격 안에서 모든 연산을 끝마쳐야 하기 때문에 작은 샘플링 간격(높은 샘플링률)은 디지털 처리 단계 동안 추가적인 계산의 부담을 줄 수 있다. 샘플링률은 DSP 연산을 실행하기 전에 데시메이션에 의하여 감소되고 재구성 전에 보간에 의하여 증가하는 것이 그 이유이다. 이것은 서로 다른 하부조직에 여러 샘플링률로 연산하여 주어진 태스크에 가장 적합하게 해 주는 멀티레이트 신호 처리(multirate signal processing)의 개념을 유도한다.

7.11.1 양자화와 오버샘플링

오버샘플링은 여러 장점들을 제공한다. 입력단의 끝에서 양자화 전의 아날로그 신호 오버샘플링은 간단한 비엘리어싱 필터의 사용을 허용한다. 또한 오버샘플링은 넓은 대역폭에 걸쳐 양자화 잡음이 확산됨에 따라 발생하는 양자화 잡음 레벨 때문에 좀 더 낮은 해상도(보다 적은 비트 수)를 가진 양자화기로 주어진 SNR을 획득하도록 허용한다. 출력단의 끝에서 재구성 전의 샘플링률 변화에 따라 처리된 디지털 신호의 오버샘플링은 영차홀드 장치에 의하여 발생되는 오차(싱크 왜곡)를 감소시킬 수 있다. 또한 오버샘플링은 최종적인 아날로그 재구성을 위하여 좀 더 낮은 해상도와 좀 더 낮은 차수의 비엘리어싱 필터를 가진 DAC를 사용하는 것을 허용한다.

비록 샘플링과 양자화가 독립적인 연산일지라도 오버샘플링은 샘플당 보다 적은 비트 수를 갖는 양자화기의 사용을 허용하게 된다. 이는 샘플 값에서 보다 적은 비트 수의 사용에 의한 정확성의 손실은 많은 수의 샘플들에 의하여(보다 높은 샘플링률을 사용함으로써) 상쇄된다는 것이다. 이것은 양자화 잡음 전력이 어떻게 분배되는가에 대한 결과이다.

$x_Q[n] = x[n] + \epsilon[n]$은 양자화된 신호이다. 양자화 오차 $\epsilon[n]$은 신호 $x[n]$과 서로 관련이 없고 범위 $(-0.5\Delta, 0.5\Delta)$에 걸쳐서 균일한 확률 밀도를 갖는 백색 잡음 결과로 간주될 것이다. $\epsilon[n]$의 분산(평균 전력)은 $\sigma^2 = \Delta^2/12$이다. $\epsilon[n]$의 스펙트럼은 주요 범위 $(-0.5S, 0.5S)$에서 변동이 없고 평균 전력 σ^2은 $(-0.5S, 0.5S)$에서 동일하게 분포된다. 따라서 $\epsilon[n]$의 전력 스펙트럼 밀도는 $P_{ee}(f) = \sigma^2/S$이다. 만약 신호가 비율 NS에서 오버샘플링된다면 잡음 스펙트럼은 좀 더 넓은 주파수 범위 $(-0.5NS, 0.5NS)$에 걸쳐서 펼쳐질 것이다. 그러므로 전력 스펙트럼 밀도는 동일한 전체 양자화 잡음 전력보다 N배 작다. 실제로 관심 영역 $(-0.5S, 0.5S)$에서 대역 내(in-band) 양자화 잡음은 인자 N에 따라 감소되고 이는 그림 7.50에서 설명된다.

만약 대역 내 잡음 전력을 이전과 같이 유지하려 한다면 좀 더 낮은 비트 수를 사용하여 신호를 되찾을 수 있다. 샘플당 비트 수 $B_2 = (B - \Delta B)$, 평균 전력 σ_2^2, $S_2 = NS$ Hz의 샘플링율을 갖는 양자화기의 전력 스펙트럼 밀도가 σ^2/S일 때, 동등한 대역 내 양자화 잡음 전력을 구할 수 있으며 그림 7.50에 설명되어 있다. 따라서 다음과 같이 주어진다.

$$\frac{\sigma^2}{S} = \frac{\sigma_2^2}{NS} \qquad \sigma^2 = \frac{\sigma_2^2}{N} \tag{7.56}$$

각 양자화기에 대하여 동등한 실물 크기의 범위 D를 가정하면, 다음 관계식을 얻을 수 있다.

$$\frac{D^2}{(12)2^{2B}} = \frac{D^2}{(12N)2^{2(B-\Delta B)}} \qquad N = 2^{2\Delta B} \qquad \Delta B = 0.5\log_2 N \tag{7.57}$$

이 결과는 샘플링률이 배가 될 때마다, 0.5비트의 이득을 얻는 것을 알려 준다. 예를 들어 $N = 4$(4배 오버샘플링)는 1비트의 이득을 유도한다. 실제로 비트와 샘플 사이에서 더 좋은 절충은 대역 내 잡음을 한층 더 감소하기 위하여 (필터를 사용하여) 잡음 스펙트럼을 구체화할 뿐만 아니라 오버샘플링을 사용하는 양자화기에 의하여 제공되며, 그림 7.50에 설명되어 있다. 전형적인 잡음 형태는 사인 함수이고 p차 잡음 셰이핑(noise-shaping) 필터는 $H_{NS}(f) = |2\sin(\pi f/NS)|^p$,

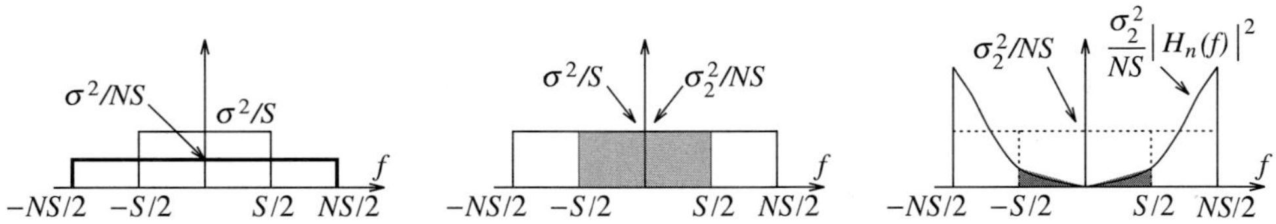

그림 7.50 오버샘플링된 신호의 양자화 잡음 스펙트럼

$-0.5NS \le f \le 0.5NS$의 형태이고, 이때 N은 오버샘플링 인자이다. 필터링된 대역 내 잡음 전력을 σ^2과 같다고 생각하면 다음 식을 얻을 수 있다.

$$\sigma^2 = \left(\frac{\sigma_2^2}{N}\right)\frac{1}{S}\int_{-S/2}^{S/2} |H_{\mathrm{NS}}(f)|^2\,df \tag{7.58}$$

N이 크면 더 작은 대역 내 범위 $(-0.5S, 0.5S)$에 걸쳐서 $H_{\mathrm{NS}}(f) \approx |(2\pi f/NS)|^p$이고, 다음 식을 얻을 수 있다.

$$\sigma^2 = \left(\frac{\sigma_2^2}{N}\right)\frac{1}{S}\int_{-S/2}^{S/2}\left(\frac{2\pi f}{NS}\right)^{2p} df = \frac{\sigma_2^2\pi^{2p}}{(2p+1)N^{2p+1}} \tag{7.59}$$

$\sigma_2^2/\sigma^2 = 2^{2\Delta B}$로 간소화하면 다음 식을 구할 수 있다.

$$\Delta B = (p+0.5)\log_2 N - 0.5\log_2\left(\frac{\pi^{2p}}{2p+1}\right) \tag{7.60}$$

이것은 잡음 셰이핑(또는 **오차 스펙트럼 셰이핑**)이 $p \log_2 N$의 추가 비트를 덜어주는 것을 보여준다. 예를 들면 $p = 1$이고 $N = 4$일 때 $\Delta B \approx 2$비트이다. 이것은 4배 오버샘플링을 갖는 잡음 셰이핑을 사용할 때 $(B-2)$비트 DAC를 가지고 재구성할 수 있다는 것을 의미한다. 실제로 잡음 셰이핑은 **시그마-델타** ADC 오버샘플링을 사용하여 구현된다. 최첨단 기술을 사용한 CD 플레이어는 이 기술을 사용하는데, 1비트 양자화기를 어떻게 사용하여 16비트의 품질을 얻도록 해 주고 무엇이 신호의 디텍터일까? 예를 들어 $\Delta B = 15$이면 $N = 64$(44.1 kHz에서 샘플링된 오디오 신호에 대하여 2.8 MHz까지 샘플링하기 위하여)와 $p = 3$(3차 잡음 셰이핑)으로 오버샘플링을 사용해야 할 것이다.

7.11.2 단일 비트 오버샘플링 시그마-델타 ADC

오버샘플링은 근접한 거리의 샘플들을 많이 갖는 신호를 가져온다. 그 결과 인접한 샘플 값들은 단지 조금만 다르고, 매우 적은 비트를 사용하여 디지털화될 것이다. 오버샘플링률이 충분히 높으면 1비트 양자화기(2레벨을 갖는 비교기)조차도 사용될 수 있다. 또한 오버샘플링은 좀 더 넓은 주파수 범위에 걸쳐서 양자화 잡음층을 확산시킬 것이다. 잡음 셰이핑 필터를 사용함으로써 대역 내 잡음을 더욱더 감소시킬 수 있다. 신호가 데시메이트된다면 대역을 벗어난 양자화 잡음은 제거될 수 있다. 1비트 델타-시그마 오버샘플링 ADC는 이러한 개념을 사용하고 멀티레이트 DSP 시스템의 전단으로서 적합할 수 있다. 일반적으로 보다 적은 비트 수를 사용하여 주어진 해상도를 이루기 위하여 매우 큰 오버샘플링률이 요구된다. 그 결과로서, 본래 오버샘플링 시그마-델타 ADC의 실제적인 응용은 음성 등급 또는 하이파이브의 오디오와 같은 낮은 주파수의 신호에는 제한된다.

델타 변조

델타 변조에서 아날로그 입력 신호와 각 샘플링 순간에(1비트 DAC에 들어간 후에) 지연된 출력 사이의 차는 1비트 ADC(단지 두 개의 출력 레벨을 갖는)에 의하여 양자화된다. 만약 입력이 지연된 출력보다 크면 양자화기 출력은 1이고 그렇지 않으면 0이다. 만약 지연된 출력이 입력보다 작으면(또는 크면) 지연된 출력은 고정된 스텝에 의하여 감소(또는 증가)한다. 급속하게 올라가는 입력에 대하여 비교기 출력은 1의 연속이고, 지연된 출력은 입력과 같아질 때까지 각 샘플링 순간에 고정된 스텝에 의하여 증가된다. 출력이 일정한 비율에서 변하고 0과 1의 상대적인 수가 신호 기울기를 나타내기 때문에 이 방법을 델타 변조라고 한다.

시그마-델타 변조

멀티레이트 DSP는 시그마-델타 변조라고 하는 델타 변조의 변형을 사용한다. 비교를 위해 1비트 ADC에 의하여 양자화, 지연, 궤환되기 전에 각 샘플링 순간에서의 출력은 합산기(이하 시그마)에 의하여 먼저 계산된다. 그 결과 0과 1의 상대적인 수는 기울기보다는 오히려 입력 신호 레벨을 나타낸다(원한다면 아날로그 필터를 통과시킴으로써 즉시 아날로그 신호로 변환될 수 있다). 실제로 궤한 루프는 보다 낮은 주파수에서 양자화 잡음을 감소시키는 고역통과 필터로서 작용한다. 그러므로 궤환 루프는 잡음 셰이핑 필터로서도 사용된다.

데시메이션

시그마-델타 변조기의 출력은 저역통과 필터와 다운샘플러(down-sampler)의 사용에 따라 원래의 샘플링률로 데시메이트된다. 저역통과 필터는 이미지(대역 외의 양자화 잡음)를 제거하고 다운샘플러 출력은 b비트의 해상도(워드 길이에 의하여 결정되는)를 갖는다. 데시메이트된 출력은 더 작은 샘플링률과 일치하기 때문에 하드웨어의 부담 없이 디지털적으로 처리될 수 있다.

단일 비트 오버샘플링 시그마-델타 DAC

오버샘플링 시그마-델타 DAC는 비엘리어싱 아날로그 재구성 필터의 필요조건 설계를 쉽게 하기 위하여 신호 재구성에 앞서 사용될 수 있다. 원래의 샘플링률에서 b비트 신호는 업샘플러와 디지털 저역통과 필터를 사용하여 보간된다. 이때 보간기의 출력은 시그마-델타 변조기에 들어가고 시그마-델타 변조기의 출력은 단지 2레벨(단일 비트)을 갖는 디지털 스트림이다. 1비트 DAC에 이어 아날로그(비엘리어싱) 저역통과 필터는 아날로그 신호를 재구성한다.

7.12 연습문제

7.1 **(샘플링 동작)** 신호 $x(t) = \cos(4000\pi t)$는 t_s마다 샘플링된다. $0 \le t \le 2$ ms에서 샘플링된 신호를 그려라. 그리고 샘플링 함수와 t_s의 아래와 같은 선택에 대해 적어도 -5 kHz $\le f \le 5$ kHz의 주파수 범위에서 샘플링된 신호의 스펙트럼을 그려라.

(a) $t_s = 0.2$ ms인 임펄스 열(이상적인 샘플링 함수)

(b) $t_s = 0.8$ ms인 임펄스 열(이상적인 샘플링 함수)

(c) $t_d = 0.1$ ms이고 $t_s = 0.2$ ms인 구형파

[**힌트:** 스펙트럼 $X(f) = 0.5\delta(f - B) + 0.5\delta(f + B)$는 임펄스 쌍이다. 샘플링된 신호의 스펙트럼은 $\sum X[k]X(f - k/t_s)$이다. (a), (b)에서는 $X[k] = 1/t_s$이고, 임펄스는 모든 $S = 1/t_s$ Hz마다 복사된다. (c)에서는 $X[k] = 0.5\text{sinc}(0.5k)$이고, 사실상 복사된 임펄스는 감소된다.]

7.2 **(샘플링 동작)** 신호 $x(t) = \text{sinc}(4000t)$는 t_s마다 샘플링된다. $0 \le t \le 2$ ms에서 샘플링된 신호를 그려라. 그리고 샘플링 함수와 t_s의 아래와 같은 선택에 대해 샘플링 신호의 스펙트럼을 그려라.

(a) $t_s = 0.2$ ms인 임펄스 열(이상적인 샘플링 함수)

(b) $t_s = 0.25$ ms인 임펄스 열(이상적인 샘플링 함수)

(c) $t_s = 0.4$ ms인 임펄스 열(이상적인 샘플링 함수)

(d) $t_d = 0.1$ ms이고 $t_s = 0.2$ ms인 구형파

(e) $t_s = 0.2$ ms인 플랫톱(영차홀드) 샘플링

[**힌트:** $X(f) = X(f) = \frac{1}{4000}\text{rect}(\frac{f}{4000})$는 구형파이다. 샘플링된 신호의 스펙트럼은 $\sum X[k]X(f - k/t_s)$이다. (a)~(c)에서는 $X[k] = 1/t_s$이고, 펄스는 모든 $S = 1/t_s$ Hz마다 복사되고, 더해진다. (d)에서는 $X[k] = 0.5\text{sinc}(0.5k)$이고, 복사된 수열은 크기가 감소된다. (e)에서는 (d)의 스펙트럼을 $\text{sinc}(f/S)$로 곱한다.]

7.3 **(디지털 주파수)** 디지털 주파수 $|F| \le 0.5$를 사용하여 아래의 신호를 표현하라.

(a) $x[n] = \cos\left(\frac{4n\pi}{3}\right)$

(b) $x[n] = \cos\left(\frac{4n\pi}{7}\right) + \sin\left(\frac{8n\pi}{7}\right)$

7.4 **(샘플링 이론)** 아래 신호에 대해 나이퀴스트 샘플링률을 정하라.

(a) $x(t) = 5\sin(300\pi t + \pi/3)$

(b) $x(t) = \cos(300\pi t) - \sin(300\pi t + 51°)$

(c) $x(t) = 3\cos(300\pi t) + 5\sin(500\pi t)$

(d) $x(t) = 3\cos(300\pi t)\sin(500\pi t)$

(e) $x(t) = 4\cos^2(100\pi t)$

(f) $x(t) = 6\,\text{sinc}(100t)$

(g) $x(t) = 10\,\text{sinc}^2(100t)$

(h) $x(t) = 6\,\text{sinc}(100t)\cos(200\pi t)$

[**힌트:** 신호를 만드는 데 있어서, 시간 영역의 곱은 주파수 영역에서 컨벌루션이다. 이 컨벌루션의 폭은 가장 높은 주파수로 주어진다. 예를 들어 (d)는 스펙트럼이 ±150 Hz와 ±250 Hz로 되고, 컨벌루션은 ±400 Hz와 $f_{\max} = 400$ Hz를 포함한다.]

7.5 **(샘플링 이론)** $x(t) = A\cos(2\pi f_0 t)$는 6주기 동안 나이퀴스트율 3배에서 샘플링된다. 얼마나 많은

샘플을 획득하는가?

[**힌트:** 정현파에서, 나이퀴스트율은 한 주기마다 두 개의 샘플을 취하는 것을 의미한다.]

7.6 **(샘플링 이론)** $x(t) = A\cos(2\pi f_0 t)$는 1초 동안 나이퀴스트율 2배에서 샘플링된다. 총 100개의 샘플을 획득한다. f_0와 샘플링된 디지털 주파수는 무엇인가?

[**힌트:** 정현파에서, 나이퀴스트율은 한 주기마다 두 개의 샘플을 취하는 것을 의미한다.]

7.7 **(샘플링 이론)** $x(t) = \sin(150\pi t)$는 3주기 동안 5 샘플의 비율에서 샘플링된다. 이것과 상응하는 나이퀴스트 샘플링률은? 샘플링된 신호의 디지털 주파수는?

[**힌트:** 사인파에서, 나이퀴스트율은 한 주기마다 두 개의 샘플을 취하는 것을 의미한다.]

7.8 **(샘플링 이론)** 각각의 반주기에 대해 +1과 −1의 값을 갖는 주기 $T = 1$ ms인 주기적인 구형파는 차단 주파수가 4 kHz이고, 이상적인 저역통과 필터를 통과한다. 필터 출력은 샘플링된다. 우리가 선택할 수 있는 가장 작은 샘플링률은 얼마인가? 나이퀴스트 기준과 마찬가지로 신호의 대칭성을 고려하라.

[**힌트:** 만약 신호가 반파 대칭이라면, 짝수 색인된 고조파는 존재하지 않는다.]

7.9 **(샘플링된 신호의 스펙트럼)** 아날로그 신호 $x(t)$의 스펙트럼이 $X(f)$로 주어진다. 이상적으로 샘플링된 $x[n]$의 스펙트럼을 그리고, 50, 40, 30 Hz의 샘플링률을 가정하라.

(a) $X(f) = \text{rect}(f/40)$ **(b)** $X(f) = \text{tri}(f/20)$

[**힌트:** 샘플링된 신호의 스펙트럼은 $\sum SX(f - kS)$이다. $SX(f)$의 이미지는 모든 S Hz마다 복사되고 더해진다.]

7.10 **(샘플링된 신호의 스펙트럼)** 디지털 주파수 F에 대해 아래 신호의 스펙트럼을 그려라.

(a) $x(t) = \cos(200\pi t)$ (450 Hz에서 이상적으로 샘플링됨)
(b) $x(t) = \sin(400\pi t - \frac{\pi}{4})$ (30 Hz에서 이상적으로 샘플링됨)
(c) $x(t) = \cos(200\pi t) + \sin(350\pi t)$ (300 Hz에서 이상적으로 샘플링됨)
(d) $x(t) = \cos(200\pi t + \frac{\pi}{4}) + \sin(250\pi t - \frac{\pi}{4})$ (120 Hz에서 이상적으로 샘플링됨)

[**힌트:** 스펙트럼 $X(f)$는 임펄스 쌍을 포함한다. 이상적으로 샘플링된 신호의 스펙트럼은 $\sum SX(f - kS)$이다. $SX(f)$의 이미지는 모든 S Hz마다 복사된다.]

7.11 **(샘플링과 엘리어싱)** 신호 $x(t)$는 주파수 10, 40, 200, 220, 240, 260, 300, 320, 340, 360, 380, 400 Hz에서 단위 최고치를 갖는 사인파의 합이다.

(a) $x(t)$의 진폭 스펙트럼과 위상 스펙트럼을 그려라.

(b) $S = 140$ Hz에서 샘플링된다면, 어느 성분들이 엘리어싱을 보일 것인가?

(c) 샘플링된 신호가 차단 주파수 $f_C = 0.5S$인 이상적인 재구성 필터를 통과한다. 재구성된 신호 $y(t)$에 대한 표현을 쓰고, 진폭 스펙트럼과 위상 스펙트럼을 그려라. $y(t)$는 $x(t)$와 동일한가? 그 이유는 무엇인가?

(d) 최소 샘플링률 S는 그 샘플들로부터 $x(t)$의 이상적인 재구성을 어떻게 허용하는가?

7.12 **(샘플링과 엘리어싱)** 신호 $x(t) = \cos(100\pi t)$를 다음 시스템에 적용해 보자. 시스템 출력 $y(t)$를

샘플링하는 데 필요한 최소 샘플링률을 찾는 것이 가능한가? 만약 그렇다면, 나이퀴스트 샘플링률을 구하라.

(a) $y(t) = x^2(t)$
(b) $y(t) = x^3(t)$
(c) $y(t) = |x(t)|$
(d) $h(t) = \text{sinc}(200t)$
(e) $h(t) = \text{sinc}(500t)$
(f) $h(t) = \delta(t-1)$
(g) $y(t) = x(t)\cos(400\pi t)$
(h) $y(t) = u[x(t)]$

[**힌트:** 나이퀴스트율은 오직 $y(t)$가 대역제한되면 적용한다. (b)에서 $y(t)$는 주기적인 full-rectified 코사인이다. (h)에서, $y(t)$는 주기적인 구형파이다.]

7.13 **(샘플링과 엘리어싱)** 정현파 $x(t) = \cos(2\pi f_0 t + \theta)$는 400 Hz에서 샘플링되고, 재구성에 따라 150 Hz 정현 곡선으로 나타난다. 신호 $x(t)$가 500 Hz에서 샘플링될 때 역시 재구성에 따라 150 Hz 정현 곡선으로 나타난다. 단, $f_0 < 2.5$ kHz이다.

(a) 각 샘플링률이 나이퀴스트율을 초과한다면, f_0는 얼마인가?

(b) 다른 샘플링률에서 다시 $x(t)$를 샘플링함으로써, 엘리어싱이 발생했는지 어떻게 설명할 수 있는가?

(c) 엘리어싱이 발생하고 복원된 위상이 θ라면, f_0의 모든 가능한 값을 찾아라.

(d) 엘리어싱이 발생하지만 복원된 위상이 $-\theta$라면, f_0의 모든 가능한 값을 찾아라.

[**힌트:** (b)에서 $S > 2f_0$이면 엘리어싱이 발생하지 않는다. (c)에서 엘리어싱된 주파수는 양수이다. 따라서 $150 = f_0 - 500k = f_0 - 400m$이고 $\frac{k}{m} = \frac{4}{5}$로 주어진다. 여기서 k, m은 $f_0 < 2.5$ kHz이기 위한 정수로 선택된다. (d)에서는 $-150 = f_0 - 500k = f_0 - 400m$으로 시작한다.]

7.14 **(샘플링과 엘리어싱)** 주기 $T = 4$인 주기 신호의 한 주기는 $x(t) = 2\text{tri}(0.5t) - 1$로 주어진다. 주기 신호는 이상적으로 임펄스 열 $i(t) = \sum_{k=-\infty}^{\infty} \delta(t-k)$로 샘플링된다.

(a) 신호 $x(t)$와 $x_s(t)$를 그려라. 그리고 $x_S(t)$는 한 주기가 $x_s(t) = \delta(t) - \delta(t-2)$, $0 \le t < 4$로 주어지는 $T = 4$초인 주기 신호임을 확인하라.

(b) $x_s(t)$가 0.6 Hz의 차단 주파수를 갖는 이상적인 저역통과 필터를 통과한다면, 필터 출력 $y(t)$는?

(c) 샘플링 함수가 $i(t) = \sum_{k=-\infty}^{\infty}(-1)^k \delta(t-k)$라면, $x_s(t)$와 $y(t)$는 어떻게 변하는가?

[**힌트:** (b)에서 $x_S(t)$는 $T = 4$인 반파 대칭이고, 푸리에 급수 계수는 $X[k] = 0.5(1 - e^{-jk\pi})$이다. (c)에서 $x_S(t)$는 $T = 2$초인 주기 신호이고 $x_S(t) = \delta(t)$, $0 \le t < 2$이다. 푸리에 계수는 $X[k] = 0.5$이다.]

7.15 **(대역통과 샘플링)** 신호 $x(t)$는 500 Hz로 대역제한되어 있다. $x(t)$에 존재하는 가장 낮은 주파수는 f_0이다. 엘리어싱 없이 $x(t)$를 샘플링할 수 있는 최소 샘플링률 S를 구하라.

(a) $f_0 = 0$

(b) $f_0 = 300$ Hz

(c) $f_0 = 400$ Hz

7.16 **(대역통과 샘플링)** 신호 $x(t)$는 40 Hz로 대역제한되어 있고 변조된 신호 $y(t)$를 생성하기 위해 320 Hz 반송파에 의해 변조되었다. 변조된 신호는 $g(t) = y^2(t)$인 자승 법칙에 의해 처리된다.

(a) 엘리어싱을 방지하기 위한 $x(t)$의 최소 샘플링률은 얼마인가?

(b) 엘리어싱을 방지하기 위한 $y(t)$의 최소 샘플링률은 얼마인가?

(c) 엘리어싱을 방지하기 위한 $g(t)$의 최소 샘플링률은 얼마인가?

7.17 **(샘플링 오실로스코프)** S Hz마다 신호 $x(t)$는 이상적인 샘플링이 필요하고, 샘플링된 신호 $s(t)$는 $0.5S$ Hz의 차단 주파수를 갖는 이상적인 저역통과 필터를 통과한다. 출력 $y(t) = x(t/\alpha)$는 $x(t)$의 α에 의해 늘어진 형태이다.

(a) $x(t) = 1 + \cos(20\pi t)$이다. 저역통과 필터 $y(t) = x(0.1t)$의 출력을 보장하기 위한 S의 값은 얼마인가? 선택된 S 값에 대한 $x(t)$, $s(t)$, $y(t)$의 스펙트럼을 그려라.

(b) $x(t) = 2\cos(80\pi t) + \cos(160\pi t)$로 가정하고 샘플링률은 $S = 48$ Hz이다. $x(t)$, $s(t)$와 $y(t)$의 스펙트럼을 그려라. 출력 $y(t)$는 $y(t) = x(t/\alpha)$를 갖는 $x(t)$의 변형된 형태인가? 만약 그렇다면, α의 값은 얼마인가?

(c) $x(t) = 2\cos(80\pi t) + \cos(100\pi t)$로 가정하자. 저역통과 필터 $y(t) = x(t/20)$의 출력을 보장하기 위한 S의 값은 얼마인가? 결과를 확신하기 위해 선택된 S 값에 대한 $x(t)$, $s(t)$와 $y(t)$의 스펙트럼을 그려라.

[**힌트:** 기본 주파수를 f_0라 했을 때, $\alpha = \dfrac{f_0}{f_0 - S}$가 요구된다. (a)에서 $S_m > 2f_{max}/\alpha$일 경우, 다른 선택에 대하여 $S_m = S/m$(단, m은 정수)를 구하라.]

7.18 **(샘플링과 복원)** 주기가 $x(t) = \text{tri}(20t)$인 신호는 차단 주파수가 f_C인 이상적인 아날로그 저역통과 필터에 의해 대역제한된다. 그런 다음 80 Hz에서 이상적으로 샘플링된다. 샘플링된 신호는 신호 $y(t)$를 얻기 위해 차단 주파수가 40 Hz인 이상적인 저역통과 필터를 사용하여 복원된다. $f_C =$ 20, 40, 60 Hz일 때, $y(t)$를 구하라.

7.19 **(샘플링과 복원)** 중간 지점과 아래의 직렬 시스템의 출력에서 스펙트럼을 그려라. 입력 $x(t) = 5\,\text{sinc}(5t)$, 샘플러는 $S = 10$ Hz에서 동작하고 이상적으로 샘플링되며, 이상적인 저역통과 필터의 차단 주파수는 5 Hz로 가정하자.

(a) $x(t) \rightarrow$ [샘플러] $\rightarrow$ [이상적인 LPF] $\rightarrow y(t)$

(b) $x(t) \rightarrow$ [샘플러] $\rightarrow$ [$h(t) = u(t) - u(t-0.1)$] $\rightarrow$ [이상적인 LPF] $\rightarrow y(t)$

(c) $x(t) \rightarrow$ [샘플러] $\rightarrow$ [$h(t) = u(t) - u(t-0.1)$] $\rightarrow$ [이상적인 LPF] $\rightarrow$ [$|H(f)| = \frac{1}{|\text{sinc}(0.1f)|}$] $\rightarrow y(t)$

[**힌트:** $X(f)$는 구형 펄스이다. (a)에서 $X(f)$를 복사한다. (b)에서 저역통과 필터는 $\text{sinc}(f/S)$에 의해 왜곡되는 중심 상(이미지)을 막는다. (c)에서 보상 필터는 싱크 왜곡을 제거한다.]

7.20 **(샘플링과 엘리어싱)** 신호 $x(t) = e^{-t}u(t)$는 최대 엘리어싱된 진폭이 비엘리어싱 이미지의 최대 진폭의 5%보다 작게 하기 위하여 S마다 샘플링된다. 샘플링률 S는 얼마인가?

[**힌트:** 복사된 스펙트럼을 그리고, 최대 엘리어싱이 $f = 0.5S$에서 발생함을 유의하라. 따라서 $|X(0.5S)| \le 0.05|X(0)|$가 요구된다.]

7.21 **(신호 복원)** 정현파 $x(t) = \sin(150\pi t)$는 이상적으로 80 Hz마다 샘플링된다. 샘플링된 신호가 다

음 필터들을 통과할 때, 신호 $y(t)$를 설명하라.

(a) 차단 주파수 $f_C = 10$ Hz인 이상적인 저역통과 필터

(b) 차단 주파수 $f_C = 100$ Hz인 이상적인 저역통과 필터

(c) 통과대역이 60 Hz와 80 Hz 사이인 이상적인 대역통과 필터

(d) 통과대역이 60 Hz와 100 Hz 사이인 이상적인 대역통과 필터

[**힌트:** 샘플링된 신호의 스펙트럼은 매 80 Hz마다 반복된 ±75 Hz에서 임펄스 쌍을 포함한다. 각 출력을 얻기 위해 각 필터의 양측 대역 스펙트럼을 그려라.]

7.22 **(샘플링과 엘리어싱)** 4 kHz로 대역제한된 음성 신호 $x(t)$는 $x[n]$을 얻기 위해 10 kHz마다 샘플링된다. 샘플링된 신호 $x[n]$은 $y[n]$을 구하기 위해 통과대역이 $0.03 \le F \le 0.3$인 이상적인 대역통과 필터에 의해 필터링된다. $x(t)$가 아래 주파수에서 바람직하지 못한 신호를 포함한다면, 샘플링된 출력 $y[n]$은 오차가 포함되었는가?

(a) 60 Hz **(b)** 360 Hz **(c)** 8.8 kHz **(d)** 9.8 kHz

[**힌트:** 주요 범위에서 $x[n]$의 디지털 주파수를 사용하라.]

7.23 **(DTFT와 샘플링)** 디지털 필터의 전달 함수는 $H(F) = \text{rect}(2F)e^{-j0.5\pi F}$이다.

(a) 이 필터의 임펄스 응답 $h[n]$을 구하라.

(b) 아날로그 신호 $x(t) = \cos(0.25\pi t)$를 다음 시스템에 적용한다.

$x(t) \rightarrow$ [샘플러] $\rightarrow$ [$H(F)$] $\rightarrow$ [이상적인 LPF] $\rightarrow y(t)$

샘플러는 이상적이고 $S = 1$ Hz마다 동작한다. 이상적인 저역통과 필터의 차단 주파수는 $f_C = 0.5$ Hz이다. $X(f)$와 $Y(f)$의 관계는? $y(t)$는 무엇인가?

[**힌트:** (b)에서 주요 범위에서 $x[n]$의 디지털 주파수를 구하고 $y[n]$, $y(t)$를 구하는 데 사용하라. 그 다음에 $y(t)$의 푸리에 변환을 구하라.]

7.24 **(샘플링과 필터링)** 아날로그 신호 $x(t) = \cos(2\pi f_0 t)$를 아래 시스템에 적용해 보자.

$x(t) \rightarrow$ [샘플러] $\rightarrow$ [$H(F)$] $\rightarrow$ [이상적인 LPF] $\rightarrow y(t)$

샘플러는 이상적이고 $S = 60$ Hz마다 동작한다. 필터 $H(F)$는 임펄스 응답이 $h[n] = \frac{1}{3}\{1, \overset{\Downarrow}{1}, 1\}$인 3-포인트 평균 필터의 주파수 응답을 나타낸다. 이상적인 저역통과 필터의 차단 주파수가 $f_C = 40$ Hz이다. 다음 각 경우에 대해 $y(t)$를 구하라.

(a) $f_0 = 20$ Hz **(b)** $f_0 = 50$ Hz **(c)** $f_0 = 75$ Hz

[**힌트:** 주요 범위에서 디지털 주파수 $x[n]$을 구하고 $y[n]$과 복원된 신호 $y(t)$를 구하기 위해 디지털 주파수를 사용하라.]

7.25 **(샘플링과 필터링)** 푸리에 급수 계수가 $X[k] = 2.5\text{sinc}^2(0.5k)$로 주어지고 주기가 $T = 0.1$초인 주기 신호 $x(t)$를 아래 시스템에 적용해 보자.

$x(t) \rightarrow$ [전처리 필터] $\rightarrow$ [샘플러] $\rightarrow$ [$H(F)$] $\rightarrow$ [이상적인 LPF] $\rightarrow y(t)$

전처리 필터는 신호 $x(t)$를 B Hz로 대역제한한다. 샘플러는 이상적이고 $S = 80$ Hz마다 동작한

다. 디지털 필터의 전달 함수는 $H(F) = \text{tri}(2F)$이다. 이상적인 저역통과 필터의 차단 주파수는 $f_C = 40$ Hz이다. 다음에 대하여 각각의 $y(t)$를 구하라.

(a) $B = 20$ Hz **(b)** $B = 40$ Hz **(c)** $B = 80$ Hz

[**힌트:** 주요 구간에서 $x(t)$의 각각의 제로가 아닌 고조파의 디지털 주파수를 B Hz까지 찾아라. 그리고 그것을 디지털 필터의 출력 및 복원된 신호 $y(t)$를 구하는 데 사용하라.]

7.26 (**샘플링**) 4 kHz로 대역제한된 음성 신호는 이상적으로 샘플링률 S마다 샘플링되고, 샘플링된 신호 $x[n]$은 출력이 다음과 같이 $y(t)$를 얻기 위해 이상적으로 복원된 자승 필터 $y[n] = x^2[n]$에 의해 처리된다.

$$x(t) \rightarrow \boxed{\text{샘플러}} \rightarrow \boxed{y[n] = x^2[n]} \rightarrow \boxed{\text{이상적인 복원}} \rightarrow y(t)$$

$y(t) = x^2(t)$가 되기 위한 최소 샘플링률 S는 얼마인가?

[**힌트:** $y[n]$의 스펙트럼은 $x[n]$ 스펙트럼의 2배로 확장된다.]

7.27 (**샘플링**) $x(t) = \sin(200\pi t)\cos(120\pi t)$인 신호를 생각해 보자. 이 신호는 샘플링률 S_1에서 샘플링되고, 샘플링된 신호 $x[n]$은 $y(t)$를 얻기 위해 샘플링률 S_2에서 이상적으로 복원된다. 다음에 대하여 복원된 신호를 구하라.

(a) $S_1 = 400$ Hz와 $S_2 = 200$ Hz

(b) $S_1 = 200$ Hz와 $S_2 = 100$ Hz

(c) $S_1 = 120$ Hz와 $S_2 = 120$ Hz

[**힌트:** $2\sin\alpha\cos\beta = \sin(\alpha + \beta) + \sin(\alpha - \beta)$를 사용하고, 주요 범위에서 각 요소의 디지털 주파수를 구하고, 복원 신호를 설정하라.]

7.28 (**샘플링과 필터링**) 5 kHz로 확장된 스펙트럼 음성 신호 $x(t)$는 샘플링된 신호 $x_f(t)$를 구하기 위해 4 kHz의 차단 주파수를 갖는 이상적인 아날로그 저역통과 필터에 의해 필터링된다.

(a) $x_f(t)$가 $y[n]$을 생성하기 위해 샘플링되었다면, $y[n]$으로부터 $x_f(t)$의 복원을 허용하는 최소 샘플링률은 얼마인가?

(b) $x(t)$로부터 $x[n]$을 생성하기 위해 먼저 샘플링하고, 그 다음에 $z[n]$을 구하기 위해 디지털적으로 필터링되었다면, 최소 샘플링률은 어떻게 되는가? 그리고 $z[n]$과 같은 디지털 주파수의 임펄스 응답 $h[n]$은 $y[n]$과 동일한가?

7.29 (**샘플링과 필터링**) 아날로그 신호 $x(t) = \text{sinc}^2(10t)$를 아래 시스템에 적용해 보자.

$$x(t) \rightarrow \boxed{\text{샘플러}} \rightarrow \boxed{H(F)} \rightarrow \boxed{\text{복원}} \rightarrow y(t)$$

샘플러는 이상적이고 나이퀴스트율과 상응하는 샘플링률 S마다 동작한다. 디지털 필터의 전달 함수는 $H(F) = \text{rect}(2F)$이다. 만약 복원이 아래에 기초를 둔다면 각 서브시스템의 출력에서 스펙트럼을 그려라.

(a) 차단 주파수가 $f_C = 0.5S$인 이상적인 아날로그 필터

(b) $f_C = 0.5S$인 이상적인 아날로그 필터의 영차홀드

[**힌트:** (a)에서 출력은 주파수에서 절단된 $X(f)$의 변형된 형태이다. (b)에서 출력은 영차홀드로 인한 싱크 변형을 보인 것이다.]

7.30 **(보간)** 신호 $x[n] = \{\overset{\Downarrow}{-1}, 2, 3, 2\}$($t_s = 1$초)는 보간 필터를 통과한다.

(a) 필터가 계단 보간을 수행할 때 출력을 그려라.

(b) 필터가 선형 보간을 수행할 때 출력을 그려라.

(c) 필터가 싱크 보간을 수행할 때 $t = 2.5$초에서 보간 값은 얼마인가?

(d) 필터가 야기 코사인 보간($R = 0.5$로 가정)을 수행할 때 $t = 2.5$초에서 보간 값은 얼마인가?

[**힌트:** (a)에서 계단 함수 신호를 그려라. (b)에서는 간단히 점을 연결하라. (c)에서는 $t = 2.5$에서 $x(t) = \sum x[k]\text{sinc}(t - k)$를 계산하고, 마지막 (d)에서는 야기 코사인 수식을 사용하라.]

7.31 **(DTFT와 샘플링)** 신호는 두 샘플 사이에 계단 보간을 수행하는 필터를 사용함으로써 복원된다. 복원 샘플링 간격은 t_s이다.

(a) 임펄스 응답 $h(t)$와 보간 필터의 전달 함수 $H(f)$를 구하라.

(b) 비이상적인 복원을 보상할 수 있는 필터의 전달 함수 $H_C(f)$를 구하라.

[**힌트:** 계단 보간 필터 $h(t) = \frac{1}{t_s}[u(t) - u(t - t_s)]$이다.]

7.32 **(DTFT와 샘플링)** 신호는 두 샘플 사이에 선형 보간을 수행하는 필터를 사용함으로써 복원된다. 복원 샘플링 간격은 t_s이다.

(a) 임펄스 응답 $h(t)$와 보간 필터의 전달 함수 $H(f)$를 구하라.

(b) 비이상적인 복원을 보상할 수 있는 필터의 전달 함수 $H_C(f)$를 구하라.

[**힌트:** 선형 보간 필터 $h(t) = \frac{1}{t_s}\text{tri}(\frac{t}{t_s})$이다.]

7.33 **(보간)** 영차홀드 샘플링을 사용하여 $B = 4$ kHz로 대역제한된 음성 신호 샘플을 원한다.

(a) 4 kHz에서 샘플링된 신호의 스펙트럼 진폭이 최고 진폭의 90% 이내에 있을 때, 샘플링 주파수 S를 정하라.

(b) 복원할 때, 신호는 통과대역에서 감쇠가 1 dB 미만이고 모든 이미지 주파수에 대해서는 30 dB 이상의 버터워스 필터를 사용하여 필터링된다. 샘플링과 필터링이 4 kHz와 12 kHz로 동작하는 전체 감쇠를 dB로 계산하라.

(c) 버터워스 필터의 차수는 얼마인가?

[**힌트:** 영차홀드는 $\text{sinc}(f/S)$ 형태의 싱크 왜곡의 원인이다. (a)에서 $\text{sinc}(B/S) \geq 0.9$를 필요로 하고, $-20\log|\text{sinc}(f/S)|$의 추가 감쇠를 준다.]

7.34 **(업샘플링)** 아날로그 신호 $x(t) = 4000\,\text{sinc}^2(4000t)$는 신호 $x[n]$을 구하기 위해 12 kHz마다 샘플링된다. 샘플링된 신호는 아래 시스템과 같이 신호 $y[n]$을 구하기 위해 N에 의해 업샘플링된다.

$$x(t) \rightarrow \boxed{\text{샘플러}} \rightarrow x[n] \rightarrow \boxed{\text{업샘플링} \uparrow N} \rightarrow y[n]$$

$N = 2$와 $N = 3$에 대해서 $-1 \leq F \leq 1$ 범위에서 $X(F)$와 $Y(F)$의 스펙트럼을 그려라.

[**힌트:** 인자 N에 의해 업샘플링을 한 후에, 한 주기($F = \frac{k}{N}$에서 중심)마다 N개의 압축된 이미지가 있다.]

7.35 **(업샘플링)** 신호 $x[n]$은 신호 $y[n]$을 구하기 위해 N에 의해 업샘플링된다. 아래의 경우에 대해 $-1 \le F \le 1$ 범위에서 $X(F)$와 $Y(F)$를 그려라.

(a) $x[n] = \mathrm{sinc}(0.4n)$, $N = 2$

(b) $X(F) = \mathrm{tri}(4F)$, $N = 2$

(c) $X(F) = \mathrm{tri}(6F)$, $N = 3$

[**힌트:** 인자 N에 의해 업샘플링을 한 후에, 한 주기($F = \frac{k}{N}$에서 중심)마다 N개의 압축된 이미지가 있다.]

7.36 **(선형 보간)** 인자 N에 의해 선형 보간이 수행되는 시스템을 생각해 보자. 아래 시스템의 구성은 N에 의해 업샘플링을 수행하고, 아래와 같이 출력이 선형으로 보간되고, 임펄스 응답 $h[n]$을 갖는 보간 필터를 통하여 업샘플링된 신호를 통과시킨다.

$x(n) \rightarrow$ [업샘플링 $\uparrow N$] $\rightarrow$ [필터 $h[n]$] $\rightarrow y[n]$

(a) $N = 2$의 선형 보간에 기인하는 임펄스 응답 $h[n]$을 구하라.

(b) $N = 2$에 대한 보간 필터의 주파수 응답 $H(F)$를 그려라.

(c) $X(F) = \mathrm{rect}(2F)$를 입력으로 하자. 업샘플링과 보간 필터의 출력에서 스펙트럼을 그려라.

[**힌트:** (a)에서 선형 보간은 $h[n] = \mathrm{tri}(n/N)$이 필요하다. (c)에서는 업샘플링 후에, 주기($F = \frac{k}{N}$에서 중심)마다 N개의 압축된 이미지가 있다. 디지털 필터는 $|F_C|$ 외부의 모든 이미지를 제거한다.]

7.37 **(보간)** 입력 $x[n]$은 출력 $y[n]$을 생성하기 위해 F_C의 차단 주파수를 갖는 이상적인 저역통과 필터와 함께 N에 의한 업샘플링 시스템이 적용된다. 시스템의 블록 다이어그램을 그려라. 이 시스템의 다양한 점에서 스펙트럼을 그리고 아래의 경우에 대해 $y[n]$과 $Y(F)$를 구하라.

(a) $x[n] = \mathrm{sinc}(0.4n)$, $N = 2$, $F_C = 0.4$

(b) $X(F) = \mathrm{tri}(4F)$, $N = 2$, $F_C = 0.375$

[**힌트:** 인자 N에 의해 업샘플링을 한 후에, 주기($F = \frac{k}{N}$에서 중심)마다 N개의 압축된 이미지가 있다. 디지털 필터는 $|F_C|$ 외부의 모든 이미지를 제거한다.]

7.38 **(데시메이션)** 신호 $x(t) = 2\cos(100\pi t)$는 신호 $x[n]$을 구하기 위해 400 Hz마다 이상적으로 샘플링되고, 샘플된 신호는 신호 $y[n]$을 구하기 위해 N에 의해 데시메이션된다. $N = 2$와 $N = 3$의 경우에 대해 $-1 \le F \le 1$ 범위에서 $X(F)$와 $Y(F)$의 스펙트럼을 그려라.

[**힌트:** N에 의한 데시메이션에 있어서, 이미지는 N에 의해 늘려지고, 진폭은 $\frac{1}{N}$로 크기 조정되고, 겹쳐지는 부분이 있으면 더해진다.]

7.39 **(데시메이션)** 신호 $x[n]$은 데시메이션된 신호 $y[n]$을 구하기 위해 N에 의해 데시메이션된다. 아래의 경우에 대해 $-1 \le F \le 1$ 범위에서 $X(F)$와 $Y(F)$의 스펙트럼을 그려라.

(a) $x[n] = \mathrm{sinc}(0.4n)$, $N = 2$

(b) $X(F) = \mathrm{tri}(4F)$, $N = 2$

(c) $X(F) = \mathrm{tri}(3F)$, $N = 2$

[**힌트:** N에 의한 데시메이션에 있어서, 이미지는 N에 의해 늘려지고, 진폭은 $\frac{1}{N}$로 크기 조정되고, 겹쳐지는 부분이 있으면 더해진다.]

7.40 **(보간과 데시메이션)** 아래 시스템을 생각해 보자.

$x[n]$ → [업샘플링 ↑ N] → [디지털 LPF] → [다운샘플링 ↓ M] → $y[n]$

이 신호 $x[n]$은 $N = 2$에 의해 업샘플링되고, 디지털 저역통과 필터는 이상적으로 F_C의 차단 주파수와 $M = 3$에 의한 다운샘플링을 한다. $X(F)$와 $Y(F)$를 그리고, 아래의 경우에 대해 어떤 관계가 있는지를 설명하라.

(a) $X(F) = \text{tri}(4F)$와 $F_C = 0.125$ **(b)** $X(F) = \text{tri}(2F)$와 $F_C = 0.25$

[**힌트:** N에 의한 업샘플링 후에, 주기($F = \frac{k}{N}$에서 중심)마다 N개의 압축된 이미지가 있다. 디지털 필터는 $|F_C|$ 외부의 모든 이미지를 제거한다. M에 의한 다운샘플링의 경우, 이미지는 M에 의해 늘려지고, 진폭은 $\frac{1}{M}$로 크기 조정되고, 겹쳐지는 부분이 있으면 더해진다.]

7.41 **(보간과 데시메이션)** 아래 시스템에 대해, $X(F) = \text{tri}(4F)$이다. 디지털 저역통과 필터는 이상적이고, $F_C = 0.25$의 차단 주파수와 이득 2를 갖는다. $-1 \le F \le 1$ 범위의 다양한 점에서 스펙트럼을 그리고, 어떤 시스템이 동일한 출력을 만드는지 결정하라.

(a) $x[n]$ → [업샘플링 ↑ $N = 2$] → [디지털 LPF] → [다운샘플링 ↓ $M = 2$] → $y[n]$

(b) $x[n]$ → [다운샘플링 ↓ $M = 2$] → [디지털 LPF] → [업샘플링 ↑ $N = 2$] → $y[n]$

(c) $x[n]$ → [다운샘플링 ↓ $M = 2$] → [업샘플링 ↑ $N = 2$] → [디지털 LPF] → $y[n]$

[**힌트:** N에 의한 업샘플링 후에, 주기($F = \frac{k}{N}$에서 중심)마다 N개의 압축된 이미지가 있다. 디지털 필터는 $|F_C|$ 외부의 모든 이미지를 제거한다. M에 의한 다운샘플링의 경우, 이미지는 M에 의해 늘려지고, 진폭은 $\frac{1}{M}$로 크기 조정되고, 겹쳐지는 부분이 있으면 더해진다.]

7.42 **(보간과 데시메이션)** 아래 시스템에 대해, $X(F) = \text{tri}(3F)$이다. 디지털 저역통과 필터는 이상적이고, $F_C = \frac{1}{3}$의 차단 주파수와 이득 2를 갖는다. $-1 \le F \le 1$ 범위의 다양한 점에서 스펙트럼을 그리고, 어떤 시스템이 동일한 출력을 만드는지 결정하라.

(a) $x[n]$ → [업샘플링 ↑ $N = 2$] → [디지털 LPF] → [다운샘플링 ↓ $M = 2$] → $y[n]$

(b) $x[n]$ → [다운샘플링 ↓ $M = 2$] → [디지털 LPF] → [업샘플링 ↑ $N = 2$] → $y[n]$

(c) $x[n]$ → [다운샘플링 ↓ $M = 2$] → [업샘플링 ↑ $N = 2$] → [디지털 LPF] → $y[n]$

[**힌트:** N에 의한 업샘플링 후에, 주기($F = \frac{k}{N}$에서 중심)마다 N개의 압축된 이미지가 있다. 디지털 필터는 $|F_C|$ 외부의 모든 이미지를 제거한다. M에 의한 다운샘플링의 경우, 이미지는 M에 의해 늘려지고, 진폭은 $\frac{1}{M}$로 크기 조정되고, 겹쳐지는 부분이 있으면 더해진다.]

7.43 **(보간과 데시메이션)** 다음 그림과 같이 인자 N에 의한 보간과 N에 의한 데시메이션으로 원 신호를 복구할 것이라는 조사를 요청받았다고 하자.

방법 1: $x[n] \rightarrow$ [업샘플링 $\uparrow N$] $\rightarrow$ [디지털 LPF] $\rightarrow$ [다운샘플링 $\downarrow N$] $\rightarrow y[n]$

방법 2: $x[n] \rightarrow$ [다운샘플링 $\downarrow N$] $\rightarrow$ [업샘플링 $\uparrow N$] $\rightarrow$ [디지털 LPF] $\rightarrow y[n]$

(a) $X(F) = \text{tri}(4F)$이고 $N = 2$라고 하자. $F_C = 0.25$의 차단 주파수와 이득 2를 갖는 저역통과 필터를 이용한다. $-1 \leq F \leq 1$ 범위의 다양한 점에서 스펙트럼을 그려라. $y[n]$이 $x[n]$과 같아지는 것은 어떤 방법인가? 그 결과로 주장이 옳은지 증명이 되는가?

(b) $X(F) = \text{tri}(3F)$이고 $N = 2$라고 하자. $F_C = \frac{1}{3}$의 차단 주파수와 이득 2를 갖는 저역통과 필터를 이용한다. $-1 \leq F \leq 1$ 범위의 다양한 점에서 스펙트럼을 그려라. $y[n]$과 $x[n]$이 같아지는 것은 어떠한 방법인가? 그 결과로 주장이 옳은지 증명이 되는가?

(c) 두 방법에서 $x[n]$이 $y[n]$과 같아지기 위해서는 입력에 어떠한 제한이 필요한가?

[**힌트:** N에 의한 업샘플링 후에, 주기($F = \frac{k}{N}$에서 중심)마다 N개의 압축된 이미지가 있다. 디지털 필터는 $|F_C|$ 외부의 모든 이미지를 제거한다. M에 의한 다운샘플링의 경우, 이미지는 M에 의해 늘려지고, 진폭은 $\frac{1}{M}$로 크기 조정되고, 겹쳐지는 부분이 있으면 더해진다.]

7.44 **(부분 지연)** 아래 시스템은 반 샘플 지연을 구현하기 위해 요구된다.

$x(t) \rightarrow$ [샘플러] $\rightarrow$ [$H(F)$] $\rightarrow$ [이상적인 LPF] $\rightarrow y(t)$

신호 $x(t)$는 f_C로 대역제한되어 있고, 샘플러는 이상적이며 나이퀴스트율마다 동작한다. 디지털 필터는 $H_1(F) = e^{-j\pi F}$, $|F| \leq F_C$이고, 이상적인 저역통과 필터의 차단 주파수는 f_C이다.

(a) 이 시스템의 다양한 점에서 진폭 및 위상 스펙트럼을 그려라.

(b) $y(t) = x(t - 0.5t_s)$임을 보여라($\frac{1}{2}$ 샘플 지연에 해당).

7.45 **(부분 지연)** 실제로, 신호 $y[n] = x[n - 0.5]$는 하나의 샘플 지연과 2에 의한 데시메이션 그리고 2에 의한 보간을 사용함으로써 $x[n]$으로부터 생성된다. 그 구현은 아래와 같다.

$x(n) \rightarrow$ [업샘플링 $\uparrow 2$] $\rightarrow$ [이상적인 LPF] $\rightarrow$

$\rightarrow$ [1 샘플 지연] $\rightarrow$ [다운샘플링 $\uparrow 2$] $\rightarrow y[n]$

(a) $X(F) = \text{tri}(4F)$로 두자. 여러 점에서 진폭 및 위상 스펙트럼을 그려라.

(b) 만약 $y[n] = x[n - 0.5]$ 혹은 $Y(F) = X(F)e^{-j\pi F}$일 때, 이득과 이상적인 저역통과 필터의 차단 주파수를 구하라($\frac{1}{2}$ 샘플 지연 포함).

[**힌트:** N에 의한 업샘플링 후에, 주기($F = \frac{k}{N}$에서 중심)마다 N개의 압축된 이미지가 있다. 디지털 필터는 $|F_C|$ 외부의 모든 이미지를 제거한다. M에 의한 다운샘플링의 경우, 이미지는 M에 의해 늘려지고, 진폭은 $\frac{1}{M}$로 크기 조정되고, 겹쳐지는 부분이 있으면 더해진다.]

7.46 **(양자화 SNR)** $x(t) = t^2$, $0 \leq t < 2$를 생각해 보자. 아래 문제를 구하기 위해 $t_s = 0.1$초, 4 양자화 레벨, 라운딩을 선택하자.

(a) 샘플링된 신호 $x[n]$

(b) 양자화된 신호 $x_Q[n]$

(c) 실제 양자화 신호대 잡음비 SNR_Q

(d) 양자화의 통계적 추정값 SNR_S

(e) $x(t)$가 주기 $T = 2$초로 주기적일 때, SNR의 추정값

[**힌트:** (e)에서 SNR을 추정하기 위해서는 $P_S = \frac{1}{T}\int_0^2 t^4\,dt$를 사용하라.]

7.47 **(양자화 SNR)** 4 V의 최고치를 갖는 정현파를 샘플링하고, 그 다음에 전체 스케일 범위가 ±5 V인 12비트 양자화기에 의해 양자화된다. 양자화된 신호의 양자화 SNR을 구하라.

[**힌트:** 동적 범위는 $D = 10$ V이고 신호의 전력은 $P_S = 0.5(4)^2$이다.]

7.48 **(양자화 잡음 전력)** 라운딩에 의한 양자화에 기초한 양자화 잡음 전력은 $\sigma^2 = \Delta^2/12$이다. 여기서 Δ는 양자화 계단 크기이다. 다음에 대하여 양자화 잡음 전력에 대한 표현을 찾아라.

(a) 절단에 의한 양자화

(b) 크기–부호 절단에 의한 양자화

[**힌트:** (a)에 대해서, 오류는 $-\Delta$과 0 사이에서 균등하게 분포한다. 그리고 $f(\epsilon) = \frac{1}{\Delta}$, $-\Delta < \epsilon < 0$, 평균 $m = -0.5\Delta$이다. (b)에서 오차는 $-\Delta$와 Δ 사이에서 균등하게 분포하고, $f(\epsilon) = \frac{1}{2\Delta}$, $-\Delta < \epsilon < \Delta$, $m = 0$이다.]

7.49 **(샘플링과 양자화)** ±1 V의 진폭 레벨을 갖는 정현파는 라운딩과 12비트 양자화기에 의해 양자화된다. rms 양자화 오차와 양자화 SNR을 구하라.

[**힌트:** 양자화 오차는 $\sigma = \dfrac{\Delta}{\sqrt{12}}$, 단 $\Delta = \dfrac{V_{\text{FS}}}{2^B}$이다.]

7.50 **(비엘리어싱 필터)** 음성 신호는 4 kHz의 반전력 주파수를 갖는 비엘리어싱 3차 버터워스 필터를 사용함으로써 대역제한된다. 그 다음에 샘플링되고 8비트 양자화기로 양자화된다. 최소 저지대역 감쇠를 결정하라. 최대 저지대역 엘리어싱 레벨을 보장하기 위해 상응하는 저지대역 주파수는 rms 양자화 오차보다 작다.

[**힌트:** 감쇠는 $A_s = 20\log(2^B\sqrt{6}) = 10\log(1 + \nu_s^{2n})$, 단 $\nu_s = f_s/f_p$이다.]

7.51 **(비엘리어싱 필터)** 평활한 진폭 스펙트럼을 갖는 잡음과 같은 신호는 3 kHz 반전력 주파수를 갖는 3차 버터워스 필터를 사용하여 필터링되고, 필터링된 신호는 10 kHz마다 샘플링된다. 샘플링된 신호의 반전력에서 엘리어싱 레벨은 얼마인가?

[**힌트:** 통과대역 가장자리에서 신호 레벨은 0.707이다. 통과대역 가장자리에서 엘리어싱 레벨은 $(1 + \nu^{2n})^{-1/2}$, $\nu = (S - f_p)/f_p$이다.]

7.52 **(비엘리어싱 필터)** ±1 V의 진폭 레벨을 갖는 음성 신호는 4 kHz의 반전력 주파수를 갖는 비엘리어싱 2차 버터워스 필터를 사용하여 대역제한하고, 그 다음에 샘플링되고 8비트 양자화기로 양자화된다. 통과대역 가장자리에서 최대 엘리어싱 오차가 rms 양자화 레벨보다 작아지는 최소 샘플링률 S는 얼마인가?

[**힌트:** $\Delta = V_{\text{FS}}/2^B$를 구하라. 이때 $V_{\text{FS}} = 2$이다. 그리고 양자화 잡음 레벨 $\Delta/\sqrt{12}$를 찾아라. 통과대역 가장자리에서 엘리어싱 레벨은 $(1 + \nu^{2n})^{-1/2}$, $\nu = (S - f_p)/f_p$이다.]

7.53 **(샘플링과 양자화)** 신호 $x(t) = 2\cos(2000\pi t) - 4\sin(4000\pi t)$는 라운딩과 12비트 양자화기를 가용하여 양자화된다. rms 양자화 오차와 양자화 SNR을 구하라.

[**힌트:** 신호 전력은 $P_S = 0.5(2^2 + 4^2)$이다. 최고치는 6을 초과하지 못하기 때문에 $D = 12$를 선택한다.]

7.54 **(샘플링과 양자화)** 4 kHz로 대역제한되는 음성 신호는 샘플링되고, 라운딩과 8비트 양자화기를 통해 양자화된다. 20 ns의 간격시간과 2 μs의 획득시간을 가지고 샘플–홀드 회로에 의해 처리된다면, 양자화기의 전환시간은 얼마인가? 나이퀴스트율로 샘플링된다고 가정하라.

[**힌트:** $S \le \frac{1}{T_A+T_H+T_C}$을 사용하라.]

7.55 **(샘플링과 양자화)** ± 1 V의 진폭 레벨을 갖는 10 kHz 정현파는 샘플링되고 라운딩에 의해 양자화된다. 45 dB의 양자화 SNR을 보장하기 위해 필요한 비트 수는 얼마인가? 샘플링률을 나이퀴스트율의 2배로 선택했다면, 디지털화하는 데 필요한 비트 수는 얼마인가?

[**힌트:** 신호 전력 $P_S = 0.5$이다. 잡음 전력은 $\Delta^2/12$이다. 여기서 $\Delta = 2/2^B$이다. SNR은 $10\log(P_S/P_N)$과 같다. 비트율은 SB[비트/초]이다.

7.56 **(비이미지 필터)** 디지털화된 음성 신호는 4 kHz로 대역제한되고, 영차홀드를 사용하여 복원된다. 영차홀드의 싱크 왜곡 때문에 통과대역에서 신호 레벨이 1.2dB보다 작게 감쇠되는 것을 보장하는 데 필요한 최소 복원 샘플링률은 얼마인가? 저지대역에서 이미지 반사는?

[**힌트:** 싱크 왜곡은 $\text{sinc}(f/S)$이다. 따라서 $20\log|\text{sinc}(f_p/S)| = -1.2$이다. 역 싱크를 계산하는 방법을 찾아라.

7.57 **(비이미지 필터)** 디지털화된 음성 신호는 4 kHz로 대역제한되고, 아날로그 버터워스 저역통과 필터를 수반하는 영차홀드를 사용하여 복원된다. 통과대역에서 신호 레벨은 1.5 dB 이하의 감쇠와 저지대역에서는 45 dB 이상의 이미지 반사가 필요하다. 복원 샘플링률이 16 kHz라면, 버터워스의 규격은 무엇인가? 버터워스 필터의 차수는 얼마인가?

[**힌트:** $f_s = S - f_p$로 가정하고, 필터 규격을 찾기 위해 주어진 값으로부터 싱크 왜곡으로 인한 감쇠 $-20\log|\text{sinc}(f_p/S)|$와 $-20\log|\text{sinc}(f_s/S)|$를 빼라.]

7.58 **(비엘리어싱과 비이미지 필터)** 음성 신호는 4 kHz의 반전력 주파수를 갖는 비엘리어싱 버터워스 필터를 사용하여 대역제한된다. 샘플링 주파수는 20 kHz이다. 신호 레벨의 1%보다 작은 대역 내 엘리어싱 레벨을 보장하기 위한 필터 차수는 얼마인가? 처리된 신호는 영차홀드를 사용하여 복원된다. 50 dB 이상의 이미지 반사를 보장하기 위한 비엘리어싱 필터가 필요로 하는 저지대역의 감쇠는 얼마인가?

[**힌트:** 반전력 주파수에서 신호 레벨은 0.707이다. 통과대역 가장자리에서 엘리어싱 레벨은 $(1 + \nu^{2n})^{-1/2}$, $\nu = (S - f_p)/f_p$이다. 필터 차수 n를 구하고, 필터의 저지대역 감쇠를 맞추기 위하여 50 dB로부터 싱크 왜곡으로 인한 감쇠를 빼라.]

계산과 설계

7.59 **(보간 함수)** 신호 $x(t) = \cos(0.5\pi t)$는 샘플링된 신호 $x[n]$을 생성하기 위해 $S = 1$ Hz마다 샘플링된다. 샘플과 샘플 사이에서 보간법에 의해 $t = 0.5$마다 $x(t)$의 값을 계산하기를 원한다.

(a) $x(t)$의 플롯과 그것의 샘플 $x[n]$을 한 주기에 걸쳐 중첩시키자. $x[n]$의 계단 보간과 선형 보간에 의한 $x(t)$의 추정값은 얼마인가? 이러한 추정이 더 많은 신호 샘플을 취함으로써 향상될 수 있는가?

(b) $x(0.5)$의 추정값을 얻기 위해 싱크 보간 수식을 사용하라.

$$x(t) = \sum_{n=-\infty}^{\infty} x[n]\text{sinc}[(t - nt_s)/t_s]$$

$t = 0.5$, $t_s = 1/S = 1$일 때, $x(0.5)$의 세 가지 추정값을 생성하기 위해 $|n| \le 10, 20, 50$에 대해 합을 계산하라. 이러한 추정이 얼마나 좋은가? 추정의 더 많은 항이 덧셈에 포함될 때 실제 값들의 수렴이 기대되는가? (a)에서 싱크 보간의 장점과 단점을 비교하라.

7.60 **(보간 함수)** N으로 신호 $x[n]$을 보간하기 위해 다음과 같이 필터가 수반하는 업샘플러(샘플링 후 $N-1$개의 영점을 배치하는)를 사용한다.

$x(n) \rightarrow$ [업샘플링 ↑ N] $\rightarrow$ [보간 필터] $\rightarrow y[n]$

계단 보간과 선형 보간 그리고 싱크 보간에 대한 필터의 임펄스 응답은 다음과 같다.

$$h_S[n] = u[n] - u[n-(N-1)] \qquad h_L[n] = \text{tri}(n/N) \qquad h_I[n] = \text{sinc}(n/N),\ |n| \le M$$

이상적인 보간 함수는 사실상 무한한 길이지만, 실제로는 유한하다. 테스트 신호 $x[n] = \cos(0.5n\pi)$, $0 \le n \le 3$을 생성하라. 신호 $x_U[n]$을 얻기 위해 $N = 8$(각 샘플 후에 7개 영점)로 업샘플링하라. $x_U[n]$을 필터링하기 위해 MATLAB 함수 **filter**를 사용하라.

(a) 계단 보간 필터는 샘플링된 신호 $x_S[n]$을 얻기 위해 사용한다. 같은 플롯상에서 $x_U[n]$과 $x_S[n]$을 그려라. 결과가 정현파처럼 보이는가?

(b) 선형 보간 필터는 샘플링된 신호 $x_L[n]$을 얻기 위해 사용한다. 같은 플롯상에서 $x_U[n]$과 $x_L[n]$의 지연된 형태(8에 의해)를 그려라. 시스템은 필요한 보간을 수행하는가? 결과가 정현파처럼 보이는가?

(c) 이상적인 보간 필터($M = 4, 8, 16$)는 샘플링된 신호 $x_I[n]$을 얻기 위해 사용한다. 같은 플롯상에서 $x_U[n]$과 $x_I[n]$의 지연된 형태(M에 의해)를 그려라. 시스템은 필요한 보간을 수행하는가? 결과가 정현파처럼 보이는가? M과 신호 길이가 증가함에 따른 영향이 무엇인지 설명하라.

7.61 **(보정 필터)** 디지털 필터는 자주 $1/\text{sinc}(F)$에 의한 영차홀드 DAC의 싱크 왜곡을 보상하기 위해 사용된다. 두 가지 필터는 아래와 같이 설명된다.

보정 필터 1: $y[n] = \frac{1}{16}(x[n] - 18x[n-1] + x[n-2])$

보정 필터 2: $y[n] + \frac{1}{8}y[n-1] = \frac{9}{8}x[n]$

(a) 각 필터에 대해, FIR인가 IIR인가?

(b) 각 필터의 주파수 응답을 그리고 $|1/\mathrm{sinc}(F)|$와 비교하라.

(c) 각 필터에서 필요한 sinc 부스터를 제공하는 디지털 주파수 범위는 얼마인가? 어느 필터가 더 좋은 보정을 제공하는가?

7.62 **(업샘플링과 데시메이션)** $x[n] = \cos(0.2n\pi) + 0.5\cos(0.4n\pi)$, $0 \le n \le 100$으로 두자.

(a) 이 신호의 스펙트럼을 그려라.

(b) 제로 보간된 신호 $y[n] = x[n/2]$을 생성하고 스펙트럼을 그려라. 스펙트럼 복사를 관찰할 수 있는가? $y[n]$과 $x[n]$의 주파수 사이에서 일치하는가? 이유를 설명하라.

(c) 데시메이션된 신호 $d[n] = x[2n]$을 생성하고 스펙트럼을 그려라. 스펙트럼에서 늘려진 영향을 관찰할 수 있는가? $d[n]$과 $x[n]$의 주파수 사이에서 일치하는가? 이유를 설명하라.

(d) 추출된 신호 $g[n] = x[3n]$을 생성하고 스펙트럼을 그려라. 스펙트럼에서 늘려진 영향을 관찰할 수 있는가? $g[n]$과 $x[n]$의 주파수 사이에서 일치하는가? 이유를 설명하라.

7.63 **(보간 함수의 주파수 응답)** N에 의한 계단 보간, 선형 보간, 이상적인 싱크 보간에 대한 필터의 임펄스 응답은 아래와 같이 주어진다.

$$h_S[n] = u[n] - u[n-(N-1)] \qquad h_L[n] = \mathrm{tri}(n/N) \qquad h_I[n] = \mathrm{sinc}(n/N)$$

이상적인 보간 함수는 무한한 길이이다.

(a) $N = 4$와 $N = 8$에 대한 각 보간 함수의 주파수 응답을 그려라.

(b) 이상적인 보간과 비교할 때, 계단 보간과 선형 보간의 응답은 어떠한가?

7.64 **(보간 함수)** N에 의해 신호 $x[n]$을 보간하기 위해 업샘플러 뒤에 보간법을 사용하는 필터를 사용한다. 계단 보간과 선형 보간 그리고 싱크 보간에 대한 필터의 임펄스 응답은 다음과 같다.

$$h_S[n] = u[n] - u[n-(N-1)] \qquad h_L[n] = \mathrm{tri}(n/N) \qquad h_I[n] = \mathrm{sinc}(n/N),\ |n| \le M$$

이상적인 보간 함수는 사실상 무한한 길이지만, 실제로는 유한하다. 테스트 신호 $x[n] = \cos(0.5n\pi)$, $0 \le n \le 3$을 생성하라. 신호 $x_U[n]$을 얻기 위해 $N = 8$(각 샘플 후에 7개 영점)에 의해 업샘플링하라. $x_U[n]$을 필터링하기 위해 MATLAB 함수 **filter**를 사용하라.

(a) 계단 보간 필터는 샘플링된 신호 $x_S[n]$을 얻기 위해 사용한다. 같은 플롯상에서 $x_U[n]$과 $x_S[n]$을 그려라. 결과가 정현파처럼 보이는가?

(b) 샘플링된 신호 $x_C[n]$을 획득하기 위해 보정 필터 $y[n] = \{x[n] - 18x[n-1] + x[n-2]\}/16$인 계단 보간 필터를 사용하라. 같은 플롯상에서 $x_U[n]$과 $x_C[n]$을 그려라. 결과가 정현파처럼 보이는가? (a)와 비교해서 개선이 있는가?

(c) 선형 보간 필터는 샘플링된 신호 $x_L[n]$을 얻기 위해 사용한다. 같은 플롯상에서 $x_U[n]$과 $x_L[n]$의 지연된 형태(8에 의해)를 그려라. 시스템은 필요한 보간을 수행하는가? 결과가 정현파처럼 보이는가?

(d) 이상적인 보간 필터($M = 4, 8, 16$)는 샘플링된 신호 $x_I[n]$을 얻기 위해 사용한다. 같은 플롯상

에서 $x_U[n]$과 $x_I[n]$의 지연된 형태(M에 의해)를 그려라. 시스템은 필요한 보간을 수행하는가? 결과가 정현파처럼 보이는가? M과 신호 길이가 증가함에 따른 영향이 무엇인지 설명하라.

7.65 **(FIR 필터 설계)** 22.5 Hz 정현파는 60 Hz 간섭을 받는다. 우리는 이 신호를 샘플링하기를 원하고, 간섭을 제거하고, 단위 이득을 갖는 원하는 신호를 통과시키기 위해 $S = 180$ Hz마다 인과적인 3-포인트 선형위상 FIR 디지털 필터를 설계하기를 원한다.

(a) $h[n] = \{\overset{\Downarrow}{\alpha}, \beta, \alpha\}$ 형태의 임펄스 응답을 사용할 수 있는지 논하라. 설계 요건을 만족시키기 위한 α, β를 선택하라.

(b) 필터를 테스트하기 위해 두 신호 $x[n]$, $s[n]$, $0 \le n \le 50$을 생성하라. $x(t) = \cos(45\pi t)$, $s(t) = 3\cos(120\pi t)$는 180 Hz마다 샘플링된다. 잡음 섞인 신호 $g[n] = x[n] + s[n]$을 생성하고 샘플링된 신호 $y[n]$을 생성하기 위해 적절한 필터를 통과시켜라. $y[n]$과 잡음 섞인 신호 $g[n]$, 그리고 필터가 설계 조건을 만족하는지를 확인하기 위해 원하는 신호 $x[n]$과 비교하라. 원하는 주파수에서 $y[n]$의 위상은? $y[n]$의 정확한 표현을 찾을 수 있는가?

7.66 **(샘플링과 양자화)** 신호 $x(t) = \cos(2\pi t) + \cos(6\pi t)$는 $S = 20$ Hz마다 샘플링된다.

(a) $x[n]$의 200개의 샘플을 생성하고, t축에 $x(t)$와 n/S축에 $x[n]$을 중첩해서 그려라. 라운딩에 의해 $x[n]$을 양자화하기 위해 4비트 양자화기를 사용하고 신호 $x_R[n]$을 구하라. 양자화 잡음 신호 $e[n] = x[n] - x_R[n]$을 구하고 $e[n]$과 10비트 히스토그램을 그려라. 균일한 분포를 보여주는가? 데시벨로 양자화 SNR을 계산하라. 800개의 샘플에 대해 반복하라. 신호 길이가 증가함에 따라 SNR이 증가하는가?

(b) $x[n]$의 200개의 샘플을 생성하고, t축에 $x(t)$와 n/S축에 $x[n]$을 중첩해서 그려라. 라운딩에 의해 $x[n]$을 양자화하기 위해 8비트 양자화기를 사용하고 신호 $x_R[n]$을 구하라. t축에 $x(t)$와 n/S축에 $x_R[n]$을 중첩해서 그려라. 양자화 잡음 신호 $e[n] = x[n] - x_R[n]$을 구하고 $e[n]$과 10비트 히스토그램을 그려라. 데시벨로 양자화 SNR을 계산하라. 8비트와 4비트 양자화기에 대한 양자화 오차와 히스트그램, 양자화 SNR을 비교하라. 800개의 샘플에 대해 반복하라. 신호 길이가 증가함에 따라 SNR이 증가하는가?

(c) 신호 $x(t)$의 정보를 기본으로 하여, 4비트와 8비트 양자화기에 대한 이론적인 SNR을 계산하라. (a)와 (b)로부터 획득한 양자화 SNR과 이론적인 값을 비교할 때 어떠한가?

(d) $x[n]$의 절단에 의한 양자화를 사용하여 (a)와 (b)를 반복하라. 라운딩에 대한 양자화 SNR과 비교하여 절단에 대한 양자화는 어떠한가?

7.67 **[로랜(LORAN)]** 해양 선박의 위치를 측정하는 데 쓰이는 로랜 시스템은 정확한 위상관계를 위해서 100 kHz의 짧은 버스트(burst) 신호를 내보내는 세 개의 송신기를 사용한다. 위상 비교를 이용하여, 선박의 수신기는 수백 미터 안에 선박의 위치(위도와 경도)를 확인할 수 있다. 로랜 신호가 500 kHz에서 처음 샘플링되고, 1 kHz의 반전력 대역폭을 갖는 2차 피킹 필터를 사용하여 샘플링된 신호를 필터링 처리하여 디지털화된다고 가정하자. 피킹 필터를 설계하고, MATLAB에서 피킹 필터의 주파수 응답을 그려라.

7.68 **(플럭트-스트링 필터)** 그림 P7.68은 현악기를 합성하기 위한 Karplus-Strong 필터의 세 가지 변형을 보여준다. $G_{LP}(z) = 0.5(1 + z^{-1})$로 가정한다.

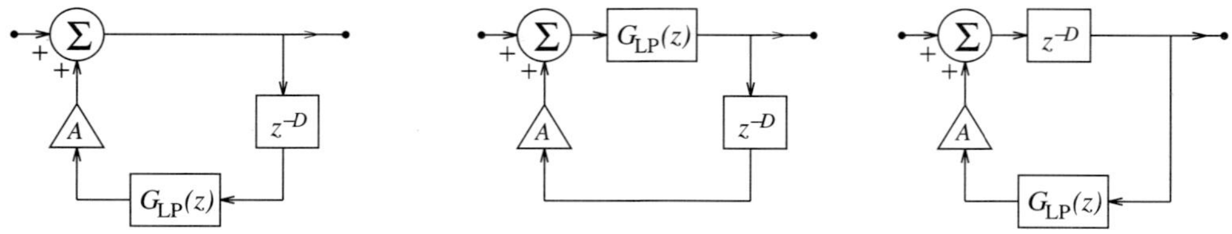

그림 P7.68 문제 7.68에 대한 플럭트-스트링 필터

(a) 각 회로의 전달 함수를 구하라.

(b) $D = 12$에 대한 각 필터의 주파수 응답을 그려라.

(c) 각 필터의 주파수 응답과 임펄스 응답의 차이는 얼마인가?

7.69 **(플럭트-스트링 필터)** 우리는 10 kHz의 샘플링 주파수를 사용하고, 궤환 루프에서 1차 전역통과 필터 $G_{AP}(z) = (1 + \alpha z)/(z + \alpha)$를 포함함으로써, 정확하게 880 Hz에서 연주되는 기타 악보를 합성하기 위해 Karplus-Strong 필터를 사용하기를 원한다. 이전 문제로부터 두 번째 변형을 선택하라. 여기서 $G_{LP}(z) = 0.5(1 + z^{-1})$로 가정한다.

(a) D의 값과 전역통과 필터 파라미터 α의 값을 구하라.

(b) A에 대한 적당한 값을 사용함으로써, 설계된 필터의 주파수 응답을 그려라.

(c) 880 Hz로부터 설계된 필터의 기본 주파수는 얼마나 떨어져 있는가?

(d) 아래와 같이 주어지는 위상지연 t_p로부터 파라미터 α를 구하기 위해 정확한 관계를 보여라.

$$\alpha = \frac{\sin[(1 - t_p)\pi F]}{\sin[(1 + t_p)\pi F]}$$

(e) 880 Hz와 대응하는 디지털 주파수에서 α의 정확한 값을 계산하기 위해 (d)의 결과를 사용하고 설계된 필터의 주파수 응답을 그려라. 설계된 필터의 기본 주파수가 880 Hz와 더 가까운가? α의 정확한 값은 어떠한 샘플링률에 대해서 더 유용한가?

7.70 **(DTMF 톤 생성)** 이중톤 다중주파수(DTMF) 또는 터치톤 전화기 다이얼링에서, 각 숫자는 텍스트에서 설명되는 것처럼 이중톤 다중주파수에 의해 나타난다. 순수한 코사인처럼 각 주파수에서 신호를 생성하는 것이 요구되고, $S = 8192$ Hz의 샘플링률에서 동작하는 디지털 발진기가 사용된다. 디지털 필터의 다양한 파라미터에 의해 요구되는 어떠한 주파수에서도 신호를 생성할 수 있다. 이때 DTMF 톤은 적당한 저주파수와 고주파수 신호를 더함으로써 생성될 수 있다.

(a) 디지털 발진기를 설계하고, 모든 숫자에 대응하는 톤을 생성하기 위하여 디지털 발진기를 사용하라. 각 톤은 0.1 s 동안 지속되어야 한다.

(b) 각 톤의 스펙트럼을 획득하기 위하여 FFT를 사용하라. 그리고 적절한 디지트(digit)에 대응하는 주파수들을 확인하라.

7.71 **(DTMF 톤 복호)** DTMF 신호를 복호하기 위하여, 톤을 분리할 수 있어야만 하고 이때 각 톤에 대응하는 숫자를 확인할 수 있어야 한다. 이는 FFT를 사용하거나 직접 필터링에 의한 두 가지 방법으로 달성할 수 있다.

(a) 8192 Hz의 샘플링률에서 두 방법 중에서 하나의 방법을 사용하여 DTMF 톤을 생성하라.

(b) 각 톤에 대하여 FFT를 사용하여 스펙트럼을 구하고, 각 톤의 FFT에서 나타내는 주파수로부터 디지트를 확인하기 위한 테스트 방법을 고안하라. 어떻게 하면 임의의 DTMF 신호를 위한 복호화 프로세스를 자동화할 수 있는가?

(c) 각 톤을 대역통과(피킹) 필터의 병렬 뱅크에 적용하고 출력 신호의 에너지를 계산하라. 그리고 주파수가 존재하거나 존재하지 않는 것을 확인하기 위한 적당한 임계값을 가지고 비교하고, 대응하는 디지트에 이 정보를 관계시켜서 설명하라. 대응하는 디지트와 주파수 존재를 확인하기 위하여 (적당한 주파수에서 중심이 있는) 여덟 개의 피킹 필터를 설계해야 할 것이다. 어떻게 하면 임의의 DTMF 신호를 위하여 복호화 프로세스를 자동화할 수 있는가?

CHAPTER 08 이산 푸리에 변환과 응용

8.0 범위와 개관

이 장은 주파수 영역에서 샘플링된 신호를 분석하는 한 방법으로 **이산 푸리에 변환**(DFT)을 설명한다. DFT의 정의 및 그 특성을 알아보고, 다른 주파수 영역 변환과의 관계도 살펴본다. 다음으로 **고속 푸리에 변환**(FFT: fast Fourier transform)이라는 일반적인 이름으로 통하는 DFT를 구현하기 위한 효율적인 알고리즘에 대해 논한다. 마지막으로 디지털 신호 처리에서 DFT와 FFT의 응용들로 결론을 맺는다.

8.0.1 목적과 학습목표

이번 장에서는 DFT와 그 응용들을 소개하고자 한다. 이번 장을 통하여 독자는

1. DFT와 IDFT를 이해하고 유한 수열의 DFT와 IDFT의 계산 방법을 익힌다.
2. DFT의 특성과 DFT 결과에서 내포된 주기성을 이해한다.
3. 이산 신호의 DFT와 DTFT가 어떤 관계에 있는지를 이해한다.
4. 주기 신호의 푸리에 급수 계수들이 샘플링된 신호의 DFT에 어떻게 관계되는지를 이해한다.
5. 엘리어싱과 누설의 효과를 이해한다.
6. 아날로그 신호의 푸리에 변환이 샘플링된 신호의 DFT에 어떻게 관계되는지를 이해한다.
7. 제로 삽입의 개념을 이해하고 DFT 결과를 활용하는 방법을 익힌다.
8. 윈도잉의 개념과 윈도잉된 신호의 스펙트럼을 이해한다.
9. 주파수 분해능과 동적 범위 분해능의 개념을 이해한다.
10. 컨벌루션과 대역제한된 신호의 보간을 위해 DFT를 이용하는 방법을 익힌다.
11. 스펙트럼 추정의 개념을 이해한다.
12. 켑스트럼과 동형 신호 처리의 개념을 이해한다.
13. DFT와 IDFT의 행렬 형성을 이해한다.
14. DFT를 계산하기 위한 FFT 알고리즘을 이해하고 계산량을 감소시키는 방법을 익힌다.

8.1 소개

디지털 기법을 이용한 아날로그 신호가 널리 보급되어 꾸준히 인기를 끌고 있다. 아날로그 주기 신호의 푸리에 급수와 이산시간 신호의 DTFT는 서로 이중적이고 많은 면에서 유사하다. 이론적으로는, 둘 다 신호의 스펙트럼 표현을 제공한다. 실제로는 이들의 구현에서 (비슷한) 문제점이 있다. 디지털 컴퓨터의 한정된 메모리 제약과 유한한 정밀도 때문에 시간과 주파수로 신호를 표현하는 데 양자화 수가 제한된다. 이것은 디지털 신호 처리의 도구인 푸리에 급수와 DTFT가 본래부터 갖고 있는 두 가지 주된 문제를 가져온다. 이들 모두는 전형적으로 무한한 수의 샘플을 요구한다(스펙트럼을 위한 푸리에 급수와 시간 신호를 위한 DTFT). 또한 하나의 연속 변수를 다룬다(시간 t 혹은 디지털 주파수 F). 디지털 컴퓨터를 이용하여 구현될 수 있는 수치 근사화에서는 연속 변수를 이산 변수로 대체하고 두 영역에서 샘플 수를 제한해야 한다.

8.1.1 주파수 영역 변환들 간의 관계

샘플링과 이중성은 다양한 주파수 영역 변환들 간의 관계에서 그 기초가 되며 그 개념은 되풀이할 가치가 있다. 한 영역에서의 샘플링은 다른 영역에서 주기 확장을 야기한다. 한 영역에서의 샘플 간격은 다른 영역에서 주기의 역수이다. 주기적인 아날로그 신호는 이산 스펙트럼을 갖고 이산시간 신호는 연속 주기 스펙트럼을 갖는다. 이러한 개념의 결과로서 한 영역에서 이산적이고 주기적인 수열은 다른 영역에서도 이산적이고 주기적이다. 이것은 **이산 푸리에 변환**(DFT: discrete Fourier transform)과 **이산 푸리에 급수**(DFS: discrete Fourier series)의 전개를 유도하고, 디지털 컴퓨터를 이용하여 샘플링된 신호의 샘플링된 스펙트럼을 얻는 실질적인 방법을 제공한다. 이 관계를 그림 8.1에 나타내었고, 표 8.1에 요약해 뒀다.

표 8.1 다양한 변환들 간의 관계

시간 영역에서의 연산	주파수 영역에서의 결과	변환
비주기, 연속 $x(t)$	비주기, 연속 $X(f)$	FT
$x(t)$의 주기 확장 $\Rightarrow x_p(t)$ 주기 $= T$	$X(f)$의 샘플링 $\Rightarrow X[k]$ 샘플링 간격 $= 1/T = f_0$	FS
$x_p(t)$의 샘플링 $\Rightarrow x_p[n]$ 샘플링 간격 $= t_s$	$X[k]$의 주기 확장 $\Rightarrow X_{\text{DFS}}[k]$ 주기 $= S = 1/t_s$	DFS
$x(t)$의 샘플링 $\Rightarrow x[n]$ 샘플링 간격 $= 1$	$X(f)$의 주기 확장 $\Rightarrow X(F)$ 주기 $= 1$	DTFT
$x[n]$의 주기 확장 $\Rightarrow x_p[n]$ 주기 $= N$	$X(F)$의 샘플링 $\Rightarrow X_{\text{DFT}}[k]$ 샘플링 간격 $= 1/N$	DFT

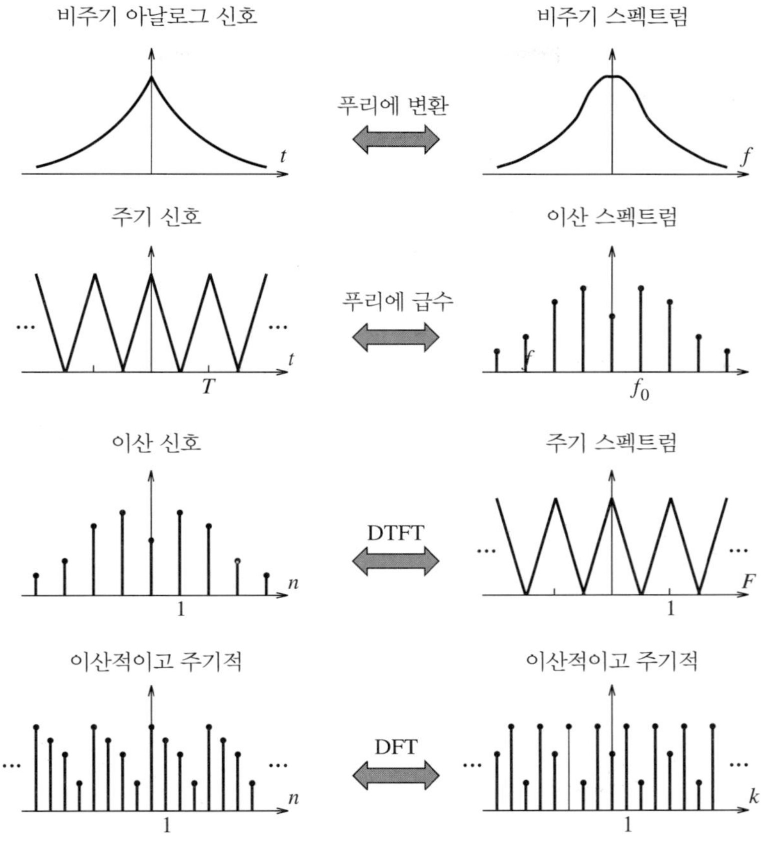

그림 8.1 다양한 변환들의 특징. 비주기 아날로그 신호는 푸리에 변환에 의해 표현되는 비주기 아날로그 스펙트럼을 갖는다. 한 영역에서의 샘플링은 다른 영역에서 주기성을 갖게 한다. 따라서 주기 아날로그 신호는 이산 스펙트럼을 갖고(푸리에 급수로 표현) 이산 비주기 신호는 주기 스펙트럼을 갖는다(DTFT로 표현). 신호가 주기적이고 이산적이면 그 스펙트럼 또한 주기적이고 이산적이다(그리고 DFT로 표현).

한 영역에서의 샘플링은 다른 영역에서 주기 확장을 야기하기 때문에, 두 영역에서 샘플링된 표현은 또한 두 영역에서 주기성이 나타나야 한다. 이는 표 8.2에서 열거된 것처럼 시간과 주파수를 샘플링하는 순서에 따라, 두 개가 약간은 다르지만 기능적으로는 동일한 관계들의 집합이다. 먼저 아날로그 신호 $x(t)$를 샘플링한다면, 샘플링된 신호는 주기 스펙트럼 $X(F)$(DTFT)를 가지며, $X(F)$의 샘플링은 DFT 표현이 된다. 그리고 우선 주파수 영역에서 푸리에 변환 $X(f)$를 샘플링하면, 샘플들은 주기시간 신호 $x_p(t)$의 푸리에 급수 계수들을 의미하며, $x_p(t)$의 샘플링은 주파수 영역 샘플들의 주기 확장인 **이산 푸리에 급수**(DFS)가 된다. DFS는 일정 크기 요소만큼만 DFT와 다르다.

표 8.2 주파수 영역 변환들의 관계

<table>
<tr><th colspan="2">푸리에 변환</th></tr>
<tr><td>비주기이고 연속인 신호
$x(t) = \int_{-\infty}^{\infty} X(f)e^{j2\pi ft}\, df$</td><td>비주기이고 연속인 스펙트럼
$X(f) = \int_{-\infty}^{\infty} x(t)e^{-j2\pi ft}\, dt$</td></tr>
<tr><td>⇓</td><td>⇓</td></tr>
<tr><td>x(t)를 샘플링(DTFT)
샘플링된 신호:
$x[n] = \int_1 X(F)e^{j2\pi nF}\, dF$
주기 스펙트럼(주기 = 1):
$X(F) = \sum_{n=-\infty}^{\infty} x[n]e^{-j2\pi nF}$</td><td>X(f)를 샘플링(푸리에 급수)
샘플링된 스펙트럼:
$X[k] = \dfrac{1}{T}\displaystyle\int_T x_p(t)e^{-j2\pi kf_0t}\, dt$
주기 신호(주기 = T)
$x_p(t) = \sum_{k=-\infty}^{\infty} X[k]e^{j2\pi kf_0t}$</td></tr>
<tr><td>⇓</td><td>⇓</td></tr>
<tr><td>X(F)를 샘플링(DFT)
샘플링되고 주기적인 스펙트럼:
$X_{\mathrm{DFT}}[k] = \sum_{n=0}^{N-1} x[n]e^{-j2\pi nk/N}$
샘플링되고 주기적인 신호:
$x[n] = \dfrac{1}{N}\sum_{k=0}^{N-1} X_{\mathrm{DFT}}[k]e^{j2\pi nk/N}$</td><td>xp(t)를 샘플링(DFS)
샘플링되고 주기적인 신호:
$x[n] = \sum_{k=0}^{N-1} X_{\mathrm{DFS}}[k]e^{j2\pi nk/N}$
샘플링되고 주기적인 스펙트럼:
$X_{\mathrm{DFS}}[k] = \dfrac{1}{N}\sum_{n=0}^{N-1} x[n]e^{-j2\pi nk/N}$</td></tr>
</table>

8.2 DFT

N-샘플 신호 $x[n]$의 N-포인트 **이산 푸리에 변환**(DFT) $X_{\mathrm{DFT}}[k]$와 $X_{\mathrm{DFT}}[k]$를 $x[n]$으로 변환하는 **역 이산 푸리에 변환**(IDFT: inverse discrete Fourier transform)은 다음과 같이 정의한다.

$$X_{\mathrm{DFT}}[k] = \sum_{n=0}^{N-1} x[n]e^{-j2\pi nk/N}, \quad k = 0, 1, 2, \ldots, N-1 \tag{8.1}$$

$$x[n] = \frac{1}{N}\sum_{k=0}^{N-1} X_{\mathrm{DFT}}[k]e^{j2\pi nk/N}, \quad n = 0, 1, 2, \ldots, N-1 \tag{8.2}$$

각 관계는 N개 식의 집합이다. 각 DFT 샘플은 $x[n]$에 있는 모든 샘플의 가중된 합이라는 것을 알 수 있다. DFT와 그 역의 가장 중요한 특성 중의 하나는 주기성을 내포한다는 것이다. 관계를 정의하는 데 있어서 지수 $\exp(\pm j2\pi nk/N)$은 주기가 N인 n과 k에서 주기적이다.

$$e^{j2\pi nk/N} = e^{j2\pi(n+N)k/N} = e^{j2\pi n(k+N)/N} \tag{8.3}$$

결과적으로, DFT와 그 역은 또한 주기 N인 주기적 성질을 가지고, 한 주기(0에서 $N-1$ 사이)에서만 결과를 계산하면 충분하다. $x[n]$과 $X_{\mathrm{DFT}}[k]$는 영의 시작 색인을 갖는다.

N-포인트 DFT와 N-포인트 IDFT는 주기 N으로 주기성이 있다.

$$X_{\mathrm{DFT}}[k] = \sum_{n=0}^{N-1} x[n]e^{-j2\pi nk/N}, \; k=0, 1, 2, \ldots, N-1$$

$$x[n] = \frac{1}{N}\sum_{k=0}^{N-1} X_{\text{DFT}}[k]e^{j2\pi nk/N},\ n=0, 1, 2, \ldots, N-1$$

예제 8.1 정의관계로부터의 DFT

$x[n] = \{\overset{\Downarrow}{1}, 2, 1, 0\}$이라 하자. $N = 4$, $e^{-j2\pi nk/N} = e^{-jnk\pi/2}$일 때, 다음과 같이 연속적으로 계산한다.

$$k=0:\quad X_{\text{DFT}}[0] = \sum_{n=0}^{3} x[n]e^{0} = 1+2+1+0 = 4$$

$$k=1:\quad X_{\text{DFT}}[1] = \sum_{n=0}^{3} x[n]e^{-jn\pi/2} = 1+2e^{-j\pi/2}+e^{-j\pi}+0 = -j2$$

$$k=2:\quad X_{\text{DFT}}[2] = \sum_{n=0}^{3} x[n]e^{-jn\pi} = 1+2e^{-j\pi}+e^{-j2\pi}+0 = 0$$

$$k=3:\quad X_{\text{DFT}}[3] = \sum_{n=0}^{3} x[n]e^{-j3n\pi/2} = 1+2e^{-j3\pi/2}+e^{-j3\pi}+0 = j2$$

따라서 DFT는 $X_{\text{DFT}}[k] = \{\overset{\Downarrow}{4}, -j2, 0, j2\}$이다.

심화문제 8.1

(a) $x[n] = \{\overset{\Downarrow}{2}, -1, 4, 3\}$의 DFT를 구하라.

(b) $y[n] = \{\overset{\Downarrow}{1}, 0, 1, 0, 1\}$의 DFT를 구하라.

정답: (a) $\{\overset{\Downarrow}{8}, -2+j4, 4, -2-j4\}$

(b) $\{\overset{\Downarrow}{3}, 0.5+j0.36, 0.5+j1.54, 0.5-j1.54, 0.5-j0.36\}$

8.3 DFT의 특성

DFT의 특성은 표 8.3에 요약되어 있다. 특성들은 다른 주파수 영역 변환들과 매우 비슷하나, 항상 두 영역에서 내포된 주기(DFT와 IDFT의)를 유지하면서 이용되어야만 한다.

8.3.1 대칭

모든 다른 주파수 영역 변환들에서와 같이, 실수 수열의 DFT는 $X_{\text{DFT}}[-k] = X^{*}_{\text{DFT}}[k]$로 원점에

표 8.3 N-샘플 DFT의 특성

특성	신호	DFT	비고
이동	$x[n-n_0]$	$X_{\text{DFT}}[ke^{-j2\pi kn_0/N}]$	크기 변화 없음
이동	$x[n-0.5N]$	$(-1)^k X_{\text{DFT}}[k]$	N이 짝수인 경우 반주기 이동
변조	$x[n]e^{j2\pi nk_0/N}$	$X_{\text{DFT}}[k-k_0]$	
변조	$(-1)^n x[n]$	$X_{\text{DFT}}[k-0.5N]$	N이 짝수인 경우 반주기 이동
역	$x[-n]$	$X_{\text{DFT}}[-k]$	이것은 원형 반전이다.
곱	$x[n]y[n]$	$\frac{1}{N}X_{\text{DFT}}[k]⊛Y_{\text{DFT}}[k]$	컨벌루션은 주기적이다.
컨벌루션	$x[n]⊛y[n]$	$X_{\text{DFT}}[k]Y_{\text{DFT}}[k]$	컨벌루션은 주기적이다.
상관	$x[n]⊛⊛y[n]$	$X_{\text{DFT}}[k]Y^*_{\text{DFT}}[k]$	컨벌루션은 주기적이다.
중앙 좌표	$x[0]=\frac{1}{N}\sum_{k=0}^{N-1}X_{\text{DFT}}[k]$	$X_{\text{DFT}}[0]=\sum_{n=0}^{N-1}x[n]$	
중앙 좌표	$x[\frac{N}{2}]=\frac{1}{N}\sum_{k=0}^{N-1}(-1)^k X_{\text{DFT}}[k]$($N$은 홀수)	$X_{\text{DFT}}[\frac{N}{2}]=\sum_{n=0}^{N-1}(-1)^n x[n]$($N$은 짝수)	
파서발 관계	$\sum_{n=0}^{N-1}\lvert x[n]\rvert^2=\frac{1}{N}\sum_{k=0}^{N-1}\lvert X_{\text{DFT}}[k]\rvert^2$		

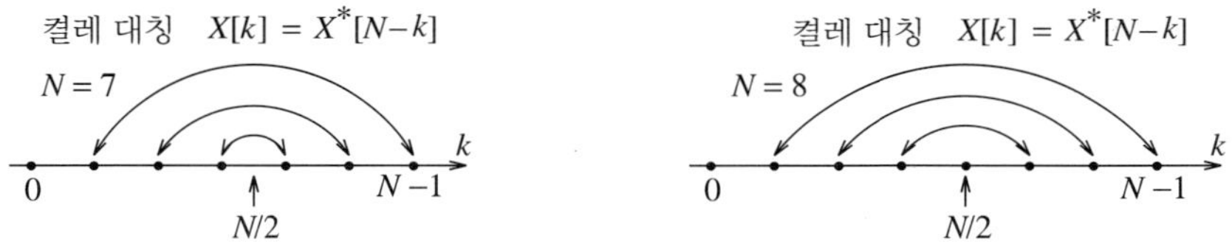

그림 8.2 실수 신호에 대한 DFT의 대칭. DFT는 원점에 대해 켤레 대칭을 보인다. 또한 DFT는 DFT 샘플 위일 수도 또는 아닐 수도 있는 폴딩 색인 $k = N/2$에 대해 켤레 대칭을 보인다.

대해 켤레 대칭을 갖는다. DFT가 주기적이므로, $X_{\text{DFT}}[-k] = X_{\text{DFT}}[N-k]$이다. 이것은 또한 색인 $k = 0.5N$에 대해 켤레 대칭을 의미하고, 따라서

$$X_{\text{DFT}}[-k] = X^*_{\text{DFT}}[k] = X_{\text{DFT}}[N-k] \tag{8.4}$$

N이 홀수라면, 켤레 대칭은 반정수 값 $0.5N$에 대해서이다. 색인 $k = 0.5N$은 **폴딩 색인**(folding index)이라 한다. 이것은 그림 8.2에서 설명한다.

켤레 대칭은 전체 DFT 수열을 구하기 위해 DFT 값 중 반만을 계산하면 된다는 것을 의미한다(또 다른 노력 절감의 개념! 비슷한 결과를 IDFT에도 적용한다).

실수 신호의 DFT는 켤레 대칭을 보인다.

$$X_{\text{DFT}}[-k] = X^*_{\text{DFT}}[k]$$
$$X_{\text{DFT}}[-k] = X_{\text{DFT}}[N-k]$$

예제 8.2 **DFT와 켤레 대칭**

$x[n] = \{\overset{\Downarrow}{1}, 1, 0, 0, 0, 0, 0, 0\}$의 8-포인트 DFT를 구하라.

풀이: $x[0]$과 $x[1]$만이 영이 아니므로, DFT 합에서 상위 색인은 $n = 1$이고 DFT는 다음과 같이 줄어든다.

$$X_{\rm DFT}[k] = \sum_{n=0}^{1} x[n]e^{-j2\pi nk/8} = 1 + e^{-j\pi k/4}, \qquad k = 0, 1, 2, \ldots, 7$$

$N = 8$이므로, $k \le 0.5N = 4$에 대해서만 $X_{\rm DFT}[k]$를 계산할 필요가 있다. 다음과 같이 계산한다.

$$X_{\rm DFT}[0] = 1 + 1 = 2, \quad X_{\rm DFT}[1] = 1 + e^{-j\pi/4} = 1.707 - j0.707$$
$$X_{\rm DFT}[2] = 1 + e^{-j\pi/2} = 1 - j$$
$$X_{\rm DFT}[3] = 1 + e^{-j3\pi/4} = 0.293 - j0.707$$
$$X_{\rm DFT}[4] = 1 - 1 = 0$$

$N = 8$일 때 켤레 대칭은 $X_{\rm DFT}[k] = X^*_{\rm DFT}[N - k] = X^*_{\rm DFT}[8 - k]$라고 할 수 있고, 다음과 같이 얻을 수 있다.

$$X_{\rm DFT}[5] = X^*_{\rm DFT}[3] = 0.293 + j0.707$$
$$X_{\rm DFT}[6] = X^*_{\rm DFT}[2] = 1 + j$$
$$X_{\rm DFT}[7] = X^*_{\rm DFT}[1] = 1.707 + j0.707$$

따라서

$$X_{\rm DFT}[k] = \{\overset{\Downarrow}{2}, 1.707 - j0.707, 0.293 - j0.707, 1 - j, 0, 1 + j, 0.293 + j0.707, 1.707 + j0.707\}$$

심화문제 8.2

(a) $x[n] = \{\overset{\Downarrow}{1}, 0, 0, 2, 0, 3\}$의 DFT를 구하라.

(b) 어떤 실수 신호의 DFT가 $\{\overset{\Downarrow}{1}, \boxed{A}, -1, \boxed{B}, 0, -j2, \boxed{C}, -1 + j\}$이다. A, B, C를 구하라.

정답: (a) $\{\overset{\Downarrow}{6}, 0.5 + j2.6, 1.5 + j2.6, -4, 1.5 - j2.6, 0.5 - j2.6\}$ **(b)** $\{-1 - j, j2, -1\}$

8.3.2 중앙 좌표와 파서발의 정리

색인 $k = 0$과 $k = \frac{N}{2}$(N이 짝수인 경우)에서 DFT의 계산은 정의관계의 직접적인 결과로 나타나는 중앙 좌표 정리에 의해 단순화될 수 있다. 특히, $X_{DFT}[0]$은 N개의 신호 샘플 $x[n]$의 합과 같고, $X_{DFT}[\frac{N}{2}]$은 $(-1)^n x[n]$(부호가 교대로 바뀜)의 합과 같음을 알 수 있다. 이는 또한 $x[n]$이 실수 값이라면, $X_{DFT}[0]$과 $X_{DFT}[\frac{N}{2}]$이 그러하다는 것을 의미한다. 비슷한 결과를 IDFT에서도 갖는다.

파서발의 정리는 DFT가 에너지 보존 변환이며 그 신호나 신호의 스펙트럼으로부터 신호의 에너지를 찾을 수 있다는 것을 말해 준다. 이는 신호 샘플들의 제곱의 합이 DFT 샘플 크기의 제곱의 합과 관계된다는 것을 의미한다.

심화문제 8.3

(a) $x[n] = \{\overset{\Downarrow}{A}, 2, 3, 4, 5, 6, 7, B\}$라고 하자. $X_{DFT}[0] = 20$이고 $X_{DFT}[4] = 0$일 때, A와 B를 구하라.

(b) 실수 신호의 DFT는 $\{\overset{\Downarrow}{1}, \boxed{A}, -1, \boxed{B}, -7, -j2, \boxed{C}, -1 + j\}$이다. 그 신호 에너지는 얼마인가?

정답: (a) −5, −2 **(b)** 8

8.3.3 원형 이동과 원형 대칭

DFT의 정의에 따라 $0 \le n \le N-1$ 구간의 신호 값들이 필요하다. 내제된 주기성에 의해서, 이 값들은 주기 신호의 한 주기에 해당한다. 시간 이동된 신호 $x[n-n_0]$의 DFT를 구하려 한다면, 그 값들은 주기 확장으로부터 $(0, N-1)$ 범위에서 선택되어야만 한다. 이 개념을 **원형 이동**(circular shifting)이라 한다. $x[n-n_0]$를 생성하기 위해서 $x[n]$을 n_0만큼 지연시키고, 이동된 신호의 주기를 확장하여, $(0, N-1)$ 범위에서 N개의 샘플을 추출한다. 이는 $x[n]$의 마지막 n_0 샘플들을 수열의 시작점으로 이동하는 것과 같다. 유사하게 $x[n+n_0]$를 생성하기 위해서는, 처음 n_0 샘플들을 수열의 끝으로 이동한다. **원형 반전**(circular flipping)은 $x[n]$으로부터 신호 $x[-n]$을 생성하는 것이다. $x[n]$을 반전하고 반전된 신호를 주기 확장하여, $(0, N-1)$ 범위의 주기 확장 중 N개의 샘플을 추출한다.

$x[n]$의 우대칭은 $x[n] = x[-n]$이어야 한다. 그 내제된 주기성 또한 $x[n] = x[N-n]$을 의미하고, 주기 신호 $x[n]$은 **원형 우대칭**(circular even symmetry)을 갖고 있다고 말할 수 있다. 유사하게, **원형 기대칭**(circular odd symmetry)에 대해서는 $x[n] = -x[N-n]$이다.

예제 8.3 원형 이동과 반전

(a) $y[n] = \{\overset{\Downarrow}{1}, 2, 3, 4, 5, 0, 0, 6\}$이라 하자. 원형 이동 신호 $f[n] = y[n-2]$의 한 주기를 구하라.

$f[n] = y[n-2]$를 만들기 위해서, 마지막 두 개 샘플을 시작점으로 이동한다. 따라서

$$f[n] = y[n-2] = \{\overset{\Downarrow}{0}, 6, 1, 2, 3, 4, 5, 0\}$$

(b) $y[n] = \{\overset{\Downarrow}{1}, 2, 3, 4, 5, 0, 0, 6\}$이라 하자. 원형 이동 신호 $g[n] = y[n+2]$의 한 주기를 구하라.

$g[n] = y[n+2]$를 만들기 위해서, 처음 두 개 샘플을 끝으로 이동한다. 따라서

$$g[n] = y[n+2] = \{\overset{\Downarrow}{3}, 4, 5, 0, 0, 6, 1, 2\}$$

(c) $y[n] = \{\overset{\Downarrow}{1}, 2, 3, 4, 5, 0, 0, 6\}$이라 하자. 원형 반전 신호 $h[n] = y[-n]$의 한 주기를 구하라.

$h[n] = y[-n]$을 만들기 위해서, $y[n]$을 $\{\overset{\Downarrow}{0}, 0, 6, 5, 4, 3, 2, 1\}$로 반전하고, 아래를 얻기 위해 주기 확장을 한다.

$$h[n] = y[-n] = \{\overset{\Downarrow}{1}, 0, 0, 6, 5, 4, 3, 2\}$$

심화문제 8.4

(a) $x[n] = \{\overset{\Downarrow}{1}, 2, 0, 3\}$이라 하자. 원형 이동 신호 $x[n-3]$을 구하라.
(b) $x[n] = \{\overset{\Downarrow}{1}, 2, 0, 3\}$이라 하자. 원형 이동 신호 $x[n+2]$를 구하라.
(c) $x[n] = \{\overset{\Downarrow}{1}, 2, 0, 3\}$이라 하자. 원형 이동 신호 $x[-n]$을 구하라.
(d) $x[n] = \{\overset{\Downarrow}{6}, 2, A, 0, B\}$가 원형 우대칭일 때, A와 B를 구하라.

정답: **(a)** $\{\overset{\Downarrow}{2}, 0, 3, 1\}$ **(b)** $\{\overset{\Downarrow}{0}, 3, 1, 2\}$ **(c)** $\{\overset{\Downarrow}{1}, 3, 0, 2\}$ **(d)** 0, 2

8.3.4 DFT의 이동, 역, 변조 특성

신호 $x[n]$을 $y[n] = x[n-m]$으로 시간 이동하면 DFT $X_{\text{DFT}}[k]$에 $e^{-j2\pi mk/N}$이 곱해져서 $Y_{\text{DFT}}[k] = X_{\text{DFT}}[k]e^{-j2\pi mk/N}$이 된다. 이동은 선형적 위상 변화를 가져온다. $f[n] = x[-n]$을 얻기 위해 $x[n]$이 원형 반전된다면, $F_{\text{DFT}}[k] = X_{\text{DFT}}[-k]$이고 그 결과는 $x[n]$에 대한 DFT의 켤레를 의미한다.

만약 DFT $X_{\text{DFT}}[k]$가 $G_{\text{DFT}}[k] = X_{\text{DFT}}[k-m]$으로 이동한다면, IDFT는 신호 $g[n] = x[n]e^{j2\pi mn/N}$에 대응한다. 이는 변조 특성에 기초한다. 만약 신호 길이 N이 짝수이고 $m = \frac{N}{2}$이라면, $x[n]$에서 짝수 색인된 샘플의 부호를 바꿈으로써 $g[n]$을 얻는다.

예제 8.4 DFT의 특성

$N = 4$이고 $x[n] \Leftarrow\boxed{\text{DFT}}\Rightarrow X_{\text{DFT}}[k] = \{\overset{\Downarrow}{4}, -j2, 0, j2\}$인 DFT 쌍을 생각해 보라.

(a) 시간 이동

$y[n] = x[n-2]$의 DFT를 구하기 위해 시간 이동 특성을 이용하면

$$Y_{\text{DFT}}[k] = X_{\text{DFT}}[k]e^{-j2\pi kn_0/4} = X_{\text{DFT}}[k]e^{-jk\pi} = \{\overset{\Downarrow}{4}, j2, 0, -j2\}$$

(b) 반전

$g[n] = x[-n]$의 DFT를 구하기 위해 역 특성을 이용하면

$$G_{\text{DFT}}[k] = X_{\text{DFT}}[-k] = X^*_{\text{DFT}}[k] = \{\overset{\Downarrow}{4}, j2, 0, -j2\}$$

(c) 켤레

$p[n] = x^*[n]$의 DFT를 구하기 위해 켤레 특성을 이용하면

$$P_{\text{DFT}}[k] = X^*_{\text{DFT}}[-k] = \{\overset{\Downarrow}{4}, j2, 0, -j2\}^* = \{\overset{\Downarrow}{4}, -j2, 0, j2\}$$

이므로, 이는 $x[n] = x^*[n]$임을 뜻하며 $x[n]$은 실수 값임을 의미한다.

심화문제 8.5

(a) $x[n] \Leftarrow \boxed{\text{DFT}} \Rightarrow \{\overset{\Downarrow}{1}, j2, 4, -j2\}$일 때, $y[n] = x[n-1]$의 DFT를 구하라.

(b) $x[n] \Leftarrow \boxed{\text{DFT}} \Rightarrow \{\overset{\Downarrow}{1}, j2, 4, 0, 4, -j2\}$일 때, $g[n] = x[n+3]$의 DFT를 구하라.

(c) $x[n] \Leftarrow \boxed{\text{DFT}} \Rightarrow \{\overset{\Downarrow}{1}, j2, j4, 0, -1, 0, -j4, -j2\}$일 때, $h[n] = x[-n]$의 DFT를 구하라.

정답: (a) $\{\overset{\Downarrow}{1}, 2, -4, 2\}$ **(b)** $\{\overset{\Downarrow}{1}, -j2, 4, 0, 4, j2\}$ **(c)** $\{\overset{\Downarrow}{1}, -j2, -j4, 0, -1, 0, j4, j2\}$

8.3.5 DFT의 곱과 컨벌루션 특성

한 영역에서의 컨벌루션은 다른 영역에서 곱으로 변환된다. 두 영역에서 내포된 주기성 때문에 컨벌루션 연산자는 **주기**(정규가 아닌) 컨벌루션이라 한다. 이는 또한 상관 연산자에 적용한다.

주기 컨벌루션

DFT는 동일한 길이 N의 두 수열 $x[n]$과 $h[n]$의 주기 컨벌루션 $y[n] = x[n]\circledast h[n]$을 구하는 간접적인 방법들을 제공한다. N-샘플 DFT인 $X_{\text{DFT}}[k]$와 $H_{\text{DFT}}[k]$를 계산하고 $Y_{\text{DFT}}[k] = X_{\text{DFT}}[k]H_{\text{DFT}}[k]$를 얻기 위해 그 결과들을 곱하고, 주기 컨벌루션 $y[n]$을 구하기 위해 Y_{DFT}의 역을 구한다.

$$x[n]\circledast h[n] \Leftarrow \boxed{\text{DFT}} \Rightarrow X_{\text{DFT}}[k]H_{\text{DFT}}[k] \tag{8.5}$$

주기 상관

주기 상관은 역 DFT를 취하기 전에 추가적인 켤레 단계를 제외하고 주기 컨벌루션과 거의 같은 방법으로 DFT를 이용하여 구현할 수 있다. 동일한 길이 N의 두 수열 $x[n]$과 $h[n]$의 주기 상관은 다음과 같다.

$$r_{xh}[n] = x[n] \circledast\circledast h[n] \Leftarrow \boxed{\text{DFT}} \Rightarrow X_{\text{DFT}}[k]H^*_{\text{DFT}}[k] \tag{8.6}$$

$x[n]$과 $h[n]$이 실수라면, 최종 결과 $r_{xh}[n]$ 또한 실수여야만 한다(계산기적 반올림 범위 내에서)

정규 컨벌루션과 상관

또한 DFT를 이용하여 정규 컨벌루션(혹은 상관)을 구할 수 있다. 길이 M과 N인 두 수열에서, 정규 컨벌루션(혹은 상관)은 $M + N - 1$ 샘플들을 포함한다. 따라서 DFT를 구하기 전에 [길이 $(M + N - 1)$의 각 수열을 만들기 위해] 각 수열에 영을 충분히 삽입해야 한다.

8.3.6 FFT

DFT는 각각 N개의 곱 항을 가진 N개 식의 집합이므로 이들 계산을 위해서는 총 N^2번의 곱셈이 필요하다. DFT를 얻기 위해 계산적으로 효율적인 알고리즘은 일반적인 명칭 FFT(고속 푸리에 변환)로 알려져 있고, 보다 적은 곱셈 연산을 필요로 한다. 특히, **래딕스**(radix)**-2** FFT 알고리즘에서는 샘플 수 N이 2의 거듭제곱이 되어야 하고, 단지 $N \log_2 N$번의 곱셈 연산만을 사용하여 DFT를 계산한다. 이후의 절에서 그러한 알고리즘들을 논한다.

예제 8.5 DFT의 특성

(a) $N = 4$이고 $x[n] \Leftarrow \boxed{\text{DFT}} \Rightarrow X_{\text{DFT}}[k] = \{\overset{\Downarrow}{4}, -j2, 0, j2\}$인 DFT 쌍을 생각해 보라.

1. 곱

$h[n] = x^2[n] = x[n]x[n]$의 DFT를 구하기 위해 곱 특성을 적용하면 다음과 같다.

$$\begin{aligned} H_{\text{DFT}}[k] &= \frac{1}{4}X_{\text{DFT}}[k] \circledast X_{\text{DFT}}[k] \\ &= \frac{1}{4}\{\overset{\Downarrow}{4}, -j2, 0, j2\} \circledast \{\overset{\Downarrow}{4}, -j2, 0, j2\} = \{\overset{\Downarrow}{6}, -j4, 0, j4\} \end{aligned}$$

그 결과는 주기 컨벌루션에 근거한다.

2. 주기 컨벌루션

$v[n] = x[n] \circledast x[n]$의 DFT를 구하기 위해 컨벌루션 특성을 적용하면 다음과 같다.

$$V_{\text{DFT}}[k] = X_{\text{DFT}}[k]X_{\text{DFT}}[k] = \{\overset{\Downarrow}{16}, -4, 0, -4\}$$

이 결과는 단지 DFT들의 점 단위 곱이다.

3. 중앙 좌표와 파서발의 정리

$x[0] = \frac{1}{4}\sum X_{\text{DFT}}[k] = 0$을 구한다.

파서발의 정리에 의해 신호 에너지는 다음과 같다.

$$\text{신호 에너지} = \frac{1}{4}\sum |X_{\text{DFT}}[k]|^2 = \frac{1}{4}(16+4+4) = 6$$

(b) $N = 4$이고 $x[n] = \{\overset{\Downarrow}{1}, 2, 1, 0\} \Leftarrow \boxed{\text{DFT}} \Rightarrow X_{\text{DFT}}[k]$인 DFT 쌍을 생각해 보라.

1. 변조

$Z_{\text{DFT}}[k] = X_{\text{DFT}}[k-1]$의 IDFT를 구하기 위해 변조 특성을 적용하면 다음과 같다.

$$z[n] = x[n]e^{j2\pi n/4} = x[n]e^{j\pi n/2} = \{\overset{\Downarrow}{1}, j2, -1, 0\}$$

2. 주기 컨벌루션

$H_{\text{DFT}}[k] = X_{\text{DFT}}[k] \circledast X_{\text{DFT}}[k]$의 IDFT를 구하기 위해, 주기 컨벌루션 특성을 이용하여 다음과 같이 얻는다.

$$h[n] = Nx^2[n] = \{\overset{\Downarrow}{4}, 16, 4, 0\}$$

3. 곱

$W_{\text{DFT}}[k] = X_{\text{DFT}}[k]X_{\text{DFT}}[k]$의 IDFT는 자체로 $x[n]$의 주기 컨벌루션으로부터 찾을 수 있다.

$$w[n] = \{\overset{\Downarrow}{1}, 2, 1, 0\} \circledast \{\overset{\Downarrow}{1}, 2, 1, 0\} = \{\overset{\Downarrow}{2}, 4, 6, 4\}$$

4. 중앙 좌표와 신호 에너지

$X_{\text{DFT}}[0] = \sum x[n] = 4$를 구한다.

신호 에너지는 다음과 같다.

$$\text{신호 에너지} = \sum |x[n]|^2 = 1+4+1+0 = 6$$

(c) 정규 컨벌루션

$x[n] = \{\overset{\Downarrow}{1}, 2, 1, 0\}$이라 하자.

정규 컨벌루션 $s[n] = x[n] * x[n]$은 7개의 샘플을 포함한다. 이것의 DFT $S_{\text{DFT}}[k]$를 구하기 위해, $x[n]$의 길이가 7이 되게 영을 삽입하여 $y[n] = \{\overset{\Downarrow}{1}, 2, 1, 0, 0, 0, 0\}$을 얻는다. 이것의 DFT $Y_{\text{DFT}}[k]$는 다음과 같다.

$$\begin{aligned} Y_{\text{DFT}}[k] = \{&\overset{\Downarrow}{4}, 2.02 - j2.54, -0.35 - j1.52, -0.17 - j0.09, \\ &-0.17 + j0.09, -0.35 + j1.52, 2.02 + j2.54\} \end{aligned}$$

이는 $S_{\text{DFT}}[k] = Y^2_{\text{DFT}}[k]$로 유도되며 다음과 같이 얻을 수 있다(간소화하여).

$$S_{\text{DFT}}[k] = \{\overset{\Downarrow}{16}, -2.35 - j10.28, -2.18 + j1.05, 0.02 + j0.03, 0.02 - j0.03, -2.18 - j1.05, -2.35 + j10.28\}$$

이것의 IDFT는 $s[n]$이며 다음과 같다.

$$s[n] = \{\overset{\Downarrow}{1}, 4, 6, 4, 1, 0, 0\}$$

이 결과는 전형적인(시간 영역) 컨벌루션을 통해 확인될 수 있다.

8.3.7 신호 복제와 스펙트럼 제로 보간

DTFT와 푸리에 급수에서와 같이, 두 개의 유용한 DFT 결과로 한 영역에서의 복제가 다른 영역에서는 제로 보간이 된다. 공식적으로, $x[n] \Leftarrow\boxed{\text{DFT}}\Rightarrow X_{\text{DFT}}[k]$가 DFT 쌍을 만든다면, $x[n]$을 $y[n] = \{x[n], x[n], \ldots, x[n]\}$으로 M-폴딩 복제하면 $Y_{\text{DFT}}[k] = MX^{\uparrow}_{\text{DFT}}[k/M]$으로 DFT의 제로 보간이 된다. 곱셈 인자 M은 파서발의 정리와 중앙 좌표 관계를 만족하게 한다. 이중성의 결과로 $x[n]$을 $z[n] = x^{\uparrow}[n/M]$으로 제로 보간하면 $Z_{\text{DFT}}[k] = \{X_{\text{DFT}}[k], X_{\text{DFT}}[k], \ldots, X_{\text{DFT}}[k]\}$로 DFT의 M-폴딩 복제가 된다.

한 영역에서의 복제는 다른 영역에서의 제로 보간에 대응한다.

신호가 M번 복제되면, 그 DFT는 M배 제로 보간되고 스케일된다.

만일 $x[n] \Leftarrow\boxed{\text{DFT}}\Rightarrow X_{\text{DFT}}[k]$라면,

$$\underbrace{\{x[n], x[n], \ldots, x[n]\}}_{M\text{-폴딩 복제}} \Leftarrow\boxed{\text{DFT}}\Rightarrow MX^{\uparrow}_{\text{DFT}}[k/M]$$

신호가 M배 제로 보간되면, 그 DFT는 M-폴딩 복제된다.

만일 $x[n] \Leftarrow\boxed{\text{DFT}}\Rightarrow X_{\text{DFT}}[k]$라면,

$$x^{\uparrow}[n/M] \Leftarrow\boxed{\text{DFT}}\Rightarrow \underbrace{\{X_{\text{DFT}}[k], X_{\text{DFT}}[k], \ldots, X_{\text{DFT}}[k]\}}_{M\text{-폴딩 복제}}$$

예제 8.6 신호와 스펙트럼 복제

$x[n] = \{\overset{\Downarrow}{2}, 3, 2, 1\}$이고 $X_{\text{DFT}}[k] = \{\overset{\Downarrow}{8}, -j2, 0, j2\}$라고 하자. $y[n] = \{x[n], x[n], x[n]\}$으로 기술

되는 12-포인트 신호와 12-포인트 제로 보간된 신호 $h[n] = x^{\uparrow}[n/3]$의 DFT를 구하라.

(a) 신호를 3번 복제하면 스펙트럼이 3배 제로 보간되고 곱이 된다. 따라서

$$Y_{\text{DFT}}[k] = 3X^{\uparrow}_{\text{DFT}}[k/3] = \{\overset{\Downarrow}{24},\ 0,\ 0,\ -j6,\ 0,\ 0,\ 0,\ 0,\ 0,\ j6,\ 0,\ 0\}$$

(b) 신호를 3배 제로 보간하면 스펙트럼이 3번 복제된다. 따라서

$$\begin{aligned} H_{\text{DFT}}[k] &= \{X_{\text{DFT}}[k], X_{\text{DFT}}[k], X_{\text{DFT}}[k]\} \\ &= \{\overset{\Downarrow}{8}, -j2, 0, j2, 8, -j2, 0, j2, 8, -j2, 0, j2\} \end{aligned}$$

심화문제 8.6

(a) $x[n] \Leftarrow \boxed{\text{DFT}} \Rightarrow \{\overset{\Downarrow}{1}, j2, 4, -j2\}$라고 하자. 제로 보간된 신호 $y[n] = x[n/2]$의 DFT를 구하라.

(b) $\{\overset{\Downarrow}{4}, 2, 0, 2\} \Leftarrow \boxed{\text{DFT}} \Rightarrow X_{\text{DFT}}[k]$라고 하자. $G_{\text{DFT}}[k] = X_{\text{DFT}}[k/2]$일 때, $g[n]$을 구하라.

정답: (a) $\{\overset{\Downarrow}{1}, j2, 4, -22, 1, j2, 4, -j2\}$ **(b)** $\{\overset{\Downarrow}{2}, 1, 0, 1, 2, 1, 0, 1\}$

8.3.8 몇 가지 유용한 DFT 쌍

수학적으로 정의된 유한 수열의 DFT는 종종 매우 다루기 힘든 식으로 표현되고 많은 '표준' DFT 쌍들로는 설명이 부족하다. 그러나 다음 DFT 쌍들은 매우 유용하고 정의관계와 특성들로부터 쉽게 얻을 수 있다.

$$\{\overset{\Downarrow}{1}, 0, 0, \ldots, 0\}\,(\text{임펄스}) \Leftarrow \boxed{\text{DFT}} \Rightarrow \{\overset{\Downarrow}{1}, 1, 1, \ldots, 1\}\quad(\text{상수}) \tag{8.7}$$

$$\{\overset{\Downarrow}{1}, 1, 1, \ldots, 1\}(\text{상수}) \Leftarrow \boxed{\text{DFT}} \Rightarrow \{\overset{\Downarrow}{N}, 0, 0, \ldots, 0\}\quad(\text{임펄스}) \tag{8.8}$$

$$\alpha^n\,(\text{지수}) \Leftarrow \boxed{\text{DFT}} \Rightarrow \frac{1-\alpha^N}{1-\alpha e^{-j2\pi k/N}} \tag{8.9}$$

$$\cos\left(2\pi n\frac{k_0}{N}\right)(\text{정현파}) \Leftarrow \boxed{\text{DFT}} \Rightarrow 0.5N\delta[k-k_0] + 0.5N\delta[k-(N-k_0)]\ (\text{임펄스 쌍}) \tag{8.10}$$

처음 결과는 정의관계들의 직접적인 결과이다. 두 번째 결과에서 DFT는 $\sum e^{j2\pi nk/N}$이고, 이는 단위 길이를 N 균등 분배한 벡터들의 합이며 0과 같다($k = 0$일 때 제외). 세 번째 결과에서는, 정의관계 $\sum \alpha^n e^{-j2\pi nk/N}$과 $e^{j2\pi k} = 1$인 사실을 이용하여 다음을 얻는다.

$$X_{\mathrm{DFT}}[k] = \sum_{k=0}^{N-1} (\alpha e^{-j2\pi k/N})^n = \frac{1-(\alpha e^{-j2\pi k/N})^N}{1-\alpha e^{-j2\pi k/N}} = \frac{1-\alpha^N}{1-\alpha e^{-j2\pi k/N}} \qquad (8.11)$$

마지막으로, 정현파의 변환 쌍은 디지털 주파수가 $F = k_0/N$인 주기 정현파 $x[n] = \cos(2\pi nF)$에 대해서, DFT는 $k = k_0$과 $k = N - k_0$에서 한 쌍의 임펄스이다. 오일러 공식에 따라, $x[n] = 0.05e^{j2\pi nk_0/N} + 0.5e^{-j2\pi nk_0/N}$이고, 주기성에 의해 $0.5e^{-j2\pi nk_0/N} = 0.5e^{j2\pi n(N-k_0)/N}$이다. 따라서 DFT 쌍 $1 \Leftarrow \boxed{\mathrm{DFT}} \Rightarrow N\delta[k]$와 변조 특성으로 요구된 결과를 얻는다.

주기가 N이고 $F = k_0/N$인 정현파의 N-포인트 DFT는 두 개의 영이 아닌 샘플을 갖는다.

$$\underbrace{\cos(2\pi n\frac{k_0}{N}+\theta)}_{F_0 = k_0/N\text{인 } N\text{-샘플 정현파}} \Leftarrow \boxed{\mathrm{DFT}} \Rightarrow \{\overset{\Downarrow}{0}, \ldots, 0, \underbrace{0.5Ne^{j\theta}}_{k=k_0}, 0, \ldots, 0, \underbrace{0.5Ne^{-j\theta}}_{k=N-k_0}, 0, \ldots, 0\}$$

심화문제 8.7

(a) $x[n] = \{\overset{\Downarrow}{2}, 0, 0, 0, 0\}$이라 하자. $X_{\mathrm{DFT}}[k]$를 구하라.

(b) $y[n] = \{\overset{\Downarrow}{3}, 1, 1, 1, 1\}$이라 하자. $Y_{\mathrm{DFT}}[k]$를 구하라.

(c) $g[n] = \cos(\frac{2n\pi}{3})$이고 $N = 6$이라 하자. F_0를 $\frac{k_0}{N}$로 표현하고 6-포인트 DFT $G_{\mathrm{DFT}}[k]$를 구하라.

(d) $0 \le n \le 3$에서 $h[n] = 8(0.5)^n$이라 하자. 정의관계 혹은 다른 것들로부터 4-포인트 DFT를 구하라.

정답: **(a)** $\{\overset{\Downarrow}{2}, 2, 2, 2, 2\}$ **(b)** $\{\overset{\Downarrow}{7}, 2, 2, 2, 2\}$ **(c)** $\{\overset{\Downarrow}{0}, 0, 3, 0, 3, 0\}$ **(d)** $\{\overset{\Downarrow}{15}, 6-j3, 5, 6+j3\}$

8.3.9 역 DFT

역 이산 푸리에 변환(IDFT)은 다음과 같이 정의된다.

$$x[n] = \frac{1}{N}\sum_{k=0}^{N-1} X_{\mathrm{DFT}}[k]e^{j2\pi nk/N}, \quad n = 0, 1, \ldots, N-1 \qquad (8.12)$$

이것은 DFT $X_{\mathrm{DFT}}[k]$의 N 샘플들로부터 수열 $x[n]$을 복원한다. DFT와 IDFT 관계들의 형태는 IDFT에서 $\frac{1}{N}$의 스케일 인자와 양의 지수를 제외하고 동일하다는 것에 주목하라. IDFT는 주기 N인 주기성을 갖고 $x[n]$이 사실상 주기 신호의 한 주기에 대응함을 의미한다. DFT가 켤레 대칭이라면, 켤레 대칭 DFT 샘플들의 각 쌍인, $k = k_0$에서 $Ae^{j\theta}$와 $k = N - k_0$에서 $Ae^{-j\theta}$가 정현파 $\frac{2A}{N}\cos(2n\pi\frac{k_0}{N} + \theta)$에 대응되기 때문에, $x[n]$ 역시 정현파의 합으로 나타낼 수 있다. DFT 샘플 $X_{\text{DFT}}[0]$은 dc 성분 $X_{\text{DFT}}[0]/N$에 대응하는 반면, DFT 샘플 $X_{\text{DFT}}\left[\frac{N}{2}\right]$($N$이 짝수라면)는 $F = 0.5$에 대응하고 $K = \frac{1}{N}X_{\text{DFT}}[\frac{N}{2}]$일 때 신호 $K\cos(n\pi)$로 주어진다.

예제 8.7 DFT와 DTFT의 관계

(a) $X_{\text{DFT}}[k] = \{\overset{\Downarrow}{4}, -j2, 0, j2\}$라고 하자. IDFT를 구하라.

풀이: $N = 4$이고 $e^{j2\pi nk/N} = e^{jnk\pi/2}$이므로, IDFT를 계산하면 다음과 같다.

$$n = 0: \quad x[0] = 0.25\sum_{k=0}^{3} X_{\text{DFT}}[k]e^{0} = 0.25(4 - j2 + 0 + j2) = 1$$

$$n = 1: \quad x[1] = 0.25\sum_{k=0}^{3} X_{\text{DFT}}[k]e^{jk\pi/2} = 0.25(4 - j2e^{j\pi/2} + 0 + j2e^{j3\pi/2}) = 2$$

$$n = 2: \quad x[2] = 0.25\sum_{k=0}^{3} X_{\text{DFT}}[k]e^{jk\pi} = 0.25(4 - j2e^{j\pi} + 0 + j2e^{j3\pi}) = 1$$

$$n = 3: \quad x[3] = 0.25\sum_{k=0}^{3} X_{\text{DFT}}[k]e^{j3k\pi/2} = 0.25(4 - j2e^{j3\pi/2} + 0 + j2e^{j9\pi/2}) = 0$$

따라서 IDFT는 $x[n] = \{\overset{\Downarrow}{1}, 2, 1, 0\}$이다.

(b) $X_{\text{DFT}}[k] = \{\overset{\Downarrow}{12}, -j24, 0, 4e^{j\pi/4}, 0, 4e^{-j\pi/4}, 0, j24\}$라고 하자. IDFT를 구하라.

$N = 8$이고 DFT는 $k = 0$에서 dc 성분을 보인다. $k = 1$과 $k = 7$에서 샘플들($24e^{-j\pi/2}$과 $24e^{j\pi/2}$)의 켤레 대칭 쌍이 있고, $k = 3$과 $k = 5$에서 샘플들($4e^{-j\pi/4}$과 $4e^{j\pi/4}$)의 또 다른 켤레 대칭 쌍이 있다. 따라서 IDFT는 dc 성분과 $F = \frac{1}{8}$과 $F = \frac{3}{8}$에서 두 정현파의 합으로서 나타낸다. dc 값은 N으로 $X_{\text{DFT}}[0]$을 나눔으로써 구해지며 각 정현파의 최고치는 $0.5N$으로 DFT 크기를 나눔으로써 구해진다. 이는 다음과 같이 주어진다.

$$x[n] = 1.5 + 6\cos\left(\frac{n\pi}{4} - \frac{\pi}{2}\right) + \cos\left(\frac{3n\pi}{4} + \frac{\pi}{4}\right)$$

$n = 0, 1, \ldots, 7$에 대해 이 식을 계산하면, 다음과 같은 수열을 얻는다.

$$x[n] = \{\overset{\Downarrow}{2.2071}, 4.7426, 8.2071, 5.7426, -0.7929, -1.7426, -5.2071, -2.7426\}$$

동일한 결과가 정의된 IDFT 관계로부터도 얻어질 수 있다.

심화문제 8.8

(a) $X_{\text{DFT}}[k] = \{\overset{\Downarrow}{1}, j4, 3, -j4\}$라고 하자. 수열과 정현파의 합으로 각각 $x[n]$을 구하라.

(b) $Y_{\text{DFT}}[k] = \{\overset{\Downarrow}{20}, 10, j5, -j5, 10\}$이라 하자. $y[n]$을 정현파의 합으로 표현하라.

정답: (a) $\{\underset{\Uparrow}{1}, -2.5, 1, 1.5\}$, $0.25 - 2\sin(0.5n\pi) + 0.75\cos(n\pi)$

(b) $4 + 4\cos(0.4n\pi) - 2\sin(0.8n\pi)$

8.4 실질적인 지침

순수하게 수학적이거나 계산적인 관점에서, DFT는 단순히 N개 수의 집합을 N개 수의 다른 집합으로 변환하는 방법이다. 그러나 그 물리적인 의미(그 수들이 의미하는 것)는 아날로그와 이산 신호 모두의 스펙트럼의 연결들로부터 기인한다. 일반적으로 DFT는 원래의 아날로그 신호의 실제(푸리에 급수 혹은 변환) 스펙트럼에 대한 단지 근사화이다. DFT 스펙트럼 간격과 DFT 크기는 샘플링률의 선택과 샘플 값의 선택 방법에 의해 영향을 받는다. DFT 위상은 샘플링 순간들의 위치에 의존한다. DFT 스펙트럼 간격은 샘플링 기간에 의해 영향을 받는다. 스펙트럼 분석을 위해 아날로그 신호 $x(t)$의 샘플들을 얻고 DFT 결과들을 해석하는 몇 가지 실용적인 지침은 다음과 같다.

샘플링 순간들의 선택: DFT(혹은 DFS)의 정의관계에 따르면 $x[n]$의 샘플들은 $0 \le n \le N-1$ 범위에서 선택되어야 한다(필요하다면, 주기 확장을 통해). 그렇지 않으면, DFT 위상이 예상된 위상과 일치하지 않을 것이다.

샘플들의 선택: 샘플링 순간이 점프 불연속점에 해당한다면, 샘플 값은 불연속점의 중간 값으로 선택되어야 한다. 그 이유는 푸리에 급수(혹은 변환)가 모든 불연속점의 중간 값으로 수렴하기 때문이다.

주파수 축의 선택: DFT의 계산은 샘플 주파수 S 혹은 샘플링 간격 $t_s = 1/S$에 독립적이다. 그러나 어떤 아날로그 신호가 샘플링률 S로 샘플링된다면, 그의 스펙트럼은 주기 S로 주기적이다. DFT 스펙트럼은 원점에서 시작하는 스펙트럼의 한 주기(N 샘플들)를 나타낸다. 샘플링된 신호에 대해서는 아날로그 주파수 $f = kS/N$ Hz, $k = 0, 1, \ldots, N-1$(간격 S/N을 갖는)에 대한 DFT 크기와 위상을 그리는 것이 유용하다. 이산시간 신호에 대해서는 디지털 주파수 $F = k/N$, $k = 0, 1, \ldots, N-1$(간격 $1/N$을 갖는)에 대해 DFT를 도시할 수 있다. 이들 선택은 그림 8.3에 설명되어 있다.

DFT 샘플들은 색인 또는 주파수에 대해서 도시할 수 있다.

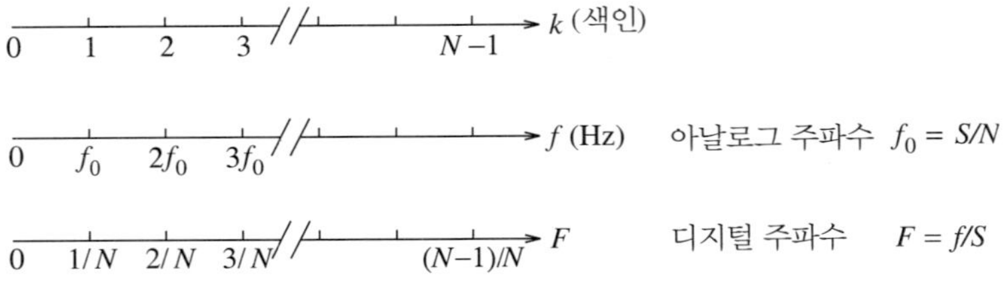

두 개의 추가적인 선택: $\omega = 2\pi f$ (아날로그 각 주파수)
$\Omega = 2\pi F$ (디지털 각 주파수)

그림 8.3 DFT를 도시하는 다양한 방법. DFT는 각각의 색인에 해당하는 이산 색인 혹은 아날로그 주파수 혹은 디지털 주파수에 대해서 도시할 수 있다.

주파수 범위의 선택: 기존의 양측 스펙트럼을 갖는 DFT 결과들과 비교해 보면, 양측 스펙트럼에서 음의 주파수 $-f_0$(색인 $-k_0$에서)는 (단측) DFT 스펙트럼에서 주파수 $S - f_0$(색인 $N - k_0$에서)에 대응한다.

최고 주파수 식별: DFT 스펙트럼에서 최고 주파수는 폴딩 색인 $k = 0.5N$에 해당하고 이산 신호에 대해서는 $F = 0.5$ 혹은 샘플링된 아날로그 신호에 대해서는 $f = 0.5S$ Hz와 같다. 이 최고 주파수를 **폴딩 주파수**(folding frequency)라고 한다. 비교를 위해 $0 \le k < 0.5N$(이산시간 신호에 대해서는 $0 \le F < 0.5$ 혹은 샘플링된 아날로그 신호에 대해서는 $0 \le f < 0.5S$ Hz)에 대해 DFT 스펙트럼을 도시할 수 있다.

재배열된 스펙트럼의 도시: DFT(혹은 DFS)는 주기 확장을 통해 원점에 대해 켤레 대칭을 나타냄으로써 양측 스펙트럼으로 도시할 수 있다. 이것은 원점의 좌측에서 폴딩 색인 $k = 0.5N$ 이후 색인에 DFT 샘플들을 재위치시켜 **재배열된 스펙트럼**을 만드는 것과 동일하다(왜냐하면 $X[-k] = X[N-k]$이기 때문이다). 이러한 과정은 그림 8.4에 설명한다.

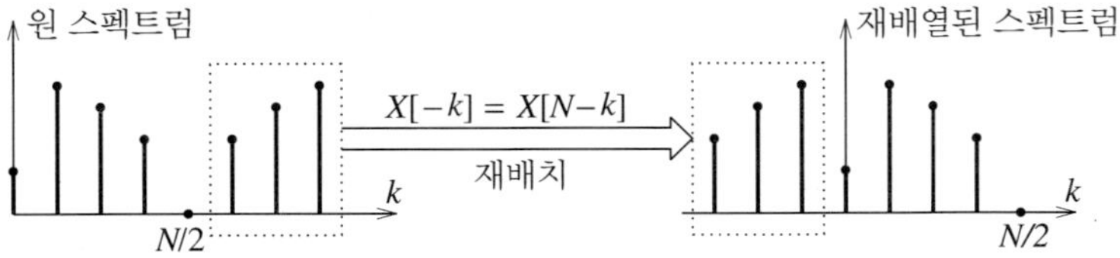

그림 8.4 DFT 혹은 그것의 재배열된 샘플들의 도시. N-샘플 DFT는 보통 $0 \le k < N - 1$의 범위에서 계산되고 도시된다. 그러나 폴딩 색인 이후의 DFT 결과는 원점에 대해 켤레 대칭이 되도록 스펙트럼을 재배열하기 위해 한 주기(N 샘플들)만큼 좌측으로 이동될 수도 있다.

심화문제 8.9

(a) $X_{\text{DFT}}[k] = \{\overset{\Downarrow}{1}, j5, 4-j, -j2, 0, j2, 4+j, -j5\}$라고 하자. 재배열된 형태로 이를 표현하라.

정답: $X_{\text{DFT}}[k] = \{j2, 4+j, -j5, \overset{\Downarrow}{1}, j5, 4-j, -j2, 0\}$

신호의 샘플링과 DFT 결과들의 해석에 대한 실질적인 지침

샘플링: $t = 0$에서 시작. 점프 지점에서 중간 값을 선택하라. 나이퀴스트율 이상으로 샘플링하라.

도시: 색인 $k = 0, 1, \ldots, N-1$ 혹은 $F = \frac{k}{N}$ 혹은 $f = k\frac{S}{N}$ Hz에 대해서 DFT를 도시한다.

DFT 샘플들의 주파수 간격: $\Delta f = S/N$ Hz(아날로그 주파수) 혹은 $\Delta F = 1/N$(디지털 주파수)

최고 주파수: 색인 $k = \frac{N}{2}$에 해당하는 $F = 0.5$ 혹은 $f = 0.5S$와 같다.

긴 수열: DFT 크기/위상은 보통 연속 함수로서 그린다.

8.5 DTFT와 DFT

DTFT 관계와 그 역은 다음과 같다.

$$X(F) = \sum_{n=-\infty}^{\infty} x[n]e^{-j2\pi nF} \qquad x[n] = \int_1 X(F)e^{j2\pi nF}\, dF$$

여기서 $X(F)$는 단위 주기를 갖는 주기성이다. $x[n]$이 $n = 0, 1, \ldots, N-1$인 유한 N-포인트 수열이라면, $1/N$ 구간에서 한 주기에 대해 DTFT의 N 샘플들을 다음과 같이 얻는다.

$$X_{\text{DFT}}[k] = \sum_{n=0}^{N-1} x[n]e^{-j2\pi nk/N}, \quad k = 0, 1, \ldots, N-1$$

이는 주파수 $F = k/N$, $k = 0, 1, \ldots, N-1$에서 계산된 DTFT의 샘플링된 버전으로 $x[n]$의 DFT를 표현한다. 따라서 DFT 스펙트럼은 주파수 범위 $0 \le F < 1$에 해당하고 주파수 $F = k/N$, $k = 0, 1, \ldots, N-1$에서 도시된다.

$X_{\text{DFT}}[k]$의 N 샘플들로부터 유한 수열 $x[n]$을 복원하기 위해, $dF \approx 1/N$과 $F \to k/N$을 이용하여 역관계의 적분 표현식을 다음 식으로 근사화한다.

$$x[n] = \frac{1}{N}\sum_{k=0}^{N-1} X_{\text{DFT}}[k]e^{j2\pi nk/N}, \quad n = 0, 1, \ldots, N-1$$

이는 물론, IDFT에 대한 정의관계이다.

8.5.1 DFT에 의한 DTFT의 근사화

$x[n]$이 $n = 0, 1, \ldots, N-1$인 유한 N-포인트 신호라면, DFT는 $F = k/N, k = 0, 1, \ldots, N-1$에서 DTFT $X_p(F)$와 정확히 일치하고, IDFT는 $x[n]$을 완전하게 복원한다. 이는 DTFT와 DFT에 대한 정의관계를 보면 확실하다.

$x[n]$의 길이가 유한하면, $x[n]$의 N-포인트 DFT는 단지 $F = k/N, k = 0, 1, \ldots, N-1$에서 계산된 DTFT $X(F)$로의 근사화이다. 주기성 때문에, DFT는 사실상 이 주파수들에서 주기가 N인 $x[n]$의 주기 확장의 DTFT로 정확하게 일치한다.

$x[n]$이 주기 N인 이산 주기 신호라면, $x[n]$의 스케일된 DFT ($\frac{1}{N}X_{\text{DFT}}[k]$)는 $F = k/N, k = 0, 1, \ldots, N-1$에서 그것의 DTFT $X(F)$의 임펄스 크기에 정확히 일치한다. 이 경우에도 역시 IDFT는 $0 \le n \le N-1$ 구간에서 $x[n]$의 한 주기를 완벽하게 복원한다.

예제 8.8 DFT와 DTFT의 관계

(a) $x[n] = \{\overset{\Downarrow}{1}, 2, 1, 0\}$이라 하자. DTFT를 이용하여, 먼저 다음과 같이 구할 수 있다.

$$X(F) = 1 + 2e^{-j2\pi F} + e^{-j4\pi F} + 0 = [2 + 2\cos(2\pi F)]e^{-j2\pi F}$$

$N = 4$이므로, $F = k/4, k = 0, 1, 2, 3$이다. 따라서 DFT는 다음과 같이 얻을 수 있다.

$$X_{\text{DFT}}[k] = [2 + 2\cos(2\pi k/4)]e^{-j2\pi k/4}, \quad k = 0, 1, 2, 3 \text{ 또는}$$
$$X_{\text{DFT}}[k] = \{\overset{\Downarrow}{4}, -j2, 0, j2\}$$

$x[n]$이 유한 급수이므로, DFT와 DTFT는 $F = k/N, k = 0, 1, 2, 3$에서 정확히 일치함을 보인다.

(b) $x[n] = \alpha^n u[n]$이라 하자. $x[n]$의 DTFT는 $X(F) = \frac{1}{1-\alpha e^{-j2\pi F}}$이다. 간격 $F = k/N$인 샘플링 $X(F)$는 다음과 같다.

$$X(F)\Big|_{F=k/N} = \frac{1}{1 - \alpha e^{-j2\pi k/N}}$$

$x[n]$의 N-포인트 DFT는 다음과 같다.

$$\alpha^n, (n = 0, 1, \ldots, N-1) \Leftarrow\boxed{\text{DFT}}\Rightarrow \frac{1 - \alpha^N}{1 - \alpha e^{-j2\pi k/N}}$$

분명히, $x[n]$의 N-샘플 DFT는 $F = k/N(N \to \infty$가 아니라면)에서 DTFT와 일치하지 않는다.

참고: 그러나 일치하는 것은 N-샘플 주기 확장인 $x_{\text{pe}}[n]$의 DFT와 $x[n]$의 DTFT이다. $x[n] = \alpha^n u[n]$의 N-샘플 부분 주위를 겹침으로써 주기 확장의 한 주기를 얻고 그들을 더함으로써 다음을 얻는다.

$$x_{\text{pe}}[n] = \alpha^n + \alpha^{n+N} + \alpha^{n+2N} + \cdots = \alpha^n(1 + \alpha^N + \alpha^{2N} + \cdots) = \frac{\alpha^n}{1-\alpha^N}$$

이미 구했던 $x[n]$의 DFT로부터, $x_{\text{pe}}[n]$의 N-포인트 DFT를 다음과 같이 얻는다.

$$\frac{\alpha^n}{1-\alpha^N},\ (n = 0, 1, \ldots, N-1) \Leftarrow \boxed{\text{DFT}} \Rightarrow \frac{1}{1-\alpha e^{-j2\pi k/N}}$$

이것은 $F = k/N,\ k = 0, 1, \ldots, N-1$에서 $x[n]$의 DTFT와 정확히 일치한다.

8.6 주기 신호의 DFT와 DFS

주기 신호 $x(t)$에 대한 푸리에 급수 관계는 다음과 같다.

$$x(t) = \sum_{k=-\infty}^{\infty} X[k]e^{j2\pi kf_0t} \qquad X[k] = \frac{1}{T}\int_T x(t)e^{-j2\pi kf_0t}\,dt \tag{8.13}$$

만약 S Hz의 샘플링률로(t_s의 샘플링 간격에 해당) 한 주기에 대한 $x(t)$의 N 샘플들로서 $x[n],\ n = 0, 1, \ldots, N-1$을 얻고 $dt \to t_s$, $t \to nt_s$, $T = Nt_s$와 $f_0 = \frac{1}{T} = \frac{1}{Nt_s}$을 사용한 합산에 의해 $X[k]$에 대한 적분 표현식을 근사화한다면, 다음을 얻을 수 있다.

$$X_{\text{DFS}}[k] = \frac{1}{Nt_s}\sum_{n=0}^{N-1} x[n]e^{-j2\pi kf_0nt_s}t_s = \frac{1}{N}\sum_{n=0}^{N-1} x[n]e^{-j2\pi nk/N}, \quad k = 0, 1, \ldots, N-1 \tag{8.14}$$

값 $X_{\text{DFS}}[k]$는 주기 신호의 푸리에 급수 계수들에 대한 근사화로서 **이산 푸리에 급수**(DFS)를 정의하고 DFT의 N배이다.

$X_{\text{DFS}}[k]$의 한 주기로부터 $x[n]$을 복원하기 위해 푸리에 급수 구성관계를 이용하는데, 합산의 색인은 한 주기($k = 0$부터 $k = N-1$까지)를 포함해서 다음 식을 얻는다.

$$x[n] = \sum_{k=0}^{N-1} X_{\text{DFS}}[n]e^{j2\pi kf_0nt_s} = \sum_{k=0}^{N-1} X_{\text{DFS}}[k]e^{j2\pi nk/N}, \quad n = 0, 1, 2, \ldots, N-1 \tag{8.15}$$

이 관계는 **역 이산 푸리에 급수**(IDFS: inverse discrete Fourier series)를 나타낸다. 샘플링 간격 t_s는 DFS나 그것의 역변환 계산과정에 들어가지 않는다. 스케일 인자를 제외하고 DFS와 DFT의 관계는 동일하다는 것을 알 수 있다.

8.6.1 DFS 결과에 대한 이해

DFS는 샘플링된 주기 신호의 스펙트럼을 나타낸다. 그것은 주기가 N인 주기성이다. 그것의 N개의 샘플은 색인 $k = 0, 1, 2, \ldots, N-1$에 위치하고 이는 디지털 주파수 $F = \frac{k}{N}$나 아날로그 주파수 $f = k\frac{S}{N}$에 해당한다. DFS 스펙트럼에서 최고 주파수는 $f = 0.5S$이며, 이는 디지털 주파수 $F = 0.5$ 또는 색인 $k = 0.5N$에 해당한다. 주기 신호 $x(t)$의 푸리에 급수의 계수인 $X[k]$는 다음의 모든 조건이 만족하면 그것의 N-샘플 DFS인 $X_{\mathrm{DFS}}[k] = \frac{1}{N}X_{\mathrm{DFT}}[k]$와 정확히 일치한다.

1. 신호 샘플들은 $t = 0$에서 시작하는 $x(t)$로부터 얻어진다(만약 필요하다면, 신호의 주기 확장을 사용하여). 그렇지 않다면, DFS 계수들의 위상은 해당 푸리에 급수 계수들의 위상과 일치하지 않는다.
2. 주기 신호는 유한수의 정현파 신호를 포함하고(유한수의 최고 주파수로 대역제한된 신호를 보장하기 위해) 나이퀴스트율 이상으로 샘플링된다. 그렇지 않다면, **엘리어싱**이 발생하고 그 영향은 폴딩 주파수인 $0.5S$ 근처에서 더욱 심해진다. 순수한 정현파 신호에 대해서는 나이퀴스트율이 주기당 두 개의 샘플에 해당한다. 대역제한되지 않은 주기 신호(직각, 삼각 혹은 톱니파 열과 같은)는 무한수의 고조파를 포함하며 샘플링률이 엘리어싱을 방지할 정도로 높지 않다.
3. 신호 $x(t)$는 **정수**의 주기로 샘플링된다[$x(t)$의 주기 확장과 샘플링된 신호의 내포된 주기 확장 사이의 일치를 보장하기 위해]. 그렇지 않다면, 샘플들의 주기 확장은 $x(t)$의 주기 확장과 일치하지 않고, DFS 샘플들은 고조파 주파수가 $x(t)$의 고조파 주파수와 일치하지 않는 다른 주기 신호의 푸리에 급수 계수들을 나타낸다. 이 현상을 **누설**(leakage)이라 하고 원래 신호 $x(t)$에서 고조파 주파수와 다른 주파수에서 제로가 아닌 스펙트럼 성분을 갖는다.

정수의 주기 동안 주기 신호를 샘플링한다면, DFS(또는 DFT) 역시 대칭 효과를 유지한다. 다시 말해, 우대칭 신호의 DFS는 실수이고 기대칭 신호의 DFS는 허수이며, 반파 대칭 신호의 DFS는 색인 k(짝수 색인된 고조파의 부재에 해당)의 짝수 값에서 제로이다.

샘플링된 주기 신호 $x(t)$의 DFT는 그것의 푸리에 급수 계수 $X[k]$에 관계된다.

만약 $x(t)$가 대역제한되고 정수의 주기 동안 샘플링된다면, DFT는 푸리에 급수 계수 $X[k]$에 $X_{\mathrm{DFT}}[k] = NX[k]$로 정확히 일치한다.

만약 $x(t)$가 대역제한되어 있지 않다면, 엘리어싱이 일어난다.

만약 $x(t)$가 정수의 주기 동안 샘플링되지 않는다면, 누설이 일어난다.

8.6.2 정현파의 DFT와 DFS

푸리에 급수 계수가 $f = f_0$에서 $0.5\angle\theta = 0.5e^{j\theta}$이고 $f = -f_0$에서 $0.5\angle-\theta = 0.5e^{-j\theta}$으로 알고 있는 정현파 $x(t) = \cos(2\pi f_0 t + \theta)$에 대해 생각해 보자. 만약 신호 $x(t)$가 $t = 0$을 시작으로 샘플링률 S로 샘플링되었다면, 샘플링된 신호는 $x[n] = \cos(2\pi nF + \theta)$이다. 여기서 $F = f_0/S$는 디지털 주파수이다. F가 유리 분수인 형태 $F = k_0/N$인 한, $x(t)$의 k_0 전체 주기로부터 $x[n]$의 N 샘플

들을 얻을 수 있다. 이러한 경우엔 누설이 일어나지 않고 N-포인트 DFS는 예상한 결과와 일치하며, 오직 두 개의 0이 아닌 DFS 값인 $X_{\text{DFS}}[k_0] = 0.5e^{j\theta}$과 $X_{\text{DFS}}[N - k_0] = 0.5e^{-j\theta}$을 보여준다. DFT는 DFS에 N을 곱해서 얻는다.

$$\underbrace{\cos(2\pi n\tfrac{k_0}{N} + \theta)}_{F_0 = k_0/N\text{인 } N\text{-샘플 정현파}} \Longleftarrow\boxed{\text{DFS}}\Longrightarrow \{\overset{\Downarrow}{0}, \ldots, 0, \underbrace{0.5e^{j\theta}}_{k=k_0}, 0, \ldots, 0, \underbrace{0.5e^{-j\theta}}_{k=N-k_0}, 0, \ldots, 0\} \tag{8.16}$$

여기서 k_0는 $0 \le k_0 \le N - 1$ 범위에서 양의 색인 값이라고 가정한다. k_0에 해당하는 아날로그 주파수는 k_0S/N이고, (만약 $S > 2f_0$라면) f_0 또는 (만약 $S < 2f_0$라면) 그것의 엘리어스와 같다. 0이 아닌 DFT 값은 $X_{\text{DFT}}[k_0] = 0.5Ne^{j\theta}$과 $X_{\text{DFT}}[N - k_0] = 0.5Ne^{-j\theta}$이다. 이러한 결과는 큰 계산량 없이 직접 얻어지고 정수의 주기에 대한 샘플링으로서($t = 0$에서 시작) 정현파들의 조합에 대한 DFT로 쉽게 확장될(중첩에 의해) 수 있다.

정현파 $X[n] = \cos(2\pi n\frac{k_0}{N} + \theta)$의 N-포인트 DFT 또는 DFS는 단지 두 개의 0이 아닌 샘플을 갖는다.

$$\underbrace{\cos(2\pi n\tfrac{k_0}{N} + \theta)}_{F_0 = k_0/N\text{인 } N\text{-샘플 정현파}} \Longleftarrow\boxed{\text{DFT}}\Longrightarrow \{\overset{\Downarrow}{0}, \ldots, 0, \underbrace{0.5Ne^{j\theta}}_{k=k_0}, 0, \ldots, 0, \underbrace{0.5Ne^{-j\theta}}_{k=N-k_0}, 0, \ldots, 0\}$$

$$\underbrace{\cos(2\pi n\tfrac{k_0}{N} + \theta)}_{F_0 = k_0/N\text{인 } N\text{-샘플 정현파}} \Longleftarrow\boxed{\text{DFS}}\Longrightarrow \{\overset{\Downarrow}{0}, \ldots, 0, \underbrace{0.5e^{j\theta}}_{k=k_0}, 0, \ldots, 0, \underbrace{0.5e^{-j\theta}}_{k=N-k_0}, 0, \ldots, 0\}$$

예제 8.9 정현파의 DFT와 DFS

(a) 신호 $x(t) = 4\cos(100\pi t)$는 세 주기 동안 나이퀴스트율의 두 배로 샘플링된다. 그것의 DFT를 구하고 그림으로 나타내어라.

$x(t)$의 주파수는 50 Hz이다. 나이퀴스트율은 100 Hz이고 샘플링 주파수는 $S = 200$ Hz이다. 디지털 주파수는 $F = 50/200 = 1/4 = 3/12 = k/N$이다. 이것은 세 주기 동안 $N = 12$임을 뜻한다. 두 개의 0이 아닌 DFT 값은 $k = 3$과 $k = N - 3 = 9$에서 나타난다. 0이 아닌 DFT 값은 $X[3] = X[9] = (0.5)(4)(N) = 24$이다. 신호와 그 DFT는 그림 E8.9a에 나타나 있다.

(b) $x(t) = 4\sin(72\pi t)$가 $S = 128$ Hz로 샘플링된다고 하자. 누설을 막기 위해서 필요한 최소의 샘플 수를 정하고 샘플링된 신호의 DFS와 DFT를 구하라.

$x(t)$의 주파수가 36 Hz이므로 $F = 36/128 = 9/32 = k_0/N$이다. 따라서 $N = 32$, $k_0 = 9$이고,

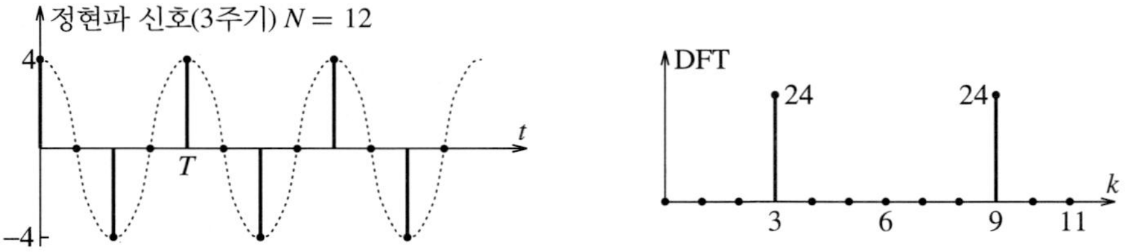

그림 E8.9a 예제 8.9(a)에 대한 신호와 DFT

주파수 간격은 $S/N = 4$ Hz이다. DFS 성분들은 $k_0 = 9$(36 Hz)와 $N - k_0 = 23$(92 Hz)에서 나타난다. 신호 $x(t)$의 푸리에 급수 계수들은 $-j2$(36 Hz에서)와 $j2$(−36 Hz에서)이다. DFS 샘플들은 $X_{\text{DFS}}[9] = -j2$와 $X_{\text{DFS}}[23] = j2$이다. $X_{\text{DFT}}[k] = NX_{\text{DFS}}[k]$이므로 $X_{\text{DFT}}[9] = -j64$와 $X_{\text{DFT}}[23] = j64$를 얻고, 따라서

$$X_{\text{DFT}}[k] = \{\overset{\Downarrow}{0}, \ldots, 0, \underbrace{-j64}_{k=9}, 0, \ldots, 0, \underbrace{j64}_{k=23}, 0, \ldots, 0\}$$

(c) $x(t) = 4\sin(72\pi t) - 6\cos(12\pi t)$가 $S = 21$ Hz로 샘플링된다고 하자. 누설을 막기 위해서 필요한 최소의 샘플 수를 정하고 샘플링된 신호의 DFS와 DFT를 구하라.

분명히, 36-Hz 항은 엘리어싱이 일어날 것이다. 두 항의 디지털 주파수(0에서 1 사이)는 $F_1 = 36/21 = 12/7 \Rightarrow 5/7 = k_0/N$와 $F_2 = 6/21 = 2/7$이다. 따라서 $N = 7$이고 주파수 간격은 $S/N = 3$ Hz이다. 첫 번째 항의 DFS 성분들은 $k = 5$(15 Hz)에서 $-j2$와 $N - k = 2$(6 Hz)에서 $j2$이다. 두 번째 항의 DFS 성분들은 $k = 2$에서 -3이 되고 $k = 5$에서 -3이 된다. DFS의 값들은 적절한 색인에서 더해져서 다음과 같다.

$$X_{\text{DFS}}[5] = -3 - j2, \; X_{\text{DFS}}[2] = -3 + j2$$

$$X_{\text{DFS}}[k] = \{\overset{\Downarrow}{0}, 0, \underbrace{-3 + j2}_{k=2}, 0, 0, \underbrace{-3 - j2}_{k=5}, 0\} \qquad X_{\text{DFT}}[k] = NX_{\text{DFS}}[k] = 7X_{\text{DFS}}[k]$$

36-Hz 성분이 6 Hz(두 번째 성분의 주파수)에 어떻게 엘리어싱되었는지를 주목하라.

(d) 신호 $x(t) = 1 + 8\sin(80\pi t)\cos(40\pi t)$는 두 전체 주기 동안 나이퀴스트율의 두 배로 샘플링된다면, 누설이 나타나는가? 그렇지 않다면, 샘플링된 신호의 DFS를 구하라.

먼저, $x(t) = 1 + 4\sin(120\pi t) + 4\sin(40\pi t)$이다. 주파수는 $f_1 = 60$ Hz와 $f_2 = 20$ Hz이다. 나이퀴스트율은 120 Hz이고, 따라서 $S = 240$ Hz이다. 디지털 주파수는 $F_1 = 60/240 = 1/4$와 $F_2 = 20/240 = 1/12$이다. 기본 주파수는 $f_0 = \text{GCD}(f_1, f_2) = 20$ Hz이다. 따라서 두 전체 주기는 0.1초 또는 $N = 24$샘플에 해당한다. 두 전체 주기에 대해 샘플들을 취득하기 때문에 누설은 일어나지 않는다. 색인 $k = 0$은 상수(dc 값)에 해당한다. 다른 0이 아닌 DFS 샘플들의

색인을 구하기 위해, $F_1 = 60/240 = 1/4 = 6/24$와 $F_2 = 20/240 = 1/12 = 2/24$로 디지털 주파수를 계산한다. 따라서 0이 아닌 DFS 샘플들은 $X_{\text{DFS}}[0] = 1$, $X_{\text{DFS}}[6] = -j2$, 그리고 $X_{\text{DFS}}[2] = -j2$이고 켤레는 $X_{\text{DFS}}[18] = j2$와 $X_{\text{DFS}}[22] = j2$이다. 따라서

$$X_{\text{DFS}}[k] = \{\overset{\Downarrow}{0},\ 0,\ \underbrace{-j2}_{k=2},\ 0,\ 0,\ 0,\ \underbrace{-j2}_{k=6},\ 0,\ \ldots,0,\ \underbrace{j2}_{k=18},\ 0,\ 0,\ 0,\ \underbrace{j2}_{k=22},\ 0,\ 0\}$$

심화문제 8.10

(a) $x[n] = 4\cos(0.4n\pi) + 2\sin(0.8n\pi)$일 때, 5-포인트 DFT $X_{\text{DFT}}[k]$를 구하라.

(b) 75 Hz로 샘플링된 100-Hz 정현파 $x(t)$의 N-포인트 DFT를 계산하고자 한다. 누설을 막는 최소의 값은 얼마인가? 몇 개의 $x(t)$ 전체 주기에 대해 N개의 샘플이 얻어지는가?

(c) 0.4초 동안 나이퀴스트율의 1.25배로 아날로그 신호 $x(t) = \cos(10\pi t) + \cos(20\pi t)$를 샘플링한다. 샘플링된 신호에서 샘플 수 N은 얼마인가? N-포인트 DFT가 누설의 결과를 보이는가? 그렇지 않으면 N-포인트 DFT를 구하라.

정답: **(a)** $\{\overset{\Downarrow}{0}, 10, -j5, j5, 10\}$ **(b)** $N = 3, 4$ **(c)** $N = 10$, $\{\overset{\Downarrow}{0}, 0, 5, 0, 5, 0, 5, 0, 5, 0\}$

8.6.3 샘플링된 주기 신호의 DFT와 DFS

대역제한되지 않은 주기 신호에 대해, 정수 주기로 샘플링하면 누설은 막을 수 있지만, 엘리어싱은 어떠한 샘플링률에 대해서도 피할 수 없다. 엘리어싱 오차는 고주파일 때 증가한다. 엘리어싱의 영향은 충분히 높은 샘플링률을 선택함으로써 (완전히 제거할 수는 없지만) 최소화할 수 있다. 경험에 의한 유용한 방법은 M번째 고조파 주파수 $f_M = Mf_0$까지 약 5% 또는 그보다 작게 오차를 발생시키는 DFT를 위해서는, 반드시 $S \geq 8f_M$(주기당 $N \geq 8M$샘플에 해당)을 선택해야 한다.

예제 8.10 **샘플링된 주기 신호의 DFS**

그림 E8.10과 같이 처음 반주기가 1이고 다음 반주기가 −1인 정사각형파 $x(t)$를 고려하자.
영이 아닌 푸리에 급수 계수는 $X[k] = -\frac{j2}{k\pi}$(k는 홀수)로 주어진다. 샘플링 버전의 DFT를 구하고 처음 네 개의 고조파 오차가 약 5%보다 작아지기 위해서는, 샘플링률을 $S = 32f_0$로 선택해야 하고, 여기서 f_0는 기본 주파수이다. 이것은 한 주기에 대해 $N = 32$샘플을 가짐을 의미한다. 32 신호 샘플들과(여기서 불연속점에서의 값은 0으로 선택된다) 32-포인트 DFS($k = 8$까지)의 처음 9개의 샘플들은 푸리에 급수 계수와 비교해서 DFS 값들의 오차와 함께 다음에 열거된다.

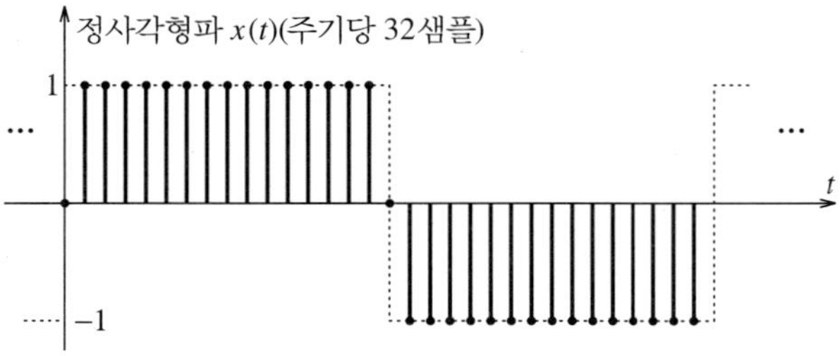

그림 E8.10 예제 8.10에 대한 정사각형파 주기 신호의 한 주기

$$x[n] = \{\overset{\Downarrow}{0}, \underbrace{1,\ 1,\ \ldots,\ 1,\ 1}_{15\text{개 샘플}}, 0, \underbrace{-1,\ -1,\ \ldots,\ -1,\ -1}_{15\text{개 샘플}}\}$$

$$X_{\text{DFS}}[k] = \{\overset{\Downarrow}{0},\ \underbrace{-j0.6346,}_{0.3\%\ \text{오차}}\ 0,\ \underbrace{-j0.206,}_{2.9\%\ \text{오차}}\ 0,\ \underbrace{-j0.1169,}_{8.2\%\ \text{오차}}\ 0,\ \underbrace{-j0.0762,}_{16.3\%\ \text{오차}}\ 0,\ \ldots\}$$

DFS 계수는 홀수 k에 대해서[$x(t)$에서 반파 대칭이기 때문에] 제로이고 완전히 허수[$x(t)$에서 기대칭이기 때문에]이다. 예상대로, $k = 4$까지의 0이 아닌 고조파에서 오차는 5%보다 적다.

8.6.4 누설 효과

주기 신호 $x(t)$가 정수 주기 동안 샘플링되지 않는다면 DFT에 누설이 나타난다. 그림 8.5에 나타낸 것처럼 주기 신호(비정수 주기 동안 샘플링된)는 원래 신호와 일치하지 않고 다른 신호를 나타내기 때문에 $\pm f_0$ 외의 주파수에서 0이 아닌 성분을 보인다. 일반적으로 비정수 주기를 갖는 신호의 주기 확장은 대역제한되지 않기 때문에 DFT 결과 역시 엘리어싱을 보인다. 결과적으로, DFT를 계산하기 위해 정의관계를 전적으로 사용해야 한다.

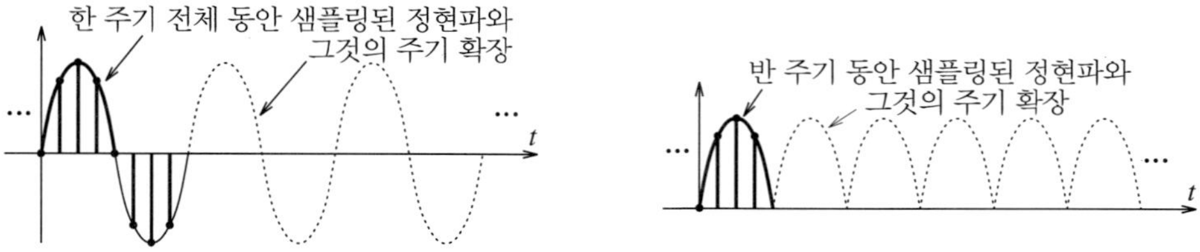

그림 8.5 누설의 개념에 대한 그림. 만약 한 주기 전체 동안 순수한 정현파의 샘플을 얻는다면, 그들의 주기 확장은 근본적으로 정현파와 일치하고 스펙트럼은 정현파의 주파수를 나타낸다. 그러나 단지 반주기 동안 순수한 정현파의 샘플을 취하면 그들의 주기 확장은 순수한 정현파와 일치하지 않고 전파정류된 정현파이다. 그것의 스펙트럼은 한 주파수 성분만 포함하지 않고 기본 주파수의 복수를 포함한다. 순수한 정현파의 단일 주파수 성분은 원래 신호의 성분이 아닌 다른 주파수로 누설된다. 이것이 누설이다.

$S = 16$ Hz로 신호 $x(t) = \sin(2\pi t)$를 샘플링한다고 하자. 그러면 $f_0 = 1$ Hz이고 $F_0 = 1/16$이다. 만약 $N = 8$일 때, DFT 스펙트럼 간격은 $S/N = 2$ Hz와 같다. 다시 말해 1 Hz에서 DFT 성분이 없고, 정현파의 주파수이다! 어디에서 DFT 성분을 볼 수 있을까? 만약 $F_0 = k_F/N$로 디지털 주파수 $F_0 = 1/16$이라 표현하면, $k_F = NF_0 = 0.5$를 얻는다. 따라서 F_0는 분수 색인 $k_F = 0.5$에 해당되고, 가장 큰 DFT 성분은 $k = 0$(dc)과 $k = 1$(2 Hz)에서 k_F에 가장 가까운 정수에 나타난다. 신호 값들과 그들의 계산된 16-포인트 DFT는 다음과 같이 주어진다.

$$x[n] = \{\overset{\Downarrow}{0},\ 0.3827,\ 0.7071,\ 0.9329,\ 1,\ 0.9329,\ 0.7071,\ 0.3827\}$$

$$X_{\text{DFS}}[k] = \{\ \underbrace{\overset{\Downarrow}{0.6284},}_{1.3\%\ \text{오차}}\ \underbrace{-0.2207,}_{4\%\ \text{오차}}\ \underbrace{-0.0518,}_{23\%\ \text{오차}}\ \underbrace{-0.0293,}_{61\%\ \text{오차}}\ \underbrace{-0.0249,}_{k=N/2}$$
$$-0.0293,\ -0.0518,\ -0.2207\}$$

예상대로, 가장 큰 성분은 $k = 0$과 $k = 1$에서 나타난다. $X_{\text{DFS}}[k]$가 실수이므로, DFS 결과는 영이 아닌 평균값을 갖는 우대칭 신호를 나타낸다(제로 평균값을 갖는 원래의 단일 주파수 사인 신호와 달리). 하지만 우리는 DFS 결과를 이해할 수 있다. 반주기 동안 샘플링된 신호의 주기 확장은 실제적으로 우대칭이고 기본 주파수가 2 Hz인 전파정류된 정현파로 표현된다(그림 8.5 참조). 이제, 전파정류된 정현파(단위 최고치를 갖는)의 푸리에 급수 계수는 다음과 같이 주어진다.

$$X[k] = \frac{2}{\pi(1-4k^2)}$$

$X_{\text{DFS}}[0]$과 $X_{\text{DFS}}[1]$은 5% 이내로 계수 $X[0]$ 및 $X[1]$과 일치한다. 그러나 다른 DFS 성분 $X_{\text{DFS}}[2]$, $X_{\text{DFS}}[3]$, $X_{\text{DFS}}[4]$는 $X[2]$, $X[3]$, $X[4]$로부터 상당히 벗어난다. 왜 그럴까? 그 이유는 새로운 주기 신호가 더 이상 대역제한되지 않고, 샘플링률이 충분히 높지 않으며, 또한 엘리어싱이 발생하기 때문이다. 결과적으로 DFT 값 $X_{\text{DFS}}[k]$는 실제적으로 푸리에 급수 계수 $X[k]$와 그 색인에 엘리어싱되는 주파수에 해당하는 모든 다른 계수 $X[k + 8m]$의 합이다. 예를 들면, $X_{\text{DFS}}[3]$ 값은 푸리에 급수 계수 $X[3]$과 $k = 3$에 엘리어싱되는 모든 다른 푸리에 급수 계수 $X[11]$, $X[19]$, . . .의 합과 같다. 다시 말해,

$$X_{\text{DFS}}[3] = \sum_{m=\infty}^{\infty} X[3+8m] = \frac{2}{\pi}\sum_{m=\infty}^{\infty} \frac{1}{1-4(3+8m)^2}$$

비록 이 합이 쉽게 닫힌 형태가 되지는 않지만, 그것은 수치적으로 계산될 수 있고, 사실 $X_{\text{DFS}}[3] = -0.0293$(크지만 유한한 계수에 대해)에 근접한다. 이 연습문제의 목적은 DFS 결과가 예측 가능한 방법으로 푸리에 급수 계수와 연관된다는 것을 강조하기 위함이다. 만약 샘플링률이 나이퀴스트율을 넘고 샘플이 정수 주기 동안($t = 0$에서 시작) 얻어지면, DFS는 푸리에 급수 계수와 일치한다. 그렇지 않으면 누설이 발생하고, DFS 결과는 주기 확장의 푸리에 급수 계수와 연관된다(또한 엘리어싱 효과를 포함).

누설의 최소화

이상적으로, 누설을 막으려면 정수 주기 동안 주기 신호를 샘플링해야 한다. 실제로 신호의 주기를 미리 확인하는 것은 쉽지 않다. 이런 경우, 가능한 한 긴 시간 동안 샘플링하는 것이 최선이다(아날로그 신호의 주기 확장과 샘플링된 신호 사이의 불일치를 줄이기 위해). 좀 더 긴 시간 동안의 샘플링은 누설 효과를 줄일 수 있을 뿐만 아니라, 스펙트럼 간격 S/N을 좁게 만들고 원래 신호의 스펙트럼에 대한 좀 더 정확한 추정을 할 수 있게 한다.

비정수 주기 동안 샘플링된 f_0 Hz 정현파의 DFT는 누설이 발생한다.

가장 큰 DFT 성분은 $k_F = NF_0 = Nf_0/S$에 가장 가까운 정수 색인에서 나타난다.

누설의 최소화: 가능한 한 가장 긴 시간 동안 또는 (여전히 더 좋기는) 정수 주기 동안 샘플링

예제 8.11 누설의 효과

신호 $x(t) = 2\cos(20\pi t) + 5\cos(100\pi t)$는 0.1초, 0.125초, 1.125초의 세 개의 다른 시간 동안 $t_s =$ 0.005초의 간격으로 샘플링된다. 각 기간에 대한 DFT 스펙트럼을 설명하라.

샘플링된 주파수는 $S = 1/t_s = 200$ Hz이다. $x(t)$에서 주파수는 $f_1 = 10$ Hz, $f_2 = 50$ Hz이다. $x(t)$의 양측 스펙트럼은 10 Hz에서 1이고 50 Hz에서 2.5의 크기를 보인다. 기본 주파수는 10 Hz이고, $x(t)$의 공통 주기는 0.1초이다. 결과는 그림 E8.11에서 참고하는 것과 같고 폴딩 색인(또는 100 Hz)까지 DFS 크기($|X_{\mathrm{DFT}}|/N$)를 나타낸다.

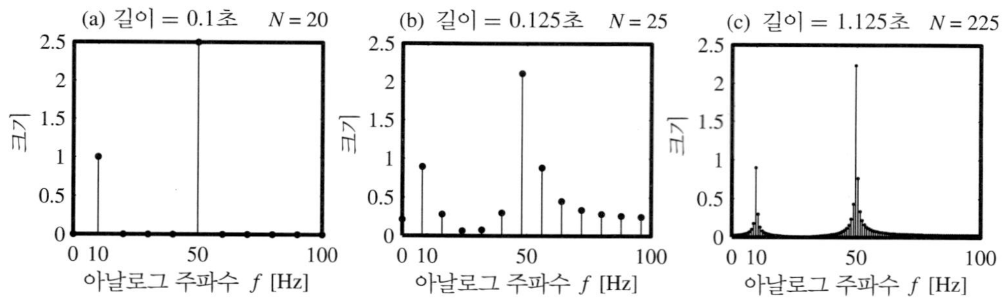

그림 E8.11 예제 8.11에 대한 DFT 결과

(a) 0.1초의 기간은 하나의 전체 주기에 해당하며 $N = 20$이다. 누설은 없고, DFS 결과는 $x(t)$의 스펙트럼에 정확히 일치한다. 0이 아닌 성분은 정수 색인 $k_1 = NF_1 = Nf_1/S = 1$과 $k_2 = NF_2 = Nf_2/S = 5$에서 나타난다(각각 10 Hz와 50 Hz에 해당).

(b) 0.125초의 기간은 1.25주기에 해당한다. 따라서 누설이 존재하고, 0.125초 동안의 샘플 수는 $N = 25$이다. 25-포인트 DFS에서 가장 큰 성분은 $k_1 = NF_1 = Nf_1/S = 1.25$(즉, $k = 1$ 또는 8 Hz)과 $k_2 = Nf_2/S = 6.25$(즉, $k = 6$ 또는 48 Hz)에 가장 가까운 정수 색인에서 나타난다.

(c) 1.125초의 기간은 11.25주기에 해당한다. 따라서 누설이 존재한다. 1.125초 동안의 샘플 수는 $N = 225$이다. 225-포인트 DFS에서 가장 큰 성분은 $k_1 = NF_1 = Nf_1/S = 11.25$(즉, $k = 11$ 또는 9.78 Hz)와 $k_2 = Nf_2/S = 56.25$(즉, $k = 56$ 또는 49.78 Hz)에 가장 가까운 정수 색인에서 나타난다.

참고: 마지막 두 개의 스펙트럼은 누설을 보여준다. 좀 더 긴 기간 동안 샘플링된 샘플의 스펙트럼(1.125초)이 좀 더 적은 누설을 야기한다.

8.7 비주기 신호의 DFT

비주기 신호 $x(t)$의 푸리에 변환 $X(f)$는 연속적이다. DFT를 구하기 위해 $x(t)$는 유한기간(N 샘플) 동안 샘플링되어야 한다. 기본 주기 $(-0.5S, 0.5S)$ 동안 샘플링된 신호의 스펙트럼은 아날로그 신호 $SX(f)$의 스펙트럼에 대응하고, 제공된 $x(t)$는 $B < 0.5S$로 대역제한된다. 실제로는 정확히 대역제한된 아날로그 신호는 없다. 결과적으로 $x[n]$이 아날로그 신호 $x(t)$를 샘플링률 S로 샘플링해서 얻어진 N 샘플에 해당된다면, $x[n]$의 DFT $X_{\text{DFT}}[k]$는 근본적으로 주기 확장의 푸리에 급수로 정리되고 다음과 같이 $X(f)$에 근사적으로 관계된다.

$$X_{\text{DFT}}[k] \approx SX(f)|_{f=kS/N}, \qquad 0 \le k < 0.5N (0 \le f < 0.5S) \tag{8.17}$$

어느 정도 정확하게 임의의 신호에 대한 DFT를 구하기 위해서는, 이론적인 고려와 실질적인 절충을 기반으로 해서 샘플 수 N과 샘플링률 S를 정해야만 한다. 예를 들어, 샘플링률을 정하는 하나의 방법은 에너지에 대한 고려를 기반으로 하는 것이다. B Hz까지의 주파수 범위가 신호 에너지의 중요한 부분 P를 포함하면 $2B$ Hz로 샘플링률을 선택한다. 샘플의 수는 중요한 신호 값을 포함하도록 충분히 긴 기간에 해당되어야 한다.

8.7.1 스펙트럼 간격과 제로 삽입

종종, 스펙트럼 간격 S/N이 아날로그 스펙트럼 $X(f)$와 시각적으로 비교할 수 있도록 충분히 작지 못하면, DFT 스펙트럼을 좀더 조밀하게 하거나 보간이 필요하다. 스펙트럼 간격을 줄이기 위해서 반드시 더 많은 수의 샘플 N을 선택해야 한다. N의 증가는 샘플링률 S의 증가에 의해 이루어지는 것이 아니라 (스펙트럼 간격 S/N은 변경 없이) 신호를 샘플링하는 기간을 증가시킴으로써 이루어진다. 다시 말해, 주파수 간격을 줄이기 위해서는 주어진 샘플링률에서 좀 더 긴 기간 동안 신호를 샘플링해야 한다. 그러나 원래의 신호가 유한기간을 가지면, 영을 추가하여(제로 삽입) N을 증가시킬 수 있다. 영을 추가하는 것은 새로운 신호 정보를 추가하는 것이 아니기 때문에 정확도를 향상시키지는 않는다. 단지 스펙트럼 간격을 좁히고 따라서 좀 더 조밀한 주파수에서 DFT를 보간한다. DFT 결과의 정확도를 향상시키기 위해서는, 좀 더 긴 시간 동안 신호를 샘플링함으로써 신호 샘플의 수를 증가시켜야 한다(단지 제로 삽입이 아니라).

예제 8.12 유한기간 신호의 DFT

(a) 스펙트럼 간격

3초 신호가 $S = 100$ Hz로 샘플링된다. 가장 큰 스펙트럼 간격은 $\Delta f = 0.25$ Hz가 된다. DFT와 FFT를 위해서 얼마나 많은 샘플이 필요한가?

DFT를 사용하면, 샘플 수는 $N = S/\Delta f = 400$이다. 3초 신호는 단지 300개의 신호 샘플을 주기 때문에, 100개의 영을 삽입해야 한다. 스펙트럼 간격은 요구된 대로 $S/N = 0.25$ Hz이다. FFT를 사용하면, $N_{\mathrm{FFT}} = 512$(다음 높은 2의 멱승)를 필요로 한다. 212개의 영을 삽입하고, 스펙트럼 간격은 $S/N_{\mathrm{FFT}} = 0.1953$ Hz이고, 이는 요구된 것보다 더 좋다(즉, 더 작다).

(b) $x(t) = \mathrm{tri}(t)$라 하자.

그것의 푸리에 변환은 $X(f) = \mathrm{sinc}^2(f)$이다. $S = 4$ Hz와 $N = 8$을 선택하자. $t = 0$에서 시작하는 $x(t)$의 샘플들을 얻기 위해, 그림 E8.12b와 같이 $x(t)$의 주기 확장이 샘플링되고 $t_s X_{\mathrm{DFT}}[k]$는 다음과 같이 주어진다.

$$x[n] = \{\overset{\Downarrow}{1},\ 0.75,\ 0.5,\ 0.25,\ 0,\ 0.25,\ 0.5,\ 0.75\}$$

$$X(f) \approx t_s X_{\mathrm{DFT}}[k] = \{\overset{\Downarrow}{1},\ \underbrace{0.4268,}_{5.3\%\ \text{오차}}\ 0,\ \underbrace{0.0732,}_{62.6\%\ \text{오차}}\ \underbrace{0,}_{k=N/2}\ 0.0732, 0, 0.4268\}$$

DFT 스펙트럼에서 최고 주파수는 $0.5S = 2$ Hz이므로, DFT 결과는 단지 $k = 4$까지 열거된다. 주파수 간격이 $S/N = 0.5$ Hz이므로, $X(kS/N) = \mathrm{sinc}^2(0.5k)$와 $t_s X_{\mathrm{DFT}}[k]$를 비교한다. $k = 0$(dc)과 $k = 2$(1 Hz)에서, 완벽한 일치를 보인다. $k = 1$(0.5 Hz)에서 $t_s X_{\mathrm{DFT}}[k]$의 오차는 대략 5.3%이지만, $k = 3$(1.5 Hz)에서 오차는 62.6%로 굉장히 크다.

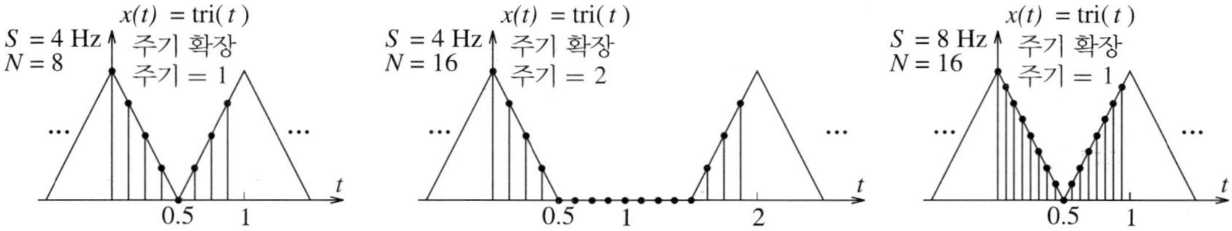

그림 E8.12b 예제 8.12(b)에 대한 삼각 펄스 신호

- **스펙트럼 간격 줄이기**

  샘플 수를 $N = 16$으로 증가시키기 위해 영을 삽입해서 스펙트럼 간격을 줄여 보자. 그림 E8.12b와 같이, 영이 삽입된 신호의 주기 확장을 샘플링하면 다음과 같이 주어진다.

$$x[n] = \{\overset{\Downarrow}{1}, 0.75, 0.5, 0.25, 0, \underbrace{0, 0, 0, 0, 0, 0, 0, 0}_{8\text{개}}, 0.25, 0.5, 0.75\}$$

  삽입된 영이 중간에 어떻게 나타나는지를 주목하라. DFT 스펙트럼에서 나타나는 최고 주파수는 2 Hz이므로, DFT 결과는 폴딩 색인 $k = 8$까지만 열거된다.

$$t_s X_{\text{DFT}}[k] = \{\overset{\Downarrow}{1}, 0.8211, \underbrace{0.4268,}_{5.3\%\ \text{오차}} 0.1012, 0, 0.0452, \underbrace{0.0732,}_{62.6\%\ \text{오차}} 0.0325, \underbrace{0,}_{k=N/2} \ldots\}$$

  주파수 분할은 $S/N = 0.25$ Hz로 감소된다. $X(kf_0) = \text{sinc}^2(0.25k)$와 비교해 보면, $k = 2$(0.5 Hz)와 $k = 6$(1.5 Hz)에 대한 DFT 결과는 각각 아직도 5.3%와 62.6%이다. 다시 말해, 제로 삽입은 스펙트럼 간격을 줄여주지만 DFT 결과는 더 정확해지지 않는다. 정확도 향상을 위해서는, 좀 더 많은 신호 샘플을 취해야 한다.

- **정확도의 향상**

  만약 $S = 8$ Hz와 $N = 16$을 선택한다면, 그림 E8.12b와 같이 16개의 샘플을 얻는다. $k = 8$까지 16-샘플 DFT를 열거한다(DFT에 있는 최고 주파수 4 Hz에 해당).

$$t_s X_{\text{DFT}}[k] = \{\overset{\Downarrow}{1}, \underbrace{0.4105,}_{1.3\%\ \text{오차}} 0, \underbrace{0.0506,}_{12.4\%\ \text{오차}} 0, \underbrace{0.0226,}_{39.4\%\ \text{오차}} 0, \underbrace{0.0162,}_{96.4\%\ \text{오차}} \underbrace{0,}_{k=N/2} \ldots\}$$

  DFT 스펙트럼 간격은 여전히 $S/N = 0.5$ Hz이다. $X(k/2) = \text{sinc}^2(0.5k)$와 비교해 볼 때, 0.5 Hz 성분($k = 1$)과 1.5 Hz 성분($k = 3$)에 대한 DFT 결과에서의 오차는 이제 각각 단지 약 1.3%와 12.4%이다. 다시 말해, 신호 샘플 수의 증가는 DFT 결과의 정확도를 향상시킨다. 그러나 2.5 Hz($k = 5$)와 3.5 Hz($k = 7$)에서의 오차는 각각 39.4%와 96.4%이고, 엘리어싱 효과는 폴딩 주파수에 더 가까운 주파수에서 더욱더 두드러진다.

(c) 푸리에 변환이 $X(f) = 1/(1 + j2\pi f)$인 신호 $x(t) = e^{-t}u(t)$를 생각해 보자. $x(t)$의 에너지가 1이므로, 이 에너지의 부분 P를 포함하는 대역폭 B를 추정하기 위해 파서발 관계를 이용하면

$$P = \int_{-B}^{B} \frac{1}{1 + 4\pi^2 f^2}\, df \quad \text{또는} \quad B = \frac{\tan(0.5\pi P)}{2\pi}$$

1. 신호 에너지의 95%($P = 0.95$)를 포함하는 B를 선택하면, $B = 12.71/2\pi = 2.02$ Hz를 구한다. 그리고 $S > 4.04$ Hz이다. $S = 5$ Hz를 선택하자. 1 Hz의 스펙트럼 간격일 때, $S/N =$ 1 Hz와 $N = 5$를 갖는다. 따라서 $x[n]$을 얻기 위해 $t = 0$에서 시작하여 $t_s = 1/S = 0.2$초의 간격으로 $x(t)$를 샘플링한다. $x(t)$가 $t = 0$에서 불연속이므로 1이 아니라 $x[0] = 0.5$로 정한다. $N = 5$로 단지 $x(t)$의 1초 구간만 샘플링하기 때문에 이러한 선택들에 따른 DFT 결과는 별로 좋지 않을 것이다.

2. 더 나은 선택은 $N = 15$이고, 3초 동안에 $x(t)$는 0.05로 감소한다. 좀 더 실질적인 선택은 $N = 16$이다(2의 멱승은 FFT 알고리즘을 사용한 DFT 계산을 효과적으로 하게 한다). 따라서 스펙트럼 간격 $S/N = 5/16$ Hz이다. 경험에 의한 방법($N > 8M$)은 $N = 16$으로, DFT 값 $X_{\mathrm{DFT}}[1]$과 $X_{\mathrm{DFT}}[2]$가 단지 약 5%의 오차를 보일 것이다. $t_s X_{\mathrm{DFT}}[k]$는 $X(f)$와 잘 비교된다(그림 E8.12c를 보면, 엘리어싱 효과가 여전히 분명하다).

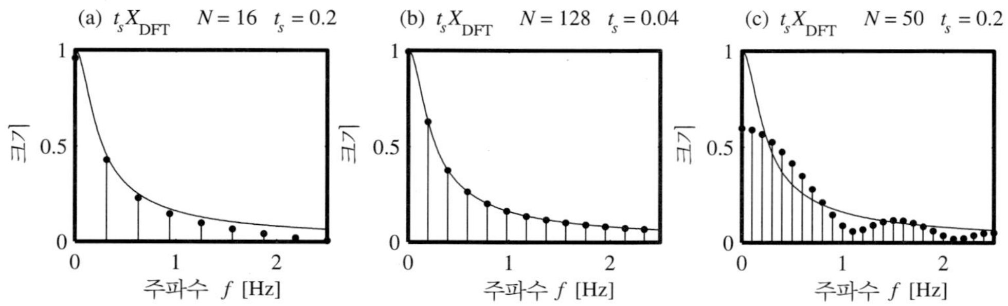

그림 E8.12c 예제 8.12(c)에 대한 DFT 결과

3. 결과를 향상시키고 엘리어싱을 최소화하기 위해서, S를 반드시 증가시켜야 한다. 예를 들어 신호 에너지의 99%에 기반한 최고 주파수가 필요하다면, $B = 63.6567/2\pi = 10.13$ Hz를 얻는다. 이를 기반으로, $S = 25$ Hz를 선택하자. 만약 $x(t)$를 5초에 걸쳐(0.01보다 작게 감소하는 시간까지) 샘플링하면, $N = (25)(5) = 125$로 계산된다. $N = 128$(다음 높은 2의 멱승)을 선택하면, 128-포인트 DFT 결과 $t_s X_{\mathrm{DFT}}[k]$는 실제 스펙트럼 $X(f)$와 거의 같아진다.

4. 만약 $S = 5$ Hz와 5개의 신호 샘플을 선택하고, $N = 50$이 되도록 제로를 삽입함으로써 스펙트럼 간격을 줄이면 어떻게 될까? 50-포인트 DFT는 분명히 절단 효과(파상선 같은)를 보이고 실제 스펙트럼과 적게 일치한다. 이는 정확도 향상이 제로 삽입에 의해서가 아니라 좀 더 많은 신호 샘플을 포함함으로써 되는 것을 확인시켜 준다.

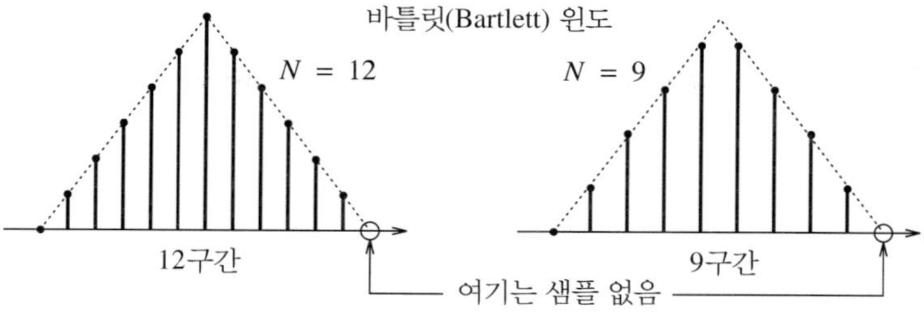

그림 8.6 DFT 윈도의 특징. *N*-포인트 DFT 윈도는 마지막 샘플을 버린 대칭적 (*N* + 1)-포인트 윈도 생성에 따른 결과이다.

8.8 시간 윈도에 의한 스펙트럼 평활화

유한개의 샘플 N에 대한 아날로그 신호의 샘플링은 샘플에 구형 N-포인트 윈도를 곱한 것과 같다. 이러한 구형 윈도의 급격한 절단 때문에, 윈도잉된 신호의 스펙트럼은 주 로브와 사이드 로브에서 충분히 빨리 감소하지 않는다. 이러한 현상은 깁스(Gibbs) 효과와 유사한데, 이 효과는 유한수의 고조파로부터 주기 신호를 복원하는 과정에서 일어나는 현상이다(스펙트럼의 급격한 절단). 푸리에 급수의 복원에서 시간 신호를 평활하게 하기 위해 점감(tapered) **스펙트럼 윈도**를 사용하듯이, DFT는 스펙트럼을 평활하게 하기 위해 좀 더 넓게 만들어서 점감 **시간 영역 윈도**를 사용한다. 이는 스펙트럼 에너지가 더 넓은 주파수 영역에 분포(누설)되는 또 다른 누설의 징후이다.

푸리에 급수의 평활화를 위한 윈도와는 달리, 홀수 길이의 윈도로 제한되지 않는다. 그림 8.6에 보이는 것처럼, N-포인트 DFT 윈도는 실제로 대칭적인 $(N + 1)$-포인트 윈도(N 간격에 걸쳐 샘플링하고 중간점에 대해 대칭적)로부터 마지막 샘플을 버리고 만든다. 윈도를 적용하기 위해, 신호의 샘플들 위에 위치하고 그들의 점별로 곱을 생성한다.

8.8.1 윈도의 성능 특성

모든 윈도의 스펙트럼은 그림 8.7과 같이 주 로브와 감소하는 사이드 로브를 보여준다. 크기에 대한 측정값은 종종 최고점 크기 P로 정규화되고 데시벨(dB)로 표현된다(이득 또는 감쇠처럼). 이러한 측정값은 최고치 P, 최고점 사이드 로브 레벨, 3-dB 레벨과 6-dB 레벨, 그리고 고주파수 감소율(dB/decade 또는 dB/octave로)을 포함하고 있다. 스펙트럼 너비에 대한 측정값은 3-dB 너비 W_3, 6-dB 너비 W_6, 최고점 사이드 로브 레벨(PSL)에 도달하는 W_S 그리고 주 로브의 반너비 W_M을 포함한다. 이러한 측정값들은 그림 8.7에 나타나 있다.

윈도 성능에 대한 또 다른 측정값은 **동상 이득**(CG: coherent gain), **등가 잡음 대역폭**(ENBW: equivalent noise bandwidth), 그리고 **스켈롭 손실**(SL: scallop loss)이 포함된다. N-포인트 윈도 $w[n]$에 대해서 이러한 측정값들은 다음과 같이 정의된다.

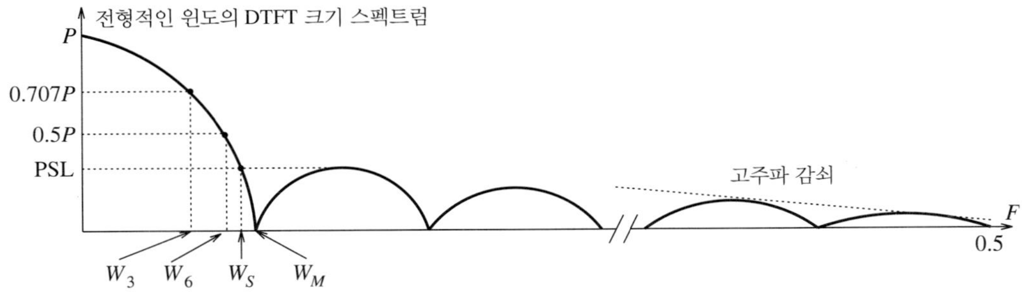

그림 8.7 전형적인 윈도의 스펙트럼. 측정값들은 최고점 이득 P, 너비 W_3과 W_6에 대응되는 3-dB과 6-dB 이득 $0.707P$와 $0.5P$, 너비 W_S에 대응되는 최고점 사이드 로브 레벨 PSL, 주 로브의 절반 너비인 W_M 등을 포함한다. 고주파수 감쇠 D_S는 전형적으로 dB/decade 또는 dB/octave로 측정된다.

$$\text{CG} = \frac{1}{N}\sum_{k=0}^{N-1}|w[k]| \quad \text{ENBW} = \frac{N\sum_{k=0}^{N-1}|w[k]|^2}{\left|\sum_{k=0}^{N-1}w[k]\right|^2} \quad \text{SL} = 20\log\frac{\left|\sum_{k=0}^{N-1}w[k]e^{-j\pi k/N}\right|}{\sum_{k=0}^{N-1}w[k]}\text{dB} \tag{8.18}$$

등가 잡음 대역폭의 역수를 **프로세싱 이득**(processing gain)이라 한다. 프로세싱 이득이 클수록 잡음이 있는 신호를 확실하게 검출하기가 더 쉬워진다.

윈도 길이가 증가하면, 모든 윈도의 주 로브 너비는 감소하지만, 최고점 사이드 로브 레벨은 여전히 대체로 일정하다. 이상적으로는, 윈도 길이가 주어지면 윈도의 스펙트럼은 가능한 한 좁은(그리고 높은) 주 로브와 가능한 한 낮은 최고점 사이드 로브 레벨을 갖는 임펄스에 근접해야 한다. 이는 좁은 주 로브에는 가능한 한 많은 에너지를 담고 사이드 로브 레벨은 가능한 한 낮게 하기 위함이다. 이는 좁은 주 로브 너비는 좀더 높은 최고점 사이드 로브 레벨로 옮겨진다는 조건과 상반된다. 몇 가지 DFT 윈도와 그들의 스펙트럼 특성이 그림 8.8에 나타나 있고, 표 8.4에 요약되어 있다.

8.8.2 윈도잉된 정현파의 스펙트럼

신호 $x[n] = \cos(2\pi nF_0)$, $F_0 = k_0/M$을 생각하자. 그것의 DTFT는 $X_p(F) = 0.5\delta(F - F_0) + 0.5\delta(F + F_0)$이다. 이 정현파가 스펙트럼 $W(F)$인 N-포인트 윈도 $w[n]$으로 윈도잉되면, 윈도잉된 신호의 DTFT는 주기 컨벌루션에 의해 다음과 같이 주어진다.

$$X_w(F) = X_p(F)\circledast W(F) = 0.5W(F - F_0) + 0.5W(F + F_0) \tag{8.19}$$

따라서 윈도는 실제 스펙트럼을 볼 수 없게 한다. 정현파의 스펙트럼의 복제인 윈도잉된 신호를 얻기 위해 $W(F) = \delta(F)$가 필요하고, 이는 비현실적인 무한길이의 시간 윈도에 해당된다. N-포

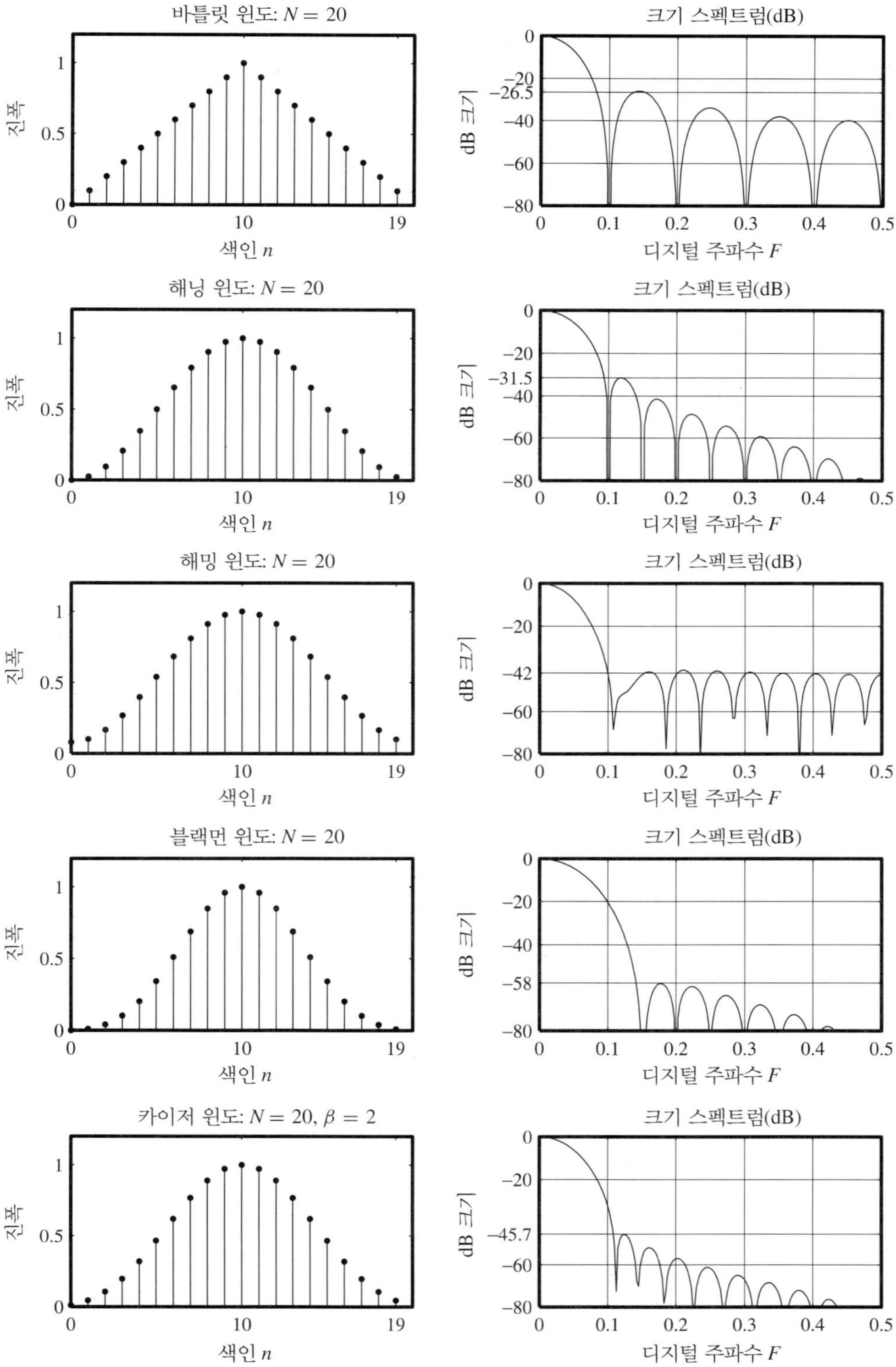

그림 8.8 일반적으로 사용되는 DFT 윈도와 스펙트럼 특성

표 8.4 일반적으로 사용되는 N-포인트 DFT 윈도

번호	윈도	$w[n]$의 식	$W_M = \frac{K}{N}$	정규화된 최고점 사이드 로브
1	Boxcar	1	$2/N$	$0.2172 \approx -13.3$ dB
2	바틀릿	$1 - \dfrac{2\lvert k\rvert}{N}$	$4/N$	$0.0472 \approx -26.5$ dB
3	해닝	$0.5 + 0.5\cos\left(\dfrac{2\pi k}{N}\right)$	$4/N$	$0.0267 \approx -31.5$ dB
4	해밍	$0.54 + 0.46\cos\left(\dfrac{2\pi k}{N}\right)$	$4/N$	$0.0073 \approx -42.7$ dB
5	블랙먼	$0.42 + 0.5\cos\left(\dfrac{2\pi k}{N}\right) + 0.08\cos\left(\dfrac{4\pi k}{N}\right)$	$6/N$	$0.0012 \approx -58.1$ dB
6	카이저	$\dfrac{I_0(\pi\beta\sqrt{1-(2k/N)^2})}{I_0(\pi\beta)}$	$\dfrac{2\sqrt{1+\beta^2}}{N}$	$\dfrac{0.22\pi\beta}{\sinh(\pi\beta)} \approx -45.7$ dB($\beta = 2$인 경우)

주의: $k = 0.5N - n$, 여기서 $n = 0, 1, \ldots, N-1$. W_M은 주 로브 너비
카이저 윈도 경우, $I_0(.)$은 영차의 변형된 베셀 함수이다.
카이저 윈도 경우, 파라미터 β는 최고점 사이드 로브 레벨을 조절한다.
해닝 윈도는 von Hann 윈도라고도 한다.

인트 윈도의 스펙트럼 $W(F)$가 임펄스와 비슷할수록, 윈도잉된 스펙트럼은 원래와 더욱더 일치한다.

신호 $x[n]$의 N-포인트 DFT는 무한길이의 $x[n]$과 N-포인트 구형 윈도의 곱의 DTFT로 간주되고, 주파수 $F = k/N$, $k = 0, 1, \ldots, N-1$에서 계산된다. N-포인트 구형 윈도의 스펙트럼은 $W(F) = N\frac{\text{sinc}(NF)}{\text{sinc}F}$이므로, 윈도잉된 신호의 DTFT 스펙트럼은 다음과 같다.

$$X_w(F) = 0.5N\frac{\text{sinc}[N(F-F_0)]}{\text{sinc}(F-F_0)} + 0.5N\frac{\text{sinc}[N(F+F_0)]}{\text{sinc}(F+F_0)} \tag{8.20}$$

윈도잉된 정현파의 N-포인트 DFT는 $X_{\text{DFT}}[k] = X_w(F)|_{F=k/N}$으로 주어진다. DFT 길이 N이 M($x[n]$의 k_0 전체 주기에 대한 샘플의 수)과 같다면 $\text{sinc}[N(F-F_0)] = \text{sinc}(k-k_0)$이고 $k = k_0$가 아니라면 이것은 영과 같다. 비슷하게, $\text{sinc}[N(F+F_0)] = \text{sinc}(k+k_0)$는 오직 $k = -k_0$인 경우 영이 아니다. 그러므로 DFT는 오직 두 개의 영이 아닌 항을 포함하고 다음과 같다.

$$X_{\text{DFT}}[k] = X_w(F)|_{F=k/N} = 0.5N\delta[k-k_0] + 0.5N\delta[k-k_0] \quad (N = M\text{일 때}) \tag{8.21}$$

다시 말해, 정현파의 정수배 주기(M 샘플)에 해당하는(즉, $M = N$일 때) N-포인트 구형 윈도를 사용해야만 정확한 결과를 얻을 수 있다. 이러한 방침의 이유는 DTFT 샘플링 값들이 싱크 스펙트럼의 널(null)로 떨어지기 때문이다. 윈도 길이 N이 M(주기의 정수배)과 같지 않으면, 샘플링 값들은 널 사이에 떨어지고, 싱크 함수의 사이드 로브가 커지므로, DFT 결과는 많은 누설을 보여준다. 누설 효과를 줄이기 위해서, 반드시 작은 사이드 로브 레벨을 보이는 스펙트럼을 갖는 윈도를 사용해야 한다.

8.8.3 분해능

윈도는 종종 분해능 향상과 누설 효과를 감소시키기 위해 사용된다. **주파수 분해능**(frequency resolution)은 가깝게 위치하고 비슷한 진폭을 갖는 두 개의 정현파를 분명하게 구별해내는 능력이다. **동적 범위 해상도**(dynamic-range resolution)는 신호 진폭에서 큰 차를 분해하는 능력이다. 모든 윈도의 스펙트럼에서는 주 로브와 보다 작은 사이드 로브가 나타난다. 그것은 실제 스펙트럼을 사라지게 하고 주 로브 너비보다 더 적게 떨어진 성분들을 구별할 수 없게 한다. 구형 윈도는 가장 작은 주 로브를 갖기 때문에, 주어진 길이 N에 대해 최고의 주파수 분해능을 갖는다. 그러나 그것은 또한 모든 윈도 중 가장 큰 최고점 사이드 로브 레벨을 갖는다. 이는 상당한 누설과 최악의 동적 범위 해상도를 갖게 하는데, 작은 진폭을 갖는 신호는 윈도의 사이드 로브에 의해 가려질 수 있기 때문이다.

덜 급격한 절단을 갖는 점감 윈도는 감소된 사이드 로브 레벨과 감소된 누설 및 향상된 동적 범위 해상도를 보여준다. 또한 넓어진 주 로브 너비 W_M을 보이며 따라서 나빠진 주파수 분해능을 보여준다. 윈도의 선택은 주 로브 너비를 최소화하는 것(주파수 분해능을 향상)과 사이드 로브 크기를 최소화하는(동적 범위 해상도 향상) 두 개의 상반된 요구조건을 절충하는 데 기초한다.

모든 윈도의 주 로브 너비는 윈도 길이가 증가함에 따라 감소한다. 그러나 최고점 사이드 로브 레벨은 다소 일정하다. Δf의 주파수 분해능을 얻기 위해, 디지털 주파수 $\Delta F = \frac{\Delta f}{S}$는 반드시 윈도의 주 로브 너비 W_M과 같거나 커야 한다. 이것은 윈도 길이를 N으로 하게 한다. 주어진 윈도에 대해 구형 윈도와 같은 주파수 분해능을 얻기 위해서는, 더 큰 윈도 길이(더 작은 주 로브 너비)와 따라서 더 큰 신호 길이가 필요하다. 신호 길이가 증가하면 더 많은 신호 샘플들을 선택해야 한다(영을 삽입하지 않고). 그러나 주어진 동적 범위 해상도를 얻기 위해서는, 윈도 길이에 관계없이 작은 사이드 로브를 갖는 윈도를 선택해야 한다.

분해 가능한 최소 주파수는 윈도의 주 로브 너비에 의해 결정된다.

Δf로 분리된 주파수를 분해하기 위해서는, $\frac{\Delta f}{S} = W_M = \frac{K}{N}$를 필요로 한다(윈도 주 로브 너비). K는 윈도 유형에 의해 결정된다. Δf를 감소시키려면, N을 증가시켜라(영을 삽입하지 말고, 더 많은 신호 샘플을 취하라).

예제 8.13 주파수 분해능

$A_1 = A_2 = 1, f_0 = 30$ Hz인 신호 $x(t) = A_1\cos(2\pi f_0 t) + A_2\cos[2\pi(f_0 + \Delta f)t]$가 샘플링률 $S = 128$ Hz로 샘플링된다. N개의 샘플을 얻고, 길이 N_{FFT}를 위해 영을 삽입하고 N_{FFT}-포인트 FFT를 얻는다.

(a) 다음의 각 경우에 분해 가능한 최소의 Δf는 얼마인가?

$N = 256$, 구형과 해닝 윈도를 사용한 $N_{\text{FFT}} = 2048$

$N = 512$, 구형과 해닝 윈도를 사용한 $N_{\text{FFT}} = 2048$

$N = 256$, 구형과 해닝 윈도를 사용한 $N_{\text{FFT}} = 4096$

(b) $A_2 = 0.05$라면 결과는 어떻게 될까?

a. 주파수 분해능

$\Delta F = \frac{\Delta f}{S} = W_M$이므로, $\Delta f = SW_M$이고, 다음과 같이 계산된다.

구형 윈도: $N = 256$인 경우 $\Delta f = SW_M = \dfrac{2S}{N} = 1$ Hz이고, $N = 512$인 경우 0.5 Hz이다.

해닝 윈도: $N = 256$인 경우 $\Delta f = SW_M = \dfrac{4S}{N} = 2$ Hz이고 $N = 512$인 경우 1 Hz이다.

N_{FFT}는 단지 FFT 간격 $\frac{S}{N_{\text{FFT}}}$를 결정하는 반면, N은 단지 주파수 분해능 S/N을 결정한다 (제로 삽입 길이에 의존하지 않음). 그림 E8.13a는 FFT 스펙트럼을 보여주고, 선택된 주파수

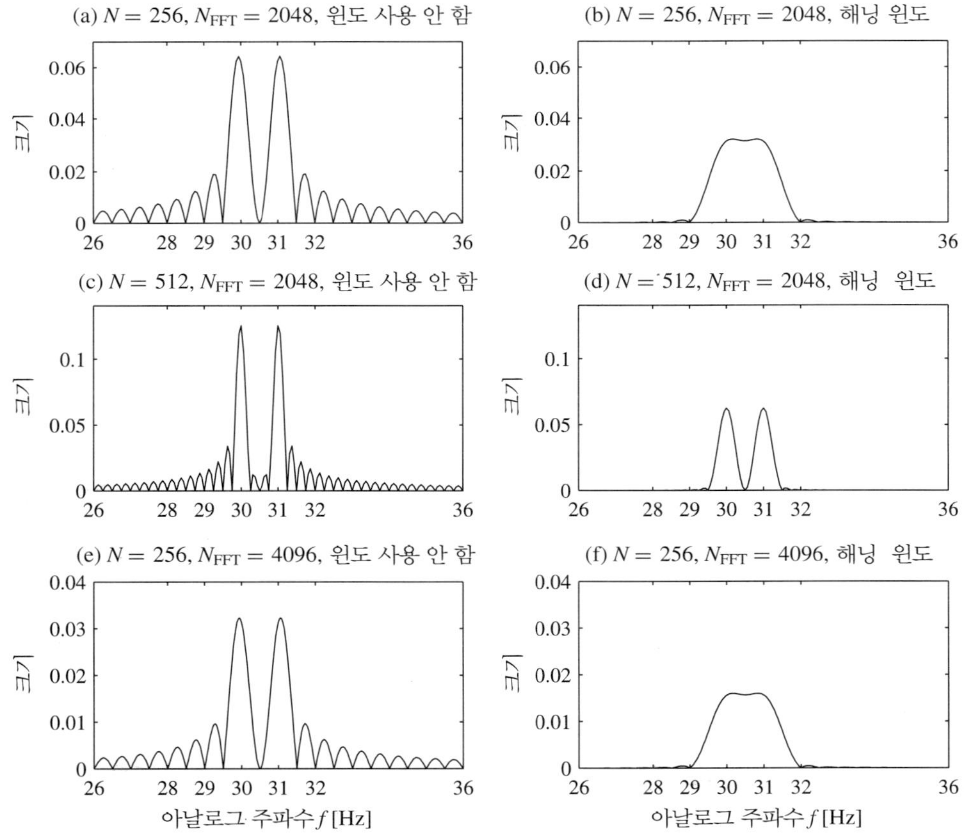

그림 E8.13a 예제 8.13(a)에 대한 DFT 스펙트럼

범위에 대해 연속적인 곡선처럼 그려져 있다. 다음 사항에 대해 언급한다.

1. 주어진 신호 길이 N에 대해, 구형 윈도는 좀더 작은 Δf를 분해하지만 최대 사이드 로브를 갖는다[그림 E8.13a(a)와 (b)]. 이것은 누설 효과가 다른 어떠한 윈도보다 구형 윈도의 경우 더 심하다는 것을 의미한다.

2. 신호 길이 N만 증가시킴으로써 좀 더 작은 Δf를 분해할 수 있다[그림 E8.13a(d)]. 해닝 윈도로 같은 Δf를 분해하기 위해서는, 반드시 신호 길이 N을 2배로 해야 한다[그림 E8.13a(d)]. 이것은 신호 샘플 수를 증가시킴으로써(신호 정보를 더 추가해서) 분해능을 향상시킬 수 있다는 의미이다. 얼마나 많은 신호 샘플이 필요한지는 요구되는 분해능과 사용하는 윈도의 형태에 따라 결정된다.

3. 단지 제로 삽입 길이 N_{FFT}만을 증가시킴으로써 더 작은 Δf를 분해할 수 없다[그림 E8.13a(e)와 (f)]. 다시 말해, 제로 삽입은 분해능의 향상을 가져오지 않는다. 제로 삽입은 보다 촘촘한 주파수의 세트에서 DFT를 단순히 보간한다. 그것은 DFT 결과의 정확도를 향상시키지 못하는데, 이는 제로를 더 많이 삽입한다고 해서 더 많은 신호 정보가 추가되지 않기 때문이다.

b. 동적 범위 해상도

$A_2 = 0.05$(A_1에서 26 dB 아래)이면, N과 N_{FFT}를 증가시켜도 구형 윈도의 큰 사이드 로브(최고점에서 13 dB 아래)는 31 Hz에서 두 번째 최고점을 가린다. $N = 512$와 $N_{FFT} = 4096$인 경우를 그림 E8.13b(a)에 나타내었다(여기서 최고점 크기가 단위 값, 즉 0 dB로 정규화된다). 그러나 동일한 N과 N_{FFT}에 대해, 해닝 윈도의 더 작은 사이드 로브는(최고점에서 31.5 dB 아래) 윈도잉된 스펙트럼에서 그림 E8.13b(b)에 나타난 것처럼 두 개의 뚜렷한 최고점을 분해할 수 있게 한다.

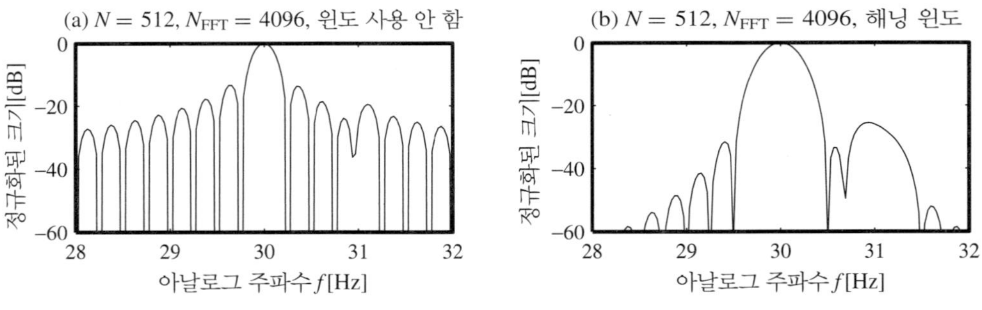

그림 E8.13b 예제 8.13(b)에 대한 DFT 스펙트럼

8.8.4 DFT를 이용하여 은닉 주기성 찾기

주기 성분을 포함하는 아날로그 신호 $x(t)$가 주어지면, 어떻게 그들의 주파수와 크기를 추정해

야 할까? 여기에 몇 가지 방법이 있다. 대부분 통계적인 추정에 의지하는데, 특히 잡음에 의해 신호 $x(t)$가 손상된 경우에 그렇다. 좀 더 간단한 방법은, 아마 더 직관적으로(최고의 선택은 아니지만) 엘리어싱 효과에 기초한 방법이다. DFT 스펙트럼에서 성분들의 위치와 크기는 샘플링률이 나이퀴스트율보다 낮으면 샘플링률에 따라 바뀔 수 있다. 엘리어싱 때문에, 스펙트럼은 $0.5S$에서 영으로 떨어지지 않거나, 폴딩 주파수 쪽으로 움직임에 따라 크기가 증가함을 볼 수 있다. 저역통과 필터를 사용하여 잡음의 효과를 최소화하도록 하려면, 그것의 차단 주파수는 $x(t)$에 존재하는 모든 성분의 주파수를 초과해야만 한다. 이렇게 하기 위한 **사전적** 방법은 없다. 좀 더 좋은 방법은 데이터를 반복적으로 얻을 수 있다면 많은 실행을 한 다음 그 평균을 사용하는 것이다. 평균은 신호의 무결성을 유지시키면서 잡음은 최소화한다.

샘플링 주파수에 대한 대략적인 추정은 신호가 가장 빨리 변화하는 부분을 관찰함으로써 얻을 수 있다. 이를 실패하면, 임의로 선택할 수 있지만 작은 샘플링 주파수를 선택하고, $x(t)$를 샘플링하고, DFT 스펙트럼을 관찰한다. 샘플링률을 증가시키고 이 과정을 반복하면서 DFT 스펙트럼이 어떻게 변하는지 관찰한다. 그리고 스펙트럼 성분들의 위치가 거의 변하지 않으면 정확한 스펙트럼과 정확한 샘플링 주파수를 구한 것이다. 시행착오 방법이 그림 8.9에 나타나 있고 실제로 그것의 성공 여부는 엘리어싱에 달려 있다.

만약 $x(t)$가 정현파이면, 그것의 크기 A는 $X_{\text{DFT}}[k_0] = 0.5NA$로부터 계산되고, 여기서 색인 k_0는 N-포인트 DFT에서 최고점에 해당된다. 그러나 다른 비주기 신호가 $x(t)$에 존재하면, 정확한

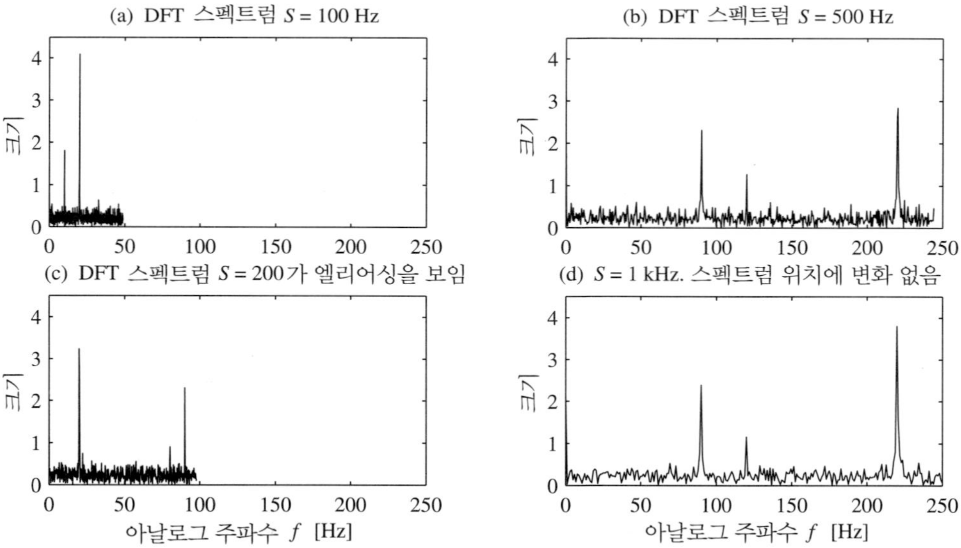

그림 8.9 DFT 스펙트럼을 얻기 위한 시행착오 방법. 샘플링 주파수가 충분히 높지 못하면(그림에서처럼 100 Hz 또는 200 Hz), 스펙트럼 최고점은 엘리어싱 때문에 위치가 바뀌게 된다. 아이디어는 샘플링 주파수를 증가시키면서 지속적으로 스펙트럼을 관찰하는 것이다. 일단 샘플링 주파수가 충분히 높으면(그림에서처럼 500 Hz 또는 1 kHz), 스펙트럼의 최고점 위치는 변하지 않고, 정확한 스펙트럼을 얻게 된다.

결과를 가져오기 어려울 것이다. 정현파의 크기에 대한 더 나은 추정은 서로 다른 길이의 두 DFT 결과를 비교해서 얻을 수 있다(즉, $N_1 = N$과 $N_2 = 2N$). 최고점의 색인 k_1에서 N_1-포인트 DFT는 $0.5N_1A$와 비주기 신호에 따른 기여의 합과 같을 것이다. 비슷하게, N_2-포인트 DFT는 k_2에서 최고점을 보여주고(여기서 $N_2 = 2N_1$이면 $k_2 = 2k_1$), 그것의 값은 $0.5N_2A$와 비주기 신호에 따른 기여의 합과 같을 것이다. 만약 비주기 성분들이 스펙트럼에 크게 영향을 주지 않으면, 이러한 두 값의 차이는 비주기 성분에 따른 기여가 상쇄되고 다음 식으로부터 정현파의 크기에 대한 추정으로 나타난다.

$$X_{\mathrm{DFT2}}[k_2] - X_{\mathrm{DFT1}}[k_1] = 0.5N_2A - 0.5N_1A \tag{8.22}$$

예제 8.14 은닉 주기성 찾기

신호 $x(t)$가 정현파 성분을 포함하고 있다고 하자. 80-포인트 DFT 결과와 80-포인트 DFT와 160-포인트 DFT의 비교를 그림 E8.14에 나타내었다. 주파수, 정현파의 크기 그리고 DFT 색인을 추정하라. 샘플링률은 $S = 10$ Hz이다.

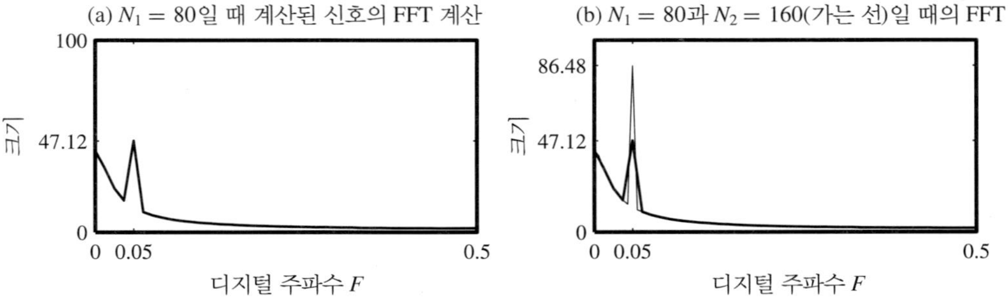

그림 E8.14 예제 8.14에 대한 DFT 스펙트럼

두 DFT 결과를 비교해 보면 $F = 0.05$에서 최고점과 정현파가 존재함을 알 수 있다. 샘플링률이 $S = 10$ Hz이므로, 정현파의 주파수는 $f = FS = 0.5$ Hz이다. $N_1 = 60$과 $N_2 = 160$이라 하자. $F = 0.05 = k_1/N_1 = 4/80$이기 때문에 N_1-포인트 DFT에서 최고점은 색인 $k_1 = 4$에서 나타난다. 비슷하게, $F = 0.05 = k_2/N_2 = 8/160$이기 때문에 N_2-포인트 DFT에서 최고점은 색인 $k_2 = 8$에서 나타난다. 두 스펙트럼이 최고점 근처를 제외하고 크게 다르지 않기 때문에, 최고치의 차이로부터 정현파의 최고치 A를 계산할 수 있고 다음과 같다.

$$X_{\mathrm{DFT2}}[k_2] - X_{\mathrm{DFT1}}[k_1] = 86.48 - 47.12 = 0.5N_2A - 0.5N_1A = 40A$$

그러므로 $A = 0.984$이고 0.5-Hz 정현파 성분이 존재하며 $0.984\cos(\pi t + \theta)$이다.

참고: 그림 E8.14에 나타낸 DFT 결과는 실제로 $S = 10$ Hz로 샘플링된 신호 $x(t) = e^{-t} + \cos(\pi t)$에 대한 그림이다. 정현파 성분은 단위 최고치를 갖고, DFT 추정치($A = 0.984$)는 이 값보다 약

2% 작다. 좀 더 큰 DFT 길이를 택하면 추정의 정확도는 향상된다. 하지만 80-포인트 DFT만으로는 추정치가 $A = \dfrac{47.12}{40} = 1.178$(18% 다름)이 되고, 반면에 160-포인트 DFT만으로는 추정치가 $A = \dfrac{86.48}{80} = 1.081$(8% 다름)이 된다.

8.9 신호 처리에서의 응용

DFT와 FFT는 다양한 분야에서 응용된다. 이 절에서는 디지털 신호 처리에 직접적으로 관련된 몇 가지 응용에 대해서 간단히 설명한다.

8.9.1 긴 수열의 컨벌루션

입력 데이터의 임펄스 응답보다 훨씬 더 짧은 임펄스 응답을 갖는 필터를 이용해서 입력 데이터의 긴 열을 처리하는 상황이 실제 종종 일어난다. 길이 $L \gg N$인 매우 긴 수열(데이터의 입력 열 같은)로 길이 N인 짧은 수열 $h[n]$(평균 필터 같은)을 컨벌루션하면 많은 양의 계산량과 메모리가 요구될 수 있다. 두 가지 선호하는 대안이 있는데, 둘 다 긴 수열 $x[n]$을 짧은 수열들로 분할하는 것에 기초한다. DFT는 그러한 컨벌루션을 구하는 유용한 방법을 제공한다. 적은 처리지연을 허용한다면 온라인 구현도 가능하다.

중첩 가산 방법

$h[n]$의 길이가 N이고, $x[n]$의 길이가 $L = mN$이라고 가정하자(아니라면, 항상 그 길이가 되도록 영을 삽입할 수 있다). $x[n]$을 길이 N인 m개의 세그먼트 $x_0[n], x_1[n], \ldots, x_{m-1}[n]$으로 분할한다. 부분적인 결과인 $y_0[n], y_1[n], \ldots, y_{m-1}[n]$을 얻기 위해 $h[n]$으로 각 분할의 정규 컨벌루션을 구한다. 중첩을 이용하여, 총 컨벌루션은 (N의 곱에 의해) 이동된 버전의 합이다.

$$y[n] = y_0[n] + y_1[n-N] + y_2[n-2N] + \cdots + y_{m-1}[n-(m-1)N] \tag{8.23}$$

각 정규 컨벌루션은 $2N-1$개의 샘플을 포함하고 있기 때문에, FFT를 이용하여 $y_k[n]$을 구하기 전에 $h[n]$과 각 분할 $x_k[n]$에 $N-1$개의 영을 삽입한다. $x[n]$을 반드시 동일한 길이의 세그먼트로 나누어야만 하는 것은 아니다. 서로 다른 길이의 분할도 사용할 수 있다(각 부분 컨벌루션이 결과에 더해지기 전에 얼마나 이동해야 하는지가 주어진다면).

중첩 저장 방법

길이 L과 N인 수열의 정규 컨벌루션은 $L+N-1$개의 샘플을 갖는다. $L > N$이고 두 번째 수열에 길이 L이 되도록 영을 삽입한다면 그들의 주기 컨벌루션은 $2L-1$개의 샘플을 갖는다. 그것의 처음 $N-1$개의 샘플은 랩어라운드에 의해 왜곡되고, 그 나머지는 정규 컨벌루션에 해당한다. 이를 이해하기 위해서, $L=16$, $N=7$이라 하자. N에 9개의 영을 삽입하면, 그들의 정규 컨벌루션은 뒤에 따라오는 9개의 영($L-N=9$)과 함께 31(즉, $2L-1$)개의 샘플을 갖는다. 주기 컨벌루션에 대해서는 15개의 샘플($L-1=15$)이 겹쳐진다. 마지막 9개(즉, $L-N$)는 영이기 때문에, 주기 컨벌루션의 처음 6개의 샘플($L-N-(N-1)=N-1=6$)은 랩어라운드에 의해 왜곡된다. 이 개념이 중첩 저장 방법의 근간이 된다. 먼저 $N-1$개의 **선행** 제로를 더 긴 수열 $x[n]$에 덧붙이고 그것을 길이 M인 k개의 **중첩**($N-1$에 의해) 세그먼트로 나눈다. 일반적으로 $M \approx 2N$을 선택한다. 다음은 $h[n]$을 길이 M이 되게 영을 삽입하고(**뒤에 따라오는** 영으로) $x[n]$의 각 부분과 $h[n]$의 **주기** 컨벌루션을 구한다. 마지막으로, 각 컨벌루션으로부터 처음 $N-1$개의 (왜곡된) 샘플을 버리고 요구한 컨벌루션을 가져오는 결과들을 붙인다(연결한다).

어느 방법에서든, 더 짧은 수열의 FFT가 한 번 구해지면 그것을 저장하고 추후의 모든 부분 컨벌루션에서 재사용될 필요가 있다. 두 방법 모두 프로세서에 도달하는 긴 수열의 각 부분 처리에 요구되는 시간과 동일한 작은 처리지연이 허용된다면 온라인 구현이 가능하다(부분 컨벌루션을 구하는 데 걸리는 시간이 처리지연보다 작다는 전제하에). 두 수열의 상관은 어느 한 방법을 이용하고 한 수열의 반전 버전을 사용해서 정확히 동일한 방법으로 구해진다.

예제 8.15 중첩 가산 방법과 중첩 저장 방법의 컨벌루션

$x[n]=\{\overset{\Downarrow}{1},2,3,3,4,5\}$와 $h[n]=\{\overset{\Downarrow}{1},1,1\}$이라 하자. 여기서 $L=6$, $N=3$이다.

(a) 중첩 가산 방법으로 컨벌루션을 구하기 위해서 $x[n]$을 $x_0[n]=\{1,2,3\}$과 $x_1[n]=\{3,4,5\}$로 두 수열로 나누고, 두 컨벌루션의 결과를 다음과 같이 얻는다.

$$y_0[n]=x_0[n]*h[n]=\{1,3,6,5,3\} \qquad y_1[n]=x_1[n]*h[n]=\{3,7,12,9,5\}$$

이동과 중첩을 통해 결과의 컨벌루션 $y[n]$을 다음과 같이 얻는다.

$$y[n]=y_0[n]+y_1[n-3]=\left\{\begin{array}{l}1,3,6,5,3\\ \qquad\quad 3,7,12,9,5\end{array}\right\}=\{1,3,6,8,10,12,9,5\}$$

이 결과는 책에서 설명된 컨벌루션 알고리즘들을 이용해 확인할 수 있다.

(b) 중첩 가산 방법을 이용해서 컨벌루션을 구하기 위해, 우선 제로 삽입 수열 $x[n]=\{0,0,1,2,3,3,4,5\}$를 만든다. $M=5$를 선택한다면, $x[n]$의 세 개의 중첩 부분을 다음과 같이 얻는다(마지막에 영을 하나 삽입할 필요가 있다).

$$x_0[n]=\{0,0,1,2,3\} \qquad x_1[n]=\{2,3,3,4,5\} \qquad x_2[n]=\{4,5,0,0,0\}$$

제로 삽입된 $h[n]$은 $h[n]=\{1,1,1,0,0\}$이 된다. 주기 컨벌루션은 다음과 같다.

$$x_0[n] \circledast h[n]=\{5,3,1,3,6\}$$

$$x_1[n] \circledast h[n] = \{11, 10, 8, 10, 12\}$$
$$x_2[n] \circledast h[n] = \{4, 9, 9, 5, 0\}$$

각 컨벌루션에서 처음 두 샘플을 버리고 결과들을 붙여서 다음을 얻는다.

$$y[n] = x[n] * h[n] = \{1, 3, 6, 8, 10, 12, 9, 5, 0\}$$

마지막 샘플(제로 삽입으로 인해)은 여분이기 때문에 버려질 수 있다.

8.9.2 역 컨벌루션

임펄스 응답 $h[n]$을 갖는 몇몇 시스템의 출력을 표현하는 신호 $y[n]$이 주어진다면, $y[n] = x[n] * h[n]$인 입력 $x[n]$을 어떻게 복원할 것인가? 한 방법은 역 컨벌루션을 이용하여 컨벌루션의 결과를 되돌리는 것이다. 역 컨벌루션에 대한 시간 영역 기법은 앞서 배웠다. 여기서는 DFT(또는 FFT)를 기반으로 한 주파수 영역 선택을 살펴본다.

개념은 $Y_{\text{FFT}}[k] = X_{\text{FFT}}[k]H_{\text{FFT}}[k]$를 얻기 위해 FFT를 이용하여 컨벌루션 관계를 변환하고, 점별로 나눔으로써 $X_{\text{FFT}}[k] = Y_{\text{FFT}}[k]/H_{\text{FFT}}[k]$를 계산한 다음, $X_{\text{FFT}}[k]$의 IFFT로 $x[n]$을 구하는 것이다. 이러한 과정은 많은 경우에 잘 적용되나, 두 가지 단점이 있다. 첫 번째로 $H_{\text{FFT}}[k]$가 몇 개의 색인에서 영이면 영으로 나누기 때문에 실패한다. 두 번째는 입력 $x[n]$의 잡음과 $y[n]$의 정확도에 매우 민감하다는 것이다.

8.9.3 대역제한 신호 보간

$x[n]$을 M으로 보간해서 새로운 신호 $x_I[n]$을 만든다는 것은 샘플링률을 M만큼 증가시키는 것과 같다. 신호가 나이퀴스트율 이상으로 샘플링되었다면, 신호 보간은 스펙트럼에 새로운 정보를 추가해서는 안 된다. 제로 삽입의 개념은 보간된 신호의 (MN)-샘플 DFT는 $x[n]$의 DFT에 대응하는 N 샘플들을 포함해야 하는 반면, 나머지는 영이어야 한다는 전제하에 DFT를 이용한 보간법에 기초한다. 따라서 $x[n]$의 DFT를 구하고, MN으로 그 길이를 증가시키기 위해 제로 삽입하고(폴딩 색인에 대해 제로 삽입함으로써), 제로 삽입된 수열의 역 DFT를 구하려면, 보간된 신호 $x_I[n]$을 구해야만 한다. 이러한 접근법은 대역제한된 신호(정수 주기에 걸쳐 나이퀴스트율 이상으로 샘플링된 순수 정현파와 같은)에 잘 적용된다. 이러한 과정을 구현하기 위해서, 폴딩 색인 $N/2$에 대해 $x[n]$의 N-포인트 DFT $X_{\text{DFT}}[k]$를 분할한다. N이 짝수라면, 폴딩 색인은 샘플값 $X[N/2]$로 떨어지고, 그것을 역시 반으로 분할해야 한다. 그리고 MN 샘플을 갖는 삽입된 수열 $X_{\text{zp}}[k]$를 생성 중에는 제로를 충분히 삽입한다. 그 형태는 다음과 같다.

$$X_{\rm zp}[k] = \begin{cases} \{X[0], \ldots, X[N/2-1], \underbrace{0, \ldots, 0,}_{(M-1)N\text{개}} X[N/2+1], \ldots, X[N-1]\} & (N\text{이 홀수}) \\ \{X[0], \ldots, 0.5X[N/2], \underbrace{0, \ldots, 0,}_{N(M-1)-1\text{개}} 0.5X[N/2], \ldots, X[N-1]\} & (N\text{이 짝수}) \end{cases} \tag{8.24}$$

$X_{\rm zp}[k]$의 역 DFT는 인자 $1/MN$을 포함할 것이고, 그 기계적인 연산은 (작은) 허수 부분을 보인다. 따라서 단지 실수 부분만을 유지하고 보간된 신호 $x_I[n]$을 얻기 위해 M으로 나누는데, 이것은 $x[n]$의 각 샘플 사이에서 $M-1$ 보간된 값을 포함한다.

$$x_I[n] = \frac{1}{M}\text{Re}[\text{IDFT}\{X_{\rm zp}[k]\}] \tag{8.25}$$

이 방법은 제로 보간된 신호를 생성하는 것(스펙트럼 복제를 만들어내는)과 복제된 스펙트럼을 필터링하는 것(허위 상을 삭제하여)과 완전히 동일하다. 정수 주기 동안 나이퀴스트율 이상으로 샘플링된 주기 대역제한 신호에 대해서 보간은 정확하다. 다른 것들은 사실상 신호 기간 밖에서 제로로 보간되기 때문에 특히 끝부분에서 부정확한 정합이 나타나 불완전성을 보인다.

예제 8.16 FFT를 이용한 신호 보간

(a) 한 주기 동안 네 개의 샘플로 샘플링된 정현파 신호 $x[n] = \{\overset{\Downarrow}{0}, 1, 0, -1\}$이 있다. 그 DFT는 $X_{\rm DFT}[k] = \{\overset{\Downarrow}{0}, -j2, 0, j2\}$이다. $M=8$로 이를 보간하기 위해, 32-샘플 제로 삽입된 수열을 만든다.

$$Z_T = \{\overset{\Downarrow}{0}, \ -j2, \ 0, (27\text{개 영}), \ 0, \ j2\}$$

보간된 수열(Z_T의 IDFT)은 그림 E8.16(a)에서 보듯이 정현파에 정확히 일치한다.

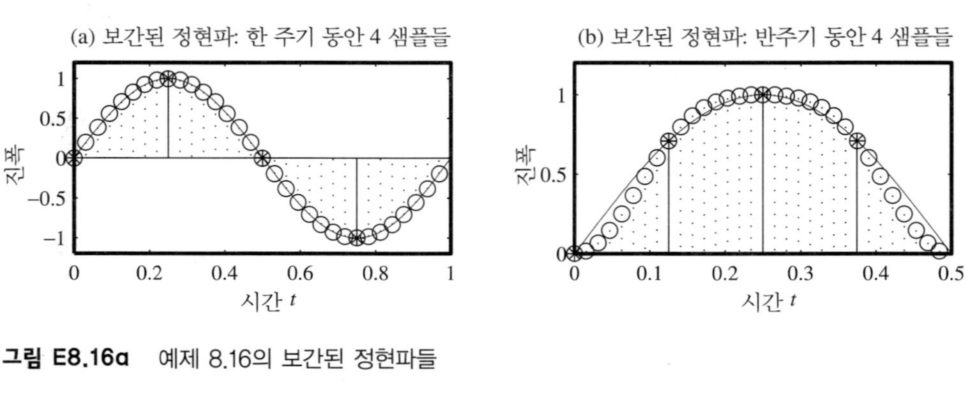

그림 E8.16a 예제 8.16의 보간된 정현파들

(b) 반주기 동안 4개 샘플로 샘플링된 정현파에서는, 그림 E8.16(b)에서와 같이 보간이 정확한 결과를 보이지는 않는다. 전파 정류된 정현파(주기 확장)의 한 주기를 사실상 샘플링하는 것

이기 때문에, 신호는 대역제한이 안 되고 선택된 샘플링 주파수는 너무 낮다. 이는 부정확한 정합으로 나타나고 특히 수열의 끝부분 근처에서 그렇다.

8.9.4 이산 힐버트 변환

힐버트 변환(Hilbert transform)은 신호 $x(t)$의 위상을 $-\frac{\pi}{2}$만큼 이동시키는 연산을 나타낸다. 아날로그 영역에서, 위상 이동은 전달 함수 $H(f)$가 아래 식과 같은 필터를 통해 $x(t)$를 통과시킴으로써 얻어질 수 있다.

$$H(f) = -j\,\text{sgn}(f) = \begin{cases} -j, & f > 0 \\ j, & f < 0 \end{cases} \tag{8.26}$$

시간 영역에서, 위상 이동된 신호 $\hat{x}(t)$는 컨벌루션에 의해 다음과 같이 주어진다.

$$\hat{x}(t) = \frac{1}{\pi t} * x(t) \tag{8.27}$$

위상 이동된 신호 $\hat{x}(t)$는 $x(t)$의 힐버트 변환으로 정의한다. 힐버트 변환된 신호의 스펙트럼 $\hat{X}(f)$는 $X(f)$와 $\frac{1}{\pi t}$의 변환과의 곱과 같다. 즉,

$$\hat{X}(f) = -j\,\text{sgn}(f)X(f) \tag{8.28}$$

신호의 위상을 $\pm\frac{\pi}{2}$로 이동시키는 시스템을 **힐버트 변환기**(Hilbert transformer) 또는 **구적 필터**(quadrature filter)라고 한다. 그런 시스템은 단측파 진폭 변조(SSB AM: single-sideband amplitude modulated) 신호를 생성하는 데 사용될 수 있다.

대부분의 다른 변환과 달리, 힐버트 변환은 신호가 변환된 영역과 동일한 영역에 속하게 된다. $t = 0$에서 $\frac{1}{\pi t}$의 특이점 때문에, 이러한 관계의 공식적 평가를 위해서는 복잡하고 다양한 이론이 필요하다.

수열의 **이산 힐버트 변환**(discrete Hilbert transform)은 FFT를 이용하여 얻을 수 있다. $x[n]$의 힐버트 변환은 스펙트럼이 $H(F) = -j\text{sgn}(F)$인 힐버트 변환의 임펄스 응답 $h[n]$과 $x[n]$의 컨벌루션을 포함한다. 이 컨벌루션을 수행하는 가장 쉬운 방법은 FFT를 사용하는 것이다. $x[n]$의 N-포인트 FFT를 구하고 sgn(F)의 N 샘플의 **주기 확장**($k = 0$에서 $k = N - 1$까지)으로 곱한다. 이는 다음과 같다.

$$\text{sgn}[k] = \{\overset{\Downarrow}{0}, \quad \underbrace{1, 1, \ldots, 1}_{\frac{N}{2}-1\text{ 샘플}}, 0, \quad \underbrace{-1, -1, \ldots, -1}_{\frac{N}{2}-1\text{ 샘플}}\} \tag{8.29}$$

생략된 인자 $-j$로 곱한 곱의 역 FFT는 힐버트 변환으로 나타난다.

8.10 스펙트럼 추정

아날로그 전력 신호 또는 랜덤 신호 $x(t)$의 **전력 스펙트럼 밀도**(PSD: power spectral density) $R_{xx}(f)$는 자기상관 함수 $r_{xx}(t)$의 푸리에 변환이고, 실수이며, 음수가 아니고 $x(t)$의 평균과 같은 $R_{xx}(0)$을 갖는 짝수 함수이다. 신호 $x(t)$가 샘플링되고 단지 유한한 기간 동안 이용 가능하다면, 우리가 할 수 있는 최선의 방법은 주어진 유한한 레코드로부터 신호 $x(t)$의 PSD를 추정하는 것이다. 그 이유는 유한 수열의 스펙트럼이 누설과 적은 분해능을 갖고 있기 때문이다. 유한한 수의 샘플들로부터 잡음을 갖는 아날로그 신호 $x(t)$의 PSD 추정은 기본적으로 다른 두 가지 접근 방법을 기초로 한다. 첫 번째는, **비파라미터 스펙트럼 추정**(non-parametric spectrum estimation)으로, 이는 데이터에 대한 어떠한 가정도 만들지 않는다. 두 번째는, **파라미터 스펙트럼 추정**(parametric spectrum estimation)인데, 이는 데이터를 상수 전력 스펙트럼 밀도를 갖는 잡음 입력에 의해 발생한 디지털 필터의 출력으로 모델링하고, 필터 상수를 추정하고, 그렇게 해서 실제 PSD의 추정치를 구한다. 둘 다 추정의 정확도는 통계적 측정치에 달려 있다.

8.10.1 주기그램 추정

가장 간단한 비파라미터 추정은 **주기그램**(periodogram) $P[k]$인데, 이는 N-샘플 수열 $x[n]$의 DFT에 기초한다. 이는 다음과 같이 정의된다.

$$P[k] = \frac{1}{N}|X_{\text{DFT}}[k]|^2 \tag{8.30}$$

비록 $P[k]$가 결정적이고 대역제한되고 나이퀴스트율 이상으로 샘플링된 전력 신호에 대해서는 좋은 추정을 제공하지만, 레코드 길이 N을 증가시킴에 따라(비록 스펙트럼 간격이 좁아지더라도) 추정의 정확도가 향상되지 않기 때문에 그것은 잡음 섞인 신호에 대해서는 나쁜 추정을 가져온다.

예제 8.17 주기그램의 개념

수열 $x[n] = \{\overset{\Downarrow}{0}, 1, 0, -1\}$은 두 배의 나이퀴스트율로 한 주기에 대해 정현파를 샘플링해서 얻어진다. 그것의 주기그램 추정을 구하라.

$x[n]$의 DFT는 $X_{\text{DFT}}[k] = \{\overset{\Downarrow}{0}, -j2, 0, j2\}$이다. 따라서 $P[k] = \frac{1}{N}|X_{\text{DFT}}[k]|^2 = \{\overset{\Downarrow}{0}, 1, 0, 1\}$이다. 이는 각 샘플이 차지하는 폭이 $\Delta F = 1/N = 0.25$인 막대그래프로 대개 그려진다.

그러므로 총 전력은 $\Delta F \sum P[k] = 0.5$와 같고, 정현파의 실제 전력과 일치한다.

8.10.2 웰치 방법에 의한 PSD 추정

웰치 방법(Welch method)은 중첩 주기그램 추정의 결과를 평균하는 개념을 기초로 하고 있고 스

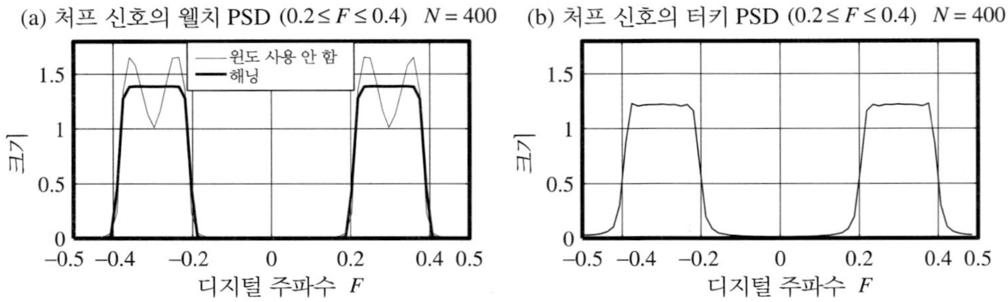

그림 8.10 처프 신호의 웰치와 터키 PSD. 처프 신호는 처프에 존재하는 주파수 구간에서 일정한 스펙트럼에 의해 특성화된다. 처프 신호의 윈도잉되지 않은 스펙트럼은 첫 번째 그림에 나타나 있다(얇은 선). 웰치 방법(해닝 윈도를 사용하고, 첫 번째 그림에서 굵은 선) 또는 터키 방법(두 번째 그림)을 사용해서 개선된 것을 확연히 볼 수 있다.

펙트럼 추정에서 광범위하게 사용되고 있다. N-샘플 신호 $x[n]$은 K개의 겹쳐진 M-샘플 분할 $x_M[n]$으로 나뉜다(각각은 D개의 샘플이 겹친다). 50~75%의 중첩이 통상 사용된다. 각 분할은 누설을 조절하기 위해 M-포인트 윈도 $w[n]$에 의해 윈도잉된다. 윈도잉된 각 구간의 PSD는 주기그램 $\frac{1}{M}|X_M[k]|^2$을 사용하여 구해지고, K 주기그램은 M-포인트 **평균 주기그램**(averaged periodogram)을 얻기 위해 평균된다. 그것은 통상적으로 윈도 신호($\sum|W_{\text{DFT}}[k]|^2$ 또는 $\frac{1}{M}\sum|w[n]|^2$)의 전력으로 정규화된다(나눈다). 좀 더 긴 길이로 분할하면 좀 더 작은 스펙트럼 간격이 되는 반면, 좀 더 많이 분할하면 보다 평활한 추정이 된다(상세한 정보가 차단되는 위험을 안고). 분할 개수의 선택은 스펙트럼 간격 감소와 추정의 평활화 사이에서 상반관계이다. 세그먼트(비상관되었다고 가정)의 결과를 평균하면 통계적인 변동이 감소된다(하지만 더 큰 스펙트럼 간격의 손실하에서). 관련된 **바틀릿 방법**(Bartlett method)에서는, 세그먼트들은 중첩도 없고 윈도잉도 되지 않는다. 그림 8.10(a)는 64-포인트 해닝 윈도(굵은 선)와 구형 윈도(윈도 사용 안 함)로 45% 중첩을 하고 디지털 주파수는 $F=0.2$에서 $F=0.4$까지 변하는 400-포인트 처프(chirp) 신호의 웰치 PSD를 나타낸다. 윈도잉이 얼마나 큰 평활화 결과를 가져오는지를 주목하라.

8.10.3 블랙먼-터키 방법에 의한 PSD 추정

블랙먼-터키 방법(Blackman-Tukey method)은 윈도 길이를 지나서는 영이라고 가정되는 윈도잉된 자기상관으로부터 PSD를 구하는 방법이다. N-샘플 신호 $x[n]$은 $2N$-샘플 신호 $y[n]$을 얻기 위해 영이 삽입된다. $x[n]$의 선형 자기상관은 $y[n]$의 주기 자기상관과 같고 $2N$-샘플 자기상관 추정 $r_{xx}[n]$을 얻기 위해 FFT $Y_{\text{FFT}}[k]$를 구하고 $Y_{\text{FFT}}[k]Y^*_{\text{FFT}}[k]$의 IFFT를 취함으로써 계산된다. 그리고 이 자기상관은 M-포인트 윈도에 의해 윈도잉된다(스펙트럼을 평활화하고 유한한 데이터 길이에 의해 부정확한 자기상관 추정의 효과를 감소시키기 위해). M-샘플 윈도잉된 자기상관의 FFT는 **평활화된 주기그램**(smoothed periodogram)을 가져온다. 자기상관을 위해 보다 작은 M(좀 더 좁은 윈도)을 사용하면 더 큰 평활화를 제공하지만 어떤 최고점을 가리거나 상세한 정보를 보이지 않게 할 수 있다. 윈도 길이 M의 전형적인 값은 $M = 0.1N$부터 $M = 0.5N$의 범위에 있다. 변환이 완전히 양수인 윈도만 사용되어야 한다. 이러한 제한 조건을 만족하는 것 중에, 가장 흔히 사용하는 것은 바틀릿(삼각) 윈도이다. 그림 8.10(b)는 1000-포인트 처프 신호의 터키 PSD를 보여준다. 여기서 디지털 주파수는 $F = 0.2$부터 $F = 0.4$까지 변화하고, 64-포인트 바틀릿 윈도를 사용했다.

웰치 방법은 비슷한 크기(주파수 분해능)로 촘촘히 위치한 최고점을 찾는 데 좀 더 유용하다. 블랙먼–터키 방법은 서로 다른 크기(동적 범위 해상도)를 갖고 잘 분리된 최고점을 찾기에 더 적합하다. 둘 다 짧은 데이터 길이에는 효과적이지 못하다.

8.10.4 비파라미터 시스템 확인

두 랜덤 신호 $x(t)$와 $y(t)$의 상호상관 $r_{yx}(t) = y(t) ** x(t) = y(t) * x(-t)$의 푸리에 변환 $R_{yx}(f)$를 **상호스펙트럼 밀도**(cross-spectral density)라고 한다. 임펄스 응답이 $h(t)$인 시스템에서 입력 $x(t)$는 출력 $y(t) = x(t) * h(t)$가 되고, 다음 식과 같다.

$$r_{yx}(t) = y(t) * x(-t) = h(t) * x(t) * x(-t) = h(t) * r_{xx}(t) \tag{8.31}$$

양쪽을 푸리에 변환으로 나타내면

$$R_{yx}(f) = H(f)R_{xx}(f) \qquad H(f) = \frac{R_{yx}(f)}{R_{xx}(f)} \tag{8.32}$$

이러한 관계는 상호스펙트럼 밀도 $R_{yx}(f)$와 입력 $x(t)$의 PSD $R_{xx}(f)$의 비로 미지의 전달 함수 $H(f)$를 확인할 수 있게 한다. $x(t)$가 상수 전력 스펙트럼 밀도를 갖는 잡음 신호이면, 그것의 PSD는 $R_{xx}(f) = K$ 형태의 상수가 된다. 그러면 $H(f) = R_{yx}(f)/K$는 상호스펙트럼 밀도와 직접적으로 비례한다.

이러한 방법은 시스템에 대한 모델을 미리 추정하지 않기 때문에 **비파라미터** 방식이라 한다. 실질적으로, 유한한 N-샘플 수열 $R_{xx}[k]$와 $R_{yx}[k]$에 의해 $R_{xx}(f)$와 $R_{yx}(f)$를 근사화하기 위해(예를 들어 웰치 방법을 사용) FFT를 사용한다. 결과적으로, 전달 함수 $H[k] = R_{yx}[k]/R_{xx}[k]$는 N 샘플을 가지고 FIR 필터로 표현된다. 그것의 역 FFT는 N-샘플 임펄스 응답 $h[n]$이 된다. 그림 8.11은 $y[n] - 0.5y[n-1] = x[n]$(또는 $h[n] = (0.5)^n u[n]$)으로 정의된 IIR 필터의 스펙트럼을 나타낸다. 그것의 20-포인트 FIR 추정은 400-샘플 잡음 수열과 웰치 방법을 사용하여 얻어진다.

8.10.5 시간–주파수 플롯

실제 상황에서는 시간에 따라 변화하는 신호의 스펙트럼을 구하는 일에 종종 직면하게 된다. 간단한 방법은 신호를 중첩된 세그먼트로 분할하고, 누설을 줄이기 위해 각 분할을 윈도잉하고, PSD를 구한다(예를 들어 웰치 방법을 사용하여). 각 분할에 대한 PSD는 소위 **워터폴 플롯**

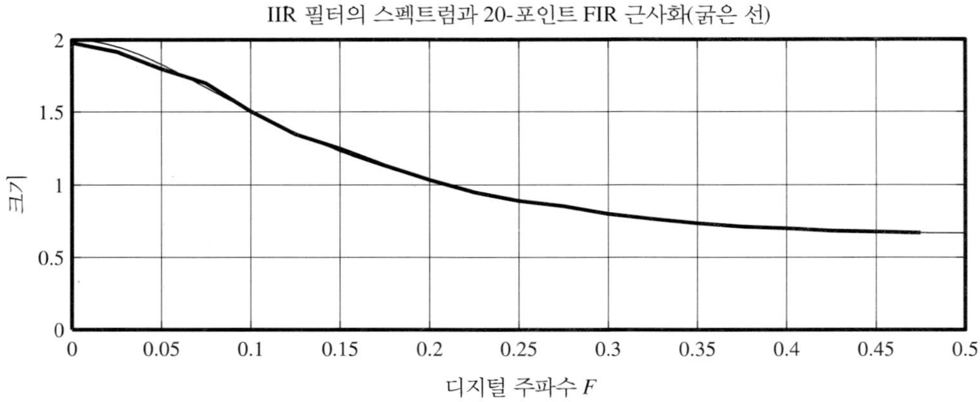

그림 8.11 IIR 필터의 스펙트럼과 비파라미터 FIR 필터 추정. 비록 크기 스펙트럼은 거의 일치하지만, FIR과 IIR의 위상 스펙트럼은 거의 일치하지 않음을 보여준다.

(waterfall plot) 또는 **시간-주파수 플롯**(time-frequency plot)을 만들기 위해 어긋나게 배치하고 쌓아 올린다. 그림 8.12는 단일 주파수 정현파의 합에 대한 워터폴 플롯과 시간에 대해 선형적으로 변하는 주파수를 갖는 처프 신호를 보여준다. 이는 스펙트럼이 시간에 따라 어떻게 전개되는지 시각적으로 더 잘 보여준다.

시간-주파수 정보를 얻는 데 있어서 근본적인 제약은, 특히 짧은 시간의 레코드에 대하여, **시간과 주파수를 임의의 정확도로 배치할 수 없다**는 것이다. 최근의 방법들은 **웨이블릿**(wavelets, 푸리에 급수와 아주 유사한)으로 신호를 표현하는 것을 기반으로 하고 있다. 웨이블릿은 시간 영역과 주파수 영역에서 '최상'의 가능한 위치 특성을 보여주는 함수이고 활발히 연구 중인 분야이다.

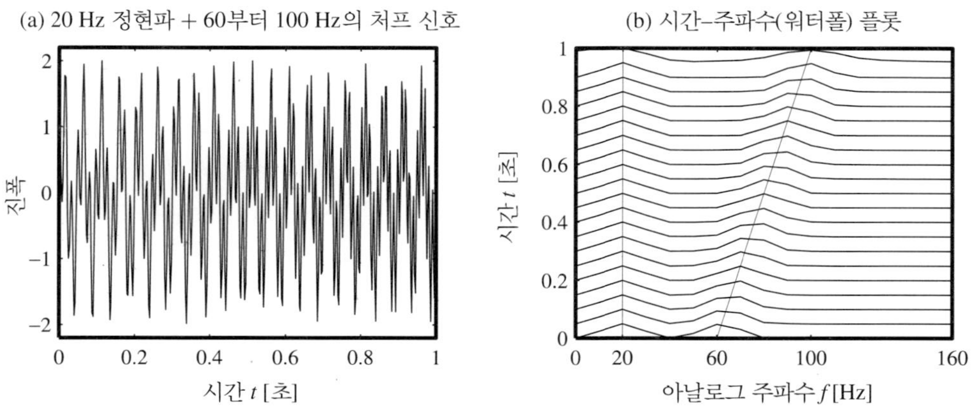

그림 8.12 정현파와 처프 신호의 합에 대한 시간–주파수 플롯. 스펙트럼은 각각의 연속적인 시간에 대하여 쌓인다. 가는 수직선은 정현파의 스펙트럼 최고치가 동일한 주파수에서 발생하고 시간에 따라 변하지 않음을 나타낸다. 그러나 처프 신호는 시간에 따라 증가하는 주파수를 갖고 있고 시간이 증가할수록 스펙트럼의 최고치가 (60 Hz부터 100 Hz까지) 이동하는 모습을 분명하게 보여준다.

8.11 켑스트럼과 동형 필터링

신호 $x[n]$을 생각해 보자. $X_K(F) = \ln X(F)$를 구하기 위해 DTFT $X(F)$의 복소 로그를 취하면, 역변환 $x_K[n]$을 $x[n]$의 **켑스트럼**(cepstrum)이라고 한다. 식은 다음과 같다.

$$X_K(F) = \ln X(F) \qquad x_K[n] = \int_{-1/2}^{1/2} [\ln X(F)] e^{j2n\pi F}\, dF \tag{8.33}$$

복소 지수를 취해서 $X_K(F)$로부터 $X(F)$를 복원하면 식은 다음과 같다.

$$X(F) = |X(F)|e^{j\phi(F)} = e^{X_K(F)}$$

이를 통해 $X(F)$의 크기와 위상으로부터 $X_K(F)$를 구할 수 있고 식은 다음과 같다.

$$X_K(F) = \ln X(F) = \ln|X(F)| + j\phi(F) \tag{8.34}$$

그러면 켑스트럼 $x_K[n]$은 다음과 같이 표시될 수 있다.

$$x_K[n] = \int_{-1/2}^{1/2} (\ln|X(F)|) e^{j2n\pi F}\, dF + j\int_{-1/2}^{1/2} \phi(F) e^{j2n\pi F}\, dF \tag{8.35}$$

다시 말해, 켑스트럼은 복소 값이다. 실수 부분은 $\ln|X(F)|$의 IDTFT에 해당하고 이를 **실수 켑스트럼**(real cepstrum)이라고 한다. 켑스트럼의 존재 여부는 $X(F)$의 성질에 의해 제한된다. 주파수 범위에서 $X(F) = 0$이면 켑스트럼은 존재하지 않게 되는데, 이는 $\ln|X(F)|$가 정의되지 않기 때문이다. $X(F)$가 양극(부호가 바뀌는 고립된 주파수에서 0)이고 위상이 $\pm\pi$로 점프하면 켑스트럼은 존재하지 않는다. 사실, 위상 $\phi(F)$가 연속적이고 단일 값을 갖는 주파수의 함수(어떠한 종류의 위상 점프도 없는)이고 $F = 0$과 $F = 0.5$에서 0이 아니면 켑스트럼은 존재하지 않는다. 펼쳐진 위상으로 계산하고($\pm 2\pi$의 위상 점프를 제거하기 위해), 필요하다면 모든 주파수에 대해 $X(F) > 0$이 되게 하기 위해 충분히 큰 양의 상수를 $X(F)$에 추가함으로써(그리고 $\pm\pi$의 모든 위상 점프를 제거한다) 이러한 문제를 해결할 수 있다.

8.11.1 동형 필터와 역 컨벌루션

역 컨벌루션은 필터 출력과 그것의 전달 함수로부터 입력 신호를 추출하는 과정이다. 컨벌루션 $y[n] = x[n] * h[n]$은 곱 $Y(F) = X(F)H(F)$로 변환되기 때문에, 비 $X(F) = Y(F)/H(F)$의 역변환으로부터 $x[n]$을 추출할 수 있다. 또한 켑스트럼 변환을 사용하여 역 컨벌루션을 실행할 수도 있다. 개념은 $Y(F) = X(F)H(F)$로부터 시작하여 $y[n]$의 켑스트럼을 찾고 다음을 얻는다.

$$Y_K(F) = \ln Y(F) = \ln X(F) + \ln H(F) = X_K(F) + H_K(F) \tag{8.36}$$

역변환을 하면

$$y_K[n] = x_K[n] + h_K[n] \tag{8.37}$$

컨벌루션 연산자가 켑스트럼 영역에서 어떻게 합으로 변환되는지를 주목하라.

$$y[n] = x[n] * h[n] \qquad y_K[n] = x_K[n] + h_K[n] \tag{8.38}$$

이러한 변환 능력을 갖는 시스템을 **동형 시스템**(homomorphic system)이라 한다.

$x_K[n]$과 $h_K[n]$이 서로 다른 범위에 걸쳐 있다면, 샘플들이 $x_K[n]$의 확장 구간에서는 1이고 $h_K[n]$의 확장 구간에서는 0인 시간 윈도 $w[n]$을 사용하여 $x_K[n]$을 추출할 수 있다. 이 연산은 필터링과 유사하고(비록 시간 영역이기는 하나) 종종 **동형 필터링**(homomorphic filtering)이라고도 한다. 마지막으로 $x[n]$을 복원하기 위해 $x_K[n]$을 사용하는데, 먼저 $X_K(F)$를 구하고 지수를 취하여 $X(F)$를 얻고, 마지막으로 그것의 역변환을 계산한다. 동형 필터는 다음의 리뷰 패널에서 요약했듯이 몇 단계로 역 컨벌루션을 수행한다.

동형 필터링의 개요와 켑스트럼 해석

켑스트럼 변환:

$$Y_K(F) = \ln Y(F) = \ln[X(F)H(F)] = \ln X(F) + \ln H(F) = X_K(F) + H_K(F)$$

켑스트럼: $y_K[n] = x_K[n] + h_K[n]$

윈도잉된 켑스트럼: $y_K[n]w[n] = x_K[n]$

신호 복원: $x_K[n] \Leftarrow\boxed{\text{DTFT}}\Rightarrow X_K(F) \qquad e^{X_K(F)} = X(F)$

켑스트럼 방법과 동형 필터링은 역 컨벌루션, 이미지 처리(손상된 이미지 복구), 통신(반향 제거), 음성 처리(피치 검출, 동적 범위 확장, 오래된 오디오 레코딩의 디지털 복원), 지진파 신호 처리 등을 포함하는 다양한 분야에서 실질적으로 응용되고 있음을 알 수 있다.

8.11.2 반향 검출과 제거

켑스트럼 방법은 신호로부터 원치 않는 반향을 검출하거나 제거하는 데 사용될 수도 있다. 아래의 식으로 표현되는 간단한 1차 반향 시스템을 고려함으로써 반향 검출과 제거에 대한 예를 보인다.

$$y[n] = x[n] + \alpha x[n - D] \tag{8.39}$$

여기서 $\alpha x[n - D]$는 D 샘플만큼 지연되고 크기가 α인 반향을 나타낸다. 반향의 크기는 원 신호 $x[n]$보다 작기 때문에 $\alpha < 1$이라고 가정하는 것이 타당하다. 주파수 영역에서는 다음과 같다.

$$Y(F) = X(F) + \alpha X(F)e^{-j2\pi FD}$$

반향을 일으키는 시스템의 전달 함수는 다음과 같이 쓸 수 있다.

$$H(F) = \frac{Y(F)}{X(F)} = 1 + \alpha e^{-j2\pi FD} \tag{8.40}$$

이제 다음과 같이 켑스트럼 $h_K[n]$의 변환을 가져오기 위해 $H_K(F) = \ln H(F)$를 구한다.

$$H_K(F) = \ln H(F) = \ln[1 + \alpha e^{-j2\pi FD}] \tag{8.41}$$

$H_K(F)$는 주기 $\frac{1}{D}$을 갖고 F에 주기적이고, 따라서 켑스트럼 $h_K[n]$은 샘플 간격이 D인 신호로 표시된다. 이 결과를 공식화하기 위해 수열로 확장시키면,

$$\ln(1 + r) = \sum_{k=1}^{\infty}(-1)^{k+1}\frac{r^k}{k}, \qquad |r| < 1$$

위 결과에서 $r = -\alpha e^{-j2\pi FD}$이라면 $H_K(F)$를 다음과 같이 표현할 수 있다.

$$H_K(F) = \ln[1 + \alpha e^{-j2\pi FD}] = \sum_{k=1}^{\infty}(-1)^{k+1}\frac{\alpha^k}{k}e^{-j2\pi kFD} \tag{8.42}$$

그것의 역변환은 다음과 같이 반향 생성 시스템의 켑스트럼 $h_K[n]$이 된다.

$$h_K[n] = \sum_{k=1}^{\infty}(-1)^{k+1}\frac{\alpha^k}{k}\delta(n - kD) \tag{8.43}$$

이 켑스트럼 $h_K[n]$은 지연 D의 정수배에 위치하는 임펄스들을 갖는 임펄스 열이다. 그 임펄스들은 지연의 정수배와 동일한 색인 k에서 부호가 교체되고 진폭이 감소한다.

$y[n] = x[n] * h[n]$이기 때문에, 그것의 켑스트럼 변환은 다음과 같은 식이 된다.

$$y_K[n] = x_K[n] + h_K[n] \qquad Y_K(F) = X_K(F) + H_K(F) \tag{8.44}$$

왜곡된 신호 $y[n]$의 켑스트럼 $y_K[n]$은 원 신호 $x[n]$의 켑스트럼 $x_K[n]$과 감쇠하는 임펄스의 부호가 변하고 지연 D의 배수에 위치하는 임펄스 열 $h_K[n]$의 합과 동일하다. 스펙트럼 $H_K(F)$와 $X_K(F)$가 다른 주파수 대역을 점유하면, $H_K(F)$는 보통의 주파수 영역 필터링으로 제거될 수 있고 $x[n]$이 복원된다. $h_K[n]$은 D의 배수에서 임펄스들을 포함하기 때문에, 가중치가 D의 정수배에서는 0이고 다른 곳에서는 단위 값을 갖는 **빗살 필터**(comb filter)를 사용하여 켑스트럼 영역에서 원치 않는 반향을 제거할 수 있다. 물론 빗살 필터는 지연 D가 사전에 알려질 때만 설계될 수 있다. D를 알 수 없어도, 그 값은 켑스트럼에서 임펄스들의 위치로부터 여전히 제거될 수 있다.

동형 신호 처리에 의한 반향 제거의 예로서, 깨끗이 감쇠하는 지수 신호 $x[n] = (0.9)^n u[n]$을 가지고 시작하자. 이 신호가 20 샘플 지연되고 0.8의 크기를 갖는 반향으로 왜곡되면, 왜곡된 신

호 $y[n]$은 다음과 같이 쓸 수 있다.

$$y[n] = x[n] + 0.8x[n-20]$$

우리 목적은 켑스트럼 기법을 사용하여 깨끗한 신호 $x[n]$을 복원하는 것이다. $x[n]$의 64개 샘플 일부와 $y[n]$이 그림 8.13(b)에 나타나 있다. 왜곡된 신호 $y[n]$의 복소 켑스트럼은 그림 8.13(a)에 표시되었고, 64-포인트 FFT를 기반으로 한 실질적인 근사화이다(DTFT를 근사화하기 위해).

$n = 20, 40, 60$에서 켑스트럼 스파이크의 출현은 예상대로 $D = 20$의 지연을 가리킨다. 이러한 스파이크가 일단 제거되면, 그림 8.14(a)와 같은 켑스트럼을 얻을 수 있다. 이 켑스트럼에 대응하는 신호는 그림 8.14(b)에서 보여주고, 분명히 반향 신호가 제거되었음을 보인다.

그러나 깨끗한 신호와는 완전히 일치하지 않는다. 그 이유는 복소 켑스트럼이 여전히 색인 $n = 80, 100, 120, \ldots$에서 스파이크를 포함하고 있고, $n = 16, 36, 56, \ldots$에서 엘리어싱되기 때문이다. 이러한 엘리어싱은 그림 8.14(a)에서 볼 수 있고, 실제 스펙트럼을 근사화하기 위해 FFT를 사용한 결과이다. 일단 이러한 엘리어싱된 스파이크가 제거되면, 그림 8.15(a)의 켑스트럼을 얻는다. 그림 8.15(b)에 나타난 것처럼 이 켑스트럼에 대응하는 신호는 이제 원래의 깨끗한 신호와 거의 동일한 복제이다.

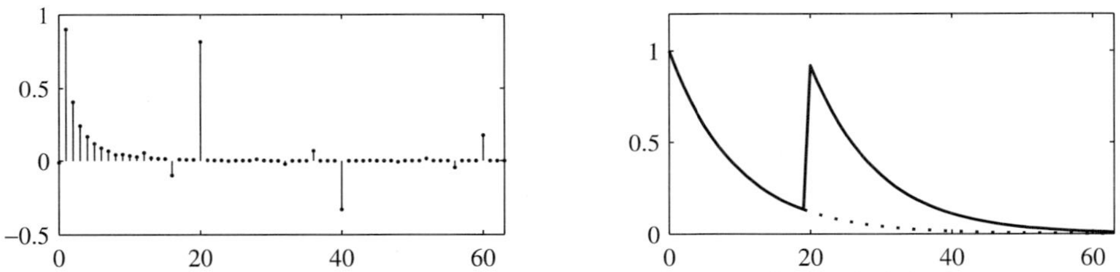

(a) 반향 신호의 복소 켑스트럼 (b) 원 신호와 반향 신호, $N = 64$

그림 8.13 (b)의 반향 신호에 대한 복소 켑스트럼 (a). 켑스트럼에서 스파이크들은 20개 샘플만큼 떨어져 있고 반향 신호에서 지연에 해당한다.

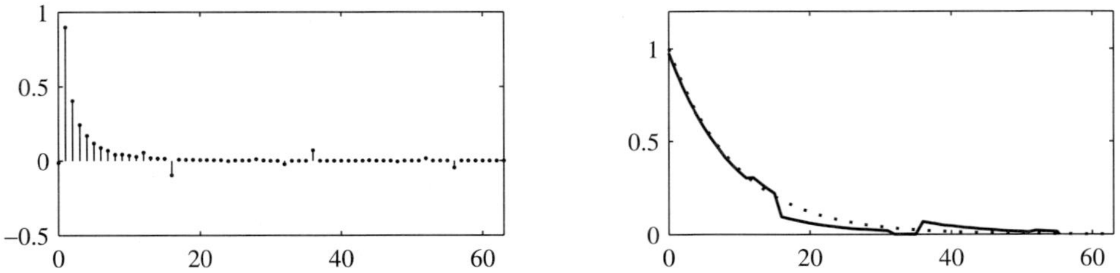

(a) 델타가 제거된 켑스트럼 (b) 원 신호와 반향 제거된 신호

그림 8.14 제거된 스파이크를 갖는 복소 켑스트럼 (a)와 이에 대응되는 신호 (b). 엘리어싱된 값들에 해당되는 위치에서 켑스트럼에 여전히 남아 있는 다른 스파이크 때문에 원래 신호와 복원된 신호가 일치하지 않는다.

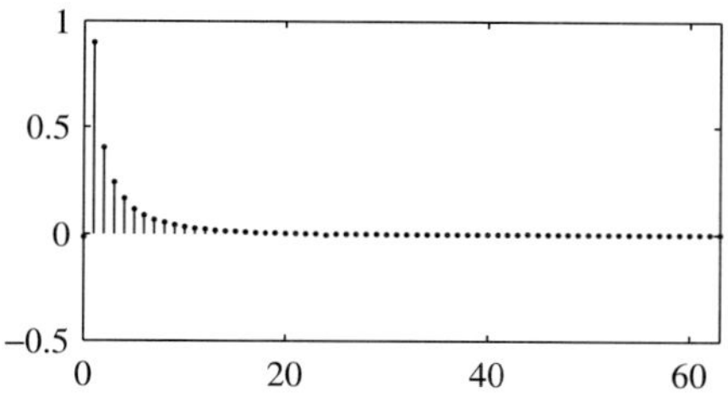

(a) 엘리어싱 델타가 제거된 켑스트럼

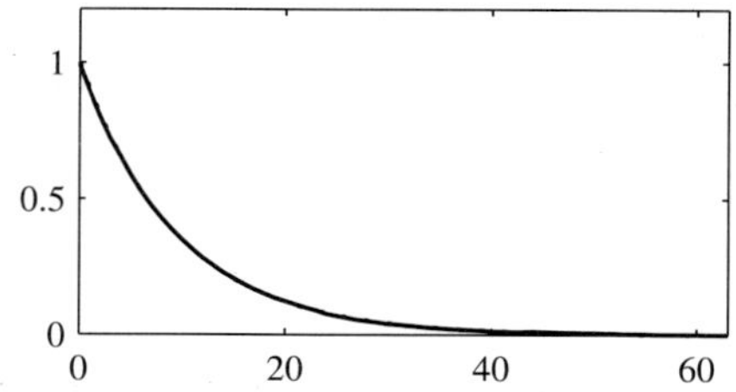

(b) 원 신호와 반향 제거된 신호

그림 8.15 엘리어싱 최고점이 제거된 복소 켑스트럼 (a)와 이에 대응되는 신호 (b). 복구된 손호는 원 신호의 그림과 거의 차이가 없다.

8.12 최적 필터링

임펄스 응답이 $h[n]$인 필터에 대해, 출력 $y[n]$은 컨벌루션 $y[n] = x[n] * h[n]$에 의해 표시된다. 이상적으로 역 컨벌루션에 의해 $x[n]$의 복원은 가능하다. 하지만 출력이 잡음 또는 간섭에 의해 왜곡되면, 최적 필터는 입력 신호를 복원하기 위한 수단을 제공한다. 이러한 필터는 $h[n]$에 의해 역 컨벌루션될 때, 그것의 출력이 $x[n]$에 **최선의**(어떤 의미에서) 근사화인 신호 $\hat{x}[n]$의 결과라는 인식에서 최적화된다. 왜곡된 응답 $w[n]$이 다음과 같이 이상적인 응답 $y[n]$과 잡음 성분 $s[n]$의 합과 같다고 가정하자.

$$w[n] = \underbrace{y[n]}_{\text{이상적인 출력}} + \underbrace{s[n]}_{\text{잡음}} \tag{8.45}$$

만약 이 신호를 전달 함수가 $\Phi(F)$인 최적 필터에 통과시키면, 주파수 영역에서 필터의 출력은 $W(F)\Phi(F)$와 같다. 이를 $h[n]$으로 역 컨벌루션하면 $\hat{x}[n]$을 얻는다. 주파수 영역에서는 다음과 같은 비로 $\hat{X}(F)$를 동일하게 구할 수 있다.

$$\hat{X}(F) = \frac{W(F)\Phi(F)}{H(F)} = \frac{\Phi(F)[Y(F) + S(F)]}{H(F)}$$

만약 $\hat{x}[n]$이 **최소 자승 개념**(least squares sense)에서 $x[n]$에 대한 최상의 근사화라면, 반드시 평균 자승(또는 적분 자승) 오차를 최소화해야 한다. 오차는 $x[n] - \hat{x}[n]$이므로 평균 자승 오차 ϵ은 다음과 같이 주어진다.

$$\epsilon = \sum_{-\infty}^{\infty} |x[n] - \hat{x}[n]|^2\, dt = \int_{-1/2}^{1/2} |X(F) - \hat{X}(F)|^2\, dF$$

$X(F)$와 $\hat{X}(F)$에 대해 대입을 하면 다음의 식을 얻는다.

$$\epsilon = \int_{-1/2}^{1/2} \frac{|Y(F) - \Phi(F)[Y(F) + S(F)]|^2}{|H(F)|^2}\, dF$$

$$= \int_{-1/2}^{1/2} \frac{|Y(F)[1 - \Phi(F)] - S(F)\Phi(F)|^2}{|H(F)|^2}\, dF$$

만약 잡음 $s[n]$과 신호 $y[n]$이 서로 비상관되었다면(통상 그렇듯이), 곱 $Y(F)S(F)$의 적분은 제로가 되고 다음의 식을 얻는다.

$$\epsilon = \int_{-1/2}^{1/2} \frac{|Y(F)|^2|1 - \Phi(F)|^2 + |S(F)|^2|\Phi(F)|^2}{|H(F)|^2}\, dF = \int_{-1/2}^{1/2} K(F)\, dF$$

ϵ이 최소가 되게 하기 위해, 커널 $K(F)$는 반드시 $\Phi(F)$에 대해 최솟값이 되어야 한다. 따라서 $dK(F)/d\Phi(F) = 0$이라 놓고, ($\Phi(F)$ 값이 실수라 가정하면) 다음과 같은 결과를 얻는다.

$$\Phi(F) = \frac{|Y(F)|^2}{|Y(F)|^2 + |S(F)|^2}$$

이를 **위너**(Wiener)[또는 **위너-호프**(Wiener-Hopf)] 최적 필터라고 한다. 잡음이 없을 때는 $\Phi(F) = 1$이고 잡음이 크면 $\Phi(F) \approx 0$이다. 즉, 그것은 필요시에만 잡음의 효과에 대항한다. 흥미롭게도, 비록 $|Y(F)|$와 $|S(F)|^2$에 대한 추정값을 개별적으로 구할 필요가 있지만 $\Phi(F)$에 대한 결과는 $X(F)$에 의존하지 않는다. 이론상 이것은 사실 추가적인 정보 없이는 어려울 것이다. 하지만 실제로 전력 스펙트럼 밀도(PSD) $|W(F)|^2$은 다음 식에 의해 근사화될 수 있다.

$$|W(F)|^2 \approx |Y(F)|^2 + |S(F)|^2$$

추가적으로 잡음 스펙트럼 밀도 $|S(F)|^2$은 종종 그것의 고주파수 특성으로부터 추론될 수 있는 형태를 갖는다. 일단 이러한 형태를 알면, $|Y(F)|^2 = |W(F)|^2 - |S(F)|^2$(예를 들어, 그래픽적 추정에 의한)을 추정한다. 일단 알게 되면, 다음과 같이 최적 필터의 전달 함수를 구한다.

$$\Phi(F) = \frac{|Y(F)|^2}{|Y(F)|^2 + |S(F)|^2} \approx \frac{|Y(F)|^2}{|W(F)|^2}$$

추정된 입력의 스펙트럼은 다음과 같다.

$$\hat{X}(F) = \frac{W(F)\Phi(F)}{H(F)}$$

$\hat{X}(F)$의 역변환은 구하려는 시간 영역 신호인 $\hat{x}[n]$이 된다. 전달 함수 $\Phi(F)$는 우대칭이다. 다음은 임펄스 응답 역시 $n = 0$에서 우대칭이다. 이것은 최적 필터가 비인과성이라는 것을 의미한다. 인과성 최적 필터의 설계는 칼만(kalman) 필터와 같은 중요한 개발의 계기가 되었다.

실제로 DFT(또는 그것의 FFT 구현)는 이산시간 신호의 최적 필터링에 툴로서 종종 사용된다. 그 개념은 아래의 근사화 관계를 이용해 추정한 최적 필터 전달 함수와 신호를 구현하는 것이다.

$$\Phi[k] = \frac{|Y[k]|^2}{|Y[k]|^2 + |S[k]|^2} \approx \frac{|Y[k]|^2}{|W[k]|^2} \qquad \hat{X}[k] = \frac{W[k]\Phi[k]}{H[k]}$$

여기서 $W[k]$는 $w[n]$의 DFT인데, 이것을 통해 $|W[K]|^2$을 구하고 $|Y[K]|^2$을 추정하며, 그리고 최적 필터의 전달 함수 $\Phi[k]$를 계산한다. 또한 $h[n]$의 DFT인 $H[K]$를 계산하는데, 이는 $\hat{X}[k] = W[k]\Phi[k]/H[k]$로 추정된 입력의 스펙트럼이 된다. 이 결과를 IDFT하여 신호 $\hat{x}[n]$을 복원한다. 그러나 이 방법은 위험하기도 하고 실패할 수도 있다. 예를 들어 만약에 $H[k]$의 샘플들이 0일 경우이다.

8.13 DFT와 IDFT의 행렬 형성

만약에 $W_N = e^{-j2\pi/N}$이라고 하면 DFT와 IDFT의 정의관계는 다음과 같이 쓸 수 있다.

$$X_{\text{DFT}}[k] = \sum_{n=0}^{N-1} x[n]W_N^{nk}, \quad k = 0, 1, \ldots, N-1 \tag{8.46}$$

$$x[n] = \frac{1}{N}\sum_{k=0}^{N-1} X_{\text{DFT}}[k][W_N^{nk}]^*, \quad n = 0, 1, \ldots, N-1 \tag{8.47}$$

N개의 미지수를 갖는 처음 N개의 DFT는 다음과 같은 행렬 형태로 표현될 수 있다.

$$\mathbf{X} = \mathbf{W}_N\mathbf{x} \tag{8.48}$$

여기서 $\mathbf{X}$와 $\mathbf{x}$는 $(N \times 1)$ 행렬이고, $\mathbf{W}_N$은 **DFT 행렬**이라 하는 $(N \times N)$ 정방 행렬이다. 전체 행렬 형태로 표현하면 다음과 같다.

$$\begin{bmatrix} X[0] \\ X[1] \\ X[2] \\ \vdots \\ X[N-1] \end{bmatrix} = \begin{bmatrix} W_N^0 & W_N^0 & W_N^0 & \cdots & W^0 \\ W_N^0 & W_N^1 & W_N^2 & \cdots & W_N^{N-1} \\ W_N^0 & W_N^2 & W_N^4 & \cdots & W_N^{2(N-1)} \\ \vdots & \vdots & \vdots & \ddots & \vdots \\ W_N^0 & W_N^{N-1} & W_N^{2(N-1)} & \cdots & W_N^{(N-1)(N-1)} \end{bmatrix} \begin{bmatrix} x[0] \\ x[1] \\ x[2] \\ \vdots \\ x[N-1] \end{bmatrix} \tag{8.49}$$

$\mathbf{W}_N$의 요소 W_N^t에서 지수 t를 **파문 인자**(twiddle factor)라고 한다.

예제 8.18 행렬 형성을 통한 DFT

$x[n] = \{\overset{\Downarrow}{1}, 2, 1, 0\}$이라 하자. 그리고 $N = 4$이고 $W_N = \exp(-j2\pi/4) = -j$일 때, DFT는 다음과 같이 행렬의 곱으로 계산될 수 있다.

$$\begin{bmatrix} X[0] \\ X[1] \\ X[2] \\ X[3] \end{bmatrix} = \begin{bmatrix} W_N^0 & W_N^0 & W_N^0 & W_N^0 \\ W_N^0 & W_N^1 & W_N^2 & W_N^3 \\ W_N^0 & W_N^2 & W_N^4 & W_N^6 \\ W_N^0 & W_N^3 & W_N^6 & W_N^9 \end{bmatrix} \begin{bmatrix} x[0] \\ x[1] \\ x[2] \\ x[3] \end{bmatrix} = \begin{bmatrix} 1 & 1 & 1 & 1 \\ 1 & -j & -1 & j \\ 1 & -1 & 1 & -1 \\ 1 & j & -1 & -j \end{bmatrix} \begin{bmatrix} 1 \\ 2 \\ 1 \\ 0 \end{bmatrix} = \begin{bmatrix} 4 \\ -j2 \\ 0 \\ j2 \end{bmatrix}$$

결과는 $X_{\text{DFT}}[k] = \{\overset{\Downarrow}{4}, -j2, 0, j2\}$이다.

8.13.1 행렬 형성을 통한 IDFT

행렬 $\mathbf{x}$를 $\mathbf{W}_N$의 역변환의 항으로 다음과 같이 표현할 수 있다.

$$\mathbf{x} = \mathbf{W}_N^{-1}\mathbf{X} \tag{8.50}$$

행렬 $\mathbf{W}_N^{-1}$를 **IDFT 행렬**이라고 한다. $\mathbf{x}$는 행렬 형태로 IDFT 관계로부터 직접 구할 수 있고, n부터 k까지 색인이 변하고 $\exp(j2\pi nk/N)$에서 지수의 부호가 바뀜에 따라 $\mathbf{W}_N$의 **켤레 전치**(conjugate transpose)가 된다. 따라서 다음의 식이 된다.

$$\mathbf{x} = \frac{1}{N}[\mathbf{W}_N^*]^T\mathbf{X} \tag{8.51}$$

두 식을 비교해서 다음의 식을 얻는다.

$$\mathbf{W}_N^{-1} = \frac{1}{N}[\mathbf{W}_N^*]^T \tag{8.52}$$

이러한 매우 중요한 결과는 $\mathbf{W}_N^{-1}$는 단지 $\mathbf{W}_N$의 켤레와 전치만을 필요로 한다는 것을 보여준다(명백히 계산상에 이점이 있음).

DFT와 IDFT 행렬의 요소들은 $A_{ij} = A^{(i-1)(j-1)}$을 만족한다. 그러한 행렬들은 **반데르몬드 행렬**(Vandermonde matrix)로 알려져 있다. 이것들은 수치적 역수인 한 심하게 불량 조건이다. 그러나 $\mathbf{W}_N$에서는 그렇지 않다. DFT 행렬과 그것의 켤레 전치 행렬의 곱은 단위 행렬 $\mathbf{I}$와 같다. 그러한 성질을 만족하는 행렬들을 **단일 행렬**(unitary matrix)이라 한다. 이러한 이유에서 단위 연산자를 기반으로 한 DFT와 IDFT를 **단일 변환**(unitary transform)이라고 한다.

8.13.2 DFT를 이용하여 IDFT 구하기

DFT와 IDFT는 둘 다 행렬 연산이고, DFT와 IDFT의 관계에서 본래 대칭이다. 사실 켤레 수열의 DFT를 구하고 그 결과를 켤레화하고 N으로 나눔으로써 IDFT를 얻을 수 있다.

$$x[n] = \text{IDFT}\{X_{\text{DFT}}[k]\} = \frac{1}{N}(\text{DFT}\{X_{\text{DFT}}^*[k]\})^* \tag{8.53}$$

이러한 결과는 DFT와 IDFT의 켤레 대칭과 이중성을 보여주고, DFT 알고리즘 자체적으로 IDFT를 구하는 데 사용될 수 있음을 나타낸다. 실제로 이것은 우리가 이미 했던 것이다.

예제 8.19 DFT를 이용하여 IDFT 구하기

DFT를 이용하여 $X_{\text{DFT}}[k] = \{\overset{\Downarrow}{4}, -j2, 0, j2\}$의 IDFT를 찾아보자. 먼저 $X_{\text{DFT}}^*[k] = \{\overset{\Downarrow}{4}, j2, 0, -j2\}$

를 얻기 위해 수열에 켤레를 취한다. 다음으로 이전 예제의 4 × 4 DFT 행렬을 이용하여 $X^*_{\mathrm{DFT}}[k]$의 DFT를 구하면,

$$\mathrm{DFT}\{X^*_{\mathrm{DFT}}[k]\} = \begin{bmatrix} 1 & 1 & 1 & 1 \\ 1 & -j & -1 & j \\ 1 & -1 & 1 & -1 \\ 1 & j & -1 & -j \end{bmatrix} \begin{bmatrix} 4 \\ -j2 \\ 0 \\ j2 \end{bmatrix} = \begin{bmatrix} 4 \\ 8 \\ 4 \\ 0 \end{bmatrix}$$

마지막으로, 이 결과에 켤레를 취하고(만약 복소수이면) $N = 4$로 나누어 주면 $X_{\mathrm{DFT}}[k]$의 IDFT를 얻는다.

$$\mathrm{IDFT}\ \{X_{\mathrm{DFT}}[k]\} = \tfrac{1}{4}\{\overset{\Downarrow}{4}, 8, 4, 0\} = \{\overset{\Downarrow}{1}, 2, 1, 0\}$$

8.14 FFT

DFT는 **고속 푸리에 변환**(FFT: fast Fourier transform)이라는 알고리즘을 이용하여 빠르고 효율적인 계산을 가능하게 하기 때문에 중요하다. 고속 알고리즘은 N-포인트 DFT 계산 문제를 많은 작은 크기의 DFT들로 감소시킨다. 계산을 최적화하는 데 있어서 핵심적인 개념은 다음과 같은 개념을 기초로 하고 있다.

대칭성과 주기성

모든 FFT 알고리즘은 표 8.5에 기재된 것처럼 지수 $W_N = e^{-j2\pi n/k}$의 대칭성과 주기성을 이용한다. 예를 들면, 표의 마지막 줄에서 $W_{N/2} = e^{j4\pi n/N}$은 주기 $\frac{N}{2}$으로 주기적이다.

신호 길이의 선택

신호의 길이 N은 $N = r_1 r_2 \ldots r_m$처럼 많은 작은 수 r_k의 곱으로 된 수로 선택된다. $N = r^m$처럼 인자가 동일할 때 더 유용한 선택의 결과가 된다. 여기서 인자 r은 **래딕스**(radix)라고 한다. r에 대해 단연 가장 실질적인 선택은 $N = 2^m$과 같이 2이고 **래딕스-2** FFT 알고리즘이 된다.

표 8.5 $W_N = \exp(-j2\pi/N)$의 대칭성과 주기성

번호	지수 형태	기호 형태
1	$e^{-j2\pi n/N} = e^{-j2\pi(n+N)/N}$	$W_N^{n+N} = W_N^n$
2	$e^{-j2\pi(n+N/2)/N} = -e^{-j2\pi n/N}$	$W_N^{n+N/2} = -W_N^n$
3	$e^{-j2\pi K} = e^{-j2\pi NK/N} = 1$	$W_N^{NK} = 1$
4	$e^{-j2(2\pi/N)} = e^{-j2\pi/(N/2)}$	$W_N^2 = W_{N/2}$

색인 분리와 저장 공간

계산은 계산량을 줄이기 위해 짝수 색인과 홀수 색인 샘플로 나뉘어 수행된다. 모든 알고리즘은 계산된 결과들을 위한 저장 공간을 할당한다. 저장 공간이 적게 필요할수록 더 효율적인 알고리즘이다. 많은 FFT 알고리즘은 이전에 데이터를 저장했던 같은 메모리 장소에 결과를 저장하여 제자리에서 계산을 수행함으로써 필요한 저장 공간을 줄인다.

8.14.1 몇 가지 중요한 결과들

사소하지만 아주 중요한 두 가지 결과에 대해 고려해 보자.

1-포인트 변환: 단일 수 A의 DFT는 수 A 자체이다.

2-포인트 변환: 2-포인트 수열의 DFT는 다음과 같이 쉽게 찾을 수 있다.

$$X_{\mathrm{DFT}}[0] = x[0] + x[1] \quad \text{그리고} \quad X_{\mathrm{DFT}}[1] = x[0] - x[1] \tag{8.54}$$

래딕스-2 FFT 알고리즘의 전개에서 가장 중요한 한 가지 결과는 N-샘플 DFT가 원 수열의 짝수와 홀수 색인 샘플들로 구성된 두 개의 $\frac{N}{2}$-샘플 DFT들의 합으로 쓸 수 있다는 점이다. 이 전개는 다음과 같다.

$$X_{\mathrm{DFT}}[k] = \sum_{n=0}^{N-1} x[n]W_N^{nk} = \sum_{n=0}^{N/2-1} x[2n]W_N^{2nk} + \sum_{n=0}^{N/2-1} x[2n+1]W_N^{(2n+1)k}$$

$$X_{\mathrm{DFT}}[k] = \sum_{n=0}^{N/2-1} x[2n]W_N^{2nk} + W_N^k \sum_{n=0}^{N/2-1} x[2n+1]W_N^{2nk}$$

$$= \sum_{n=0}^{N/2-1} x[2n]W_{N/2}^{nk} + W_N \sum_{n=0}^{N/2-1} x[2n+1]W_{N/2}^{nk}$$

만약 $X^e[k]$와 $X^o[k]$를 길이 $\frac{N}{2}$의 짝수 및 홀수 색인 수열이라 하면, 이 결과를 다음과 같이 다시 쓸 수 있다.

$$X_{\mathrm{DFT}}[k] = X^e[k] + W_N^k X^o[k], \quad k = 0, 1, 2, \ldots, N-1 \tag{8.55}$$

유념해야 할 점은, 이 식에서 색인 k는 0부터 $N-1$까지 변하고 $X^e[k]$와 $X^o[k]$는 둘 다 주기 $N/2$로 k에 대해 주기적이라는 점이다. 따라서 각각은 두 개의 주기를 갖고 있고 $X_{\mathrm{DFT}}[k]$가 된다. 주기성 때문에, $X_{\mathrm{DFT}}[k]$를 나눌 수 있고 전반부와 후반부 값을 다음과 같이 계산한다.

$$X_{\mathrm{DFT}}[k] = X^e[k] + W_N^k X^o[k], \quad k = 0, 1, 2, \ \ldots, \ \frac{1}{2}N - 1$$

$$X_{\mathrm{DFT}}\left[k + \frac{N}{2}\right] = X^e\left[k + \frac{1}{2}N\right] + W_N^{k+\frac{N}{2}} X^o\left[k + \frac{N}{2}\right]$$

$$= X^e[k] - W_N^k X^o[k], \quad k = 0, 1, 2, \ldots, \frac{N}{2} - 1$$

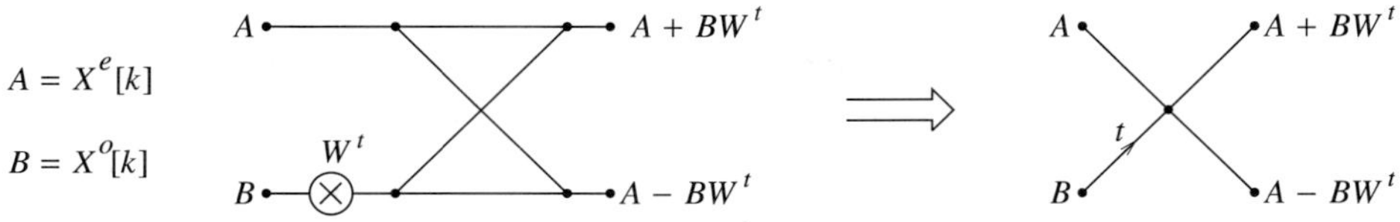

그림 8.16 전형적인 나비

이러한 결과는 **다니엘슨-란조스 명제**(Danielson-Lanczos lemma)라 한다. 그것의 신호-흐름 그래프(signal-flow graph)는 그림 8.16에 나타나 있고, 그것의 독특한 모양 때문에 **나비**(butterfly)라고 한다.

입력 X^e와 X^o가 $X^e + W_N^k X^o$와 $X^e - W_N^k X^o$로 변환된다. 하나의 나비는 한 쌍의 샘플에 작용하고 두 개의 복소수 덧셈과 한 개의 복소수 곱셈을 포함한다. N개 샘플의 경우 전체적으로 $N/2$개의 나비가 있다. N개의 샘플을 가지고 시작하면, 이 명제는 두 개의 $\frac{N}{2}$-포인트 수열의 DFT 계산에 의해 계산 복잡도가 감소한다. 이러한 각각의 DFT는 다음과 같이 $N/4$ 길이의 수열에 대한 계산으로 다시 한 번 계산이 감소된다.

$$X^e[k] = X^{ee}[k] + W_{N/2}^k X^{eo}[k] \qquad X^o[k] = X^{oe}[k] + W_{N/2}^k X^{oo}[k] \tag{8.56}$$

$W_{N/2}^k = W_N^{2k}$이므로, 이 식을 다음과 같이 다시 쓸 수 있다.

$$X^e[k] = X^{ee}[k] + W_N^{2k} X^{eo}[k] \qquad X^o[k] = X^{oe}[k] + W_N^{2k} X^{oo}[k] \tag{8.57}$$

논리적 극한으로 이 과정을 수행하여 $N = 2^m$과 같은 N개의 샘플을 선택하면, N-포인트 DFT의 계산을 m단계에서 1-포인트 DFT의 계산으로 감소시킬 수 있다. 그리고 1-포인트 DFT는 단지 샘플 자신의 값이다(주기 1로 반복). 이 과정을 데시메이션(decimation)이라고 한다. 얻어진 FFT 결과는 실제로 **역 비트 순서**(bit-reversed order)이다. 만약 $e = 0$과 $o = 1$이라 하고 순서를 반대로 하면 샘플 수가 이진수로 표현된다. 그 이유는 수열을 짝수와 홀수의 색인으로 분할하는 것이 최소 중요 비트(짝수는 0, 홀수는 1)에 대한 각 색인을 검사하는 것과 동일하기 때문이다. 데시메이션을 기반으로 한두 개의 일반적인 제자리 FFT를 설명한다. 표 8.6에 요약되어 있다.

8.14.2 주파수 데시메이션 FFT 알고리즘

주파수 데시메이션(DIF: decimation-in-frequency) FFT 알고리즘은 N-포인트 변환이 각각의 연속적인 단계에서 두 개의 $\frac{N}{2}$-포인트 변환, 네 개의 $\frac{N}{4}$-포인트 변환 등, 실제 DFT에 해당하는 N개의 1-포인트 변환에 도달할 때까지 계속해서 줄여나간다. 기존 순서의 입력 수열에 대한 계산은 제자리에서 할 수 있지만, DFT 결과는 역 비트 순서로 나타나고 반드시 재배열되어야 한다.

알고리즘은 입력 수열 $x[n]$을 둘로 나누고 다음과 같다.

표 8.6 DFT 계산을 위한 FFT 알고리즘

번호	특징	주파수 데시메이션	시간 데시메이션
1	샘플 수	$N = 2^m$	$N = 2^m$
2	입력 수열	기존 순서	역 비트 순서
3	DFT 결과	역 비트 순서	기존 순서
4	계산	제자리	제자리
5	단계의 수	$m = \log_2 N$	$m = \log_2 N$
6	곱셈 수	$\frac{N}{2}\log_2 N$ (복소수)	$\frac{N}{2}\log_2 N$ (복소수)
7	덧셈 수	$N\log_2 N$ (복소수)	$N\log_2 N$ (복소수)
		***i*번째 단계의 구조**	
8	나비 수	$\frac{N}{2}$	$\frac{N}{2}$
9	나비 입력	A(위) 그리고 B(밑)	A(위) 그리고 B(밑)
10	나비 출력	$(A+B)$ 그리고 $(A-B)W_N^t$	$(A+BW_N^t)$ 그리고$(A-BW_N^t)$
11	파문 인자 t	$2^{i-1}Q,\ Q=0,1,\ldots,P-1$	$2^{m-i}Q,\ Q=0,1,\ldots,P-1$
12	P의 값	$P=2^{m-i}$	$P=2^{i-1}$

$$X_{\mathrm{DFT}}[k] = \sum_{n=0}^{N-1} x[n]W_N^{nk} = \sum_{n=0}^{N/2-1} x[n]W_N^{nk} + \sum_{n=N/2}^{N/2-1} x[n]W_N^{nk}$$

$$= \sum_{n=0}^{N/2-1} x[n]W_N^{nk} + \sum_{n=0}^{N/2-1} x[n+N/2]W_N^{(n+\frac{N}{2})k}$$

이를 다시 쓰면,

$$X_{\mathrm{DFT}}[k] = \sum_{n=0}^{N/2-1} x[n]W_N^{nk} + W_N^{Nk/2}\sum_{n=0}^{N/2-1} x[n+\frac{N}{2}]W_N^{nk}$$

$$= \sum_{n=0}^{N/2-1} x[n]W_N^{nk} + (-1)^k\sum_{n=0}^{N/2-1} x[n+\frac{N}{2}]W_N^{nk}$$

짝수와 홀수 색인으로 나누고 $x[n] = x^a$과 $x[n+N/2] = x^b$이라 하면,

$$X_{\mathrm{DFT}}[2k] = \sum_{n=0}^{N/2-1} [x^a + x^b]W_N^{2nk}, \quad k = 0, 1, 2, \ldots, \frac{N}{2}-1 \tag{8.58}$$

$$X_{\mathrm{DFT}}[2k+1] = \sum_{n=0}^{N/2-1} [x^a - x^b]W_N^{(2k+1)n}$$

$$= \sum_{n=0}^{N/2-1} [x^a - x^b]W_N^n W_N^{2nk}, \quad k = 0, 1, \ldots, \frac{N}{2}-1 \tag{8.59}$$

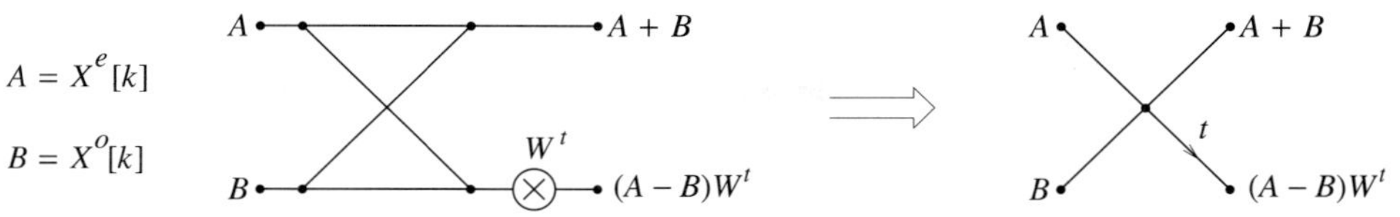

그림 8.17 주파수 데시메이션 FFT 알고리즘의 전형적인 나비

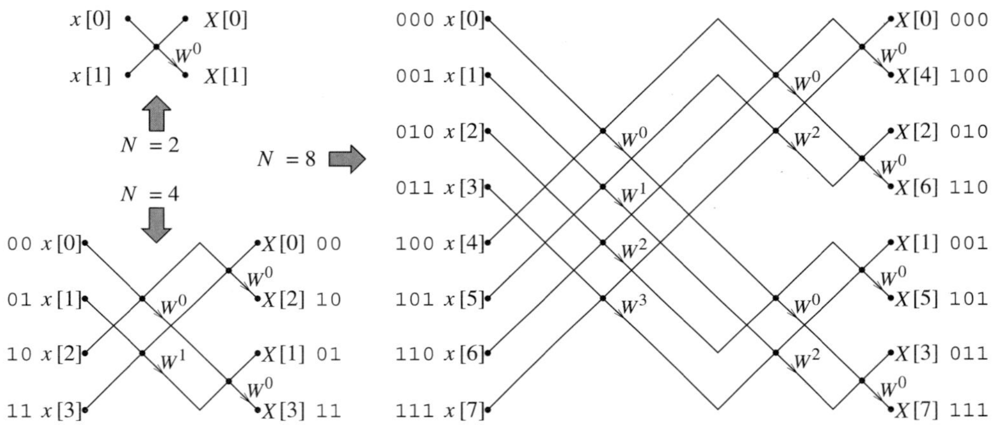

그림 8.18 $N = 2, 4, 8$에 대한 주파수 데시메이션 FFT 알고리즘

$W_N^{2nk} = W_{N/2}^{nk}$이므로 짝수 색인과 홀수 색인 항은 $\frac{N}{2}$-포인트 DFT로 표시된다. 나비 구조에서 입력은 $x[n]$과 $x[n + N/2]$이고 출력은 $X_{\text{DFT}}[2k] = \{x[n] + x[n + N/2]\}$와 $X_{\text{DFT}}[2k + 1] = \{x[n] - x[n + N/2]\}W_N^n$으로 계산된다. 그림 8.17은 나비 구조를 보여준다.

파문 인자 W^t는 각 단계에서 나비 날개의 아래 코너에서만 나타난다. 지수 t는 정부호 차수를 갖고 m단계를 갖는 ($N = 2^m$)-포인트 FFT 알고리즘을 위해 다음과 같이 설명된다.

1. i번째 단계에서 파문 인자 W^t의 수 P는 $P = 2^{m-i}$이다.
2. 파문 인자 W^t에서 t의 값은 $t = 2^{i-1}Q,\ Q = 0, 1, 2, \ldots, P - 1$이다.

$N = 2, 4, 8$일 때의 DIF 알고리즘을 그림 8.18에 나타내었다.

예제 8.20 4-포인트 주파수 데시메이션 FFT 알고리즘

4-포인트 DFT를 위해 위의 방정식을 이용하면 다음을 얻는다.

$$X_{\text{DFT}}[2k] = \sum_{n=0}^{1}\{x[n] + x[n+2]\}W_4^{2nk}$$

$$X_{\text{DFT}}[2k+1] = \sum_{n=0}^{1}\{x[n] - x[n+2]\}W_4^{n}W_4^{2nk}, \qquad k = 0, 1$$

$W_4^0 = 1$과 $W_4^2 = -1$이므로 다음과 같은 결과를 얻는다.

$$X_{\text{DFT}}[0] = x[0] + x[2] + x[1] + x[3] \qquad X_{\text{DFT}}[2] = x[0] + x[2] - \{x[1] + x[3]\}$$
$$X_{\text{DFT}}[1] = x[0] - x[2] + W_4\{x[1] - x[3]\} \qquad X_{\text{DFT}}[3] = x[0] - x[2] - W_4\{x[1] - x[3]\}$$

이를 사용하기 전에 입력 수열을 재배치하지 않는다.

8.14.3 시간 데시메이션 FFT 알고리즘

시간 데시메이션(DIT: decimation-in-time) FFT 알고리즘에서는, N개의 1-포인트 변환으로 시작해서, 각각의 연속된 단계에서 이웃한 쌍을 결합하여 2-포인트 변환, 4-포인트 변환 등, 단일 N-포인트 DFT 결과를 얻을 때까지 계속한다. 역 비트 순서를 가진 입력 수열에 대해 제자리에서 계산을 하고 DFT는 기존 순서대로 얻어진다. 그러므로 4-포인트 입력인 경우, 이진 색인 {00, 01, 10, 11}은 {00, 10, 01, 11}로 역전되고, $\{x[0], x[2], x[1], x[3]\}$의 역 비트 순서를 사용한다.

8-포인트 입력 수열인 경우, {000, 001, 010, 011, 100, 101, 110, 111}이고, 역전된 수열은 {000, 100, 010, 110, 001, 101, 011, 111} 또는 $\{x[0], x[4], x[6], x[2], x[1], x[5], x[3], x[7]\}$이고 이 수열이 계산을 위해 사용된다.

일반적인 단계에서 다음을 얻는다.

$$X_{\text{DFT}}[k] = X^e[k] + W_N^k X^o[k] \qquad X_{\text{DFT}}\left[k + \frac{N}{2}\right] = X^e[k] - W_N^k X^o[k] \tag{8.60}$$

그림 8.19는 이 나비 구조를 보여준다.

주파수 데시메이션 알고리즘에서처럼 각 단계에서 파문 인자 W^t는 각 나비의 아래쪽 날개에서만 나타난다. 지수 t 또한 다음과 같이 정부호(그리고 거의 비슷한) 차수로 정의된다.

1. i번째 단계에서 파문 인자 W^t의 수 P는 $P = 2^{i-1}$이다.

2. 파문 인자 W^t에서 t의 값은 $t = 2^{m-i}Q$, $Q = 0, 1, 2, \ldots, P-1$이다.

$N = 2, 4, 8$에 대한 DIT 알고리즘을 그림 8.20에 나타내었다.

DIF 알고리즘과 DIT 알고리즘에서 기존 순서의 수열을 사용하여 기존 순서의 DFT 결과를 얻을 수 있다. 그러나 계산이 제자리에서 바로 이루어질 수 없기 때문에 더 많은 저장 공간이 필요하다.

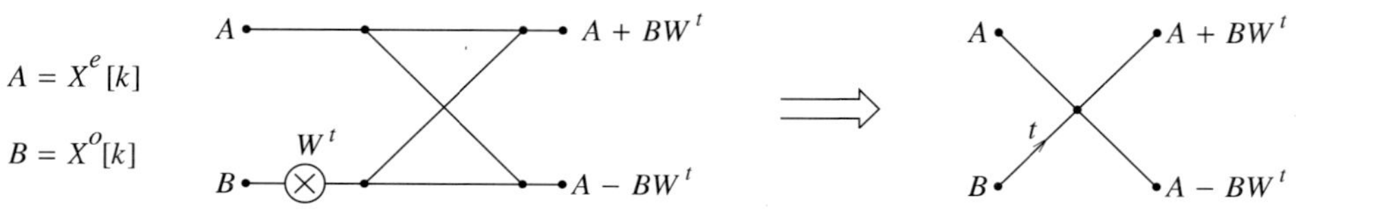

그림 8.19 시간 데시메이션 FFT 알고리즘을 위한 전형적인 나비

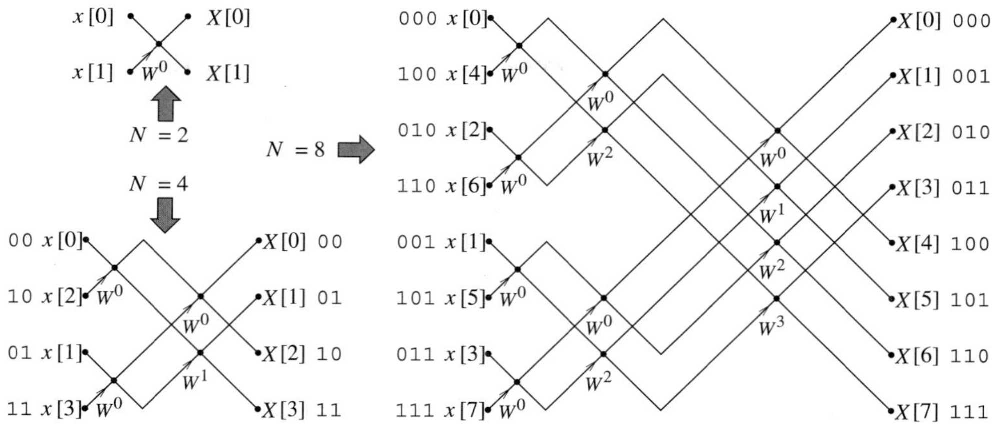

그림 8.20 $N = 2, 4, 8$에 대한 시간 데시메이션 FFT 알고리즘

예제 8.21 4-포인트 시간 데시메이션 FFT 알고리즘

4-포인트 DFT에서 $W_4 = e^{-j\pi/2} = -j$이면

$$X_{\text{DFT}}[k] = \sum_{n=0}^{3} x[n]W_4^{nk}, \qquad k = 0, 1, 2, 3$$

$x[n]$의 짝수 색인된 샘플과 홀수 색인된 샘플로 나누어 다음을 얻는다.

$$X_{\text{DFT}}[k] = X^e[k] + W_4^k X^o[k] \qquad \begin{cases} X^e[k] = x[0] + x[2]W_4^{2k}, \\ X^o[k] = x[1] + x[3]W_4^{2k}, \end{cases} \qquad k = 0, 1, 2, 3$$

주기성을 이용하여 이 결과를 간단히 하면 다음의 결과가 된다.

$$\begin{aligned} X_{\text{DFT}}[k] &= X^e[k] + W_4^k X^o[k] \\ X_{\text{DFT}}[k + \tfrac{1}{2}N] &= X^e[k] - W_4^k X^o[k] \end{aligned} \qquad \begin{cases} X^e[k] = x[0] + x[2]W_4^{2k}, \\ X^o[k] = x[1] + x[3]W_4^{2k}, \end{cases} \qquad k = 0, 1$$

이러한 식은 다음과 같이 $X_{\text{DFT}}[0]$부터 $X_{\text{DFT}}[3]$까지의 식이 된다.

$$\begin{aligned} X_{\text{DFT}}[0] &= X^e[0] + W_4^0 X^o[0] = x[0] + x[2]W_4^0 + W_4^0\{x[1] + x[3]W_4^0\} \\ X_{\text{DFT}}[1] &= X^e[1] + W_4^1 X^o[1] = x[0] + x[2]W_4^2 + W_4^1\{x[1] + x[3]W_4^2\} \\ X_{\text{DFT}}[2] &= X^e[0] - W_4^0 X^o[0] = x[0] + x[2]W_4^0 - W_4^0\{x[1] + x[3]W_4^0\} \\ X_{\text{DFT}}[3] &= X^e[1] - W_4^1 X^o[1] = x[0] + x[2]W_4^2 - W_4^1\{x[1] + x[3]W_4^2\} \end{aligned}$$

$W_4^0 = 1,\ W_4^1 = W_4 = 1,\ W_4^2 = -1$을 사용하여 간단히 하면 다음을 얻는다.

$$\begin{aligned} X_{\text{DFT}}[0] &= x[0] + x[2] + x[1] + x[3] & X_{\text{DFT}}[1] &= x[0] - x[2] + W_4\{x[1] - x[3]\} \\ X_{\text{DFT}}[2] &= x[0] + x[2] - \{x[1] + x[3]\} & X_{\text{DFT}}[3] &= x[0] - x[2] - W_4\{x[1] - x[3]\} \end{aligned}$$

8.14.4 계산 비용

DIF와 DIT N-포인트 FFT 알고리즘은 $m = \log_2 N$의 단계와 단계당 $0.5N$개의 나비를 포함하고 있다. 따라서 FFT 계산은 $0.5mN = 0.5N\log_2 N$번의 복소수 곱셈과 $mN = N\log_2 N$번의 복소수 덧셈이 필요하게 된다. 표 8.7은 $N = 2^m$일 때 DFT와 FFT의 모든 연산에 있어서 계산량 비교를 보여준다. 그러나 곱셈은 상당히 많은 계산시간이 필요하다.

N이 작을 때 $0.5\log_2 N$과 N^2은 차이가 많이 나지 않는 것처럼 보인다. 예를 들어 $N = 16$일 때 $0.5N\log_2 N = 64$와 $N^2 = 256$이다. 하지만 N이 커지면 차이는 엄청나게 커진다. $N = 1024 = 2^{10}$일 때 $0.5N\log_2 N \approx 5000$이고 $N^2 \approx 10^6$이다. 이것은 FFT가 1분에 처리할 것을 DFT는 3시간이 걸린다는 것이다. $N\log_2 N$은 N이 커지면 거의 선형적이지만 N^2은 훨씬 빨라 제곱의 형태로 증가함을 주목하라.

DFT 관계에서 W^0 또는 1인 인자가 N개 있으므로, $N^2 - N$번의 복소수 곱셈만 필요로 하게 된다. FFT 알고리즘에서는 값이 1인 인자의 수가 각 단계에서 배로(또는 절반으로) 되며 $1 + 2 + 2^2 + \ldots + 2^{m-1} = 2^m - 1 = N - 1$로 주어진다. 따라서 실제로는 FFT를 위해 단지 $0.5N\log_2 N - (N - 1)$번의 복소수 곱셈이 필요하다. DFT는 N^2개의 W^k 값이 필요하지만 FFT는 각 단계에서 고작 N개의 그런 값들이 필요하다. W^k의 주기성에 의해, 이들 값 중 약 $\frac{3}{4}N$만이 다르다. 한 번 계산되면 그들은 저장되고 다시 사용된다. 그러나 N이 큰 경우는 비교에 거의 영향을 끼치지 않는다. 컴퓨터는 실수 계산을 사용하기 때문에, 실수 연산의 수는 한 번의 복소수 덧셈은 두 번의 실수 덧셈으로, 한 번의 복소수 곱셈은 $(A + jB)(C + jD) = AC - BD + jBC + jAD$이므로 네 번의 실수 곱셈과 세 번의 실수 덧셈으로 계산하여 구할 수 있다.

고속 컨벌루션의 속도

두 N-샘플 신호에 대한 컨벌루션을 직접 계산하면 N^2번의 복소수 곱셈이 필요하다. FFT 방법은 길이 $2N$인 수열에 작용한다. 포함된 복소수 곱셈의 수는 두 수열의 FFT를 구하기 위해 $2N\log_2 2N$이고, 곱의 수열을 구성하기 위해 $2N$, 컨벌루션의 결과가 되는 IFFT 수열을 구하기 위해 $N\log_2 N$이다. 그러므로 $3N\log_2 2N + 2N$번의 복소수 곱셈을 필요로 한다. 만약 $N = 2^m$이면 FFT 방법이 $m > 5(N > 32)$ 정도일 때만 계산적으로 우수하게 된다.

표 8.7 DFT와 FFT의 계산 비용

특징	N-포인트 DFT	N-포인트 FFT
알고리즘	N개의 미지수를 갖는 N개 방정식의 해	$0.5N$개의 나비/단계, m단계 총 나비 수 $= 0.5mN$
곱셈	방정식당 N번	나비당 한 번
덧셈	방정식당 $N - 1$번	나비당 두 번
총 곱셈	N^2	$0.5mN = 0.5N\log_2 N$
총 덧셈	$N(N - 1)$	$mN = N\log_2 N$

8.15 왜 DFT와 IDFT의 길이가 동등할까?

N-샘플 이산시간 신호 $x[n]$의 DTFT가 다음과 같이 주어진다.

$$X_p(F) = \sum_{n=0}^{N-1} x[n]e^{-j2\pi nF} \tag{8.61}$$

만약 한 주기에서 M 간격으로 디지털 주파수 F를 샘플링하면, 주파수 간격 F_0는 $1/M$이고 $F \to kF_0 = \frac{k}{M}, k = 0, 1, \ldots, M-1$이며 다음을 얻는다.

$$X_{\text{DFT}}[k] = \sum_{n=0}^{N-1} x[n]e^{-j2\pi nk/M}, \quad k = 0, 1, \ldots, M-1 \tag{8.62}$$

$W_M = e^{-j2\pi/M}$으로, 다음과 같이 쓸 수 있다.

$$X_{\text{DFT}}[k] = \sum_{n=0}^{N-1} x[n]W_M^{nk}, \quad k = 0, 1, \ldots, M-1 \tag{8.63}$$

이는 N개의 미지수를 갖는 M개의 방정식 세트이고 N-샘플 수열 $x[n]$의 M-포인트 DFT를 나타낸다. 이를 다시 행렬 형태로 쓰면 다음과 같다.

$$\mathbf{X} = \mathbf{W}_M\mathbf{x} \tag{8.64}$$

여기서 $\mathbf{X}$는 $M \times 1$ 행렬이고, $\mathbf{x}$는 $N \times 1$ 행렬이며, W_M은 $(M \times N)$ 행렬이다. 이를 다시 표현하면 다음과 같다.

$$\begin{bmatrix} X[0] \\ X[1] \\ X[2] \\ \vdots \\ X[M-1] \end{bmatrix} = \begin{bmatrix} W_M^0 & W_M^0 & W_M^0 & \cdots & W_M^0 \\ W_M^0 & W_M^1 & W_M^2 & \cdots & W_M^{N-1} \\ W_M^0 & W_M^2 & W_M^4 & \cdots & W_M^{2(N-1)} \\ \vdots & \vdots & \vdots & \ddots & \vdots \\ W_M^0 & W_M^{M-1} & W_M^{2(M-1)} & \cdots & W_M^{(N-1)(M-1)} \end{bmatrix} \begin{bmatrix} x[0] \\ x[1] \\ x[2] \\ \vdots \\ x[N-1] \end{bmatrix} \tag{8.65}$$

예제 8.22 3-포인트 수열로부터 4-포인트 DFT

$x[n] = \{\overset{\Downarrow}{1}, 2, 1\}$이라 하자, $N = 3$일 때 이 신호의 DTFT는 다음과 같다.

$$X_p(F) = 1 + 2e^{-j2\pi F} + e^{-j4\pi F} = [2 + 2\cos(2\pi F)]e^{-j2\pi F}$$

$M = 4$를 택하면, $F = k/4, k = 0, 1, 2, 3$이고 다음과 같은 DFT를 얻는다.

$$X_{\text{DFT}}[k] = [2 + 2\cos(2\pi k/4)]e^{-j2\pi k/4}, \quad k = 0, 1, 2, 3 \quad \text{or} \quad X_{\text{DFT}}[k] = \{\overset{\Downarrow}{4}, -j2, 0, j2\}$$

$W_M = e^{-j2\pi/4} = -j$와 행렬 표기법을 이용하면 다음과 같이 $X_{\mathrm{DFT}}[k]$를 구할 수 있다.

$$\begin{bmatrix} X[0] \\ X[1] \\ X[2] \\ X[3] \end{bmatrix} = \begin{bmatrix} W_M^0 & W_M^0 & W_M^0 \\ W_M^0 & W_M^1 & W_M^2 \\ W_M^0 & W_M^2 & W_M^4 \\ W_M^0 & W_M^3 & W_M^6 \end{bmatrix} \begin{bmatrix} x[0] \\ x[1] \\ x[2] \end{bmatrix} = \begin{bmatrix} 1 & 1 & 1 \\ 1 & -j & -1 \\ 1 & -1 & 1 \\ 1 & j & -1 \end{bmatrix} \begin{bmatrix} 1 \\ 2 \\ 3 \end{bmatrix} = \begin{bmatrix} 4 \\ -j2 \\ 0 \\ j2 \end{bmatrix}$$

따라서 이전과 같이 $X_{\mathrm{DFT}}[k] = \{\overset{\Downarrow}{4}, -j2, 0, j2\}$이다.

8.15.1 역 DFT

M-샘플 DFT로부터 어떻게 N-샘플 수열 $x[n]$을 얻을 수 있을까? $N \times 1$ 행렬로 된 $\mathbf{x}$를 구하기 위해 $M \times 1$ 행렬 $\mathbf{X}$와 $N \times M$ 행렬의 곱이 필요할 것이다. 하지만 $(M \times N)$ 행렬이 무엇이고 $M \times N$ 행렬 $\mathbf{W}_M$과 어떤 관계가 있는 것일까? 이를 확인하기 위해서 다음을 상기해 보자.

$$x[n] = \int_0^1 X(F)e^{j2\pi nF}\, dF \tag{8.66}$$

이를 $F = kF_0 = \frac{k}{M}$인 이산 형태로 변환하면 $x[n]$은 주기가 1인 주기성이 되고, 다음의 식을 이용하여 $x[n]$의 N 샘플을 얻는다.

$$x[n] = \frac{1}{M}\sum_{k=0}^{M-1} X_{\mathrm{DFT}}[k]e^{j2\pi nk/M}, \quad n = 0, 1, \ldots, N-1 \tag{8.67}$$

$N < M$에 대해 $x[n]$의 한 주기는 제로 삽입된 M-샘플 수열이다. 하지만 $N > M$일 경우에는 $x[n]$의 한 주기가 주기 M인 N 샘플 수열의 **주기 확장**이다.

지수의 부호와 색인 n과 k의 교환이 $\frac{1}{M}$ 곱하기 $[\mathbf{W}_M^*]^T$인 $N \times M$ 역행렬 $\mathbf{W}_I$를 사용하여 $x[n]$을 구하기 위한 행렬식을 구성할 수 있게 한다. 여기서 $[\mathbf{W}_M^*]^T$는 $M \times N$ DFT 행렬 $\mathbf{W}_M$의 **켤레 전치**(conjugate transpose)이다. 그것과 $X[k]$에 해당하는 $N \times 1$ 행렬과의 곱은 $x[n]$을 위한 $M \times 1$ 행렬이 된다. 그러므로 정행렬과 역행렬의 관계는 다음과 같다.

$$\mathbf{X} = \mathbf{W}_M\mathbf{x} \quad \text{(DFT)} \qquad \mathbf{x} = \mathbf{W}_I\mathbf{X} = \frac{1}{M}[\mathbf{W}_M^*]^T\mathbf{X} \quad \text{(IDFT)} \tag{8.68}$$

이러한 결과는 어떠한 M과 N에 대해서도 유효하다. 흥미로운 결과는 $\mathbf{W}_M$과 $\mathbf{W}_I$의 곱이 $N \times N$ 단위 행렬이라는 사실이다.

예제 8.23 4-포인트 DFT로부터 3-포인트 IDFT

$X_{\mathrm{DFT}}[k] = \{\overset{\Downarrow}{4}, -j2, 0, j2\}$이고 $M = 4$라고 하자.

IDFT 행렬은 다음과 같다.

$$\mathbf{W}_I = \frac{1}{4}\begin{bmatrix} 1 & 1 & 1 \\ 1 & j & -1 \\ 1 & -1 & 1 \\ 1 & -j & -1 \end{bmatrix}^{*T} = \frac{1}{4}\begin{bmatrix} 1 & 1 & 1 & 1 \\ 1 & -j & -1 & j \\ 1 & -1 & 1 & -1 \end{bmatrix}$$

그리고 IDFT를 다음과 같이 얻게 된다.

$$\mathbf{x} = \mathbf{W}_I\mathbf{X} = \frac{1}{4}\begin{bmatrix} 1 & 1 & 1 & 1 \\ 1 & -j & -1 & j \\ 1 & -1 & 1 & -1 \end{bmatrix}\begin{bmatrix} 4 \\ -j2 \\ 0 \\ j2 \end{bmatrix} = \begin{bmatrix} 1 \\ 2 \\ 1 \end{bmatrix}$$

여기서 알아야 할 중요한 점은 $x[n]$은 실제로 $M = 4$인 주기 신호이고, $x[n]$의 한 주기는 제로 삽입된 수열 $\{\overset{\Downarrow}{1}, 2, 1, 0\}$이라는 것이다.

8.15.2 같지 않은 길이가 DFT 결과에 어떤 영향을 미치는가?

비록 N-포인트 수열의 M-포인트 IDFT가 어떠한 M에 대해서도 타당하지만, M의 선택이 IDFT를 통해 얻은 $x[n]$의 특징과 그것의 고유 주기 확장에 영향을 준다.

1. 만약 $M = N$이면, IDFT는 주기성이고 주기는 M이다. 그것의 한 주기는 N-샘플 $x[n]$과 동일하다. DFT 행렬과 IDFT 행렬은 $M \times M$ 정방 행렬이고, 둘 사이에는 전방향과 역방향으로 간단히 역변환할 수 있다.
2. 만약 $M > N$이면, IDFT는 주기성이고 주기는 M이다. 그것의 한 주기는 원래의 N-샘플 $x[n]$에 $M - N$개의 영이 삽입된 것이다. $M > N$을 선택하면 총 M개의 샘플을 갖는 제로 삽입된 $x[n]$을 사용하는 것과 같고 DFT 행렬과 IDFT 행렬 모두 $M \times N$ 정방 행렬이다.
3. 만약 $M < N$이면, IDFT는 주기성이고 주기는 $M < N$이다. 그것의 한 주기는 N-샘플 $x[n]$의 주기 확장이고 주기는 M이다. 그러므로 그것은 M개의 샘플 이후에 겹쳐진 $x[n]$에 해당하는 신호가 되고 원래의 $x[n]$을 복원할 수 없다.

예제 8.24 주기 확장의 중요성

$x[n] = \{\overset{\Downarrow}{1}, 2, 1\}$이라 하면 $N = 3$이다. 이 신호의 DTFT는 다음과 같다.

$$X_p(F) = 1 + 2e^{-j2\pi F} + e^{-j4\pi F} = [2 + 2\cos(2\pi F)]e^{-j2\pi F}$$

M 간격으로 $X_p(F)$를 샘플링하여 IDFT $y[n]$을 구하면 어떻게 될까?

(a) $M = 3$인 경우, $y[n] = \{\overset{\Downarrow}{1}, 2, 1\} = x[n]$을 얻어야만 된다. 한번 구해 보자.

$M = 3$이므로 $k = 0, 1, 2$에 대하여 $F = k/3$이며 $X_{\rm DFT}[k]$는 다음과 같이 된다.

$$X_{\rm DFT}[k] = [2 + 2\cos(2k\pi/3)]e^{-j2k\pi/3} = \left\{\overset{\Downarrow}{4}, -\frac{1}{2} - j\sqrt{\frac{3}{4}}, -\frac{1}{2} + j\sqrt{\frac{3}{4}}\right\}$$

또한 $\mathbf{W}_I$를 구하고 IDFT $\mathbf{x} = \mathbf{W}_I\mathbf{X}$는 다음과 같다.

$$\mathbf{W}_I = \frac{1}{3}\begin{bmatrix} W_M^0 & W_M^0 & W_M^0 \\ W_M^0 & W_M^1 & W_M^2 \\ W_M^0 & W_M^2 & W_M^4 \end{bmatrix}^{*T} = \frac{1}{3}\begin{bmatrix} 1 & 1 & 1 \\ 1 & -\frac{1}{2} + j\sqrt{\frac{3}{4}} & -\frac{1}{2} - j\sqrt{\frac{3}{4}} \\ 1 & -\frac{1}{2} - j\sqrt{\frac{3}{4}} & -\frac{1}{2} + j\sqrt{\frac{3}{4}} \end{bmatrix}$$

$$\mathbf{x} = \mathbf{W}_I\mathbf{X} = \frac{1}{3}\begin{bmatrix} 1 & 1 & 1 \\ 1 & -\frac{1}{2} + j\sqrt{\frac{3}{4}} & -\frac{1}{2} - j\sqrt{\frac{3}{4}} \\ 1 & -\frac{1}{2} - j\sqrt{\frac{3}{4}} & -\frac{1}{2} + j\sqrt{\frac{3}{4}} \end{bmatrix}\begin{bmatrix} 4 \\ -\frac{1}{2} - j\sqrt{\frac{3}{4}} \\ -\frac{1}{2} + j\sqrt{\frac{3}{4}} \end{bmatrix} = \begin{bmatrix} 1 \\ 2 \\ 1 \end{bmatrix}$$

이 결과는 주기성이고 $M = 3$이며 한 주기가 $x[n]$과 동일하다.

(b) $M = 4$인 경우, $x[n]$의 제로 삽입된 버전에 해당하는 새로운 수열 $y[n] = \{\overset{\Downarrow}{1}, 2, 1, 0\}$을 얻게 된다.

(c) $M = 2$인 경우, 주기 2인 $x[n]$의 주기 확장에 해당하는 새로운 수열 $z[n] = \{\overset{\Downarrow}{2}, 2\}$를 얻게 된다. $M = 2$이고 $k = 0, 1$이면, $Z_{\rm DFT}[k] = [2 + 2\cos(\pi k)]e^{-jk\pi} = \{\overset{\Downarrow}{4}, 0\}$이다. $e^{-j2\pi/M} = e^{-j\pi} = -1$이므로, 다음과 같이 정의로부터 직접 IDFT $z[n]$을 구할 수 있다.

$$z[0] = 0.5\{X_{\rm DFT}[0] + X_{\rm DFT}[1]\} = 2 \qquad z[1] = 0.5\{X_{\rm DFT}[0] - X_{\rm DFT}[1]\} = 2$$

수열 $z[n] = \{\overset{\Downarrow}{2}, 2\}$는 주기성이고 $M = 2$이다. 예상한 대로, 이것은 $x[n] = \{\overset{\Downarrow}{1}, 2, 1\}$의 주기 확장의 한 주기(두 샘플 뒤에 겹쳐서)와 동일하다.

8.16 연습문제

8.1 **(DFT의 정의)** 다음 신호들의 DFT와 DFS를 계산하라.

(a) $x[n] = \{1, 2, 1, 2\}$ **(b)** $x[n] = \{2, 1, 3, 0, 4\}$

(c) $x[n] = \{2, 2, 2, 2\}$ **(d)** $x[n] = \{1, 0, 0, 0, 0, 0, 0, 0\}$

[**힌트:** 색인 $k \le \frac{N}{2}$에서만 DFT를 구하고 $k = \frac{N}{2}$에서는 켤레 대칭을 이용하고 나머지를 구하기 위해 $X_{\rm DFT}[N-k] = X^*_{\rm DFT}[k]$를 이용하라.]

8.2 **(DFT의 정의)** 다음 신호들의 N-포인트 DFT를 계산하기 위해 정의관계를 이용하라.

(a) $x[n] = \delta[n],\ 0 \le n \le N-1$

(b) $x[n] = \alpha^n,\ 0 \le n \le N-1$

(c) $x[n] = e^{j\pi n/N},\ 0 \le n \le N-1$

8.3 **(IDFT의 정의)** 다음 신호들의 IDFT를 구하라.

(a) $X_{\text{DFT}}[k] = \{2, -j, 0, j\}$ **(b)** $X_{\text{DFT}}[k] = \{4, -1, 1, 1, -1\}$

(c) $X_{\text{DFT}}[k] = \{1, 2, 1, 2\}$ **(d)** $X_{\text{DFT}}[k] = \{1, 0, 0, j, 0, -j, 0, 0\}$

[**힌트:** 각 DFT는 $k = \frac{N}{2}$에서 켤레 대칭이므로, $x[n]$은 실수여야 한다. (b)와 (c)에서 DFT는 역시 실수이므로, $x[n]$은 $k = \frac{N}{2}$에서 켤레 대칭을 갖는다.]

8.4 **(대칭)** 각 실수 수열의 DFT를 위해 박스 안의 값들을 계산하라.

(a) $X_{\text{DFT}}[k] = \left\{0, \boxed{X_1}, 2+j, -1, \boxed{X_4}, j\right\}$

(b) $X_{\text{DFT}}[k] = \left\{1, 2, \boxed{X_2}, \boxed{X_3}, 0, 1-j, -2, \boxed{X_7}\right\}$

[**힌트:** 실수 신호의 DFT는 $k = \frac{N}{2}$에서 켤레 대칭이다.]

8.5 **(특성)** $x[n]$의 DFT는 $X_{\text{DFT}}[k] = \{1, 2, 3, 4\}$이다. DFT 특성을 이용하여 다음 수열들의 DFT를 구하라.

(a) $y[n] = x[n-2]$ **(b)** $f[n] = x[n+6]$ **(c)** $g[n] = x[n+1]$

(d) $h[n] = e^{jn\pi/2}x[n]$ **(e)** $p[n] = x[n] \circledast x[n]$ **(f)** $q[n] = x^2[n]$

(g) $r[n] = x[-n]$ **(h)** $s[n] = x^*[n]$ **(i)** $v[n] = x^2[-n]$

[**힌트:** (a)~(c)에서는 이동 특성을 이용하라. (d)에서는 DFT의 원형 이동 특성을 이용하라. (e)에서는 DFT 값을 제곱하라. (f)에서는 주기 컨벌루션을 N으로 나누어라. (g)에서는 DFT를 반전시키고 $k = 0$에서 샘플을 얻기 위해 주기 확장하라. (h)에서는 (g)의 결과를 켤레화하라.]

8.6 **(특성)** $X_{\text{DFT}}[k]$를 어떤 실수 신호의 N-포인트 DFT라 하자. 몇 개의 DFT 샘플이 실수가 되며, 그들의 색인 k는 무엇인가?

[**힌트:** 켤레 대칭의 개념을 이용하고 홀수 N과 짝수 N의 경우를 분리하여 생각하라. 홀수 N과 짝수 N에 대해 $k = 0$과 $k = \frac{N}{2}$에서 DFT를 확인하라.]

8.7 **(특성)** $X_{\text{DFT}}[k]$를 (아마도 복소수) 신호 $x[n]$의 N-포인트 DFT라 하자. 다음의 $X_{\text{DFT}}[k]$에 대한 $x[n]$의 대칭에 대해 설명하라.

(a) 켤레 대칭

(b) 실수이지만 대칭이 아님

(c) 실수이고 우대칭

(d) 실수이고 기대칭

(e) 허수이고 기대칭

8.8 **(특성)** 다음의 DFT 쌍을 위해 박스 안의 값들을 계산하라.

(a) $\{\boxed{x_0}, 3, -4, 0, 2\} \Longleftrightarrow \{5, \boxed{X_1}, -1.28 - j4.39, \boxed{X_3}, 8.78 - j1.4\}$
(b) $\{\boxed{x_0}, 3, -4, 2, 0, 1\} \Longleftrightarrow \{4, \boxed{X_1}, 4 - j5.2, \boxed{X_3}, \boxed{X_4}, 4 - j1.73\}$

[**힌트:** 켤레 대칭을 이용하라. (a)에서는 x_0를 구하기 위해 $x[0] = \sum X_{DFT}[k]$를 이용하라. (b)에서는 X_3를 구하기 위해 $X_{DFT}[0] = \sum x[n]$(혹은 파서발 정리)을 이용하라.]

8.9 **(특성)** $x[n] = \{\overset{\Downarrow}{1}, -2, 3, -4, 5, -6\}$이다. DFT $X_{DFT}[k]$를 계산하지 말고 다음 값들을 구하라.

(a) $X[0]$ **(b)** $\sum_{k=0}^{5} X[k]$ **(c)** $X[3]$ **(d)** $\sum_{k=0}^{5} |X[k]|^2$ **(e)** $\sum_{k=0}^{5} (-1)^k X[k]$

[**힌트:** (a)에서는 $X_{DFT}[0] = \sum x[n]$을 이용하라. (b)에서는 $\sum X_{DFT}[k] = Nx[0]$을 이용하라. (c)에서는 $X_{DFT}[\frac{N}{2}] = \sum(-1)^n x[n]$을 이용하라. (d)에서는 파서발의 관계를 이용하라. (e)에서는 $\sum(-1)^k X_{DFT}[k] = Nx[\frac{N}{2}]$을 이용하라.]

8.10 **(DFT 계산)** 다음 신호들에 대해 각각 N-포인트 DFT를 구하라.

(a) $x[n] = \delta[n]$
(b) $x[n] = \delta[n - K],\ K < N$
(c) $x[n] = \delta[n - 0.5N]$ (N even)
(d) $x[n] = \delta[n - 0.5(N - 1)]$
(e) $x[n] = 1$
(f) $x[n] = \delta[n - 0.5(N - 1)] + \delta[n - 0.5(N + 1)]$
(g) $x[n] = (-1)^n$ (N even)
(h) $x[n] = e^{j4n\pi/N}$
(i) $x[n] = \cos(\frac{4n\pi}{N})$
(j) $x[n] = \cos(\frac{4n\pi}{N} + 0.25\pi)$

[**힌트:** (a)에서 DFT는 N개의 단위 샘플을 갖는다. (b), (c), (d), (f)에서는 이 결과와 함께 이동 특성을 이용하라. (e)에서 $X_{DFT}[0]$만 0이 아니다. (g)에서 $(-1)^n = \cos(n\pi)$이다. (h)에서는 (e)의 결과에 주파수 이동 특성을 이용하라. (i)와 (j)에서 $F_0 = \frac{2}{N}$이고 DFT는 $k = 2, N - 2$에서 진폭 $0.5Ne^{j\pm\theta}$인 임펄스의 쌍이다.]

8.11 **(특성)** 신호 $x[n]$의 DFT는 $X_{DFT}[k]$이다. 만일 이의 켤레 $Y_{DFT}[k] = X^*_{DFT}[k]$를 이용하고, 이의 DFT를 $y[n]$으로 얻는다면, $x[n]$과 관련하여 $y[n]$은 얼마인가?
[**힌트:** 전형적인 DFT 항은 $Ae^{j\theta}$이다. 이의 IDFT는 $\frac{1}{N}Ae^{j\theta}e^{j\phi}$(여기서 $\phi = \frac{2nk\pi}{N}$)의 형태가 된다. 유사하게, 켤레화된 DFT 수열의 DFT를 조사하고 비교하라.]

8.12 **(특성)** $X[k] = \{\overset{\Downarrow}{1}, -2, 1 - j, j2, 0, \ldots\}$은 실수 신호 $x[n]$의 8-포인트 DFT이다.

(a) 완전한 형태의 $X[k]$를 구하라.

(b) 신호 $y[n] = (-1)^n x[n]$의 DFT $Y[k]$를 구하라.

(c) 제로 보간된 신호 $g[n] = x[n/2]$의 DFT $G[k]$를 구하라.

(d) $x[n]$의 3중 복제를 통해 구해진 $h[n] = \{x[n], x[n], x[n]\}$의 DFT $H[k]$를 구하라.

[**힌트:** (b)에서 $(-1)^n x[n] \Leftrightarrow X[k - \frac{N}{2}]$이고, 원형 이동을 이용하라. (c)에서는 DFT를 복제하라. (d)에서 $3X[k/3]$을 위해 $X[k]$를 제로 보간하라(각 DFT 샘플 이후에 두 개의 0 삽입).]

8.13 **(복제와 제로 보간)** $x[n]$의 DFT는 $X_{DFT}[k] = \{1, 2, 3, 4, 5\}$이다.

(a) 복제된 신호 $y[n] = \{x[n], x[n]\}$의 DFT를 구하라.

(b) 복제된 신호 $f[n] = \{x[n], x[n], x[n]\}$의 DFT를 구하라.

(c) 제로 보간된 신호 $g[n] = x[n/2]$의 DFT를 구하라.

(d) 제로 보간된 신호 $h[n] = x[n/3]$의 DFT를 구하라.

[**힌트:** (a)에서는 각 DFT 샘플 이후에 영을 삽입하라. (b)에서 각 DFT 샘플 이후에 두 개의 영을 삽입하라. (b)와 (c)에서는 복제에 의해 DFT 길이를 두 배 혹은 세 배로 하라.]

8.14 **(순수 정현파의 DFT)** 신호 $x(t) = \sin(2\pi f_0 t + \frac{\pi}{3})$를 $t = 0$부터 샘플링하여 다음을 취득한다면 각각의 DFT를 구하라(다른 어떤 DFT 계산 없이).

(a) 1주기 4 샘플 **(b)** 2주기 8 샘플

(c) 1주기 8 샘플 **(d)** 3주기 18 샘플

(e) 5주기 8 샘플 **(f)** 10주기 16 샘플

[**힌트:** 나이퀴스트율은 한 주기당 두 개의 샘플을 취한다. 디지털 주기를 $F_0 = \frac{k_0}{N}$로 설정하라. $x[n] = A\cos(2\pi F_0 n + \theta)$의 N-포인트 DFT는 영이 아닌 샘플들의 쌍이고, $k = k_0$에서 $0.5Ae^{j\theta}$, $k = N - k_0$에서 $0.5Ae^{-j\theta}$이다(다른 모든 샘플은 영이다).]

8.15 **(정현파의 DFT)** 다음 신호들은 $t = 0$부터 샘플링된다. 영이 아닌 DFT 성분의 색인들을 찾고 DFT를 하나의 수열로 적어라.

(a) 누설을 막기 위해 최소의 샘플들을 사용하여 25 Hz로 샘플링된 $x(t) = \cos(4\pi t)$

(b) $N = 15$와 25 Hz로 샘플링된 $x(t) = \cos(20\pi t) + 2\sin(40\pi t)$

(c) 1초 동안 25 Hz로 샘플링된 $x(t) = \sin(10\pi t) + 2\sin(40\pi t)$

(d) 네 주기 동안 0.004초 간격으로 샘플링된 $x(t) = \sin(40\pi t) + 2\sin(60\pi t)$

[**힌트:** $F_0 = \frac{k_0}{N}$라 하자. $x[n] = A\cos(2\pi F_0 n + \theta)$의 N-포인트 DFT는 영이 아닌 샘플들의 쌍이고, $k = k_0$에서 $0.5Ae^{j\theta}$, $k = N - k_0$에서 $0.5Ae^{-j\theta}$이다(다른 모든 샘플은 영이다).]

8.16 **(엘리어싱과 누설)** 다음 신호들은 샘플링되고, 샘플링된 신호의 DFT를 얻는다. 어떤 경우에서 누설의 효과가 나타나는가?

(a) 2주기 동안 400 Hz로 샘플링되는 100 Hz 정현파

(b) 4주기 동안 70 Hz로 샘플링되는 100 Hz 정현파

(c) 10개 샘플을 이용하여 400 Hz로 샘플링되는 100 Hz 정현파

(d) 2.5주기 동안 70 Hz로 샘플링되는 100 Hz 정현파

(e) 100 ms 동안 450 Hz로 샘플링되는 100 Hz와 150 Hz 정현파의 합

(f) 130 ms 주기 동안 450 Hz로 샘플링되는 100 Hz와 150 Hz 정현파의 합

[**힌트:** 정수의 주기로 샘플링하지 않으면 누설이 발생한다. 만일 $F_0 = \frac{k}{N}$(단, k는 정수)인 경우, k 전체 주기 동안 샘플링한다면 누설을 피할 수 있다(N 샘플들을 얻기 위해).]

8.17 **(DFT 개념)** 신호 $x(t) = \cos(150\pi t) + \cos(180\pi t)$는 샘플링되고, DFT를 이용하여 분석된다.

(a) 엘리어싱을 방지하기 위한 최소 샘플링률 $S_{\min}$을 구하라.

(b) 샘플링률이 $S = 2S_{\min}$일 때, 누설을 막기 위한 최소 샘플 수 $N_{\min}$을 구하라.

(c) 샘플링률이 $S = 2S_{\min}$이고 $N = 3N_{\min}$일 때, 샘플링된 신호의 DFT를 구하라.

(d) $S = 160$ Hz, $N = 256$일 때, DFT의 스펙트럼 최고점은 어디인가? 누설이 나타나는가?

[**힌트:** (b)에서 $N_{\min} = \text{LCM}(N_1, N_2)$이다. 여기서 N_1과 N_2는 각각의 주기이다. (c)에서 영이 아닌 DFT 샘플들은 $k_1, k_2, N_{\min} - k_1, N_{\min} - k_2$에서 나타나며, $F_1 = \frac{k_1}{N_{\min}}$이고 $F_2 = \frac{k_2}{N_{\min}}$이다. (d)에서 형태 $k = Nf_k/S$의 어떤 색인도 정수가 아니면 누설이 발생한다.]

8.18 **(DFT 개념)** 신호 $x(t) = \cos(50\pi t) + \cos(80\pi t)$는 $S = 200$ Hz에서 샘플링된다.

(a) 누설을 막기 위한 샘플들의 최소의 수를 구하라.

(b) $x(t)$가 1초 동안 샘플링될 때, 샘플링된 신호의 DFT를 구하라.

(c) $N = 128$라면, 스펙트럼 최고점의 DFT 색인을 구하라.

[**힌트:** (a)에서 $N_{\min} = \text{LCM}(N_1, N_2)$이다. 단, N_1과 N_2는 각각의 주기이다. (b)에서 영이 아닌 DFT 샘플들은 $k_1, k_2, N_{\min} - k_1, N_{\min} - k_2$에서 발생한다. (c)에서 정수 색인이 $k = Nf_k/S$와 가까울 때, 최고점들이 발생한다.]

8.19 **(DFT 개념)** $x[n] = \cos(2n\pi F_0)$라고 하자.

(a) 이의 N-포인트 DFT를 계산하기 위해 정의관계를 이용하라.

(b) 어떤 F_0 값에서 엘리어싱과/또는 누설이 발생하는가?

(c) $N = 8$이고 $F_0 = 0.25$일 때, DFT를 구하라. 엘리어싱이 발생하는가? 누설이 발생하는가?

(d) $N = 8$이고 $F_0 = 1.25$일 때, DFT를 구하라. 엘리어싱이 발생하는가? 누설이 발생하는가?

(e) $N = 9$이고 $F_0 = 0.2$일 때, DFT를 구하라. 엘리어싱이 발생하는가? 누설이 발생하는가?

[**힌트:** $F_0 < 0.5$일 때는 엘리어싱이 발생하지 않고, $k = NF_0$가 정수일 때는 누설이 발생하지 않는다.]

8.20 **(스펙트럼 간격)** 1 kHz로 아날로그 신호를 샘플링해서 얻은 샘플링된 신호의 500-포인트 DFT에서의 스펙트럼 간격을 구하라.

[**힌트:** 스펙트럼 간격은 $\frac{S}{N}$와 같다.]

8.21 **(스펙트럼 간격)** 1초 동안 50 Hz로 대역제한된 신호를 샘플링하고 샘플링된 신호의 DFT를 계산하고자 한다.

(a) 엘리어싱을 피하기 위한 최소의 샘플링률을 사용할 때 스펙트럼 간격 Δf는 얼마인가? 또한 몇 개의 샘플을 취득하는가?

(b) 엘리어싱을 피하기 위한 최소의 샘플링률을 사용하고 DFT를 사용하면, 간격을 $0.5\Delta f$로 줄이기 위해 몇 개의 삽입 제로가 필요한가?

(c) 엘리어싱을 피하기 위한 최소의 샘플링률을 사용하고 래딕스-2 FFT를 사용하면, 간격을 $0.5\Delta f$로 줄이기 위해 몇 개의 삽입 제로가 필요한가?

[**힌트:** 스펙트럼 간격은 $\frac{S}{N}$이다. 이를 줄이기 위해 제로 삽입을 통해 N을 증가시켜라.]

8.22 **(스펙트럼 간격)** 800 Hz로 신호 $x(t) = \cos(50\pi t) + \sin(200\pi t)$를 샘플링하고, 샘플링된 신호 $x[n]$의 N-포인트 DFT를 구하고자 한다.

(a) $N = 100$이라 하자. 어느 색인들에서 스펙트럼 최고점이 나타날까? $x(t)$의 그 주파수들에서

최고점이 발생하는가?

(b) $N = 128$이라 하자. 어느 색인들에서 스펙트럼 최고점이 나타날까? $x(t)$의 그 주파수들에서 최고점이 발생하는가?

[**힌트:** $k = NF_0 = Nf_0/S$를 구하기 위해 $F_0 = \frac{k}{N}$를 이용하라. 최고점은 정수 k의 주파수에서만 발생한다.]

8.23 **(스펙트럼 간격)** 100 Hz로 신호 $x(t) = \cos(50\pi t) + \sin(80\pi t)$를 샘플링하고, 샘플링된 신호 $x[n]$의 N-포인트 DFT를 구하고자 한다.

(a) $N = 100$이라 하자. 어느 색인들에서 스펙트럼 최고점이 나타날까? $x(t)$의 그 주파수들에서 최고점이 발생하는가?

(b) $N = 128$이라 하자. 어느 색인들에서 스펙트럼 최고점이 나타날까? $x(t)$의 그 주파수들에서 최고점이 발생하는가?

[**힌트:** $k = NF_0 = Nf_0/S$를 구하기 위해 $F_0 = \frac{k}{N}$를 이용하라. 최고점은 k가 정수가 되는 주파수에서만 정확히 발생한다.]

8.24 **(스펙트럼 간격)** 어떤 신호의 N-샘플 DFT로부터 21-Hz 성분을 찾고자 한다. 샘플링률은 100 Hz이고 단지 128개의 신호 샘플들만이 가능하다.

(a) $N = 128$일 때, 21 Hz에서 DFT 성분이 존재하는가? 그렇지 않다면, 21 Hz에 가장 가까운 주파수는 얼마인가? 이 주파수에 대응하는 DFT 색인은 무엇인가?

(b) 모든 샘플이 사용되어야 하고 제로 삽입이 허용된다고 가정하면, 21 Hz에서 DFT 성분이 존재하도록 하는 가장 작은 N 값은 얼마인가? 어떤 DFT 색인에서 21 Hz 성분이 나타나는가?

[**힌트:** $k = NF_0 = Nf_0/S$를 계산하기 위해 $F_0 = \frac{k}{N}$를 이용하라. (a)에서 최고점은 k가 정수가 되는 주파수에서만 정확히 발생한다. (b)에서는 k가 정수가 되는 것처럼 N을 선택하라.]

8.25 **(샘플링 주파수)** 다음 신호들에 대해, $|H(f)|$가 최대의 5%인 주파수로 대역폭 B를, 그리고 $x(t)$가 최대의 1%인 시간으로 신호 구간 D를 임의로 선택해서 샘플링 주파수와 샘플링 구간을 추정하라.

(a) $x(t) = e^{-t}u(t)$ **(b)** $x(t) = te^{-t}u(t)$ **(c)** $x(t) = \text{tri}(t)$

[**힌트:** 먼저 B와 $S > 2B$를 추정하기 위해 $|X(f)| = 0.05|X(f)|_{\max}$로 한다. 다음으로, $x(t)$가 최고점의 1%인 시간 D를 추정하고 $N = SD$(정수로)를 구한다. (b)에서 수치적 추정을 통해 $D = 7.64$초이고, (c)에서 $B \approx 0.81$ Hz이다.]

8.26 **(샘플링 주파수와 스펙트럼 간격)** 전체 신호 에너지 E의 95%를 차지하는 기간 D 동안 신호 $x(t) = e^{-t}u(t)$를 샘플링한 후 신호의 DFT를 구해야 한다고 하자. 샘플링률 S가 다음의 사항을 보장하도록 정해진다면 몇 개의 샘플이 취득되는가?

(a) 첫 복제 때문에 $f = 0.5S$에서 엘리어싱 레벨이 최고 레벨의 1%보다 작다.

(b) $f = 0.5S$ 이후의 엘리어싱된 신호에서 에너지가 전체 신호 에너지의 1%보다 작다.

[**힌트:** 파서발의 관계를 이용하여 $0.95E = \int_0^D e^{-2t}\,dt$라 놓고 D를 추정하라. (b)에서 B를 추정

하기 위해 $|X(f)|_{f=S/2} = 0.01|X(f)|_{\max}$로 놓아라. (c)에서 B를 추정하기 위해 $\int_{-S/2}^{S/2} |X(f)|^2\,df = 0.99E$로 놓아라. $S > 2b$를 이용하여 $N = SD$(정수로)를 계산하라. 여기서 $E = 0.5$이고, $|X(f)|^2 = \frac{1}{1+4\pi^2 f^2}$이다.]

8.27 **(샘플링률과 DFT)** 펄스 $u(t) - u(t-1)$이 주기 $T = 2$인 주기 신호 $x(t)$를 얻기 위해 2초마다 복제된다. 주기 신호는 N개의 샘플을 얻기 위해 한 전주기 동안 샘플링된다. 샘플의 N-포인트 DFT는 신호 $y(t) = A + B\sin(\pi t)$에 해당한다.

(a) 그러한 결과를 얻기 위해 가능한 N 값들은 무엇인가? 각 선택에 대해 A와 B 값을 계산하라.

(b) 래딕스-2 FFT를 이용하여 그러한 결과를 얻기 위해 가능한 N 값들은 무엇인가? 각 선택에 대해 A와 B 값을 계산하라.

(c) 어떤 샘플링률의 선택에서 $y(t)$가 $x(t)$와 동일할 수 있는가?

[**힌트:** DFT는 $k = 0$에서 영이 아닌 샘플을 포함하고 있고, $f_0 = 0.5$ Hz에 해당하는 색인 $\pm k$에서 영이 아닌 허수 샘플들의 쌍 $\pm j0.5$를 포함한다.]

8.28 **(샘플링률과 DFT)** 주기 $T = 2$인 주기 신호 $x(t)$가 N개의 샘플을 얻기 위해 한 전주기 동안 샘플링된다. 샘플들의 N-포인트 DFT로부터 복원된 신호는 $y(t)$이다.

(a) DFT는 누설의 효과를 보이는가?

(b) $N = 8$이라 하자. DFT에서 $x(t)$의 고조파의 수는? $y(t) = x(t)$가 되기 위한 $x(t)$의 제약 조건은 무엇인가?

(c) $N = 12$이라 하자. DFT에서 $x(t)$의 고조파의 수는? $y(t) = x(t)$가 되기 위한 $x(t)$의 제약 조건은 무엇인가?

[**힌트:** 유용한 고조파 수는 $\frac{N-1}{2} - 1$이다. 만약 $y(t) = x(t)$이면, 주기 신호 $x(t)$는 $\frac{N}{2} f_0$로 대역제한되어야 한다.]

8.29 **(주파수 분해능)** $x[n]$의 N개 샘플을 얻기 위해 어떤 신호가 5 kHz로 샘플링된다.

(a) $N = 1000$이라 하자. 샘플링된 신호 $x[n]$의 DFT에서 주파수 분해능은 얼마인가?

(b) $N = 1000$이라 하자. 해닝 윈도잉된 신호의 DFT에서 주파수 분해능은 얼마인가?

(c) 윈도를 사용하지 않을 때, 2 Hz의 주파수 분해능을 갖기 위한 최소의 N 값을 구하라.

(d) 해닝 윈도를 사용할 때, 2 Hz의 주파수 분해능을 갖기 위한 최소의 N 값을 구하라.

[**힌트:** (a)에서 주파수 분해능은 $\Delta f = \frac{S}{N}$이다. (b)에서 $\Delta f = \frac{S}{N}$이며 $C = 2$이다. (c)에서 $N = \frac{S}{\Delta f}$이다. (d)에서 $N = \frac{CS}{\Delta f}$이다.]

8.30 **(컨벌루션과 DFT)** 각각 길이가 12와 20 샘플인 두 수열 $x[n]$과 $h[n]$을 생각하자.

(a) DFT를 이용하여 정규 컨벌루션 $y[n]$을 구하기 위해 $x[n]$과 $h[n]$에 몇 개의 제로 삽입이 필요한가?

(b) 만일 $x[n]$에 8개의 영을 삽입하고, 결과의 20-포인트 수열 $y_p[n]$과 $h[n]$과의 주기 컨벌루션을 구한다면, 어떤 색인들에서 $y[n]$과 $y_p[n]$의 샘플들이 동일한가?

[**힌트:** 동일한 길이 N인 수열들의 주기 컨벌루션은 정규 컨벌루션의 마지막 $N-1$개의 샘플을

겹칠 필요가 있다. 주기 컨벌루션에서 마지막(N번째 샘플)은 왜곡되지 않는다. 만일 정규 컨벌루션의 마지막 L개의 샘플이 영이면, 주기 컨벌루션의 마지막 $L+1$은 왜곡되지 않는다.]

8.31 **(FFT)** DIF FFT 알고리즘을 이용하여 얻은 아래의 역 비트 수열에 해당하는 DFT 수열을 적어라.

(a) $\{1, 2, 3, 4\}$ **(b)** $\{0, -1, 2, -3, 4, -5, 6, -7\}$

8.32 **(FFT)** 다음을 이용하여 $x[n] = \{1, 2, 2, 2, 1, 0, 0, 0\}$의 DFT를 계산하기 위해 중간 노드에서 모든 파문 인자와 값을 보여주는 순서도를 그려라.

(a) 8-포인트 DIF 알고리즘 **(b)** 8-포인트 DIT 알고리즘

8.33 **(스펙트럼 간격과 FFT)** 스펙트럼을 계산하기 위해 1초 동안 그리고 100 Hz로 대역제한된 신호를 샘플링하고자 한다. 스펙트럼 간격은 0.5 Hz를 넘어서는 안 된다. 다음을 사용했을 때 필요한 최소의 샘플 수 N과 실제 스펙트럼 간격 Δf를 구하라.

(a) DFT **(b)** 래딕스-2 FFT

[**힌트:** 스펙트럼 간격은 $\frac{S}{N}$이다. FFT 경우 N은 2의 멱승이다.]

8.34 **(컨벌루션)** 다음을 이용하여 $x[n] = \{\overset{\Downarrow}{1}, 2, 1\}$과 $h[n] = \{\overset{\Downarrow}{1}, 2, 3\}$의 선형 컨벌루션을 구하라.

(a) 시간 영역 컨벌루션 연산

(b) DFT와 제로 삽입

(c) 래딕스-2 FFT와 제로 삽입

[**힌트:** (a)에서 컨벌루션 길이는 $N = 5$이다. (b)에서 각 신호에 $N = 5$로 제로 삽입하고, DFT를 곱하고(각 색인에서) 5-포인트 IDFT를 구하라. (c)에서 $N = 8$로 제로 삽입하라.]

8.35 **(컨벌루션)** 다음을 이용하여 $x[n] = \{\overset{\Downarrow}{1}, 2, 1\}$과 $h[n] = \{\overset{\Downarrow}{1}, 2, 3\}$의 **주기** 컨벌루션을 구하라.

(a) 시간 영역 컨벌루션 연산

(b) DFT 연산. 이 결과가 (a)와 동일한가?

(c) 래딕스-2 FFT와 제로 삽입. 이 결과가 (a)와 동일한가? 그래야만 되는가?

어떠한 방법들이 동일한 결과를 가져오는가? 그 이유는 무엇인가?

[**힌트:** (a)에서 정규 컨벌루션과 랩어라운드를 사용하라. (b)에서 DFT를 곱하고(각 색인에서) 3-포인트 IDFT를 구하라. (c)에서 각 신호에 $N = 4$로 제로 삽입하고, DFT를 곱하고(각 색인에서) 4-포인트 IDFT를 구하라.]

8.36 **(상관)** 다음을 이용하여 $x[n] = \{\overset{\Downarrow}{1}, 2, 1\}$과 $h[n] = \{\overset{\Downarrow}{1}, 2, 3\}$의 **주기** 상관 r_{xh}의 한 주기($n = 0$부터)를 구하라.

(a) 시간 영역 상관 연산

(b) DFT

[**힌트:** (a)에서 원점에서 시작하는 $h[-n]$의 샘플을 얻기 위해 원형 반전과 복제를 이용하라. $x[n] * h[-n]$을 계산하라. (b)에서 DFT를 곱하고(각 색인에서) 3-포인트 IDFT를 구하라. (b)에서 $X_{\text{DFT}}[k]$와 $H^*_{\text{DFT}}[k]$(각 색인에서)를 곱하고 IDFT를 구하라.]

8.37 **(긴 신호의 컨벌루션)** $x[n] = \{\overset{\Downarrow}{1}, 2, 1\}$과 $h[n] = \{\overset{\Downarrow}{1}, 2, 1, 3, 2, 2, 3, 0, 1, 0, 2, 2\}$라고 하자.

(a) 중첩 가산 방법을 이용하여 컨벌루션을 구하라.

(b) 중첩 저장 방법을 이용하여 컨벌루션을 구하라.

(c) 결과들이 $x[n]$과 $h[n]$의 시간 영역 컨벌루션과 동일한가?

[**힌트:** (a)에서 $h[n]$을 3-샘플 세그먼트들로 나누고 $x[n]$과의 컨벌루션을 구하고, 이동하고(0, 3, 6, 9 샘플만큼), 더하라. (b)에서 $h[n]$의 5-샘플 세그먼트들을 생성하는데, 첫 번째는 {0, 0, 1, 2, 1}, 두 번째는 {2, 1, 3, 2, 2} 등, 각 세그먼트에서 2-샘플이 겹친다(필요하다면 5 샘플이 되도록 마지막 세그먼트에 영을 삽입하라). $\{x[n], 0, 0\}$과 주기 컨벌루션을 구하고 각 컨벌루션에서 처음 두 샘플을 버리고 연결하라(같이 묶어라).]

계산과 설계

8.38 **(DFT 특성)** 신호 $x[n] = n + 1, 0 \le n \le 7$이 있다. MATLAB을 이용하여 DFT를 계산하라. DFT 계산을 통해 아래의 특성들을 확인하라.

(a) (원형) 반전 특성을 확인하기 위해 $y[n] = x[-n]$

(b) (원형) 이동 특성을 확인하기 위해 $f[n] = x[n-2]$

(c) 제로 보간 특성을 확인하기 위해 $g[n] = x[n/2]$

(d) 신호 복제 특성을 확인하기 위해 $h[n] = \{x[n], x[n]\}$

(e) 변조 특성을 확인하기 위해 $p[n] = x[n]\cos(0.5n\pi)$

(f) 곱 특성을 확인하기 위해 $r[n] = x^2[n]$

(g) 주기 컨벌루션 특성을 확인하기 위해 $s[n] = x[n] \circledast x[n]$

8.39 **(DFT로부터 IDFT)** 신호 $x[n] = (1 + j)n, 0 \le n \le 9$가 있다.

(a) DFT $X[k]$를 구하라. 수열 $0.1X[k]$의 DFT를 구하라. 결과가 신호 $x[n]$과 관계가 있는가?

(b) 수열 $0.1X^*[k]$의 DFT를 구하라. 결과가 신호 $x[n]$과 관계가 있는가?

(c) DFT 알고리즘만을 이용하여 어떻게 수열의 IDFT를 구할 수 있는지 결과를 통해 설명하라.

8.40 **(분해능)** $f_0 = 100$ Hz에서 신호 $x(t) = A\cos(2\pi f_0 t) + B\cos[2\pi(f_0 + \Delta f)t]$로부터 취득된 신호 샘플들의 래딕스-2 FFT를 계산하고자 한다.

(a) $A = B = 1$이라 하자. 윈도를 사용하지 않을 때, $\Delta f = 2$ Hz의 주파수 분해능을 위해 필요한 최소의 신호 샘플 수 $N_{\min}$은 얼마인가? 해닝 윈도를 사용하려면, 이를 어떻게 바꾸어야 하는가? 블랙먼 윈도의 경우는 어떠한가? 예상을 확인하기 위해 각 경우에 대한 FFT 크기들을 그림으로 나타내어라.

(b) $A = 1, B = 0.02$라고 하자. 윈도를 사용하지 않을 때, $\Delta f = 2$ Hz의 주파수 분해능을 얻을 수 없다는 것에 대해 논하라. 주장을 입증하기 위해 다양한 길이에 대해 FFT 크기를 그림으로 나타내어라. 바틀릿, 해밍, 해닝, 블랙먼 윈도 중 $\Delta f = 2$ Hz의 분해능을 얻을 수 있는 것은 어느 것인가? 어느 것이 최소 샘플 수를 필요로 하는가? 그 이유는 무엇인가? 예상을 확인하기 위해 각각의 적용 가능한 윈도에 대해 FFT 크기를 그림으로 나타내어라.

8.41 **(컨벌루션)** 수열 $x[n] = \{1, 2, 1, 2, 1\}$과 $h[n] = \{1, 2, 3, 3, 5\}$가 있다.

(a) 세 가지 방법으로 정규 컨벌루션을 구하라: 컨벌루션 연산, 제로 삽입과 DFT, 길이 16으로 영을 삽입하고 DFT. 각 연산의 결과들이 어떻게 연관되는가? 제로 삽입의 효과는 무엇인가?

(b) 세 가지 방법으로 주기 컨벌루션을 구하라: 정규 컨벌루션과 랩어라운드, DFT, 길이 16으로 영을 삽입하고 DFT. 각 연산의 결과들이 어떻게 연관되는가? 제로 삽입의 효과는 무엇인가?

8.42 **(컨벌루션)** 신호 $x[n] = 4(0.5)^n, 0 \le n \le 4$와 $h[n] = n, 0 \le n \le 10$이 있다.

(a) MATLAB 루틴 **conv**를 이용하여 정규 컨벌루션 $y[n] = x[n] * h[n]$을 구하라.

(b) 정규 컨벌루션을 얻기 위해 FFT와 IFFT를 이용하라. 여기서 올바른 결과를 얻기 위해 **최소** 길이 N(각 수열에 제로 삽입되어야 하는)을 가정한다.

(c) 각 수열이 길이 $N + 2$로 제로 삽입되면 결과는 어떻게 변하는가?

(d) 각 수열이 길이 $N - 2$로 제로 삽입되면 결과는 어떻게 변하는가?

8.43 **(잡음 섞인 데이터의 FFT)** 256-포인트의 샘플링된 신호 $x[n]$을 얻기 위해 4초 동안 $S = 64$ Hz에서 $f_0 = 8$ Hz로 정현파 $x(t) = \cos(2\pi f_0 t)$를 샘플링하라. 또한 제로 평균을 갖고 균일하게 분포된 잡음 수열 $s[n]$의 256개 샘플을 생성하라.

(a) $x[n]$의 처음 32개 샘플들을 표시하라. 플롯으로부터 주기를 확인할 수 있는가? $x[n]$의 DFT를 계산하고 그림으로 나타내어라. 스펙트럼이 예상과 일치하는가?

(b) 잡음 섞인 신호 $y[n] = x[n] + s[n]$을 생성하고 $y[n]$의 처음 32개 샘플들을 표시하라. 데이터에서 어떤 주기성을 검출했는가? 잡음 섞인 신호 $y[n]$의 DFT를 계산하고 그림으로 나타내어라. 스펙트럼으로부터 주기 성분의 주파수와 크기를 확인할 수 있는가? 예상과 일치하는가?

(c) 잡음 섞인 신호 $z[n] = x[n]s[n]$을 생성하고(요소별 곱에 의해) $z[n]$의 처음 32개 샘플들을 표시하라. 데이터에서 어떤 주기성을 검출했는가? 잡음 섞인 신호 $z[n]$의 DFT를 계산하고 그림으로 나타내어라. 스펙트럼으로부터 주기 성분의 주파수를 확인할 수 있는가?

8.44 **(잡음 섞인 ECG 신호 필터링: I)** 녹음하는 동안, 심전도(ECG: electrocardiogram) 신호는 300 Hz로 샘플링되고, 60 Hz 잡음에 의해 왜곡된다. 원 신호와 왜곡된 신호(600개의 샘플)의 두 비트들이 **ecgo**와 **ecg**로 저자의 웹 페이지에서 제공된다. MATLAB에서 이 신호들을 읽어라(예를 들어, 명령 **load ecgo**를 이용하라). 60 Hz 잡음을 제거하기 위한 노력으로, 다음의 단계들을 구현하기 위한 하나의 필터로 DFT를 사용하라.

(a) 왜곡된 ECG 신호의 600-포인트 DFT를 계산하라(플롯은 하지 마라).

(b) 손으로 60 Hz 신호에 해당하는 DFT 색인을 계산하라.

(c) 60 Hz 신호에 해당하는 DFT 성분들을 제거하라.

(d) 필터링된 ECG를 얻기 위해 IDFT를 취하고, 원 신호와 필터링된 신호를 표시하라.

(e) 원 신호와 필터링된 신호의 DFT를 표시하고 차이점에 대해 설명하라.

(f) 60 Hz 간섭을 제거하는 데 DFT가 효과적인가?

8.45 **(잡음 섞인 ECG 신호 필터링: II)** 위 문제에 계속하여, 저자의 웹 페이지에 **ecgo**와 **ecg**로 제공

된 600개의 샘플을 가지고 300 Hz로 샘플링된 원 신호와 왜곡된 신호를 읽어라(예를 들어, 명령 **load ecgo**를 이용하라). 각 신호를 512개의 샘플이 되게 절단하라. 60 Hz 잡음을 제거하기 위한 노력으로, 다음 단계들을 구현하기 위한 하나의 필터로 DFT를 사용하라.

(a) 왜곡된 ECG 신호의 512-포인트 DFT를 계산하라(플롯은 하지 마라).

(b) 60 Hz에 가장 가까운 DFT 색인들을 계산하고, 이들 색인에서 DFT를 제거하라.

(c) 필터링된 ECG를 얻기 위해 IDFT를 취하고, 원 신호와 필터링된 신호를 표시하라.

(d) 원 신호와 필터링된 ECG 신호의 DFT를 표시하고 차이점에 대해 설명하라.

(e) DFT는 60 Hz 간섭 제거에 효과적이지 않다. 그 이유는 무엇인가?

(f) DFT 플롯에서, 결과를 향상시키기 위한 방법을 제시하고 구현하라(예를 들어, 60 Hz 주위에서 DFT의 더 많은 부분을 제거하여).

8.46 **(메시지 복호화)** 전송 중, 메시지 신호는 저주파 신호와 고주파 잡음에 의해 왜곡된다. 메시지는 오직 시간 영역에서만 복호화될 수 있다. 왜곡된 신호는 저자의 웹 페이지에서 **mystery1**으로 제공된다. 이 신호를 MATLAB으로 읽어라(명령 **load mystery1**을 이용하라). 메시지를 복호화하기 위한 노력으로, 다음 단계들을 구현하기 위해 하나의 필터로 DFT를 이용하고, 복호화된 메시지가 무엇인지를 결정하라.

(a) 왜곡된 신호를 표시하라. 메시지를 '읽을' 수 있는가?

(b) 메시지 스펙트럼의 범위를 확인하기 위해 신호의 DFT를 취하라.

(c) 저주파 신호에 해당하는 DFT 성분을 제거하라.

(d) 고주파 잡음에 해당하는 DFT 성분을 제거하라.

(e) 필터링된 신호를 얻기 위해 IDFT를 취하고, 메시지를 복호화하기 위해 그것을 표시하라.

8.47 **(스펙트럼 추정)** FFT는 다양한 신호의 스펙트럼 추정, 잡음에 숨겨진 주기 성분 검출, 혹은 장기간의 경향 검출들에 널리 사용된다. 예를 들면, 월 강수량 데이터는 주기성을 보이는 경향이 있다(1년 주기로). 그러나 장기간 동안 삼림 벌채 및 토양 침식들로 인해 오랜 시간에 걸쳐 강수량이 줄어들 수 있다. 이러한 장기간의 경향들은 데이터에 있는 주기성에 의해 종종 차단되며 주기 성분들이 먼저 제거(필터링)되어야만 관측될 수 있다.

(a) 신호 $x[n] = 0.01n + \sin(n\pi/6),\ 0 \le n \le 500$을 생성하고, 월 강수량 데이터를 모의실험하기 위해 임의의 잡음을 추가하라. 데이터의 플롯으로부터 어떤 주기성 또는 장기간의 경향을 관찰할 수 있는가?

(b) 강수량 데이터의 FFT를 구하라. FFT 크기 스펙트럼으로부터 주기 성분을 확인할 수 있는가?

(c) 강수량 데이터에서 주기 성분을 제거하기 위한 노치 필터를 설계하라. $x[n]$으로부터 제거될 주파수를 확인할 수도 있다(FFT로부터 그것을 확인할 수 없다면). 설계된 필터를 이용하여 강수량 데이터를 필터링하고 필터링된 데이터를 그림으로 나타내어라. 필터링된 데이터에서 어떤 주기성을 관찰할 수 있는가? 플롯으로부터 어떤 장기간의 경향을 찾을 수 있는가?

(d) 장기간의 경향을 검출하기 위해, 이동평균 필터를 통해 필터링된 데이터를 통과시켜라. 다른 길이에 대해 실험하라. 필터링된 데이터의 평균이 장기간의 경향을 보이는가? 경향의 정량

화를 어떻게 할지에 대해 설명하라.

8.48 **(필터로서의 FFT)** $x(t) = \cos(100\pi t) + \cos(120\pi t)$

위의 신호로부터 $S = 500$ Hz로 $x(t)$를 샘플링하고 $f_C = 55$ Hz의 차단 주파수를 갖는 저역통과 필터를 통해 샘플링된 신호 $x[n]$을 통과시켜 60-Hz 간섭을 필터링하고자 한다. 필터링된 신호의 N-포인트 FFT는 색인 $M = \text{int}(Nf_C/S)$와 $N - M$ 사이(f_C와 $S - f_C$ 사이의 주파수에 해당)에 있는 샘플링된 신호의 FFT $X[k]$를 간단하게 제거함으로써 얻을 수 있다. 이는 $X[k]$와 다음과 같은 형태의 **필터 함수** $H[k]$와의 곱과 완전히 동일하다.

$$H[k] = \{\,1,\ (M\text{개의 영}),\ \ (N - 2M - 1\text{개의 영}),\ (M\text{개의 영})\}$$

필터링된 신호의 FFT는 $Y[k] = X[k]H[k]$와 같고, 필터링된 신호 $y[n]$은 그것의 IFFT를 계산함으로써 얻을 수 있다.

(a) 두 주파수를 결정하는 데 필요한 최소의 N 값으로 시작하고, 샘플링된 신호 $x[n]$, 그것의 FFT $X[k]$, 필터 함수 $H[k]$, 필터링된 신호의 FFT인 $Y[k] = X[k]H[k]$, 그리고 그것의 IFFT $y[n]$을 연속적으로 생성하라. $X[k]$와 $Y[k]$를 같이 그림으로 나타내고, $x[n]$과 $y[n]$을 같이 나타내어라. 60 Hz 신호는 완전히 차단되는가? 필터링은 효율적인가?

(b) 여러 번 N의 값을 두 배로 하고, 각 경우에 대해 (a)에서 요구한 계산과 플롯을 반복하라. 필터링에서 눈에 띄게 향상되었는가?

(c) $h[n] = \text{IFFT}\{H[k]\}$로 표현되는 필터는 주파수 응답 $H(F)$가 오직 N 포인트에서만 N-포인트 FFT $H[k]$와 대응되기 때문에 아주 유용하지는 못하다. 이를 확인하기 위해, (a)로부터 $h[n]$의 값을 선택하고, MATLAB 루틴을 이용하여 $0 \le F \le 1$ 범위의 N 포인트에서 $h[n]$의 DTFT $H(F)$를 계산하고, $|H(F)|$와 $H[k]$를 겹쳐서 그림으로 나타내어라. $H(F)$는 $H[k]$와 어떻게 다른가? $0 \le F \le 1$ 범위의 $4N$ 포인트에서 $H(F)$를 계산하고, $|H(F)|$와 $H[k]$를 겹쳐서 그림으로 나타내어라. $H(F)$는 $H[k]$와 어떻게 다른가? 차이점의 이유는 무엇인가? N을 증가시켜 차이점을 줄일 수 있는가? 만일 그렇지 않다면, 어떻게 차이를 최소화할 수 있는가? (이것이 주파수 샘플링 필터의 문제이다.)

8.49 **(대역제한 보간)** 대역제한된 신호 $x(t) = \sin(200\pi t)$가 있다.

(a) $N = 4$개의 샘플을 갖는 샘플링된 신호 $x[n]$을 얻기 위해 $S = 400$ Hz로 $x(t)$를 샘플링하라. $x[n]$의 DFT $X[k]$를 계산하고 그림으로 나타내어라. 스펙트럼에서 주파수와 크기를 확인할 수 있는가?

(b) 보간된 32-포인트 스펙트럼 $Y[k]$를 얻기 위해 중앙(색인 $k = 0.5N$) 부근에 28개의 영을 삽입하여 신호 $G[k] = 8X[k]$를 제로 보간하라. 신호 $y[n]$을 얻기 위해 $Y[k]$의 IDFT를 계산하라. 샘플링된 신호 $y_1[n]$을 구하기 위해 $8S$ Hz로 $x(t)$를 다시 샘플링하라. $e[n] = y[n] - y_1[n]$을 그림으로 나타내어라. $y[n]$과 $y_1[n]$은 동일한가(계산상 반올림 범위 내에서)?

(c) $N = 4$개의 샘플을 갖는 샘플링된 신호 $x[n]$을 얻기 위해 $S = 800$ Hz로 $x(t)$를 샘플링하라. 그것의 DFT $X[k]$를 계산하고, 보간된 32-포인트 스펙트럼 $Y[k]$를 얻기 위해 중앙(색인 $k =$

0.5N) 부근에 28개의 영을 삽입하여 신호 $G[k] = 8X[k]$를 제로 보간하라. 신호 $y[n]$을 얻기 위해 $Y[k]$의 IDFT를 계산하라. 샘플링된 신호 $y_1[n]$을 구하기 위해 8S Hz로 $x(t)$를 다시 샘플링하라. $e[n] = y[n] - y_1[n]$을 그림으로 나타내어라. $y[n]$과 $y_1[n]$은 동일한가? 그래야만 하는가?

(d) (a)와 (b)의 차이점을 설명하라.

8.50 **(데시메이션)** 신호 $x[n]$을 N으로 데시메이션하기 위해 저역통과 필터(신호를 $F = 0.5/N$으로 대역제한하기 위해)와 다음으로 다운샘플러(매 N번째 샘플만 보존하는)를 사용한다. 이 문제에서 저역통과 필터는 무시한다.

(a) 시험 신호 $x[n] = \cos(0.2n\pi) + \cos(0.3n\pi)$, $0 \le n \le 59$를 생성하라. 이의 DFT를 그림으로 나타내어라. 주파수들을 확인할 수 있는가?

(b) 신호 $x_2[n]$을 얻기 위해 $N = 2$로 $x[n]$을 데시메이션하라. 신호 $x[n]$은 이 경우에서 충분히 대역제한이 되는가? $x_2[n]$의 DFT를 그림으로 나타내어라. 주파수들을 확인할 수 있는가? 예상과 일치하는가? $x_2[n]$의 대역제한된 보간($N = 2$)으로부터 $x[n]$을 복원할 수 있는가?

(c) 신호 $x_4[n]$을 얻기 위해 $N = 4$로 $x[n]$을 데시메이션하라. 신호 $x[n]$은 이 경우에 충분히 대역제한이 되는가? $x_4[n]$의 DFT를 그림으로 나타내어라. 주파수들을 확인할 수 있는가? 그렇지 않다면, (b)에서의 결과와 어떻게 다른가? $x_4[n]$의 대역제한된 보간($N = 4$)으로부터 $x[n]$을 복원할 수 있는가?

8.51 **(큰 데이터 집합들의 DFT)** 큰 N-포인트 데이터 집합들의 DFT는 작은 부분집합들의 DFT로부터 구할 수 있다. 특히, $N = RC$일 때, $R \times C$ 행렬로 데이터를 배열하고(행으로 채워 넣어), 각 열의 DFT를 구하고, 위치 (r, c)에서 각 결과와 $W_{rc} = e^{-j2\pi rc/N}$을 곱하고(여기서 $r = 0, 1, \ldots, R-1$, $c = 0, 1, \ldots, C-1$), 각 행의 DFT를 구하고, 요구한 N-포인트 DFT로 결과를 (열로) 재구성한다. $x[n] = n + 1$, $0 \le n \le 11$이다.

(a) $R = 3$, $C = 4$일 때 이 방법을 이용하여 $x[n]$의 DFT를 구하라.

(b) $R = 4$, $C = 3$일 때 이 방법을 이용하여 $x[n]$의 DFT를 구하라.

(c) MATLAB 명령 **fft**를 이용하여 $x[n]$의 DFT를 구하라.

(d) 모든 방법이 같은 결과를 나타내는가? 답을 정당화할 수 있는가?

8.52 **(시간-주파수 플롯)** 이 문제는 정현파 합의 시간-주파수 플롯에 대한 것이다.

(a) $F = 0.05, 0.2, 0.35$에서 세 개의 순수한 코사인의 합인 신호 $x[n] = \cos(0.1n\pi) + \cos(0.4n\pi) + \cos(0.7n\pi)$의 샘플 600개를 생성하라. MATLAB 명령 **fft**를 이용하여 그것의 DFT를 그림으로 나타내어라. 시간-주파수 플롯을 위해 MATLAB의 **timefreq**(저자의 웹사이트)를 이용하라. 어떤 플롯이 나타나는가?

(b) 세 개의 신호 $y_1[n] = \cos(0.1n\pi)$, $y_2[n] = \cos(0.4n\pi)$, $y_3[n] = \cos(0.7n\pi)$로부터 각각 샘플 200개를 생성하라. 이들을 600개의 샘플 신호 $y[n] = \{y_1[n], y_2[n], y_3[n]\}$이 되도록 연결하라. 이의 DFT 크기를 그림으로 나타내고, 시간-주파수 플롯을 표시하라. 어떤 플롯이 나타나는가?

(c) $x[n]$과 $y[n]$의 DFT 크기와 시간 – 주파수 플롯을 비교하라. 그들은 어떻게 다른가?

8.53 **(역 컨벌루션)** FFT는 역 컨벌루션하기에 유용한 도구이다. 입력 신호 $x[n]$과 시스템 응답 $y[n]$이 주어질 때, 시스템 임펄스 응답 $h[n]$은 비 $H_{\rm DFT}[k] = Y_{\rm DFT}[k]/X_{\rm DFT}[k]$의 IDFT를 통해 구할 수 있다. $x[n] = \{1, 2, 3, 4\}$이고, $h[n] = \{1, 2, 3\}$이다.

(a) 컨벌루션 $y[n] = x[n] * h[n]$을 구하라. $x[n]$에 $y[n]$의 길이만큼 제로 삽입하고, 두 수열의 DFT와 그들의 비 $H_{\rm DFT}[k]$를 구하라. $H_{\rm DFT}[k]$의 IDFT는 $h[n]$과 같은가(계산상 반올림 내에서)? 그래야만 하는가?

(b) $x[n] = \{1, 2, 3, 4\}$와 $h[n] = \{1, 2, -3\}$에 대해 과정 (a)를 반복하라. 이 선택에 대해 이 방법이 적용되는가? $H_{\rm DFT}[k]$의 IDFT는 $h[n]$과 같은가(계산상 반올림 범위 내에서)?

(c) $x[n] = \{1, 2, -3\}$과 $h[n] = \{1, 2, 3, 4\}$에 대해 과정 (a)를 반복하라. 이 방법은 나눗셈이 무한대 또는 미정의 결과($\frac{1}{0}$ 혹은 $\frac{0}{0}$ 같은) 때문에 적용이 안 됨을 보여라. 만일 영을 매우 작은 값으로 대치한다면(예를 들어 10^{-10}) 이 방법이 적용되는가? 그래야만 하는가?

8.54 **(한 단계로 두 실수 신호들의 FFT)** 복소 신호 $g[n] = x[n] + jy[n]$에 대해 단일 FFT 연산을 통해 두 실수 수열 $x[n]$과 $y[n]$의 FFT를 구할 수 있음을 보여라.

$$X_{\rm DFT}[k] = 0.5(G^*_{\rm DFT}[N-k] + G_{\rm DFT}[k]) \qquad Y_{\rm DFT}[k] = j0.5(G^*_{\rm DFT}[N-k] - G_{\rm DFT}[k])$$

이 결과를 이용하여 $x[n] = \{1, 2, 3, 4\}$와 $y[n] = \{5, 6, 7, 8\}$의 FFT를 구하고 개별적으로 계산된 FFT 결과와 비교하라.

8.55 **(양자화 오차)** 양자화는 잡음 섞인 스펙트럼을 발생한다. 이 영향은 통계적 개념으로 연구될 수 있다. $x(t) = \cos(20\pi t)$가 256-포인트 샘플링된 신호 $x[n]$을 얻기 위해 50 Hz로 샘플링된다.

(a) $x[n]$의 DFT의 선형과 데시벨 크기를 그림으로 나타내어라.

(b) 양자화된 신호 $y[n]$을 생성하기 위해 $x[n]$을 B 비트로 라운딩하여 양자화하라. $y[n]$의 DFT의 선형과 데시벨 크기를 그림으로 나타내어라. $B = 8, 4, 2, 1$에 대해 $x[n]$과 $y[n]$의 DFT 스펙트럼을 비교하라. $y[n]$의 DFT 스펙트럼에서 비트 수를 줄임으로써 어떤 효과가 있는가?

(c) 절단에 의한 양자화를 이용하여 (a)와 (b) 과정을 되풀이하라. 이 경우 스펙트럼이 어떻게 다른가?

(d) 해닝 윈도로 $x[n]$을 윈도잉한 후에 (a)부터 (c)까지의 과정을 되풀이하라. 윈도잉의 효과는 무엇인가?

8.56 **(필터링 지터)** 샘플링 작업 동안 샘플링 클록에 위상 잡음은 **지터**(jitter)(또는 실제 샘플링 순간의 발생 시 불규칙한 변화)를 발생시킨다. 지터는 잡음이 포함된 스펙트럼을 발생시키고 이 영향에 대해선 통계적 연구가 필요하다. 나이퀴스트율의 세 배와 같은 S로 샘플링된 아날로그 신호 $x(t) = \cos(2\pi f_0 t)$가 있다.

(a) 간격이 $t_s = 1/S$일 때, 256개 샘플의 시간 배열 t_n을 생성하라. 각 시간 t_n에서 $x(t)$의 값으로부터 샘플링된 신호 $x[n]$을 생성하라. $x[n]$의 DFT 크기를 그림으로 나타내어라.

(b) 새로운 시간 배열 t_{nn}을 형성하기 위해 제로 평균을 갖고 균일하게 분포된 랜덤 잡음과 At_s의 잡음 진폭을 t_n에 추가하라. 각 시간 t_{nn}에서 $x(t)$의 값으로부터 샘플링된 신호 $y[n]$을 생성하라. $y[n]$의 DFT 크기를 그림으로 나타내고, $A = 0.01, 0.1, 1, 10$에 대해 $x[n]$의 DFT 크기와 비교하라. $y[n]$의 DFT 스펙트럼에서 잡음 진폭의 증가가 주는 영향은 무엇인가? $y[n]$의 DFT로부터의 신호 주파수를 확인할 수 있는 가장 큰 A 값은 얼마인가?

(c) 해닝 윈도로 $x[n]$과 $y[n]$을 윈도잉한 후에 (a)와 (b) 과정을 되풀이하라. 윈도잉의 효과는 무엇인가?

CHAPTER 09

IIR 필터의 설계

9.0 범위와 개관

디지털 필터는 이산 신호를 취급하여 수학적인 필터식을 소프트웨어나 하드웨어적으로 구현하는 것이 핵심이다. 그러나 몇 가지 한계성으로 어려움이 있다. 디지털 필터의 장점으로는 잡음에 대한 무결성, 높은 정확성(컴퓨터 연산의 반올림 오차로 인한 한계), 필터 특성에 따른 용이한 변경, 구성의 다양한 자유도 등을 들 수 있고, 더불어 지속적으로 가격이 하락하고 있다. 디지털 필터는 여러 응용 분야에서 아날로그 필터를 급속히 대치하고 있다. **디지털 필터링**이란 평활화나 평균화 작업은 물론 입력 신호를 처리하는 데 광범위하게 사용되고 있다.

이 장에서는 IIR 필터를 소개하고 아날로그 필터에서 디지털 필터로 변환하는 다양한 매핑에 대해 다룬다. 아날로그 **저역통과 원형** 필터를 기본으로 하여 주어진 규격에 부합하여 적절한 **매핑과 스펙트럼 변환**으로 IIR 필터를 설계한다. 쌍선형 변환과 응용은 상세히 다룬다.

9.0.1 목적과 학습목표

이번 장에서는 IIR 필터 설계 기술을 소개하고자 한다. 이 장을 통하여 독자는

1. 필터 규격의 개념을 이해한다.
2. 아날로그 필터의 임펄스 응답과 샘플링 버전 사이의 연관성을 이해한다.
3. 임펄스 응답을 z-영역으로 매핑하는 데 엘리어싱 효과를 이해한다.
4. 임펄스 불변이나 응답 불변에 의해서 어떻게 아날로그 필터를 디지털 필터로 변환하는지 배운다.
5. 정합된 z-변환의 개념을 이해하고, 아날로그 필터를 디지털 필터로 변환하는 데 이를 이용하는 방법을 익힌다.
6. 수치해석의 미적분 알고리즘을 사용하여 변수 s에서 변수 z로 매핑하는 개념을 이해한다.
7. 아날로그 필터를 디지털 필터로 변환하는 데 매핑을 사용하는 방법을 익힌다.
8. 쌍선형 변환과 왜곡(warping)의 개념을 이해한다.

9. 아날로그 필터를 디지털 필터로 변환하는 데 쌍선형 변환을 사용하는 방법을 익힌다.
10. D2D나 A2D 주파수 변환 개념을 이해하고, 아날로그 저주파 원형 필터를 디지털 필터로 변환하는 데 이를 이용하는 방법을 익힌다.
11. 주어진 규격에 따라 설계할 수 있는 능력을 배운다.

9.1 소개

필터는 기술된 규격에 따른 **주파수 선택 장치**로 볼 수 있다. 저역통과 필터를 설계하면 주파수 변환을 통해 쉽게 다른 형태의 필터로 변환할 수 있다. 설계과정은 3단계로 설계 규격이 요구되고, 설계 규격에 부합하는 최소 복소수 전달 함수를 설계하고, 소프트웨어나 하드웨어로 전달 함수를 구현하게 된다. 성능 규격에 근거하여 3단계 설계에 맞추어 간다. 첫 단계에서 과도하게 규격에 집착하게 되면 실제 필터는 성능 규격에 부합하기 힘들다. 두 번째 단계에서는 규격과 동등하게 여러 가지로 구현할 수 있게 된다. 셋째 단계에서는 설계 값이 너무 임계치에 가깝다면 양자화나 반올림에 의해 설계가 쓸모없게 될 수 있다. 규격에 다소 엄격할수록 좀 더 좋은 설계 목적과 구현을 달성할 수 있다.

9.1.1 필터 규격

전형적으로 필터는 **주파수 규격**과 감쇠(이득) 규격으로 기술될 수 있다. 주파수 규격은 통과대역과 저지대역을 포함한다. 설계할 때 아날로그 주파수로 기술하거나, 샘플링된 아날로그 신호를 처리하는 디지털 필터 경우에는 샘플링률이 주어져야 한다.

저역통과 필터의 감쇠 규격은 그림 9.1처럼 통과대역의 감쇠(이득, 리플)와 저지대역의 감쇠(이득, 리플)가 포함된다. 통과대역 리플(최대 이득의 편차)과 저지대역 리플(제로 이득의 편차)은 데시벨(dB)로 표현되는 감쇠 값으로 기술된다.

이득이나 감쇠는 선형이나 데시벨 스케일로 어떻게 표현되는가?

선형: 감쇠는 이득의 역수와 같다.

$$G = |H(f)|, \quad A = 1/|H(f)|$$

데시벨: 감쇠는 dB 이득의 음수와 같다.

$$G_{\mathrm{dB}} = 20\log|H(f)|, \quad A_{\mathrm{dB}} = -20\log|H(f)|$$

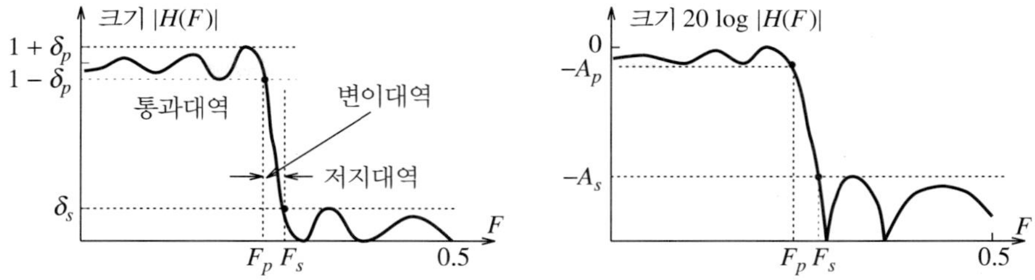

그림 9.1 저역통과 디지털 필터의 특성. 통과대역 F_p까지는 이득이 거의 1이며 리플은 작은 변화량인 δ_p이고, 저지대역 가장자리 F_s로부터 이득은 거의 0이고 리플은 최대 변화량인 δ_s이다. 데시벨 눈금에서 이득 1은 0 dB이다. *최대* 통과대역 감쇠와 *최소* 저지대역 감쇠는 각각 A_p-dB과 A_s-dB이고, 이들은 *최소* 통과대역 이득(A_p-dB)과 최대 저지대역 이득(A_s-dB)에 해당된다.

9.1.2 디지털 필터 설계 기술

디지털 필터 설계는 두 가지 다른 접근 방법으로 대별하게 된다. 위상 왜곡이 상관없다면 IIR 필터는 훨씬 적은 차수의 필터를 산출하게 된다. 그렇지만 FIR 필터는 선형위상(위상 왜곡 없음)으로 설계할 수 있다.

주어진 규격에 근거하여 아날로그 **저역통과 원형** 필터로부터 설계가 시작된다. 적절한 **매핑과 스펙트럼 변환**을 통해 해당 디지털 필터로 전환하게 된다. 안정적이고 인과성 IIR 필터는 몇 가지 이유로 선형위상을 결코 만족할 수 없다. 선형위상 필터의 전달 함수는 대칭 수열을 갖고 $H(z) = \pm H(-1/z)$를 만족한다. 단위원 안의 모든 극점에 대해 단위원 밖에 역 극점이 존재한다. 이로 인해 시스템이 불안정하고 비인과성이 된다. IIR 필터의 무한히 길고 대칭성의 임펄스 응답 수열이 인과성을 갖기 위해 비실용적이지만 무한 지연이 필요하고 선형성을 유지하기 위해서는 대칭 절단을 통해 IIR 필터에서 FIR 필터로 전환한다.

9.2 IIR 필터 설계

IIR 필터 설계에는 상호연관이 있는 두 가지 접근 방법이 있다. 보편적인 방법으로 이미 잘 정의된 아날로그 필터를 사용하는 방법으로 아날로그를 디지털 필터로 변환하는 매핑 기법이 사용된다. 다른 대안으로는 직접 디지털 필터를 설계하는 데 아날로그와 근사화한 디지털을 사용한다. 아날로그 필터의 디지털 변환은 아날로그 필터의 응답과 안정성을 유지해야 한다. 실제로는 샘플링 효과로 인해 거의 불가능하다.

9.2.1 아날로그와 디지털 시스템의 등가

아날로그 시스템의 임펄스 응답 $h(t)$는 다음 식처럼 근사화할 수 있다.

$$h(t) \approx \tilde{h}_a(t) = t_s \sum_{n=-\infty}^{\infty} h(t)\delta(t - nt_s) = t_s \sum_{n=-\infty}^{\infty} h(nt_s)\delta(t - nt_s) \tag{9.1}$$

여기서 t_s는 샘플링률 $S = 1/t_s$에 해당하는 샘플링 간격이다. 이산 임펄스 응답 $h_s[n]$은 $h(t)$의 샘플 $h(nt_s)$로 표기하며 다음 식으로 기술된다.

$$h_s[n] = h(nt_s) = \sum_{k=-\infty}^{\infty} h_s[k]\delta[n-k] \tag{9.2}$$

$\tilde{h}_a(t)$의 라플라스 변환 $H_a(s)$와 $h_s[n]$의 z-변환 $H_d(z)$는

$$H(s) \approx H_a(s) = t_s \sum_{k=-\infty}^{\infty} h(kt_s)e^{-skt_s} \qquad H_d(z) = \sum_{k=-\infty}^{\infty} h_s[k]z^{-k} \tag{9.3}$$

$z^{-k} = e^{-skt_s}$이라면 $H_a(s) = t_sH_d(z)$ 등가가 성립한다.

$$z \Rightarrow e^{st_s} \qquad s \Rightarrow \ln(z)/t_s \tag{9.4}$$

위 관계식은 변수 z와 s 사이의 **매핑**(mapping)관계를 보여준다. $s = \sigma + j\omega$이고 ω는 연속 주파수이므로 복소수 변수 z는

$$z = e^{(\sigma+j\omega)t_s} = e^{\sigma t_s}e^{j\omega t_s} = e^{\sigma t_s}e^{j\Omega} \tag{9.5}$$

그리고 $\Omega = \omega t_s = 2\pi f/S = 2\pi F$는 라디안/샘플 단위의 디지털 주파수이다.

샘플 신호 $h_s[n]$은 DTFT에 의해서 주기 스펙트럼을 갖는다.

$$H_p(f) = S \sum_{k=-\infty}^{\infty} H(f - kS) \tag{9.6}$$

아날로그 신호 $h(t)$가 B로 대역이 제한되고, 나이퀴스트율이 $S > 2B$라면, $H_p(f)$의 $-0.5 \le F \le 0.5$인 주요 구간은 본래 스펙트럼 $H(f)$의 스케일 버전인 $SH(f)$와 동일하다. 따라서 아날로그와 디지털 시스템의 관계식은 다음과 같다.

$$H(f) = t_s H_p(f) \ \text{또는}\ H_a(s)|_{s=j2\pi f} \approx t_s H_d(z)|_{z=e^{j2\pi f/S}}, \qquad |f| < 0.5S \tag{9.7}$$

만약 $S < 2B$라면 엘리어싱이 일어나며 위 관계식은 더 이상 유효하지 않게 된다.

9.2.2 엘리어싱 효과

관계식 $z \Rightarrow e^{st_s}$와 $s \Rightarrow \ln(z)/t_s$는 s-평면과 z-평면 사이에 일대일 매핑이 이루어지지 않는다. $e^{j\Omega}$은 주기가 2π인 주기 함수이므로 $\Omega_0 \pm 2k\pi(\omega_0 \pm k\omega_s,\ \omega_s = 2\pi S)$는 z-평면의 동일점으로 매핑된다. 일대일 매핑은 Ω가 주요 범위인 $-\pi \le \Omega \le \pi$ 혹은 $0 \le \Omega \le 2\pi$에 존재한다면, 아날로그 주파수로 $-0.5\omega_s \le \omega \le 0.5\omega_s$ 혹은 $0 \le \omega \le \omega_s$에 해당한다. 그림 9.2에서 매핑 $z \Rightarrow e^{st_s}$가 s-평

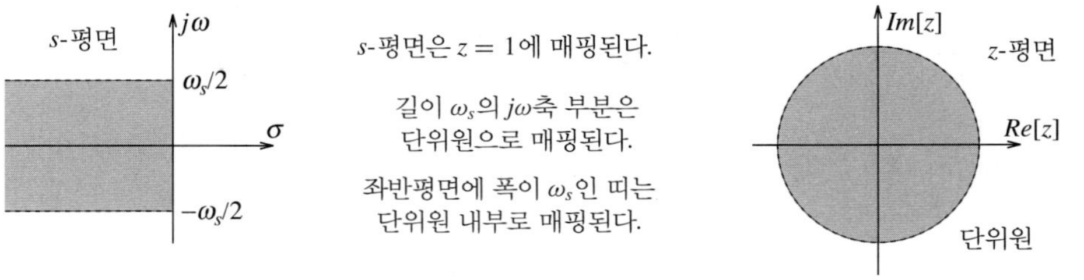

그림 9.2 매핑 $z \Rightarrow \exp(st_S)$의 특성. 좌반 s-평면에 폭이 ω_S인 각 띠는 z-평면의 단위원 안으로 매핑된다. s-평면에 $j\omega$축상의 길이 ω_S인 세그먼트는 z-평면의 단위원주상으로 매핑된다. 매핑이 일대일이 아닌 것이 분명하다.

면상의 점들이 어떻게 z-평면상의 점들로 전환되는지를 보여주고 있다.

원점: 원점 $s = 0$은 $z = 1$에 매핑된다. 반면에 $s = 0 \pm jk\omega_s$상에 다른 모든 점도 $z = e^{jk\omega_s t_s} = e^{jk2\pi} = 1$로 매핑된다.

$j\omega$축: $j\omega$축상의 점들에 대해 $\sigma = 0$, $z = e^{j\Omega}$, $|z| = 1$이다. ω가 ω_0에서 $\omega_0 + \omega_s$로 증가하므로 주파수 Ω는 Ω_0에서 $\Omega_0 + 2\pi$로 증가한다. 길이가 $\omega_s = 2\pi S$인 $j\omega$축의 세그먼트는 단위원으로 반복해서 매핑된다.

좌반평면: $\sigma < 0$인 좌반평면은 $z = e^{\sigma t_s}e^{j\Omega}$ 혹은 $|z| = e^{\sigma t_s} < 1$로 단위원 안으로 매핑된다. 즉, 폭이 ω_s인 띠는 단위원 안으로 반복해서 매핑된다.

우반평면: $\sigma > 0$인 우반평면은 $|z| = e^{\sigma t_s} > 1$이다. 따라서 폭이 ω_s인 띠는 반복해서 단위원 밖으로 매핑된다.

9.2.3 실제 매핑

변환 $s \Rightarrow \ln(z)/t_s$의 난해한 특성으로 인해 전달 함수 $H(s)$에서 $H(z)$로 직접 전환할 수 없다. 주파수 $0.5S$ Hz 이상에서는 일대일 매핑이 되지 않는다. z-평면상에서 나이퀴스트율 이상의 샘플링된 대역제한 신호에 대해서만 유일한 표현이 가능하다. 실제 매핑은 다음 방법 중에 하나를 기본으로 한다.

1. 시간 응답(응답 불변 변환)을 정합한다.
2. 인수분해된 $H(s)$(정합된 z-변환)의 항목으로 정합한다.
3. 시스템 미분방정식을 차분방정식으로 변환한다.
4. $z \Rightarrow e^{st_s}$ 혹은 $s \Rightarrow \ln(z)/t_s$로 근사화한다.

일반적으로 각각의 방법은 다른 매핑을 초래하며 주어진 아날로그 필터 $H(s)$에서 다른 형태의 디지털 필터 $H(z)$에 도달한다. 위 모든 방법에서 안정성이 보장되지는 않는다. 주파수 응답을

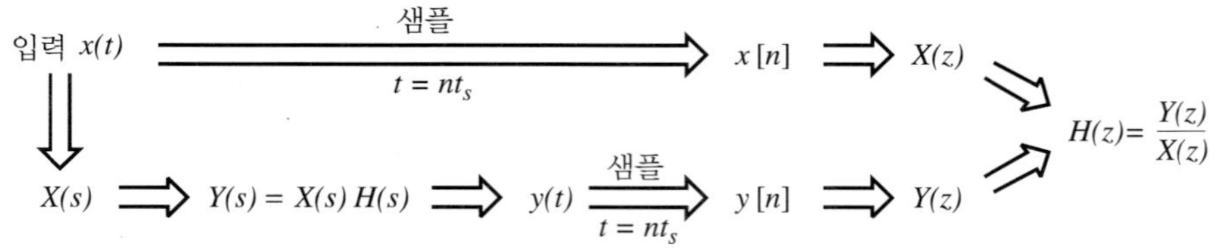

그림 9.3 응답 불변의 개념. 신호 $x(t)$와 $y(t)$는 아날로그 필터의 입력과 출력 신호이다. 샘플링된 신호 $y[n]$과 $x[n]$의 z-변환된 입출력의 비율은 디지털 필터의 응답 불변의 전달 함수 $H(z)$가 된다. 만약 디지털 필터 입력 $x[n]$이라면 출력 $y[n]$은 샘플링 순간에 아날로그 필터 출력 $y(t)$에 정합된다.

비교할 때 주파수 응답 $H(s)$의 아날로그 주파수 범위 $0 \le f \le 0.5S$는 $H(z)$의 디지털 주파수 범위 $0 \le F \le 0.5$에 해당하는 사실을 기억하면 도움이 된다. 시간 영역 응답은 단지 샘플링 순간 $t = nt_s$에서 비교할 수 있다.

9.3 응답 정합

응답 정합의 개념은 시간 영역에서 주어진 입력으로 임펄스나 단위 계단 응답에 아날로그와 디지털 응답을 정합하는 것이다. 아날로그 필터 $H(s)$와 입력 $x(t)$가 주어지면 우선 $H(s)X(s)$의 역변환인 아날로그 응답 $y(t)$를 구한다. 그리고 $x(t)$와 $y(t)$를 주기 간격이 t_s로 샘플링하여 $x[n]$과 $y[n]$을 얻는다. 결론적으로 디지털 필터를 구하기 위해 $H(z) = Y(z)/X(z)$를 계산한다. 그림 9.3에서 일련의 과정을 보여주고 있다.

응답 불변 정합은 입력의 시간 영역의 응답에 대한 정합을 위해서 전달 함수를 산출한다. 다른 입력에 대한 응답으로는 원하는 정합이 되지 않을 수도 있다. 근사화의 성사 여부는 샘플링 간격 t_s의 선택에 좌우된다. 샘플링률 $S = 1/t_s$가 나이퀴스트율 이상이라면 유일한 변환이 가능하다. 이 매핑은 특별히 응답이 대역제한된 저역통과 필터나 대역통과 필터인 아날로그 시스템에서는 유용하다. 이것은 아날로그 전달 함수 $H(s)$의 분모 차수보다 분자 차수가 작아야 유효하다.

예제 9.1 응답 불변 매핑

(a) $t_s = 1$초인 임펄스 불변에 의해서 $H(s) = \dfrac{1}{s+1}$을 디지털 필터 $H(z)$로 전환하라.

임펄스 불변으로 입력 $x(t) = \delta(t)$이므로

$$X(s) = 1 \qquad Y(s) = H(s)X(s) = \frac{1}{s+1} \qquad y(t) = e^{-t}u(t)$$

입력과 출력 신호의 샘플링은

$$x[n] = \delta[n] \qquad y[n] = e^{-nt_s}u[n]$$

입력과 출력의 z-변환과 $t_s = 1$을 대입하면

$$H(z) = \frac{Y(z)}{X(z)} = Y(z) = \frac{z}{z - e^{-t_s}} = \frac{z}{z - e^{-1}} = \frac{z}{z - 0.3679}$$

그림 E9.1a(1)(a)에서 $H(s)$와 $H(z)$의 주파수 응답을 비교한다.

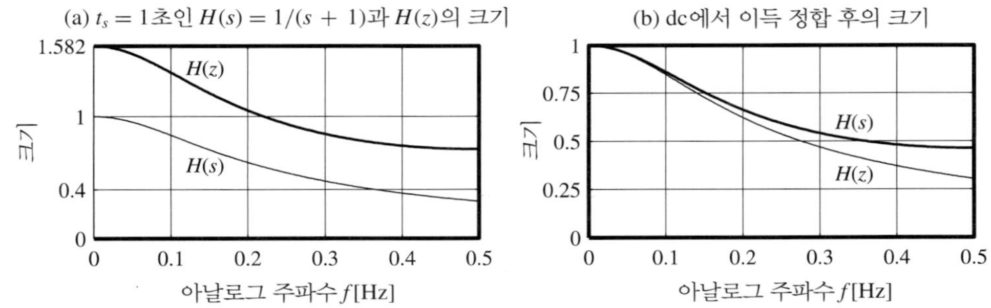

그림 E9.1a(1) 예제 9.1(a)의 $H(s)$와 $H(z)$의 주파수 응답

$H(s)$의 dc 이득($s = 0$)은 1이다. 그러나 $z = 1$에서 $H(z)$는 1.582이다. $H(z)$의 dc 이득을 1로 정규화해도 그림 E9.1a(1)(b)처럼 아날로그 필터와 디지털 필터의 주파수 응답이 다른 것을 알 수 있다. 그렇지만 아날로그 응답 $h(t) = e^{-t}$과 샘플링 순간인 $t = nt_s = n$에서 $h[n] = e^{-n}u[n]$은 정합된다. 필터 설계 시에 시간 응답의 완전한 정합은 응답 불변 매핑이 핵심이다. 다른 입력에 대한 시간 영역 응답은 다르다. 예를 들면 아날로그 필터의 계단 응답이 다음과 같다.

$$S(s) = \frac{1}{s(s+1)} = \frac{1}{s} - \frac{1}{s+1} \qquad s(t) = (1 - e^{-t})u(t)$$

입력이 $u[n] \Leftrightarrow z/(z-1)$인 디지털 필터의 계단 응답 $S(z)$를 구하기 위해 $S(z)/z$로 부분분수 전개를 하면

$$S(z) = \frac{z^2}{(z-1)(z-e^{-1})} = \frac{ze/(e-1)}{z-1} + \frac{z/(1-e)}{z-e^{-1}} \quad s[n] = \frac{e}{e-1}u[n] + \frac{1}{1-e}e^{-n}u[n]$$

$s(t)$의 샘플링 버전과 $s[n]$은 아주 다르다. 그림 E9.1a(2)는 $t = nt_s$ 샘플링 순간에 두 가지 필터의 임펄스 응답이 완전히 정합되지만 다른 입력의 응답의 경우에는 그렇지 않은 것을 보여주고 있다.

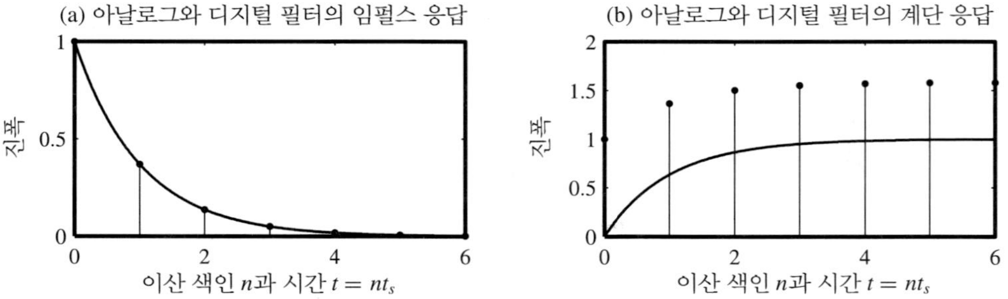

그림 E9.1a(2) 예제 9.1(a)에서 $H(s)$와 $H(z)$의 임펄스 응답과 계단 응답

(b) 다양한 응답 불변 변환을 사용하여 $H(s) = \dfrac{4}{(s+1)(s+2)}$를 $H(z)$로 전환하라.

1. 임펄스 불변: 입력 $x(t) = \delta(t)$이므로 $X(s) = 1$이다.

$$Y(s) = H(s)X(s) = \frac{4}{(s+1)(s+2)} = \frac{4}{s+1} - \frac{4}{s+2} \qquad y(t) = 4e^{-t}u(t) - 4e^{-2t}u(t)$$

샘플링된 입력과 출력은 다음과 같다.

$$x[n] = \delta[n] \qquad y[n] = 4e^{-nt_s}u[n] - 4e^{-2nt_s}u[n]$$

z-변환의 출력과 입력비는 디지털 필터의 전달 함수를 산출한다.

$$H_I(z) = \frac{Y(z)}{X(z)} = Y(z) = \frac{4z}{z - e^{-t_s}} - \frac{4z}{z - e^{-2t_s}}$$

2. 계단 불변: $x(t) = u(t)$이면 $X(s) = 1/s$이다.

$$Y(s) = H(s)X(s) = \frac{4}{s(s+1)(s+2)} = \frac{2}{s} - \frac{4}{s+1} + \frac{2}{s+2}$$
$$y(t) = (2 - 4e^{-t} + 2e^{-2t})u(t)$$

샘플링된 입력과 출력은 다음과 같다.

$$x[n] = u[n] \qquad y[n] = (2 - 4e^{-nt_s} + 2e^{-2nt_s})u[n]$$

이들의 z-변환은 다음과 같다.

$$X(z) = \frac{z}{z-1} \qquad Y(z) = \frac{2z}{z-1} - \frac{4z}{z - e^{-t_s}} + \frac{2z}{z - e^{-2t_s}}$$

출력과 입력비는 디지털 필터의 전달 함수를 산출한다.

$$H_S(z) = \frac{Y(z)}{X(z)} = 2 - \frac{4(z-1)}{z-e^{-t_s}} + \frac{2(z-1)}{z-e^{-2t_s}}$$

3. 램프 불변: $x(t) = r(t) = tu(t)$이면 $X(s) = 1/s^2$이다.

$$Y(s) = \frac{4}{s^2(s+1)(s+2)} = \frac{-3}{s} + \frac{2}{s^2} + \frac{4}{s+1} - \frac{1}{s+2}$$

$$y(t) = (-3 + 2t + 4e^{-t} - e^{-2t})u(t)$$

샘플링된 입력과 출력은 다음과 같다.

$$x[n] = nt_s u[n] \qquad y[n] = (-3 + 2nt_s + 4e^{-nt_s} - e^{-2nt_s})u[n]$$

이들의 z-변환은 다음과 같다.

$$X(z) = \frac{zt_s}{(z-1)^2} \qquad Y(z) = \frac{-3z}{z-1} + \frac{2zt_s}{(z-1)^2} + \frac{4z}{z-e^{-t_s}} - \frac{z}{z-e^{-2t_s}}$$

출력과 입력비는 디지털 필터의 전달 함수를 산출한다.

$$H_R(z) = \frac{-3(z-1)}{t_s} + 2 + \frac{4(z-1)^2}{t_s(z-e^{-t_s})} - \frac{(z-1)^2}{t_s(z-e^{-2t_s})}$$

9.3.1 임펄스 불변 변환

임펄스 불변 매핑은 효과적인 설계관계를 산출한다. $H(s) = 1/(s+p)$인 1차 아날로그 필터로부터 시작해 보자. 임펄스 응답 $h(t)$와 샘플링된 버전 $h[n]$은 다음과 같다.

$$h(t) = e^{-pt}u(t) \qquad h[n] = e^{-pnt_s}u[n] = (e^{-pt_s})^n u[n] \tag{9.8}$$

$h[n]$($\alpha^n u[n]$ 형태, 여기서 $\alpha = e^{-pt_s}$)의 z-변환은 디지털 필터의 전달 함수 $H(z)$를 산출한다.

$$H(z) = \frac{z}{z-e^{-pt_s}}, \qquad |z| > e^{-pt_s} \tag{9.9}$$

이 관계식은 매핑을 이용하여 직접 $H(s)$에서 $H(z)$로 변환을 제시한다.

$$\frac{1}{s+p} \Longrightarrow \frac{z}{z-e^{-pt_s}} \tag{9.10}$$

이 결과를 보다 고차의 필터에 확장할 수 있다. 만약 $H(s)$가 부분분수형이라면 임펄스 불변 매핑을 간단한 형태로 얻을 수 있다. $H(s)$가 중복근이 아니면 1차 항의 합인 부분분수 전개로 기술

표 9.1 임펄스 불변 변환

용어	$H(s)$ 형태	$\alpha = e^{-pt_s}$인 $H(z)$
단근	$\dfrac{A}{(s+p)}$	$\dfrac{Az}{(z-\alpha)}$
복소수 켤레근	$\dfrac{Ae^{j\Omega}}{s+p+jq} + \dfrac{Ae^{-j\Omega}}{s+p-jq}$	$\dfrac{2z^2A\cos(\Omega) - 2A\alpha z\cos(\Omega + qt_s)}{z^2 - 2\alpha z\cos(qt_s) + \alpha^2}$
이중근	$\dfrac{A}{(s+p)^2}$	$At_s\dfrac{\alpha z}{(z-\alpha)^2}$
삼중근	$\dfrac{A}{(s+p)^3}$	$0.5At_s^2\dfrac{\alpha z(z+\alpha)}{(z-\alpha)^3}$

할 수 있다. 각 항목은 임펄스 불변 매핑으로 변환되어 다음과 같이 주어진다.

$$H(s) = \sum_{k=1}^{N} \frac{A_k}{s+p_k} \qquad H(z) = \sum_{k=1}^{N} \frac{zA_k}{z - e^{-p_k t_s}}, \qquad \text{ROC: } |z| > e^{-|p|_{\max} t_s} \tag{9.11}$$

여기서 $H(z)$의 수렴 영역이 $H(s)$의 최대 극점 크기 $|p|_{\max}$로 표기된다.

$H(s)$의 분모 항에 중복근이 포함된다면 M개의 중복근을 갖는 k번째 항목 $H_k(s)$는 다음과 같다.

$$H_k(s) = \frac{A_k}{(s+p_k)^M} \qquad h_k(t) = \frac{A_k}{(M-1)!}t^{M-1}e^{-p_k t}u(t) \tag{9.12}$$

샘플링된 버전 $h_k[n]$과 이것의 z-변환은 z-변환의 n배 특성에 의해서 구해진다. 유사하게 복소수 켤레 극점에 해당하는 2차 항은 실수 형태로 단순하게 된다. 이 결과가 표 9.1에 나열되어 있다. **임펄스 불변 설계법은 부분분수 형태로 $H(s)$를 요구하고, 같은 형태의 디지털 필터 $H(z)$를 산출한다.** 복합적이고 분수 함수 형태를 필요로 한다면 재구성되어야 한다. $H(s)$의 좌반평면($p_k > 0$)은 단위원 안에($z = e^{-p_k t_s} < 1$) $H(z)$의 극점으로 매핑된다. 따라서 아날로그 필터 $H(s)$가 안정적이라면 $H(z)$ 역시 안정적 디지털 필터로 전환된다.

예제 9.2 임펄스 불변 매핑

(a) $S = 2$ Hz인 임펄스 불변을 이용하여 $H(s) = \dfrac{4s+7}{s^2+5s+4}$을 $H(z)$로 변환하라.

우선 부분분수 전개로

$$H(s) = \frac{4s+7}{s^2+5s+4} = \frac{4s+7}{(s+1)(s+4)} = \frac{3}{s+4} + \frac{1}{s+1}$$

$t_s = 1/S = 0.5$초인 임펄스 불변 변환으로

$$H(z) = \frac{3z}{z - e^{-4t_s}} + \frac{z}{z - e^{-t_s}} = \frac{3z}{z - e^{-2}} + \frac{z}{z - e^{-0.5}} = \frac{4z^2 - 1.9549z}{z^2 - 0.7419z + 0.0821}$$

(b) $t_s = 0.5$초인 임펄스 불변을 이용하여 $H(s) = \dfrac{4}{(s+1)(s^2+4s+5)}$를 $H(z)$로 변환하라.

$H(s)$의 부분분수 전개는

$$H(s) = \frac{2}{s+1} + \frac{-1-j}{s+2+j} + \frac{-1+j}{s+2-j}$$

둘째 항에 대해서 $K = (-1-j) = \sqrt{2}e^{-j3\pi/4} = Ae^{j\Omega}$이므로 $A = \sqrt{2}$, $\Omega = -3\pi/4$이다. $p = 2, q = 1, \alpha = e^{-pt_s} = 1/e$이다. 이 변수들로 표 9.1에 대입하면

$$H(z) = \frac{2z}{z - 1/\sqrt{e}} + \frac{2\sqrt{2}z^2\cos(-\frac{3\pi}{4}) - 2\sqrt{2}(z/e)\cos(0.5 - \frac{3\pi}{4})}{z^2 - 2(z/e)\cos(0.5) + e^{-2}}$$

이 식은 다음과 같이 간략화할 수 있다.

$$H(z) = \frac{0.2146z^2 + 0.0930z}{z^3 - 1.2522z^2 + 0.5270z - 0.0821}$$

참고: 첫 번째 단계는 부분분수 전개이다. $H(z)$를 임펄스 불변 디지털 필터의 직렬형으로 $H_1(s) = \dfrac{4}{s+1}$와 $H_2(s) = \dfrac{1}{s^2+4s+5}$을 계산할 수 없음에 주목하라.

9.3.2 임펄스 불변 설계의 변경

이득 정합

매핑 $H(s) = 1/(s + p_k) \Rightarrow H(z) = z/(z - e^{-p_k t_s})$는 $H(s)$의 dc 이득이 $s = 0$에서 $1/p_k$이지만 $H(z)$의 dc 이득은 $z = 1$에서 $1/(1 - e^{-p_k t_s})$이다. $p_k t_s \ll 1$만큼 충분히 작은 샘플링 간격 t_s라면 대략적으로 $e^{-p_k t_s} \approx 1 - p_k t_s$이므로 $H(z)$의 dc 이득은 $1/p_k t_s$이다. 아날로그 전달 함수 $H(s)$의 dc 이득과 디지털 전달 함수 $H(z)$의 dc 이득이 정합이 되기 위해서는 t_s가 $H(z)$에 곱해져야만 한다. 아날로그 주파수 규격에서 샘플링 주파수 S로 정규화된다면 이런 스케일링은 필요하지 않은데, 이는 매핑에서 $t_s = 1$로 선택하는 것과 동등하기 때문이다. 실제로 정규화에 상관없이 $H(z)$에서 $KH(z)$로 스케일링하는 것이 일반적이다. 상수 K는 직류나 편리한 주파수에서 $H(s)$의 이득과 $KH(z)$가 정합하도록 선택된다. 스케일 계수는 디지털 필터의 임펄스 응답 $h[n]$에서 $Kh[n]$으로 변화시키기 때문에 필터 설계는 이미 엄격한 의미에서는 더 이상 임펄스 불변이 아니다.

샘플링 오차의 해소

임펄스 불변법은 $t = 0$에서 $h(t)$가 점프한다면 샘플링하는 데 오차로 인해 어려움이 있다. $h(0)$이 0이 아니면 원점에서 샘플링된 값이 $0.5h(0)$으로 선택되어야 한다. 결과적으로 디지털 필터의 임펄스 응답은 $h_M[n] = h[n] - 0.5h(0)\delta[n]$으로 변경되어야 한다. 이로 인해 변경된 전달 함수 $H_M(z) = H(z) - 0.5h(0)$이다. $h(0)$을 구하는 가장 간단한 방법은 $h(0) = \lim_{s\to\infty} sH(s)$인 초기치 정리를 이용하는 것이다. $H(s)$의 분모 차수 N이 분자 차수 M보다 1 크다면 $h(0)$은 0이 아니므로, 즉 $N - M = 1$이라면 변경된 임펄스 응답이나 변경된 전달 함수를 요한다.

예제 9.3 변경된 임펄스 응답 설계

(a) 임펄스 응답 설계

차단 주파수가 1 rad/s인 아날로그 필터 $H(s) = \dfrac{1}{s+1}$에서 임펄스 불변과 이득 정합을 사용하여 차단 주파수가 $f_c = 10$ Hz이고 샘플링 주파수가 $S = 60$ Hz인 디지털 필터로 전환하라. 이것을 수행하는 두 가지 방법이 있다.

1. 샘플링 주파수 S로 정규화한다. 이후 이어지는 모든 계산과정에 $t_s = 1$이 허락된다. 정규화는 $\Omega_C = 2\pi f_C/S = \frac{\pi}{3}$이다. $H(s)$를 Ω_C로 비정규화한다면

$$H_1(s) = H\left(\frac{s}{\Omega_C}\right) = \frac{\frac{\pi}{3}}{s + \frac{\pi}{3}}$$

결국 $t_s = 1$인 임펄스 불변은 다음과 같다.

$$H_1(z) = \frac{\frac{\pi}{3}z}{z - e^{-\pi/3}} = \frac{1.0472z}{z - 0.3509}$$

2. 우선 $H(s)$를 f_C로 비정규화한다면

$$H_2(s) = H\left(\frac{s}{2\pi f_C}\right) = \frac{20\pi}{s + 20\pi}$$

임펄스 불변과 디지털 필터 전달 함수에 t_s를 곱하면 다음과 같다.

$$H_2(z) = t_s\frac{20\pi z}{z - e^{-20\pi t_s}} = \frac{z\frac{\pi}{3}}{z - e^{-\pi/3}} = \frac{1.0472z}{z - 0.3509}$$

참고: 두 가지 접근 방법은 동일한 결과를 산출한다. 첫 번째 방법은 자동으로 이득 정합을 설명한다. 완벽한 dc 이득 정합을 위해서 이득 계수를 $H(z)$에 곱한다.

$$K = \frac{1}{H(1)} = \frac{1 - 0.3509}{1.0472} = 0.6198$$

(b) 변경된 임펄스 불변 설계

샘플링 오차 해소와 dc 이득 정합을 위해 변경된 임펄스 불변을 사용하여 $H(s) = \dfrac{1}{s+1}$을 $t_s = 1$인 디지털 필터로 변환하라.

임펄스 불변을 이용하므로 디지털 필터의 전달 함수는 다음과 같다.

$$H(z) = \frac{z}{z - e^{-1}} = \frac{z}{z - 0.3679}$$

$h(t) = e^{-t}u(t)$이므로 $h(t)$는 $t = 0$에서 1이다. $h(0) = 1$이므로 변경된 임펄스 불변 매핑은

$$H_M(z) = H(z) - 0.5h(0) = \frac{z}{z - e^{-1}} - 0.5 = \frac{0.5(z + e^{-1})}{z - e^{-1}} = \frac{0.5(z + 0.3679)}{z - 0.3679}$$

$H(s)$의 dc 이득은 1이다. $z = 1$에서 $H(z)$와 $H_M(z)$의 dc 이득은

$$H(z)|_{z=1} = \frac{1}{1 - e^{-1}} = 1.582 \qquad H_M(z)|_{z=1} = 0.5\frac{1 + e^{-1}}{1 - e^{-1}} = 1.082$$

1인 dc 이득을 위해 본래의 전달 함수 $H_1(z)$와 변경된 전달 함수 $H_{M1}(z)$는

$$H_1(z) = \frac{z}{1.582(z - e^{-1})} = \frac{0.6321z}{z - 0.3679}$$

$$H_{M1}(z) = \frac{0.5(z + e^{-1})}{1.082(z - e^{-1})} = \frac{0.4621(z + 0.3679)}{z - 0.3679}$$

그림 E9.3b는 $H(s)$, $H(z)$, $H_1(z)$, $H_M(z)$, $H_{M1}(z)$의 응답을 비교한다. 변경된 필터를 통해 분명히 개선되는 과정을 보여주고 있다.

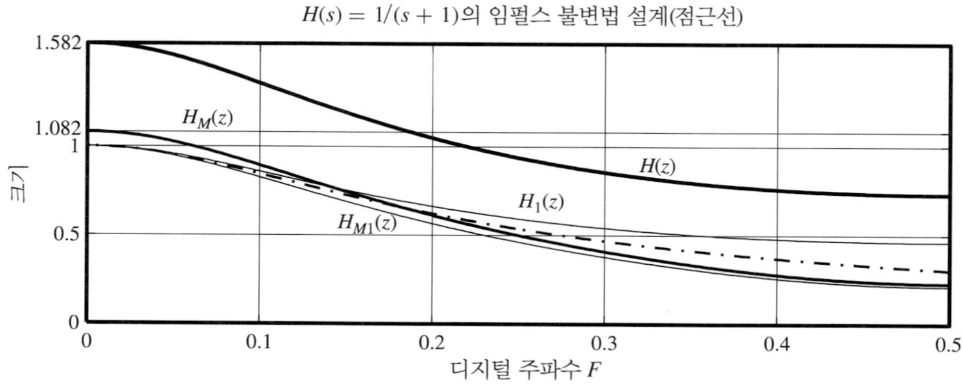

그림 E9.3b 예제 9.3(b)의 여러 종류의 필터 응답

(c) 변경된 임펄스 불변 설계

샘플링 오차 해소와 dc 이득 정합을 위해 변경된 임펄스 불변을 사용하여 $H(s) = \dfrac{4s+7}{s^2+5s+4}$을 $t_s = 0.5$인 디지털 필터로 변환하라.

분자 항의 차수가 $M = 1$이고 분모 항의 차수가 $N = 2$이므로 $N - M = 1$이다. 변경을 요하므로 초기치 정리를 적용하면 다음과 같다.

$$h(0) = \lim_{s\to\infty} sH(s) = \lim_{s\to\infty} \frac{4s^2+7s}{s^2+5s+4} = \frac{4+7/s}{1+5/s+4/s^2} = 4$$

디지털 필터의 전달 함수는 임펄스 불변 매핑을 이용하여 다음과 같이 구해진다.

$$H(z) = \frac{3z}{z-e^{-2}} + \frac{z}{z-e^{-0.5}}$$

변경된 전달 함수는 다음과 같다.

$$H_M(z) = H(z) - 0.5h(0) = \frac{3z}{z-e^{-2}} + \frac{z}{z-e^{-0.5}} - 2 = \frac{2z^2-0.4712z-0.1642}{z^2-0.7419z+0.0821}$$

(d) 변경된 임펄스 불변 설계

필요하다면 샘플링 오차를 해소하기 위해 변경된 임펄스 불변을 사용하여 $H(s) = \dfrac{4}{(s+1)(s^2+4s+5)}$인 디지털 필터로 변환하라.

분자 항의 차수가 $M = 0$이고 분모 항의 차수가 $N = 3$이므로 $N - M = 3$이다. 1이 아니므로 초기치는 0이고 변경을 요하지 않는다. 임펄스 불변 매핑을 이용한 디지털 필터의 전달 함수는 다음과 같다.

$$H(z) = \frac{0.2146z^2+0.0930z}{z^3-1.2522z^2+0.5270z-0.0821}$$

9.4 인수분해 형태를 위한 정합된 z-변환

임펄스 불변 매핑은 다음과 같이 표기할 수 있다.

$$\frac{1}{s+\alpha} \Longrightarrow \frac{z}{z-e^{-\alpha t_s}} \qquad s+\alpha \Longrightarrow \frac{z-e^{-\alpha t_s}}{z} \tag{9.13}$$

정합된 z-변환(matched z-transform)은 위 매핑식을 사용하여 인수분해 형태인 $H(s)$의 분자와 분모 항을 또 다른 인수분해 형태의 디지털 필터 $H(z)$로 산출한다.

$$H(s) = C\frac{\prod_{i=1}^{M}(s - z_i)}{\prod_{k=1}^{N}(s - p_k)} \qquad H(z) = (Kz^P)\frac{\prod_{i=1}^{M}(z - e^{z_i t_s})}{\prod_{k=1}^{N}(z - e^{p_k t_s})} \tag{9.14}$$

$H(z)$에 z^P의 P제곱은 $H(s)$의 분자와 분모 항의 다항식 차수의 차이로 $P = N - M$이다. 상수 K는 특정한 주파수, 즉 직류(dc)에서 $H(s)$와 $H(z)$의 이득 정합이 되도록 선택한다.

복소수 근들은 켤레 쌍으로 대치한다.

$$(s + p - jq)(s + p + jq) \Longrightarrow \frac{z^2 - 2ze^{-pt_s}\cos(qt_s) + e^{-2pt_s}}{z^2} \tag{9.15}$$

s-평면의 좌반부의 극점들은 z-평면의 단위원 안으로 매핑되므로 정합된 z-변환은 안정성이 보장된다. 이것으로 극점들로만 구성된 아날로그 시스템이 극점들로만 구성된 디지털 시스템으로 변환되지만 아날로그 시스템의 주파수 응답은 보장되지 않는다. 임펄스 불변 응답 매핑처럼 정합된 z-변환 또한 엘리어싱 오차가 발생한다.

9.4.1 정합된 z-변환 설계의 변경

정합된 z-변환은 $s = \infty$(최대 아날로그 주파수 $f = \infty$에 해당)에 있는 $H(s)$의 영점들을 $z = 0$으로 매핑한다. 이것들은 설계 시에 z^P 항목을 산출한다. 변경된 정합된 z-변환에서는 영점들의 모두 또는 일부가 $z = -1$(최대 디지털 주파수는 $F = 0.5$, 아날로그 주파수는 $f = 0.5S$에 해당)로 매핑된다. $H(z)$에 두 가지의 변경을 일반적으로 사용한다.

1. $H(z)$의 모든 영점은 $z = 0$에서 $z = -1$로 이동한다. 즉, z^P을 $(z + 1)^P$으로 대치한다.

2. $H(z)$의 하나를 제외한 모든 영점은 $z = 0$에서 $z = -1$로 이동한다. 즉, z^P을 $(z + 1)^{P-1}$으로 대치한다.

이와 같은 변경으로 정합된 z-변환을 고역통과 필터나 대역저지 필터에도 사용할 수 있다.

예제 9.4 정합된 z-변환

정합된 z-변환과 설계 변경에 의해 $H(s) = \frac{4}{(s+1)(s+2)}$를 $t_s = 0.5$초인 $H(z)$로 변환하라.

풀이

(a) 변경 없는 정합된 z-변환에 의한 경우

$$H(z) = \frac{Kz^2}{(z - e^{-t_s})(z - e^{-2t_s})} = \frac{Kz^2}{(z - e^{-0.5})(z - e^{-1})} = \frac{Kz^2}{z^2 - 0.9744z + 0.2231}$$

(b) $H(z)$의 두 영점을 z^2을 $(z + 1)^2$으로 변경하는 경우

$$H_1(z) = \frac{K_1(z+1)^2}{(z-e^{-t_s})(z-e^{-2t_s})} = \frac{K_1(z+1)^2}{(z-e^{-0.5})(z-e^{-1})} = \frac{K_1(z+1)^2}{z^2-0.9744z+0.2231}$$

(c) $H(z)$의 단지 하나의 영점만을 z^2을 $(z+1)$로 변경하는 경우

$$H_2(z) = \frac{K_2z(z+1)}{(z-e^{-t_s})(z-e^{-2t_s})} = \frac{K_2z(z+1)}{(z-e^{-0.5})(z-e^{-1})} = \frac{K_2z(z+1)}{z^2-0.9744z+0.2231}$$

참고: K, K_1, K_2는 원하는 이득에 따라 선택할 수 있다.

9.5 이산 알고리즘으로부터의 매핑

아날로그 필터를 디지털 필터로 변환하기 위한 매핑을 개발하는 데 이산시간 알고리즘이 종종 이용된다. 이산 영역에서는 적분과 미분 연산이 수치 합산과 수치 차이로 대치하여 사용된다. 이상적인 아날로그 연산의 전달 함수 $H(s)$와 해당 이산 연산의 전달 함수 $H(z)$를 동일하게 놓아 매핑을 유도한다.

9.5.1 차분 알고리즘으로부터의 매핑

수치 차이를 이용하여 미분방정식에서 차분방정식으로 변환한다. 표 9.2에 세 가지 차분 알고리즘이 나열되어 있다.

그림 9.4에서 후방차분과 전방차분 알고리즘을 보여주듯이, 수치 차이는 어떤 점에서 기울기, 즉 미분으로 근사화할 수 있다.

표 9.2에 나열된 연산 알고리즘의 매핑은 미분 연산자 $H(s) = s$와 차분 알고리즘의 전달 함수 $H(z)$를 비교하고 있다.

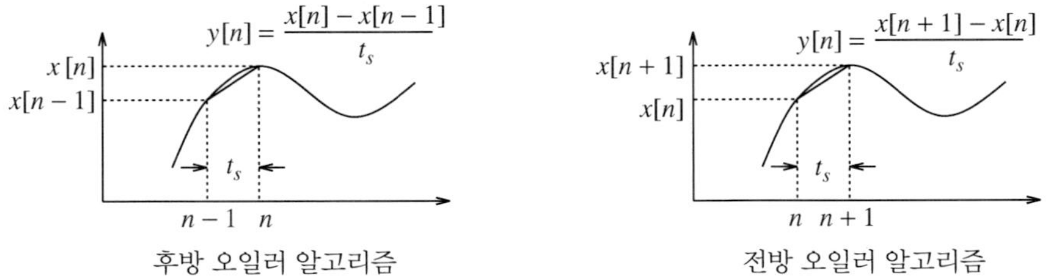

그림 9.4 후방차분 및 전방차분 알고리즘이 올림과 내림의 비율로 현재의 기울기를 근사화한다. 후방차분 알고리즘에서 올림은 현재 샘플 값과 이전 샘플 값의 차이이다. 전방차분 알고리즘에서 내림은 다음 샘플 값과 현재 샘플 값 사이의 차이로서 구해진다.

표 9.2 수치 차이 알고리즘

차분	수치 알고리즘	s 매핑
후방	$y[n] = \dfrac{x[n] - x[n-1]}{t_s}$	$s = \dfrac{z-1}{zt_s}$
전방	$y[n] = \dfrac{x[n+1] - x[n]}{t_s}$	$s = \dfrac{z-1}{t_s}$
중앙	$y[n] = \dfrac{x[n+1] - x[n-1]}{2t_s}$	$s = \dfrac{z^2-1}{2zt_s}$

후방차분: $y[n] = \dfrac{x[n] - x[n-1]}{t_s}$

$$Y(z) = \frac{X(z) - z^{-1}X(z)}{t_s} \qquad H(z) = \frac{Y(z)}{X(z)} = \frac{z-1}{zt_s} \qquad s = \frac{z-1}{zt_s} \tag{9.16}$$

전방차분: $y[n] = \dfrac{x[n+1] - x[n]}{t_s}$

$$Y(z) = \frac{zX(z) - X(z)}{t_s} \qquad H(z) = \frac{Y(z)}{X(z)} = \frac{z-1}{t_s} \qquad s = \frac{z-1}{t_s} \tag{9.17}$$

중앙차분: $y[n] = \dfrac{x[n+1] - x[n-1]}{2t_s}$

$$Y(z) = \frac{zX(z) - z^{-1}X(z)}{2t_s} \qquad H(z) = \frac{Y(z)}{X(z)} = \frac{z^2-1}{2zt_s} \qquad s = \frac{z^2-1}{2zt_s} \tag{9.18}$$

9.5.2 후방차분 알고리즘의 안정 특성

후방차분 매핑은 $s \to (z-1)/zt_s$로부터

$$z = 0.5 + 0.5\frac{1+st_s}{1-st_s} \qquad z - 0.5 = 0.5\frac{1+st_s}{1-st_s} \tag{9.19}$$

$j\omega$축의 매핑을 구하기 위해 $\sigma = 0$으로 설정하면

$$z - 0.5 = 0.5\frac{1+j\omega t_s}{1-j\omega t_s} \qquad |z - 0.5| = 0.5 \tag{9.20}$$

따라서 $j\omega$축의 매핑은 그림 9.5에서처럼 $z = 0.5$를 중심으로 지름이 0.5인 단위원주상으로 대응한다.

단위원 안의 영역이므로 매핑은 안정성을 보장한다. 그렇지만 디지털 필터의 극점 위치를 제한하게 된다. 주파수는 좀 더 작은 원으로 매핑되므로 $z = 1$, 즉 $\Omega \approx 0$ 근방에서는 양호한 근사화이다. 이는 높은 샘플링률을 의미한다.

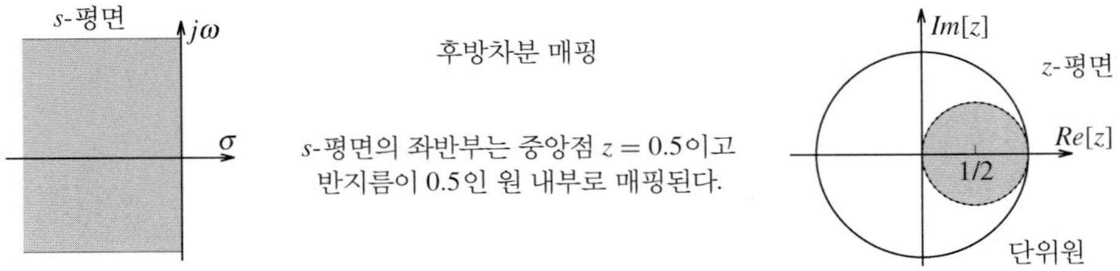

그림 9.5 후방차분법에 근거한 매핑 영역 대비. s-평면의 좌반부는 z-평면의 중심이 $z = 0.5$이고 반지름이 0.5인 원의 내부로 매핑된다. 따라서 안정한 디지털 필터의 극점의 위치가 단위원 내부 전체에서 좀 더 작은 원의 내부로 제한된다.

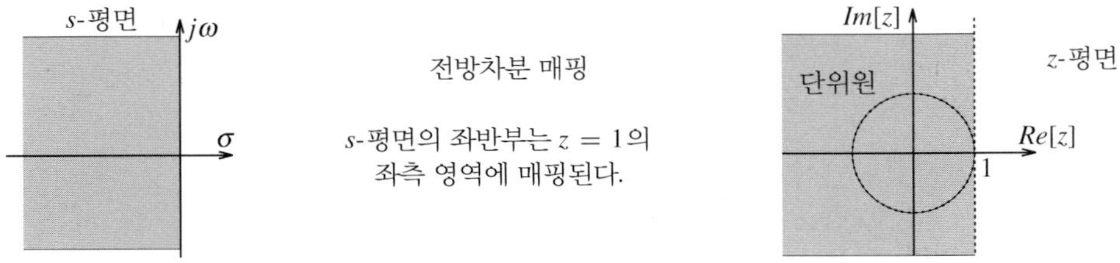

그림 9.6 전방차분법에 근거한 매핑 영역 대비. s-평면의 좌반부는 z-평면의 단위원을 포함하는 $z = 1$인 선분의 좌측 영역으로 매핑된다. 따라서 이 변환은 언제나 안정성이 보장되지는 않는다. 안정한 아날로그 필터의 극점들이 단위원 외부의 영역으로 매핑될 수 있기 때문이다.

9.5.3 전방차분 알고리즘

전방차분 매핑은 $s \to (z - 1)/t_s$로, $z = u + jv$이므로

$$z = u + jv = 1 + t_s(\sigma + j\omega) \tag{9.21}$$

$\sigma = 0$이라면 $u = 1$이고 $j\omega$축은 $z = 1$로 매핑된다. $\sigma > 0$이라면 $u > 1$이고 s-평면의 우반영역은 $z = 1$의 우측 영역으로 매핑된다. $\sigma < 0$이라면 $u < 1$이고 s-평면의 좌반영역은 $z = 1$의 좌측 영역으로 그림 9.6처럼 매핑된다. z-평면에서 이 영역은 단위원뿐만 아니라 그 외부의 방대한 영역을 포함한다. 따라서 s-평면의 좌반영역에 극점을 갖는 안정적인 아날로그 필터는 단위원 내부가 아닌 $z = 1$의 좌측 영역에 임의의 극점으로 매핑되어 불안정한 디지털 필터를 초래하게 된다.

예제 9.5 차분 알고리즘으로부터의 매핑

(a) 후방차분법의 매핑 $s = (z - 1)/zt_s$를 이용하여 안정적인 아날로그 필터 $H(s) = \dfrac{1}{s + \alpha}$, $\alpha > 0$을 디지털 필터로 변환하면 다음과 같다.

$$H(z) = \frac{1}{\alpha + (z - 1)/zt_s} = \frac{zt_s}{(1 + \alpha t_s)z - 1}$$

디지털 필터는 $z = 1/(1 + \alpha t_s)$에서 극점을 갖는다. $H(s)$가 안정적이기 위해서 $\alpha > 0$이고 $t_s > 0$이라면 언제나 1보다 작기 때문에 $H(z)$는 안정적인 필터이다.

(b) 전방차분법의 매핑 $s = (z - 1)/t_s$를 이용하여 안정적인 아날로그 필터 $H(s) = \frac{1}{s+\alpha}$, $\alpha > 0$을 디지털 필터로 변환하면 다음과 같다.

$$H(z) = \frac{1}{\alpha + (z-1)/t_s} = \frac{t_s}{z - (1 - \alpha t_s)}$$

디지털 필터는 $z = 1 - \alpha t_s$에서 극점을 갖는다. $0 < \alpha t_s < 2$라면 안정 시스템이다. $\alpha > 0$과 $t_s > 0$이므로 $\alpha < 2/t_s$라면 안정 시스템이다. 이것은 샘플링률 S가 $S > 0.5\alpha$가 되도록 선택되어야 함을 의미한다.

(c) 중앙차분법의 매핑 $s = (z^2 - 1)/2zt_s$를 이용하여 안정적인 아날로그 필터 $H(s) = \frac{1}{s+\alpha}$, $\alpha > 0$을 디지털 필터로 변환하면 다음과 같다.

$$H(z) = \frac{1}{\alpha + (z^2-1)/2zt_s} = \frac{2zt_s}{z^2 + 2\alpha t_s z - 1}$$

디지털 필터는 $z = -\alpha t_s \pm \sqrt{(\alpha t_s)^2 + 1}$에서 1한 쌍의 극점을 갖는다. 극점의 크기가 단위원보다 언제나 크므로 $\alpha > 0$에서 디지털 필터는 불안정하다.

참고: 시스템 안정의 관점에서는 후방차분법에 근거한 매핑이 $H(s) = 1/(s + \alpha)$에서는 유용함이 명백하다. 사실상 후방차분법이 안정적인 아날로그 필터에 대해서는 안정성을 보장한다.

9.5.4 합산 알고리즘으로부터의 매핑

수치 합산에 사용되는 일반적인 두 가지 방법은 직사각형 법칙과 사다리꼴 법칙이 근간을 이룬다. 표 9.3에 나열된 합산 알고리즘은 그림 9.7처럼 샘플 $x[n]$ 사이에 계단 보간(직사각형 법칙)이나 선형 보간(사다리꼴 법칙)을 사용하여 $y[n]$에서 $y[n-1]$의 면적을 추정한다.

표 9.3 수치 합산 알고리즘

법칙	수치 알고리즘	s 매핑
직사각형	$y[n] = y[n-1] + t_s x[n]$	$s = \frac{1}{t_s}\left(\frac{z-1}{z}\right)$
사다리꼴	$y[n] = y[n-1] + 0.5t_s\,(x[n] + x[n-1])$	$s = \frac{2}{t_s}\left(\frac{z-1}{z+1}\right)$

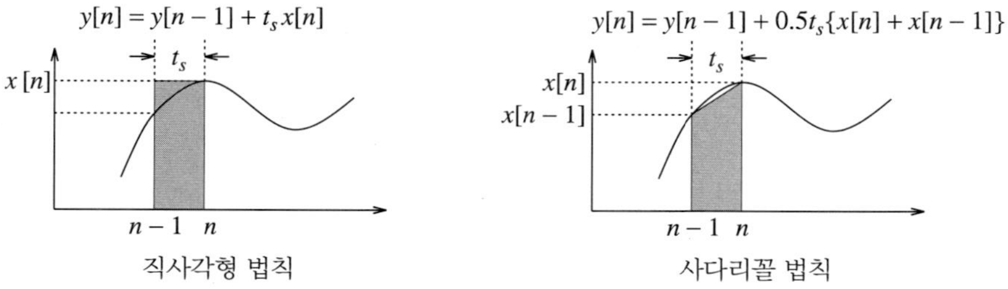

그림 9.7 두 가지 합산 알고리즘 예시. 직사각형 법칙은 신호를 계단 근사화하여 직사각형 띠의 면적을 합산한다. 사다리꼴 법칙은 신호의 단락으로 선형 근사화하여 사다리꼴 띠의 면적을 합산한다.

이런 연산의 결과에 기인한 매핑은 표 9.3에 나열되어 있고, 이상적인 적분기인 전달 함수 $H(s) = 1/s$와 합산 알고리즘의 전달 함수 $H(z)$는 다음과 같다.

직사각형 법칙: $y[n] = y[n-1] + t_s x[n]$

$$Y(z) = z^{-1}Y(z) + t_s X(z) \qquad H(z) = \frac{Y(z)}{X(z)} = \frac{zt_s}{z-1} \qquad s = \frac{z-1}{zt_s} \tag{9.22}$$

미분에 대한 합산과 후방차분에 직사각형 알고리즘은 동일한 매핑을 제공한다는 사실에 주목하게 된다.

사다리꼴 법칙: $y[n] = y[n-1] + 0.5t_s(x[n] + x[n-1])$

$$\begin{aligned} Y(z) &= z^{-1}Y(z) + 0.5t_s[X(z) + z^{-1}X(z)] \\ H(z) &= \frac{Y(z)}{X(z)} = \frac{0.5t_s(z+1)}{z-1} \qquad s = \frac{2}{t_s}\left[\frac{z-1}{z+1}\right] \end{aligned} \tag{9.23}$$

사다리꼴 법칙에 근거한 매핑을 **터스틴 법칙**(Tustin's rule)이라 한다.

9.5.5 합산 알고리즘 매핑의 안정 특성

직사각형과 사다리꼴 알고리즘을 바탕으로 한 매핑은 안정적인 $H(s)$에 대해서 어떠한 t_s를 갖더라도 $H(z)$는 언제나 안정적이다. 직사각형 법칙은 후방차분법과 동일하다. s-평면의 좌반부가 z-평면의 중심이 $z = 0.5$이고 반지름이 0.5인 원 내부로 매핑이 되어 언제나 안정적이다. 사다리꼴 법칙에 대해서 $s = \sigma + j\omega$ 항으로 z를 표현하면 다음과 같다.

$$z = \frac{2 + st_s}{2 - st_s} = \frac{2 + \sigma t_s + j\omega t_s}{2 - \sigma t_s - j\omega t_s} \tag{9.24}$$

$\sigma = 0$이면 $|z| = 1$이다. $\sigma < 0$이면 $|z| < 1$이다. 따라서 $j\omega$축은 단위원주상에 매핑된다. 그림 9.8처럼 s-평면의 좌반부가 단위원 내부로 매핑된다. 따라서 이 변환에 의해서는 안정된 아날로

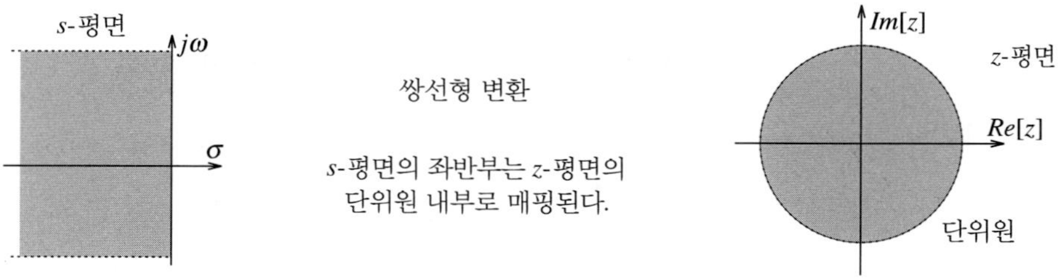

그림 9.8 사다리꼴 합산 알고리즘(혹은 쌍선형 변환)을 위한 매핑 영역. s-평면의 좌반부는 z-평면의 단위원 내부로 단 한 번 매핑되는 반면에 모든 $j\omega$축은 단위원 자체로 매핑된다.

그 시스템은 언제나 안정된 디지털 시스템을 구할 수 있는 것을 의미한다. $\omega = 0$이면 $z = 1$이고, 아날로그나 디지털 시스템은 필터의 dc 이득은 동일하다.

이산 영역에서 차분이나 합산 알고리즘은 작은 디지털 주파수(말하자면 $F < 0.1$)나 나이퀴스트율을 훨씬 초과하는 높은 샘플링률에서는 양호한 근사화를 이룬다. 주파수 영역 성능에서 샘플링률이 중요한 요소가 되는 이유이다. 다른 요소는 안정성이다. 예를 들어 중앙차분법에 근거한 매핑은 언제나 불안정한 디지털 필터를 산출하여 쓸모가 없다. 사다리꼴 합산과 후방차분법이 널리 퍼져 있는데 이를 통해 언제나 안정된 디지털 필터를 설계한다.

예제 9.6 합산 알고리즘으로부터의 매핑

사다리꼴 수치 합산법을 이용하여 $H(s) = \frac{1}{s+\alpha}$, $\alpha > 0$을 디지털 필터 $H(z)$로 변환하고, 안정성에 대해서 논의하라.

(a) 사다리꼴 법칙에 의한 매핑을 이용하면

$$H(z) = H(s)\big|_{s=\frac{2}{t_s}\frac{(z-1)}{(z+1)}} = \frac{t_s(z+1)}{(2+\alpha t_s)z - (2-\alpha t_s)}$$

$H(z)$의 극점 위치는 $z = (2 - \alpha t_s)/(2 + \alpha t_s)$이다. $\alpha > 0$이고 $t_s > 0$이면 1보다 작기 때문에 $H(z)$는 안정적이다.

(b) 수치 합산을 위한 심프슨(Simpson) 알고리즘은 두 단계 전인 $y[n-2]$로부터 $y[n]$을 구한다.

$$y[n] = y[n-2] + \frac{t_s}{3}(x[n] + 4x[n-1] + x[n-2])$$

심프슨 법칙에 기반하여 매핑을 유도하고, $H(s) = \frac{1}{s+\alpha}$, $\alpha > 0$을 디지털 필터 $H(z)$로 변환한 후, 안정성에 대해서 논의하라.

심프슨 법칙의 전달 함수 $H_S(z)$를 다음과 같이 구한다.

$$Y(z) = z^{-2}Y(z) + \frac{t_s}{3}(1 + 4z^{-1} + z^{-2})X(z) \qquad H_S(z) = t_s\frac{z^2 + 4z + 1}{3(z^2 - 1)}$$

이상적인 적분기 $H(s) = 1/s$의 전달 함수와 비교하면

$$s = \frac{3}{t_s}\left[\frac{z^2 - 1}{z^2 + 4z + 1}\right]$$

합산 매핑을 이용하여 $H(s) = 1/(s + \alpha)$를 변환하면

$$H(z) = \frac{t_s(z^2 + 4z + 1)}{(3 + \alpha t_s)z^2 + 4\alpha t_s z - (3 - \alpha t_s)}$$

$H(z)$의 극점들은 2차식 $(3 + \alpha t_s)z^2 + 4\alpha t_s z - (3 - \alpha t_s) = 0$의 근에 해당한다. 이 근의 크기가 $\alpha > 0$이고 $t_s > 0$일 때 언제나 1보다 크므로 $H(z)$는 불안정 필터이다.

9.5.6 이산 알고리즘의 주파수 응답

이상적인 적분기의 주파수 응답은 $H_I(F) = 1/j2\pi F$이다. 이상적인 미분기는 $H_D(F) = j2\pi F$이다. 이산 영역에서 적분과 미분의 연산은 수치의 합산과 수치 차분으로 대치할 수 있다. 표 9.4에 알고리즘과 주파수 응답 $H(F)$가 나열되어 있다.

수치 차분은 한 점에서의 기울기, 즉 미분을 근사화하고 수치 합산은 계단 보간, 선형 보간, 2차 보간을 이용하여 $y[n-1]$로부터 $y[n]$의 면적을 추정한다. 단지 심프슨 법칙은 $y[n-2]$에서

표 9.4 이산 알고리즘과 주파수 응답

알고리즘	차분방정식	주파수 응답
	수치 차분	
후방	$y[n] = x[n] - x[n-1]$	$H_B(F) = 1 - e^{-j2\pi F}$
중앙	$y[n] = \frac{1}{2}(x[n+1] - x[n-1])$	$H_C(F) = j\sin(2\pi F)$
전방	$y[n] = x[n+1] - x[n]$	$H_F(F) = e^{j2\pi F} - 1$
	수치 합산	
직사각형	$y[n-1] + x[n]$	$H_R(F) = \dfrac{1}{1 - e^{-j2\pi F}}$
사다리꼴	$y[n-1] + \frac{1}{2}(x[n] + x[n-1])$	$H_T(F) = \dfrac{1 + e^{-j2\pi F}}{2(1 - e^{-j2\pi F})}$
심프슨	$y[n-2] + \frac{1}{3}(x[n] + 4x[n-1] + x[n-2])$	$H_S(F) = \dfrac{1 + 4e^{-j2\pi F} + e^{-j4\pi F}}{3(1 - e^{-j4\pi F})}$

부터 두 단계 이전의 $y[n]$을 구한다. 이산 알고리즘은 낮은 디지털 주파수인 $F < 0.1$에서 양호한 근사화를 이룬다. 심지어 샘플링 법칙을 만족해도 낮은 디지털 주파수는 나이퀴스트율을 훨씬 초과하는 높은 샘플링률을 요한다. 주파수 영역 성능에서 샘플링률이 중요한 요소가 되는 이유이다. 그 밖의 요소는 안정성이다. 예를 들어 심프슨 법칙이 아날로그 시스템을 디지털 시스템으로 변환하는 데 사용되더라도 불안정한 시스템을 초래하므로 사다리꼴 합산과 후방차분법이 훌륭한 선택이 된다.

예제 9.7 수치 알고리즘의 DTFT

(a) 사다리꼴 수치 합산 연산에 대한 DTFT는 다음과 같다.

$$Y_p(F) = Y_p(F)e^{-j2\pi F} + 0.5[X_p(F) + e^{-j2\pi F}X_p(F)]$$

입력 대 출력은

$$H_T(F) = \frac{Y_p(F)}{X_p(F)} = 0.5\left[\frac{1+e^{-j2\pi F}}{1-e^{-j2\pi F}}\right] = \frac{1}{j2\tan(\pi F)}$$

$H_I(F) = 1/j2\pi F$로 정규화하여 전개하면 다음과 같다.

$$\frac{H_T(F)}{H_I(F)} = \frac{j2\pi F}{j2\tan(\pi F)} = \frac{\pi F}{\tan(\pi F)} \approx 1 - \frac{(\pi F)^2}{3} - \frac{(\pi F)^4}{45} - \cdots$$

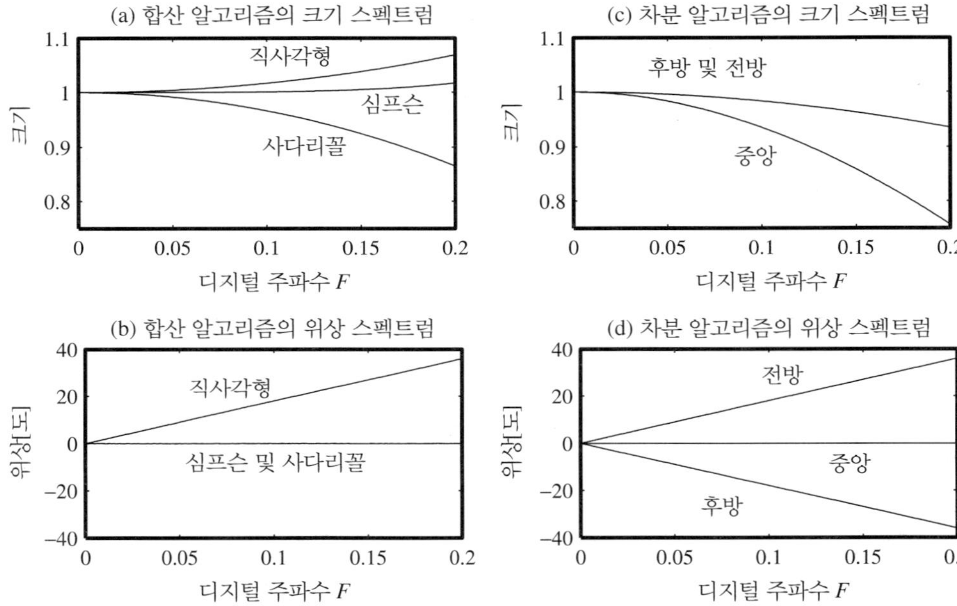

그림 E9.7a 예제 9.7에 대한 수치 알고리즘의 주파수 응답

그림 E9.7은 $H_T(F)/H_I(F)$의 비율을 그리므로 크기와 위상 오차를 볼 수 있다. 이상적으로는 모든 주파수에 대해 1로 동일해야 한다. 저주파 영역($F \ll 1$)에서는 $\tan(\pi F) \approx \pi F$이고 $H_T(F)/H_I(F) \approx 1$이다. 사다리꼴 법칙은 합산의 유효한 근사화이다. 위상 응답은 모든 주파수에 대해 이상적으로 정합된다.

(b) 심프슨 수치 합산 알고리즘은 다음과 같은 정규화된 결과를 산출한다.

$$\frac{H_S(F)}{H_I(F)} = 2\pi F\left(\frac{2+\cos 2\pi F}{3\sin 2\pi F}\right)$$

모든 주파수에 대해 완벽한 위상 정합을 보이고 있다. 그러나 $F = 0.25$를 지나면서 커지기 시작한다. 고주파에서는 증대된다. 심프슨 알고리즘은 불안정한 필터를 갖는 매핑을 산출한다.

(c) 전방차분 연산에 대해 DTFT는 다음과 같다.

$$Y_p(F) = X_p(F)e^{j2\pi F} - X_p(F) = X_p(F)[e^{j2\pi F} - 1] \quad H_F(F) = \frac{Y_p(F)}{X_p(F)} = e^{j2\pi F} - 1$$

$H_F(F)/H_D(F)$ 비율은 다음과 같이 전개된다.

$$\frac{H_F(F)}{H_D(F)} = 1 + j\frac{1}{2!}(2\pi F) - \frac{1}{3!}(2\pi F)^2 + \cdots$$

반복하여 저주파 대역에서(높은 주파수 샘플링률) 일치하고 주파수가 높아짐에 따라 증폭되며 이 알고리즘은 고주파 잡음에 쉽게 영향을 받는다. 위상 응답은 특히 고주파에서는 원래 위상과 차이가 있다.

(d) 중앙차분 알고리즘에 대해 $H_C(F)/H_D(F)$는 다음과 같다.

$$\frac{H_C(F)}{H_D(F)} = \frac{\sin(2\pi F)}{2\pi F} = 1 - \frac{1}{3!}(2\pi F)^2 + \frac{1}{5!}(2\pi F)^4 + \cdots$$

위상에 대해서는 모든 주파수 대역에 걸쳐 완벽한 정합을 이룬다.

9.5.7 유리수 근사화로부터의 매핑

수치 알고리즘에서 유도한 매핑의 일부는 변환 $z \to e^{st_s}$와 $s \to \ln(z)/t_s$의 유리수의 근사화로 간주할 수 있다. 전방차분 매핑은 $z = e^{st_s}$을 1차 근사화를 기본으로 하여

$$z = e^{st_s} \approx 1 + st_s, \quad st_s \ll 1 \qquad s \approx \frac{z-1}{t_s} \tag{9.25}$$

후방차분 매핑은 $z^{-1} = e^{-st_s}$을 1차 근사화를 기본으로 하여

$$\frac{1}{z} = e^{-st_s} \approx 1 - st_s, \quad st_s \ll 1 \qquad s \approx \frac{z-1}{zt_s} \tag{9.26}$$

사다리꼴 매핑은 $s = \ln(z)/t_s$는 $\ln(z)$의 급수 전개에 의해서 1차 유리수 근사화를 기본으로 한다.

$$s = \frac{\ln(z)}{t_s} = \frac{2}{t_s}\left[\frac{z-1}{z+1}\right] + \frac{2}{3t_s}\left[\frac{z-1}{z+1}\right]^2 + \frac{2}{5t_s}\left[\frac{z-1}{z+1}\right]^2 + \cdots \approx \frac{2}{t_s}\left[\frac{z-1}{z+1}\right] \tag{9.27}$$

9.6 쌍선형 변환

사다리꼴 법칙에 근거한 매핑에서 $C = 2/t_s$로 놓음으로써 일반화하여 **쌍선형 변환**(bilinear transformation)을 구한다.

$$s = C\frac{z-1}{z+1} \qquad z = \frac{C+s}{C-s} \tag{9.28}$$

$\sigma = 0$으로 놓으면, 복소수 변수 z는 다음과 같이 유도된다.

$$z = \frac{C+j\omega}{C-j\omega} = e^{j2\tan^{-1}(\omega/C)} \tag{9.29}$$

디지털 주파수는 $\Omega = 2\pi F$이고 $z = e^{j\Omega}$이므로

$$\Omega = 2\tan^{-1}(\omega/C) \qquad \omega = C\tan(0.5\Omega) \tag{9.30}$$

아날로그 주파수 ω와 디지털 주파수 Ω는 비선형의 관계이다. $\omega = 0$일 때 $\Omega = 0$이고, $\omega \to \infty$일 때 $\Omega \to \pi$이다. 따라서 아날로그 주파수 $-\infty < f < \infty$는 디지털 주파수 $-\pi < \Omega < \pi$로 비선형 압축되는 일대일 매핑이다. 그림 9.9에서처럼 아날로그 주파수의 변형, 압축 혹은 왜곡의 대가로 엘리어싱 효과를 면할 수 있다.

주파수가 높으면 높을수록 왜곡은 더욱 심각해진다. 이런 왜곡을 제거하기보다는 아날로그 시스템 $H(s)$를 설계하기 전이나 쌍선형 변환을 적용하기 전에 주파수 규격을 **사전왜곡**(prewarp)하여 보상한다. 아날로그 설계 전의 주파수 사전왜곡이란 왜곡관계의 역에 근거하여 스케일링 연산을 행하는 것으로 다음 식을 이용한다.

$$\omega = C\tan(0.5\Omega) \tag{9.31}$$

그림 9.10은 $\omega = \Omega$인 것과 비교한 C의 값에 따른 ω 대 Ω의 그림이다. 아날로그와 디지털 주파수는 원점에서만 정확히 매핑되고, 다른 영역에서는 C 값에 따라 다른 값을 갖는다.

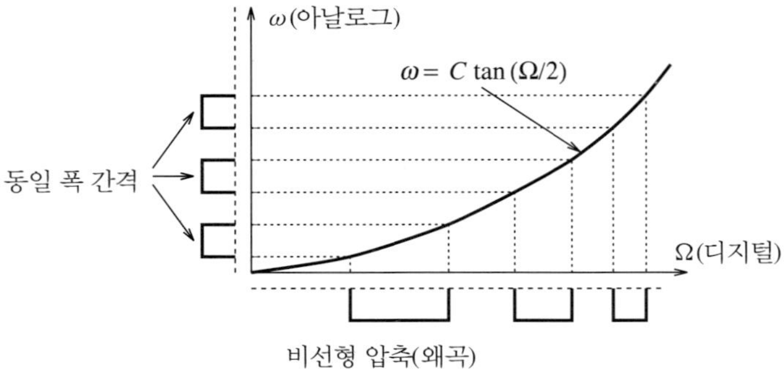

그림 9.9 쌍선형 변환의 왜곡 효과는 아날로그 무한 주파수 대역을 유한한 디지털 주파수 대역($\Omega = 2\pi$)으로 비선형 압축하여 나타난다. 따라서 동등한 크기 대역의 아날로그 주파수 영역은 높은 주파수에서 압축이 더 커진다.

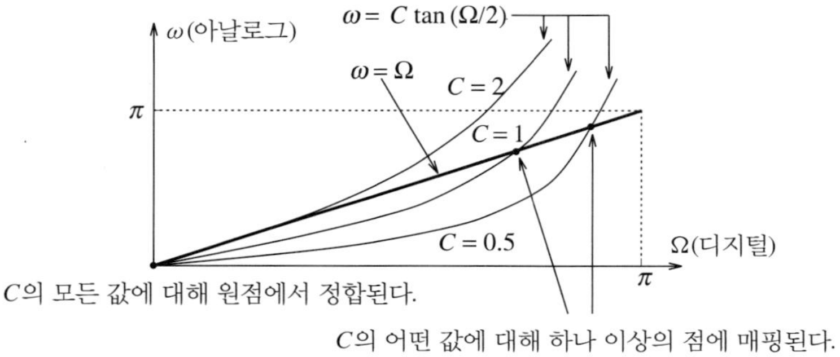

그림 9.10 C에 따른 $\omega = C\tan(0.5\Omega)$의 왜곡관계. 이상적인 관계는 $\omega = \Omega$이다. $\omega = 0$에서 두 관계식은 $\Omega = 0$이다. $C < 2$에서는 두 개의 그래프가 한 점 이상에서 교차하고, 왜곡관계는 하나 이상의 주파수에서 이상적인 관계로 매핑하고 있다.

특별히 샘플링률이 어느 정도 높지 않은 경우에는 사전왜곡으로 인한 비선형 스케일 효과는 낮은 차수의 필터를 초래한다. 높은 샘플링률에는 사전왜곡이 거의 효과가 없지만 이로 인해 심지어는 중복이 될 수 있다.

쌍선형 변환의 장점은 단순하고 안정적이며 일대일 매핑이 가능하다는 것이다. 엘리어싱을 야기하는 문제를 피할 수 있고, 고역통과 필터나 대역저지 필터에도 사용할 수 있다. 왜곡으로 인한 영향에도 불구하고 간단한 관계식으로 이런 영향을 보상할 수 있다.

9.6.1 쌍선형 변환의 사용

아날로그 주파수 ω_A에 대한 전달 함수 $H(s)$가 디지털 주파수 Ω_D의 $H(z)$로 매핑된다면 두 가지 방법으로 $H(z)$를 설계할 수 있다.

1. ω_A와 사전왜곡된 주파수 Ω_D를 매핑하도록 C를 선택하고, $s = C\frac{z-1}{z+1}$을 이용하여 $H(s)$에서 $H(z)$를 구한다. 이 과정은 다음과 같이 요약된다.

$$\omega_A = C\tan(0.5\Omega_D) \qquad C = \frac{\omega_A}{\tan(0.5\Omega_D)} \qquad H(z) = H(s)|_{s=C(z-1)/(z+1)} \tag{9.32}$$

2. $C = 1$처럼 편리한 C 값을 선택하고, 임의의 사전왜곡 주파수 ω_x에서 대응하는 주파수가 다음 식으로 주어진다.

$$\omega_x = \tan(0.5\Omega_D) \tag{9.33}$$

다음으로 주파수 스케일로 $H(s)$에서 $H_1(s) = H(s\omega_A/\omega_x)$로 주파수 스케일을 하고 $s = \frac{z-1}{z+1}$을 이용하여 $H_1(s)$에서 $H(z)$를 구한다. 이 과정은 다음과 같이 요약된다.

$$\omega_x = \tan(0.5\Omega_D) \qquad H_1(s) = H(s)|_{s=s\omega_A/\omega_x} \qquad H(z) = H_1(s)|_{s=(z-1)/(z+1)} \tag{9.34}$$

위의 두 가지 방법은 동일한 $H(z)$를 산출한다. 첫 번째 방법은 $H(s)$의 스케일링을 제거할 수 있고, 두 번째 방법은 편리한 임의의 C 값을 선택할 수 있다.

예제 9.8 쌍선형 변환의 이용

(a) 베셀 필터 $H(s) = \dfrac{3}{s^2+3s+3}$을 이용하여 $\omega_A = 4$ rad/s에서 $H(s)$의 크기와 $f_0 = 3$ kHz에서 크기가 같도록 디지털 필터를 설계하라. 단, 샘플링률은 $S = 12$ kHz이다.

디지털 주파수 $\Omega = 2\pi f_0/S = 0.5\pi$이다. 두 가지 방법으로 설계하라.

1. **방법 1:** 사전왜곡 주파수가 $\omega_A = 4$와 동일하게 선택하도록 하면 C는

$$\omega_A = 4 = C\tan(0.5\Omega) \text{ 또는 } C = \frac{4}{\tan(0.5\Omega)} = 4$$

$s = C\frac{z-1}{z+1} = \frac{4(z-1)}{z+1}$을 이용하여 $H(s)$에서 $H(z)$로 변환하면

$$H(z) = H(s)|_{s=4(z-1)/(z+1)} = \frac{3(z+1)^2}{31z^2-26z+7}$$

2. **방법 2:** $C = 1$로 선택하면 $\omega_x = \tan(0.5\Omega) = \tan(0.25\pi) = 1$이다.

다음으로, $H(s)$를 주파수 스케일링하면

$$H_1(s) = H(s\omega_A/\omega_x) = H(4s) = \frac{3}{16s^2+12s+3}$$

마지막으로 $s = \frac{z-1}{z+1}$을 이용하여 $H_1(s)$를 $H(z)$로 변환하면

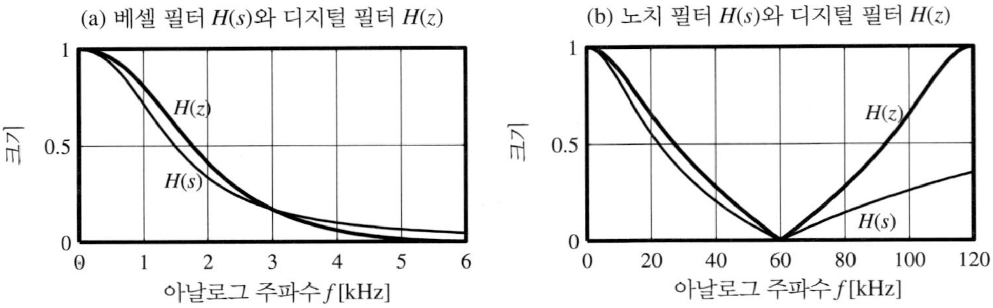

그림 E9.8 예제 9.8에서 아날로그와 디지털 필터의 크기

$$H(z) = H(s)|_{s=(z-1)/(z+1)} = \frac{3(z+1)^2}{31z^2 - 26z + 7}$$

$s = j\omega = j4$에서 크기 $|H(s)|$를 $z = e^{j\Omega} = e^{j\pi/2} = j$ 에서 크기 $|H(z)|$와 대응한다. 따라서

$$|H(s)|_{s=j4} = \left|\frac{3}{-13 + j12}\right| = 0.1696 \qquad |H(z)|_{z} = j = \left|\frac{3(j+1)^2}{-24 - j26}\right| = 0.1696$$

그림 E9.8(a)는 $H(s)$와 $H(z)$의 크기를 비교한다. 베셀 필터의 선형위상은 샘플링률이 아주 높지 않으면 변환하는 동안에 유지되지 못한다.

(b) 쌍-T 노치 필터 $H(s) = \dfrac{s^2+1}{s^2+4s+1}$은 노치 주파수가 $\omega_0 = 1$ rad/s이다. $S = 240$ Hz와 노치 주파수 $f = 60$ Hz인 디지털 노치 필터를 설계하라. 디지털 노치 주파수는 $\Omega = 2\pi f/S = 0.5\pi$이다. 아날로그 주파수 ω_0와 사전왜곡 디지털 노치 주파수 Ω를 대응하도록 C를 선택하면

$$\omega_0 = C\tan(0.5\Omega) \qquad 1 = C\tan(0.25\pi) \qquad C = 1$$

결국 $s = C\frac{z-1}{z+1} = \frac{z-1}{z+1}$을 이용하여 $H(s)$를 $H(z)$로 변환하면

$$H(z) = H(s)|_{s=(z-1)/(z+1)} = \frac{(z-1)^2 + (z+1)^2}{(z-1)^2 + 4(z^2-1) + (z+1)^2} = \frac{z^2+1}{3z^2-1}$$

$s = j\omega_0 = j$에서 $H(s) = 0$이고 $z = e^{j\Omega} = e^{j\pi/2} = j$에서 $H(z) = 0$임을 확인할 수 있다. 그림 E9.8(b)는 두 필터의 크기와 $f = 60$ Hz($F = 0.25$)에서 완벽한 대응을 보여주고 있다.

9.7 IIR 필터를 위한 스펙트럼 변환

IIR 필터 설계는 보통 아날로그 저역통과 필터로부터 시작한다. 매핑에 의해서 디지털 저역통과 필터의 원형으로 변환시키고, 또한 스펙트럼 변형에 의해서 요구되는 필터 종류로 변형시킨다. 쌍선형 매핑에서도 아날로그 원형 필터에 매핑과 스펙트럼 변환이 수행될 수 있다.

9.7.1 디지털-디지털 변환

디지털 저역통과 원형 필터가 설계되었다면 디지털-디지털(D2D) 변환에 표 9.5를 사용하여 요구하는 필터 종류로 변형시킬 수 있다. 이 변환은 단위원 안에서 점들을 단위원 안으로 매핑하므로 안정성이 보장된다.

아날로그 변환에 대해서 저역통과-대역통과(LP2BP)와 저역통과-대역저지(LP2BS) 변환은 저역통과 원형 필터의 2배의 차수를 갖는 필터로 구해진다. 저역통과-저역통과(LP2LP) 변환은 사실상 일반적인 전역통과 변환의 특수한 경우이다.

$$z \Rightarrow \pm\frac{z-\alpha}{1-\alpha z}, \quad |\alpha| < 1 \ (\alpha\text{는 실수}) \tag{9.35}$$

표 9.5 디지털-디지털(D2D) 주파수 변환

형태	대역 가장자리 주파수	매핑 $z \rightarrow$	매핑 파라미터
LP2LP	Ω_C	$\dfrac{z-\alpha}{1-\alpha z}$	$\alpha = \sin[0.5(\Omega_D - \Omega_C)]/\sin[0.5(\Omega_D + \Omega_C)]$
LP2HP	Ω_C	$\dfrac{-(z+\alpha)}{1+\alpha z}$	$\alpha = -\cos[0.5(\Omega_D + \Omega_C)]/\cos[0.5(\Omega_D - \Omega_C)]$
LP2BP	$[\Omega_1,\ \Omega_2]$	$\dfrac{-(z^2 + A_1 z + A_2)}{A_2 z^2 + A_1 z + 1}$	$K = \tan(0.5\Omega_D)/\tan[0.5(\Omega_2 - \Omega_1)]$ $\alpha = -\cos[0.5(\Omega_2 + \Omega_1)]/\cos[0.5(\Omega_2 - \Omega_1)]$ $A_1 = 2\alpha K/(K+1) \quad A_2 = (K-1)/(K+1)$
LP2BS	$[\Omega_1,\ \Omega_2]$	$\dfrac{(z^2 + A_1 z + A_2)}{A_2 z^2 + A_1 z + 1}$	$K = \tan(0.5\Omega_D)\tan[0.5(\Omega_2 - \Omega_1)]$ $\alpha = -\cos[0.5(\Omega_2 + \Omega_1)]/\cos[0.5(\Omega_2 - \Omega_1)]$ $A_1 = 2\alpha/(K+1) \quad A_2 = -(K-1)/(K+1)$

주의: 디지털 저역통과 필터의 차단 주파수는 Ω_D이다.
모든 디지털 주파수는 $\Omega = 2\pi f/S$로 정규화된다.

예제 9.9 디지털-디지털(D2D) 변환의 사용 예

샘플링 주파수 $S = 8$ kHz인 저역통과 필터 $H(z) = \dfrac{3(z+1)^2}{31z^2 - 26z + 7}$의 차단 주파수가 $f_C = 2$ kHz이다.

(a) 상기 $H(z)$를 이용하여 차단 주파수가 1 kHz인 고역통과 필터를 설계하라.

디지털 주파수 $\Omega_D = 2\pi f_C/S = 0.5\pi$이고 $\Omega_C = 0.25\pi$이다. 표 9.5에서 LP2HP 변환은

$$\alpha = -\frac{\cos[0.5(\Omega_D + \Omega_C)]}{\cos[0.5(\Omega_D - \Omega_C)]} = -\frac{\cos(3\pi/8)}{\cos(\pi/8)} = -0.4142$$

그리고 LP2HP 스펙트럼 변환은 $z \to \frac{-(z+\alpha)}{1+\alpha z} = \frac{-(z-0.4142)}{1-0.4142z}$이므로

$$H_{\text{HP}}(z) = \frac{0.28(z-1)^2}{z^2 - 0.0476z + 0.0723}$$

(b) $H(z)$를 이용하여 주파수 대역이 1~3 kHz인 대역통과 필터를 설계하라.

디지털 주파수로 변형하면 $\Omega_1 = 0.25\pi$, $\Omega_2 = 0.75\pi$, $\Omega_2 - \Omega_1 = 0.5\pi$, $\Omega_2 + \Omega_1 = \pi$이다. 표 9.5에서 LP2BP 변환에 필요한 파라미터는 다음과 같다.

$$K = \frac{\tan(\pi/4)}{\tan(\pi/4)} = 1 \qquad \alpha = -\frac{\cos(\pi/2)}{\cos(\pi/4)} = 0 \qquad A_1 = 0 \qquad A_2 = 0$$

LP2BP 변환에서 $z \to -z^2$이므로

$$H_{\text{BP}}(z) = \frac{3(z^2-1)^2}{31z^4 - 26z^2 + 7}$$

(c) $H(z)$를 이용하여 1.5~2.5 kHz에서 주파수 대역저지 필터를 설계하라.

디지털 주파수로 변형하면 $\Omega_1 = 3\pi/8$, $\Omega_2 = 5\pi/8$, $\Omega_2 - \Omega_1 = \pi/4, \Omega_2 + \Omega_1 = \pi$이다. 표 9.5에서 LP2BS 변환에 필요한 파라미터는 다음과 같다.

$$K = \frac{\tan(\pi/8)}{\tan(\pi/4)} = 0.4142 \qquad \alpha = -\frac{\cos(\pi/2)}{\cos(\pi/8)} = 0 \qquad A_1 = 0 \qquad A_2 = 0.4142$$

LP2BS 변환은 $z \to \frac{z^2+0.4142}{0.4142z^2+1}$이므로

$$H_{\text{BS}}(z) = \frac{0.28(z^2+1)^2}{z^4 + 0.0476z^2 + 0.0723}$$

그림 E9.9는 설계된 필터들의 크기 특성을 비교하고 있다.

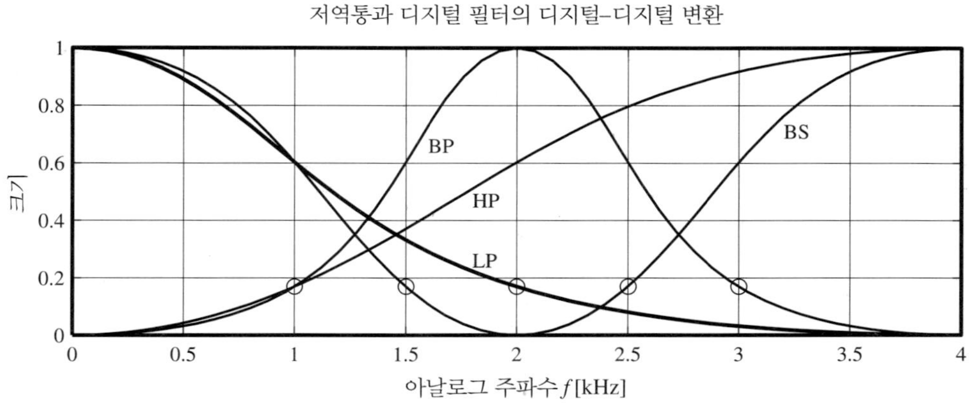

그림 E9.9 예제 9.9의 디지털 필터

9.7.2 쌍선형 설계를 위한 직접(A2D) 변환

엘리어싱 없는 모든 안정적인 변환은 왜곡 효과를 산출하게 된다. 쌍선형 매핑만이 왜곡을 보상하기 위한 간단한 관계식을 제공한다. 쌍선형 매핑과 D2D 변형을 연계하므로 쌍선형 설계를 위한 표 9.6의 아날로그–디지털(A2D) 변환이 얻어진다. 이 표는 사전왜곡 아날로그 저역통과 원형 필터(차단 주파수 1 rad/s)를 원하는 디지털 필터로 직접 변환하는 데 사용된다.

9.7.3 피킹 필터와 노치 필터의 쌍선형 변환

3 dB 대역폭 $\Delta\Omega$와 중심 주파수 Ω_0인 2차 디지털 피킹(대역통과) 필터를 설계하기 위해서 쌍선형 변환을 사용한다면 아날로그 저역통과 원형 필터 $H(s) = 1/(s+1)$(차단 주파수 1 rad/s)과 표 9.6에서 A2D LP2BP 변환을 이용하면

$$H_{\mathrm{BP}}(z) = \frac{C}{1+C}\left(\frac{z^2-1}{z^2 - \frac{2\beta}{1+C}z + \frac{1-C}{1+C}}\right) \quad \beta = \cos\Omega_0 \quad C = \tan(0.5\Delta\Omega) \tag{9.36}$$

같은 방법으로 3 dB 노치 대역폭 $\Delta\Omega$와 노치 주파수 Ω_0인 2차 디지털 노치(대역저지) 필터를 설계하기 위해서 쌍선형 변환을 사용한다면 아날로그 저역통과 원형 필터 $H(s) = 1/(s+1)$과 표 9.6에서 A2D LP2BS 변환을 이용하면

$$H_{\mathrm{BS}}(z) = \frac{1}{1+C}\left(\frac{z^2-2\beta z+1}{z^2 - \frac{2\beta}{1+C}z + \frac{1-C}{1+C}}\right) \quad \beta = \cos\Omega_0 \quad C = \tan(0.5\Delta\Omega) \tag{9.37}$$

다른 설계에서도 A dB 대역폭 $\Delta\Omega$와 상수 C는 KC로 대치된다. 여기서 K는 다음과 같다.

표 9.6 쌍선형 설계를 위한 직접 아날로그-디지털(A2D) 변환

형태	대역 가장자리 주파수	매핑 $s \rightarrow$	매핑 파라미터
LP2LP	Ω_C	$\dfrac{z-1}{C(z+1)}$	$C = \tan(0.5\Omega_C)$
LP2HP	Ω_C	$\dfrac{C(z+1)}{z-1}$	$C = \tan(0.5\Omega_C)$
LP2BP	$\Omega_1 < \Omega_0 < \Omega_2$	$\dfrac{z^2-2\beta z+1}{C(z^2-1)}$	$C = \tan[0.5(\Omega_2-\Omega_1)]$, $\beta = \cos\Omega_0$ 또는 $\beta = \cos[0.5(\Omega_2+\Omega_1)]/\cos[0.5(\Omega_2-\Omega_1)]$
LP2BS	$\Omega_1 < \Omega_0 < \Omega_2$	$\dfrac{C(z^2-1)}{z^2-2\beta z+1}$	$C = \tan[0.5(\Omega_2-\Omega_1)]$, $\beta = \cos\Omega_0$ 또는 $\beta = \cos[0.5(\Omega_2+\Omega_1)]/\cos[0.5(\Omega_2-\Omega_1)]$

주의: 아날로그 저역통과 원형 필터의 사전왜곡 차단 주파수는 1 rad/s이다.
모든 디지털 주파수는 $\Omega = 2\pi f/S$로 정규화되지만 사전왜곡되지 않았다.

$$K = \left(\frac{1}{10^{0.1A}-1}\right)^{1/2} \quad (A\text{의 단위는 데시벨임}) \tag{9.38}$$

1 rad/s에서 이득이 A dB로 감쇠가 일어나므로 이것은 저역통과 원형 필터의 정규화가 아닌 것과 같다. 3 dB 대역폭에서 예상대로 $K = 1$을 얻는다. 이 설계관계는 노치와 피킹 필터를 신속히 설계하는 데 도움이 된다.

중심 주파수 Ω_0는 파라미터 $\beta = \cos\Omega_0$를 얻는 데 사용한다. 대역 가장자리 주파수 Ω_1과 Ω_2가 기술되고 중심 주파수 Ω_0가 기술되지 않았다면 대안으로 표 9.6에서 Ω_1과 Ω_2의 항목으로 β를 구할 수 있다. 설계하는 필터의 중심 주파수는 사전왜곡 주파수의 기하학적 대칭성에 근거하여 다음과 같이 구해진다.

$$\tan(0.5\Omega_0) = \sqrt{\tan(0.5\Omega_1)\tan(0.5\Omega_2)} \tag{9.39}$$

사실상 디지털 대역 가장자리 주파수 Ω_1과 Ω_2는 중심 주파수 Ω_0에 대해서 기하학적 대칭성을 이루지 않는다. β를 구하기 위해 두 관계식을 같게 놓으므로 $\Delta\Omega$와 Ω_0의 항으로 Ω_1과 Ω_2를 얻을 수 있다.

$$\beta = \cos\Omega_0 = \frac{\cos[0.5(\Omega_2+\Omega_1)]}{\cos[0.5(\Omega_2-\Omega_1)]} \tag{9.40}$$

$\Delta\Omega = \Omega_2 - \Omega_1$에서 다음 식을 얻는다.

$$\Omega_2 = 0.5\Delta\Omega + \cos^{-1}[\cos\Omega_0\cos(0.5\Delta\Omega)] \quad \Omega_1 = \Omega_2 - \Delta\Omega \tag{9.41}$$

예제 9.10 2차 필터의 쌍선형 설계

(a) 5 kHz의 3 dB 대역폭과 중심 주파수가 6 kHz인 디지털 피킹 필터를 설계한다. 단, 샘플링 주파수는 25 kHz이다.

디지털 주파수 $\Delta\Omega = 2\pi(5/25) = 0.4\pi$이고 $\Omega_0 = 2\pi(6/25) = 0.48\pi$이다. 그리고 $C = \tan(0.5\Delta\Omega) = 0.7265$, $\beta = \cos\Omega_0 = 0.0628$이므로 원하는 필터 형태에 이를 대입하면 다음과 같다.

$$H(z) = \frac{0.4208(z^2 - 1)}{z^2 - 0.0727z + 0.1584}$$

그림 E9.10a(a)는 스펙트럼 크기이고 예상대로 중심 주파수는 6 kHz이다. 대역 가장자리 주파수 Ω_1과 Ω_2는 다음과 같다.

$$\Omega_2 = 0.5\Delta\Omega + \cos^{-1}[\cos\Omega_0 \cos(0.5\Delta\Omega)] = 2.1483 \qquad \Omega_1 = \Omega_2 - \Delta\Omega = 0.8917$$

이는 주파수 $f_1 = \frac{S\Omega_1}{2\pi} = 3.55$ kHz 이고 $f_2 = \frac{S\Omega_2}{2\pi} = 8.55$ kHz이다.

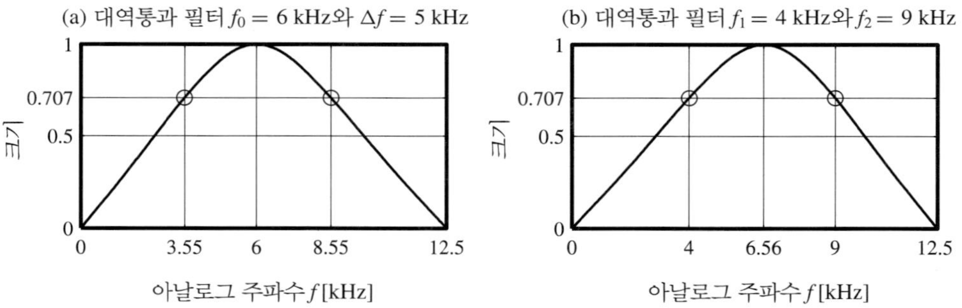

그림 E9.10a 예제 9.10(a와 b)에 대한 대역통과 필터의 응답

(b) 3 dB 대역의 가장자리 주파수가 4 kHz와 9 kHz인 피킹 필터를 설계하라. 단, 샘플링 주파수가 25 kHz이다.

디지털 주파수가 $\Omega_1 = 2\pi(4/25) = 0.32\pi$, $\Omega_2 = 2\pi(6/25) = 0.72\pi$, $\Delta\Omega = 0.4\pi$이다. $C = \tan(0.5\Delta\Omega) = 0.7265$와 $\beta = \cos[0.5(\Omega_2 + \Omega_1)]/\cos[0.5(\Omega_2 - \Omega_1)] = -0.0776$이다. 이들을 원하는 필터 형태에 대입하면 다음과 같다.

$$H(z) = \frac{0.4208(z^2 - 1)}{z^2 + 0.0899z + 0.1584}$$

그림 E9.10a(b)는 스펙트럼 크기이고 예상대로 대역 가장자리 주파수는 4 kHz와 9 kHz이다. 중심 주파수는 6.56 kHz이다. 디지털 주파수 $\beta = \cos\Omega_0 = -0.0776$으로부터 구해진다. 따라서 $\Omega_0 = \cos^{-1}(-0.0776) = 1.6485$이다. 이것은 $f_0 = S\Omega_0/(2\pi) = 6.5591$ kHz이다.

참고: Ω_0는 다음 식에서 구할 수 있다.

$$\tan(0.5\Omega_0) = \sqrt{\tan(0.5\Omega_1)\tan(0.5\Omega_2)} = 1.0809$$

따라서 $\Omega_0 = 2\tan^{-1}(1.0809) = 1.6485$이다.

(c) 중심 주파수가 40 Hz이고, 2 Hz의 6 dB 대역폭을 갖는 피킹 필터를 설계하라. 단, 샘플링 주파수는 200 Hz이다.

$\Delta\Omega = 2\pi(2/200) = 0.02\pi$, $\Omega_0 = 2\pi(40/200) = 0.4\pi$이고 $\beta = \cos\Omega_0 = 0.3090$이다. 6 dB 대역폭이므로 K와 C는 다음과 같다.

$$K = \left(\frac{1}{10^{0.1A}-1}\right)^{1/2} = \left(\frac{1}{10^{0.6}-1}\right)^{1/2} = 0.577 \qquad C = K\tan(0.5\Delta\Omega) = 0.0182$$

원하는 필터 형태에 이들을 대입하면 다음과 같다.

$$H(z) = \frac{0.0179(z^2-1)}{z^2 - 0.6070z + 0.9642}$$

그림 E9.10c는 스펙트럼 크기이고, 확대하여 보면 6 dB(이득 0.5) 대역폭이 2 Hz인 것을 알 수 있다.

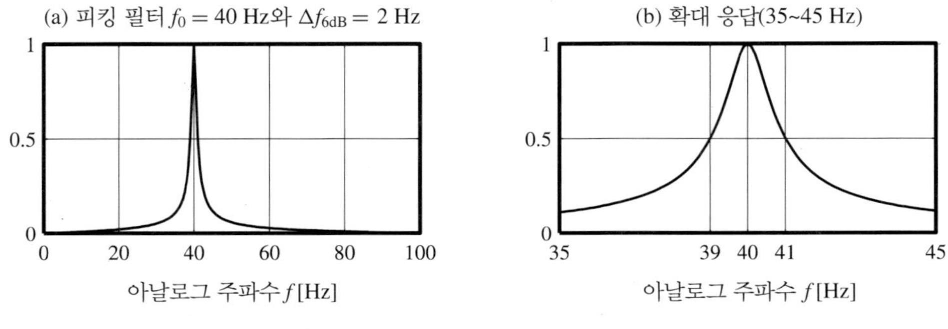

그림 E9.10c 예제 9.10(c)의 피킹 필터 응답

예제 9.11 간섭 제거

300 Hz의 샘플링 주파수를 갖는 ECG 신호에서 60 Hz 간섭 주파수를 제거하기 위한 필터를 설계하고자 한다. 2초간 잡음 신호를 녹음한 결과가 그림 E9.11(1)에 나타나 있다.

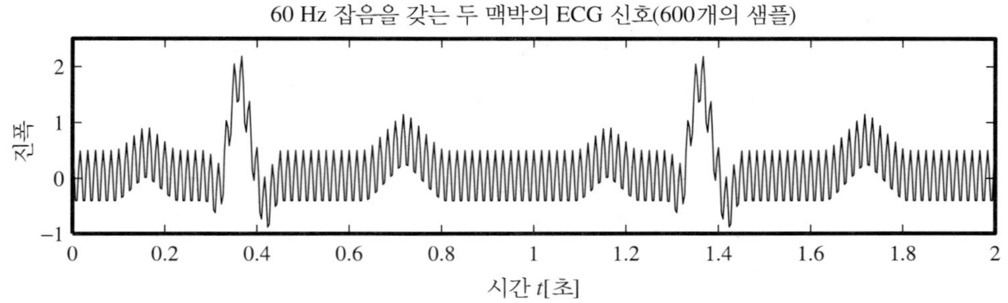

그림 E9.11(1) 60 Hz의 간섭 주파수를 갖는 모의실험 ECG 신호

높은 Q 값 50을 갖는 노치 주파수가 $f_0 = 60$ Hz인 노치 필터를 설계하는데, 노치 대역폭이 $\Delta f = f_0/Q = 1.2$ Hz이다. 디지털 노치 주파수 $\Omega_0 = 2\pi f_0/S = 2\pi(60/300) = 0.4\pi$이다. 디지털 대역 $\Delta\Omega = 2\pi\Delta f/S = 2\pi(1.2/300) = 0.008\pi$이다. $C = \tan(0.5\Delta\Omega) = 0.0126$이고 $\beta = \cos\Omega_0 = 0.3090$이다. 이들을 대입하면 다음과 같다.

$$H_1(z) = \frac{0.9876(z^2 - 0.6180z + 1)}{z^2 - 0.6104z + 0.9752}$$

낮은 Q 값 5을 갖는다면 $\Delta f = f_0/Q = 12$ Hz이고 $\Delta\Omega = 2\pi(12/300) = 0.08\pi$이다. $C = \tan(0.5\Delta\Omega) = 0.1263$, $\beta = \cos\Omega_0 = 0.3090$이므로

$$H_2(z) = \frac{0.8878(z^2 - 0.6180z + 1)}{z^2 - 0.5487z + 0.7757}$$

그림 E9.11(2)는 두 필터의 스펙트럼 크기이고 당연히 높은 Q 값의 $H_1(z)$ 필터가 날카로운 노치를 보이고 있다.

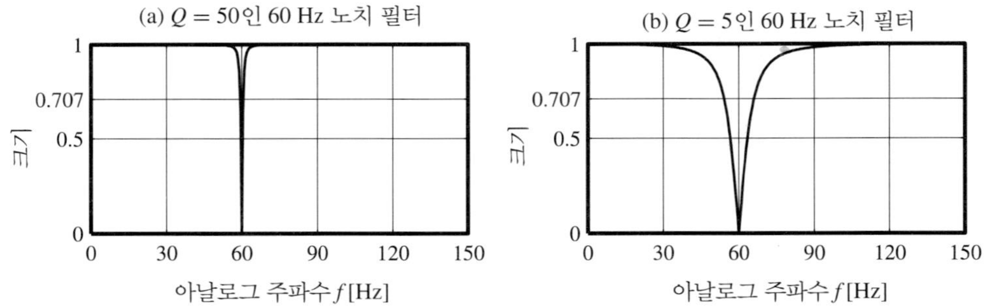

그림 E9.11(2) 노치 필터의 응답

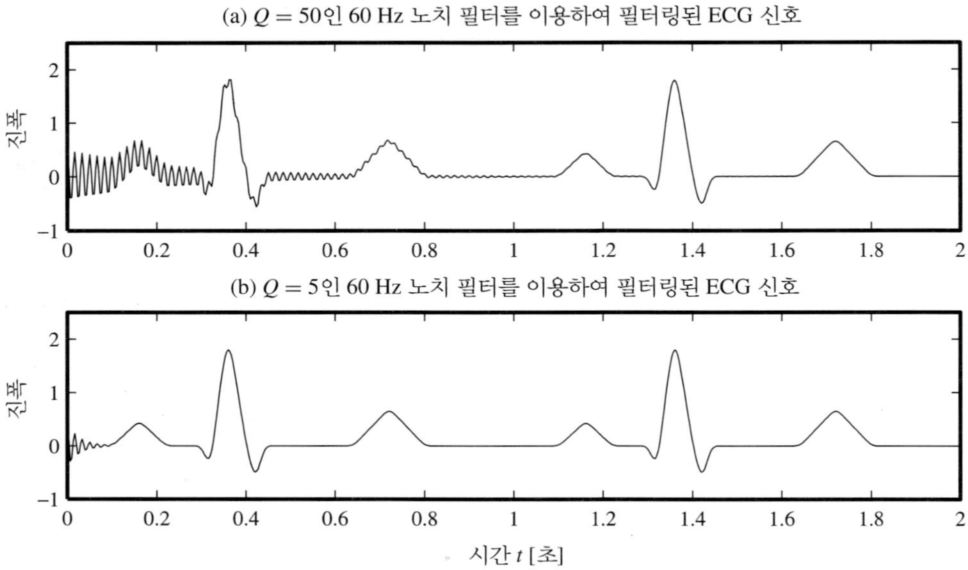

그림 E9.11(3) ECG 신호의 노치 필터 결과

이 두 노치 필터에 의해서 필터링된 ECG 신호를 그림 E9.11(3)에서 보여주고 있다. 60 Hz 잡음을 두 필터가 효과적으로 제거하고 있지만 낮은 Q 값의 $H_2(z)$ 필터가 시작부에서 훨씬 짧은 과도 응답을 보이고 있다. 반면에 높은 Q 값의 $H_1(z)$ 필터는 정상상태에 도달하기 위해서 발진하는 과도 응답을 훨씬 길게 갖는다.

9.8 IIR 필터의 설계법

IIR 필터를 설계하는 방법에는 매핑과 스펙트럼 변환을 이용하는 몇 가지가 있다. 첫 번째로 그림 9.11에서처럼 아날로그 필터 $H(s)$를 개발하고 이어서 원하는 매핑으로 $H(z)$로 변환하는 것이다. 이 변환의 주요 단점은 고역통과 필터나 대역통과 필터를 설계하는 데 엘리어싱 문제로(예를 들

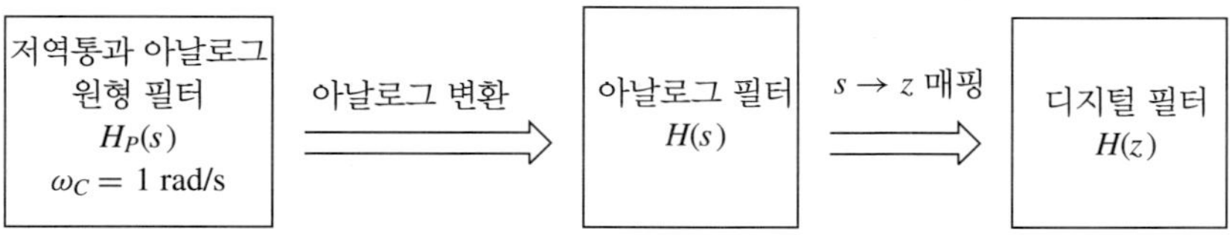

그림 9.11 아날로그 필터를 디지털 필터로 변환. 이 과정은 단위 차단 주파수를 갖는 저역통과 원형 필터로 시작하여 주어진 상세내역에 부합하는 아날로그 필터로 변환하고, 이를 매핑 법칙을 이용하여 원하는 디지털 필터로 변환한다.

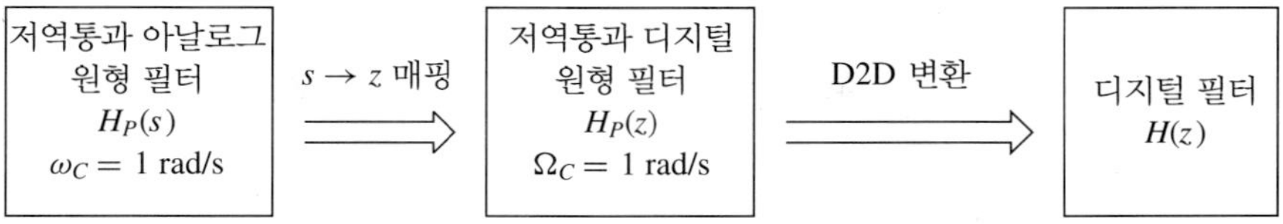

그림 9.12 아날로그 필터에서 디지털 필터로의 간접 변환. 이 과정은 또한 단위 차단 주파수를 갖는 저역통과 원형 필터로 시작하여 단위 차단 주파수를 갖는 디지털 저역통과 원형 필터로 변환한다. 이 디지털 원형 필터에서 이미 언급한 D2D 변환을 이용하여 원하는 디지털 필터로 변환한다.

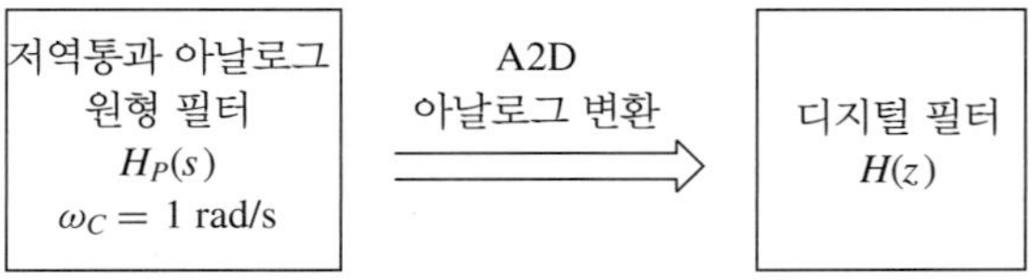

그림 9.13 아날로그 필터에서 직접 디지털 필터로 변환. 이 과정은 또한 단위 차단 주파수를 갖는 저역통과 원형 필터에서 한 단계로 이미 언급한 A2D 변환을 이용하여 원하는 직접 디지털 필터로 변환한다.

어 임펄스 응답 매핑) 매핑을 사용할 수 없다는 것이다.

두 번째 방법인 간접 변환법은 그림 9.12에서 제시하고 있고 아날로그 영역에 저역통과 원형 필터 $H_P(s)$를 설계함으로써 이런 문제들을 극복하려고 한다. 디지털 저역통과 원형 필터 $H_P(z)$를 얻기 위해 필요한 매핑이 이어진다. 최종 단계는 원하는 필터 $H(z)$를 위해서 D2D 스펙트럼 변환이 행해진다. 간접 변환법은 고역통과 필터나 대역저지 필터에 과도한 엘리어싱이 일어날 수 있는 응답 불변법과 같은 것을 포함하여 어떤 매핑도 사용할 수 있다는 것이다. 또한 $H_P(z)$의 설계에서 $H_P(s)$의 dc 크기가 대응하도록 이후에 비교할 수 있다.

세 번째 방법은 그림 9.13에서처럼 쌍선형 변환법에 의한 것이다. 주파수를 사전왜곡하고, 아날로그 저역통과 원형 필터를 설계하고, A2D 변환을 적용하여 원하는 디지털 필터 $H(z)$를 얻는다.

단계별 접근

통과대역이나 저지대역, 그리고 감쇠량, 샘플링 주파수 S, IIR 필터 설계를 위한 표준 설계법은 다음과 같다.

1. 샘플링 주파수 S에 의해서 대역 가장자리 주파수를 정규화한다. 이것으로 이후 설계 시에 샘플링 간격 $t_s = 1$을 사용하게 된다. 또한 쌍선형 설계에서 정규화된 대역 가장자리 주파수를 사전왜곡한다.
2. 차단 주파수가 $\omega_C = 1$ rad/s인 아날로그 저역통과 원형 필터 $H_P(s)$를 설계하기 위해서 정규화된 대역 가장자리 주파수와 감쇠 내역을 사용한다.

3. $H_P(s)$에서 $\Omega_D = 1$인 **디지털 저역통과 원형** 필터 $H_P(z)$로 변환하기 위해 $t_s = 1$로 선택한 매핑을 적용한다.

4. $H_P(z)$에서 $H(z)$로 변환하기 위해 $\Omega_D = 1$을 갖는 D2D 변환을 사용한다.

5. 쌍선형 설계에서는 또한 $H_P(s)$에서 A2D 변환을 이용해서 직접 $H(z)$로 변환한다.

IIR 필터의 설계법

1. S로 대역 가장자리 주파수를 정규화한다. 쌍선형 설계 시에는 사전왜곡한다.

2. 차단 주파수가 $\omega_C = 1$ rad/s인 **아날로그 저역통과 원형** 필터 $H_P(s)$를 설계하기 위해서 정규화된 대역 가장자리 주파수를 사용한다.

3. $H_P(s)$에서 $\Omega_D = 1$인 $H_P(z)$로 변환하기 위해 $t_s = 1$로 선택한 매핑을 적용한다.

4. $H_P(z)$에서 $H(z)$로 변환하기 위해 D2D 변환을 사용한다.

5. 쌍선형 설계에서는 또한 $H_P(s)$에서 A2D 변환을 이용해서 직접 $H(z)$로 변환한다.

예제 9.12 IIR 필터 설계

다음 설계 규격에 따라서 체비쇼프 IIR 필터를 설계하라.
대역통과 주파수가 1.8~3.2 kHz, 저지대역 가장자리 주파수가 1.6 kHz와 4.8 kHz이다. $A_p = 2$ dB, $A_s = 20$ dB, 샘플링 주파수가 $S = 12$ kHz이다.

(a) 간접 쌍선형 설계법

정규화된 주파수 Ω_1, Ω_2, Ω_3, Ω_4를 증가하는 순으로 놓으면 다음과 같다.

$$[\Omega_1,\ \Omega_2,\ \Omega_3,\ \Omega_4] = 2\pi[1.6,\ 1.8,\ 3.2,\ 4.8]/12 = [0.84,\ 0.94,\ 1.68,\ 2.51]$$

통과대역 가장자리 주파수는 $[\Omega_1, \Omega_2] = [0.94, 1.68]$이다. $C = 2$를 선택하면 $\omega = 2\tan(0.5\Omega)$를 사용하여 각 대역 가장자리 주파수가 사전왜곡되어 [0.89, 1.019, 2.221, 6.155]와 같다. 사전왜곡된 통과대역 가장자리 주파수는 $[\Omega_{p1}, \Omega_{p2}] = [1.019, 2.221]$이다.
책 뒷부분의 부록에 기술된 것처럼 사전왜곡 내역에 부합하는 아날로그 필터를 설계하며, 다음과 같은 저역통과 원형 필터와 실제적인 전달 함수를 얻는다.

$$H_P(s) = \frac{0.1634}{s^4 + 0.7162s^3 + 1.2565s^2 + 0.5168s + 0.2058}$$

$$H_{\text{BP}}(s) = \frac{0.34s^4}{s^8 + 0.86s^7 + 10.87s^6 + 6.75s^5 + 39.39s^4 + 15.27s^3 + 55.69s^2 + 9.99s + 26.25}$$

결국에 $s \to 2(z-1)/(z+1)$을 이용하여 대역통과 필터 $H_{\text{BP}}(s)$에서 $H(z)$로 변환하면 다음과 같다.

$$H(z) = \frac{0.0026z^8 - 0.0095z^6 + 0.0142z^4 - 0.0095z^2 + 0.0026}{z^8 - 1.94z^7 + 4.44z^6 - 5.08z^5 + 6.24z^4 - 4.47z^3 + 3.44z^2 - 1.305z + 0.59}$$

그림 E9.12a는 아날로그 필터 $H_{BP}(s)$의 응답과 디지털 필터 $H(z)$의 응답과 무왜곡 주파수로부터 설계된 디지털 필터의 응답으로 세 가지 필터 응답을 비교하여 그린 것이다.

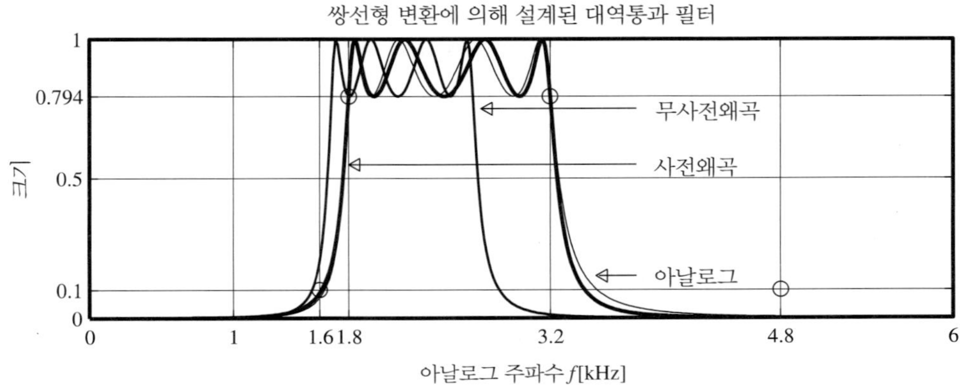

그림 E9.12a 예제 9.12에서 쌍선형 변환에 의해 설계된 대역통과 필터

(b) A2D 직접 설계

쌍선형 설계에 대해 $H_P(s)$를 직접 변환할 수 있다. 무왜곡된 대역통과 주파수 $[\Omega_1, \Omega_2] = [0.94, 1.68]$을 갖는 A2D LP2BP 변환을 사용한다. 상수 C와 β(표 9.6에서)는 다음과 같다.

$$C = \tan[0.5(\Omega_2 - \Omega_1)] = 0.3839 \qquad \beta = \frac{\cos[0.5(\Omega_2 + \Omega_1)]}{\cos[0.5(\Omega_2 - \Omega_1)]} = 0.277$$

따라서 아날로그 원형 필터 $H_P(s)$는 다음과 같이 변환된다.

$$H(z) = \frac{0.0026z^8 - 0.0095z^6 + 0.0142z^4 - 0.0095z^2 + 0.0026}{z^8 - 1.94z^7 + 4.44z^6 - 5.08z^5 + 6.24z^4 - 4.47z^3 + 3.44z^2 - 1.305z + 0.59}$$

위 식의 결과는 (a) 항의 결과와 같은 전달 함수 $H(z)$를 갖는다.

(c) 다른 매핑을 이용한 설계

다른 매핑에 근거한 다음 단계들을 사용함으로써 디지털 필터를 설계할 수 있다.

1. 차단 주파수가 $\omega_C = 1$ rad/s인 아날로그 저역통과 원형 필터 $H_P(s)$를 설계하기 위해서 무왜곡인 대역 가장자리 정규화 주파수 [0.89, 0.94, 1.68, 2.51]을 사용한다. 다행히도 이 문제에서는 왜곡이든 무왜곡이든 동일한 $H_P(s)$가 구해진다.

2. $H_P(s)$에서 $\Omega_D = 1$인 $H_P(z)$로 변환하기 위해 $t_s = 1$로 선택한 매핑을 적용한다. 후방차분법에 대해서 한 예로 $s = (z-1)/zt_s = (z-1)/z$를 사용할 수 있다. 임펄스 불변 매핑을 사용하여 우선 $H_P(s)$를 부분분수 전개 형태로 변환한다.
3. $H_P(z)$에서 $H(z)$로 변환하기 위해 $\Omega_D = 1$을 갖는 D2D LP2BP 변환과 무왜곡 대역통과 가장자리 주파수 $[\Omega_1, \Omega_2] = [0.94, 1.68]$을 사용한다.

그림 E9.12c는 임펄스 불변 매핑과 후방차분 매핑의 두 가지 설계법에 대한 응답을 비교하고 있다. 두 경우 모두 dc 이득을 정합한다. 후방차분 매핑에 근거한 설계법은 아날로그 필터에 대해서 빈약한 정합을 보이고 있다.

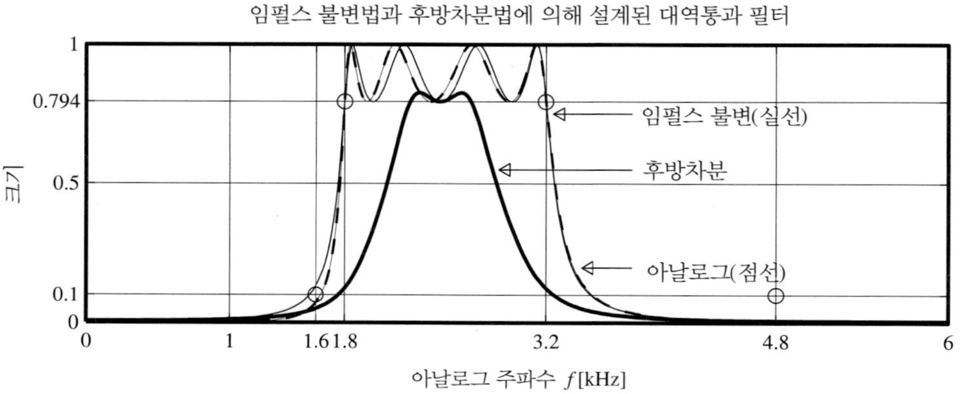

그림 E9.12c 예제 9.12(c)에서 임펄스 불변법과 후방차분법에 의해 설계된 대역통과 필터

9.8.1 유한 워드 길이 효과

양자화 효과는 IIR이나 FIR 필터를 설계하거나 구현할 때 고려할 사항이다. 양자화는 유한개의 비트를 선택하는 것을 의미하며, 이상적인 경우보다 훨씬 적은 **유한 워드 길이 효과**(finite-word-length effect)는 누적적으로 문제를 초래한다.

양자화 잡음: 양자화 잡음은 신호대 잡음비(SNR)로 한정된다. SNR을 향상시키는 방법은 비트 수를 증가시키거나 과도한 샘플링을 행하는 것이다.

계수 양자화: 필터 계수의 표현이 제한된 비트 수로 표기되는 것이다. 이것으로 인한 효과는 주파수 응답에 다소의 변화를 초래하는 미미한 효과일 수 있고, IIR의 경우에 때로는 불안정하게 되어 복구 불능의 효과를 나타내게 된다.

반올림 오차: 곱셈의 경우 결과를 저장하기 전에 낮은 차수의 비트가 버려지므로 반올림 오차가 있다. 오차의 양은 사용되는 연산의 종류나 필터의 구조에 따라 좌우된다. 반올림 오차 효과는 양자화 잡음 효과와 유사하고, 신호대 잡음비 감소를 초래한다.

오버플로 오차: 오버플로 오차는 필터 결과나 연산 결과가 가능한 워드 길이를 초과할 때 일어난다. 예로서 부호가 동일한 두 개의 큰 수를 더할 때 일어난다. 출력이 허락 가능한 워드 길이 안에 있도록 필터 계수나 입력을 스케일링하므로 사실상 이런 오차를 피하게 된다.

9.8.2 계수 양자화 효과

IIR 필터에 대해서 필터 계수의 라운딩이나 절단의 효과는 주파수 응답의 소소한 변화에서부터 시스템이 불안정해지는 심각한 문제까지 범위가 다양하다. 다음과 같은 안정적인 아날로그 필터 $H(s)$를 고려해 보자.

$$H(s) = \frac{(s+0.5)(s+1.5)}{(s+1)(s+2)(s+4.5)(s+8)(s+12)} \tag{9.42}$$

$t_s = 0.01$초인 $H(s)$는 쌍선형 변환에 의해서 $H(z) = B(z)/A(z)$로 된다면, 이때 분모 항 계수의 두 배의 자릿수 A_k와 삭제하여 7 자릿수를 갖는 A_k^t는 다음과 같다.

필터 계수 A_k	절단된 계수 A_k^t
1.144168420199997e+0	1.144168e+0
−5.418904483999996e+0	−5.418904e+0
1.026166736200000e+1	1.026166e+1
−9.712186808000000e+0	−9.712186e+0
4.594164261000004e+0	4.594164e+0
−8.689086648000011e−1	−8.689086e−1

$H(z)$의 극점들 모두가 단위원 안에 있으므로 설계된 필터가 안정적이다. 그러나 근을 구하기 위해 삭제된 계수 A_k^t를 사용하면 하나의 극점이 단위원 밖으로 이동하여 필터는 불안정해진다. IIR 필터를 설계할 때 안정성은 아주 중요한 주제가 된다.

9.8.3 제언

IIR 필터는 급격한 차단을 요하는 주파수 선택적 필터의 응용이나 비교적 선형위상이 중요하지 않은 응용에 아주 적합하다. 예로서 디지털 오디오나 디지털 터치톤 수화기의 톤 발생기, 그리고 디지털 전화기 필터 등의 그래픽 등화기를 포함하고 있다. 반면에 IIR 필터는 선형위상을 보이지 못하고 계수 양자화의 효과에 아주 민감하다. 생체 신호 처리처럼 선형위상이 중요하고, 다양한 적응 필터 기술에서처럼 안정성이 탁월해야 한다면 FIR 필터를 사용하는 것이 최상이다.

9.9 연습문제

9.1 **(응답 불변)** 아날로그 필터 $H(s) = \dfrac{1}{s+2}$ 이다.

(a) 임펄스 불변법에 의해 $H(s)$를 디지털 필터 $H(z)$로 변환하라. 단, 샘플링 주파수는 $S = 2$ Hz 이다.

(b) 임펄스 응답 $h[n]$은 샘플링 순간에 아날로그 필터의 임펄스 응답인 $h(t)$와 대응할 수 있을까? 그래야만 하는가? 설명하라.

(c) 계단 응답 $s[n]$은 샘플링 순간에 아날로그 필터의 계단 응답인 $s(t)$와 대응할 수 있을까? 그래야만 하는가? 설명하라.

[**힌트:** (a)의 경우 $h(t)$를 구하고, $h[n]$을 얻기 위해 $t \to nt_s$에서 샘플링하고, z-변환을 통해 $H(z)$를 구하라.]

9.2 **(응답 불변)** 아날로그 필터 $H(s) = \dfrac{1}{s+2}$ 이다.

(a) 계단 불변법에 의해 $H(s)$를 디지털 필터 $H(z)$로 변환하라. 단, 샘플링 주파수는 $S = 2$ Hz이다.

(b) 임펄스 응답 $h[n]$은 샘플링 순간에 아날로그 필터의 임펄스 응답인 $h(t)$와 대응할 수 있을까? 그래야만 하는가? 설명하라.

(c) 계단 응답 $s[n]$은 샘플링 순간에 아날로그 필터의 계단 응답인 $s(t)$와 대응할 수 있을까? 그래야만 하는가? 설명하라.

[**힌트:** (a)의 경우 $Y(s) = H(s)X(s) = H(s)/s$에서 $y(t)$를 구하고, $y[n]$을 얻기 위해 $t \to nt_s$에서 샘플링하고, $x[n] = u[n]$이므로 $H(z) = Y(z)/X(z)$에서 $H(z)$를 구한다.]

9.3 **(응답 불변)** 아날로그 필터 $H(s) = \dfrac{1}{s+2}$ 이다.

(a) 램프 불변법에 의해 $H(s)$를 디지털 필터 $H(z)$로 변환하라. 단, 샘플링 주파수는 $S = 2$ Hz이다.

(b) 임펄스 응답 $h[n]$은 샘플링 순간에 아날로그 필터의 임펄스 응답인 $h(t)$와 대응할 수 있을까? 그래야만 하는가? 설명하라.

(c) 계단 응답 $s[n]$은 샘플링 순간에 아날로그 필터의 계단 응답인 $s(t)$와 대응할 수 있을까? 그래야만 하는가? 설명하라.

(d) 단위 램프 응답 $v[n]$은 샘플링 순간에 아날로그 필터의 단위 램프 응답인 $v(t)$와 대응할 수 있을까? 그래야만 하는가? 설명하라.

[**힌트:** (c)의 경우 $Y(s) = H(s)X(s) = H(s)/s^2$에서 $y(t)$를 구하고, $y[n]$을 얻기 위해 $t \to nt_s$에서 샘플링하고, $x[n] = nt_s u[n]$이므로 $H(z) = Y(z)/X(z)$에서 $H(z)$를 구한다.]

9.4 **(응답 불변)** 아날로그 필터 $H(s) = \dfrac{s+1}{(s+1)^2+\pi^2}$ 이다.

(a) 임펄스 불변법에 의해 $H(s)$를 디지털 필터 $H(z)$로 변환하라. 단, 샘플링 주파수는 $S = 2$ Hz 이다.

(b) 입력 $x(t) = e^{-t}u(t)$인 불변법에 의해 $H(s)$를 디지털 필터 $H(z)$로 변환하라. 단, 샘플링 주파수는 $S = 2$ Hz이다.

[**힌트:** (a)의 경우 $Y(s) = H(s)X(s) = H(s)/(s+1)$에서 $y(t)$를 구하고, $y[n]$을 얻기 위해 $t \to nt_s$에서 샘플링하고, $x[n] = e^{-nt_s}u[n] = (e^{-t_s})^n$이므로 $H(z) = Y(z)/X(z)$에서 $H(z)$를 구한다.]

9.5 **(임펄스 불변)** $t_s = 1$인 임펄스 불변 변환법을 사용하여 다음 아날로그 필터를 디지털 필터로 변환하라.

(a) $H(s) = \dfrac{1}{s+2}$ **(b)** $H(s) = \dfrac{2}{s+1} + \dfrac{2}{s+2}$ **(c)** $H(s) = \dfrac{1}{(s+1)(s+2)}$

[**힌트:** (c)에서는 $H(s)$의 부분분수 전개를 구하고, $\frac{1}{s+\alpha} \Rightarrow \frac{z}{z-e^{-\alpha t_s}}$ 의 변환을 이용하여 각 부분분수 항을 변환하라.]

9.6 **(임펄스 불변 설계)** 차단 주파수가 1 rad/s인 저역통과 필터 $H(s) = \dfrac{1}{s+1}$이 주어졌다면, 임펄스 불변법을 이용하여 차단 주파수가 50 Hz이고 샘플링 주파수가 200 Hz인 디지털 필터를 구하라.

(a) 이득 정합에 상관없는 전달 함수 $H(z)$를 구하라.

(b) dc 이득이 아날로그와 디지털 필터가 동일한 전달 함수 $H(z)$를 구하라. 그러면 두 필터의 차단 주파수에서 이득도 일치하는가?

(c) 아날로그 차단 주파수 1 rad/s에서 이득과 디지털 차단 주파수 50 Hz에서 이득이 정합될 때의 전달 함수 $H(z)$를 구하라. 두 필터의 이득이 dc에서도 일치하는가?

[**힌트:** (a)에서는 $\Omega_C = 2\pi f_C/S$를 선택하고 $H_A(s) = H(s/\Omega_C)$를 구하고 $\dfrac{1}{s+\alpha} \Rightarrow \dfrac{z}{z-e^{-\alpha t_s}}$를 이용하여 변환하라. (b)에서는 $G_A = |H(s)|_{s=0}, G_D = |H(z)|_{z=1}$을 구하고 $H(z)$를 G_A/G_D로 곱하라. (c)에서는 $z = e^{j2\pi(50)/S}$에서 $G_A = |H(s)|_{s=j1},\ G_D = |H(z)|$를 구하고, G_A/G_D를 $H(z)$에 곱하라.]

9.7 **(임펄스 불변)** 임펄스 불변법은 샘플링 간격이 t_1인 $H_1(z) = \dfrac{z}{z-\alpha t_1}$에서 샘플링 간격 t_2인 $H_2(z) = \dfrac{z}{z-\alpha t_2}$인 필터로 변환할 수 있다.

(a) $s = \dfrac{\ln(\alpha t_1)}{t_1} = \dfrac{\ln(\alpha t_2)}{t_2}$를 이용하여 $\alpha t_2 = (\alpha t_1)^M$임을 증명하라. 단, $M = t_2/t_1$이다.

(b) 상기의 결과를 이용하여 $t_s = 1$초인 $H_1(z) = \frac{z}{z-0.5} + \frac{z}{z-0.25}$를 $t_s = 0.5$초인 $H_2(z)$로 변환하라.

9.8 **(정합된 z-변환)** 정합된 z-변환 $s+\alpha \Longrightarrow \frac{z-e^{-\alpha t_s}}{z}$을 이용하여 $t_s = 0.5$초와 dc 이득 정합을 갖도록 다음 아날로그 필터를 디지털 필터로 변환하라.

(a) $H(s) = \dfrac{1}{s+2}$ **(b)** $H(s) = \dfrac{1}{(s+1)(s+2)}$

(c) $H(s) = \dfrac{1}{s+1} + \frac{1}{s+2}$ **(d)** $H(s) = \dfrac{s+1}{(s+1)^2+\pi^2}$

[**힌트:** $H(s)$를 부분분수 항으로 바꾸고 $(s+\alpha) \Rightarrow \frac{z-e^{-\alpha t_s}}{z}$를 이용하여 $H(z)$를 구한다. $G_A = |H(s)|_{s=0}$와 $G_D = |H(z)|_{z=1}$을 구하고 G_A/G_D를 $H(z)$에 곱한다.]

9.9 **(정합된 z-변환)** 아날로그 필터 $H(s) = \dfrac{4s(s+1)}{(s+2)(s+3)}$을 샘플링률이 $S = 4$ Hz인 디지털 필터 $H(z)$로 변환하라.

(a) 정합된 z-변환 $s+\alpha \Longrightarrow \frac{z-e^{-\alpha t_s}}{z}$을 사용하여 디지털 필터로 변환하라.

(b) 원점($z = 0$)에서 $z = -1$로 모든 영점을 이동하므로 변형된 정합 z-변환을 이용한 디지털 필터로 변환하라.

(c) 원점($z = 0$)에서 $z = -1$로 하나의 영점을 제외한 모든 영점을 이동하므로 변형된 정합 z-변환을 이용한 디지털 필터로 변환하라.

9.10 **(후방 오일러 알고리즘)** 수치 합산을 위한 후방 오일러 알고리즘은 $y[n] = y[n-1] + t_s x[n]$으로 주어진다.

(a) 이 알고리즘을 근거로 하여 아날로그에서 디지털 필터로 변환하기 위한 매핑 법칙을 유도하라.

(b) 아날로그 필터 $H(s) = \dfrac{4}{s+4}$를 샘플링 간격 $t_s = 0.5$초인 디지털 필터 $H(z)$로 변환하기 위한 매핑을 적용하라.

[**힌트:** (a)에서는 이상적인 적분기인 $H(s) = 1/s$과 비교하여 $H(z)$를 구한다.]

9.11 **(차분 알고리즘으로부터의 매핑)** 아날로그 필터 $H(s) = \dfrac{1}{s+\alpha}$을 고려해 보자.

(a) 이 필터가 안정하기 위한 α의 값은 얼마인가?

(b) 샘플링률 S에서 전방차분을 근거로 한 매핑을 이용하여 디지털 필터 $H(z)$로 변환하라.

(c) 샘플링률 S에서 후방차분을 근거로 한 매핑을 이용하여 디지털 필터 $H(z)$로 변환하라. $H(s)$가 안정하다면 $H(z)$도 안정적일까?

[**힌트:** (b)와 (c)에서 전방 및 후방 차분식을 근거로 한 매핑을 이용하여 $H(z)$를 구하고, 이상적인 미분기 $H(s) = s$와 비교한다.]

9.12 **(심프슨 알고리즘)** 심프슨 수치 합산 알고리즘은 다음과 같이 기술할 수 있다.

$$y[n] = y[n-2] + \tfrac{t_s}{3}(x[n] + 4x[n-1] + x[n-2])$$

(a) 이 알고리즘을 근거로 아날로그에서 디지털 필터로의 매핑 법칙을 유도하라.

(b) $H(s) = \dfrac{1}{s+1}$이라면 상기 알고리즘에서 매핑을 사용하여 $H(z)$로 변환한다.

(c) $t_s > 0$라면 (b)에서 설계된 $H(z)$가 안정적인가?

9.13 **(수치 알고리즘 응답)** 수치 합산을 위한 심프슨과 틱(Tick) 법칙으로 $y[k-2]$에서 두 단계 지난 면적을 어림하여 $y[k]$를 구하면 다음과 같다.

심프슨 법칙: $y[n] = y[n-2] + \dfrac{x[n] + 4x[n-1] + x[n-2]}{3}$

틱 법칙: $y[n] = y[n-2] + 0.3584x[n] + 1.2832x[n-1] + 0.3584x[n-2]$

(a) 두 가지 법칙에 대응하는 전달 함수 $H(F)$를 구하라.

(b) 두 가지 법칙에 대해 $0 \le F \le 0.5$ 영역에서 $|H(F)|$을 그려라. 이상적인 적분기의 스펙트럼과 비교하라.

(c) 틱 법칙의 계수가 $0 < F < 0.25$ 영역에서 $H(F)$를 최적화할 수 있다는 주장이 있다. 이 주장이 옳은지를 검토하라.

9.14 **(쌍선형 변환)** 저역통과 베셀 필터 $H(s) = \dfrac{3}{s^2 + 3s + 3}$이다.

(a) 쌍선형 변환법을 이용하여 상기 $H(s)$를 디지털 필터 $H(z)$로 변환하라. 단, 샘플링률은 $S = 2$ Hz이다.

(b) $H(s)$와 쌍선형 변환법을 이용하여 저역통과 디지털 필터 $H(z)$를 설계하라. $\omega_a = 3$ rad/s에서 $H(s)$의 이득과 $f_0 = 20$ kHz에서 $H(z)$의 이득이 정합되도록 하고, 샘플링 주파수는 $S = 80$ kHz이다.

[**힌트:** (b)에서 $s \Rightarrow C\frac{z-1}{z+1}$과 $C\tan(2\pi f_0/S) = \omega_a$를 이용한다.]

9.15 **(쌍선형 변환)** 아날로그 필터 $H(s) = \frac{s}{s^2+s+1}$이다.

(a) $H(s)$는 어떤 종류의 필터인지 설명하라.

(b) $H(s)$와 쌍선형 변환법을 이용하여 디지털 필터 $H(z)$를 설계하라. $\omega_a = 1$ rad/s에서 $H(s)$의 이득과 $f_0 = 250$ Hz에서 $H(z)$의 이득이 정합되도록 하고, 샘플링 주파수는 $S = 1$ kHz이다. 이때 $H(z)$는 어떤 종류의 필터인지 설명하라.

(c) $H(s)$와 쌍선형 변환법을 이용하여 디지털 필터 $H(z)$를 설계하라. $H(s)$의 이득과 $H(z)$의 이득이 $f_m = 1$ Hz에서 정합되도록 하고, 샘플링 주파수는 $S = 10$ Hz이다. 이때 $H(z)$는 어떤 종류의 필터인지 설명하라.

[**힌트:** (a)에서는 $s \Rightarrow C\frac{z-1}{z+1}$과 $C\tan(2\pi f_0/S) = \omega_a$를, (b)에서는 $s \Rightarrow C\frac{z-1}{z+1}$과 $C\tan(2\pi f_m/S) = 2\pi\phi_m$을 이용한다.]

9.16 **(쌍선형 변환)** 1 rad/s에서 전력의 반을 갖는 2차 버터워스 저역통과 아날로그 필터를 쌍선형 변환을 이용하여 디지털 필터 $H(z)$로 변환하라. 이때 샘플링 주파수는 $S = 1$ Hz이다.

(a) 아날로그 필터 전달 함수 $H(s)$를 구하라.

(b) 디지털 필터 전달 함수 $H(z)$를 구하라.

(c) $H(z)$와 $H(s)$의 dc 이득은 동일한가? 그래야만 하는가? 설명하라.

(d) $H(z)$와 $H(s)$가 각각의 반전력 주파수에서 이득이 동일한가? 설명하라.

9.17 **(IIR 필터 설계)** 리드–래그(lead-lag) 시스템이 제어 시스템에서 종종 사용되는데 $H(s) = \dfrac{1+s\tau_1}{1+s\tau_2}$ 형태의 전달 함수이다. 샘플링 주파수 $S = 10$ Hz와 쌍선형 변환에 의한 리드–래그 시스템으로부터 IIR 필터를 설계하라.

(a) $\tau_1 = 1$ s, $\tau_2 = 10$ s　　**(b)** $\tau_1 = 10$ s, $\tau_2 = 1$ s

9.18 **(디지털 필터의 스펙트럼 변환)** 차단 주파수가 $f = 0.5$ kHz인 저역통과 필터 $H(z) = \dfrac{z+1}{z^2 - z + 0.2}$이고, 샘플링 주파수 $S = 10$ kHz일 때 다음 필터를 설계하라.

(a) 차단 주파수가 2 kHz인 저역통과 필터

(b) 차단 주파수가 1 kHz인 고역통과 필터

(c) 통과대역이 1~3 kHz인 대역통과 필터

(d) 저지대역이 1.5~3.5 kHz인 대역저지 필터

[**힌트:** 디지털–디지털(D2D) 변환을 이용한다.]

9.19 **(아날로그 원형 필터의 스펙트럼 변환)** 차단 주파수가 1 rad/s인 아날로그 저역통과 원형 필터

$H(s) = \dfrac{2}{s^2 + 2s + 2}$를 사용하여 다음과 같은 디지털 필터를 설계하라.

(a) 차단 주파수가 100 Hz이고 $S = 1$ kHz인 저역통과 필터

(b) 차단 주파수가 500 Hz이고 $S = 2$ kHz인 고역통과 필터

(c) $S = 3$ kHz이고, 통과대역이 400~800 Hz인 대역통과 필터

(d) $S = 4$ kHz이고, 저지대역이 1 kHz~1200 Hz인 대역저지 필터

[**힌트:** 아날로그-디지털(A2D) 변환을 이용한다.]

9.20 **(노치 필터)** 50 Hz의 간섭 주파수를 제거하기 위한 노치 필터이다. 4 Hz의 대역과 샘플링률이 300 Hz라고 가정하고, 쌍선형 변환을 이용하여 가장 간단한 필터를 설계하라. 40 Hz, 50 Hz, 60 Hz에서 필터 이득을 계산하라.

[**힌트:** 2차 노치 필터의 표준 형태를 사용한다.]

9.21 **(피킹 필터)** 단위 이득을 갖는 100 Hz 신호를 고립시키는 피킹 필터이다. 5 Hz의 대역과 샘플링률이 500 Hz라고 가정하고, 쌍선형 변환을 이용하여 가장 간단한 필터를 설계하라. 90 Hz, 100 Hz, 110 Hz에서 필터 이득을 계산하라.

[**힌트:** 2차 피킹 필터(대역통과 필터)의 표준 형태를 사용한다.]

9.22 **(IIR 필터 설계)** 샘플링 주파수가 40 kHz이고, 통과대역이 8~12 kHz이며 대역통과 리플이 최대 크기의 5% 이내인 4차 디지털 필터를 쌍선형 변환법을 이용하여 설계하라.

[**힌트:** 4차 체비쇼프 필터가 필요하다. 그래서 2차(4차가 아님) 체비쇼프 저역통과 원형 필터로 시작하여 A2D 변환을 적용한다.]

9.23 **(IIR 필터 설계)** 다음 규격에 부합하는 IIR 필터를 설계하라. 통과대역 감쇠가 $A_p = 2$ dB이고 저지대역 감쇠가 $A_s = 30$ dB이다.

(a) 통과대역 가장자리가 1 kHz이고 저지대역 가장자리가 3 kHz이며 샘플링 주파수 $S = 10$ kHz인 버터워스 저역통과 필터를 후방 오일러 변환을 이용하여 설계하라.

(b) 통과대역 가장자리가 400 Hz이고 저지대역 가장자리가 100 Hz이며 샘플링 주파수 $S = 2$ kHz인 버터워스 고역통과 필터를 임펄스 불변 변환법을 이용하여 설계하라.

(c) 통과대역 가장자리가 800 Hz와 1600 Hz이고, 저지대역 가장자리가 400 Hz와 2 kHz이며, 샘플링 주파수 $S = 5$ kHz인 체비쇼프 대역통과 필터를 쌍선형 변환법을 이용하여 설계하라.

(d) 통과대역 가장자리가 200 Hz와 1.2 kHz이고, 저지대역 가장자리가 500 Hz와 700 Hz이며, 샘플링 주파수 $S = 4$ kHz인 역 체비쇼프 대역저지 필터를 쌍선형 변환법을 이용하여 설계하라.

[**힌트:** 모든 주파수를 정규화한다. (a)와 (b)에서는 $\omega_C = 1$ rad/s에서 아날로그 저역통과 원형 필터를 설계하고 $S = 1$ Hz에서 디지털 원형 필터로 변환하고 디지털-디지털(D2D) 변환을 이용한다. (c)와 (d)에서는 사전왜곡 주파수를 사용하여 아날로그 저역통과 원형 필터를 설계한다. 그리고 왜곡하지 않은 디지털 대역 가장자리를 사용하여 A2D 변환을 적용한다.]

9.24 **(디지털-아날로그 매핑)** 쌍선형 변환과 더불어 후방 오일러 방법은 또한 디지털 필터 $H(z)$에서 동일한 아날로그 필터 $H(s)$로 선형 매핑을 제공한다.

(a) 후방 오일러 알고리즘에 근거하여 이와 같은 매핑을 전개하라.

(b) 샘플링 주파수 $S = 2$ Hz인 디지털 필터 $H(z) = \dfrac{z}{z-0.5}$를 동일한 아날로그 필터 $H(s)$로 변환하는 데 이 매핑을 사용하라.

9.25 **(디지털-아날로그 매핑)** 전방 오일러 방법은 또한 디지털 필터 $H(z)$에서 동일한 아날로그 필터 $H(s)$로 선형 매핑을 제공한다.

(a) 전방 오일러 알고리즘에 근거하여 이와 같은 매핑을 전개하라.

(b) 샘플링 주파수 $S = 2$ Hz인 디지털 필터 $H(z) = \dfrac{z}{z-0.5}$를 동일한 아날로그 필터 $H(s)$로 변환하는 데 이 매핑을 사용하라.

9.26 **(디지털-아날로그 매핑)** 디지털 필터를 아날로그 필터로 변환하는 두 가지 방법으로는 임펄스 불변법과 정합된 z-변환 $s + \alpha \Longrightarrow \frac{z - e^{-\alpha t_s}}{z}$가 있다. $H(z) = \dfrac{z(z+1)}{(z-0.25)(z-0.5)}$라고 하자. 샘플링 주파수 $S = 2$ Hz로 개발된 $H(z)$에서 다음 방법을 이용하여 $H(s)$를 구하라.

(a) 임펄스 불변 **(b)** 정합된 z-변환 **(c)** 쌍선형 변환

9.27 **(디지털-아날로그 매핑)** 쌍선형 변환은 디지털 필터 $H(z)$에서 아날로그 필터 $H(s)$로 변환하는 데 선형 매핑을 이용할 수 있게 해 준다.

(a) 쌍선형 변환에 의한 매핑을 전개하라.

(b) 이 매핑을 이용하여 샘플링 주파수 $S = 2$ Hz인 디지털 필터 $H(z) = \dfrac{z}{z-0.5}$에서 아날로그 필터 $H(s)$로 변환하라.

9.28 **(그룹지연)** 쌍선형 변환 $\omega_A = C\tan(\Omega_D/2)$를 이용하여 디지털 필터 $H(z)$에서 아날로그 필터 $H(s)$를 설계한다.

(a) $H(s)$와 $H(z)$의 그룹지연인 $T_g(\omega_A)$와 $T_g(\Omega_D)$에 대해 다음 관계식이 성립함을 증명하라.

$$T_g(\Omega_D) = 0.5C(1+\omega_A^2)T_g(\omega_A)$$

(b) 아날로그 필터 $H(s) = \dfrac{5}{s+5}$에서 디지털 필터 $H(z)$를 설계하라. $\omega = 2$ rad/s에서 $H(s)$의 이득과 1 Hz에서 $H(z)$의 이득이 정합되도록 하고, 샘플링 주파수는 $S = 4$ Hz이다.

(c) 아날로그 필터 $H(s)$의 그룹지연 $T_g(\omega_A)$는 얼마인가?

(d) 디지털 필터 $H(z)$의 그룹지연 $T_g(\Omega_D)$를 구하기 위해서 위의 결과들을 이용하라.

9.29 **[페이드(Pade) 근사화]** 지연 t_s는 다음 식으로 근사화된다.

$$e^{-st_s} \approx 1 - st_s + \frac{(st_s)^2}{2!} - \cdots$$

n차 페이드 근사화는 절단 오차를 최소화하기 위한 n차 분수 함수에 근거한다. 1차와 2차 페이드 근사화는 다음과 같다.

$$P_1(s) = \frac{1-\frac{1}{2}st_s}{1+\frac{1}{2}st_s} \qquad P_2(s) = \frac{1-\frac{1}{2}st_s+\frac{1}{12}(st_s)^2}{1+\frac{1}{2}st_s+\frac{1}{12}(st_s)^2}$$

e^{-st_s}은 하나의 샘플 지연인 z^{-1}에 해당하므로 페이드 근사화는 $H(z)$를 $H(s)$로 변환할 때 역 매핑을 생성하는 데 사용된다.

(a) $H(z)$를 $H(s)$로 변환하는 데 1차와 2차 페이드 근사화에 근거한 매핑을 유도하라.

(b) 이 매핑을 이용하여 $H(z) = \dfrac{z}{z-0.5}$에서 $H(s)$로 변환하라. 단, $t_s = 0.5$초이다.

(c) 1차 매핑은 쌍선형임을 증명하라. 이 매핑이 어떤 의미에서 쌍선형 변환인가?

계산과 설계

9.30 **(IIR 필터 설계)** 아날로그 필터 $H(s) = \dfrac{1}{s+1}$에서 저역통과 디지털 필터 $H(z)$를 설계하라. 샘플링률 $S = 1$ kHz이고 $H(z)$의 반전력 주파수 $\Omega_C = \pi/4$이다.

(a) 두 필터의 dc 이득이 같도록 임펄스 불변법을 이용하여 $H(z)$를 설계하라. 적당한 주파수 스케일링을 통해서 두 필터의 주파수 응답을 비교하라. 어느 필터가 더 성능이 우수한지를 예상해 보라. 예상을 확인하기 위해서 대역 내에 신호대 대역 외 잡음비를 dB로 정의하면 다음과 같다.

$$\text{SNR} = 20\log\left(\frac{\text{신호 레벨}}{\text{잡음 레벨}}\right)\ \text{dB}$$

(b) $H(\mathrm{s})$에 대한 입력 $x(t) = \cos(0.2\omega_C t) + \cos(1.2\omega_C t)$이고 $H(z)$에 대한 입력 $x[n] = \cos(0.2n\Omega_C) + \cos(1.2n\Omega_C)$라면 각 필터의 입력과 출력에서의 SNR은 얼마인가?

(c) $H(s)$에 대한 입력 $x(t) = \cos(0.2\omega_C t) + \cos(3\omega_C t)$이고 $H(z)$에 대한 입력 $x[n] = \cos(0.2n\Omega_C) + \cos(3n\Omega_C)$라면 각 필터의 입력과 출력에서의 SNR은 얼마인가?

(d) 두 필터의 dc 이득이 같도록 쌍선형 변환법을 이용하여 $H_1(z)$를 설계하라. 이 필터에 대해서 (a)와 (b)를 다시 계산하라. $H(z)$와 $H_1(z)$ 둘 중에 어떤 필터를 사용하도록 권하겠는지 이유를 설명하라.

9.31 **(IIR 필터 설계)** 디지털 필터는 통과대역과 저지대역에서 일정한 반응을 요한다. 반전력 주파수는 4 kHz이고, 5 kHz를 지나 감쇠는 20 dB이다. 샘플링 주파수가 15 kHz라면 임펄스 불변법을 이용하여 디지털 필터를 설계하라.

9.32 **(그룹지연 효과)** IIR 필터의 비선형위상은 신호의 왜곡에 기인한다. 1 dB 통과대역 가장자리 주파수가 $f = 1$ kHz이고 50 dB 저지대역 가장자리 주파수가 $f = 2$ kHz, 샘플링 주파수가 $S = 10$ kHz인 저역통과 필터가 있다.

(a) 상기 규격에 부합하는 버터워스 필터 $H_B(z)$와 타원형 필터 $H_E(z)$를 설계하라. MATLAB의 **grpdelay**를 사용하여, 두 필터의 그룹지연을 계산하고 그림으로 나타내어라. 어느 필터의 차수가 더 낮은가? 통과대역에서 어느 필터가 좀 더 일정한 그룹지연을 갖는가? 통과대역에서 어느 필터의 위상 왜곡이 더 작은가? 샘플의 수로 표현되는 두 필터의 그룹지연 N_B와 N_E는 얼마인가?

(b) 신호 $x[n] = 3\sin(0.03n\pi) + \sin(0.09n\pi) + 0.6\sin(0.15n\pi)$를 $0 \le n \le 100$만큼 생성하고 MATLAB의 **filter**를 사용하여 두 필터의 응답 $y_B[n]$과 $y_E[n]$을 구하라. 결과를 비교하기 위

해 동일한 그래프에 입력 $x[n]$과, N_B와 N_E만큼 지연된 출력 $y_B[n]$과 $y_E[n]$을 나타내어라. 좀 더 일정한 그룹지연을 갖는 필터가 좀 더 작은 신호 왜곡을 초래하는가?

(c) 입력 신호의 모든 주파수 성분이 통과대역 내에 있는가? 그렇다면 이런 왜곡이 통과대역에서 감쇠에 의한 것이 아니라 일정하지 않은 그룹지연에 의한 것이라는 것을 어떻게 확인할 수 있는가?

9.33 **(LORAN)** 해군함정의 위치 추적을 위한 장거리 무선과 내비게이션(LORAN: long-range radio and navigation) 시스템은 정밀 위상관계를 갖는 100 kHz에 10사이클의 짧은 돌발 신호를 송출하는 세 개의 송신기를 사용한다. 위상 비교를 통해서 수신기는 몇 백 미터 안에 있는 함정의 위도와 경도 위치를 파악하게 된다. LORAN 신호가 디지털로 처리되는데 우선 500 kHz로 샘플링되며 샘플링된 신호는 반전력을 갖는 100 Hz 대역폭의 2차 피킹 필터를 사용하여 필터링된다. 단위 주파수에서 반전력인 아날로그 필터로부터 쌍선형 변환에 의한 필터를 설계하라. 동일한 규격을 갖도록 문제 7.67에서 설계된 필터와 비교하라.

9.34 **(메시지 복호화)** 전송 중에 하나의 메시지 신호가 저주파 신호와 고주파 잡음에 의해서 변형되었다. 이 메시지는 단지 시간 영역에서 보여주므로 복호화될 수 있다. 변형된 신호 $x[n]$은 저자의 웹 사이트에서 **mystery1**으로 제공된다. 이 신호를 **load mystery1**이라는 MATLAB 명령으로 로드한다. 복호화를 위한 노력으로 다음 방법을 시도하고 복호화된 메시지가 무엇인지를 결정하라.

(a) 변형된 신호를 보여주고 이 메시지를 읽을 수 있는가? 메시지 스펙트럼을 확인하기 위해서 신호의 DFT를 그려라.

(b) 쌍선형 변환을 이용하여 메시지 스펙트럼을 추출할 수 있는 2차 IIR 대역통과 필터를 설계하라. 변형된 신호를 필터링하고 필터링된 신호를 그려라. 필터링하는 명령어 **filter**와 제로 위상의 필터링 명령어 **filifilt**를 사용한다.

(c) 대안으로서 우선 저주파 변형에 해당하는 DFT 성분을 제거하고 IDFT $y[n]$을 얻는다. 다음으로 고주파 잡음을 제거하기 위해서 임펄스 불변법을 이용한 저역통과 IIR 필터를 설계한다. 신호 $y[n]$을 필터링하고 필터링된 신호를 복호화하기 위해서 그린다. 이를 위해 명령어 **filter**와 명령어 **filtfilt**를 사용한다.

(d) 위의 두 방법 중 어느 방법이 메시지의 시각적 검출 면에서 더 좋은가? 또한 두 필터링 루틴 중 어느 루틴이 메시지의 시각적 검출 면에서 더 좋은가?

9.35 **(보간)** 신호 $x[n] = \cos(2\pi F_0 n)$은 5개의 샘플을 업샘플링이 되도록 보간한 후에 저역통과 필터를 통과한다. $F_0 = 0.4$이다.

(a) $x[n]$의 20개 샘플을 생성하고 그림으로 나타낸 후, 5개의 샘플을 업샘플링하라.

(b) 보간된 출력을 생성하기 위해서 업샘플러에 이어진 저역통과 필터의 차단 주파수 F_C와 이득 A는 얼마인가?

(c) 반전력 주파수가 F_C이고, 최대 이득이 A인 5차 디지털 버터워스 필터를 쌍선형 변환을 이용하여 설계하라.

(d) 이 필터를 통과한 업샘플링된 신호를 필터링한 후에 결과를 그림으로 나타내어라. 그 결과가 보간된 입력 신호인가? 보간된 신호의 최대 크기는 원래 신호와 정합되는가? 그래야만 하는가? 설명하라.

9.36 **(계수 양자화)** 아날로그 필터 $H(s) = \dfrac{(s+0.5)(s+1.5)}{(s+1)(s+2)(s+4.5)(s+8)(s+12)}$가 있다.

(a) 이 필터는 안정적인가? 그 이유는 무엇인가?

(b) 쌍선형 변환을 이용하여 $S = 100$ Hz인 디지털 필터 $H(z)$로 변환하라.

(c) 필터 계수를 7 자릿수로 절단하여 $H_2(z)$를 설계하라.

(d) $H(z)$와 $H_2(z)$의 주파수 응답을 비교하라. 어떤 중요한 차이가 있는가?

(e) 필터 $H_2(z)$가 안정적인가? 그 이유를 설명하라.

(f) 필터 계수가 B비트로 반올림되었다고 가정하자. 양자화된 필터의 안정을 유지하기 위한 가장 적은 B비트는 얼마인가?

9.37 **(수치 합산 알고리즘)** 아날로그에서 디지털 필터로 변환할 때 $y[n]$에서 두세 단계 떨어진 $y[n-2]$나 $y[n-3]$의 면적을 근사화할 수 있는 수치 합산 알고리즘에 근거한 매핑 법칙은 안정성을 유지하지 못한다고 제기된다. 다음 합산 알고리즘을 고려하라.

(a) $y[n] = y[n-1] + \frac{t_s}{12}(5x[n] + 8x[n-1] - x[n-2])$ (애덤스-몰턴 법칙)

(b) $y[n] = y[n-2] + \frac{t_s}{3}(x[n] + 4x[n-1] + x[n-2])$ (심프슨 법칙)

(c) $y[n] = y[n-3] + \frac{3t_s}{8}(x[n] + 3x[n-1] + 3x[n-2] + x[n-3])$ (심프슨 3-8 법칙)

각 알고리즘의 매핑 법칙을 유도하고, 아날로그 필터 $H(s) = \frac{1}{s+1}$을 $S = 5$ Hz인 디지털 필터로 변환하고, MATLAB을 사용하여 주파수 응답을 비교하라. 이 매핑 중 어느 것이 안정적인 $H(s)$를 안정적인 $H(z)$로 변환하도록 했는가? 이 주장이 옳은가?

9.38 **(RIAA 등화)** 오디오 신호는 마스터 음반을 녹음하기 전에 고주파를 부양시키고 저주파를 제거하는 과정을 거치게 된다. 작동시키는 동안 녹음기 카트리지로부터 신호는 원 신호를 복원하기 위해서 프리앰프(등화기)에 입력된다. 프리앰프의 주파수 응답은 그림 P9.38에 나타나 있는 미국녹음산업협회(RIAA: Recording Industry Association of America)의 보드 플롯 등화 곡선에 따른다. 차단 주파수는 50 Hz, 500 Hz, 2122 Hz이다.

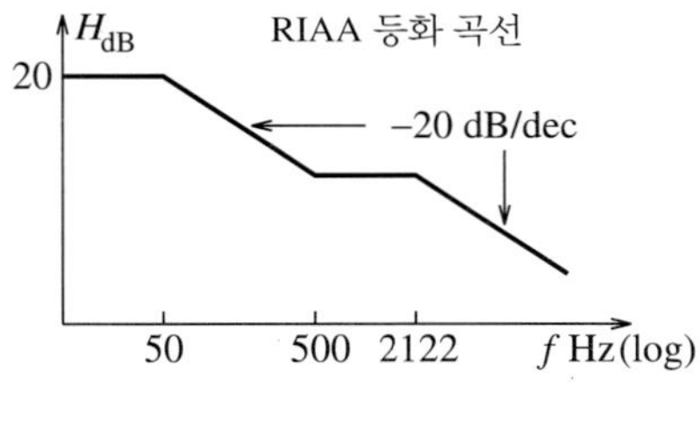

그림 P9.38 문제 9.38의 그림

(a) RIAA 등화기의 전달 함수 $H(s)$는 무엇인가?

(b) 디지털 필터를 사용하여 RIAA 등화기를 구현하라. 카트리지로부터 신호는 15 kHz로 대역제한

된다. 등화기의 특성을 구현할 수 있는 임펄스 불변법을 이용하여 IIR 필터 $H_I(z)$를 설계하라.

(c) 등화기 특성을 구현한 IIR 필터 $H_B(z)$를 설계하라. 1 kHz에서 $H(s)$와 $H_B(z)$의 이득이 정합된다고 가정한다.

(d) $H(s)$, $H_B(z)$, $H_I(z)$의 성능을 비교하고 결과에 대해 논하라. 어느 IIR 필터 설계가 좀 더 성능이 우수한가?

CHAPTER 10

FIR 필터 설계

10.0 범위와 개관

FIR 필터는 항상 안정되고 선형위상을 갖도록 설계할 수 있으므로 위상 왜곡이 없다. 필터 설계는 대칭 임펄스 응답 수열을 구하는 것이며 필터 길이는 설계 규격을 만족하도록 선택한다. 주어진 규격을 구현할 때 FIR 필터는 IIR 필터보다 더 많은 항이 요구된다. 이 장은 필터 설계에 대한 소개로 시작한다. 대칭 수열과 FIR 필터 적용을 다루며, 윈도 방법과 주파수 샘플링을 포함한 여러 가지 방법의 FIR 필터 설계를 고찰한다. 마지막으로 미분기와 힐버트 변환기, 적응 신호처리와 같은 특수 목적 FIR 필터를 소개한다.

10.0.1 목적과 학습목표

이번 장에서는 FIR 필터 설계 기법을 소개하고자 한다. 이 장을 통하여 독자는

1. 이상 필터의 개념을 이해한다.
2. 절단과 윈도잉 개념을 이해하고, 그것이 스펙트럼에 미치는 영향을 알아본다.
3. 원형 저역통과를 고역통과, 대역통과 혹은 대역저지 필터로 변환하는 방법을 익힌다.
4. FIR 필터와 선형위상 필터를 설계할 때의 주요 내용을 알아본다.
5. 윈도 기반 설계의 개념을 이해한다.
6. 윈도잉에 의한 FIR 필터 설계 방법을 익힌다.
7. 반대역 필터의 개념을 이해하고, 그 설계 방법을 익힌다.
8. 주파수 샘플링에 의한 필터 설계의 개념을 이해한다.
9. 최적 선형위상 FIR 필터 및 그 설계 개념을 이해한다.
10. 다단계 보간과 FIR 필터를 사용한 데시메이션 개념을 이해한다.
11. FIR 미분기 및 그 설계 개념을 이해한다.
12. 힐버트 변환기 및 그 설계 개념을 이해한다.

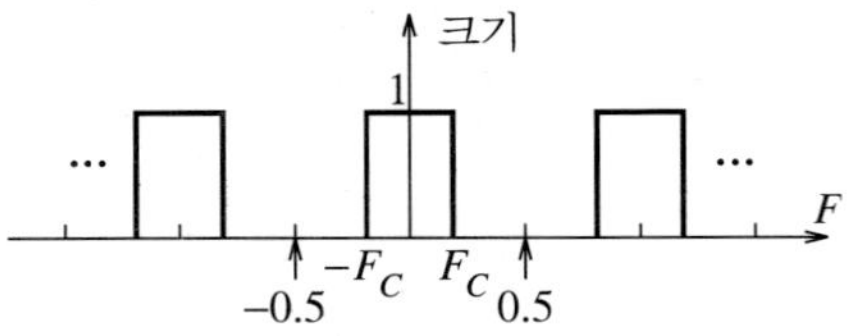

그림 10.1 이상 저역통과 필터의 스펙트럼

10.1 이상 필터

이상 필터는 다른 필터의 성능을 평가하는 척도가 된다. 이상 저역통과 필터는 통과대역에서 이득이 상수(전형적으로 1)이며 저지대역에서 이득이 0으로서, 필터의 주파수 응답은 다음 식과 같은 주파수 범위에서 표현된다.

$$H_{\mathrm{LP}}(F) = 1, \quad |F| < F_C \tag{10.1}$$

그림 10.1은 이상 저역통과 필터의 스펙트럼을 보여주고 있다.

임펄스 응답 $h_{\mathrm{LP}}[n]$은 IDTFT를 사용하여 다음과 같이 구해진다.

$$\begin{aligned} h_{\mathrm{LP}}[n] &= \int_{0.5}^{-0.5} H_{\mathrm{LP}}(F) e^{j2\pi nF}\, dF = \int_{-F_C}^{F_C} e^{j2\pi nF}\, dF \\ &= \int_{-F_C}^{F_C} \cos(2\pi nF)\, dF = \left. \frac{\sin(2\pi nF)}{2\pi n} \right|_{-F_C}^{F_C} \end{aligned} \tag{10.2}$$

이 결과를 간단히 하면 다음과 같다.

$$\begin{aligned} h_{\mathrm{LP}}[n] &= \frac{\sin(2\pi nF_C) - \sin(-2\pi nF_C)}{2\pi n} = \frac{2\sin(2\pi nF_C)}{2\pi n} \\ &= \frac{2F_C \sin(2\pi nF_C)}{2\pi nF_C} = 2F_C \operatorname{sinc}(2nF_C) \end{aligned} \tag{10.3}$$

10.1.1 주파수 변환

고역통과, 대역통과 그리고 대역저지 필터의 임펄스 응답과 전달 함수는 DTFT 특성에 근거한 주파수 변환을 사용하여 저역통과 필터의 임펄스 응답 및 전달 함수와 관련지을 수 있다. 차단 주파수 F_C와 통과대역 이득이 1인 이상 저역통과 필터의 임펄스 응답은 다음과 같다.

$$h[n] = 2F_C \operatorname{sinc}(2nF_C) \tag{10.4}$$

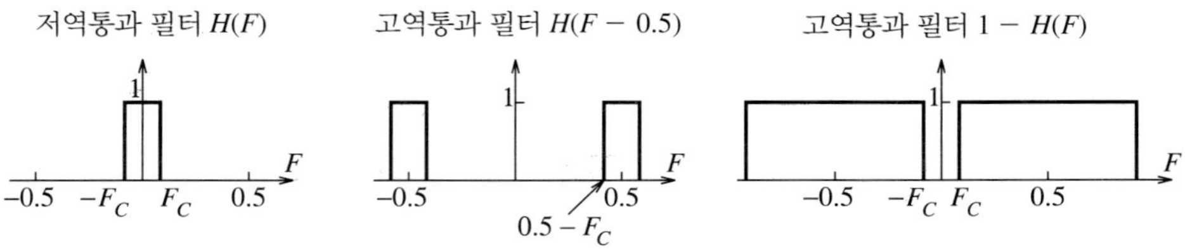

그림 10.2 두 가지 방법의 저역통과-고역통과 변환. 첫 번째 변환은 저역통과 스펙트럼 $H(F)$를 $H(F-0.5)$로 이동시키는 것이고, 두 번째 변환은 1에서 저역통과 스펙트럼 $H(F)$를 빼는 것이다.

그림 10.2는 저역통과 필터로부터 고역통과 전달 함수를 구하는 두 가지 방법을 보여주고 있다. 첫 번째 방법은 저역통과 필터의 스펙트럼 $H(F)$를 0.5만큼 이동시켜 차단 주파수가 $F_{\text{H1}} = 0.5 - F_C$인 고역통과 필터 $H_{\text{H1}}(F) = H(F-0.5)$를 구하는 것으로 다음과 같다.

$$h_{\text{H1}}[n] = (-1)^n h[n] = 2(-1)^n F_C \operatorname{sinc}(2nF_C) \quad (\text{차단 주파수 } 0.5 - F_C) \tag{10.5}$$

다른 방법인 $H_{H2}(F) = 1 - H(F)$도 차단 주파수 $F_{\text{H2}} = F_C$인 고역통과 필터로서 다음과 같다.

$$h_{\text{H2}}[n] = \delta[n] - 2F_C \operatorname{sinc}(2nF_C) \quad (\text{차단 주파수 } F_C) \tag{10.6}$$

그림 10.3은 저역통과 필터를 대역통과 필터나 대역저지 필터로 변환하는 방법을 보여주고 있다. 중심 주파수가 F_0이고 대역 가장자리가 $[F_0 - F_C, F_0 + F_C]$인 대역통과 필터를 구하기 위해서는 $H(F)$를 F_0만큼 이동시킴으로써 $H_{\text{BP}}(F) = H(F+F_0) + H(F-F_0)$가 되며, 임펄스는 다음과 같다.

$$h_{\text{BP}}[n] = 2h[n]\cos(2\pi nF_0) = 4F_C \cos(2\pi nF_0)\operatorname{sinc}(2nF_C) \tag{10.7}$$

중심 주파수가 F_0이고 대역 가장자리가 $[F_0 - F_C, F_0 + F_C]$인 대역저지 필터는 $H_{\text{BS}}(F) = 1 - H_{\text{BP}}(F)$를 사용하여 대역통과 필터로부터 구할 수 있으며, 임펄스는 다음과 같다.

$$h_{\text{BS}}[n] = \delta[n] - h_{\text{BP}}[n] = \delta[n] - 4F_C \cos(2\pi nF_0)\operatorname{sinc}(2nF_C) \tag{10.8}$$

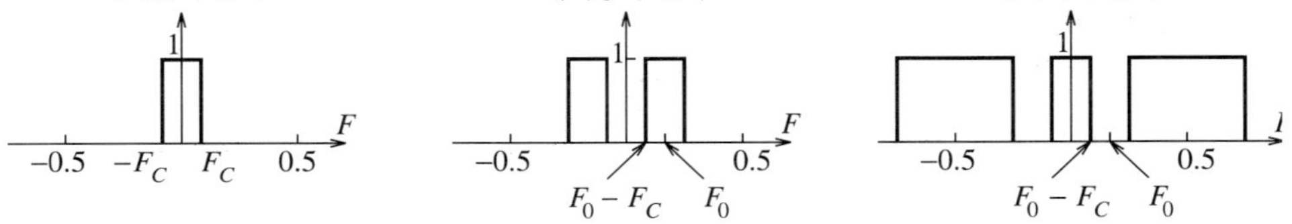

그림 10.3 저역통과 필터를 대역통과 혹은 대역저지 필터로 변환. 대역통과 변환은 저역통과 스펙트럼 $H(F)$를 F_0와 $-F_0$만큼 이동시킨다. 대역저지 필터는 대역통과 스펙트럼을 1에서 뺌으로써 구할 수 있다.

다른 필터를 구하기 위한 이상 저역통과 필터 *h*[*n*]과 *H*[*F*]의 변환

$$h[n] = 2F_C\,\text{sinc}(2nF_C);\;\; H(F) = \text{rect}(F/2F_C)$$
$$h_{\text{HP}}[n] = \delta[n] - h[n];\;\; H_{\text{HP}}(F) = 1 - H(F)$$
$$h_{\text{BP}}[n] = 2h[n]\cos(2\pi nF_0);\;\; H_{\text{BP}}(F)(\text{변조에 의해})$$
$$h_{\text{BS}}[n] = \delta[n] - h_{\text{BP}}[n];\;\; H_{\text{BS}}(F) = 1 - H_{\text{BP}}(F)$$

주: $F_C =$ 원형 저역통과의 차단 주파수; $F_0 =$ BPF와 BSF의 중심 주파수

예제 10.1 주파수 변환

주파수 변환을 사용하여 다음 항의 전달 함수와 임펄스 응답을 구하라.

(a) 디지털 차단 주파수가 0.25인 이상 **저역통과** 필터

(b) 디지털 차단 주파수가 0.3인 이상 **고역통과** 필터

(c) $F = 0.1$과 $F = 0.3$ 사이에서 통과대역을 갖는 이상 **대역통과** 필터

(d) $F = 0.2$와 $F = 0.4$ 사이에서 저지대역을 갖는 이상 **대역저지** 필터

풀이

(a) 저역통과 필터는 LPF 차단 주파수 $F_C = 0.25$를 사용하면 $h[n] = 0.5\,\text{sinc}(0.5n)$이다.

(b) 차단 주파수가 $F_{\text{HP}} = 0.3$인 고역통과 필터는 $F_C = 0.5 - 0.3 = 0.2$인 LPF를 사용하면 $h_{\text{HP}}[n] = (-1)^n(0.4)\text{sinc}(0.4n)$이다. 다른 방법으로는 $F_C = 0.3$을 사용하면 $h_{\text{HP}}[n] = \delta[n] - (0.6)\text{sinc}(0.6n)$이다.

(c) 대역 가장자리가 $[F_1, F_2] = [0.1, 0.3]$인 대역통과 필터는 $F_C = F_2 - F_0 = 0.1$, $F_0 = 0.2$의 LPF 차단 주파수를 사용하면 $h_{\text{BP}}[n] = 0.4\cos(0.4n\pi)\text{sinc}(0.2n)$이다.

(d) 대역 가장자리가 $[F_1, F_2] = [0.2, 0.4]$인 대역저지 필터는 $F_C = F_2 - F_0 = 0.1$, $F_0 = 0.3$의 LPF 차단 주파수를 사용하면 $h_{\text{BS}}[n] = \delta[n] - 0.4\cos(0.6n\pi)\text{sinc}(0.2n)$이다.

10.1.2 절단과 윈도잉

이상 필터는 임펄스 응답 $h[n]$이 대칭 수열이므로 선형위상을 갖고 있다. $h[n]$은 무한대로 펼쳐지는 싱크(sinc) 함수로 비인과성 필터를 형성하므로 실제적으로 구현할 수 없다. 더욱이 싱크 함수 $h[n]$의 절댓값 합을 구할 수 없으므로 이상 필터는 불안정하다. 이상 저역통과 필터를 근사화

하는 한 가지 방법은 선형위상을 보장하는 임펄스 응답 $h[n]$을 $n = 0$을 기준으로 대칭으로 절단하는 것이다. $|n| \leq N$으로 $h[n]$의 절단은 $h[n]$과 구형 **윈도**(rectangular window) $w_D[n] = 1$(여기서 $|n| \leq N$)을 곱하는 것과 동일하다. 인과성 필터를 구하기 위해 첫 샘플이 원점에서 나타나도록 임펄스 응답을 N개 샘플만큼 지연시켜야 한다.

10.1.3 구형 윈도와 스펙트럼

$M = 2N + 1$ 샘플을 갖는 구형 윈도 $w_d[n] = \text{rect}(n/2N)$을 생각해 보자.

$$w_d[n] = \text{rect}\left(\frac{n}{2N}\right) = \{\underbrace{1,\ 1,\ \ldots,\ 1,\ 1}_{N\text{개}},\ \overset{\Downarrow}{1},\ \underbrace{1,\ 1,\ \ldots,\ 1,\ 1}_{N\text{개}}\} \tag{10.9}$$

DTFT는 다음과 같이 계산된다.

$$W_D(F) = \frac{\sin(\pi MF)}{\sin(\pi F)} = \frac{M\text{sinc}(MF)}{\text{sinc}(F)}, \quad M = 2N + 1 \tag{10.10}$$

$W_D(F)$는 **디리클레 커널**(Dirichlet kernel) 혹은 **엘리어싱된 싱크** 함수로서, 주기 $F = 1$인 싱크(MF)의 주기 확장과 같다. 그림 10.4는 $N = 3, 6, 9$에 대한 디리클레 커널을 보여주고 있다.

디리클레 커널은 흥미로운 특성을 갖고 있다. 한 주기에 걸쳐 다음 사항들을 관찰할 수 있다.

1. N개 최대점이 있다. 주 로브 폭은 $2/M$이고, 감쇠하는 양과 음의 사이드 로브 폭은 $1/M$이다. $2N$개 영점이 주파수 $F = \frac{1}{M}, \frac{2}{M}, \ldots, \frac{2N}{M}$에 위치하고 있다.

2. 면적은 1이며 원점에서 최대치 M에 도달한다. $|F| = 0.5$에서 값은 $+1$(우수 N) 혹은 -1(기수 N)이다. M이 커짐에 따라서 주 로브의 크기가 커지며 사이드 로브의 크기는 작아진다. 주 로브 크기와 최고 사이드 로브 크기의 비 R은 M이 작을 경우 4에서 아주 큰 M에 대해 $1.5\pi = 4.71$(13.5 dB) 사이에서 변하는데 거의 상수이다. $M \to \infty$이면 단위 임펄스에 근접한다.

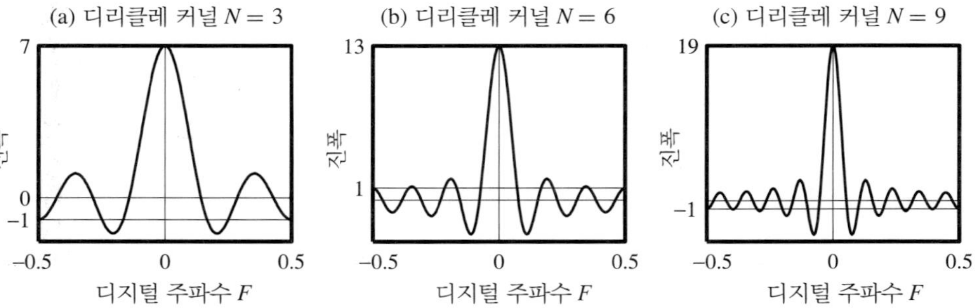

그림 10.4 디리클레 커널은 구형 윈도의 스펙트럼이다.

10.1.4 삼각형 윈도와 스펙트럼

삼각형 윈도는 두 개 구형 윈도의 컨벌루션으로 생각할 수 있다. 구형 윈도 $w_d[n] = \text{rect}(n/2N)$에 대해 다음과 같다.

$$w_d[n] * w_d[n] = \text{rect}\left(\frac{n}{2N}\right) * \text{rect}\left(\frac{n}{2N}\right) = (2N+1)\text{tri}\left(\frac{n}{2N+1}\right)$$

$$= M\text{tri}\left(\frac{n}{M}\right), \quad M = 2N+1$$

따라서 삼각형 윈도 $w_f[n] = \text{tri}(n/M)$을 컨벌루션 항으로 표현할 수 있다.

$$\text{tri}\left(\frac{n}{M}\right) = \frac{1}{M} w_d[n] * \omega_d[n], \quad M = 2N+1 \tag{10.11}$$

시간 영역에서 컨벌루션은 주파수 영역에서의 곱에 대응되기 때문에 삼각형 윈도의 스펙트럼은 다음과 같다.

$$W_F(F) = \frac{1}{M} W_D^2(F) = \frac{\sin^2(\pi MF)}{M\sin^2(\pi F)} = \frac{M\text{sinc}^2(MF)}{\text{sinc}^2(F)}$$

$W_F(F)$는 **페저 커널**(Fejer kernel)이라 하며, 그림 10.5는 $M = 4, 5, 8$에 대한 페저 커널을 보여주고 있다. 스펙트럼은 항상 양이고, 면적은 1과 같으며, 원점에서 최고치 M에 도달한다. $|F| = 0.5$에서 값은 0(우수 M) 혹은 $1/M$(기수 M)이다. M이 커지면 주 로브 높이가 커지고 사이드 로브는 감쇠한다. 한 주기에 걸쳐 M개의 최댓값이 있다. $M \to \infty$이면 스펙트럼은 단위 임펄스로 접근한다. 유한길이 M에 대해 페저 커널의 주 로브는 디리클레 커널의 주 로브보다 2배 넓은 반면, 페저 커널의 사이드 로브의 크기는 빨리 감쇠하고 훨씬 더 작다.

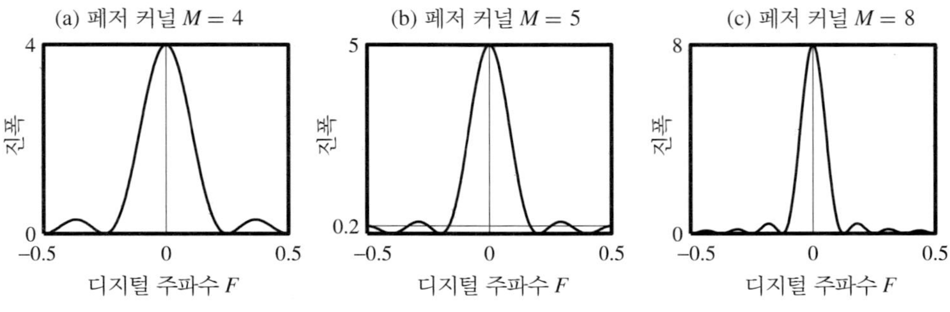

그림 10.5 페저 커널은 삼각형 윈도의 스펙트럼이다.

10.1.5 윈도잉의 결과

시간 영역에서 필터의 임펄스 응답 $h[n]$과 윈도 $w[n]$의 윈도잉(혹은 곱)은 주파수 영역에서 필터 스펙트럼 $H(F)$와 윈도 스펙트럼 $W(F)$의 **주기 컨벌루션**과 같다. $h[n] = 2F_C\text{sinc}(2F_C n)$인 이상 필터의 임펄스 응답이 구형 윈도 $w_d[n]$으로 절단되면(곱해지면) 절단된 필터의 스펙트럼은 그림 10.6에서와 같이 오버슈트(overshoot)와 진동이 나타난다. 이는 **깁스 효과**(Gibbs effect)로서 갑작스런 신호 급변(불연속)을 갖는 주기 신호의 푸리에 급수 재생에서 발생된다.

오버슈트와 진동은 구형 윈도 스펙트럼 $W_D(F)$에서 **천천히** 감쇠하는 사이드 로브에 의해 발생된다. 오버슈트와 진동은 윈도 길이를 증가시키더라도 존재한다. 오버슈트와 진동을 감소시키거나 제거할 수 있는 방법은 삼각형 윈도와 같이 끝이 점점 가늘어지는 윈도를 사용하는 것으로서, 이러한 윈도의 사이드 로브 스펙트럼은 훨씬 빠르게 감소한다. 이상 필터의 임펄스 응답 $h[n]$이 삼각형 윈도 $w_f[n]$으로 절단된다면(곱해지면) 절단된 필터의 스펙트럼은 그림 10.7과 같이 응답이 단조롭고 오버슈트가 완전히 없어진다. 모든 유용한 윈도는 이와 같이 끝이 가늘어지는 형

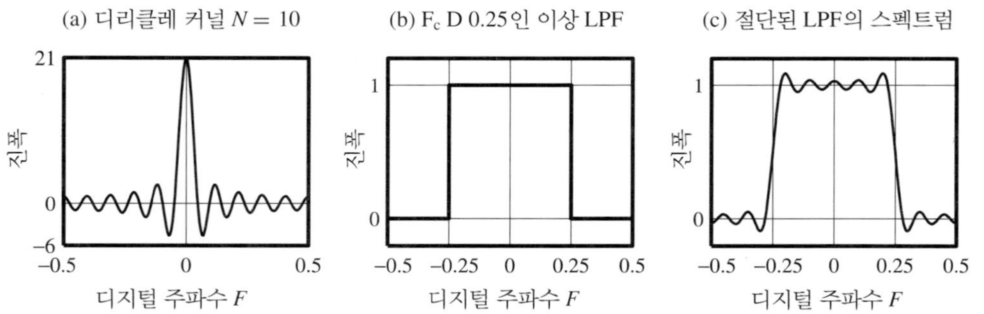

그림 10.6 구형 윈도에 의해 절단된 이상 필터의 스펙트럼은 가장자리 가까이에서 오버슈트가 나타나고 필터 길이를 증가시키더라도 진동이 존재한다. 최대 오버슈트는 신호 급변의 약 0.9%에 머무른다.

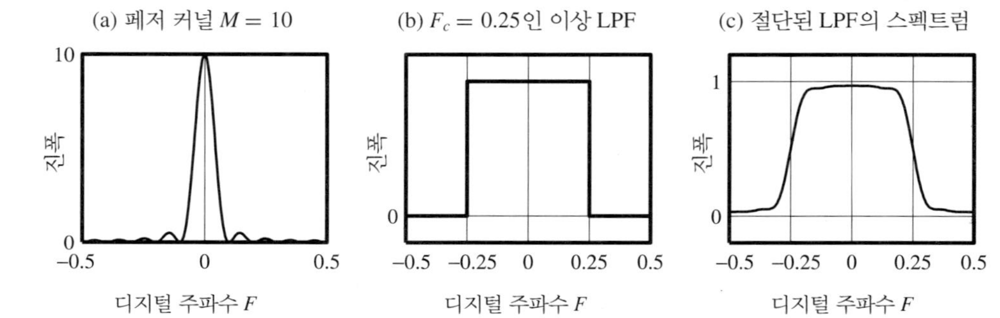

그림 10.7 삼각형 윈도에 의해 절단된 이상 필터의 스펙트럼은 가장자리가 완만하고 오버슈트가 없어지며 가장자리에서 변이폭이 더 넓다. 변이폭은 필터 길이에 반비례한다.

태로서 가파른 차단 주파수는 유지되면서 절단된 필터의 스펙트럼에서 오버슈트를 최소화하거나 제거한다. 절단된 윈도 스펙트럼에서 급격한 변화의 차단 주파수를 유지하기 위해 윈도 스펙트럼은 주 로브 폭이 좁아야 하고 오버슈트와 진동을 최소화하기 위해서 사이드 로브 크기가 작아야만 한다. 윈도 길이가 정해지면 주 로브 폭과 사이드 로브 크기를 동시에 최소화할 수 없다. 결론적으로 윈도 설계는 근본적으로 모순되는 요구사항 사이에서 절충이 필요하다.

시간 영역에서 $h[n]$의 윈도잉은 주파수 영역에서 주기 컨벌루션을 의미한다.

윈도잉은 스펙트럼에서 변이를 완만하게(덜 가파르게) 한다.

구형 윈도(절단)는 스펙트럼에서 오버슈트와 진동을 발생시킨다(깁스 효과).

기타 윈도는 스펙트럼에서 오버슈트를 감소시키거나 제거한다.

10.1.6 FIR 필터의 설계 규격

FIR 필터는 주파수 규격과 감쇠(혹은 이득) 규격으로 나타낼 수 있다. 주파수 규격은 통과대역 가장자리와 저지대역 가장자리를 포함한다. 아날로그 주파수가 설계에서 명시되거나 디지털 필터가 샘플링된 아날로그 신호를 처리하기 위해 설계된다면 샘플링률도 주어져야 한다.

그림 10.8은 저역통과 디지털 필터의 전형적인 크기(혹은 이득) 규격으로서 통과대역 감쇠(혹은 이득, 혹은 리플)와 저지대역 감쇠(혹은 이득, 혹은 리플)를 보여주고 있다. 통과대역 리플(최대 이득과의 차이)과 저지대역 리플(이득 0과의 차이)에서 감쇠(선형 이득의 역)는 데시벨(dB)로 표시된다.

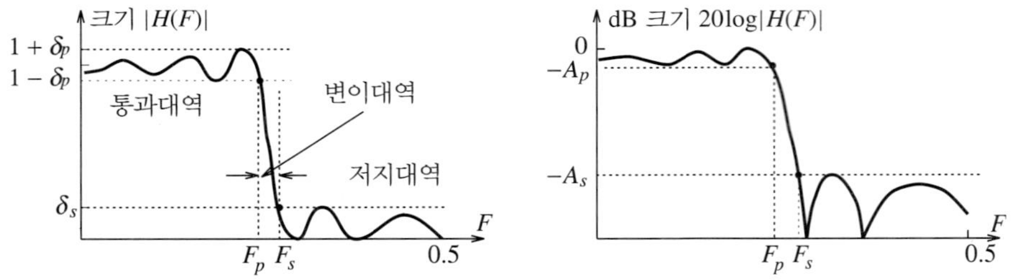

그림 10.8 전형적인 저역통과 디지털 필터 특징. 통과대역 가장자리 F_p까지 이득은 거의 1이며, 1 주위에 작은 변화가 통과대역 리플 δ_p로 표시된다. 저지대역 가장자리 F_s를 지나 이득은 거의 영이며 최대 변화가 저지대역 리플 δ_s로 표시된다. 데시벨 눈금에서 단위 이득은 0 dB에 해당된다. *최대* 통과대역 감쇠와 *최소* 저지대역 감쇠는 각기 A_p-dB과 A_s-dB로 표시되는데, 이는 $-A_p$-dB의 *최소* 통과대역 이득과 $-A_s$-dB의 *최대* 저지대역 이득에 각각 대응된다.

10.1.7 FIR 필터와 선형위상

FIR 필터만이 선형위상(위상 왜곡이 없음)을 갖도록 설계할 수 있다. 이런 필터 설계는 임펄스 응답 수열이 대칭(선형위상 수열)이어야 하며 필터 길이는 설계 규격에 적합하도록 결정한다. 예를 들어, 이상 필터의 무한길이 임펄스 응답을 유한길이의 대칭 윈도로 절단한다. 설계 규격에 맞는 최소의 필터 길이는 반복법(혹은 시행착오)을 통해 종종 결정된다. 주어진 규격을 구현하는 데 있어 FIR 필터는 IIR 필터보다 더 많은 구성요소가 요구된다.

10.2 대칭 수열과 선형위상

대칭 수열은 선형위상을 갖고 있으며 왜곡이 없는 **일정한 지연**을 발생한다. 이 사실은 필터 설계에서 중요한 고려사항이다. 실수, 우대칭 수열 $x[n]$의 DTFT는 $H(F) = A(F)$형으로 항상 실수이며, 실수, 기대칭 수열의 DTFT는 $H(F) = jA(F)$형으로 완전 허수이다. 대칭 수열은 비인과성 필터이나 그러한 필터의 임펄스 응답을 적당히 지연시키면 인과성이 될 수 있다. $x[n]$을 $x[n - M]$으로 시간지연은 단지 $\phi(F) = e^{-j2M\pi F}$의 선형위상을 발생시킨다. 중간점에 대해 대칭인 수열의 DTFT는 **일반화된 선형위상**(generalized linear phase)을 갖는다. 그림 10.9는 일반화된 선형위상을 보여주고 있다.

일반화라는 용어는 $\phi(F)$가 점프[$H(F)$가 허수이면 $F = 0$에서 π]를 포함하는 것을 의미한다. 만약 위상이 주요 범위 $-\pi \le \phi(F) \le \pi$로 제한된다면 2π의 위상 점프도 가능하다. 크기 $|H(F)|$를 그림으로 나타내면 크기 $A(F)$의 부호가 변하는 곳에서 π의 위상 점프가 생긴다.

10.2.1 FIR 필터 설계를 위한 선형위상 수열형

대칭 수열은 길이가 짝수 혹은 홀수일 수 있다. 길이가 홀수이면 대칭 중심은 샘플 점이 되나, 길이가 짝수이면 대칭 중심이 샘플 사이 중간이 된다. 대칭 수열은 우대칭 혹은 기대칭일 수 있으므로 네 가지 형태로 구분된다.

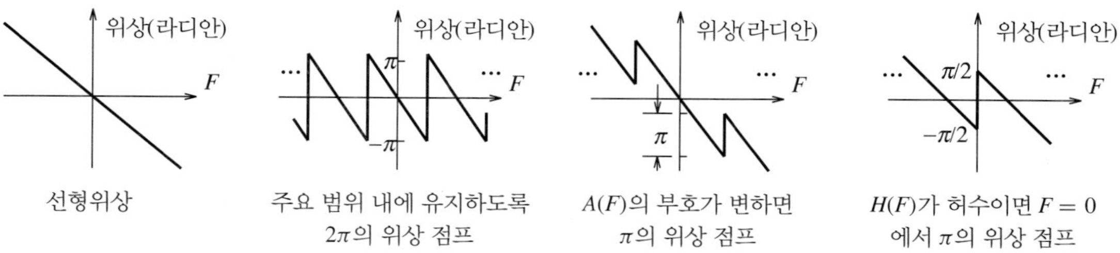

선형위상 | 주요 범위 내에 유지하도록 2π의 위상 점프 | $A(F)$의 부호가 변하면 π의 위상 점프 | $H(F)$가 허수이면 $F = 0$에서 π의 위상 점프

그림 10.9 선형위상과 일반화된 선형위상의 예. 부분적으로 선형부분이 같은 기울기이면 일반화된 선형위상은 π 혹은 2π 위상 점프를 포함한다.

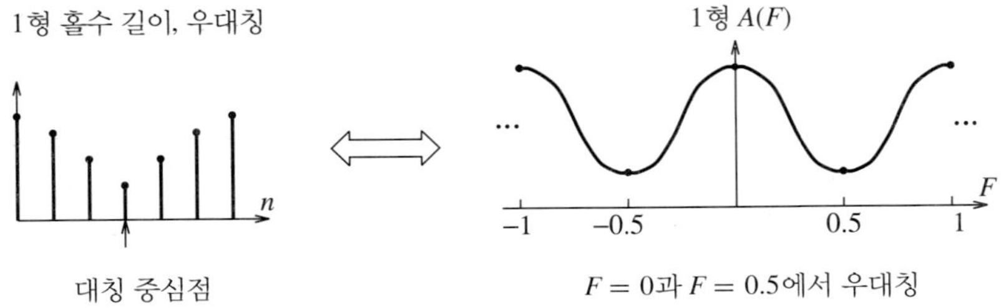

그림 10.10 1형 대칭 수열의 특징. 임펄스 응답 길이는 홀수이고 샘플 값상에 있는 중간점에 대해 우대칭이다. 진폭 스펙트럼 $A(F)$는 $F = 1$의 주기를 갖는 주기 함수이고, $F = 0$과 $F = 0.5$에서 우대칭이다.

1형 수열

그림 10.10은 1형 수열 $h_1[n]$과 진폭 스펙트럼 $A_1(F)$를 보여주고 있다.

이 수열은 홀수 길이 N의 우대칭이며, 대칭 중심점이 정수 값 $M = (N - 1)/2$이다. 오일러 공식을 사용하면 주파수 응답 $H_1(F)$는 다음과 같다.

$$H_1(F) = \left[h[M] + 2\sum_{k=0}^{M-1} h[k]\cos[(M-k)2\pi F] \right] e^{-j2\pi MF} = A_1(F)e^{-j2\pi MF} \quad (10.12)$$

$H_1(F)$의 선형위상은 $-2\pi MF$이고 상수 그룹지연은 M이다. 진폭 스펙트럼 $A_1(F)$는 $F = 0$과 $F = 0.5$에서 우대칭이며 $|H_1(0)|$와 $|H_1(0.5)|$에서 값이 존재할 수 있다.

2형 수열

그림 10.11은 2형 수열 $h_2[n]$과 진폭 스펙트럼 $A_2(F)$를 보여주고 있다.

이 수열은 짝수 길이 N의 우대칭이며, 대칭 중심점이 반정수(half-integer) 값 $M = (N - 1)/2$이다. 오일러 공식을 사용하면 주파수 응답 $H_2(F)$는 다음과 같다.

$$H_2(F) = \left[2\sum_{k=0}^{M-1/2} h[k]\cos[(M-k)2\pi F] \right] e^{-j2\pi MF} = A_2(F)e^{-j2\pi MF} \quad (10.13)$$

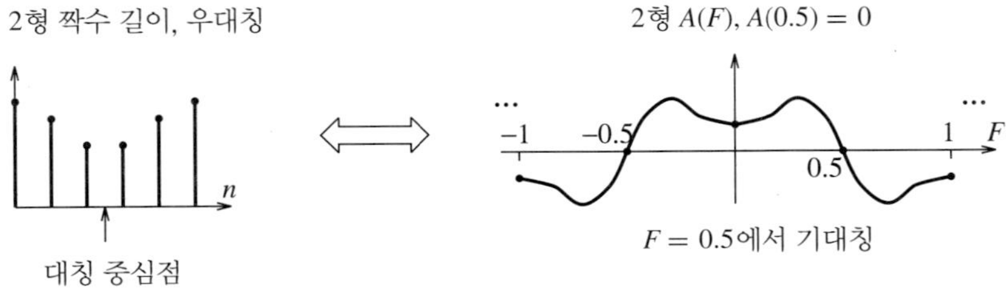

그림 10.11 2형 대칭 수열의 특징. 임펄스 응답 길이는 짝수이고 두 샘플 값 사이에 있는 중간점에 대해 우대칭이다. 진폭 스펙트럼 $A(F)$는 $F = 2$의 주기를 갖는 주기 함수이고, $F = 0$과 $F = 1$에서 우대칭이다.

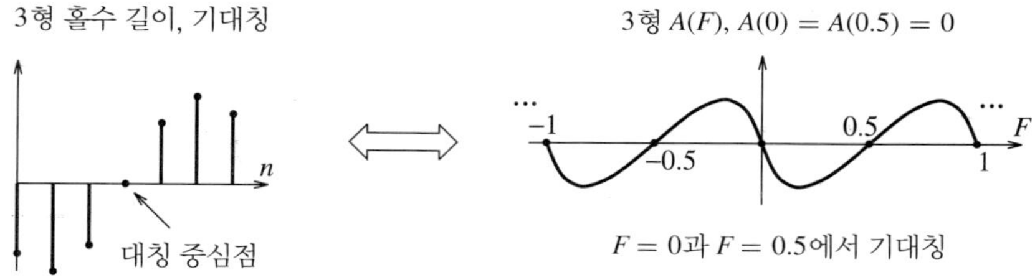

그림 10.12 3형 대칭 수열의 특징. 임펄스 응답 길이는 홀수이고 영 값의 샘플상에 있는 중간점에 대해 기대칭이다. 진폭 스펙트럼 $A(F)$는 $F = 1$의 주기를 갖는 주기 함수이고, $F = 0$과 $F = 0.5$에서 기대칭이다.

$H_2(F)$의 선형위상은 $-2\pi MF$이고 상수 그룹지연은 M이다. 진폭 스펙트럼 $A_2(F)$는 $F = 0$에서 우대칭이고, $F = 0.5$에 대해 기대칭으로서 $|H_2(0.5)|$는 항상 영이다.

3형 수열

그림 10.12는 3형 수열 $h_3[n]$과 진폭 스펙트럼 $A_3(F)$를 보여주고 있다.

이 수열은 홀수 길이 N의 기대칭이며, 대칭 중심점이 정수 값 $M = (N-1)/2$이다. 오일러 공식을 사용하면 주파수 응답 $H_3(F)$는 다음과 같다.

$$H_3(F) = j\left[2\sum_{k=0}^{M-1} h[k]\sin[(M-k)2\pi F]\right]e^{-j2\pi MF} = A_3(F)e^{j(0.5\pi - 2\pi MF)} \tag{10.14}$$

$H_3(F)$는 $\frac{\pi}{2} - 2\pi MF$의 일반화된 선형위상이고 상수 그룹지연은 M이다. 크기 스펙트럼 $A_3(F)$는 $F = 0$과 $F = 0.5$에서 기대칭으로서 $|H_3(0)|$과 $|H_3(0.5)|$는 항상 영이다.

4형 수열

그림 10.13은 4형 수열 $h_4[n]$과 진폭 스펙트럼 $A_4(F)$를 보여주고 있다.

이 수열은 짝수 길이 N의 기대칭이며, 대칭 중심점이 반정수 값 $M = (N-1)/2$이다. 오일러

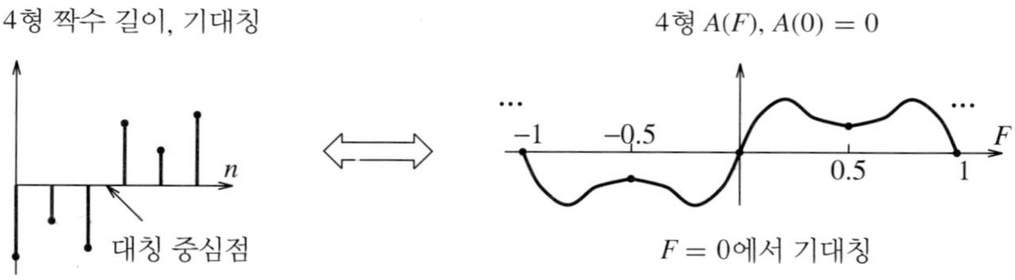

그림 10.13 4형 대칭 수열의 특징. 임펄스 응답 길이는 짝수이고 샘플 값 사이에 있는 중간점에 대해 기대칭이다. 진폭 스펙트럼 $A(F)$는 $F = 2$의 주기를 갖는 주기 함수이고, $F = 0$과 $F = 1$에서 기대칭이다.

공식을 사용하면 주파수 응답 $H_4(F)$는 다음과 같다.

$$H_4(F) = j\left[2\sum_{k=0}^{M-1/2} h[k]\sin[2(M-k)\pi F]\right]e^{-j2\pi MF} = A_4(F)e^{j(0.5\pi-2\pi MF)} \tag{10.15}$$

$H_4(F)$는 $\frac{\pi}{2} - 2\pi MF$의 일반화된 선형위상이고 상수 그룹지연은 M이다. 진폭 스펙트럼 $A_4(F)$는 $F = 0$에서 기대칭이며 $F = 0.5$에서 우대칭으로서 $|H_4(0)|$은 항상 영이다.

10.2.2 선형위상 수열의 응용

표 10.1은 네 가지 형태의 선형위상 수열의 진폭 응답 특성과 FIR 디지털 필터 설계 사용을 요약하고 있다. 1형 수열은 필터 계수를 적절히 선택함으로써 모든 필터를 설계할 수 있어 가장 널리 사용된다. 2형 수열은 저역통과와 대역통과 필터에 사용되나, 대역저지 혹은 고역통과 필터($F = 0.5$에서 응답이 영이 아니다)에는 사용할 수 없다. 3형 수열은 대역통과 필터, 미분기, 힐버트 변환기에 주로 사용된다. 4형 수열은 고역통과 혹은 대역통과 필터와 미분기와 힐버트 변환기에 적합하다.

대역저지 필터($F = 0$과 $F = 0.5$에서 응답이 영이 아니다)는 1형 수열로만 설계할 수 있다. 반대칭 수열(전달 함수가 허수이다) 혹은 인과형 수열(3형과 4형 수열에 대응)은 디지털 미분기와 힐버트 변환기 설계에 사용될 수 있다.

10.2.3 FIR 필터 설계

FIR 필터 설계는 이상 필터의 임펄스 응답을 가장 잘 나타내는 유한 수열을 선정하는 것이다. FIR 필터는 항상 안정하며, 더 중요한 사실은 FIR 필터는 위상 왜곡이 전혀 없는 완벽한 선형위상(순수한 시간지연)을 구현할 수 있다는 것이다. 그러나 규격이 주어지면 FIR 필터는 IIR 필터보다 훨씬 더 많은 필터 차수 혹은 필터 길이가 요구된다. 때로는 선형위상을 보장하기 위해서는 필터 길이가 아주 커야 한다. FIR 필터 설계를 위해 가장 일반적으로 사용되는 방법은 이상 필터의 임펄스 응답을 사용하는 윈도 기반(window-based) 설계, 주파수 샘플링, 그리고 최적 제한 조건에 근거한 반복 설계이다.

표 10.1 대칭 수열의 응용

형	$H(F) = 0$[혹은 $H(\Omega) = 0$]	응용
1		모든 필터, BSF에 대한 전용 수열
2	$F = 0.5(\Omega = \pi)$	LPF와 BPF
3	$F = 0(\Omega = 0)$, $F = 0.5(\Omega = \pi)$	BPF, 미분기, 힐버트 변환기
4	$F = 0(\Omega = 0)$	HPF, BPF, 미분기, 힐버트 변환기

10.3 윈도 기반 설계

윈도 방법은 주파수 응답이 $H(F)$인 이상 필터의 임펄스 응답 $h[n]$을 대칭적으로 절단한 형태의 임펄스 응답 $h_N[n]$을 선정하는 것이다. 차단 주파수 F_C인 이상 저역통과 필터의 임펄스 응답은 $h[n] = 2F_C \operatorname{sinc}(2nF_C)$이며, 대칭 절단은 다음과 같다.

$$h_N[n] = 2F_C \operatorname{sinc}(2nF_C), \quad |n| \le 0.5(N-1) \tag{10.16}$$

짝수 길이 N에 대해 인덱스 n은 정수가 아니다. 설계된 필터가 이상 필터의 근사화로서 같은 길이의 다른 필터와 비교하면 평균 자승 관점에서 가장 우수한 근사화지만, 문제는 바람직하지 않은 특징이 있다는 점이다. 이상 임펄스 응답 $h[n]$의 절단은 길이 N의 구형 윈도 $w[n]$과 $h[n]$의 곱과 같다. 윈도 임펄스 응답 $h_W[n] = h[n]w[n]$의 스펙트럼은 $H(F)$와 $W(F)$의 (주기) 컨벌루션이다. $W(F)$는 디리클레 커널형이므로 스펙트럼에서 오버슈트와 리플(깁스 효과)이 나타난다. 크기 스펙트럼에서 오버슈트와 리플이 발생하는 이유는 구형 윈도에 의한 절단 때문이다. 깁스 효과를 감소시키거나 제거하기 위해 끝이 점점 작아지는 윈도를 사용한다.

10.3.1 윈도 함수의 특징

대칭이고 유한구간 윈도의 크기 응답은 항상 주 로브와 크기가 작아지는 사이드 로브로 나타나는데 사이드 로브는 완전히 양이거나 부호가 변화된다. 그림 10.14는 전형적인 윈도의 스펙트럼을 보여주고 있다.

윈도에 대한 크기 측정은 보통 데시벨로 최대 사이드 로브 레벨(PSL)과 dB/dec의 감쇠율 D_S를 포함하며, 주파수 측정은 주 로브 폭 W_M, 3-dB와 6-dB 폭(W_3과 W_6), 그리고 최대 사이드 로브 레벨에 도달하는 폭 W_S를 포함한다. 표 10.2에는 FIR 필터 설계에 일반적으로 사용되는 윈도들이 나열되어 있고, 그림 10.15는 이들의 스펙트럼 특성을 보여주고 있다. 윈도 길이 N이 증가하

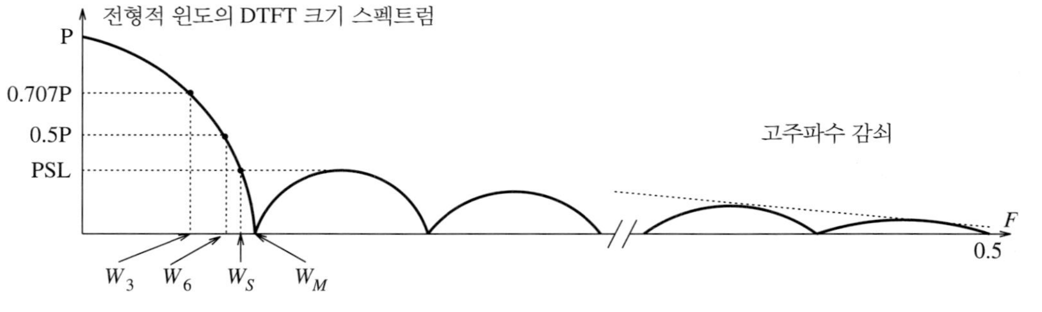

그림 10.14 전형적인 윈도 스펙트럼. 스펙트럼은 최대 이득 P, 폭 W_3과 W_6에 대응되는 3-dB와 6-dB 이득 0.707P와 0.5P, 폭 W_S에 대응되는 최대 사이드 로브 레벨 PSL, 그리고 반폭의 주 로브 W_M을 측정할 수 있다. 고주파수 감쇠 D_S는 dB/dec 혹은 dB/oct 단위로 측정된다.

표 10.2 FIR 필터 설계를 위한 여러 종류의 윈도

윈도	표현 $w[n]$, $-0.5(N-1) \le n \le 0.5(N-1)$
Boxcar	1
Cosine	$\cos\left(\dfrac{n\pi}{N-1}\right)$
Riemann	$\operatorname{sinc}^L\left(\dfrac{2n}{N-1}\right), \quad L>0$
Bartlett	$1-\dfrac{2\lvert n\rvert}{N-1}$
von Hann(Hanning)	$0.5+0.5\cos\left(\dfrac{2n\pi}{N-1}\right)$
Hamming	$0.54+0.46\cos\left(\dfrac{2n\pi}{N-1}\right)$
Blackman	$0.42+0.5\cos\left(\dfrac{2n\pi}{N-1}\right)+0.08\cos\left(\dfrac{4n\pi}{N-1}\right)$
Kaiser	$\dfrac{I_0(\pi\beta\sqrt{1-4[n/(N-1)]^2})}{I_0(\pi\beta)}$

주의: $I_0(x)$는 영차 수정 베셀 함수이다.

윈도 함수의 스펙트럼 특성

윈도	G_P	G_S/G_P	A_{SL}(dB)	W_M	W_S	W_6	W_3	D_S
Boxcar	1	0.2172	13.3	1	0.81	0.6	0.44	20
Cosine	0.6366	0.0708	23	1.5	1.35	0.81	0.59	40
Riemann	0.5859	0.0478	26.4	1.64	1.5	0.86	0.62	40
Bartlett	0.5	0.0472	26.5	2	1.62	0.88	0.63	40
von Hann(Hanning)	0.5	0.0267	31.5	2	1.87	1.0	0.72	60
Hamming	0.54	0.0073	42.7	2	1.91	0.9	0.65	20
Blackman	0.42	0.0012	58.1	3	2.82	1.14	0.82	60
Kaiser($\beta = 2.6$)	0.4314	0.0010	60	2.98	2.72	1.11	0.80	20

표기

G_P: 최대 주 로브 이득 G_S: 최대 사이드 로브 이득

D_S: 고주파수 감쇠(dB/decade) A_{SL}: 사이드 로브 감쇠(G_P/G_S)[dB]

W_6: 6-dB 반폭(half-width) W_S: P_S에 도달하는 주 로브 반폭

W_3: 3-dB 반폭 W_M: 주 로브 반폭

주의:

1. 모든 폭(W_M, W_S, W_6, W_3)은 윈도 길이 N으로 정규화되어야 한다.
2. 카이저 윈도에 대한 값들은 파라미터 β에 좌우된다. 실험적으로 결정된 관계식은 다음과 같다.

$$G_P = \frac{|\operatorname{sinc}(j\beta)|}{I_0(\pi\beta)}, \qquad \frac{G_S}{G_P} = \frac{0.22\pi\beta}{\sinh(\pi\beta)}, \qquad W_M = (1+\beta^2)^{1/2}, \qquad W_S = (0.661+\beta^2)^{1/2}$$

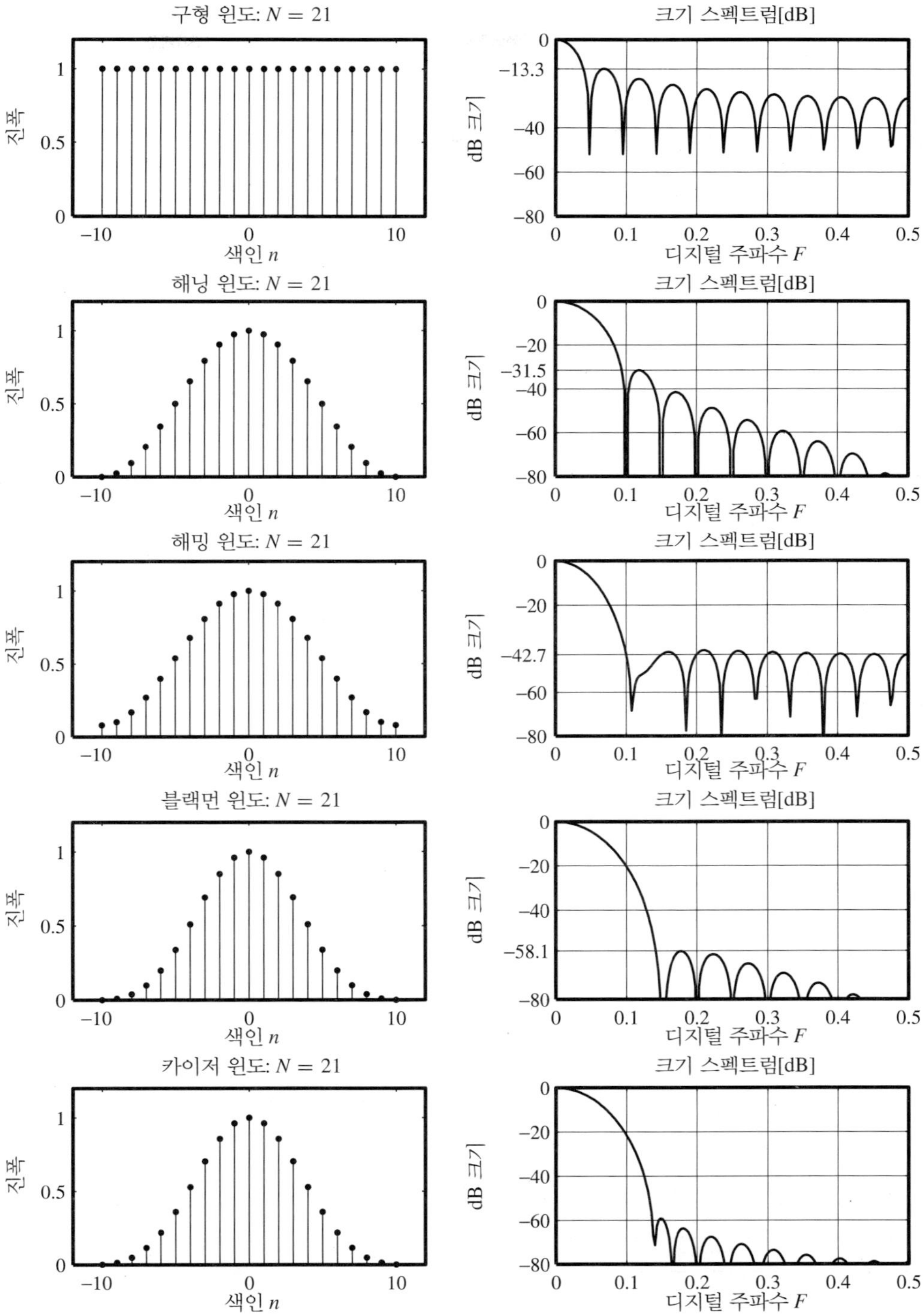

그림 10.15 FIR 필터 설계를 위한 여러 윈도와 DTFT 스펙트럼. 비교를 위해 모든 윈도는 21개 샘플(몇 개는 끝 샘플들이 영)이다. 윈도들이 어떻게 더 작은 사이드 로브 레벨(주 로브 폭이 넓어짐을 감수)을 초래하는지 주목하라. 전형적으로 주 로브 폭은 더 긴 윈도 길이를 선택함으로써 감소되나 사이드 로브 레벨은 윈도 길이와는 무관하다.

면 폭 변수는 감소하나 최대 사이드 로브 레벨은 거의 상수이다. 이상적으로 윈도 스펙트럼은 임펄스에 근사화되어야 하며 가능한 한 주 로브 폭은 좁고 사이드 로브 내의 에너지는 거의 없어야 한다.

대부분의 윈도는 최적화 기준을 고려하여 개발되는데, 궁극적으로 좁은 주 로브(혹은 작은 변이폭)와 작은 사이드 로브 레벨 간에 서로 상충되는 요구 조건 사이에서 절충이 필요하다. 일부 윈도는 더 간단한 윈도의 조합으로 구성된다. 예를 들어 해닝 윈도는 구형과 코사인 윈도의 합이며, 바틀릿 윈도는 2개 구형 윈도의 컨벌루션이다. 바람직한 특성이 강조되도록 설계된 윈도도 있다. 해닝 윈도는 고주파수 감쇠를 향상시켰으며(대신 최대 사이드 로브 레벨이 증가), 해밍 윈도는 사이드 로브 레벨을 최소화했다(대신 느린 속도의 고주파수 감쇠). 카이저 윈도는 최대 사이드 로브 레벨을 제어하는 변수 β를 갖고 있다. 또 다른 윈도들은 간단한 수학적 형태이거나 적용하기가 쉽다. 예를 들어, $\cos^a$ 윈도는 쉽게 인식할 수 있는 변환식을 갖고 있으며, 해닝 윈도는 주파수 영역에서 컨벌루션으로서 쉽게 적용할 수 있다. 최적 시제한(time-limited) 윈도는 특정 주파수 대역상의 스펙트럼에서 에너지를 최대화시켜야 한다. 연속시간 영역에 있어서 이런 제한 조건은 1차 **장구 파형 함수**(prolate spheroidal wave function)에 근거한 윈도로 개발된다. 카이저 윈도는 이산 영역에서 이런 최적 윈도를 가장 잘 근사화한다.

10.3.2 기타 윈도

체비쇼프(Chebyshev)라고도 하는 돌프(Dolph) 윈도는 사이드 로브가 일정한 레벨에서 감쇠 없이 상수이고 특정 길이에 대해 주 로브 폭이 가장 작은 스펙트럼의 역 DTFT에 대응된다. 이런 윈도의 시간 영역 표현을 구하기는 쉽지 않으며, 다음 식으로부터 구해진다.

표 10.3 해리스 윈도의 특성

형	b_0	b_1	b_2	b_3	A_{SL}(dB)	$W_S = K/N$	D_S
0	0.375	0.5	0.125	0.0	46.74	$K = 2.89$	30
1	10/32	15/32	6/32	1/32	60.95	$K = 3.90$	42
2	0.40897	0.5	0.09103	0.0	64.19	$K = 2.94$	18
3	0.42323	0.49755	0.07922	0.0	70.82	$K = 2.95$	6
4	0.4243801	0.4973406	0.0782793	0.0	71.48	$K = 2.95$	6
5	0.338946	0.481973	0.161054	0.018027	82.6	$K = 3.95$	30
6	0.355768	0.487396	0.144232	0.012604	92.32	$K = 3.96$	18
7	0.3635819	0.4891775	0.1365995	0.0106411	98.17	$K = 3.96$	6

주의: A_{SL}은 dB(데시벨) 단위로서 정규화된 최대 사이드 로브 감쇠이다.

W_S는 P_S에 도달하는 주 로브의 반폭이다.

D_S는 dB/octave(6 dB/oct = 20 dB/dec) 단위로서 고주파수 감쇠율이다.

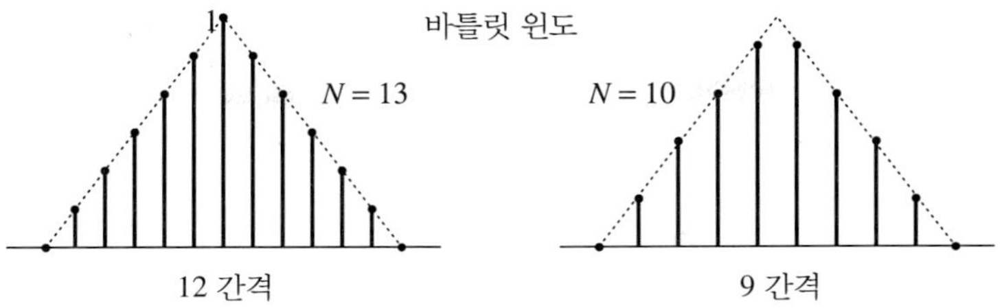

그림 10.16 윈도잉 기법. 윈도 길이가 홀수이면 중간점은 샘플 값상에 있다. 짝수 길이의 윈도는 샘플 값 사이에 중간점이 있다.

$$w[n] = \text{IDFT}\left\{T_{N-1}\left[\alpha\cos\left(\frac{n\pi}{N-1}\right)\right]\right\} \quad \alpha = \cosh\left[\frac{\cosh^{-1}(10^{A/20})}{N-1}\right] \text{ (기수 } n\text{)} \tag{10.17}$$

여기서 $T_n(x)$는 차수 n의 체비쇼프 다항식이며, A는 데시벨 단위의 사이드 로브 감쇠이다.

해리스(Harris) 윈도는 다양한 최대 사이드 로브 레벨과 고주파수 감쇠율을 제공하는데, 표 10.3에 특성이 나열되어 있다. 해리스 윈도는 다음과 같은 일반형으로 표현된다.

$$w[n] = b_0 - b_1\cos(m) + b_2\cos(2m) - b_3\cos(3m) \quad \text{여기서 } m = \frac{2n\pi}{N-1}, \quad |n| \leq \frac{N-1}{2} \tag{10.18}$$

10.3.3 윈도잉의 의미

이상 필터의 임펄스 응답의 대칭 윈도잉은 그림 10.16과 같이 자체가 대칭인 윈도에 의해 구현된다.

N-포인트 FIR 윈도는 N 샘플(양 끝 샘플 포함)을 만들기 위해 $N-1$ 구간을 사용한다. 윈도 수열은 대칭 임펄스 응답 수열에 대해 대칭으로 위치해야만 한다. 이때 윈도잉은 단순히 두 수열의 샘플 간의 곱이다.

이상 저역통과 필터의 대칭 윈도 임펄스 응답은 다음과 같다.

$$h_W[n] = 2F_C\,\text{sinc}(2nF_C)w[n], \qquad -0.5(N-1) \leq n \leq 0.5(N-1) \tag{10.19}$$

N이 짝수일 때 인덱스 n은 1씩 증가하더라도 정수가 아니며, 인과 수열을 만들기 위해 **비정수**(non-integer) 지연이 요구된다. $w[n]$의 끝 샘플이 영이라면 $h_W[n]$의 끝 샘플도 영이므로, 실제 필터 길이는 2만큼 작아질 것이다.

예제 10.2 절단과 윈도잉

차단 주파수가 5 kHz이고 샘플링 주파수가 20 kHz인 저역통과 필터를 설계하자. $F_C = 0.25$이고 $h[n] = 2F_C\,\text{sinc}(2nF_C) = 0.5\,\text{sinc}(0.5n)$이다.

(a) $N = 9$이고 바틀릿 윈도 $w = 1 - \frac{2|n|}{N-1}, -4 \le n \le 4$일 때 다음과 같이 쓸 수 있다.

$$h[n] = \{0, -0.1061, 0, 0.3183, \overset{\Downarrow}{0.5}, 0.3183, 0, -0.1061, 0\}$$
$$w[n] = \{0, 0.25, 0.5, 0.75, \overset{\Downarrow}{1}, 0.75, 0.5, 0.25, 0\}$$

h_N과 w_N의 샘플 간 곱은 다음과 같다.

$$h_W[n] = \{0, -0.0265, 0, 0.2387, \overset{\Downarrow}{0.5}, 0.2387, 0, -0.0265, 0\}$$

끝 샘플들을 포함하여 인과성 필터가 되기 위해서는 다음과 같이 4 샘플의 지연이 요구된다.

$$H_C(z) = 0 - 0.0265z^{-1} + 0.2387z^{-3} + 0.5z^{-4} + 0.2387z^{-5} - 0.0265z^{-7}$$

$S = 20$ kHz이므로 $t_s = 1/S = 0.05$ ms이다. 4 샘플 지연은 실제 $4(0.05) = 0.2$ ms 지연에 대응된다. 끝 샘플을 무시한다면 인과성 필터는 단지 3 샘플의 지연이 요구되며 다음과 같다.

$$H_C(z) = -0.0265 + 0.2387z^{-2} + 0.5z^{-3} + 0.2387z^{-4} - 0.0265z^{-6}$$

이 필터 지연은 0.15 ms이다.

(b) $N = 6$인 경우 $F_C = 0.25$이고 $h_N[n] = 2F_C\,\text{sinc}(2nF_C) = 0.5\,\text{sinc}(0.5n), -2.5 \le n \le 2.5$이다. 해닝 윈도에 대해 $\text{w}[n] = 0.5 + 0.5\cos(\frac{2n\pi}{N-1}) = 0.5 + 0.5\cos(0.4n\pi), -2.5 \le n \le 2.5$이다. $h[n]$, $w[n]$ 그리고 $h_W[n] = h[n]w[n]$의 값은 다음과 같이 계산된다.

$h[n] =$	−0.09	0.1501	0.4502	0.4502	0.1501	−0.09
$w[n] =$	0.0	0.3455	0.9045	0.9045	0.3455	0.0
$h_W[n] =$	0.0	0.0518	0.4072	0.4072	0.0518	0.0

$h_W[n]$의 첫 샘플은 영이므로 인과성 필터가 되기 위한 **최소 지연**은 2.5 샘플이 아니고 1.5 샘플이며, 인과성 수열의 전달 함수는 다음과 같다.

$$H_C(z) = 0.0518 + 0.4072z^{-1} + 0.4072z^{-2} + 0.0518z^{-3}$$

10.3.4 설계 논제

그림 10.17은 윈도 기반 설계에 의한 전형적인 저역통과 필터의 이득을 보여주고 있다. FIR 필터의 이득 규격은 통과대역 리플 δ_p(이득 1로부터 최대 차이)와 대역저지 리플 δ_s(이득 0으로부터 최대 차이)로 표현된다. 데시벨 이득은 최대 이득에 대해 정규화되기 때문에 통과대역과 저지대역 감쇠 A_p와 A_s(데시벨)는 다음 식과 같이 리플과 관련이 있다.

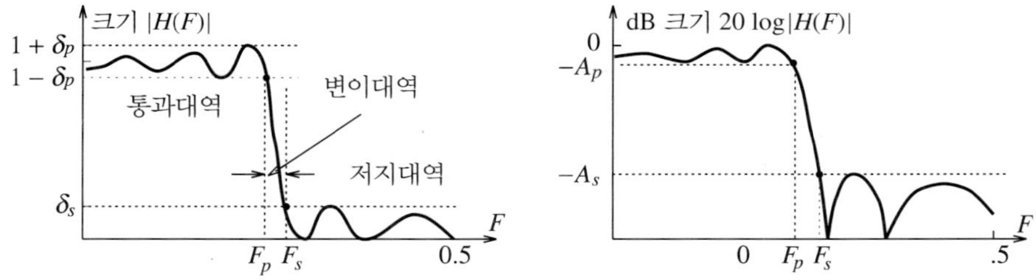

그림 10.17 전형적인 저역통과 필터의 특징. 통과대역 가장자리 F_p까지 이득은 거의 1이며, 저지대역 가장자리 F_s를 지나서 이득은 거의 영이다. 선형 눈금상에 이득에 대한 표시는 통과대역 리플 δ_p와 저지대역 리플 δ_s를 포함하며, 데시벨 눈금에서는 이득 1이 0 dB에 대응된다. *최대* 통과대역 감쇠와 *최소* 저지대역 감쇠는 각기 A_p-dB과 A_s-dB로 표시되는데, 이러한 감쇠는 *최소* 통과대역 이득 $-A_p$-dB과 *최대* 저지대역 이득 $-A_s$-dB에 각각 대응된다.

$$A_p(\text{dB}) = -20\log\left(\frac{1-\delta_p}{1+\delta_p}\right) \quad A_s(\text{dB}) = -20\log\left(\frac{\delta_s}{1+\delta_p}\right) \approx -20\log\delta_s, \quad \delta_p \ll 1 \qquad (10.20)$$

감쇠 규격(데시벨)을 리플 파라미터에 대한 값으로 변환하기 위해 다음 식을 사용한다.

$$\delta_p = \frac{10^{A_p/20}-1}{10^{A_p/20}+1} \quad \delta_s = (1+\delta_p)10^{-A_s/20} \approx 10^{-A_s/20}, \quad \delta_p \ll 1 \qquad (10.21)$$

윈도 기반 설계는 샘플링 주파수에 의한 설계 주파수의 정규화, 이상 필터 임펄스 응답의 윈도잉에 의한 저역통과 필터 전개, 그리고 스펙트럼 변환을 사용하여 요구되는 필터형으로의 전환이 필요하다. 이 방법은 매우 간단하나 몇 가지 논제는 정성적으로만 기술될 수 있다. 예를 들어, 차단 주파수 선택은 윈도 길이 N에 의해 영향을 받는다. 설계 규격을 만족하는 가장 작은 길이 N은 윈도 선택에 좌우되며, 윈도의 선택은 (역제대역) 감쇠 규격에 좌우된다.

10.3.5 윈도 스펙트럼의 특성

시간 영역에서 이상 임펄스 응답 $h[n] = 2F_C \operatorname{sinc}(2nF_C)$와 길이 N의 윈도 $w[n]$을 곱할 때 윈도 임펄스 응답 $h_W[n] = h[n]w[n]$의 스펙트럼은 그림 10.18과 같이 $H(F)$와 $W(F)$의 (주기) 컨벌루션이다.

이상 스펙트럼은 $F = F_C$에서 점프 형태의 불연속점을 갖는다. 윈도 스펙트럼에서 오버슈트, 리플, 그리고 유한 변이폭(완만한 점프)을 볼 수 있다. $F = F_C$에서 크기는 0.5로서 6 dB 감쇠에 대응된다.

표 10.4에는 여러 윈도에 대한 **윈도 스펙트럼** 특성이 나열되어 있는데, 바틀릿 윈도처럼 크기 스펙트럼이 완전히 양(오버슈트와 깁스 효과가 완전히 제거되기 때문에)인 윈도는 제외되었다. 윈도 함수와 임펄스 응답은 대칭 수열이므로 윈도 필터의 스펙트럼도 대칭이다. 윈도 스펙트럼에 대

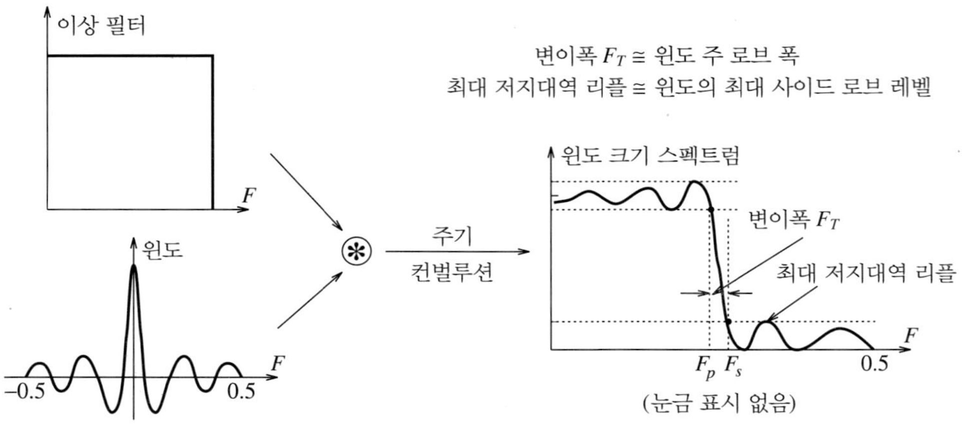

그림 10.18 윈도 이상 필터의 스펙트럼. 이상 필터의 임펄스 응답과 윈도 함수의 곱은 그림과 같이 각 스펙트럼의 컨벌루션이다. 전형적인 윈도 함수의 스펙트럼에서 주 로브와 사이드 로브를 볼 수 있으며 윈도 필터의 스펙트럼에서는 오버슈트와 진동으로 나타난다. 오버슈트와 진동을 감소시키기 위해 작거나 양의 사이드 로브 스펙트럼을 갖는 윈도를 선택해야 한다.

표 10.4 윈도 스펙트럼 특성

윈도	최대 리플 $\delta_p = \delta_s$	대역통과 감쇠 A_{WP}(dB)	최대 사이드 로브 감쇠 A_{WS}(dB)	변이폭 $F_{WS} \approx C/N$
Boxcar	0.0897	1.5618	21.7	$C = 0.92$
Cosine	0.0207	0.36	33.8	$C = 2.1$
Riemann	0.0120	0.2087	38.5	$C = 2.5$
von Hann(Hanning)	0.0063	0.1103	44	$C = 3.21$
Hamming	0.0022	0.0384	53	$C = 3.47$
Balckman	$(1.71)10^{-4}$	$(2.97)10^{-3}$	75.3	$C = 5.71$
Dolph(R = 40 dB)	0.0036	0.0620	49	$C = 3.16$
Dolph(R = 50 dB)	$(9.54)10^{-4}$	0.0166	60.4	$C = 3.88$
Dolph(R = 60 dB)	$(2.50)10^{-4}$	0.0043	72	$C = 4.6$
Harris(0)	$(8.55)10^{-4}$	0.0148	61.4	$C = 5.36$
Harris(1)	$(1.41)10^{-4}$	$(2.44)10^{-3}$	77	$C = 7.45$
Harris(2)	$(1.18)10^{-4}$	$(2.06)10^{-3}$	78.5	$C = 5.6$
Harris(3)	$(8.97)10^{-5}$	$(1.56)10^{-3}$	81	$C = 5.6$
Harris(4)	$(9.24)10^{-5}$	$(1.61)10^{-3}$	81	$C = 5.6$
Harris(5)	$(9.96)10^{-6}$	$(1.73)10^{-4}$	100	$C = 7.75$
Harris(6)	$(1.94)10^{-6}$	$(3.38)10^{-5}$	114	$C = 7.96$
Harris(7)	$(5.26)10^{-6}$	$(9.15)10^{-5}$	106	$C = 7.85$

한 일반적인 사항은 다음과 같다.

1. 최대 통과대역 리플이 최대 저지대역 리플과 같다($\delta_p = \delta_s$)하더라도 통과대역(혹은 저지대역) 리플의 크기는 서로 다르다.
2. 윈도 스펙트럼의 최대 저지대역 레벨은 윈도 자체의 최대 사이드 로브 레벨보다 조금 작다. 즉, 필터의 저지대역 감쇠(표 10.4의 A_{WS}로 표기)는 전형적으로 윈도의 최대 사이드 로브 감쇠(표 10.2와 10.3에서 A_{SL}로 표기)보다 몇 데시벨 더 크다. 최대 사이드 로브 레벨, 최대 통과대역 리플, 그리고 통과대역 감쇠(표 10.4에 A_{WP}로 표기)는 상수 N 값으로 거의 유지된다.
3. 변이대역에 걸쳐 최대–최대(peak-to-peak) 폭은 대략 윈도의 주 로브 폭과 같다(표 10.2와 10.3에서 W_M으로 표기). 윈도 스펙트럼 응답에서 $1 - \delta_p$와 δ_s에 처음으로 도달하는 실제 변이폭(표 10.4에서 F_W로 표기)은 이 폭보다 좁다. 변이폭 F_{WS}와 윈도 길이 N은 서로 역관계($F_{WS} \approx C/N$, C는 각 윈도에 대해 거의 상수이다)이다.

문헌에서 숫자가 서로 달리 표기되었는데, 표 10.4의 값들은 이상 임펄스 응답 $h[n] = 0.5\,\mathrm{sinc}(0.5n)$, $F_C = 0.25$를 사용하고 51-포인트 윈도로 윈도잉될 때 구한 값들이다. 크기 규격은 최대 크기에 대해 정규화되었고, 통과대역과 저지대역 감쇠는 이미 주어진 관계식을 사용하여 통과대역과 저지대역 리플($\delta_p = \delta_s$)로부터 계산되었다.

10.3.6 윈도 선택과 설계 파라미터

윈도 선택은 주로 저지대역 규격 A_s에 따른다. 표 10.4에서 같이 윈도 스펙트럼의 최대 사이드 로브 감쇠 A_{WS}는 명시된 저지대역 감쇠 A_s와 대등하거나 초과해야 한다. 윈도 스펙트럼의 최대 통과대역 감쇠 A_{WP}는 명시된 통과대역 감쇠 A_p를 초과하지 않아야 한다. 이런 조건들은 대부분 실제적인 규격에 대해 만족하기 때문에 종종 무시된다.

윈도 스펙트럼은 임펄스 응답과 윈도 함수 스펙트럼 간의 컨벌루션이고 이 스펙트럼은 필터 길이에 따라서 변한다. 평균 자승 관점에서 최적 임펄스 응답과 최적 윈도는 최적 특성의 윈도 응답을 구현하지 못할 수도 있다. 최악의 경우 윈도 선택은 시행착오로 결정된다. 가장 일반적으로 사용하는 세 종류의 윈도는 해닝, 해밍, 카이저 윈도이다.

필터 길이 선택

윈도 스펙트럼의 변이폭은 길이 N에 따라 감소한다. 설계 규격을 만족하는 최소 필터 길이 N을 선정할 수 있는 정확한 방법은 없으나 실험적인 추정치는 주어진 변이폭 규격 F_T가 표 10.4에 열거된 윈도 스펙트럼의 변이폭 $F_{WS} = C/N$과 같도록 한다.

$$F_T = F_s - F_p = F_{WS} \approx \frac{C}{N} \qquad N = \frac{C}{F_s - F_p} \tag{10.22}$$

여기서 F_p와 F_s는 **디지털** 통과대역과 저지대역 주파수이다. 윈도 길이는 C 값을 사용하는 윈도 선택에 달려 있다. 저지대역 감쇠 A_s와 윈도 스펙트럼의 저지대역 감쇠 A_{WS}가 서로 가까울수록 윈도 길이 N은 더 작아진다. 윈도가 선택되었을 때 이러한 관계는 일반적으로 가장 작은 필터 길이를 과대 추정하므로 이 길이를 감소시켜 설계 규격을 충족시킬 수 있다.

카이저 윈도

카이저 윈도에 의한 FIR 필터의 필터 길이 N을 추정할 수 있는 실험적인 관계식이 있다. 우선 최대 통과대역 리플 δ_p, 최대 저지대역 리플 δ_s를 계산하고 이들 중 작은 값을 리플 파라미터 δ로 사용한다.

$$\delta_p = \frac{10^{A_p/20} - 1}{10^{A_p/20} + 1} \qquad \delta_s = 10^{-A_s/20} \qquad \delta = \min(\delta_p, \delta_s) \tag{10.23}$$

리플 파라미터 δ는 실제 저지대역 감쇠 A_{s0}를 데시벨로 계산하는 데 사용된다.

$$A_{s0} = -20 \log \delta \text{ dB} \tag{10.24}$$

마지막으로, 길이 N은 다음과 같이 근사화된다.

$$N \geq \begin{cases} \dfrac{A_{s0} - 7.95}{14.36(F_s - F_p)} + 1, & A_{s0} \geq 21 \text{ dB} \\ \dfrac{0.9222}{F_s - F_p} + 1, & A_{s0} < 21 \text{ dB} \end{cases} \tag{10.25}$$

카이저 윈도 파라미터 β는 다음과 같이 실제 저지대역 감쇠 A_{s0}로부터 추정된다.

$$\beta = \begin{cases} 0.0351(A_{s0} - 8.7), & A_{s0} > 50 \text{ dB} \\ 0.186(A_{s0} - 21)^{0.4} + 0.0251(A_{s0} - 21), & 21 \text{ dB} \leq A_{s0} \leq 50 \text{ dB} \\ 0, & A_{s0} < 21 \text{ dB} \end{cases} \tag{10.26}$$

차단 주파수 선택

$h[n]$ 표현에 사용되는 차단 주파수는 일반적으로 $F_C = 0.5(F_p + F_s)$를 선택한다. 가장 작은 길이에 대해 규격을 만족하는 실제 주파수는 흔히 이 값보다 작다. 차단 주파수는 필터 길이 N에 의해 영향을 받는다. 최소 길이 N을 결정하기 위해 위에서 언급한 F_C 값을 사용하여 설계하고 규격을 만족할 때까지 (전형적으로 통과대역 가장자리에서) 길이를 감소시키고 그리고/혹은 F_C를 감소시킨다.

10.3.7 스펙트럼 변환

저역통과 외의 다른 FIR 필터 설계는 주어진 규격으로부터 원형(prototype) 저역통과를 우선 구하고, 설계하고자 하는 필터 형태로 변환하기 위해 주파수 변환을 수행한다. 마지막으로 임펄스 응답은 적당한 윈도를 씌움으로써 구할 수 있다. 스펙트럼 변환은 DTFT의 이동과 변조 특성을 사용하여 구할 수 있다. 아날로그나 IIR 필터와 달리 이러한 변환은 필터 차수(혹은 길이)를 변화시키지 않는다. 우선 통과대역 이득이 1이고, 차단 주파수 $F_C = 0.5(F_p + F_s)$인 이상 저역통과 필터를 구한다. 필터의 비인과성 임펄스 응답 $h_{LP}[n]$은 길이 N이 되도록 대칭으로 절단하면 다음과 같다.

$$h_{LP}[n] = 2F_C \operatorname{sinc}(2nF_C), \qquad -0.5(N-1) \le n \le 0.5(N-1) \tag{10.27}$$

N이 짝수이면 n은 비정수 값을 취하게 된다. $h_{LP}[k]$, $0 \le k \le N-1$ 형태의 인과형으로 설계하는 것이 더 유용하다. 여기서 $k = n + 0.5(N-1)$은 항상 정수이다. 인과 및 비인과 형의 샘플 값들은 동일하다. 인과형 설계는 단순히 임펄스 응답의 재배치에 해당된다.

$$h_{LP}[k] = 2F_C \operatorname{sinc}\{2[k - 0.5(N-1)]F_C\}, \quad 0 \le k \le N-1$$

저역통과-고역통과(LP2HP) 변환은 그림 10.19와 같이 두 가지 방법으로 구할 수 있다.

그림 10.19의 LP2HP 변환의 첫 번째 형은 다음 식을 따른다.

$$H_{HP}(F) = 1 - H_{LP}(F)$$

비인과성 임펄스 응답은 다음과 같다.

$$h_{HP}[n] = \delta[n] - h_{LP}[n]$$

이 변환은 필터 길이 N이 홀수인 경우에만 유효하며, 통과대역 이득을 1로 가정한다. 대역통과 이득이 G이면 $h_{HP}[n] = G\delta[n] - h_{LP}[n]$으로 수정된다. $h_{LP}[n]$이 $F_C = 0.5(F_p + F_s)$인 이상 저역통과 필터의 (절단된) 임펄스 응답이라면 고역통과 필터의 차단 주파수 F_H는 F_C와 같다. 수열을

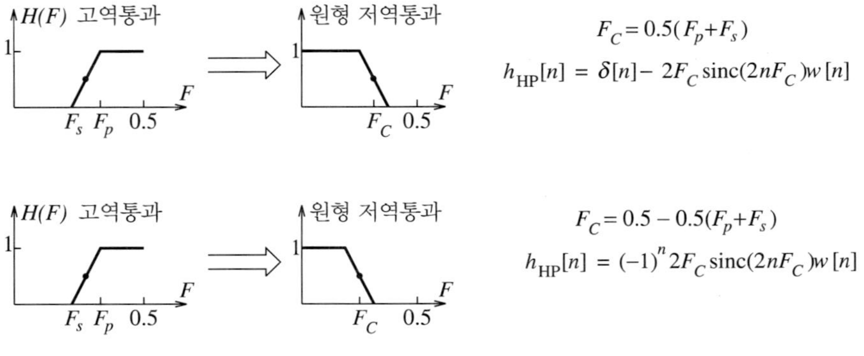

그림 10.19 두 가지 방법의 저역통과-고역통과 변환. 첫 번째 방법은 저역통과 필터 스펙트럼 $H(F)$를 0.5만큼 이동시켜 $H(F-0.5)$를 구한다. 두 번째 방법은 $H(F)$의 최대 이득(그림에서는 1로 가정)과 같은 상수에서 저역통과 스펙트럼 $H(F)$를 빼는 것이다.

$0.5(N-1)$만큼 지연시키거나 $n = k - 0.5(N-1)$로 색인을 재배열하면 다음과 같은 인과성 고역통과 필터를 구할 수 있다.

$$h_{\mathrm{HP}}[k] = \delta[k - 0.5(N-1)] - 2F_C \operatorname{sinc}\{2[k - 0.5(N-1)]F_C\}, \quad 0 \le k \le N-1$$

예를 들어, $F_H = 0.3$인 차단 주파수를 갖고 길이 $N = 15$의 고역통과 필터를 설계하고자 한다면 차단 주파수가 $F_C = 0.3$이고 (비인과성) 임펄스 응답이 $h_{\mathrm{LP}}[n] = 0.6\operatorname{sinc}(0.6n)$인 원형 저역통과를 설계함으로써, 다음과 같은 고역통과 필터의 비인과성 임펄스 응답을 구할 수 있다.

$$h_{\mathrm{HP}}[n] = \delta[n] - h_{\mathrm{LP}}[n] = \delta[n] - 0.6\operatorname{sinc}(0.6n), \quad -7 \le n \le 7$$

인과성 임펄스 응답은 다음과 같다.

$$h_{\mathrm{HP}}[k] = \delta[k-7] - 0.6\operatorname{sinc}[0.6(k-7)], \quad 0 \le k \le 14$$

두 번째 형의 LP2HP 변환은 DTFT의 이동 특성을 사용한다. 스펙트럼을 $F = 0.5$만큼 이동하는 것은 대응되는 시간 영역 신호에 $(-1)^n$(하나 걸러 샘플 값의 부호가 변함)의 곱에 해당한다. 저역통과 필터 스펙트럼을 $F = 0.5$만큼 이동시키면 다음과 같은 고역통과형을 갖는다.

$$H_{\mathrm{HP}}(F) = H_{\mathrm{LP}}(F - 0.5)$$

이 변환은 임의의 길이 N(짝수 혹은 홀수)의 어떠한 저역통과 필터(FIR 혹은 IIR)에도 적용된다. 저역통과 필터의 차단 주파수가 F_C일 때 주파수를 이동시키면 고역통과 필터의 차단 주파수는 필터 형태와 무관하게 $F_H = 0.5 - F_C$가 된다. 차단 주파수가 F_H인 고역통과 필터를 설계하기 위해서는 차단 주파수가 $F_C = 0.5 - F_H$인 원형 저역통과 필터를 설계해야 한다. 이상적인 인과성 필터에 대해 원형 저역통과는 다음과 같다.

$$h_{\mathrm{LP}}[k] = 2F_C \operatorname{sinc}\{2[k - 0.5(N-1)]F_C\}, \quad 0 \le k \le N-1 \quad \text{여기서} \quad F_C = 0.5 - F_H$$

고역통과 필터의 인과성 임펄스 응답은 다음과 같다.

$$h_{\mathrm{HP}}[k] = (-1)^k h_{\mathrm{LP}}[k], \qquad 0 \le k \le N-1 \tag{10.28}$$

예를 들어 차단 주파수 $F_H = 0.3$이고 길이 $N = 12$인 고역통과 필터를 설계한다면, 차단 주파수가 $F_C = 0.2$이고 다음과 같은 임펄스 응답을 갖는 인과성 원형 저역통과를 설계해야 한다.

$$h_{\mathrm{LP}}[k] = 0.4\operatorname{sinc}[0.4(k-5.5)], \quad 0 \le k \le 11$$

고역통과 필터의 인과성 임펄스 응답은 다음과 같다.

$$h_{\mathrm{HP}}[k] = (-1)^k h_{\mathrm{LP}}[k], \quad 0 \le k \le 11$$

LP2BP와 LP2BS 변환은 중심 주파수 F_0에 대한 수학적 대칭에 근거한다. 대역 가장자리가 증가하는 순서로 $[F_1, F_2, F_3, F_4]$이면 수학적 대칭은, $F_1 + F_4 = F_2 + F_3 = 2F_0$이고 같은 변이폭을 의미한다. 변이폭이 같지 않다면 그림 10.20처럼 대역 가장자리를 재배치하여 양 변이폭을 더 작은 변이폭과 같도록 한다.

그림 10.21은 LP2BP와 LP2BS 변환을 보여주고 있다. 각 변환에 있어 중심 주파수 F_0는 다음과 같다.

$$F_0 = 0.5(F_2 + F_3) = 0.5(F_1 + F_4) \tag{10.29}$$

저역통과–대역통과(LP2BP) 변환은 저역통과 필터의 스펙트럼을 $\pm F_0$만큼 이동시켜 다음과 같이 구할 수 있다.

$$H_{\text{BP}}(F) = H_{\text{LP}}(F + F_0) + H_{\text{LP}}(F - F_0)$$

그림 10.21로부터 원형 저역통과의 차단 주파수 F_C는 다음과 같다.

$$F_C = 0.5(F_3 + F_4) - F_0 \tag{10.30}$$

DTFT의 변조 특성으로부터 저역통과 필터 스펙트럼 $H_{\text{LP}}(F)$를 $\pm F_0$만큼 이동하는 것은 임펄스 응답 $h_{\text{LP}}[n]$과 $2\cos(2\pi nF_0)$의 곱이므로, 대역통과 필터의 임펄스 응답은 다음과 같이 구해진다.

그림 10.20 대역 가장자리를 수학적 대칭이 되도록 하는 방법. 대역 가장자리(그림에서 F_4 표시)를 재배치하여 두 변이폭을 작은 변이폭과 같도록 한다.

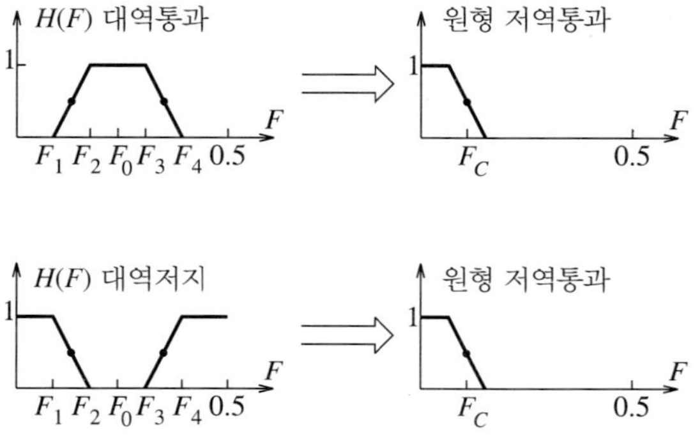

$F_0 = 0.5(F_2 + F_3),\ F_C = 0.5(F_3 + F_4) - F_0$
$h_{\text{BP}}[n] = 4F_C\,\text{sinc}(2nF_C)\cos(2\pi nF_0)w[n]$

$F_0 = 0.5(F_2 + F_3),\ F_C = 0.5(F_3 + F_4) - F_0$
$h_{\text{BS}}[n] = \delta[n] - 4F_C\,\text{sinc}(2nF_C)\cos(2\pi nF_0)w[n]$

그림 10.21 대역통과 대역저지형으로부터의 저역통과 필터 규격. 중심 주파수가 원점에 위치하도록 대역통과 스펙트럼을 F_0만큼 이동시키고, 저역통과 필터의 대역 가장자리를 구한다. 대역저지 스펙트럼은 1에서 뺌으로써 대역통과형을 구한다. 저역통과–대역통과와 저역통과–대역저지 변환이 그림에 표시되어 있다.

$$h_{BP}[n] = 2\cos(2n\pi F_0)h_{LP}[n] = 4F_C \operatorname{sinc}(2nF_C)\cos(2\pi nF_0), \quad -\frac{N-1}{2} \le n \le \frac{N-1}{2} \quad (10.31)$$

색인을 재배열한 인과성 형태는 $h_{BP}[k]$, $0 \le k \le N-1$로서, 여기서 $k = n + 0.5(N-1)$이다.

대역저지 필터는 4형 수열(우대칭과 홀수 길이 N)이 요구된다. 그림 10.21의 저역통과–대역저지(LP2BS) 변환은 $H_{BS}(F) = 1 - H_{BP}(F)$로 표현되며, 비인과성 임펄스 응답은 다음과 같다.

$$h_{BS}[n] = \delta[n] - h_{BP}[n] = \delta[n] - 4F_C \operatorname{sinc}(2nF_C)\cos(2\pi nF_0), \quad -\frac{N-1}{2} \le n \le \frac{N-1}{2} \quad (10.32)$$

색인을 재배열한 인과성 형태는 $h_{BS}[k]$, $0 \le k \le N-1$로서, 여기서 $k = n + 0.5(N-1)$이다.

두 번째 형의 LP2BS 변환은 차단 주파수 $F_L = 0.5(F_1 + F_2)$인 저역통과 필터와 차단 주파수 $F_H = 0.5(F_3 + F_4)$인 고역통과 필터의 합으로 표현되며, 대역저지 필터의 비인과성 임펄스 응답은 다음과 같다.

$$h_{BS}[n] = 2F_L \operatorname{sinc}(2nF_L) + 2(-1)^n(0.5 - F_H)\operatorname{sinc}[2n(0.5 - F_H)], \quad -\frac{N-1}{2} \le n \le \frac{N-1}{2} \quad (10.33)$$

색인을 재배열한 인과성 형태는 $h_{BS}[k]$, $0 \le k \le N-1$로서, 여기서 $k = n + 0.5(N-1)$이다.

윈도 기반 FIR 필터 설계 방법

- 아날로그 설계 주파수를 샘플링 주파수 S로 정규화한다.
- 원형 저역통과의 대역 가장자리 F_p와 F_s를 구한다.
- 원형 저역통과 차단 주파수를 $F_C = 0.5(F_p + F_s)$로 정한다.
- 표 10.4에서 $A_{WS} \ge A_s$와 $A_{WP} \le A_p$를 만족하는 윈도를 선택한다.
- $F_T = F_s - F_p = F_{WS} = C/N$(표 10.4의 C)에서 윈도 길이 N을 계산한다.
- 원형 임펄스 응답 $h[n] = 2F_C \operatorname{sinc}[2nF_C]$, $|n| \le 0.5(N-1)$을 계산한다.
- $h[n]$을 윈도잉하고 필요시 요구되는 필터형으로 변환하기 위해 스펙트럼을 변환한다.

최소–길이 설계: 설계 규격을 만족할 때까지 N 그리고/혹은 F_C를 조정한다.

예제 10.3 윈도를 사용한 FIR 필터 설계

(a) 다음 규격을 만족하는 FIR 필터를 설계하자.

- $f_p = 2$ kHz
- $f_s = 4$ kHz

- $A_p = 2$ dB
- $A_s = 40$ dB
- 샘플링 주파수: $S = 20$ kHz

위 규격은 저역통과 필터로서, 디지털 주파수 $F_p = f_p/S = 0.1$이고 $F_s = f_s/S = 0.2$이다. $A_s = 40$ dB이므로 표 10.4로부터 가능한 윈도는 해닝($A_{\mathrm{WS}} = 44$ dB)과 블랙먼($A_{\mathrm{WS}} = 75.3$ dB)이다. $F_{\mathrm{WS}} \approx (F_s - F_p) = C/N$와 표 10.4에서 C 값을 사용하면 윈도에 적합한 필터 길이는 다음과 같다.

$$\text{해밍}: N \approx \frac{3.21}{0.1} \approx 33 \qquad \text{블랙먼}: N \approx \frac{5.71}{0.1} \approx 58$$

차단 주파수를 $F_C = 0.5(F_p + F_s) = 0.15$로 선택하면 임펄스 응답은 다음과 같다.

$$h_N[n] = 2F_C \operatorname{sinc}(2nF_C) = 0.3 \operatorname{sinc}(0.3n)$$

윈도잉을 취하면 원하는 저역통과 필터의 임펄스 응답은 다음과 같다.

$$h_{\mathrm{LP}}[n] = w[n]h_N[n] = 0.3w[n]\operatorname{sinc}(0.3n)$$

그림 E10.3(1)(a)에서와 같이 각 필터에 대한 설계 규격을 만족한다(사실 필터 길이는 과대 추정되었다). 블랙먼 윈도는 A_s와 A_{WS} 간의 더 큰 차이 때문에 더 큰 필터 길이가 요구되며 변이 폭이 더 넓다.

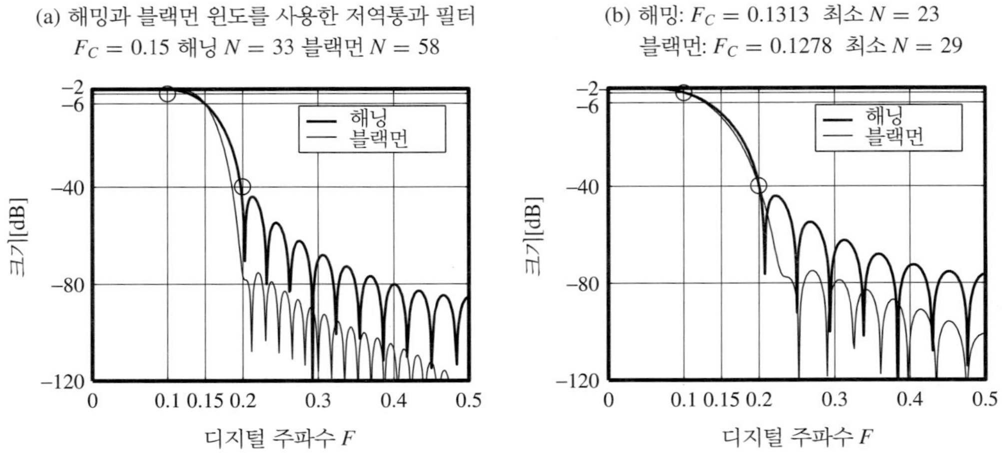

그림 E10.3(1) 예제 10.3(a와 b)의 저역통과 FIR 필터

(b) 최소-길이 설계

시행착오를 통해 규격을 만족하는 차단 주파수와 최소 길이는 해닝 윈도에 대해서는 $F_C = 0.1313$, $N = 23$이고 블랙먼 윈도에 대해서는 $F_C = 0.1278$, $N = 29$이다. 그림 E10.3(1)(b)는 최소-길이 필터의 응답을 보여주고 있다. 통과대역과 저지대역 감쇠는 해닝 윈도에 대해서는 [1.9, 40.5] dB이고, 블랙먼 윈도에 대해서는 [1.98, 40.1] dB이다. 필터 길이가 훨씬 작더라도 각 필터는 설계 규격을 만족한다.

(c) 다음 규격을 만족하는 FIR 필터를 설계하자.

- $f_p = 4$ kHz
- $f_s = 2$ kHz
- $A_p = 2$ dB
- $A_s = 40$ dB
- 샘플링 주파수: $S = 20$ kHz

위 규격은 고역통과 필터로서, 디지털 주파수 $F_p = f_p/S = 0.2$이고 $F_s = f_s/S = 0.1$이다. 변이폭 $F_T = 0.2 - 0.1 = 0.1$이다. $A_s = 40$ dB이므로 표 10.4로부터 가능한 윈도는 해밍과 블랙먼이다. $F_T \approx F_{\mathrm{WS}} = C/N$을 사용하면 윈도에 적합한 필터 길이는 다음과 같다.

$$\text{해밍: } N \approx \frac{3.47}{0.1} \approx 35 \qquad \text{블랙먼: } N \approx \frac{5.71}{0.1} \approx 58$$

다음 두 가지 방법 중 하나를 사용하여 고역통과 필터를 설계할 수 있다.

1. 저역통과 필터의 차단 주파수 $F_C = 0.5(F_p + F_s) = 0.15$를 선택하면, 임펄스 응답 $h_N[n]$은 다음과 같다.

$$h_N[n] = 2F_C \operatorname{sinc}(2nF_C) = 0.3 \operatorname{sinc}(0.3n)$$

따라서 윈도 응답은 $h_W[n] = 0.3w[n]\operatorname{sinc}(0.3n)$이며, 고역통과 필터의 임펄스는 다음과 같다.

$$h_{\mathrm{HP}}[n] = \delta[n] - h_W[n] = \delta[n] - 0.3w[n]\operatorname{sinc}(0.3n)$$

2. 저역통과 필터의 차단 주파수 $F_C = 0.5 - 0.5(F_p + F_s) = 0.35$를 선택하면, 임펄스 응답 $h_N[n] = 2F_C\operatorname{sinc}(2nF_C) = 0.7\operatorname{sinc}(0.7n)$이다. 따라서 윈도 응답은 $h_W[n] = 0.7w[n]\operatorname{sinc}(0.7n)$이며, 고역통과 필터의 임펄스는 다음과 같다.

$$h_{\mathrm{HP}}[n] = (-1)^n h_W[n] = 0.7(-1)^n w[n]\operatorname{sinc}(0.7n)$$

두 방법은 같은 결과를 초래한다. 그림 E10.3(2)에서와 같이 설계 규격은 각 윈도에 대해 만족하며, 필터 길이는 과대 추정되었다.

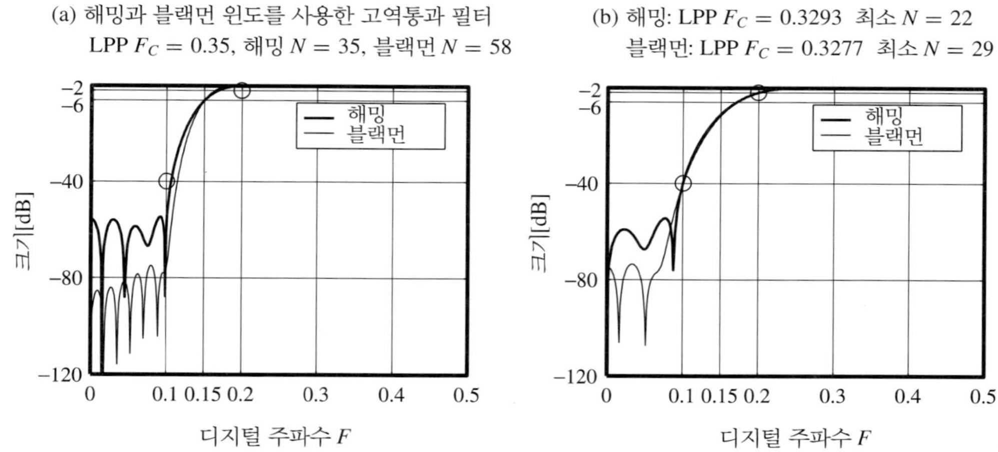

그림 E10.3(2) 예제 10.3(c와 d)의 고역통과 FIR 필터

(d) 최소-길이 설계

시행착오를 통해 규격을 만족하는 차단 주파수와 최소 길이는 해밍 윈도에 대해서는 $F_C = 0.3293$, $N = 22$이고, 블랙먼 윈도에 대해서는 $F_C = 0.3277$, $N = 29$이다. 그림 E10.3(2)(b)는 최소-길이 필터의 응답을 보여주고 있다. 통과대역과 저지대역 감쇠는 해밍 윈도에 대해서는 [1.94, 40.01] dB이고, 블랙먼 윈도에 대해서는 [1.99, 40.18] dB이다. 필터 길이가 설계식에 의해 계산되는 값보다 훨씬 작더라도 각 필터는 설계 규격을 만족한다.

(e) 다음 규격을 만족하는 FIR 필터를 설계하자.

- $A_P = 3$ dB
- $A_P = 45$ dB
- 통과대역: [4, 8] kHz
- 저지대역: [2, 12] kHz
- $S = 25$ kHz

위 규격은 대역통과 필터로서, 통과대역이 고정되었다고 가정한다면 중심 주파수는 통과대역의 중심인 $f_0 = 0.5(4 + 8) = 6$ kHz이다. 규격은 수학적 대칭이 아니며 더 작은 변이폭은 2 kHz이다. 수학적 대칭이 되기 위해서는 [2, 4, 8, 10] kHz와 같은 대역 가장자리를 선정해야 한다.

디지털 주파수는 대역통과 [0.16, 0.32], 저지대역 [0.08, 0.4], $F_0 = 0.24$이다. 저역통과 대역의 가장자리는 $F_p = 0.5(F_{p2} - F_{p1}) = 0.08$이고 $F_s = 0.5(F_{s2} - F_{s1}) = 0.16$이다. $A_s = 45$ dB이므로 표 10.4로부터 사용할 수 있는 한 가지 윈도는 해밍 윈도이다. 이 윈도에 대해 $F_{WS} \approx (F_s - F_p) = C/N$을 추정하여 $N = 3.47/0.08 = 44$를 구할 수 있다. 차단 주파수는 $F_C =$

$0.5(F_p + F_s) = 0.12$를 선택하면, 저역통과 임펄스 응답은 다음과 같다.

$$h_N[n] = 2F_C \operatorname{sinc}(2nF_C) = 0.24 \operatorname{sinc}(0.24n), \quad -21.5 \le n \le 21.5$$

윈도잉을 취하면 $h_W[n] = h_N[n]w[n]$이고, LP2BP 변환은 다음과 같다.

$$h_{\mathrm{BP}}[n] = 2\cos(2\pi n F_0) h_W[n] = 2\cos(0.48\pi n) h_W[n]$$

그림 E10.3(3)(a)는 주파수 응답을 보여주고 있으며 규격을 만족함을 확인할 수 있다. 규격을 만족하는 차단 주파수와 최소 필터 길이는 더 작을 수 있는데, N과 F_C를 감소시킴으로써 $N = 27$과 $F_C = 0.0956$일 때 설계 규격을 만족함을 알 수 있다. 이러한 값에 대한 저역통과 필터는 다음과 같다.

$$h_N[n] = 2F_C \operatorname{sinc}(2nF_C) = 0.1912 \operatorname{sinc}(0.1912n), \quad -13 \le n \le 13$$

윈도잉과 대역통과 변환을 수행하면 그림 E10.3(3)(b)의 스펙트럼을 갖는 필터를 구현할 수 있다. 감쇠는 4 kHz와 8 kHz에서 3.01 dB, 2 kHz에서 45.01 dB, 12 kHz에서 73.47 dB이다.

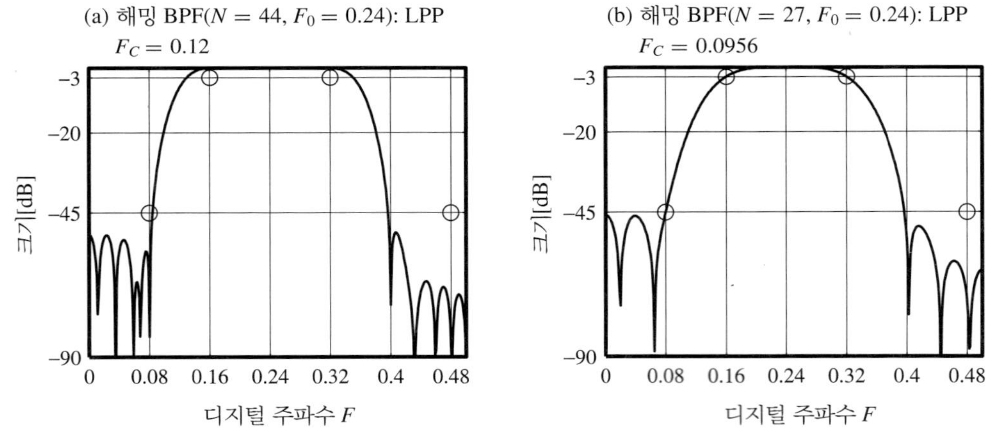

그림 E10.3(3) 예제 10.3(e와 f)의 대역통과 FIR 필터

10.4 반대역 FIR 필터

반대역(half-band) FIR 필터는 하나 걸러 샘플 값이 영인 홀수 길이의 임펄스 응답 $h[n]$을 갖고 있다. 반대역 필터의 주 장점은 구현 시 곱의 수가 약 반만 필요하다는 것이다. 이상 저역통과 필터의 임펄스 응답은 $h[n] = 2F_C\operatorname{sinc}(2nF_C)$이며, $F_C = 0.25$일 때 다음과 같다.

$$h[n] = 2F_C \operatorname{sinc}(2nF_C) = 0.5 \operatorname{sinc}(0.5n), \quad |n| \le 0.5(N-1) \tag{10.34}$$

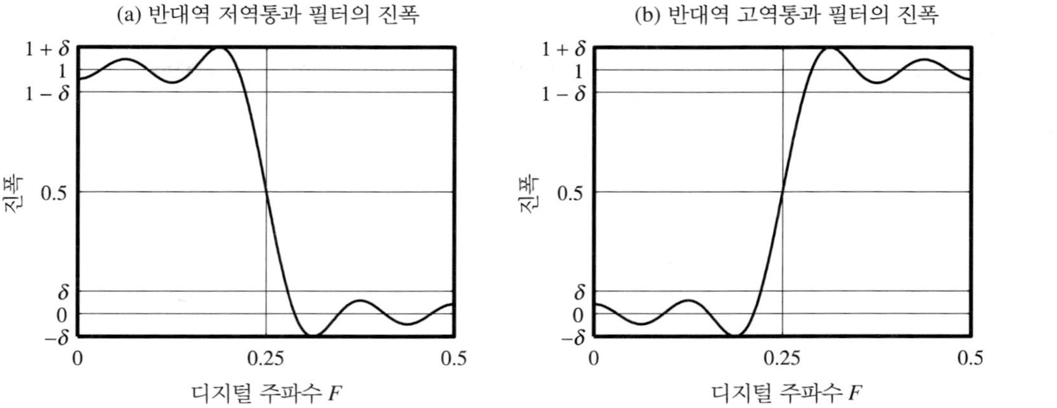

그림 10.22 저역통과와 고역통과 반대역 필터의 크기 스펙트럼. 각 형에 대해 $F = 0.25$에서 스펙트럼이 기대칭임을 주목하라.

따라서 짝수 n에 대해 $h[n] = 0$이며, 필터 길이 N은 항상 홀수이다. 1형 수열이 되기 위해 전달함수 $H(F)$는 $F = 0$에서 우대칭을 나타내고 $F = 0.25$에서 다음과 같이 반대칭이다.

$$H(F) = 1 - H(0.5 - F) \tag{10.35}$$

고역통과 반대역 필터도 $F_C = 0.25$가 요구된다. $F_C = 0.5(F_p + F_s)$를 사용한다면 샘플링 주파수 S는 $F_C = 0.25$가 되기 위해서 $2(f_p + f_s)$와 같아야 하며 임의로 선택할 수 없다. 그림 10.22는 저역통과와 고역통과 반대역 필터 예를 보여주고 있다. 최대 통과대역 리플과 최대 저지대역 리플은 어떤 대칭 윈도에 대해서도 $\delta_p = \delta_s = \delta$로 같은 크기임에 주목하라.

대역저지 및 대역통과 필터의 임펄스 응답은 $2\cos(2n\pi F_0)h_{LP}[n]$ 항을 포함하기 때문에 중심주파수 $F_0 = 0.25$를 선택함으로써 기수 항들이 없어진다. 샘플링 주파수 S는 임의로 선택할 수 없으며 $F_0 = 0.25$가 되기 위해서 $4f_0$와 같아야 한다. 샘플링률 선택이 엘리어싱을 발생시키더라도 엘리어싱은 f_p와 f_s 사이의 변이대역에 주로 한정되므로 그 영향은 중대하지 않다.

저역통과와 고역통과 필터에 대한 F_C 혹은 대역통과와 대역저지 필터에 대한 F_0의 선택에 영향을 미치는 샘플링률 S와 홀수 길이 수열을 선택하는 데 있어 제한 조건을 제외하고는 반대역 필터 설계는 윈도 기반 설계와 같은 과정을 따른다.

반대역 FIR 필터 설계 방법

LPF와 HPF에 대해서는 $S = 2(f_p + f_s)$ 혹은 BPF와 BSF에 대해서는 $S = 4f_0$로 고정한다.
원형 저역통과에 대해서는 F_p와 F_s를 구하고, $F_C = 0.5(F_p + F_s)$를 사용한다.
홀수 필터 길이 N을 선택한다.

원형 임펄스 응답 $h[n] = 2F_C\,\text{sinc}[2nF_C]$, $|n| \le 0.5(N-1)$을 계산한다.
임펄스 응답을 윈도잉하고 요구되는 필터로 변환하기 위해 스펙트럼을 변환한다.
규격이 초과되면 두 번째 단계에서 규격이 만족될 때까지 2만큼씩 N을 감소시킨다.

예제 10.4 반대역 FIR 필터 설계

(a) 다음 규격을 만족하는 반대역 저역통과 필터를 설계하자.

- 통과대역 가장자리: 8 kHz
- 저지대역 가장자리: 16 kHz
- $A_p = 1$ dB
- $A_s = 50$ dB

$S = 2(f_p + f_s) = 48$ kHz를 사용하자. 디지털 대역 가장자리는 $F_p = \frac{1}{6}$, $F_s = \frac{1}{3}$, $F_C = 0.25$이다.

필터의 임펄스 응답 $h[n] = 2F_C\text{sinc}(2nF_C) = 0.5\ \text{sinc}(0.5n)$이다.

1. 카이저 윈도를 사용한다면 필터 길이 N과 카이저 파라미터 β는 다음과 같이 계산된다.

$$\delta_p = \frac{10^{A_p/20} - 1}{10^{A_p/20} + 1} = 0.0575 \qquad \delta_s = 10^{-A_s/20} = 0.00316$$

$$\delta = 0.00316 \qquad A_{s0} = -20 \log \delta = 50$$

$$N = \frac{A_{s0} - 7.95}{14.36(F_s - F_p)} + 1 = 18.57 \approx 19 \qquad \beta = 0.0351(A_{s0} - 8.7) = 1.4431$$

따라서 임펄스 응답 $h_N[n] = 0.5\text{sinc}(0.5n)$, $-9 \le n \le 9$이다. 요구되는 임펄스 응답 $h_W[n]$은 $h_N[n]$을 윈도잉함으로써 구해진다.

그림 E10.4a(a)에서와 같이 8 kHz에서 0.045 dB과 16 kHz에서 52.06 dB의 감쇠로서 필터가 규격을 만족함을 보여주고 있다.

2. 해밍 윈도에 대해서는 표 10.4를 사용하여 우수 필터 길이를 다음과 같이 추정한다.

$$F_{\text{WS}} = F_s - F_p = \frac{C}{N} \qquad N = \frac{C}{F_s - F_p} = \frac{3.47}{1/6} \approx 21$$

N 값은 규격을 만족하고 최소 길이이다. 그림 E10.4a(b)는 필터 응답으로서, 이 필터는 8 kHz에서 0.033 dB 감쇠와 16 kHz에서 53.9 dB 감쇠를 보여주고 있다.

(b) 다음 규격을 만족하는 반대역 대역저지 필터를 설계하자.

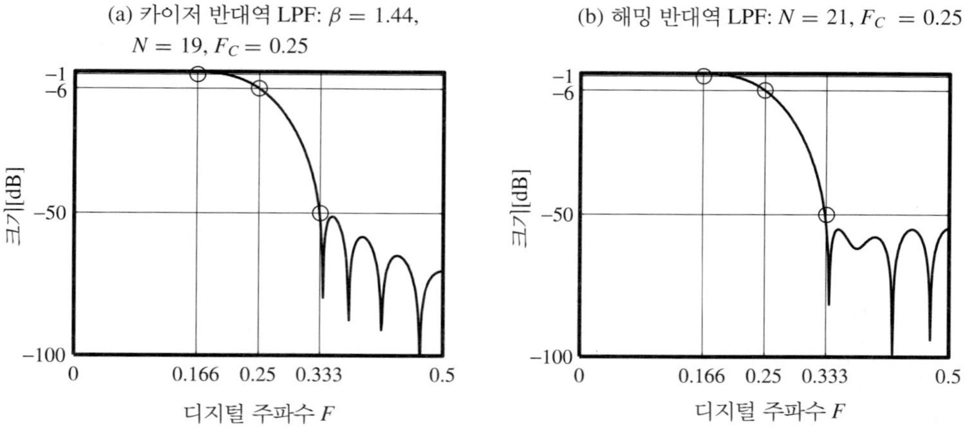

그림 E10.4a 예제 10.4(a)의 반대역 저역통과 필터

- 저지대역 가장자리: [2, 3] kHz
- 통과대역 가장자리: [1, 4] kHz
- $A_p = 1$ dB
- $A_s = 50$ dB

통과대역과 저지대역은 대칭이므로 $f_0 = 0.5(2 + 3) = 2.5$ kHz이고, 샘플링 주파수는 $S = 4f_0 = 10$ kHz를 사용한다. 디지털 주파수는 저지대역 가장자리 = [0.2, 0.3], 통과대역 가장자리 = [0.1, 0.4], $F_0 = 0.25$이다.

원형 저역통과의 규격은 $F_p = 0.5(F_{s2} - F_{s1}) = 0.05$, $F_s = 0.5(F_{p2} - F_{p1}) = 0.15$, $F_C = 0.5(F_p + F_s) = 0.1$이다. 원형 임펄스 응답은 $h[n] = 2F_C\,\text{sinc}(2nF_C) = 0.2\,\text{sinc}(0.2n)$이다.

1. 카이저 윈도를 사용한다면 필터 길이 N과 카이저 파라미터 β는 다음과 같이 계산된다.

$$\delta_p = \frac{10^{A_p/20} - 1}{10^{A_p/20} + 1} = 0.0575 \qquad \delta_s = 10^{-A_s/20} = 0.00316$$

$$\delta = 0.00316 \qquad A_{s0} = -20\log\delta = 50$$

$$N = \frac{A_{s0} - 7.95}{14.36(F_s - F_p)} + 1 = 30.28 \approx 31 \quad \beta = 0.0351(A_{s0} - 8.7) = 1.4431$$

원형 임펄스 응답은 $h_N[n] = 0.2\,\text{sinc}(0.2n)$, $-15 \le n \le 15$이다. $h_W[n]$은 $h_N[n]$을 윈도잉함으로써 구해진다. $F_0 = 0.25$를 사용하여 $h_W[n]$을 대역저지형 $h_{\text{BS}}[n]$으로 변환하면 다음과 같다.

$$h_{\text{BS}}[n] = \delta[n] - 2\cos(2\pi nF_0)h_W[n] = \delta[n] - 2\cos(0.5\pi n)h_W[n]$$

그림 E10.4b(a)에서와 같이 2 kHz와 3 kHz에서 0.046 dB과 1 kHz와 4 kHz에서 53.02 dB

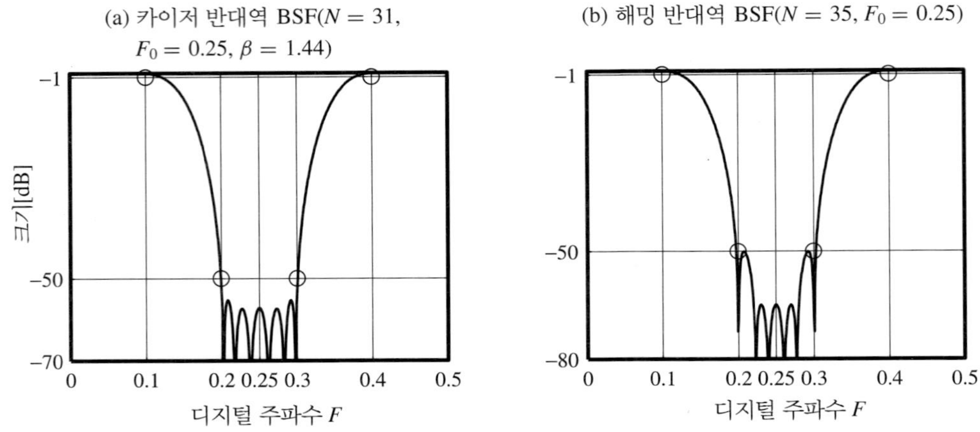

그림 E10.4b 예제 10.4(b)의 반대역 대역저지 필터

감쇠로서 필터가 규격을 만족함을 보여주고 있다.

2. 해밍 윈도에 대해서는 표 10.4를 사용하여 기수 필터 길이를 다음과 같이 추정한다.

$$F_{\text{WS}} = F_s - F_p = \frac{C}{N} \qquad N = \frac{C}{F_s - F_p} = \frac{3.47}{0.1} \approx 35$$

N 값은 규격을 만족하는 최소 필터 길이이다. 그림 E10.4b(b)는 크기 응답으로서, 이 필터는 [2, 3] kHz에서 0.033 dB 감쇠와 [1, 4] kHz에서 69.22 dB 감쇠를 보여주고 있다.

10.5 주파수 샘플링에 의한 FIR 필터 설계

윈도 기반 설계에서 이상 필터의 임펄스 응답 $h[n]$으로부터 주파수 응답 $H(F)$를 구하기 위해 절단과 윈도잉을 사용한다. 주파수 샘플링에 의한 FIR 필터 설계는 요구되는 $H(F)$에서 $h[n]$을 구하기 위해 보간과 DFT를 사용한다. 임의의 주파수 응답 형태가 쉽게 처리될 수 있으므로 이 방법은 더 융통성이 있다.

대역제한된 연속 신호 $h(t)$는 나이퀴스트율 이상으로 샘플링되었다면(샘플 지점에서 영 값인) 싱크 보간(sinc-interpolation) 함수를 사용하여 샘플들로부터 완벽하게 재생될 수 있음을 상기하자. $h(t)$가 대역제한이 아니라면 샘플 지점에서만 완벽한 값을 얻을 수 있다.

유사하게 연속적인 주기 스펙트럼 $H(F)$는 (샘플 지점에서 영 값인) 싱크 보간 함수의 주기 확장을 사용하여 주파수 샘플로부터 재생될 수 있다. 재생된 스펙트럼 $H_N(F)$는 $H_N(F)$가 다른 주파수에서는 크게 변하더라도 샘플 지점에서는 원하는 $H(F)$에 정확하게 대응된다. 이 사실이 주파수 샘플링에 의한 FIR 필터 설계의 기본 내용이다. 원하는 $H(F)$가 주어지면 N개 주파수에서 샘플링하고 N-포인트 수열 $H[k]$, $k = 0, 1, \ldots, N-1$의 IDFT를 구한다. 다음 설계 지침은 설계 관점뿐만 아니라 IDFT 자체의 계산 관점으로부터 유래되었다.

1. $H(F)$의 N 샘플들은 다음 식의 디지털 주파수 범위 $0 \le F < 1$에 대응된다.

$$H[k] = H(F)|_{F=k/N}, \qquad k = 0,\ 1,\ 2,\ \ldots,\ N-1 \tag{10.36}$$

대부분의 DFT와 IDFT 알고리즘은 범위 $0 \le k \le N-1$ 내의 샘플들을 필요로 한다.

2. $h[n]$은 실수이므로 DFT $H[k]$는 $k = 0.5N$에서 공액 대칭을 갖는다(DFT 조건). 공액 대칭에서 $H[0]$은 항상 쌍을 갖지 않는다는 것에 주목하라. $h[n]$은 요구되는 필터형(설계 조건)에 따라서 어떤 실수 값으로도 설정할 수 있다. 예를 들어, 대역통과 혹은 고역통과 필터에 대해 $H[0] = 0$을 사용해야 한다.

3. 짝수 길이 N에 대해 계산된 $h[n]$의 끝 샘플들은 대칭이 아닐 수 있다. 대칭이 되기 위해서는 $h[0]$을 $h[N]$과 같도록 해야 한다(예를 들어 둘 다 $0.5h[0]$으로 설정).

4. $h[n]$이 인과성이 되기 위해 $h[n]$을 지연시켜야 하는데(설계 조건), 이는 선형위상 이동 특성에 따라 수열 $|H[k]|e^{j\phi[k]}$이 생성된다. $k = 0.5N$에 대해 공액 대칭을 유지하기 위해 $H[k]$의 처음 $N/2$개 샘플의 위상은 다음과 같다.

$$\phi[k] = \frac{-\pi k(N-1)}{N}, \quad k = 0,\ 1,\ 2, \ldots, 0.5(N-1) \tag{10.37}$$

3형과 4형 (반대칭) 수열에 대해서는 상수 위상 0.5π를 $\phi[k]$($k = 0.5N$까지)에 더해야 한다. $H[k]$의 나머지 샘플들은 공액 대칭이다.

5. $H(F)$의 불연속점 가까이에서 깁스 효과를 최소화하기 위해 점프 사이에서 샘플 값들을 서서히 변화하도록 해야 하는데(설계 지침), 이는 유한 변이폭을 도입하는 것과 같다. 변이대역에서 샘플 값을 선정하면 응답을 현저하게 변화시킬 수 있다.

예제 10.5 주파수 샘플링에 의한 FIR 필터 설계

(a) 그림 E10.5(a)의 저역통과 필터를 설계하자. 이상적인 $H(F)$(굵은 선으로 표시)의 $0 \le F < 1$에서 $N = 10$개를 샘플링하자. 샘플 수열 $H[k]$의 크기는 다음과 같다.

$$|H[k]| = \{1,\ 1,\ 1,\ 0,\ 0,\ \underbrace{0,}_{k=5}\ 0,\ 0,\ 1,\ 1\}$$

실제(위상이동) 수열은 $H[k] = |H[k]|e^{j\phi[k]}$이며, 여기서

$$\phi[k] = \frac{-\pi k(N-1)}{N} = -0.9\pi k, \quad k \le 5$$

$H[k] = H^*[N-k]$로서 $H[k]$는 $k = 0.5N = 5$에서 공액 대칭이다. $H[k] = 0$, $k = 4, 5, 6, 7$이고, 나머지 샘플들은 $H[0] = 1e^{j0} = 1$이며

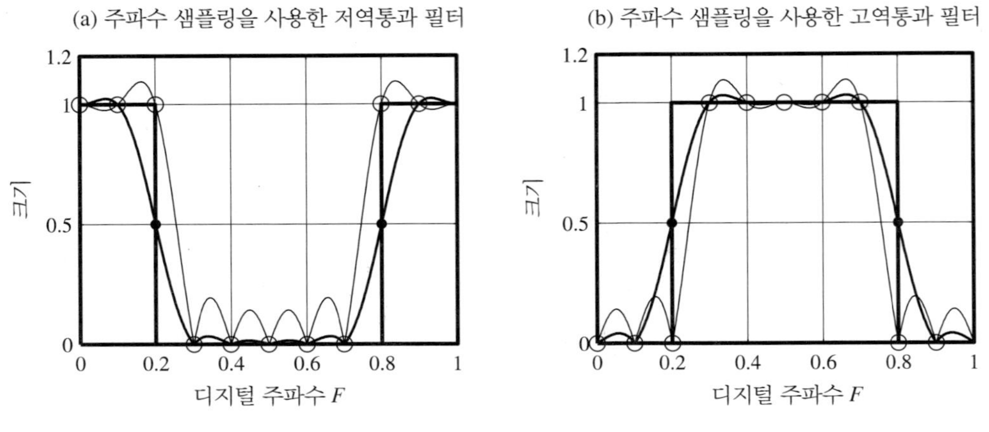

그림 E10.5 예제 10.5의 저역통과 및 고역통과 필터

$$H[1] = 1e^{j\phi[1]} = e^{-j0.9\pi} \quad H[9] = H^*[1] = e^{j0.9\pi}$$
$$H[2] = 1e^{j\phi[3]} = e^{-j1.8\pi} \quad H[8] = H^*[2] = e^{j1.8\pi}$$

이다. $H[k]$의 역 DFT을 통해 다음과 같이 대칭인 실수 임펄스 응답 수열 $h_1[n]$이 구해진다.

$$h_1[n] = \{0.0716, -0.0794, 0.1, 0.1558, 0.452, 0.452, 0.1558, 0.1, -0.0794, 0.0716\}$$

DTFT 크기 $H_1(F)$[그림 E10.5(a)에서 얇은 선으로 표시]는 샘플 점에서는 완벽한 재생을 하며 차단 주파수 가까이에서 큰 오버슈트가 발생한다. 오버슈트를 감소시키기 위해 다음과 같이 선택하자.

$$H[2] = 0.5e^{j\phi[2]} = 0.5e^{-1.8\pi} \qquad H[8] = H^*[2] = 0.5e^{1.8\pi}$$

이러한 새로운 샘플 점들에 대해 역 DFT를 취하면 다음과 같은 임펄스 응답 수열 $h_2[n]$이 구해진다.

$$h_2[n] = \{-0.0093,\ -0.0485,\ 0,\ 0.1867,\ 0.3711,\ 0.3711,\ 0.1867,\ 0,\ -0.0485,\ -0.0093\}$$

그림 E10.5(a)와 같이 주파수 응답 $H_2(F)$는 샘플 점에서의 완벽한 재생과 오버슈트가 감소됨을 알 수 있으나, 대신 변이폭이 더 넓어진다.

(b) 그림 E10.5(b)의 고역통과 필터를 설계하자. 이상적인 $H(F)$(굵은 선으로 표시)의 $0 \le F < 1$에서 $N = 10$개를 샘플링하자. 샘플 수열 $H[k]$의 크기는 다음과 같다.

$$|H[k]| = \{0,\ 0,\ 0,\ 1,\ 1,\ \underbrace{1,}_{k=5}\ 1,\ 1,\ 0,\ 0\}$$

실제(위상이동) 수열은 $H[k] = |H[k]|e^{j\phi[k]}$이다. 임펄스 응답 $h[n]$은 고역통과 필터에 대해 반

대칭이어야 하기 때문에 다음과 같이 $\phi[k]$는 0.5π의 추가 위상을 포함하게 된다.

$$\phi[k] = \frac{-\pi k(N-1)}{N} + 0.5\pi = 0.5\pi - 0.9\pi k, \quad k \le 5$$

$H[k] = H^*[N-k]$로서 $H[k]$는 $k = 0.5N = 5$에서 공액 대칭이다. $H[k] = 0, k = 0, 1, 2, 8, 9$이고, $H[5] = 1e^{j\phi[5]} = 1$이며, 나머지 샘플들은 다음과 같다.

$$H[3] = 1e^{j\phi[3]} = e^{-j2.2\pi} \qquad H[7] = H^*[3] = e^{j2.2\pi}$$
$$H[4] = 1e^{j\phi[4]} = e^{-j3.1\pi} \qquad H[6] = H^*[4] = e^{j3.1\pi}$$

$H[k]$의 역 DFT를 통해 다음과 같이 반대칭인 실수 임펄스 응답 수열 $h_1[n]$이 구해진다.

$$h_1[n] = \{0.0716,\ 0.0794,\ -0.1,\ -0.1558,\ 0.452,\ -0.452,\ 0.1558,\ 0.1,\ -0.0794,\ -0.0716\}$$

그림 E10.5(b)에서 얇은 선으로 표시된 DTFT 크기 $H_1(F)$는 샘플 점에서는 완벽한 재생을 하며 차단 주파수 가까이에서 큰 오버슈트가 발생한다. 오버슈트를 감소시키기 위해 다음과 같이 선택하자.

$$H[2] = 0.5e^{j\phi[2]} = 0.5e^{-1.3\pi} \qquad H[8] = 0.5e^{1.3\pi}$$

이러한 새로운 샘플 점들에 대해 역 DFT를 취하면 다음과 같은 임펄스 응답 수열 $h_2[n]$이 구해진다.

$$h_2[n] = \{0.0128,\ -0.0157,\ -0.1,\ -0.0606,\ 0.5108,\ -0.5108,\ 0.0606,\ 0.1,\ 0.0157,\ -0.0128\}$$

그림 E10.5(b)와 같이 주파수 응답 $H_2(F)$는 샘플 점에서의 완벽한 재생과 오버슈트가 감소됨을 알 수 있으나, 대신 변이폭이 더 넓어진다.

10.5.1 주파수 샘플링과 윈도잉

주파수 샘플링 방법은 임의의 주파수 응답 형태의 필터를 설계하는 데 사용될 수 있다. 이런 융통성은 윈도 기반 설계의 장점과 결합할 수 있다. 응답 규격 $H(F)$가 주어지면 많은 수의 점 M에서 샘플링하고 M-포인트 임펄스 응답 $h[n]$을 구하기 위해 IDFT를 계산한다. $M = 512$ 사용이 보통이다. $h[n]$이 매우 길기 때문에 $h[n]$을 윈도잉하여 더 작은 길이 N으로 절단하는데, 윈도 기반 설계 시 적용되는 같은 고려사항에 따라서 윈도를 선택한다. 설계가 규격을 만족하지 않는다면 N을 변화시키고 그리고/혹은 변이대역에서 샘플 값을 조정하고 과정을 반복하는데, 이런 설계는 컴퓨터를 사용하여 가장 잘 수행할 수 있다. 변이 주위의 샘플 값들은 근사치 오차가 최소가 되도록 조정되는데, 이 개념은 **선형 프로그램**(linear programming)이라 일컫는 일반적인 최적화 방법의 특수한 경우이다. 컴퓨터를 이용한 여러 가지 최적화 방법 중에서 지금까지 가장 많이 사용되는 것은 **등맥동 최적 근사화**(equiripple optimal approximation) 방법으로서 다음 절에서 설명된다.

10.5.2 주파수 샘플링 FIR 필터 구현

임펄스 응답 $h[n]$을 알면 비재귀 구조로 주파수 샘플링 FIR 필터를 쉽게 구현할 수 있다. 심지어 $h[n]$을 구할 필요 없이 다음과 같이 재귀 구조로 구현할 수 있다. $H(F)$의 주파수 샘플 $H_N[k]$는 필터의 임펄스 응답 $h_N[n]$의 N-포인트 DFT에 의해 근사화할 수 있다고 가정하면 다음과 같이 표현할 수 있다.

$$H_N[k] = \sum_{k=0}^{N-1} h_N[n]e^{-j2\pi nk/N} \tag{10.38}$$

임펄스 응답 $h_N[n]$은 다음과 같이 역 DFT로 구할 수 있다.

$$h_N[n] = \frac{1}{N}\sum_{k=0}^{N-1} H_N[k]e^{j2\pi nk/N} \tag{10.39}$$

필터의 전달 함수 $H(z)$는 $h_N[n]$의 z-변환이다.

$$H(z) = \sum_{n=0}^{N-1} h_N[n]z^{-n} = \sum_{n=0}^{N-1} z^{-n}\left[\frac{1}{N}\sum_{k=0}^{N-1} H_N[k]e^{j2\pi nk/N}\right] \tag{10.40}$$

합을 서로 바꾸고, $z^{-n}e^{j2\pi nk/N} = [z^{-1}e^{j2\pi k/N}]^n$으로 설정하고, 닫힌 형의 유한 기하합(geometric sum)을 사용하면 다음과 같이 구해진다.

$$H(z) = \frac{1}{N}\sum_{k=0}^{N-1} H_N[k]\left[\frac{1-z^{-N}}{1-z^{-1}e^{j2\pi k/N}}\right] \tag{10.41}$$

$H(z)$에 대응하는 주파수 응답은 다음과 같다.

$$H(F) = \frac{1}{N}\sum_{k=0}^{N-1} H_N[k]\frac{1-e^{-j2\pi FN}}{1-e^{-j2\pi(F-k/N)}} \tag{10.42}$$

분자에서 $\exp(-j\pi FN)$을, 분모에서 $\exp[-j\pi(F-k/N)]$을 빼내고 오일러 공식을 사용하면 다음과 같이 간략화된다.

$$H(F) = \sum_{k=0}^{N-1} H_N[k]\frac{\mathrm{sinc}[N(F-\frac{k}{N})]}{\mathrm{sinc}[(F-\frac{k}{N})]}e^{-j\pi(N-1)(F-k/N)} = \sum_{k=0}^{N-1} H_N[k]W\left[F-\frac{k}{N}\right] \tag{10.43}$$

여기서 $W[F-\frac{k}{N}]$는 다음과 같이 정의되는 싱크 보간 함수이다.

$$W\left[F-\frac{k}{N}\right]=\frac{\mathrm{sinc}[N(F-\frac{k}{N})]}{\mathrm{sinc}[(F-\frac{k}{N})]}e^{-j\pi(N-1)(F-k/N)} \tag{10.44}$$

그리고 $1/N$ 간격에서 취한 샘플 $H_N[k]$에서 $H(F)$를 재생하는데, $F=k/N$에서는 1이며 그렇지 않으면 영이다. 따라서 $H_N(F)$가 다른 주파수에서는 크게 변하더라도 샘플링 시점에서 $H_N(F)$는 $H(F)$와 같다. 이 사실이 주파수 샘플링의 개념이다.

전달 함수 $H(z)$도 두 전달 함수의 곱으로 표현할 수 있다.

$$H(z)=H_1(z)H_2(z)=\left[\frac{1-z^{-N}}{N}\right]\sum_{k=0}^{N-1}\left[\frac{H_N[k]}{1-z^{-1}e^{j2\pi k/N}}\right] \tag{10.45}$$

위 형태의 $H(z)$는 FIR 필터를 재귀 형태로 구현할 수 있음을 알 수 있다. $H_1(z)$로 표현되는 빗살 필터와 $H_2(z)$로 표현되는 병렬 구조의 N개 일차 공진기(resonator)로 연결된다. 각 공진기는 단위원상에 복소수 극점을 갖고 있으며 공진기 극점은 빗살 필터의 영점과 같은 위치에 놓여 있다. 복소수 공액 극점에 대응하는 각 쌍의 항들은 실수 계수의 2차 시스템을 형성하게 되어 더 쉽게 구현할 수 있다.

FIR 필터를 재귀 형태로 구현하는 몇 가지 이유가 있다. 어떤 경우에는 계산 연산수를 감소시키며, 어떤 경우에는 요구되는 지연소자 수를 감소시킨다. 극점과 영점 위치는 N에 좌우되므로 이러한 필터는 배수(multiplicative) 계수만 변화시킴으로써 길이 L인 모든 FIR 필터에 대해 사용할 수 있다.

이러한 장점에도 불구하고 잘못 설계될 수도 있다. 이론적으로는 극점과 영점이 서로 평형을 유지하나, 실제적으로 양자화 오차는 단위원 밖의 있는 극점들을 이동시켜 시스템을 불안정하게 할 수 있다. 한 가지 대안은 극점과 영점을 재배치하기 위해 1보다 조금 작은 실수 ρ를 극점과 영점에 곱하는 것이다. 이때 전달 함수는 다음과 같다.

$$H(z)=\frac{1-(\rho z)^{-N}}{N}\sum_{k=0}^{N-1}\left[\frac{H_N[k]}{1-(\rho z)^{-1}e^{j2\pi k/N}}\right] \tag{10.46}$$

$\rho=1-\epsilon$으로서 전형적으로 사용하는 ϵ 값은 2^{-12}에서 2^{-27}(대략 10^{-4}에서 10^{-9}) 범위로서, 주파수 응답은 거의 변화가 없으며 안정성을 향상시킨다.

10.6 최적 선형위상 FIR 필터 설계

아날로그 필터와 같이 최적 선형위상 FIR 필터 설계는 근사화 과정에서 최대 오차를 최소화하는 것이다. FIR 필터의 최적 설계도 체비쇼프 근사화에 근거하고 있다. 따라서 최소 필터 길이와

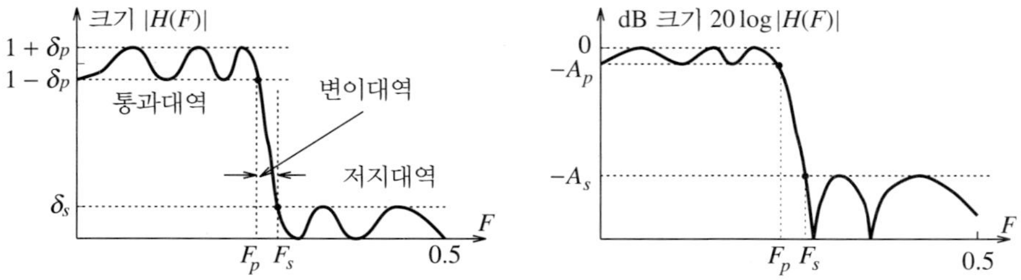

그림 10.23 최적 필터는 통과대역에서 같은 크기의 리플과 저지대역에서 같은 크기의 리플을 갖는다.

통과대역과 저지대역에서 등맥동 응답을 갖는 필터를 기대할 수 있다. 그림 10.23은 전형적인 스펙트럼을 보여주고 있다.

최적 설계와 관련된 세 가지 중요한 개념이 있다.

1. 근사화 $H(F)$와 원하는 응답 $D(F)$ 사이의 오차는 등맥동이어야 한다. 오차 곡선은 영을 번갈아 교차하면서 같은 크기의 최대치와 최소치를 갖고 있어야 한다. 오차가 영을 지나는(영 교차) 점의 수가 많을수록 근사화 다항식 차수는 커지며 필터 길이는 더 길다.
2. 임펄스 응답 $h[n]$이 대칭 수열인 필터의 주파수 응답 $H(F)$는 항상 다음과 같은 형태로 표현될 수 있다.

$$H(F) = Q(F)\sum_{n=0}^{M}\alpha_n \cos(2\pi nF) = Q(F)P(F) \tag{10.47}$$

여기서 $Q(F)$는 1(1형), $\cos(\pi F)$(2형), $\sin(2\pi F)$(3형) 혹은 $\sin(\pi F)$(4형)와 같다. M은 $M = \text{int}(\frac{N-1}{2})$(1, 2, 4형) 혹은 $M = \text{int}(\frac{N-3}{2})$(3형)으로 필터 길이 N과 관련이 있고, α_n은 임펄스 응답 계수 $h[n]$과 관련 있다. $P(F)$는 $\cos(2\pi F)$의 멱급수(혹은 체비쇼프 다항식의 합)로 표현된다. 최적 제약 조건을 가장 잘 만족하는 α_n을 선정할 수 있다면 $D(F)$에 최적 근사화로서 $H(F)$를 설계할 수 있다.
3. **교번 정리**(alternation theorem)를 사용하여 α_n을 구할 수 있다.

10.6.1 교번 정리

체비쇼프 다항식형의 $H(F)$를 $D(F)$에 근사화하는 다음과 같은 **가중치**(weighted) 근사화 오차 $\epsilon(F)$를 정의하자.

$$\epsilon(F) = W(F)[D(F) - H(F)] \tag{10.48}$$

여기서 $W(F)$는 통과대역과 저지대역에서 서로 다른 오차 범위를 선택하기 위해 사용되는 일련의 가중치 인자 세트를 나타내며, $D(F)$와 $W(F)$의 특성은 요구되는 필터형에 좌우된다. 설계 개념은 최대 절댓값 오차 $|\epsilon|_{\max}$를 최소화하기 위하여 $H(F)$에 표현되는 α_k를 결정하는 것이다. 본

질적으로 교번 정리는 **극점 주파수**(extremal frequency) 혹은 **교번**(alternation)이라고 하는 주파수 F_k(여기서 $k = 1, 2, \ldots, M + 2$)를 적어도 $M + 2$개 찾을 수 있어야 한다는 것이다.

1. 두 개의 같은 크기의 최대와 최소(극점) 값 사이에서 오차가 번갈아 발생한다.

$$\epsilon(F_k) = -\epsilon(F_{k+1}), \qquad k = 1, 2, \ldots, M + 1 \tag{10.49}$$

2. 주파수 F_k에서 오차는 최대 절댓값 오차와 같다.

$$|\epsilon(F_k)| = |\epsilon(F)|_{\max}, \qquad k = 1, 2, \ldots, M + 2 \tag{10.50}$$

다시 말해 오차가 최대 절댓값 값에 도달하는 극점(대역 가장자리를 포함) 수가 $M + 2$개 요구되며, 이러한 주파수는 최적 설계를 위한 가장 적은 필터 길이(계수 α_k의 수)를 생성한다. 어떤 경우에는 추가 리플 필터로서 $M + 3$ 극점 주파수가 구해질 수 있다.

극점 주파수를 구하기 위해서는 반복법을 사용하는데, 가장 일반적인 방법으로는 **레메즈 교환 알고리즘**(Remez exchange algorithm)을 이용하는 팍스–맥클렐런(Parks-McClellan) 알고리즘이다.

팍스–맥클렐런 알고리즘은 대역 가장자리 주파수 F_p와 F_s, 통과대역과 저지대역 리플 비 $K = \delta_p/\delta_s$, 그리고 필터 길이 N이 요구되며, 주어진 필터 길이 N에 대해 계수 α_k와 실제 δ_p와 δ_s 설계값을 계산해 준다. 이러한 δ_p와 δ_s 값이 규격을 만족하지 않는다면 N을 증가시키고(혹은 비 K를 변화) 설계과정을 반복한다.

필터 길이 N 값은 반대역 필터에 대한 카이저 관계식과 유사한 관계식으로 추정할 수 있으며 다음과 같다.

$$N = 1 + \frac{-10\log(\delta_p\delta_s) - 13}{14.6F_T} \qquad \delta_p = \frac{10^{A_p/20} - 1}{10^{A_p/20} + 1} \qquad \delta_s = 10^{-A_s/20} \tag{10.51}$$

여기서 F_T는 디지털 변이폭이다.

알고리즘을 설명하기 위해 저역통과 필터를 설계해 보자. 이상 저역통과 필터를 근사화하기 위해 다음과 같이 $D(F)$와 $W(F)$를 사용한다.

$$D(F) = \begin{cases} 1, & 0 \le F \le F_p \\ 0, & F_s \le F \le 0.5 \end{cases} \qquad W(F) = \begin{cases} 1, & 0 \le F \le F_p \\ K = \delta_p/\delta_s, & F_s \le F \le 0.5 \end{cases} \tag{10.52}$$

레메즈 교환 알고리즘을 사용하여 $H(F)$의 α_k를 다음과 같이 구한다. 우선 $M + 2$개의 시험 주파수 F_k(여기서 $k = 1, 2, \ldots, M + 2$)를 선정하고, 교번 조건을 적용하기 위해 $\epsilon(F_k) = -\epsilon(F_{k+1})$, $k = 1, 2, \ldots, M + 1$을 만족해야 한다. 최대 오차를 알지 못하기 때문에 $\rho = \epsilon(F_k) = -\epsilon(F_{k+1})$로 두면, 전체 미지 개수는 $M + 1$개의 미지 계수 α_k와 미지 ρ로 $M + 2$개이다. 이들의 해를 구하기 위해 $M + 2$개 주파수를 사용하여 $M + 2$개 방정식을 생성한다.

$$-(-1)^k\rho = W(F_k)[D(F_k) - H(F_k)], \quad k = 1, 2, \ldots, M + 2 \tag{10.53}$$

여기서 $(-1)^k$은 교대로 발생하는 오차를 나타낸다.

α_k가 구해지면 위 방정식의 우변은 완전히 알 수 있으며 극점 주파수를 계산하기 위해 사용된다. 문제는 이러한 주파수가 교번 조건을 만족하지 않는다는 사실이다. 따라서 처음으로 돌아가 계산된 주파수를 사용하여 새로운 α_k와 ρ를 구한다. 계산된 주파수가 실제 극점 주파수가 될 때까지(허용오차 내에서) 이 과정을 계속한다.

교환 알고리즘이라고 하는 이유는 다음과 같다. 이전의 주파수 F_k를 새로운 주파수로 교환하고, 이전의 α_k를 새로운 값으로 교환한다. 실제적으로 α_k와 F_k가 필터의 임펄스 응답과 주파수 응답을 나타내기 때문에 계수 α_k가 원하는 최적 특성을 갖는 스펙트럼을 구현할 때까지 두 영역 사이에서 왔다 갔다 한다.

극점 주파수와 α_k 계산을 빠르게 하기 위한 많은 방법이 제안되었다. 팍스–맥클렐런 알고리즘은 산업계에서 필터 설계 시 가장 많이 사용되는 방법 중 하나이며, 신호 처리용으로 판매되는 많은 소프트웨어 패키지의 프로그램 목록에 포함되어 있다. 이 방법에는 두 가지 단점이 있다. 첫 번째는 필터 길이가 경험적인 방법에 의해 추정되어야 하며, 두 번째는 설계 시 발생하는 실제 리플을 제어할 수 없다는 것이다. 이러한 리플이 문제가 된다면 이를 해결하기 위해서는 다른 가중치 함수나 다른 필터 길이를 사용하여 다시 시작하는 방법뿐이다.

10.6.2 최적 반대역 필터

반대역 필터 계수의 약 반이 영이므로 영 보간이 수반되는 영이 아닌 계수만 포함하는 필터를 개발함으로써 계산 부담을 감소시킬 수 있다. 대역 가장자리 F_p와 F_s, 리플 δ인 반대역 저역통과 필터 $h_{\text{HB}}[n]$을 설계하기 위해 우선 설계 규격으로부터 필터 길이 추정치 $N = 4k - 1$을 구한다. 다음에 대역 가장자리가 $2F_p$와 0.5(사실상 저지대역이 없음)인 **짝수 길이** $0.5(N + 1)$의 원형 저역통과 $h_P[n]$을 설계한다. 이 필터는 2형 수열로서, $F = 0.5$에서 응답이 영이고 리플이 설계 리플의 두 배이다. 마지막으로 $0.5h_P[n]$에서 인접한 샘플 사이에 영의 값들을 끼워 놓고 요구되는 리플을 갖는 반대역 필터 $h_{\text{HB}}[n]$을 구하기 위해 영 값의 중심 계수를 0.5로 설정한다.

예제 10.6 최적 FIR 필터 설계

(a) 다음 규격을 갖는 최적 대역저지 필터를 설계하자.

- 저지대역 가장자리: [2, 3] kHz
- 통과대역 가장자리: [1, 4] kHz
- $A_p = 1$ dB
- $A_s = 50$ dB
- 샘플링 주파수: $S = 10$ kHz

디지털 통과대역 가장자리는 [0.2, 0.3]이고 저지대역 가장자리는 [0.1, 0.4]이며, 변이폭은 F_T

$= 0.1$이다. 필터 길이 N의 근삿값은 다음과 같이 구한다.

$$\delta_p = \frac{10^{A_p/20} - 1}{10^{A_p/20} + 1} = 0.0575 \qquad \delta_s = 10^{-A_s/20} = 0.00316$$

$$N = 1 + \frac{-10\log(\delta_p\delta_s) - 13}{14.6F_T} \approx 17.7$$

다음 홀수 길이는 $N = 19$이다. 실제로 $N = 21$의 필터로 대역저지 규격을 만족한다. 그림 E10.6(a)는 설계된 필터 응답을 보여주고 있다.

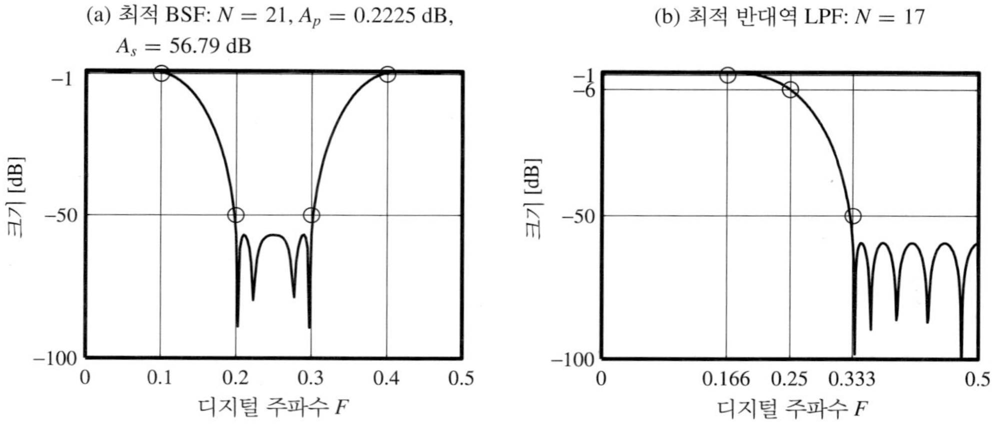

그림 E10.6 예제 10.6의 최적 필터

(b) 최적 반대역 필터 설계

다음 규격을 만족하는 최적 반대역 필터를 설계하자.

- 통과대역 가장자리: 8 kHz
- 저지대역 가장자리: 16 kHz
- $A_p = 1$ dB
- $A_s = 50$ dB

$S = 2(f_p + f_s) = 48$ kHz이고, 디지털 대역 가장자리는 $F_p = \frac{1}{6}$, $F_s = \frac{1}{3}$, $F_C = 0.25$이다. 최소 리플 δ와 필터 길이 N의 근삿값은 다음과 같이 구한다.

$$\delta_p = \frac{10^{A_p/20} - 1}{10^{A_p/20} + 1} = 0.0575 \qquad \delta_s = 10^{-A_s/20} = 0.00316 \quad \delta = 0.00316$$

$$N = 1 + \frac{-10\log\delta^2 - 13}{14.6(F_s - F_p)} = 1 + \frac{-20\log(0.00316) - 13}{14.6(1/6)} \approx 16.2 \quad \Rightarrow N = 19$$

$N = 19$는 $N = 4k - 1$에 의해 결정되었다. 다음에 짝수 길이 $M = 0.5(N + 1) = 10$이고 대역 가장자리가 $2F_p = 2(\frac{1}{6}) = \frac{1}{3}$이며 $F_s = 0.5$인 원형 저역통과 $h_P[n]$을 설계하는데, 결과는 다음과 같다.

$$h_P[n] = \{0.0074,\ -0.0267,\ 0.0708,\ -0.173,\ 0.6226,\ 0.6226,\ -0.173,\ 0.0708,\ -0.0267,\ 0.0074\}$$

마지막으로 다음과 같은 $H_{\text{HB}}[n]$을 구하기 위해 $0.5h_P[n]$에 영을 보간하고 중심 계수를 0.5로 설정한다.

$$\{0.0037, 0, -0.0133, 0, 0.0354, 0, -0.0865, 0, 0.3113, 0, 0.5, 0.3113, 0, -0.0865, 0, 0.0354, 0, -0.0133, 0, 0.0037\}$$

필터 길이는 $N = 19$이다. 그림 E10.6(b)는 8 kHz에서 0.02 dB과 16 kHz에서 59.5 dB 감쇠로 필터가 규격을 만족하고 있음을 보여주고 있다.

10.7 응용: 다단계 보간 및 데시메이션

N만큼의 샘플링률 증가 혹은 보간은 업샘플링(샘플 사이에 $N - 1$개 영을 삽입)과 이득 N의 저역통과 필터링으로 구성된다. 보간 인자 N이 크면 더 작은 필터 길이 혹은 차수를 초래하기 때문에 여러 단계에 걸쳐 보간을 수행하는 것이 훨씬 더 경제적이다. 예를 들어, N이 $N = I_1I_2I_3$로 인수분해되면 보간 N은 각각의 보간 인자 I_1, I_2, I_3를 갖는 3단계로 수행될 수 있다. 특정한 I번째 단계에서 출력 샘플링률은 그림 10.24와 같이 $S_{\text{out}} = I\,S_{\text{in}}$이 된다.

업샘플러에 의한 영 보간 때문에 필터는 반복되는 스펙트럼을 제거한다. 이러한 반복 스펙트럼은 입력 샘플링률의 배수에서 발생한다. 따라서 필터의 저지대역 가장자리는 입력 샘플링률 S_{in}을 사용하여 $f_s = S_{\text{in}} - f_p$로 계산되는 반면, 필터의 통과대역 가장자리는 주어진 규격에 의해 고정된다. 필터 샘플링률은 출력 샘플링률 S_{out}에 대응되며 필터 이득은 보간 인자 I_k와 같다. 첫 단계를 제외하고 연속적인 각 단계에서 스펙트럼 이미지는 더 높은 주파수에서 발생하며, 이들을 제거하기 위해서는 각 단계에서 변이대역이 더 큰 필터가 요구되는데, 이 경우 더 작은 필터

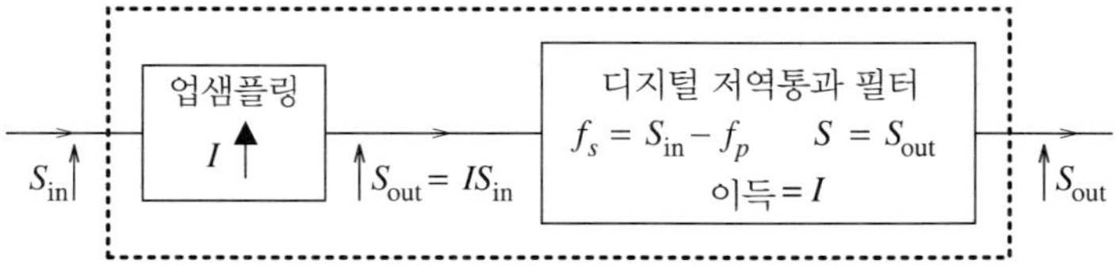

그림 10.24 전형적인 다단계 보간 필터의 한 단계

길이를 갖는 간단한 필터가 사용된다. 최적 값의 보간 인자와 가장 작은 전체 필터 길이 차수를 정하기가 쉽지 않으나 증가되는 순서로 보간 인자를 사용하면 일반적으로 전체 필터 길이가 더 작아지며, 어떠한 다단계 설계도 단단계 설계와 비교해 볼 때 실질적으로 필터 길이가 감소된다.

예제 10.7 다단계 보간 개념

대역이 1.8 kHz로 제한된 신호를 4 kHz로 샘플링한 경우를 생각해 보자. 샘플링률을 48 kHz로 올리기 위해서는 12만큼의 보간이 요구된다. 통과대역 가장자리 값은 단단계 설계나 다단계 설계에서 $f_p = 1.8$ kHz이다.

(a) 단단계 보간기에 대해 출력 샘플링률 $S_{\text{out}} = 48$ kHz이므로 저지대역 가장자리가 $f_s = S_{\text{in}} - f_p = 4 - 1.8 = 2.2$ kHz, 샘플링률이 $S = S_{\text{out}} = 48$ kHz, 그리고 이득이 12인 필터가 요구된다. 필터 길이에 대한 대략적인 근사치를 $L \approx 4/F_T$, 디지털 변이폭 $F_T = (f_s - f_p)/S$로 사용한다면 $L = 4(48/0.4) = 480$이다.

(b) $I_1 = 3$과 $I_2 = 4$인 두 단계 보간을 사용한다면 각 단계에서 주요 변수들은 다음과 같이 계산된다.

단계	S_{in} (kHz)	보간 인자	$S_{\text{out}} = S$ (kHz)	f_p (kHz)	$f_s = S_{\text{in}} - f_p$ (kHz)	필터 길이 $L \approx 4S/(f_s - f_p)$
1	4	$I_1 = 3$	12	1.8	2.2	$48/0.4 = 120$
2	12	$I_2 = 4$	48	1.8	10.2	$192/8.4 = 23$

전체 필터 길이는 143이다.

(c) $I_1 = 2, I_2 = 3, I_3 = 2$인 세 단계 보간을 사용한다면 각 단계에서 주요 변수들은 다음과 같이 계산된다.

단계	S_{in} (kHz)	보간 인자	$S_{\text{out}} = S$ (kHz)	f_p (kHz)	$f_s = S_{\text{in}} - f_p$ (kHz)	필터 길이 $L \approx 4S/(f_s - f_p)$
1	4	$I_1 = 2$	8	1.8	2.2	$32/0.4 = 80$
2	8	$I_2 = 3$	24	1.8	6.2	$96/4.4 = 22$
3	24	$I_2 = 2$	48	1.8	22.2	$192/20.4 = 10$

전체 필터 길이는 112이다.

(d) $I_1 = 3, I_2 = 2, I_3 = 2$의 다른 순서를 갖는 세 단계 보간을 사용한다면 각 단계에서 주요 변수들은 다음과 같이 계산된다.

단계	S_{in} (kHz)	보간 인자	$S_{\text{out}} = S$ (kHz)	f_p (kHz)	$f_s = S_{\text{in}} - f_p$ (kHz)	필터 길이 $L \approx 4S/(f_s - f_p)$
1	4	$I_1 = 3$	12	1.8	2.2	$48/0.4 = 120$
2	12	$I_2 = 2$	24	1.8	10.2	$96/8.4 = 12$
3	24	$I_2 = 2$	48	1.8	22.2	$192/20.4 = 10$

전체 필터 길이는 142이다.

다단계 설계는 단단계 설계와 비교해 볼 때 실질적으로 필터 길이가 감소하며, 다단계 설계의 첫 단계에서 더 작은 보간 인자를 사용하면 전체 필터 길이는 더 작다. 필터 길이는 각 설계의 상대적인 장점을 설명하기 위한 대략적인 근사치이며 실제 필터 길이는 감쇠 규격에 좌우된다.

다단계 동작에 있어서 실제 필터 길이는 보간 인자의 차수뿐만 아니라 주어진 감쇠 규격 A_p와 A_s에도 좌우된다. 데시벨 단위의 감쇠는 직렬 시스템에서는 더해지기 때문에 전체 감쇠가 규격을 만족하기 위해서 통과대역 감쇠 A_p는 보통 여러 단계로 분배된다. 저지대역 규격은 그러한 조정이 필요 없는데, 신호가 각 단계에서 훨씬 더 감쇠되므로 전체 저지대역 감쇠는 항상 규격을 초과한다. 보간에 대해서는 이득이 각 단계의 보간 인자만큼 곱해지는 필터가 요구된다.

예제 10.8 보간 필터 설계

대역이 1.8 kHz로 제한된 신호를 4 kHz로 샘플링한 경우를 생각해 보자. 샘플링률을 48 kHz로 올리고, 통과대역 감쇠는 0.6 dB을 초과하지 않으며, 최소 저지대역 감쇠가 50 dB일 때 단단계 보간기를 사용하여 보간 필터를 설계하자.

(a) 단단계는 12만큼의 보간이 요구된다. 통과대역 가장자리 값은 $f_p = 1.8$ kHz이다. 출력 샘플링률 $S_{\text{out}} = 48$ kHz이므로 저지대역 가장자리가 $f_s = S_{\text{in}} - f_p = 4 - 1.8 = 2.2$ kHz, 샘플링률이 $S = S_{\text{out}} = 48$ kHz인 필터가 요구된다. 다음 계산에서 필터 이득 12를 무시한다. 필터 길이를 계산하기 위해 리플 변수를 우선 구한다.

$$\delta_p = \frac{10^{A_p/20} - 1}{10^{A_p/20} + 1} = \frac{10^{0.6/20} - 1}{10^{0.6/20} + 1} = 0.0345 \qquad \delta_s = 10^{-A_s/20} = 10^{-50/20} = 0.00316$$

필터 길이 N 근사치는 다음과 같다.

$$N \approx \frac{-10\log(\delta_p\delta_s) - 13}{14.6(F_s - F_p)} + 1 = \frac{S[-10\log(\delta_p\delta_s) - 13]}{14.6(f_s - f_p)} + 1 = 230$$

최적 필터의 실제 필터 길이는 $N = 233$이며, 필터는 통과대역 감쇠가 0.597 dB이고 저지대역 감쇠는 50.05 dB이다.

(b) $I_1 = 2, I_2 = 3, I_3 = 2$인 세 단계 보간기를 사용하여 설계를 반복하자. 이 결과와 단단계 설계 결과와 비교해 보라. 데시벨 단위의 통과대역 감쇠를 3단계에 고르게 분배할 때 각 단계의 $A_p = 0.2$ dB이고 각 단계의 리플 변수는 다음과 같다.

$$\delta_p = \frac{10^{0.2/20} - 1}{10^{0.2/20} + 1} = 0.0115 \qquad \delta_s = 10^{-50/20} = 0.00316$$

각 단계의 주요 변수와 필터 길이는 다음 표와 같다.

단계	S_{in} (kHz)	보간 인자	$S_{out} = S$ (kHz)	f_p (kHz)	$f_s = S_{in} - f_p$ (kHz)	필터 길이 L
1	4	$I_1 = 2$	8	1.8	2.2	44
2	8	$I_2 = 3$	24	1.8	6.2	13
3	24	$I_3 = 2$	48	1.8	22.2	7

예를 들어 이 표에서 첫 단계의 필터 길이는 다음과 같이 계산된다.

$$L \approx \frac{-10\log(\delta_p\delta_s) - 13}{14.6(F_s - F_p)} + 1 = \frac{S[-10\log(\delta_p\delta_s) - 13]}{14.6(f_s - f_p)} + 1 = 44$$

최적 필터의 실제 필터 길이는 47(0.19 dB과 50.31 dB의 설계 감쇠), 13(0.18 dB과 51.09 dB의 설계 감쇠) 그리고 4(0.18 dB과 50.91 dB의 설계 감쇠)이다. 전체 필터 길이는 64이며, 단단계 설계에서의 필터 길이보다 약 4배 적다.

10.7.1 다단계 데시메이션

데시메이션(decimation) M은 이득 1인 저역통과 필터와 다운샘플링($M-1$개 샘플을 버리고 모든 M번째 샘플만 취함)으로 구성된다. 이 과정은 본질적으로 보간의 역이다. 데시메이션 인자 M이 클 때 여러 단계의 데시메이션으로 구성하면 더 작은 전체 필터 길이 혹은 차수로 구현할 수 있다. M이 $M = D_1D_2D_3$로 인수분해되면 데시메이션 M은 각 데시메이션 인자가 D_1, D_2, D_3인 3단계로 수행될 수 있다. 특정한 단계에서 출력 샘플링률은 $S_{out} = S_{in}/D$이며, 여기서 D는 특정 단계에서의 데시메이션 인자로서 그림 10.25에 설명되어 있다.

데시메이션 필터는 이득이 1이고 입력 샘플링률 S_{in}에서 동작하며, 필터의 저지대역 가장자리는 출력 샘플링률을 사용하여 $f_s = S_{out} - f_p$로 계산된다. 첫 단계를 제외하고 연속적인 단계에서 변이대역은 각 단계에서 더 좁아진다.

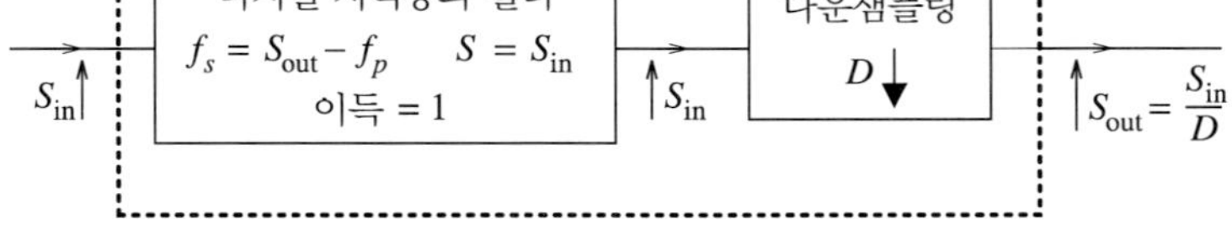

그림 10.25 전형적인 다단계 데시메이션 필터의 한 단계

전체 필터 길이는 데시메이션 인자가 사용되는 순서에 좌우된다. 데시메이션 인자의 최적 값과 가장 작은 전체 필터 길이에 대한 차수를 정하기가 쉽지 않으나 감소하는 순서로 데시메이션 인자를 사용하면 일반적으로 전체 필터 길이가 더 작아지며, 어떠한 다단계 설계도 단단계 설계와 비교해 볼 때 필터 길이가 실질적으로 감소된다.

실제 필터 길이는 주어진 감쇠 규격에도 좌우된다. 데시벨 단위의 감쇠는 직렬 시스템에서는 더해지기 때문에 통과대역 감쇠 A_p는 전체 감쇠가 규격을 만족하기 위해 보통 여러 단계로 분배된다.

예제 10.9 다단계 데시메이션 개념

대역이 1.8 kHz로 제한된 신호를 48 kHz로 샘플링한 경우를 생각해 보자. 샘플링률을 4 kHz로 낮추기 위해서는 12만큼의 데시메이션이 요구된다. 통과대역 가장자리는 $f_p = 1.8$ kHz이며, 단단계 설계나 다단계 설계에서 변화되지 않는다.

(a) 단단계 데시메이터(decimator)에 대해 출력 샘플링률 $S_{out} = 4$ kHz이므로 저지대역 가장자리가 $f_s = S_{out} - f_p = 4 - 1.8 = 2.2$ kHz, 샘플링률이 $S = S_{in} = 48$ kHz, 그리고 이득이 1인 필터가 요구된다. 필터 길이에 대한 대략적인 근사치를 $L \approx 4/F_T$, 디지털 변이폭 $F_T = (f_s - f_p)/S$로 사용한다면 $L = 48/0.4 = 120$이다.

(b) $D_1 = 4$이고 $D_2 = 3$인 두 단계 데시메이션을 사용한다면 각 단계에서 주요 변수들은 다음과 같다.

단계	$S_{in} = S$ (kHz)	데시메이션 인자	S_{out} (kHz)	f_p (kHz)	$f_s = S_{out} - f_p$ (kHz)	필터 길이 $L \approx 4S/(f_s - f_p)$
1	48	$D_1 = 4$	12	1.8	10.2	$192/8.4 = 23$
2	12	$D_2 = 3$	4	1.8	2.2	$48/0.4 = 120$

전체 필터 길이는 143이다.

(c) $D_1 = 2, D_2 = 3, D_3 = 2$인 세 단계 데시메이션을 사용한다면 각 단계에서 주요 변수들은 다음과 같이 계산된다.

단계	$S_{in} = S$ (kHz)	데시메이션 인자	S_{out} (kHz)	f_p (kHz)	$f_s = S_{out} - f_p$ (kHz)	필터 길이 $L \approx 4S/(f_s - f_p)$
1	48	$D_1 = 2$	24	1.8	22.2	$192/20.4 = 10$
2	24	$D_2 = 3$	8	1.8	6.2	$96/4.4 = 22$
3	8	$D_3 = 2$	4	1.8	2.2	$32/0.4 = 80$

전체 필터 길이는 112이다.

(d) $D_1 = 2, D_2 = 2, D_3 = 3$의 다른 순서를 갖는 세 단계 데시메이션을 사용한다면 각 단계에서 주요 변수들은 다음과 같이 계산된다.

단계	$S_{in} = S$ (kHz)	데시메이션 인자	S_{out} (kHz)	f_p (kHz)	$f_s = S_{out} - f_p$ (kHz)	필터 길이 $L \approx 4S/(f_s - f_p)$
1	48	$D_1 = 2$	24	1.8	22.2	$192/20.4 = 10$
2	24	$D_2 = 2$	12	1.8	10.2	$96/8.4 = 12$
3	12	$D_3 = 3$	4	1.8	2.2	$48/0.4 = 120$

전체 필터 길이는 142이다.

데시메이션은 역순이란 것을 제외하고는 여러 단계의 보간에서 사용한 것과 같은 필터 주파수 규격을 사용한 것에 주목하라. 다단계 설계는 단단계 설계와 비교해 볼 때 실질적으로 필터 길이가 감소한다. 여기서 선택한 필터 길이는 각 설계의 상대적인 장점을 설명하기 위한 대략적인 근사치이며, 실제 필터 길이는 감쇠 규격에 좌우된다.

10.8 최대 평탄 FIR 필터

선형위상 FIR 필터는 **최대 평탄**(maximally flat) 주파수 응답을 갖도록 설계할 수 있다. 그러한 필터는 낮은 주파수(dc 근처)에서 정확한 필터링이 필요한 경우에 보통 사용된다. 저역통과 최대 평탄 필터 설계는 다음과 같은 닫힌 형태의 전달 함수 $H(F)$를 사용한다.

$$H(F) = \cos^{2K}(\pi F)\sum_{n=0}^{L-1} d_n \sin^{2n}(\pi F) \quad d_n = \frac{(K+n-1)!}{(K-1)!\,n!} = C_n^{K+n-1} \tag{10.54}$$

여기서 d_n은 표시된 것과 같이 이항식 계수형을 갖는다. $|H(F)|^2$의 $2L-1$ 미분은 $F = 0$에서 영이고, $2K-1$ 미분은 $F = 0.5$에서 영으로서, 최대 평탄 응답 필터의 기초가 된다. 필터 길이는 $N = 2(K+L) - 1$이므로 홀수이다. 정수 K와 L은 이득 0.95와 0.05(혹은 약 0.5 dB과 26 dB 감쇠)에 대응하는 대역통과와 저지대역 주파수 F_p와 F_s로부터 각각 결정된다. 실험적인 설계 방법은 다음과 같다.

1. 차단 주파수를 $F_C = 0.5(F_p + F_s)$로 정의하고 $F_T = F_s - F_p$로 둔다.
2. 홀수 필터 길이의 추정치 $N_0 = 1 + 0.5/F_T^2$을 구한다.
3. 변수 α는 $\alpha = \cos^2(\pi F_C)$로 정의한다.
4. 유리수 근사치 $\alpha \approx K/M_{min}$, $0.5(N_0 - 1) \le M_{min} \le (N_0 - 1)$를 구한다.
5. $L = M_{min} - K$와 $N = 2M_{min} - 1$로부터 L과 정확한 필터 길이 N을 구한다.
6. $H(F)$, $F = 0, 1/N, \ldots, (N-1)/N$의 N-포인트 역 DFT로 $h[n]$을 구한다.

예제 10.10 최대 평탄 FIR 필터 설계

정규화된 주파수 $F_p = 0.2$와 $F_s = 0.4$인 최대 평탄 저역통과 FIR 필터를 설계하자.

$F_C = 0.3$이고 $F_T = 0.2$이다. $N_0 = 1 + 0.5/F_T^2 = 13.5 \approx 15$와 $\alpha = \cos^2(\pi F_C) = 0.3455$를 계산한다. α에 대한 유리수 근사치는 $\alpha \approx 5/14 = K/M_{\min}$이다.

$K = 5$와 $M_{\min} = 14$로서 $L = M_{\min} - K = 9$이고 필터 길이 $N = 2M_{\min} - 1 = 27$이다.

그림 E10.10은 설계된 필터의 임펄스 응답과 $|H(F)|$를 보여주고 있는데, 응답이 통과대역에서 리플이 없고 최대 평탄하다.

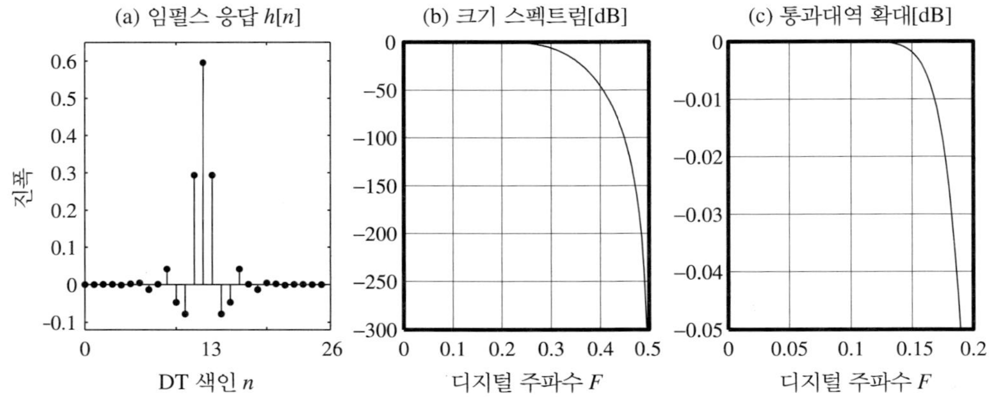

그림 E10.10 예제 10.10의 최대 평탄 저역통과 필터 특성

10.9 FIR 미분기와 힐버트 변환기

이상적인 디지털 미분기는 $H(F) = j2\pi F$, $|F| \le 0.5$로 표현된다. 실제로 $|F| = 0.5$까지 전체 주파수 영역에 걸쳐 미분하는 필터는 거의 사용되지 않는다. 차단 주파수 F_C까지 미분은 다음과 같이 표현된다.

$$H(F) = j2\pi F, \qquad |F| \le F_C \tag{10.55}$$

그림 10.26은 이러한 미분기의 크기와 위상 스펙트럼을 보여주고 있다. $H(F)$는 홀수이므로 $h[0] = 0$이다. $h[n]$(이때 $n \neq 0$)을 구하기 위해 역 DTFT를 사용하면 다음과 같다.

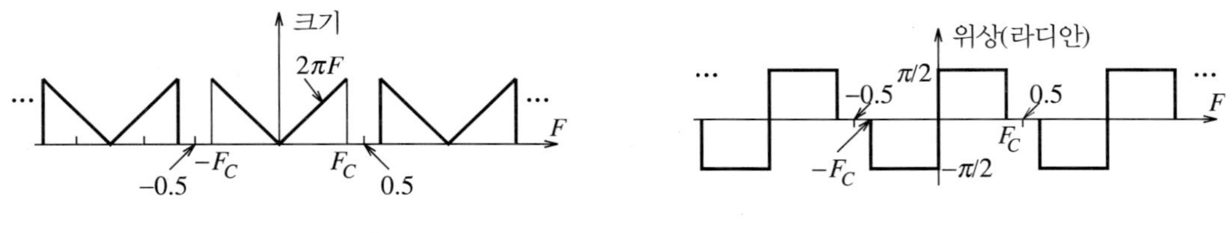

그림 10.26 이상적인 미분기의 크기와 위상 스펙트럼

$$h[n] = j\int_{-F_C}^{F_C} 2\pi F e^{j2n\pi F}\, dF \tag{10.56}$$

오일러 공식과 대칭 특성에 의해 다음과 같이 단순화된다.

$$h[n] = -4\pi\int_{0}^{F_C} F\sin(2n\pi F)\, dF = \frac{2n\pi F_C\cos(2n\pi F_C) - \sin(2n\pi F_C)}{\pi n^2} \tag{10.57}$$

$F_C = 0.5$일 때 $h[0] = 0$이고 $h[n] = \dfrac{\cos(n\pi)}{n}$, $n \neq 0$이다.

10.9.1 힐버트 변환기

힐버트 변환기(Hilbert transformer)는 $|F| \le 0.5$ 주파수 범위에서 신호 위상을 $-\frac{\pi}{2}$(혹은 $-90°$)만큼 지연시키기 위해 사용된다. 실제적으로 $|F| = 0.5$까지 전체 주파수 영역에 대해 위상을 지연하는 필터는 거의 요구되지 않는다. 차단 주파수 F_C까지의 위상 지연에 대한 힐버트 변환기는 다음과 같이 표현된다.

$$H(F) = -j\,\mathrm{sgn}(F), \qquad |F| \le F_C \tag{10.58}$$

그림 10.27은 크기와 위상 스펙트럼을 보여주고 있다.

$h[0] = 0$인 임펄스 응답 $h[n]$(이때 $n \neq 0$)을 구하기 위해 역 DTFT를 사용하면 다음과 같다.

$$h[n] = \int_{-F_C}^{F_C} -j\,\mathrm{sgn}(F)e^{j2n\pi F}\, dF = 2\int_{0}^{F_C}\sin(2n\pi F)\, dF = \frac{1-\cos(2n\pi F_C)}{n\pi} \tag{10.59}$$

$F_C = 0.5$일 때 위 식은 $h[n] = \dfrac{1-\cos(n\pi)}{n\pi}$, $n \neq 0$이 된다.

10.9.2 FIR 미분기와 힐버트 변환기 설계

FIR 미분기를 설계하기 위해 $h[n]$을 절단하여 $h_N[n]$을 구하고 $H(F)$가 완전히 허수이므로 3형 혹은 4형 수열을 선택한다. 기대칭이 되기 위해 필터 계수는 $n > 0$에 대해서만 계산되며, 같은 값들이 (역순으로) $n < 0$에 대해서 사용된다. N이 홀수이면 샘플 $h[0]$도 포함해야 한다. 스펙트럼 $H_N(F)$에서 오버슈트와 리플을 최소화하기 위해 $h_N[n]$을 윈도잉한다. 마지막으로 인과성이

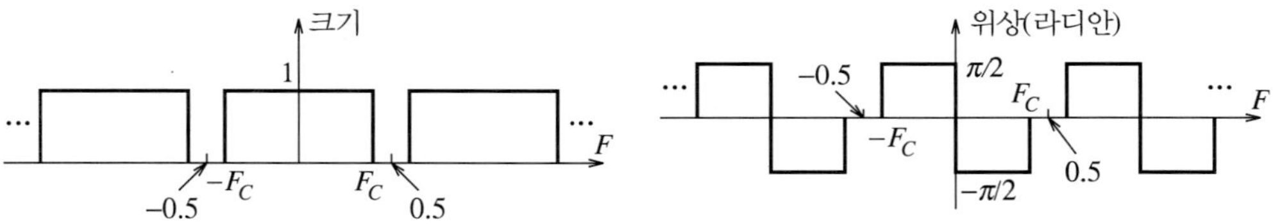

그림 10.27 이상적인 힐버트 변환기의 크기와 위상 스펙트럼

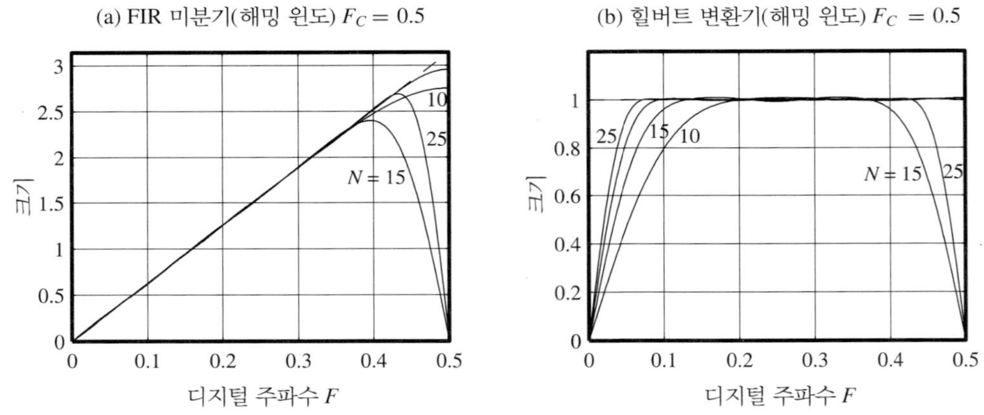

그림 10.28 다른 길이의 해밍 윈도를 사용한 이상적인 미분기와 힐버트 변환기의 크기 스펙트럼

되기 위해 $(N-1)/2$ 샘플만큼 지연시킨다. 그림 10.28(a)는 짝수와 홀수 길이 N에 대해 해밍 윈도 FIR 미분기의 크기 응답을 보여주고 있다. $H(0)$는 항상 0이고, 3형(홀수 길이) 수열에 대해서만 $H(0.5) = 0$임을 주목하라.

힐버트 변환기 설계는 FIR 미분기 설계와 아주 흡사하다. 수열 $h[n]$을 절단하여 $h_N[n]$을 생성한다. $H(F)$가 허수이므로 3형 혹은 4형 수열의 필터를 선택해야 한다. 기대칭이 되기 위해 필터 계수는 $n > 0$에 대해서만 계산되며, $n < 0$에 대해서 같은 값들이 (역순으로) 사용된다. N이 홀수이면 샘플 $h[0]$도 포함해야 한다. 스펙트럼 $H_N(F)$에서 깁스 효과 때문에 발생하는 리플을 최소화하기 위해 $h_N[n]$을 윈도잉하는데, 해밍 윈도를 일반적으로 선택하나 다른 윈도들도 사용한다. 인과성 필터를 구현하기 위해 $(N-1)/2$ 샘플만큼 지연시킨다. 힐버트 변환기의 크기 스펙트럼은 필터 길이 N이 증가할수록 평평하게 된다. 그림 10.28(b)는 짝수와 홀수 길이 N에 대해 힐버트 변환기의 크기 응답을 보여주고 있다. $H(0)$는 항상 0이고, 3형(홀수 길이) 수열에 대해서만 $H(0.5) = 0$임을 주목하라.

10.10 최소 자승과 적응 신호 처리

최소 자승 개념은 다음과 같은 행렬 형태로 표현되는 일련의 대수 방정식에 대한 해로서 공식화될 수 있다.

$$\mathbf{Xb} = \mathbf{Y} \tag{10.60}$$

미지수의 개수가 방정식 수와 같고, 행렬 $\mathbf{X}$가 역 $\mathbf{X}^{-1}$가 존재하는 정칙(non-singular)이면 해는 단순히 $\mathbf{b} = \mathbf{X}^{-1}\mathbf{Y}$이다. 그러나 방정식 수가 미지수 개수를 초과하면 해를 구할 수 없으며, 단지 근사치 결과는 최소 자승 최소화를 사용하여 구할 수 있다. 미지수의 개수가 방정식 수를 초과하면 평균 자승 오차가 최소가 되는 해를 포함하여 많은 해가 존재한다.

대부분의 경우에 방정식 수가 미지수의 개수를 초과하므로 최소 자승 해법을 따른다. $\mathbf{b}$를 구하기 위해 양변에 $\mathbf{X}^T$를 곱하면 다음과 같다.

$$\mathbf{X}^T\mathbf{X}\mathbf{b} = \mathbf{X}^T\mathbf{Y} \tag{10.61}$$

$\mathbf{X}^T\mathbf{X}$의 역이 존재하면 해는 다음과 같이 구해진다.

$$\mathbf{b} = (\mathbf{X}^T\mathbf{X})^{-1}\mathbf{X}^T\mathbf{Y} \tag{10.62}$$

행렬 $\mathbf{X}^T\mathbf{X}$는 **공분산 행렬**(covariance matrix)이라 한다.

10.10.1 적응 필터링

최소 자승은 **적응 신호 처리**(adaptive signal processing)에서 광범위하게 응용되고 있다(적응 필터링, 역 컨벌루션, 시스템 식별 등의 분야). 적응 필터링 목적은 성능을 최적화하기 위해(예를 들어, 신호 특성이 변함에도 불구하고 혹은 잡음 영향을 없애기 위해) 계수 $b[k]$를 조정할 수 있는 디지털 필터를 설계하는 것이다. 그림 10.29는 적응 필터링에 대한 대표적인 시스템을 보여주고 있다. 잡음이 포함될 수 있는 측정 신호 $x[n]$이 FIR 필터로 입력되고, 필터 출력 $\hat{y}[n]$은 원하는 신호 $y[n]$과 비교되어 오차 신호 $e[n]$이 발생된다. 적응 알고리즘에서는 오차 신호를 사용하여 필터 계수 $b[k]$를 갱신함으로써 오차 $e[n]$을 최소화하여 원하는 신호 $y[n]$의 최적 추정치를 구한다.

$(M + 1)$-포인트 적응 FIR 필터 출력 $\hat{\mathbf{Y}}$는 다음과 같은 모델로 표현된다.

$$\hat{y}[n] = \sum_{k=0}^{M} b[k]x[n-k], \qquad n = 0, 1, \ldots, M+N+1 \tag{10.63}$$

$M + N + 1$개 방정식은 다음과 같은 행렬 형태로 표현된다.

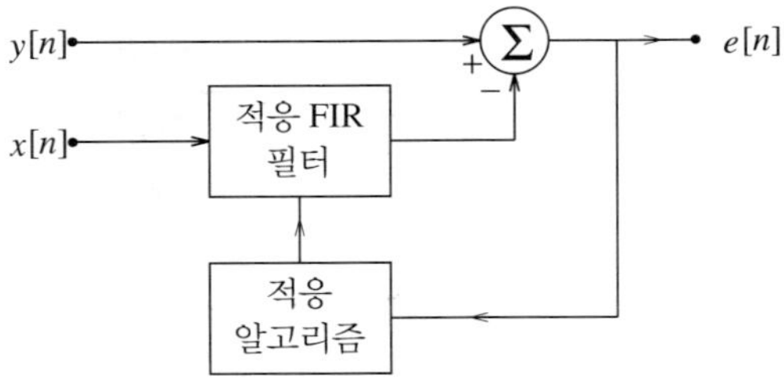

그림 10.29 전형적인 적응 필터 시스템의 구조

$$\begin{bmatrix} \hat{y}[0] \\ \vdots \\ \hat{y}[N] \end{bmatrix} = \begin{bmatrix} x[0] & 0 & \cdots & \cdots & \cdots \\ x[1] & x[0] & 0 & \cdots & \cdots \\ x[2] & x[1] & x[0] & 0 & \cdots \\ \vdots & \vdots & \vdots & \ddots & \vdots \\ x[N] & x[N-1] & x[N-2] & \cdots & x[N-M] \\ 0 & \cdots & \cdots & \cdots & \cdots \\ 0 & 0 & \cdots & \cdots & \cdots \\ 0 & 0 & 0 & \cdots & \cdots \end{bmatrix} \begin{bmatrix} b[0] \\ \vdots \\ b[M] \end{bmatrix} \tag{10.64}$$

벡터로 표시하면 $\hat{\mathbf{Y}} = \mathbf{X}\mathbf{b}$ 형태로서 **b**는 필터 계수 $b[0]$에서 $b[M]$의 $(M+1) \times 1$ 열 행렬이고, $\hat{\mathbf{Y}}$는 $(M+N+1) \times 1$ 행렬의 출력 샘플이며, **X**는 입력 수열이 연속적으로 지연된 형태의 행을 갖는 $(M+N+1) \times (M+1)$ **토프리즈**(Toeplitz, 상수 대각선) 행렬이다. **b**에서 $(M+1)$ 필터 계수는 모델 출력 $\hat{\mathbf{Y}}$가 원하는 출력 **Y**의 최적 추정치가 되도록 선택된다. 이 문제는 분명히 최소 자승 해법을 따른다.

많은 경우에 있어 데이터는 연속적으로 취득되기 때문에 최소 자승 해는 반복 혹은 순환 수치 알고리즘을 사용하여 온라인 혹은 실시간으로 구현된다. 두 가지 대표적인 방법으로는 **재귀 최소 자승**(RLS: recursive least square) 알고리즘과 **최소 자승 평균**(LMS: least mean square) 알고리즘이 있다. 두 방법 모두 임의로 가정한 필터 계수로 시작하고 새로운 입력 샘플이 도달할 때마다 이 계수들을 갱신한다.

RLS 알고리즘: RLS 알고리즘에 있어 필터 계수는 더 최근의 입력을 강조하기 위해 입력 샘플에 가중치(특히 지수형으로)를 두고서 갱신된다.

LMS 알고리즘: 최소 자승과 직접적인 관계는 없더라도 LMS 알고리즘은 최소 자승 해로 수렴하는 갱신 값을 구하기 위해 **급강하법**(method of steepest descent)을 사용한다. RLS 알고리즘만큼 빨리 수렴하지 않으나 구현이 간단하기 때문에 훨씬 많이 사용된다. n차 갱신을 위한 갱신 방정식은 다음과 같이 간단하다.

$$b_n[k] = b_{n-1}[k] + 2\mu(y[n] - \hat{y}[n])x[n-k] = b_{n-1}[k] + 2\mu e[n]x[n-k], \quad 0 \le k \le M \tag{10.65}$$

파라미터 μ는 수렴률과 알고리즘의 안정성을 제어하는데, 큰 값은 수렴을 빠르게 하나 필터 계수는 최적값 주위에서 진동하게 된다. 전형적인 μ 값은 $0 < \mu < \frac{1}{\sigma_x}$ 범위로 제한되는데 σ_x($x[n]$의 분산)는 입력 신호 $x[n]$의 전력 측정치이다.

10.10.2 적응 필터링의 응용

적응 필터링은 시스템 식별, 잡음 제거, 채널 등화 등을 포함한 많은 신호 처리 응용 분야에 사용되며, 간단히 소개하고자 한다.

시스템 식별

시스템 식별의 목표는 미지 시스템의 전달 함수(혹은 임펄스 응답)를 식별하는 것이다. 적응 필터와 미지 시스템은 같은 입력에 의해 구동되며, 신호 $y[n]$은 미지 시스템의 출력이다. $e[n]$의 최소화는 미지 시스템과 적응 필터의 출력이 거의 일치함을 의미하고, 적응 필터의 계수는 FIR 필터가 미지 시스템에 근사화됨을 나타낸다.

잡음 제거

적응 잡음 제거 시스템의 목표는 잡음이 포함되어 있을 수 있는 원하는 신호 $y[n]$의 질을 향상시키는 것이다. 신호 $x[n]$은 잡음 신호이며, 적응 필터는 $e[n]$의 전력을 최소화시킨다. 잡음 전력과 신호 전력이 합해지므로(서로 상관관계가 없다면), 신호 $e[n]$(최소화된 전력)은 원하는 신호 $y[n]$에 더 가까운 추정치를 나타낸다.

채널 등화

적응 채널 등화의 목표는 모뎀(modem)이 왜곡과 심벌 간 간섭(inter-symbol interference)을 막기 위해서 다른 전화선에 적응하도록 하는 것이다. 알려진 **학습**(training) 신호 $y[n]$은 전화 통화 시 전송되며, $x[n]$은 전화 채널 출력이다. 오차 신호 $e[n]$은 전화 채널의 영향을 취소시킬 수 있는 FIR 필터(역 시스템)를 구현하기 위해 사용된다. 일단 구현이 되면 필터 계수는 고정되고 모뎀은 고정된 필터와 같이 동작한다.

10.11 연습문제

10.1 **(이상적인 필터 개념)** $H_1(F)$를 차단 주파수 $F_1 = 0.2$인 이상적인 저역통과 필터라 하고, $H_2(F)$를 차단 주파수 $F_2 = 0.4$인 이상적인 저역통과 필터라 하자. 이러한 필터를 사용하여 아래 내용을 구현하기 위한 블록 다이어그램을 그리고, $H_1(F)$ 그리고/혹은 $H_2(F)$로 표현되는 전달 함수를 구하라.

(a) 차단 주파수 $F_C = 0.2$인 이상적인 고역통과 필터

(b) 차단 주파수 $F_C = 0.4$인 이상적인 고역통과 필터

(c) $0.2 \le F \le 0.4$ 범위의 통과대역을 갖는 이상적인 대역통과 필터

(d) $0.2 \le F \le 0.4$ 범위의 저지대역을 갖는 이상적인 대역저지 필터

[**힌트:** (a)에서 블록 다이어그램을 구성하기 위해 $H(F) = 1 - H_1(F)$를 사용하라.]

10.2 **(대칭 수열)** 각 수열에 대한 $H(z)$와 $H(F)$를 구하고 $F = 0$과 $F = 0.5$에서 $H(F)$의 값을 조사함으로써 FIR 필터형을 설정하라.

(a) $h[n] = \{\overset{\Downarrow}{1}, 0, 1\}$ **(b)** $h[n] = \{\overset{\Downarrow}{1}, 2, 2, 1\}$

(c) $h[n] = \{\overset{\Downarrow}{1}, 0, -1\}$ **(d)** $h[n] = \{\overset{\Downarrow}{-1}, 2, -2, 1\}$

10.3 **(대칭 수열)** 다음 필터를 설계하기 위해 어떤 형의 수열을 사용할 수 있는지 조사하라.

(a) 저역통과 **(b)** 고역통과 **(c)** 대역통과 **(d)** 대역저지

10.4 **(선형위상 수열)** 선형위상 필터의 임펄스 응답의 처음 몇 개의 값은 $h[n] = \{2, -3, 4, 1, \ldots\}$이다. 만약 수열이 다음 형이라면 전체 수열(가장 작은 길이의 $h[n]$을 가정)을 구하라.

(a) 1형 **(b)** 2형 **(c)** 3형 **(d)** 4형

[**힌트:** (a)는 우대칭이 약 4번째 샘플이 될 것이고, (c)는 홀수 길이, 기대칭, 중간점에서 영 값의 샘플이 요구된다.]

10.5 **(선형위상과 대칭)** 실수 계수의 유한구간 임펄스 응답 $h[n]$을 가정하고 다음 설명에 대해 찬반을 논하라.

(a) 모든 영점이 단위원상에 놓인다면 $h[n]$은 선형위상임에 틀림없다.

(b) $h[n]$이 선형위상이면 영점은 항상 단위원상에 놓여 있어야만 한다.

(c) $h[n]$이 기대칭이면 $z = 1$에서 홀수개의 영점이 존재한다.

[**힌트:** 다음 사실을 사용하라. $(z - \alpha)$와 $(z - 1/\alpha)$와 같이 역수 영점을 갖는 쌍은 $\{1, \beta, 1\}$ 형태의 우대칭 임펄스 응답을 생성한다. z-영역에서의 곱은 시간 영역에서는 컨벌루션을 의미한다. 대칭 수열의 컨벌루션도 대칭이다.]

10.6 **(선형위상과 대칭)** 실수 계수의 선형위상 수열 $h[n]$을 가정하고 $z = \pm 1$에서만 영점 위치를 사용하는 간단한 예제를 소개함으로써 다음 설명을 반박하라.

(a) $h[n]$이 $z = -1$에서 영점을 갖는다면 2형 수열이다.

(b) $h[n]$이 $z = -1$과 $z = 1$에서 영점을 갖는다면 3형 수열이다.

(c) $h[n]$이 $z = 1$에서 영점을 갖는다면 4형 수열이다.

10.7 **(선형위상과 대칭)** $z = \pm 1$에서의 영점 위치와 개수는 선형위상 수열의 형에 대해 유용한 단서를 제공한다. $z = \pm 1$에서 다음 영점 위치에 대한 수열형을 결정하라. 다른 영점 위치들은 선형위상과 실수 계수를 유지한다.

(a) $z = \pm 1$에 영점이 없음

(b) $z = -1$에 한 개 영점, $z = 1$에 없음

(c) $z = -1$에 두 개 영점, $z = 1$에 한 개 영점

(d) $z = 1$에 한 개 영점, $z = -1$에 없음

(e) $z = 1$에 두 개 영점, $z = -1$에 없음

(f) $z = 1$에 한 개 영점, $z = -1$에 한 개 영점

(g) $z = 1$에 두 개 영점, $z = -1$에 한 개 영점

[**힌트:** (a)는 길이가 홀수이고 우대칭이다(1형). 나머지 항은 각 영점이 1만큼 길이를 증가시키고, $z = 1$에서 각 영점은 대칭을 바꾼다.]

10.8 **(선형위상 수열)** 아래에 열거된 요구사항을 만족하면서 실수 계수를 갖는 가장 작은 길이의 선형위상 수열은 무엇인가? 모든 영점 위치와 선형위상 수열형을 확인하라.

(a) 영점 위치: $z = e^{j0.25\pi}$; 우대칭; 홀수 길이

(b) 영점 위치: $z = 0.5e^{j0.25\pi}$; 우대칭; 짝수 길이

(c) 영점 위치: $z = e^{j0.25\pi}$; 기대칭; 짝수 길이

(d) 영점 위치: $z = 0.5e^{j0.25\pi}$; 기대칭; 홀수 길이

[**힌트:** (a)와 (c)에서 영점은 공액으로 쌍을 형성한다. (b)와 (d)에서 영점은 공액 역수 4 중의 일부이다. 모든 항에 대해 추가적인 영점이 없으므로 홀수 길이이고 우대칭이다. $z = 1$ 혹은 $z = -1$에서 영점이 추가되면 길이를 1만큼 증가시킨다. $z = 1$에서 영점은 대칭을 바꾼다.]

10.9 **(선형위상 수열)** 여러 필터의 일부 내용들이 열거되어 있다. 영점 위치는 선형위상과 실수 계수를 유지하도록 위치한다. 가장 작은 필터 길이를 가정하고 각 필터의 수열형을 확인하고 전달 함수를 구하라.

(a) 영점 위치: $z = 0.5e^{j0.25\pi}$

(b) 영점 위치: $z = e^{j0.25\pi}$

(c) 영점 위치: $z = 1$, $z = e^{j0.25\pi}$

(d) 영점 위치: $z = 0.5$, $z = -1$; 기대칭

(e) 영점 위치: $z = 0.5$, $z = 1$, $z = -1$; 우대칭

[**힌트:** 선형위상은 공액이고 역수인 영점들이 요구된다. $z = 1$에서 영점이 없으므로 우대칭이다. $z = 1$에서 영점이 추가되면 대칭을 바꾼다.]

10.10 **(절단과 윈도잉)** 차단 주파수가 5 kHz이고 샘플링 주파수 $S = 20$ kHz인 윈도 저역통과 FIR 필터를 생각하자. 인과성 필터가 되기 위해 절단된 윈도 수열, 최소 지연(샘플과 초 단위)을 구하고, 다음 항에 대해 인과성 필터의 전달 함수 $H(z)$를 구하라.

(a) $N = 7$, 바틀릿 윈도 사용

(b) $N = 8$, 해닝 윈도 사용

(c) $N = 9$, 해밍 윈도 사용

[**힌트:** (a)와 (b)에서는 윈도 수열에서 영 값을 갖는 양 끝 샘플을 버린 후의 결과를 구하라.]

10.11 **(스펙트럼 변환)** 샘플링 주파수가 40 kHz이고 통과대역이 고정되었다고 가정하고, 다음 필터에 대해 원형 디지털 저역통과 FIR의 규격과 요구되는 필터형으로 변환하기 위해 스펙트럼 변환을 구하라.

(a) 고역통과: 통과대역 가장자리 10 kHz, 저지대역 가장자리 4 kHz

(b) 대역통과: 통과대역 가장자리 6 kHz와 10 kHz, 저지대역 가장자리 2 kHz와 12 kHz

(c) 대역저지: 통과대역 가장자리 8 kHz와 16 kHz, 저지대역 가장자리 12 kHz와 14 kHz

[**힌트:** (b)와 (c)는 가장 작은 변이폭을 유지하기 위해 대역 가장자리를 재배치함으로써(예를 들어, 통과대역을 고정) 대칭을 갖도록 한다.]

10.12 **(윈도 기반 FIR 필터 설계)** 윈도 기반 선형위상 FIR 필터를 설계하고자 한다. 설계하고자 하는 필터가 다음과 같다면 근사치 필터 길이 N을 구하라.

(a) 저역통과: $f_p = 1$ kHz, $f_s = 2$ kHz, $S = 10$ kHz, 해닝 윈도 사용

(b) 고역통과: $f_p = 2$ kHz, $f_s = 1$ kHz, $S = 8$ kHz, 블랙먼 윈도 사용

(c) 대역통과: $f_p = [4, 8]$ kHz, $f_s = [2, 12]$ kHz, $S = 25$ kHz, 해밍 윈도 사용

(d) 대역저지: $f_p = [2, 12]$ kHz, $f_s = [4, 8]$ kHz, $S = 25$ kHz, 해밍 윈도 사용

[**힌트:** 검색표와 디지털 변이폭이 요구된다. 필터 길이를 다음으로 가장 큰 정수(대역저지 필터에 대해서는 기수 정수)로 올림하라.]

10.13 **(반대역 FIR 필터 설계)** 해닝 윈도를 사용하여 저역통과 반대역 FIR 필터를 설계하고자 한다. 필터 길이 $N = 11$로 가정하고 윈도 인과성 임펄스 응답 수열과 인과성 필터의 전달 함수 $H(z)$를 구하라.

10.14 **(반대역 FIR 필터 설계)** 카이저 윈도를 사용하여 다음의 반대역 FIR 필터를 설계하라.

(a) 저역통과 필터: 3-dB 주파수 4 kHz, 저지대역 가장자리 8 kHz, $A_s = 40$ dB

(b) 고역통과 필터: 3-dB 주파수 6 kHz, 저지대역 가장자리 3 kHz, $A_s = 50$ dB

(c) 대역통과 필터: 통과대역 가장자리 [2, 3] kHz, 저지대역 가장자리 [1, 4] kHz, $A_p = 1$ dB, $A_s = 35$ dB

(d) 대역저지 필터: 저지대역 가장자리 [2, 3] kHz, 통과대역 가장자리 [1, 4] kHz, $A_p = 1$ dB, $A_s = 35$ dB

[**힌트:** (a)와 (b)는 $S = 2(f_p + f_s)$와 $F_C = 0.25$를 사용하라. (b)는 $h_{HP}[n] = (-1)^n h[n]$을 구하기 위해 원형 카이저 저역통과 $h[n]$을 설계하라. (c)와 (d)는 $S = 4f_0$와 $F_C = 0.5(F_p + F_s)$인 원형 저역통과 $h[n]$을 설계하라. 이때 $h_{BP}[n] = 2\cos(0.5n\pi)h[n]$과 $h_{BS}[n] = \delta[n] - 2\cos(0.5n\pi)h[n]$이다. 각 항에 대해 필터 길이 N(홀수 정수), 카이저 변수 β, 그리고 N-샘플 카이저 윈도 값을 계산한다.]

10.15 **(주파수 샘플링 FIR 필터 설계)** $F_C = 0.25$인 저역통과 FIR 필터를 주파수 샘플링에 의해 설계하고자 한다.

(a) $F_C = 0.25$인 이상적인 필터의 이득을 그려라. $h[n]$이 실수이고 인과성으로 가정하고 $0 \le F < 1$ 범위상에 8개 샘플을 선택하고, 필터의 샘플 주파수 응답 $H[k]$를 설정하라.

(b) 필터의 임펄스 응답 $h[n]$을 계산하라.

(c) 오버슈트를 감소시키기 위해 $H[3]$을 수정하고 $h[n]$을 다시 계산하라.

[**힌트:** (a)는 $|H[k]| = \{1, 1, 1, 0, 0, 0, 1, 1\}$로 두고 $H[k] = |H[k]|e^{j\phi[k]}$을 구하라. 여기서 실수이고 인과성 $h[n]$에 대해 $k = 0, 1, 2, \ldots, 7$, $H[k] = H^*[N - k]$, 그리고 $\phi[k] = -k\pi(N-1)/N$이다. (b)는 IDFT로 $h[n]$을 구하라. (c)는 $|H[3]| = 0.5$, $H[3] = 0.5e^{j\phi[3]}$, $H[5] = H^*[3]$을 사용하라.]

10.16 **(최대 평탄 FIR 필터 설계)** 정규화된 주파수 $F_p = 0.1$과 $F_s = 0.4$인 최대 평탄 저역통과 FIR 필터를 설계하고, 주파수 응답 $H(F)$를 구하라.

10.17 **(FIR 미분기)** 아래 내용을 만족하는 디지털 FIR 미분기의 임펄스 응답을 구하라.

(a) $N = 6$, 차단 주파수 $F_C = 0.4$, 윈도를 사용하지 않음

(b) $N = 6$, 차단 주파수 $F_C = 0.4$, 해밍 윈도

(c) $N = 5$, 차단 주파수 $F_C = 0.5$, 해밍 윈도

[**힌트:** (a)와 (b)는 $N = 6$이므로 $n = -2.5, -1.5, -0.5, 0.5, 1.5, 2.5$이다.]

10.18 **(FIR 힐버트 변환기)** 아래 내용을 만족하는 FIR 힐버트 변환기의 임펄스 응답을 구하라.

(a) $N = 6$, 차단 주파수 $F_C = 0.4$, 윈도를 사용하지 않음

(b) $N = 6$, 차단 주파수 $F_C = 0.4$, 해닝 윈도

(c) $N = 7$, 차단 주파수 $F_C = 0.5$, 해닝 윈도

[**힌트:** (a)와 (b)는 $N = 6$이므로 $n = -2.5, -1.5, -0.5, 0.5, 1.5, 2.5$이다.]

10.19 **(IIR 필터와 선형위상)** IIR 필터는 선형위상을 갖도록 설계할 수 없더라도 위상 왜곡을 제거하기 위해 IIR 필터를 포함하는 시스템은 구현할 수 있다. 신호 $x[n]$을 뒤집어 필터 $H(F)$를 통과시키고, 필터 출력은 다시 뒤집어 신호 $y_1[n]$을 구한다. 신호 $x[n]$도 필터 $H(F)$를 직접 통과시켜 신호 $y_2[n]$을 구한다. 신호 $y_1[n]$과 $y_2[n]$을 합하여 전체 출력 $y[n]$을 구한다.

(a) 이 시스템의 블록 다이어그램을 그려라.

(b) $Y(F)$는 $X(F)$에 어떻게 관련되어 있는가?

(c) 시스템은 위상 왜곡이 없는가?

[**힌트:** $h[n] \Leftrightarrow H(F)$이면 $h[-n] \Leftrightarrow H(-F)$이다. $H(F) + H(-F)$는 완전 실수이다.]

10.20 **(필터 규격)** 20 kHz로 대역제한된 하이파이(hi-fi) 오디오 신호에 70 kHz와 110 kHz 사이의 고주파수 잡음이 포함되어 있다. 신호의 손실 없이 100배 정도로 잡음을 감소시키는 디지털 필터를 설계하고자 한다. 한 가지 방법은 나이퀴스트율을 초과하는 샘플링률로 필터를 설계하는 것이다. 그러나 잡음 스펙트럼이 신호 스펙트럼으로의 중첩을 피할 수 있는 더 낮은 샘플링률로도 설계할 수 있다. 그러한 샘플링률을 선정하고 디지털 필터에 대한 주파수와 감쇠 규격을 설정하라.

[**힌트:** 왜곡을 일으키는 잡음 스펙트럼이 20 kHz와 70 kHz 사이에 있는 한 신호 스펙트럼에 중첩되지 않는다.]

10.21 **(FIR 필터 규격)** 그림 P10.21은 샘플링 주파수가 10 kHz에서 설계된 인과성 FIR 필터의 크기와 위상 특성을 보여주고 있다.

(a) 통과대역 리플 δ_p와 저지대역 리플 δ_s의 값을 구하라.

(b) 감쇠 A_s와 A_p의 데시벨 값을 구하라.

(c) 통과대역 가장자리와 저지대역 가장자리의 주파수(Hz)를 구하라.

(d) 이 필터가 선형위상임을 증명하고 그룹지연(group delay)을 구하라.

(e) 필터 길이 N을 구하라.

(f) 이 필터를 윈도 기반 방법으로 설계할 수 있는지 설명하라.

(g) 이 필터를 최적화 방법으로 설계할 수 있는지 설명하라.

[**힌트:** δ_s와 F_s는 dB 크기로 주어지고, δ_p와 F_p는 선형 크기로 주어진다. 지연 $D = -\frac{\Delta\theta}{2\pi\Delta F}$ (정수)

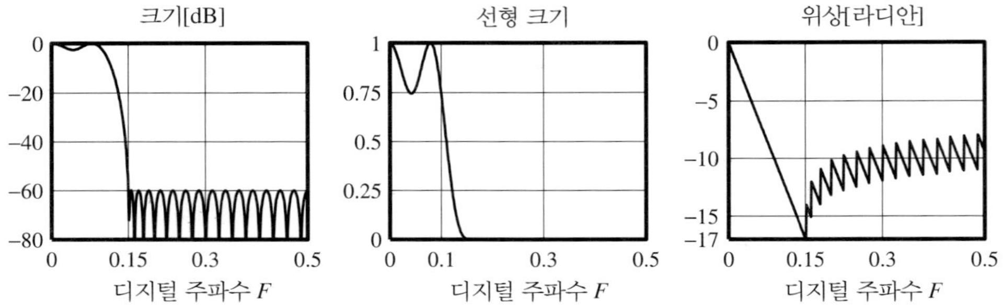

그림 P10.21 문제 10.21의 필터 특성

는 위상 플롯의 기울기이다. (e)에서는 $N = 2D + 1$이다. 저지대역과 통과대역 리플의 크기는 (f)와 (g)에 실마리를 제공한다.]

10.22 **(다단계 보간)** 3단계 보간기를 설계하고자 한다. 보간 필터는 통과대역과 저지대역 감쇠가 동일하도록 설계하고, 전체 감쇠는 통과대역에서는 3 dB보다 크지 않고 저지대역에서는 적어도 50 dB이 되도록 설계하고자 한다. 각 필터의 통과대역과 저지대역 감쇠를 명시하라.

계산과 설계

10.23 **(FIR 필터 설계)** 20 kHz로 대역제한된 하이파이 오디오 신호의 주파수 내용을 감소시키고 AM 전송을 위해 44.1 kHz로 샘플링하고자 한다. 10 kHz까지의 주파수만 관심 있으며, 15 kHz 이상의 주파수는 적어도 55 dB만큼 감쇠하고자 하며, 통과대역 손실은 10% 이하가 되도록 한다. 카이저 윈도를 사용하여 이러한 규격을 만족하는 디지털 필터를 설계하라.

10.24 **(FIR 필터 설계)** 주요 주파수가 35 Hz까지 도달하는 ECG 신호에서 60 Hz 간섭 신호를 제거하고자 한다.

(a) 밴드 내(in-band) 엘리어싱을 피하기 위해 사용할 수 있는 최소 샘플링 주파수를 구하라.

(b) 신호의 손실 없이 적어도 100배 정도로 60 Hz 간섭 신호를 억제하는 필터 규격을 기술하라.

(c) 해밍 윈도를 사용하여 필터를 설계하고 주파수 응답을 그려라.

(d) 신호 $x(t) = \cos(40\pi t) + \cos(70\pi t) + \cos(120\pi t)$에 대해 필터를 시험하라. 설계 목표를 만족하는지 확인하기 위해 샘플링된 시험 신호와 필터링된 신호의 주파수 응답을 그리고 비교하라.

10.25 **(디지털 필터 설계)** 음성 신호를 처리하는 저역통과 필터를 설계하고자 한다. 규격으로는 통과대역이 4 kHz이고 저지대역이 5 kHz이며, 통과대역 감쇠는 1 dB보다 작고 저지대역 이득은 0.01보다 작다. 샘플링 주파수는 40 kHz이다.

(a) 윈도(해밍과 카이저 윈도) 방법과 최적 설계에 의한 FIR 필터를 설계하라. 어떤 필터가 최소 길이를 갖는지 조사하라.

(b) 같은 규격을 만족하기 위해 쌍선형 변환을 사용한 버터워스와 타원형 IIR 필터를 설계하라. 이 중 어떤 필터가 최소 차수를 갖는지, 그리고 어떤 필터가 가장 우수한 지연 특성을 갖는지 조사하라.

(c) 같은 규격의 FIR 필터와 비교해 볼 때 IIR 필터의 복잡성은 어떠한가? 어떤 조건에서 FIR 필터 대신 IIR 필터를 사용할 것인가?

10.26 **(그룹지연 영향)** IIR 필터의 비선형위상은 신호 왜곡을 초래한다. 1-dB 통과대역 가장자리 $f_p = 1$ kHz, 50-dB 저지대역 가장자리 $f_p = 2$ kHz, 그리고 샘플링 주파수 $S = 10$ kHz인 저역통과 필터를 생각하자.

(a) 위의 규격을 만족하는 버터워스 필터 $H_B(z)$, 타원형 필터 $H_E(z)$, 최적 FIR 필터 $H_O(z)$를 설계하라. MATLAB 루틴인 **grpdelay**를 사용하여 각 필터의 그룹지연을 계산하고 그려라. 어떤 필터가 통과대역에서 가장 우수한(거의 상수) 그룹지연을 갖는가? 어떤 필터가 통과대역에서 최소 위상 왜곡을 발생하는가? 세 필터의 그룹 지연 N_B, N_E, N_O(샘플 수로 표현)를 구하라.

(b) $0 \le n \le 100$에서 신호 $x[n] = 3\sin(0.03n\pi) + \sin(0.09n\pi) + 0.6\sin(0.15n\pi)$를 생성하라. MATLAB 루틴인 **filter**를 사용하여 각 필터의 $y_B[n]$, $y_E[n]$, $y_O[n]$을 계산하라. 필터 출력 $y_B[n]$, $y_E[n]$, $y_O[n]$(N_B, N_E, N_O만큼 지연된)과 결과를 비교하기 위해 같은 그림상에 입력 $x[n]$을 그려라. 어떤 필터가 가장 작은 신호 왜곡을 보여주는지 조사하라.

(c) 입력 신호의 모든 주파수 성분이 필터의 통과대역 내에 존재하는가? 만약 그렇다면 왜곡으로 관찰되는 것이 통과대역에서 필터 감쇠가 아니고 상수가 아닌 그룹지연의 결과임을 어떻게 증명할 수 있는가?

10.27 **(야기 코사인 필터)** 야기 코사인(raised cosine) 필터의 임펄스 응답형은 다음과 같다.

$$h_R[n] = h[n]\frac{\cos(2n\pi RF_C)}{1-(4nRF_C)^2}$$

여기서 **롤오프 인자**(roll-off factor) R은 $0 < R < 1$을 만족하고 $h[n] = 2F_C\,\mathrm{sinc}(2nF_C)$는 이상 저역통과 필터의 임펄스 응답이다.

(a) $F_C = 0.2$로 두고, 길이 21인 이상 저역통과 필터의 임펄스 응답과 $R = 0.2, 0.5, 0.9$인 야기 코사인 필터의 임펄스 응답을 생성하라. 같은 그림상에 선형과 데시벨 눈금으로 $0 \le F \le 1$ 범위에서 각 필터의 크기 스펙트럼을 그려라. 야기 코사인 필터의 통과대역과 저지대역 응답이 이상적인 필터의 응답과 다른 점을 기술하라. 야기 코사인 필터의 변이폭과 최대 사이드로브 감쇠는 다른 R 값을 사용한 이상적인 필터의 경우와 비교하라. 주파수 응답에서 R이 증가할 때 그 영향을 설명하라.

(b) $h_R[n]$의 주파수 응답과 $F_C = 0.25$인 이상 저역통과 필터의 주파수 응답과 비교하라. 야기 코사인 필터가 이상 필터와 관련 있는지 조사하라.

10.28 **(보간)** 신호 $x[n] = \cos(2\pi F_0 n)$이 업샘플링에 의해 5만큼 보간된 후 저역통과 필터링이 수행된다. $F_0 = 0.4$로 두자.

(a) 20 샘플의 $x[n]$과 5만큼 업샘플링된 신호를 생성하고 그려라.

(b) 보간된 출력을 생성하기 위해 업샘플러 다음에 위치한 저역통과 필터의 차단 주파수 F_C와 이득 A를 구하라.

(c) 이러한 규격을 만족하는 FIR 필터(윈도 방법 혹은 최적 설계 사용)를 설계하라.

(d) 필터를 통해 업샘플링된 신호를 필터링하고 결과를 그려라.

(e) 필터 출력이 입력 신호의 보간된 형태인지 조사하라. 보간된 신호와 원 신호의 최대 크기가 서로 일치하는가? 일치해야만 하는지 설명하라.

10.29 **(다단계 보간)** 아날로그 재생 필터에 대한 설계 조건을 완화하기 위해 많은 콤팩트디스크 시스템은 DSP 단계 동안 오버샘플링을 수행한다. 오디오 신호가 20 kHz까지 대역제한되어 있고 44.1 kHz로 샘플링된다고 가정하자. 통과대역 최대 감쇠가 1 dB이고 저지대역 최소 감쇠는 50 dB로 가정하자.

(a) 샘플링률을 176.4 kHz로 증가시키는 단단계 최적 보간 필터를 설계하라.

(b) 샘플링률을 176.4 kHz로 증가시키는 다단계 최적 보간 필터를 설계하라.

(c) 위의 두 설계 중 어떤 설계를 추천하는가?

(d) 각 설계에서 영차홀드(zero-order-hold) 재생 장치에 의해 발생되는 싱크 왜곡 영향을 상쇄하기 위해 DSP 단계에서 보정 필터를 구현하는 방법을 설명하라.

10.30 **(다단계 보간)** 대역이 3.4 kHz까지 제한되고 8 kHz로 샘플링된 음성 신호의 샘플링률을 48 kHz까지 증가시키고자 한다. 이와 같은 샘플링률 증가를 구현할 수 있는 세 가지 구조를 설계하고 성능을 비교하라. 최적 FIR 필터 설계를 사용하고 통과대역 최대 감쇠를 1 dB로 저지대역 최소 감쇠를 45 dB로 가정하라.

10.31 **(다단계 데시메이션)** 대역이 3.4 kHz까지 제한되고 48 kHz로 샘플링된 음성 신호의 샘플링률을 8 kHz까지 감소시키고자 한다. 이와 같은 샘플링률 감소를 구현할 수 있는 세 가지 구조를 설계하고 성능을 비교하라. 최적 FIR 필터 설계를 사용하고 통과대역 최대 감쇠를 1 dB로 저지대역 최소 감쇠를 45 dB로 가정하라. 이전 문제에서의 다단계 보간을 위해 설계된 필터와 이 필터를 어떻게 비교할 수 있는지 설명하라.

10.32 **(필터링 개념)** 이 문제는 정현파 신호 조합과 필터링된 신호의 시간–주파수 플롯을 다루고 있다.

(a) $F = 0.05, 0.2, 0.35$ 주파수의 코사인 합으로 구성된 신호 $x[n] = \cos(0.1n\pi) + \cos(0.4n\pi) + \cos(0.7n\pi)$의 샘플 600개를 생성하라. DFT 크기를 그리기 위해 MATLAB 명령어 **fft**를 사용하라. 저자의 웹 사이트에서 **timefreq** 루틴을 사용하여 시간–주파수 플롯을 그리고 그림에서 무엇을 알 수 있는지 기술하라. 1-dB 통과대역 가장자리 $F = 0.1$과 50-dB 저지대역 가장자리 $F = 0.15$인 최적 저역통과 필터를 설계하고, $x[n]$을 이 필터에 통과시켜 필터링된 신호 $x_f[n]$을 구하라. DFT 크기를 그리고 시간–주파수 플롯을 표시하라. 이 그림에서 무엇을 알 수 있는지 설명하라. 필터는 그 기능을 수행하는가? 주기를 확인할 수 있는 길이상에 $x_f[n]$을 그려라. $x_f[n]$의 주기가 원하는 결과와 일치하는가?

(b) 세 가지 신호 $y_1[n] = \cos(0.1n\pi)$, $y_2[n] = \cos(0.4n\pi)$, $y_3[n] = \cos(0.7n\pi)$ 각각에 대해 샘플 200개를 생성하고, 이들을 연결하여 600 샘플의 신호 $y[n] = \{y_1[n], y_2[n], y_3[n]\}$을 구하라. DFT 크기를 그리고 시간–주파수 플롯을 표시하라. 이 그림에서 무엇을 알 수 있는지 설명하

라. 어떤 면에서 DFT 크기 플롯이 (a) 항과 다른가? 어떤 면에서 시간–주파수 플롯이 (a) 항과 다른가? (a) 항에서 설계된 최적 저역통과 필터를 사용하여 $y[n]$을 필터링하고, 필터링된 신호 $y_f[n]$을 구하고, DFT 크기를 그리고, 시간–주파수 플롯을 표시하라. 이 그림에서 무엇을 알 수 있는지 설명하라. 어떤 면에서 DFT 크기 플롯이 (a) 항과 다른가? 어떤 면에서 시간–주파수 플롯이 (a) 항과 다른가? 필터는 그 기능을 수행하는가? 주기를 확인할 수 있는 길이상에 $y_f[n]$을 그려라. $y_f[n]$의 주기가 원하는 결과와 일치하는가?

10.33 **(메시지 해독)** 메시지 신호는 송신 동안 저주파수 신호와 고주파수 잡음으로 혼합된다. 메시지는 시간 영역에서 신호를 표시함으로써 해독할 수 있다. 혼합 신호 $x[n]$은 저자 웹 사이트에서 **mystery1**으로 제공된다. MATLAB에서 **load mystery1** 명령어를 사용하여 이 신호를 읽어라. 메시지를 해독하기 위해 다음 방법을 사용하여 해독 메시지 내용을 조사하라.

(a) 혼합 신호를 표시하라. 메시지를 읽을 수 있는가? 메시지 스펙트럼 범위를 확인하기 위해 신호의 DFT를 표시하라.

(b) 메시지 스펙트럼을 추출할 수 있는 최적 FIR 대역통과 필터를 설계하라. 메시지를 해독하기 위해 혼합 신호를 필터링하고 필터링된 신호를 표시하라. **filter**(선형위상 필터링)와 **filtfilt**(영위상 필터링) 명령어를 사용하라.

(c) 다른 방법으로 우선 저주파수 혼합에 대응되는 DFT 성분을 제거하고 IDFT $y[n]$을 구하라. 다음에 고주파수 잡음을 제거하기 위해 최적 저역통과 FIR 필터를 설계하라. 메시지를 해독하기 위해 신호 $y[n]$을 필터링하고 필터링된 신호를 표시하라. **filter**와 **filtfilt** 명령어를 사용하라.

(d) 위 두 방법 중 어느 것이 메시지를 시각적으로 간파하는 데 더 우수한가? 각 방법에서 두 필터링 루틴 중 어느 것이 메시지를 시각적으로 간파하는 데 더 우수한가?

10.34 **(처프 신호 필터링)** 이 문제는 처프(chirp) 신호와 필터링된 신호에 대해 시간–주파수 플롯을 다루고 있다.

(a) 주파수가 $F = 0$에서 $F = 0.12$까지 변하는 처프 신호 $x[n]$의 샘플 500개를 생성하라. DFT를 계산하고 DFT 크기를 그려라. 저자의 웹 사이트에서 **timefreq** 루틴을 사용하여 시간–주파수 플롯을 표시하고, 그림에서 무엇을 알 수 있는지 기술하라. $x[n]$을 그리고 주파수가 시간에 따라 증가하는지 확인하라.

(b) 1-dB 통과대역 가장자리 $F = 0.04$와 40-dB 저지대역 가장자리 $F = 0.1$인 최적 저역통과 필터를 설계하고, MATLAB 명령어 **filtfilt**를 사용하여 영위상의 필터링된 신호 $y_1[n]$을 구하라. DFT 크기를 그리고 시간–주파수 플롯을 표시하라. 이 그림에서 무엇을 알 수 있는지 설명하라. 같은 그림상에 $y_1[n]$과 $x[n]$을 그리고 비교하라. 필터는 그 기능을 수행하는가?

(c) 1-dB 통과대역 가장자리 $F = 0.06$과 40-dB 저지대역 가장자리 $F = 0.01$인 최적 고역통과 필터를 설계하고, MATLAB 명령어 **filtfilt**를 사용하여 영위상의 필터링된 신호 $y_2[n]$을 구하라. DFT 크기를 그리고 시간–주파수 플롯을 표시하라. 이 그림에서 무엇을 알 수 있는지 설명하라. 같은 그림상에 $y_2[n]$과 $x[n]$을 그리고 비교하라. 필터는 그 기능을 수행하는가?

10.35 **(처프 신호 필터링)** 이 문제는 처프 신호, 정현파 신호, 필터링된 신호에 대한 시간–주파수 플롯을 다루고 있다.

(a) $\cos(0.6n\pi)$와 주파수가 $F = 0$에서 $F = 0.05$까지 변하는 처프의 합으로 구성된 신호 $x[n]$의 샘플 500개를 생성하라. DFT를 계산하고 DFT 크기를 그려라. 저자의 웹 사이트에서 **psdwelch** 루틴을 사용하여 전력 밀도 스펙트럼(PSD) 플롯을 표시하라. 저자의 웹 사이트에서 **timefreq** 루틴을 사용하여 시간–주파수 플롯을 표시하라. 그림에서 무엇을 알 수 있는지 기술하라.

(b) 1-dB 통과대역 가장자리 $F = 0.08$과 40-dB 저지대역 가장자리 $F = 0.25$인 최적 저역통과 필터를 설계하고, MATLAB 명령어 **filtfilt**를 사용하여 영위상의 필터링된 신호 $y_1[n]$을 구하라. DFT 크기를 그리고 PSD와 시간–주파수 플롯을 표시하라. 이 그림에서 무엇을 알 수 있는지 설명하라. $y_1[n]$을 그려라. 주파수가 시간에 따라서 증가하는 신호처럼 보이는가? 이 결과에서 필터가 기능을 수행하는지 확인되는가?

(c) 1-dB 통과대역 가장자리 $F = 0.25$와 40-dB 저지대역 가장자리 $F = 0.08$인 최적 고역통과 필터를 설계하고, MATLAB 명령어 **filtfilt**를 사용하여 영위상의 필터링된 신호 $y_2[n]$을 구하라. DFT 크기를 그리고 PSD와 시간–주파수 플롯을 표시하라. 이 그림에서 무엇을 알 수 있는지 설명하라. $y_2[n]$을 그려라. 정현파 신호처럼 보이는가? 그림에서 주기를 확인할 수 있는가? 이 결과에서 필터가 기능을 수행하는지 확인되는가?

10.36 **(다중대역 필터)** 다음 규격을 만족하고 140 Hz에서 동작하는 다중대역(multiband) 디지털 FIR 필터를 설계하고자 한다.

통과대역 1: dc에서 5 Hz까지

통과대역 최대 감쇠 = (최대로부터) 2 dB

10 Hz에서 최소 감쇠 = (최대로부터) 40 dB

통과대역 2: 30 Hz에서 40 Hz까지

통과대역 최대 감쇠 = (최대로부터) 2 dB

20 Hz와 50 Hz에서 최소 감쇠 = (최대로부터) 40 dB

(a) 첫 번째 단계로 저자의 웹 사이트에서 **firpm** 루틴을 사용하여 홀수 길이의 최적 필터를 설계하라.

(b) 두 번째 단계로 저자의 웹 사이트에서 **firhb** 루틴에 카이저 윈도를 사용하여 홀수 길이의 반대역 필터를 설계하라.

(c) 두 단계를 합하여 전체 필터의 임펄스 응답을 구하라.

(d) 필터의 전체 응답을 그려라. 각 설계 주파수에서 감쇠 규격을 만족하는지 증명하라.

10.37 **(오디오 등화기)** 많은 하이파이 시스템은 주파수 응답 조건에 맞추기 위해 그래픽 등화기(graphic equalizer)를 갖고 있다. 4-대역 그래픽 등화기를 설계하자. 첫째 부분은 통과대역 가장자리가 300 Hz인 저역통과 필터이고, 다음 두 부분은 통과대역 가장자리가 [300, 1000] Hz와 [1000, 3000] Hz인 대역통과 필터이다. 네 번째 부분은 통과대역 가장자리가 3 kHz인 고역통과

필터이다. 샘플링률은 20 kHz이다. 윈도 기반 FIR 필터를 사용하여 등화기를 구현하라. 최적 FIR 필터를 사용하여 설계를 반복하라. 쌍선형 변환에 의한 IIR 필터를 사용하여 설계를 반복하라. 각 설계에 대해 각 부분과 병렬 조합의 주파수 응답 그림을 중첩하라. IIR과 FIR 설계의 차이점은 무엇인가? 어떤 설계를 추천하겠는가?

CHAPTER 11

매트랩 예제

11.0 소개

최종 장으로 이 책에서 다룬 개념을 밝혀 주는 매트랩 코드 예제를 제공한다. 코드는 다른 유사한 예제에 사용되도록 용이하게 구성된다. 사용되는 명령어를 배우기 위해 매트랩 안의 폭넓은 도움말을 참고하기 바란다.

11.0.1 매트랩 요점

매트랩에 익숙해졌다고 가정하고 진행해 간다. 그렇지만 초보이거나 이제 막 시작하려고 한다면 다음 요점들은 유용하다.

1. 매트랩은 민감한 경우에 배정수로 동작시킨다. 제작된 모든 명령어는 소문자이다.
2. **format long**은 배정수의 결과를 보여주고 **format**으로는 본래의 정수 크기로 돌아간다.
3. 매트랩에서는 인덱스가 0이 아니라 1부터 시작한다.
4. 문장이나 명령어 뒤의 세미콜론(;)은 스크린에 결과를 보여주는 것을 막는다.
5. % 후에는 주석이므로 실행되지 않는다.
6. 매트랩의 명령어나 스크린 표시를 중지하기 위해서는 Ctrl-C를 사용한다.
7. 화살표 키를 위/아래로 이동하면서 사용했던 명령어를 찾을 수 있을 수 있고, 재편집이나 실행을 수행시킬 수 있다.
8. 매트랩에서 나오기 위해 매트랩 프롬프트에서 **quit**를 타이핑한다.

11.0.2 배열 연산

수행할 수 있는 대부분의 연산은 배열에서 요소단위 연산이 된다. 다음에 주의하라.

```
>>x = 0:0.01:2;        % 간격 0.01을 갖는 배열 x가 생성된다.
>>y = x.^ 2;           % ".^"를 사용하여 배열의 제곱을 생성한다.
>>z = x.';             % ".'"를 사용하여 행을 열로 혹은 반대로 배열 x를 전치한다.
```

```
>>x.*y;              % ".*"를 사용하여 동일한 크기의 배열 x와 y를 일대일 곱셈을 한다.
>>x./y;              % "./"를 사용하여 동일한 크기의 배열 x와 y를 일대일 나눗셈을 한다.
>>l = length(x);     % 배열이나 벡터 x의 크기를 돌려준다.
>>p = x(3)           % x의 세 번째 요소(매트랩의 인덱스는 1부터 시작)
```

11.0.3 유용한 명령어

수학적 연산을 위한 매트랩 명령어는 **exp, sin, cos, tan, acos, asin, atan, pi**(π), **eps, i**나 **j**($\sqrt{-1}$), **real, imag, sqrt, abs, angle, log2, log10, length, size** 등이다. 또 다른 유용한 명령어로는 **min, max, int, fix, find, conj, sum, cumsum, diff, prod, eval, filplr, sign** 등이 있다. 도움말을 활용하여 이 명령어들에 대해 보다 많은 것을 배울 수 있다.

문자 함수와 논리 연산

문자 함수(심벌 연산)는 작은따옴표를 사용하여 **x = '4*t.*exp(-2*t)'**처럼 할 수 있다. 매트랩은 따옴표가 없으면 스크린에 표시하게 된다. 이 결과를 이용하거나 도시하기 위해 **eval** 명령어를 사용하여 값을 얻어내야 한다. 예를 들면 다음과 같다.

```
>>x = '4*t.*exp(-2*t)'      % 스트링이나 심벌 표현
>>t = 0:0.05:4;             % 시간 t 범위 설정
 >>xe = eval(x);            % 표현 x의 평가
 >>plot(t,xe)               % x 값을 도시
```

논리 연산의 유용한 예는 다음과 같다.

```
>>i = find(xe>= 0.7);       % 0.7보다 크거나 작은 xe의 인덱스
>>k = find(xe==max(xe));    % xe의 최댓값의 인덱스
>>tm = t(k);                % 최댓값을 갖는 시간
```

자주 묻는 질문(FAQ)

(질문) 아날로그 신호를 도시할 때 부드러운 곡선을 얻기 위해서 필요한 데이터 개수는 얼마인가?

(답변) 적어도 200개이다.

(질문) **t**와 **x**를 이미 정의하고 **plot(t,x)**를 하는데 에러가 뜨는 이유는 무엇인가?

(답변) **t**와 **x**가 같은 크기의 차원을 가져야 한다. **size(t)**와 **size(x)**를 이용하여 점검한다.

(질문) 배열 **t**를 미리 정의하고 $x(t) = 2^{-t}\sin(2t)$를 계산하는데 에러가 뜨는 이유는 무엇인가?

(답변) .*이나 .^와 같은 배열 연산을 사용하지 않았을 가능성이 있다. **>>x = (2.^(-t)).*sin(2*t)**로 시도해 보라.

(질문) 동일한 플롯 안에 몇 개의 그래프를 어떻게 그릴 수 있는가?

(답변) 예로 **>>plot(t,x),hold on,plot(t1,x1), hold off** 혹은 **>>plot(t,x,t1,x1)**

(질문) 같은 윈도 안에 6개(2열 × 3행)의 플롯을 그리기 위해 **subplot**을 어떻게 사용하는가?

(답변) 예로 **>>subplot(2,3,n); plot(t,x)**에서 6개 중에 **n**번째 플롯이며 subplot 명령어가 plot 명령어에 앞서며 xlablel, ylabel, axis, title 등의 옵션을 가질 수 있다.

11.1 매트랩 코드 예제

매트랩 스크립트 파일의 예제들이 이번 절에서 제공되며 주의할 사항은 다음과 같다.

1. 매트랩 문장은 대소문자를 구별해 사용해야 하며 프롬프트에서 입력한다.
2. %에 이어진 주석은 수행되지 않으므로 꼭 타이핑할 필요는 없다.
3. 특별히 명기되지 않는 한 수열은 $n = 0$에서 시작되는 것으로 가정한다.

공간 활용을 위해 같은 줄에 여러 개의 매트랩 문장이 결과를 도시하기 위해 콤마로 분리하거나 도시하는 것을 막기 위해 세미콜론으로 입력된다.

예제 11.1 이산 신호 그리기

$\delta(n-3)$, $u[n-3]$, $r[n-3]$, $\text{sinc}(n/4)$, $4(0.8)^n\cos(0.2n\pi)u[n]$을 $-10 \le n \le 10$ 범위 내에서 그려라.

주석과 매트랩 문장은 다음과 같다.

```
>>n = -10:10;                                          % 이산 정수 색인(-10에서 10)
>>xa = (n==3); subplot(3,2,1), stem(n,xa)              % δ[n-3]
>>xb = (n>=3); subplot(3,2,2), stem(n,xb)              % 단위 계단 u[n-3]
>>xc = (n-3).*(n>=3); subplot(3,2,3), stem(n,xc)       % 단위 램프 r[n-3]
>>xd = sinc(n/4); subplot(3,2,4), stem(n,xd)           % 싱크 함수
>>xe = 4*(0.8.^n).*cos(0.2*n*pi).*(n>=0);              % 감쇠 코사인 함수
>>subplot(3,2,5), stem(n,xe)                           %
```

예제 11.2 신호 측정

$x[n] = r[n] - r[n-5] - 5u[n-10]$일 때

(a) $x[n]$, $x[n+2]$, $x[-n]$, $x_e[n]$, $x_o[n]$을 그려라.

(b) $x[n]$의 신호 에너지를 구하라.

(c) $x[n]$은 절댓값의 합 연산인가? 제곱의 합 연산인가?

(d) 주기가 $N = 7$인 $x[n]$의 주기를 연장하여 그리고, 신호의 전력을 구하라.

주석과 매트랩 문장은 다음과 같다.

```
>>n = -15:15;                                        % 대칭 이산 색인
>>x = n.*(n>=0)-(n-5).*(n>=5)-5*(n>=10);             % x[n] 생성
>>subplot(3,2,1), stem(n,x)                          % 그리기
>>xd = (n+2).*(n>=-2)-(n-3).*(n>=3)-5*(n>=8);        % n ⇒ n+2
>>subplot(3,2,2), stem(n,xd)                         % 그리기
>>xf = fliplr(x); subplot(3,2,3), stem(n,xf)         % x[-n]
>>xe = 0.5*(x+xf); subplot(3,2,4), stem(n,xe)        % x[n]의 짝수 부분
>>xo = 0.5*(x-xf); subplot(3,2,5), stem(n,xo)        % x[n]의 홀수 부분
>>sa = sum(abs(x)); e = sum(x.*x);                   % 절댓값의 합과 에너지
>>nx = length(x); r=rem(nx,7); m=fix(nx/7);          % m개 한 주기 구역
>>xpe = x(1:7); for j=1:m-1                          % 한 주기 구역 더하기
>>xpe = xpe+x(7*j+1:7*j+7);                          % 주기 확장
>>end                                                %
>>if r > 0,xpe(1:r) = xpe(1:r)+x(nx-r+1:nx); end     % 나머지를 더하기
>>subplot(3,2,6), stem(0:20,[xpe xpe xpe]);          % 3주기
>>pwr = sum(xpe.*xpe)/7                              % xpe[n]의 전력 그리기
```

예제 11.3 랜덤 분포

미리 예측할 수 없는 정밀한 값의 랜덤 신호는 확률 분포와 확률 밀도 함수로 특징지어진다. 균일 분포에서 모든 값이 동등하게 나타나며 밀도 함수는 구현파 형태이다. 가우시안 확률 밀도 함수는 종 모양이다. 랜덤 신호의 **평균**과 **분산**은 관측 x_k, $k = 0, 1, 2, \ldots, N-1$로부터 다음 식처럼 추정될 수 있다.

$$m_x = \frac{1}{N}\sum_{k=0}^{N-1} x_k \qquad \sigma_x^2 = \frac{1}{N-1}\sum_{k=0}^{N-1}(x_k - m_x)^2$$

평균은 분포의 중심으로 측정된다. **분산**은 평균에 대한 분포의 분산을 측정한다. 또한 ac 신호 전력의 측정이기도 하다. 실제로 무수히 많은 관측으로부터 **히스토그램**을 구성하므로 확률 분포가 일련의 값 f_k로서 추정된다. 히스토그램은 특정 크기의 레벨[빈(bin)] 안에 떨어지는 관측의 개수에 대한 막대그래프이다.

균일 분포와 정규 분포의 랜덤 신호 500개를 각각 생성하라.

(a) 우선 100개의 값을 그려라.

(b) 20빈을 사용하여 히스토그램을 그려라.

(c) 평균과 분산을 구하라.

주석과 매트랩 문장은 다음과 같다.

```
>>n = 0:499;p=length(n);                     % 이산 색인과 길이
>>xu=rand(size(n));                          % 균일 분포 (평균=0.5, 분산=0)
>>xr=randn(size(n));                         % 가우시안 분포 (평균=0, 분산=1)
>>subplot(2,2,1),plot(n(1:100),xu(1:100)),   % (a) 균일 분포 그리기
>>subplot(2,2,2),plot(n(1:100),xr(1:100)),   % (b) 가우시안 분포 그리기
>>subplot(2,2,3),hist(xu,20);                % (c) 균일 분포의 히스토그램
>>subplot(2,2,4),hist(xr,20);                % (d) 가우시안 분포의 히스토그램
>>mu=sum(xu)/p, mr=sum(xr)/p                 % 평균 구하기
>>vu=sum(xu-mu).*(xu-mu)/(p-1)               % 균일 분포의 분산
>>vr=sum(xr-mr).*(xr-mr)/(p-1)               % 가우시안 분포의 분산
```

예제 11.4 중심 극한 정리

확률적으로 독립적이고 랜덤 현상의 복합적인 확률 분포는 가우시안 분포의 경향이 있다. 이를 **중심 극한 정리**라고 한다. 균일 분포의 랜덤 신호 다섯 가지를 생성하므로 중심 극한 정리를 증명하라. 각 신호와 그들의 합의 히스토그램을 그려라.

주석과 매트랩 문장은 다음과 같다.

```
>>n = 0:499;p=length(n);                     % 이산 색인과 길이
>>x1 = rand(size(n));x2 = rand(size(n));     % 균일 분포 신호 x1과 x2
>>x3 = rand(size(n));x4 = rand(size(n));     % 균일 분포 신호 x3과 x4
>>x5 = rand(size(n));                        % 균일 분포 신호 x5. 평균=0.5
>>x = x1+x2+x3+x4+x5                         % 합 x
>>subplot(2,2,1),plot(n(1:100),x1(1:100)),   % x1 그리기
>>subplot(2,2,2),plot(n(1:100),x(1:100)),    % (b) 합 x 그리기
>>subplot(2,2,3),hist(x1,20);                % (c) x1의 히스토그램
>>subplot(2,2,4),hist(x,20);                 % (d) 합 x의 히스토그램
>>m1 = sum(x1)/p, m = sum(x)/p               % x1과 x의 평균 구하기
>>v1 = sum((x1-m1).*(x1-m1))/(p-1)           % x1의 분산
>>v = sum((x-m).*(x-m))/(p-1)                % 합 x의 분산
```

참고: 합의 평균과 각 평균의 합은 같다.

예제 11.5 신호대 잡음비

신호 성분 $s(t)$와 잡음 성분 $An(t)$의 합인 잡음 섞인 신호 $x(t) = s(t) + An(t)$에 대해서 **신호대 잡음비**(SNR)는 신호 전력 σ_s^2과 잡음 전력 $A^2\sigma_n^2$의 비율이다. **데시벨**(dB)로 정의하면 SNR = 10

$\log\frac{\sigma_s^2}{A^2\sigma_n^2}$ dB이다. 잡음의 진폭 A에 따라 SNR을 조절할 수 있다. SNR이 18 dB인 잡음 섞인 정현파 신호를 생성하기 위해 이 결과를 사용하라.

SNR 결과로부터 $A = \frac{\sigma_s/\sigma_n}{10^{\mathrm{SNR}/20}}$이다.

σ를 계산하기 위해 매트랩 루틴 **std**와 다음 명령어를 사용한다.

```
>>t = 0:0.01:2;                        % 시간 배열
>>s = sin(2*pi*t);                     % 신호
>>n = randn(size(s));                  % 가우시안 잡음
>>snr = 18;                            % 원하는 SNR
>>a = std(s)/std(n)/(10^(snr/20));     % a를 계산
>>x = s+a*n;                           % 잡음 신호 생성
```

예제 11.6 신호 평균

신호에서 잡음을 추출하는 것은 신호 처리 응용의 중요한 부분이다. **무결점 신호 평균**은 (i) 실험이 반복되고 (ii) 신호를 오염시키는 잡음은 랜덤으로 비상관관계를 가정하고 있다. 수많은 반복 실험 결과들의 평균화는 잡음을 0으로 만들어 신호 품질을 개선하게 된다.

(a) 신호 $x = \sin(40\pi t)$를 1000 Hz로 0.2초 동안 샘플링하여 이산 신호 $x[n]$을 구한다.

(b) $x[n]$에 평균이 0인 균일 분포 랜덤 잡음을 더하여 잡음 신호를 만드는 과정을 16회 시도하여 신호를 생성하고 그들의 평균을 구한다.

(c) 64회 시도하여 (b) 결과와 비교한다.

(d) 평균을 함으로써 잡음 신호의 품질이 향상되는가?

다음과 같은 매트랩 문장을 사용한다.

```
>>ts = 0.001;t = 0:ts:0.2;             % 시간 배열
>>x = sin(40*pi*t);                    % 순수 사인 신호
>>xn = x+rand(size(x))-0.5;            % 신호+균일 잡음(평균 = 0)
>>z = 0; for n = 1;64;                 % z 초기화와 루프 시작
>>z = z+x+rand(size(x))-0.5;           % 매회 합을 기록
>>if n==16, a16 = z/16; end            % 16회 합의 평균을 저장
>>end                                  % 64회 루프 종료
>>a64 = z/64;                          % 64회 평균
>>subplot(2,2,1),plot(t,x)             % (a) 순수 신호
>>subplot(2,2,2),plot(t,xn)            % (b) 전형적인 잡음 섞인 신호
>>subplot(2,2,3),plot(t,a16)           % (c) 16회 신호 평균
>>subplot(2,2,4),plot(t,a64)           % (d) 64회 신호 평균
```

참고

1. 평균 0.5의 결과를 얻기 위해 *rand*에서 0.5를 빼 준다.
2. 신호 평균은 시간의 동기를 요하고, 잡음 분포는 평균의 결과에 영향을 끼치므로 바람직하지 않다.
3. 음원 저장 시스템에서는 자연스런 샘플링 주파수에서 좀 더 긴 신호(2의 멱수)를 만들 수 있고 매트랩의 *sound* 명령어를 이용하여 순수 신호, 잡음 신호, 평균 신호들을 들을 수 있다.

예제 11.7 이산 시스템 응답

초기치가 0이고 입력이 $x[n] = 20(0.8)^n u[n]$인 이차 시스템 $y[n] - 0.64y[n-2] = x[n] + 2x[n-1]$이 있다.

(a) **dlsim**과 **filter**를 사용하여 시스템 응답을 구하고 결과를 비교하라.

(b) 이 시스템이 제한 입력에 제한 출력(BIBO)을 갖는 안정성이 있는가?

시스템 응답을 생성하고 비교하기 위한 매트랩 문장은 다음과 같다.

```
>>n = 0:60;                              % 이산 색인 생성
>>xin = 20*(0.8.^n); xin = xin(:);       % 입력을 벡터로 생성
>>a = [1 0 -0.64]; b = [1 2 0];          % 계수 배열 생성
>>y1 = filter(b,a,xin);                  % 필터를 이용하여 n = 60의 시스템 응답
>>y2 = dlsim(b,a,xin);                   % dlsim 사용
>>subplot(2,1,1),stem(n,y1);             % 응답 그리기
>>subplot(2,1,2),plot(n,y1-y2);          % 응답 차이 그리기
>>r = abs(roots(a));                     % 특성 방정식 근의 절댓값
>>if any(r>=1),disp('Unstable')          % 불안정을 표시
>>else disp('Stable'),end                % 그렇지 않으면 안정
```

참고: **dlsim**은 차분방정식의 초기 조건을 수용하지 않는다. 반면 **filter**은 초기치 배열 **ic**로 수정하여 다음과 같이 사용된다.

```
>>nic = filtic(b,a,ic); y = filter(b,a,xin,nic)            % 방법 1
>>nic = fliplr(filter(-a(2:length(a)), 1, ic))/a(1);       % 방법 2
```

예제 11.8 이동평균 필터의 평활화 효과

20-포인트 이동평균 필터 $y[n] = \frac{1}{20}(x[n] + x[n-1] + \cdots + x[n-19])$를 평활화 필터라고 칭하는데 이는 신호의 급격한 변화를 부드럽게 해 주기 때문이다. 이를 확인하기 위해 다음을 시도해 보라.

(a) 1 Hz의 정현파를 40 Hz의 샘플링으로 200개의 샘플을 생성하라.

(b) 신호에 잡음을 더하여 잡음 섞인 신호를 만든다.

(c) 20점 이동평균 필터를 이용하여 잡음 섞인 신호를 필터링한다.

(d) 각 신호를 그려서 잡음과 평활화 효과를 확인한다.

매트랩 문장은 다음과 같다.

```
>>n = 0:199;                                      % 이산 색인 생성
>>x = sin(2*pi*n*0.025); x = x(:);                % 1 Hz 사인 신호를 40 Hz로 샘플링
>>xn = x+0.5*rand(size(x));                       % 균일 랜덤 잡음을 더하기
>>a = [1 zeros(1,19)]; b = 0.05*ones(1,20);       % 이동평균 필터의 계수 배열
>>y = filter(b,a,xn);                             % 필터를 사용한 응답
>>subplot(2,2,1),plot(n,x);                       % 입력 신호 그리기
>>subplot(2,2,2),plot(n,xn);                      % 잡음 섞인 신호 그리기
>>subplot(2,2,3),plot(n,y);                       % 평활화된 출력 신호 그리기
```

예제 11.9 컨벌루션과 컨벌루션 색인

임펄스 응답 $h[n] = \{1,\ 2,\ \overset{\Downarrow}{2},\ 3\}$인 FIR 필터에 입력 $x[n] = \{2,\ \overset{\Downarrow}{-1},\ 3\}$이 인가된다. 필터의 응답 $y[n]$을 구하고 같은 축을 사용하여 세 가지 신호를 그려라.

$x[n]$의 시작 색인은 $n = -1$, $h[n]$의 시작 색인은 $n = -2$이므로 $y[n]$의 시작 색인은 $n = -3$이다. 매트랩 코드와 그래프는 다음과 같다.

```
>>x = [2 -1 3];h = [1 2 2 3];                     % 신호 x[n]과 임펄스 응답 h[n]
>>y = conv(x,h);                                  % 컨벌루션 y[n]
>>nx = -1:1;nh = -2:1;                            % x[n]과 h[n]의 색인
>>ns = nx(1)+nh(1);                               % y[n]의 시작 색인
>>ne = nx(length(nx))+nh(length(nh));             % y[n]의 종료 색인
>>ny = ns:ne;                                     % y[n]의 색인
>>amax = max([x h y]);amin = min([x h y]);        % 최댓값과 최솟값
>>ax = [ns ne amin amax];                         % 축의 한계 설정
>>subplot(3,1,1),stem(nx,x),axis(ax);             % 신호 x[n]
>>subplot(3,1,2),stem(nh,h),axis(ax);             % 신호 h[n]
>>subplot(3,1,3),stem(ny,y),axis(ax);             % 신호 y[n]
>>s = sum(y)-sum(x)*sum(h)                        % s = 0으로 일치 확인
```

예제 11.10 분석적 컨벌루션의 근사화

임펄스 응답 $h[n] = (0.4)^n u[n]$이라면 이 필터의 입력 $x[n] = (0.8)^n u[n]$, $0 \le n \le 20$일 때 응답

출력 $y[n]$을 구하라. 만약 $x[n]$과 $h[n]$이 $0 \le n \le 20$ 영역에서 정의된다면 이들의 컨벌루션은 $0 \le n \le 40$ 영역으로 확장된다. 그러나 분석적 결과를 $0 \le n \le 20$에 대해서만 매칭한다. 매트랩 코드는 다음과 같다.

```
>>n = 0:20;                               % 이산 색인
>>x = (0.8 .^ n);h = (0.4 .^ n);          % 신호 x[n]과 임펄스 응답 h[n]
>>y = conv(x,h);                          % 컨벌루션 y[n]
>>y = y(1:length(n));                     % x와 h의 길이로 y 절단
>>subplot(2,2,1),stem(n,x)                % 입력 신호 x
>>subplot(2,2,2),stem(n,h)                % 임펄스 응답 h
>>subplot(2,2,3),stem(n,y)                % 출력 신호 y
>>ya = (0.4 .^ n).*((2 .^ (n+1))-1);      % 정확한 결과
>>subplot(2,2,4),plot(n,ya-y)             % 오차 그리기
>>maxerr = max(abs(ya-y))                 % 최대 오차 표기
```

예제 11.11 정현파 입력에 대한 시스템 응답

LTI 시스템에서 정현파 입력의 응답은 입력 주파수를 갖는 정현파이다. 입력 $x[n] = \cos(0.2\pi n)$과 임펄스 응답 $h[n] = \{\overset{\Downarrow}{1}, 2, 3, 4, 5, 6, 7, 8\}$인 필터에서 이를 증명하라.

입력 $x[n] = \cos(0.2\pi n)$의 주기는 $N = 10$이다. 컨벌루션 결과를 도시하기 위해 $0 \le n \le 50$에서 $x[n]$을 생성한다면 매트랩 코드는 다음과 같다.

```
>>n = 0:50;                        % 이산 색인
>>x = cos(0.2*pi*n);h = 1:8;       % 신호 x와 임펄스 응답 h
>>y = conv(x,h);                   % 응답 y
>>y = y(1:length(n));              % x의 길이로 절단
>>subplot(2,1,1),stem(n,x)         % 입력 신호 그리기
>>subplot(2,1,2),stem(n,y)         % 출력 신호 그리기
```

참고: 그래프에서 응답 시작부의 과도 응답을 제외하고 주기성을 관찰해야 한다. 입력과 출력에서 주기가 $N = 10$임을 식별할 수 있다.

예제 11.12 컨벌루션과 필터링

컨벌루션 응답은 임펄스 응답 $h[n]$으로 표현되는, 차분방정식에서 구해지는 제로상태 응답과 동일하다. 매트랩의 **filter** 명령어를 사용하여 구해진다. **filter**는 입력의 길이와 동일한 만큼의 결과를 구해 주지만, **conv**로 구해진 결과는 더 길게 구해진다. 그렇지만 입력 길이만큼에서는 **filter**나 **conv**는 동일한 결과를 나타낸다.

이전 예제 11.11에서 차분방정식은 다음과 같이 기술된다.

$$y[n] = x[n] + 2x[n-1] + \cdots + 8x[n-7]$$

입력 $x[n] = \cos(0.2\pi n)$에 대한 응답을 구하고 예제 11.11의 결과와 비교하라.

풀이: 매트랩의 **filter** 명령어를 사용하다면 다음과 같다.

```
>>n = 0:50;x = cos(0.2*pi*n);h = 1:8;          % 신호 x와 임펄스 응답 h
>>a = [1 zeros(1,7)];                          % 필터 계수
>>yf = filter(h,a,x);                          % filter 사용
>>lf = length(yf);                             % x와 h의 길이와 동일
>>yc = conv(x,h);                              % x와 h의 길이보다 길다
>>lc = length(yc);                             % yc의 길이
>>yt = yc(1:length(n));err = yf-yt;            % 절단하고 오차 구함
>>subplot(3,1,1),stem(0:lc-1,yc)               % yc 그리기
>>ax = axis;                                   % 긴 축의 길이 제한
>>subplot(3,1,2),stem(n,yf),axis(ax);          % yf 그리기와 동일한 축 길이
>>subplot(3,1,3),plot(n,err),axis(ax)          % 오차 그리기
```

예제 11.13 역 컨벌루션과 시스템 확인

$y[n] = x[n] * h[n]$이고, 입력 $x[n]$과 출력 $y[n]$을 알고 있으면 시스템 임펄스 응답 $h[n]$을 **역 컨벌루션**에 의해서 구할 수 있다. 컨벌루션이 다항식의 곱셈과 동일하므로 역 컨벌루션은 다항식 나눗셈과 동일하다. 완벽한 결과는 나눗셈한 나머지가 0이어야 한다.

$y[n] = \{\overset{\Downarrow}{3}, 9, 17, 21, 19, 13, 6, 2\}$이고 $x[n] = \{\overset{\Downarrow}{3}, 3, 2, 2\}$라면 $h[n]$을 구하라.

매트랩의 **deconv** 명령어를 사용하면 다음과 같다.

```
>>y=[3 9 17 21 19 13 6 2];        % 출력 y
>>x=[3 3 2 2];                    % 입력 x
>>[h,r]=deconv(y,x)               % 임펄스 응답과 나머지 표기
```

참고: 역 컨벌루션은 잡음에 너무 민감하고 주파수 영역에서 구현하기가 훨씬 쉽다.

예제 11.14 주기 컨벌루션과 원형 컨벌루션

두 주기 신호의 한 주기를 표기하면

$$x_p[n] = \{\overset{\Downarrow}{1},\ 2,\ -1,\ 0,\ 2,\ 3\} \qquad h_p[n] = \{\overset{\Downarrow}{2},\ 1,\ 0,\ -1,\ -2,\ -3\}$$

주기 컨벌루션을 구하라.

매트랩 문장은 다음과 같다.

```
>>x = [1 2 -1 0 2 3]; h = 2:-1:-3;          % x와 h의 한 주기
>>N = length(x);                            % x와 h의 길이
>>y = [conv(x,h) 0];                        % conv의 길이를 2N개로 정규화
>>yw = y(1:N)+y(N+1:2*N)                    % 둘러싼 결과를 표기
```

예제 11.15 정규화와 주기 컨벌루션

$$x_p[n] = \{\overset{\Downarrow}{1},\ 2,\ -1,\ 0,\ 2,\ 3\} \qquad h_p[n] = \{\overset{\Downarrow}{2},\ 1,\ 0,\ -1,\ -2,\ -3\}$$

(a) x와 h의 1주기를 사용하여 주기 컨벌루션 $y_1[n]$을 구하라.

(b) x와 h의 5주기를 사용하여 주기 컨벌루션 $y_5[n]$을 구하라.

(c) $y_1[n]$의 주기와 연관하여 $y_5[n]$의 주기는 어떻게 되는가?

(d) 컨벌루션 결과 값인 $y_1[n]$과 $y_5[n]$은 어떤 연관이 있는가?

랩어라운드 방법을 사용한 매트랩 문장은 다음과 같다.

```
>>x = [1 2 -1 0 2 3];h = 2:-1:-3;                 % x와 h의 한 주기
>>y1 = conv(x,h);N = length(x);                   % 정규 conv
>>y1 = y1(1:N)+[y1(N+1:2*N-1) 0];                 % y1[n]의 주기 conv
>>x5 = [x x x x x];h5 = [h h h h h];              % x와 h의 5주기
>>y5 = conv(x5,h5);M = length(x5);                % 정규 conv
>>y5 = y5(1:M)+[y5(M+1:2*M-1) 0];                 % y5[n]의 주기 conv
>>subplot(2,1,1),stem(0:M-1,y5),ax = axis;        % y5를 그리기
>>subplot(2,1,2),stem(0:N-1,y1),axis(ax);         % y1을 그리기
>>scale = y5(1:N)./y1                             % 한 주기에 대한 비율
```

참고: $y_5[n]$은 주기 N의 주기 함수이고 $y_1[n]$보다 5배가 길다. 한 주기에 대해서 $y_5[n] = 5y_1[n]$이다. $y_1[n]$ 나누기 N 하여 정규화하거나, $y_5[n]$에 $5N$을 나누기하므로 한 주기에 대해서 동일한 결과를 산출한다.

예제 11.16 주기 컨벌루션에서 정규 컨벌루션

$x[n] = \{\overset{\Downarrow}{1},\ 2,\ -1,\ 0,\ 2\}$이고 $h[n] = \{\overset{\Downarrow}{2},\ 1,\ 0,\ -1,\ -2,\ -3\}$이라 하자. 제로 삽입과 주기 컨벌루션을 이용하여 정규 컨벌루션을 구하라.

랩어라운드 방법을 사용한 매트랩 문장은 다음과 같다.

```
>>x = [1 2 -1 0 2];h = 2:-1:-3;             % 입력 신호 x와 임펄스 응답 h
>>Nx = length(x);Nh = length(h);            % x와 h의 길이
```

```
>>Ny = Nx+Nh-1;                    % 컨벌루션 길이
>>xz = zeros(1,Ny);hz = xz;        % 제로 삽입을 위한 초기화
>>xz(1:Nx) = x;hz(1:Nh) = h;       % 제로 삽입된 x와 h
>>N = length(xz);                  % xz와 hz의 길이
>>y = [conv(x,h) 0];               % 2N 샘플의 정규 컨벌루션
>>yr = y(1:N)+y(N+1:2*N)           % 랩어라운드로 정규 컨벌루션
```

예제 11.17 자기상관함수와 상호상관함수

입력 $x[n] = n, 0 \leq n \leq 8$이고 임펄스 응답 $h[n] = n, 0 \leq n \leq 3$일 때,

(a) 자기상관함수 $r_{xx}[n]$과 $r_{hh}[n]$, 최댓값의 위치를 구하고 그려라.

(b) 상호상관함수 $r_{xh}[n]$과 $r_{hx}[n]$을 구하고 그려라.

(c) $h[n]$과 $h[n-4]$의 상관함수와 최댓값의 위치를 구하고 그려라.

풀이: 다음과 같은 매트랩 문장을 사용한다.

```
>>x = 0:8;h = 0:3;                             % 신호 x와 임펄스 응답 h
>>nx = 0:8;nh = 0:3;                           % x와 h의 이산 색인
>>rxx = conv(x,fliplr(x));                     % rxx의 자기상관함수
>>rhh = conv(h,fliplr(h));                     % rhh의 자기상관함수
>>nhh = -3:3;nxx = -8:8;                       % rxx와 rhh의 이산 색인
>>[mx, i1] = find(rxx==max(rxx))               % 최댓값 rxx와 매트랩 색인
>>[mh, i2] = find(rhh==max(rhh))               % 최댓값 rhh와 매트랩 색인
>>nxxm = nxx(i1),nhhm = nhh(i2)                % 최댓값 rxx와 rhh의 색인
>>rxh = conv(x,fliplr(h));                     % 상호상관함수 rxh
>>rhx = conv(h,fliplr(x));                     % 상호상관함수 rhx
>>nxh = -3:8;nhx = -8:3;                       % rxh와 rhx의 이산 색인
>>ax = [-8 8 0 inf];                           % 모든 플롯에 대한 축의 한계
>>subplot(3,2,1),stem(nxx,rxx),axis(ax);       % rxx그리기
>>subplot(3,2,2),stem(nhh,rhh),axis(ax);       % rhh그리기
>>subplot(3,2,3),stem(nxh,rxh),axis(ax);       % rxh그리기
>>subplot(3,2,4),stem(nhx,rhx),axis(ax);       % rhx그리기
>>h1 = [0 0 0 0 h];n = 0:7;                    % 이동 h와 이산 색인
>>rhd = conv(h,fliplr(h1));                    % h와 h1의 상관함수
>>nhd = -7:3;                                  % rhh1의 이산 색인
>>rhd2 = conv(h1,fliplr(h));                   % h1과 h의 상관함수
>>nhd2 = -3:7;                                 % rhh2의 색인
>>subplot(3,2,5),stem(nhd,rhd),axis(ax);       % rhd 그리기
>>subplot(3,2,6),stem(nhd2,rhd2),axis(ax);     % rhd2 그리기
```

참고: $r_{hd}[n] = h[n] ** h[n-4]$의 상관함수는 $r_{hh}[n-4]$와 동일하다. 지연은 $r_{hd}[n]$의 최댓값의 위

치를 가리켜 준다. 이 결과는 목표물 추적, 즉 레이더나 초음파 응용 등의 근거가 된다. 샘플링 신호 $x[n]$을 송출하고 목표물 비행체에 반사되어 온다. 수신된 신호는 지연되어 $x[n-n_0]$이다. 지연 $n_0t_s = 2Rc$로 R은 목표물까지의 거리이고, c는 전파속도이다. $x[n]$과 $x[n-n_0]$의 상관관계에 의해서 최대치의 위치를 구한다. 이 위치가 n_0이며 이로부터 목표물 거리인 R을 추정하게 된다.

예제 11.18 잡음에 파묻힌 신호

잡음에 파묻힌 신호를 검출하는 효과적인 방법이 상관함수이다. 잡음은 본래 비상관이므로 잡음 섞인 신호와 잡음의 상관함수를 구한다면 상관함수는 신호에 의해서만 기인하게 된다. 이것은 $n=0$에서 급격한 최고치를 보일 것이다.

상관된 잡음 섞인 신호의 스펙트럼은 신호의 주파수를 추정하는 데 사용될 수 있다. 2초 동안 $t_s = 0.01$초로 샘플링한 20 Hz 정현파에 잡음을 더하여 두 가지 잡음 섞인 신호를 생성하라.

(a) 두 잡음 섞인 신호의 상관관계를 구함으로써 신호의 존재를 확인하라.

(b) 상관함수의 FFT 스펙트럼으로부터 신호의 주파수를 추정하라.

다음과 같은 매트랩 문장을 사용한다.

```
>>ts=0.01;t=0:ts:2;N1=length(t);                % 시간 배열
>>x=sin(2*20*pi*t);                             % 신호 x
>>z1=2*randn(size(x));z2=2*randn(size(x));      % 두 가지 랜덤 잡음
>>x1=x+z1;x2=x+z2;                              % 두 가지 잡음 섞인 신호
>>cc=conv(x1,fliplr(x2));                       % x1와 x2의 상호상관함수
>>cn=conv(z1,fliplr(z2));                       % 잡음의 상호상관함수
>>N=length(cn);                                 % 상관함수 길이
>>tc=-(N1-1):N1-1;f=(0:N-1)/N/ts;               % 상관함수와 FFT의 축 값
>>ccspec=abs(fft(cc))/N;                        % 상호상관함수의 FFT
>>cnspec=abs(fft(cn))/N;                        % 잡음의 FFT
>>subplot(2,2,1),plot(tc,cc);ax=axis;           % cc의 상호상관함수 그리기
>>subplot(2,2,2),plot(tc,cn);axis(ax);          % cn의 상호상관함수 그리기
>>subplot(2,2,3),plot(f,ccspec);ay=axis;        % cc의 스펙트럼 그리기
>>subplot(2,2,4),plot(f,cnspec);axis(ay);       % cn의 스펙트럼 그리기
```

예제 11.19 처프 신호의 대역저지 필터링

주파수 영역 필터링은 신호 처리의 광범위한 응용범위를 갖는다. 필터가 하드웨어적으로나 소프트웨어적으로 설계될 수 있고, DSP로 할 수 있는 것으로 많은 것을 필터링 레벨에서 행할 수 있다.

선형 처프 신호는 시간에 따라 주파수가 선형적으로 변화하는 신호이다. 변화해 가는 신호 주파수는 필터링 효과의 멋진 시각적 지표를 제공해 준다.

(a) 400개의 샘플 동안에 $F = 0$에서 $F = 0.5$로 변화되는 신호를 생성하고 그려라.

(b) 임펄스 응답 $h[n] = \delta[n] - 0.2\cos(0.5n\pi)\text{sinc}(0.1n)$인 FIR 대역저지 필터에 이 처프 신호가 인가된다면 응답을 구하고 그려라.

(c) 이 그래프가 필터의 대역저지 특성을 보여주고 있는가?

다음과 같은 매트랩 문장을 사용한다.

```
>>nx = 0:399;                                      % x의 이산 색인
>>x = cos(pi*nx.*nx/800);                          % F=0에서부터 F=0.5까지의 처프 신호 x
>>n = -50:50;                                      % 대역저지 필터의 색인
>>hbs = (n==0)-0.2*cos(0.5*n*pi).*sinc(0.1*n);     % 대역저지 필터의 계수
>>y = filter(hbs,1,x);                             % 필터의 응답
>>subplot(2,1,1),plot(nx,x);ax = axis;             % 처프 신호 그리기
>>subplot(2,1,2),plot(nx,y);axis(ax);              % 필터 응답 그리기
```

참고

1. 종료 효과 부분을 제외하고 응답은 필터의 대역저지 특성을 보여준다.

2. 음원 저장 시스템상에 자연 샘플링 주파수를 사용하여 **sound** 명령어로 처프 신호와 필터 응답에 대한 음의 차이를 들을 수 있다.

예제 11.20 깁스 효과와 주기 컨벌루션

차단 주파수가 F_C인 이상적인 저역통과 필터의 임펄스 응답은 $h[n] = 2F_C\,\text{sinc}(2F_C n)$이다. $n = 0$에 대해 대칭 절단으로 **깁스 효과**를 나타난다. 이는 주파수 영역에서는 오버슈트나 발진으로 나타난다. $h[n]$, $|n| \le N$의 절단은 $h[n]$에 직사각형 **윈도** $w_D[n] = \text{rect}(n/2N)$을 곱하는 것과 동일하다. 주파수 영역에서는 $H(F)$와 디리클레(Dirichlet) 커널 $W_D(F)$의 **주기** 컨벌루션과 동일하다. 이것은 $W_D(F)$의 **점차** 감소하는 사이드 로브로 오버슈트나 발진을 야기한다. 오버슈트를 제거하고 발진을 감소시키기 위해 DTFT하여 훨씬 빠르게 감소하는 사이드 로브를 갖는 윈도를 선택하게 된다. 페저(Fejer) 커널을 갖는 삼각형 윈도가 하나의 알고 있는 예가 된다.
임펄스 응답 $h[n]$이 $-20 \le n \le 20$이고 $F_C = 0.2$인 이상적인 필터가 있다.

(a) 디리클레 커널을 갖는 주기 컨벌루션이 깁스 효과를 초래함을 보여라.

(b) 깁스 효과가 페저 커널을 갖는 주기 컨벌루션에서는 나타나지 않음을 보여라.

$-20 \le n \le 20$으로 절단된 $h[n]$과 $F_C = 0.2$로 매트랩 명령어를 구성하면 다음과 같다.

```
>>n = -20:20;                               % 이산 색인
>>Fc = 0.2;h = 2*Fc*sinc(2*Fc*n);           % 임펄스 응답
>>a = [zeros(1,20) 1 zeros(1,20)];          % DTFT의 분모 배열
>>f = (-200:199)/400;w = 2*pi*f;            % 주파수 배열(F = -0.5에서 F = 0.5)
>>HI = (abs(f)<=0.2);                       % Fc = 0.2, 이상 필터 스펙트럼
>>HT = abs(freqz(h,a,w));                   % 절단된 이상 필터의 DTFT
>>f1 = f+0.5;                               % 주파수 배열(F = 0에서 F = 1)
>>x = sinc(41*f1)./sinc(f1);Wd = 41*x;      % 디리클레 커널
>>x = sinc(20*f1)./sinc(f1);Wf = 20*x.*x;   % 페저 커널
>>y1 = [conv(HI,Wd) 0];                     % 799점 컨벌루션과 0
>>HD = (y1(1:400)+y1(401:800))/400;         % 400으로 정규화된 주기 컨벌루션
>>y2 = [conv(HI,Wf) 0]                      % 799점 컨벌루션과 0
>>HF = (y2(1:400)+y2(401:800))/400;         % 400으로 정규화된 주기 컨벌루션
>>subplot(2,2,1),plot(f,HI)                 % (a) 이상 필터 스펙트럼
>>subplot(2,2,2),plot(f,HD)                 % (b) 직사각형 윈도 h[n]
>>subplot(2,2,3),plot(f,HF)                 % (c) 삼각형 윈도 h[n]
>>subplot(2,2,4),plot(f,HT)                 % (d) 절단된 h[n]의 DTFT
```

참고: 만약 디리클레와 페저 커널이 $0 \le F \le 1$에 걸쳐 생성된다면 $h[n]$은 $-0.5 \le F \le 0.5$에 걸쳐 생성되므로 주기 컨벌루션의 한 주기가 동일한 범위를 다루게 된다.

예제 11.21 신호 재구성과 재샘플링

신호 $x(t) = \sin(2\pi ft)$를 0.25초 샘플링 간격으로 한 주기 동안 샘플링하여 $x[n] = \{\overset{\Downarrow}{0}, 1, 0, -1\}$을 얻는다. 다음 과정에서 얻어지는 신호를 그려라.

(a) 싱크, 상수, 선형 보간을 이용하여 $x[n]$에 16-폴드 보간하라.

(b) 원래 샘플링률의 3.2배로 $x[n]$을 재샘플링하라.

$3.2 = \frac{16}{5}$이므로 (b)의 재샘플링 신호는 (a)의 5배인 16-폴드 보간 신호를 데시메이션함으로써 생성된다.

```
>>T = 2;tc = 0:0.01:T;xc = sin(2*pi*tc);       % 아날로그 신호
>>ts = 0.25;L = round(T/ts);td = ts*(0:L-1);   % 이산 색인
>>xd = sin(2*pi*td);                           % 샘플링 신호
>>N = 16;ti=ts/N;                              % N배의 조밀한 간격
>>m = L*N;tn=(0:m-1)*ti;                       % 조밀한 시간 축
>>x1 = 0*tn;x1(1:N:m)=xd;                      % 조밀한 축의 신호
>>t = -ts*L:ti:ts*L-ti;h = sinc(t/ts);d = m    % 싱크 보간
    %주의: 상기는 싱크 보간을 위한 코드임
    %다음 두 줄은 상수 또는 삼각 보간인 경우 한 줄씩을 대신하여 사용하라.
```

```
>>%t = 0:ti:ts-ti;h = 0*t+1;d = 0;          % 상수 보간
>>%t = -ts:ti:ts-ti;h = tri(t/ts);d = N;     % 삼각형 보간
>>y = conv(h,x1);                           % (a)의 보간 신호
>>xn = y(d+1:d+m);                          % 조밀한 시간 축의 한계
>>subplot(2,1,1),plot(tc,xc);               % 아날로그 신호와 샘플링된 신호 그리기
>>hold on;                                  % 그림 유지
>>stem(tn,xn);                              % 보간 신호 xn 중복 그리기
>>plot(td,xd,'*m');                         % 이산 신호
>>hold off;                                 % 그림 벗어나기
>>M = 5;xr = xn(1:M:m);                     % (b)에 대해서 5만큼 xn에 데시메이션
>>tr = tn(1:M:m);                           % 재샘플링된 xr의 이산 배열
>>subplot(2,1,2),stem(tr,xr);               % xr 그리기
```

참고

1. 실무에서는 데시메이션 전에 보간 신호에 저역통과 필터링을 행한다.

2. 이론적으로는 싱크 보간을 이용하여 대역제한 신호에 대해 완벽한 복원이 가능하다. 정현파에 대해 싱크 보간하면 이 사실을 확인할 수 있는가? (아니다!) 그렇지 않다면, 그 이유는 무엇일까? (한 주기 외의 신호 범위에서는 보간하는 동안 0으로 가정하기 때문이다).

예제 11.22 신호 양자화와 신호대 잡음비(SNR)

신호 $x(t) = \sin(2\pi f t)$로부터 $t = 0$에서 시작하여 0.01초 간격으로 200개의 샘플을 얻는다. 샘플링 신호 $x[n]$은 3비트 양자화를 사용하며 라운딩하여 양자화된 신호 $x_Q[n]$을 얻는다.

(a) CT 신호 $x(t)$와 양자화 신호 $x_Q[n]$을 그려라.

(b) 오차 신호 $x[n] - x_Q[n]$의 히스토그램을 그려라.

(c) 양자화 신호대 잡음비(SNR)를 구하라.

(d) 양자화 SNR의 확률적 추정을 하라.

(e) 정현파에 대해 유효한 식 $\text{SNR} = 6B + 1.76$을 이용하여 SNR를 구하라. 단, B는 양자화 비트이다.

매트랩 코드에서 **er** 오차 신호의 히스토그램을 구하여 어느 정도 균일한 분포를 갖는지를 관찰한다.

```
>>N = 200;t = (0:N-1)*0.01;                 % 시간 배열
>>x = sin(2*pi*t);                          % 이산 샘플링 신호
>>d = max(x)-min(x);                        % 동작 범위
>>b = 3;L = 2^b;                            % 레벨 크기
>>s = d/L                                   % 간격 크기
>>y = s*round(x/s);                         % 라운딩한 양자화 신호
```

```
>>%y = s*floor(x/s);                          % 나머지 제거
>>%y = s*sign(x).*floor(abs(x/s));            % 크기-부호 절단
>>subplot(2,1,1),plot(t,x);                   % CT 신호의 그리기
>>hold on, stem(t,y);hold off                 % 양자화 신호
>>er = x-y;                                   % 오차 신호
>>subplot(2,1,2),hist(er,L)                   % 히스토그램 그리기
>>snra = 10*log10(sum(x.*x)/sum(er.*er));     % (c)의 SNR 추정
>>sigpwr = 10*log10(sum(x.*x)/length(x));     % 신호 전력
>>snr2 = sigpwr+20*log10(L)-20*log10(d)+10.8  % (d)의 SNR 추정
>>snre = 6*b+1.76                             % (e)의 SNR 추정
```

예제 11.23 FFT의 컨벌루션

주기 컨벌루션과 정규 컨벌루션을 수행하기 위해서 FFT가 사용된다. 주기 컨벌루션에서 $x_p[n]$과 $h_p[n]$의 FFT를 곱하고 이 곱의 결과를 역 FFT를 취한다. 정규 컨벌루션은 FFT를 취하기 전에 컨벌루션의 길이와 동일하게 $x[n]$과 $h[n]$에 각각 제로 삽입을 수행한다.

(a) $x_p[n] = \{\overset{\Downarrow}{1}, 2, -1, 0, 2, 3\}$과 $h_p[n] = \{\overset{\Downarrow}{2}, 1, 0, -1, -2, -3\}$의 주기 컨벌루션

(b) $x[n] = \{\overset{\Downarrow}{1}, 2, -1, 0, 2\}$와 $h[n] = \{\overset{\Downarrow}{2}, 1, 0, -1, -2, -3\}$의 정규 컨벌루션

매트랩 루틴 **fft**와 **ifft**를 사용한 매트랩 문장은 다음과 같다.

```
>>xp = [1 2 -1 0 2 3];hp = 2:-1:-3;      % xp와 hp의 한 주기
>>N = length(xp);                        % xp와 hp의 길이
>>YP = fft(hp).*fft(xp);                 % x와 h의 FFT 곱셈
>>yp = ifft(YP);yp = real(yp)            % 주기 컨벌루션의 결과
>>x = [1 2 -1 0 2];h = 2:-1:-3;          % x와 h
>>Nx = length(x);Nh = length(h);         % x와 h 길이
>>Ny = Nx+Nh-1;                          % 컨벌루션 길이
>>xz = zeros(1,Ny);hz = xz;              % 제로 삽입 신호 초기화
>>xz(1:Nx) = x;hz(1:Nh) = h;             % 제로 삽입된 x와 h
>>Y = fft(xz).*fft(hz);                  % 제로 삽입된 x와 h의 FFT 곱
>>y = real(ifft(Y))                      % 정규 컨벌루션 결과 표기
```

참고: 실수 수열에 대해서는 **ifft**의 허수부가 반올림으로 0이 된다.

예제 11.24 쌍선형 변환법에 의한 IIR 필터 설계

다음 규격에 부합하는 버터워스 저역통과 필터를 쌍선형 변환법으로 설계하라.

- 통과대역 가장자리 = 1 kHz

- 저지대역 가장자리 = 1.5 kHz
- 샘플링 주파수 $S = 10$ kHz
- 통과대역 감쇠 $A_p = 0.5$ dB
- 저지대역 감쇠 $A_s = 25$ dB

다음처럼 IIR 필터를 직접 설계하는 매트랩 루틴을 사용한다:

```
>>fp=1;fs=1.5;S=10;SN=0.5S;              % 규격
>>Fp=fp/SN;Fs=fs/SN;                     % 매트랩을 위해 SN = 0.5S로 정규화
>>[N,Wn]=buttord(Fp,Fs,0.5,25);          % 디지털 저역통과 원형
>>[n,d]=butter(N,Wn)                     % 쌍선형 IIR 저역통과 필터의 분자, 분모
```

참고: 문법이 위와 유사한 그 밖의 고전적인 필터의 매트랩 명령어로는 **cheb1ord**, **cheb2ord**, **ellipord**, **cheby1**, **cheby2**, **ellip**가 있다.

예제 11.25 임펄스 불변법 IIR 필터 설계

다음 규격에 부합하는 체비쇼프 필터를 임펄스 불변법을 사용하여 설계하라.

- 통과대역 = [2 3] kHz
- 저지대역 가장자리 = [1 6] kHz
- 샘플링 주파수 $S = 18$ kHz
- 통과대역 감쇠 $A_p = 0.5$ dB
- 저지대역 감쇠 $A_s = 25$ dB

아날로그 필터 설계를 위해서 임펄스 불변 변환이 매트랩 루틴에 이어서 사용된다.

```
>>fs=[1000 6000];fp=[2000 3000];         % 규격
>>S=18000;Fp=fp/S;Fs=fs/S;               % 정규화 주파수
>>fplpp=1;fslpp=diff(Fs)/diff(Fp);       % 아날로그 필터 원형의 규격
>>[N,Wn]=cheb1ord(1,fslpp,0.5,25,'s');   % 필터 차수
>>[n,d]=cheby1(N,0.5,Wn,'s');            % 아날로그 필터 원형
>>WC=2*pi*sqrt(prod(Fp));                % 정규화 중심 주파수
>>BW=2*pi*abs(diff(Fp));                 % 정규화 대역
>>[nb,db]=lp2bp(n,d,WC,BW);              % 저역통과 필터를 대역통과 필터로 변환
>>[ni,di]=impinvar(nb,db,1)              % ts=1인 IIR로 변환
```

참고: 기타 변환법을 위한 매트랩 명령어로는 **lp2lp**, **lp2hp**, **lp2bs**가 있다. 다른 매핑을 위해서는 **c2d**, **c2dm**이 있다.

APPENDIX

A 아날로그 이론의 유용한 개념

A.0 범위와 목적

부록에는 아날로그 신호와 시스템 분야에서 디지털 신호 처리에 관련된 유용한 개념들을 모아 두었다. 여기에는 신호와 시스템의 간략한 표현, 컨벌루션, 푸리에 급수, 푸리에 변환, 라플라스 변환, 아날로그 필터가 포함된다. 부록에 수록된 자료는 이 책에 기술된 디지털 신호 처리 기술을 좀 더 잘 이해하도록 하고 있다.

A.1 신호

아날로그 신호 $x(t)$는 시간 변수 t의 연속 함수이다. 신호 에너지는 다음 식처럼 기술된다.

$$E = \int_{-\infty}^{\infty} p_i(t)\, dt = \int_{-\infty}^{\infty} |x(t)|^2\, dt \tag{A.1}$$

절댓값 $|x(t)|$는 복소값의 신호에 적용한다. 유한한 구간과 크기의 신호가 유한한 에너지를 갖는다.

주기 신호 $x_p(t)$는 몇 개의 척도로 특징지을 수 있다. **동작 비율**은 펄스폭과 주기의 비에 해당한다. **평균값** x_{av}는 주기당 평균 면적이다. 신호 전력 P는 주기당 평균 에너지에 해당한다. **rms 값** $x_{\text{rms}} = \sqrt{P}$ 이다.

$$x_{\text{av}} = \frac{1}{T}\int_T x(t)\, dt \qquad P = \frac{1}{T}\int_T |x(t)|^2\, dt \qquad x_{\text{rms}} = \sqrt{P} \tag{A.2}$$

신호 연산과 대칭

신호의 **시간 이동**은 신호 모양은 변함없이 시간상에 이동이 일어난다. 신호 $y(t) = x(t - \alpha)$는 $x(t)$의 α만큼 우측으로 이동하므로 지연된 복사본이다. **시간 스케일링**은 신호의 압축 또는 신장을 초래한다. 신호 $f(t) = x(2t)$는 두 배로 압축하고 신호 $g(t) = x(t/2)$는 두 배로 신장한다. $p(t) = x(-t)$는 수직축에 대해 반사한 경우이다. 신호 $x(t)$의 이동과 반사는 면적과 에너지에 변화가

없는 반면에 $x(t)$의 스케일링 $x(\alpha t)$는 면적과 에너지에 $|\alpha|$만큼 신축이 발생한다.

$x(t) = x(-t)$라면 **우대칭**이라고 하며, $x(t) = x(-t)$라면 **기대칭**이라 한다. 기대칭 신호의 면적은 언제나 0이다.

삼각함수와 복소수 고조파

아날로그 삼각함수나 복소수 고조파 신호는 어떤 주기나 주파수의 선택에 따라 언제나 주기적이고 유일하다. 삼각함수 $x_p(t) = A\cos(\omega_0 t + \theta) = A\cos[\omega_0(t - t_p)]$에서 $t_p = -\theta/\omega_0$ 항은 **위상지연**이라 하며 위상 이동 θ에 의한 신호의 시간지연이다. 시간과 주파수의 다양한 관계는 다음 식과 같다.

$$f_0 = \frac{1}{T} \qquad \omega_0 = \frac{2\pi}{T} = 2\pi f_0 \qquad \theta = \omega_0 t_p = 2\pi f_0 t_p = 2\pi\frac{t_p}{T} \tag{A.3}$$

$x(t) = A\cos(2\pi f_0 t + \theta)$라면 $P = 0.5A^2$이고 $x_{\text{rms}} = A\sqrt{2} = 0.707A$이다. $x(t) = Ae^{\pm j(2\pi f_0 t + \theta)}$라면 $P = A^2$이다. 삼각파들의 합에 의한 **공통 주기** 혹은 **시간 주기** T는 각 삼각파 주기의 최소공배수에 의해 주어진다. **기본 주파수** f_0은 T의 역수이며 각 주파수의 최대공약수와 동일하다. 다른 삼각파의 주파수 결합에서, 즉 $y(t) = x_1(t) + x_2(t) + \cdots$의 신호 전력 P_y는 각 신호 전력의 합과 동일하고, rms 값은 $\sqrt{P_y}$와 같다.

유용한 신호

단위 계단 함수 $u(t)$, **단위 경사 함수** $r(t)$, **시그넘 함수** $\text{sgn}(t)$는 그림 A.1과 같다. 모두 구간별 선형이다. 단위 계단 함수는 $t = 0$에서 불연속이고 그곳의 값은 정의하지 않는다(때로는 0.5로 한다). 시그넘 함수는 $t = 0$에서 마찬가지로 정의하지 않지만 0으로 정하기도 한다. 단위 경사 함수는 $r(t) = tu(t)$로 표기한다.

구형 펄스 $\textbf{rect}(t)$와 삼각 펄스 $\textbf{tri}(t)$는 우대칭이고, 그림 A.2처럼 단위 면적과 단위 높이를 갖는다. 신호 $f(t) = \text{rect}(\frac{t-\beta}{\alpha})$는 중심이 $t = \beta$이고 폭이 α인 직각 펄스이다. 신호 $g(t) = \text{tri}(\frac{t-\beta}{\alpha})$는 중심이 $t = \beta$이고 밑변이 2α인 삼각 펄스이다.

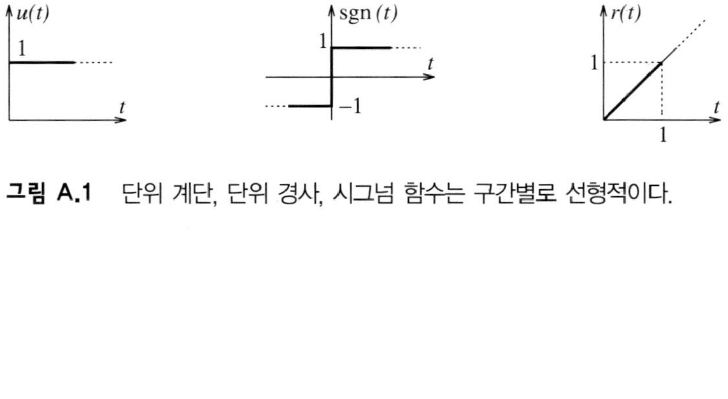

그림 A.1 단위 계단, 단위 경사, 시그넘 함수는 구간별로 선형적이다.

그림 A.2 신호 rect(*t*)와 tri(*t*)는 단위 면적과 단위 높이를 갖는다.

예제 A.1 신호 표현

다음 신호를

- $f(t) = u(1 - t)$
- $g(\lambda) = u(t - \lambda)$($\lambda$축)
- $x(t) = \text{rect}[0.5(t - 1)]$
- $y(t) = \text{tri}[\frac{1}{3}(t - 1)]$

그림 EA.1처럼 나타낼 수 있다.

- 신호 $f(t) = u(1 - t)$는 대칭이 되고, 1만큼 지연되었다.
- 신호 $g(\lambda) = u(t - \lambda)$는 대칭이 되고 우측으로 t만큼 이동한다. 이 형태는 컨벌루션을 공부할 때 머리가 후방이 되는 모양에 주의해야 한다.
- 신호 $x(t) = \text{rect}[0.5(t - 1)]$은 폭이 2배로 확장되는 직각 펄스이며 중심에서 1만큼 지연된다. 이것은 $x(t) = u(t) - u(t - 2)$로서 표현될 수 있다.
- 신호 $y(t) = \text{tri}[\frac{1}{3}(t - 1)]$은 폭이 6배로 확장되는 삼각 펄스이며 중심에서 1만큼 지연된다. $y(t) = \frac{1}{3}[(r(t + 2) - r(t - 1) + r(t - 4)]$로 표기할 수 있다.

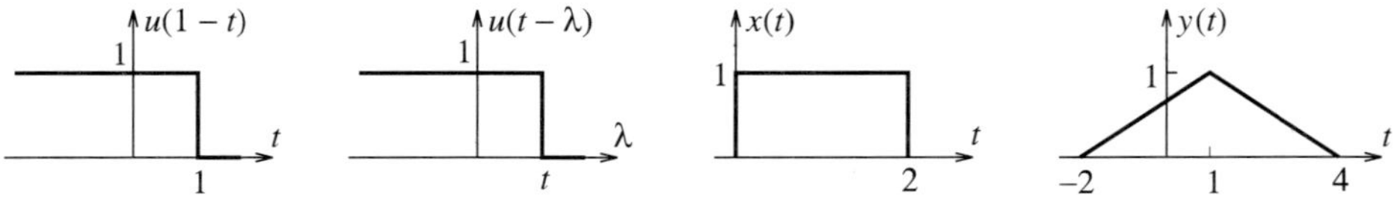

그림 EA.1 예제 A.1의 신호

싱크 함수

그림 A.3처럼 싱크 함수 sinc(*t*)는 다음과 같이 정의된다.

$$\text{sinc}(t) = \frac{\sin(\pi t)}{\pi t} \tag{A.4}$$

단위 면적을 갖는 우대칭 함수이다. 이는 원점에서 단위 높이 1이고, 제로 통과점($t = \pm 1, \pm 2,$

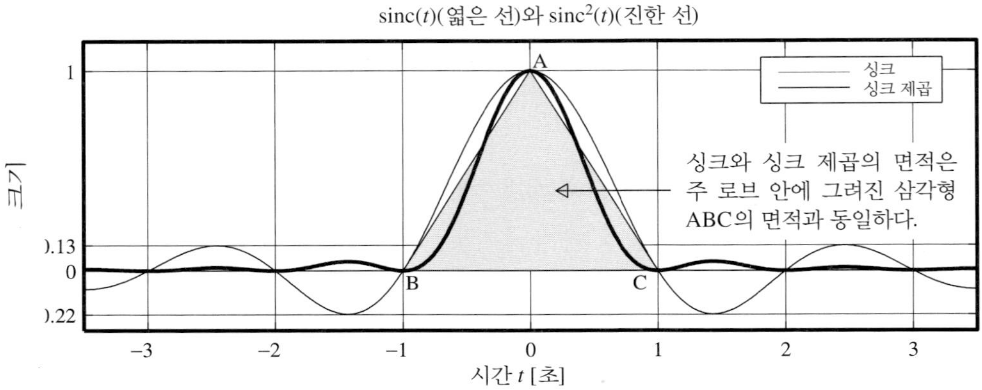

그림 A.3 싱크 함수와 싱크 제곱 함수

±3, . . .), 원점과 양쪽 첫째 제로점 사이에 **주 로브**와 점진적으로 음양으로 감소하는 **사이드 로브들**로 이루어진다. 최소 정점은 −0.2178이고, 다음 양의 정점은 0.1284이다. 신호 $\text{sinc}^2(t)$도 단위 면적과 단위 간격의 제로 통과점을 갖는다. 싱크와 싱크 제곱 함수의 면적은 그림에서처럼 중앙 주 로브 안에 그려진 삼각 펄스 면적과 동일하다.

임펄스 함수

단위 **임펄스**는 단위 면적을 갖는 길고 좁은 못과 같이 다음 식으로 정의된다.

$$\int_{-\infty}^{\infty} \delta(\tau)\,d\tau = 1 \qquad\qquad \delta(t) = \begin{cases} 0, & t \neq 0 \\ \infty, & t = 0 \end{cases}$$

함수 $A\delta(t)$는 면적(혹은 강도)이 A인 화살처럼 보인다. 시각적인 효과를 위해서 높이를 A에 비례하여 만들었다. 구형파 $\frac{1}{\tau}\,\text{rect}(t/\tau)$, 삼각파 $\frac{1}{\tau}\,\text{tri}(t/\tau)$, 지수함수 $\frac{1}{\tau}e^{-t/\tau}u(t)$, 싱크 함수 $\frac{1}{\tau}\,\text{sinc}(t/\tau)$ 신호들은 모두 단위 면적을 가지며, $\tau \to 0$에서 단위 임펄스 $\delta(t)$가 야기된다. 단위 임펄스 $\delta(t)$는 $u(t)$의 미분으로도 간주할 수 있다.

$$\delta(t) = \frac{du(t)}{dt} \qquad\qquad u(t) = \int_{-\infty}^{t} \delta(t)\,dt$$

임펄스 함수의 세 가지 유용한 특성은 스케일링, 곱셈, 이동과 관계된다.

스케일링	**곱셈**	**이동**
$\delta(\alpha t) = \frac{1}{\lvert\alpha\rvert}\delta(t)$	$x(t)\delta(t-\alpha) = x(\alpha)\delta(t-\alpha)$	$\int_{-\infty}^{\infty} x(t)\delta(t-\alpha)\,dt = x(\alpha)$

$\delta(t)$는 단위 면적을 가지므로 압축된 $\delta(\alpha t)$의 면적이 $\frac{1}{\lvert\alpha\rvert}$인 시간 스케일링을 의미한다. 그러나 폭

이 없다고 볼 수 있으므로 $\delta(t) = \delta(\alpha t)$이다. 곱셈 특성에서 임펄스 $\delta(t - \alpha)$로 곱해진 임의 신호 $x(t)$는 여전히 임펄스이다. 단지 길이가 $x(\alpha)$일 뿐이다. 이동 특성에서는 $x(t)\delta(t - \alpha)$의 곱의 면적은 단지 $x(\alpha)$이다.

예제 A.2 임펄스 함수의 특성

(a) 신호 $x(t) = 2r(t) - 2r(t-2) - 4u(t-3)$을 그려라. 또한 $x(t)$, $f(t) = x(t)\delta(t-1)$과 $g(t) = x'(t)$를 그려라. $I = \int_{-\infty}^{\infty} x(t)\delta(t-2)\,dt$를 계산하라.

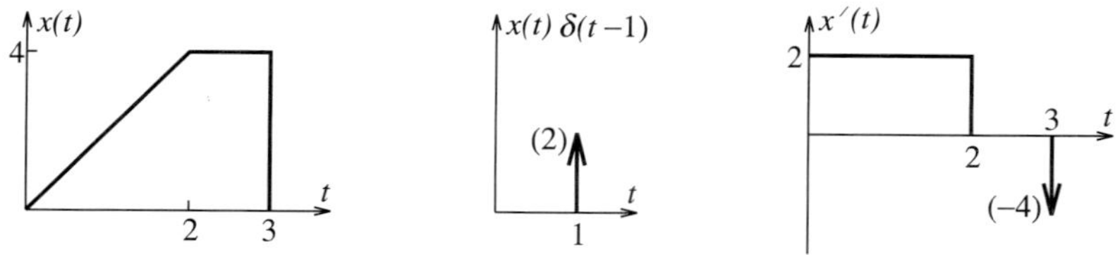

그림 A.2a 예제 A.2(a)의 신호

곱셈 특성에서 $f(t) = x(t)\delta(t-1) = x(1)\delta(t-1)$이다. $x(1) = 2$의 강도를 갖는 임펄스 함수이다.

미분 $g(t) = x'(t)$는 $x(t)$의 일반 미분에서 기울기로 $t = 3$에서 -4 강도를 갖는 임펄스 함수이다.

이동 특성에 의해서

$$I = \int_{-\infty}^{\infty} x(t)\delta(t-2)\,dt = x(2) = 4$$

(b) $I = \int_0^{\infty} 4t^2\delta(t-3)\,dt$를 계산하라.

이동 정리에 의해서 $I = 4(3)^2 = 36$이다.

임펄스에 의한 신호 근사화

신호 $x(t)$는 주기 t_s의 단위 주기의 임펄스 열을 곱하므로 **이상적인 샘플링 신호** $x_I(t)$를 그림 A.4처럼 구할 수 있다. 이상적인 샘플링 신호는 다음 식처럼 임펄스 열로 기술된다.

$$x_I(t) = x(t)\sum_{k=-\infty}^{\infty}\delta(t - kt_s) = \sum_{k=-\infty}^{\infty} x(kt_s)\delta(t - kt_s) \qquad \text{(A.5)}$$

$x_I(t)$는 비주기적이고 각 임펄스 강도는 신호 값 $x(kt_s)$와 동일함에 주목한다. 사실상 이 형태로 아날로그와 디지털 신호가 연계된다.

그림 A.4 임펄스에 의한 신호 근사화

모멘트

모멘트는 면적에 근거한 신호 '크기'의 일반적인 척도이며 다음과 같이 정의된다.

n차 모멘트	**평균**	**중앙 모멘트**
$m_n = \int_{-\infty}^{\infty} t^n x(t)\,dt$	$m_x(\text{평균}) = \dfrac{m_1}{m_0}$	$\mu_n = \int_{-\infty}^{\infty} (t - m_x)^n x(t)\,dt$

제로 모멘트 $m_0 = \int x(t)dt$는 $x(t)$의 면적이다. 정규화된 1차 모멘트 $m_x = m_1/m_0$는 평균이다. 평균에 대한 모멘트를 **중앙 모멘트**라 한다. 2차 중앙 모멘트 μ_2는 **분산**이라 한다. σ^2으로 정의되고 σ는 **표준편차**라고 한다.

$$\mu_2 = \sigma^2 = \frac{m_2}{m_0} - m_x^2 \qquad \text{(A.6)}$$

A.2 시스템 분석

아날로그 선형 시불변(LTI) 시스템은 상수 계수를 갖는 미분 방정식으로 기술할 수 있다. n차 미분 방정식의 형태는 일반적으로 다음과 같다.

$$\begin{aligned} &y^{(n)}(t) + a_1 y^{(n-1)}(t) + \cdots + a_{n-1} y^{(1)}(t) + a_n y(t) \\ &= b_0 x^{(m)}(t) + b_1 x^{(m-1)}(t) + \cdots + b_{m-1} x^{(1)}(t) + b_m x(t) \end{aligned} \qquad \text{(A.7)}$$

$t > 0$에서 출력 $y(t)$의 해를 구하기 위해 n개의 초기치 $y(0), y^{(1)}(0), \ldots, y^{(n-1)}(0)$가 필요하다. 즉, $t = 0$에서 응답과 $n-1$개의 연속적인 미분치이다. 선형 상수계수의 미분 방정식을 풀기 위한 간편한 방법은 **비결정 계수 방법**이다. 이 방법에서 전체 응답은 **강제 응답** $y_F(t)$와 **자연 응답** $y_N(t)$의 합으로 구성된다.

강제 응답은 미분 방정식의 우측 입력 항에 의해서 결정된다. 표 A.1에 요약된 입력과 같은 형태이다. 상수들은 주어진 미분 방정식을 만족하므로 구해진다.

자연 응답의 형태는 시스템에 의해서 좌우되고 입력 특성과는 무관하다. 그 해는 특성 방정식 혹은 특성 다항식의 근들로서 지수함수의 합으로 다음과 같이 정의된다.

표 A.1 아날로그 LTI 시스템의 강제 응답 형태

항목	강제 함수(우측 항)	강제 응답 형태
1	C_0 (상수)	C_1 (상수)
2	$e^{\alpha t}$ (주의 참조)	$Ce^{\alpha t}$
3	$\cos(\omega t+\beta)$	$C_1\cos(\omega t)+C_2\sin(\omega t)$ 또는 $C\cos(\omega t+\theta)$
4	$e^{\alpha t}\cos(\omega t+\beta)$ (주의 참조)	$e^{\alpha t}[C_1\cos(\omega t)+C_2\sin(\omega t)]$
5	t	C_0+C_1t
6	$te^{\alpha t}$ (주의 참조)	$e^{\alpha t}(C_0+C_1t)$

주의: 우측 항이 $e^{\alpha t}$이고 α가 특성 방정식의 번 중복근이라면 강제 응답 형태는 t^r로 곱해진다.

표 A.2 아날로그 LTI 시스템의 자연 응답 형태

항목	특성 방정식의 근	자연 응답 형태
1	실수이며 구별된 근: r	Ke^{rt}
2	켤레복소수: $\beta\pm j\omega$	$e^{\beta t}[K_1\cos(\omega t)+K_2\sin(\omega t)]$
3	실수 중복근: r^{p+1}	$e^{rt}(K_0+K_1t+K_2t^2+\cdots+K_pt^p)$
4	복소수 중복근: $(\beta\pm j\omega)^{p+1}$	$e^{\beta t}\cos(\omega t)(A_0+A_1t+A_2t^2+\cdots+A_pt^p)$ $+e^{\beta t}\sin(\omega t)(B_0+B_1t+B_2t^2+\cdots+B_pt^p)$

$$a_0s^n+a_1s^{n-1}+a_2s^{n-2}+\cdots+a_{n-2}s^2+a_{n-1}s+a_n=0 \qquad \text{(A.8)}$$

근 $s_1, s_2, \ldots, s_n$은 표 A.2에 요약된 자연 응답의 형태로 정의된다. 상수들은 전체 응답을 완성한 후에 초기치를 사용하여 구해진다.

예제 A.3 자연 응답과 강제 응답

다음 각 경우에 대해 1차 시스템 $y'(t)+2y(t)=x(t)$의 응답을 구하라.

(a) $x(t)=6,\ y(0)=8$ **(b)** $x(t)=\cos(2t),\ y(0)=2$ **(c)** $x(t)=e^{-2t},\ y(0)=3$

특성 방정식 $s+2=0$의 근은 $s=-2$이다.
따라서 자연 응답은 $y_N(t)=Ke^{-2t}$이다.

(a) $x(t)=6$은 상수이므로 $y_F(t)=C$를 택한다.
따라서 $y_F'(t)=0$이고 $y_F'(t)+2y_F(t)=2C=6$이므로 $y_F(t)=C=3$이다.
전체 응답은

$$y(t)=y_N(t)+y_F(t)=Ke^{-2t}+3$$

$y(0)=8$이므로 $8=K+3$이다. $y(t)=5e^{-2t}+3,\ t\geq 0$ 혹은 $y(t)=(5e^{-2t}+3)u(t)$

(b) $x(t)=\cos(2t)$이므로 $y_F(t)=A\cos(2t)+B\sin(2t)$로 택한다.

$y'_F(t) = -2A\sin(2t) + 2B\cos(2t)$이고, $y'_F(t) + 2y_F(t) = (2A + 2B)\cos(2t) + (2B - 2A)\sin(2t) = \cos(2t)$이다.

각 변에 사인과 코사인 항의 계수를 비교하면 $2A + 2B = 1$, $2B - 2A = 0$이다. $A = 0.25$, $B = 0.25$이므로 $y_F(t) = 0.25\cos(2t) + 0.25\sin(2t)$이다.

전체 응답은

$$y(t) = y_N(t) + y_F(t) = Ke^{-2t} + 0.25\cos(2t) + 0.25\sin(2t)$$

$y(0) = 2$이므로 $2 = K + 0.25$, 즉 $K = 1.75$이다. 따라서 $y(t) = [1.75e^{-2t} + 0.25\cos(2t) + 0.25\sin(2t)]u(t)$이다.

정상상태 응답은 $y_{ss}(t) = 0.25\cos(2t) + 0.25\sin(2t)$로 입력 주파수인 정현파이다.

(c) $x(t) = e^{-2t}$는 $y_N(t)$와 같은 형태이므로 $y_F(t) = Cte^{-2t}$을 택한다. 그리고 $y'_F(t) = Ce^{-2t} - 2Cte^{-2t}$이고 $y'_F(t) + 2y_F(t) = Ce^{-2t} - 2Cte^{-2t} + 2Cte^{-2t} = e^{-2t}$이다.

따라서 $C = 1$이고 $y_F(t) = te^{-2t}$,

$$y(t) = y_N(t) + y_F(t) = Ke^{-2t} + te^{-2t}$$

$y(0) = 3$이므로 $3 = K + 0$이다. 따라서 $y(t) = (3e^{-2t} + te^{-2t})u(t)$이다.

A.2.1 제로상태 응답과 제로입력 응답

LTI 시스템의 응답 $y(t)$를 초기치를 0으로 가정한 제로상태 응답 $y_{zs}(t)$와 입력을 0으로 가정한 제로입력 응답 $y_{zi}(t)$로 기술하는 것이 종종 더 편리하다. 각 응답은 비결정 계수 방법을 사용하여 구해진다. 두 응답의 합이 전체 응답이 된다 할지라도 자연 응답 $y_N(t)$와 강제 응답 $y_F(t)$는 일반적으로 제로입력 응답과 제로상태 응답에 해당하지 않는다는 사실에 주목해야 한다.

예제 A.4 단일 입력인 경우의 제로입력과 제로상태 응답

입력 $x(t) = 4e^{-3t}$이고 초기치 $y(0) = 3$과 $y'(0) = 4$일 때 $y''(t) + 3y'(t) + 2y(t) = x(t)$의 제로입력 응답과 제로상태 응답을 구하라.

특성 방정식은 $s^2 + 3s + 2 = 0$이므로 근은 $s_1 = -1$과 $s_2 = -2$이다.

자연 응답은 $y_N(t) = K_1e^{s_1t} + K_2e^{s_2t} = K_1e^{-t} + K_2e^{-2t}$이다.

1. 제로입력 응답은 $y_N(t)$와 초기치로 구할 수 있다.

$$y_{zi}(t) = K_1e^{-t} + K_2e^{-2t} \qquad y_{zi}(0) = K_1 + K_2 = 3 \qquad y'_{zi}(0) = -K_1 - 2K_2 = 4$$

이것으로부터 $K_2 = -7$, $K_1 = 10$이고 $y_{zi}(t) = 10e^{-t} - 7e^{-2t}$이다.

2. 유사하게 $y_{zs}(t)$는 초기치가 0인 $y(t)$의 일반해로부터 구해진다.
$x(t) = 4e^{-3t}$이므로 강제 응답은 $y_F(t) = Ce^{-3t}$으로 택한다.
따라서 $y'_F(t) = -3Ce^{-3t}$, $y''_F(t) = 9Ce^{-3t}$이고 $y''_F(t) + 3y'_F(t) + 2y_F(t) = (9C - 9C + 2C)e^{-3t} = 4e^{-3t}$이다.
따라서 $C = 2$, $y_F(t) = 2e^{-3t}$이고 $y_{zs}(t) = K_1e^{-t} + K_2e^{-2t} + 2e^{-3t}$이다.
초기치가 0이므로

$$y_{zs}(0) = K_1 + K_2 + 2 = 0 \qquad y'_{zs}(0) = -K_1 - 2K_2 - 6 = 0$$

이것으로부터 $K_2 = -4$, $K_1 = 2$이고 $y_{zs}(t) = 2e^{-t} - 4e^{-2t} + 2e^{-3t}$이다.

3. 전체 응답은 $y_{zs}(t)$와 $y_{zi}(t)$의 합이다.

$$y(t) = y_{zi}(t) + y_{zs}(t) = 12e^{-t} - 11e^{-2t} + 2e^{-3t}, \qquad t \geq 0$$

A.2.2 계단 응답과 임펄스 응답

계단 응답 $s(t)$는 단위 계단 입력 $u(t)$에 대한 완화된 LTI 시스템 응답이다. **임펄스 응답** $h(t)$는 단위 임펄스 $\delta(t)$에 대한 응답으로 또한 $s'(t)$와 같다. RC로 구성된 저역통과 필터의 미분 방정식은 다음과 같다.

$$y'(t) + \frac{1}{\tau}y(t) = \frac{1}{\tau}x(t) \tag{A.9}$$

여기서 $\tau = RC$로 **시정수**이다. 특성 방정식 $s + \frac{1}{\tau} = 0$이므로 자연 응답 $y_N(t) = Ke^{-t/\tau}$이다. 계단 응답을 구하기 위해서 $x(t) = u(t) = 1$, $t \geq 0$으로 둔다. 그래서 강제 응답 $y_F(t) = B$로 상수이다. $y'_F(t) = 0$이므로

$$y'_F(t) + \frac{1}{\tau}y_F(t) = \frac{1}{\tau} = 0 + B \qquad \text{또는} \qquad B = 1$$

따라서 $y(t) = y_F(t) + y_N(t) = 1 + Ke^{-t/\tau}$이다. $y(0) = 0$이므로 $0 = 1 + K$이고 계단 응답은 다음과 같다.

$$s(t) = y(t) = (1 - e^{-t/\tau})u(t) \tag{A.10}$$

임펄스 응답 $h(t)$는 계단 응답의 미분과 동일하므로 다음과 같다.

$$h(t) = s'(t) = \frac{1}{\tau}e^{-t/\tau}u(t) \tag{A.11}$$

RC 저역통과 필터의 단위 계단 응답과 단위 임펄스 응답

출력은 커패시터 전압이고 시정수는 $\tau = RC$이다.

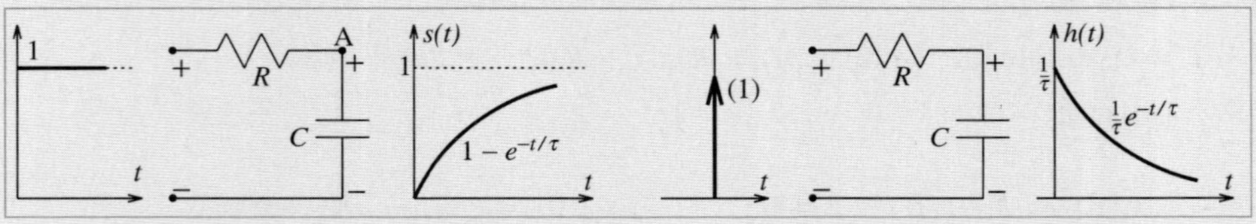

계단 응답: $s(t) = (1 - e^{-t/\tau})u(t)$ 임펄스 응답: $h(t) = s'(t) = \dfrac{1}{\tau}e^{-t/\tau}u(t)$

A.3 컨벌루션

컨벌루션은 입력 $x(t)$에서 LTI 시스템의 **제로상태** 응답 $y(t)$를 구한다. 이는 다음과 같이 정의된다.

$$y(t) = x(t) * h(t) = \int_{-\infty}^{\infty} x(\lambda)h(t-\lambda)\,d\lambda \tag{A.12}$$

$x(t) * h(t)$ 표기는 신호 $x(t)$와 $h(t)$의 컨벌루션으로 기술된다.

유용한 컨벌루션 특성

컨벌루션의 출발시점은 $x(t)$와 $h(t)$의 출발시점의 합과 같다. 또한 컨벌루션의 종료시점은 $x(t)$와 $h(t)$의 종료시점의 합과 같다. 컨벌루션의 지속 구간은 $x(t)$와 $h(t)$의 지속 구간의 합과 같다. 컨벌루션의 면적은 $x(t)$와 $h(t)$의 면적의 곱과 같다. 기함수와 우함수 신호의 컨벌루션은 기함수인 반면, 두 우함수나 두 기함수의 컨벌루션은 대칭성을 갖는다. 흥미롭게도 $x(t)$와 $x(-t)$의 컨벌루션은 $t = 0$에서 가장 크며 대칭성을 갖는다. 특히 $x(t) * x(-t)$ 컨벌루션은 $x(t)$의 **자기상관 함수**이다. 무수히 많은 함수의 컨벌루션은 정규 함수 형태로 근접하게 된다. 이것을 **중심 극한 정리**라 한다.

A.3.1 유용한 컨벌루션 결과

신호 $x(t)$와 임펄스 $\delta(t)$의 컨벌루션은 신호 $x(t)$가 된다. 임펄스가 이동된다면 컨벌루션도 이동된다.

$$x(t) * \delta(t) = x(t) \qquad x(t) * \delta(t-\alpha) = x(t-\alpha)$$

그 밖의 유용한 컨벌루션 결과는 그림 A.5에 나타나 있다. 한 예로서

$$e^{-\alpha t}u(t) * e^{-\alpha t}u(t) = \int_{-\infty}^{\infty} e^{-\alpha\lambda}e^{-\alpha(t-\lambda)}u(\lambda)u(t-\lambda)\,d\lambda = e^{-\alpha t}\int_0^t d\lambda = te^{-\alpha t}u(t)$$

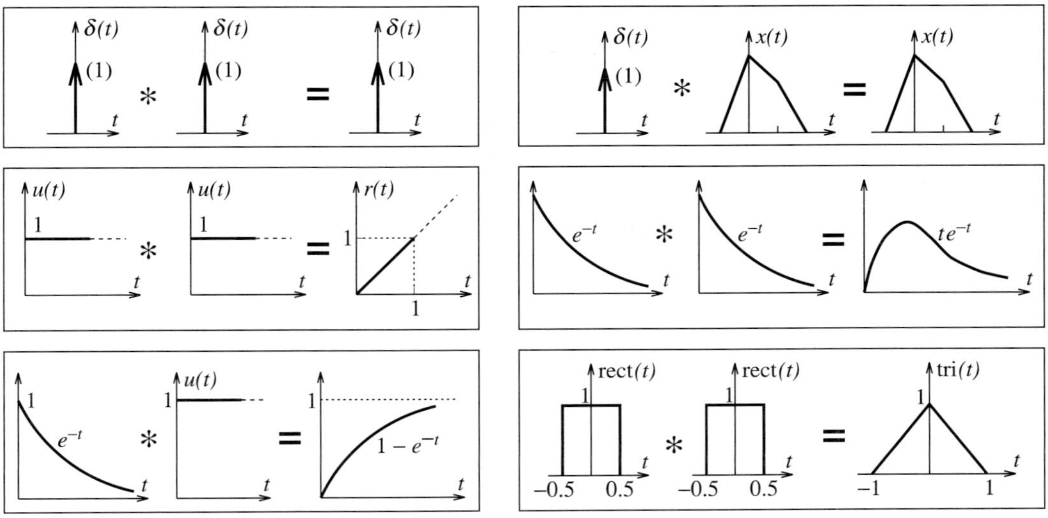

그림 A.5 유용한 신호들의 컨벌루션

A.4 라플라스 변환

인과성 신호 $x(t)$의 **라플라스 변환** $X(s)$는 다음과 같이 정의된다.

$$X(s) = \int_{0-}^{\infty} x(t)e^{-(\sigma+j\omega)t}\, dt = \int_{0-}^{\infty} x(t)e^{-st}\, dt \tag{A.13}$$

복소수 $s = \sigma + j\omega$는 복소수 평면에 주파수 개념을 일반화한 것이다. 표 A.3과 표 A.4에 유용한 변환 쌍과 특성이 기술되어 있다.

A.4.1 역 라플라스 변환

$H(s)$의 역변환은 부분분수 전개와 표 참조를 활용하여 구할 수 있다. 전개 형태는 $Q(s)$의 인수분해 특성에 따라 달렸으며 다음과 같이 요약된다.

$X(s)$의 역변환은 부분분수와 표 참조

개별근: $X(s) \;=\; \prod_{m=1}^{N} \dfrac{K_m}{s+p_m} \;=\; \displaystyle\sum_{m=1}^{N} \dfrac{P(s)}{s+p_m}$, 여기서 $K_m = (s+p_m)X(s)|_{s=-p_m}$

중복근: $\dfrac{1}{(s+r)^k} \displaystyle\prod_{m=1}^{N} \dfrac{P(s)}{s+p_m} \;=\; \sum_{m=1}^{N} \dfrac{K_m}{s+p_m} + \sum_{n=0}^{k-1} \dfrac{A_n}{(s+r)^{k-n}}$

$$A_n = \frac{1}{n!}\frac{d^n}{ds^n}[(s+r)^k X(s)]|_{s=-r}$$

표 A.3 간단한 라플라스 변환표

항목	$x(t)$	$X(s)$	항목	$x(t)$	$X(s)$
1	$\delta(t)$	1	2	$u(t)$	$\frac{1}{s}$
3	$e^{-\alpha t}u(t)$	$\frac{1}{s+\alpha}$	4	$e^{-\alpha t}\sin(\beta t)u(t)$	$\frac{\beta}{(s+\alpha)^2+\beta^2}$
5	$te^{-\alpha t}u(t)$	$\frac{1}{(s+\alpha)^2}$	6	$e^{-\alpha t}\cos(\beta t)u(t)$	$\frac{s+\alpha}{(s+\alpha)^2+\beta^2}$
7	$\cos(\beta t)u(t)$	$\frac{s}{s^2+\beta^2}$	8	$\sin(\beta t)u(t)$	$\frac{\beta}{s^2+\beta^2}$

표 A.4 라플라스 변환의 특성

항목	특성	$x(t)$	$X(s)$
1	중첩	$\alpha x_1(t)+\beta x_2(t)$	$\alpha X_1(s)+\beta X_2(s)$
2	지수함수 곱	$e^{-\alpha t}x(t)$	$X(s+\alpha)$
3	T시간 스케일링	$x(\alpha t),\ \alpha>0$	$\frac{1}{\alpha}X(\frac{s}{\alpha})$
4	시간 이동	$x(t-\alpha)u(t-\alpha),\ \alpha>0$	$e^{-\alpha s}X(s)$
5	시간 t의 곱	$tx(t)$	$-\frac{dX(s)}{ds}$
6	미분	$x'(t)$	$sX(s)-x(0-)$
7	n차 미분	$x^{(n)}(t)$	$s^nX(s)-s^{n-1}x(0-)-\cdots-x^{n-1}(0-)$
8	컨벌루션	$x(t)*h(t)$	$X(s)H(s)$

주의: $x(t)$는 $x(t)u(t)$로 인과성 신호이다.

표 A.5 부분분수 전개에 의한 역 라플라스 변환

항목	부분분수 전개항목	역변환
1	$\frac{K}{s+\alpha}$	$Ke^{-\alpha t}u(t)$
2	$\frac{K}{(s+\alpha)^n}$	$\frac{K}{(n-1)!}t^{n-1}e^{-\alpha t}u(t)$
3	$\frac{Cs+D}{(s+\alpha)^2+\beta^2}$	$e^{-\alpha t}[C\cos(\beta t)+\frac{D-\alpha C}{\beta}\sin(\beta t)]u(t)$
4	$\frac{M\angle\theta}{s+\alpha+j\beta}+\frac{M\angle-\theta}{s+\alpha-j\beta}$	$2Me^{-\alpha t}\cos(\beta t-\theta)u(t)$

예제 A.5 부분분수 전개

(a) 비중복 극점

$X(s) = \dfrac{2s^3 + 8s^2 + 4s + 8}{s(s+1)(s^2+4s+8)}$라면 다음과 같이 인수분해된다.

$$X(s) = \frac{K_1}{s} + \frac{K_2}{s+1} + \frac{A}{s+2+j2} + \frac{A^*}{s+2-j2}$$

연속해서 다음 값을 구할 수 있다.

$$K_1 = sX(s)|_{s=0} = \frac{2s^3 + 8s^2 + 4s + 8}{(s+1)(s^2+4s+8)}\bigg|_{s=0} = \frac{8}{8} = 1$$

$$K_2 = (s+1)X(s)|_{s=-1} = \frac{2s^3 + 8s^2 + 4s + 8}{s(s^2+4s+8)}\bigg|_{s=-1} = \frac{10}{-5} = -2$$

$$A = (s+2+j2)X(s)|_{s=-2-j2} = \frac{2s^3 + 8s^2 + 4s + 8}{s(s+1)(s+2-j2)}\bigg|_{s=-2-j2} = 1.5 + j0.5$$

부분분수 전개는 다음과 같다.

$$X(s) = \frac{1}{s} - \frac{2}{s+1} + \frac{1.5+j0.5}{s+2+j2} + \frac{1.5-j0.5}{s+2-j2}$$

$1.5 + j0.5 = 1.581\angle 18.4^\circ = 1.581\angle 0.1024\pi = M\angle\theta$이므로 $x(t)$는 다음과 같다.

$$x(t) = u(t) - 2e^{-t}u(t) + 3.162e^{-2t}\cos(2t - 0.1024\pi)u(t)$$

(b) 중복 극점

$X(s) = \dfrac{4}{(s+1)(s+2)^3}$라면 부분분수 전개는

$$X(s) = \frac{K_1}{s+1} + \frac{A_0}{(s+2)^3} + \frac{A_1}{(s+2)^2} + \frac{A_2}{(s+2)}$$

$K_1 = (s+1)X(s)|_{s=-1} = \dfrac{4}{(s+2)^3}|_{s=-1} = 4$이다.

$(s+2)^3X(s) = \dfrac{4}{s+1}$이므로, 계속해서 다음과 같이 계산할 수 있다.

$$A_0 = \frac{4}{s+1}\bigg|_{s=-2} = -4$$

$$A_1 = \frac{d}{ds}\left[\frac{4}{s+1}\right]\bigg|_{s=-2} = -\frac{4}{(s+1)^2}\bigg|_{s=-2} = -4$$

$$A_2 = \frac{1}{2}\frac{d^2}{ds^2}\left[\frac{4}{s+1}\right]\bigg|_{s=-2} = \frac{4}{(s+1)^3}\bigg|_{s=-2} = -4$$

결과적으로

$$X(s) = \frac{4}{s+1} - \frac{4}{(s+2)^3} - \frac{4}{(s+2)^2} - \frac{4}{s+2}$$

$x(t) = 4e^{-t}u(t) - 2t^2e^{-2t}u(t) - 4te^{-2t}u(t) - 4e^{-2t}u(t)$이다.

A.4.2 상호연결 시스템

연속적인 직렬연결 LTI 시스템의 임펄스 응답은 각 임펄스 응답의 컨벌루션이다. 병렬연결 시스템의 임펄스 응답은 각 임펄스 응답의 합과 같다.

$$h_C(t) = h_1(t) * h_2(t) * \cdots * h_N(t) \qquad \text{(직렬)}$$
$$h_P(t) = h_1(t) + h_2(t) + \cdots + h_N(t) \qquad \text{(병렬)}$$

직렬연결 시스템의 전체 전달 함수는 각 전달 함수의 곱이 된다(이는 이상적인 직렬연결과 부하 효과가 없는 경우이다). 병렬연결 시스템의 전체 전달 함수는 각 전달 함수의 합의 형태가 된다.

$$H_C(s) = H_1(s)H_2(s)\cdots H_N(s) \qquad \text{(직렬)}$$
$$H_P(s) = H_1(s) + H_2(s) + \cdots + H_N(s) \qquad \text{(병렬)}$$

A.4.3 안정성

시간 영역에서 LTI 시스템의 제한 입력(BI)에 대해 제한 출력(BO)이 나오는 BIBO 안정성은 입력의 최대 미분 차수가 출력의 최대 미분 차수보다 커야 하고 특성 방정식의 근들이 음의 실수를 갖는 미분 방정식에서 가능하다. 마찬가지로 임펄스 응답 $h(t)$가 절댓값을 취하여 적분이 가능해야 한다. s-평면에서 전달 함수 $H(s)$의 극점이 $j\omega$축은 제외한 좌반평면에 존재하는 것과 마찬가지다.

최소 위상 필터

최소 위상 필터는 s-평면의 좌반평면에 모든 극점과 영점이 있는 경우이다. 동일한 크기의 스펙트럼 $|H(\omega)|$을 갖는 모든 전달 함수 중에서 모든 주파수에 대해서 가장 작은 그룹지연과 제로 위상에서 가장 작은 위상 편차를 갖는다.

A.4.4 라플라스 변환과 시스템 분석

라플라스 변환은 LTI 시스템을 분석하는 데 유용한 도구이다. 전자회로의 제로상태 응답을 구할 때 전자부품인 R, L, C를 임피던스 Z_R, Z_L, Z_C로 대치하고 전원을 라플라스 변환으로 대치하여 회로를 s-평면으로 변환한다. 또한 시스템 미분 방정식을 변환할 수도 있다. 완화된 LTI 시스템의 경우에 입력 $X(s)$에 대한 출력 $Y(s)$는 $H(s)X(s)$가 된다. 시스템이 완화되지 않았다면 초기치 효과가 포함되어 나타날 수 있다.

예제 A.6 미분 방정식 풀기

$y''(t) + 3y'(t) + 2y(t) = 4e^{-2t}$이고 초기치 $y(0) = 3$, $y'(0) = 4$이다. $y(t)$를 구하라.

미분 정리를 이용하여 s-영역으로 변환하면

$$s^2Y(s) - sy(0) - y'(0) + 3[sY(s) - y(0)] + 2Y(s) = \frac{4}{s+2}$$

(a) 전체 응답

초기치를 대입하고 정리하면

$$(s^2 + 3s + 2)Y(s) = 3s + 4 + 9 + \frac{4}{s+2} = \frac{3s^2 + 19s + 30}{s+2}$$

$Y(s)$를 얻어 부분분수 형태로 표기하면

$$Y(s) = \frac{3s^2 + 19s + 30}{(s+1)(s+2)^2} = \frac{K_1}{s+1} + \frac{A_0}{(s+2)^2} + \frac{A_1}{s+2}$$

계수를 구하면

$$K_1 = \left.\frac{3s^2 + 19s + 30}{(s+2)^2}\right|_{s=-1} = 14$$

$$A_0 = \left.\frac{3s^2 + 19s + 30}{s+1}\right|_{s=-2} = -4$$

$$A_1 = \left.\frac{d}{ds}\left[\frac{3s^2 + 19s + 30}{s+1}\right]\right|_{s=-2} = -11$$

역변환을 하면 $y(t) = (14e^{-t} - 4te^{-2t} - 11e^{-2t})u(t)$이다.

결과를 점검하면 $y(0) = 3$이고 $y'(0) = -14 + 22 - 4 = 4$이다.

(b) 제로상태 응답

제로상태 응답에서는 초기치가 0이므로

$$(s^2 + 3s + 2)Y_{zs}(s) = \frac{4}{s+2}$$

따라서

$$Y_{zs}(s) = \frac{4}{(s+2)(s^2 + 3s + 2)} = \frac{4}{s+1} - \frac{4}{(s+2)^2} - \frac{4}{s+2}$$

역변환은 $y_{zs}(t) = (4e^{-t} - 4te^{-2t} - 4e^{-2t})u(t)$이다.

(c) 제로입력 응답

제로입력 응답에서는 입력이 0이므로

$$(s^2 + 3s + 2)Y_{zi}(s) = 3s + 13 \qquad Y_{zi}(s) = \frac{3s + 13}{s^2 + 3s + 2} = \frac{10}{s+1} - \frac{7}{s+2}$$

역변환에서 $y_{zi}(t) = (10e^{-t} - 7e^{-2t})u(t)$이다. 전체 응답은

$$y(t) = y_{zs}(t) + y_{zi}(t) = (14e^{-t} - 4te^{-2t} - 11e^{-2t})u(t)$$

이 결과는 위의 전체 응답과 일치한다.

A.4.5 고조파 입력의 정상상태 응답

정현파나 고조파 입력에 대한 LTI 시스템의 정상상태 응답은 또한 입력 주파수의 고조파이다. 입력 정현파 $x(t) = A\cos(\omega_0 t + \theta)$에 대한 정상상태 응답 $y_{ss}(t)$를 구하려면 우선 입력 주파수 ω_0에서 전달 함수 $H(\omega_0) = K\angle\phi$를 계산해야 한다. 이때 출력은 $y_{ss}(t) = KA\cos(\omega_0 t + \theta + \phi)$이다.

예제 A.7 고조파 입력에 대한 정상상태 응답

$H(s) = \dfrac{s-2}{s^2 + 4s + 4}$라면 입력 $x(t) = 8\cos(2t) + 4$일 때 정상상태 응답 $y_{ss}(t)$를 구하라.

$x_1(t) = 8\cos(2t)$라 놓으면 $\omega = 2$이고 $H(2) = \dfrac{2j - 2}{-4 + j8 + 4} = 0.3536\angle 45^\circ$이다.
그래서 정상상태 출력은

$$y_1(t) = 8(0.3536)\cos(2t + 45^\circ) = 2.8284\cos(2t + 45^\circ)$$

$x_2(t) = 4$라 놓으면 $\omega = 0$이고 $H(0) = -0.5$이다. 따라서 정상상태 응답 $y_2(t) = (4)(-0.5) = -2$이다. 이를 합하면

$$y_{ss}(t) = y_1(t) + y_2(t) = 2.8284\cos(2t + 60^\circ) - 2$$

A.5 푸리에 변환

푸리에 변환은 신호 $x(t)$의 주파수 영역에서의 표기를 제공해 주고 다음과 같이 정의된다.

$$X(f) = \int_{-\infty}^{\infty} x(t)e^{-j2\pi ft}\,dt \quad (f\text{ 형태}) \qquad X(\omega) = \int_{-\infty}^{\infty} x(t)e^{-j\omega t}\,dt \quad (\omega\text{ 형태})$$

역 푸리에 변환은 스펙트럼으로부터 신호 $x(t)$를 얻게 해 준다.

$$x(t) = \int_{-\infty}^{\infty} X(f)e^{j2\pi ft}\,df \quad (f\text{ 형태}) \qquad x(t) = \frac{1}{2\pi}\int_{-\infty}^{\infty} X(\omega)e^{j\omega t}\,d\omega \quad (\omega\text{ 형태})$$

푸리에 변환은 일반적으로 복소수이다. 실수 신호에 대해서 $X(f)$는 $X(-f) = X^*(f)$인 켤레 대칭이다. 이것은 크기 $|X(f)|$나 $\mathrm{Re}\{X(f)\}$는 우대칭이고 위상 $\phi(f)$나 $\mathrm{Im}\{X(f)\}$는 기대칭이다. 양측 함수들로 $X(f)$의 크기와 위상을 그리는 것이 일반적이다. 푸리에 변환의 신호 대칭 효과는 다음과 같이 요약된다.

실수값 신호 푸리에 변환의 신호 대칭 효과

$x(t)$의 우대칭: 푸리에 변환 $X(f)$는 실수의 우대칭이다.

$x(t)$의 기대칭: 푸리에 변환 $X(f)$는 허수의 기대칭이다.

$x(t)$의 비대칭: $\mathrm{Re}\{X(f)\}$는 우대칭이고, $\mathrm{Im}\{X(f)\}$는 기대칭이다.

표 A.6 유용한 푸리에 변환표

항목	$x(t)$	$X(f)$	$X(\omega)$
1	$\delta(t)$	1	1
2	$\mathrm{rect}(t)$	$\mathrm{sinc}(f)$	$\mathrm{sinc}(\frac{\omega}{2\pi})$
3	$\mathrm{tri}(t)$	$\mathrm{sinc}^2(f)$	$\mathrm{sinc}^2(\frac{\omega}{2\pi})$
4	$\mathrm{sinc}(t)$	$\mathrm{rect}(f)$	$\mathrm{rect}(\frac{\omega}{2\pi})$
5	$\cos(2\pi\alpha t)$	$0.5[\delta(f+\alpha)+\delta(f-\alpha)]$	$\pi[\delta(\omega+2\pi\alpha)+\delta(\omega-2\pi\alpha)]$
6	$\sin(2\pi\alpha t)$	$j0.5[\delta(f+\alpha)-\delta(f-\alpha)]$	$j\pi[\delta(\omega+2\pi\alpha)-\delta(\omega-2\pi\alpha)]$
7	$e^{-\alpha t}u(t)$	$\dfrac{1}{\alpha+j2\pi f}$	$\dfrac{1}{\alpha+j\omega}$
8	$te^{-\alpha t}u(t)$	$\dfrac{1}{(\alpha+j2\pi f)^2}$	$\dfrac{1}{(\alpha+j\omega)^2}$
9	$e^{-\alpha\|t\|}$	$\dfrac{2\alpha}{\alpha^2+4\pi^2 f^2}$	$\dfrac{2\alpha}{\alpha^2+\omega^2}$
10	$e^{-\pi t^2}$	$e^{-\pi f^2}$	$e^{-\omega^2/4\pi}$
11	$\mathrm{sgn}(t)$	$\dfrac{1}{j\pi f}$	$\dfrac{2}{j\omega}$
12	$u(t)$	$0.5\delta(f)+\dfrac{1}{j2\pi f}$	$\pi\delta(\omega)+\dfrac{1}{j\omega}$
13	$e^{-\alpha t}\cos(2\pi\beta t)u(t)$	$\dfrac{\alpha+j2\pi f}{(\alpha+j2\pi f)^2+(2\pi\beta)^2}$	$\dfrac{\alpha+j\omega}{(\alpha+j\omega)^2+(2\pi\beta)^2}$
14	$e^{-\alpha t}\sin(2\pi\beta t)u(t)$	$\dfrac{2\pi\beta}{(\alpha+j2\pi f)^2+(2\pi\beta)^2}$	$\dfrac{2\pi\beta}{(\alpha+j\omega)^2+(2\pi\beta)^2}$
15	$\sum_{n=-\infty}^{\infty}\delta(t-nT)$	$\dfrac{1}{T}\sum_{k=-\infty}^{\infty}\delta\left(f-\dfrac{k}{T}\right)$	$\dfrac{2\pi}{T}\sum_{k=-\infty}^{\infty}\delta\left(\omega-\dfrac{2\pi k}{T}\right)$
16	$x_p(t)=\sum_{k=-\infty}^{\infty}X[k]e^{j2\pi kf_0 t}$	$\sum_{k=-\infty}^{\infty}X[k]\delta(f-kf_0)$	$\sum_{k=-\infty}^{\infty}2\pi X[k]\delta(\omega-k\omega_0)$

표 A.7 푸리에 변환의 특성

특성	$x(t)$	$X(f)$	$X(\omega)$
유사성	$X(t)$	$x(-f)$	$2\pi x(-\omega)$
시간 스케일링	$x(\alpha t)$	$\frac{1}{\lvert\alpha\rvert}X\left(\frac{f}{\alpha}\right)$	$\frac{1}{\lvert\alpha\rvert}X\left(\frac{\omega}{\alpha}\right)$
반전	$x(-t)$	$X(-f)$	$X(-\omega)$
시간 이동	$x(t-\alpha)$	$e^{-j2\pi f\alpha}X(f)$	$e^{-j\omega\alpha}X(\omega)$
주파수 이동	$e^{j2\pi\alpha t}x(t)$	$X(f-\alpha)$	$X(\omega-2\pi\alpha)$
컨벌루션	$x(t)*h(t)$	$X(f)H(f)$	$X(\omega)H(\omega)$
곱셈	$x(t)h(t)$	$X(f)*H(f)$	$\frac{1}{2\pi}X(\omega)*H(\omega)$
변조	$x(t)\cos(2\pi\alpha t)$	$0.5[X(f+\alpha)+X(f-\alpha)]$	$0.5[X(\omega+2\pi\alpha)+X(\omega-2\pi\alpha)]$
t배	$-j2\pi t x(t)$	$X'(f)$	$2\pi X'(\omega)$
켤레	$x^*(t)$	$X^*(-f)$	$X^*(-\omega)$
상관관계	$x(t)**y(t)$	$X(f)Y^*(f)$	$X(\omega)Y^*(\omega)$
자기상관	$x(t)**x(t)$	$X(f)X^*(f)=\lvert X(f)\rvert^2$	$X(\omega)X^*(\omega)=\lvert X(\omega)\rvert^2$
	푸리에 변환 정리		
중심축	$x(0)=\int_{-\infty}^{\infty}X(f)\,df=\frac{1}{2\pi}\int_{-\infty}^{\infty}X(\omega)\,d\omega$		$X(0)=\int_{-\infty}^{\infty}x(t)\,dt$
파서발 정리	$E=\int_{-\infty}^{\infty}x^2(t)\,dt=\int_{-\infty}^{\infty}\lvert X(f)\rvert^2\,df=\frac{1}{2\pi}\int_{-\infty}^{\infty}\lvert X(\omega)\rvert^2\,d\omega$		
플랑셰트 정리	$\int_{-\infty}^{\infty}x(t)y^*(t)\,dt=\int_{-\infty}^{\infty}X(f)Y^*(f)\,df=\frac{1}{2\pi}\int_{-\infty}^{\infty}X(\omega)Y^*(\omega)\,d\omega$		

가장 유용한 세 가지 변환은 다음과 같다.

세 가지 기본 푸리에 변환

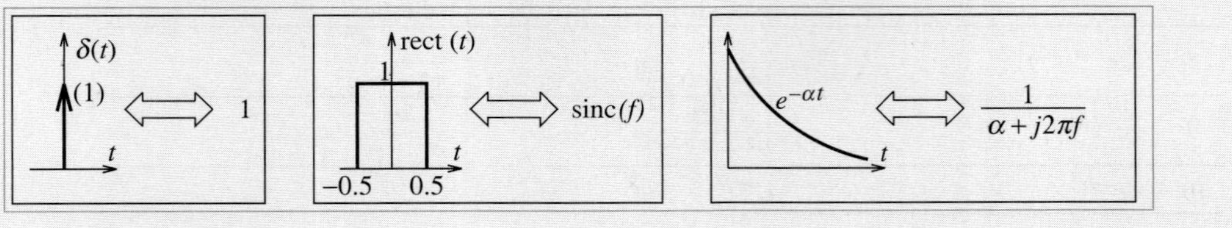

표 A.6은 다양한 신호의 푸리에 변환표이고, 표 A.7은 문제 풀이에 유용한 특성과 이론이다.

A.5.1 라플라스와 푸리에 변환의 연결

다음 판넬은 푸리에와 라플라스 변환의 연관성을 보여준다. 푸리에 변환으로부터 인과성 신호의 라플라스 변환을 구할 수 있으나 반대의 경우는 그렇지 않다.

라플라스와 푸리에 변환의 관계성

$X(s)$에서 $X(f)$: $x(t)$가 인과성이고 절대 적분 가능하다면 간단히 s를 $j2\pi f$로 대치한다.

$X(f)$에서 $X(s)$: $x(t)$가 인과성이라면 $X(f)$ 안에 임펄스 항들은 제거하고 $j2\pi f$를 s로 대치한다.

유용한 특성

$x(t)$에서 $x(\alpha t)$로 **스케일링**은 $X(f)$를 α만큼 신장시키지만 $|\alpha|$만큼 크기를 감축시킨다. 신호 $x(t)$가 고주파 정현파 $\cos(2\pi f_0 t)$로 변조(곱해진)된다면 스펙트럼 $X(f)$는 반으로 나뉘고 중심이 $f = \pm f_0$로 된다. **변조 특성**은 $x(t)$의 스펙트럼을 고주파로 이동시킨다.

$$x(t)\cos(2\pi f_0 t) \Leftarrow\boxed{\text{FT}}\Rightarrow 0.5[X(f+f_0)+X(f-f_0)] \tag{A.14}$$

푸리에 변환의 **파서발 정리**는 에너지 보존 관계식이며 에너지는 시간 신호 $x(t)$와 스펙트럼 크기 $|X(f)|$로 구할 수 있다.

$$E = \int_{-\infty}^{\infty} x^2(t)\,dt = \int_{-\infty}^{\infty} |X(f)|^2\,df \tag{A.15}$$

예제 A.8 푸리에 변환 특성의 활용

(a) $x(t) = \text{tri}(t) = \text{rect}(t) * \text{rect}(t)$에 대해서 $\text{rect}(t) \Leftarrow\boxed{\text{FT}}\Rightarrow \text{sinc}(f)$와 컨벌루션을 이용하라(그림 EA.8(1) 참조).

$$\text{tri}(t) = \text{rect}(t) * \text{rect}(t) \Leftarrow\boxed{\text{FT}}\Rightarrow \text{sinc}(f)\text{sinc}(f) = \text{sinc}^2(f)$$

(b) $x(t) = te^{-\alpha t}u(t)$에 대해서 $e^{-\alpha t} \Leftarrow\boxed{\text{FT}}\Rightarrow \frac{1}{\alpha+j2\pi f}$와 컨벌루션을 이용하라(그림 EA.8(1) 참조).

$$te^{-\alpha t}u(t) = e^{-\alpha t}u(t) * e^{-\alpha t}u(t) \Leftarrow\boxed{\text{FT}}\Rightarrow \frac{1}{(\alpha+j2\pi f)^2}$$

(c) $x(t) = e^{-\alpha|t|} = e^{\alpha t}u(-t) + e^{-\alpha t}u(t)$에 대해서 $e^{-\alpha t}u(t) \Leftarrow\boxed{\text{FT}}\Rightarrow \frac{1}{\alpha+j2\pi f}$와 반전 및 중첩 원리를 사용하라.

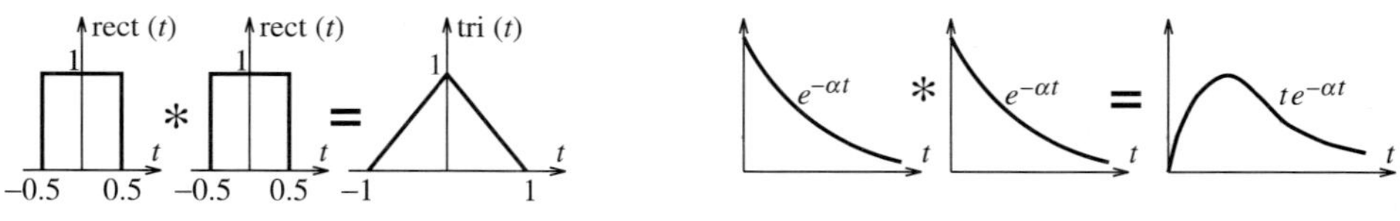

그림 EA.8(1) 예제 A.8(a)와 (b)의 신호

$$e^{-\alpha|t|} \Leftarrow\boxed{\text{FT}}\Rightarrow \frac{1}{\alpha + j2\pi f} + \frac{1}{\alpha - j2\pi f} = \frac{2\alpha}{\alpha^2 + 4\pi^2 f^2}$$

(d) $x(t) = \text{sgn}(t)$에 대해서 $\alpha \to 0$라면 $y(t) = e^{-\alpha t}u(t) - e^{\alpha t}u(-t)$의 수렴 형태는 다음과 같다.

$$e^{-\alpha t}u(t) - e^{\alpha t}u(-t) \Leftarrow\boxed{\text{FT}}\Rightarrow \frac{1}{\alpha + j2\pi f} - \frac{1}{\alpha - j2\pi f} = \frac{-4j\pi f}{\alpha^2 + 4\pi^2 f^2}$$

$$\text{sgn}(t) \Leftarrow\boxed{\text{FT}}\Rightarrow \frac{1}{j\pi f}$$

(e) $x(t) = \cos(2\pi\alpha t) = 0.5e^{j2\pi\alpha t} + 0.5e^{-j2\pi\alpha t}$에 대해서 $1 \Leftarrow\boxed{\text{FT}}\Rightarrow \delta(f)$와 시간 이동 특성의 쌍대성을 이용하면

$$\cos(2\pi\alpha t) = 0.5e^{j2\pi\alpha t} + 0.5e^{-j2\pi\alpha t} \Leftarrow\boxed{\text{FT}}\Rightarrow 0.5\delta(f - \alpha) + 0.5\delta(f + \alpha)$$

크기 스펙트럼은 그림 EA.8(2)(a)처럼 $f = \pm\alpha$에서 강도가 0.5인 임펄스 쌍이다.

(f) $x(t) = \cos(2\pi\alpha t + \theta)$에 대해서 $\cos(2\pi\alpha t) \Leftarrow\boxed{\text{FT}}\Rightarrow 0.5\delta(f - \alpha) + 0.5\delta(f + \alpha)$와 $t \to t + \theta/2\pi\alpha$로 이동 특성을 이용하면

$$\begin{aligned}\cos(2\pi\alpha t + \theta) \Leftarrow\boxed{\text{FT}}\Rightarrow & \; 0.5e^{j\theta f/\alpha}[\delta(f - \alpha) + \delta(f + \alpha)] \\ & = 0.5e^{j\theta}\delta(f - \alpha) + 0.5e^{-j\theta}\delta(f - \alpha)\end{aligned}$$

크기 스펙트럼은 $f = \pm\alpha$에서 강도가 0.5인 임펄스 쌍이다. 위상 크기는 $f = \alpha$에서 θ이고 $f = -\alpha$에서 $-\theta$이다. 그림 EA.8(2)(b)와 같이 도시된다.

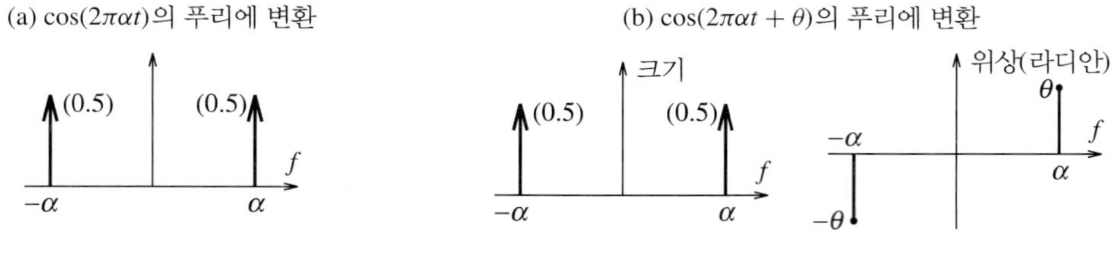

그림 EA.8(2) 예제 A.8의 (e)와 (f)에 $\cos(2\pi\alpha t)$와 $\cos(2\pi\alpha t + \theta)$의 푸리에 변환

A.5.2 진폭 변조

정보의 통신은 공간을 통해 신호(혹은 메시지)를 전송하는데 전기적인 신호를 전자기파로 변환하여 안테나로 보낸다. 효율적인 전파는 신호의 파장에 적합한 안테나의 규격을 고려한다. 전파 신호의 파장 λ는 c/f이다. c는 전자기파에서 광속이고, f는 신호 주파수이다. 저주파의 메시지, 즉 음악이나 음성의 경우 전송하는 데 수 킬로미터에 해당하는 거대한 안테나가 필요하다. 실용적

인 접근 방법은 저주파 메시지를 훨씬 높은 고주파로 **변조**하여 변조된 신호를 보내게 된다. 반대로 수신단에서는 원 신호를 복원하는 과정인 소위 **복조**를 요한다. 진폭 변조 기술은 고주파 반송 신호 $x_C(t) = \cos(2\pi f_C t)$의 진폭을 대역제한된 주파수 $B \ll f_C$인 메시지 신호 $x_S(t)$에 의해서 변조하는 과정이다. 양측파대 반송 억압(DSBSC) 변조(AM)는 반송파 $x_C(t)$에 메시지 $x_S(t)$를 곱한다. 변조 신호 $x_M(t)$와 스펙트럼 $X_M(f)$는 다음과 같이 주어진다.

$$x_M(t) = x_S(t)x_C(t) = x_S(t)\cos(2\pi f_C t) \qquad X_M(f) = 0.5[X(f + f_C) + X(f - f_C)] \quad \text{(A.16)}$$

메시지 스펙트럼의 중심은 그림 A.6처럼 $\pm f_C$이다. 스펙트럼은 $\pm f_C$에 대해서 대칭을 보인다. $f > |f_C|$인 부분은 **상측파대**(USB: upper sideband)라 하고 $f < |f_C|$는 **하측파대**(LSB: lower sideband)라 한다. $x_S(t)$의 대역이 B로 제한되므로 스펙트럼은 $\pm f_C$를 중심으로 $2B$의 대역을 점유한다.

검출

수신기에서 메시지 $x_S(t)$는 **복조**나 **검출**에 의해서 복원될 수 있다. **동기**나 **동상** 검출에서 AM 신호는 $\cos(2\pi f_C t)$를 곱하고 그림 A.7처럼 저역통과 필터를 통과하게 된다.

$x_M(t) = x_S(t)\cos(2\pi f_C t)$이므로 복조 신호는 다음과 같다.

$$x_D(t) = x_M(t)\cos(2\pi f_C t) = x_S(t)\cos(2\pi f_C t)\cos(2\pi f_C t) \quad \text{(A.17)}$$

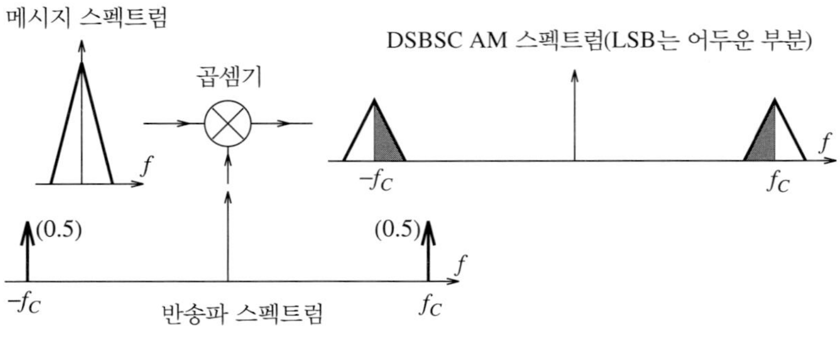

그림 A.6 DSBSC 진폭 변조

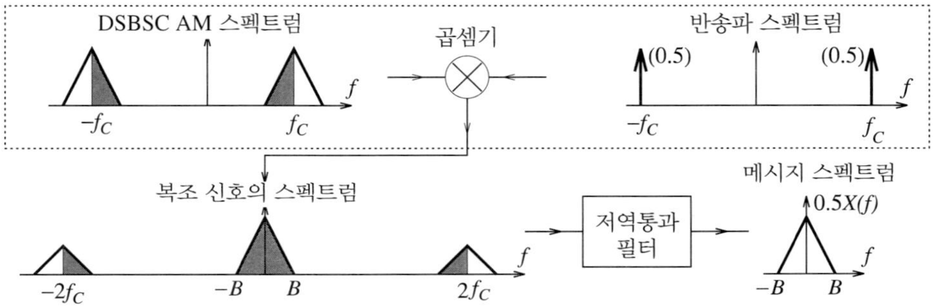

그림 A.7 DSBSC AM의 동기 복조

$\cos^2(\alpha) = 0.5(1 + \cos 2\alpha)$를 이용하여

$$x_D(t) = 0.5x_S(t) + 0.5x_S(t)\cos(4\pi f_C t) \tag{A.18}$$

$x_D(t)$가 이득이 2이고 대역이 B로 저역통과 필터를 통과하면 중심이 $\pm 2f_C$인 고주파 성분은 저지되고 메시지 신호 $x_S(t)$는 복원된다.

이 방법은 동기 복조 혹은 동상 복조라 한다. 왜냐하면 주파수와 위상이 반송파와 정합되는 신호를 필요로 하기 때문이다. DSBSC AM에서 이런 동기 신호는 반송파의 일부분에 **파이롯 신호**를 $x_M(t)$와 함께 전송함으로써 얻어진다.

A.5.3 푸리에 급수

푸리에 급수는 주기 신호인 $x_p(t)$에 최적의 최소 자승 오차 정합이다. $x_p(t)$는 기본 주파수 $f_0 = 1/T$과 상수곱 kf_0인 정현파에 **평균 자승 오차**가 최소가 되도록 선택된 가중치를 곱하여 합으로 기술된다. 푸리에 급수는 삼각함수, 극좌표, 지수함수 형태로 표기하는데 다음과 같다.

주기 신호 $x_p(t)$의 세 가지 푸리에 급수 형태

삼각함수 형태

$$a_0 + \sum_{k=1}^{\infty} a_k \cos(2\pi k f_0 t) + b_k \sin(2\pi k f_0 t)$$

극좌표 형태

$$c_0 + \sum_{k=1}^{\infty} c_k \cos(2\pi k f_0 t + \theta_k)$$

지수함수 형태

$$\sum_{k=-\infty}^{\infty} X[k] e^{j2\pi k f_0 t}$$

지수함수 형태의 푸리에 급수 계수는 다음과 같이 주어진다.

$$X[k] = \frac{1}{T}\int_T x(t) e^{-j2\pi k f_0 t} dt \tag{A.19}$$

계수들은 $X[-k] = X^*[k]$인 켤레 대칭을 보인다. 세 가지 형태 계수의 연관은 다음과 같다.

$$X[0] = a_0 = c_0 \qquad X[k] = 0.5(a_k - jb_k) = 0.5c_k\angle\theta_k, \quad k \geq 1 \tag{A.20}$$

크기 스펙트럼과 **위상 스펙트럼**은 각 고조파의 크기와 위상으로 구성하게 된다. 스펙트럼을 이산 신호로 도시하며 이를 **선 스펙트럼**이라 한다. 실수의 주기 신호에 대한 $X[k]$는 켤레 대칭으로 보인다.

A.5.4 푸리에 변환의 푸리에 급수 계수

주기 신호 $x_p(t)$의 푸리에 급수 계수 $X[k]$는 한 주기의 $x_1(t)$의 푸리에 변환 $X_1(f)$를 기본 주파수 f_0의 정수배인 $f = kf_0$에서 구하고 주기 T로 나눈다.

$$X[k] = \frac{1}{T} X_1(f)\Big|_{f=kf_0} \quad \text{(여기서 } X_1(f)\text{는 한 주기의 푸리에 변환이다.)} \qquad \text{(A.21)}$$

예제 A.9 푸리에 급수 결과

(a) 임펄스 열

그림 EA.9a에서 임펄스의 이동 특성에 의해서

$$X[k] = \frac{1}{T}\int_{-T/2}^{T/2} \delta(t)e^{-j2k\pi f_0 t}\,dt = \frac{1}{T}$$

임펄스 열의 모든 계수는 상수이다.

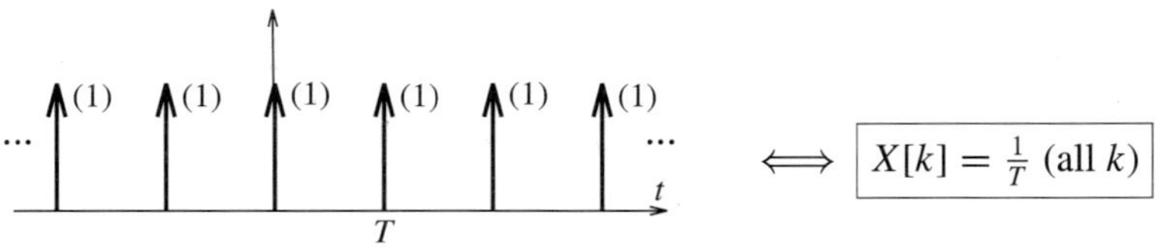

그림 EA.9a 예제 A.9(a)에 대한 임펄스 열과 푸리에 급수 계수

(b) 구형 펄스 열

그림 EA.9b에서처럼 구형 펄스 열에 대한 $X[k]$의 계수들은

$$X[k] = \frac{At_0}{T}\,\mathrm{sinc}(kf_0t_0)$$

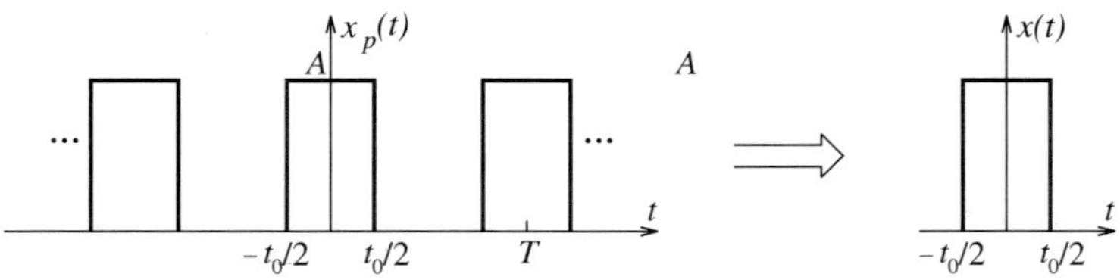

그림 EA.9b 예제 A.9(b)에 대한 구형 펄스 열과 푸리에 급수 계수

(c) 정현파

$x(t) = \cos(2\pi f_0 t)$라면 지수함수 형태의 푸리에 급수 계수는 $X[1] = 0.5$, $X[-1] = 0.5$이다. 양

측의 스펙트럼 크기는 $f = \pm f_0$에서 0.5인 샘플 값을 보인다.

$x(t) = \cos(2\pi f_0 t + \theta)$라면, 계수는 지수형으로

$$X[1] = 0.5e^{j\theta},\ X[-1] = 0.5e^{-j\theta}$$

그래서 양측 스펙트럼의 크기는 $f = \pm f_0$에서 0.5인 샘플 값을 갖고, 스펙트럼의 위상은 f_0에서 θ이고 $-f_0$에서 $-\theta$이다.

A.5.5 유용한 결과

시간 이동인 $x_p(t)$와 $y_p(t) = x_p(t \pm \alpha)$는 푸리에 급수 계수에서 $X[k]$와 $Y[k] = X[k]e^{-j2\pi k f_0 \alpha}$로 변화한다. 그렇지만 크기는 변화가 없다.

스펙트럼의 제로 삽입

스펙트럼 계수 $X[k]$에서 $X[k/N]$으로 제로 삽입은 한 주기 안에 N배 신호의 압축이 일어난다. 그림 A.8은 2배로 압축한 결과를 보여준다.

전력 신호는 $x_p(t)$로부터 시간 영역에서 구하거나 $|X[k]|$로부터 주파수 영역에서 구할 수 있다. 이것은 주기 신호의 파서발 정리이다.

$$P = \frac{1}{T}\int_T x_p^2(t)\,dt = \sum_{k=-\infty}^{\infty} |X[k]|^2 \tag{A.22}$$

깁스 효과

불연속 점프가 있는 주기 신호의 푸리에 급수 계수는 $1/k$로 감소한다. 깁스 효과는 고조파들로

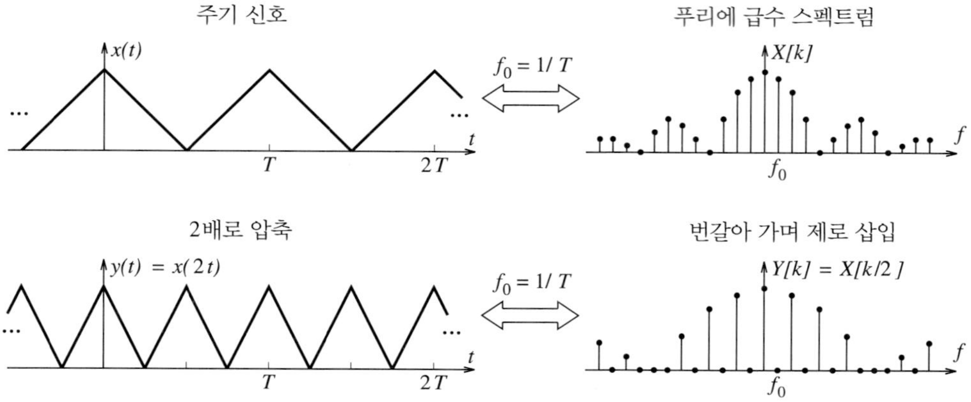

그림 A.8 스펙트럼의 제로 삽입으로 신호 압축 발생

이처럼 불연속 점프를 하는 신호를 완전히 복원할 수 없기 때문에 발생한다. 사실상 점프가 없는 완만한 정현파 신호들로 불연속 점프 신호를 복원하려는 것이기 때문이다. 복원된 신호는 점프 위치 근처에서 오버슈트나 언더슈트(점프의 약 9%) 형태로 불완전한 모습을 보인다. 점프 지점에서 복원된 값은 점프의 중간 값과 동일하다.

A.5.6 주기 함수의 푸리에 변환

주기 신호의 푸리에 변환은 임펄스 열로 스펙트럼의 외형은 한 주기 신호의 푸리에 변환에 해당한다.

$$x_p(t) = \sum_{k=-\infty}^{\infty} X[k]e^{j2\pi k f_0 t} \Leftarrow\boxed{\text{FT}}\Rightarrow \sum_{k=-\infty}^{\infty} X[k]\delta(f - kf_0) \qquad \text{(A.23)}$$

임펄스들은 고조파 주파수 kf_0에 위치하며 그들의 세기는 푸리에 급수 계수 $X[k]$에 의해 주어진다. 임펄스 열은 $X[k] = C$라면 주기적이다. 즉, 모든 k에 대해 동일한 값을 갖는다.

예제 A.10 임펄스 열의 푸리에 변환

그림 EA.10처럼 주기가 T인 단위 임펄스 열의 급수 계수는

$$X[k] = \frac{1}{T}\int_{-T/2}^{T/2} \delta(t)e^{-j2k\pi f_0 t}\,dt = \frac{1}{T}$$

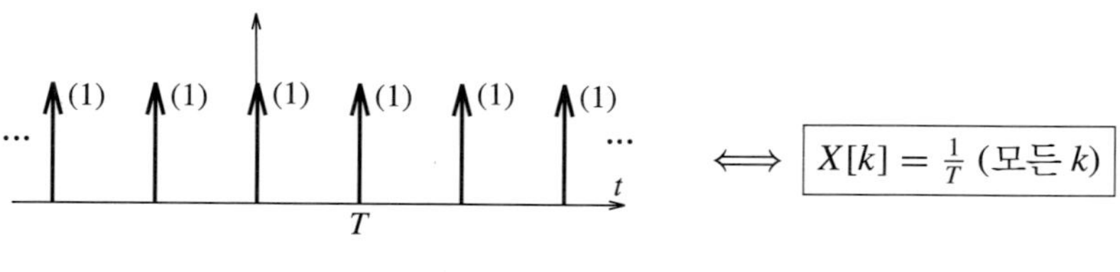

그림 EA10.3 예제 A.10의 임펄스 열과 푸리에 급수 계수

이 임펄스 열의 푸리에 변환은

$$X(f) = \sum_{k=-\infty}^{\infty} X[k]\delta(f - kf_0) = \frac{1}{T}\sum_{k=-\infty}^{\infty} \delta(f - kf_0), \qquad f_0 = \frac{1}{T}$$

한 주기 임펄스 열의 푸리에 변환은 또한 주기를 갖는 임펄스 열이다. 다른 주기 신호에 대해서 푸리에 변환은 비주기적이다.

A.5.7 스펙트럼 밀도

스펙트럼 밀도는 자기상관 함수의 푸리에 변환이다.

$$(\text{자기상관 함수}) \quad r_{xx}(t) \Leftarrow\boxed{\text{FT}}\Rightarrow R_{xx}(f) \quad (\text{스펙트럼 밀도}) \tag{A.24}$$

이것이 기념비적인 **위너-킨친 정리**(Wiener-Khintchine theorem)이다. 전력 신호에 대해 에너지가 아닌 전력에 상응하는 평균 측정을 사용해야 한다. 이것이 **전력 스펙트럼 밀도**(PSD: power spectral density) 개념이다. 주기 신호의 PSD는 세기가 $|X[k]|^2$이고 $f = kf_0$에서 임펄스 열로 이루어지며 총 신호 전력은 다음 합이다.

$$R_{xx}(f) = \sum_{k=-\infty}^{\infty} |X[k]|^2 \delta(f - kf_0) \tag{A.25}$$

백색 잡음과 컬러 잡음

PSD가 상수이고 평균이 0인 신호를 **백색 잡음**이라 한다. 이 신호의 자기상관 함수는 임펄스이다. 유한 주파수 구간에 대해서 PSD가 상수인 신호는 **대역제한 백색 잡음**이라고 한다.

A.5.8 이상적인 필터

이득이 1이며 위상이 0이고 차단 주파수가 f_C인 이상적인 저역통과 필터(LPF)의 전달 함수 $H_{\text{LP}}(f)$와 임펄스 응답 $h_{\text{LP}}(t)$는 다음과 같이 기술할 수 있다.

$$H_{\text{LP}}(f) = \text{rect}(f/2f_C) \qquad h_{\text{LP}}(t) = 2f_C\,\text{sinc}(2f_C t) \quad (\text{이상적인 LPF}) \tag{A.26}$$

이상적인 필터는 비인과성으로 구현이 불가능하고 실용적인 필터 규격 설계에 지팡이 역할을 한다.

A.5.9 실수 필터의 척도

전달 함수 $H(\omega) = |H(\omega)|\angle\theta(\omega)$인 시스템의 **위상지연**과 **그룹지연**은 다음과 같이 정의한다.

$$t_p = -\frac{\theta(\omega)}{\omega} \quad (\text{위상지연}) \qquad t_g = -\frac{d\,\theta(\omega)}{d\omega} \quad (\text{그룹지연}) \tag{A.27}$$

$\theta(\omega)$가 주파수에 따라 선형적으로 변한다면 t_p와 t_g는 상수도 아니고 같지도 않다. 분수 형태의 전달 함수를 갖는 LTI 시스템의 경우에 위상 $\theta(\omega)$는 초월함수이지만 그룹지연은 언제나 ω^2의 유리함수이다. 많은 필터 응용으로 작업하는 것이 훨씬 수월하다.

시간제한/대역제한 이론은 어떤 신호도 동시에 시간제한이나 대역제한이 될 수 없다는 것이다. 즉, 유한 구간 신호의 스펙트럼은 언제나 무한하다. 신호가 좁은 시간 구간일수록 스펙트럼은

표 A.8 실제 필터의 전형적인 척도

척도	설명
시간 지연	입력 응용과 반응 출현의 사이 시간 척도: 최종치의 50% 도달 시간
약기 시간	반응의 초기 기울기 경사도 측정 척도: 최종치의 10%에서 90%까지의 시간
오버슈트	최종치를 넘어선 편차 척도: 최대 오버슈트
안정 시간	규격치 내로 안정화되기 위한 발진 시간 척도: 최종치의 5% 내 혹은 2%에 도달하는 시간
응답 속도	$h(t)$에서 최대 시정수 $\tau_{\max}$에 의존 척도: 정상상태는 약 $5\tau_{\max}$ 안에 도달
감쇠	최종치를 향한 변화율 척도: 감쇠 요인 ζ 혹은 품질 요인 Q
대역폭	이득이 주어진 값을 초과하는 주파수 대역 척도: $\lvert H(f)\rvert \geq 0.707\lvert H(f)\rvert_{\max}$인 B_{3dB}대역

좀 더 넓은 대역으로 분포한다. 시간 영역의 시간 구간 척도는 주파수 영역의 대역폭 척도와 역의 관계를 갖는다. 그들의 곱은 일정하다. 느슨한 시간 응답의 대가로 보다 날카로운 주파수 응답 $|H(\omega)|$이 이루어진다. 표 A.8에 시간 영역과 주파수 영역의 관계가 기술되어 있다.

A.5.10 1차 저역통과 필터

그림 A.9처럼 RC로 구성된 회로를 살펴보자. 출력이 콘덴서 전압이라면 전달 함수는 다음과 같이 표기할 수 있다.

$$H(f) = \frac{Y(f)}{X(f)} = \frac{1/j2\pi fC}{R + (1/j2\pi fC)} = \frac{1}{1 + j2\pi fRC} = \frac{1}{1 + j2\pi f\tau} \tag{A.28}$$

회로 시정수는 $\tau = RC$이다. 전달 함수의 크기 $|H(f)|$와 위상 $\theta(f)$는 그림 A.10과 같이 나타나고 다음 식으로 주어진다.

$$|H(f)| = \frac{1}{\sqrt{1 + 4\pi^2 f^2 \tau^2}} \qquad \theta(f) = -\tan^{-1}(2\pi f\tau) \tag{A.29}$$

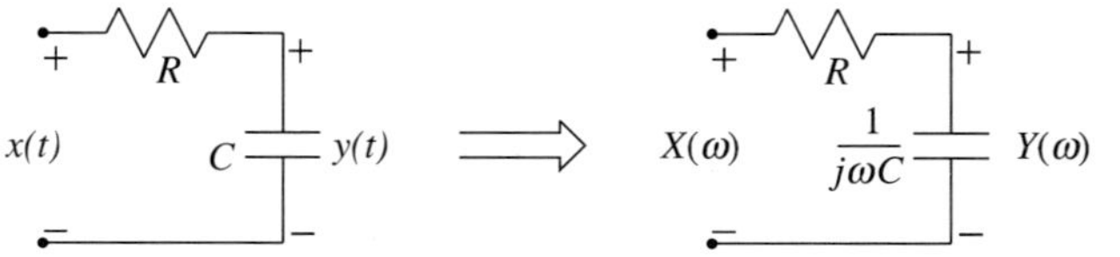

$$H(\omega) = \frac{1}{1 + j\omega RC}$$

그림 A.9 RC 저역통과 필터

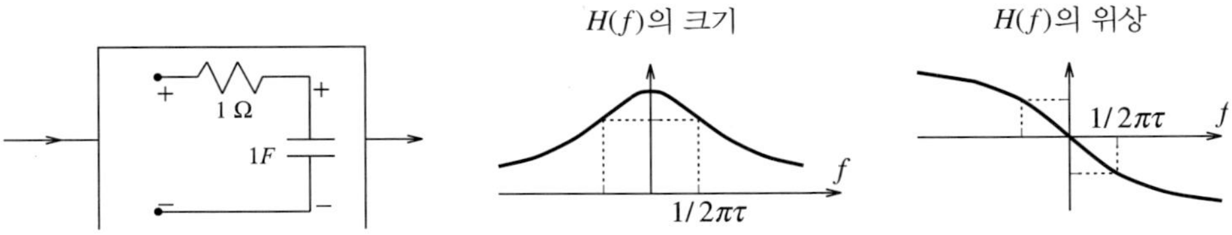

그림 A.10 RC 저역통과 필터의 주파수 응답

$|H(f)|$는 양의 주파수 f가 증가함에 따라 점진적으로 감소하므로 이 시스템을 **저역통과 필터**라 한다. 즉, 고주파에 대해서 감쇠된 출력이 나온다. $f = \frac{1}{2\pi\tau}$에서 크기가 $1/\sqrt{2}(=0.707)$이고 위상이 $-45°$이다. 이 주파수에서 정현파 신호의 출력 전력이 입력 전력의 1/2이 되므로 주파수 $f = \frac{1}{2\pi\tau}$은 **반전력 주파수**라 한다. 최대 이득에 0.707배를 초과하는 이득의 주파수 대역 $0 \le f$을 **반전력 대역폭**이라 한다.

이 시스템 동작을 시간 영역에서 볼 때 임펄스 응답 $h(t) = e^{-t/\tau}u(t)$나 계단 응답 $s(t)$는 그림 A.11처럼 나타나고 다음 식으로 기술된다.

$$h(t) = e^{-t/\tau}u(t) \qquad s(t) = (1 - e^{-t/\tau})u(t) \tag{A.30}$$

계단 응답은 1로 부드럽게 올라간다. 약 5τ 안에서 최종치의 1% 이내로 된다. $\tau_{\max}$가 적을수록 정상상태에 도달하는 시간이 짧아지는 빠른 응답을 의미한다. 다른 동작 척도로 야기 시간 t_r은 최종치의 10%에서 90%까지 걸리는 시간이다. 10~90%까지의 야기 시간 T_r은 계산하여 구한다.

$$s(t_{10}) = 1 - e^{-t_{10}/\tau} = 0.1 \qquad s(t_{90}) = 1 - e^{-t_{90}/\tau} = 0.9$$

따라서 $t_{10} = \tau \ln(10/9)$, $t_{90} = \tau \ln 10$ 그리고 $T_r = t_{90} - t_{10} = \tau \ln 9$이다.

$B_{3\text{dB}} = \frac{1}{2\pi\tau}$에서 시간과 대역폭의 곱을 산출하면 다음과 같다.

$$T_r B_{3\text{dB}} = \frac{\tau \ln 9}{2\pi\tau} \approx 0.35$$

이 결과는 종종 보다 고차의 시스템에서도 어림값으로 사용된다.

지연 시간 t_d는 최종치의 50%에 도달하는 시간이다. 안정 시간은 $t_{P\%}$로 최종치의 $P\%$ 내로 안정화되는 데 걸리는 시간이다. 일반적으로는 최종치의 5% 내 혹은 2%에 도달하는 시간으로 사

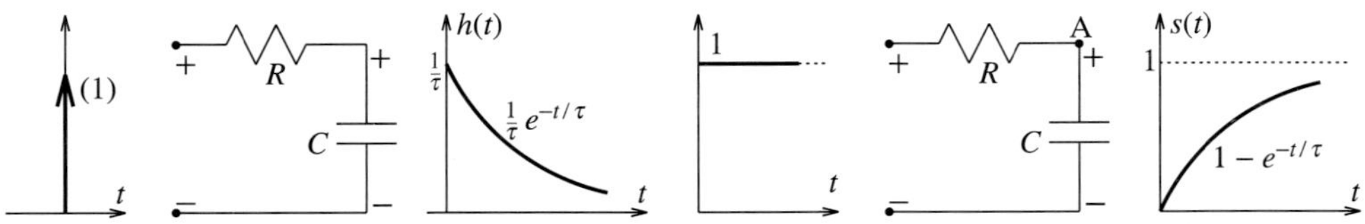

그림 A.11 RC 저역통과 필터의 임펄스 응답 $h(t)$와 계단 응답 $s(t)$

용되는 척도이다. 이 척도의 정확한 표현은 다음과 같다.

$$t_d = \tau \ln 2 \qquad t_{5\%} = \tau \ln 20 \qquad t_{2\%} = \tau \ln 50 \tag{A.31}$$

시정수 τ가 작을수록 좀 더 빠른 야기 시간과 좀 더 넓은 대역폭을 갖는다. RC 저역통과 필터에서 위상지연과 그룹지연은 다음 식으로 주어진다.

$$t_p = -\frac{\theta(f)}{2\pi f} = \frac{1}{2\pi f}\tan^{-1}(2\pi f\tau) \qquad t_g = -\frac{1}{2\pi}\frac{d\theta(f)}{df} = \frac{\tau}{1+4\pi^2 f^2\tau^2} \tag{A.32}$$

시정수 $\tau = RC$인 RC 저역통과 필터의 주파수 응답

$f_{3\mathrm{dB}} = \dfrac{1}{2\pi\tau}$ Hz **10~90% 야기 시간:** $\tau \ln 9$ **시간과 대역폭의 곱:** ≈ 0.35

A.5.11 2차 저역통과 필터

직류(dc) 이득이 1인 2차 저역통과 필터는 다음과 같이 기술된다.

$$H(s) = \frac{\omega_p^2}{s^2 + \frac{\omega_p}{Q}s + \omega_p^2} \tag{A.33}$$

ω_p는 **비감쇠 자연 주파수**(**극점 주파수**)라 하며 Q는 **품질 요인**(quality factor)을 나타내고 회로에서 손실의 척도가 된다. $\zeta = 1/2Q$는 **감쇠 요인**(damping factor)이라 한다.

주파수 영역 작동

$Q > 0.5$이면 극점들은 켤레 복소수이고 s-평면에 반지름이 ω_p인 원주상에 존재한다. Q가 높을수록 극점은 $j\omega$축에 가까워진다. $Q < 1/\sqrt{2}$에서 크기 $|H(\omega)|$는 점진적으로 감소하지만 $Q > 1/\sqrt{2}$에서 오버슈트와 ω_p에서 최대이고 그림 A.12처럼 최대치는 Q에 따라 증가한다. 2차 필터의 위상지연과 그룹지연은 다음과 같다.

$$\theta(\omega) = -\tan^{-1}\left[\frac{(\omega/\omega_p)/Q}{1-(\omega/\omega_p)^2}\right] \qquad t_g(\omega) = \frac{2(\omega_p/Q)(\omega_p^2+\omega^2)}{(\omega_p^2-\omega^2)^2 + (\omega_p^2/Q^2)\omega^2} \tag{A.34}$$

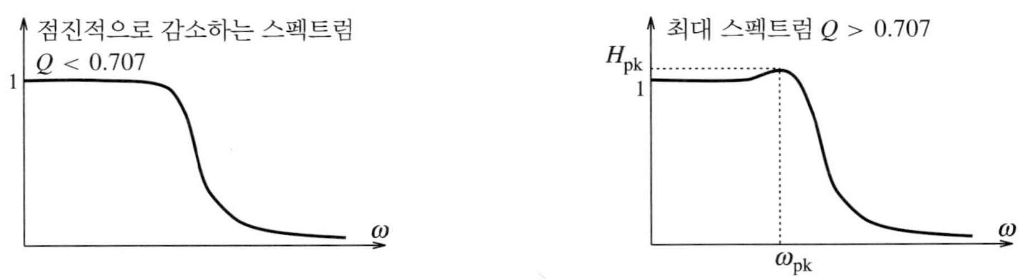

그림 A.12 2차 시스템의 주파수 응답

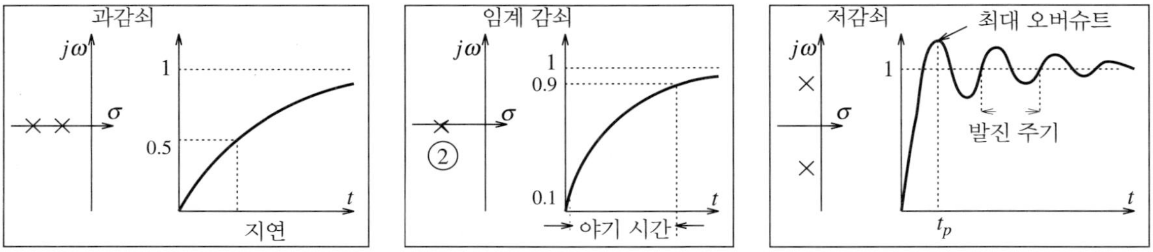

그림 A.13 2차 시스템의 계단 응답

시간 영역 작동

2차 저역통과 필터의 계단 응답은 그림 A.13처럼 역시 Q에 좌우된다. $Q < 0.5$이면 극점들은 별도의 실수이다. 계단 응답은 시정수가 크며, 느슨하게 점진적으로 최종치로 올라가는 **과감쇠**(overdamped)이다. $Q > 0.5$이면 극점들이 켤레 복소수이며 계단 응답이 오버슈트와 최종치에 대해 감쇠 발진(벨울림)으로 **저감쇠**(underdamped)이다. 이것은 작은 야기 시간과 큰 안정 시간을 초래한다. 발진 주파수는 Q에 따라 증가한다. $Q = 0.5$인 경우 극점들은 실수이며 같다. 이때 응답은 **임계 감쇠**(critically damped)이고 오버슈트 없이 정상상태 값으로 빠르게 점진적으로 접근해 간다.

예제 A.11 아날로그 필터의 결과

그림 EA.11처럼 필터들의 계단 응답과 임펄스 응답은 다음과 같이 요약된다.

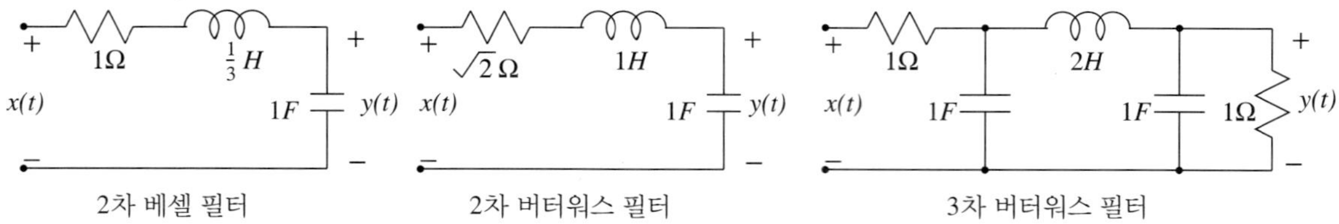

그림 EA.11 필터 예

(a) 2차 베셀 필터

$$H(s) = \frac{3}{s^2 + 3s + 3}$$

미분 방정식: $y''(t) + 3y'(t) + 3y(t) = 3x(t)$

계단 응답: $s(t) = u(t) - e^{-3t/2}[\cos(\sqrt{3}t/2) + \sqrt{3}\sin(\sqrt{3}t/2)]u(t)$

임펄스 응답: $h(t) = 2\sqrt{3}e^{-3t/2}\sin(\sqrt{3}t/2)u(t)$

(b) 2차 버터워스 필터

$$H(s) = \frac{1}{s^2 + \sqrt{2}s + 1}$$

미분 방정식: $y''(t) + \sqrt{2}y'(t) + y(t) = x(t)$
계단 응답: $s(t) = u(t) - e^{-t/\sqrt{2}}[\cos(t/\sqrt{2}) + \sin(t/\sqrt{2})]u(t)$
임펄스 응답: $h(t) = y'(t) = \sqrt{2}e^{-t/\sqrt{2}}\sin(t/\sqrt{2})u(t)$

(c) 3차 버터워스 필터

$$H(s) = \frac{0.5}{s^3 + 2s^2 + 2s + 1}$$

미분 방정식: $y'''(t) + 2y''(t) + 2y'(t) + y(t) = \frac{1}{2}x(t)$
계단 응답: $s(t) = \frac{1}{2}u(t) - \frac{1}{\sqrt{3}}e^{-t/2}\sin(\sqrt{3}t/2)u(t) - \frac{1}{2}e^{-t}u(t)$
임펄스 응답: $h(t) = e^{-t/2}[\frac{1}{2\sqrt{3}}\sin(\sqrt{3}t/2) - \frac{1}{2}\cos(\sqrt{3}t/2)]u(t) - \frac{1}{2}e^{-t}u(t)$

A.6 보드 플롯

보드 플롯은 로그 스케일로 압축을 사용하여 크기와 광범위한 주파수 대역에 걸친 주파수 응답을 그린 것이다. 크기나 이득은 $\log(f)$에 대한 $H_{dB} = 20\log|H(f)|$의 데시벨 단위로 그려진다. 전달 함수가 $j\omega$의 다항식 비율로 구성된 LTI 시스템에 대해서 선형 근사화인 **점근선**으로 다른 주파수 대역에 걸쳐 **점근 보드 플롯**을 손쉽게 그릴 수 있다. 분자 혹은 분모가 실수 계수를 가지며 $j\omega$가 선형이나 2차 인수로 인수분해된다. 각 인수 항의 실수분을 1로 설정하므로 기본형이 얻어진다. 다음과 같이 요약된다.

점근 보드 플롯

주의: 20 dB/dec = 6 dB/oct

항 $= j\omega$: 모든 주파수 ω에 대해 기울기 20 dB/dec, 단 $\omega = 1$ rad/s에서 $H_{dB} = 0$이다.

항 $= 1 + j\frac{\omega}{\alpha}$: $\omega \le \alpha$, $H_{dB} = 0$이고 $\omega \ge \alpha$에서는 기울기 20 dB/dec인 직선이다.

***k*배의 중근이라면**: 기울기는 k배로 곱한다.

분자 항에 있다면: 기울기는 음이다.

기울기가 변하는 주파수 α를 **절단 주파수**(break frequency)라 한다. 1차 필터에 대한 절단 주파

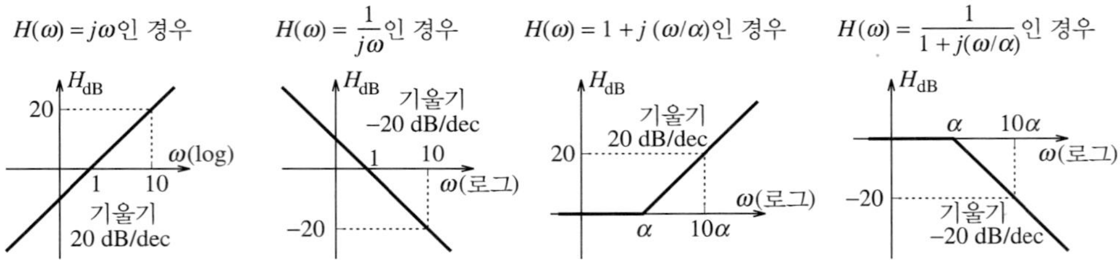

그림 A.14 기본형에 대한 크기 점근 보드 플롯

수는 또한 3-dB 주파수 혹은 반전력 주파수라 한다. 왜냐하면 절단 주파수에서 실제 값과 근삿값 사이에 3-dB 차이가 있기 때문이다. 그림 A.14는 다양한 1차 항의 근사 크기 플롯을 보여준다. 상수 $H(\omega) = K$의 데시벨 값은 모든 주파수에 대해 상수이므로 $H_{dB} = 20 \log |K|$ dB이다. 몇 개의 항을 갖는 전달 함수의 보드 플롯은 각각 개별 항의 플롯의 합이 된다. 이런 복합 플롯은 다음과 같은 지침을 사용하면 직접 그릴 수 있다.

$H(\omega)$에 복합 근사 플롯 도시를 위한 지침

초기 기울기: $j\omega$가 있다면 $\omega = 1$ rad/s에서 $H_{dB} = 0$인 20 dB/dec이고 없다면 0 dB/dec이다.

절단 주파수에서: 분자 항에 k번 중복되면 기울기가 $20k$ dB/dec로 증가하게 되고, 분모 항에 있다면 $20k$ dB/dec로 감소하게 된다.

예제 A.12 **크기 보드 플롯**

(a) 선형 인수

$H(\omega) = \dfrac{40(0.25 + j\omega)(10 + j\omega)}{j\omega(20 + j\omega)}$ 일 때, 크기 보드 플롯을 그려라.

기본형으로 바꾸어 기술하면

$$H(\omega) = \frac{5(1 + j\omega/0.25)(1 + j\omega/10)}{j\omega(1 + j\omega/20)}$$

오름차순으로 절단 주파수를 쓰면

$$\omega_1 = 0.25 \text{ rad/s (분자 항)}$$
$$\omega_2 = 10 \text{ rad/s (분자 항)}$$
$$\omega_3 = 20 \text{ rad/s (분모 항)}$$

$1/j\omega$ 항은 $\omega = 1$ rad/s에서 0 dB 값으로 기울기 -20 dB/dec로 시작한다. 다른 항목들을 포함하므로 복합 플롯을 도시할 수 있다.

- $\omega_1 = 0.25$ rad/s(분자 항)에서 기울기는 0 dB/dec까지 +20 dB/dec으로 증가한다.
- $\omega_2 = 10$ rad/s(분자 항)에서 기울기는 20 dB/dec으로 증가한다.
- $\omega_3 = 20$ rad/s(분모 항)에서 기울기는 0 dB/dec로 감소한다.

결국에 상수 5는 $20 \log 5 = 14$ dB이므로 플롯을 이동시킨다. 보드 플롯은 그림 EA.12a이다.

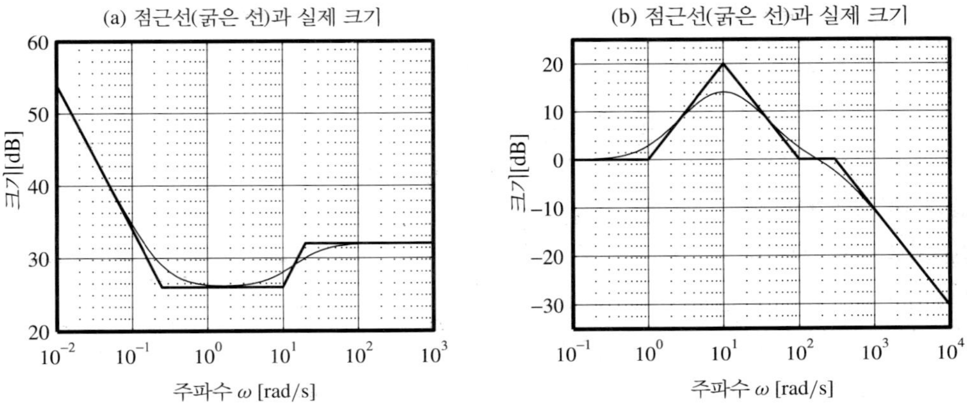

그림 EA.12a 예제 A.12의 크기 보드 플롯

(b) 중근 인수

$$H(\omega) = \frac{(1 + j\omega)(1 + j\omega/100)}{(1 + j\omega/10)^2(1 + j\omega/300)}$$ 일 때, 크기 보드 플롯을 그려라.

보드 플롯은 그림 EA.12(b)이다. 다음과 같이 설명할 수 있다.

- $(j\omega)^k$ 항이 없으므로 시작 기울기는 0 dB/dec이다.
- 중근 인수로 인해 $\omega_B = 10$ rad/s에서 기울기가 −40 dB/dec까지 변한다.

A.7 기존의 아날로그 필터 설계

기존 아날로그 필터들은 그림 A.15처럼 버터워스(최대로 평탄한 통과대역), 체비쇼프 I(리플 통과대역), 체비쇼프 II(리플 저지대역), 타원형(리플 통과대역과 저지대역) 필터 등이다. 이런 기존의 아날로그 필터들의 설계는 전형적으로 주파수 규격(통과대역과 저지대역의 가장자리점들)과 크기 규격(최대 통과대역 감쇠와 최소 저지대역 감쇠)에 따르게 되는데 이런 규격들에 부합하거나 초과하는 규격을 갖도록 가장 작은 차수의 필터로 최소 위상 전달 함수를 생성한다.

설계 전략은 응용 영역에서 주어진 주파수 규격을 단위 라디안 차단 주파수를 갖는 **저역통과 필터의 원형**으로 변환하고, 저역통과의 원형을 설계한 후에는 주파수 변환을 사용하여 원하는 필터형으로 변환한다. 우리는 저역통과 필터의 원형을 설계하는 데 집중한다. 표 A.9는 저역통

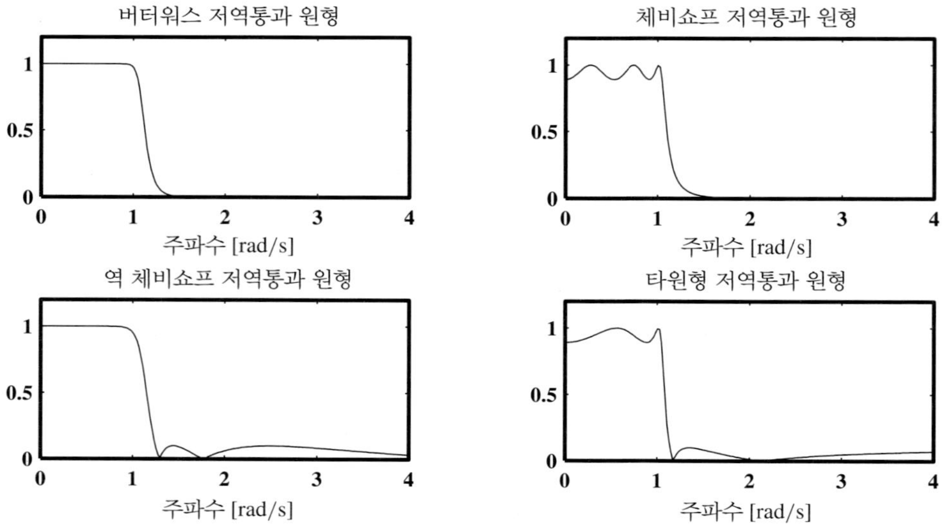

그림 A.15 기존의 아날로그 저역통과 원형

표 A.9 아날로그 필터 설계

	버터워스	체비쇼프
리플	$\epsilon^2 = 10^{0.1A_p} - 1$	$\epsilon^2 = 10^{0.1A_p} - 1$
차수	$n = \dfrac{\log[(10^{0.1A_s} - 1)/\epsilon^2]^{1/2}}{\log(\nu_s)}$	$n = \dfrac{\cosh^{-1}[(10^{0.1A_s} - 1)/\epsilon^2]^{1/2}}{\cosh^{-1}(\nu_s)}$
3-dB 주파수	$\nu_3 = (1/\epsilon)^{1/n} = R$	$\nu_3 = \cosh\left[\dfrac{1}{n}\cosh^{-1}(1/\epsilon)\right]$
	$p_k = -R\sin\theta_k + jR\cos\theta_k$	$p_k = -\sin\theta_k \sinh(\alpha) + j\cos\theta_k \cosh(\alpha)$
$H(s)$의 극점들	$\theta_k = (2k-1)\pi/2n$ $k = 1, 2, \ldots, n$	$\theta_k = (2k-1)\pi/2n \quad \alpha = \frac{1}{n}\sinh^{-1}(\frac{1}{\epsilon})$ $k = 1, 2, \ldots, n$
$Q_P(s)$의 분모	$(s-p_1)(s-p_2)\ldots(s-p_n)$	$(s-p_1)(s-p_2)\ldots(s-p_n)$
단위 최대 이득 K	$K = Q_P(0) = \prod_{k=1}^{n} p_k$	$K = \begin{cases} Q_P(0)/\sqrt{1+\epsilon^2} & n \text{ 짝수} \\ Q_P(0) & n \text{ 홀수} \end{cases}$

주의:

$$\text{저역통과 필터: } \nu_s = \frac{\text{저지대역 가장자리}}{\text{통과대역 가장자리}} \qquad \text{고역통과 필터: } \nu_s = \frac{\text{통과대역 가장자리}}{\text{저지대역 가장자리}}$$

대역통과와 대역저지 필터의 오름차순 대역 가장자리 주파수 $[f_1,\ f_2,\ f_3,\ f_4]$: $\nu_s = \dfrac{f_4 - f_1}{f_3 - f_2}$.
f_0가 중앙 주파수라면 $f_1 f_4 = f_2 f_3 = f_0^2$인 기하학적 대칭을 요한다.

전형적인 저역통과 필터의 **전달** 함수 $H(s)$를 다른 형태로 변환 시:

저역통과 필터 $s \Rightarrow s/\omega_p$ **고역통과 필터** $s \Rightarrow \omega_p/s$ **대역통과 필터** $s \Rightarrow \dfrac{s^2 + \omega_0^2}{sB_{BP}}$ **대역저지 필터** $s \Rightarrow \dfrac{sB_{BS}}{s^2 + \omega_0^2}$

여기서 $\omega_0 = 2\pi f_0$, 대역통과 $B_{BP} = 2\pi(f_3 - f_2)$, 대역저지 $B_{BS} = 2\pi(f_4 - f_1)$이다.
수치 계산으로:

$$\cosh^{-1}(x) = \ln[x + (x^2 - 1)^{1/2}],\ x \geq 1\text{이다.}$$

과 원형을 요구된 필터형으로 변환하는데 주어진 필터 규격과 버터워스 및 체비쇼프 필터의 설계 방법과 주파수 변환으로부터 원형 규격을 어떻게 얻는지를 기술하고 있다.

대역통과와 대역저지 필터에서 주어진 주파수 규격 $[f_1, f_2, f_3, f_4]$들은 기하학적으로 대칭이 아니다. 대역저지 가장자리 주파수의 하나는 새로운 변이 대역폭이 원래 주파수를 초과하지 않는 방법으로 증가하거나 감소하는 방향으로 재배치돼야 한다. 대역저지나 대역통과 필터의 2차 변환은 저역통과 원형의 차수가 2배인 전달 함수로 산출된다.

버터워스 저역통과 필터 원형의 극점들은 s-평면상에 반지름이 $R = (1/\epsilon)^{1/n}$의 원주상에 동일한 간격으로 위치한다. 반면에 체비쇼프 원형의 극점들은 타원상에 위치한다. n차 버터워스나 체비쇼프 저역통과 필터의 고주파 감쇠는 $20n$ dB/dec이다.

예제 A.13 아날로그 필터의 설계

(a) 버터워스 저역통과 필터

다음 규격에 부합하도록 버터워스 필터를 설계하라.

- $f \le 4$ kHz일 때 $A_p \le 1$ dB이고
- $f \ge 8$ kHz일 때 $A_s \ge 20$ dB이다.

설계식에서 $\nu_s = f_s/f_p$이고 $\epsilon^2 = 10^{0.1A_p} - 1 = 0.2589$

$$n = \frac{\log[(10^{0.1A_s} - 1)/\epsilon^2]^{1/2}}{\log(\nu_s)} = \frac{\log[(10^2 - 1)/\epsilon^2]^{1/2}}{\log(2)} = 4.289 \quad \Rightarrow \quad n = 5$$

$\nu_3 = (1/\epsilon)^{1/n} = 1.1447 = R$

$\theta_k = (2k - 1)\pi/2n = 0.1(2k - 1)\pi$이고 $k = 1, 2, \ldots, 5$이다.

$\theta_k = 0.1\pi, 0.3\pi, 0.5\pi, 0.7\pi, 0.9\pi$ rad

극점의 위치는 $\theta_k = -R\sin(\theta_k) + jR\cos(\theta_k)$이므로

$$p_k = -1.1447, \quad -0.3537 \pm j1.0887, \quad -0.9261 \pm j0.6728$$

$Q(s)$의 분모 항은 다음과 같이 기술된다.

$$Q(s) = s^5 + 3.7042s^4 + 6.8607s^3 + 7.8533s^2 + 5.5558s + 1.9652$$

분자 항은 $K = Q(0) = 1.9652$로 주어진다. 아날로그 저역통과 필터 원형의 전달 함수는

$$H(s) = \frac{K}{Q(s)} = \frac{1.9652}{s^5 + 3.7042s^4 + 6.8607s^3 + 7.8533s^2 + 5.5558s + 1.9652}$$

(b) 버터워스 대역저지 필터

2 dB 대역통과 가장자리 주파수가 30 Hz와 100 Hz이고, 40 dB 대역저지 가장자리 주파수가 50 Hz와 70 Hz인 버터워스 대역저지 필터를 설계하라.

대역 가장자리 주파수가 $[f_1, f_2, f_3, f_4] = [30, 50, 70, 100]$ Hz이다. $f_1f_4 = 3000$이고 $f_2f_3 = 3500$이므로 이 규격은 대칭이 아니다. 고정 대역통과를 가정하면 $f_1f_4 = f_2f_3$인 기하학적 대칭을 위해서 상단 대역저지 주파수 f_3를 재배치한다. 따라서 $f_3 = (30)(100)/50 = 60$ Hz이다. 저역통과 원형 대역 가장자리 주파수들은 $\nu_p = 1$ rad/s이고 $\nu_s = \frac{f_4-f_1}{f_3-f_2} = 7$ rad/s이다.
$\epsilon^2 = 10^{0.1A_p} - 1 = 0.5849$로 계산되고 저역통과 원형 필터의 차수는

$$n = \frac{\log[(10^{0.1A_s} - 1)/\epsilon^2]^{1/2}}{\log \nu_s} \Rightarrow n = 3$$

극점의 반지름은 $R = (1/\epsilon)^{1/n} = 1.0935$이다. 극점 위상은 $\theta_k = [\frac{\pi}{6}, \frac{\pi}{2}, \frac{5\pi}{6}]$ rad이다.
따라서 $p_k = -R\sin(\theta_k) + jR\cos(\theta_k) = -1.0935, 0.5468 \pm j0.9470$이고 저역통과 원형의 전달 함수는

$$H_P(s) = \frac{1.3076}{s^3 + 2.1870s^2 + 2.3915s + 1.3076}$$

$\omega_0^2 = \omega_1\omega_4 = 4\pi^2(3000)$이고 $B = 2\pi(f_4 - f_1) = 2\pi(70)$ rad/s이므로 LP2BS(저역통과에서 대역저지) 변환에서 $s \to sB/(s^2 + \omega_0^2)$를 갖는다.

$$H(s) = \frac{s^6 + 3.55(10)^5s^4 + 4.21(10)^{10}s^2 + 1.66(10)^{15}}{s^6 + 8.04(10)^2s^5 + 6.79(10)^5s^4 + 2.56(10)^8s^3 + 8.04(10)^{10}s^2 + 1.13(10)^{13}s + 1.66(10)^{15}}$$

이 필터의 선형과 데시벨 크기는 그림 EA.13b에 나타나 있다.

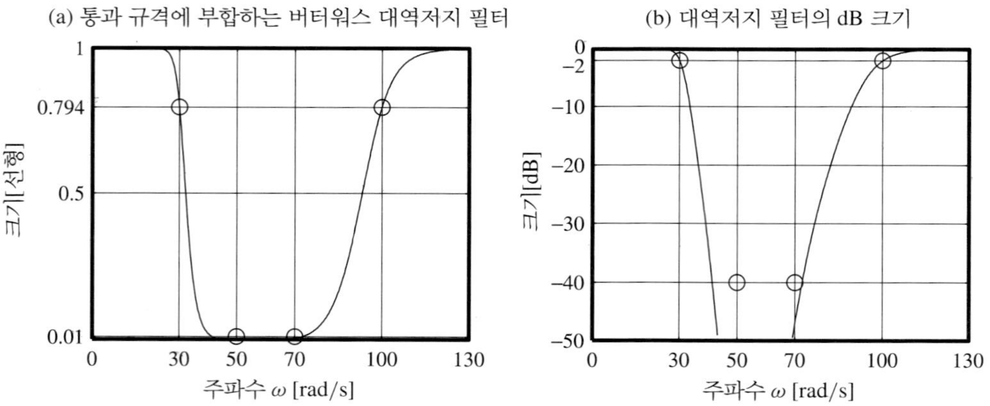

그림 EA.13b 예제 A.13(b)의 버터워스 대역저지 필터

(c) 체비쇼프 저역통과 필터

다음 설계 규격에 부합하도록 체비쇼프 필터를 설계하라.

- $f \le 4$ kHz일 때 $A_p \le 1$ dB
- $f \ge 8$ kHz일 때 $A_s \ge 20$ dB

설계식으로부터:

$$\epsilon^2 = 10^{0.1A_p} - 1 = 0.2589$$

$$n = \frac{\cosh^{-1}[(10^{0.1A_s} - 1)/\epsilon^2]^{1/2}}{\cosh^{-1}(f_s/f_p)} = \frac{\cosh^{-1}[(10^2 - 1)/\epsilon^2]^{1/2}}{\cosh^{-1}(2)} = 2.783 \quad \rightarrow \quad n = 3$$

$$\nu_3 = \cosh\left[\frac{1}{n}\cosh^{-1}(1/\epsilon)\right] = 1.0949$$

극점을 구하기 위해서 계산하면

$$\alpha = (1/n)\sinh^{-1}(1/\epsilon) = 0.4760$$
$$\theta_k = (2k-1)\pi/2n = (2k-1)\pi/6 \quad k = 1, 2, 3$$

극점 $p_k = -\sinh(\alpha)\sin(\theta_k) + j\cosh(\alpha)\cos(\theta_k)$는 산출된다.

$$p_k = -0.4942, \quad -0.2471 \pm j0.966$$

분모 항 $Q(s)$는

$$Q(s) = s^3 + 0.9883s^2 + 1.2384s + 0.4913$$

n이 홀수이므로 분자는 단위 최대 이득을 위해서 $K = Q(0) = 0.4913$이다.
아날로그 저역통과 원형 필터 전달 함수는

$$H(s) = \frac{K}{Q(s)} = \frac{0.4913}{s^3 + 0.9883s^2 + 1.2384s + 0.4913}$$

(d) 체비쇼프 대역통과 필터

다음과 같이 주어진 체비쇼프 대역통과 필터를 설계하라.

- 통과대역 가장자리 주파수: $[\omega_1, \omega_2, \omega_3, \omega_4] = [0.89, 1.019, 2.221, 6.155]$ rad/s
- 최대 통과대역 감쇠: $A_p = 2$ dB
- 최소 저지대역 감쇠: $A_s = 20$ dB

주파수가 기하학적으로 대칭이 아니므로 고정된 통과대역의 가장자리 주파수를 가정하고 계산하면 $\omega_0^2 = \omega_2\omega_3 = 1.5045$이다. $\omega_1\omega_4 > \omega_0^2$이므로 $\omega_4 = \omega_0^2/\omega_1 = 2.54$ rad/s로 줄인다. 이때

$$B = \omega_3 - \omega_2 = 1.202 \text{ rad/s}, \ \nu_p = 1 \text{ rad/s}$$

그리고

$$\nu_s = \frac{\omega_4 - \omega_1}{B} = \frac{2.54 - 0.89}{1.202} = 1.3738 \text{ rad/s}$$

ϵ^2과 차수 n의 값은 다음과 같다.

$$\epsilon^2 = 10^{0.1A_p} - 1 = 0.5849 \qquad n = \frac{\cosh^{-1}[(10^{0.1A_s} - 1)/\epsilon^2]^{1/2}}{\cosh^{-1}\nu_s} = 3.879 \Rightarrow n = 4$$

반전력 주파수는 $\nu_3 = \cosh[\frac{1}{3}\cosh^{-1}(1/\epsilon)] = 1.018$이다. 원형 필터의 좌반평면(LHP) 극점들을 구하기 위해서 다음이 필요하다.

$$\alpha = (1/n)\sinh^{-1}(1/\epsilon) = 0.2708$$

$$\theta_k(\text{rad}) = \frac{(2k-1)\pi}{2n} = \frac{(2k-1)\pi}{8}, \qquad k = 1, 2, 3, 4$$

LHP 극점들 $p_k = -\sinh(\alpha)\sin(\theta_k) + j\cosh(\alpha)\cos(\theta_k)$로부터 $p_1, p_3 = -0.1049 \pm j0.958$이고 $p_2, p_4 = -0.2532 \pm j0.3968$이다. 원형 $H_p(s) = K/Q_P(s)$의 분모 항 $Q_P(s)$는

$$Q_P(s) = (s-p_1)(s-p_2)(s-p_3)(s-p_4) = s^4 + 0.7162s^3 + 1.2565s^2 + 0.5168s + 0.2058$$

n이 짝수이므로 최대 단위 이득을 얻기 위해서 $K = Q_P(0)/\sqrt{1+\epsilon^2} = 0.1634$로 선택한다. 따라서

$$H_P(s) = \frac{0.1634}{s^4 + 0.7162s^3 + 1.2565s^2 + 0.5168s + 0.2058}$$

LP2BP 변환인 $s \to (s^2 + \omega_0^2)/sB$을 이용하여 위 식을 8차 아날로그 대역통과 필터 $H(s)$로 변환하면

$$H(s) = \frac{0.34s^4}{s^8 + 0.86s^7 + 10.87s^6 + 6.75s^5 + 39.39s^4 + 15.27s^3 + 55.69s^2 + 9.99s + 26.25}$$

이 필터를 선형과 데시벨 크기로 도시하면 그림 EA.13d처럼 보인다.

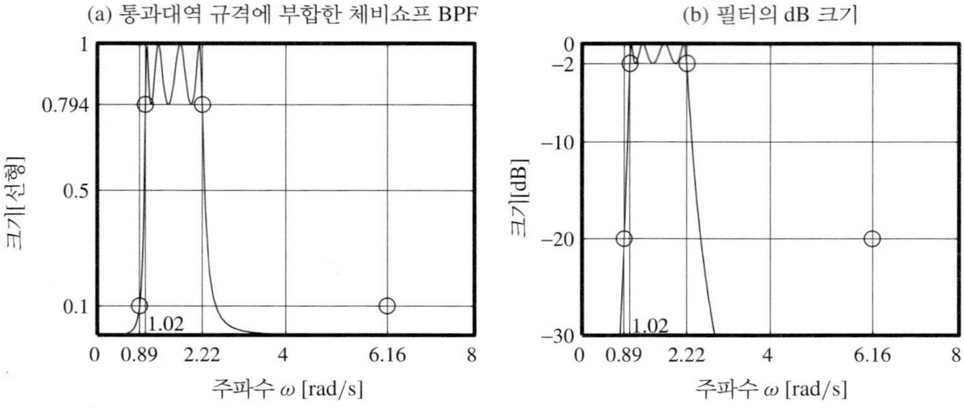

그림 EA.13d 예제 A.13d의 체비쇼프 I 대역통과 필터

REFERENCE

참고문헌

디지털 신호 처리 관련 도서

MathWorks, Inc의 웹사이트(http://www.mathworks.com)에서 최신 참고자료를 찾아볼 수 있다.

다음은 이 책과 같은 주제를 다루는 비슷한 수준의 대표적인 책들이다.

AMBARDAR, A., AND BORGHESANI, C., *Mastering DSP Concepts Using MATLAB* (Prentice Hall, 1998).

ANTONIOU, A., *Digital Filters* (McGraw-Hill, 1993).

BURRUS, C. S., *et al.*, *Computer-Based Exercises for Digital Signal Processing* (Prentice Hall, 1994).

CADZOW, J. A., *Foundations of Digital Signal Processing and Data Analysis* (Macmillan, 1987).

CUNNINGHAM, E. P., *Digital Filtering* (Houghton Mifflin, 1992).

DEFATTA, D. J., LUCAS, J. G., and Hodgkiss, W. S., *Digital Signal Processing* (Wiley, 1988).

IFEACHOR, E. C., AND JERVIS, B. W., *Digital Signal Processing* (Addison-Wesley, 1993).

INGLE, V. K., AND PROAKIS, J. G., *Digital Signal Processing Using MATLAB* (PWS, 1996).

JACKSON, L. B., *Digital Filters and Signal Processing* (Kluwer, 1995).

JOHNSON, J. R., *Introduction to Digital Signal Processing* (Prentice Hall, 1989).

KUC, R., *Introduction to Digital Signal Processing* (McGraw-Hill, 1988).

LUDEMAN, L. C., *Fundamentals of Digital Signal Processing* (Wiley, 1986).

MITRA, S. K., *Digital Signal Processing* (Wiley, 1998).

OPPENHEIM, A. V., AND SCHAFER, R. W., *Digital Signal Processing* (Prentice Hall, 1975).

OPPENHEIM, A. V., AND SCHAFER, R. W., *Discrete-Time Signal Processing* (Prentice Hall, 1989).

ORFANIDIS, S. J., *Introduction to Signal Processing* (Prentice Hall, 1996).

PORAT, B., *A Course in Digital Signal Processing* (Wiley, 1997).

PROAKIS, J. G., AND MANOLAKIS, D. G., *Digital Signal Processing* (Prentice Hall, 1996).

RABINER, L. R., AND GOLD, B., *Theory and Application of Digital Signal Processing* (Prentice Hall, 1974).

STEIGLITZ, K., *A Digital Signal Processing Primer* (Addison-Wesley, 1996).

STRUM, R. D., AND KIRK, D. E., *First Principles of Discrete Systems and Digital Signal Processing* (Addison-Wesley, 1988).

그 밖의 참고문헌

다음은 각 해당 주제를 더 깊이 있게 다루고 있는 책들이다.

임펄스 함수, 컨벌루션, 푸리에 변환

BRACEWELL, R. N., *The Fourier Transform and Its Applications* (McGraw-Hill, 1978).
GASKILL, J. D., *Linear Systems, Fourier Transforms and Optics* (Wiley, 1978).

윈도 함수

GECKINLI, N. C., AND YAVUZ, D., *Discrete Fourier Transformation and Its Applications to Power Spectra Estimation* (Elsevier, 1983).
HARRIS, F. J., "On the Use of Windows for Harmonic Analysis with the Discrete Fourier Transform," *Proceedings of the IEEE*, vol. 66, no. 1, pp. 51–83, Jan. 1978.
NUTTALL, A. H., "Some Windows with Very Good Sidelobe Behavior," *IEEE Transactions on Acoustics, Speech and Signal Processing*, vol. 29, no. 1, pp. 84–91, Feb. 1981 (containing corrections to the paper by Harris).

아날로그 필터

DANIELS, R. W., *Approximation Methods for Electronic Filter Design* (McGraw-Hill, 1974).
WEINBERG, L., *Network Analysis and Synthesis* (McGraw-Hill, 1962).

디지털 필터와 매핑

KUNT, M., *Digital Signal Processing* (Artech House, 1986).
BOSE, N. K., *Digital Filters* (Elsevier, 1985).
HAMMING, R. W., *Digital Filters* (Prentice Hall,1983).
SCHEIDER, A. M., *et al.*, "Higher Order s-to-z Mapping Functions and Their Application in Digitizing Continuous-Time Filters," *IEEE Proceedings*, vol. 79, no. 11, pp. 1661–1674, Nov. 1991.

DSP 응용

ELLIOTT, D. F. (ED.), *Handbook of Digital Signal Processing* (Academic Press, 1987).
A good resource for audio applications on the Internet is **http://www.harmonycentral.com/Effects/**

수학 함수

ABRAMOWITZ, M., AND STEGUN I. A., (EDS.), *Handbook of Mathematical Functions* (Dover, 1964).

수치해석

PRESS, W. H., *et al.*, *Numerical Recipes* (Cambridge University Press, 1986).

INDEX

찾아보기

ㄷ

ㄹ

ㅁ

ㅂ

ㅈ

ㅊ

ㅋ

ㅌ

ㅍ

ㅎ

기타